市政污水处理厂设计(第5版)

第3卷：固体处理与管理

Design of Municipal Wastewater Treatment Plants

Volume 3: Solids Processing and Management

Water Environment Federation®(WEF®)

American Society of Civil Engineers (ASCE)

Environmental & Water Resources Institute (EWRI)

宋旭锋 译

中国石化出版社

内容提要

污水处理无论是经济发展还是城市发展都是无法避绕的问题之一，尤其是我国现阶段城镇化日益深化的情况下，对于水资源的充分利用和再利用变得日益迫切。《市政污水处理厂设计》不仅涵盖了每个单元工艺过程和所述单元位置的上游和下游影响，而且还涉及所述处理工程的总体方案的综合考量。尽管本手册并非包罗万象，但实际上除了各个单元工艺原理和操作，质量控制和安全标准，日常营运相关问题之外，还涵盖了市政污水处理厂的规划选址，可持续发展，以及与社会环境的协调统一。从污水处理厂的最初论证到最终建成和运营都无不体现科学性和艺术性的结合。

因此，《市政污水处理厂设计》是当代实践惯例相对完整的参考书之一。该手册是针对熟知污水处理概念、设计工艺方法和水污染控制监管基础的设计专业人员编写的，因而，本手册注定会成为从事污水处理相关行业的规划设计和操作人员，以及环境工程、水污染控制等专业的本科生、研究生从业的参考资料。

著作权合同登记 图字 01-2010-8127

Water Environment Federation®(WEF®)

American Society of Civil Engineers(ASCE)

Environmental & Water Resources Institute(EWRI)

Design of Municipal Wastewater Treatment Plants

ISBN 978-0-07-166358-8

Copyright © 2010 by the Water Environment Federation. All Rights reserved. No part of this publication may be reproduced or transmitted in any form or by any means, electronic or mechanical, including without limitation photocopying, recording, taping, or any database, information or retrieval system, without the prior written permission of the publisher.

本授权中文简体字翻译版由麦格劳-希尔(亚洲)教育出版公司和中国石化出版社合作出版。此版本经授权仅限在中华人民共和国境内(不包括香港特别行政区、澳门特别行政区和台湾)销售。

版权© 2010 由麦格劳-希尔(亚洲)教育出版公司与中国石化出版社所有。

本书封面贴有 McGraw-Hill 公司防伪标签，无标签者不得销售。

图书在版编目(CIP)数据

市政污水处理厂设计：第5版 / 美国水环境联合会，美国土木工程协会，美国环境与水资源研究所编；宋旭锋译. —北京：中国石化出版社，2016.1

书名原文：DESIGN OF MUNICIPAL WASTEWATER TREATMENT PLANTS

ISBN 978-7-5114-3715-0

Ⅰ.①市… Ⅱ.①美… ②美… ③美… ④宋… Ⅲ.①城市污水处理-污水处理厂-设计 Ⅳ.①X505

中国版本图书馆 CIP 数据核字(2015)第 266237 号

未经本社书面授权，本书任何部分不得被复制、抄袭，或者以任何形式或任何方式传播。版权所有，侵权必究。

中国石化出版社出版发行

地址：北京市东城区安定门外大街 58 号

邮编：100011　电话：(010)84271850

读者服务部电话：(010)84289974

http://www.sinopec-press.com

E-mail：press@sinopec.com

北京科信印刷有限公司印刷

全国各地新华书店经销

*

787×1092 毫米 16 开本 123.25 印张 3138 千字

2016 年 1 月第 1 版　2016 年 1 月第 1 次印刷

全套定价：398.00 元

目　　录

第20章 固体管理简介

1 概　　述

固体管理是污水处理设计的一个重要方面，因为液体和固体处理工艺过程之间存在相互关系。第3卷涵盖了原始污水沉淀和/或生物与化学处理期间产生的固体。[有关次要残余物之物流(例如，浮渣、沙砾和筛余物)及其从污水中去除的信息，请参阅第2卷中有关初步处理的章节]。

由于不可能完全将液体和固体处理的工艺过程分开，则设计师在设计污水处理厂时必须考虑它们之间的关系。所选择的液体处理工艺过程，将会影响所产生的固体量及其特性，这反过来又会影响沉降，水分调节和脱水工艺过程的选择。此外，固体处理工艺过程中的再循环流可能会影响液体工艺过程。例如，厌氧消化的生物固体脱水会产生高氨和磷浓度的侧流，这将增加污水处理厂液体处理工艺过程的那些负荷。本章包括举例说明这些相互关系的质量平衡实例。本卷介绍了固体处理工艺过程和设备的规划、设计和施工所接受的方法和程序。本章还讨论了美国现行法规；测定固体量的方法；和与污水处理厂中产生的各种残余物相关的典型特征的描述。最后，虽然对第2卷中涉及到原始污水的除砂和筛滤已进行了深入的讨论，但是在第3卷中仍然对这些工艺过程如何涉及固体管理进行一个简短的讨论。

第21章讨论了残余物和生物固体的运输和储存方法。第22章讨论了固体水分调节，包括所涉及的化学品类型、影响调节的因素、化学品进料系统和剂量优化。第23和第24章介绍了增稠和脱水工艺过程，包括有关工艺过程设计、条件和标准、关键工艺过程变量、及配套设备的信息。第25章涵盖了生物和化学稳定化工艺过程(例如，好氧和厌氧消化，堆肥和碱稳定)。第26章讨论了固体稳定、干燥或破坏性的热处理工艺过程(例如，焚烧)。第27章介绍了土地施用和其他生物固体用途和处置的实践惯例。

2 定　　义

水环境联合会已采纳了以下污水残余物的术语。

“污泥”是还没有进行降低病原体或病媒吸引力的工艺过程而在初级、二级或高级污水处理期间产生的任何残余物。对此的另一个常见术语是“原始污泥”。术语“污泥”应该与具体工艺过程的描述符一起使用(例如，初级污泥、废弃活性污泥、或二级污泥)。

“生物固体”是任何经过稳定化作用而满足美国环保署(U.S. EPA)40 CFR 503 法规中的标准而因此能够有利地使用的任何污泥。稳定化的工艺过程，包括厌氧消化、好氧消化、碱稳定化处理和堆肥。此外，热干燥会产生也能够有利使用的污泥。

“固体和残余物”，是在不确定哪些物质是否满足503标准(例如，在增稠期间，因为稳定化作用可能出现在该工艺过程之前或之后)时使用的术语。在本书中，如果一般参照×××和对于一般描述符(例如，固体处理)时，将会使用术语“固体和残余物”。

“土地施用”是以“农艺速率”向土壤中添加散装或袋装生物固体的过程——为了植物最佳生长所需提供足够的养分(例如氮、磷、钾)的量而同时最小化其穿过根区之下浸向地下水的可能性。土地施用可能涉及农用地(例如，用于生产食物，饲料和纤维作物的场地)、牧场和放牧地、非农用地(如，森林)、公众场地(例如，公园和高尔夫球场)、扰动土地(例如，矿井侵占地，建筑工地和砂石场)、和家用草坪和花园。

3　法　规

在设计任何固体或生物固体项目时，工程师应考虑现行的地方、州和联邦法规。即使并非所有美国的州大多数都已经采纳了管理污水残余物的联邦法规(40 CFR503)；有些则颁布了实行更加严格规定的条例。设计师应该通过评估任何拟定行为的监管后果而开始，因为处理工艺过程的选择经常会由工艺性能和成本一样受到监管约束条件的控制。

3.1　40*CFR* 503

3.1.1　背景

美国环境保护署的生物固体法规(40 CFR503)解决了生活污水和化粪池滤液处理期间产生固体的利用和处置。他们由五个子部分构成：一般规定、土地施用、表面处置、病原体和病媒吸引力降低和焚烧(*Fed. Reg.*, Feb. 19, 1993)。

《503 法》的生物固体标准通常纳入污水处理厂的国家污染物排放消除系统(National pollutant Discharge Elimination System)(NPDES)许可证之中。这类许可证由美国 EPA 或由具有机构批准的固体管理计划的州颁发。任何处理生活污水的工厂(如，产生、处理或提供固体处置的设施，包括非排放的和"仅有污泥的"设施)必须持有许可证。这就是说，《503 法》写入了自我实施，这意味着处理装置即使是在其许可证生效之前，预期也要对其遵守。它可以通过美国 EPA，或通过公民诉讼强制执行。

该机构继续审查《503 法》——特别是土地施用的规定，而确保现行法规能够保障公众健康和环境。

如果污水处理厂的固体将弃置于市政固体废物填埋场或作为填埋场覆盖材料使用，则其必须遵守《40 CFR258》(市政固体废物填埋场法规)的规定，而不是《503 法》。

3.1.2　一般规定

生物固体发生器负责遵守《503 法》。该条例规定了重金属的两套标准——污染物浓度和污染物高限浓度——和病原体密度的两套标准——A 类和 B 类。它也允许两种方法降低病媒吸引力：固体处理或使用物理阻隔。

生物固体(或源自固体的物质)，如果满足较高的质量标准，则具有较少的限制。生物固体满足土地施用的最低要求是污染物高限浓度，B 类规定和病媒吸引力降低要求。符合污染物浓度限值、A 类要求和病媒吸引力降低要求的生物固体，就能够进行土地施用，而无需额外的预防措施。然而，所有的土地施用者必须遵守最低监测，保持记录和报告的规定(无论使用哪种类型的生物固体)。

3.1.3　污染物限值

在生物固体能够进行土地施用之前，其重金属水平不能超过污染物浓度限值或污染物高限浓度和累积污染物负荷率中任意之一(见表 20.1)。散装生物固体，如果要施用于草坪和户内花园，则必须满足污染物浓度限值。生物固体按照袋装或其他容器进行出售或分发，则必须满足污染物浓度限值或污染物高限浓度任意之一。用户应当接受指导而以基于年度污染物负荷率的速率施用这些物质。

表 20.1 土地施用生物固体的污染物浓度限值(所有限值都基于干重计)

污染物	高限浓度限值①/(mg/kg)	累积污染物负荷率/(kg/ha)	"高质量"污染物浓度限值②/(mg/kg)	年度污染物负荷率/(kg/ha·a)
砷	75	41	41	2.0
镉	85	39	39	1.9
铜	4300	1500	1500	75
铅	840	300	300	15
汞	57	17	17	0.85
钼	75	—	—	—
镍	420	420	420	21
硒	100	100	36	5.0
锌	7500	2800	2800	140

① 绝对值。

② 月均值。

3.1.4 病原体限值

《503 法》基于其病原体水平而将生物固体标识为 A 类或 B 类。这两种类型经过处理后而降低了病原体，并最小化其吸引病媒(例如，老鼠)的能力。然而，B 类生物固体仍含有可检测的病原体水平，而 A 类生物固体基本上无病原体。其金属水平也较低，则 A 类物质将被标记为“卓越品质”(EQ)的生物固体。

A 类和 B 类这两类生物固体都可施用于土地，但土地施用 B 类物质时要涉及缓冲的要求，公众接触限制和作物收获限制(请参阅表 20.2)。这些规则预想用于保护公众健康并能够使土壤中的微生物降解剩余的病原体。

任何生物固体如果正施用于草坪和入户花园——或以袋装或其他容器出售或分发——必须符合 A 类的标准。对于有关出售或分发生物固体(如，经过堆肥或热干燥的产品)的信息，请参阅第 27 章。有关产品表征和营销方式的信息，也请参阅第 27 章。

3.1.4.1 A 类的规定

为了将其视为“A 类”，生物固体在使用或处置的任何时间必须满足具体的粪大肠菌群和沙门氏菌限制。此外，还必须满足以下备选之一的要求：

1. 时间/温度(见表 20.3)，
2. 碱处理，
3. 预先测试肠道病毒/活体蠕虫卵，
4. 没有预先测试肠道病毒/活体蠕虫卵，
5. 生物固体已经经过进一步降低病原体的工艺过程(PFRP)或利用相当的工艺过程进行处理(请参阅表 20.4)。

表 20.2　A 类和 B 类生物固体的允许利用度

分类	可容许的用途	限制
A 和 A EQ	• 入户草坪和花园 • 公众接触场所 • 都市景观 • 农业 • 林业 • 土壤和场地修复 • 填埋场处置 • 表面土地处置	未限制
B	• 农业 • 林业 • 土壤和场地修复 • 填埋场处置 • 表面土地处置	• 食物作物：在施加之后 14～38 个月不要收获。 • 饲料作物：施加之后 30 天不要收获。 • 公众出入场所：30 天～1 年限制出入。 • 草地：施加之后 1 年不收获。

表 20.3　生产 A 类生物固体的时间和温度准则

总固体	温度（t）	时间（D）	方程	备注
≥7%	≥50℃	≥20 min	$D=\frac{131\ 700\ 000}{10^{0.14t}}$	未通过温暖气体或可浸没液体加热小颗粒物
≥7%	≥50℃	>15 s	$D=\frac{131\ 700\ 000}{10^{0.14t}}$	通过温暖气体或可浸没液体加热小颗粒物
<7%	>50℃	≥15 s～<30 min	$D=\frac{131\ 700\ 000}{10^{0.14t}}$	
<7%	≥50℃	≤30 min	$D=\frac{131\ 700\ 000}{10^{0.14t}}$	

3.1.4.2　B 类的规定

在使用或处置之前固体必须满足至少 B 类病原体规定。不满足 B 类标准的固体不能进行土地施用，但是能够放置于每天覆盖的表面处置单元装置中。

如果 B 类生物固体或生活垃圾进行土地施用，则也必须满足场地限制（参见第 3.1.6 节）。

3.1.4.3　病原体处理工艺

显著降低生物固体病原体水平的工艺过程包括好氧和厌氧消化、空气干燥、碱稳定化处理和堆肥。进一步减少病原体的工艺过程包括 β 射线照射、堆肥、γ 射线照射、热干燥、热处理、巴氏杀菌和嗜热厌氧消化。

市政污水处理厂通常使用以下四个工艺过程之一产生 A 类或 B 类生物固体。

表 20.4　进一步降低病原体的工艺过程

好氧消化	通过空气或氧搅拌污泥而在 15℃下 60 天至 20℃下 40 天的停留时间实施这个工艺过程，挥发性固体降低至少 38%。
空气干燥	允许液体污泥在暗渠排水砂床上，或在铺砌或未铺砌池中排水和/或干燥，其中污泥深度最大 9 in。需要至少 3 个月，对于其中 2 个月日均气温要超过 0℃。

续表

厌氧消化	在20℃下60天至35~55℃下15天的停留时间下无空气存在完成这个工艺过程，而挥发性固体降低至少38%
堆肥	使用容器内置静态充气桩，或窗口堆肥方法，固体污物维持在40℃的最低工作条件下5天。在此期间的4h内，温度超过55℃
石灰稳定化	在2h接触之后需要足够的石灰才能产生pH=12
其他方法	如果污物(挥发性固体)的病原体或病媒吸引力降低至通过任何上述方法实现的相当降低程度，其他方法或操作条件也许可以接受
堆肥	使用容器内堆肥法，固体污物保持在55℃或更高的操作条件下3天。使用静态曝气桩堆肥法，固体污物维持在55℃或更高的操作条件下3天。用料堆堆肥法，固体污物在堆肥期间达到温度55℃或更高至少15天。此外，在高温期间，将有最低5个切屑料堆
热干燥	脱水污泥饼通过直接或间接接触热气体而干燥，水分含量降低到10%或更低。污泥颗粒充分达到超过80℃的温度，或在污泥离开干燥器之处与污泥接触的气体流湿球温度超过80℃
热处理	液体污泥加热至180℃的温度30min
嗜热好氧消化	液体污泥采用空气或氧搅拌而维持35~55℃下15天停留时间下的好氧条件，而挥发性固体降低至少38%
其他方法	如果污物(挥发性固体)的病原体或病媒吸引力降低至通过任何上述方法实现的相当降低程度，其他方法或操作条件也许可以接受。以下列出的任何工艺方法，如果添加到PSRP中，则能够进一步减少病原体
β射线照射	在室温(20℃)下用加速器的β射线以至少1.0兆拉德的剂量照射污泥
γ射线照射	在室温(20℃)下用某些同位素如^{60}Co和^{137}Ce的γ射线以至少1.0兆拉德的剂量照射污泥
巴氏杀菌	在最低70℃的温度下污泥维持至少30min
其他方法	如果污物(挥发性固体)的病原体或病媒吸引力降低至通过任何上述方法实现的相当降低程度，其他方法或操作条件也许可以接受

源自：《40 CFR 257》，附录Ⅱ。

3.1.4.3.1 热干燥

热干燥和造粒工艺过程通常会产生A类生物固体。干燥机通常温度超过70℃，而生物固体保留至少30min，从而满足A类病原体降低的规定。如果再循环缩短保留时间至低于30min，则热干燥机的PFRP时间和温度标准可以适用。干燥工艺过程也必须满足《503法》中热方程的规定。

生产出适销生物固体的热干燥机，可能很容易满足病媒吸引力降低的规定。基本上，如果这些物质不含未稳定化处理的初级污泥，则其必须有至少75%的固体；如果含有则必须有至少90%的固体。

3.1.4.3.2 消化

好氧和厌氧消化系统如果道照设计操作，则通常能够产生B类生物固体。厌氧消化改造系统(如嗜热厌氧消化)可能会产生A类生物固体；这种系统则被当成PFRPs。

3.1.4.3.3 堆肥

如果生物固体的温度维持于55℃或更高温度下3天，则容器内堆肥或静态充气堆系统能够满足A类病原体降低规定。如果生物固体的温度维持于55℃或更高温度下至少15天而料堆在此期间翻动至少 5 次，则料堆堆肥系统能满足 A 类的规定。其他堆肥系统，如果满足时间和温度或病原体测试的要求，则也可能会产生 A 类生物固体。

堆肥系统，为了满足病媒吸引力降低的要求，必须将生物固体加热至超过 40℃ 的温度 14 天；在此期间平均温度必须高于 45℃。

此外，处理之后，堆肥的生物固体必须定期监测病原体的再生。如果病原体水平升高，则这些物质就不可能满足土地施用的规定而可能需要其他处置方式。

3. 1. 4. 3. 4 碱稳定化处理

一种专利性的碱稳定化处理工艺方法是通过 72h 升高 pH 值超过 12 而同时 12h 或更长的时间升高温度超过 52℃，接着空气干燥而产生固体超过 50%的物料，才能满足 A 类病原体降低的规定。其他碱稳定化处理方法，通过经由时间和温度标准的巴氏生物固体杀菌才能满足 A 类标准。还有其他的则经由 PFRP 相当规定满足 A 类标准。

3. 1. 5 病媒吸引力降低的规定

病媒(如苍蝇、老鼠和鸟类)被吸引到挥发性固体。低挥发性固体浓度的物料是不太可能吸引传播感染性疾病剂的病媒。降低病媒吸引力的方案有 10 种。所有生物固体在其能够有益使用之前必须满足其中至少之一。

《503 法》的病原体和病媒吸引力降低规定是很复杂的。对于更多的信息，请参阅 U. S. EPA 的相关指导文件[特别是“EPA《503 法》生物固体法规的通俗英文指南”(*Plain English Guide to EPA Part 503 Biosolids Rule*)(1994)]，该法规本身和其最初出版于《联邦公报》(*Federal Register*)(1993)时的附带序言。

3. 1. 6 管理的实践惯例

当使用未曾满足污染物浓度限值、A 类病原体规定和病媒吸引力降低的散装生物固体时(第 3. 1. 5 节)，土地施用时一定不能

- 将其施用于洪淹、冻结或冰雪覆盖的地面，在这些地方这些物质可能进入湿地或美国其他水域(除非由审批机关授权如此行事)；
- 以超过农艺速率的速率施用(除了当由审批机关授权如此行事时的再生项目)；
- 将其施用于它们可能不良影响受威胁或濒危的物种之地；
- 将其施用于 10m 美国水域(除了当由审批机关授权如此行事)。

此外，生物固体罐装出售或弃置必须同时提供标签或信息表，而提供预备有关正确施用的分析信息之人的名称和地址，包括每年施用速率(这确保年度污染物负荷率处于监管限之内)。

当使用 B 类生物固体时，土地施用者必须确保

- 如果这片土地几乎很少有公众接触暴露(例如，农业土地、填海区和森林)则在施用之后限制公众访问此地 30 天，而如果这片土地存在大量公众接触暴露(例如，公共公园，高尔夫球场、公墓和球场)则施用之后需要为期 1 年的限制出入；
- 施用之后 30 天内动物不能在此场所放牧；
- 施用之后 30 天内不能从该场所收获粮食、饲料或纤维作物；
- 施用之后 14 个月内不能收获地上收获部件和接触土壤的粮食作物(如西瓜、黄瓜、南瓜)；
- 如果生物固体在引入土壤中之前保留于地表面至少 4 个月，则施用之后 20 个月内不

能收获地下收获部件的食物作物(例如，土豆、胡萝卜、萝卜)，或如果生物固体引入土壤中不到 4 个月，则施用之后 38 个月内不得进行对上述作物的收获；

• 如果草皮处于土地上，具有高的公众暴露接触，(例如，草坪)，除非审批机关另有规定，则施用之后为期 1 年不得收获草皮。

3.1.7 监测的规定

对污染物、病原体和病媒吸引力降低进行监测的最低频率，取决于每年使用或处置的固体量。审批者可能强制要求更频繁的监测规定，但经过 2 年的监测之后，他们可能会降低污染物(和有时对病原体)的监测频率。然而，监测频率可能不得低于每年一次。

3.1.8 记录保持的规定

记录保存的规定取决于病原体降低方案，病媒吸引力降低方法和满足的污染物限制，以及生物固体或由生物固体衍生的产物的最终用途。在一般情况下，生物固体或产品的制备人员要负责认证和对有关污染物浓度、病原体降低方案和病媒吸引力降低方法的记录。同时，生物固体或产物施用者负责认证，并记录有关的现场操作施用速率、管理规范和场地限制。除非另有说明，记录应当保存 5 年。

3.1.9 报告的规定

一年一次，所有 I 类固体管理设施和公共所有的处理设施(POTWs)，设计流量至少 4000m^3/d(1mgd)或服务人口至少 10000，则应该向审批机构提交所需记录的数据。

3.1.10 焚烧

《503 法》对固体焚化炉的规定涉及进料固体、焚烧炉本身、炉操作和尾气。该法规并不适用危险固体(按照《40 CFR 261》的定义)或含有超过 50 ppm 多氯联苯的固体的焚烧。它也不适用固体与其他污物共烧的焚化炉，但是焚化炉能够焚烧固体和市政固体废弃物的混合物(作为“辅助燃料”，高达 30%)，仍在《503 法》的监管之下。

此外，该法规并不适用由固体焚烧炉产生的灰烬。设计工程师应该知道，灰烬的处置可能是一个重大的问题。一些州将这种灰烬规定为危险废弃物(虽然联邦法规没有这么做)。

作为 NPDEs 许可证申请的一部分，处理厂必须实施其现有焚烧设施的性能测试，才能确定重金属污染控制的效率，并完成现场特殊条件下的空气分散建模，还应该安装连续排放监测设备。

3.1.11 违禁处置方法(海洋处置法)

《503 法》并未讲述海洋中的固体处置。海洋处置曾经在美国是可接受的而在大西洋沿岸的社区广泛实行。然而，1988 年，美国国会通过了《海洋倾倒禁止法》(Ocean Dumping Ban Act)，该法规使得这种实践做法在 1991 年之后变成非法。虽然仍有一些关于这个决定的科学依据和海洋处置法的环境影响的争议，但是这种方法在美国已不再是一种处置方案，因此在本手册中并未讨论。(海洋处置法，如果研究表明环境影响是可以忽略或有益的，则在其他国家中可能还是一种处置方案。)

3.2 州法规

许多州都颁布了与《503 法》一样严格或更严格的固体处置法规。例如，康涅狄格州就不允许任何生物固体进行土地施用。有些州不允许原始污泥填埋，限制液体生物固体的土地施用，或要求液体生物固体要完全混合到土壤中。这就是为什么设计工程师在对固体管理序列作出决策之前必须查阅州(和地方)法规。

对于有关州生物固体法规的详细信息，请咨询州环境管理机构或查阅国家生物固体合作伙伴的网站(www. biosolids. org)。

4 环境管理系统

国家生物固体合作伙伴(NBP)已经为生产有益用途为目的的生物固体设施开发了环境管理系统(EMS)。该计划旨在帮助企业建立良好的生物固体的管理做法，并对其一贯遵守获得认证。NBP良好实践规范法规定，获认证的企业要承诺

- 遵守所有适用的联邦，州和地方污水处理设施生物固体生产、管理、运输、储存、以及远离设施的生物固体使用或处置的法规；
- 提供对其拟定用途或处置满足适用标准的生物固体；
- 开发生物固体的EMS，包括验证现行生物固体操作有效性的独立第三方的方法；
- 更好地监控生物固体的生产和管理实践惯例；
- 保持对生物固体生产、加工、运输和储存，以及最终使用或处置作业期间的良好管理实践；
- 制定意外事件(例如，恶劣天气、泄漏和设备故障)的应急预案；
- 强化环境而致力于可持续发展、环境可接受的生物固体管理实践和经由EMS的操作；
- 对用于管理固体和生物固体的设备制定和实施设备预防性维护计划；
- 寻求生物固体管理的全方位的不断改善；
- 对监管人员，利益相关者和有兴趣的市民针对有关每种EMS的关键要素，包括有关系统性能的信息提供有效的沟通方法。

5 固体定量

污水处理过程中产生的固体量是一个重要的设计参数，因为它会影响固体处理工艺过程及其所有相关设备的大小尺寸的决策。固体生成速率也影响液体处理工艺过程的大小规模。例如，维持所需固体停留时间(SRT)的二级处理工艺过程的大小规模，将取决于将要产生的固体多少。

5.1 固体数量的估算

尽管工程师普遍认同固体生产在污水处理厂设计中的重要性，但是许多人仍然不理解污水处理厂所产生的固体质量和数量的广泛变化和准确估计固体数量的困难程度。估算固体产量的最好信息源是反映正在处理的污水性质和正在使用的处理工艺的污水处理厂特异性的数据。如果不存在这样的数据，则可以使用默认的方法或复杂的数学模型；然而，设计者应了解，这些估计可能会显著不同于实际结果而因此要对其适用保守的安全系数。

在一般情况下，生活污水通常会产生约0.23 kg/m^3(1千吨/ mil gal)的固体。采用破坏

固体的工艺方法的污水处理厂(例如，消化或热处理)将会生产较少固体，而采用化学品添加的那些则会产生更多的固体。这就是说，0.25 kg/m^{3}是粗略比较的便利基准。

一个估计固体生产的好方法是提供将固体生产关联于每个处理工艺过程设计参数的整个处理厂的质量平衡(见图 20.1)。质量平衡应该体现关键成分[如流量、总悬浮固体(TSS)和生化需氧量(BOD)]和计算过程中使用的工艺假设。它还应该包括脱氮除磷工艺过程中产生的固体。

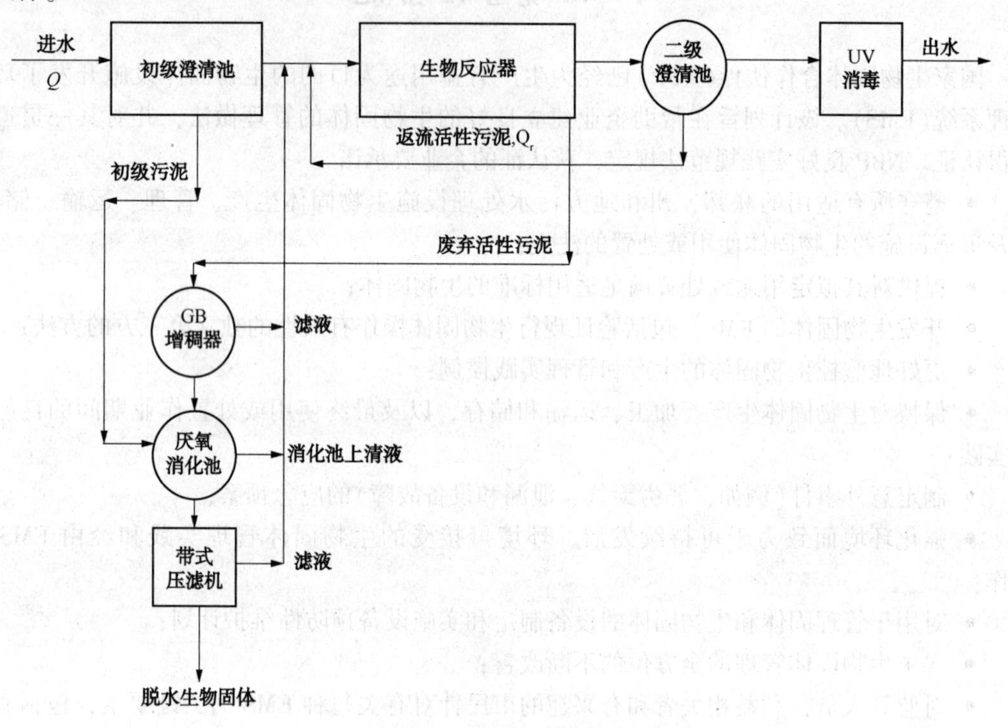

图 20.1 质量平衡实例的工艺流程图

再循环流可以按照以下两种方式之一包含在内。在第一种方式中，工程师假设固定百分数的固体或 BOD 由下游工艺过程再循环至处理厂的渠首，然后，迭代固体平衡直到处理厂渠首假设的再循环量等于每一工艺过程计算的再循环量的总和。

第二种方法是根据历史数据、预期进水强度或类似设施经验估计处理厂的净固体产量。工程师然后使用此信息确定离开污水处理厂的固体量，而通常将其应用到脱水工艺过程的输出端。然后，他们通过质量平衡反向计算具体工艺过程的固体负荷。

在还有的一种方法中，设计者通常必须独立地估算初级、二级和化学固体的量。他们也必须考虑由于工业贡献、暴雨流量、季节性天气条件和膨胀的收集区域变化所致污水特性的预期波动。工程师需要掌握峰值固体产量和昼夜变化，才能对固体处理工艺过程的规模作出正确的决择。

5.2 初级固体的产量

大部分污水处理厂都使用初级沉淀池从污水中去除沉降的固体。初级沉淀是降低二级处理工艺过程的 BOD 和 TSS 负荷相对有效的方法。通过初级沉淀除去的固体量通常与表面溢

流速率或水力停留时间(HRT)相关。初级固体产量和 HRT 之间的关系如下(Koch et al.,1990):

$$去除率 = T/(a + bT) \tag{20.1}$$

式中　去除率——去除率(%);

T——停留时间(min);

a——常数(0.406 min);

b——常数(0.0152)。

这个表达式是由 18 家大型污水处理厂的数据拟合曲线获得的。虽然这是许多污水处理厂的合适模型,但是其预测值可能相差很大(见图 20.2)。事实上,在使用许多污水处理厂的数据时,这个方程提供了合理的近似,但在对仅仅一个污水处理厂绘图时,相关系数往往较差。

图 20.3 给出了将初级固体产量关联于表面溢流速率的一些典型曲线(Great Lakes,2004)。这是估算初级固体产量最常用的方法。然而,其他因素(例如,水力学短路、流量分布较差、密度流和其他机械因素)都能显著影响性能。在无合适的澄清设计情况下,污水处理厂的实际数据可能只显示出性能与表面溢流速率或停留时间之间的较弱相关性。事实上,对于高负荷的初级沉淀池如果简单地就能够找到偶然负去除效率则是非比寻常的。(对于初级沉淀设计准则,请参阅第 12 章)。

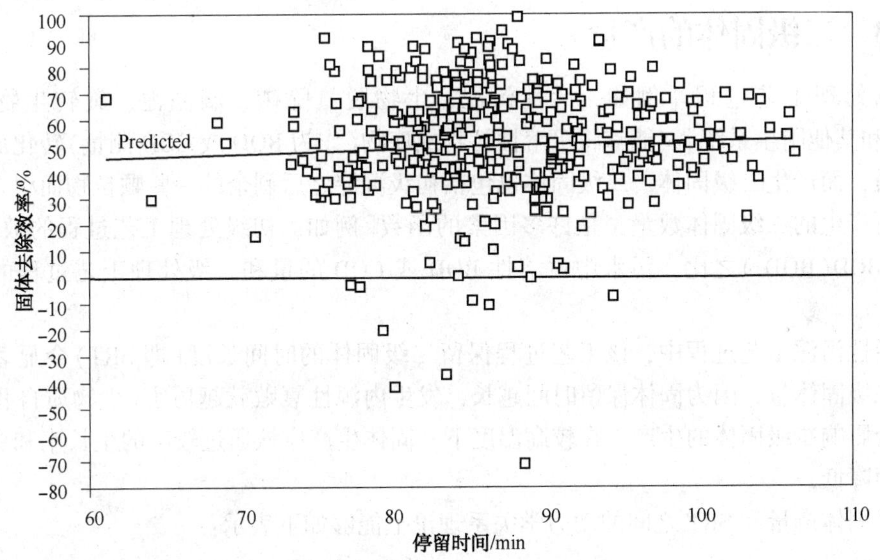

图 20.2　初级沉淀池性能,Cedar Creek—每日数据

BOD 或化学需氧量(COD)在整个初级沉淀池的去除程度,会影响二级处理工艺过程的有机负荷,因此影响二级固体的产量。通常情况下,BOD 去除率约为 TSS 去除率的 50%,但是污水特性能够在任一方向上改变这个比率(Koch et al.,1990)。

停留时间和表面溢流率方法基本上相当于具有类似深度的沉淀池。对于深度小于 4m 或 5m(12~15ft)的处理池,保留时间方法可能更好。添加化学品而提高初级处理性能或除磷的污水处理厂将会产生更多的固体。

在化学增强的初级处理(CEPT)中,化学品(如氯化铁)用于从污水中去除更多的悬浮固

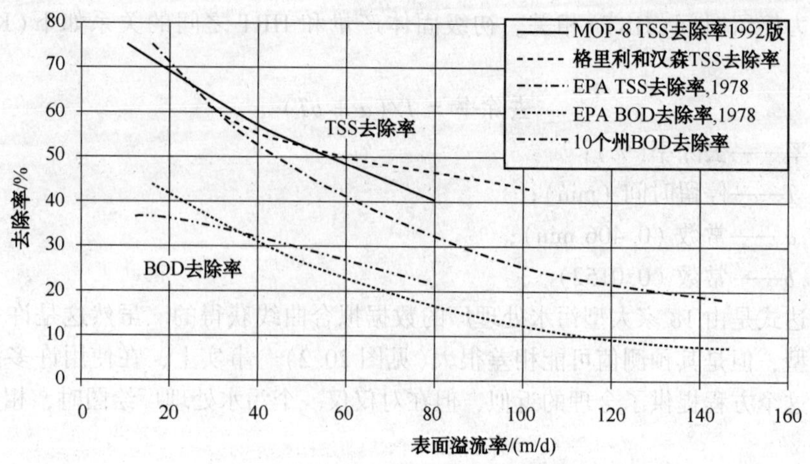

图 20.3　初级沉淀池性能——TSS 和 BOD 去除率

体和 BOD。在初级沉淀之前向渠首添加约 20 mg/L 的氯化铁和 0.2mg/L 的聚合物，已经证明能够增加约 45%的初级固体产量(Chaudhary et al.，1989)。这一增长约 30%是由于悬浮固体去除率更佳所致；而 65%源于化学沉淀及胶体物质的去除(Chaudhary et al.，1989)。(这个问题更详细的讨论，见第 12 章)。

5.3　二级固体的产量

生物处理工艺过程［例如，活性污泥、生物脱氮除磷、滴滤池、旋转生物接触器(RBCs)和其他附生系统］，能够将可溶性污物或底物(作为 BOD 或 COD 测量)转化成微生物或生物质，而产生二级固体。二级固体也包括初级沉淀之后剩余的一些颗粒物而引入到生物质中。所产生的二级固体数量，是许多因素的函数［例如，初级处理工艺过程的效率，TSS 与 5-日 BOD(BOD_5)之比，污水中可溶性 BOD 或 COD 的量和二级处理工艺过程的设计参数］。

在活性污泥工艺过程中，该工艺过程保留二级固体的时间长度(即 SRT)会显著影响所产生的二级固体量，因为固体保留时间越长，发生内源性衰败就越厉害(生物质自我毁灭)。温度也会影响二级固体的生产。在较高温度下，固体生产应该通过较高的生长率和更多内源性呼吸而降低。

二级固体产量和 SRT 之间的动力学关系理论上能够如下表示：

$$Y_{obs} = \frac{Y}{1 + k_d(\theta_c)} \tag{20.2}$$

式中　Y_{obs}——观察的产率，g 生物质/g 底物；

Y——产率，g 生物质/g 底物；

k_d——内源性衰败速率，g 生物质/g 生物质/d；

θ_c——SRT 或 MCRT，d。

底物浓度通过 BOD_5或 COD 表示；通常表示为工艺过程所消耗的 BOD_5或 COD 克数，但是有些设计师却喜欢将其表示为施加的而不是去除的浓度。生物质浓度以 TSS 或挥发性悬浮固体(VSS)表示。(通常情况下，VSS 与 TSS 之比处于 0.7~0.8 的范围内)。这个产率也可以包括二级处理工艺过程的出水生物质和废弃生物质。有些设计工程师使用短语“总产率”(包括出水固体)和“净产率”(不包括出水固体)而区分产率类型。不幸的是，这些词语，连同观察产率和表观产率，在文献中已经互换使用，这可能使得污水处理厂的对照比较变得迷惑不解。表 20.5 中所列出的范围对于产率和内源性衰败系数已经进行了报告而表示为净产量(即，1g TSS 相对于 1g 去除的底物)。

工程师也能够通过固体产量相对于 SRT 作图而获得产率和内源性衰败系数的值(参见图 20.4)。

表 20.5　固体产率系数的典型值

系　　数	基础	范围	典型值
Y	g VSS/g BOD_5	0.4~0.8	0.6
Y	g VSS/g COD	0.25~0.4	0.4
k_d	d^{-1}	0.04~0.075	0.06

图 20.5 包括了莫诺曲线，这因为开创了微生物生长的米氏(Michaelis-Menten)酶动力学应用的科学家而命名(Monod，1949)。这条曲线采用线性回归技术而将这些数据拟合而成上述方程。莫诺曲线的产率和内源性衰变速率系数值分别为 0.731g VSS/g 去除 BOD_5 和 0.055d^{-1}。这些值都处于报道的典型值范围内。

图 20.5 中的数据，强调了典型运行污水处理厂的数据变化。在许多污水处理厂中，很难看出 SRT 和固体产量之间的明确关系。事实上，一些研究人员报告说，固体产量看起来并不受 SRT 的影响(Wilson et al.，1984 和 Zabinski et al.，1984)。然而，当采用多个污水处理厂数据作图时，固体产量和 SRT 之间的关系通常就会变得明显。

从理论上讲，这些系数值也应该随温度而变化。对于给定的 SRT，生长速率和内源呼吸量应该随温度而升高，从而降低了固体的产量。本手册 1992 版显示了在三个温度下一系列将固体产量关联于 SRT 的曲线。在图 20.5 中，也绘制了 1992 版 20℃的曲线；其密切遵循拟合操作数据的曲线。尽管污水温度在该年内发生变化，但是对固体产量的影响可能会被掩盖，因为许多污水处理厂都按季节调节 SRT。许多污水处理厂在整年内几乎没有观察到固体产量的差异，而一些污水处理厂已经报道了较温暖的夏季月份内具有较高固体产量(Koch et al.，1990)。

推导产率系数的方法之一就是相对于食物/微生物(F：M)之比绘制每 kg 曝气挥发性固体的固体产量(U.S. EPA，1979)。这两个表达式的作图将显示作为斜率的产率值和作为截距的内源性衰变率的值。美国 EPA(1979)在《工艺设计手册污泥处理和处置》(*Process Design Manual Sludge Treatment and Disposal*)中提出的典型数据作图获得的数值如表 20.5 中所示。这种方法经常用于从中试装置数据获取动力学参数。

估算二级固体产量的另一种方法是将产量分成三个项(Koch et al.，1990)：

$$\text{净产量} = \text{惰性组分} + a\ \text{VSS} + b\ \text{SBOD} \quad (20.3)$$

式中　a——挥发性固体系数，

b——可溶性 BOD 系数，

VSS——挥发性悬浮固体，

SBOD——可溶性 BOD。

挥发性固体系数处于 0.6~0.8 之间的变化范围内，可溶性 BOD 系数处于 0.3~0.5 之间

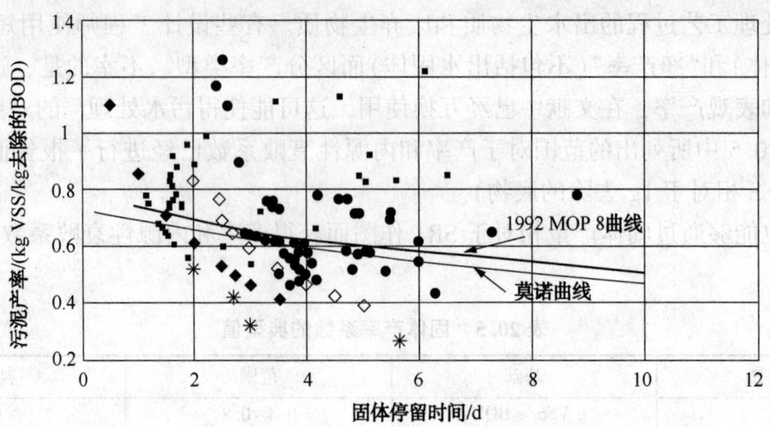

图 20.4　相对于固体停留时间的固体产量(具有初级处理)

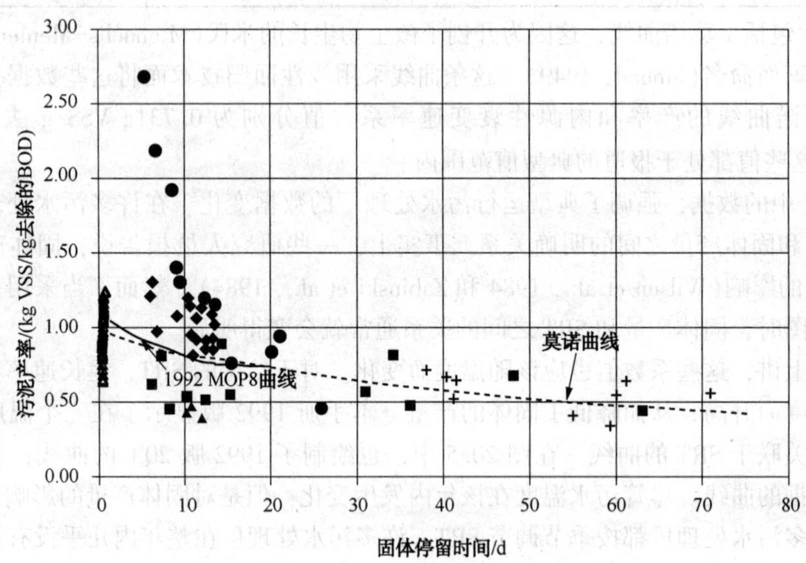

图 20.5　相对于固体停留时间的固体产量(无初级处理)

的变化范围。这两个系数都随着 SRT 升高而降低，是无量纲的量。

这个表达式将生物质产量分成了进水的有机部分(挥发性固体和可溶性 BOD)和无机部分(惰性组分)。该方程右边的每一项代表不同部分的污水进水强度(非挥发性固体和包括颗粒状 BOD_5 和可溶性 BOD_5 的挥发性固体)。挥发性固体和可溶性 BOD 的系数也能够关联于温度和 SRT。

方程(20.4)更复杂的形式适用于由国际水污染研究与控制协会(International Association of Water Pollution Research and Control)(IAWPRC)开发的活性污泥模型 No.1 和 No.2。在这些模型中，固体产量通过分别计算非可降解的 TSS、可降解 TSS、可溶性底物和活性与非活性生物质而进行建模。不同生长速率适用于该工艺过程的厌氧、缺氧和好氧部分中异养和自养微生物。戴格尔等(Daigger et al.，1992)利用活性污泥模型 No.1 开发出了估算短 SRTs 和长 SRTs 固体的方程，对于短 SRTs，他们假设了部分降解或有机颗粒物，而对于长 SRTs，他们假设了可降解 TSS 完全破坏，具体如下：

对于超过 3 天的长 SRTs,

$$Y_{obs} = TSS/BOD_5 + Y_H SBOD_5/BOD_5 \tag{20.4}$$

如果 SRT 短于 3 天,

$$Y_{obs} = \frac{TSS[1 - f_v + f_i f_{nv} + (f_v - f_i f_{nv})(1 - f_D)]}{BOD_5}$$

$$= \frac{Y_H(SBOD_5 + (BOD_5 + SBOD_5)f_D}{BOD_5} \tag{20.5}$$

式中　Y_{obs}——g 生成 TSS /g 去除 BOD_5;

TSS——进水悬浮固体浓度,mg/L;

BOD_5——去除进水 BOD_5浓度,mg/L;

$SBOD_5$——进水可溶性 BOD_5浓度,mg/L;

f_v——TSS 挥发性部分,%;

f_i——惰性生物质部分,%;

f_{nv}——非可降解的 VSS 部分,%;

f_D——以给定 SRT 降解的可生物降解 VSS 的部分,%;

Y_H——异养细胞产率,g 生成悬浮固体/g 去除可溶性 BOD_5。

方程 20.5 和 20.6 中参数的典型值能够查阅其他文献(Daigger et al.,1992)。

对于 TSS:BOD_5之比为 0.6,这表明污水处理厂具有初级处理,方程 20.5 和 20.6 获得的值通常遵循图 20.4 中 SRT 长于 2 天的曲线。对于短于 2 天的 SRT,虽然方程 20.5 和 20.6 获得的值靠近图 20.4 中的数据点,但却高于图 20.4 的曲线。使用两个模型预测不同 SRT 的固体产量,可以提供图 20.4 中数据的更好拟合。然而,对于适用于方程 20.5 和 20.6 的许多参数,有必要假设取值。

设计工程师还应该考虑 COD:BOD_5之比对固体产率的影响。污水处理厂如果具有高 COD:BOD_5比,则往往会产生较高的固体量(U.S. EPA,1987)。另一个可能影响二级固体产量的因素,是除磷的需要。如果二级处理工艺过程包括化学或生物除磷,则产率通常会高于图 20.4 中的那些值。生物磷产量估计的方法可以查阅其他文献(U.S. EPA,1987)并将在"综合固体生产"这一节中讨论。

所有这些方法能够用于估算悬浮生长活性污泥系统的二级固体产量。类似的方法能够适用于附生二级处理系统(例如,RBCs 和滴滤池)。在一般情况下,附生系统的固体生产能够如下表示:

$$净产量 = Y - k_d$$

$$= Y\,BOD_r + k_d AB \tag{20.6}$$

式中　Y——观察产率,g 生物质/g 底物;

k_d——内源性衰败速率,g 生物质/g 生物质 · d^{-1};

BOD_r——去除 BOD;

AB——附着的生物质。

产率系数具有类似于活性污泥系统的 BOD-去除系数的单位(即,g VSS/g 去除的 BOD_5)。附生生物质系数具有活性污泥系统的附生生物质系数相同的单位。附生生物质的量通常直接相关于可供支撑附生生长的表面积。此外,相对于每单位表面积的 BOD_5去除率而对每单位表面积的固体产量作图，能够用于推导污水处理厂数据的装置特异性动力学常数。附生生长系统的产率系数的值类似于悬浮生长系统；然而，附生生长的附生生物质系数值往往较高，而反映附生系统中的长效 SRT。通常附生生长系统的附生生物质系数范围为 0.03～0.40d^{-1}(U.S. EPA, 1979)。

在使用悬浮生长和附生生长的混合系统中，固体生产根据生物质附生多少和悬浮多少而变化。一些研究人员已经报道，产生固体的性质和数量由附生生长为主(Newberg et al., 1988)。

5.4 综合固体的生产

无初级处理工艺过程的污水处理厂产生综合固体。这种初级和二级固体的混合物在数量上显著地大于具有这两种处理工艺处理过程的污水处理厂产生的二级固体(参见图 20.5)(Koch et al., 1997 和 Schultz et al., 1982)。设计工程师能够通过调节用于估计额外固体所占的二级固体产量的产量系数而估计将要产生多少综合污泥。如图 20.5 所示，莫诺曲线(见方程 20.3)的产量和内源性衰败速率系数的值分别为 0.975g VSS/g 去除的 BOD_5 和 0.0177 d^{-1}。

高 SRTs 代表延长的曝气装置和氧化沟装置。虽然图 20.5 表明高 SRTs 倾向于降低固体产量，但是几个污水处理厂所具有的固体产量水平显著地高于这条曲线；因此，工程师在使用这个信息进行设计时应该小心谨慎。图 20.4 和图 20.5 的对比表明，缺乏初级处理的情况下，会提高固体产量系数。在 IAWPRC 模型推导的方程中，通过方程中 TSS/BOD_5的项解释说明初级沉淀的缺乏。

生物脱氮通常会由于硝化和反硝化工艺过程而增加固体的产量(请参阅表 20.6)(U.S. EPA, 1987)。然而，所产生的额外固体往往会被在较高 SRTs 下出现的额外内源呼吸抵消。如果第二底物(如，甲醇)加入进行反硝化，甚至会产生更多的固体。工程师们能够基于所加的底物数量和预期的生物质产量，采用先前在第 5.3 节中介绍的方法而估算这个额外的质量。

生物除磷可能会由于与磷一起累积于生物质中的无机盐而产生更多的固体(U.S. EPA, 1987)。为了估计将会产生多少固体，工程师能够对去除的额外磷质量乘以 4.5 的系数，这基于生物质中磷晶体 140 的分子量(U.S. EPA, 1987)。

5.5 化学固体的产量

设计工程师能够基于预期的化学反应而估算产生的化学固体的量。固体产量一般会与所加的化学品成正比升高；然而，必须考虑竞争反应。例如，加入氯化铁会产生比通过考虑氯化铁反应生成氢氧化铁而估算的结果更多的固体，因为氯化铁优先与磷酸盐反应，而比单独的氢氧物反应会产生更多的沉淀。作为一般规则，工程师们能够假设 1g 以上的固体/1g 所加的氯化铁。同样，加入石灰能够显著地提高固体产量。

这两种化学物质也适用于化学强化的初级处理(CEPT)工艺过程。对于 CEPT 或除磷，加入无机化学品能够提高初级固体的质量和特性。

5.6 质量平衡的实例

质量平衡计算能够获得工程师需要用于设计固体增稠脱水和稳定化工艺过程的数据。以下是具有渠首除砂、初级澄清、重力带式增稠、厌氧消化、带式压滤脱水和紫外消毒的活性污泥装置质量平衡的简化实例(参见表 20.6 和表 20.7)。混合液体悬浮固体从生物反应器废弃。

表 20.6　硝化和反硝化产率因子

工艺过程	基础	典型取值
硝化	g VSS/g 去除 NH_4-N	0.17
反硝化	g VSS/g 去除 NO_3-N	0.8

表 20.7　质量平衡实例的固体特性①

	按照 SI 单位制	按照美国常用单位制
Q[m^3/d (mgd)]	90 850	24.0
QP	227 125	60.0
进水		
BOD/[g/m^3(mg/L)]	300	300
TSS/[g/m^3(mg/L)]	335	335
除砂后的 TSS/[g/m^3(mg/L)]	286	286
固体特性	%	%
初级	4.8	4.8
增稠 WAS	5.5	5.5
硝化 TSS	5.3	5.3
相对密度	1	1
WAS 可生物降解部分	65	65
出水特性		
BOD/[g/m^3(mg/L)]	10	10
TSS/[g/m^3(mg/L)]	14	14
UBOD	1.42 g/g	1.42 g/g

① BOD= 生化需氧量；Q =进水流量；QP = 峰值流量；TSS =总悬浮固体；UBOD= 最终 BOD；和 WAS =废弃活性污泥

质量平衡是一个迭代过程，而这个实例显示了两次迭代。第一次迭代确立再循环流量和浓度。如果第二次迭代的结果并未处于第一次迭代结果的 5%之内，则工程师应该进行第三次迭代。

建立电子表格而将许多迭代所需的各个公式输入，其中，是很方便的。(注意：mg/L 与 g/m^3 是相同的)。

5.6.1　步骤 1：确定进水中 BOD 和 TSS 的质量

a. 质量(kg/d)= 浓度(g/m^3)× Q (m^3/d)/1000g/kg

b. 质量(lb/d)= 浓度(mg/L)× 8.34 × Q (mgd)

进水质量	kg/d	lb/d
BOD	27 255	60 048
TSS	30 435	67 054
除砂后的 TSS	25 983	57 246

5.6.2　步骤 2：估算出水中可溶性 BOD

a. 可生物物降解部分 = 出水 TSS × 65%

b. UBOD＝可生物降解部分 × 1.42

c. 出水 TSS 的 BOD ＝0.68（采用 k ＝ 0.23 d^{-1}获得的）×UBOD

d. 避开处理的出水可溶性 BOD ＝ 出水 BOD － 出水 TSS 的 BOD

	g/m^3	mg/L
确定出水 TSS 的 BOD（可生物降解的部分为 65%）	9.1	9.1
UBOD	12.9	12.9
出水 TSS 的 BOD	8.8	8.8
避开处理的出水可溶性 BOD	1.2	1.2

5.6.3 步骤 3：进行第一次迭代

5.6.3.1 步骤 3.1：*初级沉降*

a. 假设 33%的 BOD 去除率和 70%的 TSS 去除率

b. 计算 BOD 和去除的 TSS 的质量和将要进入生物反应器的 BOD 和 TSS 质量。

c. 质量(kg/d) ＝ 浓度(g/m^3) × Q (m^3/d)/1 000g/kg

d. 质量(lb/d) ＝ 浓度（mg/L）× 8.34 ×Q（mgd）

e. 计算初级出水中 BOD 的浓度

f. 计算初级固体的挥发性部分

初级沉降	按照 SI 单位计	按照美国常用单位计
去除的 BOD/[kg/d (lb/d)]	8 994	19 816
二级处理的 BOD/[kg/d (lb/d)]	18 261	40 232
去除的 TSS/[kg/d (lb/d)]	18 188	40 072
二级处理的 TSS/[kg/d (lb/d)]	7 795	17 174
初级出水 BOD/[g/m^3(mg/L)]	200	200

初级固体的挥发性部分		
进水 TSS 的挥发性部分	0.67	0.67
沙砾中的挥发性部分	0.10	0.10
二级工艺过程引入 TSS 排放的挥发性部分	0.85	0.85
除砂前的进水 VSS/[kg/d (lb/d)]	20 391	44 926
沙砾中去除的 VSS/[kg/d (lb/d)]	445	981
二级进水中的 VSS/[kg/d (lb/d)]	6 626	14 598
初级固体中的 VSS/[kg/d (lb/d)]	13 320	29 348
初级固体中的挥发性部分	0.73	0.73

5.6.3.2 步骤 3.2：*二级工艺过程*

a. 设置工作参数：混合液体悬浮固体(MLSS)，Y_{obs}

b. 计算出水中的 BOD 和 TSS 的质量

工作参数	按照 SI 单位计	按照美国常用单位计
MLSS/[g/m^3(mg/L)]	3 500	3 500
挥发性部分	0.8	0.8
Y_{obs}	0.3125	0.3125
混合液体挥发性悬浮固体(MLVSS) [g/m^3(mg/L)]	2 800	

出水质量

BOD [kg/d (lb/d)]	909	2 002
TSS [kg/d (lb/d)]	1 272	2 802

c. 估算生物工艺过程中产生的 TSS 量(相对于污水处理厂流量，假设初级固体流量较小)

d. 产生的 TSS = [Y_{obs}× Q × (S_o− S)]/10 00 g/kg，其中 S_o = 初级出水中 BOD 的浓度，而 S = 最终出水中可溶性 BOD 的浓度。

e. 产生的 TSS = Y_{obs}× Q × (S_o−S) × 8. 34

f. 估算要废弃的总量，假设挥发性固体浓度为 80%。

g. 估算废弃固体的质量

h. 估算废弃固体的流量

	按照 SI 单位计	按照美国常用单位计
生物工艺过程中产生的 TSS/[kg/d (lb/d)]	5 400	11 907
在 80%的挥发性物质下废弃的 VSS/[kg/d (lb/d)]	6 750	14 883
固定固体（用百分数表示）	1 350	2 977
废弃活性污泥质量（WAS）/[kg/d (lb/d)]	5 478	12 079
流量/[m^3/d (gal/d)]	1 565	413 465

5. 6. 3. 3　步骤 3. 3：重力带式增稠

a. 工作参数

重力带式增稠	按照 SI 单位计	按照美国常用单位计
增稠的固体/%	4. 8	4. 8
固体回收率/%	92	92
相对密度	1	1

b. 确定增稠固体的流量[流量=（WAS 的质量 × 0. 92）/（1 000 × 0. 048）]

	按照 SI 单位计	按照美国常用单位计
流量/[m^3/d (gal/d)]	105	27 737

c. 确定再循环流量

i. WAS 的流量 − 增稠污泥的流量

ii. 计算消化池质量的 TSS 质量=（WAS 质量 × 0. 92）

iii. 计算渠首质量的 TSS 质量=（WAS 的质量 − 消化池 TSS 的质量）

iv. 计算再循环 TSS 中的 TSS 浓度=(TSS 质量 × 1 000 g/kg)/再循环流量

v. 确定 YSS 的 BOD 浓度(BOD = TSS × 0. 65 × 1. 42 × 0. 68)

vi. 计算再循环中 BOD 的质量 [BOD =（浓度 × 流量)/1 000 g/kg]

	按照 SI 单位计	按照美国常用单位计
再循环流量/[m^3/d (gal/d)]	1 460	385 728
消化池的 TSS/[kg/d (lb/d)]	5 040	10 871
渠首的 TSS/[kg/d (lb/d)]	438	1 208

续表

	按照 SI 单位计	按照美国常用单位计
再循环中的 TSS 浓度/[g/m^3(mg/L)]	300	485
确定 TSS 的 BOD 浓度/[g/m^3(mg/L)]	188	305
BOD/[kg/d (lb/d)]	275	606

5.6.3.4　步骤 3.4：厌氧消化

a. 设置工作参数

	按照 SI 单位计	按照美国常用单位计
VSS 破坏率/%	47	47
气体产量/[m^3/kg (ft^3/lb) 破坏的 VSS]	0.9	15
消化池上清液中的 BOD/(mg/L)	1 000	1 000
消化池上清液中的 TSS/(mg/L)	5 000	5 000
消化的固体中 TSS 浓度/%	5	5

b. 确定进料至消化池的总固体和流量

c. TSS 质量 = 初级固体质量 + 增稠的 WAS 质量（TWAS）

d. 计算进料至消化池的 VSS 质量(假设 80%的挥发性物质)

e. 计算进料至消化池的混合物的 VSS 并计算破坏的 VSS（假设 50%的破坏率）

f. 计算消化池初级固体的质量流量（4.8%固体）

g. 计算消化池 TWAS 的质量流量

h. 计算总质量流量

i. 计算以百分比表示的固定固体

j. 计算消化固体中 TSS 的质量

k. 计算气体产量

	按照 SI 单位计	按照美国常用单位计
TSS 质量，源自初级固体和 TWAS	23 228	51 218
总流量/[m^3/d (gal/d)]	471	124 307
进料至消化池的 VSS 质量/[kg/d (lb/d)]	17 352	38 262
进料至消化池的 VSS 质量百分数	74.7%	74.7%
破坏的 VSS/[kg/d (lb/d)]	8 156	17 983
消化池的质量流量-初级固体/[kg/d (lb/d)]	378 920	835 519
TWAS 质量流量/[kg/d (lb/d)]	91 632	202 047
总质量流量/[kg/d (lb/d)]	470 552	1 037 567
固定的固体/[kg/d (lb/d)]	5 876	12 956
消化的固体中 TSS 质量/[kg/d (lb/d)]	14 552	32 087
气体/[kg/d (lb/d)]	7 340	11 248

l. 计算整个消化池的质量平衡

	按照 SI 单位计	按照美国常用单位计
质量输入	470 552	1 037 567
减去气体	7 340	11 248
质量输出	463 212	1 026 318

出水质量

BOD [kg/d (lb/d)]	909	2 002
TSS [kg/d (lb/d)]	1 272	2 802

c. 估算生物工艺过程中产生的 TSS 量（相对于污水处理厂流量，假设初级固体流量较小）

d. 产生的 TSS = [Y_{obs}× Q × (S_o- S)]/10 00 g/kg，其中 S_o= 初级出水中 BOD 的浓度，而 S = 最终出水中可溶性 BOD 的浓度。

e. 产生的 TSS = Y_{obs}× Q × (S_o-S) × 8.34

f. 估算要废弃的总量，假设挥发性固体浓度为 80%。

g. 估算废弃固体的质量

h. 估算废弃固体的流量

	按照 SI 单位计	按照美国常用单位计
生物工艺过程中产生的 TSS/[kg/d (lb/d)]	5 400	11 907
在 80%的挥发性物质下废弃的 VSS/[kg/d (lb/d)]	6 750	14 883
固定固体（用百分数表示）	1 350	2 977
废弃活性污泥质量（WAS）/[kg/d (lb/d)]	5 478	12 079
流量/[m^3/d (gal/d)]	1 565	413 465

5.6.3.3　步骤 3.3：重力带式增稠

a. 工作参数

重力带式增稠	按照 SI 单位计	按照美国常用单位计
增稠的固体/%	4.8	4.8
固体回收率/%	92	92
相对密度	1	1

b. 确定增稠固体的流量[流量=（WAS 的质量 × 0.92）/（1 000 × 0.048）]

	按照 SI 单位计	按照美国常用单位计
流量/[m^3/d (gal/d)]	105	27 737

c. 确定再循环流量

i. WAS 的流量 - 增稠污泥的流量

ii. 计算消化池质量的 TSS 质量=（WAS 质量 × 0.92）

iii. 计算渠首质量的 TSS 质量=（WAS 的质量 - 消化池 TSS 的质量）

iv. 计算再循环 TSS 中的 TSS 浓度=(TSS 质量 × 1 000 g/kg)/再循环流量

v. 确定 YSS 的 BOD 浓度(BOD = TSS × 0.65 × 1.42 × 0.68)

vi. 计算再循环中 BOD 的质量 [BOD = (浓度 × 流量)/1 000 g/kg]

	按照 SI 单位计	按照美国常用单位计
再循环流量/[m^3/d (gal/d)]	1 460	385 728
消化池的 TSS/[kg/d (lb/d)]	5 040	10 871
渠首的 TSS/[kg/d (lb/d)]	438	1 208

续表

	按照 SI 单位计	按照美国常用单位计
再循环中的 TSS 浓度/[g/m³(mg/L)]	300	485
确定 TSS 的 BOD 浓度/[g/m³(mg/L)]	188	305
BOD/[kg/d (lb/d)]	275	606

5.6.3.4 步骤 3.4：厌氧消化

a. 设置工作参数

	按照 SI 单位计	按照美国常用单位计
VSS 破坏率/%	47	47
气体产量/[m³/kg (ft³/lb) 破坏的 VSS]	0.9	15
消化池上清液中的 BOD/(mg/L)	1 000	1 000
消化池上清液中的 TSS/(mg/L)	5 000	5 000
消化的固体中 TSS 浓度/%	5	5

b. 确定进料至消化池的总固体和流量

c. TSS 质量 = 初级固体质量 + 增稠的 WAS 质量（TWAS）

d. 计算进料至消化池的 VSS 质量(假设 80%的挥发性物质)

e. 计算进料至消化池的混合物的 VSS 并计算破坏的 VSS（假设 50%的破坏率）

f. 计算消化池初级固体的质量流量（4.8%固体）

g. 计算消化池 TWAS 的质量流量

h. 计算总质量流量

i. 计算以百分比表示的固定固体

j. 计算消化固体中 TSS 的质量

k. 计算气体产量

	按照 SI 单位计	按照美国常用单位计
TSS 质量，源自初级固体和 TWAS	23 228	51 218
总流量/[m³/d (gal/d)]	471	124 307
进料至消化池的 VSS 质量/[kg/d (lb/d)]	17 352	38 262
进料至消化池的 VSS 质量百分数	74.7%	74.7%
破坏的 VSS/[kg/d (lb/d)]	8 156	17 983
消化池的质量流量-初级固体/[kg/d (lb/d)]	378 920	835 519
TWAS 质量流量/[kg/d (lb/d)]	91 632	202 047
总质量流量/[kg/d (lb/d)]	470 552	1 037 567
固定的固体/[kg/d (lb/d)]	5 876	12 956
消化的固体中 TSS 质量/[kg/d (lb/d)]	14 552	32 087
气体/[kg/d (lb/d)]	7 340	11 248

l. 计算整个消化池的质量平衡

	按照 SI 单位计	按照美国常用单位计
质量输入	470 552	1 037 567
减去气体	7 340	11 248
质量输出	463 212	1 026 318

5.6.3.5　步骤 3.5：上清液和消化固体的流量分布

a. （S/上清液浓度）+（消化污泥中的总质量-S）/污泥中的固体 = 质量输出

b. 计算消化固体的质量（质量 = 消化污泥中 TSS 质量-S）

c. 计算上清液流量{流量 = S/（上清液中固体的浓度（%）] × 1 000 kg/m³}

d. 计算污泥流量 [流量 = 消化固体的质量/（%固体× 1000 kg/m³）]

	按照 SI 单位计	按照美国常用单位计
上清液/%	0.5	0.5
固体/%	5.0	5.0
S	957	2 137
消化固体	13 595	29 950
上清液流量	191	50 538
消化固体流量	272	71 830

e. 确定上清液质量流量的 BOD 和 TSS

f. BOD=（上清液流量 × 1000 g/m³）/1 000 g/kg

g. TSS=（上清液流量× 1000 g/m³）/1 000 g/kg

	按照 SI 单位计	按照美国常用单位计
BOD/[kg/d (lb/d)]	191	422
TSS/[kg/d (lb/d)]	957	2 109

5.6.3.6　步骤 3.6：固体脱水

a. 确立特性

	按照 SI 单位计	按照美国常用单位计
固体饼/%	22	22
sp gr	1.06	1.06
固体捕获率/%	96	96
滤液 BOD 浓度	2 000	2 000

b. 确定固体饼和滤液特性

c. 再循环固体固体= 消化固体× 捕获率

d. 体积 = 再循环固体/（sp gr × 饼状固体×1 000）

	SI	U.S.
固体/[kg/d (lb/d)]	13 051	28 778
体积/(m³/d)	56.0	14 785

e. 确定滤液特性

f. 流量 =（消化污泥流量 - 污泥饼的体积）

g. BOD 质量 =（滤液 BOD 浓度 × 流量）/1 000

h. TSS 质量 = 消化固体× 未捕获的百分数

	按照 SI 单位计	按照美国常用单位计
流量	216	57 045
BOD 质量	432	952
TSS 质量	544	1 198

5.6.3.7　步骤 3.7：再循环流量汇总

	按照 SI 单位计	按照美国常用单位计
再循环流量	1 867	493 311
再循环 TSS	1 939	4 275
再循环 BOD	898	1 981

5.6.4 步骤 4：进行第二次迭代

5.6.4.1　步骤 4.1：初级沉淀的新进水浓度和 BOD 和 TSS 的质量

a. 计算进入初级沉淀池的新 TSS 质量（质量 = 进水 TSS + 再循环 TSS）

b. 计算进入初级沉淀池的新 BOD 质量(质量 = 进水 BOD + 再循环 BOD)

c. 计算 BOD 去除率（假设 33%）

d. 计算 TSS 去除率（假设 70%）

	按照 SI 单位计	按照美国常用单位计
初级处理池的进水 TSS = 进水 + 再循环/(kg/d)	27 919	61 562
初级处理池的进水 BOD = 进水 + 再循环/(kg/d)	28 153	62 077
去除 BOD/[kg/d (lb/d)]	9 290	20 485
生物反应器的 BOD/[kg/d (lb/d)]	18 862	41 592
去除的 TSS/[kg/d (lb/d)]	19 543	43 093
生物反应器的 TSS/[kg/d (lb/d)]	8 376	18 469

5.6.4.2　步骤 4.2：二级工艺过程

a. 利用目标 F：M 之比和初始 MLVSS 浓度，计算生物反应器体积

b. 设置目标 SRT

c. 计算新流量（进水流量 + 再循环流量）

d. 计算新生物反应器进水 BOD 浓度 {BOD = [生物反应器的 BOD 质量（kg/d）× 1 000 g/kg]/流量(m^3/d)}

e. 计算 MLVSS 的浓度{MLVSS = [(SRT × Q)/V] × [Y × (S_o−S)]/[1 + (kd × SRT)]}

f. 计算 MLSS（假设 80%的挥发性固体）

g. 计算新的细胞生长 {新细胞 = [Q × Y_{obs} × (S_o−S)]/1000}

h. 计算 TSS 的质量 MLSS + 新细胞

i. 计算增稠 WAS 的 WAS = TSS 的质量- 出水 TSS 的质量

j. 计算流量[流量=（WAS × 1 000）/MLSS]

	按照 SI 单位计	按照美国常用单位计
目标 F：M 之比	0.35	0.35
生物反应器体积/[m^3 Mgal]	18 559	4.90
SRT/d	10	10
Y	0.5	0.5
k_d	0.06	0.06
流量/[m^3/d (mg/d)]	92 717	24.5
BOD 浓度	203	203
新 MLVSS 的浓度	3 044	3 044
MLSS	3 805	3 805

续表

	按照 SI 单位计	按照美国常用单位计
新细胞的质量	5 649	5 649
TSS 质量/[kg/d (lb/d)]	7 062	15 571
增稠的 WAS	5 790	12 767
流量	1 522	3 355

5.6.4.3 步骤 4.3：重力带式增稠

a. 确定增稠污泥的流量；

流量 = (WAS 的质量 × 0.92)/(1 000 × 0.048) (20.8)

b. 确定再循环流量

i. WAS 的流量 - 增稠污泥的流量

ii. 计算消化池 TSS 的质量 = WAS 的质量 × 0.92

iii. 计算进水 TSS 的质量= WAS 的质量 - 消化池污泥质量

iv. 计算再循环中 TSS 的浓度= 质量 TSS × 1000 g/kg)/再循环流量

v. 确定 TSS 的 BOD 浓度；BOD = TSS × 0.65 × 1.42 × 0.68

vi. 计算再循环中 BOD 的质量；BOD = (浓度 × 流量)/1000 g/kg

	按照 SI 单位计	按照美国常用单位计
流量	111	29 316
再循环流量	1 411	372 664
消化池的 TSS/[kg/d (lb/d)]	5 327	11 745
渠首的再循环 TSS/[kg/d (lb/d)]	463	1 021
TSS/[g/m^3(mg/L)]	328	328
TSS 中的 BOD 浓度/[g/m^3(mg/L)]	206	206
BOD 质量/[kg/d (lb/d)]	291	641

5.6.4.4 步骤 4.4：厌氧消化

a. 设置工作参数

工作参数	按照 SI 单位计	按照美国常用单位计
SRT (天)	10	10
VSS 破坏率(%)	47	47
气体产量/[m^3/kg (ft^3/lb)] 破坏的 VSS	0.9	15
消化池上清液中的 BOD/(mg/L)	1 000	1 000
消化池上清液中的 TSS/(mg/L)	5 000	5 000
消化固体中的 TSS 浓度/%	5	5

b. 确定进料至消化池的总固体和流量

c. TSS 质量 =初级固体质量+ TWAS 质量

d. 计算进料至消化池中的 VSS 质量，假设 80%的挥发性固体

e. 计算进料至消化池的混合物的 VSS 并计算破坏的 VSS ，假设 50%的破坏率

f. 计算消化池初级固体的质量流量 (4.8%的固体)

g. 计算消化池 TWAS 的质量流量

h. 计算总质量流量

i. 计算以百分数计的固定固体

j. 计算消化固体中 TSS 的质量

k. 计算气体产量

	按照 SI 单位计	按照美国常用单位计
TSS 质量，源自初级固体和 TWAS	24 872	54 842
总流量/[m^3/d (gal/d)]	459	121 233
进料至消化池的 VSS 质量/[kg/d (lb/d)]	17 552	38 702
进料至消化池的 VSS 质量百分数	71%	71%
破坏的 VSS/[kg/d (lb/d)]	8 249	18 190
消化池的质量流量-PS/[kg/d (lb/d)]	407 191	897 857
TWAS 质量流量/[kg/d (lb/d)]	96 848	213 549
总质量流量/[kg/d (lb/d)]	504 039	1 111 406
固定固体/[kg/d (lb/d)]	7 320	16 140
消化固体中的 TSS 质量/[kg/d (lb/d)]	16 096	35 491
气体/[kg/d (lb/d)]	10 177	11 378

l. 计算整个消化池的质量平衡

	按照 SI 单位计	按照美国常用单位计
质量输入	504 039	1 111 406
减去气体质量	10 177	11 378
质量输出	493 861	1 100 028

5.6.4.5　步骤 4.5：上清液和消化固体的流量分布

a. (*S*/上清液浓度) +(消化污泥中的总质量-*S*)/污泥中的固体 = 质量输出

b. 计算消化固体的质量(质量) = 消化固体中 TSS 的质量-*S*

c. 计算上清液流量，流量 = *S*/上清液中固体的浓度(%) ×1 000 kg/m^3

d. 计算固体流量 (流量) = 消化固体质量/(%固体× 1 000 kg/m^3)

	按照 SI 单位计	按照美国常用单位计
上清液/%	0.5	0.5
固体/%	5.0	5.0
S	955	2 168
消化固体	15 141	33 323
上清液流量	191	50 470
消化固体流量	303	79 994

e. 确定上清液质量流量的 BOD 和 TSS

f. BOD= (上清液流量 × 1 000 g/m^3)/1 000 g/kg

g. TSS= (上清液流量 ×1 000 g/m^3)/1 000 g/kg

	按照 SI 单位计	按照美国常用单位计
BOD/[kg/d (lb/d)]	191	191
TSS/[kg/d (lb/d)]	955	955

5.6.4.6　步骤 4.6：固体脱水

a. 确立特性

	按照 SI 单位计	按照美国常用单位计
固体饼/%	22	22
sp gr	1.06	1.06
固体捕获率/%	96	96
滤液 BOD 浓度	2 000	2 000

b. 确定固体滤饼和滤液特性

c. 再循环固体= 消化固体× 捕获率

d. 体积 = 再循环固体/(sp gr × 滤饼固体× 1 000)

	按照 SI 单位计	按照美国常用单位计
固体/[kg/d (lb/d)]	14 535	32 049
体积 /(m^3/d)	62.3	16 465

e. 确定滤液特性

f. 流量 = 消化污泥流量-固体滤饼体积

g. BOD 质量 = (滤液 BOD 浓度 × 流量)/1 000

h. TSS 质量 = 消化固体× 未捕获固体的百分数

	按照 SI 单位计	按照美国常用单位计
流量	240	63 529
BOD (质量)	481	1 061
TSS (质量)	606	1 335

5.6.5 步骤 5：产生再循环流量的汇总

	第一次迭代		第二次迭代		百分数之差
	按照 SI 单位计	按美国常用单位计	按 SI 单位计	按美国常用单位计	
再循环流量	1 867	493 311	1 842	486 663	1%
再循环 TSS	1 939	4 275	2 024	4 463	-4%
再循环 BOD	898	1 981	963	2 123	-7%

6 固体特性

当设计固体处理设施(例如，传送、整理、增稠或脱水系统)时，工程师必须知晓所涉及的固体特性和体积。有几种类型的固体(例如，初级、二级、混合初级、化学的和生物的固体)，其特性取决于许多因素(例如，工业污物百分数、地面垃圾和污水中的侧流、化学沉淀剂和混凝剂的使用、工艺过程控制、峰值负荷和天气条件以及所选择的处理工艺过程)。

还有许多可供利用的文献，可以帮助设计师获得固体源、特性和数量的详细信息。然而，本手册侧重于污水处理厂的设计，因此仅仅讲述显著影响设计过程的主题。

6.1 初级固体

大多数污水处理厂都使用初级沉淀去除可沉降固体，这些可沉降固体能够经过重力作用进行增稠。所谓的初级固体，是由有机固体、砂砾和无机细小粒子构成。初级固体通常泵送至下游进行进一步增稠，稳定化处理和脱水。接着，进行施用或处置。

初级固体组成在污水处理厂中——不同日期，不同小时是广泛不同的。表 20.8 提及了典型的组成(ASCE，1998；U.S. EPA，1979)。

表 20.8 初级固体的特性

参数	浓度（以干重为基础）	参数	浓度（以干重为基础）
总固体	2.0~8.0	蛋白质/% TS	20~30
总挥发性固体/% TS	60~80	纤维素/% TS	8~15
油脂/% TS	5.0~8.0	氮/% TS	1.5~4.0
磷/% TS	0.8~2.8	pH	pH 5.0~8.0

总固体浓度依赖于从初级沉淀池去除固体的速率。如果去除迅速，则就可以预期具有较低的固体浓度。有些污水处理厂去除固体速度比较慢，尤其是采用初级沉淀池作为重力增稠器的情况更是如此。

污水处理厂如果同时接受卫生污水和雨水，或具有高贡献的渗透和流入流量时，在体积和挥发性固体浓度方面将会产生差别很大的初级固体，但因为所有无机物和沙砾而使它们仅仅含有 60%VSS。

向初级沉淀池加入无机化学品的污水处理装置，将会产生具有较低 VSS 和较高磷浓度的固体。

初级固体的重金属含量取决于向污水处理厂排放污水的工业类型。对于向初级沉淀池加入无机化学品(例如，氯化铁或石灰)的污水处理厂，这可能会较高。

6.2 二级处理的固体

二级固体是在可溶性污物和初级出水中的其他粒子经由好氧生物处理工艺过程(如活性污泥、滴滤池和 RBCs)产生的。通常情况下，生物污泥比初级固体和大多数化学固体更难以增稠或脱水。

表 20.9 显示了二级固体的典型组成(ASCE，1998 和 U.S. EPA，1979)。具有高 F：M 之比的污水处理厂往往会因为所出现的内源性呼吸较少而产生比传统活性污泥污水处理厂更高的氮水平。具有生物除磷工艺过程的污水处理厂将会产生具有较高磷含量的固体。处理大量工业污水的污水处理厂可能会产生具有较高重金属浓度的固体。

表 20.9 二级处理固体特性

参数	浓度（以干重为基础）	参数	浓度（以干重为基础）
总固体/%	0.4~1.2	蛋白质/% TS	32~41
总挥发性固体/% TS	60~85	氮/% TS	2.4~7.0
油脂/% TS	5~12	pH	pH 6.5~8.0
磷/% TS	1.5~3.0		

6.3 混合固体

通常情况下，通过初级和二级固体混合而产生的流量具有更像二级固体的性质。然而，这取决于每种类型的比例及其组成。

6.4 化学固体

化学固体是向污水中加入金属盐或石灰而提高悬浮固体去除率或沉淀磷所致。通常情况下，石灰会提高增稠和脱水性能，同时铁和铝盐能够改进脱水。化学固体的特性受污水化学、pH 值、混合作用、反应时间和絮凝的机率影响。即，它们通常因为混凝剂中的重金属和与铁和铝共沉淀的那些物质而比其他固体含有更多的重金属。

7 预处理方案

固体经过预处理之后而从初级处理和沉淀池中去除时有助于泵送和随后的处理。最常见的预处理包括除砂、碾磨和筛分。碾磨和筛分由于污水处理厂努力提高其生物固体质量而正在变得越来越受欢迎。

7.1 除砂

砂粒通常从原始污水中比从初级污泥流中更容易和更有效地去除。因此，当前的设计实践，有利于在渠首安装除砂和加工设施，在这些设施中原始污水会先进入处理装置。这种实践做法降低了对进水泵送系统(除砂位于湿井上游)和初级固体泵送，管道，增稠和消化系统的磨蚀。有效地从原始污水中除砂也能够降低增稠和消化池中的砂砾堆积。

然而，一些污水处理厂的运营商已经发现，将沙砾和初级固体一起拦截而不是分开去除是更方便的。这些污水处理厂通常使用水力旋流器(或其他诱导切线流量的设备)而从初级固体中除去沙砾。为了通过水力旋流器有效地去除 100~150 目的砂砾颗粒，固体浓度应该小于 1%(最好接近 0.5%)。第 11 章中讨论的一些除砂设备也可以用于从初级污泥中去除砂粒。

7.2 碾磨

碾磨工艺过程将大固体切割或剪断成更小的颗粒物而防止在下游工艺过程中出现操作问题(参见表 20.10)。切碎泵通常就适用于这个应用目的；它们既能切碎又能运送固体。

表 20.10 碾磨之后的工艺过程

工艺过程	碾磨目的
热处理	防止高压泵和换热器堵塞
喷嘴盘和无孔转鼓式离心	防止喷嘴和喷嘴盘之间堵塞；喷嘴盘单元也可能需要精心筛分
加氯氧化	增强氯与污泥颗粒接触
采用螺杆泵泵送	防止 3L/s(50gpm)或更小容量的泵堵塞
带式压滤	防止大颗粒物对过滤带产生损坏

如今，越来越多的污水处理厂采用在线磨床，而尽量降低设备清洗或维护的停机时间。根据设计要求他们能够将固体剪切成 6~13mm(0.25~0.5in)的颗粒，并能够处理稀的或增稠的固体。

固体浸渍机——碾磨机工作时就像绞肉机一样(见图 20.6)。其多刀切刀在钻孔网格板上迅速旋转，迫使这些固体通过网格板。孔道的尺寸大小和刀片的速度决定了颗粒变小的程度。孔道范围从直径 11mm(0.44in)到 26~38mm(0.6~1.5in)宽不等。

磨床能够产生标称的压力升高，但是设计工程师应该假设通过该单元装置的净压头增益为零。他们通常安装于固体泵的吸入侧，而防止泵堵塞。如果磨床必须位于泵的排出侧，则排放压力必须较低(向制造商咨询安装指南)。高压泵排放将会缩短磨床密封和轴的寿命。

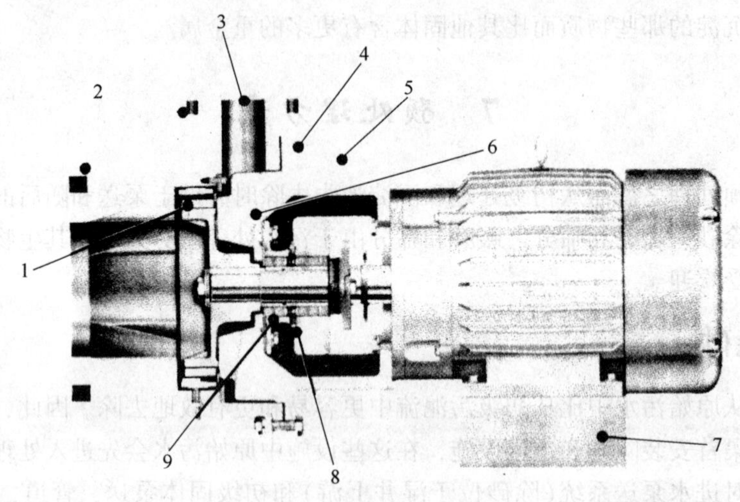

图 20.6 浸渍机——磨床

1—硬质合金叶轮尖端；2—排放和吸入法兰；3—排放端口；4—遮棚建筑；5—吊装孔；6—挠曲面，7—安装底座(水平的或垂直的)；8—填缝密封连接；9—密封

虽然磨床将较容易地处理大的有机颗粒，但是岩石和金属物体可能会造成广泛的损坏。因此，他们必须经由装置或下沉至沉淀池中而受到保护。单磨床设计会使用集水池，在磨床之前固体管线中通过标准十字构成。集水池底部有一个可以定期通过十字架的顶端部分抬升而取出的篮筐。沿着管道底部流动的重物降落到筐内，从而保护磨床。

最近，厂商已经开发出传感堵塞的低速液压或电动磨床。浸渍机/在线固体磨床拥有两套反向旋转啮合的刀具，能够夹陷和剪切固体；产生恒定粒度(见图 20.7)。刀具分层安装于两个钢质或不锈钢传动轴上而连续刀具之间具有中间间隔。这些间隔物由刀具相同的材质制成。传动轴以不同的速度反向旋转，在切割刀具中产生自清洁行为。

7.3 筛滤

如果大开孔用于筛滤原始污水，则大量物质都能够通过。当然，这是针对大流量使用。如果采用较小的筛孔筛滤污泥(该流量要小得多)，则将会去除更多的物质。然而，原始污水筛滤技术在过去几十年中已经得到显著改进，这使得用于筛滤原始污水的筛孔越来越小。许多老污水处理厂具有较大筛孔的筛滤；因此，对于简单筛滤污泥，更具成本效益。此外，较小的碎片能够凝聚成大块。这能够在曝气池中观察到，在曝气池中湍流会导致纤细物质“拉拢”而聚结成污泥中更大的固体，比进水中精细的物质更容易去除。在这种应用环境中前耙筛滤模式优先使用，保持其部

图 20.7 在线磨床

件移动而防止永久地陷于固体之中。

另一种备选方案是使用在线筛滤，这种筛滤可供使用的容量高达约 32 L/s(68 ft^3/min)。筛滤开孔通常为 5mm，但是高达 10mm 的开孔也能够使用。筛余物能够包含高达 30%~40% 的干固体；固体产量随着固体浓度的增加而降低。因此，举例而言，如果污水处理厂筛滤干固体浓度约 5%的初级污泥，则每立方米的固体流量将会以约 0.3~1.0kg 干固体的速率产生压实筛余物。最大入口压力为约 100kPa(14.5 $lb/in.^2$)。虽然在整个筛滤上的压降取决于进料速率、固体浓度和筛滤开孔，但是这个压降的范围通常为约 15~50kPa(2~7 $lb/in.^2$)。如果压力下降太多，则会造成固体堵塞筛滤进口侧，设计工程师能够在筛滤下游增加一个在线增压泵。

8　参考文献

American Society of Civil Engineers (1998) Manual of Practice on Transport of Water and-*Wastewater Residuals.*

Chaudhary, R.; et al. (1989) Evaluation of Chemical Addition in the Primary Plant at Los Angeles 11 Hyperion Treatment Plant. *Proceedings of the 62nd Annual Water Pollution Control Federation Technical Exposition and Conference*; San Francisco, California, Oct 15 - 19; Water Pollution Control Federation: Washington, D. C.

Daigger, G. T.; Butzz, J. A. (1998) *Upgrading Wastewater Treatment Plants*, 2nd ed.; Water Quality Management Library, Vol. 2; CRC Press: Boca Raton, Florida.

Great Lakes - Upper Mississippi River Board of State and Provincial Public Health and Environmental Managers (2004) *Recommended Standards for Wastewater Facilities*; Health Research Inc.; Health Education Services Division: Albany, New York.

Koch, C.; et al. (1990) Spreadsheets for Estimating Sludge Production. *Water Environ. Technol.*, 2 (11), 65.

Koch, C.; et al. (1997) A Critical Evaluation of Procedures for Estimating Biosolids Production. *Proceedings of the Joint Water Environment Federation and American Water Works Association Specialty Conference*; *Residuals and Biosolids Management*: *Approaching* 2000; Philadelphia, Pennsylvania; Water Environment Federation: Alexandria, Virginia; American Water Works Association: Denver, Colorado.

Monod, J. (1949) The Growth of Bacterial Cultures. *Annu. Rev. Microbiol.*, 3, 371.

Newberg, J. W.; et al. (1988) Unit Process Trade-Offs for Combined Trickling Filters and Activated Sludge Processes. *J. Water Pollut. Control Fed.*, 60, 1863.

Schultz, J.; et al. (1982) Realistic Sludge Production for Activated Sludge Plants without Primary Clarifiers. *J. Water Pollut. Control Fed.*, 54, 1355.

Standards for Use and Disposal of Sewage Sludge (1993). *Fed. Regist.*, 58 (32), 9248 - 9415; Feb 19.

U. S. Environmental Protection Agency (1979) *Process Design Manual*: *Sludge Treatment and Disposal*; EPA-625/1-79-011; U. S. Environmental Protection Agency: Washington, D. C.

U. S. Environmental Protection Agency (1987) *Design Manual: Dewatering Municipal Wastewater Sludges*; EPA - 625/1 - 87 - 014; U. S. Environmental Protection Agency: Washington, D. C.

Wilson, T.; et al. (1984) Operating Experiences at Low Solids Retention Time. *Water Sci. Technol.* (G. B.), 16, 661.

Zabinski, A.; et al. (1984) Low SRT: An Operator's Tool for Better Operation and Cost Savings. *Proceedings of the 57th Annual Water Pollution Control Federation Technical Exposition and Conference*; New Orleans, Louisiana, Sep 30 - Oct 5; Water Pollution Control Federation: Washington, D. C.

9 推荐读物

Olstein, M.; et al. (1996) *Benchmarking Wastewater Treatment Plant Operations*; Interim Report; Water Environment Research Foundation: Alexandria, Virginia.

Patrick, R.; et al. (1997) *Benchmarking Wastewater Operations, Collection, Treatment and Biosolids Management*; Project 96-CTS-5; Water Environment Research Foundation: Alexandria, Virginia.

Tabak, H. H.; et al. (1981) Biodegradability Studies with Organic Priority Pollutant Compounds. *J. Water Pollut. Control Fed.*, 53, 1503.

U. S. Environmental Protection Agency (1982) *Fate of Priority Pollutants in Publicly Owned Treatment Plants*; EPA - 440/1 - 82 - 303; U. S. Environmental Protection Agency, Technology Transfer: Cincinnati, Ohio.

U. S. Environmental Protection Agency (1986) *Superfund Public Health Evaluation Manual.* EPA-540/1-86-060; U. S. Environmental Protection Agency, Technology Transfer: Cincinnati, Ohio.

U. S. Environmental Protection Agency (1992) *Control of Pathogens and Vector Attraction in Sewage Sludge*; EPA - 625/R - 92 - 013; U. S. Environmental Protection Agency: Washington, D. C.

U. S. Environmental Protection Agency (1994) *A Plain English Guide to EPA's Part* 503 *Biosolids Rule*; EPA-83Z/R-93/003; U. S. Environmental Protection Agency: Washington, D. C.

U. S. Environmental Protection Agency (1995) *Process Design Manual for Suspended Solids Removal*; EPA-625/1-75-003a; U. S. Environmental Protection Agency: Washington, D. C.

Weiss, G., Ed. (1986) *Hazardous Chemical Data Book*; Noyes Data Corp.: Park Ridge, New Jersey.

第 21 章　固体存储和运输

1　概述

本章讨论了运输残余物和生物固体的方法。第 11 章涵盖了砂砾脱水和筛余物。第 22，23，24 和 25 章讨论增稠、脱水和固体处理的方法。

本章讨论的固体运输方法是目前美国通行的方法。在设计固体运输系统时，工程师应该考虑这些系统预期将要服务的年限并有助于设备具有足够的灵活性，无论技术、法规、经济和固体特性如何变化都能保持有用。每当有可能确定实际工作条件和成本时，设计师还应该研究全规模工作系统，而随后决定不确定性的裕度。

1.1　流动特性

污水残余物的流动特性(流变学)不能简单地进行定义。根据不同的工艺过程和不同的污水处理厂，他们有很大的不同(Wagner，1990；Levine，1986 和 1987；Borrowman，1985；Carthew et al. ，1983；Mulbarger et al. ，1981；和 U. S. EPA，1979)。因为残余物的流变性能直接影响管道摩擦损失，则压头损失特性也广泛不同。

固体含量是一个重要的流变参数。一般来说，流体的固体浓度较高，其剪切应力、密度和黏度也较高。黏度随着固体浓度增加而呈指数增加(Brar et al. ，2005，以及本文中的参考文献)。

残余物流变学特性也强烈地受到这些物质所受的处理类型影响(Guibaud et al. ，2004，Brar et al. ，2005)。例如，3%原始的新鲜未水解的固体比 4%的热碱水解固体具有较高的表观黏度(Brar et al. ，2005)。同样，消化固体比具有相同水分含量的原始或未消化固体能够更容易泵送(见图 21. 1)(U. S. EPA，1979)。为了推导固体的近似压头损失，设计工程师应该计算水的压头损失并将此结果乘以图 21. 1 中对应于残余物固体浓度的因子。当速率为 0. 8~2. 4m/s(2. 5~8ft/s)时且预期无触变行为或严重阻碍(如，来自油脂)时，这能够提供粗略的估计。

为了设计目的，残余物能够基于固体浓度分成几种不同的类别(见表 21. 1)。[对于有关固体浓度和残余物的更详细信息，请参阅《污水处理厂残余物的运输》(*Conveyance of*

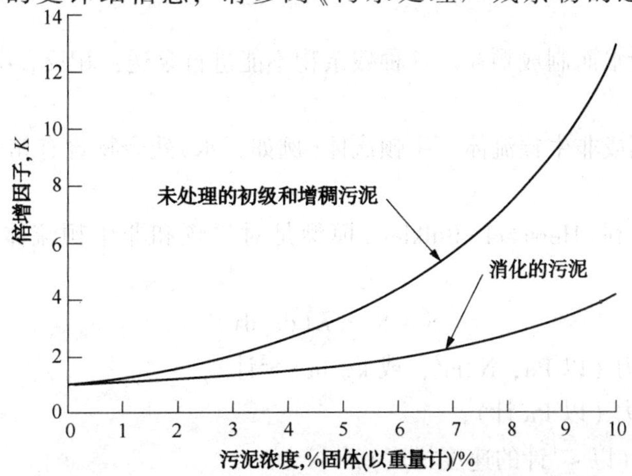

图 21. 1　层流水计算的压头损失适用的近似倍增因子(基于固体浓度)(摘自 U. S. EPA，1979)

Wastewater Treatment Plant Residuals)(ASCE，2000)]。稀残余物含有不到5%的固体。这种残余物通常包括废弃活性污泥(WAS)，其中包含了不到2%的固体，和初级处理污泥，其中包含不到5%的固体。

表 21.1　根据固体类型和含量的水和污水触变残余物的分类

固体类型①	温度/℃	增稠固体/% TS	触变固体		可压实颗粒	
			低-中黏度/% TS	中-高黏度/% TS	湿固体/% TS	干固体
RPS	10~20	5~10	20~26	24~40	35~65	65+
RWAS	10~25	3~7	10~16	14~25	22~65	65+
R (PS + WAS)①	10~25	4~8	13~20	18~31	28~65	65+
DPS	20~30	5~10	20~28	24~40	35~65	65+
SWAS	20~30	3~7	10~16	14~25	22~65	65+
D (PS + WAS)②	20~30	4~8	13~20	18~31	28~65	65+
明矾 [$Al(OH)_3$]③	5~25	3~7	8~15	13~30	25~60	65
铁 [$Fe(OH)_3$]④	5~25	3~7	8~15	15~35	30~60	65
石灰 ($CaCO_3$)	5~25	15~30	8~15	25~50	70~80	80+

① R = 原始的，D = 消化的，PS = 初级污泥，和 WAS = 废弃活性污泥。
② 50∶50 PS 和 WAS 的混合物。
③ $AlPO_4$ 和 $FePO_4$ 行为类似于氢氧化物部分。
④ 源自重力分离脱水的流体床燃烧灰。

增稠残余物，这通常通过机械增稠工艺过程产生，包含更多的固体。这种残余物从3%固体含量的WAS到固体含量10%的初级污泥不等。他们有较高的黏度，而不能通过离心泵进行可靠处理。

脱水往往使残余物变得具有触变性，而其流变学取决于时间和所施加的应力。尽管工程师能够设计泵送系统处理这些触变材料，但是相关数据的有限可利用性使现场特异性研究更加重要。

残余物进一步脱水而制成颗粒。这种残余物不能进行泵送；相反，必须通过传送带或类似设备运输。

液体可能是牛顿或非牛顿流体。牛顿流体(例如，水)残余物含有超过3%的固体则不遵循牛顿行为。

赫歇尔-布尔克利(Herschel-Bulkley)模型是对牛顿和非牛顿流体的流变行为建模的方程：

$$S = S_y + K(dv/dy)^n \tag{21.1}$$

式中　S——剪切应力(以Pa，N/m^2，或$kg/m \cdot s^2$计)，

S_y——屈服应力(以Pa计)，

dv/dy——剪切率(以s^{-1}计的速度梯度)，

K和n——流体常数。

当 $S_y=0$ 而 $n=1$ 时，则该模型描述了牛顿流体而方程 21.1 变成

$$S=\mu\ (dv/dy) \tag{21.2}$$

其中　μ= 绝对黏度（以 Pa·s 计）。

当 $S_y\neq 0$ 而 $n=1$ 时，则该模型描述宾汉(Bingham)塑性流体：

$$S=S_y+R_c(dv/dy) \tag{21.3}$$

式中　R_c= 刚性的系数（Pa·s）。

当 $S_y=0$ 而 $n\neq 0$ 时，该模型描述了假塑性奥斯沃尔特迪怀尔(Ostwald de Vaele)或剪切变稀流体，而该方程变成：

$$S=K(dv/dy)^n \tag{21.4}$$

式中　K——流体稠度指数，

n——流动行为指数。

对于宾汉塑性模型还是假塑性模型更适合描述增稠和脱水残余物的流变学行为，研究人员数目几乎均等。

当设计具有动力学泵(如离心泵)的固体运输系统时，工程师需要准确，而不是保守。这种系统在系统曲线匹配泵的曲线时最为有效。然而，工程师在设计依赖于正排量泵的更稠残余物(液体或脱水的)的运输系统时应该采取保守设计。

1.2　流量和固体监测

如果残余物含有少于 3%或 4%的固体，工程师可以使用获得体积流量的电磁流量计和测定质量流量的光学传感器。

管道内增稠或脱水残余物的流量不能直接通过目前的仪器仪表测量。相反，工程师们能够围绕具体工艺过程进行质量衡算而间接计算出固体量。例如，在脱水工艺过程中，他们能够基于进水流量和固体浓度以及出水滤液、离心液或压滤液水平而计算出产生的滤饼量。悬浮固体计会将空气气泡记录为固体(Radney，2008)，因此，为了避免干扰，设计者应该包括脱气池而释放夹陷的空气。

设计工程师也能够基于正排量泵操作间接测定更稠残余物的流量。例如，如果设计师知晓螺杆泵每次旋转的转速和排放体积容量，则他们就能准确地计算出流体流量(假设泵腔填充率为 100%)。液压驱动的往复式活塞泵的制造商就能够提供精确度为 5%的内部流量测量系统。

2　液体残余物和生物固体的储存

2.1　储存规定

液体残余物和生物固体的存储之需取决于他们为何储存和储存于何处。液体残余物可能需要存储而均衡化流量，或提供更多的操作灵活性。例如，如果定期运行脱水设备，则液体残余物不得不在运行期之间进行存储。所需的体积将是工艺过程特异性的。如果生物固体在稳定化处理和土地施用之间进行存储，则所需存储体积将取决于农业需求和气候问题。

如果生物固体进行土地施用或表面处置，则污水处理厂必须有足够可供利用的存储空间而满足这些物质未能使用的储存时间(例如，施用现场冰冻或冰雪覆盖、作物施肥限制、场地轮换要求以及监管限制)。设计工程师在设计储存系统时就需要将这些情况考虑在内。例如，图 21.2 指示了当气候条件并不容许出水施用时的每年大致天数(U.S. EPA，1995)。假设出水和生物固体施用将受到相同气候条件的影响，则设计人员能够使用该图中的信息作为估算存储要求的基础。同样，表 21.2 表明美国中北部能够施用残余物的月份(数据能够外推至其他地区)。设计师也能从北卡罗来纳州阿什维尔的美国国家海洋和大气管理局的国家气候数据中心(http：//lwf. ncdc. noaa. gov/oa/ncdc. html)网站获得气候数据。

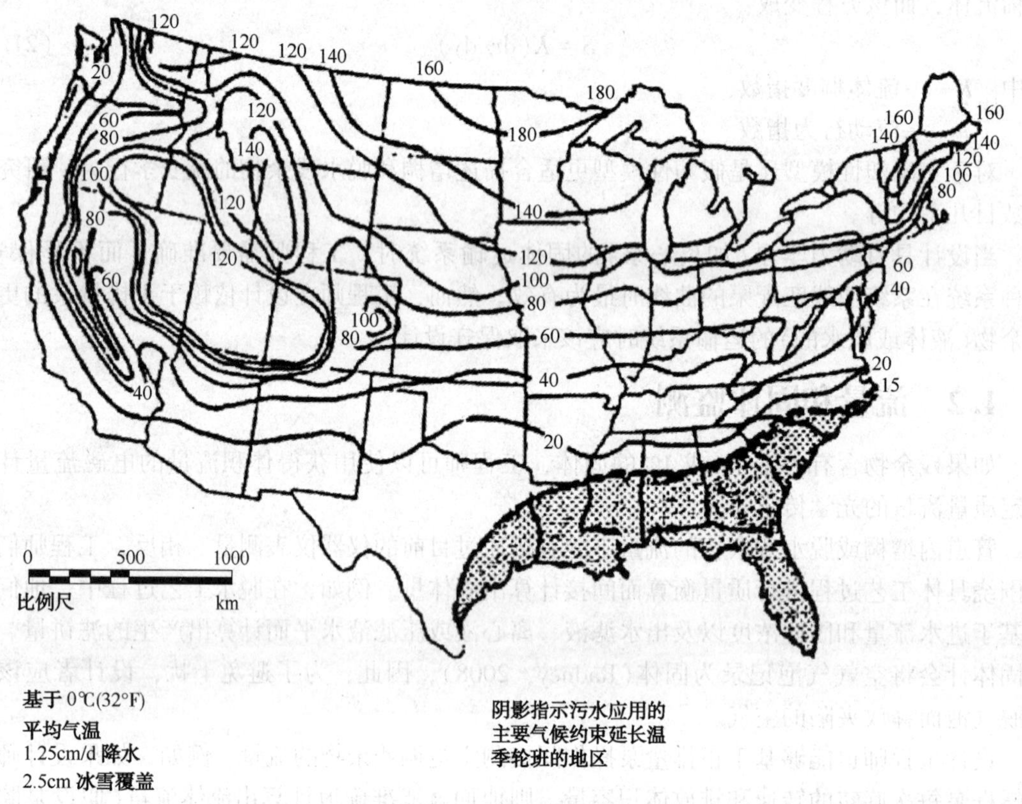

图 21.2 通过使用污水-土地编程的 EPA-1 计算机程序而估算的所需储存天数。所估算的储存仅仅基于气候因素

表 21.2 在美国中北部将生物固体施用于各种作物的可供利用月份的一般指南(U.S. EPA，1979)①

月份	玉米	大豆	棉花③	草料④	小粒谷类作物②	
					冬季	春季
1月	S⑤	S	S/I	S	C	S
2月	S	S	S/I	S	C	S
3月	S/I	S/I	S/I	S	C	S/I
4月	S/I	S/I	P，S/I	C	C	P，S/I

续表

月份	玉米	大豆	棉花③	草料④	小粒谷类作物②	
					冬季	春季
5 月	P，S/I	P，S/I	C	C	C	C
6 月	C	P，S/I	C	H，S	C	C
7 月	C	C	C	H，S	H，S/I	H，S/I
8 月	C	C	C	H，S	S/I	S/I
9 月	C	H，S/I	C	S	S/I	S/I
10 月	H，S/I	S/I	S/I	H，S	P，S/I	S/I
11 月	S/I	S/I	S/I	S	C	S/I
12 月	S	S	S/I	S	C	S

① 由于冰冻、洪泛和冰雪覆盖土壤不能进行施用。

② 小麦，大麦。燕麦或黑麦。

③ 棉花，仅仅生长在南密苏里南部。

④ 既定的豆类（字画苜蓿、三叶草、车轴草等），草类(果园草、猫尾草、无芒雀麦、芦苇金丝雀草等)，活动豆科牧草的混合。

⑤ S = 表面施用；

S/I =表面/掺入施用；

C =存在生长的作物，施用将会破坏作物；

P =种植的作物；土地直至收获之后才是可用的；

H =收获庄稼之后，土地可供再次用于牧草(例如，豆类和草)，可用度受限而施用必须较轻以使重新生长不会受影响。

第 25 章确定了某些稳定化处理工艺过程特异性的存储要求。例如，许多自热式嗜热好氧消化系统具有预消化保温槽，而使消化池能够间歇进料。此外，他们经常还具有后消化池，使生物固体能够冷却和进一步稳定。这种处理池的尺寸确定要求可能是工艺过程特异性的，因此这个信息包含于稳定化处理工艺过程的设计准则中。

监管条例还可能影响工艺过程的存储系统。一些法规规定有价值固体 3~60 天的储存体积范围(FDEP，2008)。这种存储可能仅仅是消化池或其他工艺过程处理池中的过剩容量，或也可能是单独的储罐。

2.2　储存罐

2.2.1　典型设计标准

尽管储罐比土方池每单位体积造价昂贵，但是在固体体积较小，土地成本较高或其他限制致使土方池不可行时，储罐可能是不错的选择。这些储罐通常是圆柱形的，要么是平底，要么斜底(见图 21.3)(U. S. EPA，1979)。美国陆军工程兵部队(U. S. Army Corps of Engineers)推荐 4 : 1 的地面坡度和最小深度 4. 5m(15ft)(U. S. Army Corps，1984)。圆柱形储罐是首选的，因为这种设计没有可能形成“死角”的角落。这些储罐能够采用混凝土或钢施工构建。然而，钢罐容易受到腐蚀，设计工程师在设计固体储存系统时是应该考虑的。

储罐应该进行混合而确保排出的残余物是均质的(Spinosa and Vesilind，2001)。混合机制造商推荐混合能量范围为 10~12kW/1 百万升(40~50hp/ 1 百万加仑)(Lottman，2008)。

关键是要保持固体悬浮而不会引起过量空气进入残余物中。

储罐，尤其是当残余物是不稳定的时，也可能需要曝气(U.S. EPA，1979)。如果正是如此，则储罐的氧要求应该类似有氧消化池的情况。(对于确定有氧消化混合设备规格的信息，请参阅第25章)。然而，如果这些物质在储存之前进行了稳定化处理，则储罐的氧要求(维持有氧条件)将显著降低。维持最低溶解氧水平约0.5mg/L，只要处理池具有足够的混合作用，就能够防止厌氧活性。否则，可能会产生滋扰气味，而可能需要额外气味控制。

2.2.2 溅漏预防

地上储罐可能经由重力而发生溅漏或意外释放固体。工程师通过设计储罐而使所有流进和流出都发生于储罐最高水位之上就可以防止此类事故。这通过加泵或去除物料就能够最小化管道或阀门损坏而造成灾难性固体释放的隐患。然而，这种方法还有工程师必须考虑的其他问题(例如，防冻)。

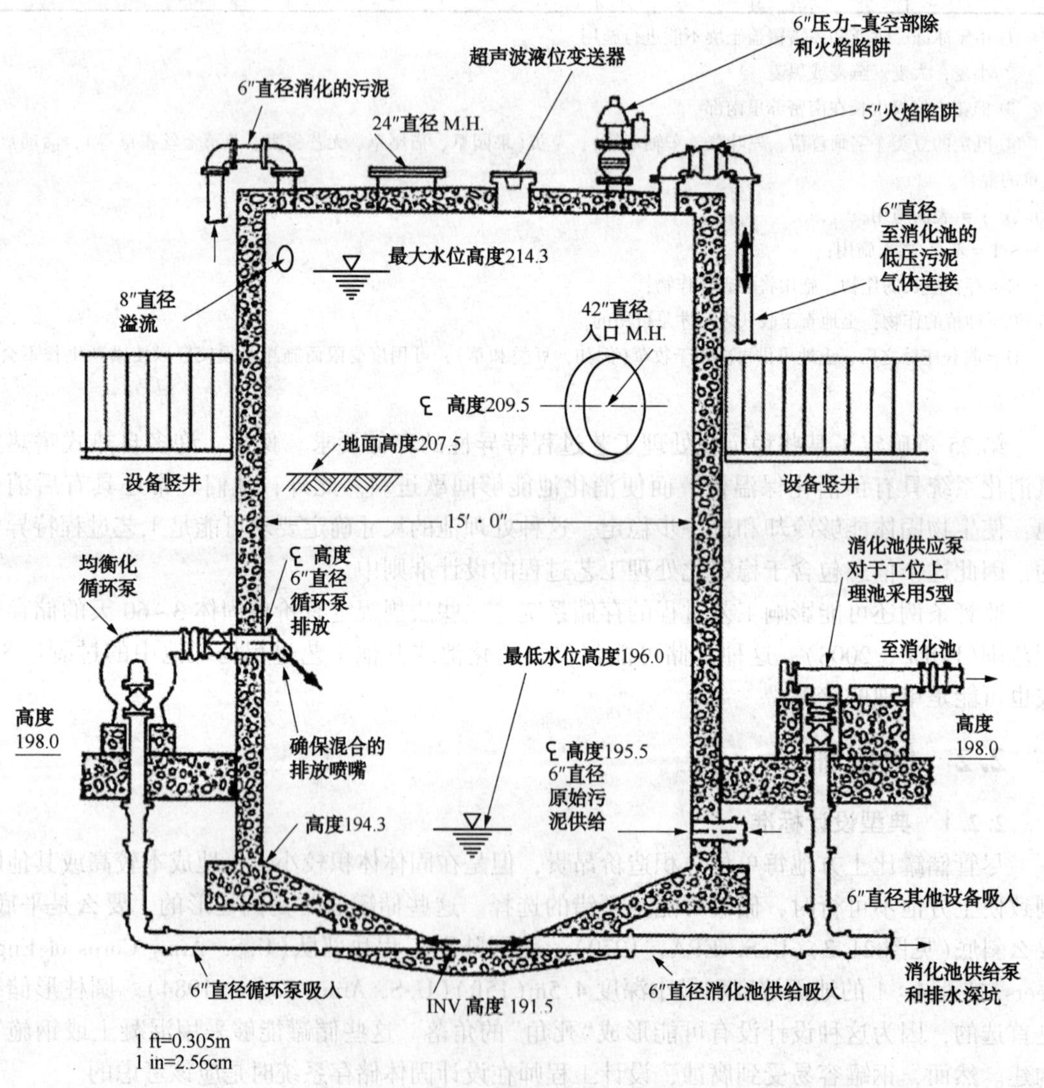

图 21.3 98m³(26000gal)的固体均衡化罐(摘自 U.S. EPA，1979)

此外，设计工程师可能会提供关于所有低于重力排放罐最高液位的管道和阀门的合适紧急切断。

如果储存设施位于地表水或其他敏感区域附近，则建议采用污染隔离墙或护堤。护堤设计应该保持或延缓溅漏固体的迁移。结构墙可能并非必要的；土方护堤可能就足以胜任。污染护堤应该足长截留溅漏才能使其被清理，而且还要包括一些从降雨或其他源中去除过量部分的装置。

2.2.3　气味控制

气味可能成为一个问题，这要取决于残余物的类型及其存储时间。充分稳定化处理的生物固体(具有最低挥发性固体的那些)或许能够存储数天而无需异味控制。然而，残余物特性可能随时间而变化，因此最好进行储罐覆盖，而最小化气味。

储罐中的空气能够排至气味控制系统，但这可能会受到诸如二甲基硫醚、二甲基二硫醚和长链硫醇等化合物的不良影响。有气味的挥发性脂肪酸化合物也可能会增加，而产生酸味(WEF，2004)。

据某个设施发现，存储的 WAS 和初级污泥会独立地显著降低气味，而添加化学品却收效甚微(Hentz et al.，2000)。固定罐操作也可能影响下游工艺过程气味释放的特性和强度。设计工程师在设计固体储存罐的气味控制系统时应该考虑到这一切。

2.3　储存氧化沟

许多较小型的设施使用氧化沟处理固体。这些处理氧化沟通常将储存 2 年或更久的有用固体，并将作为最终处理系统而进行设计。(对于更多有关固体处理氧化沟的设计的信息，请参阅第 18 章)。

本章侧重于设计用于短期存储(如冬天)固体的土方储存池。这些系统并非是处理氧化沟而不应该用于处理原始污泥。即使在其中储存的消化固体都可能会产生异味，除非这种处理池进行曝气和充分混合。

还有三种类型的固体存储罐：好氧的、兼性寄生的和厌氧的(Lue-Hing，et al.，1998)。

2.3.1　好氧处理池

曝气池设计用于提供曝气并维持整个处理池的最低溶解氧浓度。因此，除了要考虑先行进行固体稳定化处理之外，曝气要求应该类似于曝气消化池。(对于有关计算好氧消化池曝气要求的信息，请参阅第 25 章。)

2.3.2　兼性寄生型处理池

兼性寄生型处理池并不进行混合，而通常包括三个层次：0.3~1.0m 深的有氧表层，较深的厌氧区和底部的固体存储区。无论是有氧还是无氧区都是生物活性的；厌氧稳定化作用大幅度降低固体体积。通过从大气的表面传递，藻类光合作用和(如果提供)表面混合曝气机而使好氧区接收氧气。然而，氧化速率较低，以至于美国环境保护署(U.S. EPA，1979)建议这些处理池仅仅只用于厌氧消化固体。

这些处理池通常基于挥发性固体负荷率 0.0975 $kg/m^2 \cdot d$ 进行设计(Lue-Hing，et al.，1998)。它们通常 5m(15ft)深而为足够厚的好氧和厌氧层提供足够的空间。曝气通常是由表面混合机提供，这种混合机定期运行会打破池塘水面的浮渣而优化氧传递。根据美国环保局，大多数令人满意的装置都使用刷型表面搅拌机。

因为兼性寄生型固体氧化沟可能显“酸味”，则气味控制成为一个主要问题。工程师在设计这种存储池时，应该考虑盛行风的模式，而经由合适的负荷和表面混合最小化气味潜势。

2.3.3 厌氧处理池

厌氧消化池类似于土方处理池，而不同之处在于设计中并不考虑表面的氧传递。因此，土方处理池可能比兼性寄生型池塘更深。此外，因为维持好氧区并不是一个关键参数，但是土方处理池的固体负荷可能比兼性寄生型池塘高。厌氧池塘基本上具有兼性寄生型池塘相同的优点和缺点(Lue- Hing, et al., 1998)。

3 液体残余物的运输

对于污水处理厂的液体残余物运输，有两种基本的方法：泵送和卡车运输。残余物通常现场泵送和卡车运离现场。

3.1 卡车运输

虽然不是典型的设计过程的一部分，但是卡车运输经常用于运输固体和生物固体——特别是土地施用现场。液体残余物也可以用卡车运到另外场地进行进一步处理。卡车运送液体残余物可能是比脱水的或干燥的生物固体运输具有更大的挑战性，而且还有一些设计师应该知晓的基本信息。

液体残余物通常经由罐装拖车卡车运输。这种卡车通常具有标称的容量，范围从22680L至34020L(6 000~9 000gal)不等。然而，根据重量限制，罐装拖车可能并不能完全填充。在美国，一台拖拉机拖车的最大总重量限制为36288kg(80 000lb)。因此，如果拖拉机的重量为5443~6804kg(12000~15000lb)，而空拖车重量为4990~7711kg(11000~17 000lb),其内容物重量不能超过约21773~25855kg(48 000~57000lb)。这相当于21 000~25500 L(5 700~6 800gal)的稀残余物。

而且，5850kg(900lb)，26460L(7000gal)拖拉机通常长13.1m(40ft)，宽2.4m(8ft)。一些卡车还要配备挡板，控制向前或向后的液体冲溅。

3.2 泵送

泵送系统是污水处理厂固体管理的固有组成部分。他们通常从以下工艺过程运输固体

- 从初级和二级澄清池至增稠、整理或消化系统；
- 从增稠和消化系统至脱水操作；
- 从生物处理工艺过程至进一步的处理单元装置；
- 从除砂设施至临时储存区域。

虽然对于所有的污水处理厂固体运输系统仅仅指定一种类型的泵似乎是有利的，但是所涉及的广泛条件通常会超出任何给定的泵能力。幸运的是，许多类型的泵都是可以利用的(见表21.3)。

3.3 设计方法

当设计泵送系统时，设计工程师应该通过以下询问开始：将要泵送的残余物是什么类型，动态泵——尤其是凹式叶轮泵——能够处理一些类型的残余物，但是其他类型可能需要正排量泵。

动态泵具有较低的资本成本(尤其是大尺寸)，较低的维护成本和较小的占地面积。它们也都可以获得潜水形式(虽然对于大多数应用首选传统的干井泵)。

正排量泵具有更好的工艺过程控制，因为泵送速率受流体黏度影响较小。它们能够在从零至最大压头的整个压头范围内发挥更好的功能而不会损坏泵或马达，或更改驱动速度。它们在高压和在低流量下都工作更好。他们对于非理想吸入条件(例如，包夹空气和气体)不太敏感，而不太可能破坏返流活性污泥(RAS)和絮凝污泥中的脆弱絮凝体颗粒。

表 21.3　根据原则的污泥泵应用

原则	常见类型	典型应用
动态(旋转动力)泵	无堵塞混合流动泵①	砂浆，②焚化炉灰
	凹式叶轮泵(涡动泵、力矩流泵)	料浆③
		未增稠初级污泥②,③
	螺旋式离心泵	返流活性污泥③,④
	磨床泵	源自附生生物工艺过程的废弃活性污泥③
		厌氧消化池的再循环④
		排水、滤液和离心液
		污泥氧化沟上的过网物
正排量泵		
	柱塞泵	废弃活性污泥
	螺杆泵	增稠的污泥(各种类型)
	气动隔膜泵	未增稠初级污泥
	旋转凸轮泵	脱水机的进料

① 有限的固体容量；适用于较大粒径的返流活性污泥。在多数其他应用中，凹式叶轮泵是更常见。

② 磨蚀作用中等至严重。通常指定耐磨蚀的合金铸铁。

③ 可能含有除磷所加的铝或铁盐的沉淀。

④ 在这种应用中对可靠流量计、工艺控制的具体需求。

⑤ 仅仅往复式活塞泵和单螺杆泵。

设计残余物运输系统的传统方法能够最小化泵送距离，并对计算水当量流量的压头损失使用保守的乘法器。然而，这种方法可能是不精确的。这种不精确性可能不会妨碍短的泵送距离，但是它们对于较长的距离或严格应用就会出现问题。

在过去 20 年内，长距离泵送残余物之需已经增多，因此，研究人员已开发出更精确预测泵送系统中现场特异性摩擦损失的方法(Mulbarger et al.，1981；Carthew et al.，1983；Wagner，1990；Honey and Pretorius 2000；Murakami et al.，2001)。研究结果表明，一旦确定流变学性能，非牛顿流体的宾汉塑性模型(Carthew et al.，1983；Mulbarger et al.，1981)或假塑性模型(Honey and Pretorius，2000；Murakami et al.，2001)可以用于描述污水残余物是如何流动的。它们还可以预测层流变化成湍流的临界速度。[在湍流流量范围内，稀残余物服从传统牛顿流体流动关系(Mulbarger et al., 1981)。]

当设计小型污水处理厂的固体泵送系统时，工程师应该小心确保管道尺寸不足时保持充分速度，否则将会增加管路堵塞风险。

3.3.1 稀残余物

澄清池往往会产生相对较稀的沉降污泥(通常对于活性污泥最大浓度为 1.2%~1.5%)。在速率大于0.3~0.6m/s(1~2ft/s)时，这种固体会处于湍流状态而压头损失基本上等于水的压头损失(Mulbarger, 1997)。在较低的速度下，流动变成层流，压头损失急剧增加。因此，工程师应该设计稀残余物泵送系统而使之在确保湍流之时维持 0.6~0.75m/s(2~2.5ft/s)的最低速度。

3.3.2 增稠的残余物

将残余物定义为“增稠的”的浓度取决于固体和前处理工艺过程的类型(见表 21.1)(ASCE, 2000)。

如果设计泵送增稠固体的系统时，设计工程师能够使用水的达西-魏兹巴赫-曼宁(Darcy-Weisbach-Manning)方程而确定压头损失——而不管固体流流动状态如何(层流，过渡状态或湍流)——并对最终的计算施加一个固体校正因子。对于固体含量高达12%的残余物的校正因子可以在图 21.4 和图 21.5 中查找[这两个图分别摘自文献 Sanks et al. (1998)和 Metcalf and Eddy (2003)]。作为一个简化的替代方案，设计人员能够使用图 21.6 和图 21.7，这分别指示 150mm 和 200mm(6in 和 8in)压力干管中最差情况的设计条件下的压头损失倍增因子。

如果设计工程师使用图 21.6 和图 21.7 中的曲线，则应该选择在“水”至“最差情况”的整个压头损失范围内都会圆满运行的泵和电机。压头的变化对离心泵的影响比正排量泵大得多，因此，如果使用离心泵(例如，凹式叶轮)，则工程师还应该检查电机，操作压头下降是否明显低于设计压头而避免过载。如果泵变得“失控”(运行超出了其特性曲线右端)，则就可能过载。此外，残余物偶尔可能超出最差情况的压头损失曲线。因此，在某些情况下，应指定过容电机和变频驱动而提供所需的操作灵活性。

除了压头损失之外，设计工程师应该考虑将会接收固体的工艺过程的性质。许多正排量泵尽管适合增稠的残余物，但会产生脉动流量，这在下游工艺过程依赖于稳态流量或按流量比例添加化学品才能正常工作时是不可接受的。

研究人员已经推导出远距离泵送 WAS、增稠残余物和消化的生物固体的固体范围 2%~5%(Murakami et al., 2001)。这种残余物行为就如同假塑性流体。基于流体黏度，完全取决于固体百分数的假设，残余物密度为 1 000 kg/m^{3}和温度为 15℃，研究人员提出了以下方程(方程 21.5，21.6 和 21.7)：

层流

$$H_f(m) = 1.90 \times 10^{-3} k^{0.88} \frac{1}{D^{1.20}} V^{0.20} \tag{21.5}$$

式中 k——0.059 $C^{2.74}$，针对消化固体；

k——0.052 $C^{2.91}$，针对增稠污泥；

k——0.050 $C^{3.06}$，针对废弃活性污泥。

湍流

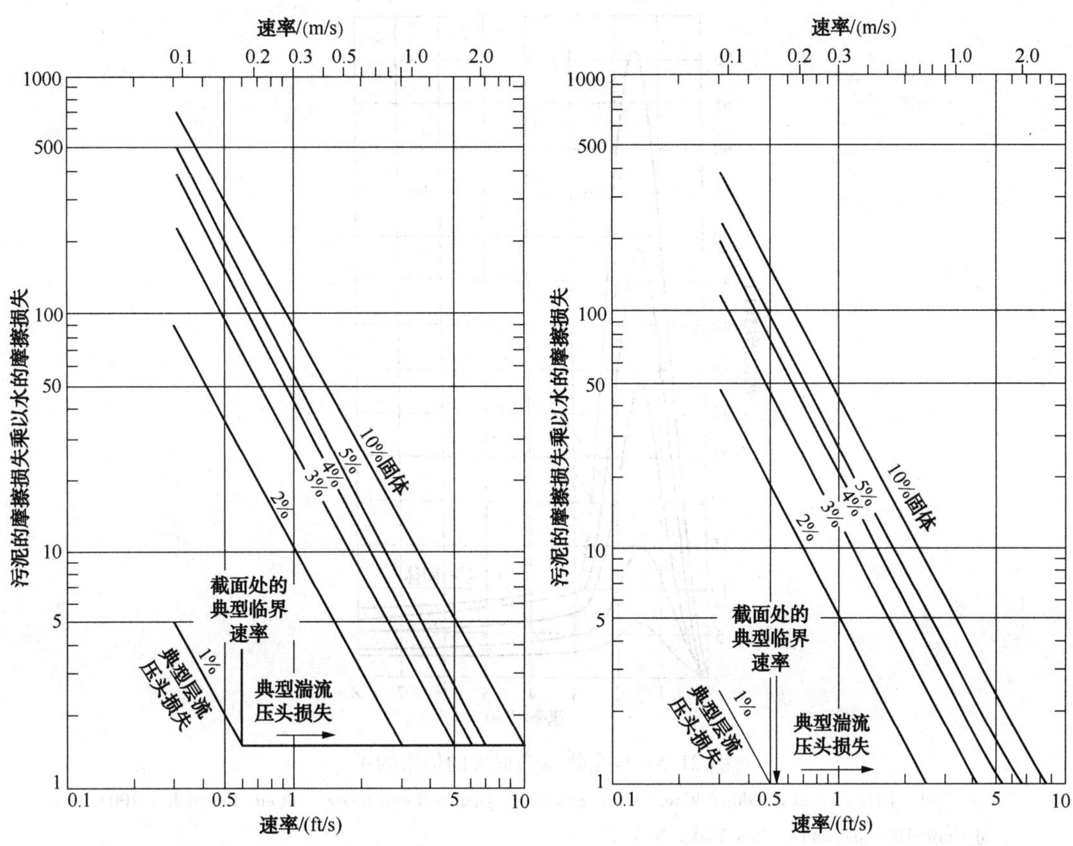

图 21.4　残余物压头损失的倍增因子

(a)常规设计和(b)最差情况设计(Sanks et al.，[Eds.]，1998)

$$H_f(m) = 9.06\left(\frac{1}{C_H}\right)^{1.93\times(1-C/100)}\frac{1}{D^{1.18}}V^{1.82} \tag{21.6}$$

式中　C_H——110，对于灰泥内衬的铸铁管；

C_H——95，对于碳钢管。

固体浓度约为5%或更低。

临界速度 c

$$V_C(m/s) = 1.20\frac{C_H}{100}k^{0.52} \tag{21.7}$$

式中　C——生物固体百分比浓度；

L——管长，m；

D——管径，m。

另一种设计方法则基于增稠残余物的流动遵循宾汉塑性模型的假设。为了使用这个模型，设计工程师需要知晓固体屈服应力(S_y)和刚性系数(R_c)，这都能够通过实验确定。如果固体特异性的数据无法获得，则设计人员能够使用图 21.8 和图 21.9(ASCE，2000)，而估计这些值。[类似的图表已经由文献 Battistoni (1997)；Guibaud et al. (2004)；Laera et al. (2007)；and Mori et al. (2007)创建。]

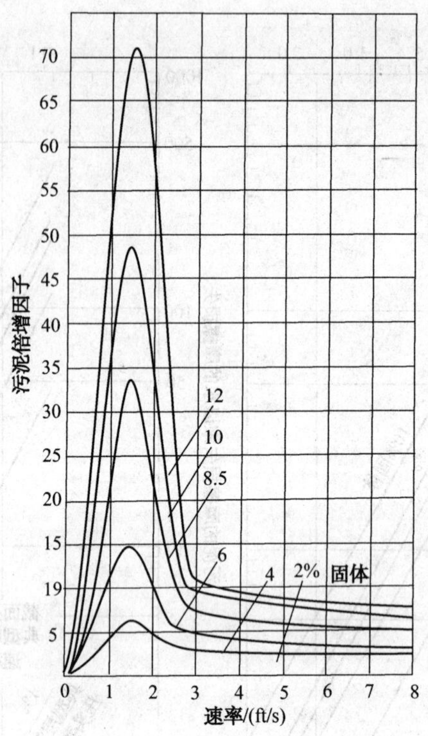

图 21.5 残余物压头损失的倍增因子

（经许可，摘自 Metcalf & Eddy，*Wastewater Engineering*：*Treatment and Reuse*，4th ed. Copyright . 2003，McGraw-Hill Companies，New York，N. Y. ）

一旦刚性系数和屈服应力已知，则设计者就能够使用以下两个公式计算临界速度的上限和下限：

$$V_{uc} = 1\,500R_c/\rho D + 1\,500/\rho D(R_c^2 + S_y\rho D^2/4\,500)^{1/2} \tag{21.8}$$

$$V_{lc} = 1\,000R_c/\rho D + 1\,000/\rho D(R_c^2 + S_y\rho D^2/3\,000)^{1/2} \tag{21.9}$$

式中 V_{uc}——上限临界速度，m/s；

V_{lc}——下限临界速度，m/s；

ρ——流体密度，kg/m^3；

D——管径，m；

R_c——刚性系数，N · s/m^2。

另外，设计师还能够如下计算雷诺数：

$$Re = \rho V\, D/R_c \tag{21.10}$$

如果 $Re < 2\,000$，流动是层流。如果 $Re>3\,000$，流动变成湍流。

3. 3. 2. 1 *层流*

在速度小于最低临界速度，或当 $Re<2\,000$ 时，残余物流态将处于层流范围而设计者能够采用白金汉姆(Buckingham)方程计算压头损失：

$$H/L = 32(S_y/6\rho g\, D + R_c V/\rho g\, D^2) \tag{21.11}$$

式中 H/L——单位长度的压头损失，m/m；

S_y——屈服应力，Pa 或 N/m^2；

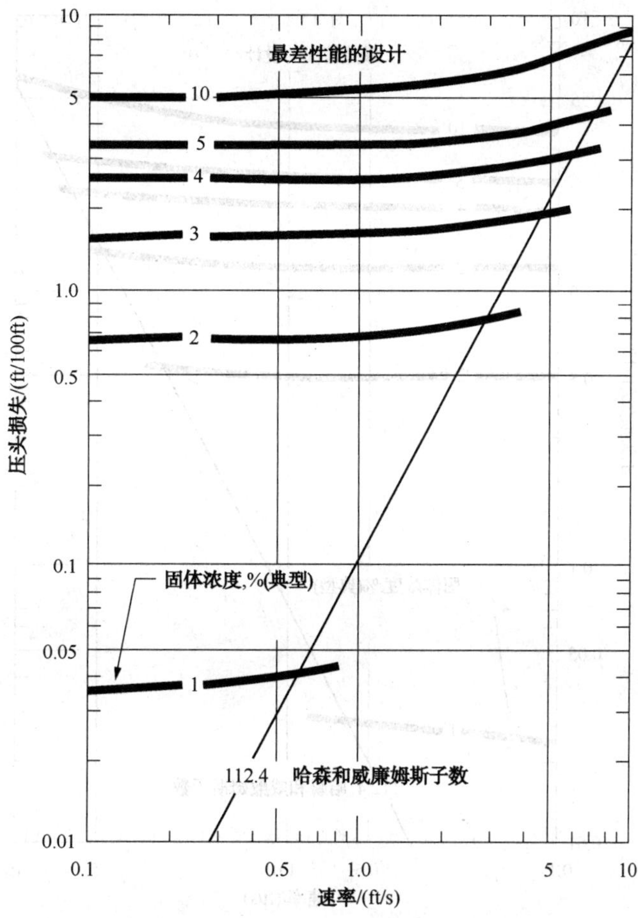

图21.6　150mm直径(6in.直径)固体压力干管(in.×25.4 =mm；ft×0.3048 =m)最差情况设计的摩擦压头损失预测(Mulbarger et al.，1981)

ρ——流体密度，kg/m^3；

g——重力加速度，m/s^2；

D——管径，m；

R_c——刚性系数，Pa·s或N·s/m^2；

V——速度，m/s。

哈尼和比勒陀利乌斯(Honey and Pretorius，2000)通过实验确定了沉降活性污泥的流变参数。他们测定了固体浓度、粒子密度和转矩，而随后从转矩数据推导出剪切应力和剪切速率。然后，他们确定了流体稠度系数(K)和假塑性模型流动行为指数(N)。(他们认为，假塑性模型更准确地表达了层流中5%沉降活性污泥的行为)。由此，他们比较了以下一般化的雷诺数和假塑性流体临界雷诺数而确定流态。

$$Re(g) = \rho V\, D/(8V/D)^{n-1}\, K\,[\,(3n+1)/4n\,]^{n} \tag{21.12}$$

$$Re(\text{临界}) = 6\,464\, n/(1+3n)^2[\,(1/(2+n)\,]^{(2+n)/(1+n)} \tag{21.13}$$

随后他们使用了达西-魏兹巴赫方程：

$$H_f = 4\,f\,L\,V^2/2gD \tag{21.14}$$

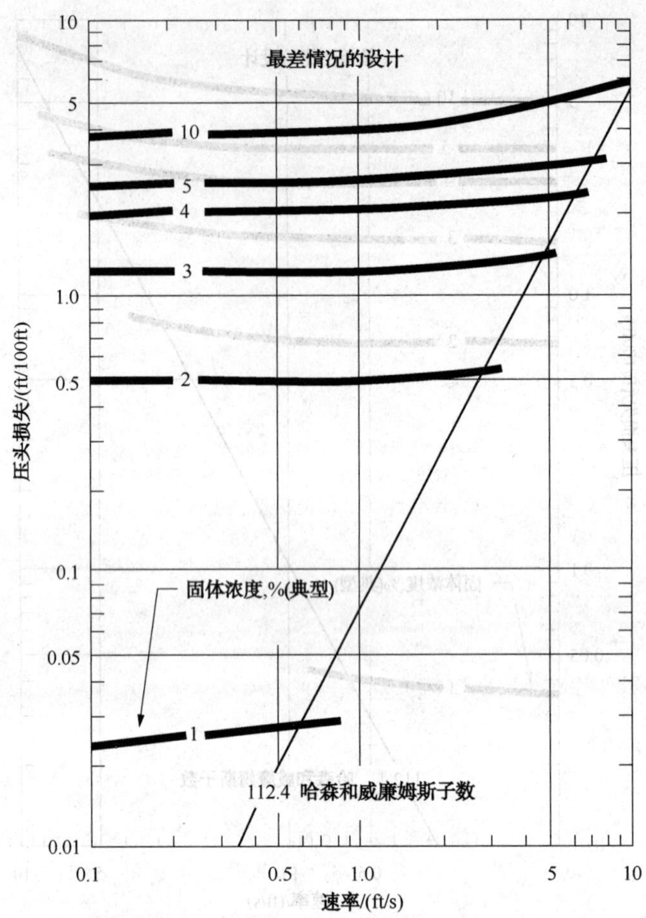

图 21.7 203mm 直径(8in. 直径)固体压力干管(in×25.4 =mm; ft×0.3048 =m)最差情况设计的摩擦压头损失预测(Mulbarger et al., 1981)

式中 f——无量纲范宁摩擦系数，对于层流中的假塑性流体为 $16/Re(g)$。

在哈尼和比勒陀利乌斯的研究中，假设了固体行为为触变性流体。在泵打开，以及在一定时间或管道中行进一定距离之后降至较低的恒定压头时，流体产生了最大压头损失。然后，触变行为消失。

3.3.2.2 过渡态和湍流

在速度超过上限临界速度时，或 $Re>3\,000$ 时，固体流动将变成湍流。

在设计湍流固体泵送系统时，工程师能够对湍流之水求解哈森-威廉姆斯(Hazen-Williams)方程，并对结果使用固体校正因子(Sanks 1998；Metcalf & Eddy 2003)。如果使用这个方程，则设计工程师应该假设，正常条件下 C 等于 140，而在最差设计条件下为 112.4。

设计师也能够使用雷诺和赫斯特罗姆数计算压头损失。为了求得雷诺数，请参见方程(21.10)。赫斯特罗姆数如下进行计算：

$$He = D^2 \rho S_y / R_c^2 \tag{21.15}$$

计算赫斯特罗姆数和雷诺数后，则利用图 21.10 计算摩擦系数(也称为范宁摩擦系数)。设计工程师随后应该使用达西-魏兹巴赫方程计算压头损失：

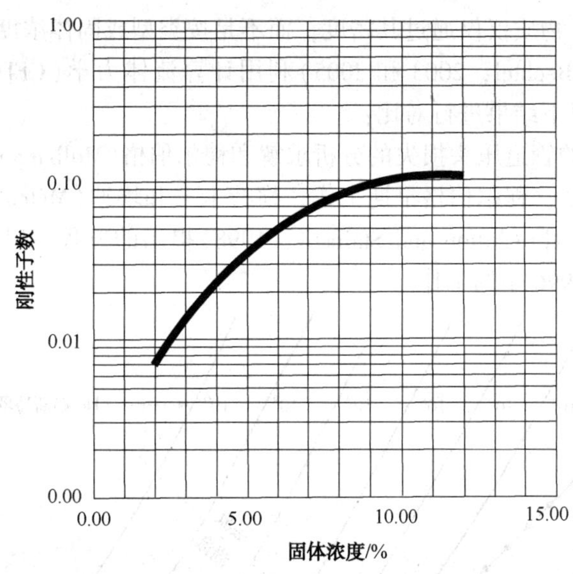

图 21.8 相对于固体浓度的刚性系数(ASCE，2000)

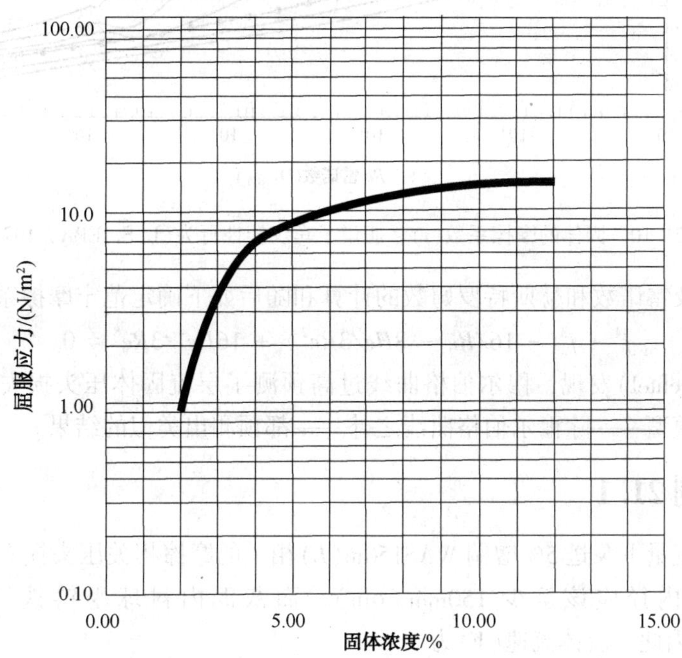

图 21.9 相对于固体浓度的屈服应力(ASCE，2000)

$$\Delta P = 2\, f \rho L\, V^2 / D \tag{21.16}$$

式中 ΔP——压力压头损失（Pa）。

设计工程师应该确保他们使用了残余物的正确摩擦系数，因为有穆迪(Moody)图获得的水摩擦系数经常按照固体摩擦系数的 4 倍引用(图 21.10)。

奇尔顿和斯腾斯拜(Chilton and Stainsby，1998)使用了分析方法和数值方法确定通过 150mm(6in)管道的四种残余物的压头损失。他们使用了由阿克斯和艾伦在 1980 年的一篇论文中提出的流变参数。物质仅仅通过其密度，而不是按类型或固体浓度进行表征。

近日，柏克德尔(Bechtel，2003 和 2005)利用计算流体力学(CFD)方法分析了管道流动，然后将其结果与以下结果进行对比：

- 确定层流范围的管道压头损失的分析求解和穆尔伯格(Mulbarger)的早期工作，
- 相同的分析求解，穆尔伯格早期工作，梅特卡夫和埃迪(Metcalf and Eddy，1991)图解法，奇尔顿和斯腾斯拜(Chilton and Stainsby，1998)提出的方程，以及确定湍流范围内管道压头损失的斯特费 1996 年的工作。

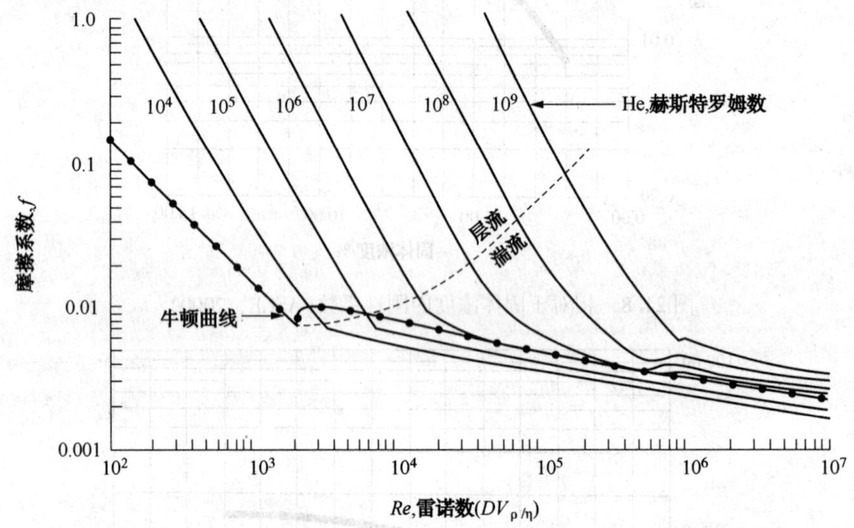

图 21.10 固体的摩擦系数(f)，假设了宾汉塑性行为(U. S. EPA，1979)

分析求解涉及雷诺数和赫斯特罗姆数的计算和随后如下确定范宁摩擦系数：

$$f^4 + f^3(-16/Re - 8He/3Re^2) + 16He^4/3Re^8 = 0 \tag{21.17}$$

柏克德尔(Bechtel)发现，穆尔伯格曲线过高预测了层流固体压头损失。当固体处于湍流时，所有这些模型——除穆尔伯格曲线之外——都预测出类似的结果。

3.4 实例 21.1

计算与层流流量下泵送 5%增稠 WAS150m(L)相关的摩擦相关压头损失。泵的设计流量为 400L/min。管内径应该至少 150mm(6in)，而灰泥内衬球墨铸铁管内径为 155mm(0.155m)(D)。因此，流体流速(V)为

$$V = 24/60/60/\pi \times 0.155^2 \times 4$$
$$= 0.353\ \text{m/s}$$

3.4.1 方案 1：使用达西-魏兹巴赫方程

设计工程师能够使用达西-魏兹巴赫方程和水的穆迪图，而随后将结果乘以合适的固体倍增因子。

达西-魏兹巴赫方程为

$$Hf = f\,L\,V^2/D\,2g$$

式中 f——由穆迪图推导的水摩擦系数。

与在哈森-威廉姆斯方程中对于铸铁所使用的 $C = 140$ 不一样，铸铁管的穆迪图缺乏明确的 ε 系数。该系数可能的范围为 0.13～0.33mm。

在这种情况下，选择该范围的中值，因此：

$\varepsilon = 0.23$ mm

$D = 155$ mm

$\varepsilon/D = 0.001484$，相对粗略。

水的雷诺数为：

$$Re = VD/v$$

式中　v——1.14×10^{-6} m²/s，15℃下水的动态黏度

因此，$Re = 47\,996$ 而由穆迪图

$f = 0.026$

代入以上所有的值，得：

$$H_f = 0.026 \times 150\ \text{m} \times (0.353\ \text{m/s})^2/(0.155\ \text{m} \times 2 \times 9.81\ \text{m/s}^2)$$

$$H_f = 0.1598\ \text{m}\ (\text{对于水流})$$

由图 21.4b(Sanks，1998，图 19-4)，对于最差情况的设计，推导出固体倍增因子等于 35，因此，含 5%的固体的残余物最终压头损失为：

$$H_f = 0.1598 \times 35 = 5.59\ \text{m 水柱}$$

3.4.2　方案 2：使用白金汉姆(Buckingham)方程

污泥雷诺数(Re)为：

$$Re = \rho VD/R_c$$

式中　ρ——1 020 kg/m³，污泥密度；

R_c——0.035 kg/m · s，利用图 21.8 确定的刚性系数；

Re——1595，该值小于 2000，因此流态为层流，可以使用方程 21.11。将以上所有值代入得

$$H/L = 32\ (9.5\ \text{Pa}/6 \times 1020 \times 9.81 \times 0.155 + 0.035 \times 0.353/1020 \times 9.81 \times 0.155^2)$$

$$H/L = 0.034\ \text{m 压头/m 管道}$$

因为管道长 150m，总压头损失为：

$$H_f = 5.10\ \text{m 水柱}$$

3.4.3　方案 3：使用图 21.6(6in 管道，最差情况)

$V = 0.353$ m/s (1.158 ft/s)，因此，图 21.6 表明压头损失为 3.5 m/100 m(3.5 ft/100 ft)。因为总长度为 150 m，则总压头损失为：

$$H_f = 3.5 \times 1.5 = 5.25\ \text{m 水柱}$$

除了摩擦相关的压头损失之外，设计工程师应该计算静态压头，源自阀门和配件的“次要”压头损失，以及速度头。所有这些压头损失的总和就是泵必须提供的总动态压头。设计工程师还需要确保可用的净正吸入压头要比所需要的充分得多。他们也应该考虑增稠固体特性的变化，如果有必要，还要评价多个工作点。

3.5　动态泵

动态泵连续向泵送流体施加能量而确保泵中的速度高于排出点的速度，因此，要增大压

力。以下是这些泵的几种类型及其常见应用。

3.5.1 固体处理的离心泵

各种各样的离心泵都可以利用。除特殊设计(例如，凹式叶轮)之外，这些泵仅仅应该用于相对较稀(小于1%固体)而无垃圾残余物的情况。因为泵的高体积流量和出色效率，他们通常用于运输RAS。RAS中最小碎渣通常不会堵塞泵。

离心泵并不推荐用于初级污泥、初级浮渣、或增稠污泥的原因有二。其一，目前还没有办法确保泵吸力能够主动将增稠固体吸向泵叶轮。其二，系统扬程曲线取决于经常并不恒定的固体浓度，导致液体流量和泵功率要求变化很大。

3.5.2 凹式叶轮泵

凹式叶轮泵(也称为扭矩流、旋涡、或剪切扬程泵)具有轴向吸入开口和切向排放开口的标准同心套管。叶轮凹进泵体，可以是打开的或半开的，要么径向直叶片，要么向轴渐缩。

在残余物泵送应用中，设计工程师通常会选择完全凹进的开放式叶轮泵。当它旋转时，叶轮在套管内的流体中产生螺旋涡流场。这种涡旋将残余物推动通过泵，而允许较大固体轻松通过。大多数固体并不会经过叶轮叶片，从而最大限度地降低了磨损作用。

凹式叶轮泵对于含有固体不超过2.5%的未经处理残留物或含固体约4%的消化固体。虽然它们能够泵送较稠残余物，但是不同的摩擦损失会导致不稳定的流量和对泵轴产生径向推力。正排量泵在此类应用中有更好的表现。如果设计工程师使用凹式叶轮泵输送增稠的固体，则应该提供流量计和变速驱动，而保持相对恒定的流量。他们还应该指定最重的可能轴和轴承。此外，泵应该水平安装，而简化维护，并包括充分涤荡和冲洗的连接件。

虽然固体和叶轮叶片之间的接触最小，但是设计工程师应考虑指定耐磨铸铁(ASTM A532)的蜗壳和叶轮，尤其是如果残余物的砂粒和磨蚀物含量高或未知时更是如此。然而，这种叶轮不能修剪，因此如果要使用，则设计者必须准确确定泵的尺寸。

凹式叶轮泵既可以垂直(紧密耦合或延伸杆轴)也可以水平构造设计，而适用于任何湿或干井。湿井泵可利用液压驱动或潜水电机。它们通常在尺寸上具有50~200mm(2~8in)，在高达64m(210ft)的总动态压头下，容量为180~1800L/min(50~500gal)。

(相比其他无堵塞离心单元)凹式叶轮泵的主要缺点是其效率显著较低。凹式叶轮泵的效率通常比相当的标准泵低5%~20%。

3.5.3 螺杆/组合离心泵

螺旋/组合离心泵将螺旋式叶轮与标准离心叶轮结合起来。这种泵通常具有相对较高的效率和相对较低的净正吸压头(NPSH)要求。此外，螺旋叶轮的螺旋状行为可以为吸头提供更正的进料，因而这种泵能够更好地处理较稠的固体。

3.5.4 盘式泵

盘式泵利用边界层和粘性阻力的原理运行。其叶轮基本上都是按照一定间距安装的平行盘。通过旋转盘之间的间隙的流体流，凭借旋转盘旋转而将能量传递于流体并产生速度和压力梯度，迫使流体流动通过泵。因为流体与盘平行移动而不触及泵其他零件，则泵磨损降到最低。

盘式泵传统上被指定用于固体高达6%的残余物，泥浆，黏性材料和具有高气体包夹的残余物(例如，源自DAF单元)。这种泵可以干运行而处理磨蚀性材料，这使得其成为泵送沙砾的优秀备选泵。

3.5.5　磨床泵

特定组合的离心泵磨床也可以利用(见图 21.11)。这些泵将淬硬钢截盘与相对典型的离心涡旋式泵相组合。它们可以用作消化池循环泵而防止碎布球。然而，操作经验表明，这种泵需要如同磨床一样的维护。

3.6　正排量泵

适用于输送残余物的还有几种类型的正排量泵。

3.6.1　柱塞泵

柱塞泵具有暴露的偏心曲柄轴或步进梁驱动的活塞。这种泵类型可以采用单缸、双缸、三缸和四缸构造设计。柱塞泵每个柱塞具有 150～225L/min(40～60 gpm)的输出，并能够产生扬程 70m(230ft)。这些泵通常设计效率为 40%～50%，还会留下功率储备，而克服扬程的变化(Sanks et al.，1998)。

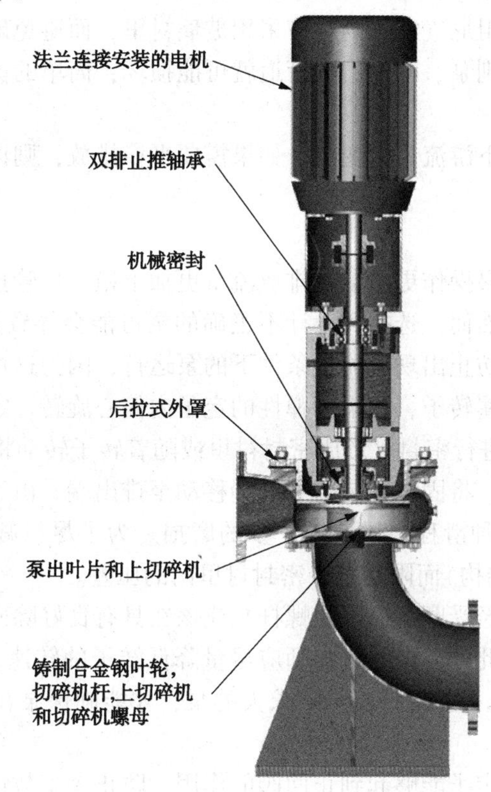

图 21.11　切碎机-磨床泵(经 Vaughan Company，Inc. 许可)

柱塞泵具有许多优点：

- 如果设备针对负荷条件进行设计，则能够输送固体高达 15%的残余物；
- 这种泵是成本有效性的方案，具有高达 30m/s(500gpm)的输出和 60m(200ft)的扬程；
- 大端口开口的单元装置能够在低泵送速率下运行；
- 柱塞泵能够提供正压输送，除非某些物体阻止球形节流阀就位；

- 尽管泵扬程出现巨大变化但是却能提供恒定而可调的容量；
- 柱塞泵能够在“无流量”的条件(例如，吸入管堵塞)下运行一小段时间而不会损坏；
- 低速单缸和双缸泵的脉动行为有时有利于进料斗中的浓残余物和管道中的悬浮固体；
- 柱塞泵运营和维护(O&M)成本相对较低。

改变冲程长度，就会改变泵的输出。然而，这种泵通常最好在达到或接近全冲程下运行，因此设计师通常会提供可变螺距的 V 型带传动或变速驱动而控制泵送容量。

柱塞泵在吸入和排放侧具有成对的球或瓣止回阀。连杆将曲轴轴柄连接至活塞。活塞安装于充油曲轴箱(实现润滑作用)，并密封于填料箱密封管和填充物中，这通过其上的环形水池保持湿润。除非水池接收恒定的水供给，否则填充物将会变干而迅速发生故障，这可能会导致固体在整个邻近区域内发生喷洒。

柱塞泵能够以高达 3m 的吸程(10ft)运行，但这可能会降低其可以处理的固体浓度。使用吸入压力高于其排放压力的泵是不切实际的，因为液流会被迫流过止回阀。使用特殊吸气和排气室能够降低噪音和振动，并阻尼间歇流的脉动。

如果设计者使用脉动阻尼气室，则应该采用玻璃衬里，而避免硫化氢腐蚀的损坏。如果泵运行时排放管道受阻，则泵、电机、或管道就可能损坏；简单的剪切销设计就能防止这个问题。

活塞的数量直接影响下游流量的变化。如果需要平稳排放，则设计工程师应该考虑使用三缸或四缸泵。

3.6.2 螺杆泵

与柱塞泵相比，螺杆泵操作更清洁而排放流量更加平稳。尽管排放压头发生变化而其提供的流量仍然能够恒定。然而，选择和设计不正确的泵可能会导致过多的维护问题和成本。设计工程师尤其应该警惕防止出现无流量条件下的泵运行，因为这可能会迅速损坏泵定子。

螺杆泵使用蠕虫形金属转子，在柔韧弹性的定子内偏心旋转。定子的轴向间距为转子的50%左右。转子相对定子进行密封，形成密封衬里或随着转子转动将泵下移的多重衬里。这些衬里之间腔室轴向步进，将固体从泵的吸入端移动至排出端。由于定子磨损，会在密封衬里处出现一些“滑程”；这种滑程会导致进一步的磨损。为了尽量减少滑程，设计工程师应该使用足够的腔室(多级结构)而限制整个密封衬里内的压差。

弹性定子相对柔软而经受磨蚀，因此螺杆泵应该在具有良好除砂设备的设施中使用。他们不应该用于输送砂砾。此外，设计工程师应尽量降低转子的转速。在某些应用中(特别是变速驱动器)，设计者应选择比设计流量需求大的泵，才能确保泵在定子开始磨损后仍然能够满足设计流量的要求。

螺杆泵的优点之一是定子能够起到止回阀的作用，防止大多数情况下的回流。因此，如果泵静态反压超过 50m 或由于显著的沙砾浓度而与其出现定子磨损时仅仅需要实际止回阀或防反向棘轮。然而，设计工程师始终应该在吸入和排放侧都安装隔离阀，而使泵能够从工作服务中拆除进行日常维护。

大多数螺杆泵都用水测试。当用于运输固体时，泵可能需要更多的电机功率。设计工程师应该对每一应用环境咨询泵制造商，才能确保指定足够大的电机。

固体容量取决于泵的大小。在合适的低转速下泵确定的尺寸大小为至少 3L/s(50 gpm)，则通常能够传送通过约 20mm(0.8in)的固体，因此磨床是不必要的。然而，较小的泵，通常需要磨床。如果不包括磨床，则设计工程师应该对任何所需的万向节指定防护罩。

为了尽量减少泵的维修费用，

- 确保前工艺过程有效除砂；
- 将转速限制于约 250r/min；
- 吸入管尽可能短，并使用开喉漏斗式吸入端口(Jones，1993)；
- 将每级压力限制于约 170kPa(25psi)(如果需要更高的压力，则大多数制造商会提供多级泵)；
- 小心指定转子材料，定子材料和万向节(适用之处的)的设计；
- 提供有效拆除泵的空间；
- 考虑设计可逆起动器，这使泵反转流动方向，并可能清除吸入管道中的轻微堵塞；
- 反转高吸程应用中的泵流动方向。

泵排放必须具有压力安全开关，而防止排放管堵塞所致破裂。此外，设计工程师应该使用流量指示器开关或专有设备，防止泵空转。设计者还应该考虑使用泄压装置或防爆膜，而保护下游管道。

3.6.3　隔膜泵

隔膜泵一般用于从初级沉淀池和重力增稠池输送固体。这些泵是泵送增稠残余物相对简单的装置，能够处理沙砾而具有最低磨蚀作用。制造商声称，在输送重力增稠残余物时泵的脉动行为会增加固体浓度。然而，脉动流可能对于一些下游处理工艺过程是无法接受的。

通常气动隔膜泵，会包括单腔室化的回弹隔膜、空压调节器、电磁阀、压力表、消声器和计时器(见图 21.12)。压缩空气推或拉隔膜而使之弯曲，由此收缩或扩大封闭腔膜。然而，除非污水处理厂已经使用压缩空气，否则提供这种服务可能会显著增加泵送成本。此外，从泵阀排出的空气会喧闹而噪声扰人。

3.6.4　凸轮转子泵

凸轮转子泵使用多凸轮啮合旋转的叶轮而传送固体高达 10%的残余物。如同转子螺杆泵一样，凸轮转子泵能够提供相对平稳的流量，而在许多具有低至中等排放静态压头的应用中不需要止回阀。然而，需要吸入和排放隔离阀，才能使泵能够从服务中拆除进行维修。

液压或电动马达驱动的隔膜泵也可使用，而应该加以考虑。

泵送效率取决于旋转凸轮之间保持相对紧密的容限，因此在残余物进入泵之前，应当从其中除去所有大的或磨蚀性物质。凸轮转子泵更适合有效除砂的应用，而不应该用于传送砂砾。工程师还应该将这些泵设计成最低可能的速率下旋转而最小化磨蚀作用。凸轮转子泵和螺杆泵对磨蚀作用反应类似，因此工程师能够将螺杆泵的设计考虑因素应用于凸轮转子泵。设计师也应该针对要传送的残余物选择合适的凸轮材料；否则，凸轮会过早故障。凸轮转子泵相对于螺杆泵的优势在于其能够处理短期无流量而无重大损害的能力。

3.6.5　气动喷射泵

气动喷射泵不使用旋转组件和电动马达，其具有接收容器、进口和出口止回阀、气源和液位探测器。当液体达到预设水平时，迫使空气进入容器而喷射出所储存的内容物。然后，切断气源而液体流动通过入口进入接收器。

气动喷射泵能够用于传送残余物和浮渣。这种泵也能够用于一些设施运输砂砾和筛余物。这种类型的泵可获得 110~570L/min(30~150gpm)的容量，而扬程高达 30m(100ft)。

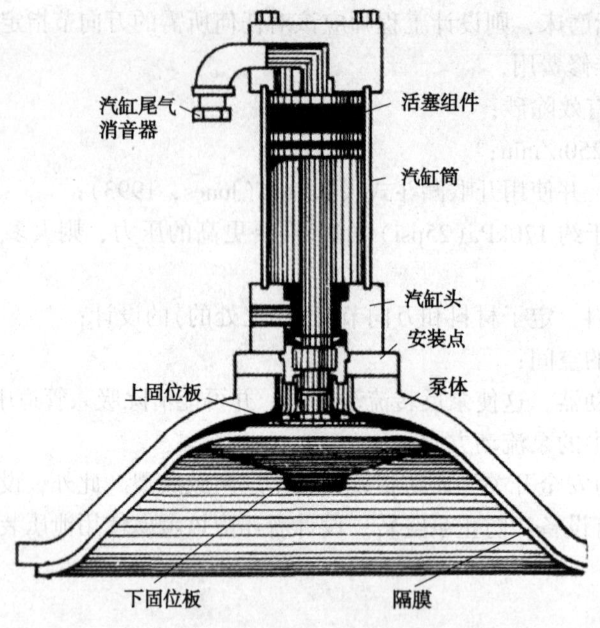

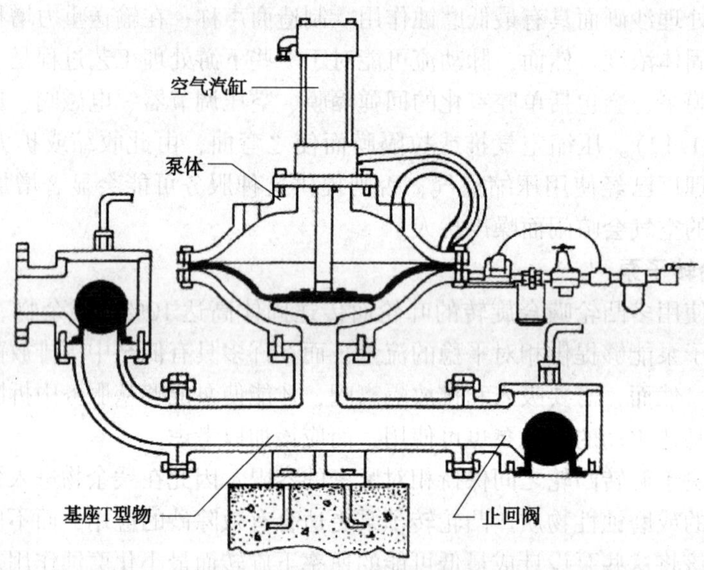

图 21.12 气动隔膜泵

3.6.6 蠕动泵

尽管蠕动泵更广泛地应用于工业部门，但是蠕动泵业已用于运送市政固体。这些自引水泵能够有 36～1250L/min(1～330gpm)的容量，扬程高达 152m(500ft)。蠕动泵适用于流量计量，因为这种泵的输出直接与其高或低排放压下的速度成正比。蠕动泵适用于吸程应用[高达 44.7kPa(15ft 水柱)并能够泵送磨蚀性流体。这些设备都相对简单，仅仅需要常用工具和基本的机械装配，维修和维护的技能。

蠕动泵没有密封，阀门或轴承；通过交替压缩和松弛专门设计的弹性软管而移动残余物。软管在泵壳内壁和转子上的压缩闸瓦之间压缩。液体润滑剂可用于减少滑动摩擦。残余物仅仅接触软管厚内壁，其衬垫在压缩过程中夹带磨蚀性物质；压缩之后释放磨蚀性物质。然而，更换软管可能是比较昂贵的，因此为了最大化软管寿命，泵的最高转速应该限制于25r/min。

这种泵的主要缺点是其脉冲流量(因为转子通常只有两个压缩闸瓦)。根据需要获得设计泵送速率的转速，脉冲流量未必适合下游工艺过程。然而，这能够通过排放之处使用脉冲阻尼器而抵消。

3.6.7　往复式活塞泵

往复式活塞泵在必须将脱水的滤饼传送至滤饼储存或装载设施时是很有用的，而且具有成本有效性。往复式活塞泵通常不会用于脱水工艺过程之前。然而，因为这些泵可以达到的排气压力高达 1.5×10^4kPa(2 200psi)，则是长距离泵送增稠污泥泵的首选。然而，由于这些泵高的排放压力，工程师必须正确设计下游管道系统。

3.7　其他泵

以下是用于传送残余物的其他泵类型。

3.7.1　气升泵

气升泵具有开放式立管，其下端被淹没于泵送液体中。当供气管在管道底部将压缩空气引入时，就会形成气泡而与管道中的残余物混合。随着空气-残留混合物密度降低，管道外密度较大的物质就会推动混合物上升而排出立管。

气升泵因为不要求高效率精确控制流量而经常用于运送小型污水处理厂中的 WAS，RAS 和类似残余物。气升泵通常适用于高容量低压头的应用，用于提升高程小于 1.5m(5ft)的应用。气升泵的容量可能因为供气速率的优化而变化。然而，将供气提高超过其最佳水平，仅仅会降低排出的液体体积。气升泵的主要优点在于没有移动部件，而其构建和使用简单。

气源排布设计决定固体处理容量。气升泵如果采用外部气源和圆周扩散器，则就能够传送立管内径大小的固体颗粒物而不会堵塞。通过独立插入管道提供气体的那些气升泵则没有这种无堵塞特性。

3.7.2　阿基米德螺旋泵

阿基米德螺旋泵偶尔用于运送 RAS(参见图 21.13)。这种泵的开放式设计能够提升高达 9m(30ft)，而封闭式设计能够提升高达 12m(40ft)或更高。这种泵能够自动按照入口腔室内液体深度的比例调节其排放速率，而直到水达到“补点”，然后趋于恒定。换句话说，这种泵具有固有的流量调变能力，而并不需要电机速度控制器。

阿基米德螺旋泵具有相当恒定的效率(70%~75%)，而其额定设计容量为 30%~100%。螺杆螺旋的外围叶尖速度通常小于 229m/min(750ft/min)；而离心或凹式叶轮泵的该值为 1070~1220m/min(3500~4000ft/min)。此外，螺杆泵并不加压。这些特征在 RAS 应用中就变成优点，因为这使螺杆泵不太可能剪切活性污泥絮凝体。

这种泵的主要缺点在于其空间要求。如果暴露于阳光下，而长时间闲置停机，或未配备冷却水喷洒，则这种泵可能会由于热膨胀而变形。离线单元装置也可能会在寒冷天气下结冰。另一个潜在的缺点是，RAS 经常会在这种系统中曝气。在一些 RAS 应用中，阿基米德螺旋泵将不再使用，因为 RAS 高溶解氧含量会干扰生物营养物去除。

图 21.13 阿基米德螺旋泵(经由 Siemens Water Technologies 许可)

3.8 长距离管道

许多现场都能够成功长距离泵送残余物。卡休等的工作(Carthew et al., 1983 年),是通过设计 29km 长的管道完成的。哈尼和比勒陀利乌斯(Honey and Pretorius, 2000)采用 2km 长的管道解决了其实例,而村上等(Murakami et al., 2001)在其手稿中引述了其 1km 的距离。然而,工程师们必须制定特殊的设计标准,才能最小化潜在的运行问题。他们应该仔细确定残余物的特性(例如,黏度,固体百分比和类型)并研究流动速度对流体黏度和管道摩擦损失的影响(Mulbarger et al., 1981)。

如果设计长距离系统,则实际现场数据是至关重要的。一些研究提供了有关长距离固体运输系统的分析和设计的详细信息(Carthew et al., 1983; Mulbarger et al., 1981; Setterwall, 1972; Spaar, 1972; U.S. EPA, 1979)。图 21.14 显示了卡休等(Carthew et al., 1983)和村上等(Murakami et al., 2001)现场使用的测试系统。

长距离泵送通常会创建高压力损失,因此,设计工程师应该选择能够产生所需高压的泵。例如,在英国,垂直的正排量液压驱动柱塞泵能够在超过 2.2km 的管道中传送初级和活性污泥,能够对抗高达 26bar(377psi)的工作压力(Ram Pumps, 1999)。

3.9 泵和管道中常见的设计缺陷

在泵送和管道系统中特别值得一提的有以下几个设计错误:

- 摩擦压头计算不正确且未能为运行期间出现的变化提供足够的余量。
- 未提供足够的冲洗和清洗管道。许多残余物在管道中形成油脂沉积和结垢,而冲洗

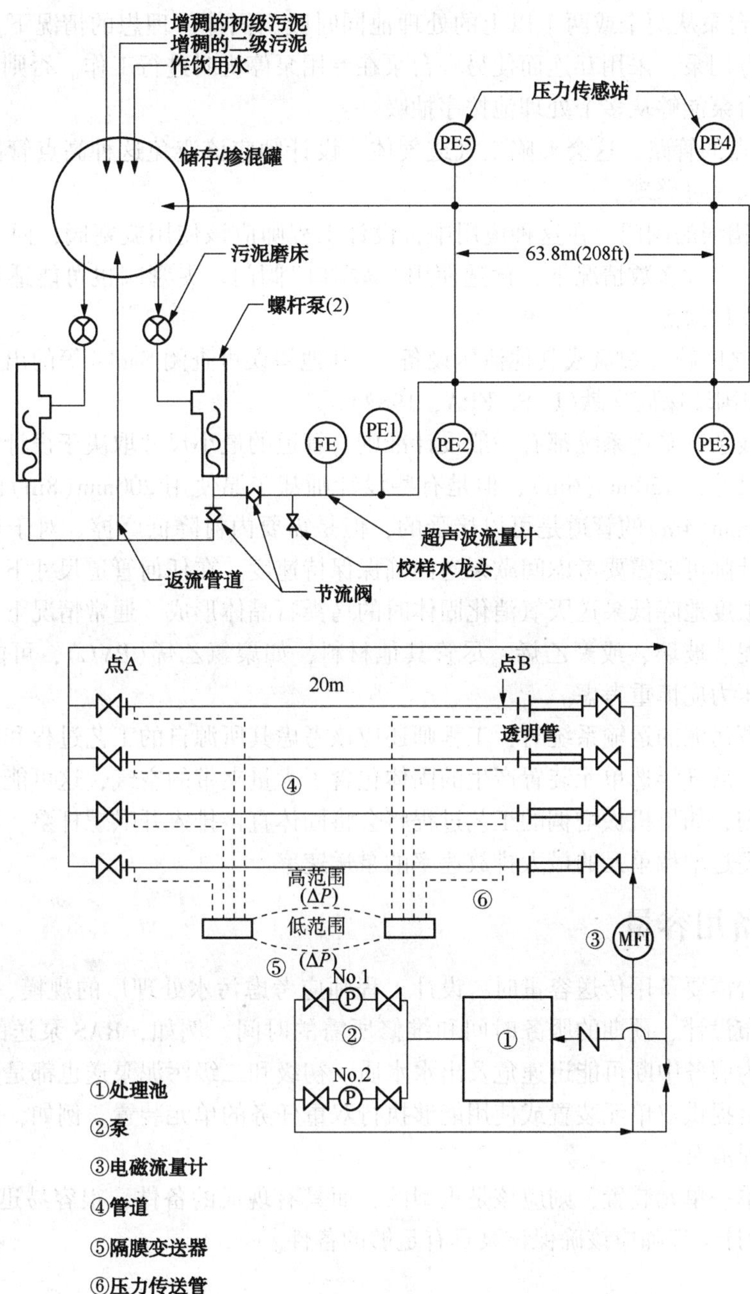

图 21.14　由卡休等(Carthew et al.，1983)(顶部)和村上等(Murakami et al.，2001)(底部)使用的实验装置阿基米德螺旋泵

水连接和清洗端口变得更加重要，因为残余物变得更稠厚。

- 未提供足够的吸力处理增稠的污泥。触变性和可塑性可能会极大地影响摩擦，因此良好的设计要包括一条直的短吸管道连接至足够低的泵装置中而容许产生基本上正吸压力。
- 螺杆泵在每级过速或过压下运行时将会增加维护成本。
- 嵌埋或装箱弯管。砂砾泥浆和某些(根据推测，除砂)残余物可能会磨蚀弯管。

• 使用一台泵从两个或两个以上的处理池同时吸出固体。理想的情况下，每个处理池应该具有一台专用泵，采用互连而使另一台泵在专用泵停机时进行工作。否则，该系统应该加阀门而使一台泵能够从多个处理池按序抽吸。

• 创建高点的管路，这会夹陷空气或气体。设计师应该避免这种高点管路，因为在这种应用中泄压阀太过繁琐。

• 使用了错误的阀门。在这种应用中，设计工程师应该使用旋塞阀，而至少有 80%的干净水路面积。在大多数情况下，优选使用"满端口"阀门。夹管阀也可能适用，但设计师应该仔细权衡其优缺点。

• 隔离阀之间缺乏裂盘或其他泄压设备。[其他错误可查阅 Sanks 等的出版物(Sanks et al., 1998)和美国环保局文献(U.S. EPA, 1982)。]

对于任何残余物泵送系统都有一般设计准则。管道的最小尺寸取决于设计师。残余物管道最低的理想尺寸为 150mm(6in)，但是有些设计师却宁愿使用 200mm(8in)的管道。在某些情况下，100mm(4in)的管道是可以接受的，但是需要内衬降低摩擦。对于规模较小的污水处理厂，设计师可能需要考虑间歇泵送而确保保持速度。在任何管道尺寸下，使用光滑的衬里能够最大限度地降低泵送厌氧消化固体时的鸟粪石晶体形成。通常情况下，球墨铸铁管道能够内衬水泥、玻璃、或聚乙烯。尽管其他材料，如聚氯乙烯(PVC)，可能并不需要加衬，但是工作压力应慎重考虑。

当设计增稠污泥的运输系统时，工程师还应该考虑其所源自的工艺过程和将会接收的工艺过程。例如，溶气浮选单元装置产生的固体包含了大量夹带的空气，这可能对许多泵都会带来问题。否则，如果机械增稠的工艺过程将会将固体直接排入开喉螺杆泵，则设计工程师必须选择一个超过增稠单元的最大排放速率的泵送速率。

3.10 备用容量

当确定是否需要备用传送容量时，设计工程师应考虑污水处理厂的规模、系统的功能、单元装置的排布设计、预期的服务时间和维修所需的时间。例如，RAS 泵送的备用容量是很重要的，因为服务中断可能迅速危及出水水质。初级和二级污泥泵送也都是关键功能，因此设计师通常会提供双单元装置或使用能够执行双重任务的单元装置。例如，初级污泥泵通常也作为备用浮渣泵。

如果使用单一单元装置，则应该是重型的，而具有现成的备件，很容易迅速修复(最好原位修复)。设计工程师应该确保该泵具有足够的备件。

4 脱水滤饼储存

4.1 储存要求

脱水的滤饼通常在接受更多的处理(例如，热干燥)或拖出现场进行使用或处置之前需要储存于某些地方。因为滤饼含有很少的水分，有专家认为几乎没有与其储存相关的危害(在 A2007-NFPA820 上的 NFPA 报告)。大多数易燃液体将在脱水期间除去，而产甲烷微生物在干燥的有氧环境中并不会大肆生长，因此也不需要特殊的安全防范措施。这就是说，脱水滤饼黏滞发黏的性质可能使存储设计复杂化。

所需的存储量取决于之后滤饼会发生的情况。通常情况下，生物固体将仅仅保持数天或数周之后就进行进一步处理或异地拉走。在这种情况下，它们通常储存于大的滚降容器，18 轮自卸拖车，具有推墙的混凝土浅沟，或带螺旋的槽桶。

然而，如果生物固体将会土地使用或表面处理，则可能需要进行长期储存。在这些情况下，生物固体经常堆放储存于混凝土板或其他防渗垫上。如果要设计长期贮存设施时，工程师们需要考虑缓冲、气味控制和易接近性。这些工程师们还需要确定储存设施应该是开放的还是加盖的。[对于有关计算土地施用的存储需求的更多信息，请参见第 2.1 节。对于进一步指导准则，请参阅美国环保署的《生物固体储存场的指南》(*Guide to Field Storage of Biosolids*)(U. S. EPA，2000)。]

4.2 气味控制问题

气味控制可能是与脱水固体相关的问题——尤其是当存储数量较多，或固体存储区与邻居相距较近时。脱水、固体厌氧消化产生的气味主要是有机硫化合物。

25℃下存放滤饼 20~30 日将会显著降低气味产生(Novak et al.，2004；WERF，2008)。消化后添加明矾，也能够降低存储相关的气味(Novak et al.，2004)。然而，根据水环境研究基金会，最小化脱水滤饼气味的最好办法，是在脱水之前优化固体处理工艺过程。

5 脱水滤饼的运输

现代脱水操作，根据所使用的调节化学品和脱水设备，能够产生含固体 15%~40%或更多的滤饼。这种滤饼稠度从布丁状至湿纸板不等，因此经由重力通过流动不能排出脱水设备而进入管道或渠道。相反，必须经由：

- 正排量泵；
- 机械传送带(例如，平面或槽形带、波纹带、或螺旋推进器)；
- 重力从脱水设备底部传送至直接之下的存储料斗或卡车。

在选择滤饼传输方法之前，设计工程师应该基于固体管理要求、场地或施工限制、可靠性、O&M、以及生命周期成本而分析各种备选方案。

5.1 泵送

螺杆泵和液压驱动的往复式活塞泵都可以处理脱水滤饼。相比于传送带或螺旋输送机，这些泵能够更好地控制气味(因为滤饼在封闭的管道内传送)，消除了溅漏，并具有更少的维护需求。这些泵也具有小得多的占地面积，因此，适合于空间受限的建筑物。这些泵甚至能够在某些情况下降低噪音水平。然而，在移动给定体积的滤饼时泵往往比传送机需要更多的电力。

选用何种类型的泵，取决于应用环境。螺杆泵提供稳定的流量，而液压驱动的往复式活塞泵会产生脉动(List et al.，1998)。螺杆泵在滤饼较薄而传送距离较短的应用环境通常是首选。液压驱动的往复式活塞泵比较昂贵，但可以处理更大的压力和较厚的滤饼。(固体处理工艺过程的排放管道可能是高压力环境。)

5.2 水力学

脱水滤饼(含有超过15%的固体)的水力学特性还没有进行广泛的研究或具有广泛报道。同样，泵送固体的压头损失计算方法也是有限的。然而，研究人员已经证明，脱水滤饼可能会出现塑料和假塑性(触变性)行为(List et al.，1998；Barbachem and Payne，1995；Bassett et al.，1991)。对于宾汉姆塑性，需要最低剪应力才能开始流动。对于触变性物质，表观黏度和压头损失梯度(dH/dL)随着剪切速率增加或随着流体在管道内行进一定距离直至达到时间依赖性行为而降低(Honey and Pretorius，2000)。这两种行为致使水力学设计变得复杂。

尽管如此，脱水滤饼仍能够泵送——但是专家推荐适用于相对较短的距离。在北美和欧洲有许多成功泵送的装置，而许多其他的装置正在进行设计或建造。

5.3 流动和压头损失特性

在大多数脱水滤饼应用中，压头损失较高——常常处于1380~6900kPa(200~1000psi)的范围。这取决于排放管道的长度、直径和构造结构。压头损失也取决于滤饼形状和固体浓度，以及生产这种滤饼的整理和脱水方法。目前的经验表明，压头损失通常对速率和管道收缩较为敏感，尤其是当脱水滤饼固体浓度超过30%时更是如此。

在滤饼泵送应用中典型的管道压头损失范围通常为11.3~79.1kPa/m(0.5~3.5psi/ft)；设计工程师常常使用这些值作为初步设计期间的一般准则。理想的情况下，最终设计将保持压头损失低于45.2kPa/m(2psi/ft)。

5.4 设计方法

当设计排放管道时，工程师应避免收缩(例如，小管径阀门和短半径弯头)。管道应该足够大，而使理论滤饼流速不要超过0.15m/s(0.5ft/s)——但是最大速度0.08m/s(0.25ft/s)是优选的，特别是如果脱水滤饼固体浓度超过30%时更是如此。管道的设计应允许进行冲洗和清理管道。

与液体残留物不一样，在泵送设计公式适用于固体含量高达12%的情况下，泵送脱水滤饼的设计方法更是现场特异性的。强烈建议实施现场测试，尤其是在相对长距离的应用环境下更是如此。泵送含有超过30%固体的滤饼的管道不应该超过152m(500ft)长，并强烈建议进行管道润滑。

在20世纪90年代出版了四个具有实际现场数据的同行评审案例研究。这些研究探讨了以下滤饼类型的管道压头损失：

- 厌氧消化的离心脱水滤饼，含20%固体(Bassett et al.，1991)；
- 厌氧消化的离心脱水滤饼，含22%固体(Barbachem and Pyne，1995)；
- 在有无管道润滑的聚合物注射情况下，未详细说明的脱水滤饼，含有28%的固体，(List et al.，1998)。
- 未消化的板框式压滤滤饼，含34%固体(Barbachem and Pyne，1995)。

比较实际的现场数据，研究人员基于假塑性模型而开发出一个适用于20%滤饼的简单压头损失方程，并警告，该方程可能只适用于特定情况(Bassett et al.，1991)。方程21.18对于100~300 mm (4~12 in.)的管道尺寸，速率0.015~0.43m/s(0.05~1.4ft/s)(0.05~

1.4ft/s)都可能有效:

$$\Delta P = 15.68/D^{1.28} + 0.245Q/D^2 \tag{21.18}$$

式中　ΔP——压降(psi/ft);

D——管道内径，in;

Q——滤饼流量，gpm。

表 21.4 举例说明了管道尺寸对管道水头损失的影响(基于方程 21.18)。这表明，对于标称管径每次降低，压头损失增加近 50%。这也表明，当使用足够大的管道(例如，300mm)时，泵送厚稠的滤饼(20%~28%)，导致压头损失增加最小(约 10%)。(注：前面的陈述是基于两项研究的结果对比。)

表 21.4　在接近最大推荐流体速率下泵送滤饼的压头损失数据

管径	固体百分含量	速度/(m/s)	H_f/(m 水/10 m)	H_f/(psi/ft)	管径变小的 H_f 变化
100 mm (4 in.)	20 (Bassett, 1991)	0.08	64.0	2.77	57%
150 mm (6 in.)	20 (Bassett, 1991)	0.08	41.0	1.77	46%
200 mm (8 in.)	20 (Bassett, 1991)	0.08	28.0	1.21	55%
300 mm (12 in.)	20 (Bassett, 1991)	0.08	18.0	0.78	基线
300 mm (12 in.)	28 (List et al., 1998)	0.10	19.5	0.86	10%

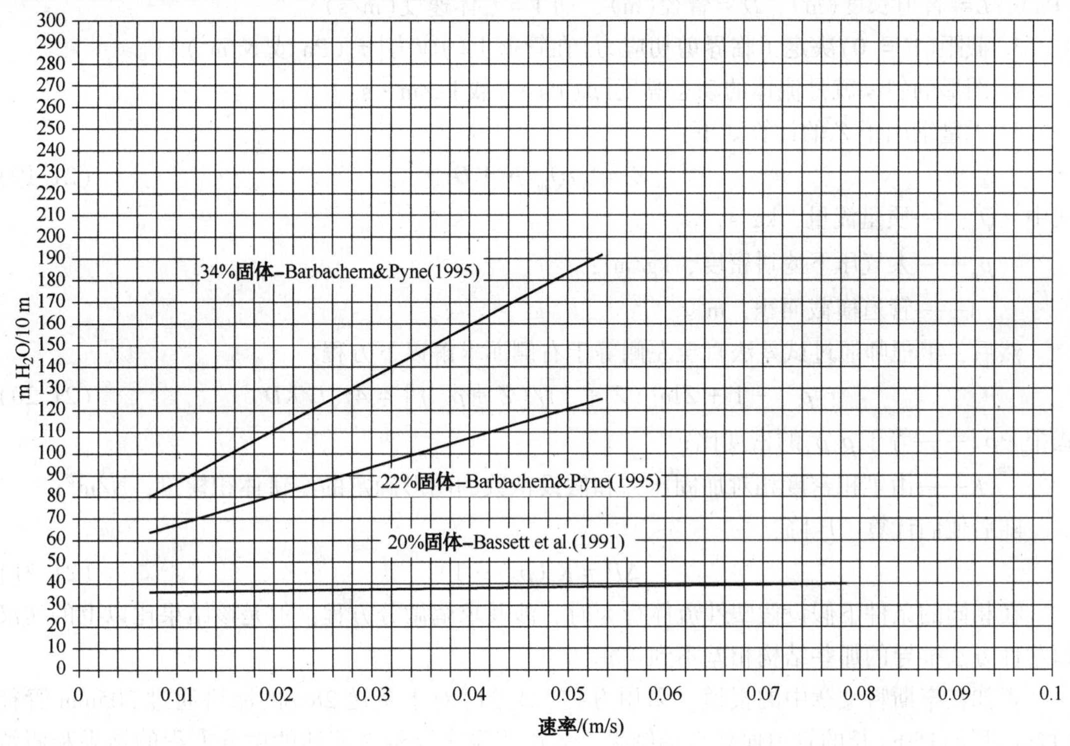

图 21.15　在低于推荐最大速率的各种速率下三种类型的残余物在 150mm 直径(6in 直径)的管道中的压头损失(基于文献 Bassett et al., 1991，和 Barbachem and Pyne，1995 建立)

巴柏克米和派恩(Barbachem and Pyne，1995)使用了方程(21.10)，方程(21.15)，方程(21.17)和方程(21.14)中描述的 Re，He 和 H_f 数值方法对实际现场数据进行建模。图 21.15 结合巴塞特等(Bassett et al.，1991)和巴柏克米(Barbachem and Pyne，1995)对于 150mm

(6in)管道内的流量报道的压头损失数据。虽然这些数据来自两项研究而因此数据的差异可能是由于不同的实验方法所致，但是某些趋势和结果还是能够进行推演。表 21.5，每一个数据都来自图 21.15 中的每一曲线，得到了两个显著的结论。其一(如预期)，通过 150mm 管道的摩擦压头损失随着固体浓度增加而急剧增加。其二，150mm 管道太小而不适用于泵送含有超过 20%固体的脱水滤饼；产生了过度压头损失。

表 21.5 最大推荐速度下泵送滤饼通过 150mm(6in.)管道的压头损失数据

残余物类型	速度/(m/s)	H_f/(m 水/ 10m)	H_f/(psi/ft)	H_f的变化
20%厌氧消化而离心的残余物	0.08	41	1.77	基线
22%厌氧消化而离心的残余物	0.05	120	5.19	293%
34%未消化的板框式压滤残余物	0.05	180	7.79	50.0%

除了实际的现场数据并考虑滤饼的高度压缩性之外，李斯特等(List et al., 1998)提供了确定滤饼泵送应用中创建的压头损失的具体方法。假设稳定的非加速泵应用和宾汉姆塑性行为，则该方法如下：

1. 收集现场数据，确定给定流量的泵送压力。

2. 在 y 轴上构建图形描绘($\Delta P/L$)($D/4$)而在 x 轴上构建 $8V/D$［其中 ΔP =压力损失(Pa)，L= 管道长度(m)，D =管径(m)，而 V=流体速度(m/s)］。

3. 截距(V = 0)决定了临界剪切应力{在管壁上的应力[τ_w(Pa 或 N/m^2)]}。

4. 图形的斜率就是流体的动态黏度[μ(Pa · s 或 kg/m · s)]

5. 无量纲因子 Z 的计算如下：

$$Z = 8\mu Q_m/\rho_\alpha A\ D\tau_w \tag{21.19}$$

式中 Q_m——质量流量，kg/s；

ρ_α——大气压下滤饼密度，kg/m^3；

A——管道横截面积，m^2。

然后，工程师通过试差法直至左侧等于右侧而求解以下方程：

$$\rho^* - 1 + Z\ln[(Z+1)/(Z+\rho^*)] = 4\tau_w L/KD \tag{21.20}$$

式中 ρ^*——等于ρ/ρ_α的密度比；

K——由堆积密度相对加固压力和假设常数的图形确定的滤饼体积模量，N/m^2；

随后他们计算了压降：

$$\Delta P = K\ (\rho^* - 1) \tag{21.21}$$

在相同的条件下假设假塑性流体行为时，涉及求解微分方程，但是该结果比以上的宾汉姆塑性方法推导的那些结构相差不到 4%。

正如在李斯特文章中的报道，采用方程(21.21)对于泵送 28%的滤饼通过 305mm 管径(12in 管径)150m 长的管道而获得的结果，采用假设宾汉塑性流体的微分方程的结果和假塑性流体的结果(未显示)都非常相似。

如果忽略可压缩性效应，以下两个方程就可以对宾汉姆塑性和假塑性物质分别求解：

$$\Delta P/L = 4\tau_w/D - 32\ \mu V/D^2 \tag{21.22}$$

$$\Delta P/L = -4\ \tau_w/D - 4k/D(8V/D)^m \tag{21.23}$$

其中 k 和 m 都是描述物质属性的经验参数。

实际应用涉及通过往复式活塞泵产生的加速流动。泵送 28%滤饼通过 250mm(10in.)管道的实际现场试验表明，泵附近最大压力为 3100kPa，这与稳态流计算值相差并不是很远。

表 21.6 是螺杆泵厂商关于传送具有不同固体百分含量的滤饼的数据汇编(Bourke，1997)。对于 150mm(6in.)直管，压头损失介于 0.25~3.0psi/ft(Bourke，1997)。该表表明，离心脱水滤饼比旋转滚筒脱水滤饼更容易泵送。离心脱水滤饼也比带式压滤脱水滤饼更容易泵送。这就是说，在表 21.6 中报告的压头损失有些低估；设计师可能应该使用较为保守的值，或要求泵送系统供应商的性能保证。

表 21.6　伯克对于小于 0.06m/s 的流体速度报道的压头损失数据
[以 m 水柱/10 m (psi/ft)计](Bourke，1999)

方　法	固体百分含量	100mm/4 in	150mm/6 in	200 mm/8 in
转鼓	20~30	稍微高于 150mm 的 2 倍	7.62~11.5(0.33~0.50)	约 150mm 的一半
离心	20~30	稍微高于 150mm 的 2 倍	比转鼓低 50%	约 150mm 的一半
转鼓而随后热处理	45	稍微高于 150mm 的 2 倍	23.0~35.0(1.00~1.50)	约 150mm 的一半
压滤	65	稍微高于 150mm 的 2 倍	35.0~46.0(1.50~2.00)	约 150 mm 的一半

螺杆泵可能对滤饼产生显著的剪切应力，导致触变的剪切变稀行为，而当相比于液压驱动的往复式活塞泵输送的滤饼时降低了流体的表观黏度。螺杆泵能够处理低固体含量的滤饼，而液压驱动的往复式活塞泵处理较稠厚的滤饼时更可靠。然而，螺杆泵可达到接近 100%的腔填充，所以相比于液压驱动的往复式活塞泵而言泵送更有效。此外，螺杆泵制造商通常报呈接近 1psi/ft 的压头损失，而同时液压驱动的往复式活塞泵制造商通常在其设计中使用 2psi/ft。

密度在所有的固体计算中都是重要参数。残余物在一定温度下的密度可能与固体浓度相关；这往往对设计很有帮助。表 21.7 列出了未指定温度(大概接近室温)下密度与固体浓度相关的数据。

表 21.7　各种固体浓度下的残余物密度

残余物类型	固体百分含量	密度/(kg/m³)	参考文献
稀释的脱水固体	3.51	1 015	Spinosa and Lotito, 2003
沉降的活性污泥	5.00	1 015	Honey and Pretorius, 2000
稀释的脱水固体	5.15	1 020	Spinosa and Lotito, 2003
稀释的脱水固体	6.81	1 026	Spinosa and Lotito, 2003
稀释的脱水固体	8.40	1 031	Spinosa and Lotito, 2003
肥料 1	9.10	1 037	El-Mashad et al., 2005
稀释的脱水固体	9.49	1 034	Spinosa and Lotito, 2003
稀释的脱水残余物	10.5	1 038	Spinosa and Lotito, 2003
肥料 2	10.7	1 044	El-Mashad et al., 2005
脱水固体	28.3	1 062	List et al., 1998

5.4.1　实例 21.2：泵送固体含量 28%的滤饼

确定泵送固体含量 28%的滤饼通过 305mm 管径(12in 管径)150m 长的管道时的摩擦压头损失。这个实例摘自文献(List et al.，1998)。其他实验确定的输入参数包括：

- 滤饼体积模量 (K) = 2 550 kN/m²，
- 大气压下的滤饼密度(ρ_α) = 1 060 kg/m³，

- 滤饼质量流量(Q_m) = 8.012 kg/s,
- 管壁剪切应力 (τ_w) = 1 468 N/m^2,
- 滤饼动态黏度(μ) = 12 kg/m·s,
- 流体速度 (V) = 0.1036 m/s。

5.4.1.1　求解方案 1

按照第 5.4 节中先前描述的方法，工程师们应该使用方程 21.19 计算一下无量纲因子：

$$Z = 0.222$$

随后，他们应该通过试差法求解方程 21.20：

$$\rho^* = 2.15$$

然后，工程师们使用方程 21.21 计算压降：

$$\Delta P = 2\ 933\ \text{kPa}\ (299\text{m 水柱})。$$

5.4.1.2　求解方案 2

假设滤饼行为如同宾汉姆塑性流体并忽略可压缩性效应，则工程师们可能会使用方程 21.22 获得以下结果：

$$\Delta P = 2\ 826\ \text{kPa}\ (288\text{m 水柱})$$

5.4.1.3　求解方案 3

如果滤饼的流变参数难以确定，则估计的保守压头损失值可能就足够满足设计。这种做法是有效的，因为滤饼通过正排量传送时递送相同流量的可能压力范围更宽；当短距离泵送滤饼通过足够大的管道时，这是更有效的。

滤饼泵送系统中典型的压头损失可能介于 0.5~3.5psi/ft。当管径较小(例如，6in.)而流体速率接近最大推荐值(0.08m/s)时，其压头损失更大。在这个例子中，管径足够大(12in)而流体的速度大于推荐的最大值并不太多，因此，系统压头损失应该处于该范围的低端。另一方面，滤饼的固体含量为 28%，工程师应该小心，不要选择其值太小的设计。压头损失值可以安全地假定为 2.00psi/ft。

此外，工程师可以采取表 21.4 中的值用于泵送含 20%固体的滤饼通过 12in 的管道而(对于固体含量 28%的滤饼近似该值)将其加倍。设计的估计压头损失则变成 1.56psi/ft。

另一种方法是延长图 21.15 中 34%和 22%的曲线至 0.1m/s 的速度，并对具体速率下的每种情况记录压头损失(分别为 300 m/10 m 和 190 m/10 m)。泵送含 28%固体的滤饼将勉强落入这两个值之间。如果选择中值，则压头损失在 6in 管径管道中为 245m/10m。对于每次管径增加，压头损失减半。管径从 6in 增加至 12in，管道将减半压头损失 3 倍(至 30.6 m/10 m 或 1.33psi/ft)。

由求解方案 1 和方案 2 计算的压头损失分别为 0.86 和 0.83psi/ft。这些都远远低于求解方案 3 的估计值。

5.5　长距离泵送的管道润滑

降低管道摩擦损失的方法(主要适用于长距离泵送应用)，称之为边界层注入，涉及到经由圆环向排水管中注入液体润滑剂，这种圆环将液体沿着管道圆周均等分配而产生“边界层”。润滑剂能够是水，聚合物，或油基润滑剂。现场试验表明，这种润滑能够将排放压力降低高达 80%(List et al.，1998)。[对于这一过程的详细描述，请参阅《污水处理厂残余物的传送》(*Conveyance of Wastewater Treatment Plant Residuals*)(ASCE，2000)。]

考虑格鲁吉亚水回收设施的经验，在该设施中泵送了固体含量 25%的滤饼通过玻璃衬里的管道。最初压降为 67.8kPa/m(3psi/ft)。根据液压驱动的往复式活塞泵制造商的研究，在经由边界层注入少量水(0.5%的总固体流量)之后，压降降低至 22.5kPa/m(Crow and Cortopassi，1994)。

边界层注入环有两种类型：最初的构造设计，有各个注射点；和新设计，润滑介质通过围绕管道圆周的环形槽注入。通常情况下，环形槽的设计是优选的，因为这种设计需要的润滑剂较少而对滤饼固体百分含量的影响最小(Wanstrom，2008)。

5.6　泵控制

泵控制通常用于匹配泵送和滤饼生产的速率。例如，螺杆泵的速度可以由变频驱动控制，而活塞泵的速度通过液压功率单元中的流体流量控制。同时，超声波或雷达液位传感器监测滤饼收集料斗水平，而将高和低水平的信号传送给泵控制，泵控制会自动调节泵速，而保持预设的料斗水平。

大多数污水处理厂的操作人员会报告带式压滤或离心机的稳定滤饼生产速率；采取抽样检测防止桥接或堵塞。几乎不需要操作员进行系统调整，就能匹配滤饼生产速率。

涉及容量探针、压力开关和无流量传感器的自动泵控制，通常都被证明是不可靠的。如果进料料斗装的滤饼很少时控制未能关闭泵进料斗，则泵可能会干转。如果泵控制未能启动泵，则滤饼可能溅洒料斗或推回并填充离心机或其他脱水单元装置。无论是哪一种情况，都可能会导致昂贵的维修费用和生产损失。

5.7　螺杆泵

螺杆泵具有较低的资本成本，并能够持续短距离输送较稀的脱水滤饼。为了确保有效运行，泵制造商和污水处理厂员工都建议设计工程师

- 仅使用螺杆泵输送含有固体约 20%或更少的滤饼；
- 使用大口径管道，而将摩擦损失降低至更合适的水平；
- 限制泵送距离为 50m(164ft)或更少；
- 尽量减少吸入管长度或消除这条管道；
- 限制泵的转速为 200 rpm 或更低(Bourke，1997)；
- 限制每级压力为 52kPa(75psi)；
- 确定最终的设计标准之后，咨询泵制造商对泵材料、级数和型号的具体建议；
- 使用可调频或可调液压的马达驱动器。

泵定子和转子组件的预期使用寿命是装置特异性的，随着滤饼固体浓度的增加显著下降。影响设备磨损的其他因素还包括泵转速、砂砾含量、运行时间和工作压力。部件较昂贵而更换属于劳动力密集的(相比于杂用动态泵)。

当螺杆泵输送含固体 20%以上的滤饼时，滤饼可能在进料斗中桥接于螺旋推进器之上。这也可能堵塞喉节部(螺旋进料螺杆和泵的定子和转子接口)。如果不纠正，这些问题可能会导致泵运行快速干转，损毁定子和转子。为了避免这种情况，设计师可以在定子上安装温度传感器而监测指示泵干转的高温。

根据泵送系统的构造设计，桥接作用可能会填充离心机转鼓或溢出供料料斗。有些厂家使用桨式桥断器，对付这个问题(中度成功)。然而，他们可能需要大量的维护。桥断器可以经由齿轮或链条通过泵马达供能，或由专门的电机供能。使用专用的电机时，允许操作者调整桨泵而无需依赖泵。新设计采用连接至固定于泵驱动杆轴或独立的变速驱动器板的带状推送螺旋；这使泵能够传送固体浓度较高的滤饼(Dillon，2007)。另一个设计采用了双螺旋给料机，也由专门的变速驱动器供能(Doty，2005)。这两种设计都解决了滤饼桥接问题，并最大化泵腔内的填充速率。

5.8 液压驱动的往复式活塞泵

在美国和加拿大，液压驱动的往复式活塞泵是输送高固体含量和长距离脱水滤饼的标准。市政污水处理厂已将其用于此目的超过 20 年，而许多这种单元装置仍在工作。一些制造商还在美国进行销售。

由混凝土泵送技术开发的液压驱动往复式活塞泵，包含双螺杆推送螺旋进料机，泵送装置和液压动力单元(见图 21.16)。这种泵能够同时处理筛余物和经由压滤机、离心机、板框式压滤机、螺旋压滤机或旋转压滤机脱水而含 5%~40%以上的干固体的生物固体。

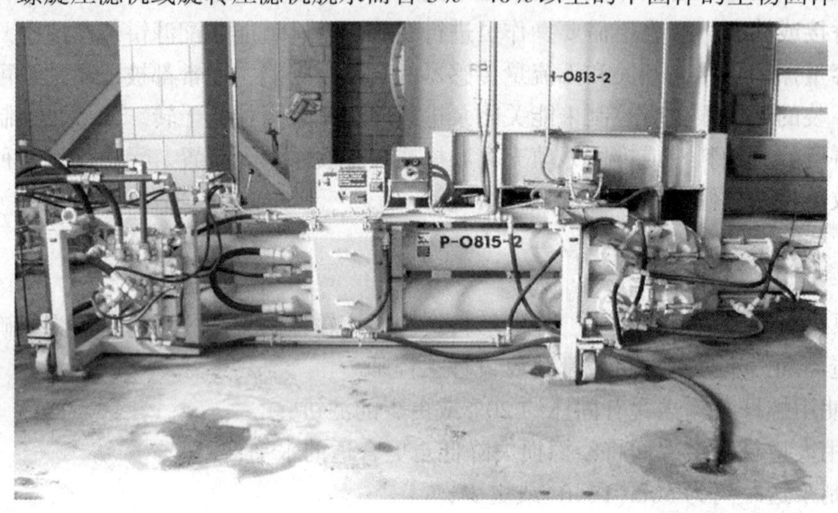

图 21.16 弗吉尼亚洛顿的诺曼科尔 Jr 设施的液压驱动往复式活塞泵移动离心脱水的滤饼(含固体 31%)(经 Schwing Bioset，Inc. 许可)

这种泵的主要优点在于，能够移动高固体含量物质。液压驱动往复式活塞泵比其他泵具有较高的资金成本，但能够移动很厚稠的脱水滤饼，而其他类型的泵却不能完成此项工作。

这种泵具有两个通过两个独立液压驱动的汽缸(活塞)提供动力的活塞的递送汽缸。递送汽缸是同步的，因此当一个填充脱水滤饼时，而另一个将滤饼递送至排放管道。这能够降低单汽缸和活塞的脉冲效应，而维护时基本上不会中断流动。

几乎所有在美国使用的液压驱动往复式活塞泵都具有双螺杆推送螺旋进料器。这些进料器在泵装置的充填单元内产生 34~206kPa(5~30psi)的压力。这种压力有助于将滤饼推进排空的汽缸中而同时活塞返回至起始位置。进料器通常是由液压马达驱动，而且还能够使用电动马达驱动。

泵装置的充填单元通常具有提升阀或传输管。每个递送汽缸都具有一个吸进和排出的提升阀。这种阀或管道都是液压驱动的并与活塞行程同步；他们允许一个汽缸填充，而另一个排放。提升阀提供了正向关断、防止回流、成本较低，而比传送管道需要较少的维护。提升阀也能够配备内部流量监视器，测定并将泵送生物固体的体积控制于 5%以内(Wanstrom，2008)。

液压驱动的往复式活塞泵能够以稍微较快的磨损率无限期干转，但不会造成灾难性损毁。因此，如果出现架桥或堵塞时，污水处理厂的操作者在发生严重问题之前有时间作出反应。每个汽缸的液压和递送部分之间的充水隔离箱(例如，水箱)使之具有这种能力。水冷却连杆，流入递送汽缸，并随着递送活塞在其排放冲程上向前移动时将其润滑。

5.8.1　操作经验和设计考虑因素

基于美国和加拿大的污水处理厂液压驱动的往复式活塞泵超过 20 多年的运行经验，设计工程师应该

- 在泵送含超过 25%的固体的物质时最小化泵送系统中的管道压力，
- 在长距离或高固体含量应用中使用边界层注射系统，
- 最大化容积效率(见第 6.8.3 节)，
- 最小化冲程速率(见第 6.8.2 节)。

液压驱动往复式活塞泵能够提供高达 1500L/min(400gpm)的容量和高达 13800kPa(2 000psi)的排放压力容量。还有宽范围的吸进料斗-泵构造设计结构。此外，液压动力单元可以用于宽输出范围，这要取决于排放管道所需的压力。

当设计这种泵系统时，工程师应该与制造商和具有类似要求的装置工作人员探讨合适的设备选型，功能和可供选用的部件。他们应确保管道的设计和部件(阀等)适用于高压力工作环境。当进行泵选型时，他们应该

- 确定滤饼生产速率；
- 对于给定滤饼特性估计泵的容积效率；
- 按照泵预期服务类型(例如，间歇式或连续式)降低冲程速度；
- 检查泵曲线并检查冲程速度极限负荷比；
- 基于所需的容积效率和工作因素选择泵。

5.8.2　滤饼生产速率

滤饼生产速度取决于装置特异性的要求，包括

- 液压驱动的往复式活塞泵和脱水机的数量；
- 脱水设备和泵二者的工作时间表(例如，24h 服务或单班)；
- 下游管道的限制(如，焚烧炉的容量、存储容量或卡车运送调度)；
- 通过脱水工艺过程施加于泵的可变容量要求；
- 维护或紧急情况下的待机考虑因素。

5.8.3　容积效率

容积效率是每个活塞行程泵送固体体积与每个活塞行程排出的总体积之比。如果液压驱动的往复式活塞泵泵送水或含 1%~4%固体的残余物时，其容积效率基本上是 100%，因为污水几乎是不可压缩的。这种行为就是典型的真实牛顿流体。

然而，脱水滤饼既不是物理类似，也不像真正的牛顿流体行为。它通常包含空气、其他

夹带或溶解的气体，以及浓缩的有机物质，所有这一切都是可压缩的。因此，当活塞开始施加压力时，滤饼趋于压缩。直到相对下游阻力产生挤压时，滤饼并不随泵送汽缸向前移动。当滤饼最终向前移动时，活塞已经排出了一定的气缸体积。这种排出的体积就是“丢失”的容积效率的一部分；其余的是由于随着活塞返回至其起始位置而无法完全填充汽缸所致。即使通过双螺杆推送螺旋或圆锥犁形进料器提供有轻微的压力[34~206kPa(5~30psi)]，且汽缸中存在部分真空，脱水滤饼都会抵抗向汽缸膛内移动。这些阻力通常随着滤饼干燥度升高而增加，会进一步降低容积效率。

在双螺杆推送螺旋和提升阀外罩之间的过渡区间如果使用压力传感器，可以确保汽缸填充效率。这种传感器将会检测过渡区的压力，而经由可编程逻辑控制器，自动升高或降低推送螺旋速度而维持预设压力。因此，不论泵的转速或固体浓度如何波动，吸入提升阀都会保持最佳压力，而提高对于给定物质的可能最高填充效率(Wanstrom, 2008)。

同时，设计者在液压驱动的往复式活塞泵选型时必须考虑容积效率损失。对于容积效率的预测，还没有理论模型，但其通常的范围为60%~90%。一旦设计工程师知晓，或可估计滤饼特性，则他们应该要求制造商推荐合适的容积效率。作为一个粗略的保守估计，70%的容积效率能够用于泵送含有20%~30%固体的脱水滤饼。

5.8.4 工作因子

对于连续工作的大多数污水处理厂设备，低速运行液压驱动往复式活塞泵使其更可靠，并延长了设备使用寿命。因此，设计工程师应该限制泵活塞冲程速度(冲程数/min)，对于间歇式操作推荐最大冲程速度的50%，或对于连续式操作推荐最大冲程速度的75%，以较低者为准。

5.8.5 液压动力单元的选型

动力单元的选型主要是需要用于实现所需固体泵送速率的泵排出压力和液压油流量的函数。如果不作泵送试验而数据又无法从其他来源获得，则设计工程师应该要求厂商提供具体的建议和保守的动力单元。

5.9 传送机

传送带能够移动不容易泵送的湿或干固体(例如，初级沙砾、筛余物和脱水滤饼)。市政污水处理厂通常使用带式或螺旋式传送机。

5.9.1 带式传送机

带式传送机在移动式弹性带顶部移动物质(见图21.17)。这种传送带通常都由传送侧上间隔0.9~1.5m(3~5ft)而在返回侧上间隔约3m(10ft)的辊支撑。传送侧上的辊称之为负载侧辊；返回侧上的辊被称为托辊。为了增加容量，负载侧辊可能需要成一定角度才能将传送带形成凹面的承载表面。

传送带由一个或多个接到电机而经由传动带或链条驱动的驱动鼓或滑轮进行驱动。在简单的传送带系统中，驱动滚筒位于传送带排放(头)端而尾轮位于负载端。

传送带必须维持最低张力，才能减少承载托辊之间的凹陷，提供接触力，并防止传动皮带轮打滑。这种张力能够通过几个拉紧装置，包括加重滑轮(称为重力收带)、弹簧式负荷滑轮或螺旋调节滑轮位置而维持。成本最低的部件选择是尾滑轮上的螺丝收紧；这通常用于不到90m(300ft)长的传送带。

图 21.17 佛罗里达塔拉哈西市的 T. P. Smith 污水处理厂
传送螺旋压滤的脱水厌氧消化固体的带式传送机(用托辊成槽)

5.9.1.1 带式传送机的应用

传统带式传送机经由强化橡胶带的连续循环移动固体。这种传送机通常运输相对干燥的物质(15%或更多的固体)。因为这种方法较经济，固体必须足够干燥，而不能自由流动，或寻求一个恒定的水平(如液体一样)。具有高休止角的固体(即，从水平测量时固体堆斜率)适合通过带式传送机输送。消化和带式压滤的初级和二级固体，可能具有 40°或更高的休止角，而潮湿的混凝土具有不到 25°的休止角。因为皮带运动会震动物质，则设计工程师在确定是否带式传送机合适时必须考虑固体的流动倾向。移动时物料堆保持的角度称之为超载角。带式压滤固体可能具有超过 30°的超载角，而混凝土的角通常小于 5°。这就是为什么工程师应该在确定使用哪种传送机之前先确定物料特性的原因。

传送距离和高度的变化也会影响传送机的选择。带式传送机已用于超过 14km(8mi)的开采矿石和建筑废料固体移动，但在典型的污水处理厂中，这个距离可能小于 200m(660ft)。如果距离不到 6m(20ft)，其他传送机可能更适合。

传统的带式传送机会受限于高度变化率和需要多个传送带的水平方向的变化。传送机的最大倾斜度取决于所涉及的材料和所需的传送带速度。只要速度超过物料流动的速率或回滚落坡速率，较快的速度就会允许更高的角度。然而，较快的速度也增加了 O&M 成本，因为这会增加摩擦，缩短传送带使用寿命。当移动脱水滤饼时，带式传送机的最大倾斜角度限制于超过水平约 15°~20°。最大坡度对于水样的或倾向于易于流动的固体要小得多。

随着水平传送带变成了倾斜传送带，高度增益也可能受限于曲率半径。这个半径必须足够长，才能使传送带不会在任何工作条件下从托辊抬起。根据具体的设计，这个半径可能为 15~76m(50~250ft)或更长。因此，工程师在决定使用什么类型的传送机时需要考虑现有设备的物理尺寸。

带式传送机每延米(ft)传送距离具有较低的成本，但它们可能需要显著大的空间和维护强度。这种传送机也可以是气味之源。此外，如果传送机将安装于户外，天气条件也可能会影响操作。

5.9.1.2 带式传送机设计和操作考虑因素

当为新的或现有污水处理厂考虑带式传送机时，设计工程师应该以建立以下标准开始：

- 物质特性(如，休止角和超载角、消光度或黏性，平均密度，以及这些特性变化的范围)；
- 物质体积和传送速率(即，每天或每周的固体率变化和工作时间)，因为他们能决定传送容量；
- 传送带施工材料(耐酸、油和耐磨性)；
- 传送机的布局设计和动力需求，因为这些能够决定传送带的宽度与速度(传送带活动性)、负荷排布设计(滑道或传送带裙板)、曲线半径(包括倾斜角度)和总高程增益(如果这些因素是限制性的，则多个传送带就可以保证)、托辊类型、间距和滑轮、以及提升排布设计(这会影响传送带的摩擦和动力要求)、和电动机马力和传送带张力。

传送机设备制造商协会(Conveyor Equipment Manufacturers Association)(CEMA)出版了一本手册，其中包括建立这种标准和传送带选型的方法和步骤(CEMA，1979)。然而，首先，工程师们必须知道要传送的材料的特性。例如，一些污水处理厂固体发粘，因此传送带应该清洗干净，而防止溅溢到返回行程上和随之而来的驱动滑轮的摩擦损失。其他污水处理厂可能具有现场特异性问题，例如水爆、气味、或溅溢。

美国环境保护署针对污水处理厂固体的独特问题提供了以下指导原则(U.S. EPA，1979)：

- 传送带传送点都应该具有最低落差和带雨刷裙板而最小化飞溅和溢出。
- 传送带清洗潜在地比较麻烦。主滑轮之下的配重橡胶刮刀已经无效而需要深入细致的维护。推荐使用具有多“指”和张力可调的刮刀。另一种选择方案是在水喷射之后使用橡皮刮刀(如果水能够方便收集和处置)。
- 设计工程师应避免触摸传送带污秽一侧的附件(例如，减震器或配重滑轮)。减震器是一种安装用于增加传送带和传动滑轮之间的接触角从而增加摩擦和减少驱动器打滑的滑轮。不要使用减震器或重力提升装置，设计者应该使用手动螺杆提升，如果必要，采用多个较短的传送带。
- 当设计传送机时，设计工程师应该包括保管设施(例如，经常性的软管站)；超大地板或低于传送机而具有加大坡度的铺设排水渠；和防滑的胎面样板，而不是闸门)。

由于污水处理厂是湿润或潮湿的环境而固体通常是腐蚀性和磨蚀性的，工程师需要仔细设计带式传送机。传送框架应当由耐腐蚀材料(如：6061-T6 铝合金)制成。托辊能够由氯丁橡胶或 PVC 制成，而电缆支持的氯丁橡胶辊能够用于槽形部分。辊轴承应该采用外部黄油配件密封。传动链和马达需要可拆卸的挡泥板，以保护其免受溢溅。传送带材质应该包括耐磨和耐油的外罩。

为了延长传送带使用寿命，设计者应该保守地设置传送带的实际运行低于其额定张力并检查负载的传送带初始张力而避免传送带应力超限。硫化传送带胶接处能够比机械接头提供较长的寿命。较慢的传送带速度也通常能够延长传送带的使用寿命，因此推荐使用约 30m/

min(100ft/min)——约 50%的 CEMA 最高速度准则。

当设计建筑物外的传送带部分时，工程师应该提供天气和风力保护。至少，他们应该提供半直径雨罩；然而，在下风向开放出入口提供 3/4 的覆盖能够防止风致溢出和传送带对准问题，而同时容许人员出入进行部件维护。如果气味必须加以控制，则设计师可以完全封闭传送带并提供通风。外罩必须包括铰链或易于拆卸的部分盖板，而容许出入进行维修、清洗和定期观察。

5.9.1.3　特殊带式传送机

制造商已经开发出一些带式传送机，克服了前面提到的一些限制问题。例如，采用连接至夹板、铲斗或侧壁的带式传送机能够将物质移上更陡峭的斜坡。一种专利传送机允许水平和垂直曲线。另一种使用两个扁平融合的传送带完全封闭传送物料，并允许稳定的倾斜或垂直抬升。设计工程师如果考虑使用这些传送机之一，则应该与各个厂家讨论这种应用，并检查类似设施而对比运行成本，避免潜在的设计问题。

例如，夹板带式传送机具有类似于平板传送机的部件和设计考虑因素，但其传送带实际上是一系列柔韧而各个连接至驱动链下方的叠盖口袋(夹板)(见图 21.18)。夹板容许物料向更陡峭的斜坡上传送，而不会产生回流并容许系统具有水平和垂直曲线。设计工程师能够创建螺旋而在相对较小的空间内最大化高度增益。在卸荷期间，夹板在主滑轮上面拼合，而采取了传统传送带的形状。

图 21.18　夹板带式传送机

然而，夹板式传送带都比较昂贵，在卸荷之后更难以清洗。通常需要旋转刷子和喷洒式清洁机而防止溅溢至传送带回程上。同时，由于驱动更复杂，驱动器和夹板的磨损和腐蚀比传统带式传送机更快(U. S. EPA，1979)。此外，改变夹板式传送带是更加昂贵和费时的，因为必须拆除每一个口袋，并各个替换。

5.9.2　螺旋传送机

螺旋传送机经由安装于 U 型槽或封闭于管内的螺旋叶片(链板)推送物质。链板可以连接到中心轴，或这些螺旋可以是无轴螺丝。在螺杆轴传送机中，驱动机制转动中心轴，这种中心轴由端轴承支撑并需要中间吊架轴承降低轴偏转。轴和链板都能是锥形的。

链板按照各种各样的设计制成，并能够具有全部或部分横截面(或两者都有)。两个被切割、折叠或者成形的链板，可以在传送期间混合或合拢传送的物料。间距——链板叶片之间的水平距离——能够沿着杆轴长度进行变化。

5.9.2.1 螺旋传送机的应用

螺旋传送机(推送螺旋)，能够用于水平、垂直，或沿着斜坡移动固体。当正确设计和使用时，这种传送机是一种经济可靠的传送方式。在选择螺旋传送机之前，设计工程师必须评估要移动的物料。其含水量和可流动性对于倾斜和垂直传送机是特别重要的。

标准螺旋传送机在相对较短距离内水平移动物料时工作最佳。虽然一些正在使用的螺旋传送机超过150m(500ft)长，但是污水处理厂的大部分都只有9~12m(30~40ft)长。传送机能够按照约3~4m(10~12ft)长分段获得，这取决于杆轴和链板尺寸。较长的部分是定制的或通过结合标准长度形成。这种传送机通常需要中间吊挂轴承，才能降低杆轴挠度。

倾斜螺旋传送机比水平螺旋传送机效率要低，并具有不同的设计标准。对于每一个超过10°的仰角，螺旋传送机的容量就下降约2%，而其速度必须显著增加才能补偿。

倾斜和垂直传送机速度通常为200r/min或更高，水平传送机的速度在磨蚀性应用中为20~40r/min。倾斜传送机也可以使用不同于水平传送机的链板设计。

垂直螺旋传送机设计成与均匀的链板一致而避免填充或粘结物料。像斜坡传送机一样，垂直单元具有更宽的杆轴速度，而螺杆的离心作用有助于提供抬升。这些系统通常包括特殊的水平进料机。在设计抬升高度超过6m(20ft)时，工程师应该咨询厂家。虽然至少有一个制造商允许垂直抬升高达21m(70ft)，但是另外有人推荐实际限制为7.6m(25ft)。

螺旋传送机通常水平移动砂砾或固体。有时使用倾斜传送机传送脱水滤饼。螺旋也用于卡车装载料斗排放器以将负荷铺洒于整个卡车拖车。传送机底部的手动或自动闸门起到多个排放点功能。螺旋能够控制从料斗向带式传送机或滤饼泵的吸入侧进料固体。

5.9.2.2 螺旋传送机的设计和操作考虑因素

设计螺旋传送机时，工程师必须先定义物料性质、体积和可变性。输送容量是螺杆转速、链板大小或直径(假设轴尺寸保持不变)、槽装载量的正函数。传送机链板间距和任何折叠，切割，或其他特殊链板设计都影响容量。一些厂商目录，包括表格和图表，这有助于设计工程师基于这些变量范围确定初步传送机尺寸。设计师在开发具体应用的设计时应该与厂家协商。

污水处理厂特异性的某些设计标准是值得考虑的。例如，如果残余物包含黏性的、大物体、或绳类物料，设计者应避免使用螺旋传送机。封闭式螺旋传送机能够降低或消除溢出飞溅和保管问题，但稍微更容易受到干扰，难以进入维修。对于黏性固体，如脱水滤饼，设计师应该避免中间支撑或吊架轴承，因为这些部件可能随着物料对其填充而导致堵塞。较大杆轴，厚重的轴壁，或这二者都允许支撑轴承之间具有更大的螺旋长度；通常情况下，增大杆轴比增加杆轴壁厚度是更有效的。如果中间轴承是不可避免的，则接近吊架的链板设计能够进行修改，而最小化填充问题。

其他设计标准包括施工材料和驱动器配置。例如，传送机如果传送磨蚀性和腐蚀性的材料(如，脱水滤饼和砂砾)，则应该具有由硬化材料制成的链板面。具有热镀锌槽的钢链板已成功用于脱水滤饼。凡接触到残余物之处，出口刀闸应该具有不锈钢部件，因为固体释放的任何游离水都将在这些部件上汇集。

理想的情况下，传送机将安装于卸货端，因此杆轴在操作过程中是承受拉力的，而不会在堵塞期间发生弯曲。电机可以直接连接或通过皮带或传动链连接。如果每天传送容量发生显著变化，则设计师可能要使用变速驱动器才能匹配传送要求的容量。端轴承应该是位于传送机之外的重型辊轴承。设计工程师通常会指定采用压缩式填料压盖的轴封，而防止磨蚀性物料或腐蚀性液体迁移到传送机外面或进入杆轴轴承。

如果物料发生填充、粘滞并具有高休止角(例如，脱水滤饼)，则传送机进料部分值得特殊考虑。如果螺旋从上面料斗进料，则料斗侧面必须足够陡峭且其开口足够大，才能防止通过物料桥接。确切的数字取决于滤饼，但作为一般性准则，料斗壁应该与水平位置不超过30~35 度，而底部开口面积约 $1m^2$($10ft^2$)，最小尺寸约 0. 6m(2ft)长。为了有助于均匀通过底部去除物料，随着其行进穿过螺旋进料区链板直径应逐步缩小或应该增加链板间距。

如果使用得当，螺旋传送机应该比带式传送机 O&M 要求少。因为这种传送机能够是完全封闭的，螺旋传送机基本上没有保管和气味控制要求。任何中间吊架应该有一个铰链或其他容易拆除而便于检查或更换的盖罩。如果气味控制是一个重大问题，则螺旋传送机能够连接至正好通过排放端之处的排气系统。

螺旋传送机的检查、维修或更换通道，能够由上或由下进入，这要根据装置要求而定。通常情况下，螺旋传送机采用罩盖螺栓连接，可以根据需要拆除。对于某些区域经常出入，如中间吊架、罩盖能够铰链连接于一个侧面上。各种方便拆卸的盖板排布设计都可供使用。从下面进入的通道可以通过拆除槽部分，或通过安装绝大多数厂商都能够提供的特殊铰链槽部分提供。

设计者应该提供管站和超大排水沟，以便工作人员更换部件时将传送机清理干净。倾斜或垂直传送机应该具有低点排放渠，以使任何回流液体能够手动排放掉。

5. 10　备用容量

设计工程师在确定备用传送容量的需要时应该考虑几个因素。这些因素包括功能、工厂规模、预计服务期限、维修时间和单元装置的排布设计。在大型污水处理厂中，脱水操作往往是关键的，而不能长时间停工，因此滤饼泵或传送系统应该设计备用容量或快速更换的能力。

如果使用单一单元装置，则应该是重型的而可快速修理，优选原位完成。备件应该一应俱全。设计工程师应该确保原始水泵供应，包括充足的零配件。

6　干燥固体的储存

6. 1　设计考虑因素

干固体通常在处置或获益使用之前储存于现场或土地施用场地。干固体可以堆放储存或筒仓储存。

因为干固体含有相当数量的可燃有机物质，可能作为粉尘释放，则温度控制很重要。如果使用筒仓储存，则工程师应该对其设计，促进冷却，而最大限度地加强散热。因此，高而窄的仓筒比宽的仓筒更好。狭窄的仓筒也使火灾更容易控制。然而，如果筒仓过于狭窄，则使救灾通风出现问题。如果使用多个筒仓，则应该井然有序，确保其循环排空，避免超过安全停留时间。此外，设计人员需要考虑万一出现车间停工或筒仓堵塞时所存储产品的热稳定性。

6.2 安全问题

干固体的安全存放是很严格的。干固体在有些场合下会自燃，而在至少一种情况下，会导致固体释放至表面水体。在其他情况下，干颗粒还会引起爆炸。

如果存储区域的温度升高超过临界点，则干生物固体可以开始自加热。设计工程师可以采用等温篮试验并考虑储存体积和停留时间的影响而计算出临界温度。在英格兰，污水处理专业人士能够对 $1m^3$生物固体进行一系列的测试，而发现自加热温度通常会高于 60℃(HSE，2005)。当他们推断 $27m^3$的生物固体的数据时，然而，临界温度范围下降到 50~60℃。结果取决于实际的产品和污染物(例如，油)，可以降低临界温度。因此，健康与安全局建议，生物固体在被送到筒仓之前应该冷却至低于过 40℃。(如果筒仓是特别大，则临界温度可能更低)。生物固体的温度控制不仅可以防止筒仓火灾，而且也避免进一步生物固体使用或处置过程中稍后的自我加热。温度超过临界温度的生物固体一定要直至其冷却至运输或使用或处置现场无任何火灾风险时才能从污水处理厂运走。有的冷却器是专门为生物固体制造的，而设计工程师可以考虑将其用于大型装置。

产生粉尘是另一个问题，因为生物固体粉尘可能具有爆炸危险。如果材料按照规范处理而运输方法最小化耗损，则生物固体就可以几乎不产生粉尘。然而，如果储存仓筒可能含有显著水平的粉尘，则设计工程师应尽量减少任何潜在的爆炸。职业安全和健康管理局要求，筒仓设计要承受最大爆炸压力，包括被动爆炸泄压通风口(1995 年灾害信息通报)。如果使用爆炸泄压通风口，将其释放至安全区域——最好是到户外的地方而远离正常工作区域。

如果生物固体未经过稳定而进行干燥，则冷凝水可能会导致筒仓内的细菌分解。细菌活动产生的热量，可能导致筒仓发生火灾。此外，湿颗粒可能变得粘稠而难以处理。为了最小化冷凝，设计者应该设计经由少量体积的除湿空气或较大体积的大气空气的筒仓通风。

由于火灾可能变成筒仓的关注问题，则设计工程师应该包括确定并将其包含的系统。多点温度探头能够监控存储的材料，但他们只提供定位测定，而因此可能会错过发热区域。生物固体着火会产生一氧化碳并消耗大气中的氧，因此工程师应该在其筒仓设计中包括一氧化碳监测。最初，着火的材料只会产生少量的一氧化碳，这可能通过吸入空气进一步进行稀释，因此工程师必须设置探测器而确定较低的一氧化碳水平。初始放热反应很缓慢，随后是产生大量一氧化碳的快速放热反应，因此，工程师应该确定一氧化碳检测的报警设置点(这通常是 100ppm 的数量级)。

向燃烧筒仓喷水可能只产生表面滤饼而阻止了另外的水渗透。设计者还应该考虑使用惰性气体遏制火灾。职业安全和健康管理局专门规定所有干燥的热生物固体的运输和存储必须处于含氧低于 5%的氮惰性气氛中。尽管这将有助于防止火灾，但是向燃烧的筒仓注入惰性气体，并不会一定能够将其熄灭。这种注射可能效果有限；它会防止进一步扩散，但热流仍可能从储存材料最热部分传递开。在冷气进入筒仓，气温将下降，但是这并不意味着大火已被扑灭。因此，设计工程师应该包括随时间推移而监测温度的装置，才能确定火灾是否已被控制。这种“最坏情况”的情形需要在设计和操作中加以考虑。

7　干燥固体运输

7.1　带式传送机

带式传送机是传输散装物料使用最广泛和有效的手段之一。斜道即将物料沉积于传送带顶一端，而传送带将其运送到另一端，在那里将物料排放至另一斜道。

带式传送机宽度范围为 356~1 524mm(14~60in)，能够容纳较宽范围的容量、速度和距离。最小的带式传送机能够处理高达 76kg/s(30 吨/小时)的容量，而运行速度可达 100m/min(325ft/min)。最大的带式传送机可处理高达 1 134kg/s(4 500 吨/小时)的容量，运行速度可高达 200m/min(650ft/min)。带式传送机能够将物料充分传送 6~200m(20~660ft)远；如果物料需要移动的距离小于 6m(20ft)，则优选其他传送设备。

7.1.1　带式传送机的应用

带式传送机因为其缓和、高效、耐用，而适合运送干固体。带式传送机还能够防止物料降解。当安装带式传送机时，传送带应该以一定角度形成槽，防止物料滚落传送带。用于传送干固体的传送带，一般宽度不超过 1016mm(40in)。

尽管水平传送干固体时带式传送机是首选，但垂直移动时应该考虑其他传送机。通常情况下，带式传送机传送干固体——尤其是干生物固体颗粒时不应该倾斜超过 20°，这种干生物固体颗粒往往会自由流动。如果干物料必须以陡峭的角度移动，则需要考虑使用侧壁、夹板和/或盖带。

虽然带式传送机可能具有较高的资本成本，但是这种传送机使用寿命比其他大多数传送机更长。此外，这种传送机通常比螺旋传送或拖动物料需要较少的能量。

7.1.2　带式传送机的设计和运行考虑因素

在设计带式传送机时，应考虑几个重要的材料特性和设计标准。工程师们可以在传送设备制造商协会(Conveyor Equipment Manufacturers Association)的《散装物料的带式传送机》(*Belt conveyors for Bulk Materials*)(1979)中找到确立带式传送机设计和其他标准以及确定传送带大小的方法和步骤。但是首先，应该确定以下方面：

- 物料堆积密度、块大小、温度和水分含量；
- 传送带的峰值容量(公吨/小时)；
- 传送机布局设计、长度和高程增益；
- 装卸要求。

这些信息将有助于设计工程师计算传送带的大小(宽度)和传送带速度。他们还可以确定物料在传送机上移动所需的能力——考虑传送距离、任何高程增益和任何由所需传送带附件和清洁器所致的摩擦负荷。

传送带具有几种类型：

- 固体织造棉布(经过或无需处理就可以使用的织造线层)；
- 固体无纺 PVC(单股尼龙和聚酯纤维制成，并用 PVC 浸渍或涂层)；
- 缝合帆布[单独的纤维(通常是棉)层缝合到一起并进行处理]；
- 多层(由三层或多层通过弹性材料粘合至一起的纤维层制成)；

- 轧制层(一层或两层尼龙或聚酯层)；
- 金属(钢丝或钢带)。

多层的传送带能够有效地传送干固体。三到五层通常足以满足窄传送带，而宽传送带无论如何要求 6~16 层数。传送带可以是现场热硫化或机械拼接。工程师应该咨询设备制造商有关的标准设计功能。

承载托辊通常由涂钢制成三个密封的圆柱体构成。中心圆柱体(滚子)是水平的，而两个边辊倾斜而迫使传送带构成槽形。回动滚轴通常由六至八个安装于传送带平台面板之下的涂钢棒上的等距氯丁橡胶或聚氯乙烯盘构成。托辊间距要最小化传送带凹陷而在装载点处更紧密靠近，以尽量减少传送带上的相关冲击。通常情况下，在传送机的传送侧上相隔约 0. 9~1. 5m(3~5ft)，而在回程上相隔约 3. 1m(10ft)。

"收紧设备"是一个可调节滑轮或辊，补偿由于磨损、拉伸和负荷变化所致的传送带长度变化。调节作用可通过平衡重物、弹簧、气动或液压进行手动或自动调节。常常会使用尾部滑轮；这些设备处于对着驱动滑轮的传送机另一端。设计者应该避免平衡锤滑轮收紧，因为这种设计需要传送带传送侧上的辊接触，从而增加了保养维护要求。

还有许多驱动设计排布方案。在大多数带式传送机系统中，驱动器处于传送带卸货(头)端，而限制所需的张力并增加传送带使用寿命。最常见的驱动器是一个齿轮电机系统，在这种系统中通常经由链条、皮带或直接驱动而将一个或多个驱动滑轮或轮鼓连接至电机。

当传送干固体时，传送带速度应该一般不超过 40m/min(125ft/min)而保持物料不动，最小化皮带磨损，并提高皮带使用寿命。更迅速地移动干物料可能会产生过多的扬尘和相关的保养和维护需求。

带式传送机具有多种选择方案，使设计具有灵活性。例如，如果物料必须称重，则磅秤可以安装于传送机上，而使操作者能够监控物料流量或控制化学品的添加。单一传送机能够具有多个装载斜槽，可安装犁站，而使物料在中间点离带转向。另外，这种传送机也可以设计可逆电机。

气味是使用带式传送机输送干固体的显著缺点。封闭传送机可以防止扬尘和气味。此外，合适而定期的保养对于降低灰尘和其他物质的积累是至关重要的。

干净排放对于带式传送机的 O&M 至关重要。如果传送带卸荷不干净，则当传送带承载侧接触回程托辊时，就可能将物料沉积于其上，造成过度磨损和密集的清理要求。因此，设计工程师应该提供带清洗系统。有几种常用的清洗系统，包括聚氨酯清洗叶片(也可用使用硬质合金、陶瓷、不锈钢或橡胶)、刷式清洁机、刮板和喷洒冲洗系统。如果使用刮板，则设计者应该避免重量平衡的橡胶类型低于头部滑轮安装；这种类型是无效的。具有多个"手指"和可调式收紧器的刮板是首选。

所有的传送机必须包括紧急制动开关和牵引缆绳。传送机还应该具有速度开关——尤其是当系统控制高度自动化时。错位开关对于即时指示潜在的问题也可能是合乎需要的。

设计工程师应该设计注油装置和润滑所有滑轮和滑轮轴或杆轴的装置。使用带式传送机的设施还应当包括软管站和排水渠，而允许对该地区进行频繁冲洗。

7.2 螺旋传送机

螺旋传送机是移动干生物固体最经济的选择之一。直径从 150mm 至 600mm(6in 至

24in)不等，这些传送机使用轴装式螺旋或自支撑螺旋而在加盖槽中移动物料。这种类型的传送机通常水平安装或倾斜度小于 45°安装。进口和排出口位置可以按需设置，这种系统通常通过基脚或马鞍支撑于末端、负荷点和中间点。

杆轴推进的螺旋传送机通常具有 3~4m 长而用螺栓连接在一起的部分。内部中间的吊架提供支撑，保持对齐，并起到轴承表面之用。

无轴螺旋传送机通常无接缝(整形制作或焊接)制成，最长有 50m。这种类型依靠内衬聚乙烯，或对于中间支撑依靠钢制耐磨棒。

传送机长度受到中心轴的抗扭能力，以及联轴器(螺杆推进的螺旋)或螺旋推进器(无轴螺旋)的限制。因此，除非解决特殊的设计考虑因素，螺旋传送机通常不超过 14m 长。

7.2.1　螺旋传送机的应用

螺旋传送机可用于进料、分发、收集或混合干料。这种类型的传送机还可以在传送过程中加热或冷却物料。

如果物料降解是一个关注问题(例如，有益再利用的干生物固体)，无轴螺旋传送机比杆轴推进的螺旋传送机更好，因为其缓慢转动的螺旋和沿槽持续支撑产生的粉尘较少。

7.2.2　螺旋传送机的设计

设计螺旋传送机时，工程师应该通过确定容量要求、起点和终点开始，而以确定部件和最终布局结束。以下是每个设计步骤的简要总结。

7.2.2.1　已知因素

设计工程师应该确定物料特性，如类型、影响范围和块大小，以及传送机容量要求(m^3/h)，传送距离和高程变化。他们还应该注意传送期间是否需要任何其他操作，如搅拌或冷却而选择合适的传送机(例如，具有带式刮板或加套槽)。

7.2.2.2　物料分类

传送物料应该根据 CEMA 的标准(见表 21.8 和表 21.9)进行分类。脱水砂砾、干燥生物固体和污水处理厂通常遇到的其他干燥粒状固体，都将分类为 $C_{1/2}35$[$C_{1/2}$ = 13mm(0.5in)和各种颗粒；3=平均可流动性；5=轻度磨蚀性]。设计师也应该确定其他可能会影响传送机设计的各项属性，如污泥是否特别具有腐蚀性。

7.2.2.3　确定传送机直径和速度

传送机制造商基于槽形负荷和传送机速度[转/min(rpm)]公布并罗列出各种螺旋传送机容量的图表和表格。螺杆推进的螺旋传送机运送干固体时通常轻载(槽负荷不足 30%)，而同时无轴螺旋传送机能够处理负荷高达 70%或 80%。此外，螺杆推进的螺旋传送机的槽面积等于螺旋的螺旋面积减去杆轴面积。无轴螺旋传送机的槽面积等于螺旋推进器的螺旋面积。换句话说，无轴螺旋传送机比大小相同的杆轴推进螺旋传送机在较缓慢的旋转速度下具有更多的干固体容量(见表 21.10)。

表 21.8　物料分类代码图，实例 1

主要分类	所包括的物料特性	
	密度	堆积密度，疏松
尺寸	非常精细	No. 200 筛 (0.074 mm)及以下
		No. 100 筛 (0.15 mm) 及以下

续表

主要分类	所包括的物料特性	
	密度	堆积密度，疏松
		No. 40 筛（0.41 mm）及以下
	精细	No. 6 筛（3.35 mm）及以下
	颗粒	No. 6 筛~13 mm
		13~ 80 mm
		80~180 mm
	块状	0~ 410 mm
		超过规定的 410 mm
		X =实际最大尺寸
	不规则的	发粘、纤维状、圆柱形、平板形等
可流动性	非常自由流动	
	自由流动	
	平均可流动性	
	黏滞	
磨蚀性	轻度磨蚀	
	中度磨蚀	
	极度磨蚀	
其他属性或危险	累积和变硬	
	产生静电	
	储存中分解-变质	
	变成塑性或倾向于软化	
	非常粉尘化	
	充氧和变成流体	
	爆炸性	
	黏性-附着力	
	可污染性，影响使用	
	可降解，影响使用	
	释放有害或有毒气体或烟	
	高度腐蚀性	
	轻度腐蚀性	
	吸湿性	
	联锁，起层或结块	
	存在油	
	加压之下成捆或包	
	非常轻和蓬松——可以被风吹走	
	温度较高	

表 21.9　典型污水残余物的物料分类代码

物料	物料特性		
	重量/(kg/m^3)	物料代码	槽负荷/%
脱水滤饼（可压实的）	800~960	E-450V	15
沙砾	1 600~2 180	B6-47	15
固体，干燥的	640~800	E-47TW	15

续表

物料	物料特性		
	重量/(kg/m³)	物料代码	槽负荷/%
固体，干磨的	720~880	B-46S	30

物料：干燥的污泥固体

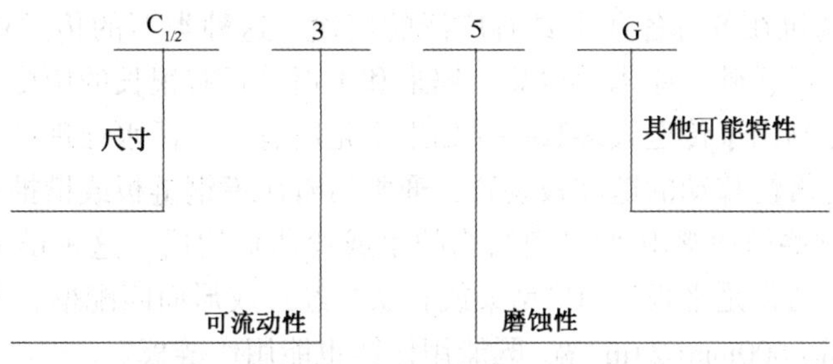

如果这种应用涉及倾斜问题，则设计工程师应该咨询厂商。

通常，传送机的螺旋直径等于其螺旋(螺旋线)的螺距，因此 300mm 直径的螺旋将会具有 300mm 的螺距。理论上而言，这个螺旋旋转一转将会传送物料一个螺距(减去一定的低效性)，意味着 30r/min 下运行的传送机会将物料在 1min 内传送 30 个螺距长度。

表 21.10　杆轴推进和无杆轴螺旋传送机之间的容量差异

类型	尺寸	速度/(r/min)	槽面积/cm²	负荷率	容量/(m³/h)
杆轴推进	300 mm	30	650	30%	35
无轴	300 mm	30	700	70%	88

7.2.2.4　传送机直径与块大小的对比

传送机直径通常是污水处理厂遇到的 75%块直径的至少 4~6 倍。设计工程师应该确认传送机直径能够安全移动的最大块尺寸。

7.2.2.5　确定传送机的马力

驱动马力作为容量(m^3/h)、密度(kg/m^3)、传送长度(m)、直径(m)、螺纹设计，高度变化和摩擦损失的函数进行计算。

7.2.2.6　按扭矩和马力要求选择组件

一旦设计工程师确定了所需的马力，他们应该选择能够耐受或传递这种传送机所引起的负荷的组件(例如，管轴、传动轴和轴承)。传送机杆轴和螺纹扭转极限可能需要设计师将长距离传送分成两个或多个短距离传送机。

7.2.3　其他考虑因素

螺旋传送机用于输送干固体，因为这种传送机能够完全密封，而遏制异味和粉尘。碳钢组件通常是合适的，但也可以考虑镀锌钢板。虽然干固体最终将磨蚀掉内部的镀锌或油漆，但是这些不连续接触输送物料的区域还是应该进行防腐蚀保护。

传送机运行时不应该暴露杆轴或螺纹；所有外罩和盖子应保持关闭。外罩可以提供显著的结构完整性。

螺旋传送机在尾部或非驱动端包括速度开关而校验螺旋推进器位移。将传送机推送至非运行设备内可能会造成严重损毁。

这些传送机，相比于其他固体传送方案，需要相对较少的维修或保养。日常例行维护通常包括检查和调整传动装置、润滑吊架轴承(螺杆推进螺旋传送机)或更换聚乙烯内衬(无轴螺旋传送机)。

7.3 链板传送机

链板(一体)传送机在各行各业中具有广泛的用途。这种类型的传送机对于传送这样的物料，如生物固体、煤、砂、原木、岩盐、锯末和木屑等具有很长的历史。这些传送机是高度适应性的而能够定制用于传送大多数——如果不是所有——污水处理厂的固体。

链板传送机具有缓慢移动的链和板装置，通常沿着压模钢链板或槽推动物料，其可以是长方形或U形的。这些槽通常由“C”型结构的渠或弯曲板构成。这种链通常由浇铸锻造或结构钢制成。链板，通常是平板，“C”型渠或管状，经过成形而匹配槽，并直接用螺栓栓于链节。较宽的链[高达600mm(24in)宽]既能用作链也能用作链板。

7.3.1 链板传送机的应用

大多数链板传送机设计用于水平传送物料。然而，特殊设计也可以移动垂直或“Z”形抬升物料。“Z”形抬升传送机设计用于先水平传送，接着垂直传送物料，而然后再次水平传送。

大多数链板传送机适用于许多污水处理厂工艺过程，例如初级澄清、除砂和固体处理。这些传送机也可能被用作料斗的活底进料器。

链板传送机异常强劲和稳健。其长度通常只限于链的强度和被运送物料的重量。在实践中，链板传送机通常不应该设计用于大于约40m的物料水平移动或10~15m的垂直移动。

7.3.2 链板传送机的设计

链板传送机设计主要取决于链和推送物料时遇到的拉载负荷，传送机的长度。以下是对于链板传送机主要组件设计时要考虑的问题。

7.3.2.1 链类型

链的设计和材料特性相差很大。无辊链通常是适用于大多数污水处理厂的应用。然而，“Z”形抬升应用有时需要辊链降低整体链负载和功率要求。此外，链板链——其链接能够高达600mm(24in)宽并能够起到链和链板之用——适合水平和略微倾斜的装置。

7.3.2.2 链材料

可锻造的铸铁链适合污水处理厂中所用的大多数链板传送机。然而，具有硬化组件的钢链比大多数铸铁链更耐磨蚀。

7.3.2.3 链间距

链间距是传送链上两个连续辊之间的距离。这个距离通常取决于所需的交叉杆或链板间隔。短传送机可以具有100mm(4in.)间距，而长的或重型载荷传送机通常具有150~300mm(6 ~12in)间距。

7.3.2.4 链轮尺寸

头部和尾部链轮设计应该与实际一样多的齿，因为齿数量大大影响链条和链轮的磨损，以及传送机运行的平稳程度。为了获得最佳效果的一般准则，高达150mm的链距的链轮应该具有12~21个齿；大链距链条的链轮应该具有6~14齿(Link-Belt Industrial Chain Division，1983)。

7.3.2.5　驱动器

驱动器通常安装在传送机头部(排放端)而仅仅链条的承载输送处于最大张力之下。

7.3.2.6　收紧器

收紧设备用于维持适当的链条张力。螺旋收紧通常对于大多数目前污水处理厂所用的链板传送机都是可接受的。如果预期会出现冲击负荷，则弹簧收紧是很有用的。重力和悬链线收紧器也可以使用。

7.3.2.7　头和尾部分

头部和尾部的部分是由钢板定制而成，而满足传送机和装置要求。它们应该设计用于支撑链张力所产生的负荷，这个负荷可能是很大的。尾部部分通常包括收紧机制——除非使用悬链索收紧方法，因为这种情况下收紧设备处于头部部分。无收紧器的端部部分应该具有含切口孔洞槽孔和起重螺旋或其他机制的杆轴轴承防振垫，而使操作人员能够精确将传送机链轮对齐。

7.3.2.8　槽

大多数链板传送机的槽都由钢板和角铁部分制成。这些槽还可以用混凝土建造。所有槽都应该为链或链板配备可更换的耐磨棒，以使之在其上停驻或沿着滑行。

7.3.3　其他考虑因素

链板传送机通常安装成本高于其他用于干固体传送的传送机，但这种传送机容许布局和构造设计比带式或螺旋传送机更加灵活，且能够处理的物料范围大得多。这种传送机单位横截面的容量更大，并能够处理更高的冲击载荷，但因为固体、链板和链条对槽产生高摩擦力而能量效率不高。

为安全起见，链板传送机仅仅应该在全加盖，封闭和其他安全附件到位时才运行。检查端口和检修门都应该具有金属丝网或焊接钢丝围栅而禁止操作者将胳膊、腿、或其他附肢插入到移动的传送机中。

大多数链板传送机设计成整个传送机长度向下每 100~200mm 用螺栓加顶盖。尽管这可能导致维护工作复杂，但是 O&M 工作人员应该意识到，这种加盖显著提高了传送机结构强度。当更换盖子时每段仅仅拧紧一个或两个螺栓，可能会导致传送机屈曲和产生灾难性的故障。

干固体如果是磨蚀性的则可能最好是避免使用链润滑。在拖链上使用常规润滑实际上可能加速附着的模式性颗粒对链的磨损作用，在这种情况下反倒充当了研磨或磨削化合物作用。

对链板式传送机，最重要的保养维护考虑因素是定期检查和调整链张力。不当链张力——无论是太紧还是太松——会显著缩短链、链轮和轴承的使用寿命。其他维修检查包括轴承润滑、耐磨棒厚度、链条润滑(如果适用)、螺栓扭矩和头尾杆轴对齐。

7.4　斗式提升机

斗式提升机是一种垂直传送干物料的简单可靠设备。这种斗式提升机由一系列安装于外壳内部的皮带或链上的料斗构成。料斗在该单元装置底部都充满了物料，而到顶部将其排放。这种斗式提升机可供使用的容量范围广泛[10~350kg/s(4140ton/h)]，并全封闭而防止逸出灰尘和异味。

有三种类型的斗式提升机：离心排放、正排放和连续的斗式提升机。离心排放提升机是最常见的且最适合处理精细自由流动的物料，这种物料能够在这个单元装置基部从提升机底罩掏出。这些单元装置具有最少的料斗，都安装于链条或皮带上。料斗很容易装载并足够迅速地行驶[高达 90m/min(300ft/min)]，而随着其绕着头部滑轮或链轮转动通过时经由离心力排放出物料。

正排放提升机设计用于那些易于压缩成包捆的黏性物料。除了其料斗安装于两股链条上，这种类型类似于离心排放单元装置，较大而间隔紧密，并在头部链轮之下返向挽桩而将其颠倒进行正排放。(因为挽桩链轮啮合链条，轻微冲击就会有助于料斗释放物料)。料斗也比离心排放单元装置的料斗移动更慢[35m/min(120ft/min)。

连续提升机推荐用于粘滞、加气的和易碎物料应用，这种应用中产品降解变质是一个关注的问题。这种提升机类型料斗间隔紧密，安装于皮带或链条上，行进速率 38m/min (125ft/min)。料斗经常直接装载，经过设计使之随着其绕头部滑轮或链轮通过时正面和延伸侧面构成斜槽。重力使物料轻轻流出料斗而向下滑过斜槽(由先前的料斗形成)而进入排放喷管。

7.4.1 斗式提升机的应用

在污水处理厂中，斗式提升机用于固体处理单元内垂直传送干物料，并将干燥生物固体产品装载到卡车或轨道车中。

对于大多数干物料，离心排放提升机一般都是可接受的，并且是最具成本效益的选择方案。然而，如果预想将干生物固体用于有益再利用，则粉尘含量和降解变质成为关注问题，因此设计者应考虑连续斗式提升机。

7.4.2 斗式提升机的设计和操作注意事项

在选择斗式提升机之前，设计者应该确定物料特性(磨蚀性、流动性等)；其最大块尺寸、散装物料的密度、所需容量和传送高度。

制造商出售标准尺寸的单元装置，而各种表格有助于设计师确定需要将物料垂直传送高达 30m 的斗式提升机规格尺寸。这些表格提供提升机尺寸、料斗尺寸和能源要求。

斗式提升机的外壳厚度、料斗类型和厚度、皮带或链质量和传动设备是不同的。

外壳构造是由重型钢材或钢板和角铁对整个单元装置全长进行连续焊接构成。钢材是可锻造的或是镀锌的。优选镀锌而外层涂漆，因为这能够为外壳内部提供腐蚀保护。(大多数斗式提升机外壳是太小而不太能够正常涂漆)。外壳能够高达 7mm 厚。如果提升机将会处于户外和暴露于恶劣天气条件，则推荐使用较重的外壳。外壳还可以防尘密封。推荐使用独立的可拆卸罩而便于该单元装置顶端部维修和保养。

料斗可以具有不同的风格，而设计者应该寻求制造商的建议。离心提升机通常具有可锻铸铁制料斗，这适合于重载磨蚀性应用(例如，干固体)。球墨铸铁或钢质料斗如果需要也可以使用。连续提升机通常是钢质料斗。聚合物和尼龙料斗也可供使用；这种料斗能够耐受腐蚀并促进黏性物料排放。此外，料斗能够穿孔而处理尘状物料。穿孔使空气在装载期间从料斗释放出来而通过取消吹扫改善物料排放。

料斗能够安装于单或双股链上。根据 CEMA，“C”级组合链，具有交替铸铁链接，足以应付正常的应用。“S“级链强度更强而磨损不太快；推荐将其用于很大的高度(45m)，或运送磨蚀性物料。橡胶覆盖的皮带对于大多数涉及带式安装料斗的应用是可接受的。这种皮带能够用浸渍帆布或织物制成。

斗式提升机通常是从头部轴驱动，并在套管内具有收紧轴承。具有 V 型皮带传动的轴装齿轮减速器推荐经济性和多功能性的应用。另一种备选方案是经由链传动齿轮连接至提升机驱动轴的齿轮电动机；其支撑于安装到提升机外壳的托架。后退定程挡块防止提升机在负荷之下停止时而反向旋转；其可以增加到驱动轴或中间轴。尾轴应该包括零速度开关而指示电机或传送机的问题，或提升机超载。出于安全考虑，也需要驱动防护装置。

斗式提升机通常比其他类型的垂直传送机使用更少的能源。作为一般准则，设计工程师可以如下估算提升机的电力需求：

所需功率(kW)= 容量(ton/h)× 传送高度(m)/ 103。

如果这种斗式提升机超过 10m 高，则工程师应该包括长绳或钢结构组件提供侧向支撑。此外，设计者应包括维护平台，而使操作者能够检查和维护头部终端使之驱动更轻松。该平台应该通过具有安全护笼的阶梯进入。同样，设计工程师应该在外罩内提供清洗门——尤其是连续提升机——因此操作者能够定期除去任何已积累于基部的物料。在离心提升机单元装置中，外壳角落可能会填充物料，而应该定期清除。

在涉及粉尘的应用中，设计者应该为斗式提升机设计通风。通风系统应该按照《行业通风》(*Industrial Ventilation*)(1982)中由美国政府工业卫生会议建立的准则进行设计。这些准则规定了提升机超过 10m 高时提升机顶部的排气点和底部的第二排气点。他们还建议，如果最低管内速度为 18m/s，则外壳流量应该为 30 $m^3/m^2 \cdot min$。

斗式提升机应该设计爆炸排气或遏制机制，因为有机粉尘——包括固体干燥期间产生的精细物料——在一定条件下可能会爆炸。爆炸排气会引导这些力通过提升机外壳内可膨胀嵌板(断裂板)而随后进入室内或释放到设施之外。工程师在设计爆炸通风口时应该非常小心，因为这些爆炸的力量可能会伤害或致爆炸发生时处于该设备旁边的操作者死亡。

7.5　气动传送机

气动传送机使用空气将物料通过管道移动。这些气动传送机有两种类型：稀相和密相。

稀相传送机具有较低的物料-空气-比[小于 5：1(5kg 物料/kg 空气)]；这种提升机使用大量的空气推动少量的物料。旋转气闸将物料进料至管道中，而正排量鼓风机或风扇供给低压空气[低于 100kPa(14.5psi)]。空气流速度一般为 20~40m/s(65~130ft/s)——足够高而维持物料在空气流中保持悬浮。该系统然后使用正压或负压推或拉动物料通过管道。

密相传送机具有高物料-空气比(高达 100kg 物料/kg 空气)。压力罐和高压空气压缩机能够提供 350~700kPa(50~100 psig)的空气，通常移动速度小于 2.5m/s(8ft/s)。在这些系统中，物料经由重力进入压力罐或传输机，并沉降于管道中。一旦沉降至一定的量，传送机进口阀关闭，容器采用压缩空气加压，而物料流出容器而进入管道中。随着压力增加，物料形成了活塞而由空气将其推至目的地。

密相系统有两种类型：传统间歇式和全线式。在传统的间歇式系统中，空气在压力容器用足够的力量引入，而在压力容器中将一批物料传送至最终接受容器中。在下一个工作循环开始之前，管道进行完全冲洗。

全线式系统同时在压力容器中和经由沿着管道长度间隔的低压空气增压器配件引入空气。空气以最低可能的速度引入。一旦压力容器排空，留在管道内的任何物料保留直至下一批次进行传送。助推配件用于下一批次开始时移动那些物料。

7.5.1 气动传送机的应用

气动传送机已经用于连续工艺过程中传送干生物固体和沙砾，装载有轨车或卡车，并帮助收集和清除扬尘。

稀相传送机可用于传送石灰、锯末和其他通常用于污水处理厂的化学品。这种类型的传送机是短距离内传送非磨蚀性粉状物料的理想选择。虽然稀相传送机已经成功地用于传送各种各样的散装固体，但是可能并不适合用于意欲有益再利用的干固体，因为这种固体可能是磨蚀性的并在暴露于高速空气时会降解变质。此外，稀相传送机具有较低的资本成本，但其能源成本可能因为大量空气要求而相当高。

传统的间歇式和全线式密相传送机适用于传送干生物固体。传统的间歇式传送机优选用于短距离(小于 35m)。全系列式传送机优选用于较长距离和易于降解变质的物料，如预想用于有益再利用的干生物固体颗粒。

7.5.2 气动传送机的设计和操作注意事项

气动传送机的设计取决于诸如物料堆积密度、容量或流量和当量管道长度的这些参数。

在设计稀相气动传送机时，工程师应该意识到很多信息都可以从制造商的说明书、数据表和专著中获得。他们可以利用这些资源，基于推荐的固体比率和系统压降[小于 70kPa (10psi)]而确定最佳的管道直径和空气量。然后，他们可以基于所计算的传送风量而确定所需的鼓风机或风扇规格大小。

当流量超过 9 000 kg/h (2.0×10^4 lb/h)时，通常使用压力系统。当流量小于7000kg/h，当量长度小于 300m 时，使用真空系统。

旋转气闸的大小根据所需流量确定。对于污水处理厂内遇到的大多数物料，使用碳素钢施工建设是可以接受的。

这种系统将需要粉尘收集设备在传送空气排放之前对其进行净化。这种设备，可能是旋风分离器或织物过滤器，应该针对根据制造商建议确定的需要处理的空气流量而确定尺寸大小。

在密相气动传送机设计时，工程师需要向制造商了解更多的输入信息，因为没有现成的专著而这种设计往往更视为技术性的而非科学性的。给定的一组设计参数，这种系统的制造商应该能够为传送的风量和所需压力提供最佳的管道直径。制造商还应该推荐标准的传输器尺寸(通常对应于 5~15 循环/h)和空气增压配件的间距要求(通常为相隔 1.5~6m)。

传输机的大小取决于传送距离，传送循环频率随着传送距离超过 150m(500ft)而降低。此外，传输机应该在底部包括 60°的料斗而促进干固体流出容器。

如果需要连续输送(例如，固体处理工艺过程中)，设计工程师应该提供专用空气压缩机、储气罐和压缩空气干燥机。

通常压力容器由碳素钢制成。管道应该由附录 40 的碳钢或镀锌钢制成。

当设计密相传送机时，工程师应该尽快放置垂直通行，而避免使用背对背弯管。当传送重型负荷的磨蚀性物料时，也可以考虑使用平背弯管。设计者也应该知道，全线式密相传送机管道磨损较轻，因为这种类型在运行时速度最低。

实际上，因为干生物固体是磨蚀性的，稀相或密相系统中的所有弯管都应该是长半径大幅度弯管。此外，状态指示灯和压力指示器都应该包括在内而帮助职员监控操作。

气动传送机的风机、风扇或空气压缩机通常只需要日常例行维护。然而，排气可能会有异味而在排放之前可能需要进一步处理。空气中也将包含一些粉尘而在排放之前必须除尘。因此，设计工程师应该为压力容器配备连接至粉尘收集装置的通风管道，而提供气味控制。

由于能源要求，气动传送机成为运送干生物固体和其他干燥颗粒状物料效率最差的方法之一。然而，正确设计和运行的气动传送机比机械传送机具有较少的 O&M 要求。由于这种传送机是全封闭，保养和气味控制比较简单，而故障则更加难以确定。这种传送机的运行成本高，但占地面积小，很容易对现有设施进行改造，并能够处理长距离和多个排放点。

8 参考文献

American Conference of Governmental Industrial Hygienists (1982) *Industrial* Ventilation, 17th Ed.; American Conference of Governmental Industrial Hygienists: Lansing, Michigan.

American Society of Civil Engineers (2000) *Conveyance of Wastewater Treatment Plant Residuals*; American Society of Civil Engineers: Reston, Virginia.

Barbachem, M. J.; Pyne, J. C. (1995) Pipeline Hydraulics of Dewatered Non-Newtonian Cakes. *Proceedings of the 68th Annual Water Environment Federation Technical Exposition and Conference*, Miami Beach, Florida, Oct 21 - 25; Water Environment Federation: Alexandria, Virginia; pp. 41 - 49.

Bassett, D. J.; Howell, R. D.; Haug, R. T. (1991) Hydraulic Properties Evaluation for Sludge Cake Pumping. *Proceedings of the 64th Annual Water Environment Federation Technical Exposition and Conference*; Toronto, Ontario, Oct 7 - 10; Water Environment Federation: Alexandria, Virginia.

Battistoni, P. (1997) Pretreatment, Measurement Execution Procedure and Waste Characteristics in the Rheology of Sewage Sludges and the Digested Organic Fraction of Municipal Solid Wastes. *Wat. Sci. Tech.*, 36, 33.

Bechtel, T. B. (2003) Laminar Pipeline Flow of Wastewater Sludge: Computational Fluid Dynamics Approach. *J. Hydr. Eng.*, 129 (2), 153. Bechtel, T. B. (2005) A Computational Technique for Turbulent Flow of Wastewater Sludge. *Water Environ. Res.*, 77, 417.

Borrowman, D. (1985) *Wastewater Sludge Characteristics and Pumping Application Guide*; WEMCO Pump Co.: Sacramento, California.

Bourke, J. D. (1992) *Pumping Abrasive Slurries with Progressing Cavity Pumps*; Moyno Industrial Products: Springfield, Ohio.

Bourke, J. D. (1997) *Handling High Solids Content Non-Newtonian Fluids*; Moyno Industrial Products: Springfield, Ohio.

Brar, S. K.; Verma, M.; Tyagi, R. D.; Valéro, J. R.; Surampalli, R. Y. (2005) Sludge Based *Bacillus huringiensis* Biopesticides: Viscosity Impacts. *Water Res.*, 39, 3001.

Carthew, G. A.; Goehring, C. A.; Van Teylingen, J. E. (1983) Development of Dynamic Head Loss Criteria of Raw Sludge Pumping. *J. Water Pollut. Control Fed.*, 55, 472.

Chilton, R. A.; Stainsby, R. (1998) Pressure Loss Equations for Laminar and Turbulent

Non-Newtonian Pipe Flow. *J. Hydr. Eng.*, 124 (5), 522.

Conveyor Equipment Manufacturers Association (1979) *Belt Conveyors for Bulk Materials*, 2nd ed.; CBI Publishing Co.: Boston, Massachusetts.

Crow, H.; Cortopassi, R. (1994) *Schwing KSP 17V(K) Pump Demonstration from July*, 1994 *through August* 3, 1994; Schwing America Inc., Environ. Div.: Danbury, Connecticut.

Dillon, M. L. (2007) Comparing PD Pump Designs for Transferring Dewatered Sludge Cake. *Pumps & Systems*, September, 84.

Doty, D. (2005) New Progressing Cavity Pump Developments in Sludge Transfer. *World Pumps*, October, 24.

El-Mashad, H. M.; van Loon, W. K. P.; Zeeman, G.; Bot, G. P. A. (2005) Rheological Properties of Dairy Cattle Manure. *Bioresource Technol.*, 96, 531.

Florida Department of Environmental Protection (2008), *Chapter* 62-640: *Biosolids*, Draft Version; Florida Department of Environmental Protection: Tallahassee, Florida.

Guibaud, G.; Dollet, P.; Tixier, N.; Dagot, C.; Baudu, M. (2004) Characterisation of the Evolution of Activated Sludges Using Rheological Measurements. *Process Biochem.*, 39, 1803.

Health and Safety Executive (2005) *Control of Health and Safety Risks at Sewage Sludge Drying Plants*; HSE 847/9; Health and Safety Executive: London, United Kingdom.

Hentz, L.; Cassel, A.; Conley, S. (2000) The Effects of Liquid Sludge Storage on Biosolids Odor Emissions. Proceedings of 14th Annual Residuals and Biosolids Management Conference; Boston, Massachusetts, Feb 27 - 29; Water Environment Federation: Alexandria, Virginia.

Honey, H. C.; Pretorius, W. A. (2000) Laminar Flow Pipe Hydraulics of Pseudoplastic-Thixotropic Sewage Sludges. *Water SA*, 26, 19.

Jones, H. (1993) *Solving Sludge Handling Problems with Progressive Cavity Pumps*. Robbins & Myers Inc., Fluid Handling Group: Springfield, Ohio.

Laera, G.; Giordano, C.; Pollice, A.; Saturno, D.; Mininni, G. (2007) Membrane Bioreactor Sludge Rheology at Different Solid Retention Times. *Water Res.*, 41, 4197.

Levine, L. (1986) *Coming to Grips with Rheology*; Viscous Products.

Levine, L. (1987) *An Introduction to the Measurements of Viscosity*; Viscous Products.

Link-Belt Industrial Chain Division (1983) *Link-Belt Chains and Sprockets for Drives, Conveyors and Elevators*; Link-Belt Industrial Chain Division: Homer City, Pa.

List, E. J.; Hannoun, I. A.; Chiang, W.-L. (1998) Simulation of Sludge Pumping. *Water Environ. Res.*, 70, 197.

Lue-Hing, C.; Zenz, D.; Tata, P.; Kuchenrither, R.; Malina, J.; Sawyer, B. (1998) *Municipal Sewage Sludge Management: A Reference Text on Processing, Utilization and Disposal*; Technomic Publishing Co. Inc.: Lancaster, Pennsylvania.

Lottman, S. (2008) Personal communication; Siemens: Berlin, Germany.

Metcalf and Eddy, Inc. (2003) *Wastewater Engineering: Treatment and Reuse*; Tchobanoglous, G.; Burton, F. L.; Stensel, H. D., Eds; 4th ed.; McGraw-Hill Inc.: New York, New York.

Mori, M. ; Isaac, J. ; Seyssiecq, I. ; Roche, N. (2008) Effect of Measuring Geometries and of Exocellular Polymeric Substances on the Rheological Behaviour of Sewage Sludge. *Chem. Eng. Res. Des.* , 86, 554.

Mulbarger, M. C. ; Copas, S. R. ; Kordic, J. R. ; Cash, F. M. (1981) Pipeline Friction Losses for Wastewater Sludges. *J. Water Pollut. Control Fed.* , 53, 1303.

Mulbarger, M. C. (1997) Selected Notions about Sludges in Motion, and Movers. Paper presented at Central States Water Environment Association Education Seminar, Madison, Wisconsin.

Murakami, H. ; Katayama, H. ; Matsuura, H. (2001) Pipe Friction Head Loss in Transportation of High-Concentration Sludge for Centralized Solids Treatment. *Water Environ. Res.* , 73, 558.

National Fire Protection Association (1995) *Report on Comments* A2007 - *NFPA* 820 *Standard for Fire Protection in Wastewater Treatment and Collection Facilities*; National Fire Protection Association: Quincy, Massachusetts.

Novak, J. ; Adams, G. ; Chen, Y. -C. ; ; Erdal, Z. ; Forbes, R. H, Jr. ; Glindemann, D. ; Hargreaves, J. R. ; Hentz, L. ; Higgins, M. J. ; Murthy, S. N. ; Witherspoon, J. ; Card, T. (2004) Odor Generation Patterns from Anaerobically Digested Biosolids. *Proceedings of the Joint WEF/A&WMA Odors and Air Emissions Conference*; Bellevue, Washington, Apr 18 - 24; Water Environment Federation: Alexandria, Virginia.

Pilehvari, A. A. ; Serth, R. W. (2005) Generalized Hydraulic Calculation Method Using Rational Polynomial Model. *J. Energy. Res. Technol.* , 127, 15.

Radney J. (2008) Personal communication; Cerlic USA: Atlanta, Georgia. Ram Pumps Take the Drudgery out of Sludge Transfer (1999). *World Pumps*, Feb, 18 - 19.

Sanks, R. L. ; Tchobanoglous, G. ; Bosserman, B. E. , II; Jones, G. M. , Eds. (1998) *Pumping Station Design*; 2nd ed. ; Butterworth-Heinemann: Boston, Massachusetts.

Setterwall, F. (1972) Discussion/Communication on Pumping Sludge Long Distances. *J. Water Pollut. Control Fed.* , 44 (1), 648.

Spaar, A. (1972) Pumping Sludge Long Distances. *J. Water Pollut. Control Fed.* , 43 (1), 702. Spinosa, L. ; Lotito V. (2003) A Simple Method for Evaluating Sludge Yield Stress. *Adv. Environ. Res.* , 7, 655.

Spinosa, L. ; Vesilind, P. A. (2001, reprinted 2007) *Sludge into Biosolids—Processing, Disposal, Utilization*; IWA Publishing: London, United Kingdom.

U. S. Army Corps of Engineers (1984) *Engineering and Design—Domestic Wastewater Treatment Mobilization Construction*; EM-1110-3-172; U. S. Army Corps of Engineers: Washington, D. C.

U. S. Environmental Protection Agency (1979) *Process Design Manual, Sludge Treatment and Disposal*; EPA-625/-79-011; U. S. Environmental Protection Agency, Munic. Environ. Res. Lab. : Cincinnati, Ohio.

U. S. Environmental Protection Agency (1982) *Handbook: Identification and Correction of Typical Design Deficiencies at Municipal Wastewater Treatment Facilities*; EPA-625/6-82-007; U. S.

Environmental Protection Agency, Munic. Environ. Res. Lab. : Cincinnati, Ohio.

U. S. Environmental Protection Agency (1983) *Process Design Manual—Land Application of Municipal Sludge*; EPA - 625/1 - 83 - 016; U. S. Environmental Protection Agency: Washington, D. C.

U. S. Environmental Protection Agency (1995) *Process Design Manual—Land Application of Sewage Sludge and Domestic Septage*; EPA-625/R-95/001; U. S. Environmental Protection Agency: Washington, D. C.

U. S. Environmental Protection Agency (2000) *Guide to Field Storage of Biosolids and Other Organic By-Products Used in Agriculture and for Soil Resource Management*; EPA/832-B-00-007; U. S. Environmental Protection Agency: Washington, D. C.

Wagner, R. L. (1990) *Sludge Digester Heating*; Alfa-Laval Thermal Co. : Ventura, California.

Wanstrom, C. (2008) Personal communication. Schwing Bioset: Somerset, Wisconsin.

Water Environment Federation (2004) *Control of Odors and Emissions from Wastewater Treatment Plants*; WEF Manual of Practice No. 25; McGraw-Hill: New York.

Water Environment Research Foundation (2008) *Identifying and Controlling Odor in Municipal Wastewater Environment Phase 3: Biosolids Processing Modifications for Cake Odor Reduction*; Water Environment Research Foundation: Alexandria, Virginia.

第22章 化学整理

1 概 述

整理操作不降低固体水分含量，这种处理方式是改变固体物理性质，而有助于增稠和脱水期间释放水分。如果事先没有进行固体整理，则机械增稠和脱水技术对于动力而言并不是经济的。

整理是一种化学或热处理过程，用于改善增稠或脱水过程的效率。化学整理工艺过程使用无机化学品、有机聚合物、或两者兼而有之，改善固体增稠和脱水特性。物理整理技术(如热整理)使用热调节和稳定固体。(对于更多关于热整理的详细信息，请参阅第26章)。

本章讨论化学整理，包括理论和设计方面的考虑因素。污水残余物的某些增稠和大多数脱水，特别是那些含有来自生物处理工艺过程(例如，固定膜和悬浮生长活化的固体处理系统)的固体残余物，如果不实施某些类型的整理，通常是无法实施的。这种整理步骤可以采取化学或物理工艺过程的形式。

整理能够显著降低固体的水分含量，这要取决于所采取的增稠或脱水工艺过程，引入固体的特性，增稠或脱水的方法。通常，化学整理可以将残余物固体含量从约1%增加至15%~30%。这种整理不仅仅能够去除水分，而且能够通过调节固体的化学和物理性质而显著提高增稠或脱水速率。

在美国，最常用的固体整理无机化学品是铁盐(如氯化铁和石灰)。在英国，典型的做法是使用石灰和硫酸亚铁。

在20世纪60年代有人将有机聚电解质(聚合物)引入城市污水处理厂中使用，并迅速被采纳用于增稠和脱水工艺过程。聚合物的主要优点在于，他们并不会显著增加固体产量：整理过程中添加的每公斤无机化学品将会产生1kg额外的固体。无机化学品(如铁盐和石灰)能够将最终产品提高20%~30%(干固体)，而粉煤灰可以将最终产品增加50%~100%(干固体)。

整理方法必须与拟议的增稠或脱水方法相容。例如，离心机使用压力压实固体，而带式压滤机允许水通过空隙。因此，单一类型的整理剂预计不可能适用于所有应用(WEF，2003)。

2 影响整理的因素

所需的整理剂类型和剂量取决于整理前后残余物的特性、固体处理和加工、以及加入整理剂之后的混合过程。

2.1 残余物特性

添加有机或无机化学品相关的大多数物理和化学变化在基本水平上还并未充分理解(WPCF，1982)。然而，污水处理专业人员已经确定了几个影响整理要求的残余物特性(U.S. EPA，1979d；WPCF，1983)。这些特性包括：

- 残余物来源，

- 固体浓度，
- 碱度和 pH 值，
- 生物胶状物和生物聚合物的产量，
- 粒子大小和分布，
- 水化程度，
- 粒子的表面电荷，
- 挥发性悬浮固体(VSS)的含量。

2.1.1　残余物来源

在一定程度上，这种整理方法取决于必须处理的固体类型。市政初级、二级、混合和消化的固体是后续固体处理所需整理剂可能剂量范围的良好指标。阳离子聚合物对于初级、二级和消化的固体非常有效，而阴离子聚合物可能对于无机固体有效。

各种增稠和脱水设备公布数据的检测表明，初级固体比二级固体需要的剂量较低，而固定膜二级固体比二级固体需要的剂量更低(U. S. EPA，1979d)。根据所使用的增稠或脱水方法，需氧和厌氧消化的固体需要的整理剂剂量堪比二级固体。同样，混合固体(初级和二级固体)具有接近二级固体的性质，但是这种固体却受到每种类型的各自组成的影响。更重要的是，来自同一来源的固体特性，因装置不同而不同，也可以随季节变化，因此整理剂剂量取决于具体所用的整理剂和目标(增稠或脱水固体)。

化学固体是与无机整理剂(例如，加入铝或铁盐和石灰而沉淀磷或改善悬浮固体去除率)混合的固体。这些类型的固体比传统的初级和二级固体更加可变，而很难相对于剂量进行分类，而其整理要求往往在质量上不同于初级和二级固体。例如，在二级澄清之前向混合液悬浮固体添加石灰，可改善固体悬浮物去除率；然而，由此产生的固体可能需要阴离子聚合物，而不是通常用于初级或二级固体的阳离子聚合物，因为带正电的钙已经中和了一些表面负电荷。虽然电荷中和是这个工艺过程的基本组成部分，但是同等重要的是经由聚合物链的固体颗粒互连。

2.1.2　固体浓度

在许多应用中，整理过程通过吸附带相反电荷的有机聚合物或无机络合物而中和胶状表面的电荷。残余物的固体浓度会影响整理剂的用量和分散。因此，对于给定的粒度分布，增加悬浮物浓度能够提高有效表面覆盖的所需混凝剂剂量(基于体积计算)。

悬浮固体浓度也影响整理剂的其他两方面。首先，这个工艺过程在较高固体浓度下不易于过量。第二，固体和整理剂在较高的固体浓度下更难以混合。

2.1.3　碱度和 pH

当使用无机整理剂时，碱度和 pH 值是影响整理的最重要的化学参数。发生混凝时，混凝剂与固体表面胶体相互作用，带电表面的性质和混凝剂电荷都是 pH 依赖性的。当使用无机整理剂时，pH 决定哪些固体的化学物质的存在。

铁和铝的盐类加入水时的行为，如酸一样，(即，这些整理剂能够降低 pH 值)，因此在整理工艺过程中的 pH 值，取决于固体的碱度和铁或铝盐用量。反过来，pH 值决定了主要的混凝剂种类和带电胶体表面的性质。通常情况下，与厌氧消化固体相关的高碱度是需要使用较高混凝剂剂量的原因之一。低分子量的混凝剂在较宽的 pH 范围内往往比无机整理剂更加有效。

2.1.4 生物胶体和生物聚合物

虽然这些基本参数更常见的是由研究人员测定而非设计工程师，但是这些参数能够对这个整理过程提供一定程度的理解。在活化的固体絮状物中的生物聚合物似乎会影响絮凝体的理化性质(如密度、粒径、比表面积、电荷密度、结合水含量和疏水性)。

其他研究已经证明，阳离子能够影响生物絮凝作用并改变活性污泥絮凝体的沉降和脱水特性(Eriksson and Alm，1991；Bruus et al.，1992；Higgins and Novak，1997a，b)。二价阳离子桥接带负电荷的生物聚合物，而形成致密的紧凑的絮状物结构。单价阳离子往往通过形成弱得多的结构，而阻止发生适当的絮凝。因此，二价阳离子促进生物絮凝和并随后导致沉降和脱水性改善。单价阳离子倾向于降低沉降和脱水性能。这看起来似乎向进料中而非简单地向沉降池中加入二价阳离子时能够更进一步改善沉降和脱水性质(Higgins and Novak，1997a)。

使用废弃活性污泥(WAS)继续另一系列的实验室规模的研究，而获得对絮凝体销毁机制的洞悉，以便解释说明固体整理和脱水性质在厌氧和好氧消化之后的变化。这些数据表明，生物聚合物在厌氧和好氧条件下从固体释放出来，而更多的是在厌氧条件下释放。具体而言，在厌氧条件下释放到溶液中的蛋白比好氧条件下多4~5倍(Novak et al.，2003)。脱水速率(通过过滤比阻表征)和聚合物剂量直接取决于溶液中生物聚合物(蛋白质+多糖)的含量。

2.1.5 粒子尺寸和粒径分布

粒径分布影响总粒子表面积和由这些粒子形成的滤饼的孔隙率。这些属性会影响所需的混凝剂剂量和可脱水性。有研究人员(Karr and Keinath，1978；Novak et al.，1988；Sorensen and Sorensen，1997)研究了粒径对可脱水性的影响并得出结论认为，粒子大小是决定可脱水性最重要的参数之一。较小的粒子(胶体和超胶体)可能堵塞过滤器和固体滤饼(Novak et al.，1988；Sorensen and Sorensen，1997)，并阻止水分从固体滤饼中释放出来。此外，另一项研究表明，絮凝体的密度增加，能够通过与絮凝体相关的结合水降低而提高脱水性(Kolda，1995)。总结这些研究认为，可脱水性的提高往往与其他因素(如，pH值、搅拌、生物降解和整理)有关，所有的都能够通过这些因素对粒径分布的影响进行解释。

2.1.6 水化程度

过量的结合水已经有人认为是脱水困难的原因。与絮凝体相关的结合水%也指示通过机械方式能够在固体滤饼中能够达到的最大干燥度(Robinson，1989)。此外，维斯林德(Vesilind，1979)关于活性污泥中水分分布综述了一些研究人员的工作。这种水描述为游离水、絮凝体水、毛细水和结合(粒子)水。这些类别都基于需要释放给定水部分的离心加速度量进行定义。维斯林德认为，在给定的固体中水分分布可能决定了具体增稠或脱水操作的适用性。

2.1.7 粒子表面电荷

固体粒子(如，亚胶体和大分子成分)通常具有表面负电荷，因此他们往往相互排斥。由此所致这些成分之间的空隙都被阳离子和水占据。如果电荷能够被消除，则增稠或脱水就会获得改善。这就是为什么化学整理剂要带正电荷，或在加入水中时变成带正电荷的。

在大多数情况下，如果电荷被中和时聚合物整理是最佳的，因此测定电荷对于实验室内对比聚合物和剂量可能是很有用的。流动电流检测器（ζ 电位计）就能够用于测定这种电荷。它还可以用于监测或控制脱水过程中实时聚合物剂量（Dentel et al.，1995）。

混合或脱水期间的剪切作用往往会切开生物胶体中新的负电荷表面，从而抵消阳离子聚合物的电荷效应。因此，混合剪切作用的增加，会提高所需的聚合物剂量（Dentel，2001）。

2.1.8　污水阳离子

众多的研究表明，阳离子与活性污泥中带负电荷的生物聚合物相互作用而改变絮凝体的结构（Higgins，1995；Bruus et al.，1992；Eriksson and Alm，1991；Novak and Haugan，1979；Tezuka，1969）。一项研究表明，单价阳离子倾向于使沉降和脱水特性变差，而二价阳离子却倾向于改善之。电荷密度对活性污泥性质的影响，可能会降低整理二级固体所需的聚合物剂量。

研究人员已经广泛地研究了阳离子（如铝、铵、钙、铁、镁、钾和钠）的进水浓度。他们推测，阳离子可能在生物絮凝作用中发挥关键作用。据发现，阳离子会影响生物固体的增稠和脱水特性。例如，高浓度的钠通常导致脱水较差；然而，如果絮凝体含有足够的铁和铝浓度，则通常会抵消钠的不利影响（Park et al.，2006）。与铝相关的数据进一步揭示，低铝含量的 WAS 含有高浓度的可溶性和胶体状生物聚合物（蛋白质+多糖），导致高的出水 COD 浓度，而需要大剂量的整理化学品，且固体可脱水性较差（Park et al.，2006）。有研究表明，铁可能对絮凝体强度有利，而似乎厌氧消化期间铁的还原和稳定化作用可能是消化的固体为什么脱水不佳的原因。此外，溶液中蛋白质的存在，会导致脱水性变差而需要更大的整理化学品剂量（Novak et al.，2001）。

2.1.9　流变学性质

许多研究都集中在污水固体流变学特性，而试图将固体性质与化学品整理要求（Ormeci et al.，2004）关联起来。例如，屈服强度和黏度已经用于优化化学整理。另一项研究表明，混合作用也相当影响整理的固体流变学特性（Abu-Orf and Dentel，1999）。另一项研究表明，固体整理能够通过监测离心液或滤液的黏度而改善（Bache and Dentel，2000）。在另一项研究中，实验室和全规模试验表明，污泥的网络强度能够用于优化化学整理而获得较干的固体（Abu-Orf and Ormeci，2005）。在一般情况下，整理剂（例如，聚合物或粉煤灰）类型和污水中所涉及的固体（例如，化学品，WAS 或生物固体）都将决定应该使用的哪一流变参数。

2.2　整理前的处理和加工条件

任何整理工艺过程中的效率很大程度上取决于固体在整理之前的化学和物理特性（例如，来源、固体含量、无机物含量、化学性质、贮藏时间和混合）。固体物理特性是这些固体整理前接触到的物理应力的函数。例如，任何损害固体粒子絮凝性质的工艺过程，通常都会提高化学整理要求或降低最终处理阶段的性能。整理前后的混合和剪切应力的程度，可能显著影响整理效率，并最终影响固体处理性能。

2.2.1　储存

对于液态残余物有两种存储类型：长期和短期的储存。长期储存可能用于具有长停留时间的稳定化工艺过程（例如，好氧和厌氧消化；参见第 25 章）或专门设计的处理池（参见第

21 章)。短期储存可能用于污水处理工艺过程(例如，增加固体库存量)或较小的专门设计的处理池中。存储有助于平稳固体生产的波动，而使固体进料速率更均匀。它还提供了一个场所，用于设备停机时间内保存固体。然而，长期储存据报道已经对固体可脱水性产生了负面影响。

不稳定化处理的固体如果储存了很长的一段时间，通常比新鲜的固体需要更多的整理化学品，因为水化程度和细颗粒物百分数会升高。此外，存放活性污泥会增加污泥的过滤比阻，由此提高整理要求(Karr and Keinath，1978)。长时间储存好氧或厌氧稳定化的固体通常会显著降低温度，并可能改变 pH 值和碱度。温度下降通常会提高整理要求。然而，如果温度下降较小，则对整理的负面影响可能会超过固体浓度增加的抵消作用。

2.2.2 泵送

泵送会使固体经受剪切力作用；剪切水平取决于泵的类型和流量。固体粒子很脆弱，而泵送通常会导致其中一些变成碎片。研究人员已经证明，化学整理的主要需求与胶体和超胶体形式的粒子分数有关(Karr and Keinath，1978；Roberts and Olsson，1975)，因此，任何降低粒径的工艺过程，都会提高整理化学品要求。

整理的固体不应该采取泵送，因为泵送就会引入常常会打破絮凝体的剪切力。然而，如果需要，则对泵应该进行设计，而尽量降低剪切作用。

2.2.3 混合作用

在整理期间，固体和所加入的化学品必须进行混合而确保化学品均匀地分散于整个固体中。然而，一旦絮凝体已形成，混合机一定不能将其打破。设计工程师应该记住这两个目标而优化混合时间。混合要求取决于所用的增稠或脱水方法。在线混合机通常使用大多数现代的增稠和脱水单元装置。独立的混合和絮凝池会提供较老旧的增稠和脱水设备。

对于许多市政固体，剧烈搅拌(平均速度梯度范围 1200~1500 s^{-1})应该在更温和的搅拌(平均速度梯度小于 200 s^{-1})之前，因此细颗粒物可絮凝成粒子聚集体，而发生沉降或可以很容易进行过滤。厌氧消化的固体需要平均速度梯度高达 12000 s^{-1}。一旦固体和整理化学品彻底混合，则管道或絮凝池中 15~45s 的水力停留时间(HRT)就能够完成固体进入增稠或脱水系统之前的絮凝过程。

2.2.4 固体浓度

残余物的固体浓度显著影响整理系统的性能和成本。在大多数情况下，由于进水固体浓度增加，整理成本会降低到一定程度(WPCF，1980)。然而，在进一步脱水之前，会变得越来越难以将絮凝剂均匀混合到含 4%的固体(或更多)的残余物中。

2.2.5 稳定化处理的固体和未稳定化处理的固体

聚合物的要求也受到需要整理的固体类型的影响。事实上，这可能对所需的化学品量具有很大程度的影响。难以脱水的固体，需要最大剂量的化学品，通常会产生更湿的滤饼，而导致侧流(滤液、离心液等)质量更差。以下的固体类型按照整理化学品要求递增的顺序列出(Metcalf and Eddy，2003)：

- 未经处理的(原始)初级固体，
- 未经处理的混合初级固体和滴滤池固体，
- 未经处理的混合初级固体和 WAS，
- 厌氧消化的初级固体，

- 厌氧消化的混合初级固体和 WAS，
- 未经处理的 WAS，
- 好氧消化的初级固体。

消化作用会改变固体的化学和物理特性，提高碱度而同时降低质量。然而，稳定化的固体通常比未稳定化处理的固体更加难以进行脱水。厌氧消化的固体含有比初级固体或活性污泥多得多的胶体和超胶体固体(Karr and Keinath，1978)。好氧消化作用截留固体达 30 天或更长时间，大大降低了所产生的生物固体的脱水特性。消化的固体通常具有较高的过滤比阻(Karr and Keinath，1978)，这反过来又意味着需要更高的化学整理剂剂量，才能达到指定的脱水固体浓度。

无机物含量为 15%~35%的固体(例如，生物固体)通常具有阳离子电荷中和的要求。消化作用也会产生具有阳离子电荷中和要求的固体，但是无机固体含量可能会增加 30%~50%。偶尔，石灰稳定或化学处理的固体会含有更高水平的无机固体，这能够较好地响应阴离子或非离子型聚合物。作为一般规则，无机固体含量小于 50%的残余物，具有阳离子正电荷要求，而那些含有 50%以上无机固体的残余物，具有阴离子或非离子电荷要求(不管其是否伴随 pH 值跃迁)。

只要可能，原始未消化的或未经处理的固体直到脱水之前都应该与生物或化学处理的固体保持分开。如果在实行生物营养物去除的污水处理厂中产生生物固体，则尤其应该如此。化粪池条件导致细菌向滤液中释放其结合态磷，这些结合态磷随后被再循环返回至进水中。如果这种生物固体将会与初级固体一起脱水，则应该在直到刚好进入增稠和脱水设备之前才将其进行混合。

2.3 整理目的：增稠和脱水

整理的根本目的是通过与有机或无机混凝剂混凝，与有机聚合物絮凝，或二者兼有之而促使精细固体聚结(IWPC，1981)。这应该提高增稠、脱水，以及其他后续处理工艺过程的效率。此外，整理处理是固体管理 O&M 预算的一项重要项目，因此选择最符合成本效益的方法，产生可接受的液体和固体输出流，是合乎需要的。

整理方法是否行之有效，必须与拟采用的固体增稠，脱水和最终应用或处置的方法相容。例如，带式压滤机、重力带式增稠机和转鼓增稠机在固体具有均匀絮凝体尺寸而提高粒子间空隙时性能良好，从而使游离水过滤更迅速地通过多孔传送带或转鼓。聚合物整理是产生这种絮凝体最简单的方法。其他脱水方法(例如，压滤和砂床过滤)在固体通过加入化学品固体(无机和有机)或增量剂进行整理时性能都表现良好。

设计工程师应该考虑到所有后续固体处理工艺过程。例如，如果脱水固体将被送到堆肥系统或热烘干机，则整理和脱水系统必须产生具有最大固体含量的滤饼。然而，在概念上而言，整理和脱水系统不应该降低挥发性固体分数；使用外加的昂贵聚合物；或添加无机化学品，会显著增加干燥或堆肥的物质体积。

3 生物固体的最终处置或使用

《联邦法规》第 40 款规定了市政污水处理期间产生的固体的使用和处置。市政垃圾填埋场处置的或作为填埋场覆盖材料使用的污水固体，必须遵守《40 CFR253》，以及州和地方规定。例如，对于地方或州政府机关规定残余物在其能够与市政固体废弃物一同处置之前要求含35%~40%的固体，正变得越来越常见。填埋的固体可能必须要达到一定水平的生物稳定性、土壤工程特性，或两者兼而有之。剂量足够高的石灰既可以稳定又可以整理固体，而同时石灰、粉煤灰或其他增量剂的剂量能够改善滤饼的机械性能。固体的机械强度能够通过坍落度试验(类似于混凝土所用的试验)进行测定。

另一方面，如果生物固体将要进行土地施用或其他有益使用，则这些物质必须满足《40 CFR 503》中污染物浓度、病原体降低要求和病媒吸引力降低标准。由于公众持续关注生物固体的利用，则许多农场主将只接受 A 类固体，这反过来又会影响整个整理和处理选择方案。而且，一些农场主只接受采用特定整理剂处理的固体。此外，生物固体特性和场地条件(例如，地下水和土壤)可能会限制某些整理剂和处理方法的使用。例如，某些作物在酸性土壤中能够更好地种植，而对这种种植地实施石灰处理的生物固体土地施用不会有益于整个农业经营。

4 化学整理的类型

固体能够通过许多方法(例如，化学、热、冻融)进行整理。最普遍的方法是化学整理(如聚合物、无机化学品、或两者兼而有之)。热处理及冻融整理曾经在有限的范围内使用，但其使用已在近年来有所下降，因为这些方法问题众多。

在 20 世纪中叶，污水处理专业人员会使用各种无机化学品和天然有机物整理固体。最常用的无机化学品是石灰和铁盐。当在 20 世纪 60 年代末引入合成有机聚合物时，其迅速被用于固体整理，因为这些物质并没有显著增加需要增厚和脱水的固体量。

4.1 无机化学品

无机化学品整理主要与板框式压滤机有关，但是这种方法也已经用于带式压滤机。通常使用的化学品是氯化铁和石灰。与聚合物相比，需要用于整理固体的无机化学品剂量更大，而这会影响固体管理的固体体积。例如，加入铁盐和石灰可能会将固体质量(和体积)提高高达 20%~40%(WEF，2003)。

对于凹板式压滤机，石灰和液态三氯化铁是两种最广泛使用的无机整理剂。这些整理剂都是现成的，可以整理广泛的固体。此外，所产生的生物固体适用于土地施用或堆肥。

不太常用的无机混凝剂包括液态硫酸亚铁、无水三氯化铁、硫酸铝和氯化铝。其他无机材料(如，飞灰、电厂粉煤灰、水泥窑渣尘、煤粉、硅藻土、膨润土和锯末)都已用于改善脱水，增加滤饼固体，并在某些情况下降低其他整理剂的所需剂量。

除了增加要管理的固体体积之外，无机化学整理剂能够降低固体热值。然而，滤饼的可燃性取决于干燥的挥发性固体，而不是滤饼中化学沉淀物质的水平。

4.1.1 石灰及其特性

一些工厂使用石灰控制 pH 值和提高污水处理水平，以及整理和稳定固体。石灰有两种主要的干燥形式，可以商业化获得：

- 卵石生石灰(CaO)

• 粉化熟石灰[$Ca(OH)_2$]

无论哪种形式，石灰是苛性的，往往会产生粉尘，并在调浆时倾向于沉淀，而在传送设备上形成碳酸钙污垢。

作为整理剂，石灰通常用于提高 pH 值，因为 pH 值会因为三氯化铁加入而降低。石灰也会形成碳酸钙和氢氧化钙沉淀，从而如同膨胀剂作用一样提高孔隙度，同时也提高抗压缩性，而改善脱水工艺过程。一些溶解的氢氧化钙，也可在高 pH 值水平下获得。

生石灰通常纯度 85%~95%，通常称为烧石灰，因为它是在高温窑煅烧碎石灰石(碳酸钙)并释放二氧化碳后剩下氧化钙(生石灰)而进行生产的。通常情况下，以卵石形式购买，尽量降低处理过程中的粉尘问题。然而，生石灰除了用于稳定固体之外很少以干燥形式使用。相反，生石灰通常与水混合，并在施用之前转化成更具反应性的水合形式(氢氧化钙)。这种水化反应(通常称为崩解)会放出作为反应部分的热：

$$CaO + H_2O \longrightarrow Ca(OH)_2 + 热 \tag{22.1}$$

生石灰卵石在崩解期间破裂，分裂成微粒状熟石灰，而具有大的总表面积和高反应活性。高级别生石灰会产生快速崩解的高反应活性氢氧化钙浆，而低档生石灰产生缓慢崩解的低反应活性浆(见表 22.1)。低档生石灰需要严格水控才能最大化崩解效率而最小化氢氧化钙颗粒大小。

表 22.1 生石灰的相对崩解能力(NLA，1982)

CaO 含量/%	烧制程度	崩解能力
高	软	非常快
	正常	中等
	超过至硬	中等至缓慢
中等	软	快至中等
	正常	中等
	超过至硬	缓慢
低	软	快至中等
	正常	中等
	超过至硬	缓慢至非常缓慢

生石灰必须存储在受控条件下，因为长时间接触潮湿空气中的二氧化碳会导致生石灰变成空气崩解饼，反应活性变差。同样，空气或过硬的水(碱度按照碳酸钙大于 180mg/L)在水合浆中都有助于碳酸钙结垢，这最可能导致输送泵和管道的堵塞问题。

对于质量控制，生石灰应该具有高度反应活性，崩解快速，并能够不产生有害溶解或未消化产物的崩解。中等熟化石灰并不是优选的。低熟化和原窑生石灰是不可接受的。

熟石灰是氢氧化钙的粉化形式；其组成和特性取决于其母体生石灰质量(见表 22.2)。熟石灰通常因为其较高的生产和运输成本而比具有相同氧化钙含量的生石灰高 30%以上。然而，在石灰日常要求是间歇性的或最小的小污水处理厂中，熟石灰往往是首选，因为它不需要进行崩解。存储和混合操作都比较简单(例如，通常专用存储区域和最小手动操作劳力)。熟石灰比生石灰更稳定，因此存储的预防措施更容易满足。然而，因为其起尘特性，处理较为困难。

表 22.2 生石灰和熟石灰的特性(Wang et al., 2007)[①]

材料	可供使用的形式	容器和要求	外观和性质	重量	商业强度	水中溶解度
生石灰	卵石形，6 ~19mm	80 ~ 100 lb 防水袋，桶，和罐装车 密闭罐中干燥储存最多 60 天，而在防潮袋中可储存 3 个月	白色(灰白-棕色)。 块状至粉末 不稳定碱性刺激剂熟化成氢氧化物料浆，并放热。饱和体积 pH 值约 12.5。	3.4~4.7 kg/m^3 sp gr: 3.2~3.4	70%~96% CaO	反应生成 $Ca(OH)_2$; 1 lb 生石灰 生成 1.16 ~ 1.32 lb $Ca(OH)_2$ 和 2%~12% 沙砾，这要取决于纯度
熟石灰	粉末，<200 目	50lb 袋，100lb 桶，和罐车干燥储存最多1年	白色粉末无块。 苛性粉尘刺激物吸收 H_2O 和 CO_2 而生成 $Ca(HCO_3)_2$。饱和体积 pH 约 12.4。	1.6 ~ 2.5 kg/m^3 sp gr: 2.3 ~2.4	82% ~98% $Ca(OH)_2$ 62% ~ 74% CaO	70°F 下 10 lb/1000 gal; 175°F 下 5.6 lb/1000 gal

① gal× 3.785 = L 而 lb × 0.4536 = kg。

4.1.2 铁盐

无论是氯化铁还是硫酸铁都能与固体碳酸氢盐碱度反应，形成氢氧化铁沉淀。沉淀物能够导致电荷中和和絮凝体聚结。化学反应可如下写出：

$$Fe + 3H_2O \longrightarrow Fe(OH)_3 + 3H \quad (22.2)$$

$$2FeCl_3 + 3Ca(HCO_3)_2 \longrightarrow 2Fe(OH)_3 + 3CaCl_2 + 6CO_2 \quad (22.3)$$

在反应过程中形成的酸，导致 pH 值下降到 6.0。添加石灰将 pH 值提高至 8.5，从而使三氯化铁反应形成氢氧化物更有效。石灰与碳酸氢盐反应而形成碳酸钙，这种粒状结构提供压滤期间需要用于增加除水速率的孔隙率。这个化学反应如下：

$$Ca(OH)_2 + Ca(HCO_3)_2 \longrightarrow 2CaCO_3^- + 2H_2O \quad (22.4)$$

根据涉及的固体类型，三氯化铁用量范围为 2%~10%(基于干固体)，而石灰的剂量范围为 5%~40%(基于干固体)。活性污泥需要高三氯化铁剂量，厌氧消化的固体需要中等剂量，而新鲜的原始初级固体需要较低的剂量(见表 22.3)。

氯化铁通常用于絮凝固体，商购氯化铁呈橙色-褐色液——含 30%~35%(按重量计)的三氯化铁。在 30℃(86°F)和比重 1.39 时，30% 的氯化铁溶液通常包含三氯化铁 1.46kg (3.24 lb)。液体三氯化铁是腐蚀性的，因此必须正确处理和储存。例如，在寒冷的气候下，船运强度要降低，才能防止冷轧车上形成结晶水合物。

表 22.3 污水固体脱水的氯化铁和石灰的典型剂量(U.S. EPA, 1979)

应用	污泥类型	氯化铁/(g/kg)[①]	石灰/(g/kg)[①]
真空过滤	原始初级污泥	20~40	70~90
	原始 WAS	60~90	0~140
	原始(初级+ TF[②])	20~40	80~110

续表

应用	污泥类型	氯化铁/(g/kg)①	石灰/(g/kg)①
凹室式压滤机	原始(初级+ WAS)	22~60	80~140
	原始(初级+ WAS + 化粪池污泥)	25~40	110~140
	原始(初级+ WAS + 石灰)	15~25	无
	厌氧消化初级污泥	30~45	90~120
	厌氧消化(初级+ TF)	40~60	110~160
	厌氧消化(初级+ WAS)	30~60	140~190
	原始初级污泥	40~60	100~130
	原始 WAS	60~90	180~230
	厌氧消化(初级+ WAS)	40~90	100~270
	WAS + TF	40~60	270~360
	厌氧消化 WAS	70	360
	原始初级污泥+ TF + WAS	75	180

① 所示所有值都是泵送至脱水单元装置的每单位质量干固体的 $FeCl_3$ 或 CaO 质量。

② 滴滤池。

氯化铁混凝作用是 pH 敏感性的；最好是在 pH 值为 6 以上。pH 值低于 6 时，絮凝体形成较弱，而可脱水性有时很差。因此，使用石灰调节 pH 值，而优化三氯化铁的使用和固体脱水。在某些情况下三氯化铁在 pH 小于 6 时也是有效的，但这些例外情况要取决于固体类型和滤饼干燥度要求。

液体硫酸铁通常呈红褐色液体-水，含有 50%~60%的硫酸铁。它是一种阳离子型混凝剂和絮凝剂，通常与另一个整理剂(如石灰或聚合物)一起使用。据报道，固体增稠或脱水之前使用硫酸铁，将会降低所需的聚合物用量并改善滤液或离心液的质量。然而，其作为固体整理剂的用途是有限的；它主要用于水和污水处理，而去除浊度、色度、悬浮固体和磷。

硫酸亚铁(也称为绿矾)根据处理、储存和化学计量而类似于氯化铁；然而，其用作固体整理剂的用途在美国是有限的。硫酸亚铁($FeSO_4 \cdot 7H_2O$)以颗粒形式按袋，桶，散装可供使用。这种产品具有的堆积密度为约 1000~1100 kg/m^3($62 \sim 66 lb/ft^3$)。干硫酸亚铁在温度超过 20℃(68℉)下储存时就将开始结饼，而将进一步发生氧化反应和在潮湿条件下发生水化作用。硫酸亚铁应存放于干燥的地方，并应该小心控制粉尘，这些粉尘可能会染色，也可能刺激皮肤，眼睛和呼吸道。硫酸亚铁形成酸性溶液，因此储存、进料和运输这种物质时要遵照厂商的注意事项。硫酸亚铁颗粒(干燥)的形式，可以采用重量计或体积计的给料设备；它也可以作为溶液进行进料。

铁混凝作用的有效性取决于 pH 值和碱度。pH 值越低，越有利于形成带正电的水合铁(Ⅲ)配合物；pH 值越高，越有利于固体物种的 $Fe(OH)_3(s)$(见图 22.1)。因为水合铁(Ⅲ)配合物是有效的混凝剂，则较低的 pH 值应该产生更好的效果(见图 22.2)。在坦尼等(Tenney et al.，1970)的研究中，三价铁在 pH 为 5 和 8 时最有效，这接近最大沉淀的 pH 值(如图 22.1 所示)。

碱度在铁固体整理中是很重要的，因为它控制整理期间的固体 pH 值。铁离子起到一种酸的作用，降低 pH 值，而同时碱度要保持于现有的 pH 值。对于给定的固体，pH 值随着铁剂量升高而降低。

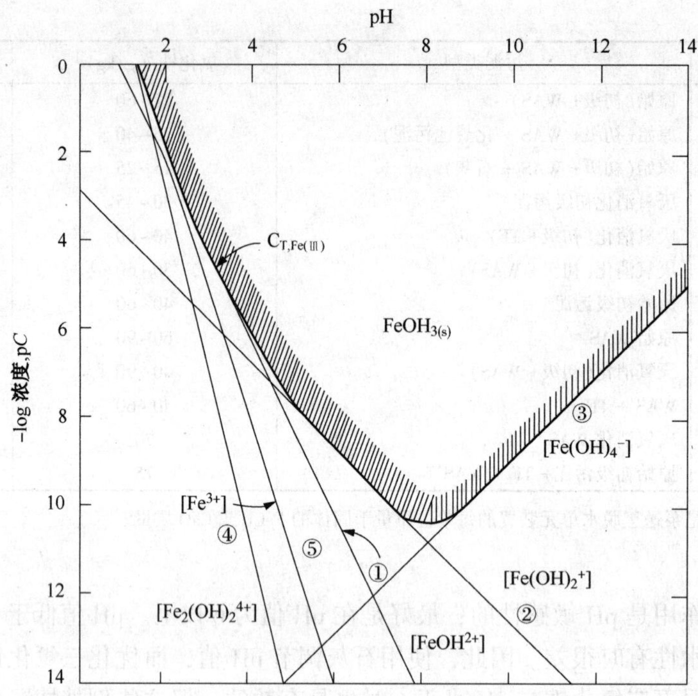

图 22.1 溶液中 25℃下接触新沉淀 $Fe(OH)_3$的水合铁(Ⅲ)络合物的平衡浓度

(Snoeyink and Jenkins, 1980; 经 Wiley & Sons, Inc. 许可重印)

4.1.3 采用石灰的铁盐整理

$Fe(OH)_3$沉淀能够中和电荷，并在 pH 6~8 下导致发生有效聚结和过滤。然而，实际上，大多数污水固体除非加入石灰和铁盐才能得到充分的整理(Christensen and Stulc, 1979)。铁中和并沉淀有机组分，而石灰产生更加刚性的碳酸钙框架，这为周围有机物质提供了刚性外壳(Denneux-Mustin et al., 2001)。全规模过滤涉及比通常实验室测试中所用大得多的压力(例如，图 22.2)，这就是为什么在全规模时需要使用石灰。主要因素是 pH 11~12，高钙离子浓度(10^{-2}M)和固体铁物种的存在(Christensen and Stulc, 1979)。采用铁盐和石灰进行整理，在离心操作中是不可行的，因为这些固体不能抗拒所施加的剪应力而腐蚀和磨损金属表面。铁应该在石灰独立加入点之前加入，因为在同一处理池(或紧接的附近)会不良影响铁整理作用(Christensen and Stulc, 1979; Webb, 1974)。当采用铁和石灰整理时，通常需要比氯化铁达到 pH 11~12 多 2~4 倍生石灰。

整理铁盐的选择，在铁盐于石灰之前施加的情况下是更重要的(见表 22.4)。石灰之前使用硫酸铁，会更迅速变差，而产生比石灰之前使用三氯化铁更差的结果。固体可脱水性变差，似乎与不溶性硫酸钙的形成有关。

4.1.4 铝盐

尽管在美国将铝盐应用于一些设施取得了一定成功，但是通常并不应用于固体整理。新时代的混凝剂[如，聚合的氯化铝(PAC)和广泛用于水处理行业的水合氯化铝(ACH)，也广泛用于污水处理行业中除磷，并在有限的程度进行固体整理。虽然在美国没有被广泛用于固体整理，但铝氯水合物在英国曾经一段时间是一种流行的整理剂。

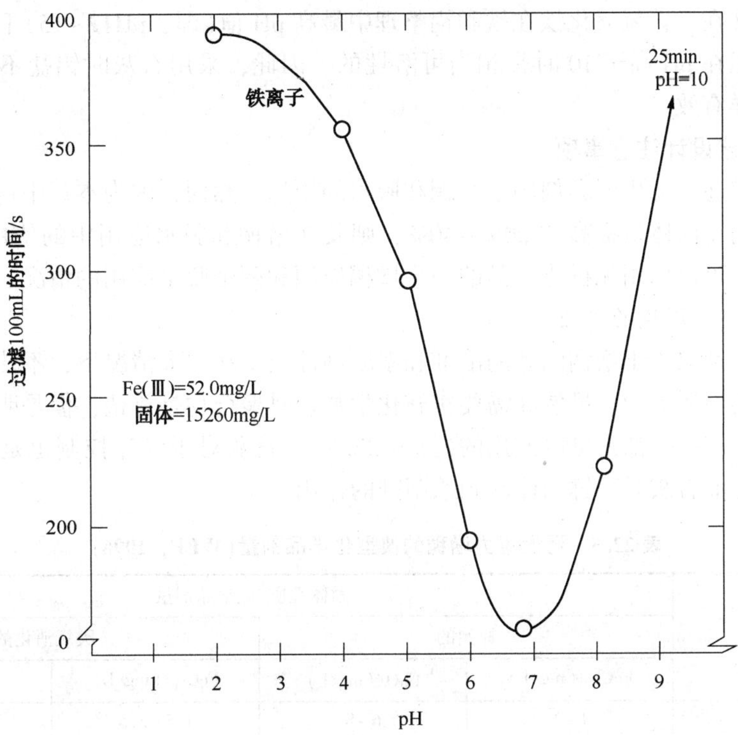

图22.2 作为pH函数的铁离子有效性(Tenney et al., 1970)

表22.4 使用和不使用石灰时所使用的整理剂的对比(Lewis and Gutschick, 1988;经许可重印)

污泥①总铁整理剂固体/%	铁整理剂	铁剂量/% Fe	铁使用之后的CST②/s	石灰剂量/% CaO	石灰使用之后的比阻值/(Tm/kg)③
5.5	$FeSO_4 \cdot 7H_2O$	1.72	208	15	1.40
5.5	$FeCl_2 \cdot 4H_2O$	1.72	157	15	0.79
5.5	$Fe_2(SO_4)_3 \cdot 6H_2O$	1.72	41	15	0.50
5.5	$FeCl_3 \cdot 6H_2O$	1.72	26	15	0.26
5.5	$FeSO_4 \cdot 7H_2O$	3.44	180	30	0.60
5.5	$FeCl_2 \cdot 4H_2O$	3.44	139	30	0.29
5.5	$Fe_2Cl_4 \cdot 6H_2O$	3.44	27	30	0.23
5.5	$FeCl_3 \cdot 6H_2O$	3.44	19	30	0.12
7.0	$FeSO_4 \cdot 7H_2O$	3.44	480	20	1.1
7.0	$FeCl_2 \cdot 4H_2O$	3.44	—	20	0.56
7.0	$Fe_2(SO_4)_3 \cdot 6H_2O$	3.44	117	20	0.53
7.0	$FeCl_3 \cdot 6H_2O$	3.44	58	20	0.18

① 原始初级污泥和WAS的混合物。

② 毛细虹吸时间。

③ 千亿米/kg(Tm/kg) = 10^{12} m/kg。

铝和铁化学之间的主要差异在于高于pH 7的铝相对可溶性和高于pH值7的铁相对不

溶性。实际意义在于，氢氧化铁在铁和铝整理中最高 pH 值(即，pH12~15)下是相对不溶性的，而氢氧化铝在 pH 高于 10 时是相当可溶性的。因此，采用石灰时铝盐不太可能与经常采用的铁盐同样有效。

4.1.5 工艺设计注意事项

下面小节描述了无机混凝剂用于增稠和脱水的用途。然而，因为本章中讨论的无机整理剂会将所管理的总固体量提高约 20%~40%，则其在增稠和脱水应用中的使用是受限制的。因此，只讨论了可以使用无机化学品的一个增稠应用和两个脱水应用的情况。

4.1.5.1 重力增稠的整理

重力增稠特性取决于增稠固体的浓度和絮凝剂性质。在许多情况下，不使用整理剂，这取决于要增稠的固体类型。虽然在需要实施化学整理时聚合物是首选，但是明矾和铁盐——使用或不使用石灰——都是可以使用的(见表 22.5)。石灰对于气味控制也是很重要的，因为在土地施用之前石灰对新鲜固体起到杀菌剂的作用。

表 22.5 污泥重力增稠的典型化学品剂量(WEF，1996)

固体	固体性质/化学品剂量			
	原始的		厌氧消化的	
	$FeCl_3$/(mg/L)	CaO/(mg/L)	$FeCl_3$/(mg/L)	CaO/(mg/L)
初级污泥	1~2	6~8	1.5~3.5	6~10
初级污泥+ 滴滤池污泥	2~3	6~8	1.5~3.5	6~10
初级污泥+ WAS	1.5~2.5	7~9	1.5~4	6~12
WAS	4~6	无数据	无数据	无数据

注：WAS= 废弃活性污泥。

当使用这些无机化学品时，其主要机理是混凝和絮凝作用。高效的絮凝能够提高固体负荷率，改善固体捕获率，提高上清液澄清度，并可以从传统的重力固体增稠机提高底流浓度。无机整理剂也能够提高干固体体积约 20%~30%。设计任何增稠机时，每当可能的情况下，工程师都应该通过使用实验室小试评价增稠操作期间的整理剂有效性而确定合适的混凝剂及其剂量率。

4.1.5.2 凹板式压滤机脱水的整理

凹板式压滤机是最古老的脱水设备之一，可产生任何机械脱水设备的最高滤饼固体浓度(Kemp，1997)。这种压滤设备在工业应用中比市政污水处理厂更经常使用。除非进料固体无机物含量高，否则压滤机成功脱水需要使用整理化学品(Kemp，1997)。板框式压滤机过去常常依赖于石灰和氯化铁进行整理。尽管这些化学品通常产生的脱水滤饼含有超过 40% 的固体，但是这些压滤机也增加了要存储、运输、使用或处置的质量。石灰也与氨的排放有关，这在整个设施设计——尤其是通风和气味控制要求中必须加以考虑。

为了经由凹板式压滤机产生低湿度的滤饼、生物固体首先必须采用石灰和氯化铁、聚合物，或结合两种无机物的聚合物整理。(仅使用聚合物往往会降低单元装置的性能)。对于比阻值约 1×10^{12} m/kg 或更低时，应该使用适当整理，才能实现所需良好脱水。应该使用比阻测试确定固体是否进行了正确整理，并评价和改善整理化学品的各种组合。这项测试是可靠的，但很费时。如果需要快速的现场测试，则布氏漏斗试验可以现场实施；如果 200mL

能够在 100s 或更少时间内实现脱水，则这种固体应该是可过滤的。

整理较差的稀固体将会迅速接近设计压力(通常在 5~10min 内)；在这一点上，发粘的难以处理的滤饼将不能脱模，而滤液不均匀，质量低劣。然而，稀滤饼如果再加压一段长时间继续脱水，则会从过滤器脱模良好。正确整理的固体建立压力缓慢，这表明过滤阻力小(U. S. EPA，1979c)。在脱水工艺过程中化学品的最有效利用出现于优化脱水之前的增稠之时。

大多数研究人员发现，整理固体的泵送、存储和施用方法，会显著影响所需整理化学品用量和脱水工艺过程的性能。整理固体可能会在整理池或冲洗池中进行过度搅拌。整理池应该提供良好的混合作用，而不会剪切絮凝体。平衡罐应该在 30min 的最大停留时间内在将其进料至压滤机之前进行整理固体的均衡化。工程师还应该设计固体进料泵，而尽量降低对絮凝体的剪切作用。

石灰和铁，要么单独使用，要么与飞灰或聚合物一起使用，是通常用于板框式压滤机单元装置进行固体整理的化学品。通常情况下，所需的剂量为约 3：1 [70~150g/kg(140~300lb/T)的石灰和 20~50g/kg(40~100 lb/T)氯化铁]。硫酸铁可以用三氯化铁代替；然而，这通常需要更高的剂量。无机整理剂的实际剂量取决于二级固体与初级固体之比，以及进料至脱水工艺过程的固体百分数。卡塞尔和约翰逊(Cassel and Johnson，1978)已经证明，一旦二级固体与初级固体之比大于 1：1，则二级固体在可脱水性中就变成主导因素。因为进料固体的百分含量会直接影响脱水，则完善增稠工艺过程是很重要的。

表 22. 6 总结了各种采用 10%~30%的石灰和 57. 5%的三氯化铁(基于干重)整理的不同类型市政污水固体的性能。尽管使用石灰和氯化铁作为整理剂时脱水滤饼是含有高达 45%干固体的较干滤饼，但滤饼固体大部分(15%~40%)将抵消高水分去除效率的减重效果。

表 22. 6 凹板式压滤机脱水的经验值(U. S. EPA，2000)

污水固体的类型	进料总固体/%	典型时间/h	脱水滤饼的总固体/%
初级污泥+ WAS	3~8	2~2. 5	45~50
初级污泥+WAS+ 滴滤池污泥	6~8	1. 5~3	35~50
初级污泥+ WAS + $FeCl_3$	5~8	3~4	40~45
初级污泥+ WAS + $FeCl_3$(消化的)	6~8	3	40
三级污泥+石灰	8	1. 5	55
三级污泥+明矾	4~6	6	36

注：WAS= 废弃活性污泥。

4. 1. 5. 3 带式压滤机脱水的整理

无机化学品通常在带式压滤机中进行脱水之前是不用于整理固体的，也不推荐如此行事，因为这些化学品沉淀而导致过滤带“堵塞”，以及对滚筒和带产生过度磨蚀(降低设备的整体预期寿命)。因此，关于带式压滤机使用无机整理剂的可供使用的信息量是有限的。有时使用明矾，而其他无机化学品(如，石灰)对土地施用之前的化学稳定化作用是很重要的。

至于其他脱水工艺过程，最佳剂量取决于进料固体浓度和类型、搅拌强度和搅拌时间。有限的可供使用的信息表明，所需的化学品剂量直接随二级与初级固体之比而变化。在二级与初级固体之比为 1：1 时，可以预期使用的近似剂量，对于氯化铁为 5%而对于石灰为 15%。二级与初级固体之比增加至 2：1 时，可能会使所需的石灰和氯化铁剂量加倍。

虽然常规脱水广泛不同的固体时使用无机混凝剂是有利的，但是会使要处置的固体将会显著增加，因此需要考虑的运输、处理和使用或处置成本将会增加。此外，设计工程师应该考虑带式压滤机房间的通风，因为添加石灰可能会产生强烈的氨气味道。

4.2 有机聚合物

用于整理固体的有机化学品，主要是长链微溶于水的合成有机聚合物。聚丙烯酰胺，这种使用最广泛的聚合物，是由单体丙烯酰胺聚合而成。聚丙烯酰胺是非离子型的。为了在水溶液中携带正或负电荷，聚丙烯酰胺必须结合阴离子或阳离子单体。因为大多数固体带负电荷，则阳离子性聚丙烯酰胺共聚物通常是整理生物固体最常用的聚合物。聚合物进一步按照以下特性分类：分子量(50 万~1800 万不等)、电荷密度(从 0 到 100%不等)、活性固体水平(从 2 至 100 不等)和形式(例如，干固体、液态或溶液、乳液或凝胶)。

分子量高的长链聚合物，是高粘稠的液体形式，非常脆，而难以混入水溶液中。在稀释的溶液中未混合的聚合物看起来像鱼眼。随着聚合物分子量增加，则混合和稀释的难度也增加。

与前面讨论的无机化学品不一样，这些聚合物因为其并不会与之相当地增加要使用或处置的固体体积，已经变得很有吸引力。这些聚合物也不会降低增稠或脱水固体的燃料价值。此外，这些聚合物比无机化学品更安全，更容易处理，因为无机化学品经常需要经由酸浴清洗设备，因而这种聚合物导致设备维护比无机化学品更容易。然而，聚合物并非完全稳定，而能够在高温下发生塑化，并在洒落地板上时变得非常滑。

4.2.1 有机聚合物的性质

聚合物根据聚合物化合物的电荷(例如，阴离子、非离子或阳离子)，分子量和形式(接收时)进行分类。聚合物分子的电荷和分子量的组合适用于产品标识和鉴定。

4.2.1.1 聚合物电荷

聚合物和无机化学品的化学反应一定程度上是类似的(例如，中和表面电荷和桥接颗粒)。经由聚合物正电荷中和粒子的负电荷，降低粒子间静电斥力，因此，促进聚结作用。在聚合物桥接作用中，长链聚合物分子自身会经由吸附作用而由此会吸引两个或两个以上的粒子。通过粒子桥接而形成的絮凝体往往会比通过电荷中和而形成的絮凝体能够更加耐受剪切作用。

电荷是由整个聚合物分子中分布的可离子化有机组分产生的。在现场条件下测定具体聚合物的电荷几乎是不可能的，因此其相对电荷(有时也被称为作用电荷)，能够用于衡量其电荷容量。

对于阴离子和非离子型聚合物，作用电荷不会显著改变，因为溶解材料的正常水平目前不会克服固体中阴离子带电粒子之中的离子平衡。对于阳离子聚合物，通过水碱度反离子的影响耗尽聚合物的阳离子带电物种而导致电荷中和。这种效应通常会导致电荷水平随时间推移而变差。一些聚合物似乎比其他聚合物电荷的稳定性更高；然而，聚合物电荷稳定性通常是厂商的商业秘密。

大多数聚合物厂商使用术语"相对电荷"描述其产品在指定测试条件下测得的可滴定电荷水平。因此，不同厂家之间的可对比电荷水平可能实际上是毫无意义的，而用户在没有受控条件下的现场测试情况下在应用中应该谨慎对待与电荷相关的说明。电荷并不是唯一确定聚合物在给定应用中有效性的标准。

4.2.1.2　聚合物的分子量

整理剂通常可分类为低、中和高分子量。聚合物的分子量是保持聚合物带电位点分离的聚合物链长度的粗略指示。聚合物分子量也影响其他产品的属性(例如，溶解度，黏度和水溶液中的电荷密度)。

尽管也有例外，但是低分子量的产品往往更易溶于水，黏度低，而在水中的电荷密度更高。低分子量聚合物通常被称为初级混凝剂，通常对于产品这个项预定范围为 $2.0\times10^4\sim1.0\times10^5$(Kemmer and McCallion，1979)。这些水溶性产品，通常都按照 30%~50%浓度进行销售。这些聚合物具有较低的黏度(接近水的黏度)，而能够在应用环境下很容易稀释，并与水混合。这些聚合物适用于那些具有许多要失稳而沉降的小颗粒的澄清应用。这种聚合物通常应用于处理低浓度固体的油性污物和生物污物处理应用。这些聚合物也有时被用作需要高电荷密度打破悬浮体的双聚合物方案的第一部分。

中等分子量产品可以以溶液和干的及液体乳液形式获得。如果要概括整个中等分子量产品的类别，是很困难的；然而，大多数都需要润湿(例如，混合活化而分散聚合物)和陈化而发挥出应用中的产品全面活性。中等分子量产品的溶液通常比低分子量产品黏度更大。事实上，产品进料特性通常将这些产品的商业溶液限制于 1%(基于干固体)或更低。因此，通常需要补充稀释水，才能改善聚合物在要进行整理的固体中的分布。

中等分子量的产品常用于增稠和脱水系统处理污水固体，尤其是具有高浓度二级固体那些污水固体。实际上所有电荷变化都能够在中等分子量范围内获得。

高分子量聚合物能够是阳离子、阴离子和非离子型的，而可以作为液体粘稠溶液，乳液，或干粉获得。其分子量为 $2\times10^6\sim12\times10^6$ 以上。通常溶解度和黏度考虑因素决定了可用的溶液浓度。产品溶液按照 0.25%~1.0%的固体含量构成，并允许在应用现场进行进一步稀释之前陈化几个小时。

4.2.2　聚合物的交联度

聚合物制剂相对近期的进展是使用可控的交联度。这种聚合物可以是高度枝化的，而不是直链的，被称为结构化聚合物。结构化的聚合物需要更大的剂量才能实现最佳性能，但由此获得的絮凝体是更强的(Dentel，2001)。高剪切脱水应用(例如，离心机和某些凹板式压滤机)能够受益于这种絮凝剂。一些供应商使用 XL、FS、FL 和 FLX 这些术语指示交联形式(Dentel et al.，2000)。

4.2.3　聚合物的形式和结构

聚合物能够以两种物理形式获得：干固体和液态聚合物。干聚合物能够以微球或凝胶粉末形式交付使用，而液体聚合物可以作为溶液或乳液交付使用。所有干的和液体聚合物能够按照三种电荷类型——阳离子、阴离子和非离子型——制备，并能够按照分子量，电荷密度和活性固体水平的各种组合进行购买。聚合物的形式、电荷和活性水平能够很大程度地影响其与固体的反应活性。

聚合物的“活性”涉及可供发生反应而絮凝固体粒子的分子量百分比；这可能根据聚合物的形式不同而差异极大。聚合物计量标准按照每公斤干固体的活性聚合物克数表述。这种方法使得具有不同活性水平的聚合物类型能够在同等基础上进行对比。例如，活性为 9%的聚合物将需要比活性为 90%的类似聚合物多出 10 倍以上的本体聚合物克数。

4.2.3.1 干聚合物

干聚合物能够具有高达 94%~100%的活性固体水平。干聚合物的保质期一般为 2 年。应该避免使用对湿润和潮湿敏感的存储区域，因为干聚合物倾向于结饼而变质。

大多数干聚合物难溶解。为了制备工作溶液，喷射器用作预润湿装置而将聚合物分散于水中。溶液缓慢在混合池中混合而直至干聚合物颗粒溶解，然后按照制造商的建议进行陈化。陈化时间通常为 30min~2h。陈化使聚合物颗粒“展开”成长链。然而，一旦干聚合物稀释而转化成溶液，则将只能稳定约 24h。

用于溶解干聚合物颗粒的水质是非常重要的。硬水(作为碳酸钙大于 120mg/L)或含有超过 0.5mg/L 游离氯的水可能导致溶液在几个小时内就变质。

4.2.3.2 聚合物乳液

乳液是聚合物粒子在烃油或轻矿物油中的分散体。通常使用表面活性剂防止聚合物-油相与水相发生分离。大体积储存罐必须定期进行搅拌才能防止水相和油相分离。对于乳液，可能达到很高的分子量，并维持 30%~50%的活性固体水平，而不会产生具有高黏度的溶液。乳液聚合物在其交货状态下的近似黏度为 300~5 000 cP。乳液聚合物的保质期通常为 6 个月至 1 年。乳液的最初破乳和陈化对于最佳性能是至关重要的，这可能要采用静态混合器、高速混合机或湿分散装置单元完成。

乳液聚合物可以具有比干聚合物更高的分子量和更高的电荷，而不会产生操作问题。乳液聚合物的主要缺点是油和水分离的潜势和单位体积活性物质的成本较高。

有关这些聚合物类型的一个值得关注的问题是其中使用表面活性剂的不良环境影响。这种表面活性剂，包括烷基酚聚氧乙烯醚，能够分解成壬基酚，这是一种已知的内分泌干扰素。乳液聚合物生产的近期进展对于几类新的水性乳液已放弃使用矿物油和表面活性剂。这个工艺过程基本上涉及聚合物溶解于硫酸铵盐水溶液。加入低分子量分散剂聚合物，防止聚合物链聚结。

此外，一些通常使用的共聚物，很容易在高 pH 值下发生化学水解。如果脱水固体采用碱性化学品(例如，窑灰、石灰等)进行稳定化处理，则气味问题可能源自三甲胺的生成，因为三甲胺具有“鱼腥”气味(Chang et al.，2005)。

4.2.3.3 曼尼奇(Mannich)聚合物

曼尼奇聚合物通常包含 3%~8%的活性聚合物；这种聚合物通过使用甲醛催化剂促进化学反应产生有机化合物而进行生产。因为甲醛蒸气会造成安全隐患，并可能致癌，则曼尼奇聚合物应该小心存储，而仅在通风良好的地方使用。曼尼奇聚合物是黏性聚合物(黏度 50 万至超过 150 万个计数/秒)，很难实施泵送，而且保质期相对较短。然而，这种聚合物对于大型污水处理厂，根据其运输成本而可能是有效而经济的。

4.2.4 聚合物的剂量

各种聚合物都能够增强增稠或脱水工艺过程的性能。所需剂量取决于所用的具体工艺过程和需要增稠的固体或生物固体(见表 22.7)。

大多数脱水工艺过程(凹板式压滤机除外)也需要添加聚合物(请参见表 22.8)。(凹板式压滤机通常使用氯化铁和石灰作为固体整理剂，无论是单独使用还是与飞灰或聚合物一起使用，而采用聚合物整理比采用氯化铁和石灰整理一般会生产稍微更稀的滤饼)。离心机和带式压滤机如果不使用聚合物就不能达到最佳脱水性能。这两个应用都需要高正电荷和高分子量的聚合物，才能产生强而持久的絮凝体。

表 22.7　污水固体增稠的典型聚合物剂量(U. S. EPA，1979)

应　　用	污泥类型	聚合物剂量/(g/kg)
重力增稠机	原始初级污泥	2~4
	原始(初级污泥+ WAS + TF①)	0.8
	原始 WAS	4.3~5.6
溶解气浮选	WAS(氧)	5.4
	WAS	0~14
	P + TF	0~3
	P + WAS	0~14
固体离心沉淀机	原始 WAS	0~3.6
	厌氧消化 WAS	2~7.2
转鼓离心机	WAS	6.8
重力带式压滤机	消化的二级污泥	5

① 滴滤池。

表 22.8　固体脱水的典型聚合物剂量(U. S. EPA，1979；WPCF，1983)

应　　用	污泥类型	聚合物剂量/(g/kg)
带式压滤机	原始(初级污泥+ WAS)	2~5
	WAS	4~9
	厌氧消化(初级污泥+ WAS)	6~10
	厌氧消化的初级污泥	4~7
	原始初级污泥	2~3
	原始(初级污泥+ TF①)	3~6
固体离心沉淀机	原始初级污泥	0.5~2.3
	厌氧消化的初级污泥	2.7~5
	原始 WAS	5~10
	厌氧消化 WAS	1.4~2.7
	原始(初级污泥+ WAS)	2~7
	厌氧消化(初级污泥+ WAS + TF)	5.4~6.8
真空过滤机	原始初级污泥	1~5
	原始 WAS	6.8~14
	原始(初级污泥+ WAS)	5~8.6
	厌氧消化的初级污泥	6~13
	厌氧消化(初级污泥+ WAS)	1.4~7.7
凹板式压滤机	原始(初级污泥+ WAS)	2~2.7

① 滴滤池。

4.2.5　聚合物的应用

由于现在可供使用的聚合物范围很广，几乎任何整理或脱水工艺过程的性能，都能够通过这些聚合物的使用而增强。根据不同的应用环境，这些聚合物能够改善单元装置的生产量、固体捕获、滤液质量、增稠或脱水固体，或这些参数的组合。

相对于无机化学品整理，合适的有机化学品整理侧重于三个基本要求：

- 正确的聚合物剂量，
- 正确的混合方法与步骤，

• 连续观察结果，并针对这些观察结果作出反应。

坚持这些要求，对于整理性能在使用聚合物时比使用无机化学品时更为关键。聚合物性能的发挥比无机试剂的操作条件范围更窄，因此这些聚合物对剂量和混合更加敏感。尽管这种敏感性要求操作者需要更加集中心智，但是其能够提高效率，因为如果整理并不是密切控制的情况下脱水工艺过程将无法正常工作。

4.2.5.1 剂量

正确的化学品剂量是正常运行的关键。化学品整理试验[例如，布氏漏斗或毛细汲取时间(CST)试验]应该经常进行，确定整理要求。保持正确的剂量需要认知和控制固体流和化学品进料。应该采用连续计量设备监测固体含量而确定质量流量。化学品质量进料速率也应不断进行监测和控制，才能维持所需的剂量。应该使用流量测定设备确定进料的化学品量。在整个工艺过程中应该监测和维持均匀的化学品浓度。尽管进料溶液浓度能够使用总固体或黏度测定结果进行测定，但是关于进料溶液补充系统的精确流量计量系统是优选的方案。

聚合物应该按照基于厂商建议和任何实验室试验结果的具体溶液强度使用。由于聚合物的化学活性或容许相对少量的化学品充分接触大固体量的情况下，可能需要稀溶液。在某些情况下，质量差的稀释水(例如，二级出水)会影响聚合物溶液的活性。尽管这不是一个共同关心的问题，但是一般应该使用高质量的水制备进料溶液。

4.2.5.2 混合的方法与步骤

适当的混合对于整理过程是至关重要的。混合具有两个基本要素：强度和持续时间。当使用聚合物时，要使黏性物质完全分散于固体中最为重要。使用补充稀释水降低聚合物的黏度，并需要高强度，短持续时间分散这些聚合物。这种高强度混合往往采用聚合物注入环和提供高剪切作用的可调止回阀设备完成。絮凝阶段需要轻轻搅拌 15~45s，而使聚合物和固体之间发生化学反应。

混合持续时间通常为 15~60s 的级别，能够按照多种方式(例如，在设备的管道中，或在独立絮凝池中)完成。例如，从进口至增稠或脱水设备在 15s，30s 和 45s 的 HRT 下确定多个加入点。在固体进料管中的每个加入点处，应该提供灵活的联轴器和聚合物管道抽出点而允许聚合物注入环和在线高强度混合单元装置的插入(见图 22.3)。这种排布设计提供了最大的灵活性，允许操作者微调工艺过程的进料速率。

提供 HRT 的另一种方法是在脱水装置单元上游直接提供絮凝罐。这种絮凝罐基于设计负荷率能够提供 15~30s 的絮凝时间。絮凝罐的缺点在于这种装置可能会创建盲区，而可能导致固体整理失当。

4.2.5.3 工艺过程的监控

为了确保增稠或脱水性能最佳，这两个工艺过程都应该进行监测并经常进行试验测试。增稠或脱水滤饼的总固体和释放的水都应该在每次换班时进行至少一次分析，而监测固体负荷和聚合物性能。虽然每班一个样品是充分的，但是每次换班时进行综合样品采样，将使操作者能够检测任何操作变化和潜在的设备问题。

聚合物监测包括性能和质量控制检查。聚合物的使用在每个换班期间应该通过散装或溶液储罐、聚合物输送泵上的计时器或聚合物进料管道上流量计的池降读数进行记录。为了确证溶液强度，应该定期进行总固体试验测试。由这些数据，就可以确定产品性能或工艺过程的变化。

图 22.3　聚合物注入环和在线高强度混合单元(经由佛罗里达奥兰多市许可)

关于各种自动化的工艺过程传感器、控制器和管理增稠和脱水操作的相关软件，人们已经进行了许多技术开发，以期优化性能和聚合物的使用。这些系统通常包括脱水单元装置滤液管道排水管线中的固体探头和固体进料泵和聚合物进料设备上的控制器。通常情况下，当固体探头检测到滤液中固体含量突然增加时，控制器首先尝试增加聚合物流量。如果这在一段时间之后不能使滤液变清，则控制器就发出降低固体进料速率的信号。这些备选步骤反复进行，直至滤液变清。其他控制系统会监测滤液黏度或粒子电荷。粒子电荷测量结果通知控制系统是否增加或降低聚合物剂量(Dentel et al.，2000a)。这种自动化系统的主要优点在于，这种系统倾向于抚平单元操作中的变化并降低聚合物的用量高达 20%~50%。这些基于滤液或离心液性质的脱水控制系统，通常不会产生最佳的滤饼固体(Abu-Orf and Dentel，1999)。因此，如果滤饼干燥度显著影响处理成本，则控制系统就不应该单纯建立在聚合物节省的基础上。

一些出版物提供了关于自动化使用聚合物作为整理剂的增稠和脱水操作的详细信息(Gillette and Scott，2001；Pramanik，et al.，2002；WERF，1995，2001)。例如，有人进行了液体流电流监控器的研究并表明了连续优化设施的化学整理要求的前景。有一项研究总结认为，使用不同整理剂对未消化固体和生物固体进行脱水的流动电流检测器(SCD)适用于监测和优化化学整理的要求(Abu-Orf and Dentel，1997)。

4.3　增稠和脱水工艺设计的考虑因素

以下是几种类型的增稠和脱水工艺过程的设计考虑因素的总结。增稠和脱水应用的典型聚合物剂量分别提供于表 22.9 和表 22.10 中。

4.3.1　重力增稠固体的整理

传统的重力增稠通常不需要使用有机聚合物。这就是说，使用这些化学品，会提高固体水力学负荷率 2~4 倍并改善固体捕获。然而，这些化学品对所得的底流固体浓度影响很小。另外，使用聚合物会增加重力增稠的总体成本，因此这些聚合物只应该用于防止由于固体传送机所致的运行问题。

表 22.9 与各种固体增稠工艺过程相关的聚合物剂量

设施名称	污泥类型	进水进料固体/%	增稠的方法	聚合物剂量/(lb/ton)	增稠的固体/%	稳定化处理方法
俄勒冈本德的水再生设施	二级(100%)	0.4~0.6	重力带式增稠	8~10	4~5	厌氧消化
北卡罗来纳夏洛特的欧文河 WWTF	初级(60%) 二级(40%)	3.2 0.5~1.0	传统重力增稠	0	4~5	厌氧消化
科罗拉多格里利的格里利市 WPCF	二级(100%)	0.6~0.8	离心	1.7~2.5	4.5~6.5	厌氧消化
佛罗里达杰克逊维尔的 JEA 巴克曼街 WWTP	初级(60%) 二级(40%)	1~3	重力带式增稠	9~12	3~5	厌氧消化
亚利桑那吉尔伯特和皇后河梅瑟市的绿地路 WRP	初级和二级	1~1.25	离心	0.5	5	厌氧消化
佛罗里达奥兰多的铁桥水再生设施	二级(100%)	0.4~0.6	重力带式增稠	7~9	2~3	石灰稳定
佛罗里达奥兰多奥兰治县公共事业公司西北水再生设施	二级(100%)	0.7~0.8	传统重力增稠	0	1~2	接触时间稳定
佛罗里达奥兰多的水土保持 I	二级(100%)	0.7~1.2	重力带式增稠	10~12	4~5	运输到大型设施进行进一步稳定
佛罗里达奥兰多的水土保持 II	二级(100%)	0.4~0.8	重力带式 增稠	10~12	2~4	厌氧消化
佛罗里达奥兰多奥兰治县公共事业公司的南部水再生设施	二级(100%)	0.4~1.25	重力带式增稠	2.4~6.5	3.1~6.4	厌氧消化
亚利桑那州凤凰城的第 91 大街污水处理厂	二级(100%)	1.0~1.5	离心	2.0~3.0	5.7~6.2	厌氧消化
北卡罗来纳派恩维尔的麦卡尔平河 WWTF	初级(50%) 二级(50%)	1.0	传统重力增稠 离心	0 3~5	3~5 0.9~1	厌氧消化
罗杰路污水再生设施	二级	0.2~0.4	重力带式增稠	9~10	5~6	厌氧消化
亚利桑那图森皮马县	初级	0.4~0.6	传统重力增稠	0	4~5	厌氧消化
奥兰治波特兰的哥伦比亚大道 WWTP	二级(100%)	0.5~1.0	重力带式增稠	5~9	4~6	厌氧消化

注：WWTF= 污水处理设施而 WWTP = 污水处理厂。

表 22.10　与各种固体脱水工艺过程相关的聚合物剂量

设施名称及地点	污泥类型	稳定类型	进水进料中的固体/%	脱水方法	聚合物剂量/(g/kg)	脱水的滤饼固体/%
俄勒冈本德水再生设施	初级(55%) 二级(45%)	厌氧消化	1.8~2.1	带式压滤机	3.75~6	12~15
北卡罗来纳夏洛特欧文河 WWTF	初级(60%) 二级(40%)	厌氧消化	1.4	带式压滤机	3.5~4	18.75
科罗拉多格里利的格里利市 WPCF	初级(60%) 二级(40%)	厌氧消化	1.5~2.0	离心	5~8	19~22
佛罗里达杰克逊维尔巴克曼街 WWTP	初级(60%) 二级(40%)	厌氧消化	2-4	离心	3.75~6.25	19~22
亚利桑那吉尔伯特和皇后河梅瑟市的绿地路 WRP	初级和二级	厌氧消化	2.75~3.0	离心	5.75	22~23
佛罗里达奥兰多市水土保持 II	二级	厌氧消化	2.0~2.5	带式压滤机	3.5~4	12
佛罗里达奥兰多奥兰治县公共事业公司东部水再生设施	二级(100%)	接触石灰稳定化	<1	带式压滤机(三带)	3~3.5	16~17
佛罗里达奥兰多铁桥水再生设施	二级	石灰稳定	2.0~3.0	带式压滤机	3.5~4	17
佛罗里达奥兰多铁桥水再生设施	二级	石灰稳定	0.4~0.6	带式压滤机(三带)	3.5~4	17
佛罗里达奥兰多奥兰治县公共事业公司西北水再生设施	二级(100%)	接触石灰稳定	1~2	带式压滤机	3.75~6.25	14~16
佛罗里达奥兰多奥兰治县公共事业公司南部水再生设施	二级	厌氧消化	2.3~3.7	带式压滤机	0.5~1.1	9.3~19.7
北卡罗来纳派恩维尔麦卡尔平河 WWTP	初级与二级固体之比 1∶1 报道的 ORC	厌氧消化	2.4	离心	3.75	20
俄勒冈波特兰哥伦比亚大道 WWTP	新消化的(65%~75%)增稠的 WAS(20%)初级(80%)和以前消化的，氧化池稳定化处理的增稠 WAS(25%~35%)	厌氧消化	1.5~2.0	带式压滤机	3.75~5	19~22

续表

设施名称及地点	污泥类型	稳定类型	进水进料中的固体/%	脱水方法	聚合物剂量/(g/kg)	脱水的滤饼固体/%
佛罗里达塔拉哈西的托马斯·P·史密斯水再生设施	二级(100%)	厌氧消化	2.81~4.39	螺旋压滤机	3.75~6.75	13~20

注：WAS= 废弃活性污泥；WPCF =水污染控制设施；WRP = 水再生厂；WWTF = 污水处理设施；WWTP = 污水处理厂。

通常情况下，会使用具有中等电荷和高分子量的阳离子型聚合物；然而，低电荷的阳离子型聚合物越来越开始显示出更好的性能。典型剂量为2g/kg 和 5g/kg(4lb/ton 和 10lb/ton)至高达 7.5g/kg(15lb/ton)干固体。

当对 DAF 增稠固体进行整理时，一个常见问题是整理剂和固体之间混合不充分。为了缓解这一问题，应该使用更稀的聚合物溶液(0.25%~0.5%)，或在接触固体之前，絮凝剂应该随同加压再循环进行混合(Ettlich et al.，1978；U.S. EPA，1978c；WPCF，1980)。

4.3.2　离心增稠固体的整理

无孔转鼓离心机已经用于各种固体的增稠。离心式增稠在处理生物和好氧稳定化处理的固体时通常不需要加入聚合物。然而，充分消化的固体很少具有天然絮凝倾向，而要求加入聚合物才能达到可接受的固体回收水平。因此，即使并未计划设计化学整理，工程师应该在最初设计中提供聚合物的添加装置。设计应该具有足够的灵活性，才能使整理化学品能够在进水管路中的几个点之一处加入。

干或液体高分子量的阳离子型聚合物是有效的增稠剂。当使用干聚合物时，就使用0.05%~0.1%的进料溶液，同时液态聚合物基于活性物质的浓度范围可以高达 0.5%。重要的是，固体捕获率至少达到95%才能防止将丝状菌和细微粒子再循环至污水处理工艺过程中。废弃活性污泥产生强度不高的絮凝体，这些絮凝体常常在离心机内部发生剪切；高达4g/kg(8lb/ton)的聚合物剂量就能够用于产生强度更高的絮凝体。好氧和厌氧消化的固体很少具有天然的絮凝体，因此，需要约 4~8g/kg(8~16lb/ton)的聚合物。

4.3.3　重力带式增稠固体的整理

重力增稠对于许多类型的固体都能够发挥良好作用。难增稠固体仅仅需要对聚合物用量和固体负荷率稍作修改，就能保持出水固体浓度和高固体捕获百分率。采用加入聚合物的方式，重力增稠机已经用于处理含低至 0.4%的固体或高达 10%固体的固体。聚合物的剂量范围从原始初级固体的 1.5~3g/kg(3~6lb/ton)(基于干重)高至厌氧稳定固体的 4~6g/kg(8~12lb/ton)。在所有情况下，固体捕获率都要保持 95%以上。

4.3.4　转鼓增稠固体的整理

转鼓增稠机如同重力带式增稠机一样：在这两个系统中，都有移动的多孔介质保留所整理的固体，同时允许游离水排出。聚合物注入进料管道而在进入絮凝池之前与进入的固体混合。一旦到达池内，混合物就暴露于低剪切旋转混合器，而确保絮凝剂最大混合。整理的固体随后流至分配盘上，在那里定向转动旋转转鼓。游离水流动通过转鼓中的开口，捕获的固体保持于转鼓表面上而进行进一步脱水。转鼓内部的径向链板缓慢将增稠的固体向转鼓排放端口传送。增稠的固体排出该单元装置，下落通过卸料溜槽而进入储罐、泵料斗、或其合适的接收设备。

转鼓转速，搅拌器速度和喷水循环可以进行调节而确保采用最少量的聚合物和用水的最高性能。聚合物的要求比与重力带式增稠机相关的那些要求高出约10%~20%。转鼓增稠机适用于高纤维固体，以及具有大比例初级固体的原始和消化固体。其对于市政WAS的成功与否是可变化的而取决于固体特性。在聚合物剂量范围为4~6g/kg(8~12lb/ton)(基于干重)时，残余物通常可以增稠5%~7%的总固体(在某些情况下，超过10%的总固体)，进料固体捕获率高达99%。

4.3.5 离心脱水固体的整理

聚合物与无孔转鼓离心机一起使用，能够提高机器生产量而不会降低滤饼干燥度，并能够提高固体回收率，或两者兼而有之。通常情况下，将会使用中至高电荷的高分子量阳离子型聚合物。需要采用中试研究确定正确的整理剂和用量。这些设计应该包括进料干的和液体聚合物的设施。聚合物的使用通常会提高固体捕获率；然而，太多的聚合物可导致滤饼更湿，因为这会捕获更多的细小颗粒。因此，再循环固体和滤饼干燥度之间的关系决定了要使用的聚合物用量。

4.3.6 带式压滤机脱水固体的整理

带式压滤机的性能取决于固体的合适整理，而传统上会使用有机聚合物。合适整理的产品具有95%~98%的固体回收率。然而，合适整理所需的聚合物用量有很大差异；这取决于固体类型、固体含量和灰分含量(通常，如果灰分含量高则需要的聚合物越少)。例如，初级固体需要的聚合物剂量为3.5~5g/kg(7~10lb/ton)，厌氧消化的固体需要7g/kg(14lb/ton，基于干重计)的剂量，而自热式嗜温好氧消化的固体需要18~23g/kg(37~47lb/ton)的剂量。

整理不充分会导致压滤之初脱水不充分，这反过来，可能会导致固体从压滤部分挤出，排水部分溢流，或滤带堵塞。整理过度，可能会导致滤带堵塞和过度絮凝，这都会导致固体排出太快，而堆积滤带之上，导致脱水变差。在压滤机的重力段，设计目标是尽可能除去水。过度絮凝能够通过使用偏转板在压滤开始之前铲平堆积固体，或通过选择具有延长的重力分选台的带式压滤机而得以缓解。

因为滤带之间的剪切作用，诺瓦克和豪根(Novak and Haugan，1980)建议在脱水之前加入整理聚合物之时使用湍流混合。最佳剂量和整个系统的性能取决于固体浓度、搅拌强度和搅拌时间。

4.3.7 螺旋压滤脱水固体的整理

螺旋压滤机是一种简单的慢动机械设备，随着这些固体移动通过这个单元装置时逐渐压缩整理的增稠固体。脱水是连续的，开始时在螺旋入口端重力排水，而随后在该单元装置末端由于压力提高而脱水。正确的螺杆设计是至关重要的，因为不同的固体需要不同的聚合物用量、螺杆转速和构造结构，才能维持所需的脱水滤饼浓度和固体捕获率。

合适的固体整理对于产生均匀一致的脱水滤饼是至关重要的。操作越慢产生的滤饼越干燥，而且也将降低固体生产量。因此，确立聚合物用量、固体生产量和滤饼干燥度之间的关系是很重要的。根据进水固体特性，聚合物用量可能为8~12g/kg(16~24lb/ton)，才能生产含12%~25%干固体的滤饼，固体捕获率才能达到90%~95%。

4.3.8 旋转压滤脱水固体的整理

旋转压滤机有时会与螺旋压滤机混淆，其实，在其运行时却是完全不同的。另一个误解是，旋转压滤机上的脱水渠以某种方式引入了收敛或缩窄的渠道。其工作原理比较简单。采用聚合物增进絮凝的剂量计量之后，固体泵送至多孔滤筛之间的空腔。游离水(滤液)通过筛滤，而滤饼就开始在内腔中形成。筛滤不断地缓慢旋转，便能够“抓住”出水口附近的干滤饼(经由摩擦力)，将其连续地挤出通过压力控制的端口。隔膜将空腔进口侧与出口侧分隔开。

聚合物用量取决于要脱水固体的类型。在南卡罗来纳州查尔斯顿的丹尼尔斯和梅花岛设施(Daniels and Plum Island facilities)进行的研究工作表明，对于原始初级和二级固体的混合物，需要4.5~6g/kg(9~12lb/ton)聚合物，产生了25%的平均脱水滤饼浓度。然而，在佛罗里达州圣彼得斯堡，要求聚合物剂量范围为15~18g/kg(31~37lb/ton)，才能将好氧消化二级固体脱水至平均15%的固体。在这两种情况下，固体捕获率超过95%。

4.3.9 干燥床固体的整理

在将固体送入干燥床之前的固体整理，并未广泛采用。事实上，“10州标准”(Great Lakes，2004)和其他设计准则，即使能够显著降低干燥时间，而由此降低所需的床面积，在这个应用环境都不考虑使用整理化学品。聚合物相对较小的剂量(低至50mg/L)，也能够通过絮凝较小的颗粒而大大提高合适消化固体的排放容量。絮凝作用加速脱水循环的排水周期并保留住更易于挥发的多孔滤饼。

研究表明，这种整理作用能够显著提高消化的初级固体和WAS的负荷率；未整理的固体负荷率分别为73 $kg/m^2 \cdot a$($15lb/ft^2/a$)，而整理过的固体负荷率为270 $kg/m^2 \cdot a$($55 lb/ft^2/a$)。充分整理的产品将在约1/3(约10~15天)的未整理固体所需干燥时间内干燥。这种性能的改善通常源自剂量约15~23g/kg(31~46lb/ton)而具有中等较高或高电荷和高分子量的阳离子型聚合物。

这种整理系统必须进行设计，才能避免在向干燥床传送期间使整理的絮凝体发生破裂。这种破裂通常发生于泵送期间，通过将絮凝池设计定位而紧接干燥床，并容许整理的固体通过重力从絮凝室流出而克服这个问题。过度保留会提高精细粒子的百分比，这将损害絮凝和脱水。楔形线和真空辅助干燥床都使用聚合物混凝精细粒子而促进滤饼快速形成。聚合物在进口管道或干燥床之前的絮凝池中注入到固体中。典型的剂量为1.5~3g/kg(3~6lb/ton)。

5 化学品储存和进料的设备

对于任何增稠或脱水设计至关重要的是要使用什么化学品、如何运输和储存、以及应该使用什么类型的进料设备。关于设计化学整理剂处理设施的详细信息，请参阅第9章，其中包括了各种单元操作和工艺过程的尺寸规格选择，以及必要附属设备的讨论。因为许多化学品是腐蚀性的并可以以各种形式(例如，液态、干固体和凝胶)可供使用，则设计工程师需要特别注意化学品储存、进料、管道架设和控制系统的设计。例如，干整理剂通常转化成溶液或浆状，然后被引入到固体中。液体化学品通常以浓溶液形式递送而必须先稀释之后才能与固体混合。设计这些系统时必须考虑的其他问题是当地建筑规范和自然灾害(如地震、洪水、飓风和龙卷风)期间维持运行的需要。

正如在第9章中所指出，储存设施的大小确定首先以拟使用化学品及其剂量要求的研究开始。许多条件必须进行评估，才能确定合适的进料速率，这就决定了每一种化学品的进料设备的容量范围。然而，大多数设施都受限于后续增稠或脱水设备的容量、倒班数(工作时间)和所需的最终产品。

5.1　无机化学品

因为三氯化铁和石灰具有不同的化学特性，则它们需要不同的存储、泵送、管道和处理程序。在进行这两种化学品设施的设计时，最重要的考虑因素是提供足够的灵活性，才能满足固体特性的变化。

5.1.1　氯化铁

三氯化铁是腐蚀性的，并能够在液态或干固体形式递送。液态三氯化铁是深褐色的，而对于35%~45%的溶液则具有1.3~1.5kg/L(11.2~12.4lb/gal)装运重量。干固体氯化铁装运货物应该存放于干燥房间。一旦打开，就应该立即使用或与水混合，并以溶液储存。

氯化铁储罐通常是由玻璃纤维、橡胶或塑钢、聚丙烯、或螺旋缠绕的挤出高密度聚乙烯制成。储罐必须绝缘的，而如果盛装45%的溶液，则在环境温度预期将下降低于16℃(60℉)时应该进行加热。

液态三氯化铁进料设备包括输送泵、日槽(day tank)和计量泵(见图22.4)。橡胶或塑料衬里的自吸式离心输送泵用于将本体溶液从储罐传送至日槽。双隔膜计量泵用于施加点处控制化学品进料速率。化学品进料速率通常根据固体进料速率调整节奏。因为可能潜在地发生水解，则不应该添加稀释水。地上管道和阀门通常由聚氯乙烯(PVC)制成，而橡胶或塑料内衬钢管适用于埋地应用。

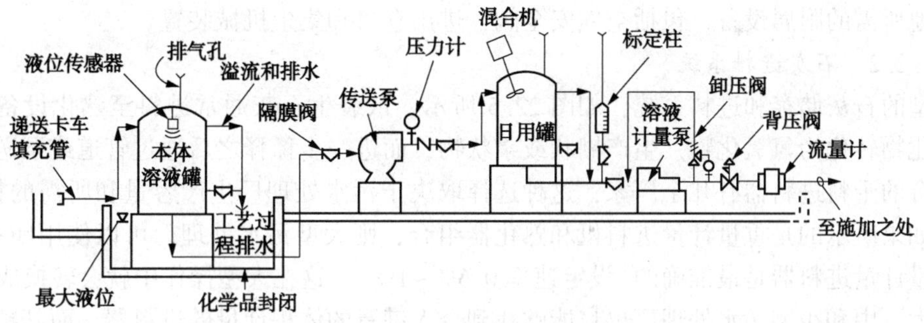

图22.4　简化的聚合物溶液进料系统(所有正排量聚合物泵排放侧的泄压装置)

本体溶液(30%~45%)或稀释液(20%)的进料选择通常取决于总三氯化铁的使用和预期的环境温度。如果此温度低于本体溶液的冻结温度，则进料设施应该绝热并伴热。稀释本体溶液可能会将其冻结温度降低至低于预期的最低环境温度(从而避免了绝热和伴热)，但这会增加日槽、管道、阀门和进料泵的尺寸大小。

5.1.2　石灰

大型设施使用卵石生石灰，而小型设施使用熟石灰。如果石灰施加速率超过1 800~2700kg/d(2~3 ton/d)，则散装生石灰通常比熟石灰更经济。袋装石灰需要防水而通风充分的储存建筑物；散装石灰需要水密性和气密性的储物箱。袋装石灰应该存放于干燥地方的货盘上而不超过60天。散装石灰能够在箱内气动传输，或通过传统的斗式提升机或螺旋传送机传送。

5.1.2.1 *石灰筒仓*

生石灰仓通常仓出口具有55°~60°斜坡，熟石灰仓则具有60°~66°的斜坡。优选高度与直径之比(H∶D)为4∶2.5的细长结构。设计容量应该基于化学品的平均堆积密度，而50%~100%额外容量的冗余度超出了满足典型传送的所需容量。生石灰和熟石灰具有磨蚀性，但没有腐蚀性，因此可以使用钢铁或混凝土仓。当务之急是，这些储存仓应该是气密性和水密性的，可防止空气崩解效应。

熟石灰仓应该配备仓搅拌，并在仓出口配备非水浸旋转进料器。

振动器、空气垫或这两者都应该用于料斗和筒仓上而维持出口石灰流量。然而，设计工程师应该考虑要处理的材料类型，并谨慎选择振动器；可能出现的最坏情况发生于精料(如熟石灰)过度振动和填充之时。例如，电磁振动器，主要是因为其倾向于压紧熟石灰而更适用于生石灰。然而，如果这个单元装置间歇式运行(例如，每1~2s产生一次振动脉冲，1min产生几次脉冲的系统)，则这种振动器就可用于熟石灰。当运送卵石石灰时，在排放期间可以连续运行。如果选中这种振动器，则通常用螺栓直接栓到锥形料斗正面上，从排放点至锥形顶四分之一(或更小)的距离。

空气射流和脉动空气垫通常用于流化轻材料(如熟石灰)。通过定期操作射流或气垫能够获得某些最佳结果。空气活化作用并不建议用于生石灰，因为空气中的水分会导致生石灰发生空气崩解。

许多其他的设备都是现成可用的。最流行的是“活”仓底，这种仓底在排放期间连续运行，使用旋回力或在料斗中向上冲击挡板而消除桥接和鼠洞。不太复杂的设备，包括料斗中中心支撑的双端锥体、旋转链或桨、以及斗壁至斗壁的水平杆洄游。

其他所需的附属设备，包括空气安全阀，进出仓口和集尘机械装置。

5.1.2.2 *石灰进料系统*

典型的石灰储存和进料系统，如图22.5所示。散装生石灰通常进料至熟化设备，在此处将氧化物转化为氢氧化物，生产糊状或浆状物，而进一步稀释之后通过管道或泵送至施加点。适合的干料进料器有几个厂家，这种选择取决于污水处理厂生产容量和所需的精确度。例如，如果所示的是重量计量进料机和熟化器组合，则大型污水处理厂可以使用卵石石灰，因为重量计量进料器是最准确的(设定速率0.5%~1%)。这在大型操作中就会转换成成本的降低。大、中和小型污水处理厂也将能够找到令人满意的体积计量的进料器，而其精度范围为±1%~5%。

制膏和停留熟化机都在高温下操作，能够使用或不使用辅助加热器，因为生石灰和水之间的反应会放热。二者都包括进料器、水流量控制阀、温度控制、除砂装置、稀释室和最终的反应容器。所有熟化机需要完整的水汽和粉尘收集器而保持熟化器中轻微真空，并排放干净空气而防止损坏进料器。石灰膏熟化器具有2∶1的水/石灰比和1040℃(1900℉)下5min熟化时间。停留熟化器具有(3~4)∶1的水/石灰比和870℃(1600℉)下10min的熟化时间。石灰浆能够达到28%(重量计)。为稳定起见，石灰浆应该保持于储料罐中2小时。熟石灰已经经过熟化而仅仅需要足够的水调浆。通常情况下，6%的石灰浆在润湿或溶解罐中保持5min。

合理纯度的石灰浆是没有腐蚀性的，而比较容易保持悬浮，条件是一旦水和生石灰之间完成所有化学反应一定要进行稳定化处理。只要石灰浆经过稳定化处理，转移石灰浆的推荐

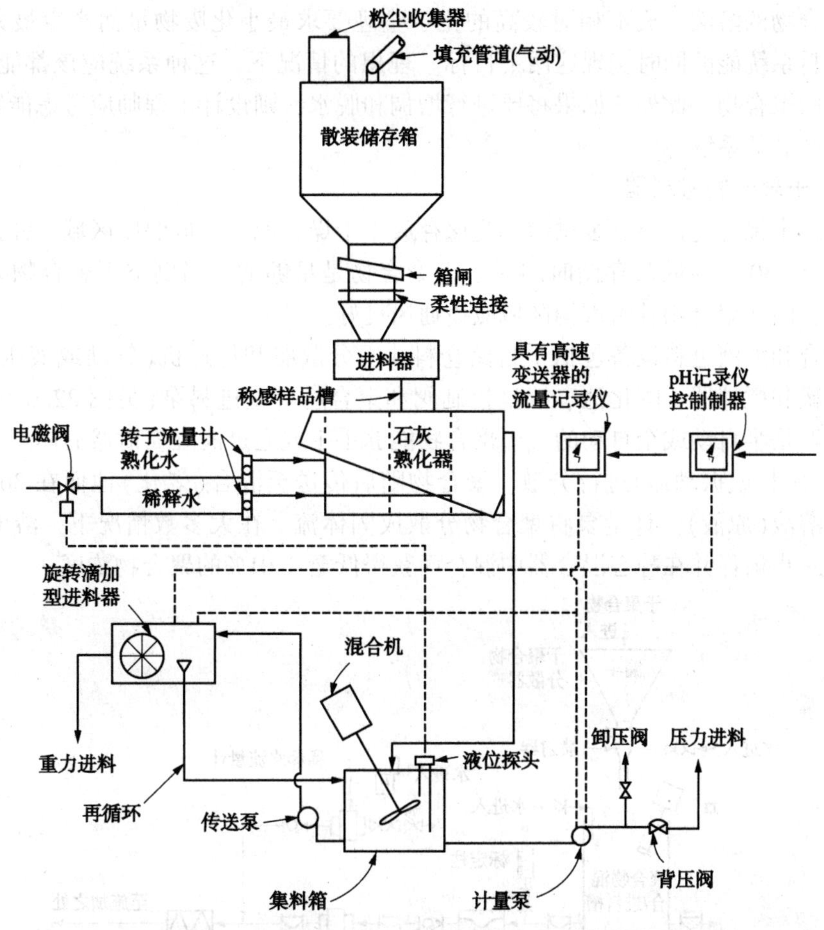

图22.5　典型石灰进料系统(未显示蒸汽清除器)

方法是通过重力和开放槽完成。如果无法避免使用管道和转移泵，则进料环应该设计最低0.9~1.5m/s(3~5ft/s)的速度。夹管阀比球阀和旋塞阀优先使用。对于速率低于0.9m/s(3ft/s)的短传送距离，柔韧的消防软管都可以使用。在一般情况下，进料管道直径至少50mm(2in)，而转向和弯曲最少。

石灰浆泵通常有两类：离心式和正排量泵。离心泵通常用于低压头传送或再循环。这种泵需要可更换的内衬和半开式叶轮。这种泵的布局设计应该方便拆卸进行清洗和维修，而不应该包括水冲洗密封，因为这种密封常常易于结垢。

如果石灰浆流必须进行计量或主动控制时，就应该使用正排量泵。然而，由于石灰浆的磨蚀性，这些泵都会经历过度磨损和更换(如活塞和油管)。因为在管道内出现的结垢问题，则应该避免使用涡轮泵和喷射器。石灰进料速率可以通过pH值进行控制或采取引入固体流的方法进行步速调节。

5.2　有机聚合物

混合、储存和进料聚合物所需的进料系统取决于递送的聚合物类型(例如，干固体或液体)。许多设施直接从运输容器或储罐进料商业强度的液体聚合物，否则就从批料搅拌槽手动制备干聚合物的溶液。成本相对较高的化学整理要求最小化废物量而产生最大限度的活化；设计进料系统能够同时实现这两个目标。理想的情况下，这种系统应该都能够处理干/乳液和溶液的聚合物。此外，如果将要进行增稠和脱水，则设计工程师应考虑能够同时制备和递送两种产品的系统。

5.2.1 干聚合物进料器

在美国，干聚合物按照袋装供给，应该存放于干燥、凉爽、低湿度区域，并按照合适的轮换使用。15~30 天的散装存储时间对于干聚合物是足够的。当倒空干聚合物袋时，会产生一些粉尘，因此聚合物补给重构区域应该通风良好。

批料混合和溶液进料设备包括干料储仓料斗、分散器和传送机(气动或液压)、粉尘收集器、混合罐和搅拌器、陈化池、流量控制阀和聚合物计量进料泵(见图 22.6 和图 22.7)。这种系统能够是半自动或全自动的。干聚合物能够手工或通过润湿喷射器的体积计量干料进料器(例如，螺杆或振动器)进行分散。聚合物随后传送至混合(老化)池而在 30min~2h 内转化成工作溶液(原液)。计量泵将聚合物分散成固体流。在大多数情况下，溶液要采用二级稀释水进一步稀释并在静态混合器中混合而获得低至 0.01%的聚合物浓度。

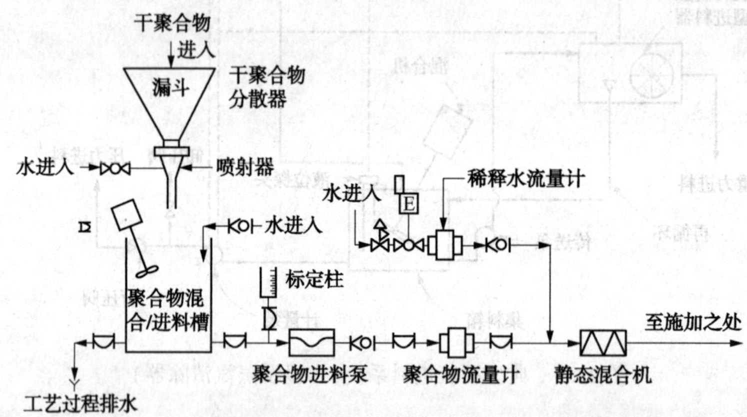

图 22.6 典型干聚合物批料制备系统(未提供所有正排量聚合物泵排放侧的泄压阀)

聚合物进料器应该足够灵活，才能满足任何类型和级别的聚合物之需。老化罐的搅拌机应该是变速驱动的，最高速度超过 500r/min。计量泵应该采用变速控制的正排量泵。在一般情况下，隔膜泵适用于约 380L/h(100gal/h)和更低的应用环境。螺杆泵或或齿轮泵适用于大于 380L/h 的应用环境。速度控制器能够进行手动调节，或设置为自动响应固体流量变化而改变。稀释水应该使用流量计和控制阀进行调节。

槽、管道和阀门应该由 PVC 或玻璃纤维制成。任何金属部件，只要接触聚合物溶液，都应该由不锈钢制成。地板、平台和台阶都应该提供防滑模式，以防止危险工况。

5.2.2 液体聚合物

液态聚合物应该存放于具有供热的建筑物或伴热罐中。如果将其储存于建筑物内，则有害烟尘和难闻气味就可能产生，因此建筑物应该通风良好。

液体和干聚合物的进料系统之间唯一的差别是用于将聚合物与水混合而制备工作溶液的设备(见图 22.8)。溶液配制通常是手动配料操作，在这种操作中混合池和陈化池手动填充水和聚合物。变速计量泵能够控制陈化池的液体聚合物剂量。

图 22.7　干聚合物进料系统(诺克斯维尔市污水处理厂，经由 VeloDyne - Velocity Dynamics，Inc. 许可)

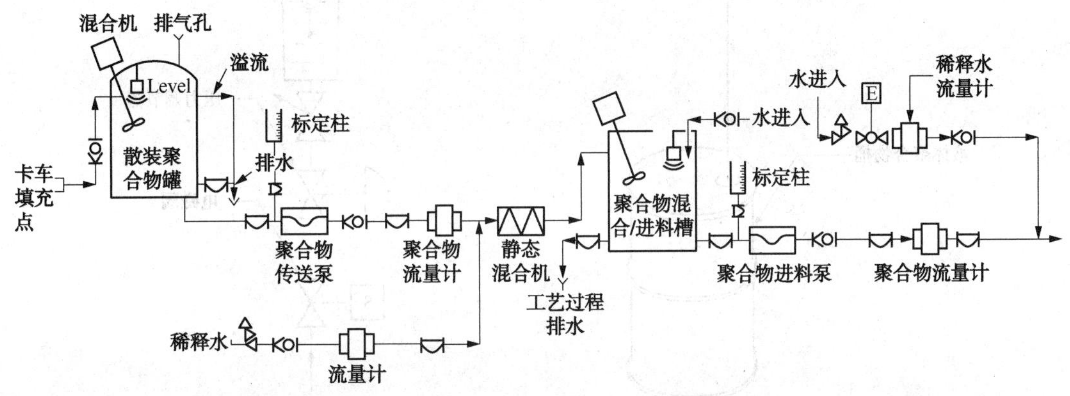

图 22.8　典型液体聚合物配料系统(未提供所有正排量聚合物泵排放侧的泄压阀)

紧凑型聚合物混合单元装置能够自动混合和稀释聚合物并将所得的溶液传送至施加之处(见图 22.9 和图 22.10)。这些预先设计的成套设备，包括流量计量泵、阀(例如，止回阀、泄压阀和背压阀)、稀释水流量控制阀、整体混合室、以及仪器仪表和控制。这些设备使用高剪切混合能量区，而不是传统的陈化池。然而，关于这个区是否完全活化聚合物，还有一些问题。某些污水处理厂在提供陈化池时却报告聚合物效率更高。

5.2.3　乳液聚合物

乳液聚合物由浓缩于烃类溶剂(油)中的高分子量聚合物分散于水中构成。这种形式允许厂商提供液体形式而无高溶液黏度或具有有限溶解度的高固体有机聚合物。阴离子型、非离子型和阳离子型聚合物都能够以这种形式获得。

乳液聚合物的储存和处理设施类似于液体聚合物。除了溶液配制区域外，进料系统也类似。关键问题是陈化和乳液的初始破乳。乳液聚合物在其使用之前必须活化——分散于水中。活化是一个两步过程。第一步，称为转相，涉及短期强混合而将油(连续相)分散于水(溶解相)中。第二步是静态陈化期，这个步骤容许絮凝剂变得完全活化。阴离子型乳胶聚合物需要 3~15min 的老化才能完全活化。非离子型乳胶聚合物通常需要 20~30min(在较冷

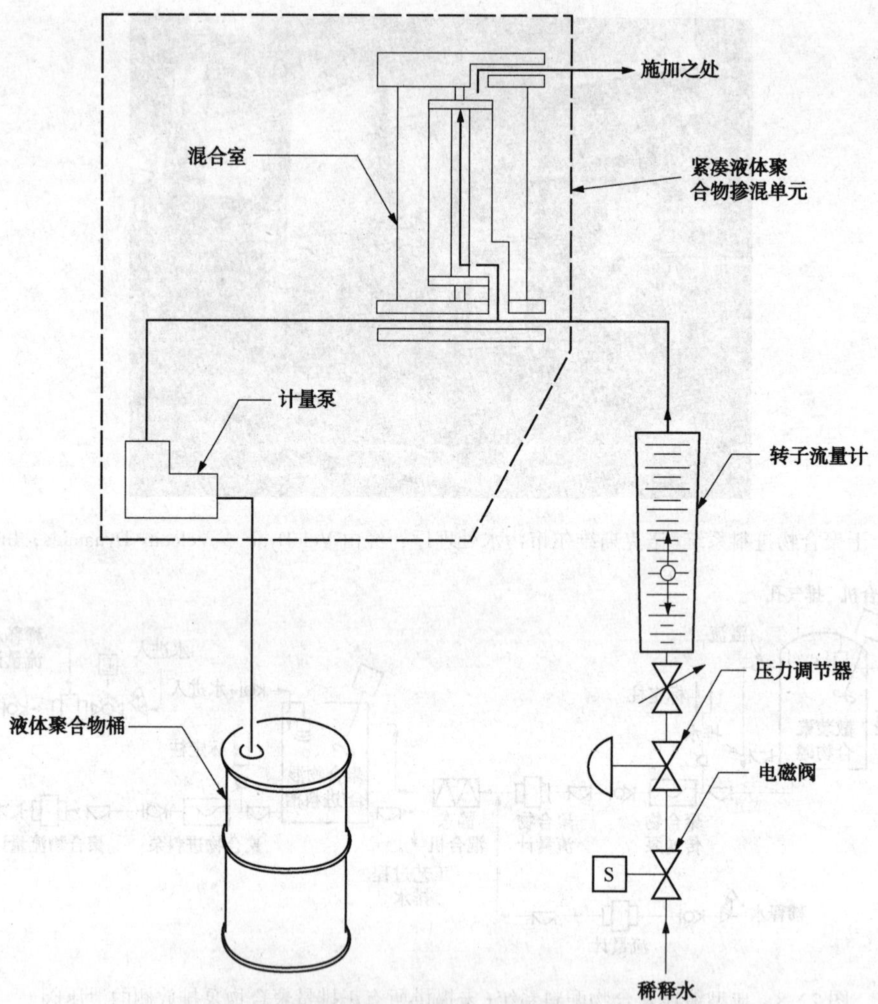

图 22.9 液体聚合物紧凑型掺混系统

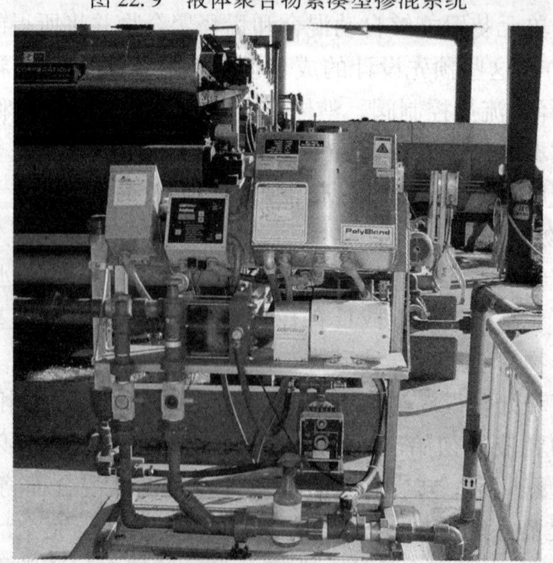

图 22.10 紧凑型聚合物进料单元装置(温特黑文市第三污水处理厂，经 PolyBlend 许可)

的水中甚至更长)。一些阳离子型胶乳聚合物只需要几分钟时间就变得完全活化，而其他的阳离子型乳液聚合物则需要高达 30min。

将乳胶乳液絮凝剂在批料配料系统中转相也是可能的。用量经过测定的净聚合物[约 20kg(40lb)]溶解于搅拌槽的涡旋配料水[约 1 800L(480gal)]中。用这种方法进行转相，需要花 30~60min 才能完成，因此建议使用单独的陈化池(见图 22.11 和图 22.12)。阴离子型、非离子型和阳离子型聚合物的典型配料浓度分别为 0.5%，1.0%和 0.5%~2.0%(净产品)。

图 22.11　聚合物的储存和传送泵(经佛罗里达奥兰多市 Conserv II 的许可)

图 22.12　聚合物的混合和陈化系统(经佛罗里达奥兰多市 Conserv II 的许可)

纯乳液聚合物管道在不使用时可能会因为聚合物变干而“成饼”。为了使该问题最小化，管道直径应该至少 30mm(1.25in)，倾斜而远离聚合物进料系统，并包括适当设计安装而将各部分分开的隔膜阀或球阀，以及合适设计安装的联轴节和除堵三通。此外，每当系统停工超过一个星期时，应该使用轻中机油[例如，汽车工程师学会(SAE)的10W-30]冲洗聚合物配料系统和管道。这些机油也能够通过系统的标定圆桶进行进料。

乳液絮凝剂储罐应该设计通风口和户外通气管而将罐内烟雾和蒸气排出到罐外。在潮湿环境下推荐使用脱水池。某些搅拌装置(例如，机械搅拌器或再循环泵)能够维持产品均匀，也是推荐使用的，因为乳液絮凝剂倾向于油水分离。

设计工程师应该避免使用由大多数天然和合成橡胶弹性体、黄铜、软钢、铝和塑料制成的组件，因为这些材质在石油溶剂中会变软。正排量、旋转齿轮或螺杆泵通常用于进料乳液絮凝剂溶液(参见图22.13)。正排量泵应该具有低水平警报和截断控制而避免变干而损坏进料设备。

图22.13 聚合物的进料泵(经佛罗里达奥兰多市Conserv II的许可)

5.3 安全

作为整理剂使用的大多数化学品，都可能引起眼灼伤、皮肤过敏并可能产生重度灼伤。适当的安全设备[例如，个人防护设备(护目镜、过滤口罩、橡胶手套、靴子、围裙等)；安全淋浴、水管、和洗眼站都应该明确标示，而在卸货、储存和进料点方便接近获取。其他安全规定包括在干化学处理点的粉尘收集系统(例如，进料器和熟化器周围的干吸真空)。

干化学品袋应该储存于清洁、干燥的地方，而避免吸收水分。(如果生石灰意外接触水而产生大量的热，就可能点燃附近的易燃材料。)

熟化器的一个重要安全措施是温控阀，能够防止过热和可能的爆炸。如果受控的供水故障而同时石灰进料继续，从而使石灰过热而产生过量的蒸汽，可能发生这种危险。只要超过最大安全温度，安全阀就会提供冷水供应。

设计工程师应该避免使用单一传送机或仓处理生石灰和其他含有结晶水的混凝剂(例如，绿矾、明矾和硫酸铁)。生石灰可以吸取结晶水，并产生足够引发火灾的热量。当石灰在封闭仓内与明矾混合时，反应过程中产生的高温(超过590℃)可能释放出足够的氢，而引起爆炸。那些必须交替使用的任何设施都应该在各次应用之间彻底清洗干净。

6 有机整理的剂量优化

选择合适剂量的化学整理剂是实现最佳性能的关键。剂量不仅影响滤饼干燥度，而且影响固体捕获率和固体处置成本。剂量基于中试厂试验、实验室小试试验和在线测试进行确定。因为固体特性可能发生变化，剂量应该定期重新评估。

6.1 化学整理剂的成本有效性和剂量

在选择化学整理剂和确定剂量时，经济因素往往是一个考虑因素。供应商通常都愿意进行这样的测试，并利用他们的专长确立试验(例如，测试的化学品、剂量范围和注射位置)，这能够显著地降低污水处理厂工作人员的工作负荷。然而，一旦建立了测试条件，则供应商的参与应该结束；所有试剂的性能测试都应该由污水处理厂的工作人员完成。

例如，当分析聚合物增强脱水技术的成本有效性时，研究人员应该通过建立所涉及的脱水单元装置的最低性能标准(例如，指定的滤饼固体含量、进料速率和固体捕获率)。如果聚合物不能满足这些标准，就应该从进一步的考虑中淘汰。

然后，研究人员应该对固体捕获率超过最低标准的聚合物计算回收率降低评分，因为这种聚合物相比于将其第一次投放工艺过程进水而通过液体处理工艺过程，将再循环的固体重新进入工艺过程可能成本增加很多。这种降低评分等于再循环固体量乘以重新经过工艺过程的成本的乘积。

当然，研究人员需要估计与重回工艺过程的再循环固体，以及预期生物固体使用或处置方法(运输、填埋、焚烧、土地施用等)相关的成本。这种成本通常取决于残余物中的固体的百分比，而研究人员能够开发出图示说明这种关系的成本曲线(即作为固体百分比函数的每公斤干固体的固体管理成本)。固体管理的 O&M 和能源成本的良好记录是这一步骤的关键。

然后，研究人员就应该使用所有聚合物相同的工作条件和固体进料特性进行现场技术指标预审测试。首先，他们应该调整操作条件，聚合物施加速率和稀释水进料速率而获得每一聚合物的最佳性能。因为不同天日很难维持恒定的固体进料条件，则每种聚合物都应该相对于“标准”聚合物进行测试。如果标准聚合物的性能在测试期间发生变化，则就确定一个比值校正所测试的聚合物的性能。其次，研究人员应该分析，每种聚合物的不同剂量如何影响滤饼固体含量、生产量和滤液质量。这些测试应该包括从具有任何影响的最小剂量到明显使固体过剂量的剂量范围(即，生成一条完整的剂量曲线)。第三，研究人员应该确定能够产生可接受条件的最低聚合物剂量(例如，具有最佳滤液质量的最干滤饼)。

随后研究人员应该分析测试结果，才能确定每种聚合物最低的净工作条件。任何产生可接受固体回收率和滤饼干燥度的剂量都应该适用于成本效益分析。

接下来，研究人员应该为每个供应商提供其具体产品的性能数据，而获得满足最低标准的聚合物的单价。污水处理厂的聚合物成本等于聚合物剂量乘以聚合物单价的乘积。此外，任何需要施加具体聚合物的专用设备，都应该增加到聚合物成本中。

最佳剂量的净成本如下计算：

$$净成本 = CP + DC - RC \tag{22.5}$$

式中 CP——聚合物的成本；

DC——处置成本；

RC——降低率评分。

当年度净成本和聚合物剂量对所有测试聚合物进行列表时，具有最低年度净成本的聚合物是最具成本效益的聚合物类型和剂量。

这个方法能够进行修改而使之适合任何增稠或脱水工艺过程或任何条件。

6.2 整理剂及其剂量选择的测试

整理剂对于任何增稠和脱水工艺过程的最佳性能是至关重要的。整理剂及其剂量的选择会影响固体捕获率，产品干燥度和使用或处置成本。实验室小试，中试或全规模整理测试试验通常用来确定整理固体的最佳方法。此外，剂量应该定期重新评估，因为在其他污水处理工艺过程产生的变化可能会影响整理的要求。

许多实验室测试都可以用于确定增稠和脱水工艺过程中整理剂的有效性。测试目标包括：

- 对各种整理和脱水的化学品进行评价而确定哪一种能够提供最佳可脱水性；
- 对中试或全规模脱水工艺过程制定设计标准；
- 对比和评价不同整理技术；
- 使用不同整理技术控制脱水工艺过程。

为了获得有益结果，必须测试代表性固体样品。样品必须新取样（即，收集 24 小时内进行测试），因为存储会影响固体的性质而产生错误的整理数据。如果样品在测试之前必须储存或运输，则应该使用可接受的防腐剂。整理剂也必须是新鲜的整理剂（即，储存稀释聚合物样品太长，可能会降低其活性）。

对于每个测试试验和用于选择最具成本效益的整理剂的方法和步骤的详细解释，请参见《市政污水处理厂的营运》（*Operation of Municipal Wastewater Treatment Plants*）（WEF，2007）。

7 设计实例

用于厌氧消化固体脱水的带式压滤机系统在以下条件下运行：

- 具有 2m 有效带宽的双带式压滤机（一条滤带作为备用）；
- 运行时间 5 d/星期，7 h/d；
- 每周峰值固体产量为 110 m^3/d（0.001 27 m^3/s）；
- 带式压滤机进料的总固体浓度为 35 000 mg/L；
- 固体进料的比重为 1.03；
- 聚合物溶液为 0.2%而在带式压滤机之前以 25L/min 的速率加入。

计算聚合物剂量要求。

7.1 步骤 1：计算每周要脱水的峰值固体量

$$\text{湿固体} = 110\ m^3/d \times 7\ d/\text{星期} \times 1000\ kg/m^3 \times 1.03$$
$$= 793\ 100\ kg/\text{星期}$$

干固体 = 793 100 kg/星期×0.035

= 27 760 kg/星期

=(27 760 kg/星期)/(5 d/星期)

= 5560 kg/d

=(5560 kg/d)/(7 h/d)

= 795 kg/h

7.2 步骤 2：确定固体负荷率和水力学负荷率是否处于工作参数内

固体负荷率 =(795 kg/h)/2 m

= 398 kg/h · m(明显处于 230~455 kg/h · m 的可接受范围)

水力学负荷率 = 110 m^3/d ×(1 d/1440 min) ×1000 L/m^3

= 76 L/min

=76 L/min ×(7 d/5 d) ×(24 h/7 h)/2 m

=183 L/min · m(明显处于 150~190 L/min · m 的可接受范围)

7.3 步骤 3：计算聚合物剂量

剂量 = 25 L/min×60 min/h

= 1 500 L/h

=(1 500 L/h× 0.002 × 1 kg/L)/(2 m ×398 kg/h · m) ×(1 ton/1 000 kg)

= 3.77 kg/ton

8 参考文献

Abu-Orf, M. M. ; Dentel, S. K. (1997) Polymer Dose Assessment Using the Streaming Current Detector. *J. Water Environ. Res.*, 69 (6), 1075 - 1084.

Abu-Orf, M. M. ; Dentel, S. K. (1999) Rheology as Tool for Polymer Dose Assessment and Control. *J. Environ. Eng.*, 125 (12), 1133 - 1141.

Abu-Orf, M. M. ; Ormeci, B. (2005) Measuring Sludge Network Strength Using Rheology and Relation to Dewaterability, Filtration, and Thickening—Laboratory and Full-Scale Experiments. *J. Environ. Eng.*, 131 (8), 1139 - 1146.

Bache, D. H. ; Dentel, S. K. (2000) Viscous Behaviour of Sludge Centrate in Response to Chemical Conditioning. *Water Res.*, 34 (1), 354 - 358.

Bruus, J. H. ; Nielsen, P. H. ; Keiding K. (1992) On the Stability of Activated Sludge Flocs with Implication to Dewatering. *Water Res.*, 26, 1597 - 1604.

Cassel, A. F. ; Johnson, B. P. (1978) Evaluation of Filter Presses to Produce High-Solids Solids Cake. *J. New Eng. Water Pollut. Control Assoc.*, 12, 137.

Chang, J. S. ; Abu-Orf, M. M. ; Dentel, S. K. (2005) Alkylamine Odors from Degradation of Flocculant Polymers in Sludges. *Water Res.*, 39, 3369 - 3375.

Christensen, G. L. ; Stulc, D. A. (1979) Chemical Reactions Affecting Filterability in Iron-

Lime Sludge Conditioning. *J. Water Pollut. Control Fed.*, 51, 2499.

Dentel, S. K.; Abu-Orf, M. M.; Griskowitz, N. J. (1995) *Polymer Characterization and Control in Biosolids Management*; Publication D43007; Water Environment Research Foundation: Alexandria, Va.

Dentel, S. K.; Gucciardi, B. M.; Griskowitz, N. J.; Chang, L.; Raudenbush, D. L.; Arican, B. (2000a) Chemistry, Function, and Fate of Acrylamide-Based Polymers. In*Chemical Water and Wastewater Treatment VI*; Hahn, H. H.; Odegaard, H.; Hoffmann, E., Eds.; Springer Verlag: Berlin, Germany. pp. 35 - 44.

Dentel, S. K.; Abu-Orf, M. M.; Walker, C. A. (2000b) Optimization of Slurry Flocculation and Dewatering Based on Electrokinetic and Rheological Phenomena. *Chem. Eng. J.*, 80 (1 - 3), 65 - 72.

Dentel, S. K. (2001) Conditioning. In Sludge*into Biosolids*; Spinosa, L.; P. A. Vesilind, P. A., Eds; IWA Publishing: London.

Eriksson, L.; Alm, B. (1991) Study of Bioflocculation Mechanisms by Observing Effects of a Complexing Agent on Activated Sludge Properties. *Water Sci. Technol.*, 24, 21 - 28.

Ettlich, W. F.; Hinrichs, D. J.; Lineck, T. S. (1978) *Operations Manual*: Sludge *Handling and Conditioning*; EPA-68/01-4424; U. S. Environmental Protection Agency: Washington, D. C.

Gillette, R. A.; Scott, J. D. (2001) Dewatering System Automation: Dream or Reality? *Water Environ. Technol.*, 13 (5), 44 - 50.

Great Lakes Upper Mississippi River Board of State Sanitary Engineering Health Education Services Inc. (2003)*Recommended Standards for Wastewater Facilities*; Great Lakes Upper Mississippi River Board of State Sanitary Engineering Health Education Services Inc.: Albany, New York.

Higgins M. J. (1995) The Roles and Interactions of Metal Salts, Proteins, and Polysaccharides in the Settling and Dewatering of Activated Sludge. Ph. D. dissertation, Virginia Polytechnic Institute and State University, Blacksburg, Virginia.

Higgins M. J.; Novak J. T. (1997a) The Effect of Cations on the Settling and Dewatering of Activated Sludge: Laboratory Results. *J. Water Environ. Res.*, 69, 215 - 224.

Higgins M. J.; Novak J. T. (1997b) Dewatering and Settling of Activated Sludges: The Case for Using Cation Analysis. *J. Water Environ. Res.*, 69, 225 - 232.

IWPC (1981) *Sewage* Sludge *II*: *Conditioning*, *Dewatering and Thermal Drying*; Manual of British Practice in Water Pollution Control; IWPC: Maidstone, Kent, G. B.

Karr, P. R.; Keinath, T. M. (1978) Influence of Particle Size on Sludge Dewaterability. *J. Water Pollut. Control Fed.*, 50, 1911.

Kemmer, F. N.; McCallion, J. (1979) *The NALCO Water Handbook*; McGraw - Hill: New York.

Kemp, J. S. (1997) Just the Facts on Dewatering Systems: A Review of the Features of Three Mechanical Dewatering Technologies. *Water Environ. Technol.*, 9 (12), 47 - 55.

Kolda, B. C. (1995) Impact of Polymer Type, Dosage, and Mixing Regime and Sludge Type on Sludge Floc Properties. Master's thesis, Virginia Polytechnic Institute and State University, Blacksburg, Virginia.

Lewis, C. J.; Gutschick, K. A. (1988) *Lime in Municipal Sludge Processing*; National Lime Association: Washington, D. C.

Metcalf and Eddy, Inc. (2003) *Wastewater Engineering: Collection, Treatment, Disposal*; McGraw-Hill: New York.

Mysels, K. J. (1951) *Introduction to Colloid Chemistry*; Interscience Publishers: New York. National Lime Association (1982) *Lime Handling, Application, and Storage in Treatment Processes*, 4th ed.; Bulletin 213; National Lime Association: Arlington, Virginia.

Novak, J. T.; Haugan, B. E. (1979) Chemical Conditioning of Activated Sludge. *J. Environ. Eng.*, 105, EE5, 993.

Novak, J. T.; Haugan, B. E. (1980) Mechanisms and Methods for Polymer Conditioning of Activated Sludge. *J. Water Pollut. Control Fed.*, 52, 2571.

Novak J. T.; Goodman G. L.; Pariroo, A.; Huang, J. C. (1988) The Blinding of Sludges during Filtration. *J. Water Pollut. Control Fed.*, 60, 206 - 214.

Novak, J. T.; Miller, C. D.; Murthy, S. N. (2001) Floc Structure and the Role of Cations. *Water Sci. Technol.*, 44 (10), 209 - 213.

Novak, J. T.; Sadler, M. E.; Murthy, S. N. (2003) Mechanisms of Floc Destruction During Anaerobic and Aerobic Digestion and the Effect on Conditioning and Dewatering of Biosolids. *Water Res.*, 37, 3236.

Ormeci, B.; Cho, K.; Abu-Orf, M. M. (2004) Development of a Laboratory Protocol to Measure Network Strength of Sludges Using Torque Rheometry. *J. Residuals Sci. Technol.*, 1 (1), 35 - 44.

Park, C.; Muller, C. D.; Abu - Orf, M. M.; Novak, J. T. (2006) The Effect of Wastewater Cations on Activated Sludge Characteristics: Effects of Aluminum and Iron in Floc. *Water Environ. Res.*, 78, 31 - 40.

Pramanik, A.; LaMontagne, P.; Brady, P. (2002) Automation Improvements: Installing an Integrated Control System Can Improve Sludge Dewatering Performance and Cut Costs. *Water Environ. Technol.*, 14 (10), 46 - 50.

Roberts, K.; Olsson, O. (1975) The Influence of Colloidal Particles on the Dewatering of Activated Sludge with Polyelectrolyte. *Environ. Sci. Technol.*, 9, 945.

Robinson, J. K. (1989) The Role of Bound Water Content in Designing Sludge Dewatering Characteristics. Master's thesis, Virginia Polytechnic Institute and State University, Blacksburg, Virginia.

Snoeyink, V. L.; Jenkins, D. (1980) *Water Chemistry*; Wiley and Sons: New York. Sorensen, B. L.; Sorensen, P. B. (1997) Applying Cake Filtration Theory to Membrane Filtration Data. *Water Res.*, 31 (3), 665 - 670.

Tenney, M. W.; Echelberger, W. F., Jr.; Coffey, J. J.; McAloon, T. J. (1970) Chemical Conditioning of Biological Sludges for Vacuum Filtration. *J. Water Pollut. Control Fed.*, 42, R1.

Tezuka, Y. (1969) Cation-Dependent Flocculation in*Flavobacterium* Species Predominant in Activated Sludge. *Appl. Microbiol.*, 17, 222.

U. S. Environmental Protection Agency (1978a) *Innovative and Alternative Technology Assessment Manual*; EPA-430/9-78-009; U. S. Environmental Protection Agency, Office of Water Program Operations: Washington, D. C.

U. S. Environmental Protection Agency (1978b) *Operations Manual for Sludge Handling and Conditioning*; EPA-430/9-78-002; U. S. Environmental Protection Agency: Washington, D. C.

U. S. Environmental Protection Agency (1978c) *Sludge Treatment and Disposal, Sludge Treatment, Vol. 1*; EPA-625/4-78-012; U. S. Environmental Protection Agency: Cincinnati, Ohio.

U. S. Environmental Protection Agency (1979a) *Chemical Aids Manual for Wastewater Treatment Facilities*; EPA - 430/9 - 79 018; U. S. Environmental Protection Agency: Washington, DC.

U. S. Environmental Protection Agency (1979b) *Chemical Primary Sludge Thickening and Dewatering*; EPA - 600/20 - 79 - 055; U. S. Environmental Protection Agency, Municipal Environmental Research Laboratory, Office of Research and Development: Cincinnati, Ohio.

U. S. Environmental Protection Agency (1979c) Evaluation of Dewatering Devices for Producing High-Solids Sludge Cake; EPA-600/2-79-123; U. S. Environmental Protection Agency, Water Resources Management Administration, Municipal Environmental Research Laboratory: Cincinnati, Ohio.

U. S. Environmental Protection Agency (1979d) Process Design Manual for Sludge Treatment and Disposal; EPA-625/1-79-011; U. S. Environmental Protection Agency, Municipal Environmental Research Laboratory, Office of Research and Development: Cincinnati, Ohio.

U. S. Environmental Protection Agency (1979e) *Review of Techniques for Treatment and Disposal of Phosphorus-Laden Chemical Sludges*; EPA-600/2-79-083; U. S. Environmental Protection Agency, Municipal Environmental Research Laboratory, Office of Research and Development: Cincinnati, Ohio.

U. S. Environmental Protection Agency (2000) *Biosolids Technology Fact Sheet Recessed-Plate Filter Press*; EPA - 832/F - 00 - 058; U. S. Environmental Protection Agency, Office of Water: Washington, D. C., Sep.

Vesilind, P. A. (1979) *Treatment and Disposal of Wastewater Sludges*; Ann Arbor Science Publishers: Ann Arbor, Michigan.

Wang, L. K.; Pereira, N. C.; Hung, Y. T. (2007) *Handbook of Environmental Engineering Biosolids Treatment Processes*, 6th ed.; Humana Press: Totowa, New Jersey. Water Environment Federation (2003) *Wastewater Treatment Plant Design*; IWA Publishing: London.

Water Environment Federation (2007) *Operation of Municipal Wastewater Treatment Plants*, 6th ed.; Manual of Practice No. 11; McGraw-Hill: New York.

Water Pollution Control Federation (1980) *Sludge Thickening*; Manual of Practice No. FD-1;

Water Pollution Control Federation: Washington, D. C.

Water Pollution Control Federation (1982) *An Analysis of Research Needs Concerning the Treatment, Utilization, and Disposal of Wastewater Treatment Plant Sludges*; Water Pollution Control Federation: Washington, D. C.

Water Pollution Control Federation (1983) *Sludge Dewatering*; Manual of Practice No. 20; Water Pollution Control Federation: Washington, D. C.

Webb, L. J. (1974) A Study of Conditioning Sewage Sludges with Lime. *J. Water Pollut. Control Fed.*, 73, 192.

第 23 章　固体增稠

1　概　述

污水处理厂通常使用增稠工艺方法，使初级固体或初级和废弃活性固体的组合(混合固体)变得更稠。增稠作用能够降低体积负荷而提高后续固体加工处理步骤的效率。最初，大多数污水处理厂都使用基于重力的增稠工艺过程。现在，广泛接受的是固体浮选增稠、离心增稠、重力带式增稠、转鼓增稠工艺过程。这些方法在工艺过程配置上显著不同，提供的增稠度不同，以及化学品、能源和劳动力要求不同。

增稠工艺过程的液体侧流往往再循环至初级澄清池上游的污水处理序列。当进行侧流再循环时，设计工程师应该评价其对液体处理工艺过程的影响，因为其流量、固体和氨氮负荷可能是很显著的。

本章主要介绍增稠工艺过程，描述了相关的设计信息，并提供了这些工艺过程的一般性对比。同时，还包括共增稠作用及其优点和缺点的简短讨论。对于成本的信息，请参阅其他参考文献[例如，《污泥处理和处置的工艺设计手册》(*Process Design Manual for Sludge Treatment and Disposal*)(U. S. EPA，1979)，《污泥增稠》(*Sludge Thickening*)(WPCF，1980)和《污泥管理成本估算手册》(*Handbook of Estimating Sludge Management Costs*)(U. S. EPA，1985)。

2　重力增稠池

重力增稠池工作起来非常像沉淀池：固体经由重力沉降而压实于底部，而同时水溢流过堰(见图23.1)。重力增稠池还提供一定的固体均衡和存储作用，这可能对下游操作有益。

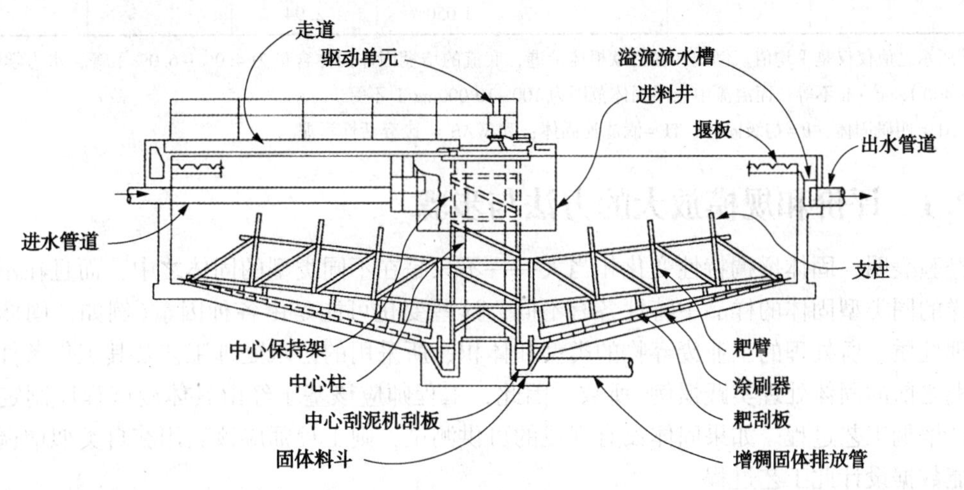

图23.1　重力增稠池的实例

重力增稠池运行对初级和石灰污泥最佳，而且对混合滴滤池固体的初级污泥、初级和活性污泥、厌氧消化固体也很有效，而对活性污泥效果稍差一些。初级和石灰污泥通常沉降迅速，而无需化学整理就能够达到高底流浓度。生物固体——特别是废弃活性污泥(WAS)——通常具有较低的捕获率和底流固体浓度。

最常见的重力增稠池设计是圆形池，侧水深 3~4m(10~13ft)。这种处理池通常直径范围为 21~24m(70~80ft)。大直径处理池能够提高固体停留时间，这可能会导致缺氧和厌氧活性，而导致气化和漂浮问题。池底通常具有(2：12)~(3：12)的斜坡(比标准沉淀池陡)。陡坡决定最低固体停留时间，而同时最大化底面中心排放管以上的固体深度。这也降低了耙传送的问题。

澄清池—重力增稠池组合的装置单元，通常是具有起到重力增稠池作用的更深中心部分的圆形沉淀池。这种组合单元装置因为与固体去除率相关的难题而很少是矩形的。请参阅表 23.1，这是重力增稠机在不同溢出率下的典型运行结果。

表 23.1 重力增稠池在不同溢流率下报道的运行结果(U. S. EPA，1979)①

地点	固体类型②	进水固体浓度/%固体	水力学负荷率/($L/m^2 \cdot h$)	质量负荷率/($kg/m^2 \cdot h$)	增稠的固体浓度/%固体	溢流悬浮固体/(mg/L)
密歇根休伦港	P + WAS	0.6	330	1.67	4.7	2 500
威斯康辛希博伊根	P + TF	0.3	760	2.35	8.6	400
	P+(TF +Al)	0.5	780	3.58	7.8	2 000
密歇根大急流城	WAS	1.2	180	2.06	5.6	140
俄亥俄莱克伍德	P+(WAS +Al)	0.3	1 050	2.94	5.6	1 400

① 所示之值仅仅是平均值。例如，在密歇根休伦港，底流的增稠固体固体含量为 4.0%~6.0%不等，水力学负荷率为 300~400 $L/m^2 \cdot h$ 不等，而溢流中悬浮固体范围为 100~10 000mg/L 不等。

② Al =明矾固体；P=初级固体；TF=滴滤池固体；和 WAS = 废弃活性污泥。

2.1 评价和规模放大的方法与步骤

经验表明，固体增稠特性变化相当大——不只是在不同类型的固体之中，而且在不同地点取样的同类型固体的样品中特性各有不同。这些变化可能是由各种因素(例如，固体粒子的物理性质、所处理的工业废弃物的类型和体积、所采用的污水处理工艺及其工作条件，以及增稠之前的固体处理实践惯例)所致。因此，工程师应该基于经由具体测试程序制定的标准设计增稠工艺过程。如果固体没有现成的可供测试，则工程师应该利用获自类似增稠操作的性能数据设计此工艺过程。

重力增稠池处理池设计中的两个主要参数是深度和面积。工程师们能够基于固体量和储存要求计算深度；这并不受增稠污泥的类型控制。另一方面，处理池面积在很大程度上取决于固体类型；这通常通过四种方法进行确定：现有数据、分批沉降试验、实验室小试测试或中试规模的测试。(对于深度要求、澄清功能和其他设计考虑的信息，请参见第2.2节）。

2.1.1　基于现有数据确定面积

工程师们可以利用类似应用环境的经验数据确定重力增稠池的面积。然而，两个利用相同上游工艺过程的装置可能会产生特性差异很大的固体，因此，使用经验数据可能并不能总是提供所需的结果。

表23.2介绍了各类型固体的典型表面面积的设计标准。[质量负荷率=实现所示底流固体浓度的单位时间单位增稠池面积的可容许的固体量($kg/m^2 \cdot h$)]。此表可以通过实际固体负荷率除以与固体类型和所需底流浓度相关的质量负荷率而用于确定重力增稠池面积。这就是说，设计工程师应该仔细评价现场特异性条件，特别是与所处理的污物量相关的方面。

表23.2　重力增稠池的典型表面积设计标准（U.S. EPA，1979）

固体类型	进水固体浓度/%固体	预期的底流浓度/%固体①	质量负荷率/($kg/m^2 \cdot h$)②
独立固体			
初级固体(PRI)	2~7	5~10	4~6
滴滤池固体(TF)	1~4	3~6	1.5~2
旋转生物接触器固体(RBC)	1~3.5	2~5	1.5~2
废弃活性污泥（WAS）			
WAS-空气	0.5~1.5	2~3	0.5~1.5
WAS-氧	0.5~1.5	2~3	0.5~1.5
WAS-延长曝气	0.2~1.0	2~3	1.0~1.5
初级污泥的厌氧消化污泥	8	12	5
热整理固体			
仅仅PRI	3~6	12~15	8~10.5
PRI+WAS	3~6	8~15	6~9
仅仅WAS	0.5~1.5	6~10	5~6
三级固体			
高石灰	3~4.5	12~15	5~12.5
低石灰	3~4.5	10~12	2~6.5
明矾	—	—	—
铁	0.5~1.5	3~4	0.5~2
混合固体			
PRI+WAS	0.5~1.5	4~6	1~3
	2.5~4.0	4~7	1.5~3.5
PRI+TF	2~6	5~9	2.5~4

续表

固体类型	进水固体浓度/% 固体	预期的底流浓度/% 固体①	质量负荷率/ ($kg/m^2 \cdot h$)②
PRI+RBC	2~6	5~9	2~3.5
PRI+铁	2	4	1.5
PRI+低石灰	5	7	4
PRI+高石灰	7.5	12	5
PRI+(WAS+铁)	1.5	3	1.5
PRI+(WAS+明矾)	0.2~0.4	4.5~6.5	2.5~3.5
(PRI+铁)+TF	0.4~0.6	6.5~8.5	3~4
(PRI+明矾)+WAS	1.8	3.6	1.5
WAS+TF	0.5~2.5	2~4	0.5~1.5
厌氧消化 PRI+WAS	4	8	3
厌氧消化 PRI+(WAS+铁)	4	6	3

① 有关上清液特性的数据包含于本章稍后的内容中。

② 该项典型以 $kg/m^2/d$ 提供。因为增稠池污泥废弃并不总是连续的，则使用 $kg/m^2/h$ 更符合实际。

2.1.2 基于分批沉降试验确定面积

确定重力增稠池面积的另一种方法是固体通量理论。这种方法要求设计工程师确定沉降通量和固体浓度之间的关系。这种关系基于分批沉降试验结果并以悬浮液沉降速率仅仅是固体浓度的函数为前提。因为这个前提对于具有高固体浓度的污水并不属实，则这种方法是不完全有效，但是如果分批沉降条件类似于全规模连续增稠池的条件，则也可能会产生令人满意的结果。

为了制定沉降通量和固体浓度之间的关系，工程师要在不同固体浓度下实施分配沉降试验。对于每一浓度，要对固液界面深度和到达该深度所需的时间作图。一旦收集到足够的数据，工程师就可以绘制沉降曲线(见图 23.2)。

工程师可以使用吉冈等(Yoshioka et al.，1957)的图形法确定需要达到所需增稠程度的面积(见图 23.3)。工程师们可以按照沉降通量曲线的切线绘制作业线。这条线的横坐标上的截距就是底流固体浓度，而纵坐标上的截距就是限制固体通量(G_t)——也就是能够传送至增稠池底部的最大固体通量。然后，工程师就能够如下进行所需增稠池面积的计算：

$$A=\frac{c_0 Q_0}{G_t} \tag{23.1}$$

式中 A——增稠池面积，m^2；

Q_0——进水流量，m^3/d；

c_0——进水固体浓度，kg/m^3；

G_t——限制固体通量，$kg/m^2 \cdot d$。

在这种方法中，增稠池运行假设是严格一维的(即，固体在进料水平下均匀而水平分布，而增稠底流去除率在整个池中等于向下的速率)。然而，全规模增稠池通常不能满足这些条件，因为进料井相对较小而增稠固体是中心排出的。关于非均匀固体分布和去除率的影响还没有数据可供利用，但是这些因素应该在确定增稠池大小规模时加以考虑。基于单批沉降试验有文献可查(Talmage and Fitch，1955；Wilhelm and Naide，1979)。

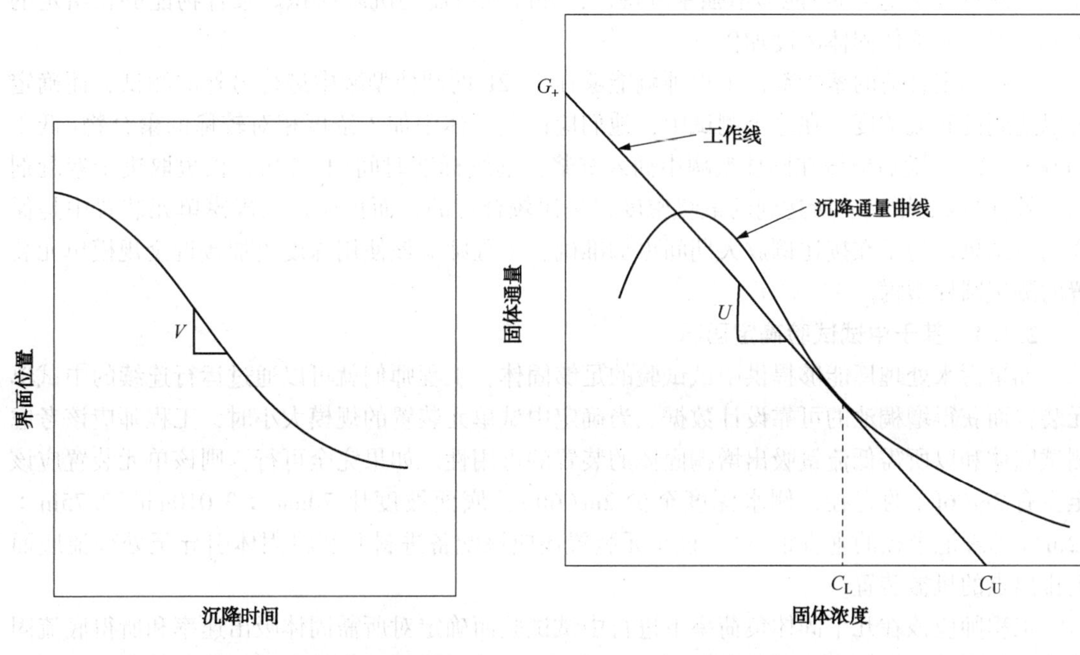

图 23.2　液-固界面的沉降曲线的实例

图 23.3　吉冈图形法的实例
(Yoshioka et al.，1957)

2.1.3　基于实验室小试试验确定面积

威廉和奈德(William and Naide，1979)在使用实验室小试研究辅助设计重力增稠池时开发出了一种有用的方法。这种方法具有三个基本步骤：

- 基于几个进料固体浓度(至少 3 个)下所作的沉降曲线而计算沉降速率。
- 利用以下方程获得常数 a 和 b：

$$V=aC^{-b} \tag{23.2}$$

式中　V——沉降速率，m/d；

C——固体浓度，kg/m^3；

a，b——常数。

常数 a 是沉降作用相对容易解决的度量；它是粒径和形状，液体和固体密度，液体黏度，以及粒子之间吸引或排斥力的函数。由直线斜率就能够计算指数 b。在一定浓度范围内，它通常是常数，但会随着粒子与粒子的接触增加而逐渐增大。

- 对于速率对浓度的 log-log 图上的每条直线，如下计算该单元装置的面积：

$$UA=\frac{[(b-1)/b]^{b-1}(C_u)^{b-1}}{ab} \tag{23.3}$$

式中 UA——单元装置面积，$m^2/kg \cdot d$；

C_u——底流固体浓度，kg/m^3。

另外，实验室小试试验已经实施而评价增稠期间絮凝剂的显著性。混凝剂(如，明矾、铁盐、或有机聚电解质)能够增强絮凝特性，并降低所需的沉降面积。聚合物能够在给定的单元装置面积下使固体浓度加倍。

一旦选定合适的絮凝剂，工程师就能够在 1~2L 的圆柱型罐中进行另外的测试，而确定可以达到的底流浓度。在这个测试中，他们应该向固体中加入浓度相对较稀的聚合物(低于 1 000mg/L)。随后应该在圆柱型罐中插入桩桨，继续标准时间(1~24h，长短取决于絮凝剂的有效性)内的增稠。所达到的最终密度将是比较合理的，而预期在全规模单元装置中是保守测量结果。为了在按比例放大期间更加准确，工程师应该使用深度更加接近全规模单元装置的测试圆柱型罐。

2.1.4 基于中试试验确定面积

如果污水处理厂能够提供中试试验的足够固体，工程师们就可以通过运行连续的中试单元装置而获得增稠池的可靠设计数据。当确定中试单元装置的规模大小时，工程师应该考虑测试固体和以所需低流量吸出增稠固体的装置的可用性。如果完全可行，则该单元装置应该至少有 2m(6ft)的直径，侧水深度至少 2m(6ft)，底面坡度比 70mm：3 010mm(2.75in：12in)(处理池半径的垂直距离)。该单元装置还应该配备进料井和将固体引导至处理池底面上排出点的机械装置。

工程师应该在几个固体负荷率下进行中试试验而确定对所需固体吸出速率和所得底流固体浓度的影响。在每个测试循环期间，工程师应该确保增稠池在稳态满负荷条件下运行。当固体进料和吸出速率相等而不改变单元装置的固体库存量时，增稠池就是稳态运行。实现这样的条件是很困难而费时的。一种方法是以稍微过载的增稠池开始，逐渐增加固体吸出速率而直到溢流无固体，而随后保持这些条件稳定固体覆盖层的水平。理想的情况下，固体覆盖层水平应该在所有固体负荷条件下是恒定的。(工程师能够在合适的固体负荷率下完成独立研究，而确定固体覆盖层可能对增稠池性能的任何影响。)

一旦维持稳态满负荷条件达到通过现场测定的一段时间，而通常为 0.5~2h 水力学停留时间，则工程师应该在合适的时间间隔测定以下参数而监测增稠池性能：

- 固体进料速率(由进料流量和固体浓度进行测定)；
- 底流体积流量和固体浓度；
- 溢流体积流量和悬浮固体浓度；
- 运行循环结束时的增稠池浓度分布。

2.2 工艺设计考虑因素和标准

在设计重力增稠池时，这些重要因素包括：

- 固体的来源和特性；
- 絮凝作用(包括由化学添加剂所产生的絮凝作用)的性质和程度；
- 溢流中固体悬浮物浓度和再循环精细粒子对污水处理厂性能的影响；

- 固体负荷；
- 固体在增稠区或覆盖层中的停留时间；
- 固体覆盖层深度；
- 水力停留时间和表面负荷率；
- 固体吸出速率；
- 处理池形状(包括底坡)
- 进料井和进口管道的物理排布设计；
- 吸出管道的排布设计和管道周围的局部速率。

2.2.1 负荷率

重力增稠池的关键设计参数是根据每单位面积每单位时间下的总固体重量的负荷率。设计荷载通过第 2.2 节中给出的方法之一确定。增稠池的容量(可允许的固体负荷率)通常以 $kg/m^2/d$ 表示。对于具体的进料固体，该容量主要是去除率和所需溢流固体浓度的函数。为了提高底流浓度，固体去除率和负荷率都必须降低。对于任何给定的进料固体，工程师都能够通过将容量表示为底流固体浓度的函数而确立操作范围。

2.2.2 溢流速率

在设计重力增稠池时，第二个最重要的参数是增稠池溢流速率。初级固体的最大溢流速率通常为 $15.5 \sim 31.0m^3/m^2 \cdot d$($380 \sim 760gal/d/ft^2$)；二级固体最大溢流速率通常为 $48m^3/m^2 \cdot d$($100 \sim 200gal/d/ft^2$)。如果水力负荷率过高，则会出现固体携带过量。如果水力负荷过低，则停留时间加长而可能出现化粪池条件(浮动污泥和气味)。当增稠初级固体时，设计工程师通常选择能够维持所需溢流速率的进料泵速率。设计工程师还应该添加稀释水供应(例如，污水处理厂出水)而维持好氧条件，同时可以加氯、高锰酸钾或过氧化氢(通常经由稀释供水)而控制气味和化粪池条件。

2.2.3 进口

工程师应该对增稠池进口进行设计而最小化进料井中的湍流。生活污水处理厂的大多数圆形增稠池都采用中心进料井的底进料进口；进料垂直流动并随后产生低湍流而水平流动。大多数工业和一些生活污水处理厂都采用其他构造设计结构(例如，悬空进料)。切向进口或通过 T 型连接的反切线进口对于垂直向下引入进料的系统是优选的。处于液体界面之下向进料井中心引入的水平进料入口通常将会获得令人满意的效果。设计工程师应该避免进料入口中夹带空气而降低增稠池表面上的泡沫形成。

2.2.4 篱笆桩

重力增稠系统经常包括有助于固体释放水的篱笆桩(参见图 23.1)。篱笆桩通常由 0.6~2.0m 高(2~6ft 高)而间隔 150~460mm(6~18in)的角铁或管道构成。这种设计取决于要处理的固体类型。耙桨提供增稠池下部的必要的搅拌作用；然而，如果耙桨仅仅由单个管臂(或类似构造结构)构成，则篱笆桩就能够提高增稠性能。

为了获得最大受益，篱笆桩应该在稠密固体区内运行。这种装置不应该用于处理来自纸浆和造纸厂的 WAS 或来自其他系统的纤维性污物的增稠池。纤维性物质往往聚集于篱笆桩上，而最终导致整块物质在增稠池中旋转。当增稠热整理固体时不应该使用篱笆桩，因为这会无谓增加扭矩。

据说，有报道认为其有效性已经发生变化。许多认真实施的研究已经产生相互矛盾的结果。艾特尔特和肯尼迪(Ettelt and Kennedy, 1966), 沃歇尔(Voshel, 1966), 斯帕尔和格雷皮(Sparr and Grippi, 1969)和迪克和埃文(Dick and Ewing, 1967)都表明, 使用某些设备(例如, 篱笆桩)会搅拌固体覆盖层而提高增稠性能。迪克和尤因(Dick and Ewing, 1967)却发现, 篱笆桩似乎在增稠池的静态区有助于破坏固体宏观结构。其他研究人员发现, 当固体产生足够的气体而妨碍沉降时, 篱笆桩会提供气体释放的通道, 从而增强增稠作用。另一方面, 维斯林德(Vesilind, 1968)与约旦和舍齐耳(Jordan and Scherer, 1970)报道, 混合作用并非有益的; 事实上, 篱笆桩实际可能会妨碍增稠作用(Vesilind, 1968)。同样, 如果增稠池系统自身提供足够的搅拌作用, 篱笆桩可能已是多余。因此, 篱笆桩是否应用于重力增稠机制应该基于个案确定。推荐实施实验室小试和中试试验和对类似应用环境进行更广泛的研究。

2.2.5 驱动机械装置

重力增稠池的驱动机械装置比初级沉降工艺过程更重型。在处理市政固体时起重设备通常是不必要的, 但在某些情况下——特别是在处理石灰或热处理的固体时——使用铰链升降机制而在扭矩超过预设限值时使耙臂抬升。这种机械随着耙抬升[底面之上高达 0.3~1m(1~3ft)]继续运行直至扭矩回落。然而, 大多数增稠池的严重负载(例如, 由高度黏性的固体形成岛形物所引起的那些情况)实际上会妨碍自提升耙臂的正常发挥作用, 从而使其在这种应用环境中变得不可靠。缆绳和其他起重机械也已使用, 这些机械装置可以是自动的或手动的。

在某些情况下, 如果预期会出现间歇性的异常负荷, 则简单地提供超大型机器可能是更可行的。

2.2.6 撇渣器和刮泥机

重力增稠池通常需要撇渣器和挡流板去除浮渣和其他漂浮物。然而, 挡板、撇渣器和刮泥机, 容易受到地面震力——特别是晃动液体的震荡力作用。为了克服这种力作用, 工程师应该在耙结构和用于驱动该单元装置的齿轮和马达中设计足够的扭矩。扭矩率应该高至足以提供足够的驱动力, 而使该机械装置在必要时摆脱这种故障。然而, 扭矩在大于该机械装置的额定容量下连续运行时, 会大大缩短齿轮和轴承的工作寿命。因此, 增稠池的正常工作扭矩不应超出 10%的额定(最大)扭矩值。

设计工程师通常如下计算增稠池典型的扭矩(Boyle, 1978):

$$T=Kd^2 \tag{23.4}$$

式中 T——扭矩, kg · m;

K——常数, kg/m;

d——增稠池的直径, m。

K 是要增稠的物质的函数, 是应用特异性的(参见表 23.3)。

撇渣器和刮泥机速度取决于增稠池的直径。圆周速率通常保持于 4.6~6m/min (15~20ft/min), 这显著大于沉清池中的速率。

2.2.7 底流管道

底流管道是重力增稠池的重要设计要素。压头损失较高, 因此底流吸入管路应该尽可能短。典型的线速度为 0.6~1.5m/s(2~5ft/s)。为了便于操作和维护(O&M), 底流泵应该紧挨着增稠池并低于增稠池水位而确保吸入口被淹没。

除了尽可能短之外，增稠池排放锥口和泵入口之间的底流吸入管道应该具有用于清洗的足够接入点。设计工程师还应该包括从泵至固体井的蜿蜒进出通道。如果预期会出现过量结垢或堵塞，尤其是采用石灰固体的情况下，双吸出管路是必要的，这样才能继续正常操作的同时，完成堵塞管路的清洗。

表 23.3 重力增稠池的设计标准

污　　泥	直径/m	$K/(kg/m)$	篱笆桩	溢流率/($m^3/m^2 \cdot d$)
原始初级污泥	3~24	11	无	33
原始初级污泥和废弃活性污泥	3~21	7	有	33
废弃活性污泥	3~15	4	有	33
热处理的初级污泥和废弃活性污泥	3~18	15	无	16
$CaCO_3$	3~30	22	无	41
金属氢氧化物	3~21	15	有	16
纸浆和成纸污泥	3~30	22~30	无	33
重型储存功能应用	3~30	30~45	—	随之变化

重力增稠池往往是污水处理设施的重要气味来源。这些设施应该加盖并提供气味控制措施。例如，向增稠池进水中加氯、过氧化氢或其他化学物质就能够控制气味。增稠池进料中曝气也可能是有益的。此外，设计工程师还应该提供足够的稀释水而避免产生可能导致化粪池条件并扰动增稠池稠厚陈化的厌氧固体。

2.2.8 矩形增稠池的注意事项

矩形增稠池最常见的问题是鼠洞和机器耗损。(鼠洞是固体中与固体床深度相同的的锥形孔)。由于这些原因，圆形设计更为常见。

当确定矩形单元装置的规模大小时，设计工程师能够使用许多与圆形装置单元相同的原理和标准。然而，另外两个应该考虑的因素是：吸出点机械强度和库存量。这些设计应该包括将固体横向或水平移动至吸出点的机械装置。这种机器应该足够强大而足以处理吸出点附近固体堆积所致的附加负荷。

同时，料斗应该足够深而防止形成鼠洞。

2.3 与设计相关的操作注意事项

2.3.1 进料固体源和特性

进料固体的来源和特性极大地影响重力增稠池的设计(和适用性)。根据温度，初级固体在出现变动状态之前可以保留于增稠池中 2~4 天不等。然而，1~2 天的固体停留时间(SRT)是最佳情况。

废弃活性污泥沉降缓慢而抗压实，会显著降低质量负荷率。这种污泥固体也趋于分层，因为持续的生物活性产生气体，会产生浮选效果。

在考虑使用重力增稠池处理活性污泥时，可以采用以下预防措施(WPCF，1980)：

- 在污水温度超过 20℃的气候环境下，除非活性污泥 SRT 超过 20d，否则应该避免使用重力增稠；
- 增稠池库存量应该少于 18h，才能降低持续生物活性的不良影响；

- 增稠池直径应该为 10.7～13.7m（35～45ft）或更小；
- 固体应该直接从曝气池向增稠池废弃。

2.3.2 聚合物

虽然很少在实践中实施，却能够向重力增稠池中加入聚合物，改善固体捕获率。合成聚电解质比无机混凝剂（例如，明矾和氯化铁）能够在这种应用环境发挥更好的作用，因为这些聚电解质不会产生增加固体量的金属氢氧化物。

2.3.3 底流吸出

如果底流连续吸出，则增稠池运行最有效。如果有必要采取间歇性吸出，则时间控制系统将允许操作者实现高效增稠性能。泵抽作用应该短而频繁，而不是长时间周期地每班仅仅一次或两次。频繁泵抽能够最大限度地降低维持合适平均底流浓度所需的固体覆盖层变化。

压实固体深度的影响可能是显著的，但现在却知之甚少。需要一定的最低深度[一般约1～2m（3～6ft）]才能获得所需的增稠底流。更深的固体可能会提高底流浓度，并在较小程度上，增加给定增稠区的容量。

2.4 辅助设备/控制

除了进料和底流泵之外，重要辅助设备包括固体覆盖层深度指示器，流量指示器和固体密度监测器。固体的输入和输出之间保持平衡，对于良好的整体运行是至关重要的。例如，当再循环精细颗粒物导致特殊问题时，溢流上的固体悬浮物监测器可能是很有用的。多倍速或变速泵对于控制库存和以精确的速率移除固体，都是很理想的。

2.5 设计实例

设计工程师需要为初级进水固体负荷率为 22 680 的污水处理厂确定圆形增稠池的大小尺寸。采用表 23.2，他们应该选择较高的固体负荷率才能容许一个单元装置停工时仍能正常运行。

因此，他们应该选择 $6kg/m^2 \cdot h$ 的负荷率。

初级污泥固体负荷率（干重）= 22680kg/d

工作单元装置数 = 1 个单位

设计负荷率（$6kg/m^2 \cdot h$）= $147kg/m^2 \cdot d$

所用的方程为：

$$表面积 = \frac{固体负荷率}{设计负荷率} \tag{23.5}$$

$$半径 = \sqrt{表面积 \times \frac{1}{\pi}} \tag{23.6}$$

使用方程 23.5，表面积 = $155m^2$

使用方程 23.6，半径 = 7m

假设：

(1) 增稠设施连续运行。

(2) 通常情况下，两池能够同时运行；然而，该计算容许运行时某个单元装置停工。

注意：增稠池直径是以厂商每单元装置的固体负荷率为基础的。

3 溶气浮选增稠池

在溶气浮选(DAF)增稠池中，固体和液体经由引入液相的细气泡(通常是空气)而实现分离。气泡附着于固体颗粒，而使之能够漂浮。然后，这些固体上升到液体表面，在那里由撇渣器将其收集。这个工艺过程通常用于增稠 WAS，好氧消化固体和接触稳定化的、改性活化的或延长曝气而无初级沉降的固体。这种工艺过程通常不用于初级或滴滤池固体，因为重力沉降更加经济。然而，这种工艺过程能够有效共增稠(沉降和压实)初级污泥和 WAS。(在本节稍后将讨论共增稠的优点和缺点)。

DAF 增稠池的主要组成部分是增压系统和 DAF 池(见图 23.4)。增压系统具有再循环加压泵、空压机、空气饱和池和泄压阀。溶气浮选池是长方形的或圆形的，并配备表面撇渣器和底部固体去除机械装置。表面撇渣器从溶气浮选池表面去除漂浮固体而维持恒定的漂浮固体覆盖层深度。底部机械装置用来去除沉降于浮选池底面上的较重固体。

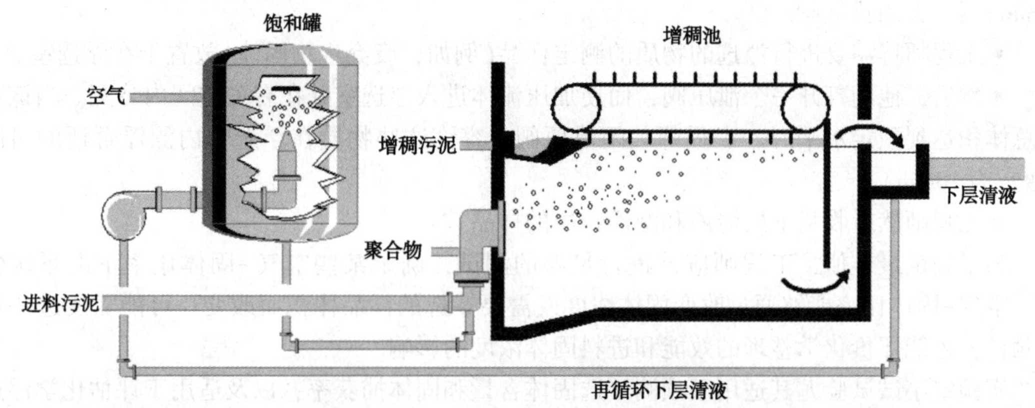

图 23.4 溶气浮选增稠池的示意图

溶气浮选池也有挡板和溢流堰。澄清的出水在末挡板(矩形装置单元)或周边挡板(圆形装置单元)下通过而随后溢流过堰进入出水流水槽中。溢流堰相对于漂浮物收集箱控制浮选池中液位，并帮助调节容量和性能。

浮漂浮物收集箱收集随着过饱和空气气泡迅速漂浮于水面的粒子，而留下澄清的水。浮选工艺能够用于澄清液体或浓缩固体。液体出水(下层清夜)的质量是澄清应用(例如，炼油厂、肉类加工、肉类渲染和其他含油污水)中的主要性能。漂浮固体的浓度是浓缩应用环境(例如，生物、采矿和冶金工艺过程的固体废弃物)的主要性能标准。

3.1 评价和规模放大的方法与步骤

溶气浮选技术自 60 年代中期以来已广泛用于增稠废弃的生物固体。工程师通常可以根据设计经验确定浮选设备的规格。然而，实验室小试或中试试验的性能研究能够提供有价值的信息，例如：

- 增稠的固体浓度，固体回收率和化学品的需求；
- 能够满足性能要求的 DAF 设计；

• DAF 性能较差或次优的原因。

然而，工程师在进行任何实验室小试或中试试验之前，应收集所增稠固体的代表性样品。然后，他们应该确定其悬浮固体含量，挥发性固体含量和对于 WAS 的污泥体积指数(SVI)。

3.1.1 实验室小试试验评价

实验室小试试验能够提供具体固体增稠特性的理解。厂商已经设计和建立的实验室规模的单元装置，可以用于这种评价。厂商也对其自己的设备具有规模放大的标准，而使工程师能够以合理的精度预测全规模运行。

典型的实验室小试试验单元装置由增压室、浮选室、泄压阀和配套设备组成。测试通常如下实施：

• 工程师将流体样品(通常是澄清的液体)引入增压室(全规模单元装置通常使用下层清液)。

• 然后，他们打开排气阀而允许压缩空气通过液体起泡。在合适的加压时间(通常 10min)后，关闭排气阀。

• 工程师将需要进行浮选的物质的测定样品(例如，废弃生物固体)放置于在浮选室。

• 然后，他们打开一个泄压阀，而使加压流体进入浮选室并在有关空间内分配。当该室内总体积达到预定水平时，工程师关闭泄压阀。容许这些物质在浮选室内漂浮合适的时间(通常为 10min)。

• 工程师然后收集下层清液和漂浮物质的样品。

为了确定最佳值，工程师应该进行足够的测试，确定某些空气-固体比率下的系统性能。空气-固体比率能够通过改变固体浓度或需要浮选的样品体积而改变。可能需要进一步的测试，才能评价化学整理的效能和进料固体浓度的影响。

实验室小试试验尤其适用于预测浮选固体含量和固体捕获率，以及适用于评估化学浮选助剂对浮选固体和固体捕获率的影响。然而，因为在规模放大中的不确定性，它们很少用于建立设计负荷率。

使用实验室小试试验数据确定全规模 DAF 单元装置的一个备选方案涉及对浮选期间获得的界面高度-相对-时间的数据实施配料或限制通量法(Wood，1970)。工程师必须对每一所关注的空气-固体比率水平制定单独的通量曲线。对于重力增稠而言，规模放大的不确定性限制了这方法的应用。此外，工程师已经积累了设计 DAF 系统增稠 WAS 的经验并开发出其他增稠固体的方法。

3.1.2 中试浮选单元装置

给定装置的浮选性能取决于许多因素的相互作用。在大多数情况下，中试试验的浮选单元装置是确定这种性能的最好方式。如果设备在几何学，运动学和动力学上都相似，则由中试和现场设备获得的结果也是很类似的。然而，因为中试和全规模试验设备之间的固有物理差异，很少能够达到完全类似，因此我们的目标是实现尽可能实际的类似。

如果两个大小尺寸不同的系统在所有相对应的尺寸(例如，浮选单元的长度、宽度和深度)都成比例，则它们就是几何类似的。如果所有相应的作用力之比都是相等的，则它们是运动学类似的。如果在对应点的速度具有相同的比率，则它们是动力学相似的。当几何相似的中试和全规模试验设备具有相同的水力学负荷率时，且当中试试验单元装置的泄压阀是按照全规模单元装置上阀门按比例下调的版本时，就接近运动学相似性。

理想的情况下，这两种单元装置应该处理相同的进料物质，产生同样大小的气泡，并在相同的压力下运行。同时，中试试验期间所用的负荷率和空气-固体比率必须适用于全规模设备。

当按比例放大时，中试试验的数据只能揭示全规模单元装置的可能性能，因为中试试验单元装置并不完全类似于全规模试验的单元装置。设备厂商对其自己的设备都具有规模放大的特有信息。

3.2　工艺设计注意事项和标准

在进料固体进入 DAF 池之前，通常将其与再循环流混合。再循环流加压至 520kPa(75psi)并以取决于进料固体浓度的速率加入。这通常是 DAF 出水，但是万一较差的 DAF 性能产生含有高水平悬浮固体的出水时设计备份源也是可取的。再循环流首先被泵送至空气饱和罐，在那里压缩空气流溶解于液流中。当再返回 DAF 池(其表面处于大气压下)时，压力释放产生用于浮选的气泡。这些气泡通常直径为 10~100μm。

空气与固体颗粒和漂浮物结合，形成 DAF 池表面上通常 150~300mm(6~12in)厚的覆盖层。同时，澄清池出水在槽挡板之下流动，而越过出水堰溢流。正确设计和运行的 DAF 增稠池通常捕获 94%~99%的悬浮固体。

其他 DAF 增压系统并不使用再循环流；相反，它们泵送全部或部分进料固体通过空气饱和池，然后进入 DAF 池。这种系统对于污水处理应用是不可取的，因为他们使固体受到高剪切条件作用而这些固体还可能会堵塞各种增压系统组件。

聚合物通过显著提高可适用的固体负荷率和固体捕获率而能够增强 DAF 性能；而他们在一定程度上还可以提高漂浮固体的浓度。如果使用聚合物，则通常将其在进料固体和再循环流混合之处引入。为了达到最佳效果，设计工程师应该在恰好气泡形成之处将聚合物引入再循环液流中(在其与进料固体混合之前)。良好的混合(足以确保化学品分散，同时最大限度地降低剪切力)将提供最佳固体气泡聚集体。

表 23.4 描述了所选的 DAF 增稠池装置的运行数据。诸多因素影响 DAF 工艺的性能，包括：

表 23.4　溶气浮选增稠池的典型运行数据

地　点	活性污泥类型	进料固体浓度/(mg/L)	固体负荷率/($kg/m^2 \cdot h$)	漂浮物浓度/%	聚合物剂量/(g 活性聚合物/kg 固体)	固体捕获率/%
威斯康辛绿湾	接触稳定化	4 000	1.5	3~4	无	80~85
加州旧金山东南污水处理厂	高纯氧	6 000	3.4	3.7	1.6	98.5
俄勒冈萨利姆	高纯氧	14800~20 300	19.5	5	48~59	95+
威斯康辛密尔沃基南部滨海污水处理厂	传统的	5 000	4.9	3.2	1.5~2.5	90~95

续表

地　点	活性污泥类型	进料固体浓度/(mg/L)	固体负荷率/($kg/m^2 \cdot h$)	漂浮物浓度/%	聚合物剂量/(g 活性聚合物/kg 固体)	固体捕获率/%
俄勒冈三联市	传统的	11 300	—	3.9	1.5~2.5	98
弗吉尼亚阿灵顿	传统的	10 000	8.5	2.6	1.5~2	95+
威斯康辛基诺沙	传统的	8 600	5.4	4.3	无	99+

- 进料固体的类型和特性；
- 水力学负荷率；
- 固体负荷率；
- 空气-固体比率；
- 化学品整理；
- 运营策略；
- 漂浮固体的浓度；
- 出水透明度。

这些因素经常协同作用而对 DAF 性能产生积极的或消极的净效果。要分离出每个因素的影响往往是很困难的，但巴雷特比和玛莱伊斯(Bratby and Marais，1975a)提出了一种作为各种条件的函数预测 DAF 性能的模型。

3.2.1 固体类型

溶气浮选能够增稠各种固体，包括传统的 WAS，延时曝气和好氧消化固体，纯氧活化的污泥和双生物工艺过程(滴滤池+活性污泥)固体。每种固体类型的性能特性，因为现场的特异性条件(例如，工艺过程类型，SRT 和曝气池中的 SVI)影响 DAF 性能超过浮选设备的调节(例如，空气-固体比率)，而很难历历记录在案。古拉斯等(Gulas et al.，1978)和伍德和迪克(Wood and Dick，1978)相当详细地讨论了某些污水处理厂工作参数对 DAF 性能的影响。

3.2.2 混合液体污泥体积指数

影响 DAF 性能的固体特性之一是活性污泥的混合液体 SVI。漂浮固体浓度通常随着 SVI 升高而降低。为了采用标准聚合物剂量产生 4%的漂浮固体浓度，SVI 值应该小于 200mL/g。如果 SVI 值较低，固体压实充分，并存在宽带漂浮固体，则其他因素显然影响 DAF 性能。在较高的 SVI 值下，SVI 会对漂浮固体产生有害影响。当对具有过高 SVI 的系统的 WAS 增稠时，通常需要大剂量的聚合物。

3.2.3 水力学负荷率

水力学负荷率等于进料和再循环流量之和除以可用浮选的净面积。工程师通常设计水力学负荷率为 $30 \sim 120m^3/m^2 \cdot d$($0.5 \sim 2gal/ft^2$)的 DAF 增稠池，如果不使用整理化学品，则推荐最高日水力学负荷率为 $120m^3/m^2 \cdot d$。如果每小时水力学负荷超过 $5m^3/m^2 \cdot h$，则所加湍流可能妨碍稳定的浮漂浮覆盖层形成并降低可达到的漂浮固体浓度。此外，因为增加的湍流迫使流态从活塞流转化成混合流，则捕获的固体可能更少。当时水力负荷率大于 $5m^3/m^2 \cdot h$ 时，通常需要使用聚合物浮选助剂才能维持令人满意的性能。

3.2.4 固体负荷率

DAF 增稠池的固体负荷率通常依据每小时每单位有效浮选面积的固体重量表示(参见表 23.5)。如果不使用化学整理，则增稠 WAS 的 DAF 工艺过程的负荷率范围为约 $2\sim5kg/m^2 \cdot h$ ($0.4\sim1lb/h \cdot ft^2$)；这会产生总固体 5%的增稠底流(Ashman，1976；Burfitt，1975；Jones，1968；Mulbarger and Huffman，1970；Reay and Ratcliff，1975；U. S. EPA，1974；Walzer，1978)。如果使用聚合物，则固体负荷率一般可提高 50%～100%；能够产生含有高达 0.5%～1%的更多固体的增稠底流。

表 23.5 使用溶气浮选增稠 WAS 时捕获的悬浮固体百分数(U. S. EPA，1974；Komline，1976)

固体类型	固体负荷率/($kg/m^2 \cdot h$)	
	无化学品添加	最佳化学品添加
仅仅初级固体	4~6	高达 12
废弃活性污泥（WAS①）		
空气	2	高达 10
氧气	3~4	高达 11
滴滤池	3~4	高达 10
初级固体 + WAS（空气）	3~6	高达 10
初级固体+滴滤池	4~6	高达 12

① WAS=废弃活性污泥

当固体负荷率超过 $10kg/m^2 \cdot h$($2.0lb/ft^2 \cdot h$)时，就可能出现运行困难。通常，这些困难是由于过多高水力负荷率下运行巧遇漂浮物所致。即使在水力学负荷率能够保持低于 $120m^3/m^2 \cdot d$($2gpm/ft^2$)，但是如果在固体负荷率超过 10 $kg/m^2 \cdot h$ 时也可能导致漂浮物去除困难。在高固体负荷率下产生的额外漂浮物质，必须连续地，往往还要快速地撇除。

然而，快速撇渣可能会扰乱漂浮的固体覆盖层而导致下层清液出现不可接受的固体水平。在这种情况下，聚合物浮选助剂就能够提高固体上升速度和漂浮覆盖层合并速率，从而缓解某些运行障碍。虽然严酷条件(例如，机械故障、固体过量废弃或不利固体特性)可能使之有必要定期按照这种方式运行，但是浮选系统并不应该以此为基础进行设计。

3.2.5 进料固体浓度

进料-固体浓度按照两种方式影响 DAF 工艺过程。由于在沉淀工艺过程中，进料-固体浓度根据最初和后续上升速率直接影响漂浮固体的特性。在正常进料-固体浓度(5 000～10 000mg/L)范围内，较稀的进料固体会导致更快速的初始和后续上升速率。然而，这种现象对 DAF 的尺寸确定和性能只有轻微影响，因为固体覆盖层的后续上升速率和压缩率决定了大多数增稠应用的设计和性能。

进料-固体浓度也经由操作条件所致变化间接影响 DAF。例如，如果进料流量，再循环流量，压力和撇渣器操作都保持不变，则提高进料-固体浓度会降低空气-固体比率。进料-固体浓度的变化也会改变漂浮固体层总量和深度。当运行策略涉及维持具体漂浮-覆盖层深度或深度范围时，漂浮物撇除器的速度可能需要进行调整。

3.2.6 空气-固体比

空气-固体比——也就是浮选所用空气与进料流中可漂浮固体之比(以重量计)——是影响 DAF 性能的最重要因素。报道的比率范围为(0.01∶1)~(0.4∶1)(U.S.EPA，1979)；在大多数市政污水处理厂，充分的浮选作用出现在此比率为(0.02∶1)~(0.06∶1)之时。设计工程师根据许多变量(例如，设计固体负荷率、增压系统效率、系统的压力、液体温度和溶解固体浓度)确定增压系统的规模大小。增压系统的效率根据厂商和系统配置不同而有所差异；这种差异可能从低至50%至高达90%以上不等。美国环境保护署(1979)提供的详细信息可用于增压系统的设计、规格说明和测试。

由于 DAF 增稠池的固体覆盖层包含了大量夹带的空气，则设计工程师应该使用不会结合空气的正排量泵或离心泵，并要考虑吸入条件。最初，撇渣后的固体密度大约为 700 kg/m^3(6lb/gal)。在将其保留固定几个小时之后，空气逸出，而固体恢复至正常密度。

上升高达某点时，固体覆盖层将会随着空气-固体比率的增加而增加；然后，空气-固体比率进一步增加会导致漂浮固体很少或根本不会增加(Gehr and Henry，1978；Gulas et al.，1978；Maddock，1976；Mulbarger and Huffman，1970；Turner，1975)。固体覆盖层通常在空气-固体比率为2%~4%时达到最大化。

对此较宽的范围有几种解释。首先，最佳空气-固体比与进料固体的类型及其特性有关。例如，具有低 SVIs 的活性污泥需要比具有较高 SVIs 的活性污泥空气-固体比更低。

第二，评价空气-固体比的影响是困难的，因为其他 DAF 工作条件(如，覆盖固体层深度)可能随空气-固体比的变化而变化。因此，空气-固体之比发生变化的影响经常被其他变化掩盖。

第三，在所研究的 DAF 系统中的差异(例如，增压系统的效率，空气溶解效率，气泡大小分布和进料再循环混合方法)无疑会一定程度影响最佳空气-固体比的差异。

虽然最佳空气-固体比可能与固体类型和特性有关，但看起来需要更低的空气-固体比才能最大化系统性能的同时，使该系统在高空气溶解效率下运行，产生最佳气泡尺寸分布，并正确接触进料固体而在合适的时间精确记录气泡。

3.2.7 漂浮固体覆盖层深度

DAF 工艺过程期间产生的漂浮固体必须从浮选池中去除。这种固体去除系统通常由变速漂浮物撇除器和处理池的排布设计构成。每次撇除器经过期间必须移除的漂浮固体量取决于固体负荷率，化学品剂量率和漂浮固体稠度。

废弃生物固体覆盖层包括两部分：一部分是标称水位以上的部分而另一部分是标称水位之下的部分。在评价 DAF 系统时，布莱特比和玛莱伊斯(Bratby and Marais，1975b)发现，当空气-固体比为 0.02∶1 时，其表面之上的漂浮物深度与表面之下的漂浮物深度之比为 0.2∶1。他们指出，表面之上和表面之下固体的最佳比率将会根据所涉及的进料固体类型而不同。

固体覆盖层表面上的固体浓度总是比固体覆盖层中固体平均浓度大。布莱特比和玛莱伊斯(Bratby and Marais，1975b)还提出，DAF 增稠随着水从水面之上部分向水面之下部分排放而发生。马多克(Maddock，1976)发现，固体覆盖层表面的固体浓度接近 2 倍的固体覆盖层-下层清液界面上的固体浓度。

固体覆盖层撇除器的设计和运行，能够通过仅仅逐步去除覆盖固体顶层(干燥的)部分并防止固体覆盖层扩展至固体在下层清液中排出系统之处而最大化漂浮物排水时间。最佳漂浮物深度根据不同装置而不同。漂浮物深度300~600mm(1~2ft)几乎一直足以最大化漂浮固体含量。

3.2.8 聚合物的添加

化学整理能够增强DAF性能。整理剂能够改善澄清或提高漂浮固体浓度。设计工程师应该确定所需的整理剂用量，加入点(在进料流或再循环流中)和每一装置的互混方法。实验室小试或中试试验是确定具体装置最佳化学品整理方案的最有效的方法。

典型的聚合物剂量范围为2~5g干聚合物/kg干进料固体(4~10lb/ton吨)。添加聚合物通常会比漂浮固体含量更影响固体捕获率。例如，按照2~5g/kg干固体的剂量加入干聚合物，通常会将漂浮固体含量提高高达0.5%。

如果设计工程师采用较低范围的水力学负荷率和固体负荷率，则设计和运行良好的DAF增稠池通常不需要聚合物。保持合适的设计和工作条件会导致运行稳定而固体捕获率和漂浮固体的浓度都令人满意。常规聚合物添加应该仅仅考虑用于极端负荷条件的设计或当固体预期会具有较差的压实特性(即高SVI值)之时。

如果不采用聚合物，则规模大小设计合理的DAF单元装置通常将回收超过90%的固体。高负荷率或不良固体条件可能将固体回收率降低至75%~90%。聚合物辅助的回收率可能超过95%。

在正常操作下，DAF单元装置再循环的固体不会损坏处理系统，反而会提高WAS。然而，如果固体或水力学负荷率已经过量，则再循环固体将构成系统额外负担。在这些条件下，应该使用聚合物最大化DAF单元装置的固体捕获率。

3.2.9 漂浮固体浓度

对于任何增稠工艺过程，浮选性能都强烈地依赖于增稠固体的类型和特性。尽管市政污水处理厂通常使用DAF增稠WAS，但是这种工艺还用于增稠原始初级固体，生物滤池腐殖质和这些的各种组合。

DAF处理WAS能够获得的漂浮固体浓度，可能受到各种因素影响，其中最重要的因素是固有的固体特性(即SVI)、固体负荷率、空气-固体比和聚合物的应用。测试结果表明，漂浮固体浓度通常随着固体负荷率的升高而降低(见图23.5)。它们还表明，(除了几个例外之外)，必须使用聚合物才能达到更高的负荷率。虽然15~29 $kg/m^2 \cdot h$($3 \sim 6lb/ft^2 \cdot h$)的高负荷率可以实现，但是这些结果既不是典型污水处理厂的平均情况，也不是新设计的有关基础。在某些情况下，很多昂贵的化学品是实现超过10 $kg/m^2 \cdot h$($2lb/ft^2 \cdot h$)的负荷率水平所必需的。

图23.5中的曲线并未表明聚合物对漂浮固体浓度的影响。聚合物能够改善较差的漂浮固体浓度高达1.0%(2.0%~3.0%，TSS)，但是其影响作用随着未经处理的漂浮固体浓度增加而减弱。

溶气浮选增稠池通常设计用于3.5%~4.0%总固体的漂浮固体浓度——基于所提呈数据和其他出版的信息(U.S. EPA，1974；Wanielista and Eckenfelder，1978)的合理目标(见图23.5)。然而，DAF的性能，如同其他固体处理设备性能，会受到超出设计工程师的控制之外的因素影响。因此，设计者在确定下游单元操作规模之时应该预期漂浮固体浓度的变化。

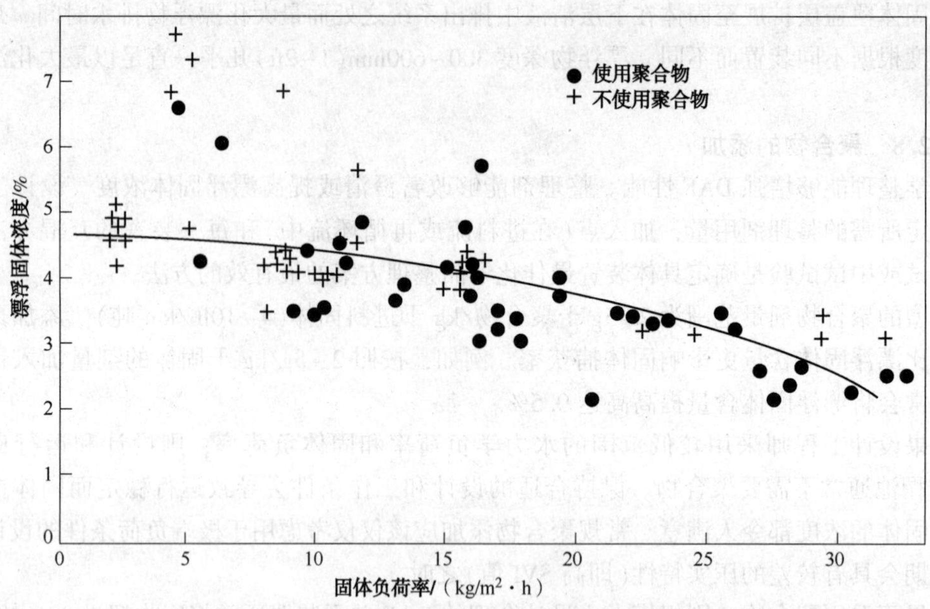

图 23.5 相对于固体负荷率的漂浮固体浓度

(Noland and Dickerson, 1978)

3.2.10 固体捕获率

总固体捕获率衡量 DAF 单元装置在固体的一套操作条件下回收固体的有效程度。固体捕获率的计算基于 DAF 单元装置的物料平衡(Mulbarger and Huffman, 1970)。所关注的流量包括进料固体、下层清液和漂浮固体。总固体捕获率定义为:

$$R=\frac{TS_{\mathrm{P}}(TS_{\mathrm{P}}-TSS_{\mathrm{S}})}{TS_{\mathrm{F}}(TS_{\mathrm{P}}-TSS_{\mathrm{S}})}\times 100 \tag{23.7}$$

式中 R——回收百分率;

TS_{P}——增稠物质中的固体浓度,%,以重量计;

TS_{F}——进水中的固体浓度,%,以重量计;

TSS_{S}——下层清液中的固体浓度,%,以重量计。

表 23.6 溶气浮选(DAF)系统的设计固体负荷率①

污水处理厂规模/(m^3/d)	固体负荷率—冬季操作			
	kg/W·K	kg/运行日(5d/W·K)	kg/运行时	面积/m^2
4 000	2 130	430	108	12.5
20 000	10 640	2 130	532	62.0
40 000	21 280	4 300	716	84.0
200 000	106 400	21 280	1 480	173.0

① 夏季运行是冬季运行的 0.65~0.8;在 8.6 kg/m²·h 下的 DAF 负荷。

在许多 DAF 污水处理厂的悬浮固体捕获率报道的结果表明,不使用聚合物也能捕捉至少 95%的固体(见表 23.6)。如果使用聚合物,则它们通常能够捕获至少 97%~98%的固体。

当再循环下层清液时，大多数增稠操作需要捕获至少95%的固体，才能最小化对其他处理工艺过程的不良影响。

3.2.11　增溶的效率

DAF设备相关的最繁琐的过程是确定增压系统中溶气池的增溶效率。增溶效率是实际溶解于溶气池中的空气量(氧气和氮气)与理论上可以在现有条件下溶解于溶气池中的空气量之比。数据收集和计算方法已经开发和出版(APHA et al., 1976; Leininger and Wall, 1974; U.S. EPA and ASCE, 1979)。

根据雷宁格和华尔(Leininger and Wall, 1974)，各种增压系统可从DAF厂商获得，而其溶气效率范围为65%~85%。增溶效率是非常重要的，因为空气-固体比对于DAF性能是至关重要的。设计工程师必须使用严格的测试方法，才能准确确定浮选空气的量。例如，不区分溶解和不溶解(游离的)空气的方法(例如，基于传统的空气质量平衡计算的那些)，将不能提供准确的结果。

浮选系统应该根据冬季固体产量进行设计，否则设备可能不得不运行25%~50%更长的时间处理增加的固体，随着温度降低这也可能更加难以增稠。对于各种污水处理厂规模DAF系统固体负荷率如表23.7所示。

表23.7　当使用溶气浮选增稠池共增稠固体时的平均性能(1994—1995)(Butler et al., 1997)

地　　点	负荷率		聚合物	%悬浮固体
	kg/m²·h	m³/m²·h		
威斯康辛基诺沙	53	—	不使用	99+
伊利诺伊州芝加哥	28.3	—	不使用	99+
得克萨斯州阿马里洛	14.2	—	不使用	92+
马萨诸塞州东费奇伯格	42.5~85.0	—	不使用	99.5
俄亥俄州杰尼亚	42.5	—	不使用	99.5
俄勒冈州尤金	35.4	—	不使用	90+
新泽西州博纳得斯维尔	62.3	2.9	不使用	94.5
新泽西州莫里斯敦	48.1	1.1	不使用	97.0
纽约州海湾公园	36.8	0.7	不使用	94.0
华盛顿州东韦纳奇	42.5~0.8	2.9	不使用	97.3
内华达州因克莱恩村	31.2	2.5	不使用	96.4
弗吉尼亚州费尔法克斯	17	3.2	不使用	93.0
得克萨斯州普莱诺	36.8	5.8	不使用	95.0
加利福尼亚州圣巴勒罗	17	2.9	不使用	99.0
加利福尼亚州里士满	42.5	3.6	不使用	98.9
得克萨斯州天纳克	5.7	2.2	不使用	98.8
科罗拉多州戈尔登阿道夫·库尔斯	104.8	—	使用	99.4

续表

地　　点	负荷率		聚合物	%悬浮固体
	$kg/m^2 \cdot h$	$m^3/m^2 \cdot h$		
阿肯色州斯普林	70.8	—	使用	99+
缅因州比迪福德	90.6	—	使用	99+
马萨诸塞州东费奇伯格	85	—	使用	98.3
马萨诸塞州阿索尔	90.6	—	使用	99.4
马萨诸塞州萨默赛特	99.1	—	使用	99+
马萨诸塞州达特茅斯	90.6	—	使用	98
俄勒冈州达勒斯	68	—	使用	99.3
科罗拉多州丹佛	104.8	—	使用	99
得克萨斯州阿马里洛	65.1	—	使用	99.2
密歇根州沃伦	59.5	—	使用	99+
佐治亚州亚特兰大	135.9	—	使用	99.7
伊利诺伊州芝加哥	70.8	—	使用	99+
宾夕法尼亚州阿宾顿	82	2.9	使用	96.2
宾夕法尼亚州哈特伯勒	83.5	1.8	使用	96.0
内布拉斯加州奥马哈	87.8	1.8	使用	99.4
伊利诺伊州贝尔韦尤	107.6	1.1	使用	98.7
印第安纳州印第安纳波利斯	59.5	3.6	使用	95.0
密歇根州弗兰肯默斯	184.1	3.2	使用	99.1
宾夕法尼亚州奥克芒特	85	2.5	使用	98.7
俄亥俄州哥伦布市	93.5	2.5	使用	99.5
宾夕法尼亚州莱维敦	82.1	2.5	使用	99.4
纽约州海湾公园	138.8	2.9	使用	99.6
田纳西州纳什维尔	144.4	1.4	使用	99.6
华盛顿州东韦纳奇	45.3	3.2	使用	98.6
得克萨斯州普莱诺	53.8	5	使用	98.8
加利福尼亚州里士满	42.5	3.6	使用	98.0
加利福尼亚州圣巴勃罗	31.2	2.9	使用	98.6

3.3　机械特性

3.3.1　典型的浮选系统

污水处理厂要安装的 DAF 增稠池的数目和构造设计结构取决于污水处理厂的规模，操作方法，在平均和峰值条件下要增稠的固体量，以及所需操作灵活性的程度。

3.3.2　矩形和圆形单元装置

溶气浮选池可以是矩形或圆形的。矩形和圆形的单元装置都已经应用于 3800~超过 38 万 m^3/d(1~超过 100 万 mgd)的污水处理厂。

标准矩形浮选池大小为 9~167m^3(100~800ft^2)。长宽比通常为(3∶1)~(4∶1)。矩形浮选池通常适用于较小规模的应用环境(例如，在建筑物内部，不适合安装循环单元)。其表面撇渣器能够采取紧密间隔而设计用于撇除整个表面。底部的固体收集器，通常具有单独的驱动，因此其能够独立于撇渣器运行。液位因为直端堰构造设计结构而可能更容易调节。

圆形单元装置一般为 29~130m^2(300~1400ft^2)不等。这种结构往往适用于土地可用性并不受限的情况。此外，这种设计的结构要求和机械设备成本要低于矩形单元装置(U. S. EPA，1979)。

3.3.3　施工材料

溶气浮选池能够由混凝土或钢建成。通常情况下，大型单元装置采用混凝土制成，而高达 41.8m^2(450ft^2)[2.4~3m(8~10ft)宽]的矩形单元装置和高达 9m^2(100ft^2)的圆形单元装置则采用钢材制成。钢质 DAF 单元装置的大小受限于结构和运输方面的考虑因素，这种设计通常完全是组装的，而仅仅需要混凝土基础垫层、管道和管道连接。钢质系统具有较高的设备成本，但却避免了现场安装成本(例如，结构、劳动力和设备部件)。也就是说，混凝土溶气浮选池通常对于需要多个或大型处理池的大型装置是更经济的(U. S. EPA，1979)。

3.3.4　定位

DAF 单元装置的容量比重力增稠池大一个数量级，因此其空间要求通常较低。在进水 BOD_5为 150~200mg/L 的大型污水处理厂中，采用加入聚合物的 DAF 工艺需要(0.37~0.5)$\times10^{-3}m^2/m^3\cdot d^{-1}$(15~ 20 ft^2/mgd)；不采用聚合物，则这个工艺过程需要(0.7~1.0)$\times10^{-3}m^2/m^3\cdot d^{-1}$(30~40 ft^2/mgd)。在相同 BOD_5的小型污水处理厂，采用加入聚合物的 DAF 工艺过程需要(0.5~0.7)$\times10^{-3}m^2/m^3\cdot d^{-1}$(20~ 30 ft^2/mgd)；不采用加入聚合物，则这个工艺过程需要(1.0~1.5)$\times10^{-3}m^2/m^3\cdot d^{-1}$(40~ 60 ft^2/mgd)。因为这种设计并不需要太多的空间，则 DAF 增稠池经常位于建筑物内。这在需要进行气味控制的环境内，或冷或潮湿的气候环境可能会不良影响 DAF 单元装置的机械性能时尤其需要如此。

3.3.5　撇渣器和污泥耙

溶气浮选池都配备了表面撇渣器和地面污泥耙。表面撇渣器从处理池中去除漂浮固体而维持恒定的固体覆盖层深度。它们可以自动或手动控制。最常用的方法是基于现场特异性操作条件手动控制撇渣器速度。更优选的排布设计是使用自动定时器控制撇渣器的运行，而使固体覆盖层保持 300~500mm(12~18ft)的深度。这种方法能够在除去之前最大化漂浮固体浓度和固体排水。设计工程师能够在变量持续周期打开-中断时使用撇渣器最大化漂浮固体停留时间，而同时保持稳定的固体覆盖层。他们也应该使用变速撇渣器[高达约 7.6m/min(25ft/min)]而最大化运行的灵活性，并应该对撇渣器运行周期定时，而使撇渣器最高速率为 300m/min(1ft/min)。

地面污泥耙除去沉降于处理池底部的较重固体。如果污水处理厂的除砂设施有效，则这种沉淀应该最低，但是设计工程师还是应该设计装置去除这些物质。工程师应该作为独立系统设计地面污泥耙和表面撇渣器。连续运行的地板污泥耙有时会降低固体捕获效率，因为它们会增加湍流并混合下层清液的总量。地面污泥耙提供单独的驱动系统，而使操作能够仅仅按其所需进行运行。

3.3.6 溢流堰

溶气浮选单元装置也使用挡流板并配备溢流堰。这种堰控制浮选池中相对于漂浮物收集箱的液位，从而调节该单元装置的容量和性能。为了在宽泛的波动条件下最大化容量和性能，溢流堰应该是可调的。

3.3.7 增压系统

增压系统将气体(通常是空气)溶解于 DAF 期间的所用液体中，增压系统的理论原理是众所周知的，而已经由许多研究人员进行过讨论(例如，Vesilind，1974b；Bratby and Marais，1975a，1975b，and 1976；Speece et al.，1975)。

从历史上看，曾经使用了三种方法为 DAF 系统提供气泡：全部、部分的和再循环增压流量方案(参见图 23.6，图 23.7 和图 23.8)。全增压流量方案会对整个进入 DAF 单元装置的污水流增压；这是只适用于较小的流量，油性液体，或增压系统中湍流不足以降解固体而损害 DAF 性能的其他情况。这种方法不应该用于进水含有絮凝固体的时候，因为处理池和泄压阀中的湍流会损坏絮凝体。这种方法也不应该用于进水含有磨蚀性或较大的固体之时，这些物质可能会磨蚀喷射器并堵塞泵；相反，应该使用再循环增压。

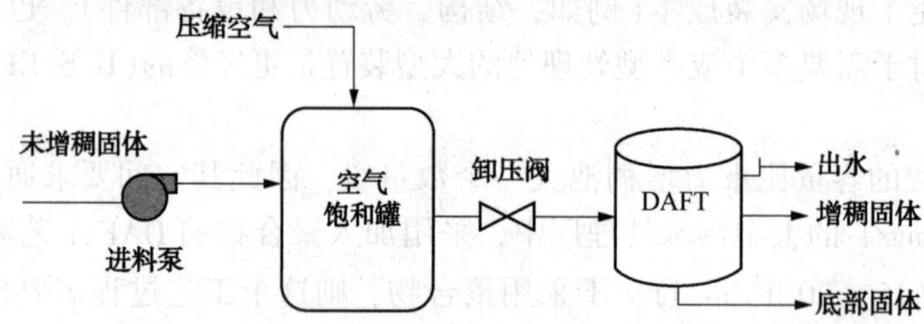

图 23.6 采用全增压固体流量方案产生气泡的溶气浮选增稠池

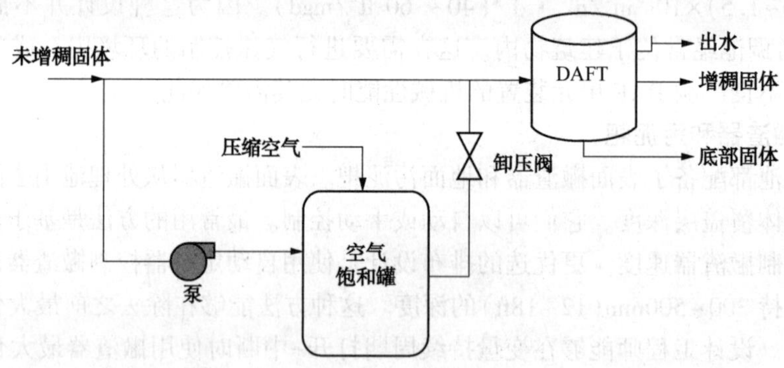

图 23.7 采用部分增压固体流量方案产生气泡的溶气浮选增稠池

部分增压系统对进水的一部分进行增压；增压至什么程度取决于需要实现最佳性能所需的空气-固体之比。通常这种流动方案仅仅适用于小负荷率的非絮凝油性污水。其局限性与全增压的情况相同。

大多数增稠 WAS 的 DAF 都使用再循环增压系统，在这种系统中一些下层清液被加压。

进水固体并不通过增压系统而是与增压的再循环流在进入 DAF 单元装置之前进行混合。

增压系统包含再循环增压泵，空压机，空气饱和池和泄压阀。大多数系统都在 280~480 kPa(40~70 psi)的压力下运行。在进入处理池的空气中约 40%~90%的氧和氮(根据系统的设计而定)溶解于液体中。随着溶解气体从溶液中释放出来，操作者使用泄压阀控制压力的损失和流量的均匀分布。

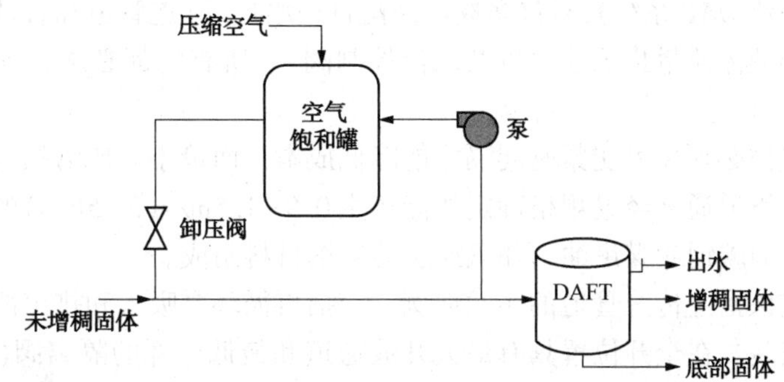

图 23.8　采用再循环增压固体流量方案产生气泡的溶气浮选增稠池

再循环增压系统适用于大型 DAF 应用和进水含有絮凝的(通常是生物的)固体的环境。大多数系统包括附属再循环流(例如，污水处理厂出水)而启用这个工艺过程。因为该系统是很复杂的并包含大量的阀门和配件，则人员培训计划对于确保正确操作和运行是至关重要的。

3.3.8　增压罐

每个增压系统包括下列其中之一或多个组成部件：加压泵、加压罐、空气压缩机、空气流量控制面板、再循环流量指示器、泄压阀、其他阀门、管道和压力表。关键组件是增压罐。

这种增压罐经过设计而有效地向加压的再循环液体中溶解空气。它提供容许空气溶解于液体所必要的液体停留时间和传质表面(在某些情况下的内部结构)。如果空气在增压罐上游注入，则增压管罐也可以设计用于从再循环流中分离出未溶解的空气。如果增压罐具有设计用于产生液体传质表面的内部结构(如托盘、填充物和喷嘴)，则其必须经过设计才不会出现堵塞。再循环流通常包含 100~200mg/L 生物固体；在搅动期间还可能包含 3000mg/L 或更高的生物固体。这些固体将会阻塞大多数传统的传质填充物表面。

增压罐应该紧接浮选池和加压泵，才能最小化管道需求和经由互连管道的压头损失。增压罐下游的任何压力损失往往会释放溶解的空气。释放的空气可以作为夹带气泡进入浮选池而在进口部分产生破坏性的湍流。

增压罐通常都按照美国机械工程师学会(ASME)规范对于工作压力为 700kPa(100psi)的不着火的压力容器的规定构建；然而，它们通常都采用静态水压测试到 1300kPa(150psi)。该学会的设计包括腐蚀冗余度，其大小幅度取决于再循环流中预期的具体组分。如果需要更多的防腐蚀保护，则应该向罐子的内表面涂施一层环氧树脂涂层；也能够使用不锈钢容器。

增压罐通常有钢腿或其他支撑系统、排水口、检查和维修访问通道、液位视镜、通过隔膜组件保护的压力表和泄压安全阀。它也可能具有一个或多个进气口连接，空气释放阀和液位控制阀。

3.4 附属设备和控制

除了增稠池之外，完整的 DAF 系统包括许多附属设备(例如，固体和化整理化学品进料设备、加压泵、空气压缩机和其他增压系统设备及各种控制元件)。

3.4.1 管道，阀门和仪器仪表

典型的再循环流 DAF 系统具有许多阀门及配件(例如，互连管道和管件，液体和气体流量控制阀，气体和液体流量指示器，以及水位控制阀)。所有的都必须合理设计，才能确保 DAF 运行正常。

增压系统的组件必须尽可能紧密间隔才能降低成本，而最小化压力损失和管道中的空气释放。液体再循环管道通常经过规格确定才能产生 0.9~1.5m/s(3~5ft/s)的液体流速，并要采用附录 40 或 80 的碳钢或煤焦油、环氧涂层的碳钢材料制成。

设计工程师应该指定传统管道的实践惯例，包括再循环泵吸入和排出两侧的偏心导径管节和扩管装置的安装。在全开位置具有最大开放通道和最低压降的隔离阀(例如，球阀或闸阀)，应该安装于浮选容器进水和出水侧(进料、漂浮物排放和下层清液)；再循环泵；和增压罐上。

供气管道应该包括油和水分收集阱，压力调节阀，具有合适温度的转子流量计和压力表，关于流量计的隔离阀，转子流量计旁通管路和阀门，以及紧接增压罐或再循环管道中的喷气端口的止回阀。隔离阀应该为球阀或闸阀。增压罐的供气管道应该包括加压泵关闭时有线连接关闭工艺过程空气的电磁阀。

空气供应管道也应该包括压力调节阀，它通常设置按照超过空气吸收池 70kPa(10psi)的压力排放空气而确保罐内尽管压力产生较小波动时的空气流量恒定。气体流量计应该直接读取标准体积单位读数，并配备不锈钢浮球和安全防护。操作者应该使用转子流量计下游的针阀控制气体流量。在供气系统和互连空气管道中的所有阀门都应该由不锈钢制成。

如果增压系统的设计能够满足各种流量，则再循环液体流量指示器和控制阀可能是有用的。流量指示器应该能够处理含固体的液流。文丘里管和涡旋流量指示器在这种应用环境工作良好。流量指示器和控制阀应该安装于增压罐上游的泵排放管道中。球阀、偏心旋转阀和隔膜阀都是有效的流量控制阀，也可以作为泵排放的隔离阀。

所有增压系统都使用安全阀，这种阀通常位于增压罐排放管道中紧接浮选池。这种阀能够将再循环液体压力降低至大气条件；压力之下的溶解空气在阀处以微气泡的形式发生沉淀。这些气泡接触漂浮固体。有时泄压阀能够用于控制再循环液体流量。设计工程师在每种情况下都应该咨询增压系统厂商。

操作者能够利用浮子控制空气泄放阀维持增压罐的液位。它通常会泄放少量过剩的空气。如果水位上升，浮球关闭泄放口，而使空气强制液位回落，之后空气泄放恢复。如果使用报警电路指示高水位，则浮球开关能够连接至空气泄放电磁阀，而泄放过量空气。

这种浮选器进料管线和下层清液再循环管道应该包括进料和下层清液取样的设备。在进料和下层清液管道上都应该安装聚合物添加活栓，并应该足够远离排放点上游，而使之能够彻底混合。适当的位置是现场特异性的。排水塞应该安装于进料和下层清液管道的所有较低点。应该使用清洗“T”型管而不是肘管，才能使操作者能够清除工艺过程管道中产生堵塞的任何残渣碎片。

3.4.2 泵和压缩机

设计工程师可以使用正排量泵、隔膜泵、活塞泵或螺杆泵将固体进料至DAF增稠池，但是离心泵也是首选的。这些泵应该具备的可变容量和宽的工作范围，足以满足固体生产和增稠要求的预期变化，以及进料固体特性的变化。这些泵还应该配备流量积算仪或监视器，而使操作者能够保持增稠固体的用量记录并控制DAF运行。每个浮选器都应该具有其自己的泵。

溶气浮选工艺过程常常具有聚合物系统，其包括混合和储存之罐和化学进料泵。该系统可以作为一个单元装置从聚合物供应商购买，或由工程师进行设计。无论哪种方式，这些系统都应该使用可变容量的正排量泵，而使操作者能够精确控制所用的聚合物量。每个浮选增稠池都应该具有其自己的化学品泵。

任何DAF系统的关键组件都是加压泵，这种泵将足量的液体进料至增压罐中，而确保浮选池将接收所需数量的溶解空气。开式叶轮离心泵通常用于此目的。单和两级增压泵也已被使用。目前正运营DAF增稠池使用的是单级增压系统。据报道，双级泵能够提供比单级泵更高的空气增溶效率。如果使用双级泵，则压缩空气会传送到第二级的吸入端。

对于系统的灵活性，设计工程师应该使用具有相对陡的压头排量曲线的增压泵。操作者通过增压泵和溶气罐之间的泵隔离阀之间的隔离阀节流能够调节泵流量。节流通常能够控制具有较陡的压头排量曲线的泵的排放。这对于具有平坦曲线的离心泵并非如此；在这种情况下，使用节流阀可能导致泵发生脉动。

增压泵通常使用单速电机。使用双速电机或变压头和流量容量的可调绳轮，需要取决于几个因素(例如，浮选池数量、操作方法、平均和峰值条件下增稠的固体量，以及所需的灵活度)。虽然初始成本较高，但变速增压泵能够降低电力成本，提高灵活性。

各种空气压缩机(例如，往复活塞式、旋转叶片式和螺杆式)都能够用于为DAF工艺过程提供空气。一些污水处理厂使用中央压缩机，满足DAF的空气要求，以及污水处理厂中的其他需求。

大多数浮选系统都有其自己的空气压缩机。往复活塞式单元装置是最常见的，而通常经过规格确定而递送理论上饱和所需的至少两倍的最大空气量，而使压缩机可以在空载情况下运行约50%的时间。

除了压缩机之外，还需要储压罐、空气过滤器、油阱、压力调节器和空气流量计。

3.5 初级和二级固体的共增稠

在共增稠工艺过程中，沉降的初级和二级澄清池固体混合到一起，然后进行增稠。然而，共增稠是很少见的，最近的中试试验和全规模试验运行已经表明，共增稠作用具有优于单独增稠初级和二级固体的受益(Butler et al.，1997)：

- 能够提高DAF增稠池固体负荷率(相比于单独增稠，能够使单位表面积的固体负荷率加倍)；
- 分别能够降低可溶性BOD和化学需氧量(COD)高达80%和60%；
- 降低现值成本和运营成本；
- 显著降低二级BOD负荷，而同时因为增稠固体再循环而降低了砂砾。

表23.8显示了污水处理厂1994年和1995年DAF增稠池的运行和性能的平均值。

表 23.8 溶气浮选增稠池的典型固体负荷率(U. S. EPA, 1979)

	平均值	
	1994	1995
混合污泥进料		
采用再循环的流量/(m^3/min)	12.4	12.5
采用再循环的总固体/(mg/L)	5 100	5 492
初级固体：二级固体之比	1.20	1.22
初级污泥，总固体/(mg/L)	7 189	7 540
废弃活性污泥 TSS/(mg/L)	5 878	4 467
DAFT 运行		
固体负荷率/(kg/m^2/d)	108.4	110.8
水力学负荷率/(m^3/m^2/h)	3.33	4.02
空气-固体之比/(kg/kg)	0.05	0.06
聚合物剂量/(kg/ton 干基质)	15.9	16.1
再循环比/(Q_r/Q 进料)	2.3	3.3
溶解压力/kPa	400	483
DAFT 性能		
固体捕获率/%		
仅仅漂浮固体	84.2	81.1
漂浮固体 + 沉底固体	96.8	95.4
增稠的漂浮固体量/(m^3/min)	84	0.74
增稠的漂浮固体/% TS	5.94	6.18
增稠的溢流①/(m^3/min)	9.28	10.45
T 增稠的溢流 TSS/(mg/L)	235	296
沉底污泥/(m^3/d)	1.97	0.736
沉底污泥总固体/% TS	0.55	1.75

① 增稠池溢流是指澄清的上清液。

共增稠通常用于小型污水处理设施，还必须包括聚合物改善澄清和增稠。设计工程师应该确保初级固体和 WAS 充分混合，因为混合固体的可变浓度可能导致操作问题，并导致较差的增稠性能。它们也会使之难以在增稠工艺过程中维持恒定的聚合物剂量。

汤培(Torpey，1954)首次认识到装置工作人员不得不管理共增稠稳定操作的几个因素。他的研究结果认为：

- 初级固体和 WAS 不应该含有超过 3500mg/L 的固体，
- 稀释水-初级液体之比为 8：1 将保持增稠池新鲜，和
- 操作人员必须保持特定的初级和二级固体负荷率。

稀释进水会导致共增稠变差。共增稠池进水通常是 18% 的污水处理厂流量，其中近 98%是再循环的稀释水。如果污水温度绝不会超过 15～20℃，则稀释水-初级液体之比为(4：1)～(6：1)是令人满意的；然而，较高的温度需要更多的稀释水。共增稠成功的关键

是最小化气化和生物活性所需的新鲜稀释液体体积的优化。

3.6 设计实例

市政污水处理厂正计划使用 DAF 增稠 WAS。这种污水处理厂具有初级澄清和全混曝气池。

- WAS 具有 0.8%~1.0%的固体浓度。
- 最大的 WAS 设计产量为 3 000lb/d。
- 污水处理厂每周上班 5 天，每天工作 8h，但 DAF 增稠工艺过程将每天运行 24h，每周 7 天。
- 二级澄清池的 WAS 流将是连续的。
- 已决定将兴建圆形现浇混凝土 DAF 池。
- 已决定 DAF 工艺过程将会使用再循环加压。
- 已决定仅仅在性能不佳时才加入聚合物。

最大日 WAS 产量=1 360 kg/d

固体负荷率=2 kg/m^2/h［表 23.8— 选择保守的负荷率(WAS 空气)］

效率因子=85%（因为不使用聚合物，则选择 85%的效率）

每天运行时数=24 h

WAS 最低固体浓度=0.8%

基于 SLR 的最低固体浓度=4%

加压的再循环流量

加压的流量设计应该基于最大总固体负荷(EPA，1979)。在这个例子中，假设了 100%的再循环率。因此，再循环流量为 37gal/min。

最大净时负载=57kg/h，使用方程 23.8

所需最大表面积=29m^2，使用公式 23.9

圆形 DAF 池所需的直径=6m

最大总固体负荷= 67kg/h，使用公式 23.10

最大进料流量=37gal/min，使用公式 23.11

增稠固体流量=6gal/min，使用公式 23.12

下层清液(总)流量=74gal/min，使用公式 23.13

水力学表面负荷率=2.6 gal/min^2，使用公式 23.14

注：按照第 3.2.3 节，DAFT 通常设计用于 5~21 gal/min/m(1gal=3.78kg)的水力学负荷率。

单元装置的数目

理想的情况下，设计工程师应该提供两个 DAF 单元装置，因此在一个停工时而该工艺过程仍将具有足够的 WAS 增稠容量。

4 离心机

离心机增稠类似于重力增稠，不同之处在于离心增稠可能要施加重力 500 至 3000 倍的力。离心力导致悬浮固体颗粒迁移通过液体而根据液体和固体的密度差异靠近或远离离心机的旋转轴。沉降速度增加和粒子沉降距离缩短，是离心机容量相对较高的根本原因。

离心机自从20世纪20年代初以来已经用于废弃污泥固体的增稠(WPCF，1969)。无孔转鼓传送离心机在这种应用环境中使用最广泛。影响离心机增稠的变量可分为三个基本类别：性能，工艺过程和设计。性能是通过增稠的固体浓度和离心液中悬浮固体回收率进行测定。回收率作为增稠的干固体以进料干固体的百分比进行计算。使用通常测定的固体浓度，如下计算回收率：

$$R=\frac{TSS_P(TSS_F,\ TSS_C)}{TSS_F(TSS_P,\ Func\ TSS_C)}\times 100 \tag{23.8}$$

式中 R——回收百分率；

TSS_P——增稠固体中总悬浮固体浓度,%；

TSS_F——进水中总悬浮固体浓度,%；

TSS_C——离心液中总悬浮固体浓度,%。

工艺过程影响增稠的变量包括进料流量、离心机转速，相对于转鼓的传送机差速、池深、化学品的使用，以及液体和悬浮固体的理化性质(例如，颗粒大小和形状、粒子密度、温度和液体黏度)。这些变量是污水处理厂操作者必须使用而优化离心机性能的手段。

4.1 工作原理

离心机的主要部件是转鼓和卷轴。转鼓水平安装，迅速旋转而产生离心力。卷轴安装于转鼓内而将固体从转鼓一端向另一端传送。

转鼓由圆柱形段和圆锥形段两段构成(见图23.9)。这两部分通常由浇铸不锈钢制成，但也可以用冷轧不锈钢板制成。这两部分在工厂就用螺栓连接在一起，经过加工而在高速下平衡。卷轴由安装于空心杆轴上的不锈钢螺旋传送机构成(见图23.10)。它可以是开放式的设计，通过辐条安装于杆轴上或采取封闭式设计，直接安装于杆轴上。整个卷轴都安装于转鼓内而能够独立转动。

图23.9 离心机转鼓的几何结构

对于增稠固体，转鼓和卷轴通常运行在1500rpm以上运行；卷轴转动恰好比转鼓快(或慢)几个rmp而产生差速。进料固体和聚合物注入卷轴空心轴中而排放至旋转的转鼓中。转鼓的离心力导致固体沿着转鼓壁沉降。卷轴螺旋传送机将固体向转鼓锥形部分移动并将其排出。同时，液体在转鼓另一端经由端板上的开口排出(见图23.11)。

4.2 物理特性

每一种离心机都有其独特的物理特性，能够影响生产量、捕获效率、聚合物剂量、滤饼

图 23.10　离心机卷轴的实例
（经 GEA Westfalia Separator, Inc. 许可）

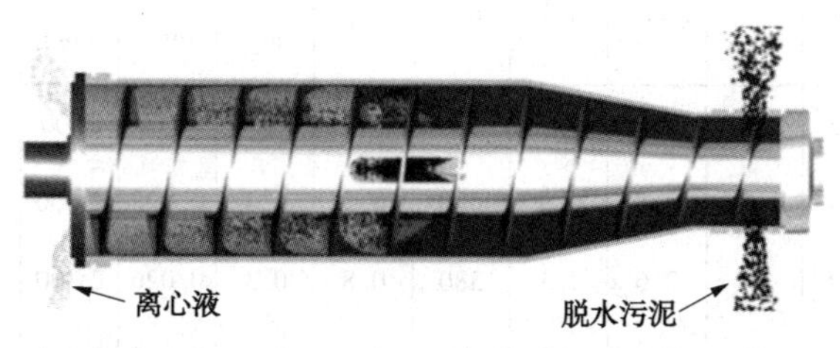

图 23.11　离心机增稠固体的实例
（经 GEA Westfalia Separator, Inc. 许可）

固体浓度和功率。

4.2.1　转鼓的几何结构

转鼓是离心机的最重要的特性之一。转鼓几何结构显著影响生产量，捕获效率和滤饼固体浓度。转鼓由两个主要部分构成：圆柱体和圆锥体（见图 23.12）。制造商用于描述具体离心机的关键尺寸是转鼓直径（D1）、转鼓长度（L1）、排放直径（D2）和岸锥角（A）。每个尺寸都影响离心机的性能。

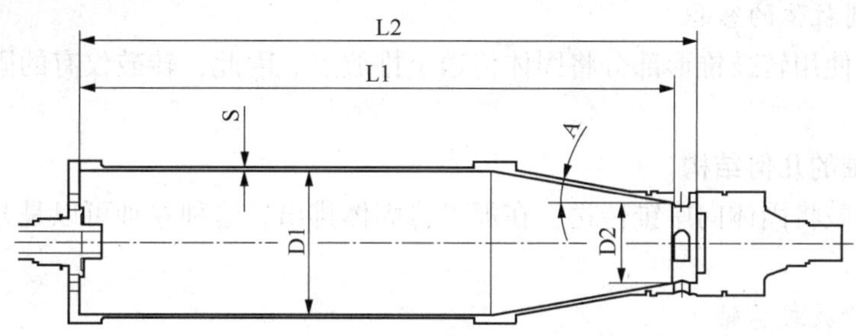

图 23.12　离心机转鼓的关键尺寸

• 总而言之，转鼓直径和转鼓速度决定了转鼓壁上的离心力。在给定的转鼓速度下，转鼓壁上的离心力随着转鼓直径增大而增大。

• 排放口直径决定了离心机中固体池的深度。这与离心机可容纳的固体最大体积有关。在给定的转鼓直径下，固体池深度和最大固体体积随着排放口直径增大而降低。

• 增稠固体传送到岸锥（离心机的圆锥形部分），而后排出。厂商已经发现，对于增稠离心机，15°~20°的岸锥角是最佳的。

4.2.1.1 转鼓容积

表23.9是用于计算离心机总容积的数据。然而，离心机的可用总容积——总容积减去与排放口直径相关的空气空间(卷轴占据的空间)——是离心机能够容纳的固体实际体积(见图23.13)。

表23.9 各种离心机转鼓的特性

厂商	转鼓直径/mm	转鼓周长/m	转鼓通畅度/m	锥长度/mm	锥角/(°)	圆柱体长度/m	圆柱体容积/m^3	排放口直径/mm	有效转鼓容积 e/m^3	无效转鼓容积/m^3	转鼓速度/(sec/rev)	正常工作速度/(r/min)	角速度/(m/s)	向心加速度/(m/s^2)	转鼓壁G-力/m^3	转鼓壁G-力/gal
A	740	2.32	3.05	450	20	2.6	1.1	410	0.8	0.3	0.024	2500	97	25 500	2 600	600 000
B	690	2.15	2.92	470	15	2.5	0.9	430	0.5	0.4	0.023	2 600	93	25 000	2 600	380 000
C	740	2.32	3.1	490	20	2.6	1.1	380	0.8	0.3	0.026	2 300	89	22 000	2 200	500 000
D	760	2.39	3.07	380	20	2.8	1.3	480	0.8	0.5	0.027	2 200	89	21 000	2 100	500 000

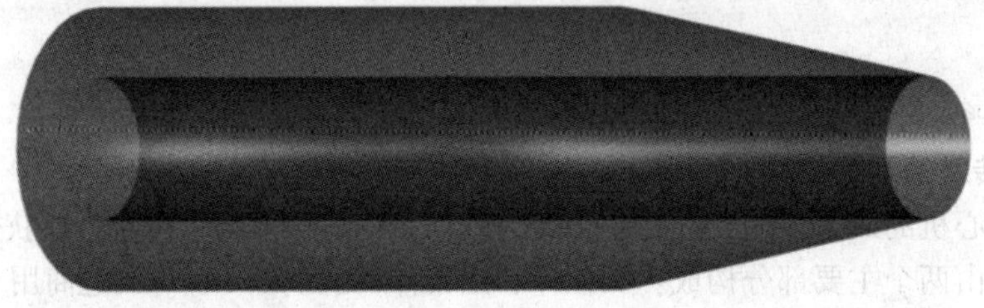

图23.13 离心机转鼓中的可用容积

4.2.1.2 圆柱体的容积

增稠离心机使用转鼓锥形部分将固体传送至排放点。因此，转鼓仅有的固液分离的部分就是圆柱体部分。

4.2.2 卷轴的几何结构

卷轴沿着转鼓将固体向岸锥传送，在那里将固体排出。这种卷轴可以是开放式的或封闭式的。

4.2.2.1 开放式卷轴

开放式卷轴包括由辐条连接到卷轴的钢带刮板。使用这种卷轴类型的制造商认为，这降低了转鼓中的湍流，因为离心液没有必要要绕着卷带刮板行进而沿着转鼓壁搅动固体。依据制造商的说法，这能够降低聚合物的使用而提高捕获效率。

4.2.2.2 封闭式卷轴

封闭的卷轴包括直接连接至卷轴杆轴的刮板。使用这种卷轴类型的制造商认为，其能够使构建的固体库存高于开放式卷轴。(开放式卷轴允许滤饼获得更大程度的压缩，潜在地产生了更高产的固体)。已有制造商在几种脱水应用中成功地使用了封闭式卷轴。

4.2.3 卷轴构造设计结构

卷轴能够构造设计成超前或滞后模式(见图23.14)。超前卷轴运行比转鼓稍快，而滞后卷轴运行稍慢。

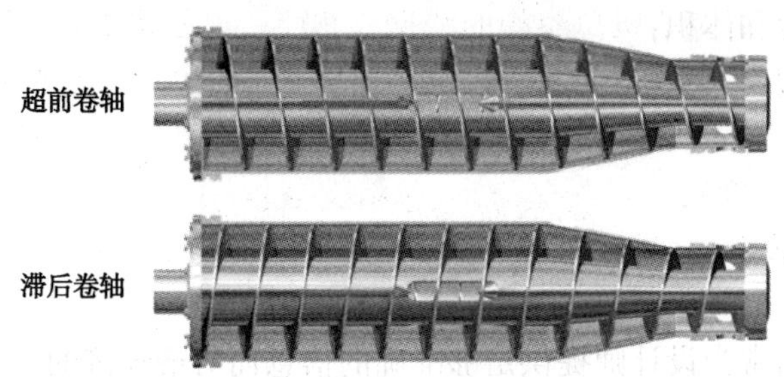

图 23.14　可能的卷轴构造设计结构
(经 GEA Westfalia Separator, Inc. 许可)

4.2.4　卷轴驱动特性

卷轴驱动(背向驱动)系统转动卷轴时相对于转鼓而产生的差速可能范围为 1～15r/min。在更高的差速下，增稠的固体从离心机移出更快速而固体浓度较低。在较低的差速下，增稠的固体从离心机移出较慢，而固体浓度较高。

4.2.5　差速调整

增稠离心机在低差速下运行而将固体尽可能长时间地保留在转鼓中。差速能够进行微调，操作者能够以此实现最高可能的滤饼固体浓度，而同时提供所需的产量和捕获效率，并最大限度地降低聚合物剂量。他们能够经由独立的卷轴驱动操作系统进行微调而将高马达速度转化成慢速卷轴速度。卷轴速度调整越精细，则操作者不得不采取而优化离心机的控制措施就越多。

4.3　评价和规模放大的方法与步骤

离心机厂商相对为数不多，他们通常严格对自己的评价和规模放大技术保密，因此还不存在离心增稠池基本的广为接受的设计标准。相反，设计工程师通常依赖于经验，实验室测试和中试试验估计离心机性能。进料固体很少可供实验利用，因此设计师必须根据过去对类似的固体在相同条件下的经验作出判断。然而，如果固体现成可用，则设计师应该尽一切努力而将其设计建立在中试试验结果的基础之上。

设计工程师通常使用实验室小试规模的试验，确定离心设计构造是否可行，并选择一种化学整理剂，及其合适的剂量。他们使用中试试验测试而产生离心设计的数据，因为设备制造商在没有这种数据时都不愿意保证设备性能。

中试试验测试针对全规模离心机进行，因为这些离心机设计和比例都类似于正在考量的商业单元装置。很多厂商对于租赁或试运行都有现成的试验测试单元；其中有些是具有能够在各个现场之间很方便移动的卡车，罐车或滑轨安装的单元装置。通过广泛机器和工艺过程变量操作中试单元装置，使设计工程师能够评价进料固体流量和质量正常变化的影响。具体而言，他们应该评估下列参数如何影响离心机的性能：

- 水力学进料速率，包括聚合物溶液流量；
- 增稠固体(滤饼)排放速率；
- 聚合物剂量率；

- 澄清面积；
- 处理池的深度和体积；
- 固体停留时间；
- 传送机差速；
- 离心力(转鼓速度)；
- 固体回收百分率；
- 滤饼浓度。

试验测试结果通常为设计师提供足够准确的信息而对最经济的全规模设备作出选择和确定尺寸大小。换句话说，无孔转鼓卷轴型离心机的最终选择通常是成功的离心操作固有的两个操作之间的折中处理：固体分离(这是澄清面积的函数)和固体合并和移出(通过螺旋传送机)。如果这些不能保持平衡，则离心液澄清度和/或固体浓度将会变差。

4.3.1 理论容量系数

研究人员已经开发出适用于将中试试验数据按比例放大成全规模商业单元装置的某些理论方程。[这些放大系数的完整推导可以查阅这些文献(Perry and Chilton，1963；Vesilind，1974a 和 1974b)；Purchas，1977)]。成功的离心操作两个最重要的标准是固体分离(水力学或澄清容量)和固体去除率(滤饼传送容量)。无孔转鼓离心机的水力学容量(Σ)如下确定：

$$\Sigma = 2\Pi l \frac{\omega^2}{100g}(0.75r_2^2+0.25r_1^2) \tag{23.9}$$

式中 Σ——理论水力学容量，cm^2；

l——离心转鼓有效澄清长度，cm；

ω——离心转鼓角速度，rad/s；

g——重力加速度，m/s^2；

r_1——离心机中心线至离心转鼓中液体表面的半径，cm；

r_2——离心机中心线至离心转鼓内壁的半径，cm。

以下是计算 Σ 的更简单方法(仅仅适用于无孔转鼓离心机)(Vesilind，1974b)：

$$\Sigma = \frac{V\omega^2}{g\ln(r_2/r_1)} \tag{23.10}$$

其中 V=离心池容积(cm^3)。

当按比例放大固体处理(滤饼传送)容量时，有个假设是，如果两个几何结构相似(但尺寸不同)机器的固体排放率与理论固体处理容量之比相同，则其性能对于给定的固体进料将是类似的(Vesilind，1974a)。这种放大的关系如下：

$$\frac{Q_{SP}}{\beta_p} = \frac{Q_{SF}}{\beta_f} \tag{23.11}$$

式中 Q_{SP}——中试装置的固体排放率，m^3；

Q_{SF}——全规模装置的固体排放率，m^3；

β_p——中试装置的固体处理容量系数，m^3/h；

β_f——全规模装置固体处理容量系数，m^3/h。

最好的办法是根据容量和固体负荷考虑因素制定全规模的要求。限制标准决定对机器的选择。

正如刚才提到的理论关系是有局限性的。Σ 和 β 都不需要考虑澄清和滤饼存储区之间的相互作用。某些污水固体(如，WAS)是调节性的而可能在排放之前难以上行至转鼓的岸锥部分。此外，全规模装置可能因为滤饼固体的理论性质无法达到理论固体深度(滤饼堆)。

设计工程师应该咨询离心机制造商，正确地认识设计的限制因素并基于水力学和固体负荷考虑因素制定全规模的要求。某些限制因素通过改变离心机的设计(例如，转鼓或传送机速度、传送机间距、传送机导程数量、或池深度)加以克服而提供固体分离和去除的更有利的环境。

4.4　工艺设计的条件和标准

离心机制造商提供的设计具有显著不同的特性。表 23.10 列出了影响坐式无孔转鼓离心机运行的主要设计和操作变量。这些变量在文献(U.S. EPA，1979；WPCF，1980)中进行了详细讨论。离心机合乎需要的特性就是其性能——通过增稠固体和固体捕获率进行衡量——能够通过修改控制变量而调节至所需的值例如，进料流量、转鼓和传送机差速、整理化学品(聚合物)的使用和池深。

表 23.10　影响离心增稠的因素

基本机器设计参数	可调节的机器和运行特性	固体特性
流动几何特性	转鼓速率	粒子和絮凝体尺寸
逆流	转鼓和传送机	粒子密度
并流	差速	稠度
内部挡流	池深和容积	黏度
转鼓/传送机几何形状	进料速率	温度
直径	水力学负荷	SVI
长度	固体负荷	挥发性固体
锥角	絮凝剂的使用	固体停留时间
间距和导程		化粪池条件
最大池深度		絮凝体变质
固体和絮凝剂进料点		
最大运行速度		

表 23.11 显示了坐式转鼓离心机容量如何与基本旋转组件的尺寸和运行速度相关。(因为由于设计上的差异和固体特性，预期的性能范围千差万别而忽略具体的设计推荐值。)

有时，加入聚合物可能会增加离心机的水力学负荷，而同时保持其固体捕获率和增稠特性。聚合物的使用通常能够将固体捕获效率提高至 90%~95%以上。

以下是离心增稠池设计的重要考虑因素：

• 提供有效的污水除砂和筛滤或粉碎操作。如果污水筛滤或粉碎不充分，则进料固体应该在进入离心机之前传送通过磨床而避免堵塞问题。

• 使用稠度相对均匀的进料源(混合储存或掺混罐常常是比较合适的)并将其经由可调速泵以正流量控制进料至离心机中。

• 考虑通过下列方法之一处理增稠固体：直接排放到收集井之后采用正排量泵传送，直接排放到开喉式螺杆泵，或排放到螺旋传送机。

• 考虑将离心液再循环至初级或二级处理工艺过程，并在离心液泵送过程中提供通风和/或抑制泡沫的能力。

• 考虑结构方面(例如，来自离心机的静态和动态负荷、振动隔离和提供设备维修的高架升降的装置)。在经受地震的地区，要提供减震器(分离振动)、管道柔软性和辅助设备的连接。

• 提供设备停机期间冲洗离心机的水。

• 考虑是否需要热水供应而定期冲洗油脂堆积。

• 确保离心机适当通风，并考虑是否需要气味控制。

• 当增稠厌氧消化固体时，要考虑鸟粪石(磷酸铵镁)形成的潜势。

• 注意聚合物进料系统的设计。

表 23.11 坐式无孔转鼓离心机报道的运行结果

地点	活性污泥类型	进料固体浓度/(mg/L)	SVI/%VSS	进料流量/(L/min)	增稠固体浓度/%	固体捕获率/%	聚合物的使用/(g活性聚合物/kg干固体)	机器规格(转鼓直径×长度)/mm	转鼓速度/(r/min)	离心机构造设计结构
新泽西亚特兰大市	传统	3 000	100(60)	1 230	10	95	2.5	740×2340	2 600	逆流
加州洛杉矶海波	传统	48000~6000	110~190	2300~3000	3.7~5.7 3.6~6.0	88~91 77~96	无 0.2~2.2	1100×4190 1100×4190	1600 1600	并流 并流
	传统	4800~6000	110~190	2300~3000	1.9~7.9 1.7~8.2	47，895 7~97	无 0.4~1.4	1100×3600 1100×3600	1995 1995	逆流 逆流
加州奥克兰，东海湾 MUD	高纯氧	5000	250~400	4200	7	66	6	1000×3600	1995	逆流
佛罗里达那不勒斯	传统	10000~15000	70~80	380	6	90~92	None	740×3050	2000	逆流
威斯康辛密尔沃基，琼斯岛	传统	6000~8000	80~150(75)	1100~1900	3~5.5	92~93	—	—	1000	并流
科罗拉多利特尔顿	传统	6000~8000	100~300	570~1100	6~9	88~95	3~3.5	740×2340	2300	逆流
安大略省望湖(加拿大)(PM 75 000)	传统	7560	80~120	840	4.7	77	None	740×2340	2300	逆流
安大略省望湖(加拿大)(XM-706)	传统	7120	80~120	1350	6.1	65	None	740×3050	2600	逆流

工程师通常通过确立给定应用环境中哪种固体特性重要，并确定其如何影响工艺性能而

定义工艺设计标准。不幸的是，对于离心增稠池而言，因为固体特性和离心机设计二者全都是变化的，则就不可能有具体的设计标准。

无孔转鼓传送离心机是通用的；这种类型能够用于增稠各种各样的污水流。大多数市政污水处理厂都将其用于增稠 WAS。一个重要的设计参数就是水力负荷。离心机的水力学负荷控制液相的停留时间，这个停留时间在增稠应用中通常介于 30~60s 之间。

固体浓度是另一个重要因素；它决定了施加给离心机的具体固体负荷(kg 干固体/d)和增稠固体(湿滤饼)输出量(m^3/d)。这些测量结果有助于离心机设计师确定机器的参数。它们还有助于操作者调整机器和工艺过程变量(例如，传送机差速和进料速率)而平衡负荷需求。

进料固体和液体组分的密度也很重要，而操作者对其特性几乎无法控制。由于活性污泥和混合液体通常具有类似的低絮凝体密度。操作者经常需要添加化学整理剂提高聚结絮凝体的有效密度，从而提高沉淀或离心沉降速率。

进料固体中的粒子粒径和粒径分布显著影响离心机的增稠和脱水性能，但这些特性很难准确测定。对于绝大部分而言，操作者都是简单地测量固体浓度，而不是颗粒粒径或密度。一个值得关注的问题——尤其是对于 WAS——是这些自然絮凝的物质是由聚结絮凝体中松散结合至一起的小粒子构成。这种自然发生的聚集作用，特别是在离心机高剪切力作用下，常常容易解体。因此，可能有必要使用聚合物才能使絮凝体聚结更加内敛。

4.5　机械特性

基本的无孔转鼓传送离心机具有以下主要组件：基座、外壳、转鼓、传送机、进料管、主轴承、传动单元和背向驱动。

4.5.1　电机类型和规格

大多数离心机制造商对其系统会提供两种电机和两种 VFDs：涡壳驱动电机和 VFD，以及主驱动电机和 VFD。交流电动机直接接收 VFDs 的电流。涡壳驱动电机能够加速或减速涡壳；其似乎并不影响任意 VFD 的总连接马力。然而，当涡壳驱动电机用于加速涡壳时，规格要求通常要比其用于减慢涡壳的规格要求更大。相反，当涡壳驱动电机用于加速涡壳时，主驱动马达规格要求通常要比涡壳驱动电机用于减慢涡壳的规格要求更小。

4.5.2　基座

基座提供坚实的根基，用于安装和支撑离心机的主要部件。隔振器处于基座和机器地基之间，用于降低离心机振动的传递。

4.5.3　机壳

机壳完全封闭旋转组件；其起到防护和噪声阻尼器的作用。[无孔转鼓离心机的噪声在 0.9m(3 ft)下通常为 80~90 dbA]。随着滤饼固体和离心液从旋转组件中排放出来，机壳也会装入和引导滤饼固体和离心液。

4.5.4　转鼓

无孔转鼓离心机的转鼓通常类似于圆柱体或圆锥体。根据制造商不同，而这些比例有所不同。转鼓直径范围为 0.23~1.38m(9~54in)，转鼓长度与直径之比为(2.5~4：1)。离心机容量一般为 40~3 000L/min(10~800gal)。

用于污水处理应用的转鼓，通常由保留固体保护层的侧面上具有条带或沟槽的碳钢或

300 系列不锈钢制成。有时候转鼓还具有不锈钢或陶瓷内衬。

4.5.5 传送机

螺旋或螺杆传送机装置包括中心核或轮轴，内衬耐磨陶瓷或碳化钨的进料室和进料端口。螺旋刮板导程表面和刮片尖都涂有耐磨材料。现代无孔转鼓离心机使用的机壳更换传送机部分由陶瓷或碳化钨制成。整个装置同心组装到离心机转鼓中。传送机速度通过传动单元和背向驱动装置控制。絮凝剂要么加入到进料室中，要么经由机器独立注入端口。

4.5.6 进料管

进料管是可拆除的，而设计工程师应该确定管道的长度。他们通常会提供两种聚合物进料位置：进入进料管中和直接进入离心机。工程师应该确保进料管具有弹性进口连接(而不是阀门或接头)以使隔振器能够正确地防振。

4.5.7 轴承

根据机器的规格和速度，需要三种类型的主轴承——圆球、球形和圆柱形——支撑整个旋转组件。轴承通过润滑油脂、静态油浴或外循环油系统润滑，而通常具有 100 000h 的寿命。

4.5.8 背向驱动

传动单元和背向驱动装置使转鼓和传送机能够维持不同的速度。它通常由行星式或环状齿轮和机械的，液压的或电动的背向驱动构成。传动单元通常由油浴或油脂润滑系统进行润滑。

4.5.9 磨损区

离心机具有许多敏感的磨损区域(例如，转鼓内壁、传送机刮片、进料室、进料端口和固体排放区)。这种区域通常受各种硬面材料(例如，烧结碳化钨或陶瓷)保护。现代技术已经将传送机的寿命提高至 10000~20000h。

4.5.10 振动

每个离心机都会产生到一定程度的振动。为了对传递至基座或管道的振动进行减振，离心机基座应该支撑于隔振器上且直接连接的管道应该具有柔韧连接器。

4.5.11 电动控制

无孔转鼓离心机的控制电路通常旨在保护离心机不发生故障(例如，扭矩过载、油压损失、振动过度、油温过高和电机超载)。此外，设计工程师还应该提供联锁，关闭进料固体，启动离心机关停期间的水冲洗序列。

4.6 附属设备

4.6.1 泵

设计工程师通常更喜欢对小型至中型离心机使用螺杆泵，因为正排量和稳态泵送速率使之既能有效计量又能精密控制固体进料速率。螺杆驱动应该是至少具有 5 倍速范围的变速[例如，80~400L/min(20~100gpm)，无论进料固体浓度如何变化，而使操作者都能够满足固体负荷目标。

如果选择使用离心泵，则设计工程师应该意识到，在固体稠度的变化将会影响泵送速率。因此，选择合适的流量计和控制器维持离心负荷，是很重要的。

对于无论哪种类型的泵都使用流量计，特别是使用其他的测量控制(例如，密度传感器）维持离心机相对恒定的固体负荷时，不失为一种良好的设计实践惯例。

4.6.2 增稠固体的传送

根据不同的应用环境，离心机排出的增稠滤饼固体含量为3%~15%（按重量计）。这种滤饼是高度黏性的而常常是触变性的。当从离心机定向槽排出时，这种滤饼可能

- 直接排放到随后泵送的收集井；
- 直接排放到开喉式螺杆泵；
- 排放至水平螺旋传送机，而将其载送至收集池或开喉式泵。

当离心机同时用于增稠和脱水时，最后的方案是行之有效的。逆向螺旋传送机可以在一个方向上传送增稠的固体而在相反的方向上对滤饼脱水。

4.7 性能控制系统

最大化滤饼固体，维持合理的捕获效率和最小化聚合物要求都是艰巨的任务，不使用仪器仪表和控制设备很难完成。离心机过去常常使用自动扭矩功能进行控制，从而相对于转鼓速度改变卷轴速度而维持预定的扭矩设定值。这有助于维持滤饼固体稠度恒定，但并未解决捕获效率和聚合物剂量问题。通过手动改变聚合物剂量或扭矩设定值维持捕获效率，直到离心液变清澈。这种系统运行良好，但需要操作者付诸大量的关注和重视。

当前最先进的控制系统会使用传感器和软件组合控制差速、转鼓速度、池深度和聚合物剂量。

4.7.1 正馈系统

正馈系统使用传感器跟踪进料固体浓度，使用流量监控器跟踪流量。这些信息能够用于确定固体负荷率。然后，系统会自动调节聚合物剂量而维持操作者指定的每磅处理固体的剂量。基于产生所需滤饼固体浓度的历史信息，还会自动调节扭矩（差速）。如果不能充分提高聚合物剂量而提供视觉上清澈干净的离心液，则该系统就调节扭矩设定点直至离心液变清。

4.7.2 反馈系统

反馈系统使用传感器测定离心液固体浓度，并使用此信息调节聚合物剂量，直到达到所需的离心液固体浓度。它还可以自动调节扭矩产生恒定的滤饼固体浓度。如果无论聚合物剂量如何都不能到达所需离心液质量时，系统会自动降低扭矩直至离心液变清。

4.8 变速转鼓和卷轴

现在所有的离心机厂家都会对主驱动和涡壳驱动提供变频驱动。在离心机运行的同时改变驱动（即，能够调节差速和转鼓速度）。这个相对较新的功能使操作者能够同时降低转鼓速度和差速，直到达到所需的固体浓度。另外，在较低的转鼓速度下运行能够降低功耗并可以降低磨损和聚合物要求。

4.9 池深度调节

共混的初级固体和 WAS 的特性在整天内可能易于变化。例如，固体浓度可能会从1.0%变化至4.5%。这种固体浓度的显著变化，可能需要改变离心机池深度，才能维持最低聚合物剂量下的所需固体捕获效率和增稠固体浓度。

手动改变池深度是试差过程，这涉及关闭单元装置、卸下和调节离心液堰、开启离心机备用设备、收集和分析增稠固体和离心液样本，并在必要时重复而直至获得预期结果。目前制造商都会提供可变池深特性，允许操作者调节池深度，同时保持离心机运行（见图23.15）。该系统通过电机操作板限定离心液流量而改变池深度。

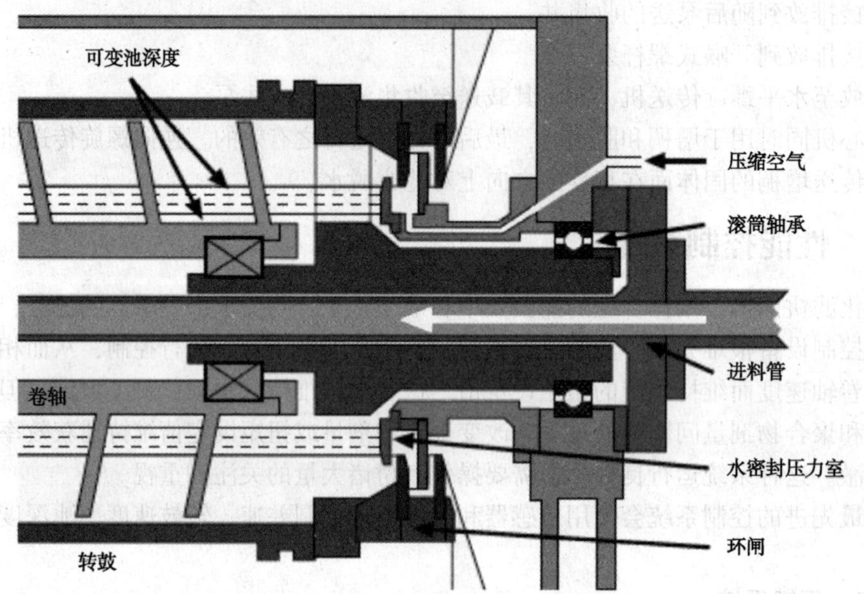

图 23.15　离心机中池深度的改变机制

4.10　化学品整理

聚合物特性千差万别，因此设计工程师应该对其性质，以及筹备和运输技术咨询其制造商。对于有关聚合物混合和进料系统的信息，请参阅第 22 章。

4.11　设计实例

假设设计工程师们要计算必须增稠的 WAS 最大量为 10883kg/d（干重）。下列运行标准适用于：

- 增稠设施运行 7.5h/d
- WAS 固体浓度为 0.5%的固体
- 未进行中试试验的新设施
- 三个工作单元装置和一个备用单元装置的设计

每日最大 WAS 产量＝ 10883kg/d

工作单元装置数目＝3 个单元装置

每天的运行时数＝7.5h

WAS 最低固体浓度＝0.5%

WAS 相对密度＝1

所用方程：

$$\text{最大净时负荷}=\frac{\text{最大日 WAS 负荷}}{\text{每天正好时}} \tag{2.3.12}$$

$$\text{每个单元装置的最大净时负荷}=\frac{\text{最大净时负荷}}{\text{单元装置数}} \tag{23.13}$$

$$\text{每个单元装置每 min 运行的体积}=\frac{\text{每单元装置的净时负荷}}{\text{WAS 固体浓度}\times\text{相对密度(WAS)}\times\text{单元装置数}} \tag{23.14}$$

$$\text{转鼓周长(m)}=(\text{转鼓直径(m)}\times\pi \tag{23.15}$$

$$\text{转鼓转速}\left(\frac{\text{秒}}{\text{转}}\right)=\frac{\text{秒数/min}}{\text{转鼓转速}\left(\frac{\text{转数}}{\text{min}}\right)} \tag{23.16}$$

$$\text{角速度}\left(\frac{\text{m}}{\text{s}}\right)=\frac{\text{转鼓周长(m)}}{\text{转鼓转速}\left(\frac{\text{秒}}{\text{转}}\right)} \tag{23.17}$$

$$\text{向心加速度}\left(\frac{\text{m}}{\text{s}^z}\right)=\frac{\text{角速度}\left(\frac{\text{m}}{\text{s}}\right)}{\text{转鼓半径(m)}} \tag{23.18}$$

$$\text{G-力@转鼓壁}=\frac{\left[\text{向心速度}\left(\frac{\text{m}}{\text{s}^z}\right)\right]^z}{\text{重力加速度}\left(\frac{\text{m}}{\text{s}^z}\right)} \tag{23.19}$$

$$\text{圆柱体长度(m)}=\text{转鼓长度(m)}-\text{锥体长度(m)} \tag{23.20}$$

$$\text{圆柱体容积(m}^3\text{)}=\pi\times\left(\frac{\text{转鼓直径(m)}}{2}\right)^2\times\text{圆柱体长度(m)} \tag{23.21}$$

$$\text{无效圆柱体容积(m}^3\text{)}=\pi\times\left(\frac{\text{排放口直径(m)}}{2}\right)^2\times\text{圆柱体长度(m)} \tag{23.22}$$

$$\text{转鼓圆柱体有效容积(m}^3\text{)}=\text{圆柱体容积(m}^3\text{)}-\text{无效圆柱体容积(m}^3\text{)} \tag{23.23}$$

$$\text{转鼓圆柱体有效容积(gal)}=\text{转鼓圆柱体有效容积(m}^3\text{)}\times\left(\frac{\text{gal 数}}{\text{m}^3}\right)^2 \tag{23.24}$$

$$\text{G 容积}=\text{G-力@转鼓壁}\times\text{转鼓圆柱体有效容积(gal)} \tag{23.25}$$

最大净时负载=1451kg/h，使用方程 23.19

每个单元装置最高时负荷=483m^2，使用公式 23.20

每分钟运行的容积=427gal/min/个单元装置，使用公式 23.21

咨询一些厂家。将这些关于这个应用环境的信息以及各单元装置的所需质量和流量标准提供给他们。对所提出的单元装置尺寸寻求具体的参考值。

请参考表 23.9。

5　重力带式增稠机

在 1980 年推出的重力带式增稠机是一种具有改性上部重力排水区而能够使水通过移动

的织物网孔带排出并同时发生固体混凝和絮凝的压滤机(见图 23.16)。最初的设计是一种脱水预处理方法，但随后的改进使之更适合增稠固体。重力带增稠机目前用于处理好氧或厌氧消化固体，明矾和石灰固体，初级固体和最初含有 0.4%~8%固体的混合固体。当使用1.5~5g/kg(3~10lb/ton)(干重)的聚合物浓缩这些物质而避免过量的固体损失时，这种增稠机通常能够捕获超过 95%的固体。当处理市政 WAS 和生物固体时，重力带式增稠机能够产生固体含量为 6%的物质。

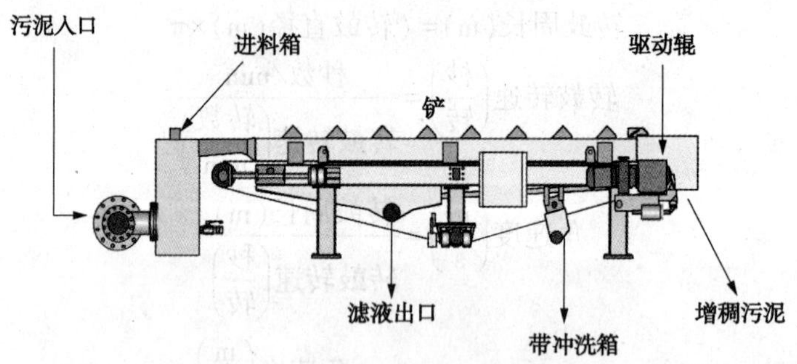

图 23.16 重力带式增稠机的示意图

重力带式增稠机由于其高效的空间要求，低使用功耗和适度的资本成本而深受欢迎。目前正在进行生产量和聚合物使用方面的改进，而这将使得这一工艺过程更具成本有效性。

经验表明，重力带式增稠机对于许多污水固体类型都工作良好，而相对于许多其他的增稠工艺过程不太会受污水处理厂运行问题的影响。这种增稠方式通常经过稍微改变聚合物剂量，水力负荷率和固体负荷率就能够处理甚至难以增稠的固体。

如果设计工程师打算使用重力带式增稠机作为共增稠工艺过程的部分，他们应该确保初级固体和 WAS 在物料载入到滤带上之前进行适当混合。这才能消除初级固体中的油脂和碎渣所产生的堵塞问题。

5.1 评价和放大的方法与步骤

在过去，安装之前工程师们要测试重力带式增稠机的性能，而验证设计参数。多年来，他们使用具有所有必要附属设备的拖车式 1m 重力带式增稠机对许多类型的固体(例如，WAS、厌氧消化固体、初级固体、滴滤池固体、好氧消化固体和纯氧活性污泥)进行这种测试工艺过程。结果表明，中试和全规模运行之间具有良好的相关性。

工艺过程的灵活性和良好的整体性能，使之对于大多数污水固体处理应用环境可以不需要进行中试试验。设计工程师现在主要使用中试试验比较各个厂家机器的成本效益，而评价异常增稠应用，或验证机器性能都获得认可。实验室小试试验通常包括将固体样品发送给各厂商进行小试和自由排放试验而确定聚合物的种类和剂量。

至于其他污水增稠工艺过程，性能都是固体特异性的。然而，性能和设计标准能够基于类似的全规模装置进行预测(见表 23.12)。

表 23.12　重力带式增稠机的典型性能(经德克萨斯休斯顿 Ashbrook Simon-Hartley 许可重印)

生物固体类型	初始浓度/%	固体负荷/(kg/m·h)	聚合物剂量/(g/kg)	最终浓度/%
初级固体	2~5	900~1 400	1.5~3	8~12
二级固体	0.4~1.5	300~540	3~5	4~6
(50% P)(50% S)	1~2.5	700~1 100	2~4	6~8
厌氧消化固体	2~5	600~790	3~5	5~7
(50% P)/(50% S)				
厌氧消化固体(100% S)	1.5~3.5	500~700	4~6	5~7
好氧消化固体(100% S)	1~2.5	500~700	3~5	5~6

5.2　工艺过程的设计考虑因素和标准

重力带式增稠机的主要设计部件是

- 进料固体泵和进料流量控制;
- 聚合物系统和进料控制;
- 重力带式增稠机
- 滤带冲洗水源;
- 增稠固体泵;
- 气味控制。

在设计这些组件之前，工程师需要确定可能的工作模式。例如，这个工艺过程可能在较短的时间框架内采取 7 天增稠制。常见的工作模式包括每周连续 7 天增稠，每周连续 5 天增稠，每周一次轮班 7 天增稠，和每周一次轮班 5 天增稠。

所有的组件必须经过规格尺寸确定而既能处理最小可能的固体进料率又能处理最大可能的固体进料率。其他重要的设计考虑因素和标准将在以下小节中提出。(对于有关附属设备和控制的设计信息，参见第 5.4 节。)

5.2.1　单元装置的规格尺寸确定

工程师能够基于中试试验结果和厂商流量与固体负荷容量标准(参见表 23.13)设计重力带式增稠机。然而，对于大多数市政 WAS、厌氧消化固体、好氧消化固体、饮用水固体和纸浆和纸张(再生纸)固体，因为可供使用的历史运行数据的丰富程度，推荐采用某些实验验证给定固体能够在典型的聚合物剂量下的增稠。

表 23.13　重力带式增稠机的典型水力学负荷范围(MacConnell et al., 1989)

滤带规格(有效脱水宽度)/m	水力学负荷范围①/(L/min)
1.0	400~950
1.5	570~1 420
2.0	760~1 900
3.0	1 100~2 800

① 假设市政污泥 0.5%~1.0%进料固体。污泥密度变化、滤带孔率、聚合物反应速率和滤带速度对于任何给定尺寸的滤带能够提高或降低流量。

如果不使用中试试验数据，对于此水力学负荷率工程师能够使用 800 L/m · min

(200gpm/m)的保守设计值。随着进料流量的增加，需要操作者更多注意力维持稳定运行。

操作经验证实，某些重力带式增稠机能够在高达1500L/m·min(400gpm/m)的水力学负荷率和高达500kg/m·h(1100lb/h·m)的固体负荷率下处理含0.6%~1.5%固体的WAS。它们也能够在高达1100 L/m·min(300 gpm/m)的水力学负荷率和高达770 kg/m·h(1700 lb/h·m)的固体负荷率下处理含4%~7%固体的消化固体。在这两种情况下，它们能够产生含4%~7%固体的增稠物质。固体捕获率通常处于90%~98%的范围。

优化操作和提高聚合物剂量有时能够产生含固体10%的增稠物质；然而，在下游工艺过程进行泵送和处理可能很难，因此重力带式增稠机通常涉及用于5%~7%最大增稠固体。而且，设计师必须设计增稠固体和滤液传送系统而应对可能条件范围。

对于非典型固体或接收非典型工业废物的污水处理厂，推荐进行中试试验。这种试验使工程师能够确定流量和固体负荷容量、固体捕获率和所需的聚合物剂量。通常情况下，中试和全规模模型之间的仅有差异是滤带宽度，因此基于每米带宽度测定试验结果而容许直接进行按比例放大。

作为中试试验的部分，设计工程师应该选择合适的聚合物。聚合物通常经由实验室小试试验进行筛选并基于中试试验性能进行选择。

5.2.2 其他设计考虑因素

设计重力带式增稠机时，工程师还需要考虑混合、絮凝、带速、耙犁和排放设计。这些信息涉及经常提供增稠并由此影响厂商和设备选型的项目。

其他要考虑的细节，包括机械耐久性、耐腐蚀、可用性和更换零件的费用，以及由制造商提供的服务协助。为了确定机械耐久性和耐腐蚀性，工程师应该评估制造商的工程图纸和规格说明，以及与其他设施的O&M工作人员面谈。为了评估服务协助和零部件问题，他们应该全盘考虑其他设施的O&M的工作人员。

5.2.3 混合操作的设计

在固体排放至滤带上之前，这个工艺过程应该在聚合物和固体充分混合之后还要提供足够的絮凝时间。颗粒絮凝不佳，将会堵塞滤带，妨碍增稠，而导致固体捕获较差。聚合物必须在紧邻上游注入。混合必须足够强烈而提供良好的接触，但又不会破坏絮状物，或剪切聚合物。推荐使用可调混合机(例如，可调孔板混合机)，而优化混合条件。这种混合机应该紧邻进料罐安装，而使操作者可以在调节之后直观评估絮状物。进料罐通常提供足够的时间而使固体发生絮凝之后才进入重力带式增稠机。

一旦正确调节混合机之后，通常不需要再应对固体特性或进料速率的微小变化而进行调节。然而，对于较大的变化，仍然需要调节混合机，才能最大限度地降低聚合物用量而改善增稠和固体捕获。

5.2.4 絮凝设计

混合之后，聚合物整理的固体需要一定时间才能凝聚成较大的絮凝体。操作经验表明，整理的固体至少需要30s才能完成絮凝而进入重力带式增稠机。因此，设计工程师在峰值流量条件下应该提供30s接触时间。

絮凝时间可能会发生于管道或进料罐中，因此应该避免湍流。某制造商认为，混合点下游的管道不能包括超过三个90度的弯管或类似的配件。虽然这种配件的重要性无据可查，但是设计工程师可能需要坚持此制造商的推荐做法而增强性能保证。通常情况下很难在进料管道中不使用 3 个以上的弯管而维持 30s 流动，因此制造商为此目的提供了进料罐。设计工程师应该确定这种进料罐的规格尺寸，以便在该进料速率下能够提供约 30 秒的停留时间。

每当重力带式增稠机将关闭几个小时以上时，进料罐应该排干而避免过多的气味。如果排水阀难以接近，则应该对此实现自动化。

5.2.5　带速设计

运营商需要能够调节滤带的带速，而使之能够控制增稠，并最大限度地改善固体捕获。重力带式增稠机通常在一定的带速范围内工作良好，这个范围通常取决于制造商的规格说明。固体进料速率如果低于这个范围，则必须进行限制才能避免滤带溢流。超过这个范围（如果无其他性能改进），固体捕获率会降低，因为在冲洗站会冲洗掉更多的残余物。然而，如果采用合适的聚合物整理，则移动更快的滤带可以接受更高的质量负荷，而能够抵消由于带速过高所致的固体损失。设计工程师应该实施质量平衡而对此进行验证。他们还应该针对所考虑厂商的性能记录全盘考虑现有设施的 O&M 工作人员。

如果操作者能够调整传送带的速度，他们就可以在将要应对进料速率而无溢流可能性的最低速率下维持运行。带速可以通过机械或电动改变；制造商通常会提供作为标准装备的机械调节机制，并提供变频驱动器作为备选方案。如果固体特性和进料速率预计将是相当恒定的，则机械调节机制就可能很充分。如果预期会有频繁的带速调节，则可以使用可调频的驱动。此外，增稠机的控制面板应该包括电位计而使操作者能够调节带速而更容易监测结果。

5.2.6　耙犁设计

搅拌和滤带之间的间隙对于滤带缝合必须足够大，这通常会突出超过滤带的其余部分，但还应该小到足以使耙犁彻底清除排水通路。它应该是可调节的，而使之能够正确安装，耙犁在其生命周期内耐磨，并能够在更换滤带之间作出变化。如果耙犁压在滤带上太紧，则过度磨损将会降低滤带寿命。

5.2.7　排放设计

有些重力带式增稠机还具有可调节滑道，在此滑道之上固体在从滤带上排放之前必须能够流动。这种滑道可以起到准堰作用，导致固体在滚过该滑道时被进一步增稠。滑道越陡，通常会导致固体更稠。然而，某些装置可能要求出口滑道具有很少或没有的角度，以避免水溢流滤带。

除了滑道之外，一些制造商使用斜楔，在此斜锲之下固体在从滤带排放之前必须进行挤压。并行中试试验表明，在相同的工作条件下，滑道设计可生产出略稠的固体。换句话说，滑道设计将需要更少的聚合物就能产生与斜锲设计产生的相同固体含量的增稠物质。设计工程师还需要进行两个系统的并行中试试验，而量化给定固体流的聚合物用量和固体增稠的差异，并比较其资本成本差异。

5.3　机械特性

5.3.1　固体聚合物注入和混合机

良好的聚合物分布能够优化聚合物用量和改善增稠，因此聚合物在立即加入之后应该与进料固体充分混合。重力带式增稠机制造商经常会提供聚合物注入和混合的装置。固体进料管周围具有多个注射点的设备可能会提供更好的分布。一个选择方案是聚合物歧管；它连接到聚合物进料管的端部，并具有连接至固体进料管上注入环的进料管。设计工程师应该避免延伸到固体路径中的注入点，因为它们可能会导致纤维性或粘性材料缠结而堵塞管道。一些制造商会提供具有透明柔韧进料管的歧管而使之安装更容易，并使操作者能够观察注入环上的每个注入点是否都流入聚合物。如果这些管道之一发生堵塞，操作人员有时可以通过在一个或多个对堵塞管线中增压和提高冲刷速率的开放管线上使用管夹而将其清除。为了保持管道透明，有时必须拆卸进行清洁或更换。

聚合物混合机应该安装于紧接注入点下游。设计工程师应该选择可调节混合机(例如，可调孔流混合机)而使之无论是在初始操作期间还是固体进料率或特征变化时对混合进行优化。可调孔流混合机能够包括一个可调配重杆改变孔口大小，而使操作者能够根据固体变化调节混合机而优化混合操作。

5.3.2 絮凝池和进料分布

除非进料管提供合适的絮凝条件，否则就必须使用絮凝池。聚合物整理固体流入该池底部，而使其具有足够的时间发生絮凝之后才从絮凝池溢出至滤带上。由于固体离开进料罐，则其应该在整个滤带的工作宽度范围内分布。一些制造商会为此目的而使用带楔进料滑槽。

此外，絮凝池应该配备排水阀而使之可以在重力带式增稠机进料中断时排空。

5.3.3 框架

除了聚合物注入环、聚合物固体混合机、絮凝池和导轨收紧动力单元装置之外，重力带式增稠机还具有支撑和固定其组件的框架。这种框架通常是镀锌的或另外涂覆持久抗腐蚀的表面；其可以由不锈钢制成。一些制造商提供的重力带式增稠机由封闭通常开放区域的不锈钢板制成。这能够提供更好的气味控制。

5.3.4 重力排水区

进料滑槽将固体分布至连续移动的水平滤带上，滤带将会保留固体，而允许游离水通过。这种滤带由多孔织造网制成，并缝合而形成进料槽和排放点之间的连续回路。一套沿带可调耙犁确保固体均匀分布滤网，翻动固体而促进水分离，创建无固相区域，而使游离水通过滤带排出。带密封的可调截留板能够防止固体从滤带各侧溅出。滤带之下的排水网格对其提供支撑，而使滤液排入到下面的收集盘中。

5.3.5 排放区域

该单元装置的后端通常有一个滑槽或楔形，这取决于制造商而定。如果该单元装置采用滑槽，则其前缘接触滤带顶部。随着固体移动到滑槽之上产生滚动，而挤压出更多的水。滑槽角度也起到部分堰作用，提高了产品的深度，而因此，提高了滤带上的保留时间——在排放之前进一步增稠固体。滑槽角度如果可调，则能够优化增稠。如果滑槽妨碍增稠操作，也能够旋转而脱离这种方式。

如果该单元装置采用楔形槽，则其前缘与滤带具有最宽的间隙。固体在楔形道槽下通过，而随着楔形和滤带之间的间隙降低而受到挤压。这正好于排放之前，能够去除稍微更多的水。

增稠的固体可以排放至湿井、开顶泵或另一传送机。同时，一旦滤带进行斜坡或楔形槽清洗，它将移动通过刮刀，刮刀将残余固体从滤带上分离。这种固体会作为增稠的剩余物质排放至相同的位置。

5.3.6 滤带冲洗

滤带被刮后要穿过洗涤站，而在其开始另一循环之前从滤带那个部分去除嵌埋的颗粒。

清洗站包括清洗水供应管，喷嘴和容纳喷雾的壳体。冲洗站通常由不锈钢制成。

5.3.7 滤液和冲洗水

滤液是通过滤带的游离水。其收集于滤带下的托盘中，而随后排放到排水管中，将其传送至大的滤液渠首或大的地漏而直接引入污水坑。

用后的清洗水(来自冲洗站)也被排出到污水坑或滤液渠首。另一种选择方案是收集冲洗水并将其循环至增稠机进料罐。这降低了下游处理工艺过程的负荷并改善了固体捕获，因为冲洗水中的固体会与传入的絮凝体汇合。

5.3.8 重力带式增稠机的驱动、导轨和收紧

重力带式增稠机需要多个辊驱动、引导、调节张力和引导滤带。驱动辊牵引滤带通过机器。辊驱动马达通常具有机械或电动调速控制而改变带速。转向辊响应重力带式增稠机上的感测装置而保持滤带正确对准。收紧辊拉动滤带，创建滤带和滤带驱动辊之间的牵引所需的滤带张力。导向辊引导滤带通过冲洗站。

重力带式增稠机需要电源单元装置提供滤带牵引和收紧系统的压力。一些制造商为此目的使用循环液压流体，而其他厂商则使用压缩空气。不像滤带驱动马达那样连接至重力带式增稠机，电源单元装置可以处于远程。

5.4 附属设备/控制

重力带式增稠机的附件主要包括以下内容：

- 进料泵和进料流量控制；
- 聚合物系统和进料控制；
- 滤带清洗水供应；
- 增稠固体泵；
- 气味控制。

所有的组件都必须进行规格大小确定，才能处理最大和最小的潜在进料速率。理想情况下，所有的控制应该在合适位置靠近增稠机而使操作者能够观察到重力滤带的顶部而同时进行工艺过程调节。此外，设计工程师应该沿着该单元装置包括紧急制动绳而使操作者能够为了安全关停增稠机。

5.4.1 进料泵和进料流量控制

重力带式增稠机能够在较大的进料速率范围内工作，但每个进料速率需要其自己的聚合物剂量和带速。进料速率的变化也可能需要调节排放滑槽角度，聚合物稀释水和固体聚合物混合机的位置。因此，设计工程师应该提供流量计(例如，电磁流量计)和可调速泵或流量控制阀，而使操作者能够维持恒定的固体流量。

螺旋诱导离心泵在具有足够的吸头而排放头不算高时运行良好。这些泵比正排量泵需要的维护更少，因为料浆和螺旋叶轮之间的接触度较低。当料浆是磨蚀性的而吸头充足排放头不太高时就使用凹式叶轮离心泵。正排量泵(例如，螺杆泵)和某些旋转凸轮泵则是泵送具有较高摩擦损失的料浆时的不错选择。它们提供了良好的抽吸拉力并能够对较高压头提供泵送作用。设计工程师可以创建控制循环，使用示踪固体进料的流量计和调节维持设定点进料速率的泵速。这种排布设计要求每个重力带式增稠机都具有专用泵。

另一种反馈控制策略包括流量控制阀和离心泵。它可用于多个增稠机中进行分流。设计

工程师可以建立控制回路，调节进料泵转速，而保持集管中设定压力，这能够起到对每个增稠机具有分支的歧管作用。每个分支需要流量控制阀和流量计。另外，设计工程师可以建立控制回路而在其中调节流量控制阀而维持给定的进料速率(由流量计监测)。这种替代方案并不需要每个增稠机都具有专用泵，因此设计工程师能够降低所需的泵数量。他们还可以在专用恒速泵下游设计流量控制阀，通过消除可调速驱动的需要而降低成本。然而，这个备选方案还需要能够在预定增稠机进料速率下运行并限制可接受的进料速率范围的泵。此外，变孔混合机可能具有较宽的压降摆动(取决于所涉及的固体类型)，而使稳定的增稠机操作出现问题。

5.4.2 聚合物系统和进料控制

在使用重力带式增稠机时，将聚合物添加到进料固体中是成功增稠的关键。这将促进固体絮凝，游离水释放。如果不采用聚合物，滤带将会被堵(因为固体填充了滤带滤孔)，并出现溢流(因为水释放不畅)。设计工程师必须测试不同的聚合物，才能确定哪些是最有效的。阳离子型(带正电荷的)聚合物通常因为污水固体带负电荷而被选择。然而，如果固体含有大量的铝盐或铁盐(提供正电荷)，则阴离子型(带负电荷)聚合物可能更佳。

设计工程师也需要确定合适的聚合物剂量——能够加入而取得良好效果的最低和最高用量。通常情况下，固体捕获率和浓度随着聚合物剂量升高超过最低有效水平而升高，最终直至该聚合物剂量超过了最大有效水平，固体捕获率和浓度可能出现降低时而变得平直。过量的聚合物会使带孔堵塞，并产生更易于崩解的絮凝体。

如果重力带式增稠机将用于增稠 WAS 和消化的固体，则设计工程师通常会选择适合这两种进料固体的一种聚合物，因为这相比于增加双化学品进料系统是更符合成本效益。通常情况下能够找到对于两种固体都有效的聚合物，但是其可能不是两种物质的最佳选择。

添加较高剂量的廉价聚合物，比使用较低剂量的高电荷强度或分子量的聚合物可能更加便宜。因此，设计工程师应该基于每千克固体的聚合物费用规定性能要求，而不是每千克固体的聚合物克数。在设备性能测试过程中，制造商应该选择聚合物，而使其充分控制测试结果并为之负责。然而，此后，设计工程师就能够邀请化学公司测试其他聚合物。

聚合物分批生产；往往以较高浓度(高达 1%)生产，而降低所需批次的大小和数量。合适的浓度取决于用量(避免过多存储，并跟上需求的增长)。批料在加入固体前应该在聚合物进料罐中进行稀释，而稀释率取决于聚合物的进料速率和浓度。聚合物的浓度会影响固体增稠和聚合物的效率，因此，设计工程师应该赋予聚合物配料和稀释系统灵活性，而使操作者能够按需采纳。

5.4.3 滤带冲洗水供给

在滤带的每个部分开始另一个增稠循环之前，应该进行清洗而除去嵌入的固体和过量的聚合物。滤带冲洗站通常安装于滤带返回回路中而每米滤带使用约 80L/min(20gpm)的水。冲洗水的流量和压力推荐值取决于制造商。压力通常推荐 517~586kPa(75~85 psi)的范围，但是有些制造商建议压力为 760~830kPa(110~120psi)。该压力由喷嘴损失、由配件所致微小损失，管道摩擦损失，以及喷嘴和水源之间的任何高度差建立。冲洗站的实际压力通常取决于喷嘴损失(即，喷嘴建立背压)。因此，设计工程师需要喷嘴损失对流量的精确曲线(通常可从喷嘴制造商哪里获得)才能正确设计出冲洗水供应系统。

冲洗水的用量取决于增稠机的规格大小(通常由滤带宽度界定)，运行的增稠机单元装置数量和运行时间。如果水的用量不大，则污水处理厂的饮用水供给也能够使用。制造商通常会提供控制阀，而增压泵可以弥补污水处理厂水压不足。如果水用量太大，则可以使用污水处理厂的出水。如果出水悬浮固体浓度要求低于 50mg/L，则设计工程师将不得不增加泵和自动过滤器去除较大的悬浮物。另外，一些厂商提供使用重力带式增稠机滤液的选择(这也需要使用泵和自动过滤器)。冲洗水泵的控制应该与重力带式增稠机和供水阀存在接口。设计工程师也应该在清洗期间为连续操作选择自动过滤器。过滤器通常要么连续，要么基于定时器和/或压力损失进行清洗。

5.4.4　增稠固体泵

当增稠固体流经管道时，压头损失会较高。压头损失量取决于管道尺寸和类型，流速，固体类型和固体浓度。工程师们会使用各种曲线，模型和“一般规则”倍增因子估计压头损失。针对某些固体(例如，纸原料固体)开发的估计方法是相当可靠的，但是对于市政固体的那些方法却不太标准化。压头损失随着管道距离和固体浓度的增加而将变得更加难以估算。因此，除非有数据另外指示，否则，设计工程师应该使用保守模型和最坏情况的假设。

由于压头损失较高，设计工程师应该使用正排量泵(例如，螺杆泵，某些旋转凸轮泵和空气隔膜泵)传送重力带式增稠机的固体。这些泵能够提供良好的抽吸拉力，并能够相对于较高压头进行泵送。工程师们还设计吸入直管，并尽可能较短。如果增稠固体必须泵送较长距离，则有可能必需使用专用装置(例如，多级螺杆泵)。

5.4.5　气味控制

重力带式增稠机的气味并非独一无二的，但可能因为湍流而更加强烈。最常见的气味与还原硫化合物有关。氨气味也可出现；它们通常与厌氧消化的生物固体有关。因此，有必要采用高换气速率，而提供可接受的工作环境。推荐采用每小时最低 15 次新鲜空气交换。排气速率应该略快于新鲜空气的供应速率而保持室内轻微真空，这将能够防止毗邻区域的气味问题。

有味空气应该在排放前进行处理，而防止污水处理厂邻近区域的气味滋扰问题。气味处理方案包括填料塔洗涤器、喷雾洗涤器、活性碳床和生物过滤器。通常使用次氯酸盐和氢氧化钠洗涤硫相关的气味，而硫酸溶液可以用于洗涤氨。另一种备选方案是向进料固体中加入气味控制化合物(例如，过氧化氢)，但这种化合物应该首先进行测试，才能确定其是否妨碍聚合物效率和固体增稠。

5.5　设计实例

假设一个污水处理厂计划安装重力带式增稠机处理初级固体和 WAS 的混合物。设计工程师们已经计算该工厂在连续的基础上生产 2200 L/min 的混合固体。以下操作标准适用：

- 增稠设施工作 8h/d，5 天/星期；
- WAS 固体浓度为 0.5%~1.0%固体；
- 重力带式增稠机具有 2m 的有效增稠宽度；
- 该设计应该容许一个单元装置维持工作而另一个待机。

使用表 23.15 中的标准基于一个单元装置进行维修而另一个待机选择水力学负荷率，设计工程师选择 800 L/m · min 的速率。

污水处理厂水力学负荷率 = 2 200 L/min

重力带式增稠的有效宽度=2m

设计负荷率 =800 L/m·min

所用方程：

$$每周水力学负荷=水力学负荷率\times\frac{分钟数}{周数} \tag{23.26}$$

$$每带的周负荷容量=\frac{设计负荷率\times运行分钟数}{周数} \tag{23.27}$$

$$满足水力学要求的所需滤带数=\frac{每周水力学负荷}{周负荷容量} \tag{23.28}$$

每周的水力学负荷=22 176 000 L/周，使用方程 23.33

每带的周负荷容量=3 840 000 L/带·周，使用方程 23.34

满足水力学要求的所需带数=6 个滤带，使用方程 23.35

在任何时候必须有 6 个重力带式增稠机处于运行状态。因此，如果一个待机而一个正进行维修，则该系统将需要 8 个增稠机。

6 转鼓式增稠机

转鼓式增稠机（也称为旋转筛网增稠机）基本上由内部进料转鼓、集成内部螺杆和变速或恒速驱动器构成（参见图 23.17）。重力带式增稠机和转鼓式增稠机都允许游离水通过移动的多孔介质排出，而同时保留絮凝固体。在转鼓增稠机中，转鼓提供离心力分离液体和固体，而内部螺杆传送增稠的固体或将其滤出转鼓。

转鼓式增稠机最适用于增稠小到中等规模的污水处理厂，因为最大的单元装置具有约 1 100L/min（300gpm）的容量。其优点包括高效空间要求、低功耗、中等资本成本和便于封闭，这有利于改善常规事务和气味控制。

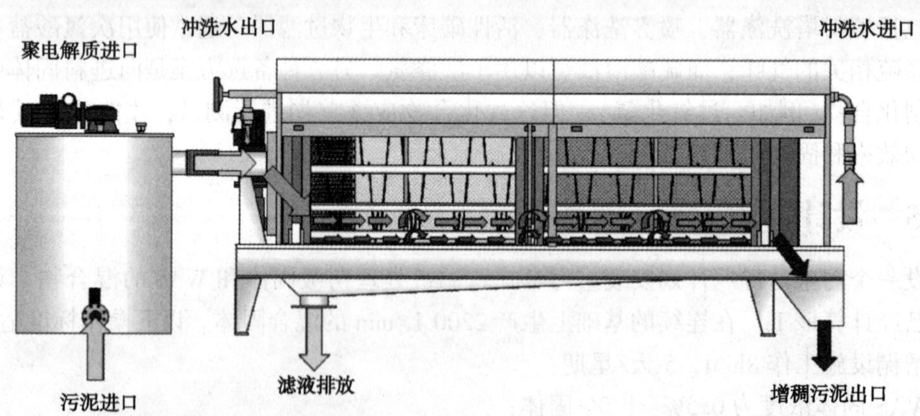

图 23.17 转鼓式增稠机的示意图（经由 Seimens Water Technologies 许可）

6.1 评价和规模放大的方法

转鼓式增稠机对于多种类型的污水固体都工作良好。它们已经用于去除原始污水筛余物或初级固体。它们非常适合增稠高纤维性固体(例如，纸浆和造纸工业中的那些)和包含显著部分的初级固体的原始固体或消化固体。它们还能够在带式压滤机脱水前对固体进行预处理。其对市政 WAS 的成功与否是不确定的，而取决于实际的固体特性。

性能和规格确定的测试也能够通过其工厂的制造商或通过设计工程师使用涉及污水处理厂的中试规模单元装置完成。设计工程师经常进行中试试验比较不同制造商的单元装置或将转鼓式增稠机相比于其他增稠设备(例如，重力带式增稠机)。他们还进行中试测试，选择合适的聚合物及其剂量。聚合物的大量加入可能因为絮凝体的敏感性和剪切潜力而变成转鼓式增稠机的一个关注问题。

至于其他增稠工艺过程，性能是固体特异性的。然而，预期的性能和设计标准能够采用类似的全规模装置的数据进行近似(请参阅表 23.14)。

表 23.14　转鼓式增稠机的性能数据

转鼓尺寸/m	进水流量/(L/min)	进水固体浓度/%	出水固体浓度/%
0.6	均值=160	均值=1	均值=6
	范围= na	范围=1~2	范围 =5.5~6
1.5	均值=900	均值=0.9	均值=5.5
	范围=490~1 100	范围=0.001~1.5	范围=4~9

6.2　工艺设计条件和标准

转鼓式增稠机中应该设计的主要组件有：

- 固体进料泵和进料流量控制；
- 聚合物系统和进料控制；
- 转鼓增稠机；
- 筛滤冲洗水供给；
- 增稠固体泵；
- 气味控制。

进料固体泵、聚合物系统和增稠固体泵都类似于重力带式增稠机的那些相关描述。筛滤冲洗水供给可以是污水处理厂的出水；制造商推荐采用 150kPa(22psi)下的 230 L/min (60gpm)的流量。

气味控制通过转鼓制造商提供的外壳而大大简化。气味可以从这些外壳吸出在合适的气味控制单元装置中进行处理。

设备尺寸和构造设计在不同的制造商之间是不同的。以下四个变量可以用于构成大部转鼓式增稠机的操作：污泥进料速率、聚合物进料速率、池深度和转鼓速度。

6.2.1　固体进料速率

操作者能够通过改变固体进料速率(在转鼓式增稠机的容量范围内)而最大限度地提高生产量和优化固体浓度。在决定转鼓增稠机容量之前，设计工程师应该考虑污水处理厂的固体生产速率，并确定其对增稠机连续或间歇运行是否更具成本效益。大多数小型和中型污水处理厂，每天一次换班，每周 5 天地运行其增稠机。设计工程师还必须确定所有组件的规格，以应对最大和最小的潜在固体进料速率。

6.2.2 聚合物进料速率

聚合物进料系统经过尺寸确定才能应对最大和最小进料速率，而其必须足够灵活，才能允许操作者改变剂量而满足絮凝要求。剂量不足和过量都可能降低增稠池的性能。重力带式增稠机的进料速率通常也适用于转鼓式增稠机(参见第 5.4.2 节)。对于聚合物的进料速率计算，参见第 6.5 节。

6.2.3 池深度

通过调节转鼓倾斜度，操作者能够控制池深度。转鼓能够与水平位置成一定角度，约水平以上 6 度。角度越陡，产生的固体越干燥，但会降低转鼓容量；角度越浅，容量会增加，而产生的固体越湿。优选的转鼓角度都是固体特异性的，而通常介于水平之上 1°~3°。

6.2.4 转鼓转速

操作者能够响应进料固体浓度和流量变化改变转鼓速度，而维持所需的增稠固体浓度。当处理 WAS 时，转鼓增稠机捕获 90%~99%的固体，并产生含有总固体 4%~9%的增稠物质。其他固体类型的典型性能范围如表 23.15 所示。

聚合物整理的需要使转鼓增稠变成成本密集型的工艺过程。然而，这在短期或季节性运行可行的小厂中并不太关注。

转鼓式增稠机占用的空间比处理相同固体含量的 DAF 增稠池、离心机、重力带式增稠机少，因此它们能够安装于比任何其他增稠备选方案更小的建筑物内。增稠给定固体量所需的单元装置大小取决于机器容量、固体特性和聚合物剂量。

转鼓式增稠机和重力带式增稠机具有类似的固体捕获率和增稠固体百分比。对聚合物整理和必要的操作者注意力的需要是与 O&M 相关的成本考虑因素。转鼓式增稠机提供了采用固体和聚合物进料速度控制和转鼓转速调节而改变处理性能的灵活性。

表 23.15 转鼓式增稠机典型的性能范围

固体类型	进料/% TS	去除的水/%	增稠固体/%	固体回收率/%
初级固体	3.0~6.0	40~75	7~9	93~98
WAS	0.5~1.0	70~90	4~9	93~99
初级固体和 WAS	2.0~4.0	50	5~9	93~98
好氧消化固体	0.8~2.0	70~80	4~6	90~98
厌氧消化固体	2.5~5.0	50	5~9	90~98
纸纤维类固体	4.0~8.0	50~60	9~15	87~99

6.3 机械特性

转鼓式增稠机由内部进料的转鼓并配备内部螺纹、润滑耳轴轮、变速或恒速驱动器、入口管、滤液收集槽、排放滑槽和可选的转鼓转刷清洁器构成。

6.4　辅助设备和控制

辅助设备包括进料泵、增稠固体泵和聚合物混合与进料系统。这些条目与第 5.4 节的重力带式增稠机描述的那些内容类似。

6.5　设计实例

假设污水处理厂安装转鼓式增稠机处理其初级固体和 WAS。设计工程师计算出该污水处理厂在连续基础上产生 2200 L /min 的混合固体。适用以下的操作标准：

- 增稠设施每天工作 8h，每周工作 5 天；
- WAS 固体浓度为 0.5%~1%固体；
- 转鼓式增稠机有效鼓尺寸为 1.5m；
- 该设计应该允许一个单元装置进行维修，而一个单元装置待机。

基于一个单元装置进行维修而一个单元装置待机，使用表 23.16 中的标准选择更高的水力学负荷率，设计工程师选择 1100 L/m · min 的设计负荷率。

污水处理厂水力学负荷率= 2200 L/min

有效鼓尺寸= 1.5m

设计负荷率=1100 L/m · min

污水处理厂水力学负荷率= 2200 L/min

每个筛鼓的有效增稠宽度= 1.5m

设计负荷率= 1100 L/m · min

表 23.16　各种增稠技术的优缺点

方　法	优　点	缺　点
重力增稠	简单	气味潜势
	运营成本低	对于 WAS 不稳定
	所需的操作者注意力较低	对于 WAS 增稠固体浓度有限
	对于快速沉降污泥如初级固体和石灰比较理想	对于 WAS 漂浮固体具有高空间要求
	提供一定程度的存储和增稠	
	通常并不需要整理化学品	
	功耗最低	
溶气浮选	对于 WAS 有效	相对较高的功耗
	在降低的负荷下不使用整理化学品也能发挥作用	增稠固体浓度有限
	设备组件相对简单	气味潜势
		相比于其他机械方法具有空间要求
		中度操作者注意力要求
		如果封闭，具有建筑物腐蚀潜势

续表

方　法	优　点	缺　点
		对于高固体捕获率或提高的负荷需要使用聚合物
离心	空间要求	相对较高的资金成本和功耗
	工艺过程性能的控制容量	复杂的维护要求
	对于 WAS 有效	最适合于连续操作
	封闭的工艺过程最小化常规事务和气味考虑因素	中度操作者注意力要求
	不采用整理化学品也能正常工作	
	可获得高增稠浓度	
重力带式增稠	空间要求	常规事务
	为处理性能控制容量	聚合物依赖性
	相对较低的资金成本	中度操作者注意力要求
	相对较低的功耗	气味潜势
	使用最低聚合物，具有高固体捕获率	如果采取封闭，具有建筑物腐蚀潜势
	可获得高增稠浓度	
转鼓式增稠	空间要求	聚合物依赖性
	低资金成本	对聚合物类型敏感
		常规事务
		中度操作者注意力要求
	相对较低的功耗 高固体捕获能够方便封闭	如果不封闭具有气味潜势

所用方程：

$$每周水力学负荷 = 水力学负荷率 \times \frac{分钟数}{周数} \tag{23.29}$$

$$每带的周负荷容量 = \frac{设计负荷率 \times 滤筛宽度 \times 运行分钟数}{周数} \tag{23.30}$$

$$满足水力学要求的所需滤带数 = \frac{每周水力学负荷}{用负荷容量} \tag{23.31}$$

每周水力学负荷 = 22 176 000 L/周，使用方程 23. 29

每带的周负荷容量 = 3 960 000 L/带/周，使用方程 23. 30

满足水力学要求的所需转鼓数 = 6 筛鼓，使用方程 23. 31

为了满足设计负荷率，随时必须有 6 个转鼓处于工作状态。因此，万一某个转鼓待机而一个正进行维修时，最终系统必须具有 8 个转鼓。

聚合物添加计算：

假设设计工程师必须计算进水流量 3000gal/min 所需的聚合物总体积。他们使用的是低到中等黏度的液体聚合物，并适用以下条件：

- 进水固体浓度为 0. 001%～1. 5%(表 23. 16)，

• 出水固体浓度为 4 %~7%（表 23.16），
• 聚合物流量应该基于初级和二级出水流量和浊度进行调节，
• 聚合物的比重为 1 kg/L。

采用表 23.7 中的标准，他们选择转鼓增稠机的典型聚合物剂量(6.8mg/L)

进水流量=3 000 gal/min

进水固体浓度= 1.5mg/L

出水固体浓度=7mg/L

聚合物剂量=6.8mg/L

所用方程：

$$\text{沉降物质的体积流量}=\frac{\text{进水流量}\times\text{进水沉降固体浓度}}{\text{出水固体浓度}} \tag{23.32}$$

$$\text{要用聚合物处理的体积}=\text{进水流量}-\text{沉降固体体积流量} \tag{23.33}$$

$$\text{所需聚合物体积流量}=\frac{\text{所需聚合物剂量}\times\text{要处理的体积}}{\text{聚合物比重}} \tag{23.34}$$

沉降物质的体积流量=643 gal/min，使用方程(23.32)

要用聚合物处理的体积= 2 357 gal/min，使用方程(23.33)

所需的聚合物流量= 0.016 gal/min，使用方程(23.34)

7 增稠方法的比较

比较各种增稠工艺方法的成本有效性的模型很少适用于所有的情况，因为决定最终决策的许多因素可能是现场特异性的，更多的是定性的而非定量的。这些因素包括对干扰的敏感性、达到最高可能的固体浓度的受益、所需的运行质量、装置规格尺寸、与现有增稠池的相容性、下游处理方法的影响和基于经验的不同个人喜好。设计工程师应该考虑本章中的所有增稠备选方案(请参阅表 23.16)。

8 参考文献

American Public Health Association; American Water Works Association; Water Environment Federation (1976) Standard Methods for the Examination of Water and Wastewater, 14th ed.; American Public Health Association: Washington, D. C.

Ashman, P. S. (1976) Operational Experiences of Activated Sludge Thickening by Dissolved Air Flotation at the Aycliffe Sewage Treatment Works. Paper presented at the Conference on Flotation in Water and Waste Treatment; Felixstowe, Suffolk, Great Britain.

Boyle, W. H. (1978) Ensuring Clarity and Accuracy in Torque Determinations. Water Sew. Works, 125 (3), 76.

Bratby, J.; Marais, G. V. R. (1975a) Dissolved Air (Pressure) Flotation, An Evaluation of the Interrelationships Between Process Variables and Their Optimization for Design. Water SA, 1, 57.

Bratby, J. ; Marais, G. V. R. (1975b) Saturation Performance in Dissolved Air (Pressure) Flotation. Water Res. (G. B.), 9, 929.

Bratby, J. ; Marais, G. V. R. (1976) A Guide for the Design of Dissolved Air (Pressure) Flotation Systems for Activated Sludge Systems. Water SA, 2, 87.

Burfitt, M. L. (1975) The Performance of Full-Scale Sludge Flotation Plant. Water Pollut. Control (G. B.), 74, 474.

Butler, R. C. ; Finger, R. E; Pitts, J. F. ; Strutynski, B. (1997) Advantages of Cothickening Primary and Secondary Sludges in Dissolved Air Flotation Thickeners. Water Environ. Res. , 3, 69.

Dick, R. I. ; Ewing, B. B. (1967) Evaluation of Activated Sludge Thickening Theories. J. Sanit. Eng. , 93 (EE4), 9.

Ettelt, G. A. ; Kennedy, T. J. (1966) Research and Operational Experience in Sludge Dewatering at Chicago. J. Water Pollut. Control Fed. , 38, 248.

Gehr, R. ; Henry, J. G. (1978) Measuring and Predicting Flotation Performance. J. Water Pollut. Control Fed. , 50, 203.

Gulas, V. ; et al. , (1978) Factors Affecting the Design of Dissolved Air Flotation Systems. J. Water Pollut. Control Fed. , 50, 1835.

Jones, W. H. (1968) Sizing and Application of Dissolved Air Flotation Thickeners. Water Sew. Works, 115, R-177.

Jordan, V. J. , Jr. ; Scherer, C. H. (1970) Gravity Thickening Techniques at a Water Reclamation Plant [part I]. J. Water Pollut. Control Fed. , 42, 180.

Komline, T. R. (1976) Sludge Thickening by Dissolved Air Flotation in the USA. Paper presented at the Conference on Flotation in Water and Waste Treatment; Felixstowe, Suffolk, Great Britain.

Leininger, K. V. ; Wall, D. J. (1974) Available Air Measurements Applied to Flotation Thickener Evaluations. Highlights/Deeds Data, 11, D1.

MacConnell, G. S. ; et al. (1989) Full Scale Testing of Centrifuges in Comparison with DAF Units for WAS Thickening. Paper presented at the 62nd Annual Water Pollution Control Federation Technical Exposition and Conference; San Francisco, California, Oct 15 - 19; Water Pollution Control Federation: Alexandria, Virginia.

Maddock, J. E. L. (1976) Research Experience in the Thickening of Activated Sludge by Dissolved Air Flotation. Paper presented at the Conference on Flotation in Water and Waste Treatment; Felixstowe, Suffolk, Great Britain.

Mulbarger, M. C. ; Huffman, D. D. (1970) Mixed Liquor Solids Separation by Flotation. J. Sanit. Eng, 96 (SA4), 861.

Noland, R. F. ; Dickerson, R. B. (1978) Thickening of Sludge, Vol. 1; EPA-625/4-78-012; U. S. EPA Technology Transfer Seminar on Sludge Treatment and Disposal; U. S. Environmental Protection Agency: Washington, D. C.

Perry, R. H. ; Chilton, C. H. (1963) Chemical Engineer's Handbook, 4th ed. ; McGraw-Hill: New York, N. Y.

Purchas, D. B. (1977) Solid/Liquid Separation Equipment Scale-up; Uplands Press Ltd.: Croydon, U. K.

Reay, D.; Ratcliff, G. A. (1975) Experimental Testing on the Hydrodynamic Collision Model of Fine Particle Flotation. Can. J. Chem. Eng., 53, 481.

Sparr, A. E.; Grippi, V. (1969) Gravity Thickeners for Activated Sludge. J. Water Pollut. Control Fed., 41, 1886.

Speece, R. C.; et al. (1975) Application of a Lower Energy Pressurized Gas Transfer System to Dissolved Air Flotation and Oxygen Transfer. Proceedings of the 30th Purdue Industrial Waste Conference; West Lafayette, Indiana; 465.

Talmage, W. P.; Fitch, E. B. (1955) Determining Thickener Unit Areas. Ind. Eng. Chem., Fundam., 47, 38.

Torpey, W. N. (1954) Concentration of Combined Primary and Activated Sludges in Separate Thickening Tanks. Proc. Am. Soc. Civ. Eng., 80, 443.

Turner, M. T. (1975) The Use of Dissolved Air Flotation for the Thickening of Waste Activated Sludge. Effluent Water Treat. J. (G. B.), 15 (5), 243.

U. S. Environmental Protection Agency (1974) Process Design Manual for Sludge Treatment and Disposal; EPA-625/1-74-006; U. S. Environmental Protection Agency, Office of Technology Transfer: Cincinnati, Ohio.

U. S. Environmental Protection Agency (1979) Process Design Manual for Sludge Treatment and Disposal; EPA-625/1-79-011; U. S. Environmental Protection Agency, Municipal Environmental Research Laboratory, Office of Research and Development: Cincinnati, Ohio.

U. S. Environmental Protection Agency (1985) Handbook of Estimating Sludge Management Costs; EPA-625/6-85-010; U. S. Environmental Protection Agency, Water Engineering Research Laboratory: Lancaster, Pa.

U. S. Environmental Protection Agency; American Society of Civil Engineers (1979) Proceedings of the Workshop Towards Developing an Oxygen Transfer Standard; EPA-600/9-78-021; U. S. Environmental Protection Agency: Washington, D. C.

Vesilind, P. A. (1968) The Influence of Stirring in the Thickening of Biological Sludge. Ph. D. thesis, University of North Carolina, Chapel Hill.

Vesilind, P. A. (1974a) Scale-Up of Solid Bowl Centrifuge Performance. J. Environ. Eng., 100, 479.

Vesilind, P. A. (1974b) Treatment and Disposal of Wastewater Sludges; Ann Arbor Science Publishers Inc.: Ann Arbor, Michigan.

Voshel, D. (1966) Sludge Handling at Grand Rapids, Michigan, Wastewater Treatment Plant. J. Water Pollut. Control Fed., 38, 1506.

Walzer, J. G. (1978) Design Criteria for Dissolved Air Flotation. Pollut. Eng., 10, 46.

Wanielista, M. P.; Eckenfelder, W. W. (1978) Advances in Water and Wastewater Treatment, Biological Nutrient Removal. Ann Arbor Science Publishers Inc.: Ann Arbor, Michigan.

Water Pollution Control Federation (1969) Sludge Dewatering; Manual of Practice No. 20; Water Pollution Control Federation: Washington, D. C.

Water Pollution Control Federation (1980) Sludge Thickening; Manual of Practice No. FD-1; Water Pollution Control Federation: Washington, D. C.

Wilhelm, J. H.; Naide, Y. (1979) Sizing and Operating Continuous Thickeners. Paper presented at the American Institute of Mechanical Engineers Meeting; New Orleans, Louisiana.

Wood, R. F. (1970) The Effect of Sludge Characteristics upon the Flotation of Bulked Activated Sludge. Ph. D. thesis, University of Illinois, Urbana - Champaign.

Wood, R. F.; Dick, R. I. (1975) Factors Influencing Batch Flotation Tests. J. Water Pollut. Control Fed., 45, 304.

Yoshioka, N.; et al. (1957) Continuous Thickening of Homogeneous Flocculated Slurries. Chem. Eng. (Jpn.), 21, 66.

9 推荐读物

Albertson, O. E.; Vaughn, D. R. (1971) Handling of Solid Wastes. Chem. Eng. Prog., 67 (9), 49.

Ashbrook-Simon-Hartley (1992) Aquabelt Operations & Maintenance Manual; Ashbrook-Simon-Hartley: Houston, Texas.

Coe, H. S.; Clevenger, G. H. (1916) Methods for Determining the Capacities of Slime Settling Tanks. Trans. Am. Inst. Min. Eng., 55, 356.

Dick, R. I. (1970) Thickening. In Advances in Water Quality Improvement, Physical and Chemical Processes; Gloyna, E. F., Eckenfelder, W. W., Jr., Eds.; University of Texas Press: Austin.

Dick, R. I. (1972a) Gravity Thickening of Waste Sludges. Proc. Filtr. Soc., Filtr. Sep., 9, 177.

Dick, R. I. (1972b) Thickening. In Water Quality Engineering: New Concepts and Developments; Thackson E. L., Eckenfelder, W. W., Jr., Eds.; Jenkins Publishing Co.: New York.

Eckenfelder, W. W., Jr. (1970) Water Quality Engineering for Practicing Engineers; Barnes & Noble: New York.

Fitch, B. (1966) A Mechanism of Sedimentation. Ind. Eng. Chem., Fundam., 5, 129.

Fitch, B. (1974) Unresolved Problems in Thickener Design and Theory; Dorr-Oliver Inc.: Stamford, Connecticut.

Fletcher, N. H. (1959) Size Effect in Heterogeneous Nucleation. J. Chem. Phys., 29, 572.

Flint, L. R.; Howarth, W. J. (1971) The Collision Efficiency of Small Particles with Special Air Bubbles. Chem. Eng. Sci. (G. B.), 26, 1155.

George, D. B.; Keinath, T. M. (1978) Dynamics of Continuous Thickening. J. Water Pollut. Control Fed., 50, 2561.

Hassett, N. J. (1958) Design and Operation of Continuous Thickener [parts I, II, and

III]. Ind. Chem. , 34/116/169, 489.

Javaheri, A. R. (1971) Continuous Thickening of Non-ideal Suspensions. Ph. D. thesis, University of Illinois, Urbana - Champaign.

Kos, P. (1977) Gravity Thickening of Water Treatment Plant Sludges. J. Am. Water Works Assoc. , 69, 272.

Kynch, G. J. (1952) A Theory of Sedimentation. Trans. Faraday Soc. (G. B.), 48, 166.

Shin, B. S. ; Dick, R. I. (1975) Effect of Permeability and Compressibility of Flocculent Suspensions on Thickening. Prog. Water Technol. , 7, 137.

Tarrer, A. R. ; et al. (1974) A Model for Continuous Thickening. Ind. Eng. Chem. , Process Des. Dev. , 13, 341.

Vaughn, D. R. ; Reitwiesner, G. A. (1972) Disk-Nozzle Centrifuges for Sludge Thickening. J. Water Pollut. Control Fed. , 44 (9), 1789.

Vesilind, P. A. (1968) Design of Thickeners from Batch Tests. Water Sew. Works, 115, 9.

第24章　脱　　水

1 概 述

1.1 脱水的目的

脱水是从固体中除去水分而降低其体积并产生适用于进一步加工处理、有益利用或处置的物质的工艺方法。增稠和脱水的区别在于它们所生产的产品性质。增稠工艺过程浓缩固体产生的产品行为，像液体一样流动。脱水工艺过程产生的固体滤饼，行为如同半固体或固体物质。固体脱水的目的在于，降低物质体积，并制备进一步加工处理、有益利用或处置的固体。降低体积能够削减后续固体管理成本。

脱水系统经常需要相当大的资金投入并占据设施运营和维护(O&M)年度预算中相当大的份额。为了设计符合成本效益的脱水设备，工程师们需要系统而全面地分析各种脱水方案，固体特性和现场特异性的变量(例如，其他处理工艺过程和侧流)。本章中的信息将有助于设计工程师在选择和设计的脱水设施时做出明智选择。

1.2 关键工艺性能参数

所有脱水工艺过程都产生两种产品：固体滤饼和从滤饼中除去的水与某些残余固体构成的液体(参见图 24.1)。液体流，有许多名称(例如，上清液、倾析液、地下排水、滤液、离心分离液和脱水水分)，经常被再循环至污水处理厂的渠首。

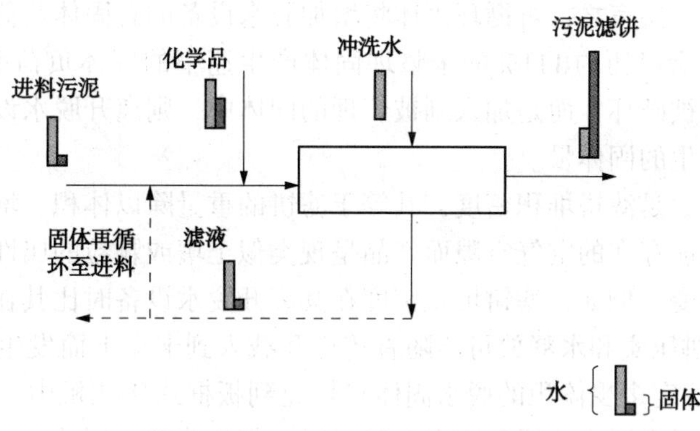

图 24.1 脱水系统的固体平衡

脱水工艺过程的性能通过两个主要参数进行测定：滤饼的固体含量和固体捕获率。滤饼的固体含量是滤饼干燥度的度量；它是滤饼中总干固体的重量除以滤饼总重量(固体+水分)的商，并按照百分比表示。由于溶解固体的量相比于脱水滤饼中悬浮固体的量很微小，则滤饼总固体量和总悬浮固体(TSS)量基本上相同。脱水滤饼的固体含量一般为 12%左右至高达 50%不等。

固体捕获率是进料至脱水工艺过程而保留于脱水滤饼中的残余物中悬浮固体的百分比的度量。如果加入大量化学品整理固体，则在计算固体捕获率时其应该包括于进料固体中。任何加入清洗水的影响，也需要包括于计算中。计算捕获效率最好的方法是围绕该工艺过程实施固体和水的平衡(参见图 24.1)。对于同时再循环其冲洗水和滤液的带式压滤机的固体捕获率可以通过以下方程表示，这源自围绕带式压滤机的固体质量平衡：

$$E=\frac{C_c(C_i-rC_f)}{C_f(C_c-C_f)} \tag{24.1}$$

$$r=\frac{C_i+Q_w}{C_i} \tag{24.2}$$

式中 E——固体捕获率,%；

r——再循环率,%；

C_c——滤饼固体含量，mg/L；

C_i——进料固体含量，mg/L；

C_f——滤液固体含量，mg/L；

Q_i——进料流量，L/m；

Q_w——冲洗水流量，L/m；

Q_f——滤液流量，L/m；

Q_c——滤饼流量，L/m。

脱水工艺过程的固体捕获率通常超过 90%，而可能能够高达 99%。未捕获的固体随着上清液再循环，并可能成为再循环负荷。一旦完成滤饼固体含量和固体捕获率计算，设计工程师就能够使用围绕脱水设备的固体平衡，确定再循环流中的固体浓度。

在确定脱水设备的固体负荷时，再循环固体的影响也应该考虑在内。例如，如果离心分离液或滤液再循环至污水处理厂的渠首，则滤液中固体将在污水处理工艺过程中除去，这会增加所产生的固体量。换言之，再循环固体将增加脱水设备的总固体负荷。因此，捕获效率为 90%的脱水设备将会经历约 111%的未整理固体产生速率的固体负荷率。在稳态条件下，假设再循环固体没有被破坏，而是加入到被管理的固体中，则离开脱水设备的固体质量应该等于污水处理期间产生的固体量。

第三个重要的参数是滤饼堆积密度，其等于滤饼的重量除以体积。堆积密度考虑了随着滤饼固体浓度增加可能存在的空气空隙而产品呈现类似土壤或颗粒的属性。堆积密度将随着滤饼处理和传送而改变。例如，滤饼堆积密度在其离开脱水设备时比其在卡车异地运送时要高。(一定程度的滤饼压实和水释放可能随着传送和载入到卡车上而发生，从而改变其堆积密度)。堆积密度在确定多少体积的脱水固体将填充到板框式压滤机中，选择滤饼传送系统规模大小和确定异地运送脱水滤饼所需卡车数量时，都是非常有用的。

1.3 脱水技术的概述

对脱水工艺方法进行一般性对比是很难的。例如，尽管离心机能够比带式压滤机更好地处理某种类型的固体，但是在处理另一种类型的固体时却不尽然。固体的物理化学特性可能会影响脱水工艺方法的选择。例如，带式压滤机在很大程度上依赖于在线聚合物进料，这种工艺方法对于具有高 pH 或含有许多盐的固体可能运行不太顺畅。使用金属盐代替聚合物可能会提高设备和存储的要求，从而丧失带式压滤机的某些优点。此外，适当的整理对于带式过滤机非常重要，因此不同时日变化相当大的进料原料可能会产生操作上的问题。

离心机也会受到固体变化的影响，但它们能够进行调整，而实现滤饼固体和固体捕获率的不同组合。聚合物对于混凝离心分离液的胶体很必要，而通常用于改善固体捕获率。

使用氯化铁和石灰整理剂的固容压滤机对于固体物理和化学变化不太敏感，但经常需要大量(昂贵)化学品。如果可行，设计工程师应该对压滤机评估聚合物的使用。

性能不仅受固体类型和其所含水的性质影响，而且还受固体如何整理和脱水设备的具体设计影响。脱水设备的性能能够通过调节工艺过程变量和测试整理化学品的不同类型和浓度进行优化。全规模试验测试是合乎需要的，因此系统能够进行优化，并随后进行比较。

脱水工艺过程的选择和设计能够基于相似装置观察到的性能实验室规模小试试验(有时)或全规模试验。

因为不同工厂的固体是不同的，则脱水工艺过程如何实施的最精确预测最好经由全规模、中试试验确定。中试试验将使之能够优化化学品整理。不同类型的聚合物都能够进行测试，并能够确定剂量、水力和固体负荷、固体捕获效率和滤饼固体之间的关系。在许多情况下，多家厂商不同类型的脱水设备并行测试，使项目团队能够选择最小化资本和O&M成本而同时满足工艺过程目标的工艺方法。然而，如果污水处理工艺方法正在改变，而代表性固体样品无法获得测试时，这是不可能的。

1.4 固体特性的影响

不同固体脱水的难易程度差别很大。例如，废弃活性污泥(WAS)很难进行脱水，而消化初级固体脱水更加容易。大多数这种变化不得不利用所涉及的固体成分，以及水如何与其结合。在废弃活性污泥中，例如，大部分水很难去除，因为这些水都附着于细菌细胞或化学连接至细胞结构。

当处理相同类型的固体时，根据这些物质预先如何进行管理，脱水性能甚至可能发生变化。这取决于固体的化学和物理特性和化学整理的影响，而这又取决于固体的盐浓度、溶液pH值、或存在的有机物质的特性。

固体的pH值可能对脱水产生不利影响。根据诺瓦克和豪根(Novak and Haugan，1979)的研究表明，活性污泥在pH 8和更高时脱水很差；其在pH值约3时脱水最好。氯化铁需要pH值降低到更良好的水平，而聚合物则要提高pH值至9以上。只有石灰整理的最佳性能处于高pH值，因为致密多孔碳酸钙固体的固体混合能够提供促进水分快速去除的基质。

有机物质(例如，有机酸和胞外生物聚合物)在脱水中能够发挥重要作用。在脱水中具有重要意义的大多数天然有机物是阴离子型生物聚合物。这些物质通常通过电荷中和或吸附于固体表面而从污水中除去。聚合物去除这些有机物是无效的；实际上，这些物质可以与有机物相结合，而产生脱水特性更差的物质。有机分子通常存在于生物活动的污水中。例如，当生物活性较低时，初级固体应该在冬季含有低浓度的有机生物聚合物。在夏季，生物生长增加能够产生充足的生物聚合物而大大改变工艺过程的性能。工业有机物质也能够改变固体性能。它们通常具有天然有机物质相同的影响，但也可能以较高浓度存在，而尤其是当它们吸附不良时，可能不容易混凝。

评价这些有机物对脱水影响的关键在于实验室比较阴离子和阳离子聚合物的相对优势。阳离子聚合物通常很适用，并能够通过电荷中和或分子桥接而提高脱水特性。如果固体几乎不含生物聚合物(例如，当固体没有生物活性时)阴离子聚合物的性能良好。如果阴离子聚合物使脱水性能变差时，则就可能存在过量的阴离子生物聚合物。如果聚合物性能发挥不畅，其原因可能是存在过量的盐，高pH值或有机物。

有些人认为进料固体颗粒大小是影响固体可脱水性的单一最重要的因素(U. S. EPA, 1979; Oerke, 1981)。随着平均颗粒粒径降低(这可能是由于过度混合和剪切所致), 表面-体积比成指数增长(Heukelekian and Weisberg, 1958)。在确定滤饼固体和固体捕获率时, 添加这样的颗粒需要将其当作进料固体。增加的表面积导致水化作用更甚, 化学品需求更高而脱水阻力增加(Oerke, 1981)。

几个物理参数(例如, 温度)也可以影响脱水。温度可以影响生物活性, 从而改变固体性质。较低温度下化学反应变慢, 对金属离子整理剂和聚合物的性能都会产生影响。通常情况下, 当气温下降时, 反应将会不完全, 可能需要增加化学品剂量, 但是这些反应中一些可能会因为生物活性降低而抵消。

固体中粒子的存在(例如, 煤或其他预涂剂)能够增强脱水。这种颗粒能够起到有机生物聚合物吸附表面的作用, 从而使明矾固体能够起到化学整理剂之用。

进料固体中固体浓度较高, 已经证明能够直接增加可能在大多数机械脱水工艺过程中获得的滤饼固体。例如, 1985 年对 100 多家市政带式压滤装置的调查研究表明, 滤饼固体、进料固体和进料中 WAS 的百分比之间存在强相关性(Koch et al., 1988)。离心机和板框式压滤机有人报道具有类似结果(Koch et al., 1989)。

其他研究表明, 进料固体浓度显著影响压滤机的性能(Oerke, 1981)。威斯康星州密尔沃基市南岸污水处理厂(作为密尔沃基市政污水收集区的水污染防治计划的一部分完工), 在全规模和中试规模试验期间, 增加进料固体浓度, 但在低得多的化学整理剂剂量下, 产生相当的滤饼固体, 并增加了工艺过程产率和固体负荷率。这也是比尔蒂拉和茹贝尔(Pietila and Joubert, 1979)和莫里斯(Morris, 1965)在采用几套脱水设备分析固体可脱水性时得出的最常见的最重要结论。

虽然具有高固体浓度的残余物经常会产生具有较高固体含量的脱水滤饼, 但是还是存在一些例外。当进料物质已经达到胶凝点时, 并当需要大量液体提供固体和整理化学品(例如, 聚合物)之间良好的相互作用时, 这是不正确的。

1.5 预处理

虽然大多数固体只需要在脱水之前进行整理, 但是一些预处理系统据发现对于保护设备, 改善滤饼固体, 或增强脱水滤饼产品的质量是非常有用的。例如, 磨床或浸渍机能够引入到泵送和进料系统中, 降低进入设备的固体尺寸。磨床可以防止长形或锯齿形物料块进入, 防止其扯割昂贵的过滤带布或堵塞离心机喷嘴。即使其他磨床安装于整个污水处理厂, 磨床还是应该加在带式压滤机进料泵的吸入侧。虽然磨床通常本身被认为是高维修项目, 但是它们仍然有助于保护滤带布而延长其使用寿命。

在其他应用中, 在线过筛设备设计安装于脱水设备之后而从脱水滤饼中除去大颗粒物质。筛滤通常用于脱水固体将要进一步加工处理成 A 类生物固体的产品(例如, 粒料状肥料)之时。过筛能够去除塑料和碎片, 而产生更均匀的颗粒产品。

其他预处理工艺过程适用于脱水工艺过程之前改善可脱水性。这些工艺过程采取升高温度或压力、使用超声波、高剪切设备(例如, 球磨机), 或化学品(酸或碱)打破 WAS, 降低化学整理剂要求, 或产生高固体的滤饼。

一些稳定化处理工艺过程将热整理与厌氧消化相结合, 提高固体的脱水特性(见第 25

章)。尽管经验有限，也有人添加填充材料(例如，木屑或灰)提高滤饼纤维含量和改善其可脱水性或填充性。加入填充物质很大程度上仅限于过滤装置(例如，带式压滤机和板框式压滤机)。

1.6 化学品整理

所有机械脱水的方法都会受益于某种形式的化学整理。虽然许多整理方法已经用于脱水，但是最有效的方法是化学整理(Genter，1934；Lecey，1980；Sharman，1967；Tenney and Stumm，1965)。化学整理改善滤饼固体而使之能够达到固体捕获效率。使用的化学品可以是无机或有机的化合物。所使用的化学品最常见类型是无机盐(例如，石灰和氯化铁)和有机聚合物。

通常使用的无机化学品是金属盐(例如，氯化铁、氯化铝、或硫酸亚铁)。其活性取决于 pH 值，因此可能需要控制 pH 值以使化学品物尽其用。使用的有机化学品是分子量高的水溶性有机聚合物。过去的经济评估表明，有机聚合物在脱水中发挥了重要作用，因为其成本效益高，维护，性能和安全记录都比无机化学品更好。

聚合物用量的优化，可以改善离心机和带式压滤机的操作(Lecey，1980)。化学整理剂的理想试验是产品实际应用于具体要脱水的固体。

最佳聚合物加入点取决于所涉及的化学品和固体。聚合物可能需要很长的反应时间。试差法通常能够确定化学品是否应该加入到离心机内部，离心机进料管，或是甚至进一步加入上游侧(例如，在进料泵的吸入侧)。采用实验室规模小试试验能够确定各种聚合物的适用性。小试试验和毛细吸水时间(CST)的测量应该用于分类聚合物的类型。通常情况下，强絮凝体是最好的。其他实验室小试试验(例如，活塞式压滤机和间歇式离心机)都能够提供可能滤饼固体含量的指示。这可能比并行脱水试验更方便。

对于板框式压滤机，氯化铁和石灰(有或无灰粉)通常用于改善固体粒度分布，同时灰粉能够降低整理固体的可压缩性。虽然使用氯化铁和石灰能够显著提高脱水固体中惰性物质的量，但它可以改善压缩性并增强滤饼的释放。为板框式压滤使用聚合物整理固体还是取得了一些成功，但必须谨慎采取措施，确保不会形成很难从压滤机上去除的粘性滤饼。粘性滤饼通常是混合不完全或聚合物过量所致。

1.7 再循环流的影响

脱水期间从固体中去除的水分通常返回至污水处理厂的渠首工程进行处理。这种液体污水流含有的成分，可能会影响污水处理工艺过程并加到该污水处理厂的进水负荷[例如，生化需氧量(BOD)、氨和磷]中。影响程度取决于固体捕获效率和脱水前污水和固体处理工艺过程的性质。例如，如果污水处理厂提供生物除磷和厌氧消化，则可能释放可溶性磷酸盐。这种磷酸盐能够增加污水处理厂的进水磷酸盐负荷或导致镁基水垢(例如，鸟粪石)沉淀于传送再循环滤液或离心分离液的管道或泵送系统上。再循环的离心分离液或滤液由于厌氧消化期间释放氨而也可能成为污水处理厂的额外氮负荷之源。(对于再循环流的影响和处理的更详细讨论，请参见第 11 章和第 25 章)。

1.8 气味控制

尽管所有的脱水工艺方法都是将液体和固体分离开，但都可能会释放尾气和气味。产生气味的可能性取决于如何处理固体和这些固体在脱水之前将保持和储存多长时间。如果固体存储于不曝气的罐池中，它们最有可能开始厌氧消化而释放臭味化合物。在某些脱水设备(例如，离心机)中，气味将夹杂于该设备中；控制脱水滤饼和设备的任何废气势在必行。在其他设备(例如，带式压滤机)中，有可能必须安装设备罩而为脱水工艺过程提供通风，同时收集空气控制气味。(对于气味遏制和控制的详细信息，请参阅第7章)。

1.9 中试试验

许多类型的固体都能够通过各种类型的脱水设备进行成功脱水。然而，脱水单元装置的可靠性仅仅能够经由采用拖车式试验单元装置的中试试验进行评估。

设计不只一个机器或脱水设备类型的现场试验应该同时运行。并行操作将会缓解试验之间操作条件或固体特性变化的问题。几家带式压滤机制造商具有能够拉到污水处理现场进行测试的移动拖车式中试单元装置。这些单元装置大多数都是小生产设备，将能够提供堪比较大模型的性能。离心机制造商和板框式压滤机制造商也能够提供中试规模的拖车式单元装置。作为中试试验的一部分收集的数据包括水力和固体负荷率，聚合物类型和用量，固体百分比和捕获效率。虽然小生产单元装置能够提供较大型单元装置预期性能的指示，但在按比例缩放将数据放大至大型装置时还必须谨慎行事。设计工程师应该咨询设备制造商，而开发全规模标准。如果可能，优选进行全规模单元装置的试验。

作为全规模中试试验的替代方案，许多厂商都有其自己的内部试验设备，都能够用于预测性能。脱水物料的样品可以发送给制造商，而根据其试验结果提供设计标准。这些测试已经证明，对于大多数应用，都能够提供足够的设备性能预测。需要注意的是，要确保固体在运输过程中不会出现因为变得太热，或受到过度振动而发生变化。这些测试应该尽可能立即实施，以确保固体不会随着老化而改变属性。

当评估脱水装置性能时，滤液和反冲洗水的用量和质量，及其对污水处理系统的影响，都应该予以考虑。虽然中试试验能够提供良好的数据，但它们通常按照恒定的进料条件和更多操作者的关注进行运转。基于中试试验数据的设计应该考虑易变的进料，而不应该要求恒定的操作员关注才能产生可接受的性能。

1.10 设计实例

下面的电子表格设计实例概述了脱水设备选择和设计中的关键步骤(参见图24.2)。该实例选用了固体生成速率，并采用峰值系数和运行小时数确定设计固体和水力学负荷率。化学品剂量，固体捕获百分率和滤饼固体，通常从中试试验或处理类似固体的类似单元装置获得。设计实例举例说明了如何使用电子表格跟踪穿过单元装置的固体和水平衡，同时考虑再循环流。最后，水力学和固体负荷率用于挑选脱水设备的规格和数量。应该咨询制造商，确定脱水设备特定部分可接受的水力学和固体负荷率。还应该提供一定的灵活性，而使之能够使用不同类型的整理化学品。(进料泵和化学品处理系统的设计涵盖于其他章节之中)。

1.10.1 输入参数

因为脱水的主要功能是产生干燥的滤饼，则最重要的输入参数是进入脱水设备的进料 TSS 浓度。主要性能参数是滤饼固体含量和固体捕获率。对于设计实例已经假设的输入参数如下列出：

- 固体生成速率=16 千 kg/h；
- 进料固体浓度=2%；
- 峰值系数= 1.5；
- 脱水操作= 40 h/星期。

1.10.2 假设

据假设，脱水设备的实际固体负荷率增加而超过固体生成速率，才能考虑化学品的加入和设备的固体捕获效率。这个假设间接表明返回到至污水处理工艺过程的再循环流中任何固体都将从污水中去除并进行再次脱水，而由此贡献脱水工艺过程的固体生产和固体负荷率。如果固体稳定化处理工艺方法(例如，厌氧消化)在脱水之前实施，则一些回收固体可能会被破坏，而这种假设可能出现过于保守。围绕整个污水处理工艺过程更彻底的质量平衡或模拟能够用于提供脱水工艺过程固体负荷率不太保守的估计。

这个设计实例目的在于证实滤饼固体、捕获效率和化学品剂量对总滤饼生产的影响。采用了高化学品剂量生产干滤饼(凹板板框式压滤机)的工艺方法与使用较低化学品剂量而产生较湿滤饼的工艺方法(带式压滤机或离心机)进行比较。这两种脱水工艺方法的假设如下列出：

带式压滤机或离心机

- 固体捕获效率=92%
- 滤饼固体含量=20%
- 化学整理剂=石灰和氯化铁
- 化学整理剂增加的固体量=1%
- 滤饼堆积密度=1200 kg/m^3

板框式压滤机

- 固体捕获效率=97%
- 滤饼固体含量=45%
- 化学整理剂=聚合物
- 化学整理剂增加的固体量=35%
- 滤饼堆积密度=900 kg/m^3

1.10.3 计算

首先通过对固体生成速率计算使用峰值系数和运行时数计算脱水设备的负荷率。进料固体浓度用于由按照 kg/h 表示的干固体负荷率计算水和湿固体负荷率。

接着，通过加上化学品加入的额外固体，增加负荷率而考虑化学品的加入。最后，负荷率除以固体捕获效率而得到脱水设备的有效负荷率。正如前文所述，这是一个保守假设，假设了滤液或离心分离液中所有固体都将在液体处理工艺过程序列中除去而返回至脱水设备，从而提高了固体负荷率。这个假设设定了离开脱水装置的固体等于污水处理工艺过程中产生的固体量。

1.10.4 输出

使用假设负荷率、固体捕获效率、滤饼固体含量和堆积密度，就能计算脱水设备的滤饼日湿重和体积。离心分离液和滤液的体积和固体浓度，能够通过围绕脱水设备的质量平衡进行计算。即使板框式压滤机基于干固体将生产更多的滤饼，但滤饼的体积将比带式压滤机或离心机生产滤饼体积小 10 倍，因为滤饼越干燥，堆积密度越高(参见图 24.2)。

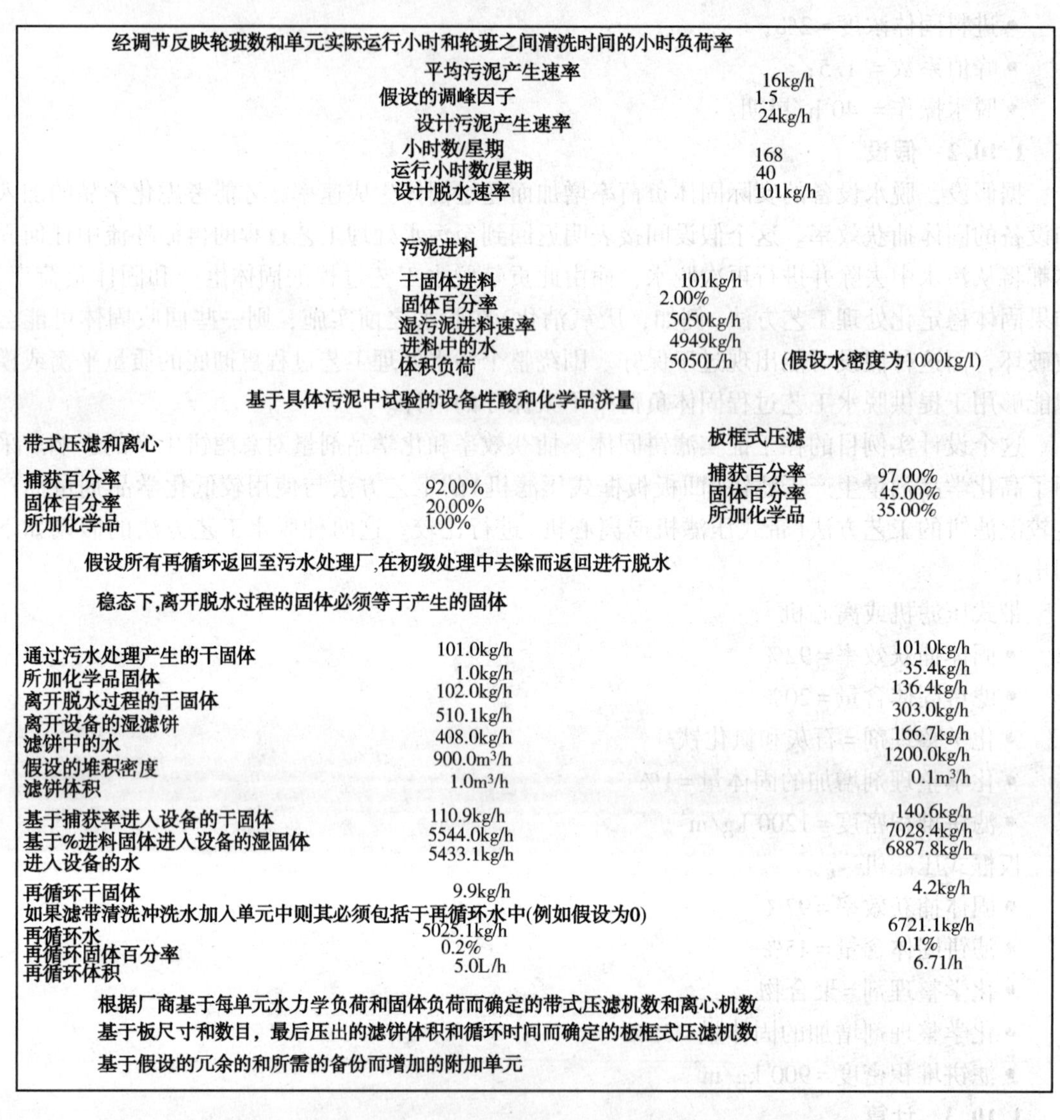

经调节反映轮班数和单元实际运行小时和轮班之间清洗时间的小时负荷率

平均污泥产生速率	16kg/h
假设的调峰因子	1.5
设计污泥产生速率	24kg/h
小时数/星期	168
运行小时数/星期	40
设计脱水速率	101kg/h

污泥进料

干固体进料	101kg/h
固体百分率	2.00%
湿污泥进料速率	5050kg/h
进料中的水	4949kg/h
体积负荷	5050L/h (假设水密度为1000kg/l)

基于具体污泥中试验的设备性酸和化学品济量

	带式压滤和离心	板框式压滤
捕获百分率	92.00%	97.00%
固体百分率	20.00%	45.00%
所加化学品	1.00%	35.00%

假设所有再循环返回至污水处理厂,在初级处理中去除而返回进行脱水

稳态下,离开脱水过程的固体必须等于产生的固体

	带式压滤和离心	板框式压滤
通过污水处理产生的干固体	101.0kg/h	101.0kg/h
所加化学品固体	1.0kg/h	35.4kg/h
离开脱水过程的干固体	102.0kg/h	136.4kg/h
离开设备的湿滤饼	510.1kg/h	303.0kg/h
滤饼中的水	408.0kg/h	166.7kg/h
假设的堆积密度	900.0m³/h	1200.0kg/h
滤饼体积	1.0m³/h	0.1m³/h
基于捕获率进入设备的干固体	110.9kg/h	140.6kg/h
基于%进料固体进入设备的湿固体	5544.0kg/h	7028.4kg/h
进入设备的水	5433.1kg/h	6887.8kg/h
再循环干固体	9.9kg/h	4.2kg/h

如果滤带清洗冲洗水加入单元中则其必须包括于再循环水中(例如假设为0)

再循环水	5025.1kg/h	6721.1kg/h
再循环固体百分率	0.2%	0.1%
再循环体积	5.0L/h	6.71/h

根据厂商基于每单元水力学负荷和固体负荷而确定的带式压滤机数和离心机数

基于板尺寸和数目，最后压出的滤饼体积和循环时间而确定的板框式压滤机数

基于假设的冗余的和所需的备份而增加的附加单元

图 24.2 设计实例有关带式压滤机、离心机和板框式压滤机的数据

然后，基于每个脱水机器的处理速率和以个案为基础所需的冗余量选择脱水单元装置的数目。如果希望有一个备用单元装置，则可以优选容量较小的单元。如果采用生产量较小的较大数量的单元装置，也使运营商能够在较低固体生产量时段期间对某些单元停工。另外一个设计方法是使用较少的单元装置(或甚至一个单元装置)，通过改变运行时数响应固体生产量的变化。

大多数脱水单元装置都是基于水力负荷率进行分级，但是它们可以在高进料固体浓度下变成固体负荷限制性的。离心机制造商通常提供的单元装置，会具有不同铭牌的水力加工处理标准。带式压滤机制造商提供的单元装置具有不同的皮带宽度而适应不同的水力负荷率。板框式压滤机制造商提供不同尺寸的板框，而能够改变板数量以适应不同的水力负荷率。配套设施(例如，进料泵、化学整理剂、冲洗水、气味控制、传送机和滤饼存储)随后就能确定规格尺寸而与所选的脱水单元装置数量协调一致。

2 离 心 机

本章将仅仅讨论转鼓式离心机，因为篮式离心机和盘式喷嘴滗水器离心机不再通常应用于市政污水固体脱水。

2.1 概述

离心机是基于沉降原理进行工作，很像澄清池和增稠池。然而，离心机旋转非常迅速，而使工艺过程固体经受比重力加速度大 1500~3000 倍的加速度。离心机既适用于增稠又适用于脱水残余物，但是用于增稠的内部设计尺寸比用于脱水的有很大不同。

离心机操作比较简单。操作者设定传送机扭矩而控制滤饼干燥度，并通过改变聚合物用量而控制离心分离液的质量。离心机不太需要操作员看管，而容易实现自动化，并经常会产生比其他常见的脱水设备更干燥的固体滤饼。离心机也通常是能量密集型的、嘈杂、振动、并可能向环境排放臭味空气。

2.2 工艺设计条件和标准

2.2.1 机械特性

在现代离心机中，所有接液部件都由不锈钢制成，因为采用易生锈碳钢很难维持耐腐蚀性(参见图 24.3)。主要结构件通常是不锈钢铸钢。离心铸造比静态铸造会产生更好的质量，而这对于高应力部件是优选的。

在小型和大型离心机的机械设计中存在明显的差异。通常，小型离心机质量较低，轴承寿命较短，表面硬化不太严格，且构造结构较轻，因为人们都假设它们将不会经受严格的工作任务。离心机设计时，要满足相同的振动标准(在最大额定转速下 6~7mm/s 速度)。制造商满足标准的最低成本方式是在固定结构上加载自重，尔后是降低速度。然而，框架强化是比较常见的。考虑到这一点，工程师应该指定离心机的最大静态/动态重量比(S/DW)。计算式为：

$$\text{静态动态重量比}=\frac{\text{四个主要振动分离器上的总静态重量}}{\text{填充水的旋转体重量}} \tag{24.3}$$

其中

S/DW 比≤2，是优良的；

S/DW 比=2~3，是较好的(轴承寿命缩短)；

S/DW 比=3~4，较差。

S/DW 比较高的小型离心机如果每周仅仅工作很少的几天是可以接受的。

轴承的预期寿命很难评估。离心机具有承载转动体(高速)的主轴承，传送机轴承(低

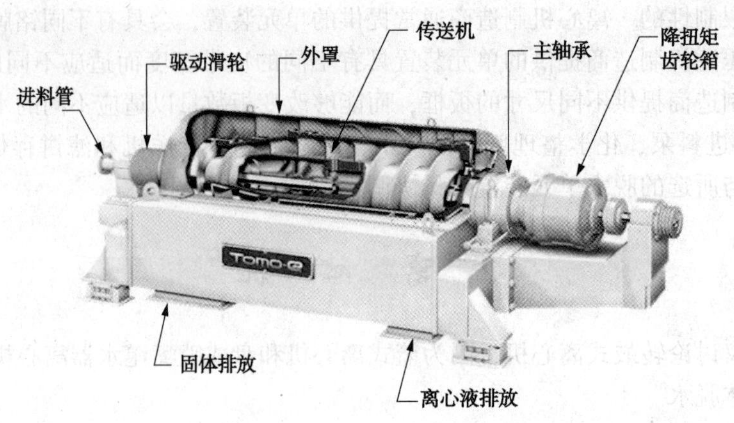

图 24.3　离心机的剖面图

速）和承载离心机轴负荷的止推轴承。轴承具有计算的 B10 寿命，这是一个根据周期和负荷预测故障的理论寿命。然而，B10 寿命是假设润滑、污染、或对齐——所有常见的轴承故障原因都没有问题为前提的，因此它并不适用于预测质量。轴承的选择涉及球面滚子，滚柱轴承和球轴承。轴承的选择是工程设计的一部分，因此各种类型并没有明显的排序。对于主轴承，球面滚柱轴承通常很优异。传送机轴承是低速轴承，因此这种轴承并不严格。最大的离心机需要循环油冷却高速轴承。关于小型离心机，可以使用脂或油润滑。主轴承和离心机壳体之间具有空气间隔的设计，相比于支承壳体直接连接到所述壳体的设计，并不太麻烦。

传送机轴承是低速轴承，通常由于污染而发生故障。最佳设计容许使用油脂冲洗轴承，而定期消除不可避免的污染。密封轴承价格便宜，但因为所有的密封件都会发生故障，则这种类型的轴承寿命有限。

所有离心机都具有转矩减速机；这样的方案有行星式齿轮箱，环状齿轮箱或液压马达。采用供应商提供的数据进行准确预测齿轮减速器的质量是不可能的。由于长期使用，通常都会发生故障。两个相同的离心机中，按照 30%的额定转矩运行的单元装置寿命应该比按照额定负载 60%运行的单元装置长。质量扭矩减速器如果无机械故障或重构，则可以持续 20000~40000h，最佳设计要持续 50000~100000h 或更长时间。咨询参考装置的经验和典型转矩负载多少作为允许负载百分数，是预测维修费用的唯一可行的方法。就像汽车制造商一样，离心机制造商具有一系列的离心机型号，每种型号具有不同直径的和长度，而每个型号都提供了多种选择。对于水厂和污水处理厂的所有应用环境通常销售相同的离心机。

所有脱水离心机通常需要使用聚合物，而推荐采纳以下的指导原则。设计工程师应该提供的设备，要能够使用至少两种形式的聚合物，其中之一是干聚合物。他们还应该提供足够的陈化箱容量而确保在 150%的预期聚合物用量下 0.2%活性浓度的最低 40min 的陈化时间。补充浓溶液而尔后稀释，除非可以进一步提供陈化储存，通常并不是一个好的选择。最好的聚合物加入点要取决于固体，聚合物和脱水目标。推荐使用四个加入点：离心机内部、离心机紧接之前、离心机前 8m（25ft）和离心机前 16m（50ft）。实现此目的的最佳方式是在方便的位置安装歧管（参见图 24.4）。如果要更改加入点，则操作者仅仅需要打开一个阀门而关闭另一个阀门。虽然压滤机通常包括混合聚合物和固体的更多设备，但没有证据表明这些设备对离心机有多少受益，离心机能够为其自身提供混合作用。每隔一段时间，操作者需要评估聚合物。在聚合物储罐之下的称重传感器可以很容易测量聚合物消耗量，而无需爬到罐上进行提取测试。工程师应该设计工艺过程的泵送设备，以使另一种聚合物可以很容易进行测试。对于乳液，从乳液泵至补充单元装置的距离应该较短，这样就不需要填充大歧管。还应该提供配件，以使替代乳液能够毫无困难地处于备用状态。

图 24.4 添加聚合物的歧管

工艺过程的仪器仪表也是很重要的。进料和聚合物溶液推荐使用磁流量计。所有者也需要用于离心机进料，添加聚合物之前的进料，交货聚合物，陈化之后的聚合物溶液，离心分离液和脱水固体滤饼的方便取样龙头。

理想情况下，取样龙头应该接近管线的主体流，最小化浪费而取得新样品。样品水龙头之下应该提供地漏而为操作者处置样品。样品汇流池应该提供供水进行样品流反冲洗。另外，在汇流池之下的收集阱和地漏需要具有超规格裕度才能处理这些流量。由于离心分离液的质量是操作人员最重要的观察研究结果，则使之能够很易于取样是很重要的。最佳做法是使代表性的离心分离液样品连续流进操作者路过时很方便观察到的地漏。最佳布局设计是将离心机放置于操作员平台之上的地板上，因为这在离心机之下的地板上能够更加容易取得样品，并且通常也更加安静降噪。当进行系统故障诊断时，能够对递送聚合物和将进入离心机的稀释溶液同时进行取样，是很重要的。

流量计也很重要。随着泵变频驱动器的引入，就存在假设流量总是与泵速成正比的倾向。如果泵是新泵，并很少延期使用时，这确实如此。然而，如果流量无法以合理的精度知晓时则很难进行系统故障排查。

设计的离心机通常会发生振动，所有电气和工艺过程连接必须使用具有足够柔韧性的弹性接头，才能最小化管线上的负荷。如果固体或液体累积流水槽而达到转鼓时，将会产生足够的拉拽作用而在高电动机安培数下关闭离心机。离心分离液有时也会成为一个问题，因为有可能会产生过量的泡沫。在进入水平或接近水平的流程之前，要避免任何捕集阱挡回泡沫，并提供至少 7m(20ft)的落差。

固体传送可能比较困难。将离心机置于楼上时意味着固体将水平或向下传送。大多数传送系统在不得不提升固体时都会问题重重。带式传送机因为气味和内务管理问题而不太常见。固体滤饼泵购买和维护代价太高，这使得螺旋传送机成为最常见的传送装置。倾斜的螺旋传送机工作较好，但垂直的螺旋传送机则麻烦不断。所有离心机在启动时都会将液体溅出固体斜道，而在后来也会偶尔如此。处理这个问题最成功的方式是采用换向闸。当扭矩较低时，则闸门将每种东西都转向地漏。当扭矩达到某些需要确定的值时，闸门打开而固体滑落到传送系统中。

排气通风是许多装置的问题。离心机在接近中心管道附近吸入空气，而将空气向下吹入离心分离液和滤饼滑道。通过封闭离心分离液流水槽，或尤其是滤饼滑道限制空气流动，会导致空气将固体代入离心机外壳，严重磨蚀转鼓而足以需要更换转鼓。两种滑槽应该按照相同压力通风换气，并还应提供装置冲洗通风管道。由于通风不良的潜在成本，离心机供应商应该正式放弃通风换气设计。

2.2.2 水力学负荷率

离心机在购买时通常会获得工艺过程的保证书(例如，进料速度、固体负荷、滤饼干燥度、聚合物用量和离心分离液质量)。在理想的情况下，如果具有较旧的一套设备作为基准，是很有帮助的，因为这种保证书随后就可以表示为“匹配现有的脱水设备的性能”。影响离心机装置的成本和性能的主要问题包括滤饼干燥度、聚合物用量、进料速度和离心分离液质量。在这四个问题中，通常有一个可能以牺牲另一个为代价而升高。因此，对于负荷率很少存在绝对限制。供应商可以选择竞标小型离心机而反对竞争大型离心机，以希望以较低的价格获得销售。其结果是，容量对于连续工作可能不切实际，而所有者可能无法得到他们所需要的离心机容量。由于离心机制造商不添加服务因素，则工程师应该罚以高于设计所需30%的进料速率作为前提条件。

2.2.3 固体负荷率

对于规模放大，还有许多限制。由于水力学或固体负荷率增加，则性能会下降。通常情况下，聚合物越多会有所帮助，但这有一定限度。工程师应该设计供应商最大容量2/3的装置。进料固体浓度是很重要的，因为固体和聚合物应该完全混合才能进行它们之间化学反应。如果固体(或聚合物)是黏性的，则要对其进行稀释，才能使之实现足够的化学接触。二级固体增稠超过2%，而混合固体浓缩超过4%，都可能会出现问题。

2.2.4 转鼓速率

离心机旋转而产生离心力，促进固体分离。传统上，加速度被称为“g力”。地球重力加速度为9.8m/s^2(32 ft/s^2)，通常称为“1g”，而离心机制造商使用这作为加速度单位。大多数离心机工作时会以1 500~3000 g运行。在实际应用中，如果离心机以3000g运行，会在转鼓壁上存在1lb(0.45kg)的不平衡，则该离心机会以1.260kg(3000lb)的力摇晃。转鼓速度和g力之间的关系计算公式为：

$$g=k\times RPM^2\times \text{直径} \tag{24.4}$$

式中 RPM——转速，r/min (rpm)；

k——0.000 000 56(直径按照mm测定时)或0.000 014 2 (直径按照in测定)；

直径——转鼓内径。

“最佳”运行的g力是现场环境特异性的，并非越高越好。高g力需要更好的材料，更好的制造技术，因此，要花费更多的建设资金。因此，离心机能够满足其振动和噪声规范的g力，即使所有者选择以较低速度运行，也是机械设计质量是极好度量。指定该速度之下的g力和噪音和振动水平是确保离心机质量的最佳途径之一。

2.2.5 料池深度

对于所有沉降设备，料池越深，将会提供更大的力压缩固体(参见图24.5)。料池深度要相对于离心机转鼓的液体深度。由于大型离心机本质上比小型离心机具有更深的料池，然则如果其余一切都相等，则大型离心机会比小型离心机产生更干燥的固体滤饼。大多数离心机制造商已经降低了固体卸料池直径，而使料池更深，以降低功耗。一些制造商将调节环开口向内移动类似的量。这限制了差速压头，因此，也限制了离心机可达到的滤饼干燥度。限制滤饼干燥度而限制扭矩，容许使用较小的扭矩减速器和更薄的螺纹材料，而无需弯折螺

纹。良好的离心机设计应该具有

- 提供 25mm 负料池的容量；
- 最大直径比固体卸料池直径至少小 50mm 的传送机轮毂。

图 24.5　具有不同卷轴直径的类似离心机之间料池深度的差异

负池的不幸后果之一是，在启动期间直至密封会累积所有脱水离心机排放的进料物质或泥泞的滤饼(通常 5~15min)。设计工程师应该考虑到这一点。

2.2.6　结构支撑

从设计的角度而言，小型离心机能够是撬装式的，并具有最小基座要求。大型离心机重量 13~18 吨或更大，而需要花费更大量的设计努力。在地震带的污水处理厂还有更多的问题，因为旋转质量往往留在原地，而离心机之下的建筑物却是移动的。离心机制造商提供安装图纸，并提供相关尺寸，静态和动态载荷，以及工艺要求。大多数大型装置都依靠特别厚的混凝土地板吸收振动，阻尼噪音。避免使用金属栅栏，因为这些栅栏往往会发出嘎嘎之声不绝。迟早，离心机必须拆除停工，需要使用具有可调垂直和水平速控的行桥式起重机进行装配和拆卸卷轴。

2.2.7　安全

所有离心机应该通过联锁机制对扭矩、马达电流和振动进行保护。早期使用振动开关，但现在应该规定使用振动读取器。控件应清楚地陈述报警和关停的振动水平。没有任何离心机盖能够包容灾难性故障的碎片。这种故障也是非常罕见的。

2.2.8　捕获效率

对于所有的沉降工艺过程而言，离心机是基于粒径和密度分离固体。捕获目标应该约 95%，以尽量减少再循环。离心机可以实现 99+%的捕获率，但存在使用离心机体积的相当大的浪费风险。

2.2.9　面积/建筑的要求

尽管这可能很昂贵，但在建筑物中高放离心机对装置更为有益。然则，因为在离心机地面上看不见任何东西，将控制室置于离心机之下的地面上。这样通过容许操作者对离心分离液和固体滤饼取样而从控制室进行控制调整，而不是嘈杂的离心机室，可以减少对操作人员的噪声保护需求。

2.3　辅助设备和控制

所有现代的离心机有两种控制模式：差速和扭矩。离心机制造商通常会聘请一个小组工作室设计和建造控制。大多数控件都使用变频驱动(VFD)主驱动器和 VFD 反驱电机。很少有或没有专利性控件，而电机控制和可编程逻辑控制器(PLC)的品牌是客户的选择。对于可维护性，要求供应商连同密码和访问和维护控制和驱动器的软件一起提供控制程序的电子副本是很重要的。

自动化能够从离心机制造商和独立控制工程师那里都能够获得。一些供应商使用黑匣子方法进行控制，其中所有者不能改变任何东西。更好的选择是采纳开放软件，任何人都可以改变而适应不断变化之需。自动化测定进料固体并控制固体负荷。工艺过程的仪器仪表能够测定离心分离液固体并调整聚合物而保持固定的离心分离液质量。大多数都使用反驱扭矩作为测定滤饼干燥度的手段，但也有一些仪器仪表，可以对此进行测量。

另外，采用监控和数据采集(SCADA)系统计算固体体积和实时净处置成本，并进行倒班是非常有益的。在操作者能够按照成本有效性的方式运行脱水工艺过程之前，他们不得不知晓成本包含哪些内容。

2.3.1 进料系统

所有工艺过程通过改变进料条件都面临挑战。尤其是当进料物料是两个或更多物流的混合物时更是问题重重。例如，当初级固体与二级固体之比变化时，固体的可脱水性也发生变化，而除非操作者反应快速而正确，否则离心机将遭受严重聚合物剂量过载或不足。其他变化来源是未混合的储罐，以及其 WAS 直接传送至脱水系统而不是混合罐的消化池。

存储固体也可能出现问题。在存储之中，固体出现化粪池条件，这使其脱水更加困难。储罐中的过量固体混合也应该避免，因为这趋向于降低进料固体粒径，增加所需的聚合物剂量，而降低可脱水性(Oerke，1981)。固体在澄清池或储存槽底部停留的时间越短越好。

制造商通常更倾向于选择低剪切泵；他们推荐螺杆泵、旋叶泵或双碟片泵。变速离心泵，尤其是对于更大的容量，是可以接受的，但要求仅仅按照设计适当的进料管道排布设计。因为离心机内的水力停留时间约 1s，则不应该使用具有止回阀的脉动间歇泵。

2.3.2 卷轴末端的衬里

任何含沙砾的固体都能够产生磨蚀作用，而离心机必须经过设计，控制磨蚀。有四个区域可能会出现磨蚀问题：

- 进料区，进料物质加速至转鼓速度之处；
- 进料区和固体排放之间的传送机螺纹边缘；
- 脱水固体由此离开旋转组件的通孔；
- 盖/外壳内衬，固体以 300km/h(200mph)行进直至完全停止之处。

在模式保护方面有两个问题：使用寿命和更换成本。如果维护人员自己就可以更换磨损部件，而不是将该单元装置发送到维修店时，这通常是更经济的。

涂施聚氨酯而施加等离子硬化的表面，在进料区除了小区域内会浓缩固体流之外都工作良好。传送机螺纹边沿通常具有烧结的碳化硅砖，很容易替换，而无需平衡。在固体排出端，除了伸出旋转组件的喷嘴之外，优选使用碳化钨。这些都是特别容易破损的，而易脆材料常常很少能够提供更长的寿命。外壳防磨损衬垫应该足够长，而覆盖固体滑槽上的弹性套管。聚氨酯和橡胶衬里提供的使用寿命最长，其次是硬表面钢，而不锈钢略差，位居第三。

2.3.3 卷轴/转鼓差速控制驱动器

控制和驱动器的功能在30年来没有发生显著改变；通过供应商提供的实际组件是市场价格的结果。目前，VFD和反驱是最常见的。假设启动电流不是太昂贵，则启动系统具有最低的生命周期成本。控制应该具有一键式启动，任何时候都能够进行热启动的能力和自供电的功能，因此在电源故障的情况下，驱动器进入中断模式，并保持供电控制离心机停下来。如果没有这个功能，离心机可能发生堵塞，并在重新启动之前，需要进行维修。所有现代控制都操作差速控制和转矩控制。大部分是直观的，操作员输入差速或转矩设定值，而离心机固定这些数字。其他的则更复杂。良好的控制系统应该保持扭矩至±8%，但当在进料固体中面临严重跃迁时除外。

工艺过程自动化在20世纪90年代还不确定是否有益，但现在所有的离心机制造商和几家独立的自动化公司都提供离心机的自动化包。最复杂的自动化仿真操作员，使用传感器测量离心分离液固体，并使用转矩作为固体滤饼干燥度的度量。操作员设定进料速率和扭矩，而系统使用离心分离液测量结果调整聚合物速率以保持离心分离液的设定点。更先进的系统还可以测定进料固体浓度和进料速率。有了这些信息，则能够按照系统步速流动，保持恒定的固体和水分负荷达到焚化炉，热干燥机，或其他下游工艺过程。如果固体处置和聚合物的成本都增加，则SCADA显示器可能会实时显示脱水成本。自动化系统并不能代替操作者，因为它缺失能够“观察”操作，并将其固定于设定点。操作者必须排除系统故障，维护仪器，并定期优化系统。在最低限度内，未来的自动化计划通过在管道内包括滑阀件而允许插入仪器仪表。

2.3.4 动态负荷

离心机不平衡——当离心机运行时按 g 力加倍——会对轴承产生巨大的动态负荷，这被转移至建筑结构上。在3 000g时，0.454kg(1lb)的不平衡会导致1263kg(3000lb)的偏心负荷。降低 g 力(降低转鼓速度)，能够降低动态负荷。[动态负荷处于X-Y方向，而不是Z轴(轴向)方向]。振动频率是离心机的旋转速度。当离心机滑行到停止时，会通过其自然谐振频率，这可能会导致离心机通过其隔离器而在地板上产生重击。

2.3.5 振动/噪声控制

所有离心机都会振动和发出噪声。制造商通常需要认证在工厂干运行时的噪音和振动水平。这种认证是没有用的，除非测量时的速度也被指定。据发现，许多新的离心机在其铭牌的额定速度下不能满足噪声和振动保证，是很常见的。对于采取相同的S/DW率运行于相同 g 力下的离心机，振动和噪声的量是整体设计质量的直接指示。预期制造商声明在工艺过程性能测试期间，在满而定速速率下能够达到的峰值噪声和振动水平，对于故障采取一些惩罚，这是合理的。操作振动通常是工厂级的1.5倍左右。离心机在室内或加盖消音是很昂贵的，而盖子尤其别扭。最好的解决办法是关闭离心机的房间，并将控制室置于离心机下面的地板上。这使之更容易取样滤饼和离心分离液，而大大降低了噪音水平。购买大型高速离心机对于工艺过程负荷和在较低速度下运行它们是必要的的，也是一种有效降低噪声和振动水平的方式。

2.3.6 滤饼排放

所有现代的离心机在启动期间都会将进料固体溅落于固体滤饼排出口之外，而在运行期间偶尔也可能出现这种情况。对此问题常见的解决方案是滑动转向门，这能够将绝大部分溅溢物转向地漏，或当出现溅溢物时，将倾斜螺旋传送机转向地漏。（否则，螺旋传送机将会将溅溢物和脱水差的固体发送至固体处理系统。）

2.3.7 化学整理剂的要求

所有的离心机需要聚合物才能对污水固体脱水。聚合物是四大主要成本之一，是经济平衡的一部分。较干燥的滤饼比较湿的滤饼需要更多的聚合物。聚合物有三种形式：干固体，乳液和溶液。较小的装置可能无法确定聚合物系统有效，这可能会使用不只一种形式的聚合物。大型装置需要既能处理干燥聚合物又能够处理乳液，而促进更多的竞争并最小化脱水成本。

适用于除了脱水之外的目的的无机化学品仍可能影响脱水。例如含氯化铁降低聚合物的需求，而同时明矾和石灰会提高聚合物的需求。三氯化铁既含高氯离子，又具有高酸性。当通过固体进行稀释时，二者都不是问题，但应该增加联锁确保铁盐仅仅在进料固体进入离心机时加入。过氧化物和高锰酸盐中适用于如此之小的量以至于它们不可能对脱水产生明显的影响。大多数无机化学品都不能基于聚合物相应降低需求而确定其成本的合理性，但这可能会有其他受益。

2.3.8 能源要求

能源消耗是精确已知的，而通常由制造商保证。功率与速度的平方成正比，所以转鼓速度是关键因素。功率也与排放口半径和进料速率成比例。驱动器和齿轮减速器的效率仅仅是次要的因素。设计工程师应该集中于额定转速和负荷下离心机系统的能耗，因为这决定了用电功率。

2.3.9 冲洗水要求

大量的冲洗水是没有用的。如果正常的流量进料固体[例如，23m^3/s(100gpm)的进料物料]确实无法清除阻塞物，则就像冲厕水的水量也无妨清除堵塞。大约有20%的额定进料速率就足够。进料管是一种开放管，因此冲洗水的压力是标称的。为了维护和防止对转鼓外面的磨蚀之目的，大多数制造商会提供喷雾头和喷嘴作为选用件。离心机的表面速度超过320kg/h(200mph)，因此转鼓和低压水之间的差速用于保持清洁绰绰有余。在极少数污水处理厂污水具有高氯离子水平的情况下，使冲洗水蒸发而能够使氯离子浓缩至出现腐蚀问题的情况。在这种情况下，在关停之前建议采用饮用水进行最后的短冲洗。

3 带式压滤机

3.1 概述

带式压滤机采用两个或三个移动滤带和一系列辊连续推动固体脱水。过滤带将水通过重力排水和压缩与固体分离。带式压滤机由造纸应用演变成市政污水固体脱水。带式压滤机在20世纪70年代引进到北美，因为能耗低而替代离心机和真空过滤设备。带式压滤机在整个美国都在使用而可以从十几家制造商商购获取。

相比其他机械脱水设备，带式压滤机单位体积的脱水固体仍然具有最低能耗。然而，能耗并不是脱水系统选择、确定尺寸和设计时考虑的唯一因素。

3.2 工艺设计的条件和标准

带式压滤机主要设计要素包括滤饼固体和固体捕获率、水力学和固体产出容量、固体和聚合物进料、滤带洗涤、滤液和脱水滤饼传送，设备的访问通道和布局，以及气味控制。脱水固体的所需用途或处置方案(以及那些方案所需的固体特性)也必须加以考虑。

带式压滤机性能数据指示不同类型的脱水固体或生物固体的可脱水性发生的显著变化。虽然带式压滤机在处理典型的初级和二级固体组合时能够生产出含固体 18%~25%的脱水固体滤饼，但是污水处理厂在对厌氧消化物料进行脱水时产生的滤饼固体含量却只有 15%~18%。固体捕获率(总固体回收率，包括冲洗水中固体)为 85%~95%。

具有较高固体浓度的进料滤饼直接加上机械脱水过程就可以得到脱水滤饼固体量。例如，1985 年调查 100 多家市政带式压滤机装置表明，滤固体、进料固体和进料中 WAS 的百分含量之间存在很强的相关性(Koch et al.，1988)。表 24.1 总结了本次调查的结果；这对初级和二级固体不同掺混物描绘出滤饼固体浓度对进料固体浓度的线性回归。尽管自从 1989 年以来带式压滤技术性能方面稍有进展，但是进料固体和固体混合物影响的相对趋势仍然未变。

近年来，已经开发出新的压滤机设计(辊更多，或采用独立的重力排水或重力增稠组层)，而产生更高的脱水滤饼固体浓度。虽然这些压滤机对于某些应用的脱水获得了显著改善，但这些改进对于其他应用还是很微不足道。

带式压滤机对于具体物料的性能最佳评价方法是采用全规模中试试验单元装置对该固体脱水。几家带式压滤机制造商都具有流动的拖车式中试试验单元装置，能够租用进行测试。大多数中试试验装置都是小产量机器，规模降低是滤带宽度，而不是滤带长度或固体路径时与大型模型呈比例减少而进行实施。中试试验期间收集的数据包括水力学和固体负荷率，聚合物的类型和用量，进料滤饼和脱水滤饼中的固体百分含量和固体捕获百分比(总固体回收率)。

表 24.1 进料固体和带式压滤机压滤滤饼中固体浓度的对比(%)

初级固体百分比/%	二级污泥百分比/%	滤饼固体百分比/%
0~10	90~100	X/(0.044 + 0.0426X)
10~40	60~90	X/(0.0297 +0.0402X)
40~60	40~60	X/(0.059 + 0.0307X)
60~80	20~40	X/(0.062 + 0.0306X)
80~100	0~20	X/(0.071 + 0.0266X)

作为全规模中试试验的替代方案，许多厂商都具有室内试验设备，而能够用于预测带式压滤机的性能。需要脱水的物料样品能够发送至厂商，这些厂商会根据其试验而提供根据设计标准。这些试验已经证明，对较小型的应用能够对带式压滤机性能提供充分的预测。在可能的情况下，聚合物剂量和进料速率应该对该设施的特性进行专门优化。比阻能够用于确定固体的过滤特性，并用于确定最佳混凝要求。中试或实验室小试的过滤试验的单元装置用于完成这些试验。这些试验通常表明，具有较高 WAS 比例的物料需

要使用更大的聚合物剂量。

在进行带式压滤机性能评估时，滤液和滤带冲洗水的数量和质量，以及其对污水处理系统的影响，都应该加以考虑。通常情况下，循环流 BOD 从 150mg/L 变化至 300mg/L，而其 TSS 就从 600mg/L 变化至 1100mg/L。

3.2.1 机械特性

每个带式压滤机制造商生产的机器机械特性和操作特性都略有不同。压滤机可供使用的宽度范围为约 0.5~3.5m。大多数市政压滤机采用 1~2m 滤带宽度。带式压滤机的主要组件包括进料设备和管道框、滤带、滤带导轨和收紧系统、滤带冲洗系统、辊子和轴承、滤饼排出刮刀、滑槽、滤饼传送、驱动系统、滤带转速控制和化学整理剂和絮凝(参见图 24.6)。

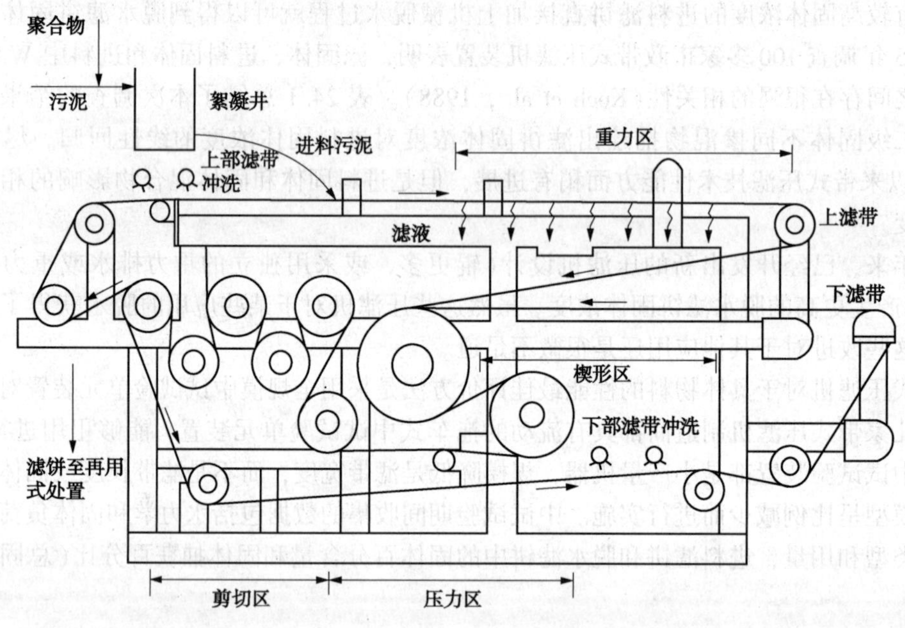

图 24.6 带式压滤机示意图

3.2.2 水力学负荷率

当确定带式压滤机系统的规模尺寸时，带式压滤机的生产容量是主要的设计标准。生产容量通常被认为是水力学限制的或固体限制的，这取决于进料固体浓度。带式压滤机对于给定的宽度单位具有最大液体或固体负荷能力，这仅仅在固体进行正确整理时才能够获得。

带式压滤机标称设计的水力学负荷率范围为 3~4 L/s /m 滤带宽度(15~22gpm/ft 滤带宽度)。最大水力学负荷率限制一般为 6~9 L/s/m 滤带宽度(30~45gpm/ft)。

3.2.3 固体负荷率

固体特性，来源和稳定化处理的程度都显著影响带式压滤机负荷率和可获得的脱水性能。稀固体(0.5~1.0%总固体)比浓固体需要更多的重力排水，更多的聚合物和更长的脱水时间。大多数制造商表示，固体生产量和可能的滤饼干燥百分数随着进料中固体百分比增加而增加。此外，该类型适用于稳定化处理的工艺过程对可实现的最大固体含量具有直接影响。尽管制造商的估计对于能够实现的脱水量有所不同，但他们通常一致认为厌氧消化固体比好氧消化固体更容易脱水。通常情况下，消化固体如果具有较低的挥发性固体含量，则会产生较稠厚的脱水滤饼。此外，随着初级/次级固体比的增加，脱水变得更容易而滤饼固体浓度也将会增加。

其他会影响最大固体负荷率的变量包括稳定化处理的程度、固体中纤维的数量和类型、固体的剪切强度、化学整理剂的类型、滤带类型和施加于固体的最大压力。典型的固体负荷率范围为 150~300kg/m · h 的(100~200lb/ft/h)(基于干固体计)。典型的最大固体负荷率为 450kg/m · h(300lb/ft/h)。推荐的负荷率限制对于每个厂商而有所不同，而在实施规模认定计算和单元装置对比时应该进行验证。

3.2.4　重力排水区

带式压滤机固体脱水分三个阶段进行：化学整理、重力排水至非流体稠度，和压力和剪切区的压实。脱水操作开始于聚合物絮凝的固体进入重力排水区之时。空整理的固体通过通常的分配系统均匀地施加到重力进料带。连续的多孔滤带要提供重力排出游离水通过的大表面积。重力区的滤液收集后而通过管道引流至排水系统。

重力排水区是平坦的或稍微倾斜的滤带，这对于每个制造商都是特有的。这个区的效率是固体类型，化学整理剂，滤带纤维和停留时间的函数。双滤带机对于固体具有连续的流动路径(即，发生重力排水的滤带将物料直接载入压力区)。三滤带机具有上方安装的单滤带重力排水区(类似于一个重力带式增稠机)，并且排放至双带式压滤区。某些系统使用旋转筛重力排水，而不是单滤带重力区。这提供的更大重力区，可能对于更稀的固体是受益的。三滤带机对于压滤机的重力排水和脱水部分还允许不同的水力学负荷率和滤带速度。设备制造商基于进口固体浓度和整理固体的相对排水速率而选择重力排水区的长度。重力区的长度范围通常为 2~4m(6.6~13ft)。

3.2.5　压力区

经过重力增稠之后，固体移动进入压力区。通常情况下，低压区在高压区之前。在高压区中，随着上下滤带在直径逐渐变小的辊上下移动，通过这种相对彼此移动，对固体施加力的作用。一些机器具有延长的辊部分，而能够提供较高的压力，并维持此压力一段较长的时间。

低压区是两滤带连同二者之间的重力排水而首先一起达到的区域。这可以是一个“楔形区”，其中固体夹心于两滤带或大直径转鼓筛之间。低压区提供充分脱水作用而形成的滤饼，可以承受高压区额外的压力和剪切作用而不会在滤带边沿被挤出。常见的错误是在足够的水从絮凝体中去除之前施加的压力过大。

压力继续随着固体通过楔形区而进入带式压滤机高压(转鼓压力)阶段而增加。随着滤带围绕几个转鼓或辊(直径变化)行进，滤带张力挤压滤饼夹心固体而最大限度地提高剪切作用。随着固体通过压滤机，直径越来越小的辊逐步增加压力。施加的平均压力通常为 35~105kPa(5~15 psi)，但是根据这些辊的尺寸和布局设计却可以高达 210kPa(30psi)。随着滤带张力增加而提高滤饼固体含量可能会降低滤带使用寿命和固体捕获率，并在滤带中夹陷更多的固体。

3.2.6　框架

带式压滤机的结构框是该单元装置的骨架；通常是由钢制成。所有带式压滤机组件都支撑和连接至这个框。带式压滤机通常工作于潮湿的腐蚀性环境。框架材料和涂料的选择和详细说明是该装置长期耐用性的关键。框架能够由涂层碳钢或不锈钢制成，最常见的碳钢框架涂层是热浸镀锌。根据现场而定，还可以考虑环氧树脂或烤瓷涂层。不锈钢框架能够提供耐腐蚀性而不需要涂层维护。框架结构钢能够是通道，I 型梁，或管道。(然而，管道可能很难进行内部腐蚀保护。)

框架结构完整性对于确保辊制成和正常发挥功能是重要的。框架设计(规格指定)应该适应操作和静态负荷，安全系数不小于 5，因此机器可以操作而不会偏置，变形或振动。抗震设计的管道和管道连接，以及框架的锚定都是很重要的考虑因素。

当指定框架规格时需要考虑带式压滤机建筑物、房间或区域的进出通道。这些规格包括机器是否能够整体安装。如果因为进出通道限制而安装需要拆成块，则最大块的尺寸和/或重量需要进行定义。拆除框架和现场重构可能会影响框架的关键保护涂层。应该指定吊钩，而方便放置或移除单元装置。大小规格能够处理最大设备组件的桥式起重机，提升机或便携式起重设备也应该包含在建筑施工设计中。

框架的结构设计应该包括平台或人行道，以便操作者能够观察到带式压滤机的重力部分，并进行日常维护。人行道的结构组件必须清楚可见辊子和轴承。

此外，带式压滤机的布局设计在单元装置之间需要提供足够干净利落的空间才能拆除各个辊。

3.2.7 辊

辊支撑多孔布带，而在带式压滤机的整个压力阶段提供张力，剪切力和压缩作用。辊可以由各种材料制成，包括不锈钢。腐蚀和结构考虑因素是很重要的。最常见的涂层系统包括驱动辊的橡胶和其他组件的热塑性尼龙。至少 8.75kN/m(50lb/in)的额定滤带张力下的辊挠度在辊跨度下应该限制于 1mm(0.05in)。滤带张力应该基于至少 5.4kPa/cm 滤带宽度(200lb/in 滤带宽度)，而驱动张力应该基于至少 4.6m/min(15ft/min)的滤带速度进行计算。

一些制造商在初始压力阶段使用穿孔的不锈钢辊加强排水。

3.2.8 滤带

大多数带式压滤机都具有两个工作滤带，但也有三带装置而在高压脱水部分提供单独的重力增稠部分。滤带由织造合成纤维，通常是单丝聚酯制成。尼龙带也可以使用，但通常适用于特定的应用(例如，高 pH 固体或磨蚀性料浆)。有缝和无缝滤带都可以使用。有缝滤带可以是不锈钢钳式接缝或拉链型接缝；在接缝处往往易于出现快速磨损，因为在这些地方存在高度不连续性和应力浓度。凸起的金属接缝也导致辊和刮泥刀(即，滤带刮板)产生磨损。拉链式接缝有轮廓，而比钳式接缝的不连续性较少，而具有更长的寿命。无缝滤带连续编织而具有比任何其他滤带更长使用寿命环形带。然而，无缝带更昂贵和难以翻出。一些制造商销售的带式压滤机，可接受无缝滤带。在各种材料和编织组合中可以获得的滤带都应该相对于预期的固体特性，固体捕获率要求和耐久性进行评估。

3.2.9 轴承

轴承是带式压滤机的重要组成部分。许多制造商直接将轴承安装于结构主框架上而使其在单元装置之外就能够接近进行维护和维修。这些轴承通常是枕座构架而应该基于力和负荷(例如，滤带张力，辊质量和驱动扭矩负荷)对至少 300000h 的 L-10 寿命进行额定分级。轴承应该双重或三重密封，而防止压滤冲洗和固体渗透造成的污染和磨损。轴承应该是自调心轴的。如果在主框架之外不太易于接近时，剖分式轴承类型是必要的。集中润滑系统是某些厂商提供的可选之项。

3.2.10　安全

人员安全必须充分考虑和纳入设计中。设计必须提供维护而且要便于维护，提供围绕带式压滤机和任何固体滤饼传送机的安全站和跳闸，方便和安全的设备访问通道，排水和溅漏控制，防滑的走道和地板，充足照明，噪声减少，通风和气味控制。

应该提供系统联锁装置在压滤机关闭时关停固体和聚合物进料泵。

3.2.11　压滤机外壳

由于带式压滤机的开放性质，对于气味和喷雾存在显著的潜势。在带式压滤机区域工作的工人可能暴露于滤带洗涤喷嘴的气溶胶，病原体和有害气体(例如，硫化氢)。一种控制气味的备选方案是在带式压滤机上方安装通风罩和包被机器的外壳。通风罩相比于开放房间中的压滤机能够降低要处理的污浊空气量。然而，它们会限制抬升设备的进出通道。

某些制造商提供封闭的带式压滤机。虽然比较昂贵，封闭的单元装置能够更好地控制气味，减少要处理的气味量，并能够更好地遏制喷雾和溅漏。然而，封闭系统更容易受到水分及化学品的腐蚀作用，这在建立通风率和选择材料和涂料时必须加以考虑。外壳也限制了机器和正在处理的固体的外观和物理访问通道。

在大型装置中，另一种方案是将带式压滤机放置于单独的房间中。这将有助于降低通风要求，改善整体建筑环境。

3.2.12　捕获效率

固体捕获率(总固体回收率，包括冲洗水固体)范围为 85%~95%。捕获效率受水力学负荷率、固体负荷率、要脱水的固体性质、滤带网眼大小和化学整理剂的影响。通过聚合物测试确定最佳聚合物类型，以及聚合物剂量、固体捕获率和滤饼固体含量之间的关系是很重要的。如果固体并未进行适当整理，则固体捕获效率会下降。

3.2.13　建筑面积/施工要求

由于连续反冲洗和偶尔发生的滤带固体溅出的潜势，带式压滤机通常采用是安全壁和封闭的容器壁或栅栏捕获溅出压滤机的水。这也允许在其停工时使单元装置关闭水龙带。这通常需要将带式压滤机安装高于地面几英尺。通常通过防止升降金属平台和围绕压滤机的走道而提供带式压滤机进行轴承润滑和检查轴承、滤带和辊的进出通道。这些走道需要允许拆除滤带和辊的空间而不干扰压滤机的移动部件。

应该在邻近单元装置之间提供足够的空间，以便能够拆除辊。通常提供高架起重机而便于去除辊，但是便携式起重机及吊重机也可以使用。

通常情况下，带式压滤机脱水室将比压滤机满足所有这些要求的占地面积大至少 3 倍或 4 倍。

3.3　辅助设备和控制

3.3.1　控制和驱动

控制面板(通常针对现场定制设计)用于控制带式压滤机及其辅助系统是必要的。面板应该为系统组件提供自动的、半自动的、手动启动或停止的控制。应该提供测序继电器或可编程控制器，以及电气和安全联锁装置。在控制面板和中心位置应该提供紧急警报和全系统的应急电源关闭。控制应该设计于干燥区域并处于带式压滤机的视野范围内，但要远离或防护潜在的腐蚀性气氛和设备冲洗的喷雾。控制面板应该遵守国家电气制造商协会(National

Electrical Manufacturers' Association)(NEMA)的4X标准，才能在潮湿的腐蚀性环境中保护各组件。

脱水系统的每个部件的控制应该相互连接，才能确保该系统的操作协调进行。固体进料，聚合物进料和带式压滤机和传送机的启动和关闭，都必须对自动或手动操作进行正确排序。聚合物进料应该与固体进料速度齐头并进。脱水设备应该能够对于滤带驱动器故障、整理系统故障，滤带错位、滤带张力不足、气动或水力学系统压力损失、低的滤带冲洗水压力，应急制动(跳闸)和固体滤饼传送系统停运进行自动关停。

3.3.2 进料系统

带式压滤机进料系统通常对固体进行研磨、泵送、管道输送、整理和絮凝之后才将其分配至压滤机。可调流量泵(通常是螺杆泵或或齿轮泵)适用于为带式压滤机进料固体。

3.3.2.1 进料泵

当带式压滤机运行时进料泵要连续运转。为了匹配固体生产速率，调节或优化压滤机性能，这些泵应该具有变速驱动器。由于残留物具有高固体浓度，则进料固体特性潜在的可变性，和按照已知和所选的速率下泵送的要求，应该推荐使用正排量泵。离心泵因为其在使用可变节流孔混合机时潜在地破坏絮凝体形成和难以维持恒定的进料速率，而不推荐使用。作为良好的实践惯例，每台压滤机应该提供一台泵才能为每台压滤机提供均匀负荷。对于多台压滤机装置，互联管道和阀门需要冗余度和可靠性。进料控制通常纳入主带式压滤机的控制面板。

3.3.2.2 进料管道

与其他固体处理系统一样，平滑内衬管道(例如，玻璃内衬球墨铸铁或钢)能够用于脱水系统的管道系统。压力，速度和堵塞都需要加以考虑。速度应保持1m/s(3ft/s)或更高，才能防止固体沉积和堵塞问题。在弯管和三通位置需要清障和冲洗连接。

管道系统应该包括多个聚合物注入位置，以便操作者能够改变聚合物加入和脱水之间的停留时间而获得最佳效果。在理想的情况下，聚合物注入位置沿管道系统应该间隔15s。

3.3.2.3 整理系统

上游进料管道系统应该包括几个水龙头或短管(例如，喷嘴和/或混合设备)。整理剂和固体之间的接触时间会影响脱水性能。如果进料管道太短而无法提供足够的混合和絮凝作用时，设计工程师应该考虑在带式压滤机之前添加一个絮凝池。

可变输出的正排量泵推荐用于化学品计量。泵输出能够经由速度控制或冲程长度定位器进行手动或自动调节。对于自动化系统，化学品泵控制将与带式压滤机控制面板集成。

尽管聚合物是适用于带式压滤机的最常见整理剂，但是其他化学品(例如，氯化铁)也能够使用。在脱水之前也可以加入石灰进行稳定化处理，这会影响压滤机性能。这些不同的设计往往需要非标准的压滤组件(例如，滤带专用材料)，并应该由压滤机厂商进行审查。

3.3.3 带速

随着固体从滤带之间通过并通过带式压滤机卷绕产生压缩和剪切力作用。带速直接关联于压滤机各部分中的SRT、滤饼固体干燥度和生产量。带速应该在带式压滤机控制面板上可以进行调节。

3.3.4 滤带导轨

滤带导轨系统通过保持滤带集中于辊上而维持滤带适当对齐。它采用传感臂连接限位开关而传感滤带位置的移动。连续可调辊能够传感跑偏，并自动调整滤带而进行补偿。这种辊连接至气动、液压或电动操作响应系统。自动连续调节的控制必须是该系统的一个组成部分。

3.3.5 收紧

滤带张力调节可能是操作者工艺过程控制的变量之一。在操作过程中，滤带张力通过气动，机械，或水力学维持和控制。升高滤带张力会增加脱水压力。一些制造商为上下滤带提供单独的控制系统而使每一滤带的张力都能够独立调节。自动调节系统类似于跟踪系统的情况，是很必要的。压力计(或类似装置)推荐用于指示滤带张力。滤带收紧系统是应该能够容纳至少3%的滤带长度增加。这种系统应该经过调节而在滤带正常使用和磨损之下产生的滤带拉伸作用仍能维持所需的滤带张力。(请注意：滤带寿命随着滤带张力升高而降低。)

具有暴露齿轮的系统是一种安全隐患；那些并未连续行动的那些，将会在每次启动时振动滤带。改建连续收紧和和托架系统是值得考虑的，但这通常很困难而昂贵。对于新的设施，规范应该要求连续作用系统具有便利的维护进出通道，而适当覆盖齿轮，尽量减少潜在的安全隐患。

3.3.6 滤带清洁系统

带清洁系统包括排放刮刀和滤带冲洗系统。

3.3.6.1 排放刮刀

排放刮刀(刮板)通常被称为刮刀，通常是超高分子量的塑料构成的刀缘。它通常位于高压部分的出口端从滤带将脱水固体刮去或剥离至滤饼处置或传送系统。磨损或调节不当的刮板会降低滤带使用寿命和破坏滤带接缝。刮刀收紧系统可以调节，由此可以调节刮刀对滤带施加的压力和刮刀接触滤带的角度。刮刀收紧系统的组件应该由耐腐蚀材料制成(例如，聚碳酸酯)并经常进行检查。

刮刀应该纳入磨损项目而应该设计成可拆除组件，易于更换。

3.3.6.2 滤带清洗系统

滤饼被排出后，应该对接触固体的滤带部分进行清洗，才将其返回至加压区。这种滤带清洗系统包括管道、喷嘴、滴盘和控制喷雾的防护罩。通常为每条滤带设置滤带冲洗站。滤带冲洗管和喷嘴，收纳于不锈钢或玻璃纤维外壳内，提供高压水喷而清洗滤带上的任何干燥或残留固体、油脂、聚合物、或其他堵塞网眼的物质。推荐使用自清洁喷嘴；然而，大多数制造商都会提供手动清洗功能，包括喷嘴头管内部安装的手轮操作刷。喷雾管路和喷嘴应该得到充分的支撑和承受突然关阀所致的压力瞬变的额定压力。

此外，重力脱水部分，压力脱水部分和各滤带冲洗区需要排水系统收集和传送滤液和冲洗水。排水盘，防护罩和管道的设计应该控制喷雾和泼溅液体而应该排放至污水池或单元装置直接之下的地面排水系统。排水系统的连接应该实现自我通风而防止溢出。排水能力必须足以使该单元装置完成水冲洗。如果可能，排水管应该是硬管接入地面排水系统而最小化湍流，从而降低气味。

当确定排水系统规模大小时，滤液和冲洗水流量都必须包含在内。一个2m带式压滤机，例如，能够排出450~950L/min(120~250 gpm)的排水流量(滤液和冲洗水)。这种再循环流量通常回流至渠首或初级沉淀池。汇合的滤液和冲洗水中TSS浓度的范围通常处于400~800mg/L之内。设计中应该提供冲洗水采样装置。

3.3.7 冲洗水要求

合理清洁冲洗水供应，对于确保足够的滤带清洁，尤其是对二级 WAS 和浮渣脱水时，是很必要的，因为这往往会迅速堵塞滤带。这种供水，相当于机器的 50%~100% 的固体流量，通常加压至 700kPa(100psi)。有时，还需要增压泵。滤带冲洗水可以是饮用水、二级出水、甚至再循环滤液水，但是优选使用干净供水。

3.3.8 能源要求

带式压滤机，相比一些其他类型的脱水设备，对能源的要求相对较低。通常情况下，一个 2.5m 宽的带式压滤机每台机器将需要约 7kW(10hp)的功率。聚合物整理系统，传送机和任何拆除辊的起重所需的功率都是装置特异性的，而必须加入到总能量要求中。建筑通风和气味控制的能源要求在确定带式压滤机装置所需总能量时也需要进行考虑。

4 凹板式压滤机

4.1 概述

尽管自 19 世纪中叶以来压力压滤机已经成功应用于几家污水处理设施进行固体脱水，但是，直到 1970 年，压滤机在美国才得到广泛的关注和使用。自 1970 年以来，压滤机已经从劳动力密集型间歇式工艺发展成为部分自动化的操作。总劳动力需求的降低已经使压滤机变成一种更实用的固体脱水方案。

压力压滤机系统的主要优点在于，通常产生的滤饼比由其他脱水设备产生的固体滤饼更干燥。如果滤饼固体含量必须超过 35%，则压滤机可能是成本有效性的脱水方案。压滤机也能适用于广泛的固体特性，性能可靠性是可接受的，而能源要求堪比真空过滤脱水系统，生产出的高品质滤液降低了再循环流的处理要求。

压滤机的主要缺点是其高资本成本，相对较高的 O&M 成本和所需的大量处理用化学品，以及滤饼周期性地附着于过滤滤料，必须手动清除。压滤机还需要显著大量的能源用于加压单元装置。典型的能量要求为每千克处理的干固体需要 0.04~0.07kW·h。

在 19 世纪中叶，压滤机在英国应用于污水固体和化学预处理脱水，无论使用和不使用化学品预处理，都很成功。在 20 世纪早期至中期一些美国城市开始使用压力压滤机。直到 20 世纪 60 年代，压力压滤机的基本机械特性才大致维持不变。

在 1970 年之前压力压滤机在美国没有得到广泛的考虑和使用是因为涉及高劳动力需求和缺乏高滤饼固体含量的需要。然而，机械化和自动化(例如，自动换板，滤饼排放和冲洗)的改善降低了总劳动力需求。此外，压滤机的容量范围大大提高(即，对于较大型设施却需要较少的压滤机)，因此这种压滤机变得更具成本效益。

截至 1998 年，在美国相比于其他脱水设备(例如，离心机和带式压滤机)几乎很少有压力压滤机运行。大多数压滤机装置在美国都是半机械化的，并要使用固定容积室。机械化和自动化系统通常被更可靠的手动系统代替，但是其他全机械化和自动化的压滤机继续在开发和销售。

压力压滤机系统根据资本和 O&M 成本而言，通常比其他脱水方案维持更高的成本；然而，如果处置要求需要更干燥的固体滤饼时，则压力压滤机经常证明具有成本效益，因为与较干燥的滤饼相关的使用和处置成本更低。此外，许多垃圾填埋场对固体滤饼水分含量规定了更为严格的标准；通常，在能够进行填埋之前，脱水滤饼需要含有超过35%的固体。其他脱水设备不能可靠地常规满足这一要求。压力压滤机在必须焚烧脱水滤饼时也具有成本效益。通常情况下，较干燥的压滤机滤饼(其提高了挥发性物质与水含量之比)，使之能够在焚烧炉中自发燃烧，从而降低了其他化石燃料(例如，天然气或燃油)之需。

压力过滤使用正压差从液体浆料中分离悬浮固体。凹板式压滤机是一种间歇工艺的操作。固体在700~2 100kPa(100~300 psi)的压力下泵送至压滤机，迫使液体通过过滤器滤料，而留下浓缩的固体滤饼夹陷于覆盖凹板的过滤布之间。滤液漏入内部管道中并在压滤机末端收集而排放。然后，凹板分开，滤饼通过重力下降进入传送机，收集料斗或卡车。

当操作压力为1600kPa(225psi)或更高时，该单元装置的压力通常按照大气压(bars)表示。额定为600kPa(225psi)的机器将称为15bar压滤机。同样，额定2100kPa(300 psi)的压力压滤机被称为20bar压滤机。

压滤机脱水是恒定速率和恒定压力的工艺过程，因为边界条件是通过所用的设备类型和复杂而往往是不可预测的工艺过程变量的相互关系设定。在这个工艺过程中，循环开始采用高达最大可用的泵扬程的恒定过滤速率，尔后切换成恒压过滤直到速率降低至预定低水平。

典型过滤循环的特征在于流量、压力和固体负荷的短暂变化。设计容量和控制进一步定义这些通过限制系统运行将要采用的最大压力的关系，以及基于所选进料系统设计限制的最大和最小流量。图24.7说明了一个压滤机循环期间内典型进料速率和压力之间的关系。污水固体实际施加到压滤机的循环部分被称为形式周期(Pc)。在形式周期内，过滤阻力仍然相对较低而恒定不变，直到在滤料滤料上收集足够的固体填满压力室。形式周期的特征在于高而恒定的进料速率和相对低的压力。

由于固体积累和过滤阻力的渐增，则流量会下降，压力会升高。固体以相对较高而稳步下降的速率累积，直到固体滤饼经历孔隙度显著变化，这会严重影响滤液排出流量。此后，因为流动通过滤饼的阻力升高，压力将会继续增大(但更缓慢)，而同时流量将继续降低(也更缓慢)。该系统的压力将继续增大，直到达到设定的压力后，系统压力会保持相对恒定，而流量继续下降。同时，水仍然会通过滤饼滴滤而固体将继续与流量成比例累积(如果颗粒浓度保持恒定)。

压力过滤受几个因素(例如，粒径、相对密度和粒子浓度)的影响。粒径对过滤的影响采用托马斯(Thomas，1971)讨论的几个例子能够进行充分说明。如果粒子粒径相同，则所得的滤饼将较松散和相对不稳定(如同大理石堆栈)，尤其是如果该循环招致大压降时更是如此。如果颗粒是相对平坦(片状)，所得的滤饼将类似于具有高度流体状的潮湿中心和相对不透水的信封。然而，污水固体包括各种各样的颗粒尺寸和形状，这在一定的条件下有利于保持颗粒基质敞开，从而促进自由过滤。理想的情况下，较大颗粒之间的空隙可以填充更小的颗粒，足够的流动通道将存在于各个颗粒和整个物理结构之间，而促进和保持自由过滤。对于大多数污水固体而言，颗粒的范围必须在进入压滤机之前通过化学整理剂改变。产生开放的生物固体基质是很困难的；生物固体呈胶状，甚至在经过充分整理时仍然只会为滤液留下相对较小的空隙。如果进料固体包括很大比例的生物固体，则可能需要石灰确保这种固体基质具有足够的流动通道。

如果低浓度的固体颗粒具有范围很宽的相对密度，泵入过滤器时，这些颗粒将会沉积于压滤机下部腔室中，导致滤饼形成较差和滤饼压力不平衡。随着固体浓度升高，除非存在显

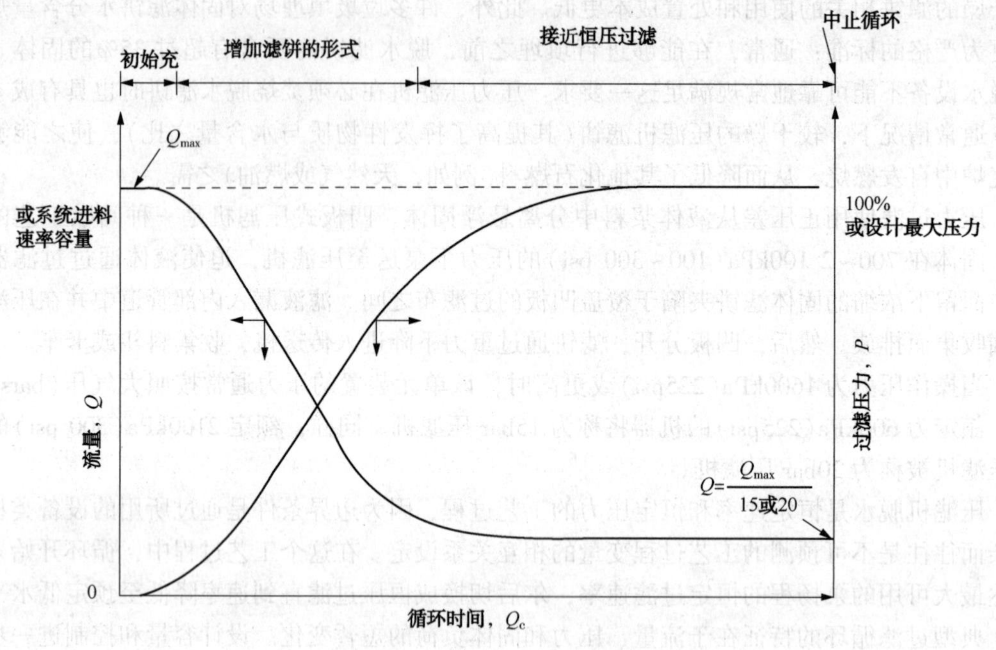

图 24.7 压滤机循环关系图

著的相对密度差异，粒子间产生的黏性阻力抑制粗固体沉降。当进料由细颗粒物构成时，这种效果就变得不太重要了。

固体中粒子浓度对过滤循环时间具有显著影响。较高固体浓度的进料会增加滤饼产量而缩短循环时间。

4.2 工艺设计的条件和标准

性能标准和工艺设计条件对于压力压滤机是至关重要的。主要的设计要素包括循环时间、操作压力、板数、进料方法、进料系统的类型、布局设计和进出通道、压力类型、机械特性和安全。

4.2.1 循环时间

总循环时间是由固体特性，所需滤饼固体浓度和进料速率与压力之间的关系决定的。在一般情况下，循环时间越长，产生的滤饼越干燥，但一段时间后，从滤饼中除去的水量可以忽略不计。图 24.7 说明了进料速率(这等于水去除率)和压滤机循环中压力之间的典型关系。滤液排放速率和滤液体积对于每个过滤循环在压滤机操作中都是有价值的压滤机控制参数，因此，流量测量系统具有将滤液流量相对于时间描点作图的记录仪和对滤液体积求和的累加器，都应该包括于每个压滤机中。滤液流量曲线的形状表示进料固体的脱水特性，而将使操作者能够注意到多个过滤器运行中的滤液曲线产生的任何变化，这可能暗示需要调整化学品剂量或过滤滤料遭堵。滤液流量曲线也能够用于指示何时终止过滤循环。对于按照恒定化学品整理剂量具体固体而言，所希望的滤饼固体浓度可以如下计算：

$$S_T=S_I+\frac{V_T}{V_F}(S_F-S_I) \tag{24.5}$$

式中　S_T——滤饼固体浓度,%干固体;

S_I——初始进料-固体浓度,%干固体;

S_F——参考滤饼固体浓度,%干固体;

V_T——在 S_T(L)下的累积滤液体积;

V_F——在 S_F(L)下的累积滤液体积。

利用一族累积滤液曲线，当其流量匹配对应于预先选择的滤饼固体浓度的初始进料速率的比例时，操作者就能够终止具体的循环。

另外，对于给定的进料口固体浓度、压滤机腔室或滤饼体积和所需的滤饼固体浓度，当滤液累加器达到所计算的值时，操作者可以使用该方程估算所需的滤液体积(固体进料体积)并终止该过滤循环。

由于滤液流量范围宽，所具有的流量测量设备在整个范围内——尤其是在低流量下具有合理的精度是很重要的。帕歇尔水槽和V形缺口堰对于测定宽流量范围具有良好的特性，并非常适合压滤机之用。鼓泡管、超声波传感器和电容探针都已经用于精确读取帕歇尔槽或V形缺口堰中产生的水平而将其转换成相应的流量。根据滤液特性和滤液的管道构造结构，可能会产生泡沫并偶尔可能会导致难以取得精确水平的读数。一般情况下，当压滤机的滤液通过而发生严重湍流时就会产生泡沫。鼓泡管不会受到泡沫的影响，能够产生可靠结果。然而，超声波传感器会受到泡沫的影响，而生产不准确的水平读数。

过滤消化固体时，通常会在滤液中产生明显的氨浓度。为了避免在工作空间中累积高浓度的氨，滤液不应该对大气敞开。

4.2.2　操作压力

压力是这些系统中过滤的驱动力。压滤机系统通常设计为能够在700kPa，1600kPa，或2100kPa(100psi，225psi或300psi)的压力下操作，而在这些压力之间不存在许多变化。研究人员引述所有操作压力下的成功应用；然而，如果固体是可压缩的，过滤压力的升高可能同时增加滤饼的阻力。过高的压力可能通过压实过紧的固体而抑制该工艺过程，从而降低滤饼孔隙度而增加阻力。较高的滤饼阻力会降低过滤流量。在几处装置的经验已经证明，密切关注过滤滤料的选择和正确的固体整理，往往会克服这些问题。

难脱水的工业污泥有时充分响应脱水压力增加。对高度可压缩的固体增大压力通常能够降低压缩率。

4.2.3　滤板数

压滤机滤板数可能会影响工艺过程的整体效率。当充分整理的固体采用大量的滤板在压滤机中过滤时，整个压滤机腔室内的固体分布可能会很差。在这种情况下，最接近入口点的腔室开始填充，开始过滤，而朝向压滤机中心或端部的腔室尚未收到固体。因此，在过滤循环期间压力不均会蔓延至增购压滤机的长度，产生的随机质量很差的滤饼，往往不满足设计标准。由形成不佳的滤饼产生的不平衡力可能使滤板(这些滤饼由塑料而不是球墨铸铁制成)弯曲而最终使之破裂。

4.2.4　进料系统的类型

进料系统必须在不同流量和压力要求下将整理的絮凝进料固体递送至压滤机。向压力压滤机进料有两种途径，而系统应该对这二者都能适用。在第一(较典型的)方法中，进料系统将通过在5~15min内达到70~140kPa(10~20psi)的初始系统压力完成初始填充循环而最小化滤饼形成不均匀。这能够通过使用单独的快速填充泵，或在初始填充循环期间对一个压滤机运行两个进料泵而实现。

随着滤饼形成，过滤阻力开始增加，需要较高的压力才能进料至压滤机。在此期间，进料系统应该在不断增加的压力下提供相对恒定的高固体进料口速率，直到达到最大设计压力。然后，将固体进料速率降低，而保持恒定的系统压力。

第二种方法中，虽然慢，却能够到达相同的效果。低流量适用于填充压滤机(通常不到进料泵容量的一半)。当压力开始增大至操作压力的一半时，进料泵提高至满流量，然后通过压力控制(类似于第一种方法)。此方法适用于采用粗布，防止第一种方法中所用的高初始流量下出现堵塞。无论采用哪种方法，只要对于这种固体效果最好，都应该使用。

4.2.5 捕获效率

根据固体的性质不同，凹板压滤机通常能够达到95%~99%以上的捕获效率。这些捕获效率不包括过滤循环结束时洗板水，这也有助于脱水操作的固体再循环流。

4.2.6 占地面积/建筑施工要求

压滤机脱水设施的设计要求细心，有条理的方法，并由于压滤机设备和数目较多的压滤机支撑系统的尺寸和重量而对细节需要关注(见图 24.8~图 24.10)。压滤机腔室大小不仅由压滤机本身的大小决定，而且由便于滤饼释放、滤饼拆除和常规维护操作所必需的压滤机周围的净空间决定。一般情况下，在压滤机端部需要至少有 1~2m(4~6ft)的间隙；然而，压滤机之间优选 2~2.5m(6~8ft)的典型间隙。高度间隙必须足以经由桥式起重机拆除滤板。一些具有侧边栏设计的压滤机装置使用桥式起重机拆除每个滤板而使滤布拆卸和更换更为容易；这个重要的保养程序通常是每年一次。

设计工程师应该考虑如何将压滤机安装于建筑物内和从该建筑物种移出，即使是较大型的压滤机设备寿命也就 20 年。此外，安装未来的压滤机装置，通常也包括于建筑物设计中。这种建筑物应该有足够大的开口，才能允许主要压滤机组件(例如，固定端，移动端和滤板支撑杆)通过。同样还需要桥式起重机额定提升各个压滤机部件，以便进行维修。桥式起重机也可用于提升压滤机滤板，以便进行拆除，更换或检查。对于大型压滤机，确定桥式起重机的规格适用于安装新型压滤机是不切实际的。单是倒立就需要 8000~45000kg(20~50t)的设计容量，这很少使用。

操作者可能需要紧接压滤机一侧的高架平台，以协助滤饼释放和检测设备。如果压滤机自身并未升高超过地面，则压滤机地面将就是合适的平台。压滤机附近充足的地面面积应该提供用于存储备用过滤板(不需要使用球墨铸铁板)，过滤布，以及其他备件。

卡车装载设施的间隙(如果适用)应该为各种可能车辆充分预留充足的间隙。推荐使用最小垂直间隙 4m(12ft)。卡车装卸区域容许卡车双向行驶通过的车道优选采用需要卡车倒进倒出的单行道。

在很大程度上，压滤机建筑物的供暖需求取决于现场情况。至少，所有的建筑面积应该采取防止冻结措施，局部化加热器应该提供于工作活动集中的地方，而控制室应该经过设计而满足办公环境条件。如果使用橡胶包裹的钢过滤板时，压滤机和滤板存储区因为热胀冷缩作用必须保持温度高于4℃(40℉)，才能避免橡胶包覆的滤板损坏。

设计工程师应该认识到，滤饼传送系统对于压滤机装置始终构成内务管理问题。滤饼转移到传送机上的任何地方对于固体滤饼物料都是弹跳、滚动、飞溅、或黏附于邻近地区的机

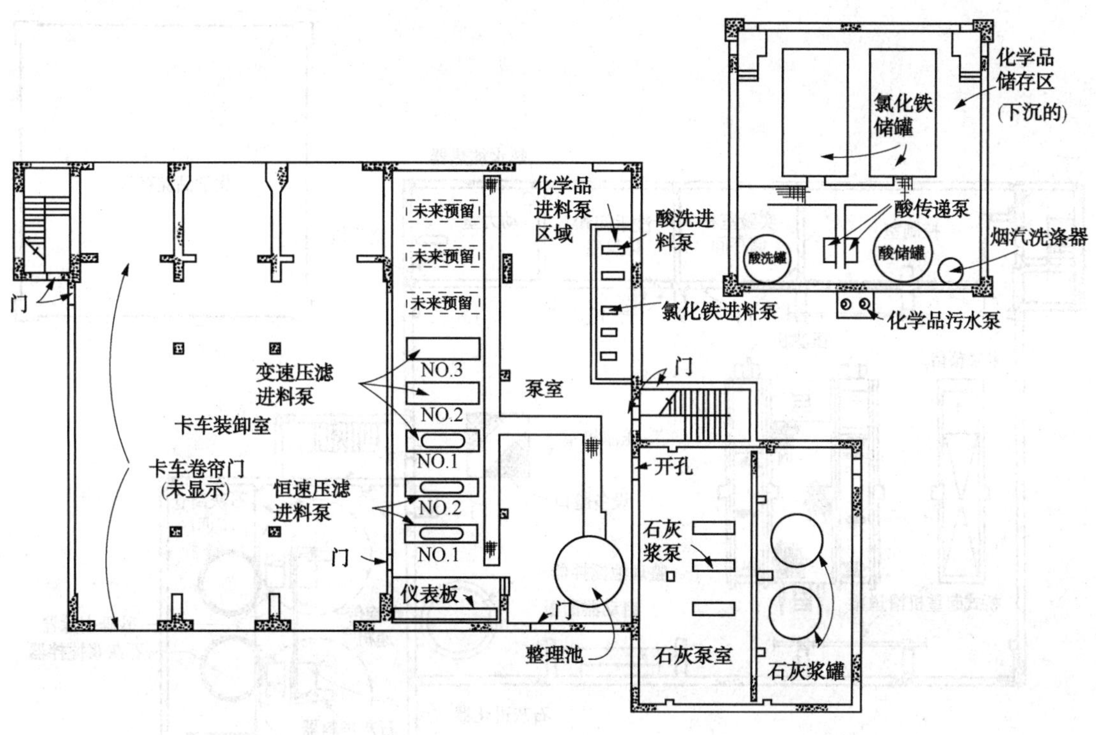

图 24.8 压力压滤机建筑物平面图(第一层)

会。传送机返回运行不断释放的滤饼物料，在排放点未能除去。滤饼破碎器在所有方向上将滤饼颗粒分散通过最小的开口或裂缝。设计工程师可以采取一些预防措施，最小化与滤饼传送系统内务管理相关的问题。他们可以减少滤饼传送点的数目和其余传送点的下落距离。他们可以在每个传送点增加弹性的排放滑槽控制滤饼。在带式传送机上可以安装裙边，有助于将滤饼保持于传送机。

根据传送机，设计可以包括滴水槽，收集任何超出传送带宽度的泄漏物。这种滴水槽应该采取U形或V形，便于冲洗和排水。这些滴水槽收集和传送所有压滤机的排水至建筑物排水系统，而防止这些液体排放至卡车传送机或之下的卡车上。这种液体在每个压滤循环结束时从滤液端口，从滤布的清洗操作，从过滤期间滤板之间的泄漏，以及内务管理的通用设备冲洗期间都会释放。当脱水滤饼要进行焚烧时，因为过量的水有损于焚化炉运行，而滴水槽显得尤为重要。滴水槽是铰接单叶或双叶型的，引流至平行于压滤机长度的清洗槽的排水口一侧或两侧。如果压滤机直接将滤饼排放至户外装卸区域，则滴水槽也可以起到户外障碍之用。它们可以是向上或向下开口的，且每种类型各有优缺点。滴水槽是压滤机的内务管理功能必不可少。

破滤饼缆绳或杆通常提供于压滤机下面，随着滤饼从滤板室落下而打破过滤器的滤饼，使之更易于管理。通常破碎缆绳或杆间隔300~600mm(12~24in)而与压滤机长度平行排列。

防井喷帘是压滤机操作的一种高度理想的内务管理特性。压滤机井喷发生于滤板未正确密封之时。在井喷期间，固体高压流可能在任意方向上喷射出来。尽管井喷是有害的而应该采取一切预防措施防止发生，但是仍是不可避免地会发生。防井喷帘位于压滤机的顶部与侧面，并可以安装于压滤机支撑的框架上。顶部或天篷帘通常固定于合适的地方，而侧帘应该

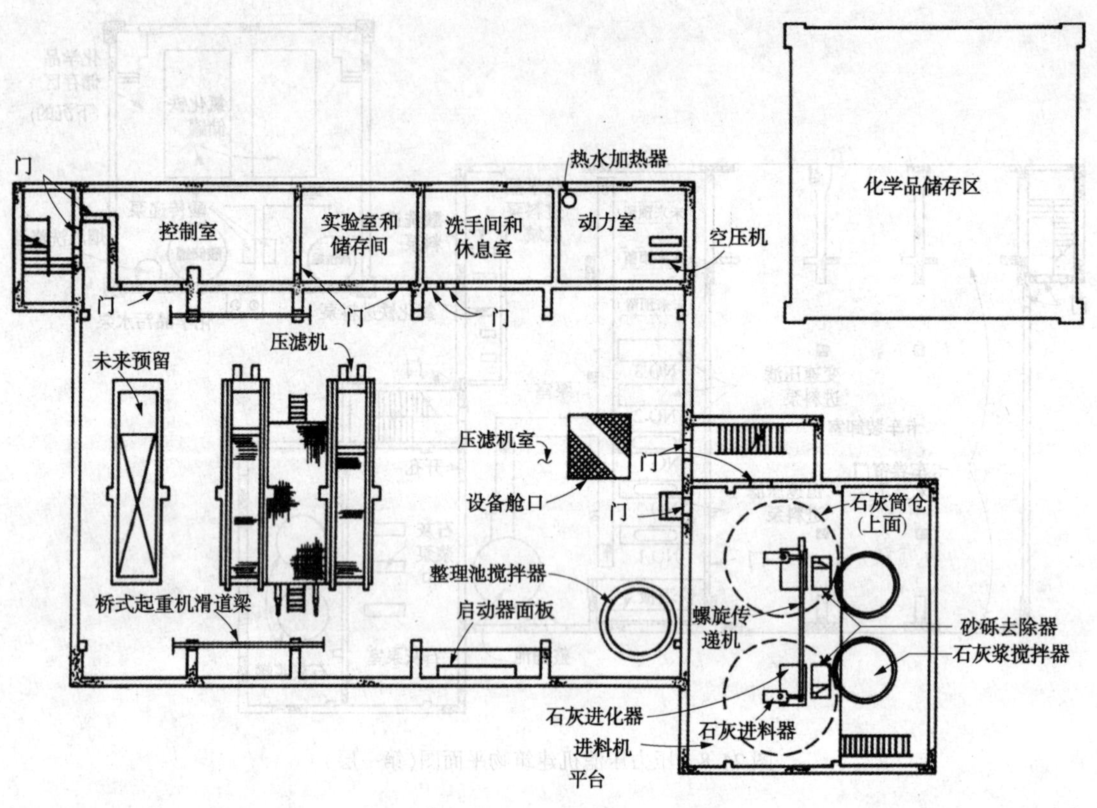

图 24.9 压力压滤机建筑物平面图(第二层)

设计成能够滑动到侧面，以在压滤机循环之末提供压滤机滤板进出的方便通道。大型高压压滤机通常有相当较少滤板井喷。

4.2.7 压滤机的类型

通常使用两种类型的压滤机对污水固体脱水。最常见的是固容凹板式压滤机。另一种是变容凹板压滤机(也称为隔膜压滤机)。

4.2.7.1 固容压滤机

固容凹腔压滤机基本上由许多刚性固定于一个框中确保对齐的滤板构成。这些滤板在固定端和活动端之间通过液压或机电作用压到一起(参见图 24.11)。这些滤板具有排水表面，排水口排出滤液，而相对较大的集中端口用于固体进料(参见图 24.12)。滤布覆盖每块滤板排水表面而提供过滤滤料。封闭装置加压和固定滤板而使之紧密靠近到一起，而同时进料口固体通过进口端口以 700~2100kPa(100~300psi)的压力泵送至压滤机中。过滤滤料捕获悬浮固体，并允许滤液通过滤板排水通道。背衬(聚水系统)通常由刚性布或聚氯乙烯(PVC)制成，有时用于在高压循环期间保持滤板与排水渠或管道和排水端口分开。背衬只有滤板凹板部分的大小，并通过销子固定于适当位置。

固体收集于腔室中，直到达到实际的低进料率限制(通常为初始流量的 5%~7%)而终止过滤循环。然后，压滤机进料泵停止，错开各块滤板，排放出滤饼。典型压滤机系统的实例如图 24.13 所示。

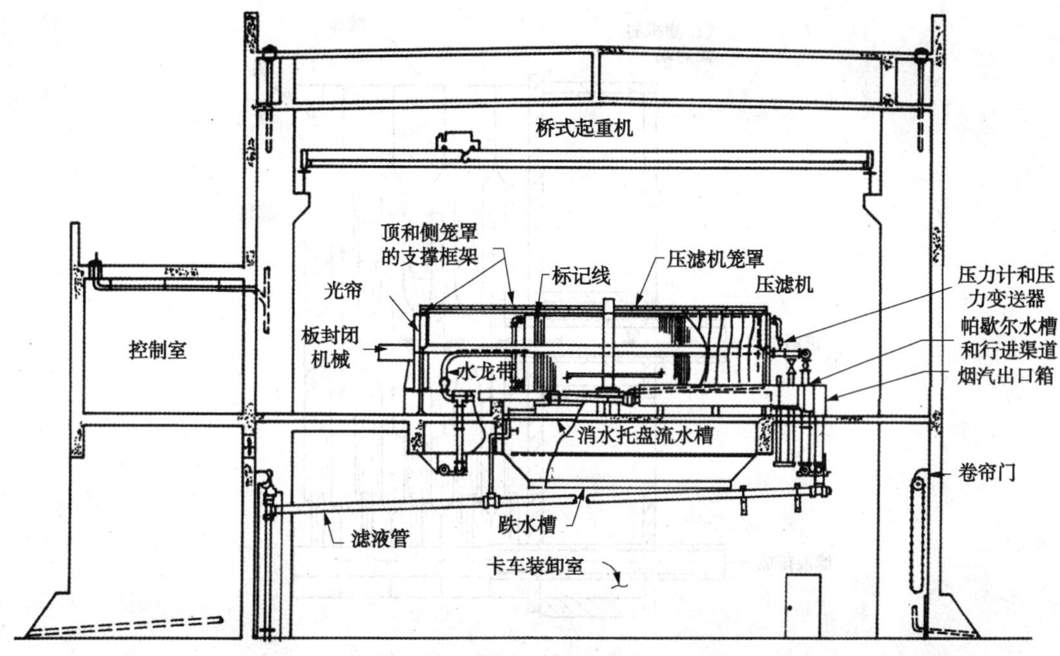

图 24.10　压力压滤机建筑物剖面图

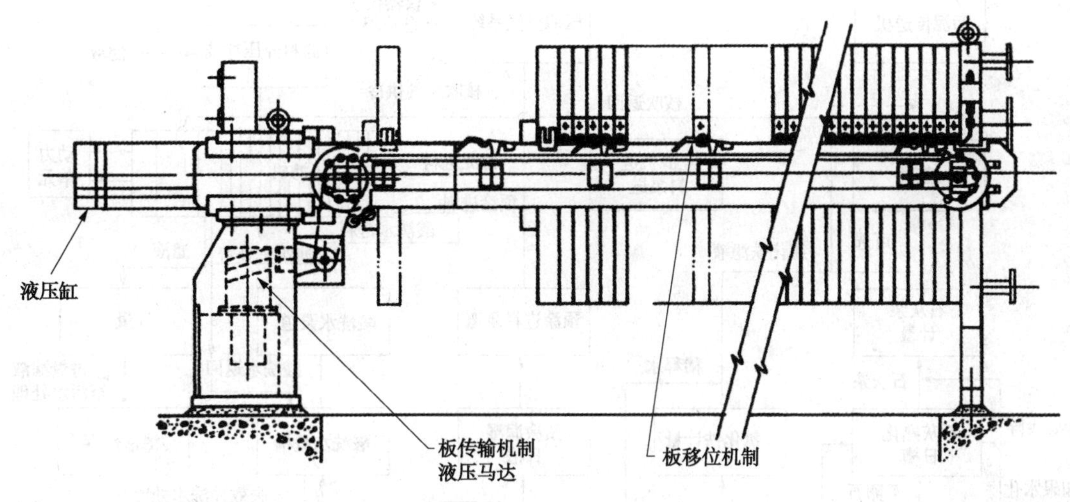

图 24.11　压力压滤机正面图

4.2.7.2　变容压滤机

变容压滤机包括跨凹板面的弹性膜。脱水循环初始阶段在两个系统中是相同的。然而，一旦滤板室填充而过滤滤饼形成开始，则这些膜被压缩空气或水加压[600~1 000kPa(85~150 psi)]，从而压缩滤板腔室内的过滤滤饼。通常情况下，挤压压力保持相对较低，出于安全考虑，加压滤料采用水。隔膜单元通常在700kPa(100psi)的过滤压力下运行。物理压缩(挤压)过滤滤饼能够提高脱水率而缩短循环时间。其结果是会使生产速率更高，达到所需水平的滤饼干燥度更具灵活性。

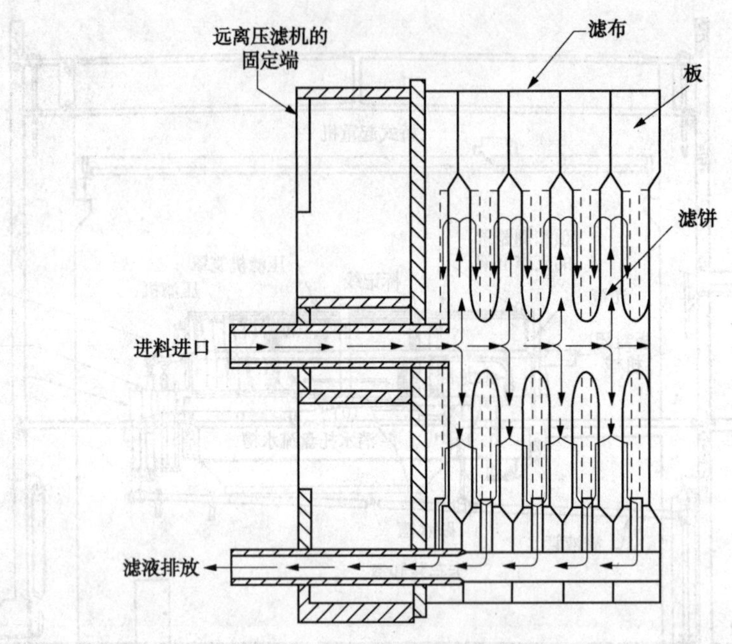

图 24.12 典型凹板式压滤机的示意图

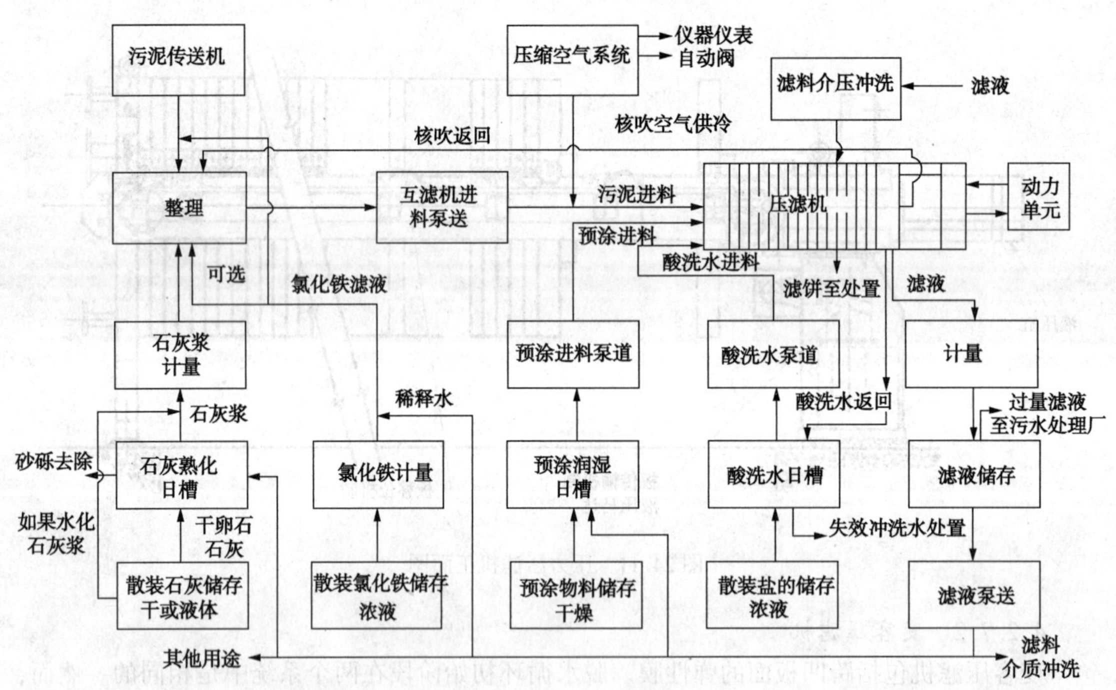

图 24.13 压滤机系统的示意图

变容压滤机明显不同于固容压滤机之处在于体积容量通常较小，滤饼稀得多，而压滤机高度自动化。

变容压力压滤机最近的一种变化形式是泵送热水通过滤板本身而在固体脱水的腔室上施

加真空。热力学表明，水在低温真空下蒸发。这种压滤机利用了这一原理获得干燥滤饼。这种压滤机类似于传统变容压滤机操作，包括挤压。热水泵送通过滤板而将固体温热至60℃(140℉)或更高。在挤压期间，将固体室抽真空至135kPa(4in 汞柱)绝对压力。固体保持温热和真空之下的时间长度决定这些物料的干燥程度。

4.2.8 机械特性

固容和变容压滤机二者在付诸适当关注 O&M 活动时都很可靠。压力压滤机中偶遇的主要操作困难在于滤饼与滤料分离不均。这个问题可能表明需要冲洗滤料或提高整理剂用量。

压滤机设备的主要机械部件包括结构框架、压滤机滤板、隔膜、过滤布和滤板移位器。每个组件都有多种可供利用的选项。在许多情况下，各个厂家仅仅提供具体组件的选择。设计工程师应该仔细评估可以指定或排除具体选项的合同的所有要求。

4.2.8.1 结构框架

压滤机的结构框架具有一个固定端，一个移动端，要么在每一侧上具有滤板支撑杆(侧杆型)，要么在顶部具有一根或多根横梁(架空式)。固定端锚住压滤机和滤板支承杆的一端。移动端锚定压滤机和滤板支承杆相反一端，以及容纳封闭机制。滤板支撑(侧面或顶部)跨过固定和移动端部，承载压滤机滤板和移动各个滤板而使固体滤板排放的移位机械装置。大型压滤机还在固定端和活动端之间中途使用中间支承，而为滤板支撑杆提供更强的刚性和强度。

侧杆支撑杆在滤板中心之上的位置支撑滤板每一侧。架空式支撑杆在滤板顶中心处悬挂每块滤板。侧杆方案使各个滤板从结构框架上移出更加方便，因为这些滤饼能够直接从结构框架上升起移出。架空式方案能够使各安装于结构框架上的滤板接近，观察更容易。因为架空式方案是从一个点而不是两个点支撑每一块滤饼，则简化了滤饼封闭和移位操作。

所使用的滤板类型对于结构框架设计是至关重要的。球墨铸铁滤板重达数百磅，而必须支撑这些自重力。采用聚丙烯滤板的压滤机将会轻得多。

由压滤机施加于建筑物上的结构负荷是相当巨大的(见第4.2.8.5节和第4.3.1.3节)。一些压滤机利用建筑物结构提供支撑而封闭滤板堆栈和维持足够压力，以在高压操作期间保持系统封闭。其他系统设计成能够内部承受所有力作用，以使负荷仅仅在垂直方向上施加于建筑物结构上。所有的水平载荷自承受于结构框架内是合乎需要的。压滤机对齐不当可能会使结构框架卷曲而扭曲地脚螺栓。制造商应该在压滤机安装到位之前验证其是否安装正确和对准。

4.2.8.2 压滤机滤板

压滤机腔室可以用多孔材料(例如，粉煤灰)预涂层而起到精细固体颗粒过滤体的作用，而促进最终滤饼从滤布释放下来。

压滤机滤板有几种类型的构造、尺寸和材料。凹板几乎唯一适用于固体脱水应用。板框式结构适用于一些工业应用，而不适用于市政固体脱水。凹板制作采用滤板两侧形成的恒定凹槽深度和面积。滤饼形成于相邻两块凹板共同构成的凹面区域形成的体积或腔室内。附加的内部支撑(称为支柱轮毂)具有与板外周防止凹板区域偏转的相同总厚度。具有截头圆锥体形状的支柱轮毂的数量和尺寸，主要是滤板尺寸和结构材料的函数。滤板面经过机加工而接近公差，而支柱轮毂也同样进行加工。不平坦的表面会导致滤布磨损，加压封闭期间滤板堆栈移位和频繁井喷。

压滤机滤板可以是圆形的、方形的或矩形的，而尺寸范围为 0. 5～2. 6m(1. 6～8. 5ft)。这种滤板通常构造成具有顶中心或中心进料端口和凹面区域角落处的滤液端口。滤板周边的表面和支柱轮毂是平坦的，而在滤板封闭时实现密封。球墨铸铁板的凹面区域的表面通常构建成具有多排排水道。塑料滤板的凹面区域通常构造成具有圆柱形管道。通道或管道为滤布提供支撑，而其之间的间隙提供滤液排出至滤液端口的路径。

压滤机滤板能够由环氧树脂涂层钢、橡胶包覆钢、铸铁、球墨铸铁和聚丙烯制成。环氧涂层钢板具有良好的强度和中等重量，初始成本低，但如果未能保持包覆则易受腐蚀。橡胶包覆钢板具有良好的强度和中等质量，提供了中等初始投资成本。橡胶覆盖层，根据滤板模铸而成，只要维持其完整性，能够提供优异的耐化学品和耐腐蚀性。橡胶覆盖层中的针孔和分层，可能会造成严重的腐蚀问题。铸铁(不容易获得)及球墨铸铁板能够提供优异的强度和合理的耐化学品和耐腐蚀性。然而，它们具有最高的初始成本，重量大大超过钢板。聚丙烯板相对较新，能够提供最低的初始成本，优异的耐化学品和耐腐蚀性，重量轻而更容易处理。虽然聚丙烯的固有强度比钢或球墨铸铁低，但是这种滤板较厚，有更多或更大的支柱轮毂补偿。这种补偿的效果相比于大型滤板，对较小滤板是不太明显的。

选择滤板材料比较困难；每种材料都有过成功和不成功的装置。设计工程师在对板材经济评价期间应该考虑两个因素：质量和强度。由于每块板材料的质量和强度是相互关联的，则设计工程师必须在高质量—低强度或低质量—高强度之间权衡。

滤板质量不仅影响进行检查、清洗和改变滤布时处理的方便性，而且影响压滤机的成本和质量。这也影响与容纳压滤机的建筑物结构要求相关的成本。在某些情况下，这些因素可能不相关的，因为设计的压滤机和建筑物对于更重的滤板比初始安装的滤板轻，因而是合乎需要的。这种设计方法使之在以后安装更重的滤板更具灵活性。

滤板强度是至关重要的。在 700～2100kPa(100～300 psi)高压下操作的压滤机如果进料固体分布不均，滤板一侧产生的空闲，可能会对滤板施加巨大的作用力。分配不均，可能招致滤板偏置和变形，井喷和滤布磨损。这种效应随着滤板尺寸增加而放大。低强度材料制成的滤板往往要厚，并具有更多的支柱轮毂面积，从而减少了过滤滤饼形成的体积。因此，对于给定的滤饼体积脱水，将需要更长的滤板堆栈。堆栈越长，需要的结构框架越大，占用的建筑空间越多。

4. 2. 8. 3 隔膜

变容压滤机使用弹性膜对脱水滤饼施加更大的压力。朝着过滤循环之末，将膜用空气或水膨胀而对滤饼施加额外的压力。在滤板分离之前，膜发生收缩。虽然这种膜能够提高滤饼固体浓度，但是它会对工艺过程增加更多的复杂性。这种膜通常由橡胶或合成塑料制成，且耐受磨损。

变容凹板压滤机是压滤机的新进展。隔膜可以与板(初始成本较便宜)结合或是可移动部件(更昂贵，但膜片故障不会导致滤板更换)。此外，隔膜可以用于滤板一侧或两侧。当采用变容滤板替换固容滤板时，使用仅一侧具有隔膜的滤板混合堆栈，可能是合乎需要的。相比于两侧都具有隔膜的滤板，这降低了滤板堆栈总长度。

4. 2. 8. 4 滤布

过滤滤料需要通过高压水喷，闭路酸洗，或这两者同时进行清洗。虽然许多操作因素可能会影响滤布性能，但是滤布滤料的初始选择会影响随后的过滤布性能。在选择滤布滤料时要考虑的重要因素是耐用性，滤饼释放，堵塞和耐化学品性。过滤布的耐久性受滤料材料和施工的影响。滤饼从滤布释放会受到滤料编织及清洁度影响。

滤布可以结合各种材料，改变编织法和提高渗透性。固体脱水最广泛使用的材料是采用尼龙的聚丙烯；萨冉(Saran)也可以在一定程度上使用。过滤滤料通常单丝平纹或斜纹织成。滤料丝在经纬方向可具有不同的单丝直径，而获得特定滤布特性。滤布的渗透性是通过在给定压降[例如，在0.1kPa下1800$m^3/m^2 \cdot h$(在0.5in水柱下100$ft^3/min/ft^2$)]下通过单位滤料面积的空气流量测定的织物开孔度的度量。虽然在使用过程中通透性会因为固体浸渍滤布，材料膨胀和织物扭曲而变化，但是这仍然不失为滤布初始选择的有用参数。低渗透性级[小于900$m^3/m^2 \cdot h$(50 $ft^3/min/ft^2$)]将会产生高固体捕获率，但存在滤料致堵，滤饼释放更差和清洗困难的更大趋势。中渗透性级[900~5500$m^3/m^2 \cdot h$(50~300 $ft^3/min/ft^2$)]能够获得良好的固体捕获率而没有过度的滤布致堵，并能够提供良好的滤饼释放。高渗透性级别[大于5500$m^3/m^2 \cdot h$[300 $ft^3/min/ft^2$)]，在处理难脱水固体之时，滤布堵塞和滤饼释放很苛刻之时能够提供优势。

应当指出，渗透性级别在压滤机应用中对固体捕获率整体影响最小。在压滤机循环期间操作的初始阶段之后，固体开始堆积而压滤机滤饼本身就起到过滤滤料之用。因此，虽然低渗透性滤布在压滤循环初始阶段会产生相对较高的固体捕获率，但是一旦滤饼开始形成，则固体捕获效率却与过滤滤料无关。

滤布有时在支柱轮毂和滤板周边处增强而提高了耐磨性。这种增强作用可能包括双层滤布材料，用涂料浸渍滤料，或插入不同的材料制成。如果改变滤布，必须小心确保支柱轮毂和滤板周边的材料厚度仍然要保持相同。如果在支柱轮毂处材料厚度不同于周边，则封闭机制将对滤板产生不平衡的力作用，而造成井喷或板变形。

将滤布正确附着于滤板上对于压滤机性能是至关重要的。过滤布必须不皱褶，悬垂遮过滤板面并且必须在多个压滤循环中都维持适当位置。如果滤布在支柱轮毂和周边被增强，而必须精确地对准时，这是特别重要的。缝制管道，连接两块滤布，会插入通过各板的进料端口。这种管道应该浸透防水涂料，防止在进料端口发生预过滤。橡胶进料管也能够使用。滤布用围绕周边的扣眼固定，并将滤布系在滤板相背面而箍紧。理想的是，在滤布顶部边沿使用缝制环而将杆传入通过这些环而支撑滤布。这种方法提供了横跨滤布顶部的均匀支撑，而不是在金属扣眼处的点支撑，这种点支撑可能会在滤布中产生褶皱。

过滤滤料的选择可能是影响滤饼质量和释放，滤液质量和压滤机产率的最重要设备变量。紧密编织的布将改善初始滤液质量，但通常随着过滤循环延长，在滤饼释放期间会导致滤饼排放困难。开放式编织滤料通常有利于滤饼排放期间的滤饼释放，但会延长初始滤饼形成时间，而降低初始滤液质量。此外，虽然复丝织物滤料通过将固体夹陷于多丝线之内而通常会提高滤液质量，但是这种滤料介质很容易遭堵，而具有导致排放期间滤饼释放差的倾向。单丝型构造结构有利于排放期间滤饼释放，而通常比较容易清洗和维护。大型滤板(2m×2m)需要对滤布防拉伸进行特殊考虑。

4.2.8.5 滤板移位器

滤板移位机制(滤板移位器)在加压循环结束时逐一移动每个压滤机滤板而释放滤饼。滤板移位机制容纳于滤板支撑杆中而通过环形链或往复杆操作。附着于链或杆的棘爪在滤板堆栈端部自动啮合滤板并沿着滤板支撑杆滑动 0.6~1.0m(2~3ft)。由于每个连续的滤板从滤板堆栈端部分离，则对应腔室中的过滤滤饼就释放出来而从过滤板落下。通常情况下，往复杆移位器用于压滤机侧边栏上，而环形链移位器用于压滤机架空梁上。然而，至少有一家制造商使用压滤机架空梁上的往复杆移位器。

4.2.9 安全

对于压滤机，最重要的安全考虑因素是防止无意中的滤板移位器或移动头操作的同时操作者身体处于板之间辅助滤饼排出。在大多数压滤机装置中通常使用的安全装置是压滤机两侧的电光帘。这种光帘由许多垂直堆叠的光电(或红外)电池构成而警示压滤机一侧。当关闭或滤板移位机制运行时，光帘自动启动。如果在压滤机打开或关闭或滤板移位循环期间操作者中断光束(光电电池之间)，控制将暂时停止该机制，直到光束恢复保护任何外来物体——包括工人身体部位——免于被滤板碰着或挂住。此外，沿着压滤机工作面的标记线能够使操作者手动制动滤板移位器，而随后自行决定恢复操作。

其他安全问题，包括通常与机械和电气设备(例如，泵、罐槽和高压管路和阀)相关的那些和与化学品贮存和处理的那些(WEF，1994)，超压保护和充分排气通风。

压滤机的建筑物必须通风良好，操作舒适，减少气味和防烟。固体整理是气味的最大来源。具体而言，当消化固体通过石灰和氯化铁整理时，在整理罐和压滤机中随着 pH 值升高，会释放出大量的氨。当压滤机打开而排放滤饼时会排出最明显的烟。设计考虑因素必须包括整理罐覆盖和通风换气而提供增强压滤机周围通风的系统。

4.3 辅助设备和控制

压滤机通常有许多辅助系统(例如，进料系统、固体整理、滤液管理、滤饼处理、以及清洗和内务管理)，确保安全而成功的性能。压力压滤机系统的设计和控制困难就是对于成功的系统性能必须协调和运作的辅助系统之数。事实上，辅助设备有时比压滤机本身还需要更多的空间和精力。

4.3.1 进料系统

压滤机进料系统必须根据不断变化的流量和压力要求向压滤机递送经过整理的絮凝进料固体。进料系统组件包括滤料预涂层、快速填充、加压和滤饼移出。

4.3.1.1 滤料预涂系统

具有高生物含量的固体或脱水困难的工业污泥，往往倾向于粘住过滤滤料。滤料预涂系统辅助滤饼从过滤介质释放而保护滤料介质不会过早堵塞。预涂材料可以是粉煤灰、焚烧炉灰渣、硅藻土、水泥窑灰、抛光粉尘、煤或焦炭粉。在每个过滤循环开始之前在整个过滤表面上沉积一薄层这种材料。

滤料预涂系统有两种类型：干料进料和湿料进料。干料系统适用于大型装置，尤其是连续运行(接近每天 24 小时)的那些。在这种系统中，预涂层泵从滤液储存罐(或其他合适的干净源)汲取干净水，将其循环通过压滤机，并将其返回到储罐。一旦压滤机充满水(抽空所有空气)，将预定量的预涂材料从存储料斗传送到封闭的预涂槽。再循环水流随后改道通过预涂罐，并借助于该储罐内的挡板排布设计，迫使预涂材料浆料流出罐子而沉积于压滤机滤料介质上。为了确保均一而均匀预涂，干净水必须按照高速循环通过过滤器。每个过滤循环之前整个预涂循环持续 3~5min。预涂材料要求的范围为 0.2~0.5 kg/m^2(510 lb/100ft^2)过滤面积；0.4 kg/m²(7.5 lb/100ft²)更典型。

湿料进料系统通常适用于小型压滤装置，而现场具有足够的空间存储干预涂材料。这种系统主要包括预涂物料制备罐，向这种制备罐中计量加入水并加入合适用量的干预涂材料。搅拌器保持预涂物料处于悬浮状态。预涂材料泵将物料从涂料制备罐的底部出口吸出并将其排放回物料制备罐中。过滤循环类似于干料进料系统。预涂循环开始时，滤液贮罐的水泵送通过压滤机，并返回到储罐中。在压滤机完全充满(所有空气排尽)之后，预涂材料泵将预涂浆料喷射到预涂泵吸入侧的配管上，而预涂材料均一而均匀地分布于整个压滤机。

4.3.1.2 快速填充

压滤系统已开发出两种快速填充方法。第一种方法使用运行时能够达到所需的流量和压力特性一台泵或具有变速驱动的组合泵。第二种方法使用泵和压力罐组合而达到所需的流量和压力特性。

第一种方法通常对于每台压滤机使用一个变速进料泵。采用自动化控制改变泵转速(最大流量，直至达到系统压力，并减少流量而保持系统压力)。对于大型压滤机，其中初始流量要求较高而可调节的变速泵太有限而不能从最小流量至最大流量运行，则第二个泵(无论恒定或变速)并入而与第一个泵并行运行，实现初始高流量要求。第二个泵经过控制而在流量要求落入第一台泵容量范围内时抽身脱出。

第二种方法对于每台压滤机通常使用一个进料泵和一个压力罐。在压滤机循环开始时，压力罐充满进料固体，并用空气加压。为了启动循环，自动阀打开而将压力罐中的进料固体释放到压滤机中。这种方法实现了快速初始填充，因为压力罐的工作容积经过设计而超过初始填充所需的固体进料体积。当压力罐中固体水平下降时，固体进料泵启动运行，直到压力罐中工作容积补充恢复。与压力罐相关的空气控制运行而从压力罐添加或释放空气，以保持所需的系统压力。压力罐的自动出口阀在压滤机循环结束时关闭，而终止压滤机的固体进料。

这两种方法都已经成功用于许多装置中。设计工程师应该注意，第一种方法比第二种方法需要更少的建筑面积(建筑面积和房间高度)。然而，第二种方法能够提供更快速、更积极的初始填充。如果使用压力罐，则因为气味问题而设计工程师应该采取预防措施，妥善处理从压力罐释放出来的空气。

4.3.1.3 加压

滤板加压是液压或机电操作的。这将封闭压滤机滤板堆栈而保持必要的作用力固定在压滤机循环期间封闭的滤板上。液压系统由一个或更多的液压油缸和液压动力单元。一些制造商使用气动液压系统，但这不常见。机电系统由单或双螺杆和一个电动齿轮电动机构成。任一系统都能够配备自动控制而维持整个压滤机循环中的恒定的封闭力。因为所需封闭力可能随着固体进料压力增加，滤布和滤板压缩，以及构造材料随温度变化膨胀或收缩而变化，则这项功能是合乎需要的。

小型压滤机通常只需要一个活塞，在该单元装置相对端而对着刚性支撑安装。这是一种推-合单元装置，其对建筑物结构上施加大载荷。一个活塞不应该用于大滤板堆栈上，因为该堆栈如果堆栈面不均匀就可能发生移位，这是由于残留一些固体就会出现堆栈面不均。

大型压滤机通常采用拉-合设计，其中两个或四个杆轴从正面延伸至尾架，而液压缸朝着正面“拉动”尾架。在这种设计中，只有垂直载荷施加于支承结构上。

4.3.1.4 滤饼去除

压滤机滤饼是触变性物质，如果容许这种物质随时间静置和压实，能够从相对坚硬的离散碎片变成凝胶状均匀的聚集体；这种条件通常会发生于任何滤饼存储设施。因此，存储的滤饼特性很少与新鲜滤饼特性相同。存储箱倾斜相对较小的开口，易于在出口上形成桥架，从而阻碍滤饼的释放。具有垂直侧壁和箱底具有螺旋螺杆的存储箱在一个装置中是无法递送的，因为螺杆外边缘之间的距离足以使滤饼聚集成块并桥架于螺杆上。这种螺杆会“打隧道”通过聚结团块而无法移出任何滤饼。因此，滤饼储存箱的设计应该具有陡峭侧壁（垂直与水平斜率大于 5 : 1），而真正的“活底”操作应该在存储箱的整个宽度和长度上进行[例如，螺纹式机制或螺杆阶梯外边沿之间最小间隙±25mm（1in）的标准螺旋螺杆]。活底机制也应该提供变速驱动而能够控制下一固体管理过程的负荷。滤饼处理要求取决于最终用途或处置方法。例如，如果卡车要异地拖运滤饼，则最简单的过程是直接将滤饼垂落于卡车上。

如果滤饼进行焚烧，则这两种方法是常见的。第一种方法是在每个压滤机之下提供储存容量并将滤饼剂量加入传送系统而将其引送至焚烧炉；第二种方法是在压滤机和焚烧炉之间提供中间存储。

砂芯逆吹的能力是压滤机应用的一个可选功能。压滤机“砂心”是由滤板进料端口形成而贯通压滤机的环形空间。在压滤机循环结束时，砂芯充满未进行脱水的液态残余物。当滤板移位而使滤饼落下时，这些砂芯的残余物也会排放出来。虽然在砂芯的进料固体量很少而对滤饼固体含量影响最小，但是这些残留物会向下行进至滤布面上，会在滤布中产生堵塞点而可能导致滤饼形成不均匀。“砂芯逆吹”使用压缩空气迫使残余物离开进料端口而使进料固体返回至固体整理池。设计工程师应该考虑持续时间，流量和需要提供这种逆吹所需的空气压力。他们也应该仔细权衡这个选项所需的设备、管道和建筑空间成本。

4.3.1.5 清洗系统

当压滤机关闭时滤料介质要用水或酸定期清洗。由于滤饼在正常操作过程中会降解变质，则操作者应该能够确定何时需要进行清洗。清洗循环取决于固体特性，整理系统和滤布编织。一些设施在 20 次循环之后就用水冲洗而在 100 次循环之后就用酸冲洗。如果固体仅仅采用聚合物而不用石灰进行整理，则酸洗是非必需的。

滤料介质的冲洗是良好压滤机操作的一个基本特性。冲洗能够去除以下物质：

- 正常滤饼排出后留下的残余滤饼；
- 进料端口砂芯未脱水而随滤料介质面顺流下的液态残余物（如果不使用砂芯逆吹）；
- 滤料介质中浸渍的固体和油脂；
- 滤料介质之后滤板排水表面上的结垢和固体累积物。

这些物质必须除去才能避免滤料介质遭堵，才能维持滤料介质和滤液排放之间的大气压力。背压降低了所施加压力对过滤速率的影响。

设计工程师通常会同时提供水喷冲洗和酸冲洗的设施。水喷冲洗常常用于冲的滤料介质表面，从而除去积累的固体。定期采用酸洗能够去除浸渍固体和结垢积累物，这些物质累积较慢，不容易通过水喷冲洗除去。

最便宜而最常用的水喷冲洗方法是便携式喷冲洗单元装置，它由一个液压罐，高压冲洗泵和一个引导喷雾水的便携式喷枪构成。操作者将高压喷雾水[13 800kPa（2000 psi）]引向观察到积累物之处。除了劳动密集和体力要求之外，这种方法在清洗具有几个大型滤板的压滤机时可能会比较麻烦。

压滤机制造商已经开发出一种自动水喷冲洗系统，作为其设备包的一个可选之项。这种系统由自动换滤板的控制和冲洗整个滤料介质表面的架空喷雾洗涤机制构成。高压水增压泵通常供给可供提供令人满意的表面冲洗压力。虽然比便携式水喷冲洗系统更昂贵和复杂，但是这种自动系统能够提供更彻底，高效而频繁的滤料介质冲洗，而使用的劳力却较少。

4.3.2　酸洗

酸洗法原位清洗滤料介质。盐酸稀溶液泵送至空的压滤机，而滤板包处于封闭位置。酸循环通过滤板腔室或驻留于滤板室内清洗滤布。酸冲洗系统通常包括本体酸储罐、酸输送泵、稀释附属装置、稀酸贮存罐、酸洗涤泵和相关的阀门和管道。

该过程的酸通常提供于瓶装容器、罐车或油槽车，出货为32%的氢氯酸(盐酸)溶液。推荐使用的清洁溶液浓度为约5%，但具体的经验可能认为稍高的浓度(最高可达10%)会更合理。

4.3.3　化学整理剂的要求

固体整理涉及在过滤之前向固体中加入石灰和氯化铁、聚合物，或结合任意无机化合物的聚合物。目标是产生低水分含量的滤饼。在美国的大多数现有压滤机装置都使用石灰和氯化铁进行整理。在这些装置中，固体整理系统通常具有生产料浆的石灰熟化器、石灰输送泵、石灰浆液设备、氯化铁设备和整理池。石灰和氯化铁按批加入整理池。对于仅仅使用聚合物的装置，固体整理系统因为聚合物加入管道内而不是按批加入，因而比较简单。然而，聚合物必须按照匹配固体进料泵中流量的循环进行进料，因此仪器仪表和控制对于聚合物系统正常工作是至关重要的。

最近，一些装置已经开始仅仅使用聚合物进行固体整理，因为其经验已经表明，性能上的轻微下降能够通过较低的化学品成本，氨气味降低和脱水滤饼体积更小而抵消。对于仅使用聚合物的一个问题是排放循环期间滤布上滤饼的释放。在欧洲的几个装置使用氯化铁增强滤饼释放；然而，将氯化铁与聚合物结合，会导致管道和压滤机严重的金属腐蚀。当使用石灰和氯化铁一起整理固体时，这并不会发生，因为石灰能够中和腐蚀性氯化铁。预想使用聚合物和氯化铁的新装置应该使用橡胶加衬所有的金属表面。

固体整理系统通常由固体输送泵、石灰浆液设备、氯化铁设备和整理池构成。固体输送泵将进料固体输送到加入石灰和氯化铁的固体整理池。在理想的情况下，泵能够从配备混合系统的盛装或储存罐抽回固体。这种罐池容许操作者维持固体库存，而不是按计划废弃固体，从而使固体脱水独立于生物处理工艺过程。固体盛装罐池的混合系统确保固体进料浓度均匀，而防止化学品剂量要求产生的根本变化，并最小化化学品过量或剂量不足的可能性。

固体整理池应该包括机械混合器，彻底而温和地将固体与石灰和氯化铁混合，以产生絮凝固体。为了确保充分混合和絮凝体形成，整理罐中最低停留时间应该为5~10min。更长的停留时间(约20~30min)也可能是合乎需要的，能够确保石灰与固体完全反应，最小化固体进料管道和滤料介质中的结垢。然而，比培养良好固体絮凝体所需的停留时间更长的停留时间，往往能够促进絮凝体衰败而随着固体絮凝体陈化而解体。这些考虑因素会使具有多个压滤机和单整理罐的装置变得更加复杂。停留时间随后会受到运行压滤机数量和压滤机循环各阶段每个压滤机所需的固体进料速率的影响。

固体整理系统的设计必须能够满足压滤机进料要求。通常会使用两种方法实现这一设计目标。第一种方法使用变速固体输送泵，其目的是为了通过匹配整理罐的进出流量而维持整理罐中几乎恒定的水平。为了维持恒定的化学品剂量，石灰浆液和氯化铁进料泵还必须能够变速而按比例匹配变速固体输送泵的速率。这种方法可以确保整理罐中几乎恒定的停留时间，但需要更宽的泵容量范围，增加变速驱动器和控制，同时操作上更具复杂性。

第二种方法使用恒速固体传送泵，并改变整理罐中的水平。固体以恒定的速率间歇泵送至整理罐，石灰和氯化铁进料泵按照并行于固体传送泵的恒定而手动可调的速率运行。通过改变整理罐中的停留时间，这种方法提高了整理罐容量，而需要的控制却不太复杂。对于化学品系统如果认知其固有困难，则这种操作模式是最合乎需要的。

固体输送泵容量和固体调节罐体积必须仔细确定尺寸大小而确保压滤机进料要求得到充分满足。相应地，石灰浆液和氯化铁进料泵也必须仔细确定尺寸，才能满足以下范围的固体进料口流量，固体进料口浓度和化学进料口浓度，并提供适当的化学剂量。

5　干燥床和氧化沟

5.1　概述

干燥床和氧化沟是最古老的固体脱水方法。两者都使用排水，蒸发和时间相结合而对固体脱水。相比于其他脱水方法，二者还需要相当大的面积。

干燥床已经使用超过 100 年。如果设计和操作得当，干燥床对于进料固体浓度并不敏感而能够产生比大多数机械设备更干燥的固体(见表 24.2)。干燥床特别适合于在美国西南部的小型设施，能够成功地用于气候变化很广的各种规模的污水处理厂。

表 24.2　使用干燥床的优点和缺点

优　点	缺　点
不需要精细制作衬里和渗滤液控制之处，以及有地可用，资本成本对于小厂较低的情况	对于合理的经济分析缺乏合理的设计方法 土地需求较大 稳定化处理的污泥要求
对操作者关注和技能要求较低	气候对设计有影响 普通公众高度可见性
低电力消耗	劳动力密集型污泥去除
对污泥可变性敏感度较低 低化学品消耗	许可证和地下水污染问题
干燥的滤饼固体含量高	床清洗系统的燃料和设备成本 真实或可感知的气味和视觉滋扰

与机械脱水相比，干燥床是一种自动化程度较低的工艺过程，需要更多的土地。当有足够的土地可用且环境条件是可以接受的时候，机械系统的高资本和运营成本使设计人员可能再次审视干燥床。这种趋势会一直伴随着地下水污染的日益关注。在许多地区有条例禁止无衬里干燥床。床系统的床衬里额外成本和地下水水质监测对于差不多所有小型污水处理厂，可能使机械脱水更具成本效益。干燥床也会对污水处理厂的潮湿天气流量贡献很大，因为干

燥床占用了相当大的面积，这都会向污水处理厂排水。然而，干燥床可能是机械脱水方法的一个有用的备用。

干燥床和氧化沟如果气味问题是高度关注的则可能会问题重重。对固体进行干燥的巨大开放式区域可能导致异地的气味。仅当干燥床封闭时才可能实现气味控制。

5.2 砂干燥床

砂干燥床是最古老的最广泛使用的干燥床方法。这种干燥床通常由下垫砾石层和穿孔排水管道的砂床构成。这种干燥床都由周边混凝土墙包围。现今砂干燥床也可以加衬而防止液体渗漏到地下水中。这些干燥床也能够进行封闭而防止水重新润湿脱水的滤饼。

砂床上固体主要通过排水和蒸发进行脱水。经由排水从固体中除去水，是一个两步骤的过程。最初，水排出到砂中，并地下排水而除去。这一步，通常持续数天，一直持续到砂子被精细颗粒堵塞或已经耗尽所有的游离水。一旦固体上清液层形成，就滗析除去表面水。此步骤对于去除雨水尤为重要，如果允许雨水累积表面上则会减缓干燥过程。滗析也可能适用于去除通过化学处理释放的游离水。床中干燥固体还可以通过使用铺设床中的螺旋-混合推运器进行强化。经过初始排放和滗析之后剩余的水经由蒸发去除。

5.2.1 工艺设计的注意事项和标准

砂干燥床的操作取决于

- 固体浓度；
- 施加固体的深度；
- 经由地下排水系统的失水量；
- 提供的整理和消化(程度和类型)；
- 蒸发速率(这受很多环境因素影响)；
- 所用的去除方法的类型；
- 所采用的固体使用或处理方法。

所有这些现场特异性的考虑因素决定了给定床的最佳固体负荷率，面积要求和其他设计标准。

5.2.1.1 *面积要求*

通常用于确定砂干燥床的平均面积标准如表24.3所示。这些标准主要是基于20世纪初伊姆霍夫和法埃尔(Imhoff and Fair，1940)进行的初级固体经验研究，根据施加于床的残余物的类型和固体浓度不同，他们推荐的范围为0.1~0.3m²/cap(1.0~3.0ft²/cap)。其他重要因素(例如，所施加的固体深度和每年施加的数量)，也在其开创性的工作中进行了考虑。然而，在试图统一实施这些标准时，许多设计工程师却没有充分考虑原始工作的基本参数。每个人生产的固体特性和数量的变化使这些标准的当前使用备受质疑。

表24.3 厌氧消化的未整理固体公认的开放式砂干燥床规格确定标准的汇总

初始污泥源	未覆盖的床		覆盖床面积①/(m²/cap)
	面积/(m²/cap)	固体负荷率/(kg/m²·a)	
初级固体			
伊姆霍夫和法埃尔(1940)	0.09	134	

续表

初始污泥源	未覆盖的床		覆盖床面积①/(m^2/cap)
	面积/(m^2/cap)	固体负荷率/(kg/m^2·a)	
若兰（1980）	0.09~0.14		0.07~0.09
瓦尔斯基（1976）			
N45°N 纬度地区	0.12		0.09
40°~45°N	0.1		
S40°N 纬度地区	0.07		0.05
初级固体+化学品			
伊姆霍夫和法埃尔(1940)	0.02	110	
若兰(1980)	0.18~0.21		0.09~0.12
瓦尔斯基（1976）			
N45°N 纬度地区	0.23		0.173
40°~45°N	0.18		0.139
S40°N 纬度地区	0.14		0.104
初级固体+低速滴滤池固体			
曲昂和约翰逊(1966)	0.15	110	
伊姆霍夫和法埃尔(1940)	0.15	110	
若兰（1980）	0.12~0.16		0.09~0.12
N45°N 纬度地区	0.173		0.145
40°~45°N	0.139		0.116
S40°N 纬度地区	0.104		0.086
初级固体+废弃活性污泥			
曲昂和约翰逊(1966)	0.28	73	
伊姆霍夫和法埃尔(1940)	0.28	73	
若兰（1980）	0.16~0.23		0.12~0.14
瓦尔斯基（1976）			
N45°N 纬度地区	0.202		0.156
40°~45°N	0.162		0.125
S40°N 纬度地区	0.122		0.094
兰德尔和科赫(1969)	0.32~0.51	35~59	

① 仅仅覆盖床可用的面积负荷率。

由于当今严格的出水排放标准，这些标准可能不再满足干燥床规模的确定。由于低出水悬浮固体、化学反应、垃圾磨床和高级处理工艺所产生的固体数量越多，则需要的干燥面积越大。对于当今盛行的较稀混合固体(通常 2.5%~4%，而不是 7%)面积要求也更大。英国的经验表明，因为固体特性发生的这些变化，最低 0.35~0.50m^2/cap(3.5~5.5ft^2/cap)是必要的。

5.2.1.2　固体负荷标准

接受的装砂干燥床的固体负荷标准是基于经验数据的。典型的要求各不相同，对于开放式床为 50~125 kg/m^2（10~25lb/a/ft^2），对于封闭床为 60~200 kg/m^2（12~40lb/a/ft^2）（见表 24.3）。基于固体负荷标准确定砂干燥床规模尺寸是比基于平均面积要求规模大小更好的方法。此外，因为整个处理工艺过程每天生产的固体总量可以准确地预测，则发生错误的风险最小。最佳标准要考虑气候条件（例如，温度、风速、湿度和降水）。

有人试图采用数学模型描述正常工作的砂干燥床中涉及的这种复杂关系。尽管早期的模型严格而言是经验性的，但是它们已经广泛应用于确定干燥床规模。使用数学模型的优点在于，它们考虑了当地的气候条件（例如，接收到的降雨量）。

若兰（Rolan，1980）使用合理的工程设计方法，而不是经验型研究，开发出了一系列的方程，不仅用于确定砂干燥床的设计标准，而且还用于确定其最佳操作。若兰发现，对于给定的干固体百分比的最佳施加深度是所需的干滤饼厚度、干固体含量、蒸发速率和年施加数量的函数。去除固体（劳动力、设备和补充铺沙）的成本主要取决于年施加数量，而不是固体体积。

瓦尔斯基（Walski，1976）开发出一种类似的数学模型解释主要固体干燥的机理。然而，瓦尔斯基指出，所需要的面积在床操作范围内相对而言与施加的固体深度无关。由若兰或瓦尔斯基都没有解释化学结合水的去除率，则这些模型在这种水必须除去的情况下是无效的。然而，他们的研究表明，许多应用中的设计标准并不能充分解决砂干燥床操作中涉及的环境和机械因素，因此导致设计不足。

在应用任何模型时，设计工程师必须认识到，实际污水处理厂中清洗床时可能取决于许多变量，而不是滤饼干燥度。例如，新墨西哥州阿尔伯克基大型污水处理厂的营运商采取了一项政策，该年最热的月份不能冲洗床，因为经验表明，那时即使床生产力高，气味仍然最大。图 24.14 说明了在干固体各个百分数下蒸发速率对床负荷的影响。

5.2.1.3　化学整理剂

在某些情况下，新的干燥床设计可能需要包括化学整理剂抵消不可预知的天气条件和可变的固体特性。整理作用还可以帮助改善现有床的固体干燥能力。聚合物是整理所用的主要化学品。评估其有效性和经济性往往是困难的，因为其种类繁多。尽管如此，CST 计量仪可以用于两种聚合物类型和剂量的对照评价。最佳聚合物剂量应该小心确定，因为聚合物的效率可能受到剂量不足和过量影响。在实验室小试试验和实际现场条件下应该对比化学处理和未处理床的净床负荷和粗床负荷。如果化学品用量过量，则可能导致砂子堵塞。

如果干燥床系统的设计包括添加聚合物，则至少需要三个添加点才能实现最佳效率：一个靠近泵吸入侧，一个在泵排出口，而一个在每个床的排放点附近。可变输出的正排量泵通常用于传送化学品。在可能的情况下，还应该提供聚合物处理过的固体再循环而容许床的初始固体排放之前采用 CST 仪进行剂量优化。这种方法将有助于防止砂床表面被处理不当的固体堵塞。

5.2.1.4　设计标准

有几个参数在确定烘干床大小且其如何实施时是很重要的。

（一）干燥时间

所需的总干燥时间取决于所需的最终水分含量，并涉及固体去除方法和随后的用途。最

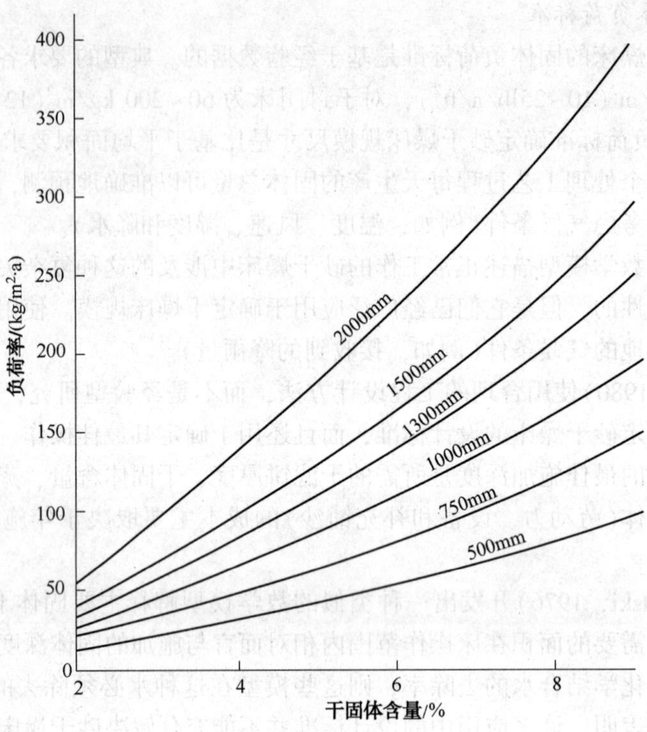

图 24.14 蒸发速率对床负荷的影响

终床尺寸的确定是蒸发、施加深度和施加固体浓度的函数。

达到可释放滤饼所需的时间取决于初始固体含量和总排水的百分比，而不是单是初始排水率。这从脱水的角度来看，是特别有意义的，因为对于大部分固体，水分蒸发所需的时间比其排出所需的时间要长得多。因此，固体必须保留在床上的总时间受控于必须通过蒸发除去的水量，这反过来主要是由排水和倾析除去的水量确定的。可排出之水的比例在很大程度上依赖于初始固体浓度(见表 24.4)。

表 24.4 砂干燥床脱水时好氧消化污泥中的总排水

污泥固体浓度/(g/L)	所施加污泥深度的失水率/%		
	100mm	150mm	200mm
7.55			85.7
14.6	77.6		79.3
17.3	86.4	92.2	79.4
18.6	85.4	85.5	80.3
19.5	85.5		74.5
20.45	80.0	85.0	78.0
21.3			73.6
24.1	78.3		71.0
25.2	74.0		72.0

续表

污泥固体浓度/(g/L)	所施加污泥深度的失水率/%		
	100mm	150mm	200mm
25.4	72.8	77.8	71.0
28.75	77.7	80.0	73.4
28.8	86.3	85.0	70.5
29.2	78.7	82.1	70.5
29.7	77.5	70.7	70.3
34.0			76.3
38.0	69.0	71.8	67.2

曲昂和约翰逊(Quon and Johnson, 1966)证实，好氧消化活性固体中可排水的百分比往往大大超过厌氧消化固体报告的值。

(二) 消化的影响

干燥床上的干燥消化固体包含许多小裂缝，而允许更多的表面暴露于干燥空气，相比于典型的原料固体，直接向沙床之下地漏排水更大，雨水更容易通过(见表 24.5)。

表 24.5　消化对沙床脱水的影响

去除方法	去除的原始污泥/%	去除的消化污泥	
		排水差/%	排水良好/%
排水	48~52	28	72
滗析	4~9	22	2
蒸发	43~44	50	27

根据兰德尔和科赫(Randall and Koch, 1969)，好氧消化活性固体的脱水性能与用氧特性密切相关。从溶解氧浓度保持低于 1mg/L 的消化池中获得的固体，脱水很差。排水和干燥性能通过延长固体停留时间(SRT)而改善。然而，一些所研究的固体达到了额外消化弊大于利的程度。

消化也提高了空气干燥滤饼的易碎性，使其更容易从沙床和土地施用(与土壤混合)中去除。这也最小化了气味问题，并降低了土壤中油脂堆积。

消化的另一个优点是病原体破坏。美国环境保护署(US EPA)固体消毒的指导方针认为，假设最终用途并不受限于重金属浓度或其他受监管的参数，厌氧消化后沙干燥床脱水，可能杀灭足够的病原体而允许干燥滤饼无限制使用。无论是厌氧还是好氧消化都不能单独有效地如同与砂干燥床结合使用一样破坏病原体。赖默斯等(Reimers et al., 1981)指出，原料固体中活体寄生虫卵的失活随着水分含量的降低而提高。

(三) 施加深度的影响

据曲昂和约翰逊(Quon and Johnson, 1966)的报道，施加固体的深度会影响排水速度；他们推论，深度不应该超过 200mm(8in.)。哈兹尔廷(Haseltine, 1951)报道认为最佳深度为 230mm(9in.)，这要取决于干燥时间和去除方法；他推荐的施加深度范围为 200~400mm(8~16in.)。施加深度应该导致 10~15 kg/m^2(2~3lb/ft^2)的最佳负荷率。

兰德尔和科赫(Randall and Koch, 1969)发现，对于给定的固体浓度和深度，8 小时后的固体排水率是恒定的。此外，当准备从干燥床上将其去除时典型的固体施加深度 200mm 会降低到小于 25mm(1in.)的总深度。干燥后的滤饼厚度主要是固体浓度和施加深度的函数(参见图 24.15)。

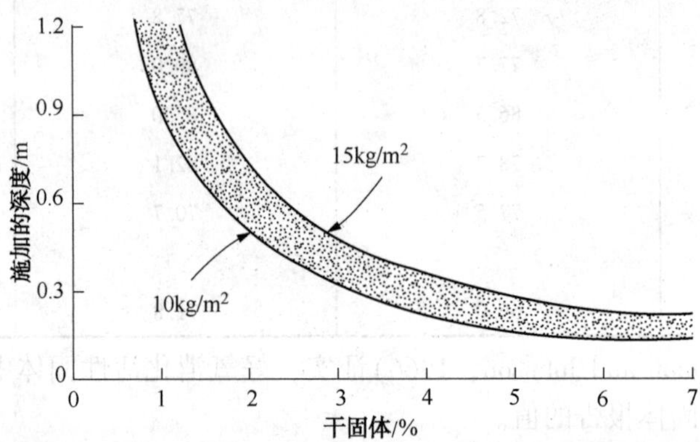

图 24.15　各种固体浓度下获得最佳负荷率所需的床深度

去除滤饼固体浓度范围为 44.5%~95.5%的干固体，较高水分含量通常对应于较高的初始固体浓度。

根据柯埃克勒和阿洛斯(Coackley and Allos，1962)，干燥以恒定的速率发生，直到达到临界水分含量；然后，将减速进行。一般而言，所需的最终水分含量越低，干燥时间越长。

(四) 气候效应

区域气候条件极大地影响干燥床脱水。日照多、降雨少和低湿度的地区，干燥时间短。南部地区，那里夏季较长，以及干旱地区，湿度低，比北方地区使用干燥床是更有利的。然而，许多南部地区较高的降雨和较高的湿度，可能会不良影响干燥时间。北方气候的自然冰冻也已报道，能够改善脱水性，但在冬季可能使干燥床停用。风的盛行和速度也会影响蒸发速率。因此，针对气候条件可能有必要对设计标准进行一些修改。例如，如果干燥床可能因为气候条件不可长时间使用时，应该包括液体残余物的存储量。

(五) 侧流处理

砂干燥床操作的唯一侧流是地下排水液体和表面滗析。对于这些侧流特性知之甚少，通常不单独进行处理，而是将其返回到工厂渠首工程。这些侧流高强度和间歇性流动可能对一些小型污水处理厂性能产生负面影响，因为，虽然侧流中悬浮固体通常较低，但却含有大量可溶性 BOD 和营养物质。如果干燥床未实施封闭，则侧流也将包括雨水收集。从本质上讲，所有落于干燥床固体上的雨水都将返回到污水处理厂进行处理。

5.2.2　传统床的结构要素

每个干燥床通常经过设计，在一张图纸上要一个或多个部分保留住从消化池或好氧反应器去除的全部固体体积。干燥床的结构元素包括侧壁、地漏、砾石和沙层、分区、倾析器、固体分配通道、水道和坡道、以及可能的床外壳(参见图 24.16)。

5.2.2.1　侧壁

砂表面上方的施工建设应该包括堤防(垂直壁)，上述砂干舷为 0.5~0.9m(20~36in)。侧壁可以由下列材料建造：草铺土、木板(最好经过防腐处理)，混凝土板和钢筋混凝土或

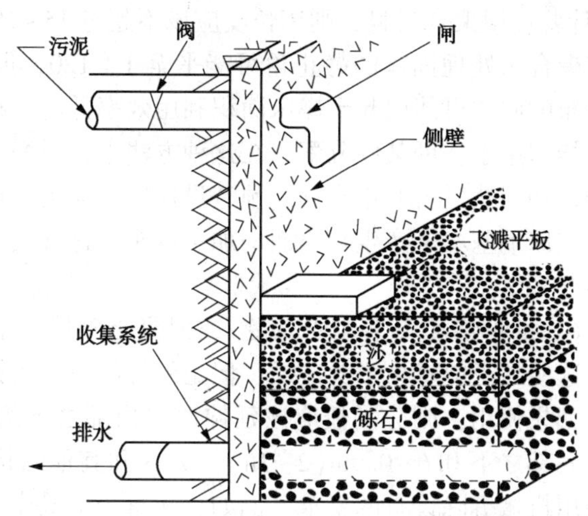

图 24.16 典型砂干燥床示意图

混凝土块，设置于砂表面周围边缘，并延伸至地漏砾石，而有助于防止杂草和野草丛生。

5.2.2.2 地漏

地漏，这通常由钻孔塑料管或陶土瓦构成，朝主要收集管(出口漏)倾斜。主要地漏管道应该直径不小于 100mm(4in)，并具有最低 1%的坡度。间距范围应该为 2.5~6m(8~20ft)，并应该考虑用于移除固体的车辆类型，才能避免损坏地漏。

进料到主暗渠的水平瓷砖应该间隔 2.5~3m(8~10ft)，优选使用更短的间距。如果渗透作用会危及地下水，则泥土地面应该采用当地监管机构批准的防渗膜系统进行密封。地漏地砖周围的区域应该用粗砾回填；应该避免瓷砖受到激荡或打破。地漏铺设之后干燥床上应该排除使用重型设备，除非干燥床设计能够适应这样重型负荷。

5.2.2.3 *砾石层*

砾石层分级至 200~460mm(8~18in)的总深度，底部是相对较粗糙的材料。砾石颗粒粒径范围为 3~25mm(0.1~1.0in)。

5.2.2.4 *砂层*

沙层深浅不一，从 200mm 到 460mm(10in 至 18in)不等。然而，推荐采用最小深度 300mm(12in.)，才能确保良好出水水质而降低由于清洁相关的损失所造成的砂子更换频率。品质良好的砂子具有以下特点：颗粒干净、坚硬、耐用、而无黏土、肥土、灰尘或其他异物；均匀系数不大于 4.0，但优选小于 3.5；而有效沙粒粒径为 0.3~0.75mm(0.01~0.03in)。

在一些情况下，豆形砾石和无烟煤，粉碎至约 0.4mm(0.02in)的有效尺寸，可以用来代替砂子。应该避免朝着滤水砂梯度渐变，因为这种介质会产生较差的牵引作用，而轮式滤饼清除车辆有可能深陷。

5.2.2.5 分区

对于小型污水处理厂中手工去除固体而言，干燥床通常分为约 7.5m(25ft)宽的部分。一些机械去除方法具有更宽的区域；这个宽度应该进行设计，才能适应所使用的去除方法(例如，真空除尘系统装载机铲斗的宽度和跨度的倍数)。干燥床建成长度为 30~60m(100~

200ft)。然而，如果预计要使用聚合材料，则床长度应该不超过 15~25m(50~75ft)，才能避免固体分配问题。许多聚合物处理固体的静止角可能平至 1:120，但这个角度实际可能大得多；因此，不均匀分布的固体可能引起干燥床面积利用效率低下。在引入固体之前用污水处理厂水淹没干燥床，能够用于辅助某些分配。在这种方法中，干燥床排水阀是关闭的，床用水淹没，施加液体残余物，然后打开排水阀。预淹没作用能够提高初始除水的速率，因为这通过在排水阀打开时在床下基本上产生真空而增加了压头。这种真空将保持直至空气开始泄漏通过床层而进入地漏系统。

分区可以是土堤防(在那种情况下土地要充足)或混凝土砌块、钢筋混凝土、或木板和支撑槽柱建造的墙壁。这些柱子能够由木头制成，但是最好的材料是钢筋混凝土板安装于钢筋混凝土柱的凹槽中。如果使用，则分区板应该延伸沙层顶部之下约 80~100mm(3~4in)，而支撑柱应该延伸砾石底部之下 0.6~0.9m(2~3ft)。分区和其他结构元件的安装位置应该进行设计，才能满足使用机械拆除设备的要求。例如，在每个干燥床中包括至少一个实心垂直墙壁抵御轮式前端装载机，将加速床清洗。

5.2.2.6 滗析器

连续或间歇滗析上清液的方法能够提供于干燥床的周边(参见图 24.17)。滗析器可能特别适用于相对较稀的二级固体和聚合物处理的固体，并适用于除去雨水。如果操作得当，滗析还能够显著缩短干燥时间。

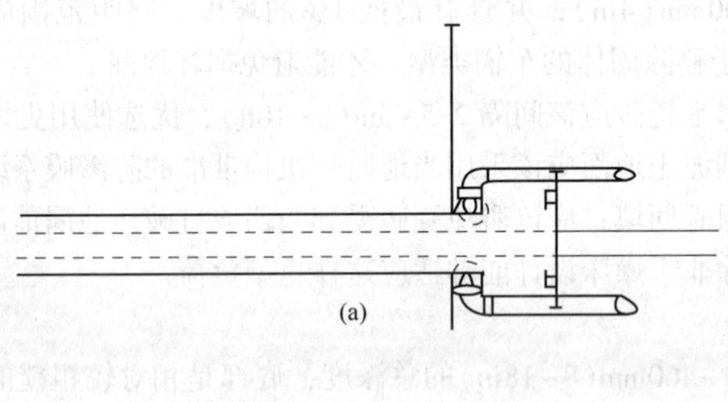

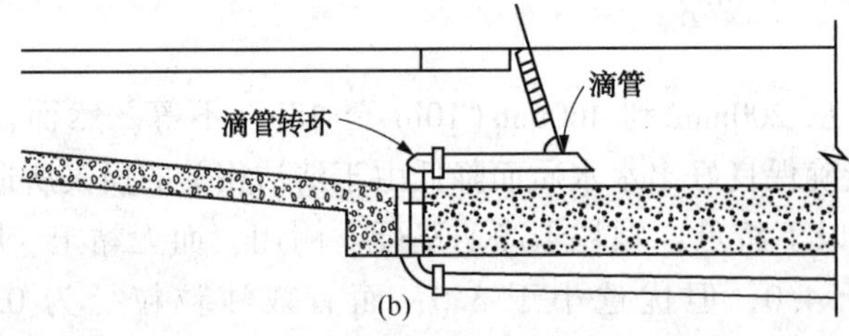

图 24.17 典型滗析管道
(a)平面图和(b)正面图

5.2.2.7 固体分配渠道

液态残余物能够通过每个沙床部分的封闭导管或具有加阀出口的加压管道，或通过具有受水闸或手动滑动闸门控制的侧开口的开放渠道施加于沙床部分。开放渠道每次使用后更容易清洗。无论使用哪种类型，都有必要使用 130mm(5in.)厚而 0.9m(3ft)见方的混凝土防飞溅挡板，而接收下落的固体和防止砂表面磨蚀。

如果使用具有加阀出口的加压管道，则 90°弯头应该在所有泵速率下引导固体轨迹对着防飞溅挡板。管道和阀门应该受到保护而防止冻结，因为每个干燥床填充之后达到完全排水是不太可能的。

优选分配渠道穿行于 7.5m(25ft)宽的两个系列沙床部分之间。这种床的宽度通常足以手工清除滤饼；然而，另一个宽度可以更好地满足机械拆除设备的要求。

5.2.2.8　车道和坡道

为了经由卡车去除滤饼，沿着每个干燥床部分的中轴需要混凝土车道(参见图 24.18)。混凝土车道板较窄，能够最小化砂滤表面的压实；它们能够拼接而成，有助于将卡车车轮保持于两个板条上。除了降低砂压实和防护地漏系统损坏之外，多车道带能够降低沙子损失而为砂子更换提供了良好的计量。

图 24.18　包含车道和斜坡的干燥床

如果入口设计包括坡道同时使用机械拆除设备，则设计工程师应该考虑全宽度坡道，而避免出现涉及角落通道和砂上操纵设备的问题。

5.2.2.9　覆盖床的外罩

覆盖床外罩在沙床上提供顶棚。前面提到的开放床大多数特性也适用于封闭床。由于雪负荷，连续坡面棚顶最适用于北方高纬度地区。

干燥床能够铺上具有各种颜色可供选用的耐用玻璃纤维增强塑料(参见图 24.19)。玻璃或聚酯玻璃纤维顶，盖于干燥床上方，而剩下两侧敞开于大气，保护干燥产品以防降水，但几乎无法提供任何温度控制。另一方面，全封闭干燥床允许每年在大多数气候条件下提取更多的固体滤饼，由于这种设计能够提供更好的温度控制。封闭床通常比开放床需要更少的面积。然而，有利的天气条件使开放床滤饼水分蒸发的速度比封闭床更快。因此，开放床和封闭床的组合可以实现干燥床设施最有效的利用。

大多数厂商已经制定床外罩的宽度、长度、桁架间距和其他细节的标准尺寸。对于内部木材和金属制品、油漆(例如，煤焦油环氧沥青涂料)必须抵抗潮气和硫化氢。涂施油漆和防护罩都应该遵照厂商的建议。

老旧的外壳设计通常包括仅有的一排侧窗向外打开，使空气换向横穿封罩顶部而不是固体表面。新的外罩设计通常具有两排侧窗，顶部那排侧窗向外开放而底部那排向内打开。在潮湿气候下封闭床推荐使用机械通风。通风换气要求应该确保外罩不会违背可适用的规范之

(a)

(b)

图 24.19 具有玻璃纤维外罩的覆盖干燥床
(a)内部场景和(b)外观图

下的密闭空间要求。

5.3 其他在用的干燥床类型

其他目前在用的干燥床类型包括专利性的系统和机械辅助的太阳能干燥系统。

5.3.1 聚合物辅助滤床

某些厂商提供的专利性固体干燥系统，由专用排水板上加砂层构成，这可以更准确地被称为聚合物辅助滤床(参见图 24.20)。物理外观上，滤床类似于传统干燥床，但具有更快的周转时间。这种工艺过程的关键在于上游聚合物活化系统，设计用于正确混合聚合物和进料固体，而随后正确地将这些混合物分配于滤床整个表面上。

确定聚合物辅助滤床系统的大小规模，类似于常规固体干燥床，但应该得到厂商认可。施加于该系统的固体与传统干燥床所施加的固体一样多，但首先必须采用聚合物进行整理。地漏系统设计用于提供虹吸效应，而为干燥过程提供一些真空辅助。污水处理厂水系统(参见图 24.20)用于将污水处理厂的水施加于地漏系统，这就是虹吸效应的关键。根据制造商，聚合物整理和虹吸效应同时使固体脱水比常规干燥床更加迅速。专门设计的挂接式车辆通常用于去除滤床的脱水固体。

这种系统还能够用作美国 EPA 批准的 A 类生物固体工艺过程的一部分，其中干燥床能够用于将生物固体脱水至固体含量约40%。脱水的固体随后将被移除，放置成条垛堆，并每天采用空气干燥(回混)方法翻动。制造商声称，根据天气条件不同，液态生物固体在约15~21天内就可以转化为干的A类生物固体。然而，最终产品必须在实验室内进行检测，才能满足病原体减少要求，因为这并未批准作为PFRP过程。

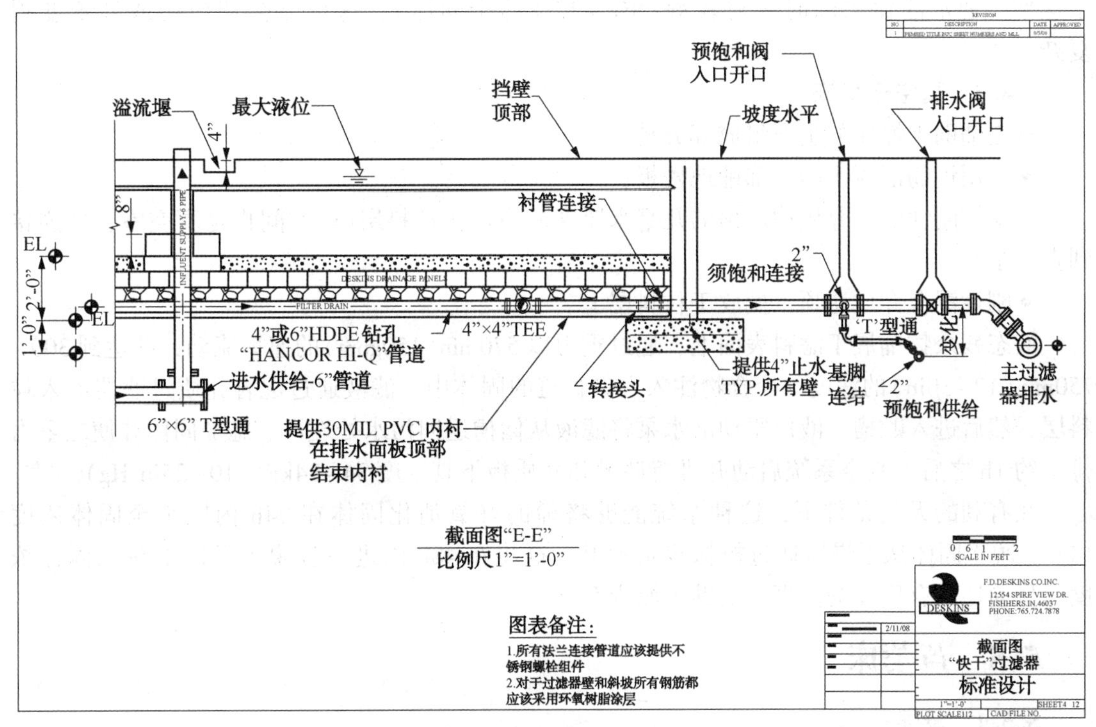

图24.20 典型聚合物辅助滤床系统的示意图

(经由F. D. Deskins Co., Inc. 许可)

5.3.2 机械辅助太阳能干燥系统

厂商提供的太阳能烘干系统由一系列通过透光性气候控制腔室覆盖的干燥床构成。传感器监控腔室内的气氛并控制空气百叶窗和通风换气风扇，而优化干燥条件。监视器也控制移动的电动"鼹鼠"，在每天高达10次的干燥循环期间翻犁固体滤饼。制造商声称，这种系统能够设计用于生产含固体50%~90%的干燥滤饼。这种系统的优点在于，防雨水保护，腔室内因为"温室效应"而升高温度，潜在生产更干燥的滤饼固体和干燥时间较短。这种系统是专利性的，有关规模尺寸确定和设计的信息应该从厂商获取。

5.4 其他不常用的干燥床类型

其他类型的干燥床包括铺设干燥床、楔形丝干燥床和真空辅助干燥床。由于很少有污水处理厂使用这些方法且某些设备不再能够获取，则有关其性能的信息非常有限。

5.4.1 铺设干燥床

铺设干燥床采用混凝土、沥青或水泥土衬里建成，有助于前端装载机更容易去除滤饼和混合固体而加快干燥。由兰德尔和科赫(Randall and Koch，1969)进行的一系列试验测试表明，沙底干燥床比不透水底干燥床性能更好。

5.4.2 楔形丝干燥床

20 世纪 70 年代初在美国开始使用楔形丝干燥床系统。在楔形丝干燥床中，淤浆铺展于水平而相对开放的排水介质上，按照这种方式能够产生干净的滤液，并提供合理的排水速率。通常滤饼去除时相对较湿(8%~12%的干固体)，这可能会使应用或处置变得复杂。

5.4.3 真空干燥床

真空辅助干燥床的主要组成部分是

- 采用钢筋混凝土的底部铺地楼板；
- 支撑刚性混合介质滤层顶的几毫米厚度的稳定化粒料层(此空间也是真空室，并连接到真空泵)；
- 刚性混合介质滤顶，摆放于粒料层上。

液态残余物铺展于滤料表面上，通过重力以 570min(150gpm)的速率流动，并达到 300~750mm(12~30in)的深度。聚合物注入入口管道的固体中。滤液通过混合介质过滤器流入粒料层，然后进入贮槽。液位驱动潜水泵将滤液从储槽返回污水处理厂。施加固体并使之重力排水约 1h 之后，真空系统启动并维持储槽和介质板下真空度 34~84kPa(10~25in Hg)。

在有利的天气条件下，这种系统能够将稀的好氧消化固体在 24h 内脱水至固体浓度 14%。脱水固体从干燥床通过机械设备抬升。这将在 48h 内进一步脱水至约 18%的固体浓度。目前还没有厂商提供真空辅助干燥床系统。

5.5 芦苇床

5.5.1 概述

使用芦苇床处理二级污水处理厂的稳定化处理的固体，在印第安纳州、威斯康星州、纽约州、宾夕法尼亚州和缅因州成功实施。这种方法是由德国的马克斯-普朗克协会在 20 世纪 60 年代开发，并已作为替代和创新系统通过美国 EPA 批准(Riggle，1991)。

该系统将传统干燥床结合水生植物对水-基面的影响作用。尽管传统干燥床用于从固体中排出 50%以上的水分含量，但是所得残余物必须拖走而在指定的场所进行进一步处理或处置。当干燥床按照特定方式建成并随后种植芦苇属的芦苇时，通过这些植物对水的需求而实现进一步脱水干燥。为了满足这一需求，植物会不断延伸其根系统至固体沉积物中。这种延伸的根系统建立了以固体所含的有机物为食的丰富微生物群落。这种微生物群落也通过植物获得而部分保持好氧消化。微生物的降解作用如此有效，而使最终高达 97%的固体转化成二氧化碳和水，并相应地导致体积降低。这种有利的结果在于，据报道这些种植植物的干燥床，能够运行长达 10 年之后，才不得不将累积的残余物去除。这代表节省了相当大的投入。

5.5.2 设计注意事项

芦苇床处理系统通常由具有混凝土侧壁的矩形平行盆地结构构成。每个床的底部加有内衬，并提供有两个排水沟。另外，在 230mm(9in.)厚的 19mm(0.75in.)冲洗河卵石层上覆盖 102mm(4in)厚的滤砂顶层。芦苇种植于砾石中，过滤区域内每平方米 11 株植物(每平方英尺 1 株植物)。根据存储设计要求，常常提供干舷 1.0~1.5m(3.5~5ft)。处理池循环负荷。在每个周期内，第一处理池要负荷超过 24h 的时间，而随后使之在 1 星期的其余时间内吸收负荷，之后重复该循环(Banks and Davis，1983)。

图 24.21 显示了典型芦苇干燥床系统。含固体 3%~4% 的残余物水力学设计负荷为 0.0042$m^3/m^2 \cdot h$(2.5gal/d/ft^2)或 35$m^3/m^2 \cdot a$(86gal/a/ft^2)。在此负荷率下，具有水分 70% 约 1.0m(3.5ft)厚的残余物将累积超过 10 年。当固体去除进行处置时，顶层沙层也将被去除，必须进行更换。一般而言，砾石层中残留的根系统将使芦苇植物再生，而不需要补种(Banks and Davis，1983)。

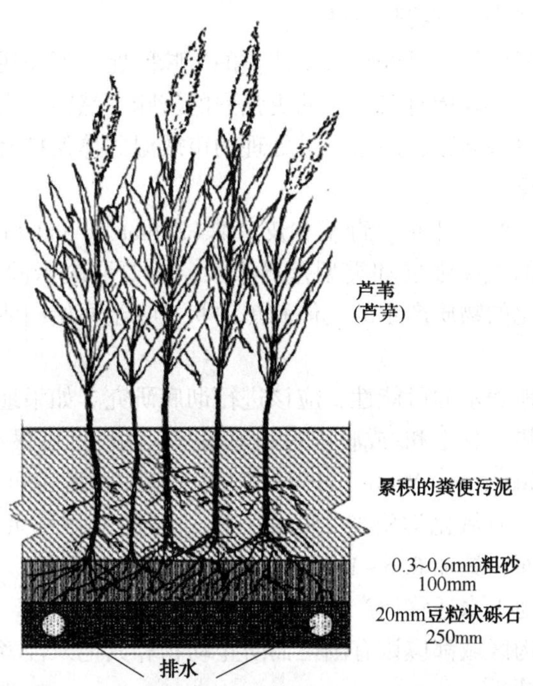

图 24.21　典型芦苇干燥床系统的示意图

(Crolla et al.，2007)

这些系统最适用于冬季气温确保至少一个长时间霜冻的气候条件。种植的芦苇一旦休眠就在秋天收获。

芦苇床系统的使用是容量小于 5.7~7.6 ML/d (1.5~2.0mg/d)的污水处理设施的合理应用。在小型污水处理厂中应用这种系统的主要优势在于能够降低 O&M 要求和每 10 年一次的集中处置。

5.6　氧化沟

氧化沟，是天然的或人造土池塘，能够适于固体干燥和贮存。某些社区已经使用某种形式的氧化沟系统，据报道具有良好的效果，但是氧化沟的使用通常开始都是作为暂时的权宜之计，处理超过污水处理厂最初设计的固体体积。气候条件对氧化沟的功能发挥具有决定性影响，而温暖干旱的气候条件能够产生最佳效果。

氧化沟操作通常包括以下过程：

- 在氧化沟中泵抽液体数个月或更长时间。泵抽的固体在施加之前通常要进行稳定化处理而最小化气味问题。

- 连续或间歇地从氧化沟表面滗析上清液，并返回到污水处理厂中。
- 采用某些类型的机械去除设备去除脱水后的物质。
- 重复这个循环。

5.6.1 环境注意事项

天然或人工脱水氧化沟的位置在选择氧化沟作为处理方法之前就必须考虑。推荐场所应该足够远离住宅和其他气味将会产生问题的区域。因为这种方法会经历一系列潮湿和干燥条件，则大型氧化沟可能会产生滋扰性气味。

深氧化沟用于干原料固体，已经导致了严重的气味问题，但使用浅氧化沟进行干燥通常并没有产生比采用传统砂干燥床有时经历的更强烈的气味。然而，由用于储存固体的氧化沟产生的气味可能会出现更多问题，因为经过处理的市政湿固体保持有的水分含量，远远超过传统砂干燥床处理的固体。

氧化沟的气味问题已经由扎布拉奇基和皮特森(Zablatzky and Peterson，1968)进行了介绍。由污水氧化沟产生的气味强度和类型差异很大，这要取决于固体的整理和氧化沟的深度。气味可能从充分消化的物质产生的气体和焦油状气味至原始固体分解产生的腐烂气味而各不相同。

污染地下水或附近地表水的可能性，应该进行彻底研究。如果地下土壤是可渗透的，就会存在地下水污染的潜势。黏土和/或膜内衬和地漏排水系统能够最小化这种潜势。

巴克斯特和马丁(Baxter and Martin，1982)发现，施加深度也可能影响地下水污染。他们的研究结果表明，向泥质氧化沟施加250mm(10in)厚的液体残余物，可能会导致大量污染水向地下水迁移。然而，施加0.6~1.0m(2~3ft)厚的液态固体，通过产生一层不可渗透的固体层阻止污染物向地下水迁移而产生快速密封效应。

最后，所有的氧化沟区域都应该有围栏而防止动物和其他入侵者进入，防止出现人为破坏和产生潜在的责任问题。

5.6.2 存储氧化沟

存储氧化沟能够深1.5m(5ft)或更深，而主要设计用于存储，而不是干燥。为了能够进行清洗，堤防应该横跨顶部建成约3m(10ft)宽，以适应用于固体去除或维护的卡车和其他机械设备。堤防侧斜坡斜率应该最大3：1(水平/垂直)，才能提供能够通过机械设备修剪的表面。存储氧化沟中的残余物通常不会足够干或浓缩而使之能够通过除了吊斗铲之外的任何器具去除，因此，氧化沟的最大宽度必须不小于吊斗铲吊杆或其他所用设备长度的2倍。

氧化沟设计容量取决于预期的用途和储存时间的长短。一般而言，固体氧化沟设计用于提供排空一个或更多的消化池而能够参照消化池容积和排空频率进行尺寸确定。当地气候与上清液和雨水抽取的推荐处置会影响固体初始放置和其实际浓度之间的时间长度达到能够采用机械去除的程度。

设计适当的抽水管道应该提供用于从储存氧化沟去除上清液和雨水。这种抽水管道应该进行排布设计而将这些液体排放至污水处理厂的渠首工程。去除这些液体能够延长氧化沟的寿命，有助于防止昆虫繁衍和加速脱水。

由储存氧化沟可能产生的滋扰问题，取决于氧化沟中放置的固体类型和整理；这些问题能够通过化学品控制和掩蔽气味并防止昆虫繁衍而降低。如果向储存氧化沟加入消化欠佳的污水固体，则就可能不大能够控制气味。如果在设计期间就怀疑会存在这种情况，则这个问题的一个解决方案是充分隔离氧化沟场所。另一种解决方案是在氧化沟顶层放置干净水而提供暴露于大气的好氧消化层。

5.6.3　干燥氧化沟

干燥氧化沟用于有充足廉价的土地可用时进行脱水(Vesilind，1979)。氧化沟类似于干燥床；然而，固体铺放的深度超过干燥床深度的 3~4 倍。一般而言，固体在去除之前允许脱水和干燥到预定固体浓度；这一过程可能需要 1~3 年。

氧化沟中脱水按照两种方式进行：蒸发和蒸腾作用。杰弗里(Jeffrey ，1959，1960)的研究表明，蒸发是最重要的脱水因素。

干燥氧化沟比存储氧化沟浅，氧化沟底部之上提供约 0.6~1.2m(2~4ft)的堤防。干燥氧化沟通常不包括地漏系统，因为大多数干燥作用是通过倾析上层清液和通过蒸发而完成。然而，地下水污染是一个潜在的问题。干燥氧化沟中固体深度在去除多余上清液之后应该不超过 400mm(15in.)。

堤防应该具有能够进行维护和割草的形状和尺寸。堤防的水力负荷和堤防泄漏的可能性并不大，因为液体的深度很少超过 0.5m 左右。堤防应该由压实材料建成而对斜坡提供稳定性，而氧化沟底部应该是水平的或远离液体残余物的进口有一个小斜坡。堤防也应该足够大而使卡车和前端装载机进入氧化沟进行清洁，并允许机械设备方便割草。

氧化沟的出口，上清液抽出管道和其他管道都应该低于氧化沟最初底部 0.3m(1ft)。还应该提供上层清液和雨水抽取管道点，而抽出的液体应该返回至污水处理厂进行进一步处理。此外，周边地区应该围绕氧化沟阶梯化而从氧化沟周围转走地表水。

除了在干旱气候或在极端长的温暖干燥天气之外，湿固体通常都不会干燥到足以用叉耙去除。浓缩的固体滤饼通常能够采用前端装载机去除。

用于对充分消化的固体脱水的氧化沟潜在的气味问题，与砂干燥床相同。如果及时从固体表面去除上清液和雨水而使固体滤饼暴露于空气中的氧，且能够迅速干燥时，则应该能够最小化气味问题。

干燥氧化沟的实际深度和面积要求取决于几个因素(例如，降水、蒸发、固体类型，体积和固体浓度)。固体负荷标准指定为 35~38 kg/m^3(2.2~2.4lb/a · ft^2)容量(Zacharias and Pietila，1977)。干燥氧化沟的面积从干旱气候下对于初级消化固体的 0.1m^2/cap(1ft^2/cap)至常年年均降雨约 900mm(36in)地区对于活性污泥污水处理厂高达 0.3~0.4m^2/cap(3~4ft^2/cap)的面积不等。

6　旋转式压滤机

6.1　概述

旋转式压滤机是一种相对较新的技术，能够达到带式压滤机和离心机相似的滤饼固体和固体捕获性能(见表 24.6)(Crosswell et al.，2004)。旋转式压滤机和旋叶压滤机脱水技术依靠脱水固体的重力，摩擦和压力差。目前对于这种类型有三个主要的脱水设备制造商。

表 24.6　旋转式压滤机和旋叶式压滤机的优缺点

优　点	缺　点
• 比离心机或带式压滤机使用能量少	• 可能比离心机或带式压滤机更依赖于聚合物性能
• 占地面积小	• 相比于其他脱水工艺方法生产能力低
• 能够控制气味	
• 机械剪切作用低	
• 移动部件最小	• 存在筛堵潜势
• 建筑物要求最小	• 需要重型额定架空式起重机抬升和维持渠道
• 启动和关停时间最小	
• 使用的冲洗水比带式压滤机少	
• 振动低	• 高资金成本
• 噪声低	
• 模块式设计	

图 24.22 说明了旋转式压滤机的主要组成部件。固体与聚合物一起剂量，进料至每侧安装筛滤的渠道中。渠道随着该单元装置的外周弯曲，从进口至出口完成 180°的转弯。游离水穿过筛滤，这些筛滤按照连续缓慢的同心运动移动。筛余物朝着渠道末端行进产生“夹紧”效应，滤饼在渠道末端紧靠着出口闸门累积，而筛滤的运动挤压出更多的水。固体滤饼连续排放通过压力控制的出口。

6.2　工艺设计的条件和标准

6.2.1　机械特性

旋转式压滤机的关键要素是聚合物进料和混合系统、平行滤筛、滤筛之间的圆形渠道、旋转轴和压力控制的出口。旋转式压滤机和旋叶式压滤机之间的主要差异是筛滤，驱动机构和压差。在旋转式压滤机中，筛滤由两层钻孔不锈钢构成，每一层具有不同的筛孔尺寸。旋叶式压滤机的筛子由具有小开口和线性缝隙而精心制作的楔形金属丝构成。旋转式压滤机驱动器构造结构允许高达 6 个旋转式压滤机渠道由单个驱动器操作。每个渠道都有轴承，而混合单元装置在一端具有悬臂伸出的外侧轴承。旋叶式压滤机驱动器构造结构在单个驱动器上使用最大两个旋转式压滤机渠道，在密封的齿轮箱中隔离轴承。

旋转式压滤机和旋叶式压滤机的入口区功能如同带式压滤机脱水的重力阶段。游离水“下落”通过滤网孔而收集于滤液渠道中。随着固体朝着机器出口行进而逐渐产生压力。因为出口控制固体滤饼释放的压力，则滤饼固体靠着出口累积，并经由筛滤连续运动产生的摩擦而进一步脱水。在旋转式压滤机中，筛滤和滤饼塞之间产生摩擦转化成机械压力而使滤饼偏离中心，迫使其对着受限的出口侧身。在旋叶式压滤机中，摩擦力也被赋予于出口区迫使固体脱水，但并不产生相同幅度的机械压力。在这两种设计中，水都通过摩擦作用而释放，随同进口区通过重力释放的水一起收集于滤液渠道中。

旋转式压滤机和旋叶式压滤机二者的关键特点是其缓慢旋转的速度。典型装置采用 1~3r/min 的转速(rpm)。这使得振动低、剪切作用低，而噪音也低。

6.2.2　结构元件

旋转式压滤机或旋叶式压滤机脱水设备能够安装于混凝土地板，混凝土垫或金属垫板

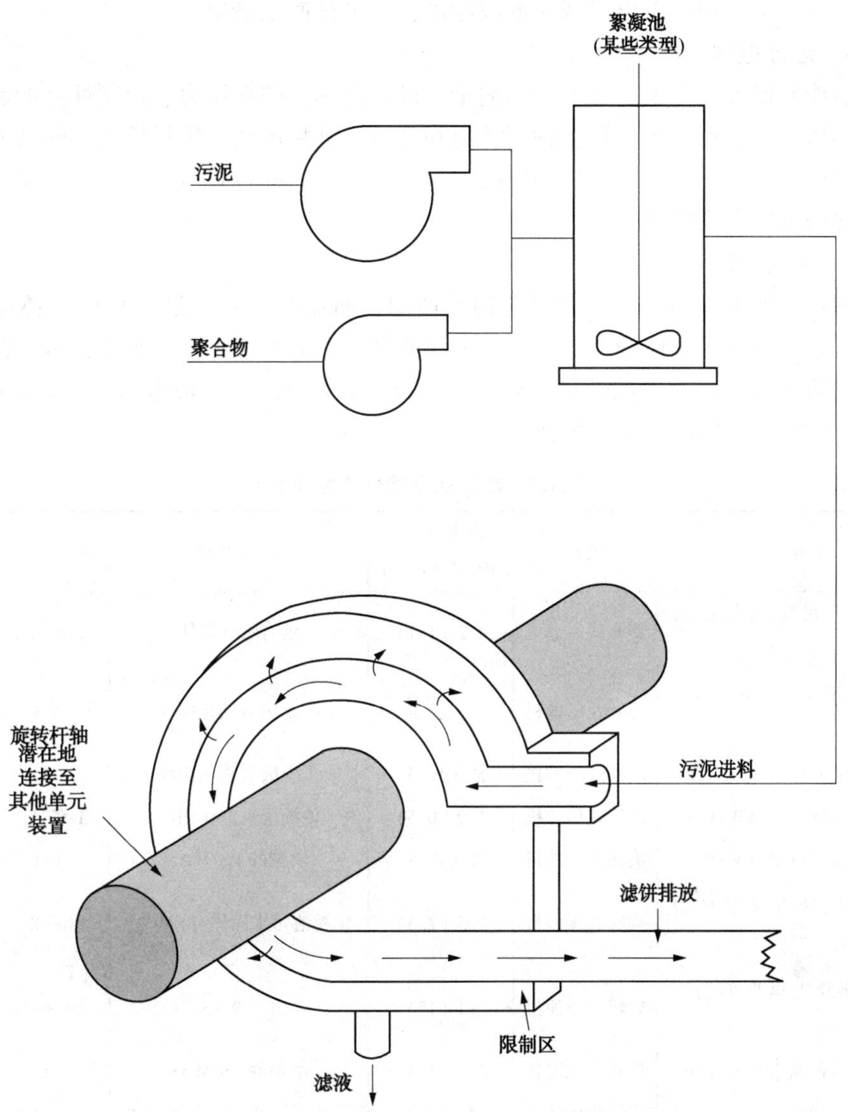

图 24.22　旋转式压滤机系统的示意图

上。旋转设备的结构外罩内置于单元设备中。在滤饼排放口必须提供料斗，传送机或其他滤饼管道。通过这些单元装置的流动通道不同于旋转式压滤机和旋叶式压滤机。旋转式压滤机从顶部进料而在底部排放，而旋叶式压滤机在底部进料而从顶部排放。

6.2.3　水力学负荷率

水力学负荷率是设备尺寸和渠道数的函数。这种技术是模块化的，而单驱动单元装置的水力学负荷率范围为 0.5~15L/s(7~250 gpm)，但是每个渠道 3 L/s(50 gpm)的最大水力学负荷率是很典型的。旋转式压滤机对于具有高纤维含量的残余物(例如，初级固体)能够提供更好的性能。

6.2.4　固体负荷率

由于固体捕获率是可调背压的函数，则固体负荷率随水力学负荷率而变化。在较高的固体浓度下，残余物会积聚于出口区，形成滤饼，并更迅速地挤出。

6.2.5 运行控制

操作者能够通过改变聚合物类型和剂量、进料速率、进料压力、控制性能的旋转角式压滤机或旋转风扇记者通过改变聚合物的种类和剂量、进料速度、进料压力、轮毂速度和出口压力而控制旋转式或旋叶式压滤机的性能。这两种类型的旋转式压滤机需要的监控最低，启动和关闭之间可以无人值守。

6.2.6 捕获效率

固体捕获率取决于固体类型和聚合物的使用，而能够具有超过95%的固体捕获率。性能在很大程度上取决于固体稠度。然而，现在能够将性能对比于其他脱水技术的数据还很有限。本手册研究的当前装置的性能特性总结于表 24.7 中；另一最近研究(Crosswell et al.，2004)的一些其他数据如表 24.8 中所示。

表 24.7 旋转式压滤机的性能特性

设施	设备	设施规模/(ML/d)(mg/d)	固体类型	输入/% TS	排出/%TS
佛罗里达州瑞福尔德监狱 WWTP	旋叶式压滤机	4.2 (1.1)	延时曝气固体	1.6~2.5	19~22
弗吉尼亚州福兰特罗亚尔市政 WWTP	旋叶式压滤机	12 (3.3)	高温厌氧消化固体	3.5	25
加州费尔菲尔德市政 WWTP	旋叶式压滤机	59 (15.5)	传统厌氧消化固体	2	17
田纳西拉法叶市政 WWTP	旋转式压滤机	1.9 (0.5)	传统厌氧消化固体	1.0~1.5	25
缅因州波特兰市政 WWTP	旋转式压滤机	75 (19.8)	增稠的 PS/WAS	3~6	19~25
新罕布什尔州汉普顿市政 WWTP	旋转式压滤机	9.5 (2.5)	化粪池污水固体/PS/WAS	6~8	26~28
田纳西州默夫里斯伯勒市政 WWTP	旋转式压滤机	61 (15)	PS/WAS	0.8~1	12~14
缅因州斯卡伯勒市政 WWTP	旋转式压滤机	5.3 (1.4)	增稠的 PS/WAS	3	28
马里兰州大洋城①	旋转式压滤机	53 (14)	传统好氧增稠的消化固体	4.4	35
马里兰州阿伯丁①	旋转式压滤机	7.6 (2)	BNR 厌氧消化固体	2.7	23
马里兰州索尔兹伯里①	旋转式压滤机	26 (6.8)	增稠的厌氧消化氧化沟固体	2.6	24
马里兰州剑桥①	旋转式压滤机	31 (8.1)	BNR 增稠固体	2.6	20
马里兰州马利泰勒①	旋转式压滤机	23 (6.0)	BNR 厌氧消化固体	2.3	19
马里兰州布罗德沃特①	旋转式压滤机	7.6 (2.0)	BNR 增稠固体	4.5	25
马里兰州中南①	旋转式压滤机	67 (23)	BNR 增稠固体	3.7	26
特拉华州 SCRWF①	旋转式压滤机	23 (6.0)	WAS 好氧消化固体	1.9	16.3
马里兰州瑟蒙特①	旋转式压滤机	3.8 (1.0)	BNRWAS 好氧消化固体	1.5	12
马里兰州拉普拉塔①	旋转式压滤机	5.7 (1.5)	BNR WAS 好氧消化固体	1.4	16.9
马里兰州 MCI①	旋转式压滤机	4.5 (1.2)	BNR WAS 增稠固体	3.3	15.5

① Crosswell et al.，2004.

表 24.8 全规模螺旋压滤机数据

设施	设施信息/工艺方法[①]	固体类型	螺旋压滤机类型	平均进料固体/%	平均滤饼固体/%	固体捕获率/%	典型进料率/(L/m)	每个压滤机的生产量/(kg/d)	聚合物剂量/(gm/干 kg)	运行时间表	所需劳力	手动清洗时间表
1[②]	3 ML/d WWTP：OD (SRT= 18~21 d)，SC，SH (SRT=3~7 d)	二级污泥	水平式	4~6	20~45		57~114		11.5	24 h/7d	8 h/d	
2	7.6 ML/d WWTP：OD (SRT = 20 d)，SC，SH (SRT=20 d)	二级污泥	水平式	2~3	15~20		106			16 h/d	1~2 h/周	
3[②]	1.1 ML/d WWTP	二级污泥	水平式	1.5	30		14~16			24 h/d，5 d/周	40~50 h/周	每周 1 次
4[③]		二级污泥	水平式	1.2	16		13			70~100 h/周		2~3 次/周
5[③]		二级污泥	水平式	1.2	16		13			150 h/周		每天 1 次
6	3.8 ML/d WWTP：AS (SRT = 24 d)，SC，SH (SRT=7~10 d)	二级污泥	倾斜式	0.07	N/A[④]		38			8 h/d，5 d/周		
7	17 ML/d WWTP：OD (SRT=2~3 d)，SC	二级污泥	倾斜式	0.5~1	12~17	92	高达 280		7.5~10	24 h/7 d	2 h/d	每周一次
8	7.7 ML/d WWTP：OD，SC，SH	二级污泥	倾斜式	3.5~4	18~20		高达 150		7.5	8 h/d，7 d/周		
9	17.8 ML/d WWTP：PC，RBC，SC	混合初级/二级污泥	倾斜式	2.5	18~30		高达 150	0.0033		2 d/周，6~8 h/d		每月 2 次

续表

设施	设施信息/工艺方法①	固体类型	螺旋压滤机类型	平均进料固体/%	平均滤饼固体/%	固体捕获率/%	典型进料率/(L/m)	每个压滤机的生产量/(kg/d)	聚合物剂量/(gm/干 kg)	运行时间表	所需劳力	手动清洗时间表
10	17 ML/d WWTP：RBC，SC，SH(SRT=2~4 d)	混合初级/二级污泥(40%/60%)	倾斜式	1.1~1.2	30~40		300~340	0.0066		8 h 周 1，2~4 h 周 2~5		每月 1 次
11③	.9 ML/d WWTP：PC，TF，SC，AD	好氧生物消化的二级污泥	水平式	1.2	18		26~38			24 h/7 d	8 h/d	每周 1 次
12	16 ML/d WWTP：PC，AB，SC	P 初级/二级(60%/40%)消化污泥混合	水平式	3~4	>18	95	190~378	0.0055	9~11	5 h/d，5 d/周		每 6 个月一次
13	31 ML/d WWTP：BOD 去除(SRT = 20 d)，SH(SRT=1 d)	好氧消化二级污泥	水平式	1	15~19	90	95~397	0.0066	8.2	16 h/d 周 1~5，8 h/d 周 6~7	最小值	每周 1 次
14	9.9 ML/d WWTP：OD(SRT = 10 d)，SC，AD(SRT=1.5 d)	好氧消化二级污泥	倾斜式	0.9	12~14		170			7 h/d，5 d/周	每 1~2h 操作者检查	每周 1 次
15	1.0 ML/d WWTP：AB，SBR，AD(SRT=40 d)污泥	好氧消化二级	倾斜式	N/A	22~25		30~34			8 h/d		每周 1 次
16	6.1 ML/d WWTP	好氧消化二级污泥	水平式	0.75~1.0	21~28		22~64		5 d/周	8~12 h/d，	每小时 1~2 次操作者检查	每月一次
17③	83 ML/d	厌氧/好氧消化初级/二级污泥	水平式	3.2	17~21		114					

续表

设施	设施信息/工艺方法①	固体类型	螺旋压滤机类型	平均进料固体/%	平均滤饼固体/%	固体捕获率/%	典型进料率/(L/m)	每个压滤机的生产量/(kg/d)	聚合物剂量/(gm/干 kg)	运行时间表	所需劳力	手动清洗时间表
18	23 ML/d WWTP：PC，OD（SRT=20 d），SC，和（SRT=30~60 d）初级/二级污泥	厌氧 消化	倾斜式	3~3.5	13~16		90~227			12：00 A. M. 至 8~9 P. M.（3 h 停工/d）	4~6 h/d	
19	3.7 ML/d WWTP：PC，AB（SRT = 3.5 d），SC，CCT，DAF，AND(SRT=41 d)	厌氧消化初级/二级（55%/45%）污泥	水平式	1	20~24	High	26~30			4 d/周 10 h/d		每月一次
20③		厌氧消化初级/二级污泥	水平式	2~4	25		156~312					
21③		厌氧消化初级/二级污泥	水平式	2	22		163					
22	7.6 ML/d WWTP：PC，AB（SRT=15 d），RBC，SC SF，UV，AD(SRT=20 d)	好氧 消化初级/二级污泥	倾斜式	2	19~24		106~170			24/7	1 h/d	

① PC=初级澄清池，，OD=氧化沟，AS=活性污泥，TF=滴滤池，SC=二级澄清池，AD=好氧消化，AND=厌氧消化，SH=污泥保留率 DAF=溶气浮选，CCT=氯接触池，SF=砂滤池，SRT=液体或固体处理工艺过程的固体停留时间。

② 具有加热/石灰工艺方法的 A 类固体装置。

③ 这些设施包含的信息由螺旋压滤机厂商提供。

④ 研究之时设施仅仅工作 2 个星期。滤饼固体百分数还没有进行测试。

6.2.7 面积/建筑要求

建筑要求最小，因为旋转式压滤机和旋叶式压滤机是封闭的，占地面积小。这些压滤机脱水区对于小型系统，根据模型大小和渠道数，可能小至9.3m^2(100ft^2)。

6.3 辅助设备和控制

6.3.1 化学整理剂的要求

为了实现旋转式压滤机或旋叶式压滤机脱水的设计性能，化学整理剂是强制性的。聚合物进料系统能够由厂商提供或进行独立采购。在这两种情况下，进料系统通常包括聚合物储罐和计量泵，计量泵将聚合物进料至混合罐或絮凝罐中，在那里与固体进行混合。干聚合物或乳液聚合物都能够使用。

6.3.2 能源要求

旋转式压滤机和旋叶式压滤机系统都有3.7~15 kW(5~20hp)的连接马力。

6.3.3 冲洗水要求

旋转式压滤机和旋叶式压滤机都包括自清洁系统，必须每天在使用结束时运行5min冲洗所有的管路和设备。这种系统不需要高压水进行冲洗。通常情况下，正常的污水处理厂内水源就具有足够的压力，但在某些情况下，可能需要高压增压泵。

7 螺旋压滤机

7.1 概述

尽管螺旋压滤机自20世纪60年代以来就已经存在，但是这项技术最初却仅仅用于工业应用中(例如，纸浆与造纸厂和食品加工厂)。在市政污水处理市场中，在美国应用还相对较新，大多数设施都是在2000年后才安装。装置数量越来越多，但相比于传统固体脱水技术，规模还相对较小。

目前用于市政排水应用的螺旋压滤机有两种主要类型：水平式和倾斜式。倾斜式螺旋压滤机与水平方向呈15°~20°的角度。其他方面的差异涉及固体进口构造设计，筛篮设计(楔形金属丝)，内外侧筛篮清洗(刷式旋转清洗系统)和滤液收集。制造商还提供了集成到这种螺旋压滤机中的石灰和加热的选项，这二者随后能够增稠固体和减少病原体，产生的生物固体可能满足40 CFR503法的A类固体标准。

螺旋压滤机脱水系统的主要元件是固体进料泵，聚合物补充和进料系统，聚合物注入和混合设备(注射环和混合阀)，带混合器的絮凝容器，矩形或圆形横截面的外壳隔间和脱水滤饼的出口(见图24.23)。某些水平式螺旋压滤机系统(例如，混合脱水和巴氏杀菌工艺过程)在螺旋压滤机之前包括了旋转筛滤增稠机，这在传统应用中对于给定的一定进料固体特性的螺旋压滤机降低水力学负荷可能是合乎需要的。

螺旋压滤机是一种简单的缓慢移动设备，可实现连续脱水(见图24.24和图24.25)。聚合物在螺旋压滤机上游的絮凝容器中与固体结合而增强固体脱水性能。随着固体在逐渐增加的压力和摩擦力作用之下向螺旋压滤机排放端传送，螺旋压滤机首先通过螺旋进口部分处的重量排水作用和随后通过将游离水挤出固体而进行固体脱水。挤压固体的压力增加，通过逐

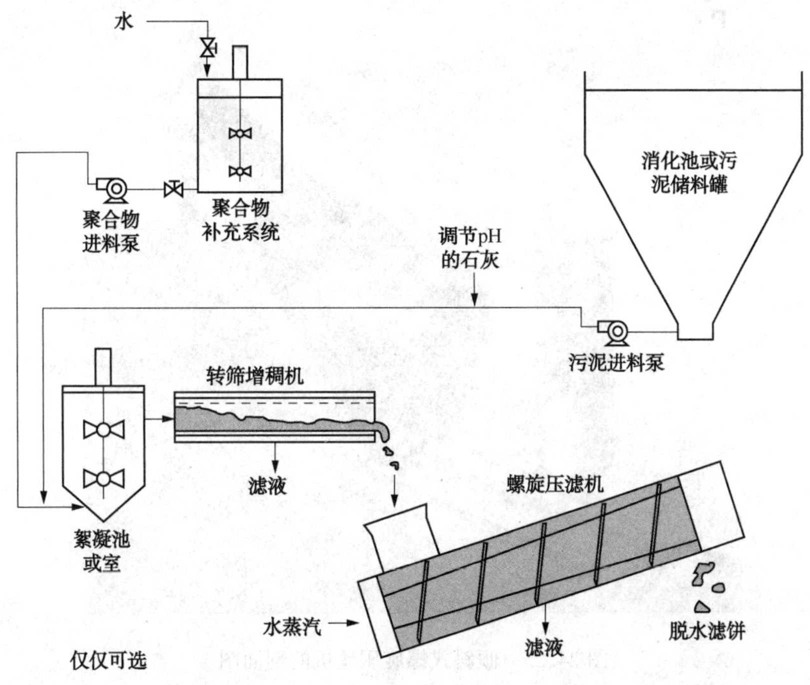

图 24.23 螺旋压滤机系统的示意图

渐降低固体可获得的横截面面积而产生。释放的水使之溢出通过围绕螺旋压滤机的穿孔筛，而固体保留在压滤机的内部。受迫通过筛滤的液体收集起来并传送出压滤机，而脱水的固体通过螺旋压滤机端部的螺旋排出口降落。螺杆速度和构造设计结构，以及筛滤规格和方向，都可以根据每种脱水应用而进行调整。

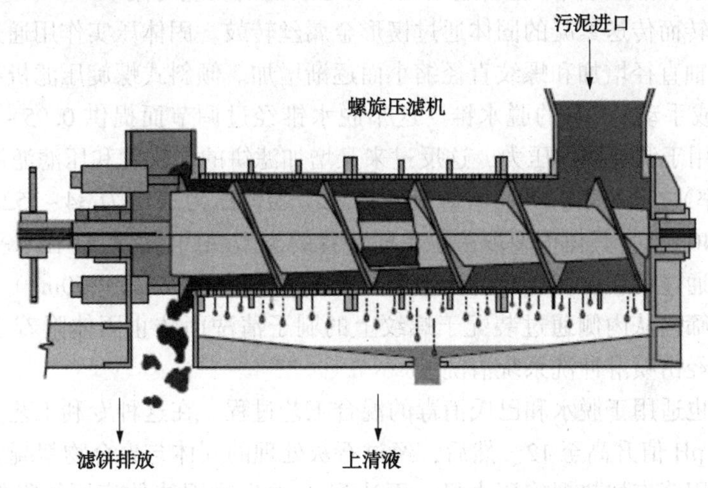

图 24.24 水平式螺旋压滤机的剖面图

（经 FKC Co., Ltd., Port Angeles, WA 的许可）

固体与聚合物结合而泵送至絮凝容器。絮凝之后，固体转移至螺旋压滤机。在水平式螺旋压滤机的构造设计结构中，固体通过重力从絮凝池进料至螺旋压滤机的流浆箱。如果使用

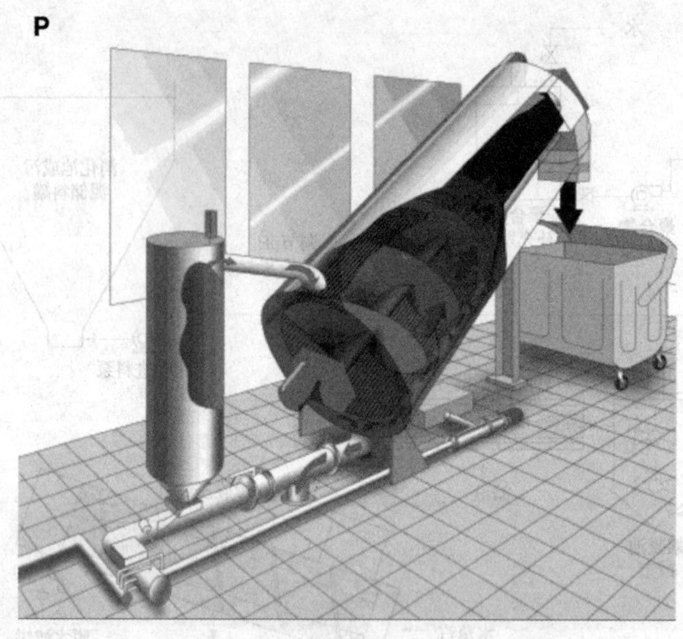

图 24.25 倾斜式螺旋压滤机的剖面图
（经德国 Hans Huber AG［Huber AG］的许可）

旋转筛增稠机，则固体从絮凝罐流向旋转筛增稠机而随后流到螺旋压滤机的流浆箱。固体随后从流浆箱流入螺旋压滤机的进口中。

在倾斜式构造设计结构中，固体泵送通过聚合物注入和混合设备而进入絮凝室，然后进入螺旋压滤机进口管道中。聚合物注入和混合装置设计用于强力混合固体和聚合物(其决定强度)；絮凝池设计用于提供产生合适絮凝体尺寸所需的反应时间。

螺旋缓慢旋转而传送絮凝的固体通过楔形金属丝转鼓。固体压实作用通过螺纹之间的间距缩小，中心杆轴直径增加和螺纹直径缩小而逐渐增加。倾斜式螺旋压滤机在螺旋压滤机排放端包括气动(或手动)调节的脱水锥。这个脱水锥经过调节而提供 0.95～1.9cm(3/8～3/4in)的开口，并用于调节固体压力，这反过来又增加滤饼的干燥度和压滤滤液澄清度的相关降低(固体捕获率)之间平衡。倾斜式螺旋压滤机中固体压力通常为 34～152kPa(5～22psi)，而最大 276kPa(40psi)，具体值要取决于单元装置的类型和固体特性。在水平式螺旋压滤机中，筛滤从内部通过旋转螺杆螺纹清洗，其具有标称间隙 0.5mm(1/50in.)。在倾斜式螺旋压滤机中，楔形筛网从内侧通过装配于螺纹上的刷子清洗而防止固体附着于筛网的内表面上。筛网从外面经由喷淋冲洗系统清洗。

螺旋压滤机也适用于脱水和巴氏消毒的混合工艺过程。在这种专利工艺方法中，向固体中加入石灰，将 pH 值升高至 12。然后，经过石灰处理的固体与聚合物絮凝并进料至螺旋压滤机中。随后采用蒸汽加热螺旋压力机，而达到 A 类生物固体的病原体降低要求。所得的生物固体通常含有 30%～50%的固体。这种工艺方法因为温度和 pH 值升高而存在更多气味控制要求。如果 A 类固体系统，或曾经将会是设计的不要部分，则因为这种系统设计特性不同于标准螺旋压滤机并且将脱水压滤机升级成脱水-巴氏消毒螺旋压滤机成本高昂，污水处理厂所有者应该在项目早期就必须作出决定。第一个脱水-巴氏消毒螺旋压滤机组装于

2003 年，而目前在美国对于这种系统还鲜有经验可供参照。

基于现有装置的调查，螺旋压滤机滤饼中固体浓度差异很大，主要取决于聚合物的使用，固体特性和脱水应用(见表 24.8)。较高的固体浓度通常在采用初级固体或采用混合脱水-巴氏消毒工艺过程的应用中达到。对于二级 WAS，典型固体浓度为 15%~28%，而对于混合的初级固体和二级固体固体浓度为 13%~40%。消化的固体通常会比未消化固体的浓度高，但需要更大的聚合物用量。脱水-巴氏消毒螺旋压滤机工艺过程产生的滤饼因为石灰加入而含有高达 50%的固体。对于脱水性较差(例如，没有初级澄清池的处理设施)的滤饼脱水性能可能比其他脱水工艺过程显著更低(Kabouris et al.，2005)。

除了从其他类似设施推算数据之外，中试试验能够为螺旋压滤机设计提供有用的信息。中试试验能够用于各种性能测定结果(例如，水力学负荷率、固体负荷率、聚合物剂量、固体捕获率和滤饼固体浓度)中建立趋势和关系。然而，因为螺旋压滤机设计和操作参数存在变化，则将中试试验信息放大至全规模设计需要仔细评价与潜在的全规模性能合适的履约保函合同(当使用中试装置时)。如果可用，则全规模螺旋压滤机应该用于中试试验，才能更好地预测全规模性能。

螺旋压滤机连续低速运行而不需要操作者密切关注监管；因此，这种设备易于维持而具有低能耗。手动清洗的时间表范围为每周一次至每 30 天一次。螺旋压滤机脱水的优缺点如表 24.9 中所示。

表 24.9 螺旋压滤机的优缺点

优 点	缺 点
低速旋转导致维护和噪声较低	滤饼浓度可能相对较低，尤其是没有初级澄清池时更是如此
运行能耗低	占地面积较大
能够控制气味和气溶胶，建筑物腐蚀潜势较低	厂商较少而设备不能“公平”交易。必须是单一来源或提前订购
操作简单，操作者关注较少	需要冲洗水
比带式压滤机冲洗需求和冲洗水压力要求低	在美国现有装置相当少。 在某些情况下比其他脱水工艺方法的固体捕获率低

7.2 工艺设计的条件和标准

螺旋压滤机的设计是由固体特性，适合的化学品整理和影响停留时间(螺杆转速)的水力学和固体负荷率决定的。选择合适的整理剂(聚合物)是至关重要的；絮凝作用应该将固体聚结成大而强的絮凝体，以释放尽可能多的水。释放的水在螺旋压滤机的增稠部分经由重力排出。当脱水区内必须除去的水较少时，螺旋压滤机的性能就得以提高。

7.3 机械特性

在各个厂商中螺杆设计存在显著差异，且螺杆设计细节信息都是专利性的。主要功能特性包括螺杆、筛网、絮凝系统、清洁和驱动器。不锈钢(304 或 316L)通常适用于所有接湿螺杆表面。

7.3.1 螺旋

螺旋压滤机设计参数包括进口端螺纹外径、进口端螺杆/鞘直径、进口端螺纹间隙或螺纹-螺纹间尺寸、螺纹长度、排放端螺纹外径、排放段螺杆/鞘直径、排放端螺纹间隙或螺纹-螺纹尺寸、单螺旋和双螺旋设计的组合。常见的设计包括具有渐缩螺旋轴/鞘直径的恒定螺纹外径和具有恒定螺旋轴/鞘直径的可变螺纹外径。

倾斜式螺旋设计(螺纹厚度、间距、杆轴直径)是由机器的大小和筛滤构造结构设计决定的。螺杆的直径为28~80cm(11~31.5in)，而螺纹间距通常为15~25cm(5.9~9.8in)，但是高达40cm(15.7in)也是可能的。倾斜度从15°至20°不等。螺旋压滤机倾斜允许滤饼传送机设计安装于排放口之下，以使螺旋压滤机不需要另外的支撑/基座。这种倾斜也方便启动，因为排放高于进口高度。

7.3.2 筛滤

螺旋压滤机的筛滤构造设计在不同厂商之间也显著不同。这些筛滤能够是穿孔不锈钢片或楔形金属丝。穿孔筛滤中所用的孔洞直径为1.0~3.0mm，这要取决于固体类型和压滤机规格大小。穿孔筛滤开口面积占约2%~48%，这要取决于固体类型，进口密度和螺旋压滤机上的位置。支撑筛滤的转鼓，可以是两件或单件。两件式(分体)转鼓的优点在于易于组装和拆卸，因为转鼓(筛滤)能够从压滤机上拆卸下来，而无需拆卸螺丝。两件式(分体)转鼓能够轻易更换内部穿孔筛滤而微调压滤机性能，而单件转鼓的拆除却需要拆卸压滤机。

倾斜式螺旋压滤机仅适用不锈钢[304或316钛(可选)]制成的楔形金属丝筛网。钢丝间距为0.05~0.5mm，具体值取决于在筛滤的构造设计结构，固体质量和中试试验结果。在螺旋压滤机中存在高达三个楔形堰部分。筛滤部分的开口面积占3%~30%。筛篮的支撑结构并不影响开口面积。不管对什么类型的固体进行脱水，主要目标是确保固体捕获率至少95%。

对于具有高纤维含量的固体(例如，初级固体)，存在非标准压滤机设计的可能性。纤维含量允许采用更大的开口，这可能会允许采用更高的负荷率，而不会影响捕获效率。非标准螺旋压滤机的设计一直都基于中试试验。

7.3.3 清洗系统

螺旋压滤机系统具有自动清洗系统，包括污水处理厂水和喷嘴。在自动冲洗循环期间，电磁阀的冲洗水喷淋至螺旋压滤机筛滤上而去除积累的固体。冲洗水系统设计压力为345kPa(50psi)。倾斜式螺旋压力机具有两个清洗过程。首先，筛滤连续从内部经由安装于旋转螺旋螺纹边缘上的刷子或擦拭器进行连续刷洗。这些刷子由尼龙制成，具有不锈钢底托固件。这主要清洗筛滤而允许水经由重力排出(特别是筛滤的下部分)而最小化滤液阻力。清洁的筛滤需要更少的脱水压力，从而提高固体捕获率。第二清洗过程是自动喷淋冲洗系统，这个系统从外部清洁筛滤。这由旋转喷雾杆冲洗系统和电磁阀进料的喷雾喷嘴构成。喷雾杆系统由不锈钢管道(304，316，按要求而定)制成，具有扁平扇形喷嘴[由聚偏二氟乙烯(PVDF)制成]，而冲洗水系统的设计压力为414~517kPa(60~75psi)。

7.3.4 絮凝系统

絮凝罐通常用于脱水前混合固体和聚合物而整理固体。水平式螺旋压滤机的絮凝槽是垂直圆筒罐，固体-聚合物底部进料而从顶部溢流。这种罐通常针对3~10min的停留时间确定规格尺寸，具体要取决于固体类型和进口稠度。絮凝罐提供有变速搅拌器，而使操作者能够优化混合能量。混合不充分将会产生未分散的聚合物，而过度混合会打破絮凝体。如果絮凝罐尺寸不足，则非凝聚内联静态混合器可以用于混合物进入絮凝罐之前混合固体和聚合物。

在倾斜式螺旋压滤机设计中，聚合物在其进入混合设备紧接之前注入固体流中。混合阀配备手动可调的称而根据固体特性调节混合量，以最小化聚合物消耗。絮凝罐通常针对0.5~1.0min的停留时间确定尺寸大小，并配备VFD控制搅拌器控制絮凝体形成。

7.4 结构元件和建筑物要求

螺旋压滤机的结构元件包括混凝土基座(垫)或对于水平式螺旋压滤机装置的高架支撑系统、倾斜式螺旋压滤机的螺旋压滤机支撑系统、絮凝容器、螺旋压滤机和旋转筛滤增稠机(如果存在)的支撑。根据螺旋压滤机装置的构造设计结构，楼梯和楼梯平台系统或可移动梯子都可能需要用于接近螺旋压滤机的所有部件。

由于全封闭设计控制气味而最小化了运行噪声，则螺旋压滤机能够安装于室外温和气候条件下(见图24.26)。如果安装在室内，则压滤机周边必须具有足够的空间，才能满足正常的维护和手动冲洗(见图24.27和图24.28)。对于维护，以及起重设备，还必须考虑充足的顶空。起重设备可能是固定的(例如，压滤机正上方的吊车轨)或移动的设备。如果要使用移动设备，则需要考虑设备进出通道。

图24.26 水平式螺旋压滤机的户外装置

由于螺旋压滤机是完全封闭的，则通风要求最小。如果气味是一个关注问题，则螺旋压滤机外罩可能要安装通风换气连接。这样的连接应该具有柔韧的管道工程，而使操作者能够不使用工具就能够拆除(例如，管头滑套的软管，采用指旋螺丝的管夹固定到位)。对于直接连接螺旋压滤机，典型的通风气流速率要求为340~680m^3/h(200~400ft^3/min)。螺旋压滤机壳体、螺旋压滤机排放和/或滤饼传送机系统也可以连接到控制气味的通风系统。

以下是螺旋压滤机其他设计和布局的考虑因素：

- 围绕螺旋压滤机区域提供围栏，而保护其他区域防止泄漏和冲洗水。
- 对螺旋压滤机所有部件经由平台或可移动的梯子提供接近通道。

图 24.27 水平式螺旋压滤机的室内装置

图 24.28 倾斜式螺旋压滤机的室内装置

- 为螺旋压滤机部件的安装、拆除和/或修理提供升降机或起重机。
- 为自动冲洗系统提供污水处理厂的水连接。
- 如果螺旋压滤机气味导管需要关闭，要提供污水处理厂的气味控制系统连接。脱水固体传送系统也应该连接至气味控制系统。
- 螺旋压滤机单元装置之间需要提供维护和手动清洗操作的足够空间。
- 进料到螺旋压滤机的固体储罐应该具有充分的混合作用，才能确保脱水期间近乎恒定的进料固体浓度。
- 初级和二级固体应该在上游储罐中混合；不推荐在脱水系统的进料管道中混合固体。

7.5 水力学和固体负荷率

除了固体负荷率，固体类型和所需要的排出干燥度之外，水力学负荷率是确定螺旋压滤机规格尺寸中应该考虑的一个因素。较高的水力负荷率通常需要大直径压滤机或较粗的筛滤。影响水力负荷率的一个重要因素是固体整理，因为螺旋压滤机只有在采用最佳聚合物类型和施用时才能达到最大生产能力。在絮凝固体传送超过螺旋压滤机进口端之前具有足够时间实现完全重力排水时，才会出现最佳运行。根据不同螺旋压滤机型号，水平式螺旋压滤机的典型水力学负荷率为3.8~2 081L/min(1~550 gpm)。倾斜式螺旋压滤机的典型水力负荷率为18.9~227L/min(5~60gpm)，具体值要视型号而定。螺旋压滤机脱水的固体负荷率各不相同，这取决于固体特性、螺杆尺寸和转速。

水平式螺旋压滤机固体负荷率为0.91~703kg/h(2~1550lb/h)，这也取决于螺旋压滤机的型号。倾斜式螺旋压滤机的典型固体负荷率为22.7~295kg/h(50~650lb/h)，具体值也要根据螺旋压滤机型号而定。倾斜式螺旋压滤机的设计主要受固体负荷率控制，但如果残余物固体含量较低时水力学负荷率也是一个重要因素。

只需要通过改变螺杆转速，就能够使螺旋压滤机在宽泛的负荷率下运行。这种设计涉及螺杆转速提高和较高滤饼固体浓度(这在较缓慢的螺杆转速下会提高)与固体或水力学负荷率升高的平衡。螺旋压滤机的运行是由固体流量(水力学或固体负荷率)和螺旋速度(脱水系统中整理固体的停留时间)确定的。滤饼固体随着螺旋速度降低而提高，条件是固体流量必须恒定。直到引入流量超过螺旋压滤机下部分重力排水的水量时速度才能够降低。然后，固体就会开始回冲。

如果螺杆转速恒定，则螺旋压滤机能够采用如下可变的固体进料流量运行。由于滤饼固体将会随着固体流量升高而提高，则直到引入流量超过螺旋压滤机前端重力排水的水量时流量才能够增加而固体开始回冲。随后流量略为下降，而保持系统处于稳定状态。

只要排水并不受限于高固体负荷率且螺旋容量正确地用固体填充而确保脱水区最大压力时，螺旋压滤机将能够以其最大容量运行。负荷率高度依赖于正确的整理，因此是不大可能预测最大负荷率的值。最大负荷率是污水处理厂特异性的，而必须现场测定(例如，在中试试验或启动期间)。

7.6 单元装置冗余度

与许多其他的脱水系统不一样，螺旋压滤机通常设计成连续运行；典型操作范围为5~7天/周。此外，由于维修要求相对不那么频繁，则螺旋压滤机系统通常并不设计冗余(备份)单元装置。因此，在单螺旋压滤机装置中，污水处理厂必须具有压滤机离线停工时存储固体几天时间的设施。多个螺旋压滤机对于大型设施提供冗余容量而增强系统可靠性可能是必需的。多个螺旋压滤机还允许在长时间较低固体产量期间只运行较少的几个螺旋压滤机。

7.7 转速

对于水平式螺旋压滤机，典型转速范围为0.1~2.0r/min，而对于倾斜式螺旋压滤机则为0.5~2.0r/min。一般情况下，螺杆转速增大将会提高生产能力而降低滤饼固体浓度。在全规模应用中，转速从1r/min增加至1.25r/min，则滤饼固体浓度从23%降低至20%(Atherton et al.，2005)。

7.8 辅助设备和控制

螺旋压滤脱水所需的辅助设备包括固体进料泵、聚合物补充和进料系统、絮凝容器和脱水控制系统。螺旋压滤机制造商可能会作为整包系统的一部分而提供所有这些组件。

脱水控制系统是由生产商提供。该系统包括监控和调节螺旋压滤机运行的操作员接口界面。主控制面板操作整个脱水系统[即，固体进料泵、聚合物系统、絮凝容器、旋转筛滤增稠器(如果适用)和螺旋压滤机]作为完整系统。这种控制系统配备用于许多系统监测点、音频报警、紧急切断装置和显示面板的操作和警示灯。螺旋压滤机脱水系统通常按照自动模式运行。

螺旋压滤机性能取决于进入固体恒定的流量。因此，正排量或螺杆泵是高度推荐的，因为这些泵的性能并不受固体稠度或储罐中水位变化的影响。螺杆泵必须设计得当，才能最小化沙砾和其他磨蚀性物质的磨损和磨蚀作用。

螺旋压滤机脱水中使用的聚合物对于这种应用并不需要进行特殊设计；这些聚合物能够从各大供应商处广泛获取。聚合物的选择需要通过实验室小试试验进行确定。对于聚合物补充系统还没有特殊要求。对于最大固体负荷需要正确确定尺寸大小。系统控制应该允许实施自动操作，并包括协调聚合物进料速率和固体流量步速的功能。使用老化罐，将能够最大化聚合物效率，因此，聚合物消耗能够降到最低。

系统总是需要一定程度的操作者关注，尤其是如果残余物固体浓度是恒定时。这种控制系统当固体流量(水力学负荷)变化时只能够调节聚合物剂量速率；由固体浓度产生的任何固体负荷率变化，都必须由操作者手动解决。因此，固体浓度恒定(即，储罐中进行合适混合)的操作可靠性是至关重要的。固体含量可以连续监测，但这种传感器通常需要进行大量维护和操作员关注。因此，通过在操作员接口界面上改变“原料固体固体含量”参数而重新调节脱水系统的设置，可能更方便和容易。

对于水平式螺旋压滤机，固体泵速通常基于流浆箱液位模拟输入而自动调节。目标是维持恒定的流浆箱液位。

7.8.1 化学品整理

加入聚合物，能够促进颗粒物絮凝，提高脱水和固体捕获率。实验室小试和中试试验能够用于估计每种应用必需的聚合物种类和数量，因为这可能会根据固体特性不同而发生显著变化。聚合物的消耗量受多个参数(例如，固体的砂粒含量，有否初级澄清池，生物处理的类型和固体消化的类型和持续时间)影响。螺旋压滤机系统的聚合物剂量范围可能为3~17.5g活性聚合物/kg干固体(6~35lb活性聚合物/干吨固体)，而典型范围为6~10g/kg(12~20lb/干吨)。脱水-巴氏消毒工艺过程还需要加入石灰。石灰的剂量范围通常为100~400g/kg干固体(200~800lb/干吨固体)。在一般情况下，聚合物剂量增加能够提高滤饼固体浓度，但是其他因素(例如，螺杆转速)也可能会影响性能。

聚合物的类型和用量也很大程度上决定固体捕获率。固体捕获率也会受到聚合物注入和混合效率，筛滤设计(开口的大小)和脱水区内部压力的影响。

7.8.2 能源要求

螺旋压滤机具有相对较低的功耗要求。根据压滤机规格尺寸，螺杆压滤机的电机功率范围对于水平式螺旋压滤机为0.67~10 kW(0.5~7.5hp)，而对于倾斜式螺旋压滤机则为

0.67~2.7 kW(0.5~2 马力)。螺旋压滤机装置也需要固体进料泵和聚合物系统，其功率要求取决于系统规模大小。絮凝罐池的混合机马达通常为2kW(1.5hp)或更低。

7.8.3 冲洗水和压滤滤液

压滤滤液的量是进口流量，进口浓度和冲洗水流量的函数。螺旋压滤机不采用连续冲洗水；大多数都具有自动间歇性喷淋器。通常情况下，水平式螺旋压滤机自动冲洗循环每小时进行1min。所产生的冲洗水流量占固体进料速率(平均值)2%~5%。根据螺旋压滤机的规格尺寸不同，瞬时流量范围可以为20~120gpm。这些压滤机也需要按照每周1次至每月1次的频率进行手动冲洗。手动冲洗所需的典型冲洗水体积占固体进料速率(平均值)0.2%~0.5%。

倾斜式螺杆压滤机自动喷淋冲洗系统由定时器控制而间歇运行，通常每10~15min一转(约60s)，但也有洗涤循环仅仅每30min运行1次的装置。倾斜式螺旋压滤机典型的冲洗水需求为49~163L(13~43gal)/个洗涤循环/个螺旋压滤机，具体值要取决于螺旋压滤机的规格大小而定。实际流量为79~132L/min(21~35gpm)。总冲洗水体积占经过处理的固体体积(平均值)4%~9%，而最多占15%。水需求取决于固体絮凝性能。絮凝容器、螺杆和筛滤的手动喷淋，根据装置条件和脱水计划时间表，按需进行。手动冲洗需要花费约1~2h，建议根据螺旋压滤机运行时间按照每周1次至每月1次的频率进行实施。

对于各种现场条件下的螺旋压滤机，记录全规模固体捕获的可利用文献数据是有限的。固体捕获率典型范围为85%~97%。在某些应用中据报道能够获得高达99%的固体捕获率，但比较常见的是最大95%的固体捕获率。压滤滤液通常在采用螺旋压滤机对WAS脱水时比较清澈。当对初级固体或消化固体进行处理时，这会稍为混浊。所述颗粒通常较小，而固体含量会根据螺旋压滤机的状态而发生变化：脱水期间固体含量较低而冲洗循环期间固体含量较高。

8 参考文献

Atherton P. A.; Steen, R.; Stetson, G.; McGovern, T.; Smith, D. (2005) Innovative Biosolids Dewatering System Proved a Successful Part of the Upgrade to the Old Town, Maine, Water Pollution Control Facility. *Proceedings of the 78th Annual Water Environment Federation Technical Exhibition and Conference* [CD-ROM]; Washington, D. C., Oct 29 - Nov 2; Water Environment Federation: Alexandria, Virginia.

Banks, L.; Davis, S. (1983) Desiccation and Treatment of Sewage Sludge and Chemical Slimes with the Aid of Higher Plants. *Proceedings of the 15th National Conference on Municipal and Industrial Sludge Utilization and Disposal*; Atlantic City, New Jersey; Hazardous Materials Control Research Institute: Silver Springs, Maryland.

Baxter, J. C.; Martin, W. J. (1982) Air Drying Liquid Anaerobically Digested Sludge in Earthen Drying Basins. *J. Water Pollut. Control Fed.*, 54, 16.

Coackley, P.; Allos, R. (1962) The Drying Characteristics of Some Sewage Sludges. *J. Proc., Inst. Sew. Purif.* (G. B.), 6, 557.

Crolla A.; Goulet, R.; Kinsley, C.; Ho, T., (2007) Septage Treatment Pilot Project, Drying Bed and Reed Bed Filters. Proceedings of the Ontario Onsite Wastewater Association Conference, Mar. 26 – 28. Ontario Onsite Wastewater Association: Cobourg, Ontario, Canada.

Crosswell, S.; Young, T.; Benner, K. (2004) Performance Testing of Rotary Press Dewatering Unit Under Varying Sludge Feed Conditions. *Proceedings of the 77th Annual Water Environment Federation Technical Exhibition and Conference* [CD-ROM]; New Orleans, La., Oct 2 – 6; Water Environment Federation: Alexandria, Virginia.

Genter, A. L. (1934) Adsorption and Flocculation as Applied to Sewage Sludges. *Sew. Works J.*, 6, 689.

Haseltine, T. R. (1951) Measurement of Sludge Drying Bed Performance. *Sew. Ind. Wastes*, 23, 1065.

Heukelekian, H.; Weisberg E. (1958) Sewage Colloids. *Water Sew. Works*, 105, 428. Imhoff, K.; Fair, G. M. (1940) *Sewage Treatment*; Wiley & Sons: New York.

Jeffrey, E. A. (1959) Laboratory Study of Dewatering Rates for Digested Sludge in Lagoons. *Procedings of the 14th Purdue Industrial Waste Conference*; West Lafayette, Indiana; Purdue University: West Lafayette, Indiana.

Jeffrey, E. A. (1960) Dewatering Rates for Digested Sludge in Lagoons. *J. Water Pollut. Control Fed.*, 32, 1153.

Kabouris J. C.; Gillette, R. A; Jones, T. T.; Bates, B. R. (2005) Evaluation of Belt Filter Presses, Centrifuges, and Screw Presses for Dewatering Digested Activated Sludge at St. Petersburg' s Water Reclamation Facilities. *Proceedings of the 78th Annual Water Environment Federation Technical Exhibition and Conference* [CD-ROM]; Washington, D. C., Oct 29 – Nov 2; Water Environment Federation: Alexandria, Virginia.

Kinsley, C.; Crolla, A.; Ho, T.; Goulet, R. Septage Treatment Pilot Project: Drying Bed and Reed Bed Filters; Ontario Rural Wastewater Centre, University of Guelph. http://www.oowa.org/conference/2007/SeptageTreatmentPilotProject.pdf (accessed June 2009).

Koch, C. M.; Chao, A; Semon, J. (1988) Belt Filter Press Dewatering of Wastewater Sludge *ASCE J. Environ. Eng.*, 114 (5), 991 – 1005.

Koch, C. M.; McKinney, D. E.; Fagerstrom, A. A.; Palmer, E. W. (1989) Comparison of Centrifuge Performance on Oxygen Activated Sludge *Proceedings of the Environmental Engineering Division, American Society of Civil Engineers in cooperation with the University of Texas, at Austin, Civil Engineeering Department*; Austin, Texas, Jul 10 – 12; American Society of Civil Engineers: New York.

Lecey, R.W. (1980) Polymers Peak at Precise Dosages. *Water Wastes Eng./Ind.*, 17, 39. Morris, R. H. (1965) Polymer Conditioned Sludge Filtration. *Water Works Wastes Eng.*, 2, 68.

Novak, J. T.; Haugan, B. E. (1979) Chemical Conditioning of Activated Sludge. *J. Environ. Eng.*, 105 (EE5), 993.

Oerke, D. W. (1981) Fundamental Factors Influencing Dewaterability of Wastewater Solids. Master' s essay, Marquette University, Milwaukee, Wisconsin.

Pietila, K. A.; Joubert, P. J. (1979) Examination of Process Parameters Affecting Sludge Dewatering with a Diaphragm Filter Press. *Proceedings of the 52nd Annual Water Pollution Control Fed-*

eration Exposition and Conference; Houston, Texas, Oct 7 - 12; Water Pollution Control Federation: Washington, D. C.

Quon, J. E.; Johnson, G. E. (1966) Drainage Characteristics of Digested Sludge. *J. Sanit. Eng. Div.*, *Proc. Am. Soc. Civ. Eng.*, 92, 4762.

Randall, C. W.; Koch, C. T. (1969) Dewatering Characteristics of Aerobically Digested Sludge. *J. Water Pollut. Control Fed.*, 41, R215.

Reimers, R. S.; et al. (1981) *Parasites in Southern Sludges and Disinfection by Standard Sludge Treatment*; Project Summary; U. S. Environmental Protection Agency: Washington, D. C.

Riggle, D. (1991) Reed Bed System for Sludge*Biocycle*, 32 (12), 64 - 66. Rolan, A. T. (1980) Determination of Design Loading for Sand Drying Beds. *J.*, *N. C. Sect.*, *Am. Water Works Assoc.*, *N. C. Water Pollut. Control Assoc.*, L5, 25.

Sharman, L. (1967) Polyelectrolyte Conditioning of Sludge. *Water Wastes Eng. /Ind.*, 4, 50.

Tenney, M. W.; Stumm, W. (1965) Chemical Flocculation of Microorganisms in Biological Water Treatment. *J. Water Pollut. Control Fed.*, 37, 1370.

Thomas, C. M. (1971) The Use of Filter Presses for the Dewatering of Sludges. *J. Water Pollut. Control Fed.*, 43, 93.

U. S. Environmental Protection Agency (1979) Evaluation of Dewatering Devices for Producing High Sludge Solids Cake. Contract No. 68-03-2455; U. S. Environmental Protection Agency, Office of Research and Development: Cincinnati, Ohio.

Vesilind, P. A. (1974a) Scale-Up of Solid Bowl Centrifuge Performance. *J. Environ. Eng.*, 100, 479.

Vesilind, P. A. (1979) *Treatment and Disposal of Wastewater Sludges*, revised ed.; Ann Arbor Science Publishers: Ann Arbor, Michigan.

Walski, T. M. (1976) Mathematical Model Simplifies Design of Sludge Drying Beds. *Water Sew. Works*, 123, 64.

Water Environment Federation (1994) *Safety and Health in Wastewater Systems*, 5th ed.; Manual of Practice No. 1; Water Environment Federation: Alexandria, Virginia.

Water Pollution Control Federation (1983) *Sludge Dewatering*; Manual of Practice No. 20; Water Pollution Control Federation: Washington, D. C.

Zablatzky, H. R.; Peterson, S. A. (1968) Anaerobic Digestion Failures. *J. Water Pollut. Control Fed.*, 40, 581.

Zacharias, D. R.; Pietila, K. A. (1977) Full-Scale Study of Sludge Process and Land Disposal Utilizing Centrifugation for Dewatering. *Proceedings of the 50th Annual Meeting of the Central States Water Pollution Control Association*; Milwaukee, Wisconsin; Central States Water Pollution Control Association: Milwaukee, Wisconsin.

第 25 章　稳定化处理

1　概　　述

稳定化处理工艺过程是污水处理厂的一个重要组成部分，用于处理液体处理序列中产生的固体，而将其转化成使用或处置的稳定(即，不易腐烂)产品。这些处理降低病原体和气味——条件是这些固体要经过正确稳定化处理而随时间保持稳定——使所产生的生物固体满足实益用途。现今美国所用的四种最常用的稳定化工艺过程是厌氧消化、好氧消化、堆肥和碱稳定化处理。(热干燥也被认为是一种稳定化工艺过程，但这种工艺方法涵盖于第 26 章中，因为其设计更类似于其他热工艺过程)。

当设计稳定化处理工艺过程时，工程师应该通过评估稳定化处理的原因和所有可能方便集成至现有污水处理方案中的稳定化备选方案开始。他们还必须在选择工艺方法之前对于生物固体的当地市场进行评价。一旦选择了处理工艺，工程师应该审视其方方面面(例如，侧流管理，生产所需生物固体质量的有效性，安全性，操作方便性和配套设备的需求)，而确保该系统精心设计。这包括评价所有上游和下游的工艺过程，确保其灵活性和可靠性足以恒定生产具有所需特性的生物固体。换句话说，设计工程师应该使用系统性的方法，解决所提出的处理工艺的经济和非经济的后果。

并非所有的污水处理厂都对其固体进行稳定化处理。然而，通常是因为以下一个或多个缘由而需要对其进行稳定化处理：

- 美学原因，[例如，产品外观和气味(易腐败性控制)]；
- 降低质量；
- 降低体积；
- 生产沼气(可再生能源)；
- 脱水性更佳；
- 减少病原体；
- 降低病媒吸引力；
- 产品实用性和市场竞争力。

设施规划者在设计或升级污水处理厂时应该考虑残留物管理。他们应该以决定如何使用或处置从污水中去除的固体开始，因为这将决定是否需要和需要什么类型的稳定化处理。例如，如果固体将采用常规覆盖物填埋，则联邦和许多州机构可能并不要求对此物质进行稳定化处理。如果这种固体将会进行热氧化，则稳定化处理也可能并非可取，因为如此实施会降低固体热值。在另一方面，如果处理的固体将用于农业或造林，或可能商业出售，则这种物质首先必须进行稳定化处理，减少病原体、气味和病媒吸引力。在这种情况下，规划人员还应该考虑是否可能涉及任何公众接触或作物限制，因为它们将会影响稳定化处理技术的选择。

执行《40 CFR503》和公众对环境关注的日益增长，已经促进了有益利用生物固体的新技术研究。同时，也促使许多工程师和市政当局研究或设计出更有效的稳定化处理系统。表 25.1 和表 25.2 总结了现今使用的主要稳定化处理工艺的许多优点和缺点。(热干燥并未包括在这些表中，因为这种工艺方法将在第 26 章中进行评价)。

表 25.1 稳定化处理工艺方法的比较

工艺方法	优　点	缺　点
厌氧消化	挥发性悬浮固体破坏良好(40 %~ 60%) 如果利用气体(甲烷)则净运营成本较低 适用性广泛 生物固体适用于农业应用 降低了总污泥质量 低净能量要求	需要技术熟练的操作者 可能会招致起泡 产甲烷细菌生长缓慢；因此，“酸消化”时有发生 紊乱失调恢复缓慢 上清液中氨和磷强度高 可能由工艺过程的厌氧本性产生气味滋扰 高初始成本 存在形成鸟粪石(矿物沉积)潜势 与可燃性气体相关的安全问题
高级厌氧消化(许多工艺方法备选方案)	挥发性固体破坏优异 使用基于时间和温度的间歇操作，能够产生A类生物固体 能够提高气体产量 能够降低固体停留时间	需要技术熟练的操作者 可能是维护密集型的(参见厌氧消化的其他缺点)
好氧消化	尤其是对于小型污水处理厂，初始成本低 上清液要比厌氧消化不太令人讨厌 操作控制简单 适用性广泛 如果设计合理，并不会产生气味滋扰 降低了总污泥质量	高能量成本 挥发性悬浮固体破坏一般比厌氧消化低 pH 和碱度降低 具有随气溶胶飘逸的病原传播潜势 生物固体通常难以通过机械方式脱水 冷的温度不良影响性能 可能遭受起泡
自热高温好氧消化	相比于传统好氧消化，水力学停留时间减少 体积降低 过量的热能够用于建筑物供热 巴氏杀菌污泥病原体减少	高能耗成本 具有起泡潜势 需要技术熟练的操作者 具有气味潜势
堆肥	适用于农业应用的高质量潜在可销售产品 能够结合其他工艺过程 低初始成本(静态堆和窗口)	需要 18%~30%的脱水固体 需要填充剂 需要其他强制空气(功率)或转动(劳力) 具有通过粉尘传播病原的潜势 高操作成本：可能功率、劳力或化学品密集型或这三者 可能需要大量占地面积 潜在的气味 生物固体并非一直适用于土地施用
石灰稳定化处理	低资金成本 操作方便 作为临时或应急稳定化处理方法较佳	化学品密集型 总成本非常现场特异性地相关于产品管理成本 需管理的生物固体体积增加 处理后 pH 降低可能导致产品气味操作中气味和生物生长
高级碱稳定化处理	产生高质量的 A 类产品 能够快速启动 病原体降低性能优异	操作者密集型 化学品密集型 气味潜势 管理的生物固体体积增加 可能需要大量占地面积

厌氧消化可能是本实践手册中讨论的最广泛使用的固体处理工艺。它以适度成本产生相对稳定的生物固体，以及可用于加热消化罐，加热或冷却建筑物，或进行热电联产的甲烷气体(例如，燃气发动机驱动的发电机配备水夹套进行热回收)。然而，与其他稳定化处理方案相比，其施工建设较昂贵，需要大量的机械设备(尤其是如果消化罐气体适于使用的情况下)；产生强烈的氨侧流；需要额外的热量维持所需的温度；并可能由于混合效果差，过载，温度控制不足和进料中重金属或其他有毒物质而适得其反。这些缺点主要是通过适当的设计、操作和预处理程序加以解决。

好氧消化通常用于小型污水处理厂，[即，那些具有低于约 19 000m^3/d(5mgd)容量的污水处理厂]和那些只生产生物固体或废弃活性污泥(WAS)的污水处理厂。相比于厌氧消化，好氧消化是一种能源密集型的工艺方法(因为氧传递需要能耗)，但其通常比厌氧消化施工建设更便宜，且操作上也更简单。

研究人员已经开发出许多方法，用于增强好氧消化工艺过程中的挥发性固体破坏，天然气生产和病原体杀页。有些人使用较高的温度破坏病原体和降低挥发性固体，而有的则采用分相或机械破碎提高性能。有时好氧消化并不是一个独立的工艺过程；很多扩建的通风设施(例如，氧化沟)都具有足够长的固体停留时间(SRT)而提供经由内源性呼吸的至少部分消化。然而《503 法》不允许在将曝气池中实现的挥发性固体降低(VSR)作为生物固体稳定所需的 38%VSR 部分包括在内。

自热式高温好氧消化(ATAD)是一种高级好氧消化工艺，这个过程在 50～65℃(131～149℉)下进行。由早期的 ATAD 系统获得 10 年的改进和吸取经验教训的价值为更近前的 ATAD 系统的成功作出了贡献。

堆肥经常用于将固体转化成土壤改良剂或调节剂。这种原料可以是原料固体或生物固体，但应该包含至少 40% 的固体。经常还会添加填充剂提高固体含量，为此过程提供碳，改善这种物质的结构特性，并促进良好的空气流通。堆肥通常是一种劳动力密集型的工艺过程(例如，添加填充剂、翻耙这些物质和回收填充剂)。堆肥也可能散发气味，尤其是如果现场设计或操作不当时更是如此。此外，这种工艺方法可能会增加要使用或出售的生物固体质量，并可能通过这种物料粉尘传播病原体。

表 25.2 完美实施的处理工艺过程对污水固体稳定化处理的衰减效应

工 艺 方 法	衰 减 程 度	
	病原体	腐烂和气味潜势①
厌氧消化	合理	良好
高级厌氧消化	优异②	良好
好氧消化	合理	良好
自热高温好氧消化	优异	良好
石灰稳定化处理	良好	良好
高级石灰稳定化处理	优异	良好
堆肥	优异	良好

① 除了稳定化处理工艺过程之外，腐烂和气味潜势还取决于后处理和储存实践惯例。

② 对于 A 类固体的时间-温度工艺过程。

经常使用石灰或碱稳定化处理满足《40 CFR 503》对 B 类生物固体的规定。在某些情况下，这个工艺过程能够生产满足 A 类要求的土壤改良剂或调节剂。碱稳定化处理通常比消化和堆肥成本低，操作简单。然而，如果 pH 值在处理之后下降而生物重新生长时，所得到的生物固体可以变得并不稳定。此外，石灰或碱性剂往往成本较高，并可能显著增加要使用或处置的固体质量和成本。在碱稳定化处理设施也已经注意到了气味和不良工作条件的问题。

许多在污水处理领域内应用的高级碱稳定化处理技术包括除了石灰或代替石灰的化学添加剂。这种工艺过程有些使用化学品(例如，水泥窑粉尘、石灰窑粉尘、普通硅酸盐水泥、粉煤灰和其他添加剂)满足 A 类标准[进一步降低病原体(PFRPs)的工艺过程]。其他 A 类(PFRP)技术使用补充热或其他化学品(例如，氨磺酸)降低巴氏杀菌温度所需的石灰剂量。

碱稳定化处理工艺过程产生几乎不含病原体的肥沃土壤类产品。生物固体也具有较高的 pH 值，这在酸性土壤的农场是可取的。然而，碱稳定化处理会增加要管理的生物固体质量，以及会产生可能需要进行处理的强烈氨和胺气味。碱稳定化处理更重要的参数之一是混合效率，这取决于该工艺过程中使用的原料(脱水滤饼的流变学和石灰的分级)。混合不当会导致存储和土地施用过程中生物固体特性变化和散发气味。

2 厌氧消化

2.1 工艺方法的开发

厌氧消化已经成为上 40 年内污水固体稳定化处理的主要技术。一直以来这种技术的主要目标如下：

- 稳定原始和废弃固体；
- 降低病原密度；
- 经由生物产甲烷作用降低物料质量；
- 产生作为副产品的有用沼气。

由于在美国已经制定了可持续发展的实践惯例，厌氧消化的作用已演变至包括以下目标：

- 产生具有肥料价值的生物固体产品；
- 通过与其他有机废弃物共消化回收资源；
- 热电联产设施使用生物气体发电和产能。

由于污水工业中已经提高了厌氧消化的重要性，许多新工艺方法备选方案，设计和基本理解已经得到长足发展。

厌氧消化是一个比较复杂的生化过程，但机械上却很简单。这既需要合适设计又需要精心操作。技术革新已经导致需要更多理解设计和工艺过程控制的基本方面，才能确保系统稳定而高效运行。

厌氧消化的缺点包括以下方面：

- 要应对潜在的爆炸和腐蚀性气体；
- 系统更复杂(生化和机械方面)，是一种比好氧工艺过程更复杂的系统；
- 完全封闭的处理池使工艺过程监控更具挑战性。

2.2 工艺方法的基础

2.2.1 微生物学和生物化学

厌氧消化是由一系列将复杂有机物质经由一些中间化合物转化成各种低分子量还原化合物的互养关系促进的。厌氧消化的主要产物是甲烷(CH_4)、二氧化碳(CO_2)、氢气(H_2)、硫化氢(H_2S)、氨(NH_3)、磷(PO_4)和残余有机物质和生物质。消化作用可以视为一系列一种生物体的废弃产物是另一生物的底物的步骤。固体破坏是各种代谢平衡耦合的结果。

图 25.1 是厌氧消化中有机物转化为甲烷和二氧化碳的主要代谢过程的简化流程图。每个代谢途径代表了无数的微生物，其中有许多还没有形成物种。

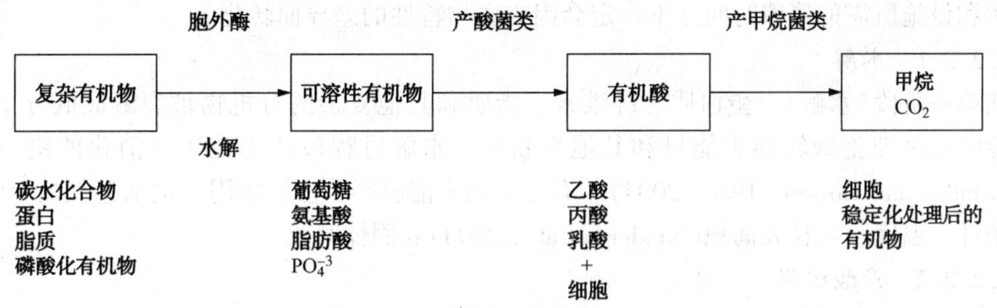

图 25.1 厌氧消化的主要代谢过程和产物

负责消化的微生物是细菌和古细菌。每个种群都提供了独特的而不可缺少的生物转化功能。水解、产酸和产甲烷都是厌氧消化的三大代谢步骤。每个步骤都涉及若干将复杂有机物转化成中间产物，如短链有机酸，和最终产品，如甲烷和二氧化碳的生化反应。

2.2.2 工艺过程速率和动力学

通过各种外部因素，包括温度、底物、物种间竞争和有毒物质的存在，影响工艺过程的速率。尽管环境条件影响所考察的工艺过程速率，但是工艺过程最根本的限制受动力学控制。

两个动力学模型决定了工艺过程性能的基本描述：

米氏(Michaelis - Menten)模型和莫诺德(Monod)模型。米氏动力学描述了酶促反应的动力学，这主要负责厌氧消化的第一步骤：水解。莫诺德动力学模型描述具体微生物介导的工艺过程反应(例如，产乙酸和产甲烷)。

表 25.3 提供了与厌氧消化相关的不同微生物群落的动力学速率的小样本。至于酶，不同生物具有显著不同的最大生长速率和半饱和系数。最短保留时间通过系统中生长最慢的生物设定。

表 25.3　与厌氧消化相关的常见微生物群落和报道的动力学参数的总结(Muller，2006)

微生物群落或代谢种群	$\mu_{最大}/h^{-1}$	K_s/(mg 底物 COD/L)	来　源
氨基酸和糖发酵细菌	0.25	20~25	Grady et al.(1999)
长链脂肪酸氧化	0.01	800	Grady et al.(1999)
丙酸氧化	0.0065	250	Gujer and Zehnder (1983)
丙酸氧化	0.0033	800	Bryers (1984)
甲烷八叠球菌属	0.014	300	Grady et al.(1999)
甲烷鬃毛菌属	0.003	30~40	Grady et al.(1999)
氢氧化产甲烷	0.06	0.6	Grady et al.(1999)
乙酸还原产甲烷	0.0173	166	McCarty and Smith (1986)

在设计系统时，必须向设计中构建足够的保守水平。根据底物特性，复杂有机物质会以不同速率水解，而在消化罐中形成的微生物群落将是初始底物特性的函数。因此，所考察的负荷率和设施所需的停留时间并不一定会因为底物特性的差异而转化。

2.2.2.1　水解

在第一阶段(水解)，蛋白质、纤维素、脂质和其他复杂的有机物被裂解成低分子量成分，能够通过细胞壁转换为能量和其他生物质。水解过程被认为是厌氧消化的决速步骤(Pavlostathis and Gossett，1988，2004)。有几个因素能够影响水解作用，包括存在的生物体、生长条件、温度、颗粒表面积(Sanders et al.，2000)和固体组成。

2.2.2.2　产酸过程

在第二阶段(酸的形成)，第一阶段的产物转化成复杂的可溶性有机化合物(例如，长链脂肪酸)，这依次又断裂为短链有机酸(例如，乙酸、丙酸、丁酸和戊酸)。这些酸的浓度和相对比例能够指示消化罐的整体状况。

2.2.2.3　产甲烷作用

在市政污水固体消化池中，经由两个主要代谢途径完成产甲烷作用：乙酸营养型产甲烷和氢营养型产甲烷。乙酸营养型产甲烷——经由乙酸还原生成甲烷——是甲烷形成的主要途径(McHugh et al.，2006)。经过氢营养型产甲烷——甲烷通过氢反应生成——在消化池中产生的甲烷较少，但是在防止反馈抑制作用方面却起着至关重要的作用。麦卡蒂和史密斯(McCarty and Smith，1986)报道，当氢分压超过 5mPa 时，脂肪酸水解变得热力学不利。挥发性酸的积累，降低了 pH 值而使消化池泛酸。氢营养型产甲烷作用确保了系统保持平衡。

另一种产甲烷菌群是甲基营养型产甲烷菌，这种菌将简单的甲基化合物转化成甲烷和还原产物。这些生物通常需要消耗甲基硫醇、三甲基胺、二甲基二硫醚等。虽然在总消化池性能方面并不显著，但是它们却在控制有机甲基化气味性分子方面发挥了至关重要的作用。

2.2.3　微生物生态学

厌氧消化池能够描述为其中环境条件取决于设计工程师，操作者和原料组成的生态系统。进料固体组成、SRT、水力停留时间(HRT)、温度和混合状态都对消化池中微生物群落施加选择性压力。这种压力导致一些物种增殖而另一些衰退或消失。选择性压力可能达到这样的程度而使总消化容量能够受物种相对群落的影响，正如对甲烷八叠球菌属和甲烷鬃毛菌属的报道(Conklin et al.，2006)。

厌氧消化池中微生物之间的关系可以描述为互养关系。一个群落的代谢活性支持另一群落，但是并非都是互惠互利的。通常情况下，一个生物种群的废弃产物能够作为另一种群的底物。这些关系在消化工艺过程中产生了一些独特的控制点。

由脂肪酸代谢生成氢并不是热力学非常有利的反应。当氢积聚于系统中分压超过 5mPa 时，就会存在酸氧化过程的反馈抑制作用(McCarty and Smith，1986，2004)。对于该过程继续进行，由于其在稳定的消化条件下完成，则氢营养型产甲烷群落必须充分建立而进行呼吸。由此例显而易见的是，影响一个群落的应力或毒素可能足以阻碍或颠覆整个消化过程。

进料固体特性将会影响主要的群落，并能够建立所需的种群和不太是所需的种群之间存在竞争的条件。例如，乙酸盐，就是沼气中约 75%的甲烷由其生成的底物，也是硫酸盐还原细菌优选的底物。如果进料固体硫酸浓度高，在可以存在的条件下产甲烷群落直接与硫酸盐还原细菌竞争。当发生这种情况时，沼气的甲烷含量可能会缩小，或总沼气产量可能下降。厌氧消化可能受到无论是质量还是数量上的负荷变化的不利影响。由于不同微生物间相互作用的复杂性和经由最弱群落上的应力干扰工艺过程的潜势，无论是质量还是数量上都改变负荷条件时必须充分小心。

2.2.4　原料特性

厌氧消化的关键目标是以稳定化原料固体而降低这些物质的质量。原始、初级和二级固体主要由下列化合物构成：蛋白质、多糖类、核酸、脂肪酸和脂类。这些化合物的相对浓度是进水污水特性和所用的液体处理序列的直接函数。

总固体组成会影响消化池的性能。帕克等(Park et al.，2003)报道，金属含量——特别是铁和铝——能够作为固体相对可消化性的指示剂；然而，现今仍无预测工具可用。穆勒和诺瓦克(Muller and Novak，2007)依据挥发性硫化物的释放而将此拓展至离心的生物固体的稳定性。

2.2.5　水力学和固体停留时间

厌氧消化池的大小确定需要在充分混合的反应器中提供足够的停留时间而使大量的挥发性固体破坏，并防止生长较慢的微生物群落受到冲洗。大小确定标准，表示为为 SRT 或 HRT，定义如下：

- 固体停留时间，按天测定，等于消化池中固体的质量(kg)除以去除的固体(每日的公斤数)；
- 水力停留时间，以天测定，等于工作体积(L)除以去除固体量(每日的 L 数)。

通常情况下，HRT 要基于固体进料或去除速率进行计算。然而，如果从消化池中去除上清液，则 SRT 要基于去除的固体体积进行计算。固体停留时间和 HRT 在无再循环和倾析的消化系统中是相等的。

固体停留时间(或 HRT)和厌氧消化期间水解、酸形成和甲烷形成的程度都是直接相关的：SRT 增加会提高每一反应的程度，SRT 降低会降低每个反应的程度(见图 25.2)。每个反应都具有最低 SRT；如果 SRT 较短，则细菌无法足够迅速地生长而保留于消化池中，由细菌介导的反应将会停止，而将会招致消化工艺过程失败。过长的 SRT 将会防止发生冲刷，但额外的设备和基础设施成本通常并不会因为工艺过程性能微不足道的增长而认为是合理的。

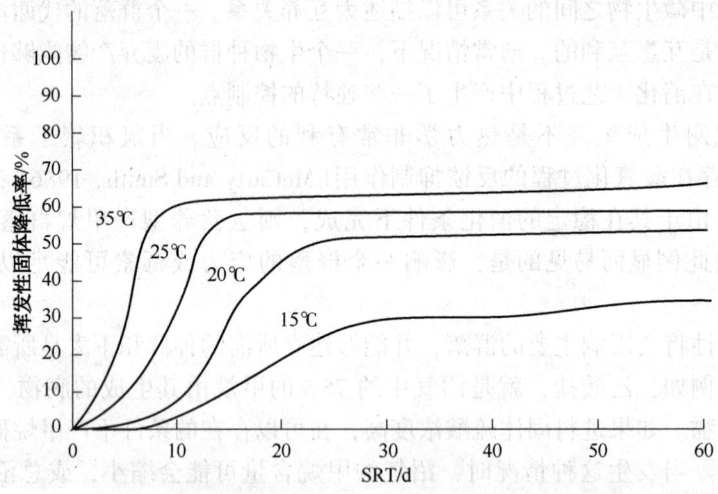

图 25.2　厌氧消化池中温度和 SRT 对 COD 去除率和甲烷产量的影响

典型固体的中温厌氧消化已经通过多年操作和设计的经验进行了表征，但是设计工程师在设计消化池而将其向最大效率优化时总要考虑基本的微生物学问题。当这种技术具有较短的营运历史(例如，高温分相系统)时，将工艺过程的基础设施集成到设计中，日益变得重要起来。采用不当工艺过程参数，可能会导致系统规模尺寸确定失当，这种系统性能较差，并会产生气味或其他不良后果。

2.2.6　有机负荷率和频率

短语“挥发性固体负荷率”是指每天加入消化池的挥发性固体质量除以消化池工作容积[kg 挥发性固体/m^3 · d(lb 挥发性固体/d/ft^3)]。负荷标准通常基于持续负荷条件(通常是月峰值或周峰值固体产量)，以此在较短的时间内避免过量负荷。中温消化池典型的设计持续峰值负荷率为 1.9~2.5kg 挥发性固体/m^3 · d(0.12~0.16 lb 挥发性固体/d/ft^3)。挥发性固体负荷率的上限通常由有毒物质——尤其是氨——积累或产甲烷菌冲洗出的速率确定。经常使用 3.2kg 挥发性固体/m^3 · d(0.20 lb 挥发性固体/d/ft^3)的限制值。

高温系统通常比中温系统具有高得多的挥发性固体负荷，因为操作温度较高，提高了生长和代谢速率。目前，高温系统有限的应用(相比于中温系统)不会产生推荐工作范围所需的经验数据。设计高温系统时，工程师应该对消化池配置进行中试试验确定负荷限制，或对当前运行系统进行重要审查。

尽管在设定设计的上限负荷时设计工程师应该要保守，但是过度较低的挥发性固体负荷率可能会导致设计的施工建设和经营成本高昂。施工建设因为所需的处理池容量巨大而变得昂贵。运行可能因为产气速率并不足以提供维持消化池中所需工作温度的所需能量而变得昂贵。消化之前增稠固体对于在低挥发固体负荷率(小于约 1.3kg 挥发性固体/m^3 · d[0.08 lb 挥发性固体/d/ft^3])下维持设计 SRT(或 HRT)可能是具有成本效益的方法。

负荷频率可能会影响运行，同时会影响设计。微生物通常喜欢保持在恒定的代谢状态

(稳态)下，这通过恒一致的恒定负荷实现。恒定负荷也能均衡化气体流量，并简化气体管理。然而，这并不会涉及某些重要的其他设计考虑因素。

为了保持系统负荷恒定，进料和废弃速率需要平衡，这将意味着增稠和脱水恒定，以及流量均衡的足够处理池储量。更常见的备选方案是在消化池前后提供足够大的存储罐以使峰值调节期间能够发生增稠和脱水。

恒定进料是理想操作，经常因为与执行有关的成本制约不能实现。经常使用滑块式进料(半连续进料)；这涉及在设定的时间间隔下，通常在峰值调节次数下进料和废弃固体。这种类型的操作在许多公共事业单位已经实施，但有一定的工艺过程风险(例如，过载和起泡)。

2.2.7　工艺过程稳定性

稳定的厌氧消化池运行，可以提供巨大受益(例如，稳定的固体破坏、病原体减少和产生沼气)。稳定性是通过稳定进料、温度控制和混合实现的——所有这些都是在适当的水平下而不会超过最大允许限值。

运行良好的稳定厌氧工艺过程会表现出特定的消化池和生物固体特性(请参阅表 25.4)。不稳定消化池更容易起泡，泛酸，并具有对毒素更敏感的微生物种群。起泡是许多消化池常见的问题。它可能由几种因素(例如，不稳定的消化池运行、原料固体中高浓度丝状菌和表面活性剂及其他试剂)所致。通过源控制，可以修复与丝状菌和化学添加剂相关的起泡问题。与消化池稳定性相关的起泡问题是微生物响应环境应力的结果。

表 25.4　污水固体的中温厌氧消化典型工作参数

参　数	取　值	单　位
挥发性固体破坏率	45~55	%
pH	6.8~7.2	
碱度	2500~5000	mg $CaCO_3$/L
甲烷含量	60~65	体积百分数
二氧化碳含量	35~40	体积百分数
挥发性酸	50~300	mg VA/L
挥发性酸：碱度之比	<0.3	mg $CaCO_3$/mg VA
氨	800~2000	mg N/L

良好设计能够有助于促进消化过程稳定进行。例如，应该正确选取锅炉和换热器规格尺寸才能同时满足原料固体和将在预期最冷条件下发生的外壁热损失的热需求。这将确保了该系统的温度不低于设定值。

混合罐通过均质化原料固体并将其更恒定地计量加入消化池中而改善了工艺过程稳定性。最小化固体强度和负荷速率的波动，有助于消化池中微生物维持恒定的代谢状态，而最大限度地降低其压力。进料宽而频繁的波动可能对生物质产生压力——尤其是如果负荷、底物和营养物质不充足时更是如此。

混合作用能够改善生物质和原料固体之间的接触。消化池中分散固体，确保其整个体积都得到使用而所有生物质都进行了稳定化处理。

2.2.8 温度

厌氧消化池的工作温度显著影响其考察的性能和稳定性。温度会影响生长速率(Lawrence and McCarty, 1969; van Lier et al., 1996; Salsali and Parker, 2007)、底物半饱和常数(Lawrence and McCarty, 1969; van Lier et al., 1996)、和微生物多样性(Chen et al., 2005; Wilson et al., 2008a)。劳伦斯和麦卡蒂(Lawrence and McCarty, 1969)观察到，生长速率随着中温运行范围内的温度升高而提高。萨尔萨里和帕克(Salsali and Parker, 2007)评价了35，42和49℃下的厌氧消化性能；他们观察到挥发性固体的破坏率随着温度的升高而提高。他们并没有试图从其实验中推导出生长速率。范里尔等(Van Lier et al., 1996)通过评价了产甲烷菌导致的挥发性脂肪酸的降解，并提出中温和高温消化中的乙酸转化由阿累尼乌斯关系进行描述，认为生长速率随着温度升高而提高。劳伦斯和麦卡蒂(Lawrence and McCarty, 1969)和范里尔等(van Lier et al., 1996)提出，乙酸营养型产甲烷菌底物(挥发性脂肪酸)半饱和常数随着温度升高而增加(即，温度升高会提高残余乙酸和丙酸)。选择工作温度不但会影响消化池设计，而且还会影响日复一日的运行。依据设计的角度而言，达到和维持此温度的能力对于工艺过程的稳定性和优化是至关重要的。

设计的工作温度建立了破坏既定数量的挥发性固体所需的最低 SRT(或 HRT)(参见图 25.3)。目前，大多数厌氧消化池的设计都在中温温度［约35℃(95℉)］范围内运行。有些系统已设计用于在高温(升高的温度)温度［约55℃(131℉)］范围内运行。许多新建消化池正在设计中，而使之既能够在高温又能在中温条件下运行，从而使其未来的工艺过程更具灵活性。

无论选择哪一温度，保持其在消化池中稳定是非常重要的。所涉及的微生物(特别是产甲烷菌群)对温度变化敏感；温度波动可能对微生物产生压力，从而导致工艺过程失稳。温度变化大于1℃/d 就可能导致工艺过程故障。良好的设计就要避免温度变化超过0.5℃/d。

作为最低要求，温度变化为稳定运行期间应该保持小于1℃/d。这在确定进料计划表时是一个关键考虑因素。然而，对于高温消化池的启动，从中温向高温条件的温度快速升高据报道是一种建立稳定厌氧消化群落的有效手段(Griffin et al., 2000)。

温度稳定性不仅影响微生物稳定，而且影响对所得生物固体的分类。根据《40 CFR 503》方案1(时间和温度)，固体必须在设定的时间内维持于超过50℃的特定温度才能达到A类状态。在此情况下，时间独立于 HRT，因为每一粒子都必须进行处理，需要分批保持于独立处理池中，除非能够保证工艺过程等效。温度对病原体灭活的影响使之成为达到A类生物固体的核心机制之一，因此，设计的系统在负荷变化时能够维持温度(于严格容限内)是很重要的。

2.2.9 挥发性脂肪酸，浓度和组成

在设计厌氧消化系统时，工程师需要了解挥发性酸浓度如何影响系统的设计。挥发性脂肪酸是复杂有机物质和甲烷形成之间的主要中间体。挥发性酸的总浓度可以指示消化进行的完全程度，而这些酸的组成可以指示工艺过程的失稳或混乱。(高浓度的丙酸和/或丁酸通常指示工艺过程失稳或混乱)。挥发性脂肪酸因为消化池或脱水工艺过程失控排放而也能够导致现场产生气味。

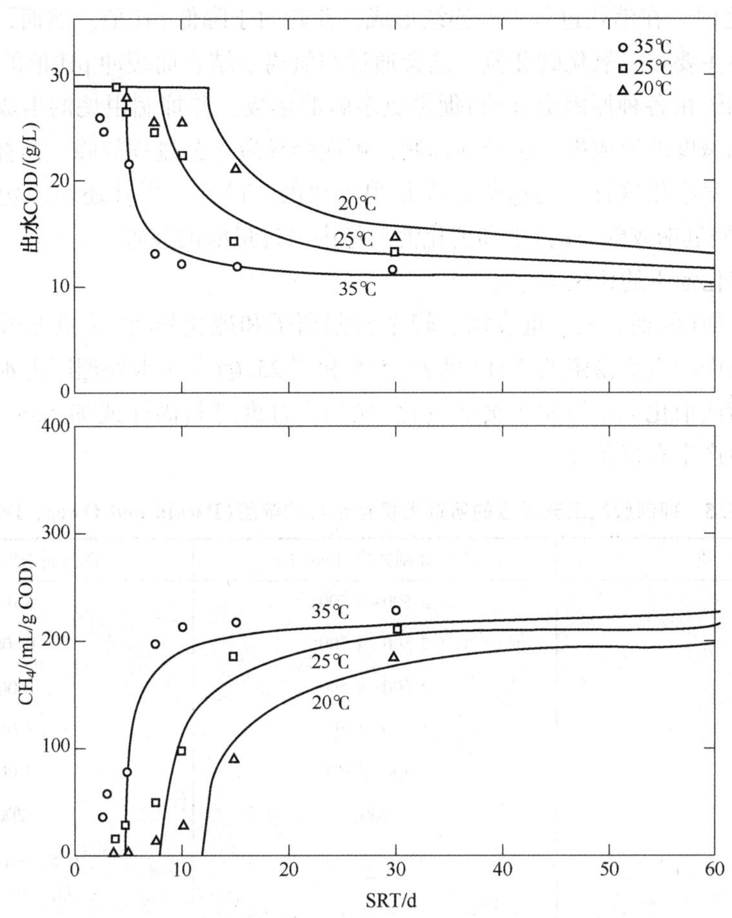

图 25.3　厌氧消化期间 SRT 和温度对 VSR 的速率和程度的影响

（O'Rourke，1968）

在许多情况下，消化池中挥发性脂肪酸的浓度也是操作条件的函数。例如，残留挥发性脂肪酸的浓度在操作温度较高时会升高(van Lier et al.，1996)。氨浓度越高，也可能会导致残留挥发性脂肪酸浓度越高(Nielsen and Angelidaki，2008)。只要 pH 值不受抑制，温度和氨的影响代表正常工作条件。

随着挥发性酸浓度升高，碱度受到消耗。一旦缓冲容量被消耗，pH 值就会降低，导致工艺过程失稳和故障。监测酸生成及其浓度可以为即将发生的失稳或最近混乱提供证据，因此，操作者能够采取补救措施。

对于中温下运行的厌氧消化池，挥发性酸的浓度为 50～300mg/L，被认为是正常的。然而，这在其他厌氧消化系统中并不一定如此；高温系统[例如，温度分相的厌氧消化(TPAD)]和分相的系统(例如，酸-气分相)在其反应器中挥发性酸浓度将会具有很大的不同。

2.2.10　碱度和 pH

厌氧细菌——尤其是产甲烷菌——对 pH 很敏感。最佳甲烷生产通常会发生于 pH 值保持于6.8~7.2之时。在消化过程中酸连续形成，并趋向于降低pH值。然而，甲烷的形成也会产生碱度——主要是二氧化碳和氨，这会通过与氢离子结合而缓冲pH值的变化。

pH值的降低(由各种原因引起的)促进更多酸的形成，并抑制甲烷的生成。随着酸的继续产生，甲烷和碱度的形成进一步受到抑制，可能会导致工艺过程故障。搅拌、加热和进料系统的设计，在最小化这种失稳潜势方面是很重要的。设计工程师还应该包括添加化学品(如，石灰、碳酸氢钠或碳酸钠)中和消化池失稳中的过量酸的装置。

2.2.11 消化池中的毒性

如果某些物质(例如，氨、重金属、轻金属阳离子和硫化物)的浓度充分增加时，可能会在厌氧消化池中产生不稳定的条件(见表25.5和表25.6)。污水处理厂进水中的这些物质产生冲击性负荷或消化池运行发生突然变化(例如，过度进料固体或加入过量化学品)，可能会在消化池中产生有毒条件。

表25.5 抑制厌氧工艺过程的所选无机化合物的浓度(Parkin and Owen，1986)

物　质	中度抑制浓度/(mg/L)	强抑制浓度/(mg/L)
Na^+	3 500~5 500	8 000
K^+	2 500~4 500	12 000
Ca^{2+}	2 500~4 500	8 000
Mg^{2+}	1 000~1 500	3 000
氨氮	1 500~3 000	3 000
硫化物	200	200
铜(Cu)	—	0.5(可溶性的) 50~70(总计)
铬IV(Cr)	—	3.0(可溶性的) 200~250(总计)
铬III	—	180~420(总计)
镍(Ni)	—	2.0(可溶性的) 30.0(总计)
锌(Zn)	—	1.0(可溶性的)

表25.6 所选用于降低50%消化池活性的有机化学品的浓度

化　合　物	导致50%活性的浓度/(mmol/L)
I-氯丙烷	0.1
硝基苯	0.1
丙烯醛	0.2
I-氯丙烷	1.9
甲醛	2.4
月桂酸	2.6
乙苯	3.2

续表

化　合　物	导致 50%活性的浓度/(mmol/L)
丙烯腈	4
3-氯-1- 1，2-丙二醇	6
巴豆醛	6.5
2 -氯代丙酸	8
醋酸乙烯	8
乙醛	10
乙酸乙酯	11
丙烯酸	12
邻苯二酚	24
苯酚	26
苯胺	26
间苯二酚	29
丙醇	90

通常情况下，这种有毒物质的过量浓度会抑制甲烷的形成，会导致挥发酸积累，pH 值降低，消化池失稳。根据毒物的浓度和类型，这种影响可能是急性(例如，瞬间工艺过程出现故障)或慢性的(例如，抑制性能)。操作员可以加入化学品而控制某些毒物溶解形式的浓度(例如，使用铁盐控制硫化物)。

设计工程师通常只能通过缓解已知的影响解决毒性问题。确定和监测工艺过程的毒性(例如，采样和分析技术和实践惯例)通常是运营问题，而超出了本文的范围。然而，完善的监测和控制计划，以及对有毒物质的了解，都能够大大改善减毒系统的设计。

2.2.12　挥发性固体和 COD

挥发性固体和化学需氧量(COD)是进入消化池的底物的常见测定值。挥发性固体是总固体中可燃性(550℃)的部分。它们通常被当作有机部分。挥发性固体的测量通常用作确定整体工艺性能、合规性和基于质量计算的部分。当使用来自挥发性固体测试的数据时，必须小心谨慎。测试还有一些条件，因为在分析测试中大量的无机盐可能会气化，特别是铵基盐，会导致挥发性固体浓度偏高而挥发性固体破坏作用降低(Beall et al.，1998；Wilson et al.，2008b)。

化学需氧量是固体中化学可氧化物质的测量值。至于挥发性固体，这个测量值有其局限性(例如，非底物组分的衡算)。通常在动力学模型(例如，ADM1)中会使用化学需氧量，因为所有的参数都是基于 COD 系数的(WEF，2009；Batstone et al.，2002)。

大多数污水处理厂都会提供挥发性固体的数据，而不是其监管报告中的 COD 数据，因为进行挥发性固体测试相对容易。

2.2.13　沼气的生产和表征

所产生的消化池气体(沼气)的质量和数量也可以用于评价消化池性能。沼气生产直接生化关联于所销毁的挥发性固体量；这经常表示为每单位被销毁挥发性固体质量的气体体积。气体生产速率对于消化池中每种有机物质是不同的(见表 25.7)。脂肪的产气率范围为约 1.2~1.6m^3/kg(20~25ft^3/lb)销毁挥发性固体；蛋白质和碳水化合物的产气率为 0.7m^3/kg(12ft^3/lb)销毁挥发性固体。处理初级固体和 WAS 混合固体的典型厌氧消化池的产气率应该为约 0.8~1m^3/kg(13~18ft^3/lb)销毁挥发性固体。产生的气体量是温度、SRT 和挥发性固体负荷的函数。应该测定具体气体产量，直至获得的平均值适用于进行监测。

表 25.7 各种有机底物的产气率(Buswell and Neave, 1939)

物质	每单位销毁固体质量的具体气体产率	
	m^3/kg	甲烷含量/%
脂肪	1.2 ~1.6	62~72
浮渣	0.9~1.0	70~75
油脂	1.1	68
粗纤维	0.8	45~50
蛋白质	0.7	73

消化池气体的两种主要成分是甲烷和二氧化碳；还含有微量的氮、氢和硫化氢。正常消化池的性能数据有人认为，甲烷浓度应该为 60%~70%(按体积计)，二氧化碳浓度应该为 30%~35%(按体积计)。拓拓瑞茨和斯塔尔(Tortorici and Stahl, 1977)公布了关于典型消化池气体特性的数据(请参阅表 25.8)。

表 25.8 厌氧消化池沼气特性的研究(Tortorici and Stahl, 1997)

组分	各污水处理厂的值/%(以体积计)①							
甲烷	42.5	61.0	62.0	67.0	70.0	73.7	75.0	73~75
二氧化碳	47.7	32.8	38.0	30.0	30.0	17.7	22.0	21~24
氢	1.7	3.3	②	—	—	2.1	0.2	1~2
氮	8.1	2.9	②	3.0	—	6.5	2.7	1~2
硫化氢	—	—	0.15	—	0.01	0.06	0.1	1~1.5
热值 Btu/$ft^3$③	459	667	660	624	728	791	716	739~750
相对密度(空气=1)	1.04	0.87	0.92	0.86	0.85	0.74	0.78	0.70~0.80

① 除非另有说明。

② 痕量。

③ Btu/ft^3×37.26=kJ/m^3。

二氧化碳含量(%)的增加通常指示消化池失稳。硫化氢浓度过高，可能指示消化不平衡，工业废物来源，或盐水渗透。硫化氢可能会使消化池和毗邻管道产生气味问题和过度腐蚀作用。重金属能够作为金属硫化物而沉淀，从而最大限度地降低沼气中的硫化氢浓度。

2.2.14 病原体

病原体和病原体指标降低是主要的稳定化标准。病原体或病原体指标破坏(失活)的速度和程度是工艺特异性的。病原体或病原体指标所需的降低程度取决于所需的生物固体质量(B 类或 A 类，如果需进行有益利用)。设计工程师应该查阅《40 CFR 503》和厌氧工艺过程病原体或病原体指标降低要求的其他适用法规(对于更多有关病原体降低法规的信息，请参阅第 20 章)。设计工程师应该仔细考虑使用哪一种消化系统。虽然有很多方法满足病原体降低所需的程度，但是每种都会存在成本和工艺过程复杂性的程度问题。

2.3 工艺过程的选择

污水固体厌氧消化的工艺过程的各种选择自从 20 世纪 90 年代初以来已经取得重大进展。本节提供一些历史背景，并讨论了 21 世纪内要考虑并更频繁实施的工艺过程选择方案(例如，分阶段和分相系统，以及中温和高温工艺过程)。

2.3.1 低速率消化

在 20 世纪 50 年代或 60 年代之前，固体在“低速”系统中进行厌氧消化，这种系统包括一个具有平的或半球形顶的圆筒形罐。通常并不提供外部混合，而加热常常是有限的或不存在。因此，稳定化处理导致消化池出现分层条件。

浮渣通常累积于液体表面。消化池上清液通常包含高浓度氨和磷；其经常被抽出并再循环到污水处理厂渠首工程或初级澄清池。稳定化处理的固体沉降至罐底被移除而进行进一步的处理。

低速消化的特征在于间歇进料，有机负荷率较低，除了气泡上升产生的搅拌作用外没有其他混合作用，而停留时间为 30~60 天。处理池需是大型处理池，因为砂砾和浮渣层可能会分别积累于底部和顶部，由此降低有效体积。其可以具有或没有外部热源提高消化速率，不能保持最佳消化条件。现在正在工作的低速消化系统相对很少，因为技术进步已经使之不具经济性，从而不具吸引力。

2.3.2 高速消化(中温和高温消化)

污水处理的专业人员不断改进低速系统，取得了最终导致 20 世纪 60 年代更常见的“高速”厌氧消化系统的进展(见图 25.4)。这种系统已经广泛用于中温消化。

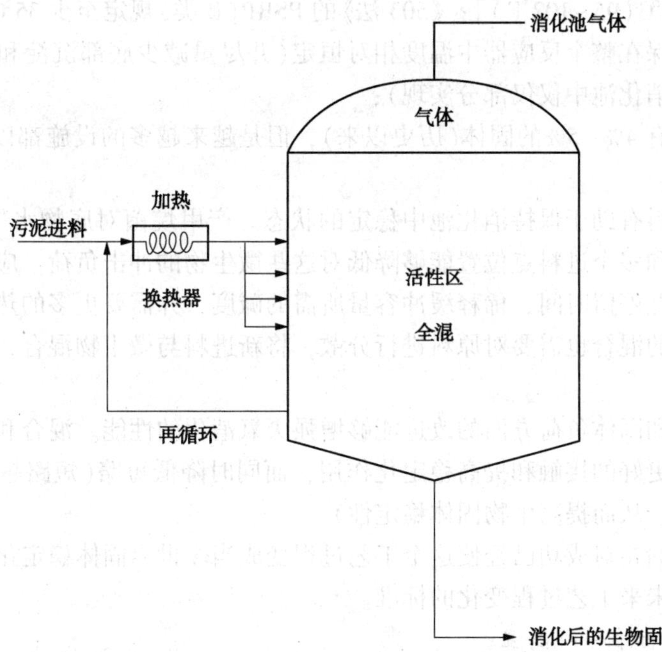

图 25.4 高速厌氧消化的简化流程示意图

2.3.2.1 工艺过程的开发

高速厌氧消化是在研究证实消化池环境条件控制有益之后开发出来的。高速消化的特征在于补充加热和混合，相对均匀的进料速率和预增稠固体(固体原料通常应该含有4%~5%的固体，但是某些最近的一些改进允许更稠或更稀的固体)。这些因素导致整个反应器中相对均匀的条件，从而降低了整个处理池容积的要求，并提高了工艺过程的稳定性。

有几种加热方法(例如，蒸汽注入、内部换热器和外部换热器)适用于厌氧消化池。外部换热器因为其灵活性和易于维持加热表面而成为最流行的的换热器。内部加热盘管因为结块而可能出现结垢；结垢的盘管必须拆除，或必须清空消化池才能将其清洗干净。蒸汽注入稀释了消化池的内容，但能够避免使用热交换设备。

2.3.2.2 设计标准——中温

通常情况下，从低速系统转换到高速系统，将会增加气体产量，固体破坏和整体工艺过程稳定性。在20世纪70年代，美国EPA广泛评估例如单级高速厌氧消化池在中温条件下停留时间超过15天的运行；监管部门发现，这个工艺过程实现了病原体显著降低和固体稳定。该机构在其1979年法案《40 CFR257》中将其定义为显著降低病原体的工艺过程(PSRP)，而其基本上成为了污水固体稳定化处理的基线。

这种中温消化池的基本设计准则通常如下：

• 挥发性固体负荷率为1.9~2.5kg挥发性固体/m^3·d(0.12~0.16 lb挥发性固体/ft^3/d)，而典型限制值为3.2kg挥发性固体/m^3·d(0.20 lb挥发性固体/ft^3/d)；

• 当以峰值15日或月负荷[15日SRT为《503法》的PSRP(B类)规定之下容许的最小值]进料时至少15日的SRT；

• 中温[35~39℃(95~102℉)]；《503法》的PSRP(B类)规定至少35℃；

• 充分混合确保在整个反应器中温度相对恒定(并尽量减少底部沉淀和表面浮渣/碎片，但是这在许多高速消化池中仅仅部分实现)；

• 进料滤饼含有4%~5%的固体(历史以来)，但是越来越多的设施都以5%~7%固体为目标。

频繁的固体进料有助于保持消化池中稳定的状态。产甲烷菌对底物水平的变化很敏感；消化池中均匀进料和多个进料点位置能够降低对这些微生物的冲击负荷。应该避免水力负荷过大，因为这会降低停留时间，稀释缓冲容量所需的碱度，并需要更多的热量，才能实现工艺过程目标。良好的混合也需要对原料进行分散，将新进料与微生物混合，并确保整个反应器的温度保持恒定。

在搅拌，加热和固体负荷方面的改进能够增强厌氧消化的性能。混合和加热能够为底物和微生物之间提供更好的接触和提高稳定化作用，而同时降低短路(短路越少，就能够使病原体杀灭更加恒定，从而提高生物固体稳定性)。

高速中温设计的相对成功已经使这个工艺过程变成当今世界固体稳定化处理最常见的方法。它也成为评估未来工艺过程变化的标准。

2.3.2.3 设计标准——高温

尽管大多数厌氧消化池都在中温条件[35℃(95℉)]下运行，但也可以在高温[一般为50~57℃(122~135℉)]下运行。高温消化池比中温消化具有稍微不同的设计和性能标准。例如，挥发性固体负荷率可能较高，SRT可能较低(Schafer et al.，2002)。正如阿累尼乌斯关系所示，高温消化池也能够比相同尺寸规格的中温消化池降低更多的挥发性固体。然而，因为温度越高，需要供热的能量就会越多。为了减少供热成本，热电联产系统的余热可能能够用于加热高温消化池的污泥。

高温消化相比于中温消化具有许多优点。例如，高温消化的固体具有更好的脱水特性，因此供热成本能够由脱水成本降低而抵消。高温消化系统也破坏更多的挥发性固体(Schafer et al.，2002)，而通常产生包含较少病原体的生物固体。然而，《503 法》将中温和高温厌氧消化(非间歇式的非分相系统)分类为 PSRPs(B 类工艺)，因此连续流高温消化池对其病原体降低性能取得监管部门的批准。《503 法》还规定，任何要进一步降低病原体的工艺过程(PFRP)(A 类工艺过程)必须先于或同时实施病媒吸引力降低工艺过程(例如，中温或高温厌氧消化)，才能减轻巴氏杀菌后的复生担忧(Clements，1982；Keller，1980)。因此，为了满足 A 类固体的规定要求，高温消化池可能需要设计成部分或完全按间歇模式运行，其中每个粒子都满足美国 EPA 确立的时间和温度关系。

根据《503 法》，高温消化工艺过程通过在特定的时间内按间歇操作维持其温度处于或高于 50℃(更常见的是 55℃)而使之满足 A 类的规定。时间的计算使用以下公式(US EPA，1999)：

$$D=\frac{50070000}{10^{0.14T}} \tag{25.1}$$

式中 D——时间，d；

T——温度，℃。

这个方程能够适用于含固体低于 7%的滤饼。基于这个方程，符合之处是 55℃下至少 24h。另一符合之处将是 50℃下至少 120h。由于高温消化的温度升高，需要破坏病原体或病原体指标的分批时间(和由此所致的处理池容积)大大降低。如果公共事业公司选择消毒含固体超过 7%的滤饼，则使用下面的方程确定时间和温度要求：

$$D=\frac{131700000}{10^{0.14T}} \tag{25.2}$$

式中 D——时间，d；

T——温度，℃。

因此，对于含有固体超过 7%的滤饼，在 55℃下最低分批时间为 63.1h。然而，在实践中，高温消化反应器中因为粘度太高是不大可能在如此高固体浓度下运行的。消化池需要更多的能量用于泵送和混合高粘度固体。

洛杉矶的早期全规模试验测试表明，高温消化池很难运行(Garber，1982)。然而，最近的工作表明，高温消化池在温度恒定并使用良好混合与进料系统时是很可靠的(Krugel et al.，1998)。曾有人认为，早期高温消化池不具有当前的混合，加热和温度控制系统的优点。

总之，高温消化能够破坏更多的挥发性固体和病原体，并产生更多的沼气，但可能在实施和运行时比中温消化成本更高。有人曾经认为，余热回收和利用，以及较低的脱水成本，能够抵消成本的增加。设计工程师可能愿意采用实际的原料进行中试试验之后才会决定使用高温消化。

2.3.3 初级-二级固体消化

初级-二级固体消化系统将发酵和固-液分离分成串联的两个独立处理池(参见图25.5)。第一处理池是负荷率变化的厌氧消化池，而第二个处理池是固-液分离器。第二个反应器通常并不混合或加热设施，除非将其用于提供待机消化池容量。事实上，第二处理池可以起到几个不同的其他功能(例如，提供存储容量和保险，防止工艺过程短路)。初级-二级固体消化通常对于初级澄清池固体(沉降固体)运行良好，因为第二处理池通常会提供良好的分离作用。

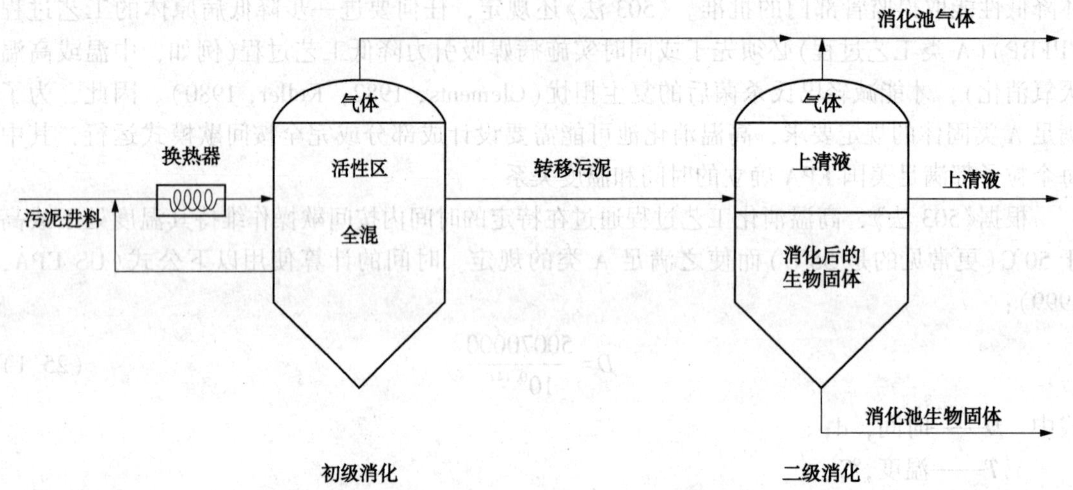

图 25.5　两阶高速厌氧消化的工艺流程示意图

然而，如果将生物固体引入该工艺过程，第二处理池就不太可能将固体从几乎相同的液体中分离出来。如果第二处理池的上清液含有高浓度悬浮固体，则对其实施再循环可能对液体处理序列产生有害作用。沉降较差可能是由初级固体消化池消化不完全(其在二级固体消化池中产生气体并导致固体漂浮)或由沉降特性差的精细固体(通常在处理二级或三级固体，包括化学品固体处理时需要关注)所致。由于生物固体的问题，初级-二级固体消化现在更加不太常见。

2.3.4 回热式增稠

回热增稠是厌氧消化池中将 HRT 与 SRT 分离的工艺过程(见图25.6)。此工艺过程提高了 SRT；SRT 提高多少，取决于增稠固体的数量或比例和提供的增稠程度。这个工艺过程也将厌氧细菌返回至消化池而潜在地提高生物活性。

增稠的各备选方案包括离心机、重力带式增稠机和溶气浮选增稠机[空气浮选(DAF)和缺氧气体浮选都已经使用]。在华盛顿州斯波坎的污水处理厂试验了溶气浮选回热式增稠，而细菌幸存于氧化作用(Reynolds et al., 2001)。

回热式增稠是因为几个原因，例如，暂时增加消化池 SRT 而同时污水处理厂一些消化容量待机进行维护或施工。这也可能用于延迟更多消化池容量的施工建设。有时，现有的增稠设备也适用于回热增稠的目的。

回热式增稠的缺点包括操作复杂、使用聚合物、维修需要和额外工艺过程的成本。

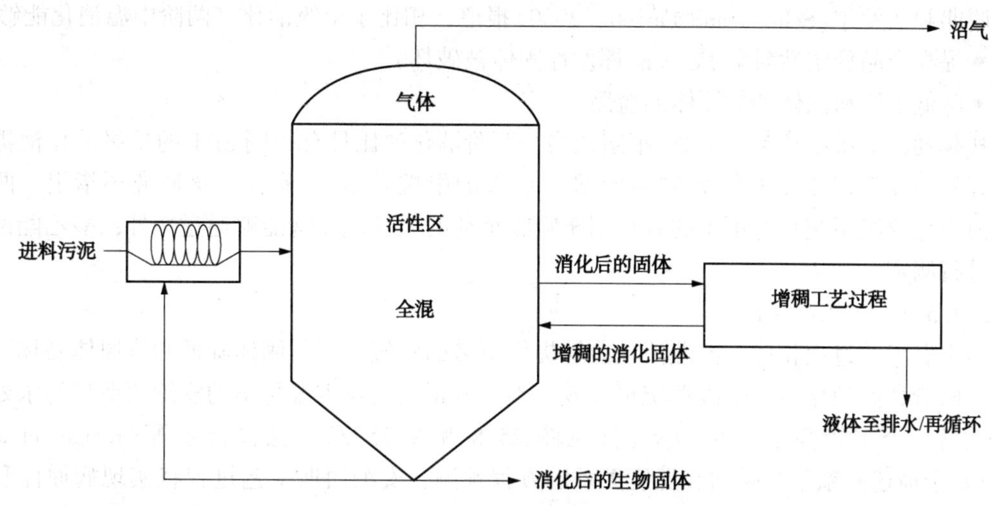

图 25.6　回热式增稠工艺过程的简化示意图

2.3.5　分级消化

分级(分阶段)消化的概念已多年来按照各种方式进行使用(例如，分级代谢、工作温度和氧化还原条件)，但对其病原体控制优点却越来越被认同。例如，初级-二级固体消化基本上是两阶中温工艺过程，因为停留时间相对较长和固体短路降低而能够产生充分稳定的固体。其他分级中温消化方案也正在得到认可和使用。

2.3.5.1　两阶中温消化

两阶中温消化是使用两个串联的全混消化池的单级高速厌氧消化的拓展(见图 25.7)。第一级必须设计用于提供可靠的中温消化(例如，足够的 SRT 和合理的挥发性固体负荷率)。因为大部分工艺过程考虑因素都在第一反应器中得到满足，而第二级就能够采用相对较短的 SRT 运行。这两个阶段都要进行加热和混合。置于串联处理池内导致反应动力学行为更像活塞流而非全混过程，从而降低短路，提高了工艺过程效率。

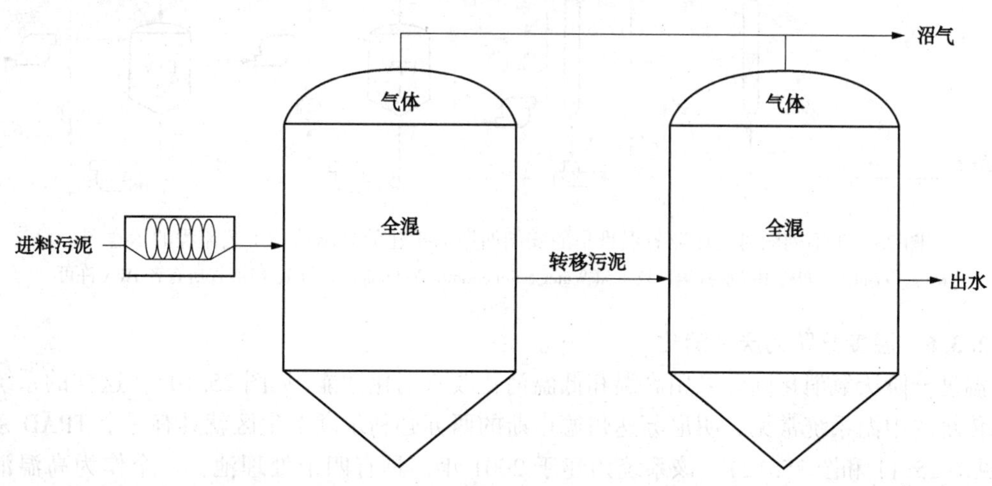

图 25.7　两阶中温消化工艺过程的示意图

谢弗和法罗尔(Schafer and Farrell，2000)报道，相比于单级消化，两阶中温消化能够

- 提高产品稳定性(因为更多的挥发性固体被破坏)；
- 降低了原料固体和病原体的短路。

扎赫勒(Zahller et al.，2005)报道认为，两阶消化池比具有相同 SRT 的单级消化池提供了更好的挥发性固体破坏和沼气组成(即，更多的甲烷含量)。然而，该研究还指出，两阶系统似乎比单级系统具有更小的容量用于吸收负荷的大变化，这能够通过额外乙酸乙酯使用容量进行测定。

2.3.5.2 多级高温消化

与中温工艺过程相比，高温消化能够提供更多的沼气生产，固体降低和病原体破坏。同样地，两阶高温消化池比单级系统更有效。不列颠哥伦比亚省温哥华的安纳西斯岛污水处理设施就是一个多级高温消化的实例(见图 25.8 和图 25.9)。克鲁吉尔等(Krugel et al.，1998)基于描述间歇系统时间和温度关系的方程预测，安纳西斯工艺过程将实现病原体和病原体指标降低等于 A 类间歇式工艺过程，而该机构的监测结果证实了这些预测。该系统也曾报道证实离心脱水生物固体会释放较低的有机硫，以及脱水之后并没有大肠杆菌再生——有些在其他高温或中温厌氧工艺过程中并未观察到(Chen et al.，2008)。

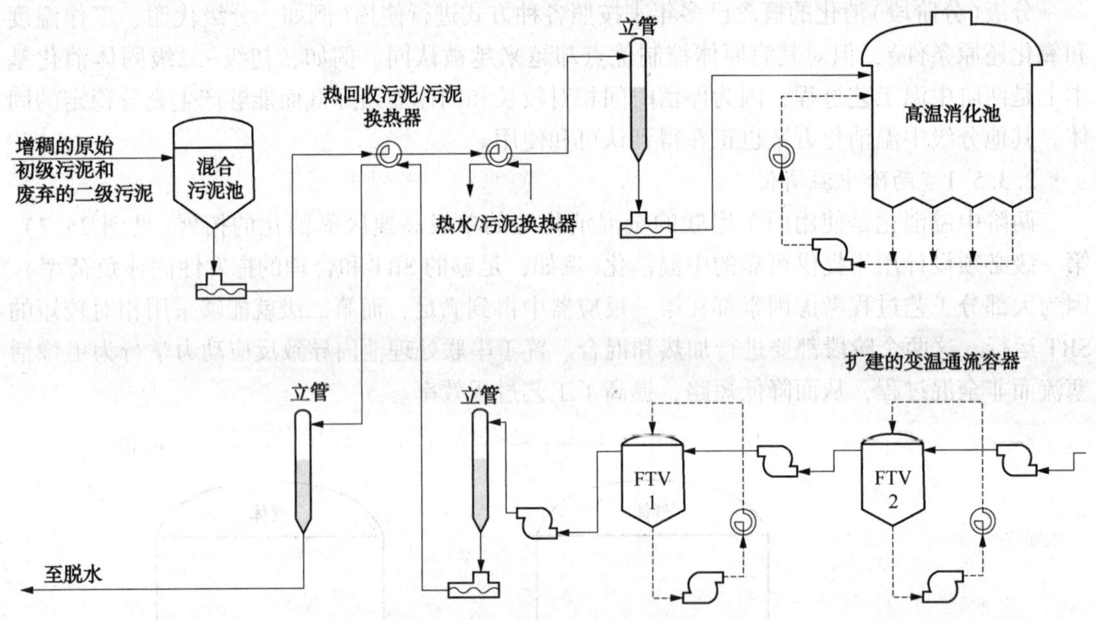

图 25.8 不列颠哥伦比亚省温哥华的安纳西斯岛扩建的高温消化工艺流程的示意图

[Krugel et al.，1998；由《水科学与技术》(Water Science and Technology)重印，经版权所有者 IWA 许可]

2.3.6 温度分阶的厌氧消化

温度分阶厌氧消化同时采用高温和低温消化改善消化性能(见图 25.10)。这样的系统并不如传统的中温系统常见。明尼苏达州德卢斯的西苏必利尔湖卫生区就具有一个 TPAD 系统(参见图 25.11 和图 25.12)。该系统始建于 2001 年，具有四个处理池：一个作为高温消化池运行，然后是作为中温消化池并行运行的三个处理池。

图 25.9　不列颠哥伦比亚省温哥华安纳西斯岛扩建的高温消化工艺过程的照片
（经 Brown and Caldwell 允许）

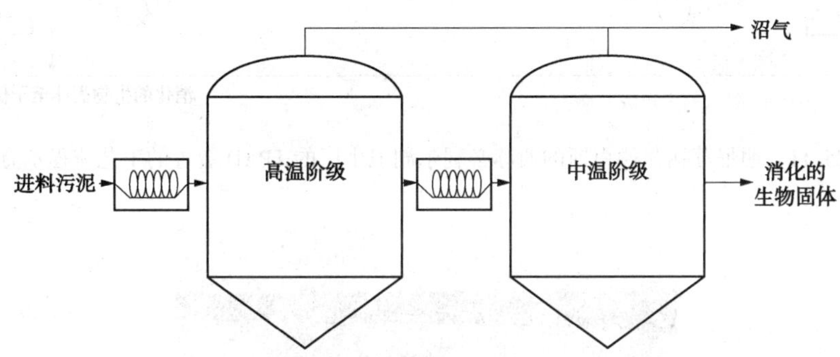

图 25.10　温度分阶厌氧消化工艺过程的示意图

2.3.6.1　工艺开发

德国研究人员发现温度分阶消化具有潜在的优点。德国科隆的厌氧消化池自从 1993 年 8 月以来就按照温度分阶模式运行（Dichtl，1997）。在美国，哈恩和达盖（Han and Dague，1996）进行的实验室研究证明了温度分阶厌氧消化的优点，并基于达盖的工作在 20 世纪 90 年代向爱荷华州立大学公开了 TPAD 工艺方法的专利。

高温消化池的较大水解作用和生物活性往往会比全中温消化工艺过程提供更大程度的挥发性固体破坏和更多的沼气产量。该系统在处理混合固体（初级固体和 WAS）时还能够降低高速中温消化池起泡的趋势（Han and Dague，1996）。其他优点还包括消化固体中大肠菌群计数低（Han and Dague，1996）和满足《40 CFR503》之下 A 类病原体标准的潜力。

TPAD 中温阶段提供额外的挥发性固体破坏作用和沼气产量，以及进一步进行处理的固体条件。这个阶段也降低了高温消化中很常见的发臭剂（大多为脂肪酸）浓度，提高了操作稳定性，并产生特性更加恒定的生物固体。生物固体在脱水期间也会比中温消化池产生固体含量更高的滤饼。

温度分阶的工艺过程设计用于利用高温消化速率，这个速率据估计比中温消化快 4 倍（Dague，1968）。道格评价的系统中高温阶段在 55℃（131℉）下以 5 天停留时间运行，而中温阶段在 35℃（95℉）下以 10 天停留时间运行。其他研究人员已经尝试对高温和中温阶段采

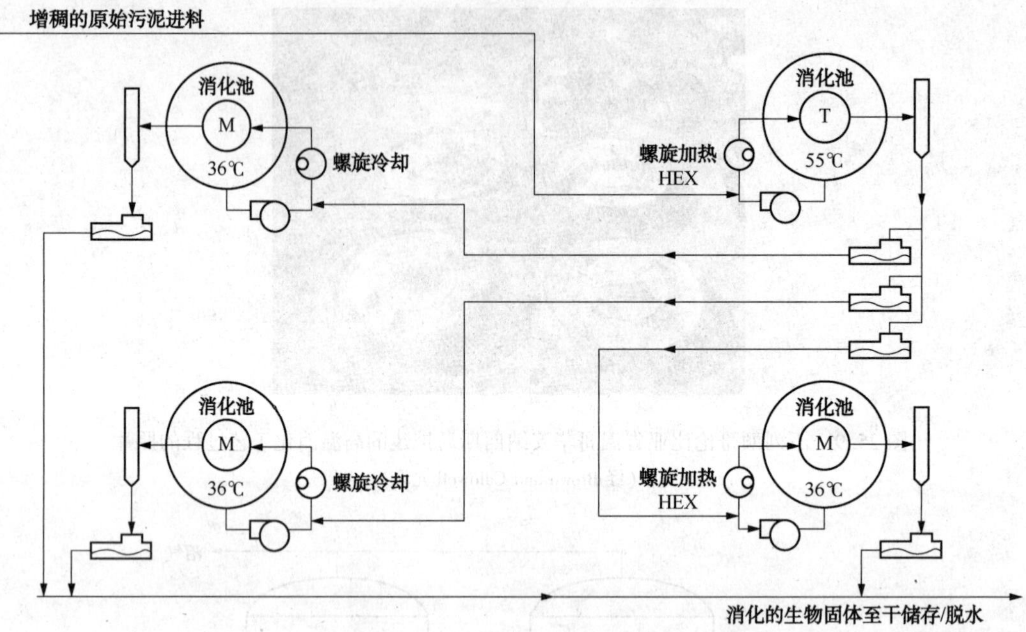

图 25.11 明尼苏达州德卢斯的西苏必利尔湖卫生区的 TPAD 装置的工艺流程示意图

图 25.12 明尼苏达州德卢斯的西苏必利尔湖卫生区的 TPAD 装置的照片
（经 Brown and Caldwell 许可）

用不同停留时间，并发现每个阶段的各种停留时间下都改进了性能。在 5 天或更少 SRT 下很少有全规模污水处理厂运行高温阶段，但研究表明这可能是成功的。

2.3.6.2 设计标准

TPAD 的设计标准会有所不同，因为性能在各种情况下都已证明是成功的。然而，基于迄今为止的大多数研究和全规模试验经验，典型 TPAD 系统设计标准为

• 高温消化温度为 50~57℃；

• 高温消化的停留时间为 4~10 天（现有 TPAD 系统可能有更长的 SRT，因为大型处理池可供高温阶段使用，或早期年负荷小于设计负荷）；

• 中温消化的温度为 35~40℃下；

• 高温消化的停留时间为 6~12 天(另外，现有的 TPAD 系统可能具有较长的 SRT，因为所用储量或负荷小于设计负荷)。

在设计 TPAD 系统时，工程师应该基于项目目标，固体进料特性与可变性和现有设施选择设计标准(因为大多数 TPAD 系统都是现有设施的改建系统)。如果原料数量和特性差异很大，设计工程师可能要在第一阶段高温反应器中使用更长的停留时间——或许 10-天 SRT 或更长。如果现有处理池适用于高温消化，但其 SRT 只有 4 或 5 天，则只要中温系统的 SRT 足够长而足以应对第一阶段高温反应器的某些可变性时这种 TPAD 系统可以工作良好。约 15 天的总 SRT(最小值)被认为是峰值 15 日或峰值月负荷的良好设计实践惯例。如果污水处理厂需要确保其生物固体满足 B 类标准，则 15 日总 SRT(最小值)通常是必需的。《503 法》的另一规定是中温阶段的消化池温度必须保持高于 35℃(如果中温 SRT 需要满足 B 类要求)。

2.3.6.3　性能

TPAD 系统的性能往往要基于挥发性固体降低(VSR)或沼气产量进行测定。谢弗等(Schafer et al.，2002)报道了相比于具有类似 SRT 的中温系统性能在几个污水处理厂采用 TPAD 工艺方法性能得到了显著改善。(如果中温和 TPAD 系统具有不同 SRT，则直接性能对比如果没有额外信息而更难以量化。)

谢弗等(Schafer et al.，2002)也综述了中试或示范规模的研究，并发现，当进料相同原料和采用相同总 SRTs 时，TPAD 优于中温消化系统。VSR 的改善经常如下引述：

• 高速中温消化池，SRT 为 20 天，达到 50%VSR；

• TPAD 系统具有 20 日总 SRT 和相同或类似的原料，实现 57%VSR。

2.3.6.4　加热，冷却和其他设计考虑因素

温度分阶厌氧消化可以按照几种方式进行加热(和冷却)，但还需要一些预防措施：

• 对于能源效率，高温固体的热能够进行再循环而加热冷原料并部分冷却高温固体。对于这种热循环概念(例如，固体/固体换热器和固体/水/固体换热器)已经有各种各样的设计。这种方法需要补充热量(例如，换热器或添加蒸汽)，才能确保原料达到高温条件。

• 固体能够经由换热器和/或加入蒸汽加热到高温温度而无需采用热再循环。在这种情况下，高温固体通常必须在进入中温阶段之前进行冷却，而这些热量能够传递至污水处理厂的出水，吹入大气中，或用于加热供建筑物取暖或其他用途的水。

• 在寒冷的季节，如果中温阶段的 SRT 足够长，则因为中温阶段能够经由对大气和地面的热损失自我冷却而可能不需要专用冷却系统。设计工程师应该计算这是否是可能的和在某些条件下对于可靠性能这个中温阶段是否太热。

工程师应该确保高温阶段在恒定的温度下运行，因为其微生物对温度变化，特别是温度升高更敏感。例如，如果设计温度为 55℃时，控制系统应该确保能够维持此温度(严格容限)。此外，还需要混合系统，确保所有的处理池内容物接近所测定的高温温度。中温阶段的温度容限并不太严格，但必须仔细地对可靠性能进行评价。

其他设计考虑因素包括高温消化池的气味释放防护。例如，浮动盖因为环形空间的气味释放通常就可以避免。另外，气体处理系统必须经过设计才能处理高温沼气的更大生产率和水分含量。此外，设计工程师可能需要评价现有的中温消化池是否能够足以满足高温服务。

这包括对处理池，机械系统，管道和涂层/衬里系统的结构评价。

2.3.7 双级厌氧消化

两阶消化(有时也被称为酸-甲烷消化)分离成两个主要的厌氧反应——酸形成(产酸)和甲烷产生(产甲烷)——有利于整个稳定化处理工艺过程(见图 25.13)。分离阶段最实用的方法是通过动态控制，通过调节每个反应器的停留时间和负荷速率而完成。第一阶段的消化池负荷升高而 SRT 降低(HRT)，有利于产酸生物，因为低的 pH 值和保留时间是不利于产甲烷菌的。在第二阶段中，较大的消化池(或多个消化池)提高 SRT，因此产甲烷菌发生增殖。短链脂肪酸高的进水浓度也能够促进产甲烷菌的生长。

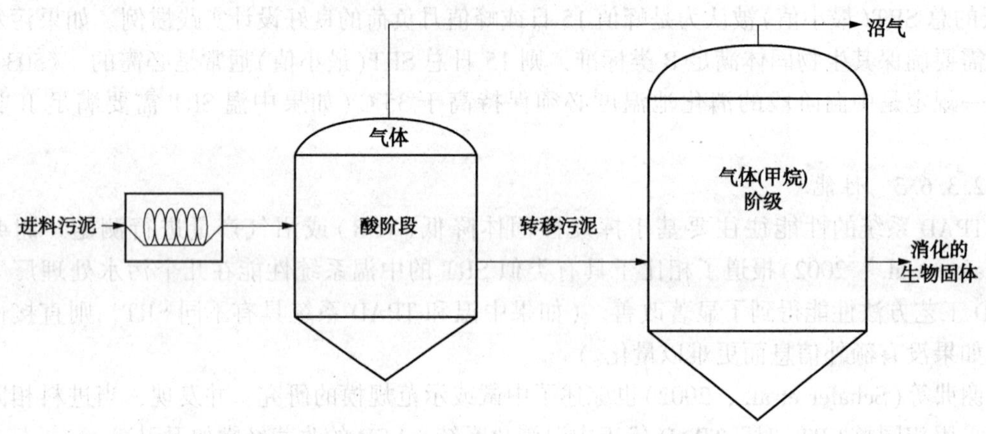

图 25.13 两阶厌氧消化工艺过程的示意图

2.3.7.1 工艺开发

对于这个工艺过程的早期研究工作主要由山姆戈什完成(Ghosh et al., 1975, 1987; Lee et al., 1989)。最初原料固体进料至 SRT 为 1 ~2 天的反应器中，这称为酸阶消化池。在这种反应器中，建立低 pH 值环境(通常为 5.5~6.2)，悬浮有机物质发生水解，然后形成低分子量的脂肪酸。甲烷生产在这个阶段是受限制的。第一阶段已经在中温和高温温度条件下进行了试验，但是很少有全规模系统在高温条件下运行酸阶消化。

酸阶生物质随后进料至 SRT 为 10~15 天的第二容器也(称为甲烷阶消化池)。此阶段也可以在中温或高温下运行。这个阶段的条件类似于传统高速消化池中采用的那些条件，运行时要维持产甲烷细菌的最佳环境条件。

2.3.7.2 设计标准

实验室和小试的工作导致污水固体的较大型系统开发(Ghosh et al., 1991, 1995)。经验表明，厌氧消化池性能能够通过酸形成和产甲烷阶段的分别优化而得以改善。与单阶系统相比，两阶厌氧消化系统具有较高的挥发性固体降低率和沼气产量，能够产生含更多甲烷的沼气，灭活病原体更多，泡沫最小化，而整体更加灵活，更稳定。

关键的设计标准是负荷率和停留时间。酸阶消化池的推荐工艺设计标准通常如下：

- 挥发性固体负荷速率为 25~40kg 挥发性固体/m^3 · d(1.5~2.5 lb 挥发性固体/ft^3 · d)；
- 包含固体 5%~6%的原料；
- 固体保留时间 1~2 天(在中温温度下)；

- 总挥发性脂肪酸(VFA)浓度 7000~12 000mg/L;
- pH 值范围为 5.5~6.2。

两阶消化的甲烷反应器可以按照比传统高速消化系统更高的负荷速率实施，因为酸阶反应器中已经发生了水解。甲烷反应器中挥发性固体的负荷率往往类似于传统高速中温消化的那些情况。10 天左右的停留时间已通过测试并由工艺过程支持者推广；然而，大多数全规模系统都具有较长的停留时间(一般为 15 天或更长时间)。对于整个双阶消化工艺过程的总 SRT 很少小于 15 天，如果所产生的生物固体必须达到《503 法》下的 B 级标准，则这是必需的。

2.3.7.3 性能

两阶消化的性能经常经由 VSR 或沼气产量进行测定。谢弗等(Schafer et al., 2002)报道，这个工艺过程显著提高了伊利诺伊州杜佩奇县污水处理厂设施的 VSR，但其他设施却鲜有改善。巴恩斯等(Barnes et al., 2007)报道，美国科罗拉多州丹佛的两阶消化设施相比于其先前的高速中温系统并没有表现出任何显著 VSR 增加，但消化池发泡并不再是主要问题。杜佩奇县污水处理设施的消化池发泡也大幅度降低(Ghosh et al., 1995)。最低发泡被认为是两阶消化的主要优点。该理论认为，酸阶反应器中的水解和高浓度挥发性酸是打破生物物和其他促进消化池发泡的成分的重要因素。

2.3.7.4 工艺过程变体——三阶消化

三阶消化是使用两个高温消化和一个第三反应器的两阶消化的变体，第三反应器可以具有可变的温度(参见图 25.14)。这种工艺方法已经用于伊利诺伊州杜佩奇县设施和美国加利福尼亚州奇诺的内陆帝国公共事业机构。这种方法的主要目标在于改善高温消化中能够发生的较高 VFA 水平，并提供另一阶段的消化，降低短路，而允许进行更多的病原体控制。据内陆帝国的三阶消化工艺过程的报道，产生的生物固体满足《503 法》下的 A 类要求(Drury et al., 2002)。

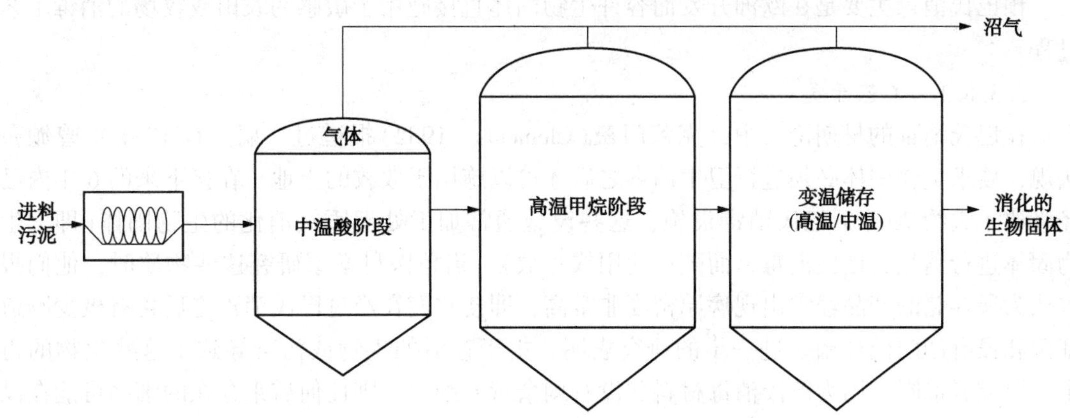

图 25.14 三阶(酸-气分阶)厌氧消化工艺过程的示意图

2.3.7.5 工艺过程变体——酶水解和消化

酶水解将这种系统的酸阶段扩展到多达六个的 42℃ 串联处理池。其目的是将反应器动力学由全混转换成活塞流，这能够提供更多的处理容量。图 25.15 显示了两阶酶水解构造设计结构，这在英国兰开夏郡的布莱克本污水处理厂进行测试：标准酶促水解工艺过程和增强酶水解工艺过程，其中包括55℃下的巴氏杀菌步骤(Werker et al.，2007)。根据支持者，酶水解提高了沼气产量和固体破坏率，而大大改善病原体杀页的酶水解反应。

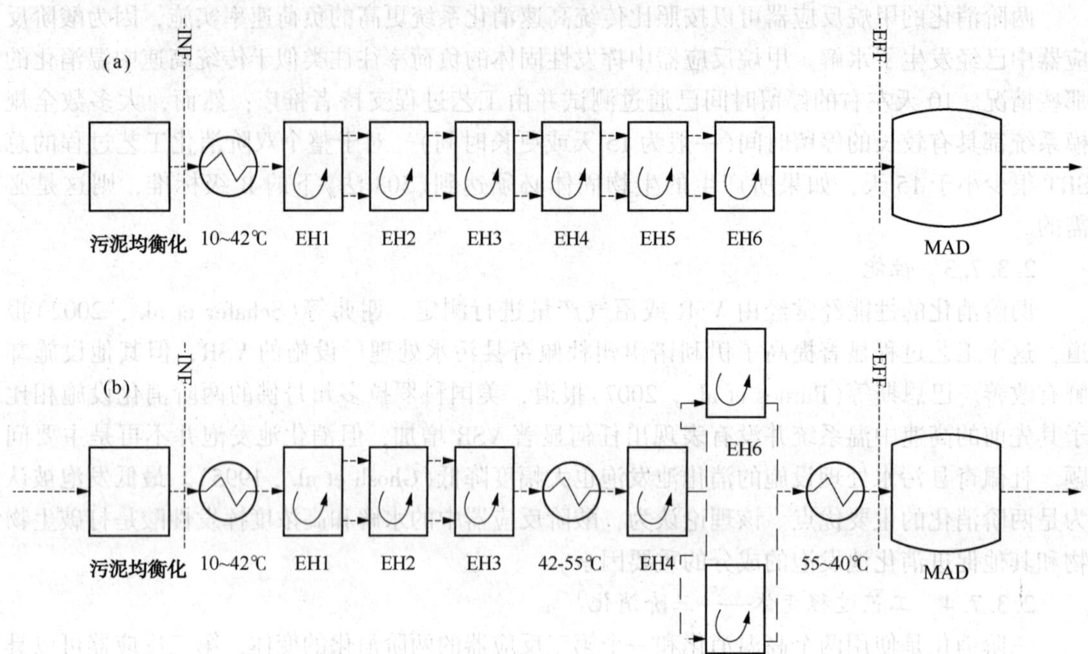

图 25.15 酶水解工艺方法的两种构造设计结构的流程示意图：(a)标准操作和(b)强化操作(Werker et al.，2007)

2.3.8 预巴氏消毒作用

预巴氏消毒主要是在欧洲开发而容许生物固体直接施用于敏感的农田或牧场的消毒工艺过程。

2.3.8.1 工艺开发

在巴氏消毒的早期论文中，克莱门茨(Clements，1982)报道过，瑞士在1971年曾颁布法规，要求生物固体必须进行卫生消毒之后才可以施用于放牧的土地。在接下来的6年内已经修建了大约70个后巴氏消毒设施；这些设施通常加工处理厌氧消化的生物固体(即，生物固体进行消化，巴氏消毒，而随后使用或存放)。当兽医科学家研究这些物质时，他们报告认为所存储的产品经常出现病原密度非常高，即使它们在经过巴氏消毒之后含有极少肠道细菌和没有沙门氏杆菌。进一步的研究表明，由于存活的生物或污染导致了这些生物的再生。研究者推断，因为巴氏消毒材料并没有剩余营养细菌，则任何后来存在的细菌可能在没有竞争对手存在下发生爆发式增长。

科勒(Keller，1980)提供了关于细菌在来自后巴氏消毒工艺过程的生物固体中再生的数据。这些数据表明，巴氏杀菌消毒之后，生物固体每克含有20~75个肠杆菌菌落形成单位(CFU)。当将其从处理设施运走时，然而，这些物质却包含207 000~35mil. CFU/g。不久之后，污水处理厂经过改造而在消化之前进行固体巴氏消毒(称为预巴氏杀菌消毒)，则再生的问题消失。在许多国家这个实践惯例已经成功地持续了几十年(主要在欧洲)。一些美国设备现在也在使用这种工艺。

2.3.8.2　设计标准

使用巴氏杀菌消毒工艺过程的主要原因是消毒(卫生处理)固体；这还并没有被报道认为能够显著增强 VSR。预巴氏消毒工艺过程满足《503 法》的 A 类病原体标准，通常在间歇操作中通过在一段特定的时间内维持其温度高于 65℃(一般为 70℃)完成。时间长短使用方程 25.1 进行计算，这适用于固体含量小于 7%的滤饼。

计算表明，固体必须维持于 65℃下约 1h。随着巴氏灭菌法的温度升高，所需时间(并且，因此，所需处理池容积)会减少。大多数系统经过设计都能完成 0.5 小时至少 70℃，但是在稍低的温度下运行可能会降低运营和维护(O&M)成本。

如果公共事业公司选择对固体含量超过 7%的滤饼进行巴氏消毒，则时间和温度要求可以采用方程 25.2 进行确定。《503 法》规定，巴氏杀菌消毒过程必须在病媒吸引力降低工艺过程(例如，中温或高温厌氧消化)之前进行，而应该按照间歇模式运行才能减轻再生问题。因此，后巴氏杀菌消毒在这条规定下是不容许的。

2.3.8.3　预巴氏消毒的容器

美国环境保护署指出，为了生产满足《503 法》之下备选方案 1 中要求的 A 类生物固体，生物固体的每个粒子都应该在最低时间内暴露于最低温度下。因此，设计工程师应该避免使用全混系统或潜在地会发生返混或短路的系统作为预巴氏杀菌消毒罐。大多数供应商提供的系统都是间歇式处理池；只有一个供应商提供活塞流处理池进行预巴氏杀菌消毒。设计工程师使用非间歇式系统之前应该咨询美国环保署的工作人员或其他相关监管机构。

间歇式预巴氏杀菌系统按照填充/保持/排出模式运行，而如果需要连续操作则有几个批次的容器用于完成每个循环。这些容器应该能够充分混合，确保所监测的温度能够反映整个内容物(即，每一固体粒子满足时间和温度要求)。如果下游厌氧消化工艺过程使用间歇进料循环而上游存储足够时，对于所需的填充，维持和排出循环，这个系统需要不到 3 个批次的容器。

2.3.8.4　预巴氏杀菌消毒的辅助设备

设计工程师在安装巴氏消毒工艺过程时，应该考虑三个重要的辅助功能：

- 固体加热和冷却；
- 固体筛分；
- 温度监测和控制。

由于预巴氏杀菌系统的温度通常保持于 70℃，固体必须进行加热，尔后冷却。换热器是最常用的方法，用于加热和冷却固体。如果需要，设计工程师可能会设计热回收步骤，而使用冷却生物固体的热预热原料固体。回收步骤将需要大量的热交换能力。如果使用换热器，这些固体可能需要进行预巴氏杀菌消毒——即使在污水处理厂渠首使用细筛。筛滤也有助于生产更美观的产品。

保持 A 类的一致性需要良好的温度监测和控制。具有良好的自动化系统同时确保巴氏杀菌消毒和防止需要几个月时间补救的下游污染，是至关重要的。应该禁止未经巴氏消毒的固体通过，或废弃或再循环这些不能满足时间和温度要求的物质。如果有必要，应该包括备用设备，维持时间和温度，因为这些参数不严格可能会污染下游厌氧消化工艺过程。

2.3.8.5 性能

预巴氏杀菌消毒工艺能够满足《503 法》中的沙门氏菌标准。华德等(Ward et al.，1999)表明，预巴氏杀菌消毒的固体甚至在接种沙门氏菌之后也能抗再生长；相反，这些生物都会死亡。希金斯等(Higgins et al.，2008b)也已经观察到预巴氏杀菌消毒能够有效杀灭沙门氏菌，即使粪肠菌再生(这表明，有可能有必要测定实际病原体而不是确保满足《503 法》顺应性的指标)。

总之，预巴氏杀菌消毒是一种有效破坏固体中病原体的方法。这种方法在世界各地使用，是一种与厌氧消化相关的较为普遍的固体消毒工艺过程。几个美国设施都使用这种工艺方法，包括由弗吉尼亚州亚历山德里亚卫生局经营的 204400m^3/d(54mgd)污水处理厂(见图 25.16 和图 25.17)。

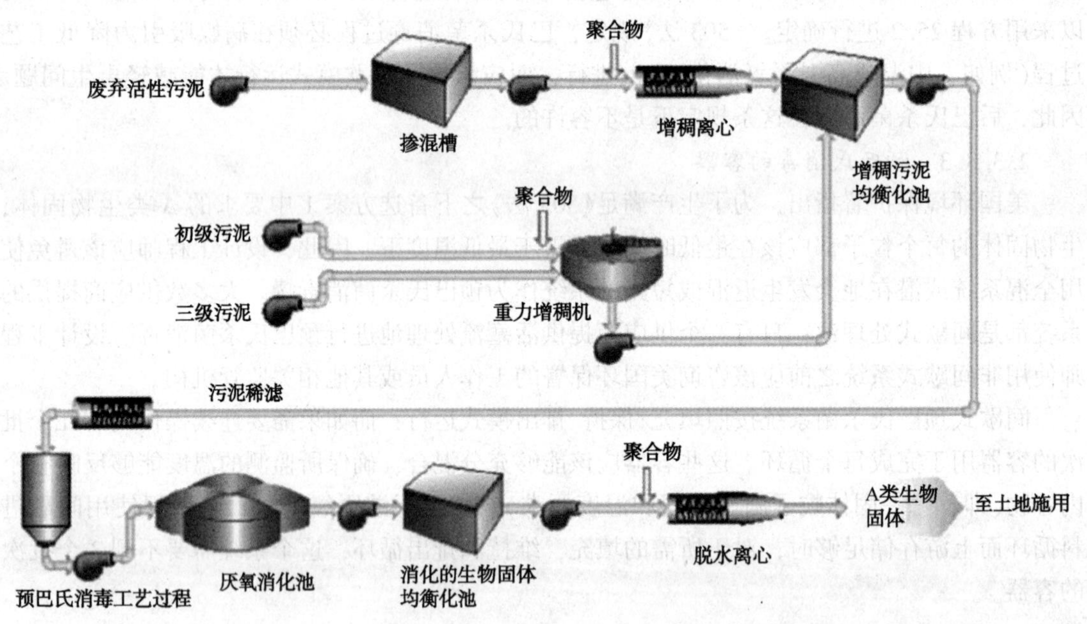

图 25.16 弗吉尼亚州亚历山德里亚卫生局的工艺流程图

(经由弗吉尼亚州亚历山德里亚卫生局许可)

2.3.9 热水解

热水解是一种预消化整理工艺过程。这种方法在升高的温度和压力下在间歇反应中处理固体。这种工艺方法改善生物固体可消化性，尤其是同时能够降低消化罐池的规格尺寸并改善脱水性能。

2.3.9.1 工艺开发

一些关于使用热水解作为厌氧消化预处理步骤的早期工作始于美国(Haug et al.，1978；Haug et al.，1983；Stuckey and McCarty，1984)。这些早期的出版物(连同 Li and Noike，1992 一起)提出了现今使用全规模热水解工艺方法的基本优化格式，这涉及到 150～170℃的温度、30min 的 SRT 和约 827kPa(120psi)的压力。压力能够防止水从固体中蒸发掉，并降低总能量需要。

热水解首先在美国开发出来，但却在欧洲成功实施。挪威的 HIAS 污水处理厂于 1996

年实施了第一个全规模系统。爱尔兰都柏林有正在运行的这种最大污水处理厂；它为 160 万人口当量提供服务。有超过 20 家大型和小型系统目前正在运行，主要集中在北欧。

全规模热水解工艺方法的另一方面是快速减压步骤。这个步骤出现在反应步骤之后，而据报道，能够有助于燃烧细胞，进一步促进水解和消毒。

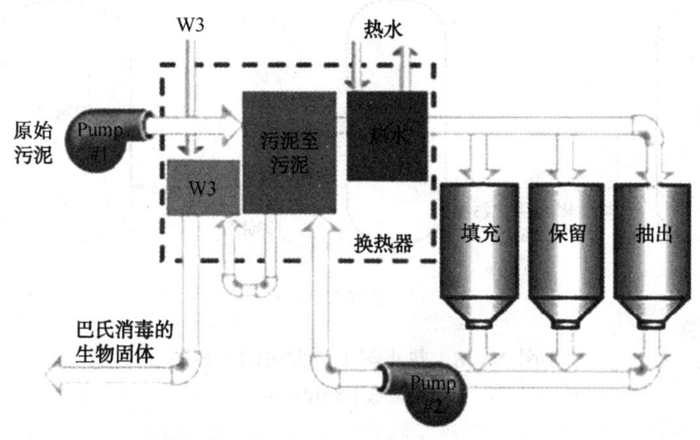

图 25.17 亚历山德里亚卫生局的 Krugers Biopasteur™ 工艺流程图

(经由亚历山德里亚卫生局许可)

如果在厌氧消化前使用，则热水解就能完成以下一个或多个操作：

- 提高消化速率和气体产量；
- 降低厌氧消化系统的规格大小；
- 消毒固体；
- 制备厌氧消化下游热加工处理的固体。

2.3.9.2 设计标准——热水解的容器

热水解容器由 316 型或更好的不锈钢制成，并制成耐受压力和真空。这种容器的构造结构取决于供应商。

在 150~170℃的温度和相应的蒸气压下运行 30min，热水解作用能够溶解和水解固体(Li and Noike，1992)，并崩解生物细胞(例如，细菌和病毒)。根据文献(Li and Noike，1992)，在 170℃下产生最大溶解，而最佳 SRT 为 30~60min。在实践中，30min 的 SRT 能够优化反应器尺寸，并提供溶解和水解的产品。

热水解作用基本上由预热步骤，加热和分批反应步骤和快速减压步骤进行进一步溶解和破碎微生物细胞构成(见图 25.18)。预热步骤用于回收反应和减压步骤的废热，以及产生有利的能量平衡。这种系统的原料是含固体 14%~18%的脱水滤饼。脱水大大改善了热平衡，并降低下游厌氧消化工艺过程的体积约 50%。

如果需要 A 类产品，设计工程师和操作者应当确保反应器中的每个固体颗粒都满足时间和温度的要求。如果这个工艺过程将会使用换热器回收热量，则也可能需要进行固体筛滤。

因为滤饼含有超过 7%的固体，时间和温度要求采用方程 25.2 确定。计算表明，固体必须达到 150℃并保持热不到 1s，因此这种系统的 30min 的 SRT 远远超过美国 EPA 的时间和

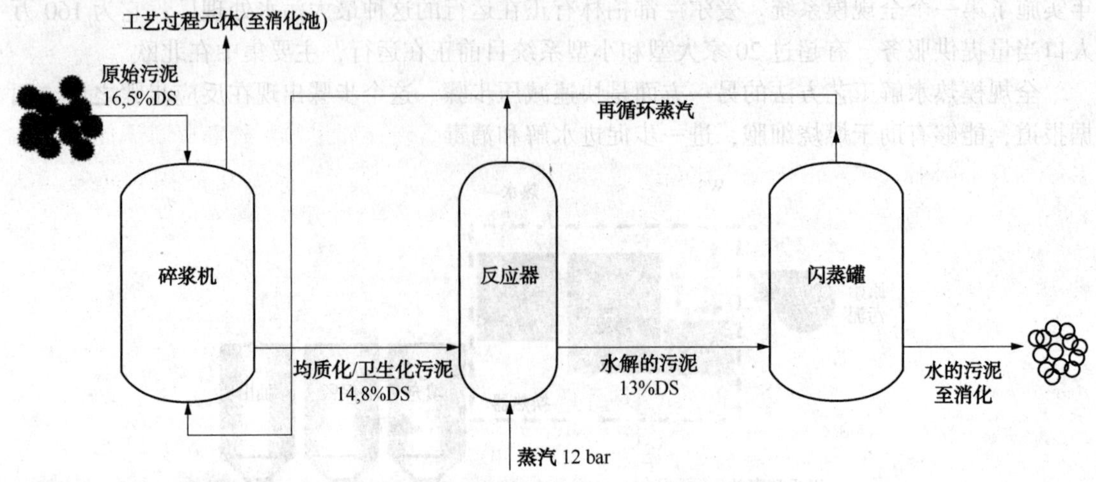

图 25.18 热水解工艺方法的示意图

（经由挪威卡姆比许可）

温度要求。这个停留时间更多地用于优化水解和溶解作用，而确保所需温度已扩散到整个固体物质的所有固体粒子内部。

2.3.9.3 热水解的辅助设备

设计工程师通常在安装热水解系统时会考虑以下四种辅助功能：加热和热回收、筛分、工艺过程控制和气味管理。

（一）固体加热与热回收

减压后，热水解的固体约 100℃，而必须在冷却后才能进入厌氧消化工艺过程。所以，低 pH 的固体与厌氧消化池再循环的高 pH 值固体混合，然后要在换热器中进行冷却。污水处理厂的出水通常用于进行热交换。如果需要，可以进行热回收，但通常并不用于最小化换热器大小而因此涉及到维护要求。

（二）固体筛分

由于热水解工艺过程包括热交换步骤，则推荐使用生物固体筛分。筛分可能能够大大改善下游固体工艺过程并能够增强生物固体的美观。

（三）温度和压力的监测与控制

压力和温度监测是至关重要的。此外，这个工艺过程需要安装压力安全和真空截止阀。这种系统必须进行充分自动化，才能确保消毒作用，防止下游污染厌氧消化池，如果发生污染将需要几个月的时间补救。充分自动化的系统应该禁止未经消毒处理的固体通过，并废弃或再循环这些不满足时间-温度要求的物质。如果有必要，应该提供备用设备或上游滤饼筒仓缓冲。

（四）气味管理

与工艺过程和最终产品都会散发气味的湿空气氧化法不一样，热水解之后进行厌氧消化并不会产生发臭味的生物固体。然而，这种工艺过程本身可能会发出气味，必须进行遏制和处理。有味气体是可生物降解的和水溶性的，所以方便的处理方法是使用水洗涤器并将水排入下游厌氧消化池，而处理这种工艺过程的气味。热水解容器的阀设计对于最小化气味是至关重要的。当处理池需要维护或检修工作时要进行处理池清洗，防止产生气味。

（五）侧流处理

热水解的回流液含有胶状物质，这将有助于主流工艺过程的有机氮、COD 和颜色。例如，它会增加污水处理厂出水 0.75~1.5mg/L 的有机氮含量。如果污水处理厂对于任何这些组分具有下限值，则在液体流入主流工艺过程之前应该将其除去。威尔逊等（Wilson et al.，2008b）已经提出在脱水步骤中采用化学整理剂（例如，铁或铝）处理这些组分。

2.3.9.4　处理模式的变化

热水解的两个全规模版本目前正在使用中（参见图 25.19）。一个工艺模式包括预热罐、反应罐和闪蒸罐（即，三个串联罐）。另一个工艺模式包括预热、反应和减压罐。这种模式能够采用多个并行容器进行设计。

图 25.19　英国棉花谷的热水解工艺方法，其能够处理 20 000 吨/年的混合固体

（经由挪威卡姆比许可）

2.3.9.5　厌氧消化性能

溶解和水解的固体更容易进行消化，因此，可以提高消化速率或降低消化池 SRT。例如，李和诺伊克（Li and Noike，1992）报道指出，消化池达到稳定的最大产甲烷菌群并在 5-天的 SRT 内降解了绝大多数底物，并认为这是最低 SRT 的消化池，而防止冲刷或工艺过程的不稳定性。然而，他们的工作并没有评价现今高负荷系统中观察到的高氨浓度下的热水解性能，因此全规模工艺过程在平均条件下最低 15 天 SRT 下运行。设计工程师能够降低所需的厌氧消化池 SRT 高达 10%~25%（相对于传统的高速消化）并预期具有类似的工艺过程性能。例如，威尔逊等（Wilson et al.，2008b）运行了采用或不采用热水解的并行常规高速厌氧消化池，使用了哥伦比亚特区水和污水管理局的蓝色平原（Blue Plains）设施的固体。结果表明，两种消化池都具有类似的挥发性固体和 COD 破坏率，但采用热水解的消化池在 25%的短消化 SRT（即 15 天，而不是 20 天）下取得了这些结果。

热水解溶解的固体黏性小得多（Kopp and Ewert，2006）。水解的滤饼含有 10%或更多的固体（相比于含固体 5%的典型消化池进料滤饼）。通常情况下，含固体约 16%的滤饼进入热水解工艺过程，在那里用蒸汽加热。蒸汽既能够升高温度又能够稀释固体。水解的滤饼通常包含 9%~12%的总固体，如果需要，它能够采用污水处理厂稀释水进行调节，而保持厌氧消化池相当恒定的固体负荷。最大固体含量取决于消化过程中产生的氨-氮浓度；氨氮浓度通常保持低于 2500mg / L 时，才能防止工艺过程受制。

消化和脱水的生物固体比经由传统消化产生的生物固体多含 6%~8%的固体(Kopp and Ewert, 2006; Wilson et al., 2008b)。因此，当所产生的生物固体将会拉送很长距离进行土地施用或将进行热处理(例如，热干燥)时，热水解非常具有吸引力。(进水滤饼干燥度和工艺过程蒸发容量是确定热工艺过程规模大小时的主要考虑因素)。据柯普和尤尔特(Kopp and Ewert, 2006)报道，当使用热水解预处理时，滤饼固体提高了 25%~34%。威尔逊等(Wilson et al., 2008B)也获得了类似的结果。

2.3.10 好氧预处理

在北美和欧洲已经实行固体好氧预处理达四分之一世纪以上。这种固体好氧处理工艺涉及高温温度条件下向固体中加空气或氧气作为厌氧消化之前的初始“整理”步骤。

2.3.10.1 工艺开发

好氧预处理在欧洲和北美的开发情况是不同的；高温好氧预处理(ATP)的工艺过程主要是在欧洲实施，而双消化主要是在北美实施。这两个工艺过程都是为了提高 VSR 和消毒作用。这两个工艺过程之间的主要区别在于加热固体的方法。在 ATP 中，用于达到高温温度条件的热是消化池气体热电联产(并非自热过程)的余热。高温好氧预处理的 SRT 主要取决于这两个工艺过程和《503 法》的要求。这个 SRT 通常为 24 小时或更少，这要取决于消化温度和方程 25.1 中达到《503 法》中替代方案(EPA, 1999b)的时间-温度要求的结果。最低温度通常为 55℃而最高温度为 65℃(当原料固体的生物整理有利于提高 VSR 时)。

在双重消化中，好氧步骤是一个自热步骤，在该步骤中，微生物有氧代谢过程中产生的热量用于将工艺过程温度升高至高温条件。这个工艺过程的温度范围也为 55~65℃。双重消化的 SRT 取决于两个因素：美国 EPA 的时间与温度方程和需要将原料固体的温度自热升高至所需设定点所需的时间。在大多数情况下，满足温度设定值所需的时间，都会大于美国 EPA 的时间-温度方程要求的时间。使用氧气而不是空气能够减少 SRT 要求，而改善热平衡。此外，从高温固体回收的热量可以用于帮助升高输入固体的温度(见图 25.20)。北美所有的装置都已经在污水处理厂中在活化固体工艺过程中使用高纯氧。双重消化的 SRT 为约 1~2 天，这要取决于原料固体的挥发性固体含量。进料中含有较多的挥发性固体，能够显著地促进达到自热温度的热平衡。几种双重消化污水处理厂在 20 世纪 80 年代就投入运营，而三个美国的污水处理厂现今仍然成功运营这个工艺过程。华盛顿塔科玛市的 143800m^3/d (38mgd)中央污水处理厂使用这个工艺方法超过了 10 年之久(见图 25.21)，采用所得到的生物固体生产和销售 A 类土壤改良剂产品(称为 *Tagro*)(Eschborn and Thompson, 2007)。

2.3.10.2 设计标准

好氧预处理具有两个主要目的：固体消毒和增强 VSR。双重消化和 ATP 二者都设计成高温温度范围内运行，因此消化池应该充分绝热而保持有利的热平衡。此外，如果使用换热器进行热回收时可能需要进行固体筛分。在《503 法》之下，这些工艺过程必须满足病原体降低要求才能达到 A 类生物固体状态。好氧预处理通常按照间歇式(活塞流)运行模式通过维持 55~65℃的温度达到特定的一段时间而满足这些要求。时间量的计算使用方程 25.1(固体含量小于 7%的方程)完成。两个可能的选择是，60℃至少 4.8h 或 55℃需要 24h。更热的温度通常能够降低时间，因此，减少消化池容积。然而，在双重消化中，最低 SRT 更多地取决于实现所需自热温度所需的时间而不是美国 EPA 的时间-温度方程。

如果公共事业公司选择对含有固体超过 7%的原料进行消毒，则采用方程 25.2 确定时间

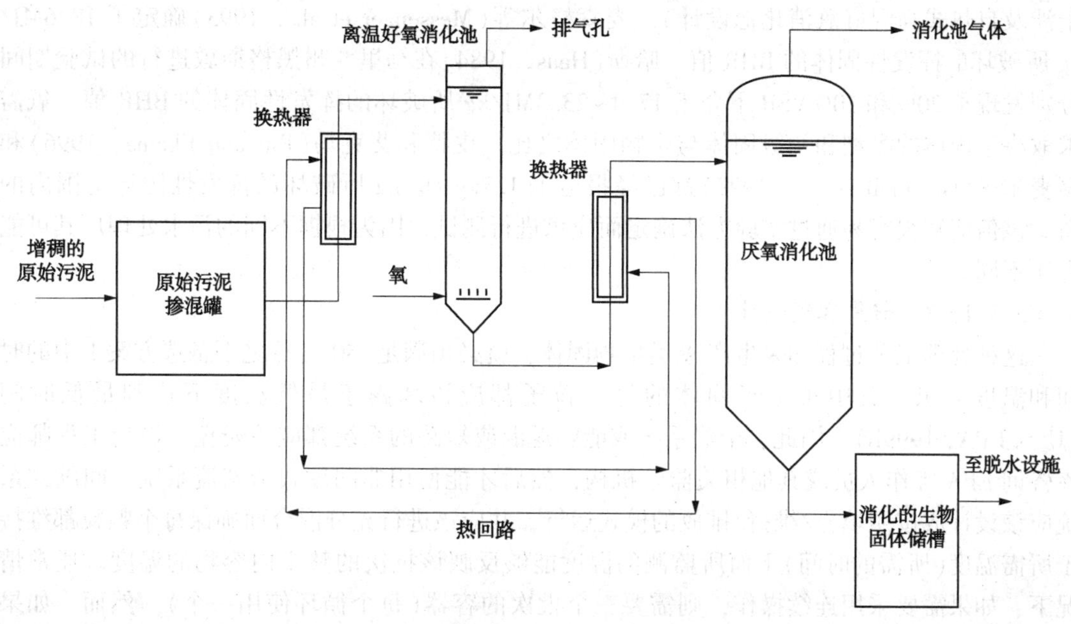

图 25.20 双重消化工艺过程的简化示意图

（经由 Brown & Caldwell 许可）

和温度要求。

高温好氧预处理通常利用热电联产工艺过程的余热进行加热。这个热平衡很大程度上依赖于预热消化池的绝热和使用热回收换热器的决策。

图 25.21 华盛顿塔科玛市中央污水处理厂的双重消化和氧活化污泥工艺过程的照片

（经由华盛顿塔科玛市许可）

双重消化主要通过自热加热（混合器引入一定的热量）。双重消化设计中的三个重要参数是衰减率、反应的生物热（BHR）和氧需求。葛麦尔等（Gemmell et al.，1999）估计，在平均 37℃的温度下平均衰减率为（0.087±0.010）d^{-1}。艾冉特和博登（Arant and Boden，2000）估计了类似的衰减率（在 35℃下为 0.08d^{-1}）。葛麦尔等（Gemmell et al.，1999）在 26%VSR 的初始试验中确定了安大略省巴里双重消化工艺过程的 16.6MJ/kg 所破坏的挥发性固体的 BHR。格雷迪等（Grady et al.，1999）提出了 18.8MJ/kg 所破坏的挥发性固体的 BHR 值（对于涉及自热式高温好氧消化池设计）。麦森格尔等（Messenger et al.，1993）确定了 18.6MJ/kg 所破坏的挥发性固体的 BHR 值。哈斯（Haas，1984）在马里兰州黑格斯敦进行的试验期间分别发现了 20%和 10%VSR 下介于 17.4～23.3MJ/kg 所破坏的挥发性固体的 BHR 值。氧需求取决于固体的类型和初级固体与生物固体之比。皮特和艾克马（Pitt and Ekama，1996）和葛麦尔等（Gemmell et al.，1999）都已经报道了 1.7kg O_2/kg 所破坏的挥发性固体范围内的值。该值能够很容易通过实验方法确定而应该进行测试，因为根据不同的污水处理厂其可能有所不同。

2.3.10.3 好氧容器设计

这种处理工艺过程如果生产 A 类生物固体，就必须满足《503 法》之下备选方案 1 中的时间和温度要求，其中规定了固体的每个粒子都应该暴露于最低温度下达到最低时间（U.S. EPA，1999b）。因此，全混系统或能够返混或短路的系统都应该避免。设计工程师应该咨询 EPA 工作人员或其他相关监管机构，然后才能使用非间歇式活塞流系统。间歇式系统应该设计成按照填充/维持/排放的模式运行，并应该进行充分混合而确保每个颗粒都维持于所需温度（所需的时间）下而所监测的温度能够反映该批次的整个内容物的温度。通常情况下，如果需要采用连续操作，则需要三个批次的容器（每个循环使用一个）。然而，如果下游的厌氧消化池能够处理间歇进料循环而上游的存储充足时，则可能需要提供的批处理容器更少。

2.3.10.4 好氧预处理的辅助设备

设计工程师在安装好氧预处理工艺过程时通常会考虑三种重要的辅助功能：

- 固体加热和回收（高温好氧预处理）或氧系统（双重消化）；
- 固体筛分；
- 温度监测与控制。

ATP 和双重消化的好氧容器通常维持于 55～65℃。在 ATP 工艺过程中，固体必须进行加热，尔后冷却。最常用的加热和冷却固体的方法是换热器。在双重消化中，固体通过自热加热，因此外部热源是不必要的。这两种工艺过程都必须在消化之前冷却处理后的固体——除非厌氧消化池也在高温温度条件下运行。冷却方法可能包括热回收步骤，在该步骤中热量从冷却固体传递至预热原料固体。这一步取决于所有者、工程师和供应商的喜好，因为这将需要大量的热交换能力。如果使用换热器，则这些固体可能首先需要进行筛分。筛分也有助于产生美学上愉悦的生物固体。需要良好的温度监测和控制维持 A 类顺应性。如果有必要，则应该提供备用设备、维持时间和温度，因为这些参数如果不严格控制，就可能被未经充分消毒的固体污染厌氧消化池。对于成功的运行，这些固体应该增稠至至少 5%的总固体；因此，下游固体泵和管道应该经过设计而能够游刃有余地处理更稠的固体。

此外，双重消化将需要供氧（因此，双重消化通常安装于已经在其活性污泥工艺过程中使用高纯氧的设施中）。

2.3.10.5 性能

采用空气的固体预整理目的是提高整体 VSR。研究人员（Pagilla et al.，1996；Cheunbarn and Pagilla，1999；Cheunbarn and Pagilla，2000）已经广泛地评价了 ATP 的性能并将其对比于中温消化的性能。他们证实了拜尔和兹维菲霍费尔（Baier and Zwiefelhofer，1991）ATP 增强 VSR 和其他产量的欧洲全规模试验研究结果。奇汶巴恩和帕吉拉（Cheunbarn and Pagilla，

1999)表明 VSR 随着 ATP 的 SRT(0.6~1.5 天)和温度(55~65℃)增加而增加。在萨克拉门托中试试验测试工作中，帕吉拉(Pagilla et al., 1996)将 ATP 对比于传统的中温消化而确定对于混合固体(初级固体和 WAS)ATP 增强 VSR 高达 53%~59%。他们还发现，ATP 能够满足美国 EPA 的《503 法》对于粪大肠菌群、沙门氏菌、肠道病毒和寄生虫虫卵的要求。此外，他们还断定 ATP 能够有效控制和摧毁诺卡氏菌细丝。最后，他们观察到，ATP 处理的离心生物固体包含 32%~36%的总固体，相比之下，中温消化的离心生物固体只包含 30%的总固体。

葛麦尔等(Gemmell et al., 1999)认为，双重消化在第一高速好氧反应器具有 1~2 天的 HRT 而第二高速厌氧反应器具有 9~12 天的 HRT 时能够达到性能稳定。总体而言，这个停留时间比传统高速消化所需的典型 20 天 SRT 要短 6~10 天。此外，葛麦尔(Gemmell et al., 2000)提出，在巴里的污水处理厂全规模双重消化工艺过程能够达到 60%的 VSR。在华盛顿塔科玛市的 143800m^3/d(38mg/d)污水处理厂的运营商已经生产和销售生物固体基土壤改良剂超过十年的时间；他们将其高质量很大程度归咎于双重消化工艺过程(Eschborn and Thompson, 2007)。

2.3.11 氧化沟消化

这种工艺过去常常经由开放式氧化沟消化固体，但通常厌氧氧化沟会导致气味问题，并逐步被淘汰。如今，各种污水处理机构都使用兼性寄生固体氧化沟(FSLs)，其具有好氧覆盖层而有助于氧化和控制从以下厌氧活性产生的有气味分解产物。萨克拉门托(加利福尼亚州)区域污水处理厂具有 50ha(125-AC)FSL 系统的氧化沟，充满了 4.5m(15ft)深的液体。当该系统于 20 世纪 70 年代开发出来时，已经进行了大量的研究(Schafer and Wolfenden, 1982)。

2.3.11.1 系统性能

大型氧化沟氧化在环境温度下运行，这通常包括嗜冷温度范围。这种消化的关键特性在于，更多的消化作用发生于更暖和的季节，而发生于寒冷季节的较少。

在芝加哥萨克拉门托和其他污水处理厂所采用的方法都是通过长期消化(1~5 年)才能达到最大 VSR 和固体稳定化。萨克拉门托在其中温消化池中达到了接近 60%的 VSR，并在其 FSL 中记录了另一 40%~45%的 VSR(Schafer and Wolfenden, 1982)。这种长期稳定化处理产生的生物固体具有相对较少的产品气味。

设计和运行标准对于 FSLs 有着广泛的不同，但目前大多数系统都进料中温消化生物固体或延时通风处理的好氧消化固体。污水处理厂出水往往适用于覆盖水层。

在芝加哥和其他污水处理厂中，挖出的固体在温暖天气的月份采用空气干燥，产生的生物固体包含至少 60%的固体。生物固体适用于土地施用、土地复垦、填埋场覆盖物质，以及其他有益用途。FSLs 据报道，在分批储存用于防止短路时能够产生 A 类生物固体(WERF, 2004)。

2.3.11.2 甲烷排放控制的加盖氧化沟

20 世纪 90 年代以来，露天污物氧化沟(主要是动物污物氧化沟)的气味和甲烷排放问题与日俱增。对此，动物废弃物处理行业已经开始涉及一些氧化沟，用于收集厌氧消化过程中产生的沼气，并将其用于发电。这种系统在北美，澳洲和亚洲正在变得越来越普遍。

例如，在澳大利亚墨尔本的西部污水处理厂在其污水池上使用大面积浮盖系统已经接近

10 年；高密度聚乙烯（HDPE）系统覆盖了 7.8ha（19ac）的厌氧消化池塘（DeGarie et al.，2000）。收集的沼气用于产生超过 2MW 的电力，其为该污水处理厂其他部分提供电力。该系统降低了甲烷直接向大气排放（切断温室气体排放），并产生可再生发电（抵消化其他地方的化石燃料发电厂的碳排放量）。田纳西州孟菲斯市从 20 世纪 90 年代以来也覆盖了一些 FSLs，以便控制气味和收集能源利用的沼气。

2.3.12 固体崩解的工艺方法

固体崩解技术旨在经过设计，通过施加外部能量而赋予固体更大生物利用率，以提高厌氧固体消化的速率和程度。这些工艺过程通常适用于 WAS，因为 WAS 被认为是最难消化的。

能量施用方法是技术特异性的，但所报告的效果是一致的：

- 更多的沼气产量；
- VSR 增加；
- 处置的固体质量减少。

表 25.9 列出了各种目前商购可获得的崩解技术。然而，仅仅超声波技术在全规模装置中使用超过 5 年。

表 25.9 固体崩解技术的实例

工艺方法	制造商	崩解方法
超声法	Sonix^{TM}，Enpure	空化
高压均质法	Microsludge^{TM}，Paradigm Environmental	采用水力空化和剪切的化学预处理
脉冲电场法	OpenCel	电穿孔

2.3.12.1 *超声波技术——工艺开发*

在欧洲 90 年代中期到末期开始使用全规模超声波技术增强厌氧消化。该项技术是作为增加沼气产量同时降低处置污泥质量而开发出来的；它基本上提高了消化池的气化率。

具体而言，超声波产生瞬态声空化，从而改善 WAS 的厌氧消化。声空化出现于超声波压缩和抽稀液体之时。在稀疏化期间，可以施加足够的能量超过分子间作用力，而形成的空隙（空化泡）。泡的崩溃产生大量的热（4000℃）、压力（约 1000atm）（Christi，2003）和形成液体射流的剪切力（Mason and Lorimer，1988）。坍塌气泡内或附近的颗粒可能会暴露于这些力中的一种或多种力作用，将其打破而裂成大小 40 000Da 的尺寸（Portenlanger and Heusinger，1997）。

压力、温度和剪切力是产生 WAS 崩解的主要作用。化学转换也在理论上也是可能的：可能空化泡中的环境可能形成自由基，从而可以与周围流体中的各种组分进行相互作用。根据超声波探头的频率，无论是机械还是超声化学的作用力都能起到主导作用。在较低的频率（20 kHz 左右），机械力通常占主导地位；自由基的形成在高频率下更常见。

构成超声钢模的物质也影响工艺过程的性能和寿命。超声钢模通常由铝、不锈钢或钛制成。钛是迄今为止最昂贵的材料，但具有最佳的声学性能和寿命，能够抵抗由于空化产生的点蚀。由于恶劣的工作环境，降低 O&M 的设计要求，以及性能可预测的愿望，钛通常用于污水应用中。

其他因素(例如，固体浓度、颗粒大小和液体的气体饱和度)都影响空化气泡的生成，但基于这些参数优化条件，对消化池运行和污水处理系统固有的可变性的影响是不太可能的。

2.3.12.2 *超声波技术——工艺方法的变化*

无论采用何种技术，超声波的基本原理都是一致的。技术之间的差异主要取决于现场和专有的超声波反应器的构造设计。截至出版时间，有两种超声波技术可以商购获得。这两种技术都是在消化之前使用超声能力增稠 WAS。它们之间的主要区别在于反应器的构型。

环形钢模构造设计结构使用 20 kHz 的堆栈传感器，经由增能器连接到径向钢模(见图 25.22)。这种钢模构造结构在 4~5kJ/L 的能量输入下可以处理 200m³/d 的 WAS。示范项目和永久设施据报道能够改变消化工艺过程和辅助固体处理的工艺过程的改善(即，从没有改善至 VSR、沼气产量和固体含量显著增加)。

蛇形反应器经过构造能够在每匝安装 20kHz 的超声波探头(共 5 探头)(请参阅图 25.23 和图 25.24)。这种系统能够处理 35m³/d(9250gpd)含总固体 5%~7%的增稠 WAS。一个单元装置消耗约 3~8 kWh/m³而同时处理 25%~33%的总增稠 WAS 流。

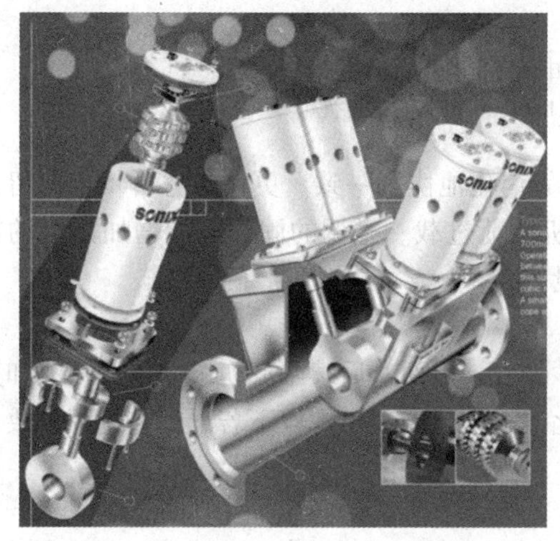

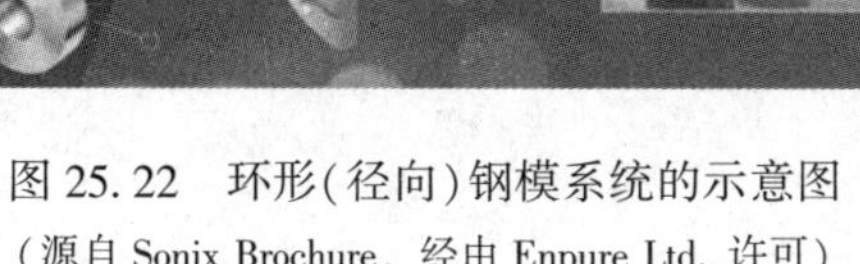

图 25.22 环形(径向)钢模系统的示意图
(源自 Sonix Brochure，经由 Enpure Ltd. 许可)

图 25.23 用于消化增强作用的蛇形超声波反应器的照片
(经由 Eimco Water Technologies，LLC，a GLV Company 许可)

2.3.12.3 *超声波技术——设计注意事项*

固体崩解可以通过通常使难溶物质变得可生物利用而增强厌氧消化。然而，大多数固体崩解技术必须辅以热电联产或实益的沼气利用，才能有助于抵消运营成本。尽管这个工艺过程可能会增加 VSR，但是较低的搬运和搬卸/使用成本通常不足以抵消系统的资本和 O&M 成本。

2.4 消化的加工处理

本节将讨论一些能够改善消化性能和生物固体特性的关键工艺过程。

2.4.1 消化前的增稠

消化之前增稠固体是一种保护或扩大消化池容量的方法。对于固体增稠，存在各种不同

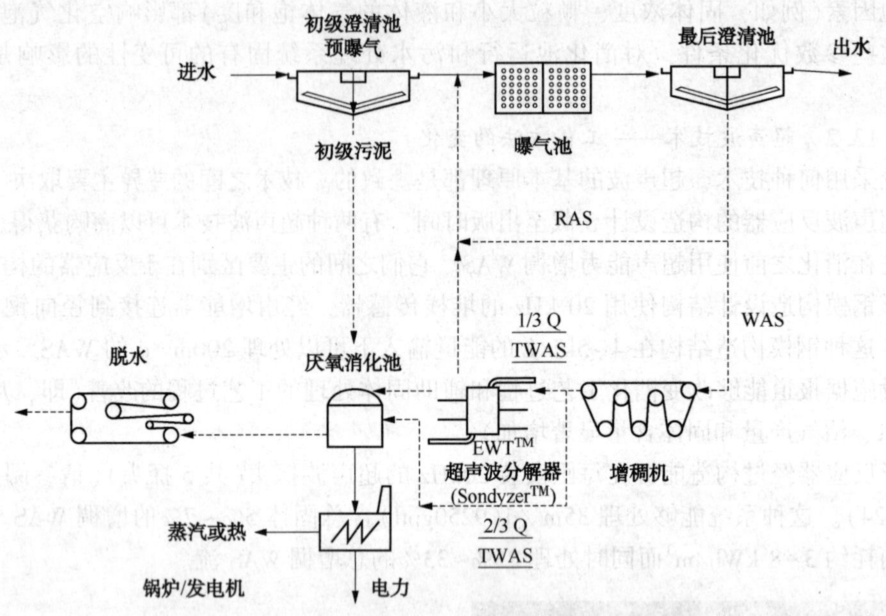

图 25.24 用于消化增强作用的超声波系统的示意图

(经由 Eimco Water Technologies，LLC，a GLV Company 许可)

的技术(见第 23 章)，而其设计和操作应该与厌氧消化池协调一致。更稠的滤饼将会保留容积，而降低加热需求，但它可能引起消化池有机负荷过载。过稠的固体可能增加污泥的粘度，从而提高消化池混合和污泥泵送所需的能量。

2.4.2 碎片清除

碎片通常是通过筛滤和污水处理厂渠首除砂除去；然而，后续筛滤初级固体，浮渣和其他消化原料也可能是必要的。如果碎片进入消化池，则可能会出现以下若干工艺过程事故：

- 消化池容积损失(因为碎片在池中累积)；
- 泵过度磨损；
- 换热器堵塞和额外的清洗；
- 混合和泵送设备的重粒料残铺和堵塞。

碎片也影响生物固体的品质。大量碎片(例如，塑料物质)可能会降低生物固体的美学质量，使之对有益利用产生不良的或甚至不合适宜的影响。

各种技术(例如，转鼓筛和压滤)都可以从固体中清除碎片。筛分(过滤)已经能够用于原料固体、原始浮渣和未增稠、增稠和消化的泥浆状固体。当进行技术评价时，设计工程师应该考虑预期的应用，要处理的物质和其他现场特异性的约束条件(例如，下水道是否汇合还是独立，污水中碎片的去除程度，是否已经使用磨床，纤维状物质材料是否能够堵塞泵或其他设备，生物固体的所需用途，生物固体的美学和监管要求)。

2.4.3 碎片尺寸的降低("可分辨碎片"的降低)

降低碎片尺寸能够保护设备不被堵塞；这也使得生物固体中碎片可视度更低。碎片可以通过泵送或脱水之前的固体研磨而降低。在线固体磨床常常安装于再循环、进料或污泥废弃泵之前而降低碎片尺寸。截至本书出版之时，一些州(例如，华盛顿州)要求在生物固体能够进行土地施用或其他有益利用之前要将可分辨碎片除去。

2.4.4 间歇式和活塞流式系统

大多数现有的消化系统可分为 PSRPs，这满足土地施用的 B 类(假设病媒吸引力的要求得到满足)。这种系统能够升级成 PFRPs，而能生产 A 类生物固体。

一个升级选项通常涉及较高的温度(例如，高温)和间歇式或活塞流式操作。为了满足《503 法》的时间和温度的要求，每个粒子必须在高于 50℃ 的温度下处理预定的时间。通常情况下，需要至少 3 个处理池才能满足这一要求：一个填充模式，一个维持模式，而另一个排放模式(见图 25.25)。

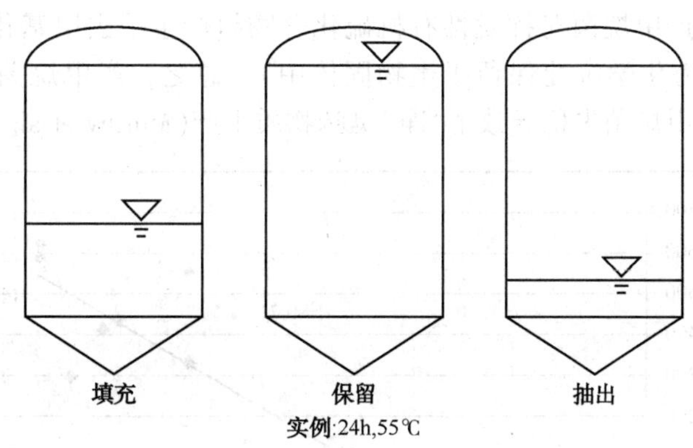

图 25.25 消化池中间歇式(活塞流)操作的基本次序

另一种选项是使用活塞流式反应器，接着是全混反应器——都在高温温度条件下运行。由哥伦布(佐治亚州)水务开发的这种组合被认为实现了类似的病原体降低，作为间歇系统，却具有很少的控制点和更低的工艺过程复杂性(Willis et al. , 2003)。美国环境保护署确定，这个工艺过程是一种条件式的现场特异性 PFRP 等效工艺过程。

2.5 后消化处理

2.5.1 工艺开发

消化后，固体被认为是“稳定的”，因为可用的底物已经基本耗尽，微生物活动基本上已经降低，因此这种产品根本不太可能发出的气味，吸引病媒，或重新生长病原体。然而，因为其生物来源，任何生物固体特性的扰动都可能使这种物质“失去稳定”。因此，用于存储和处理生物固体的方法可能变得极其重要。

穆尔蒂等(Murthy et al. , 2003)、陈等(Chen et al. , 2006)和希金斯等(Higgins et al. , 2006a)评价了瓶存储的厌氧消化生物固体的顶空，并发现失稳生物固体可能因为可用底物增加，产甲烷活性降低而增加气味物质产量。研究已经表明，一组关键臭味物质是挥发性有机硫化合物(VOSCs)，主要是甲硫醇(或甲基硫醇)、二甲基硫醚和二甲基二硫醚。当空气样品中存在 VOSCs 时，VOSCs 确实与生物固体的气味专家小组测定值有关(Adams et al. , 2004)。希金斯等(Higgins et al. , 2006b, 2008)也证实，粪大肠菌群再生有可能来自后消化固体的加工处理。这些作者都提到了粪大肠菌群的再生和臭味物质生产所致的生物固体剪切作用。

穆尔蒂等(Murthy et al.，2002)和希金斯等(Higgins et al.，2006a，2008a)提出，底物增加(例如，生物可利用的蛋白质)会增加挥发性固体产量。希金斯(Higgins et al.，2008a)评价了10个全规模中温厌氧消化装置，并发现生物固体中蛋白质含量与VOSCs排放非常相关。穆尔蒂等(Murthy et al.，2003)在培养瓶顶空实验中证实了这个关系(见图25.26)。

VOSC生产中另一个重要因素是产甲烷活性。更具活性的产甲烷菌(这由气体产量指示)产生的气味物质很少(Murthy et al.，2003)，因为它们在生物固体顶空中降解有机硫化合物(Higgins et al.，2006a)。这些研究人员发现，产甲烷作用受限的生物固体产生的挥发性硫比未受限对照物产生的多得多，这表明产甲烷菌在生物固体除臭中发挥了重要作用(见图25.27)。他们认为，产甲烷菌对挥发性有机硫化合物组产生了去甲基化作用，并将其转化为无机硫化物(其作为化学沉淀保留于生物固体中)。总之，产甲烷菌看起来是负责降解VOSCs臭味物质；产甲烷菌失稳导致了"净"臭味物质生产(Murthy et al.，2003)。

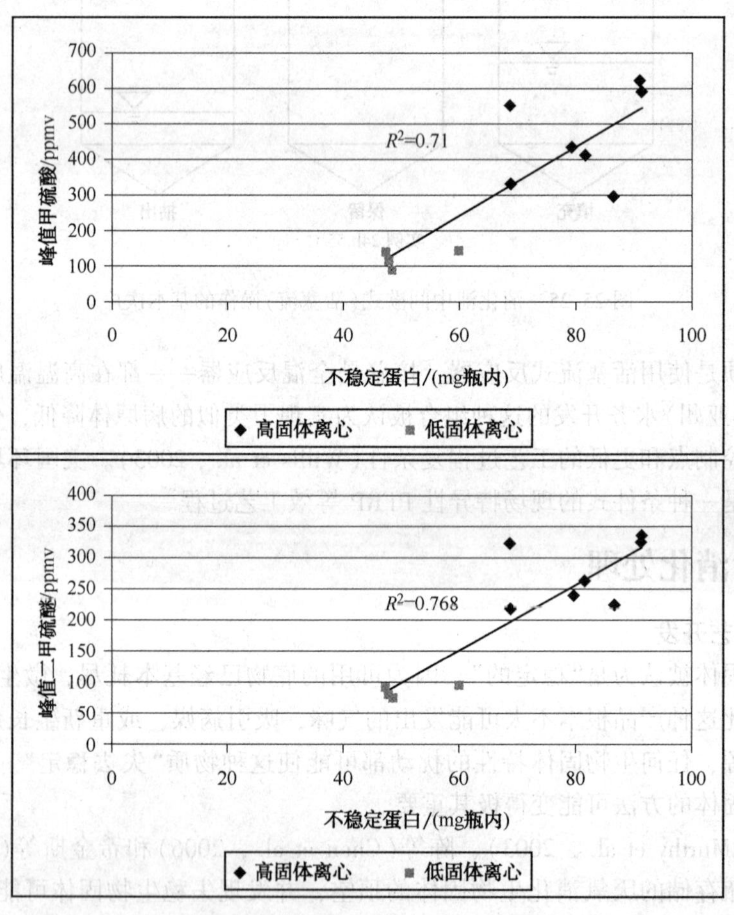

图25.26 易分解蛋白提取和挥发性硫化合物排放之间的关系

后消化工艺过程应该最小化导致生物固体失稳或这些物质中群落动荡的条件。

2.5.2 生物固体的存储

液体和滤饼形式的生物固体可以存储于不同条件下(见第24章)。影响微生物群落的一个存储方面是冷冻—解冻，其中所储存的生物固体在寒冷—天气的季节内交替冷冻和解冻。

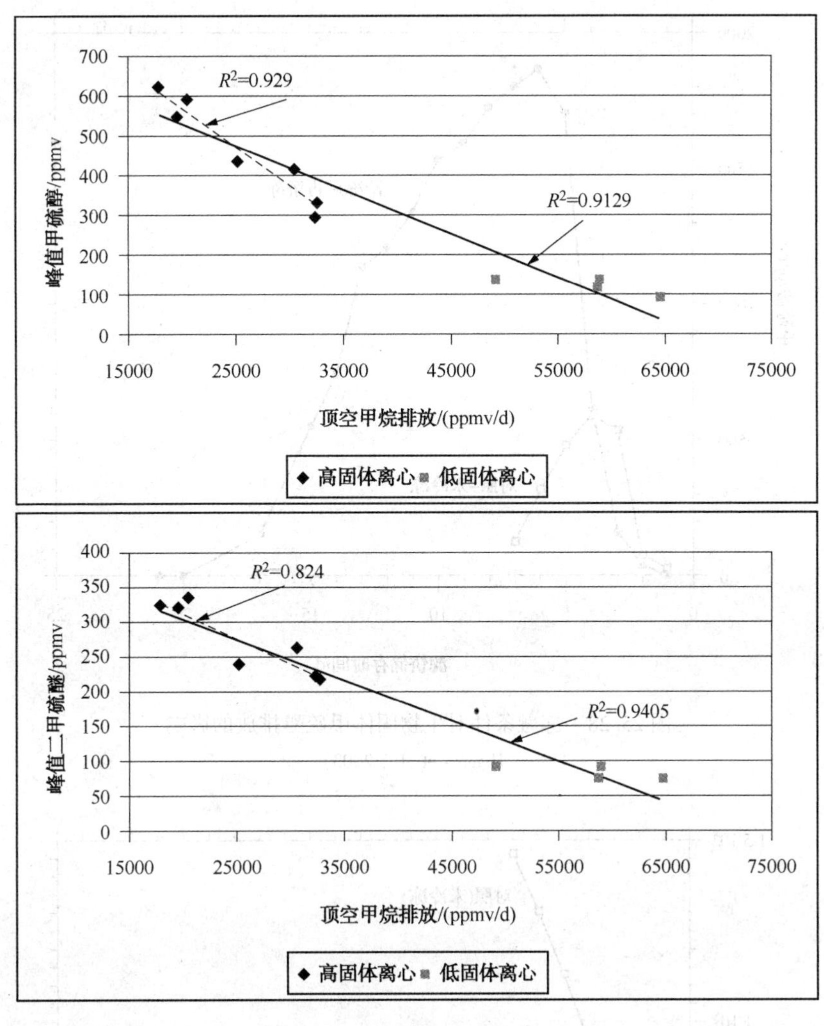

图 25.27　顶空甲烷排放和挥发性硫化合物峰值排放之间的关系

(Murthy et al., 2003)

冷冻的生物固体可能会破坏细胞，从而释放出底物并抑制产甲烷菌。将其解冻能够提高生物活性，导致异味产生。埃施伯恩等(Eschborn et al., 2006)表明，在冬季现场储存堆内部温度会下降，而储存堆外层会冻结。随着温度在来年春天升高，臭味物质产量也有所增加。在进行生物固体存储设计时，工程师应该将这些因素考虑进去，特别是在预期出现长期冬季储存的地区。希金斯等(Higgins et al., 2003)模拟了实验室顶空实验中的冻融条件并证实，臭味物质产量在解冻冷冻的滤饼样品时可能是显著的(见图 25.28)。冷冻生物固体会导致这些物质解冻时产甲烷菌恢复延迟(见图 25.29)。

土地施用之前的生物固体存储管理能够有助于降低令人生厌的气味。存储的目标是使一旦开始产生气味性物质的固体重新稳定，从而允许 VOSC 相关的气味消散。例如，一旦气味剂开始产生，通常在约一个或两个星期后达到高峰——但是这取决于温度(见图 25.30)(Higgins et al., 2003)。冷却器温度能够增加气味达到峰值和 VOSC 浓度降低所需要的时间。

在设计生物固体存储系统时，工程师应该考虑以下方面：

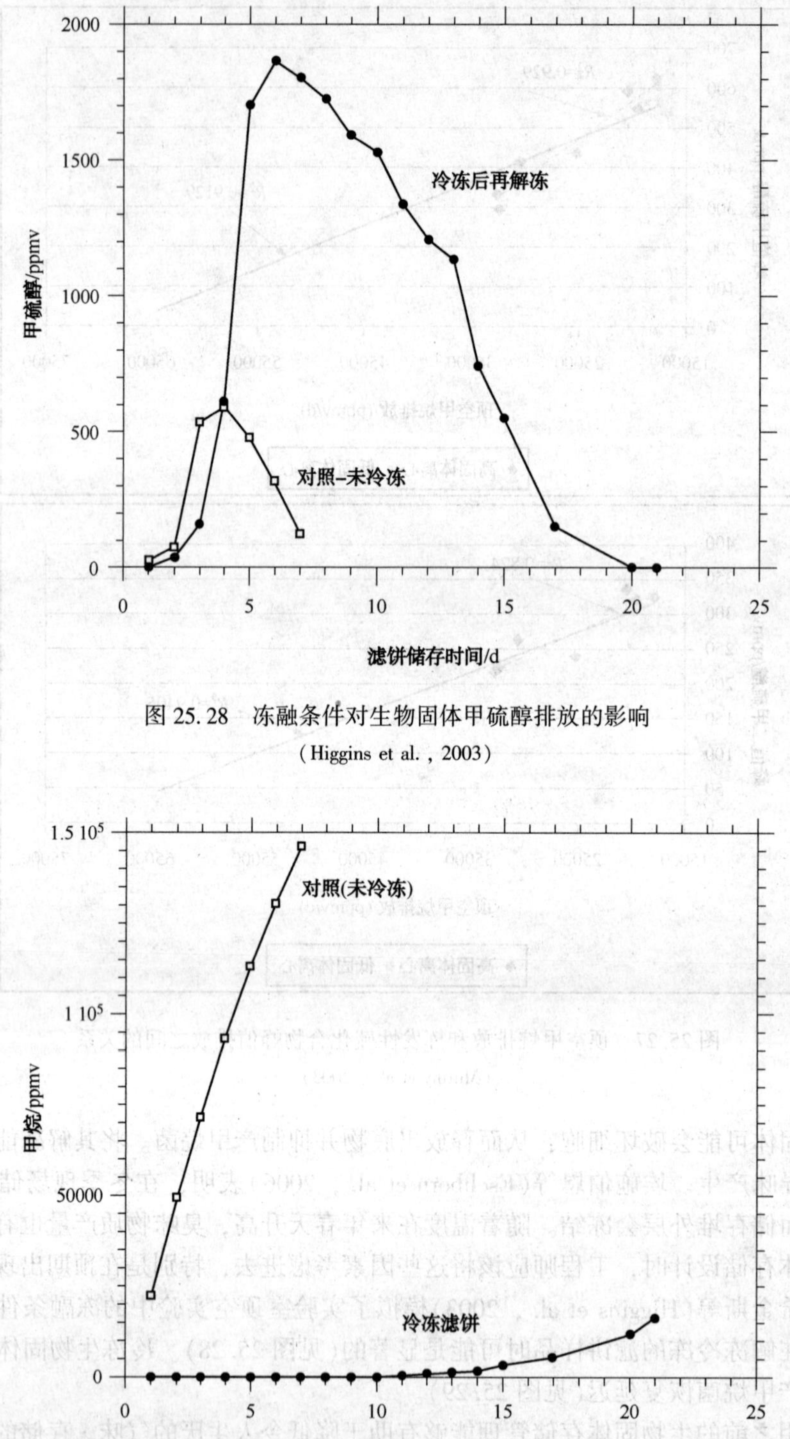

图 25.28 冻融条件对生物固体甲硫醇排放的影响

(Higgins et al., 2003)

图 25.29 冻融条件对从脱水生物固体中回收产甲烷菌的影响

(Higgins et al., 2003)

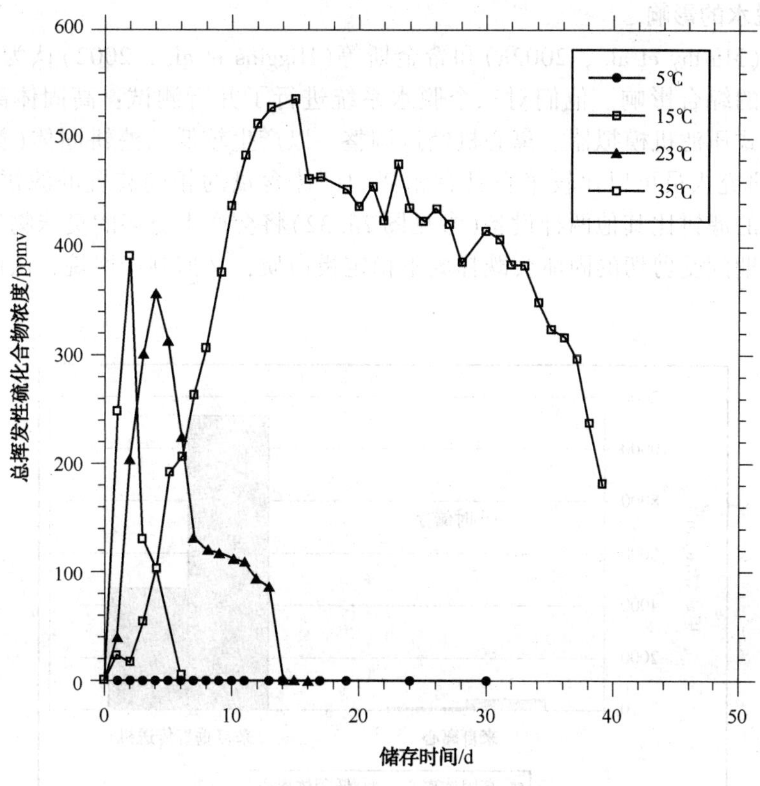

图 25.30 硬化温度对脱水生物固体中总挥发性硫化合物排放的影响
(Higgins et al., 2003)

• 如果冷冻生物固体存储几天时间，一旦解冻开始，气味可能在这些物质有益利用之前消散；

• 新鲜生物固体比已经长期现场储存的生物固体(已经经过气味峰值浓度)在土地散播期间会散发更多的气味，所以适当的存储对于气味管理是很重要的(Eschborn et al., 2006)；

• 将新旧生物固体混合，通过以能够降解 VOSCs 的活性产甲烷菌对新鲜生物固体进行生物增强而降低气味产量(Chen et al., 2005; Williams et al., 2008)；

• 储存条件应该最小化可能导致生物固体中菌群落动态失稳的冷冻和扰动。

2.5.3 滤饼传送的影响

高剪切传送的影响还没有人进行非常详细的研究。穆尔蒂等(Murthy et al., 2002a)报道认为，高剪切传送方法提高了生物固体臭味物质生产的曲线分布。涉及厌氧消化生物固体的顶空实验证实了这一研究(见图 25.31)。因此，设计固体传送系统时，工程师应该考虑以下方面：

• 保持尽可能短的传送距离；

• 如果有可能，采用低剪切传送方法；

• 最小化垂直高剪切传送工具的使用；

• 如果有可能，维持自顶向下的设计理念(即，建筑物顶部和底部储存筒仓安装脱水设备，而最小化传送距离和剪切作用)。

2.5.4 脱水的影响

穆尔蒂等(Murthy et al., 2002a)和希金斯等(Higgins et al., 2002)认为，VOSC 生产受到各种因素的综合影响。他们对三个脱水系统进行了并行测试：高固体离心机、低固体离心机和带式压滤机模拟器。离心机经过调整，以产生较低的滤饼固体(类似带式压滤装置)，所以研究人员可以比较来自具有相似的固体含量的相同装置的滤饼。结果表明，高固体离心机的滤饼比其他两种设备(参见图 25.32)将会产生更多的臭味物质。这些作者发现，离心器期间受剪切的固体会既释放不稳定蛋白质，又抑制产甲烷，从而增加了臭味物质的生产。

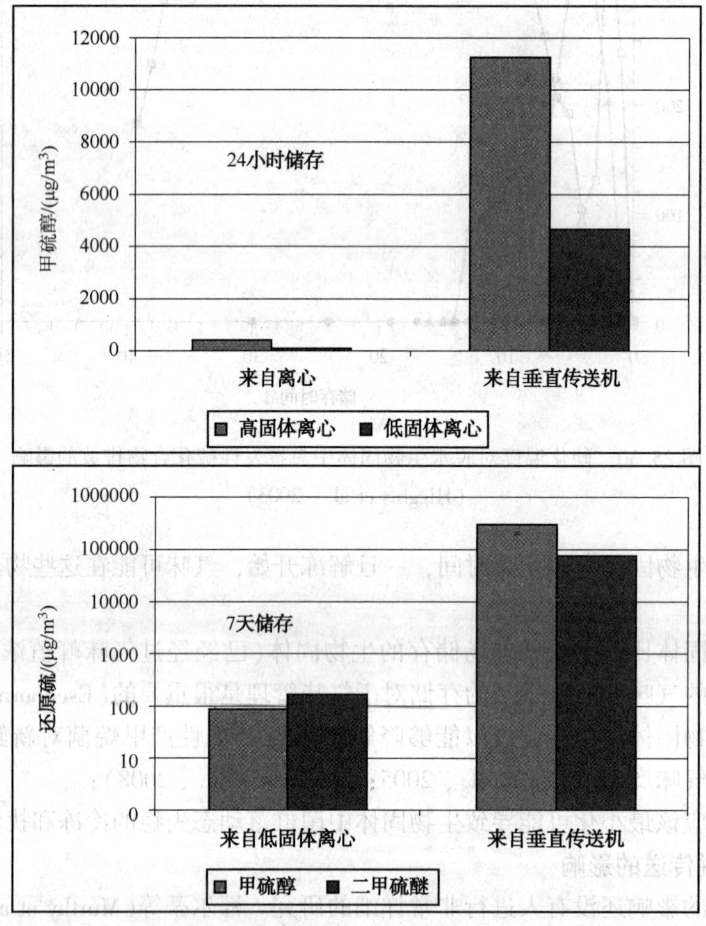

图 25.31 垂直螺旋传送机对脱水生物固体中气味物质生产的影响
(Murthy et al., 2002a)

希金斯等(Higgins et al., 2006b)也表明，离心生物固体促进了粪大肠菌群再生长。在某些情况下，这种再生超过了原料固体中的粪大肠菌群浓度。希金斯等(Higgins et al., 2006b)的其他研究工作表明，沙门氏菌在 B 类生物固体的储存期间出现再生长。这种生物固体已经经过中温消化并离心。然而，沙门氏杆菌并没有在已经经过高温消化和离心的存储 A 类和 B 类生物固体中再生。

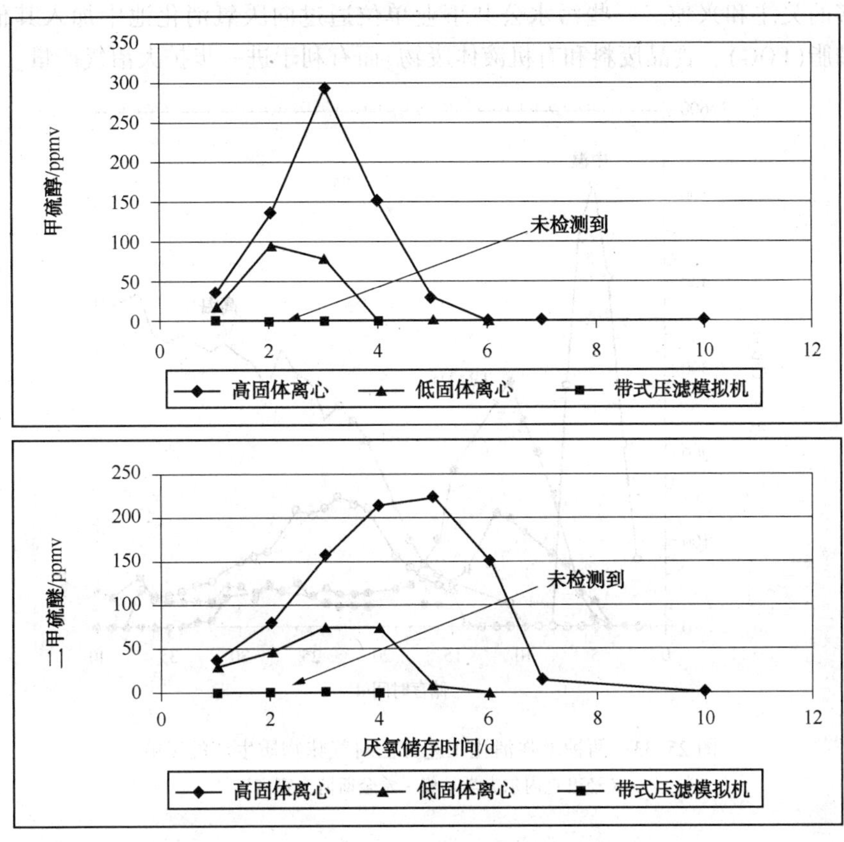

图 25.32 脱水设备对生物固体的 VSC 排放的影响

（离心滤饼含固体 26%，带式压滤机滤饼含固体 25%，而检测限为 1ppmv）(Murthy et al.，2002)

设计工程师应该考虑中试试验测试脱水设备，并在选择设备单元之前监测可能的气味物质生产和再生。

2.5.5 消化工艺方法的影响

尽管低剪切脱水设备无论是否使用厌氧消化工艺方法，产生的气味物质都会很少，这对于高剪切脱水并非如此。更完全的消化(例如，增强或高温消化)可能会影响总的气味物质生产而在某些情况下能够将其降低，特别是如果使用高剪切后处理的情况下更是如此。图 25.33 和图 25.34 显示了对于几种全规模消化工艺方法的总 VOSC 生产分布曲线。这些图表明，增强的消化工艺过程能够比传统中温消化工艺过程产生更少的气味物质。

如果拟采用高剪切后消化工艺方法或这些方法现已存在设施中，则设计工程师应该考虑使用增强的消化工艺方法，才能降低拟用于土地施用时的总气味物质生产。这些已证明能够降低高剪切固体加工处理的臭味物质生产的工艺方法包括高温消化、温度分阶厌氧消化和热水解。

2.6 联合消化法加工处理

从历史上看，厌氧消化用于最小化固体体积、稳定固体，并降低病原体。随着工艺方法备选方案的演化，工艺过程效率的提高，以及沼气生产的关注和能源利用的增长，厌氧消化吸引了更多的关注和兴趣。一些污水公共事业单位通过向厌氧消化池中加入其他原料[脂肪、油和油脂(FOG)、食品废料和有机液体废物]而有利于进一步扩大沼气产量。

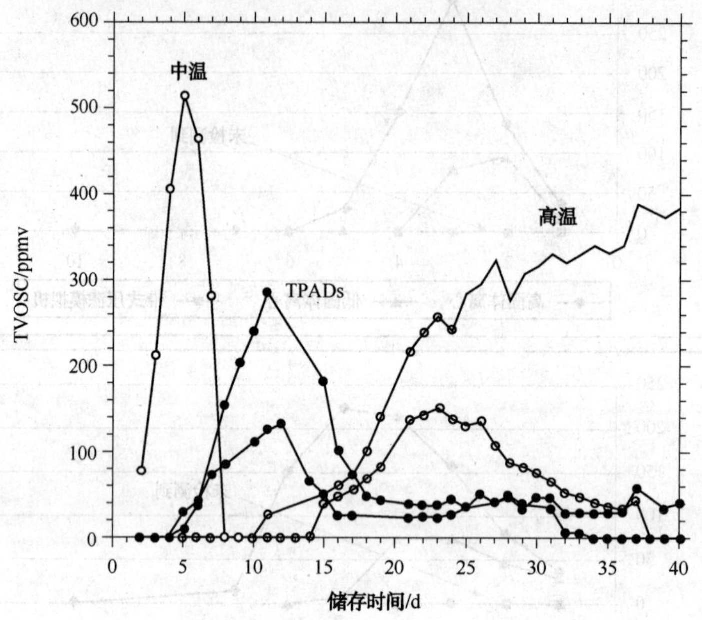

图 25.33 两种增强消化工艺方法对气味物质生产的影响

(经巴克内尔大学马修·希金斯博士容许)

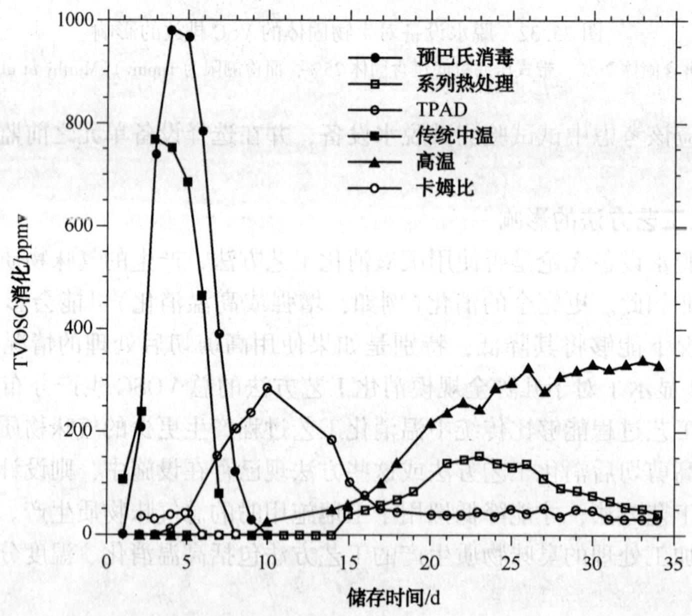

图 25.34 五种增强消化工艺方法对气味物质生产的影响

(经巴克内尔大学马修·希金斯博士容许)

2.6.1　干法消化和湿法消化

联合消化废弃物可能涵盖各种广泛的有机原料。一些有机原料更适合“干法消化”，在这种方法中原料含有 15%或甚至 20%的固体。这种系统开发主要用于有机固体废弃物或成批废旧物质，主要是来自欧洲的技术。大多数这些系统最初都应用于固体废弃物处理行业。消化容器经常针对活塞流开发(例如，原料加入到筒仓型反应器的顶部，在 20 天的消化时间期间向下移动)。混合系统往往是有限的，但能够包括搅拌和其他在稠厚固体中发挥作用的系统。污水固体在干法消化系统中的使用是有限的，因为这种滤饼通常包含的固体低于 10%。这可能随着时间的推移而变化，因此读者不妨从互联网或其他文献资源收集更多有关干法消化的信息。

在本手册的实践中，厌氧消化的讨论集中于液体浆料(“湿法消化”)，在这种方法中原料含有的固体小于 10%~15%(它们常常含有 5%或 6%的固体)。在湿法消化的系统中，原料是可泵送的物质而混合系统与通常固体含量小于 5%的料浆是相容的。湿法消化的系统通常作为全混反应器运行，而最大限度地减少处理池底部发生沉积，并尽量减少液体表面上的固体漂浮层。在北美、欧洲和其他地区的污水公用事业公司不仅向其湿法消化系统中加入固体，而且也加入各种相容的有机原料。

2.6.2　FOG 和油脂废弃物

在市政环境中各种位置都会产生脂肪、油和油脂。为了保护收集系统，许多市政工程都严格限制 FOG 排放，因此这些物质都积累于点源(例如，垃圾桶、隔油池和油脂拦截器)。尽管市政当局在收集系统中不愿接受这些物质，但其在厌氧消化池中的用途可能会提供重大受益。FOG 是一种能量丰富的底物，很容易在厌氧消化系统中发生降解。

即使消化池的 FOG 负荷高达 30%的原料或挥发性固体负荷，则仍然能维持稳定运行(Schafer et al.，2008)。凯斯特等(Kester et al.，2008)报道认为，既消化固体又消化 FOG 的某些设施，既能够增强沼气产量又能够提高 VSR。

加入 FOG 的益处是有据可查的，但同样也有挑战性。在环境温度下，FOG 易于呈现高粘性而粘附到金属和混凝土的表面，使之难以将其通过常规废弃物搬运接收站引入消化池。此外，FOG 容易在运输和储存过程中发生分层。适用于 FOG 的接收站具有有各种各样的储存罐，但适用于消化池进料的 FOG 储罐需要进行混合(才能获得恒定一致的原料特性)，并可能需要通过注入蒸汽，热水循环或换热器进行加热。此外，经常需要进行筛分和研磨清除碎渣(例如，石头，破布和金属物体)。因为其与食品服务行业的密切关系，FOG 可能包含其他外来食物残渣，这都必须清除而保护泵和下游设备。

为了尽量减少分层并消除消化池内液面上可能的油脂层，FOG 必须在消化池中与这些物质进行适当混合。公共事业公司还经常将 FOG 引入到消化物质的再循环料浆中，因此而能够快速混合和稀释。此外，消化池的混合系统还应该进行认真评价，才能确保浮渣或油脂表面层不会铺展而导致操作上的问题。

2.6.3　液体和高强度废弃物

液体和料浆废弃物通常对于消化系统接收是最简单，因为其基础设施的设计都基于液体泵送。一些液体废弃物可能需要筛分或除砂，这要取决于其组成。这些废弃物往往来自食品加工行业(例如，水果和蔬菜加工)、饮料行业、制药行业等。尽管液体废弃物比较容易接收，但是它们可能对消化池容量产生显著的负面影响。大部分消化池并不使用固-液分离进行 SRT 控制，因此液体废弃物的添加量要占用消化池水力负荷。因此，高强度废弃物应该在低强度废弃物之前使用，因为它们消耗单位水力学容量能够产生最大沼气量。当对液体废弃物进行表征时，设计工程师应该确保其成份不会对消化产生负面影响(例如，促进鸟粪石的形成或产生影响液体处理序列的化合物)。此外，提高总溶解固体或其他溶解组分的水平能够经由消化引入，并通常将会经由后消化脱水系统返回至液体处理序列中。这种溶解物质可能是惰性的而直接行进至排放口，或可能影响液体处理工艺过程。

正在考虑进行联合消化的液体或料浆废弃物，应该对其与消化工艺过程、消化进料系统、消化中使用的机械系统和沼气管理系统容量的相容性进行认真评价。例如，高蛋白废弃物可能极大地影响消化池中的泡沫生产。急剧或大泡沫产生经常会极大损伤消化池的运行；造成消化池物料溢流到地面，造成的事故会引起消化池和罐池封盖出现重大结构性损坏。

这些废弃物经常需要对消化系统进行仔细计量，防止进料过量的微生物，而造成消化池失稳而发泡。快速进料高度易消化的废弃物也可能导致气体管道容纳不下而出现气体产量激增。相反，这会经由气体泄压阀而直接释放到大气中。在极端的情况下，沼气产量可能会超过气体系统排气能力(尤其是当泡沫阻塞气体泄压阀时)，导致容器中气体压力累增和处理池潜在的灾难事故或封盖故障。

2.6.4　食品废料

至于 FOG，食物残渣或消费者消耗后的食品废料在厌氧消化而将其转化成甲烷时都是可再生能源的来源。食物残渣(市政固体废弃物中的有机成分)的挑战之一是消除污染物，保护消化工艺过程。此外，废弃物本身通常需要进行预处理，使之可泵送且易于发生有效消化，而不损害生物固体美学。预处理可能包括筛分，手动分离碎片和外来物质，去除金属、铝、玻璃、砂砾和塑料，和制浆——这要视具体情况而定。预处理食物残渣或食品垃圾的技术目前主要在欧洲开发。格雷等(Gray et al.，2008)描述了这种系统之一，正在加利福尼亚州奥克兰的东湾市政公用事业区进行测试。

2.7　设计考虑因素

2.7.1　设计数据和参数

在设计厌氧消化工艺过程之前，工程师应该考虑利用现有的模型对其建模(Batstone et al.，2002；Jones et al.，2008a)。琼斯等(Jones et al.，2008b)推荐使用全装置模型模拟进水污水特性并量化所产生的固体分数而预测厌氧消化池性能。水环境联合会(Water Environment Federation，2009)提供了厌氧消化池建模的更多细节。

从历史上看，厌氧消化池都是基于 SRT、有机负荷率[挥发性悬浮固体(VSS)/体积]和人均容量进行设计(见表 25.10)。在没有运行数据(或预计污水处理厂流量的估计值)和校准的系统建模的情况下，人均容量数字能够用于估计污水处理厂的进水体积。低速消化池通常具有约 0.5~1.5kg VSS/m^3·d(0.04~0.1lb VSS/d/ft^3)的有机负荷率。具有混合和加热的高速消化池通常具有 1.9~2.5 kg VSS/m^3·D(0.12~0.16lb/d/ft^3)的有机负荷率。

中温温度条件下，对于低速消化典型 SRTs 为约 30~60 天，而对于高速消化则为 15~20 天。固体停留时间为系统中固体总质量与每天排出固体量之比。在双阶消化中，以上典型

SRT 是指系统中第一反应器的 SRT。对于无内部再循环的厌氧消化池，SRT 等于 HRT。如果将沉降的固体进行再循环，则 SRT 将大于 HRT。再循环操作的特征在于厌氧接触或双阶消化工艺过程或同向流换热增稠。

最小 SRT 在厌氧消化中是至关重要的；其确保必要的微生物按照其每日废弃的相同速率产生。这对于各种组分分组也是不同的。例如，脂质代谢细菌生长最慢，因此，需要更长的 SRT，而纤维素代谢细菌需要较短的 SRT(参见图 25. 35)。

表 25. 10　低速和高速消化池的典型设计参数 (Burd, 1968)

参　　数	低　　速	高　　速
固体停留时间/d	30~60	15~20
挥发性悬浮固体负荷率/(lb/cu ft・d)(kg/m^3・d)	0. 04~0. 1	0. 12~0. 16
	(0. 64~1. 6)	1. 9~1. 5
体积标准/(ft^{3}cap)/(m^3/cap)		
初级污泥	2~3	1. 3~2
	(0. 06~0. 08)	(0. 03~0. 06)
初级污泥+滴滤池污泥	4~5	2. 6~3. 3
	(0. 11~0. 14)	(0. 07~0. 09)
初级污泥+废弃活性污泥	4~6	2. 6~4
	(0. 11~0. 17)	(0. 07~0. 11)
混合的初级+废弃生物污泥进料	2~4	4~6
浓度/%干固体基础物		
预期的消化池底流浓度/%干固体基础物	4~6	4~6

如果 SRT 太短，则产甲烷菌的微生物群落将会被冲走，而系统发生故障。劳伦斯(Lawrence，1971)发表了降低几种具体物质所需的最小 SRT、温度的函数，这些 SRTs 的范围从对于氢的低于 1 天至污水固体的 4. 2 天不等(参见表 25. 11)。更高的温度会降低最大性能所需的 SRTs，因为它们会提高特定气体的产量(见图 25. 36)。

表 25. 11　各种底物厌氧消化的固体停留时间最低值 (θ_c)

(经劳伦斯许可重印，Lawrence, A. W. [1971] Application of Process Kinetics to Design of Anaerobic Processes. In *Anaerobic Biological Treatment Processes*. F. G. Pohland [Ed.], Advances in Chemistry Series; American Chemical Society: Washington, D. C. , 105. 版权属 1971 美国化学会)

底　　物	35℃	30℃	25℃	20℃
乙酸	3. 1	4. 2	4. 2	—
丙酸	3. 2	—	2. 8	—
丁酸	2. 7	—	—	—
长链脂肪酸	4. 0	—	5. 8	7. 2
氢	0. 95①	—	—	—
污水污泥	4. 2②	—	7. 5②	10

① 对于 37℃而言。

② 计算值。

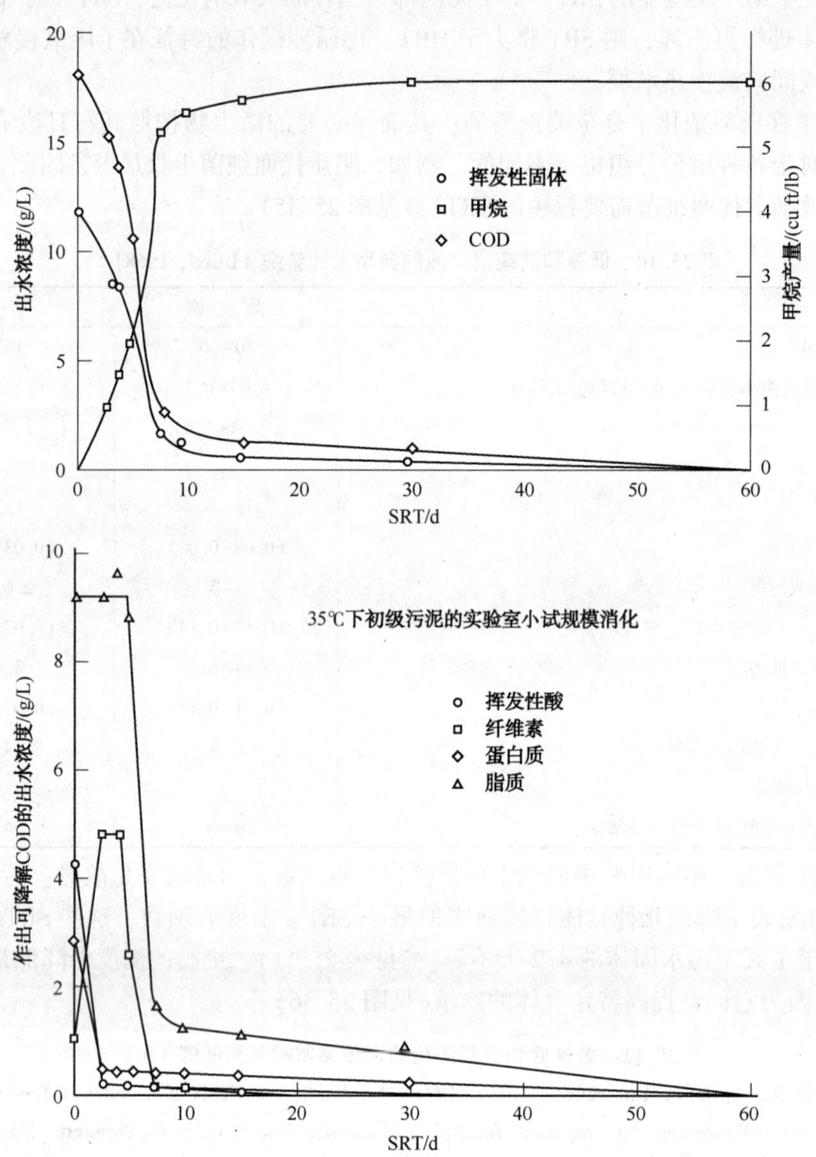

图 25.35 SRT 对可降解废弃物组分的相对破坏作用和甲烷产量的影响

($ft^3/lb \times 0.06243 = m^3/kg$)

然而，消化池 SRT 不仅仅是系统微生物学的函数；生物固体的所选用途也必须加以考虑，特别是对于 B 类生物固体。高温和中温厌氧消化都要考虑 PSRPs。连同维持温度、混合和厌氧条件一起，实现此状态的一种方法是维持最低 15 天的 SRT。此外，为了整个工艺过程的稳定性、控制方便性而考虑砂砾和浮渣积累、混合不完全性、固体产率的可变性和生物固体稳定性，则大多数消化池都按照 15 天运行。

后续章节将提供工艺参数估算的方程。由于反应器构造结构和固体组成，通用的和综合动力学参数可能不足以充分地描述系统的性能。如果预期的工艺过程性能精度很严格，则中

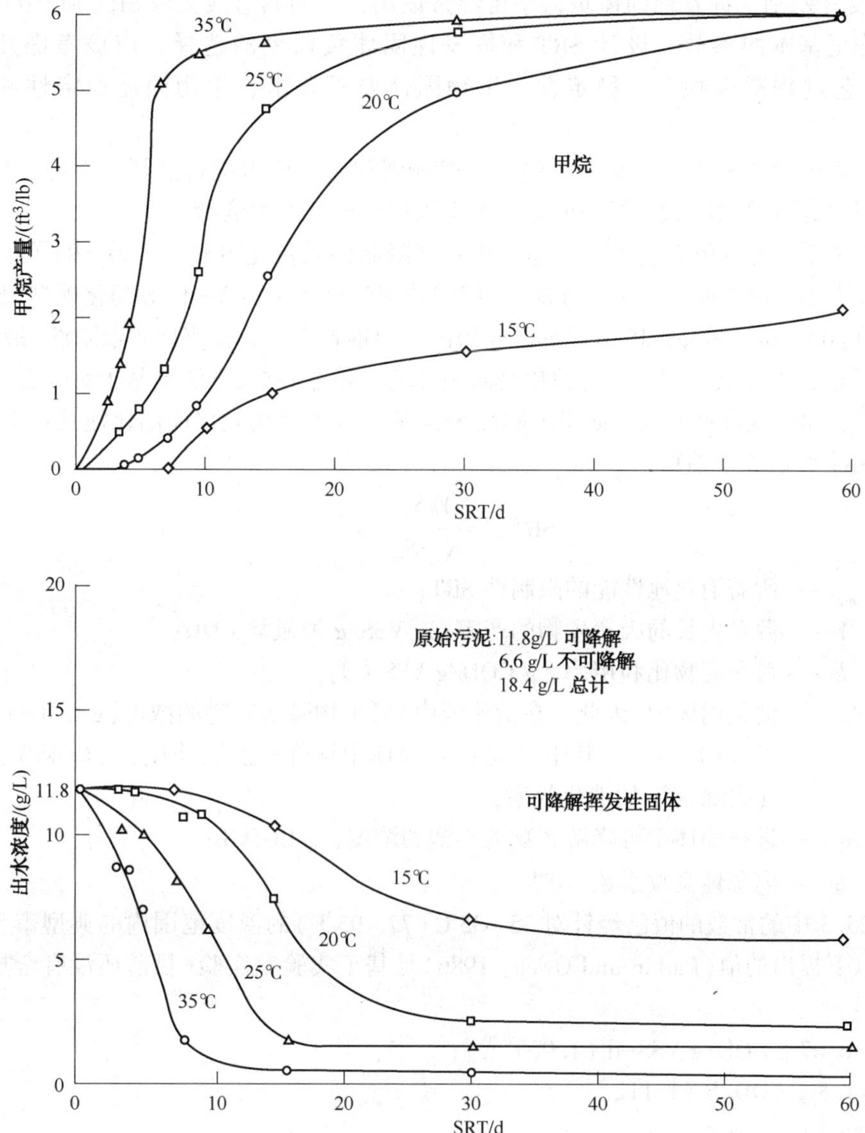

图 25.36 温度和 SRT 对甲烷产量和 VSR 的影响

(O' Rourke, 1968)

试或全规模试验测试时，应该考虑采用充足的背景数据而结合使用较新的更复杂工艺过程模型。

当实施新工艺过程构造设计结构或原料固体含有非传统底物如工业品输入时，设计之前也应该考虑中试试验。直至具体废弃物进行表征和测试之前，工业废弃物对厌氧消化的影响始终是值得怀疑的。

2.7.2 工艺过程的设计

2.7.2.1 尺寸选择标准

在确定消化池规模尺寸时，关键参数是 SRT。对于不采用再循环的消化系统，SRT 和

HRT 之间没有差别。挥发性固体负荷率也经常使用，因为其直接关联 SRT 和 HRT。然而，SRT 被当作更基本的参数。设计 SRT 和挥发性固体负荷率的选择，应该考虑几个因素（例如，工艺过程微生物学、稳定性、生物固体监管要求、生物固体稳定性和工业输入）。

目前，最小设计 SRT 通常基于经验，一般规则和监管要求进行选择。设计工程师应该注意，在制定合适的 SRT 设计标准时必须考虑固体生产条件的范围。

研究人员正在开发更多应用于理解消化及其限制的可量化方法。设计 SRT 的选择直接影响系统动力学，而由此影响工艺性能。复杂的模型（例如，ADM-1）和简化模型[例如，帕金和欧文（Parkin and Owen，1986）]都已经提出，而推荐作为估算或预测限制性（最低）消化池 SRT 的手段，但是其应用所需的数据是限制性的。帕金-欧文方法则基于对限制性 SRT 应用安全因素，而建立设计 SRT。如果限制性 SRT 基于所需消化效率而消化池接近全混条件，则限制性 SRT 可以如下估算：

$$\mathrm{SRT}_{\min}=\frac{YkS_{\mathrm{eff}}}{K_c+S_{\mathrm{eff}}}-b^{-1} \tag{25.3}$$

式中 $\mathrm{SRT}_{\min}$——所需消化池性能的限制性 SRT；

Y——源自生长的厌氧生物的产率，g VSS/g 所破坏 COD；

k——最小底物比利用率，g COD/g VSS · d；

S_{eff}——消化固体中（因此，在消化池中）可生物降解底物的浓度（g COD/L）；这等于 $S_0(1-e)$，　其中 S_0 是进料固体中可降解底物浓度，g COD/L，而 e 是在去除 S_0 下的消化效率；

K_c——进料固体中可降解底物的半饱和浓度，g COD/L；

b——内源性衰败系数，d^{-1}。

方程 25.3 中的常数的值已经针对 25～35℃（77～95℉）的温度范围内的典型市政初级固体提出。以下提出的值（Parkin and Owen，1986）是基于实验室实验（目前还没有全规模数据可供使用）：

- k = 6.67 g COD/g VSS-d（1.035^{T-35}）；
- K_c＝1.8 g COD/L（1.112^{35-T}）；
- b＝0.03d^{-1}（1.035^{T-35}）；
- Y＝0.04 g VSS/g 去除 COD；
- T＝温度（℃）。

使用所需消化池性能的限制性 SRT 计算值时，厌氧消化的安全系数就能如下计算：

$$SF=\frac{SRT_{\text{实际}}}{SRT_{\text{最小}}} \tag{25.4}$$

例如，假设工程师正在利用类似现有系统的数据辅助而设计一个新厌氧消化系统（见表 25.12）（ASCE，1983）。这些数据表明 SRT 中值平均值为约 20 天。假设新系统将具有 90% 的消化效率，设计温度为 35℃（95℉），而进料固体可生物降解的 COD 浓度为 19.6 g/L，则他们利用方程 25.3 计算出最低 SRT 应该为 9.2 天（Parkin and Owen，1986）。（假定可生物降解的 COD 代表进料中挥发性固体和液体的可降解部分）。则利用方程 25.4 和现有系统的中值 SRT，工程师们计算出新系统的安全系数应该为 2.2。所获得的安全系数应该用于估计工艺过程是否能够适应水力学负荷的短期或动态增加。

表 25.12　联合底物中对于厌氧消化操作报道的固体停留时间(经文献 ASCE, 1983 许可重印)

SRT/d	每一范围内的设施百分数	
	仅仅初级污泥	初级污泥+二级污泥
0~5	0	9
6~10	0	15
11~15	0	9
16~20	11	12
21~25	45	25
26~30	11	3
31~35	11	15
36~40	0	6
41~45	0	0
46~50	22	0
超过 50	0	6
污水处理厂的总数	(12 家)	(132 家)

中试实验可能需要用于确定系统的实际限制，因为使用通用和/或集总的动力学参数可可能会高估或低估 SRT 要求，这种高估或低估取决于实际的操作条件和底物的组成。例如，如果原料含有大量比典型市政初级固体难以降解的物质(例如，脂类)，则方程 25.3 将不适用。在这种情况下，如果恒定的高 VSR 很关键时，工程师可能需要使用比表 25.13 中所列的 SRT 值更高的设计 SRT 值。如果固体易于降解(例如，无生物固体的典型初级固体)，则工程师可能能够使用比表 25.13 中列出的那些稍低的设计 SRT 值。

其他限制(例如，满足 PSRP 要求的监管限制)，也需要加以考虑。尽管较短的设计 SRT 可能会降低处理池及配套设备的规格尺寸和成本，但是生物固体使用或处置的便利性也必须加以考虑。如果生物固体质量太差，不满足监管标准，或为了确保达标性而产生显著的 O&M 成本，则就可能会损失任何初始成本的节省。

此外，为了最大限度地减少消化池失稳的可能性，设计工程师应该基于临界运行期限(例如，当沙砾和浮渣累积时，或消化池停工时的高固体负荷期间)选择设计 SRT。临界运行时间的选择将取决于污水处理厂的规模，预期的固体产量和其他现场特异性因素。

2.7.2.2　负荷率和频率

消化池负荷率和频率显著影响消化池的性能。恒定的负荷会产生最稳定的运行，因为微生物将达到并维持稳态条件。相对负荷将会影响工艺过程的整体稳定性，因为过载和低载都可能损害工艺过程的性能。

此外，设计工程师还应该考虑具体进料方案的潜在影响。连续进料可能需要储存罐或 24 小时增稠和脱水操作。导管载入负荷可能产生泡沫。

表 25.13 估计的挥发性固体破坏率

消化类型	消化时间/d	挥发性固体破坏率/%
高速（中温范围）	30	55
	20	50
	15	45
低速	40	50
	30	45
	20	40

设计负荷率应该结合所选的工艺过程(推荐值能够查阅讨论每一工艺过程的章节)。

此外，设计工程师应该确保上游工艺过程足以满足设计负荷。增稠性能可能妨碍设计负荷率或 SRT 实现恒定满足。在进行处理池尺寸规格选择时，设计工程师应该将此考虑在内，因为这可能会导致可能降低系统预期寿命的工艺方法限制。

2.7.2.3 固体混合

在反应器之前增加固体混合池能够改善消化稳定性(见图 25.37)。混合池能够在消化之前将固体均质化，尤其是当多个固体流负荷载入消化池时。初级固体和二级固体降解是有差异的，因此如果不采用均质化和流量调节步速，消化池可能整天会经历较大的有机负荷波动，即使是在恒定的泵送速率下也是如此。(有效的有机负荷率是可降解挥发性固体而不是总挥发性固体负荷的函数)。混合池通过在线提供“宽点”而降低日负荷的可变性。这个处理池能够吸收高固体流量，容许消化池运行维持更加稳定，而不是以固体废弃方案出现峰值。

图 25.37 华盛顿兰顿金县南方污水处理厂的增稠固体混合池

(经 Brown and Caldwell, Seattle, Washington, and King County, South Treatment Plant, Renton, Washington 许可)

混合池通常通过机械混合器或泵进行混合。所选的混合程度必须通过设备成本和功率使用进行平衡。在确定混合池大小规格时，设计工程师应该非常小心而不能使之尺寸过大，因为如果停留时间足够长时这可能有利于达成酸反应器的条件。有时混合池经过加热而使之在进入消化池之前部分加热固体。加热也可能在过大混合池中加剧酸的形成。

2.7.2.4　固体破坏率和气体产量

设计工程师能够利用先前的数据(40%~65.5%)或将 VSR 关联于停留时间的方程估算预期的 VSR(Liptak, 1974)。

对于标准速率系统，

$$V_d = 30 + \frac{t}{2} \tag{25.5}$$

式中　V_d——VSR,%；

t——消化时间，d。

对于高速消化系统，

$$V_d = 13.7\ln(\theta_d^m) + 18.94 \tag{25.6}$$

式中　V_d——VSR,%；

θ_d^m——设计 SRT。

其他估算能够利用表 25.13 完成。进入消化池的固定固体浓度将保持恒定。表 25.14 对比了单一来源估算 VSR 的替代方法；这表明，VSR 的估算取决于所选择的方法，即使对于相同的数据集也是如此。设计工程师在选择这些方法之前应该了解每一种方法背后的基本假设。如果有运行数据可用，则工程师应该直接使用这些数据，而不是这些方法。

表 25.14　消化池挥发性固体破坏率估算方法的对比

描　　述	取　值	单　位	来源或文献
所估算固体破坏率的工艺参数			
原料固体的可生物降解 COD	19.3	mg COD/L	第 2.7.2.1 节的实例 Parkin and Owen (1986)
COD 去除效率	90	%	Example in section 2.7.2.1 Parkin and Owen (1986)
消化池温度	35	℃	
设计固体停留时间 (SRT)	20	d	
工艺方法类型	HR		HR=高速
基于方程 25.8 和 25.15 的挥发性固体破坏率			
SRT_{min}	9.2	d	方程 25.8，使用第 2.7.2.1 节中的动力学参数
V_d	49	%	方程 25.15
基于表 25.13 的挥发性固体破坏率			
V_d	60	%	
基于图 25.38 的挥发性固体破坏率			
V_d	42	%	固体年龄×温度=700

两阶系统中将要进入第二阶消化池的固体最接近的估算值(kg/d)由以下方程提供：

$$固体 = TS = (A \times 总固体 \times V_d) \quad (25.7)$$

式中 TS——进入消化池的总固体，kg/d（lb/d）；

A——挥发性固体百分数，%；

V_d——初级消化池中破坏的挥发性固体百分数，%。

方程 25.7 可用于估算第二阶消化池的固体负荷和增稠程度（%）。然而，二级消化池的容积经常要等于初级消化池容积，才能允许这些单元装置停工。

设计工程师能够采用约 0.8～1.1m³/kg（13～18ft³/lb）VSR 的关系而估算比气体产率。气体产量随着原料中 FOG 百分比增加而增加（只要提供足够的 SRT 和充分的混合），因为 FOG 的代谢最慢。产生的总气体体积如下：

$$G_v = (G_{sgp}) V_s \quad (25.8)$$

式中 G_v——所产生的总气体体积，m^3（ft^3）；

V_s——VSR，kg（lb）；

G_{sgp}——比气体产率，视为 0.8～1.1m³/kg VSR（13～18 ft³/lb VSR）。

所产生的甲烷总量能够由每天去除的有机物质的量估算：

$$G_m = M_{sgp} [\Delta OR - 1.42(\Delta X)] \quad (25.9)$$

式中 G_m——所产生的甲烷体积，m^3/d（ft^3/d）；

M_{sgp}——比甲烷产率/去除的有机物质（COD）质量的比产率，m^3/kg COD（ft^3/lb COD）；

ΔOR——每日去除的有机物质（COD）质量，kg COD/d（lb COD/d）；

ΔX——所产生的生物质，kg VSS/d（lb VSS/d）。

因为消化池气体约三分之二是甲烷，则所产生的总消化池气体等于以下值：

$$G_T = \frac{G_m}{0.67} \quad (25.10)$$

式中 G_T——所产生的总气体，m^3/d（ft^3/d）。

预期的甲烷浓度可能为 45%～75%，典型的甲烷浓度范围为 60%～75%（按体积计）。典型的二氧化碳浓度范围为 25%～40%（按体积计）。沼气通常包括硫化氢，但应该（例如，通过确定任何工业废物来源或盐水渗透）研究过更高的浓度。预期的消化池气体热值取决于沼气的组成。

2.7.3 消化池的构造结构和形状

处理池构型（形状）会显著影响厌氧消化的运行特性，以及施工建设成本和 O&M。通常情况下，消化池具有三种基本形状：短圆柱型（"煎饼型"）、高圆柱型（"筒仓型"）和卵形。

2.7.3.1 *卵形消化池*

卵形消化池在欧洲已经使用超过 40 年，而自 20 世纪 90 年代初才在美国开始使用（Volpe et al.，2004）。这种形状通常被认为是消化池的最佳形状，能够提供优异的混合特性，很少出现死区，并能发挥良好的沙砾悬浮作用。

这种消化池形状对于良好混合是最佳的（见图 25.38 和 25.39）。锥形基部，中心安装混合，这种设计有利于促进沙砾和其他重物质再悬浮于本体流体中。这最大限度地降低了消化池中保留的物质量，增加了活性部分而降低了清洗所需的停工时间。就卵形消化池而言，据沃尔普等（Volpe et al.，2004）报道，某些这种消化池已经服务了 20 年，还没有进行清洗之需。

图 25.38　犹他州中央谷水再生设施的卵形消化池
（经由犹他州盐湖城市中央谷水再生设施的许可）

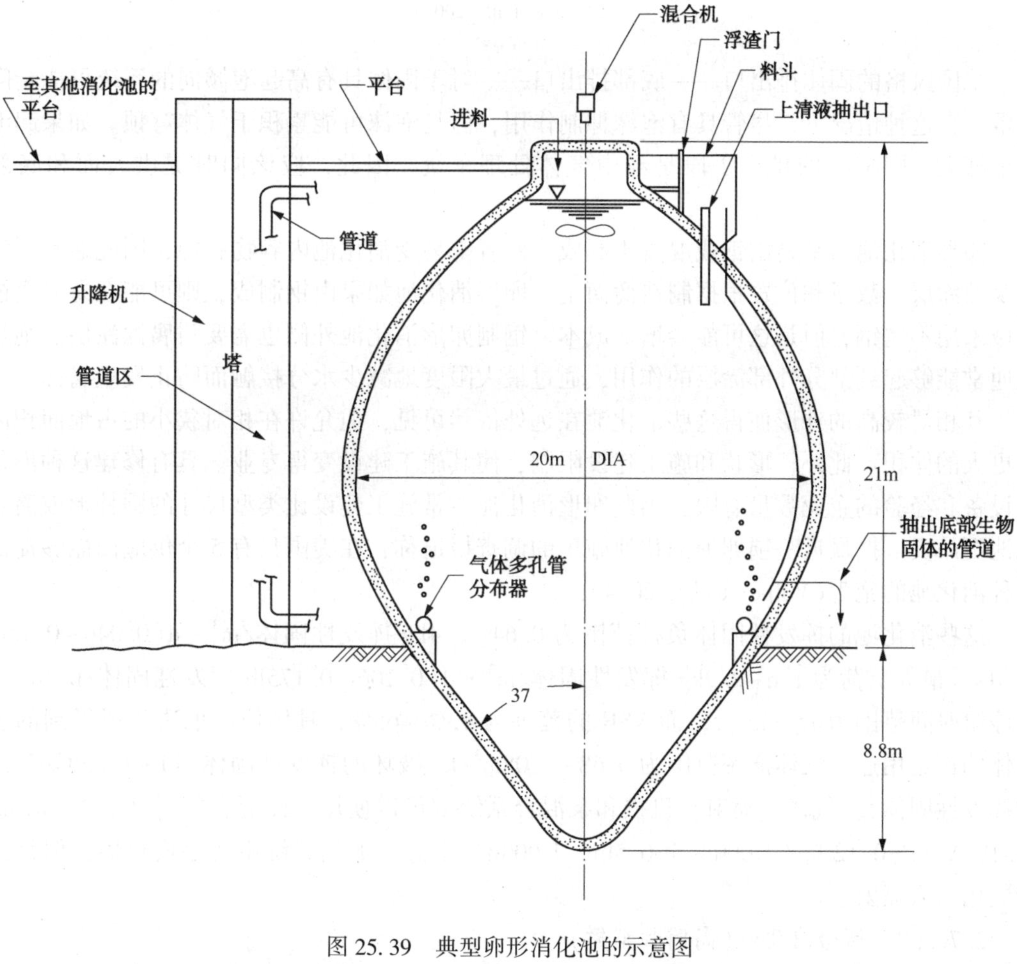

图 25.39　典型卵形消化池的示意图

消化池的小穹顶提供了操作上的优点和缺点。首先，由于混合泡沫抑制系统在该穹顶内液体的搅拌程度通常较高，这防止形成浮渣层；否则，就会保持夹带液相中而可能被排出。

然而，根据消化池的构造设计结构不同，小气体穹顶的排放可能会问题重重(见图 25.40)。

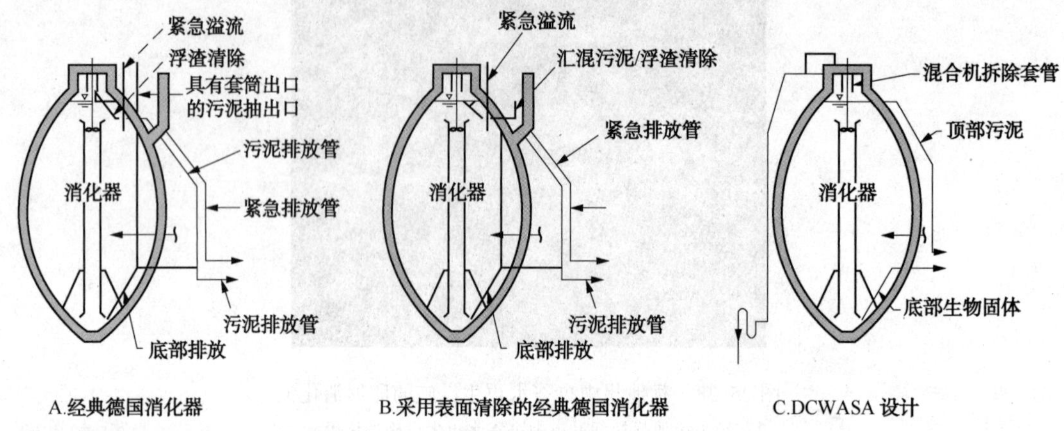

图 25.40 卵形消化池固体排出口的构造设计结构

(Volpe et al., 2004)

德国风格的固体排出口——底部排出口——对于固体具有高起泡倾向的系统可能会问题重重。在这种情况下，尽管具有泡沫抑制作用，但是泡沫可能累积于气体穹顶。如果起泡问题足够大，则唯一的排出手段是经由气体处理系统。因此，应该同时提供表面和底部排出口。

卵形消化池通常是由钢或混凝土制成。两者都易受消化池内容物腐蚀，因此通常要涂施耐腐蚀涂层。数量和位置根据制造商而定。卵形消化池如果由钢制成，则可能在易受腐蚀的区域采用不锈钢，但是这可能会增加成本。钢制卵形消化池外侧也需要耐腐蚀涂层。绝热系统通常能够起到部分外部涂层的作用，通过最大限度地减少水分接触而防止发生腐蚀。

其相对较高的外形使得这些消化池在远处依然可见，但允许在相对狭小的占地面积内具有更大的体积。此外，形状和施工建设限制，使其施工建设变得专业。具有修建这种消化池的设备和经验的企业数量有限，因此卵形消化池通常施工建设比类型尺寸的圆柱形或筒仓消化池更昂贵。据最近一项卵形消化池施工的调查报道称，在美国只有 5 个供应商能够提供给这种消化池的施工(Volpe et al., 2004)。

这些消化池的挥发性固体负荷范围为 0.64~2.4kg 挥发性固体/m^3·d(0.040~0.150lb/ft^3/d)，最大负荷为 1.6~2.9kg 挥发性固体/m^3·d(0.106~0.175lb 挥发性固体/ft^3/d)。固体停留时间范围为 15~45 天，而 VSR 的范围为 42%~65%，具体值则取决于所得到的生物固体的预定用途。气体产率范围为 0.68~1.08m^3/kg 破坏的挥发性固体(11~17.5ft^3/lb 破坏的挥发性固体)。气体、喷射、机械和泵混合系统都可以使用，而混合能量从 3.16 W/m^3 至 13.19 W/m^3(0.12 hp/ 1 000ft^3 至 0.5hp/ 1 000ft^3)不等。加热系统主要是换热器，但是也有少数用蒸汽喷射。

2.7.3.2 筒仓消化池(高圆柱型罐)

筒仓消化池是一种较新型的圆柱形(煎饼型)消化池，高度与直径之比较大，相比于卵形消化池能够获得一定的混合优势，而无成本增加(见图 25.41)。

筒仓消化池如果配备水下固定盖时可能像卵形消化池一样(见第 2.7.4.6 节)。水下盖

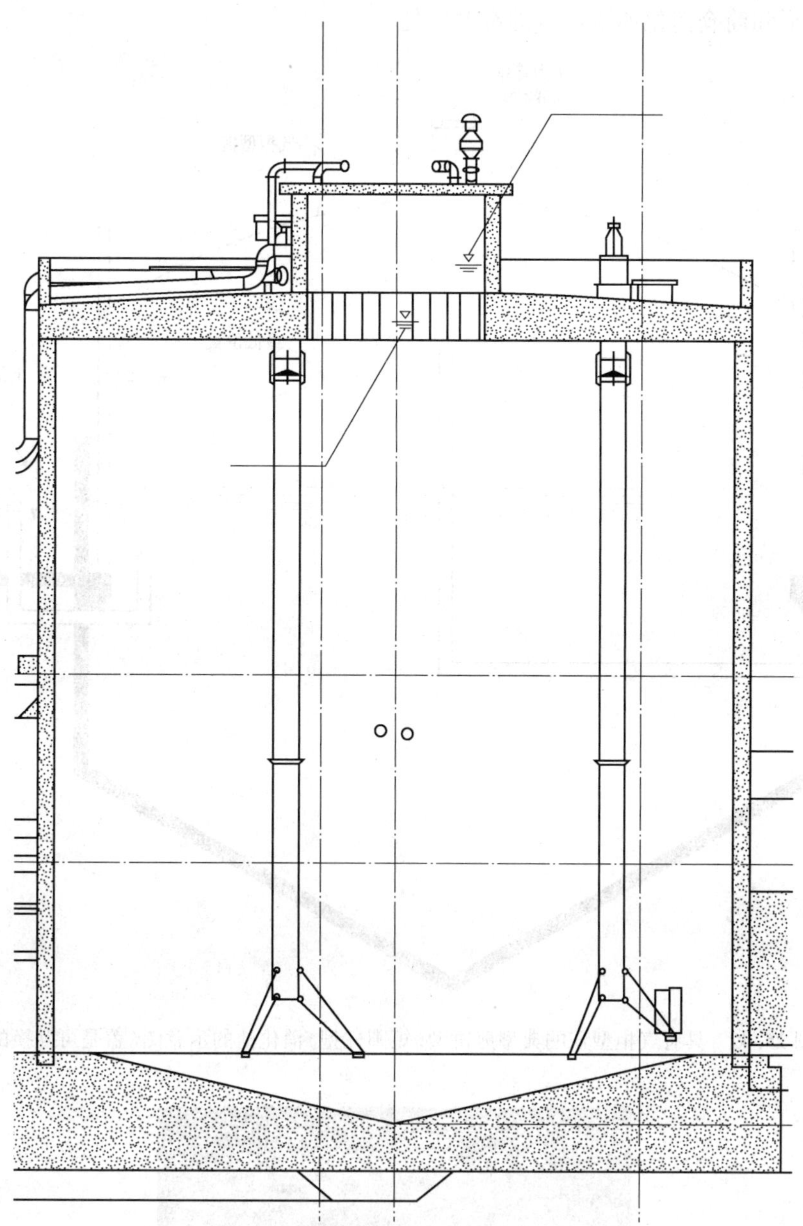

图 25.41　具有内部通流管混合器的典型筒仓消化池的剖面图
（经 Brown and Caldwell and King County Brightwater WWTP 的许可）

的小液-气界面类似于卵形消化池的气体穹顶，而提供了许多相同的优点。其他外盖选项包括气柜型，固定型和道恩型，使设计工程师能够更灵活地定制专用或甚至多用途处理池（有时候卵形消化池并不十分适合）。

目前，在美国鲜有筒仓消化池运行。

2.7.3.3　圆柱型消化池

圆柱型（煎饼型）消化池是目前美国厌氧消化池最常见的消化池设计（见图 25.42 和图 25.43）。其相对较小的高度-直径比使之施工建设更容易，而造价低廉。然而，这种消化池并不具有卵形和筒仓消化池所获得的有益之处。

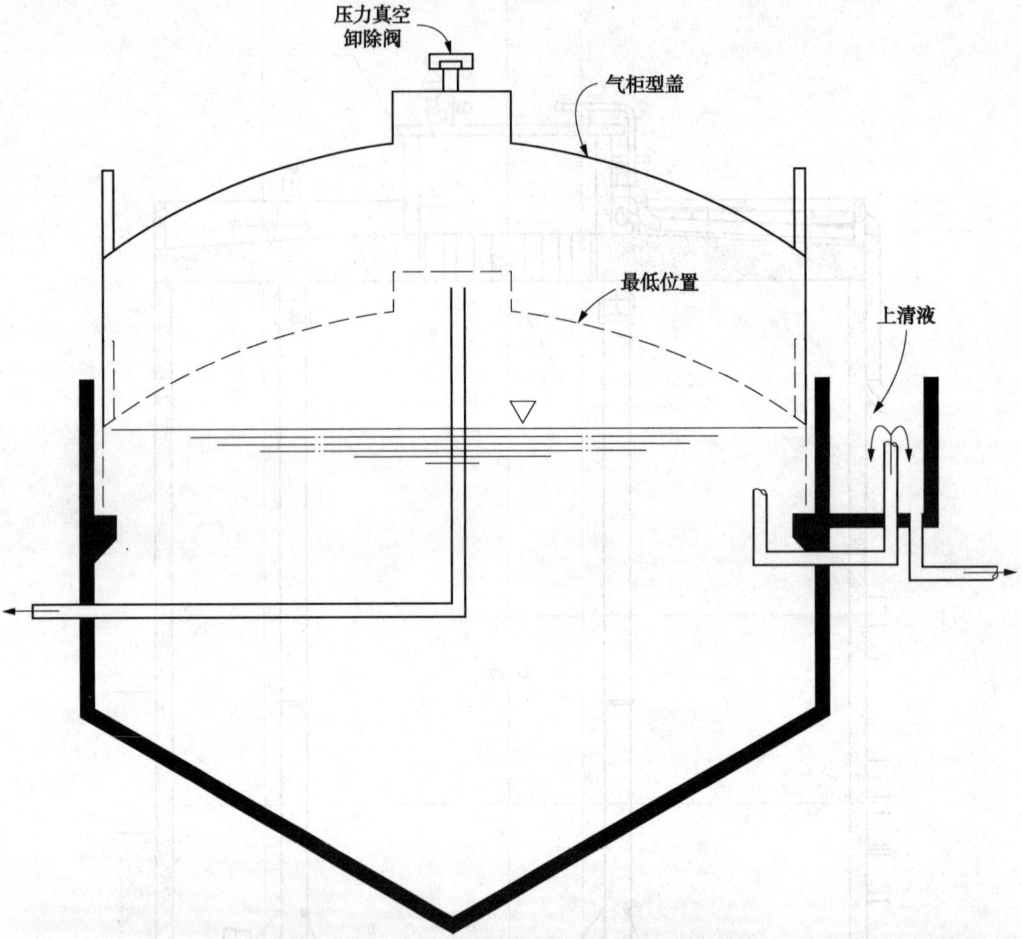

压力真空
卸除阀
气柜型盖
最低位置
上清液

图 25.42　具有气柜型盖的典型煎饼型(短圆柱型)消化池的示意图(盖是可互换的)

图 25.43　华盛顿州兰顿金县南部污水处理厂的厌氧消化池
(经由 Brown and Caldwell and King County, Washington 许可)

煎饼型消化池更易于产生死区和混合较差的状态，导致 VSR 较低和沉砂更甚。因此，需要更频繁的清洗，增加了 O&M 成本。

然而，煎饼型消化池能够配备各种盖构型，这可能使之具有显著的工艺灵活性和发挥多种角色作用(例如，气体储存和可变的液位)。卵形消化池则仅仅适用于作为厌氧消化反应器。

这些消化池通常是由钢筋混凝土制成，侧壁深度为 6~14m(20~45ft)，而直径范围为 8~40m(25~125ft)(US EPA，1979)。锥形底面对于清洗目的是优选的，斜率为(1：3)~(1：6)不等(WPCF，1987)。斜率大于 1：3，尽管除砂理想，但是很难施工建造，清洗时难以站立。锥形底也最大限度地减少沙砾堆积；相反却提供了相对连续的除砂。地面能够具有一个中心排出管或被分成楔型，每个都有其自己的排出管(华夫底消化池)。后者施工造价更高，但可能会降低清洗成本和频率。

如果有必要，圆柱型消化池可以采用砖贴面和空气间隔、填土、聚苯乙烯塑料、玻璃纤维或保温板绝热。

2.7.4　消化池盖型形状

2.7.4.1　固定盖消化池

标准的固定盖可以采用混凝土或钢建成(见图 25.44)。它们能够提供最大的固-气界面，这使得泡沫和浮渣控制难度较大。(根据排放干点的位置而定，泡沫和浮渣能够夹陷于消化池中)。固定盖能够最小化从浮动盖和消化池壁之间的任何环形空间释放的溢散气味物质。当消化池填满和排空时，盖也更加稳定。

这些盖并不需要浮动或气柜型盖需要达到的压载作用，这就降低了施工建设和工程设计的复杂性。虽然施工建造不太复杂，但是这些盖可能会使消化池变得水力学过压。

2.7.4.2　浮盖消化池

浮盖保护消化池不会出现水力学过载，因为这些盖会随着消化池液位上下浮动(见图 25.45)。浮动盖需要压载物，才能确保其平衡，因为盖上的管道和设备将会使之在液面上漂浮不均匀。设计工程师应该小心防止浮盖下降至悬臂桁架，而失去其天然的气密封特性。

压载是在设计浮盖时涉及的一个仅有的特殊要求。消化池壁和浮动盖之间的所有连接必须具有足够弹性，才能使浮动盖能够全程运动而不会对任何设备(例如，气体管道，抑泡管道或开启和关闭浮盖的楼梯)产生应力作用。此外，需要导槽确保浮盖上下移动时不会撞击池壁，同时还防止风的扭转作用(参见图 25.46)。

浮动盖通常由钢制成，钢并不是良好的绝热体。因此，它们通常需要用某些类型的绝热材料涂层或覆盖(例如，喷涂保护性涂层的聚氨酯泡沫体或模块化的绝热系统)。如果没有绝热，外壳热损失将会显著——尤其是在寒冷环境中——增加供热要求。

2.7.4.3　道恩浮盖

道恩浮动盖使用了在浮盖和消化池中固体之间创建气隙的阁楼系统(见图 25.47)。这种盖设计安装于液体上，超过了传统浮盖的程度，在气体穹顶内产生了小的气-液界面，而降低了对盖的腐蚀作用，并为泡沫累积提供了更小的空间区域。通常抑制泡沫的喷雾安装于气体穹顶而降低泡沫进入消化池气体侧的机会。然而，如果没有表面排放口，喷雾不能充分将泡沫包夹带入本体液体中时，泡沫还会累积。

至于所有的浮动盖，消化池的水力学过压会因为固体能够溢出通过环形空间而降低；然而，气味物质也会散发出来。对于所有的浮盖，当选择道恩浮盖时混合选择是受限的。此

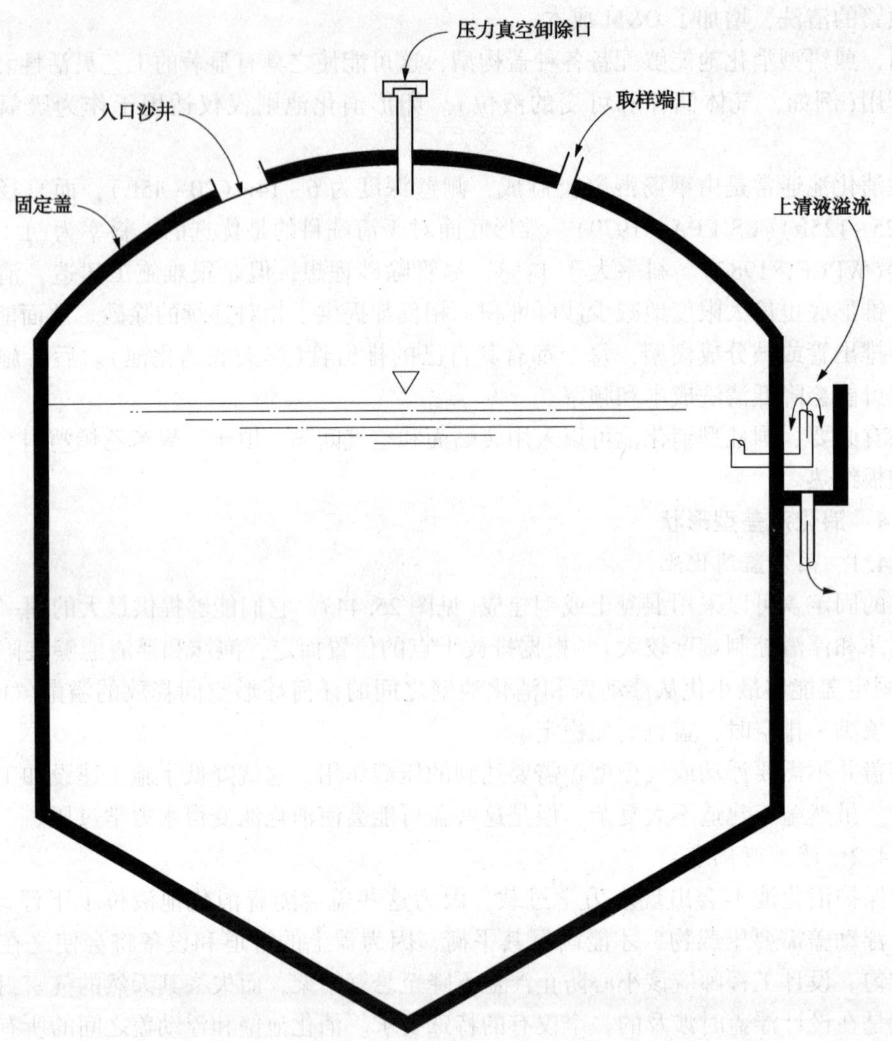

图 25.44 固定盖厌氧消化池的示意图

外，对于其他钢质盖，还需要额外的绝缘外壳降低热损失。

2.7.4.4 气柜型盖

与浮盖一样，气柜型盖并不固定位置。这种盖具有延伸到液体中的裙边，使浮盖漂浮于非高峰使用时储存的气泡上(图 25.48)。至于浮动盖，消化池的水力过压难以形成，因为固体会从环形空间逸出。

尽管气柜型盖提供了额外的气体存储功能，但是这种类型的封盖具有一些明显的缺点。它们在悬臂桁架之上没有表面排出口，因此泡沫和浮渣包埋和积聚于消化池内。这种盖是有效的气-液大界面，可能够会导致腐蚀。此外，混合方案受限，因为这种盖需要移动且必须进行压载，才能确保其平衡。此外，因为这种盖骑在气泡上，反应器的总体积将不适用于固体消化(即，总的最大水力学容量降低)。

2.7.4.5 膜型气柜盖

膜型消化池盖为厌氧消化池提供了最大的气体存储容量，却不需要独立结构(图

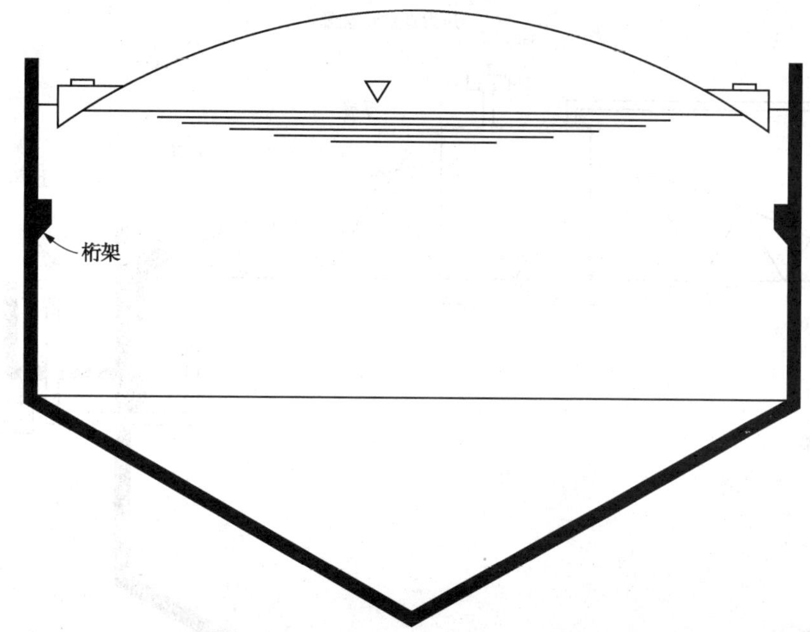

图 25.45　浮盖厌氧消化池的示意图

图 25.46　浮盖消化池所需的其他设备：
(a)浮盖导槽和辊，和(b)弹性气体管道
(经由 Brown and Caldwell and the Budd Inlet WWTP, Olympia, Washington, LOTT Alliance 许可)

25.49)。尽管有效，但这些盖却有一些设计上的限制(例如，盖上安装的混合设备)。混合仅限于泵混合，地面安装气体混合，或外部导流管，这可能很难进行改造。此外，这种盖不需要浮渣或泡沫控制。材料的期望寿命各不相同——外膜通常为 20 年，而内膜为 10 年，类似于气柜型盖。

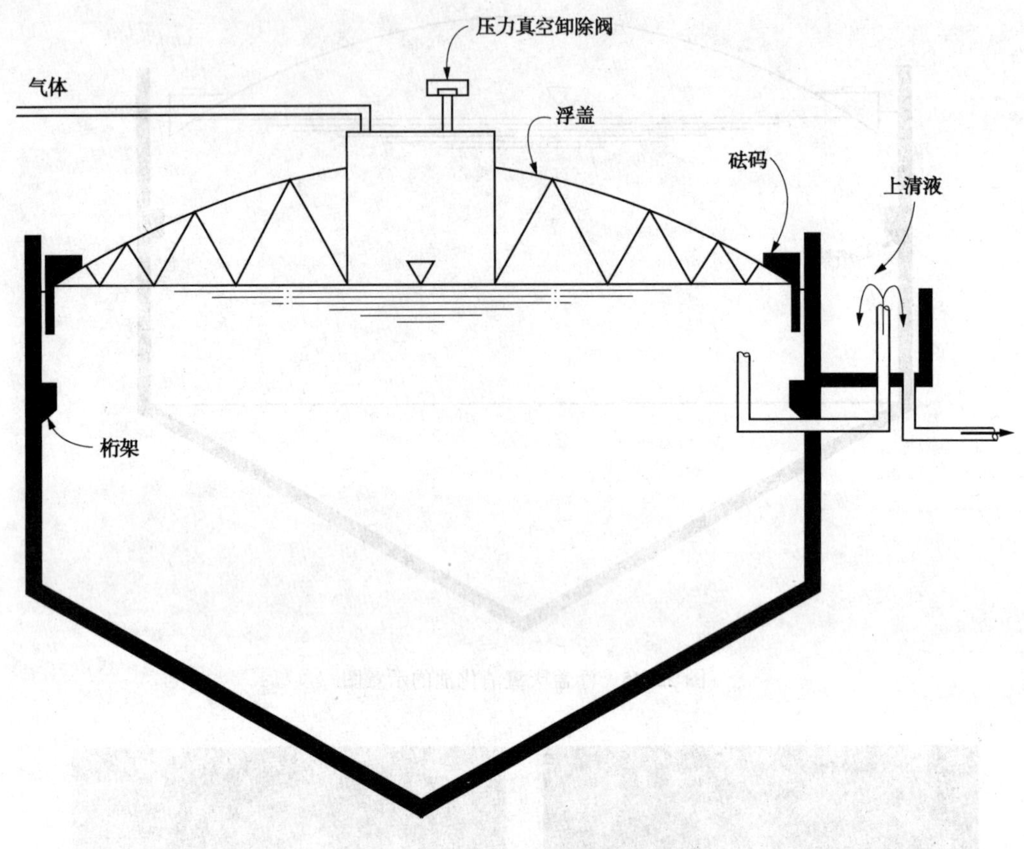

图 25.47 典型道恩浮盖的示意图

2.7.4.6 水下固定盖

水下固定盖将圆柱形或筒仓型消化池的顶部转化成类似于卵形消化池顶部的系统(见图25.50)。斜顶将气体、泡沫和浮渣引导至小气体穹顶(类似于道恩型盖)。因为盖是固定的,则气体穹顶内可能会发生表面溢流,这起到了关键固体废弃点的作用。通常情况下,固体能够从消化池循环至穹顶而抑制泡沫,而气体从气体穹顶最上方排出。

至于标准固定盖,由于固体废弃速率比消化池进料速率慢而存在水力过压的危险。为了有助于缓解这种担忧(尤其是因为小气体穹顶体积有限时),通常会向气体穹顶增加应急溢流。管线上的双 U 型阱通过应急溢流而保持气体防止排出(见图 25.51)。

尽管水下固定盖有一些明显的好处,但是这种类型也有一定的局限性。小气体穹顶提供的储气有限,而任何液体体积的变化都会很快地在溢流点实现。

2.7.5 消化池进料系统

原料固体可以在不同的位置引入消化池,但是关键的标准是避免到达任何排出口出现短路进料。固体可以在顶部、底部、或在循环回路上加入;然而,如果固体从顶部或底部排出,则通常最好通过消化池侧壁进料。如果可能,进料位置也应该最大化固体分散。如果具有不只一个返回位置时,采用泵送系统这是特别容易实现的。序控阀将能使固体分布良好。

循环回路的进料应该谨慎实施,因为尽管这可能有助于额外预热固体,但是原料固体如果太稠或满含碎片时可能会堵塞螺旋板式换热器。

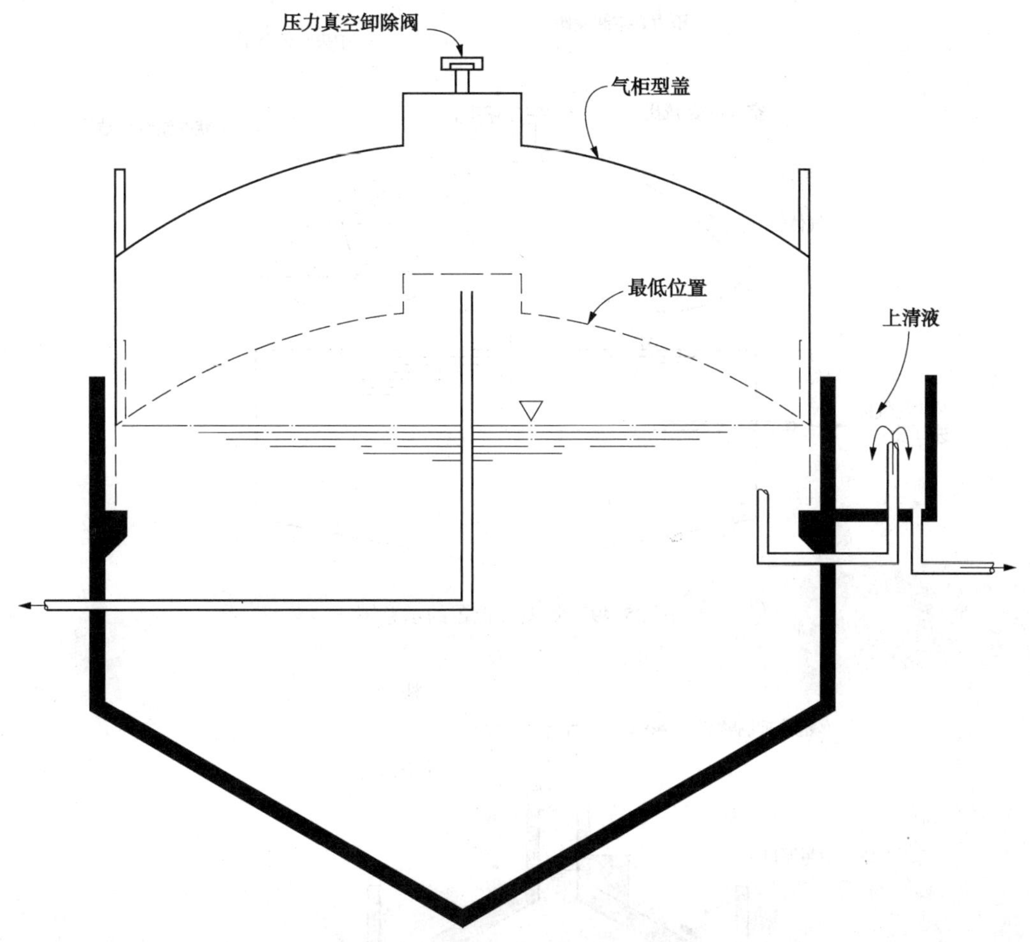

图 25.48　典型气柜型盖的示意图

2.7.6　消化池混合系统

消化池内容物的辅助混合作用对于以下过程是有益的：

- 减少热分层；
- 分散底物而使之与活性生物质更好接触；
- 降低浮渣积累；
- 稀释任何抑制性物质或不良 pH 值和温度进料特性；
- 提高反应器的有效容积；
- 允许反应产物气体更容易分离；
- 保持倾向于沉降的无机物质处于悬浮状态。

通常人们会使用三种类型的混合方法：机械混合、泵浦混合和气体再循环混合。机械或内部混合器使用叶轮，螺旋桨和涡轮混合物料。由于混合器的表面暴露，就会出现问题。轴和叶轮易于经受振动(由于收集的物料)和发生磨损(由于砂粒和碎片)。

经由泵浦的混合设计使用外部泵再循环消化池内容物。这种系统的效率取决于消化池的规模大小，净能量输入，黏度和周转率。

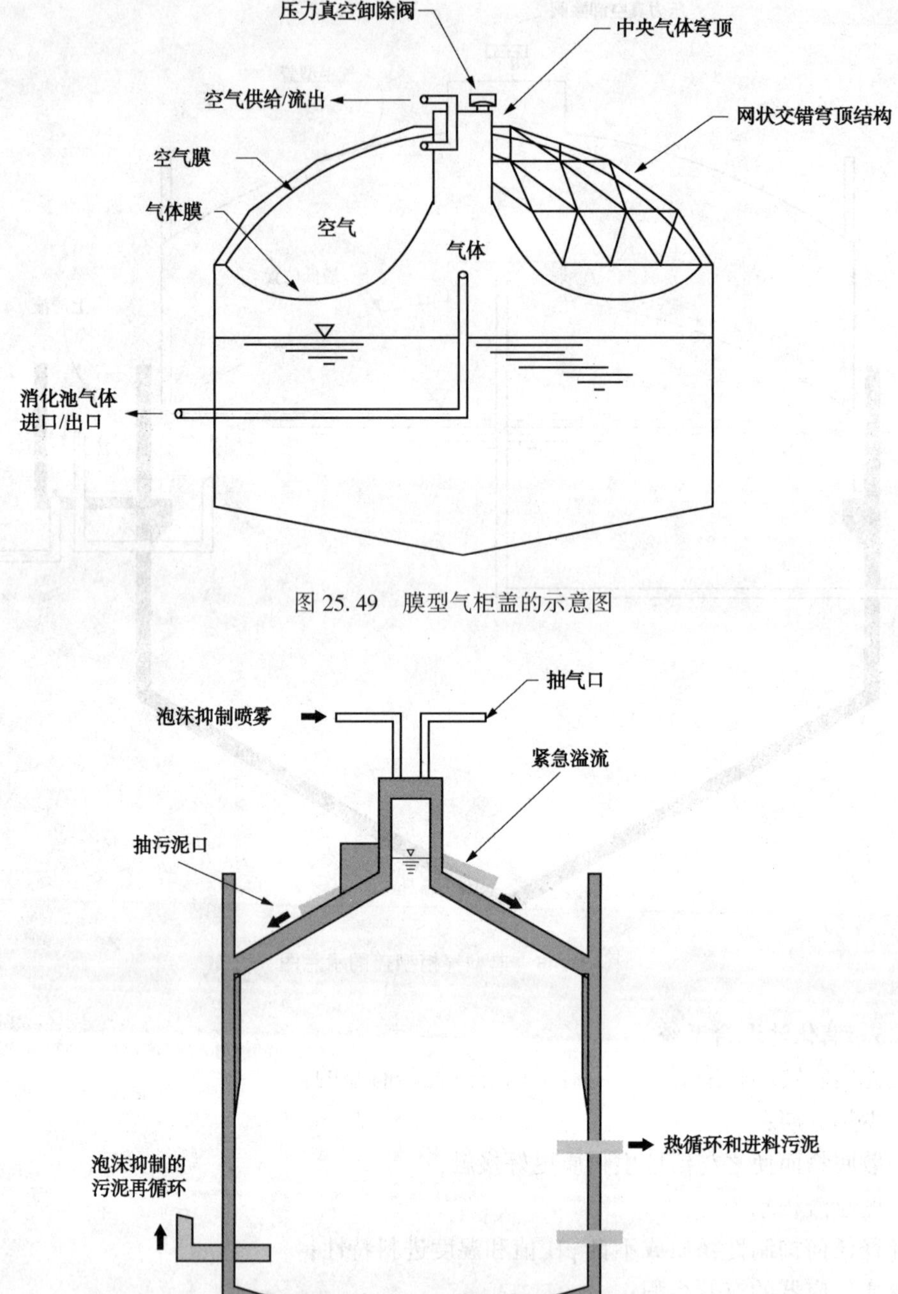

图 25.49　膜型气柜盖的示意图

图 25.50　具有水下固定盖的消化池示意图

（经由 Brown and Caldwell，Seattle 许可）

气体再循环系统可能会使用管道，按序操作喷头、罐底扩散器、或 0.3m 直径（1ft 直径）的管道释放游离的气泡。在每一种情况下，都是气体产生，压缩和再循环通过消化池而促进混合。现有两种基本类型的气体再循环系统：开放式的或封闭式的。开放式的系统包括

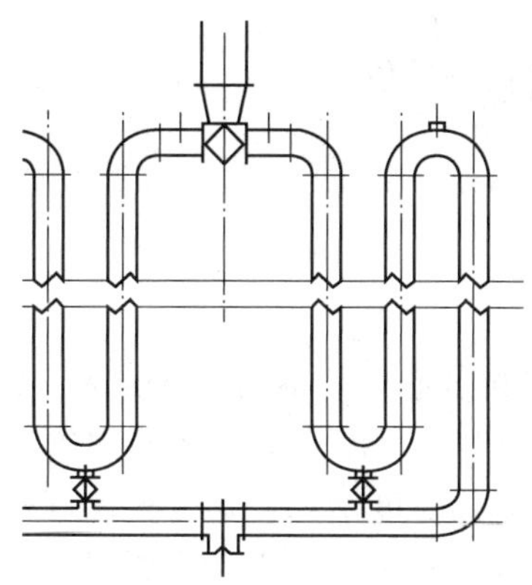

图 25.51　水下固定盖的应急溢流设备

（经由 Brown and Caldwell 许可）

顶装喷头和罐底扩散器。封闭系统通过导流管排出气体。每种系统都各具优点和缺点，而混合的程度通常取决于输入的能量。

2.7.6.1　*混合要求*

消化池混合设备的大多数制造商可能会推荐合适的类型、大小和功率水平，这取决于消化池的容积和几何形状。这些建议通常基于内部研究和类似装置的成功经验。厌氧消化池可以通过气体，机械或泵浦混合系统进行混合(各种混合系统都具有不同的优点和缺点)。混合系统的选择则基于成本，维护要求，工艺过程构造设计，和进料的筛余物、沙砾和浮渣量。消化池混合系统大小规格选择的推荐参数包括单位功率、速度梯度、单位气体流量和消化池容积周转时间。这四个参数相互关联，并能够用于等同制造商的推荐。

单位功率定义为每立方米消化池容积递送电机的瓦特数($hp/1000ft^3$)。实际能量，黏度和消化池的构造结构都不考虑。对于单位功率的选择有人推荐了几个值，这些值的范围为 5.2~40 W/m^3(0.2~1.5$hp/1000ft^3$)反应器容积。利用实验室数据，斯皮司(Speece，1972)预测，40 W/m^3足以满足全混反应器。

速度梯度参数作为混合强度的度量是由卡门普和斯特因(Camp and Stein，1943)提出的。由以下方程表示：

$$G=(W/\mu)^{1/2} \tag{25.11}$$

式中　G——均方根速度梯度，s^{-1}；

W——每单位体积的耗散功率，W/m^3或$N/m^2\cdot s$ (lbs/ft^2)；

μ——动态黏度，$N\cdot s/m^2$或$Pa\cdot s$(lbs/ft^2)，[对于水而言，35℃下为7.2×10^{-4} $N\cdot s/m^2$或$Pa\cdot s$ (95℉下为$1.5\times10^{-5}lbs/ft^2$)]。

和

$$W=E/V \tag{25.12}$$

式中　E——耗散功率，W ($ft\cdot lb/s$)；

V——消化池体积，m^3(ft^3)。

气体注入的功率能够由以下方程确定：

$$E=P_1(Q)(\ln P_2/P_1)\ (\text{米制单位}) \tag{25.13}$$

或

$$E = 2.40P_1(Q)(\ln P_2/P_1)\text{（英制单位）}$$

式中 Q——气体流量，m^3/s (ft^3/min)；

P_1——液体表面的绝对压力，Pa (psi)；

P_2——气体注入深度的绝对压力，Pa (psi)；

2.40——英制单位的综合换算系数。

这些方程能够用于确定气体注入系统的压缩机和电机的必要功率和气体流量。黏度是温度、总固体浓度和挥发性固体浓度的函数。当温度升高时，黏度降低；随着固体浓度的增大，黏度增加。此外，随着挥发性固体增加超过 3.0%时，黏度增加。均方根速度梯度的合适值为 $50\sim80s^{-1}$。较低的值能够适用于使用一个气体端口或油脂、油和浮渣疑是问题之处的系统。

通过以上方程重排，就能够通过以下方程对单位气体流量对均方根速度梯度的关系求解：

$$\frac{Q}{V}=\frac{G^2}{P_1\left(\ln\frac{P_2}{P_1}\right)} \tag{25.14}$$

对于自由升降系统，气体流量/处理池容积(Q/V)的推荐值范围为 $76\sim83mL/m^3\cdot s$($4.5\sim5.0ft^3/min/1000ft^3$)。对于内部导流管系统，推荐值范围为 $80\sim120mL/m^3\cdot s$($5\sim7ft^3/min/1000ft^3$)。

周转时间定义为消化池容积除以通过导流管的流量。这个概念通常只适用于采用导流管气体和机械泵送再循环系统，其中这个流量实际上能够测定。典型的消化池周转时间范围为 20~30min。

2.7.6.2 系统性能

“充分的消化池混合”的具体定义尚未制定。各种方法(例如，固体浓度分布、温度分布曲线和示踪研究)已经用于评价混合系统的性能。

固体浓度分布曲线适用于确定消化池混合的有效性。为了使用这种方法，按照消化池中指定的深度间隔采样[一般为 1.0~1.5m(3~5ft)]，并对总固体浓度进行分析。如果在整个消化池深度范围内固体浓度偏离消化池中的平均浓度不超过指定值(通常为 5%~10%)时就认为混合是充分的。有时对于浮渣和底层固体层中的较大偏离可能会超过设计容限。固体浓度分布曲线方法的缺点，尤其是对于二级固体或二级和初级混合固体的消化系统，在于这些固体经常并不显著分层，甚至不发生混合，因此单一采用固体浓度分布曲线方法不可能显示混合低效。

温度分布曲线业已用于评价混合效果。温度分布曲线方法类似于固体分布曲线法。在这种方法中，按照消化池中指定深度间隔读取温度读数。如果在任何点的温度偏离平均值不超过指定值[常常为 0.5~1.0℃ (1.0 ~ 2.0℉)]则混合就认为是充分的。这种方法的优点在于消化池无需进行有效混合就可能具有充分的散热而维持相对均匀的温度分布，特别是消化池具有较长的 SRT 时。

目前可用于混合效果评价的最可靠的方法是示踪试验方法。在该方法中，仔细测定的守恒示踪剂物质(例如，锂)的量作为消化池的一批料注入。(连续进料方法也可以使用，但通常是不切实际的，因为需要大量示踪剂并需要很长的时间完成测试)。收集消化的固体样品并对示踪剂含量进行分析。对于“理想的”(即全混)消化池，在任何时候离开消化池的消化固体中示踪剂浓度如下进行计算：

$$C=C_0e^{-\frac{1}{HRT}} \tag{25.15}$$

式中　C——在 t 时间时的示踪剂浓度，mg/L；

C_0——在时间 $t=0$ 时理论初始示踪剂浓度（注入示踪剂的总质量/总消化池体积），mg/L；

t——注入示踪剂之后逝去的时间，h；

HRT——消化池水力停留时间，h。

代入并取自然对数，该方程变成如下形式：

$$\ln C=\ln C_0-\frac{v}{V_0} \tag{25.16}$$

式中　v——在 t 时间时进料的固体总体积[$F\times t$，其中 F = 平均固体进料速率(m^3/h)]，m^3；

V_0——总消化池体积，m^3。

将 ln C (y 轴)对 v/V_0(x 轴)作图而得到“示踪剂冲走曲线”。该曲线斜率就如下提供了有效消化池容积的估算值：

$$V_e=\frac{1}{斜率} \tag{25.17}$$

式中　V_e——估算的有效消化池容积，m^3。

然后通过以下方程计算活性体积百分数：

$$V_{act}=\frac{V_e}{V_0}\times 100 \tag{25.18}$$

式中　V_{act}——估算的活性体积百分数。

这种方法是评价混合效率时所讨论的方法中最准确的(Chapman，1989)。然而，因为这种方法需要仔细监测消化池进料和排出速率，以及分析消化固体中大量的示踪剂浓度，因此这种方法比任何讨论的其他方法成本高昂得多。

2.7.7　消化池加热系统

为了更加有效，厌氧消化需要恒定可靠的加热系统。

2.7.7.1　消化池供热需求

厌氧消化池必须进行加热，才能提供最佳生物活性的合适环境条件。中温消化需要在约35～39℃(95～102℉)下运行，而高温消化需要保持于50～56℃(122～133℉)。所需的热量随季节变化而变化，主要与原料固体温度有关，并与反应器对环境的热损失有关。

2.7.7.2　固体加热

消化池总热负荷的最大部分是加热原料固体至厌氧消化所需温度的所需能量。这个能量值如下进行计算：

$$q=m\times C_p\times T \tag{25.19}$$

式中　Q——热负荷，J/h 或 MJ/h(Btu /h 或 mil・Btu /h)；

m——滤饼液体的质量流量，作为水进行处理，kg/h(lb/h)；

C_p——固体的比热或热容量，J /kg · ℃或 MJ/kg · ℃(Btu/lb · ℉)；

T——冷原料固体和所需加热固体温度之间的温差,℃(℉)。

为了准确地计算固体的加热需求，设计工程师需要知道实际的固体温度，这个温度通常很少记录下来。然而，污水处理厂的进水和出水温度通常是已知的，而代表原料固体的温度。(因为所涉及的水质量巨大，污水处理厂不会较明显地改变污水的平均温度。)

2.7.7.3　消化池的热损失

在除了最热的所有天气中，消化池都会经由其顶棚、池壁、侧面和底面向环境散热。然而，由于消化池温度通常接近环境温度，辐射热损失较小；几乎所有的热量都是通过对流损失。这些区域内的热损失(热传递)的一般通式如下：

$$q = U\ A\ T \tag{25.20}$$

式中　q——热负荷，J/h 或 MJ/h (Btu/h 或 M Btu/h)；

U——总热传递系数，J/h · m^2 · ℃ (Btu/h · ft^2 · ℉)，

A——表面积，m^2(ft^2)；

ΔT——消化池和环境之间的温差,℃ (℉)。

系数 U 也是抗热传递性的倒数。对于多层而言，1/U 能够表示为系列热阻(Bird et al.，1960)：

$$\frac{1}{U}=\frac{1}{h_0}+\frac{x_1}{k_1}+\frac{x_2}{k_2}\cdots+\frac{1}{h_3} \tag{25.21}$$

式中　h_0和 h_3——膜系数，J/h · m^2 · ℃或 Btu/h · ft^2 · ℉；

x——物质厚度 (单位一致)；

k——物质的热导率，J/h · m · ℃ [Btu/h · ft · ℉]。

系数值和适用这些消化池热损失的方程可以查阅以下文献：(American Society of Civil Engineers，1959)，(American Society of Heating, Refrigerating, and Air Conditioning Engineers，2005)，(Avallone and Baumeiter，1996)和(Perry and Green，1997)。

2.7.7.4　热源

有以下类型的热源可供选择：

• 燃煤锅炉。锅炉(例如，蒸汽锅炉和热水锅炉)通常用于污水处理厂由燃料产生热能。燃煤锅炉燃烧燃料提供热量。

• 热电联产。热电联产是利用一种燃料既产生热能又产生电能。因此，联产系统(也称为热电联产系统)能够提供固体消化所需的热量。

• 水源热泵。热泵是从某一源头提取热能并将其温度升高而使之可用于其他应用的一种机械装置。水源热泵能够将水加热至 68~76℃(155~170℉)。

• 太阳辐射。太阳能是一种正变得越来越受欢迎的清洁可再生能源。因为其在夜间或恶劣天气期间无法利用，则太阳能发电通常并不能足以作为唯一的热源。然而，这种能源是无碳的可再生能源，而可以满足部分固体加热需求。

2.7.8　换热器

2.7.8.1　换热器类型

厌氧消化系统已经使用了以下类型的换热器：

• 同心管式换热器。这是一种最古老而最广泛使用的换热器(通常称为管中管或同心管)换热器(见图 25.52)。

• 螺旋板式换热器。螺旋(螺旋板)换热器也很常见(见图 25.53)。水温度都一般保持于 68℃(154℉),以防止结块。

图 25.52　加利福尼亚州利特尔顿恩格尔伍德污水处理厂的管中管式换热器
(经由 Brown and Caldwell 许可)

图 25.53　螺旋式换热器
(经由华盛顿塔科马市的 Brown and Caldwell 许可)

• 多管盒式换热器。这是同心管式换热器的一种变体,由盒中的多根管构成(见图 25.54)。小直径管具有共同的入口和出口。

• 内部水下线圈式换热器。较老的消化池可能具有贴壁的内加热线圈。线圈循环加热水。这种线圈易结垢,可能会降低传热。线圈维护需要操作者停工而从消化池中拆除进行清空。

• 夹套外部固体混合器。热夹套导流管混合器也可以用于内部加热固体(参见图 25.55)。然而,内部加热系统很少被使用,因为内部加热系统很难提供反应器内部的维护工作。

2.7.8.2　换热器的特点

外部换热器的传热系数范围为 0.9~1.6kJ/m^2 · ℃。内部加热线圈的传热系数范围为 85~450 kJ/m^2 · ℃(15~80 Btu/h/ft^2/℉),具体的值要取决于生物质的固体含量。

2.7.9　蒸汽加热

厌氧消化系统已经使用了以下两种类型的蒸汽加热系统:

• 水下蒸汽管。水下蒸汽管(也称为蒸汽枪)是一种垂直的开放式小直径管,用于消化池液面以下至少 3m(10ft)排放蒸汽。一些污水处理厂[例如,海波(Hyperion)污水处理厂

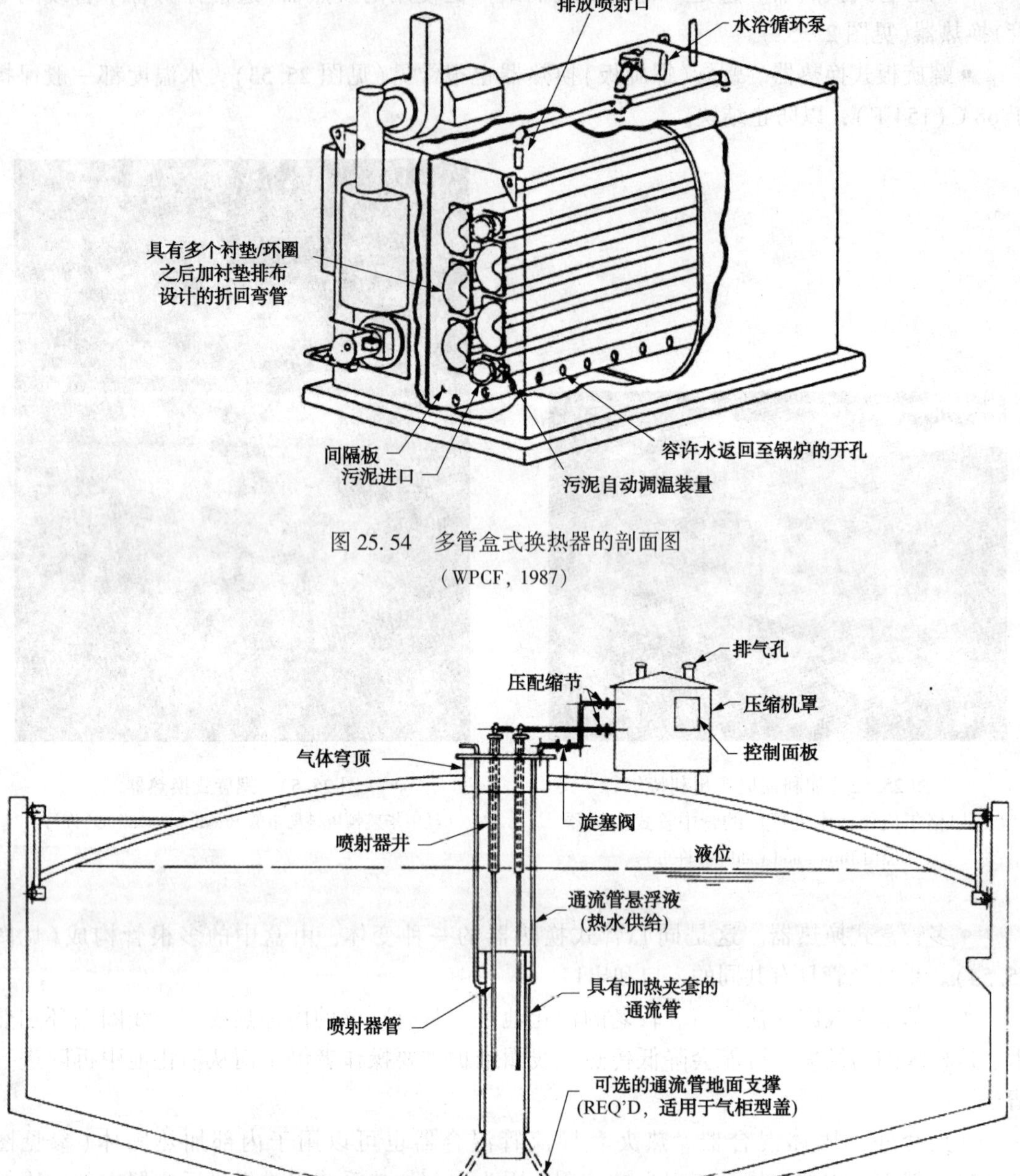

图 25.54 多管盒式换热器的剖面图
(WPCF, 1987)

图 25.55 热夹套式内部单导流管混合器

[洛杉矶市)，JWPCP(洛杉矶县卫生区)和加利福尼亚州卡拉巴萨斯的兰乔拉斯维加斯消化池复合体]都是采用水下蒸汽加热。

• 蒸汽喷射。蒸汽喷射器是精密设备，向固体流中轰炸小股蒸汽射流。这种设备处于消化池之外，而水蒸汽流经过精确控制，而产生特定的注入温度。通过蒸汽注射器喉管中活塞节流而调节蒸汽量。少数污水处理厂[例如，马里兰州巴尔的摩贝克河污水处理厂、水晶湖污水处理厂(伊利诺斯州)、斯波坎(华盛顿州)污水处理厂]使用这种外部蒸汽束喷射加热其固体。

2.7.10 热回收

以下三种类型的热回收系统已经应用于厌氧消化系统:

• 热电联产设备。热电联产设备通常从热废气或冷却设备回收热能。在本章后面的章节中将会讨论具体热电联产设备的热回收百分率。

• 固体热回收系统。截至本书出版时间,最近燃料成本的增加已经抬升了热能价值,因此从消化的固体中回收热能并将其用于加热原料固体正变得更加实用和常见。

• 气体压缩及设备冷却。至少一个污水处理厂正在从其他大工艺过程采集相对低温的热能(40~50℃)而连同一些水源热泵一起将其用于加热固体。

2.7.11 其他设备选项

2.7.11.1 *碎渣累积和泡沫控制*

由于原料固体的异质性,则碎片和泡沫的积累成为正常消化池运行的一部分。然而,积累的速度和程度能够通过合适的消化池设计,最佳管理实践惯例和污水处理控制进行控制。

碎渣可能按照两种方式影响消化池。漂浮的碎渣会积聚于消化池表面上的气-液界面,形成厚厚的覆盖层,而可能会影响混合并降低消化池容量。重碎渣(例如,砂砾)可能会沉降累积于消化池底部,消耗工艺过程容量,并可能导致短路(如果排出点处于消化池底部)。

通过固体预筛或研磨,或经由渠首工程的较充分筛滤,就能够减少碎渣。大多数碎渣和砂砾会经由初级固体和浮渣(漂浮物)去除系统而进入固体处理系统。如果仅仅在消化池实施碎渣清除,则有几种解决方案可供使用(例如,较充分的混合维持物质悬浮,喷杆将物质夹带回溶液中,漂浮物表面排出,或研磨过筛)。在大多数情况下,会采用这些方案的组合而减轻碎渣的影响。

消化池起泡可能是由若干因素(例如,进水中的表面活性剂或被夹带的废弃物,二级处理系统的纤维性物质,或消化池扰动)引起的。表面活性剂能够经由源识别测试清除。纤维性物质可以在活性污泥系统中经由选择器或计量加氯进行控制。起泡通常与消化池扰动之后无规律进料有关,这种扰动能够经由操作实践惯例的变化而缓解。当与瞬态事件(例如,有毒化合物)相关时,起泡更难以控制,这种瞬态事件是难以或不可能预测的。(在有毒化合物的情况下,应该努力识别慢性来源)。

一些设计策略能够用于限制起泡,其中有许多却受限于消化池盖的类型。最常见的方法是加入喷射棒,将泡沫夹带回本体溶液中。如果盖或处理池的设计允许,则表面排出则是一种去除泡沫的有效方法(类似于二级处理系统中的选择器)。通常情况下,表面排出系统随着喷杆引流而增加。另一种方法是改变混合系统。气体系统往往会加剧起泡,因为这些物质会与气泡相互作用而将其载出溶液。

起泡可能极大地增加公共事业公司的 O&M 成本。由于泡沫能够逸出消化池而通过浮盖的环形空间,或进入气体系统,则需要采取离线清洗。

泡沫和碎屑通过直接占据容积或通过使操作水位降低才能将其容纳而降低消化池容量。厌氧消化系统的设计应该尽量降低泡沫的积累。

2.7.11.2 结垢(鸟粪石)

鸟粪石[磷酸铵镁($MgNH_4PO_4 \cdot 6H_2O$)是一种白色晶状固体或水垢，通常形成于厌氧消化池、消化固体和离心液管道、固体氧化沟和氧化沟管道、以及脱水设备中。这种物质形成坚硬持久的沉淀附着于管道和设备上，降低了管道流量容量并使为刷式通风机工作的电机过载(见图25.56)。

图25.56 管道中的鸟粪石沉淀

(经由Brown and Caldwell和萨克拉门托市的许可)

鸟粪石通常形成于镁、铵和磷酸盐浓度超过鸟粪石溶解度极限之时。其形成也受消化池中各种条件的影响(例如，pH值、温度和其他主要是对磷酸盐竞争的化学品)。厌氧消化能够通过稳定化处理期间磷酸盐和氨的释放而促进鸟粪石形成。释放的磷和铵量取决于消化工艺方法和产生原料固体的污水处理工艺方法。例如，生物磷工艺过程期间处理的磷可能更易于在厌氧消化池中而不是在传统的活性固体系统中释放。固体中的镁含量也将影响鸟粪石的形成。因为鸟粪石的形成(正如化学方程式所示)是基于镁，铵和磷酸盐等摩尔化学计量浓度的，各组分的极限浓度通常决定了实际形成的鸟粪石量。例如，清除或降低任何这些组分的浓度就能够降低鸟粪石结垢(积累)。

系统应该经过设计而使操作者能够接近管道和设备，而使其能够去除鸟粪石。具体而言，如果正在升级的设施具有鸟粪石的历史，则设计工程师应该确保所做的更改能够提供接近途径和减少沉积点。

鸟粪石控制既可以是设计考虑因素也可以是工艺考虑因素。然而，大多数解决鸟粪结垢的方案(例如，光滑内衬管道和更多维护)都是预防性的。

目前需要创新性研究才能更好地控制和降低鸟粪石在消化系统中结垢。常用的方法是加入铁化合物沉淀磷(鸟粪石形成的三个组成部分之一)。加州的固体消化系统的工作人员加入氯化亚铁控制硫化氢的生成时发现，氯化亚铁也沉淀磷酸盐，从而降低了鸟粪石沉淀。然而，磷是细菌必需的营养素，因此，设计工程师应该确保具有足够的磷仍然能够满足营养需要。

其他可以减轻鸟粪石沉淀的控制方法包括稀释(减少离子的浓度)和在较低的pH值下运行。这两种方法都不是理想的工作方法。

一旦鸟粪石沉淀形成，就很难将其清除。酸洗能够有效去除鸟粪石，但可能成本高昂而存在安全隐患(Barker, 1996)。在形成的早期阶段，鸟粪石能够通过频繁清洗(清管器)管道进行控制。PVC制成的光滑内衬管道或玻璃衬里材料和聚乙烯或聚四氟乙烯涂层的旋塞阀将会比其他材料能够更好地抵御鸟粪积累。

有几家污水处理厂在其系统中尤其是在消化池含有高水平磷酸盐并也含铁时已经发现了蓝铁矿[$Fe_3(PO_4)_2 \cdot 8(H_2O)$，也称为水合磷酸铁]。蓝铁矿在温度升高时会损失溶解度；当加热含铁和磷酸盐的固体时就很快形成。蓝铁矿呈蓝、绿或灰黑色；当暴露于光照时变成不透明或暗黑色；并可溶于盐酸或硝酸(HNO_3)中。

2.7.11.3 管道和清洁维护

管道的构造设计应该能够增强进料，循环和排出固体的最大灵活性。管道经过排布设计，应该提供固体进料，固体排出和上清液排出的几个点。由于固体泵送的特征在于速度低和管道中可能的固体累积，则设计工程师应该设计清理和反吹管道的装置(在可用之时利用处理后的出水)。他们还应该考虑选择阀门及其用于大多数公共事业公司的安装之处(例如，方便进出和手动操作之处)。设计工程师还应该包括使所有要进行维护和安全目的处理池和泵隔离出来的装置。

管道应该经过排布设计而满足双阶消化的以下运行模式：经重力作用从第一阶段将生物质传递至第二阶段，将生物质从一个消化池泵送至另一消化池，经由多个端口排出上清液，通过几个吸入和排放端口再循环固体和提供冗余度/备用。

2.7.11.4 腐蚀

厌氧消化池，特别是由于硫化氢的释放，属于高度腐蚀性的环境。处理池内部、设备，管道和任何其他可能接触沼气的元件都应该设计成耐腐蚀的，而所有密封件和垫圈都应该与之接触的材料相容。如果系统的设备和材料没有腐蚀保护，其期望寿命将显著降低。对于腐蚀的详细讨论，请参阅第 10 章。

2.7.11.5 泵送

泵送是将固体传送进出消化池的主要手段。对于固体泵送的详细讨论，请参阅第 21 章。

2.7.11.6 采样和工艺过程的监控

厌氧消化对操作条件的变化很敏感。如果不加控制，这种变化可能会导致消化池扰动和发生故障。合适的监控技术能够有利于消化池的成功运行，并确保工艺过程的稳定性和甲烷的生产。所有的工艺过程流都应该能够进行采样和分析。进料、消化的固体、上清液、消化池气体、以及加热流体(热水)都应该对其各种成分和物理状态进行分析。取样口应该纳入设计中而确保操作者具有足够的采样通道进行采样。进料通常针对以下方面进行分析：总固体含量，挥发性固体含量，pH 值，碱度和温度。消化池内容物和出水固体应该针对相同参数和挥发性酸进行分析。消化池气体应该针对甲烷，二氧化碳和硫化氢的体积量和百分比进行分析。上清液应该针对 pH 值，生化需氧量(BOD)，化学需氧量，总固体，总氮和氨氮，以及磷进行分析；而加热流体应该针对总溶解固体和 pH 值进行分析。

所有流的流量都应该通过精确计量进行监控。如果消化池产生上清液，则此流应该适用于计算系统的总固体含量进行量化，而随后量化 SRT。其他监控要求(例如，针对有毒物质的那些要求)应该逐案确定。

2.7.11.7 碱度和 pH 值控制

厌氧消化池中的产甲烷菌易受较小的 pH 值变化的影响，而同时产酸菌可能在较宽的 pH 值范围内能够令人满意地发挥作用。产甲烷菌有效 pH 范围为约 6.5~7.5，最佳范围为 6.8~7.2。保持这种最佳的范围是很重要的，才能确保有效的天然气生产而消除消化池扰动。消化稳定性取决于消化池内容物的缓冲能力(即，消化池内容物的抵抗 pH 值变化的能力)。碱度在消化池中很重要；较高的的碱度值表示抵抗 pH 值变化的能力越强。碱度是按照碳酸氢盐碱度值进行测定，而厌氧消化池内作为碳酸钙碱度值的范围为 1500~5000mg/L。通过产酸菌产生的挥发性酸倾向于降低 pH 值。在稳定条件下，挥发性酸的浓度范围为 50~100mg/L。通过维持恒定的挥发性酸与碱度之比小于 0.3，就能够维持系统的缓冲能力。

碳酸氢盐的碱度浓度能够由总碱度[其中还包括挥发性酸(例如，乙酸)和铵的碱度]如下进行计算：

$$碳酸氢盐碱度\ (mg/L\ 作为\ CaCO_3) = 总碱度\ (mg/L\ 作为\ CaCO_3) - [0.71 \times 挥发性酸(mg/L\ 作为乙酸)] \quad (25.22)$$

其中 0.71 是换算为 mg/L 作为 $CaCO_3$的系数。

巴伯和戴勒(Barber and Dale，1978)开发了以下方程而预测提升总碱度所需的碳酸氢盐碱度：

$$D_d = D_{max} 1 - \frac{1}{\theta} \quad (25.23)$$

式中 D_d——达到设定水平(mg/L 作为 $CaCO_3$)的日添加量；

D_{max}——所需的增量，mg/L 作为 $CaCO_3$；

$1/\theta$——平均停留时间或 SRT 的倒数，d^{-1}。

石灰、碳酸氢钠、碳酸钠和氢氧化铵都已经成功地用于提高消化池内容物的碱度。然而，最精心的设计和运行良好的消化池设施，只要污水有足够的缓冲能力，就不需要增加碱度。设计工程师在确定碱度进料系统是否应该施工建设之前就应该评价污水的碱度。

2.7.12 设计实例——高温消化

该设计实例针对单阶高温厌氧消化工艺方法。所有者已经选择高温消化，因为反应速率高于以前的中温系统，而其能够在有限可用的储存罐中提供更好的消化性能。经过高温消化之后，生物固体将进行脱水并递送至 A 类堆肥设施；因此，所有者并不关心消化系统中是否满足特定的病原体需求(无论是 A 类或 B 类)。

2.7.12.1 消化系统和高温运行的合适性

现有两个现成的消化池和支撑系统。处理池和系统按照如下确定规模尺寸和构造设计：

- 内径= 21.2m(70ft)；
- 侧水深度为 7.6m(25ft)(在最大深度处)；
- 消化池施工方法：钢筋混凝土，现浇注；
- 消化池底部构造设计结构=锥形底部；
- 盖子=浮动盖，稍微破损和腐蚀；
- 每个池子的容积=2680m(719 000gal)；
- 混合系统=落地式气体混合系统；
- 加热系统=每个消化池中采用螺旋式换热器；
- 沼气管理=热水锅炉和系统加热中温消化池，以及补充建筑采暖，再加上应急火炬。

结构评价确证，浮动盖，无论是作为浮动盖还是固定盖进行重用，都未处于良好状态。然而，这两个处理池都处于良好状态，并能够完成高达 60℃的高温消化。混合系统却已经处于其使用寿命之末。

2.7.12.2 消化负荷和运行条件

高温消化池的进料是初级固体和增稠至固体含量 5.5%的增稠 WAS 的混合物。卡车运 FOG 废弃物是另一种原料。预计消化池原料为：

进料物质(%固体和%挥发性固体)	年平均值/(lb/d)①	年均周峰值/(lb/d)
初级固体(5.5%和 78%)	20 600	27 500
增稠 WAS (5.5%和 77%)	18 800	24 800
FOG (8%和 95%)	5 300	13 300
总计	44 700	65 600
流量	年均值/gpd②	周峰值/gpd
初级固体	45 000	60 000
增稠的 WAS	41 000	54 000
FOG	8 000	20 000
总计	84 000	134 000

① lb/d×0.453 6=kg/d。

② gpd×0.003 485=m^3/d。

这些负荷产生了以下挥发性固体负荷和 SRT 条件：

挥发性固体负荷条件	年均值/(lb/d/ ft^2)①	周峰值/(lb/d/cu ft)
两池都运行	0.185	0.28
一池停工	0.37	0.55
SRT	年均值/d	周峰值/d
两池都运行	15.3	10.7
一池停工	7.6	5.4

① lb/d/ ft^3× 16.02=kg/m^3 · d。

在年均值和周峰值负荷条件下，两处理池工作的负荷条件很容易实现。如果 B 类消化并未规定时，15 天 SRT 并不是限制。对于一个处理池停工的负荷条件，挥发性固体负荷率和 SRT 对于年均条件是足够的，但是周峰值条件比通常用于高温消化的条件更高。因此，一个解决方案是当峰值固体负荷较高且时间较长时，要消除部分或全部的卡车运输 FOG 负荷。

2.8　物理设施

厌氧消化池和设备的选择，以及有时其自身的构造设计结构，经常受到可用的物理空间影响。

2.8.1　消化池和材料

消化池构造设计结构和所涉及的系统几何结构都视情况而定。煎饼型消化池，具有较大的直径-高度比，对于给定体积需要占地最多。这些单元装置在历史上曾经在美国最常见。如果土地有限或昂贵时，则筒仓或卵形消化池可能是一种经济的选择。然而，这样的消化池设计和建造施工更为复杂，而其高度可能对于邻居是一个美学关注问题。

消化池通常是由钢筋混凝土现浇或后调控安装而成。经过设计，能够提供 40 - 50 年的使用寿命，或甚至更长的时间。一些消化池由钢制成。在美国，卵形消化池通常由钢制成，而在欧洲，则往往是由钢筋混凝土制成。

消化池施工建设在近年来变得更加多样和巧妙，部分原因是因为施工材料和劳动力成本的增加，而且也因为污水处理专业人士认识到，消化池形状和其他细节可能会影响消化性能。例如，卵形形状具有优良的混合特性，但类似的形状(例如，筒仓)能够提供几乎相等的混合性能，而施工建设要求的复杂程度却较低。消化池底部、顶坡和处理池的构造设计结构，对于良好的混合和处理性能是至关重要的。

设计工程师应该对消化池类型、形状、底部和顶部的构造设计结构，以及基于每一系统的标准和需要的施工材料和方法作出选择。这些标准包括成本、可利用面积、未来扩建的需求、所需期望寿命、具体的消化工艺方法和温度方案、具体的基础和结构要求(即，抗震设防要求)、承包商和专业公司的可用性和进度约束。

2.8.2 泵和管道

泵和管道系统应该有足够的空间，才能便于员工维护设备，搬进搬出设备，并使之便于清洗。泵系统应该定期进行管道清洗，附近应该具有排水渠及相关的冲洗系统。热水冲洗对于粘附的物质(如，固体)尤其有效。

2.8.3 搅拌设备

混合机的物理考虑因素是工艺过程相关的。泵基系统应该具有足够的空间用于维修和管道清洗。当设计气体基混合器时，工程师们需要考虑管道的材质和路线，尤其是可能存在密闭空间问题时更是如此。设计导流管混合器时，工程师们必须确保消化池之间和周围具有足够的空间允许起重臂拆卸和更换设备，而不会影响消化池其他方面的操作。

2.8.4 加热和传热设备

所有换热器的主要问题是清洗和维护。这种清洗和维护的频率取决于所使用的换热器类型，传送的固体和具体的操作条件。有效的设计将包括便利清洗站，排水渠和清洗换热器的足够空间。这对于管中管式换热器尤其至关重要，因此，在这个单元装置两端需要留有间隙用于清洗弯管。

2.8.5 清洁和安全

清理消化池的决策基于几个因素(即，砂砾和浮渣积累降低消化池的有效容积、内部加热和搅拌设备的状态、轮流固体处理的设备可用性和处理池结构)。处理池、混合器和加热器的设计要便于清洗操作期间进行清洗操作。在最低限度内，在消化池侧面和顶部应该有出入的沙井。沙井应该直径至少 0.9m(36ft)，或足够大，才能便于操作员使用砂砾和浮渣去除设备。

加热和混合设备必须维持于消化池整个生命周期内；因此，理想情况下，大部分关键设备应该都处于消化池之外。然而，内部设备，如果能够在消化池操作期间拆除，则常常是令人满意的。消化池进行清洗时可以通过内部工作人员或专门从事此类服务的承包商完成。通常每 5 年就要进行清洗，但这仅仅是一般准则性的时间，具体应该根据工厂的具体情况而定。

消化池清洗过程中安全是最重要的。厌氧消化池常常是封闭空间，因此，所有系统的设计必须能够确保 O&M 人员的安全。在进入消化池之前，例如，O&M 人员必须确定内部空气是否缺氧或包含有危及生命的气体。设计工程师还需要在进入消化池进行检查和清理时规定适当的个人防护装备。有几件装备可用于完成安全清洗操作(请参阅表 25. 15)，所需要的物品取决于操作规模。

表 25. 15　消化池清洗的安全装备

污泥管道阀
污泥管道（永久性的）
污泥管道（临时性的）
消化池出入通道
防爆通风扇
爆炸水平计量仪
安全梯
自给式呼吸器
安全带
防滑靴
防爆灯
水源
直冲式软管
带开关的喷嘴
水洗泵
固定污泥泵
便携式污泥泵
塔喷嘴
三脚架或升降机
罐车
起重臂

其他安全设备应该包括系统运行期间的防跌倒、防感染和防受伤。

气体收集和管道系统的设计必须包括真空和泄压阀、阻火器和自动热关断阀。沼气安全还包括防止窒息、闷死和爆炸，因此必须提供适当的防护罩及通风。

对于安全方面的更多信息，请参阅《国家电气规范》(*National Electric Code*)(NFPA，1993)，《污水处理和收集设施中的消防标准》(*Standard for Fire Protection in Wastewater Treatment and Collection Facilities*)(NFPA，1995 年)，《污水设施的推荐标准》(*Recommended Standards for Wastewater Facilities*)(Great Lakes，1997)，《污水系统中的安全与健康标准》(*Safety and Health in Wastewater Systems*)(WEF，1994)。

2. 9　消化池的气体处理

本节涵盖了与消化池气体(沼气)特性、气体加工设备和气体处理设备，以及气体有益用途相关的广泛问题。

2. 9. 1　特性和污染物

厌氧消化池连续生产有价值而富含甲烷的气体，称为消化池气体(沼气)。这是一种重要的可再生能源(请参阅表25.16)。燃料的低热值(LHV)不包括水的汽化热。

2.9.2 气体收集

2.9.2.1 管道系统的管道材料

气体管道有两种类型：地上和地下管道。

表25.16 相比于典型天然气的典型消化池气体①

项目或参数	消化池气体		天然气
	范围	常见值	
甲烷（%）(以干燥气计)	50~73	60	80~98
二氧化碳（%）(以干燥气计)	30~48	39	0~2
氮气（%）（以干燥气计）	0.2~2.5	0.5	0.2~10
氢气(%)（以干燥气计）	0~0.5	0.2	~0
硫化氢（ppmv）（以干燥气计）	200~3 500	500	<16
乙烷（%）（以干燥气计）	0	0	0.3~5
丙烷（%）（以干燥气计）	0	0	0.6~5
丁烷（%）（以干燥气计）	0	0	0.5~3
比重（基于空气 =1.0）	0.8~1.0	0.91	0.58
点火速度，最大值（ft/s）	0.75~0.90	0.82	1.28
沃贝值			
高发热值(HHV)（Btu/ft^2）	600~650	620	1 030~1 050
低发热值（LHV）（Btu/ft^2）	520~580	560	930~950

① 以上所列出的所有百分数都是按体积计的；ppmv=按体积计每百万的分数；高发热值包括水汽化热；燃料低发热值不包括水汽化热；ft/s×0.304 8=m/s；而 Btu/ft^2× 37.26=kJ/m^3

建于上世纪70年代或更早的很多污水处理厂原本都使用碳钢消化池气体管道。通常情况下，水和硫化氢在都会导致这种管道腐蚀或沉淀结垢，而迫使人员用耐腐蚀的气体管道将其替换。气体管道必须倾斜至除水点，理想的情况下，气体要进行干燥，除去水分。

最近，设计惯例对地上管道的不锈钢进行了标准化，这种管道变得通行起来。地上燃气管道可以有助于解决降低腐蚀和除水的问题。

2.9.2.2 压力损失的注意事项

消化池气体处理系统中所使用的几乎所有燃烧设备最初都针对天然气设计，而天然气和消化池气体之间的差异并非总是受到重视。因此，有时候消化池气体管道会尺寸不足。

典型的消化池气体具有约23 kJ/m^3(620Btu/ft^3)的高发热值(HHV)，而天然气的HHV为39 kJ/m^3(1050Btu/ft^3)。因此，管道必须传输约69%以上的消化池气体[39/23(1050/620)]才能传送相同量作为天然气的燃料能量。另外，气体压力损失基于气体流量的平方，因此基于当量卡(Btu)或能量传递，消化池气体产生约2.9倍的天然气压降[$(39/23)^2$，$(1050/620)^2$]。如果将相对密度差异包含在内，则典型的消化池气体[基于热卡(Btu)]实际上每当量能量传递会导致约3.5~4.0倍的天然气压降。这可能就是消化池气体管道，特别是直径更小的管道经常尺寸不足的原因之一。

2.9.3 消化池气体储存

一些污水处理厂使用一种或多种形式的消化池气体存储系统(例如，低压气柜或高压压缩气体储罐)，而有助于这些污水处理厂更有效地使用其气体。

2.9.3.1 低压消化池储气罐

在运行中的消化池气体系统，沼气不断发生并被使用。这是一个基本上恒容设计的管道和容器之间的动态系统。每个消化池中产生气体的可变速率很大程度上取决于每个消化池最近如何进料原料固体。同时，使用消化池气体的设备(例如，发动机和锅炉)可以具有可变的或相对恒定的气体消耗速率。

低压气体存储系统包括弹性膜穹顶盖、干式密封圆柱形钢制气罐和浮动深裙式消化池储气盖。

2.9.3.2 弹性膜盖

一种较新的织物气体存储方案是弹性膜气体气柜盖。虽然这是相对较新的发展，但是这些盖已成功地使用了 20 年。弹性膜盖提供短期的气体储存而平衡气体压力，是涉及热电联产系统时的一个重要的考虑因素。弹性膜消化池气体存储系统可用尺寸高达 34m(110ft)，气体压力高达 4kPa(16in 水柱)。这种储存盖往往比传统钢消化池盖昂贵，但其通常比浮动消化池盖漏气更少。

2.9.3.3 弹性膜盖的比较

本文在此作出了弹性膜盖的优点和缺点总结。表 25.17 提供了膜盖设计考虑因素的汇总。

表 25.17 弹性膜盖的优缺点

优 点	缺 点
• 既能起到消化池盖作用，又能起到气体储罐作用 • 能够更快速利用。	• 对百分比储存量的报告状态还没有行之有效的方法 • 对于运行具有并行平衡储存盖的二级消化池还没有明确的方法 • 机械上更加复杂 • 存在长期耐久性的问题 • 某些安全问题。不可能对甲烷气体泄漏完全密封 • 对于空气鼓风机、附件和控制施加压力需要运行和维护。

2.9.3.4 干密封型圆筒形钢制气柜

干密封(活塞)型气罐是立式钢罐内罐气体加压设备，经过设计能够利用其足够的重量保持消化池气体压力几乎保持不变，而同时气体生产或使用却能够发生变化。这是一种用于补充液体表面和消化池盖之间有限气体存储量的无动力技术。加重的可移动活塞有助于维持低压气体管道中恒定的消化池气体压力。

2.9.3.5 干密封型气柜

干式密封(活塞)型焊接钢气体柜在美国许多地方使用已经超过 150 年。表 25.18 列出了一些采用类似焊钢盖更换二级消化池盖然后加装干密封型消化池气柜容器的优点和缺点。

表 25.18 干密封型气柜的优缺点

优　点	缺　点
• 机械上简单；易于操作和理解 • 干密封容器高度提供了完全而精确的消化池气体储存状态的指示 • 如果需要，能够通过当地雇佣人员完成应急维修	• 当将消化池盖和干密封型气柜的成本加到一起时，几乎可以肯定总数将会超过单独气膜封盖溶液 • 不可能像气膜盖那样能够快速利用

2.9.3.6 浮动深裙消化池气柜或气体储存盖

浮动消化池盖数年前很常见，但现在却不太常见，因为现在人们关注封盖外边沿和内部消化池壁之间环形空间的气体泄漏。另一个关注问题是，这种气体泄漏对空气质量的影响。加利福尼亚州大部分消化池盖现在都是密封的或固定盖的。

2.9.3.7 高压压缩消化池气体储存

一些污水处理厂经由系统中压或高压气体压缩机和气体存储球体或水平储罐(压力容器)有效地使用较高百分比的消化池气体。

当沼气通过高压压缩时，需要更小的存储容器，但需要更多的电力和更昂贵的压缩机。几家污水处理厂使用了高压消化池气体存储系统；这些系统经常在约7~22kPa(50~150 psi)的压力下工作。

有几家处理厂具有中压消化池气体存储系统，这种系统在约3kPa(20psi)的压力下运行。中压系统有时只用于压缩晚间产生的过量气体。在电费率较高时，这种气体能够在峰值时段期间用于次日热电联产引擎。

2.9.4 气体加工处理和设备

2.9.4.1 沉积物和冷凝物收集器

沉积物收集器(受液器)应该适当确定规格大小，在策略上应该位于收集水分而去除管道结垢和颗粒物的气体管道系统中。这些设备的合适位置是消化池下游、长管道架设末端和任何气体可能冷却或压缩而发生冷凝的地方。如果沉积物收集器由碳素钢制成，则设计工程师应该考虑保护层。钢质沉积物收集器可能会有制造商镀锌或涂有耐腐蚀的涂层。不锈钢沉积物收集器也可利用，但明显更昂贵。

在气体收集系统的设计中最常见的缺陷之一是从管道中去除冷凝物的滴水阀数量不足。设计工程师应该在气体系统的所有低点之处和每个沉积物收集器上安装滴水阀。通常情况下，低压滴水阀由低铜铝合金铸件制成。高压设备应该由钢或不锈钢制成。(腐蚀和冷冻可能是气体收集系统中的严重问题)。

在室内装置中应该使用手动操作的滴水阀。浮控自动滴水阀需要经常维护，才能保持阀门不会持续敞开。这种设备仅仅应该用于室外装置(当地方法规和安全方面的考虑允许时)。

2.9.4.2 水分去除

消化池气体产生时，会被水饱和。然而，越来越多的消化池气体处理技术和使用设备需要使用干燥气体。消化池气体可以通过一些技术(例如，冻干机、干燥剂干燥机、凝聚过滤器和乙二醇系统)进行干燥。所有的水分去除设备应该采用耐腐蚀的材料制成，并应用于沉积物和冷凝物收集器之前。

• 冻干机是最常见的，是经常用于干燥消化池气体最成功的技术。这种设备使用气体换热器和机械冷却器冷却气体和冷凝水，而使其很容易地通过物理分离除去。

• 除湿干燥机有时用于包装压缩空气干燥器或天然气的应用。由于消化池气体通常饱和而往往包含其他污染物，则干燥剂气体干燥器必须专门指定这些条件才是有效的。

• 凝聚过滤器能够用于从消化池气体中去除水分，但并非分子水蒸气。因此，这些过滤器适合与其他除水设备一起使用。

• 乙二醇是一种吸湿性物质(即，它自然地从周围吸引水分子)，经常用于从粗天然气中除去水分。乙二醇系统通常将乙二醇溶液加入到湿气体中，提供气体反应时间，而从气体中分离出水合乙二醇，乙二醇溶液经过干燥，然后将其再循环返回至气体中。有时将乙二醇系统用于处理湿垃圾填埋场的气体。

2.9.4.3　气体压力增压器

厌氧消化池通常压力为 1～2.5kPa(4～10in H_2O 柱)，这对于气体使用设备是不足的。然而，许多锅炉，火炬和一些气体使用的设备仅仅需要进气压力为 0.3～2kPa(2～14psi)。气体增压器往往能够弥补这种差异。离心式气体增压鼓风机能够将气体压力升高约 0.6～1.5kPa(4～10 psi)(根据大小规格而定)，而这种气体压力升高通常足以满足许多应用。

离心式气体增压鼓风机现有开放式机器也有气密性密封气体鼓风机可供使用。这些类型可以是不锈钢和铸铁的。当室内应用使用离心气体鼓风机时，设计工程师应该确保提供气密性密封。

2.9.4.4　腐蚀

当选择消化池气体管道和气体处理设备时，耐蚀性是很重要的。管道主要受到酸性溶液腐蚀，会侵蚀管材，降低其厚度。腐蚀也可能引起结垢和沉淀，这会限制气体流量而堵塞设备。

酸性溶液形成于气态二氧化碳或硫化氢溶解于水而随后在内部管道表面浓缩之时。酸性溶液也可以通过管道中的厌氧细菌产生。碳酸和硫酸二者都能够损害消化池气体管道。

碳钢和不锈钢都易受腐蚀，但是不锈钢因为其较高的铬和锰含量而不太易受腐蚀作用。碳素钢在污水处理厂的环境中腐蚀速率为 0.05mm/a(2mil/a)或更高，而 316 型不锈钢的腐蚀速率小于 0.002 5mm/a(0.1mil/a)。

明显的风险、状态、位置、速度和内部腐蚀损坏的类型都取决于消化池气体成分，系统压力和温度、系统构造设计结构、流量特性、固体沉积、管道材质和腐蚀机理(例如，一般性腐蚀、点蚀和沉积物下的腐蚀)。

2.9.4.4.1　一般性腐蚀

一般性腐蚀是一种对整个金属表面发生低水平侵蚀，很少或没有局部渗透。这种最低损害的腐蚀形式，通常一定程度上存在于所有气体管道中。一般性腐蚀会导致管道厚度绕圆周最均匀降低。

2.9.4.4.2　点蚀

点蚀是另一种常见的腐蚀形式；这种腐蚀会导致局部深层渗透金属表面，而在周围区域内几乎没有一般性腐蚀。这种集中的腐蚀活性可能归因于许多因素(例如，表面沉积、电不平衡、包夹冷凝物和材料特性)。

2.9.4.4.3　沉积物之下的腐蚀

沉积物之下的腐蚀是一种常见的腐蚀形式，是由沉积物和停滞的酸性冷凝物或代谢副产物累积产生的。这些沉积物包括黑色结晶硫化铁，这是自燃性的(即，暴露在空气中，会自发点燃)。因为在管道周围环境的差异，沉积物和酸的浓度有助于腐蚀池形成。沉积物下的腐蚀位置可能是无规的，但能够产生严重的蚀损斑。

2.9.4.5　高压气体压缩机

所有旋转螺杆式压缩机，滑片压缩机和往复活塞式气体压缩机都已经成功地用于将消化池气体压缩至50kPa(350psi)。所有的压缩机都具有局限性，而都必须设计成对典型充满污染物的湿气体连续工作。轻型间歇使用的空气压缩机械不应该用于消化池气体应用。对于高压消化池气体压缩机的重要设计问题包括：

- 压缩机的坚固结构基础；
- 气流脉动衰减；
- 润滑油残留和从气体中去除；
- 关机期间气体中的水分凝结；
- 压缩机的冷却。

2.9.4.6　气体计量和气体压力监测

污水处理厂的工作人员需要准确、可靠地测量气体流量。气体产量是消化池性能的度量。可靠的计量系统使污水处理厂能够优化消化池和气体利用系统。及时警示操作人员系统气体泄漏和工艺过程的波动。它还允许操作者将过量气体适当储存，并帮助其规划工艺过程的时间表。此外，需要流量数据计算消化池的效率并通过使用消化池气体获得燃料节省。

在波动的速率下生产的消化池气体，潮湿、污秽并有腐蚀性。管道和附属设备经过设计能够在低速度和压力下传送气体。这些特性可能会导致工程师在设计气体收集系统和选择气体计量仪时需要解决计量设备的大量维护问题。

成功用于气体监测的流量记录仪包括正排量波纹管、分流器、涡轮机、压差文丘里管、孔板和流量管。最近，已经开始使用涡旋脱落仪。此外，热分散质量流量计，因为不使用移动部件，已证明是很可靠的。

计量仪应该测量每个消化池的气体产量、总产气量(再循环之后)，发送到每台发动机或锅炉的气体和由火炬废弃的气体。这些计量仪应该耐腐蚀，并很容易地提供服务。通常情况下，还需要除去冷凝物的装置和润滑计量仪。

在选择设备时，设计工程师还应该同时考虑启动和设计流量的条件。启动(低流量)的条件可能会低于设计流量确定的计量仪工作范围。

燃气压力表可供使用的有表盘和压力计两种形式的设计；因为涉及低压，则通常使用压力计。较大型污水处理厂可能使用压力传感器而在控制室远程指示。仪表能够显示系统中可用的压力；这些仪表能够帮助 O&M 人员定位线路堵塞。图 25.57 是气体管道示意图，显示了仪表的典型位置。

2.9.4.7　隔离阀

几种类型的隔离阀(例如，蝶形阀、旋塞阀和刀闸阀)都已成功用于消化池气体管道。对于阀门位置要求的信息，请参阅 NFPA 320 和 NFPA 54。

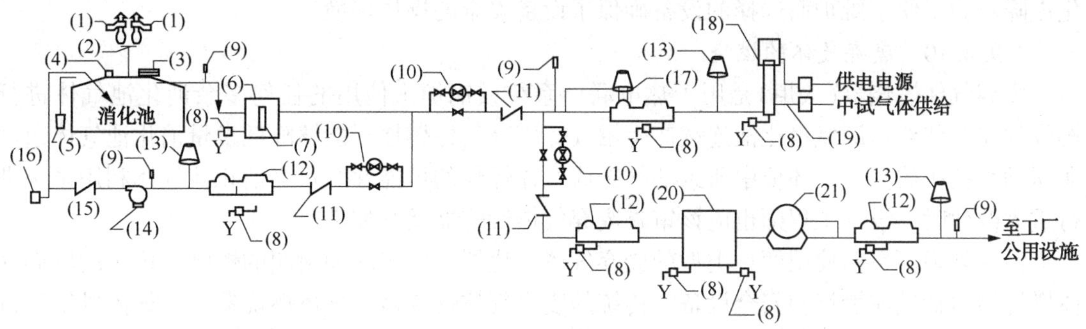

图例			
条件	描述	条件	描述
1	具有火熵消除器的压力/真空卸除阀	12	火熵消除组件
2	三通阀	13	压力卸除阀（防爆阀）
3	沙井盖	14	鼓风机/压缩机
4	取样品盖	15	变压止回阀
5	盖位量指示器（用于浮顶）	16	高压滴水阀
6	冷凝液和沉淀收集器	17	卸压和火熵消除组件
7	观察孔	18	废气燃烧器和点火系统
8	低压、滴水阀	19	火熵检查器
9	压力计	20	气体纯化器
10	流量计	21	双端口调节器
11	止回阀		

图 25.57　气体控制系统图

（单消化池气体处理系统）

2.9.4.8　气体分析

消化池气体所需的取样和分析方法取决于所关注的化合物类型和浓度。许多相关的方法和技术都可供使用，但只能在正确的条件下使用。

消化池气体经常采用泰德拉袋或通过在甲醇撞击器中收集气体样品而进行采样。

有几种方法能够用于分析消化池气体(例如，气相色谱法和质谱法)(参照表 25.19)。如果气体对硅氧烷，或通常以小浓度出现的类似有机化合物进行测试，则可能需要更多的分析工作。

表 25.19　通常用于消化池气体分析的方法

方法编号	描　述
ASTM D-3588	计算气体燃料的热值、压缩因子和相对密度的标准实践惯例
ASTM D-1945	通过气相色谱法分析天然气的标准测试方法
EPA TO-14	使用专门制成的金属罐并随后通过气相色谱法分析而测定环境空气中的挥发性有机化合物(VOCs)

复杂的样品采集和分析(通常是由于反应性和检测限低的要求所致)需要使用具有合适技能的分析师担当成员的认证和批准的实验室。

2.9.4.9　气体安全设备

气体安全设备是气体处理系统的一个重要部分(参见图 25.57)。它将保护人员和财产免于消化池气体相关的爆炸和中毒危险。采用正确确定大小规格的设备设计的系统，能够最小化压降。为了便于维护而选择的设备确保了设备安全的操作环境。

2.9.4.10 废弃气体的燃烧

废弃气体燃烧器(火炬)是用于热电联产系统或锅炉未使用的任何多余消化池气体进行燃烧的安全装置。厌氧消化池连续产生沼气，废弃气体燃烧器能够降低过量消化池气体通过泄压阀直接排放至大气环境中所致的气味或气体爆炸的可能性。每当消化池气体利用系统进行重大改建时，设计工程师也应该审查废弃气体燃烧器及其配件。

污水处理厂目前使用两种类型的废弃气体燃烧器：常规的和封闭的燃烧。传统的废弃气体燃烧器包括气体燃烧和安全设备。传统的废弃气体燃烧器由气体燃烧器头，气体供给管道和气体管道的安全附件构成，而通常还有点火系统，安装于圆筒形火焰屏蔽罩内的支撑基座上。燃烧控制通常限于简单系统如吸入型气体/空气混合系统。

封闭式燃烧火炬包含传统燃烧器相同的消化池气体管道及气体安全配件，还有复杂得多的燃烧控制而精确计量燃烧空气/燃料比率而实现更完全的气体燃烧。燃烧器头通常在大得多的封闭外壳中更紧密靠近地面安装，而有助于精确控制燃烧器的空气流量并通过燃烧提供所需的火焰停留时间。这种设计还包括小心优化燃气和空气比率的控制，以便燃烧更加完全。

2.9.4.11 硫化氢的清除

除非加以控制，消化池气体中硫化氢的浓度范围可能为150~3 000 ppm或更多，具体取值同时取决于进水组成和消化池原料的特性。进水中含硫化合物的主要来源是饮用水供应和工业污水排放。当尿和蛋白质分解时，硫酸盐自然而然地存在于水中；它们也来自供水系统中的明矾处理。工业可能会向收集系统排放各种含硫物质。此外，卡车运送的废弃物，直接送到厌氧消化池，也往往包含含硫物质。

当厌氧菌降低硫酸盐和其他含硫物质时，就形成消化池气体中的硫化氢。它可能需要从消化池气体中除去，才能降低对锅炉和发动机部件的腐蚀。它也可能需要净化，才能满足当地的空气排放标准。硫化氢是一种有毒的空气污染物，即使浓度微小，都能够产生气味和安全性的问题。沼气中如果硫化氢含量较高，就可能造成空气污染。火炬点燃能够消除臭味问题，但会产生二氧化硫，这是酸雨的一个重要原因。

调节器一直用于研究对含少量硫化氢的燃烧气体排放的影响。在炼油工业中，美国EPA针对新造燃烧器和燃烧单元装置的来源性性能标准，将燃料气体中硫化氢的水平限制于160 ppm或更低的水平(Leicht et al.，1986)。

从沼气中除去硫化氢的方法之一是使用涤气器。一些洗涤技术还可以降低二氧化碳的浓度，产生更高质量的沼气。各种脱硫化氢的化学(例如，Sulfa-Sweet，Lo-Cat，Sulfa-Scrub，Chem-Sweet和Stretford Process)都可供考虑。

常见的干式洗涤器(称为海绵铁)使用氧化铁浸渍木片(见图25.58)。硫化氢与氧化铁反应，而形成单质铁、单质硫和水。海绵铁通过除去硫并将铁氧化成氧化铁而能够周期性地再生。这种再生可能是危险的，因为如果铁发生氧化太快就可能出现自燃。海绵铁方法通常最适合相对较小的气体流量。

常规湿式涤气器使用保持高pH值(通过苛性碱)的液体，而增强硫化氢的吸收。它还可以含有氧化剂(例如，次氯酸钠或高锰酸钾)而减少吸附剂的处置问题，并提高其使用寿命。湿式洗涤器使用喷嘴或扩散器板，这需要定期清洗。离开湿式涤气器的气体是水饱和的，必须在下游冷凝而除去。另外，由于通过湿式洗涤器的压头损失对于低压消化池气体系统通常

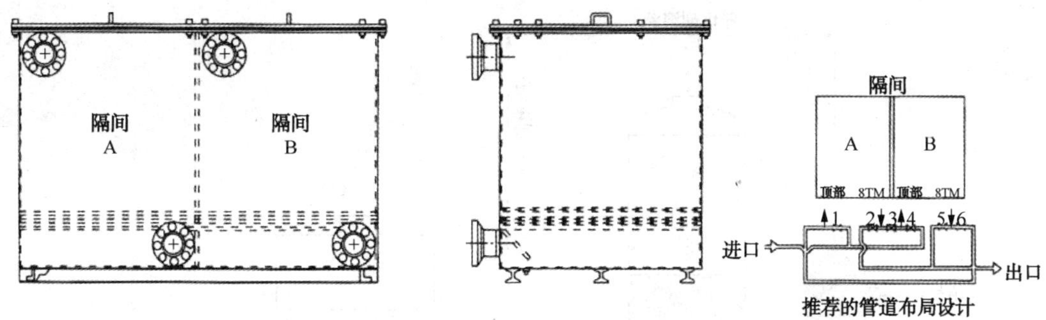

图 25.58 用于从沼气中去除硫化氢的典型海绵铁的示意图

过高，则气体在进行洗涤之前必须进行压缩。

吸附系统使用用碱性物质处理的活性炭而从沼气中吸附硫化氢。它们通常只适合用于处理低流量消化池气体(例如，来自泄压阀的气体)。此外，它们能够在快速暴露于新鲜空气的某些条件下出现自发燃烧。

催化性洗涤器使用含水螯合铁催化剂处理沼气，生产单质硫(见图 25.59)。催化剂经由氧化剂容器中的空气而重新活化。

除了气体洗涤之外，一些污水处理厂还直接向消化池或污水处理厂进水中加入铁盐。铁与硫化物反应，而形成不溶性的硫化铁。然而，铁盐不应该加入加热的固体管道，因为这会导致蓝铁矿(磷酸亚铁)结垢迅速累积。铁盐还可以降低消化池碱度，因此设计工程师必须提供监测和控制溶液强度和计量速率的装置，避免降低消化池的 pH 值。

此方法需要大容量存储罐、化学进料泵、管道和监测设备。其主要成本是化学品。虽然这种方法的 O&M 成本低，但与海绵铁方法相比，它需要更多的操作者技能。

2.9.4.12 硅氧烷去除系统

硅氧烷是一类人工合成的含硅有机化合物，在许多家用产品(例如，除臭剂、化妆品、洗发水、染料、润滑油、干洗液和防水化合物)中正变得越来越常见。因此，挥发性硅氧烷能够出现于垃圾填埋气体和消化池气体中，浓度通常为几个 ppm 或更低(见表 25.20)。

表 25.20 消化池气体中出现的典型挥发性有机硅氧烷

硅氧烷物种	结构简式	常见缩写	分子量	蒸气压/mmHg，77℉①	沸点,℉	水溶解度/(mg/L)，25℃
六甲基二硅氧烷	$C_6H_{18}Si_2O$	MM	162	31	224	0.93
八甲基三硅氧烷	$C_8H_{24}Si_3O_2$	MCM	236	3.9	N/A	0.035
六甲基环三硅氧烷	$C_{12}H_{18}O_3Si_3$	D3	222	10	275	1.56
八甲基环四硅氧烷	$C_8H_{24}O_4Si_4$	D4	297	1.3	348	0.056
十甲基环五硅氧烷	$C_{10}H_{30}O_5Si_5$	D5	371	0.02	412	0.017

① 0.5556(℉-32)=℃。

硅氧烷很难检测和控制。两种常见的硅氧烷，六甲基二硅氧烷(MM)和八甲基二硅氧烷(MCM)，是相对较大的直链分子，而其他的则是环状的(类似苯环)。只有六甲基环三硅氧烷(D_3)和 MM 室温下能够显著溶于水。

燃烧时，硅氧烷形成坚韧的常常耐磨的二氧化硅沉积物。(二氧化硅是普通海滩沙子的化学名称)。燃烧后的硅氧烷亦促进其他化学沉淀在其上形成(例如，钙，硫，铁和锌化合

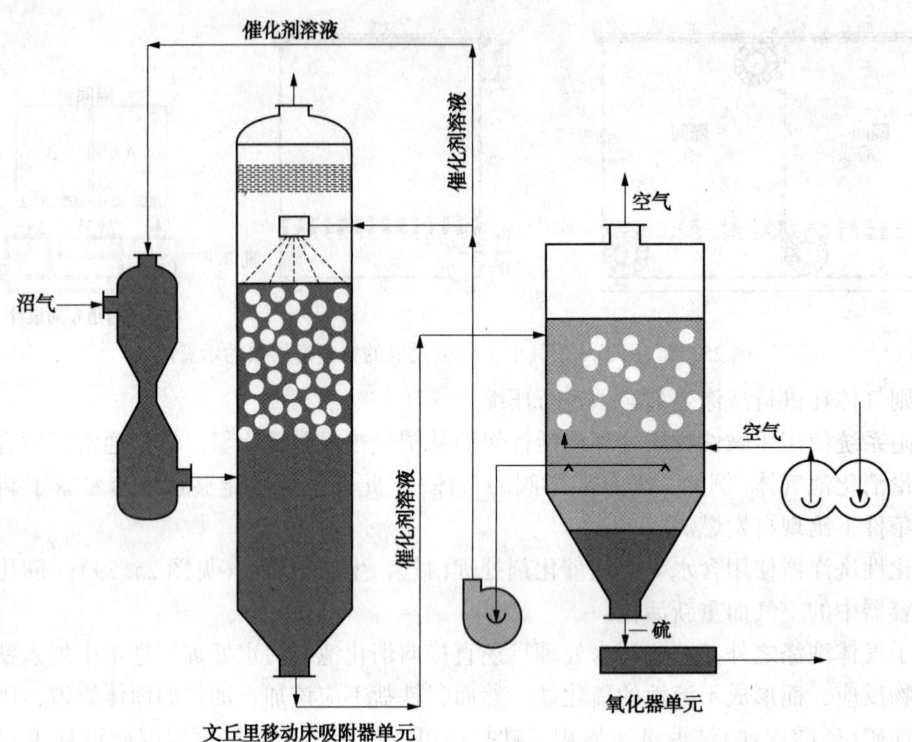

图 25.59 用于从沼气中去除硫化氢的典型催化洗涤器示意图

物)。这些沉积物经常会堵塞发动机头，使排气和进气阀结垢，并对燃烧室和燃料喷射器涂层。它们还覆盖尾气净化催化剂，锅炉表面，以及废热回收设备管道。

几家污水处理厂已经成功地将硅氧烷从消化池气体中去除。最好的硅氧烷控制系统通常包括活性炭上游的水分去除(见表 25.21)。为了最大化介质的生命，水和硫化氢都应该在活性碳处理之前从沼气中去除。

表 25.21 各种硅氧烷去除系统的优缺点

一般类型	优点	缺点
水洗涤器	连续工艺过程 能够在其他技术的上游使用	仅仅能够去除水溶性硅氧烷
冷冻(至 40℉①)	连续工艺过程 能够在其他技术的上游使用	仅仅能够去除部分硅氧烷
冷冻（至低于 0℉）	连续工艺过程 也能除去水分	所有单元装置迄今都具有大量的冷冻问题 耗费更多的电力
活性碳吸附	批准的技术，非常有效，也能去除 H_2S 和其他痕量有机物	间歇式介质必须进行更换或再生
硅胶系统	碳的替代方案 能够在其他技术的上游使用	运行非常有限 经验性

① 0.555 6 (℉ = 32) = ℃。

2.9.4.13 二氧化碳的去除

随着全球气候变化的关注增加，一些污水处理厂已开始监测二氧化碳。干消化池气体通常包含约 60%(体积)二氧化碳，或以质量基准计，约 55%~60%的二氧化碳。从消化池气体中去除二氧化碳的技术包括变压吸附、变温吸附、低温冷冻和胺处理。

(一) 变压吸附

在变压吸附中，气体成分在某一压力(通常是高压)下吸附于介质表面，并在另一个压力(通常低得多)下释放。

(二) 变温吸附

变温吸附可能是去除二氧化碳的最常用技术。在这个工艺过程中，二氧化碳吸附于低温介质{通常处于或接近环境温度[10~32℃(50~90℉)]}。一旦吸附介质饱和，通过将介质加热至通常 150~200℃(300~400℉)而将二氧化碳从其中释放出来。

(三) 低温冷冻

低温冷冻利用了这样一个事实，即二氧化碳发生冻结的温度[-79℃(-110℉)]比甲烷冻结的温度[-182℃(-297℉)]更暖和。低温系统能够很好地工作，但需要大量的机械能对气体制冷。

2.9.4.14　胺

胺[例如，单甲胺(MEA)、二乙醇胺(DEA)]是一类源自氨的物质。他们经常用于从原料或酸性天然气去除硫化氢和二氧化碳。

2.9.5　气体使用—锅炉

锅炉通常通过燃烧从燃料提取可用的热能。从历史上看，这是用于捕获消化池气体能量最常用的技术。甚至污水处理厂使用引擎发电机或燃气涡轮机都需要锅炉作为备用或补充供热设备。锅炉的规格尺寸范围大约为 10 万至超过 10 亿 kJ/h(Btu/h)。

排放控制在整个美国对于锅炉而言正越来越成为重要特征。工程师应该作为所有锅炉设计的一部分解决空气质量的规定。如果设计得当，经过特殊改进的锅炉几乎能够满足所有的空气质量法规。

2.9.5.1　火管锅炉

封装火管锅炉是污水处理厂中最常用的锅炉类型。这种锅炉可供使用的规格尺寸为约 2~30M kJ/h(2~30M Btu/h)。

2.9.5.2　火室式锅炉

火室式锅炉是具有超大尺寸的燃烧室的火管式锅炉的特殊类型。这种燃烧室可以有助于正确燃烧相对较低热量(Btu)含量的消化池气体。火室式锅炉的规格尺寸范围为约 2~10M kJ/h(2~10M Btu/h)。

2.9.5.3　水管锅炉

水管锅炉类似于火室式锅炉，但是燃烧室是水平绝热气密性的，含多个通过燃烧气体加热而装满水的钢管。这种锅炉内部含水量少，而使其经常能够比火管锅炉受热升温更快，启动更快。那些具有弹性管的锅炉尤其耐热冲击而对由于硅胶所致管道上的硅沉积物不易发脆。水管锅炉的规格尺寸从低于 8M kJ/h 到超过 20M kJ/h(8~20M Btu/h)不等。

2.9.5.4　铸铁锅炉

铸铁断面锅炉有时用于改造应用中，因为这种类型能够适合通过小门道。这些锅炉体积较小，通常可供使用的规格尺寸范围为 300000~10M kJ/h(300000~10M Btu/h)。

2.9.6 气体使用——热电联产

规模超过约 20~40ML/d(5~10mg/d)的污水处理厂是消化池气体热电联产的可能候选厂。典型热电联产系统是以内燃机、微型涡轮机或燃气轮机。

2.9.6.1 往复式内燃机

大多数污水处理厂，如果具有消化池气体热电联产系统，则都会使用往复式内燃机。主要发动机厂商近来已经开发出许多先进的内燃机，提高了燃料经济性，降低了维护，并降低了废气排放。

(一) 往复式发动机

往复式发动机是消化池气体热电联产应用中使用最广泛的技术。

(二) 高级往复式发动机系统

以显著更好的燃料经济性和更低的废气排放目标称著，一些厂家开发出用于技术上现代化的渐进式火花点火的贫燃发动机的模型。这些发动机被称为高级往复式发动机系统(ARES)。凭其更高的燃料效率，这些技术能够使污水处理厂生产显著更多的电力而使用现有的消化池气体产量抵消了能源成本。

高级往复式发动机系统已经在 2005 年或 2006 年以来投入使用；这些发动机的电力输出为约 10000~30000kW。发动机燃料效率越高，使用的消化池气体比某些污水处理厂现在服役的老发动机更少，生产的电力会更多。这些发动机还能够在气体压力小于 0.6kPa(4 psi)下运行，因此通常可以与现有的许多消化池气体系统一起使用。

(三) 双燃料发电机组

双燃料(气体-柴油)发动机是压缩点火，而非火花点火发动机。点燃时，要同时燃烧气体和少量的柴油燃料引燃油。这些发动机必须使用一些柴油燃料作为引燃燃料，但如果气体燃料供给中断时其控制也允许不改变负载而自动切换到 100%的柴油燃料运行。这种能力对于备用单元是有益的功能，因为这能够使之甚至在电力故障期间启动和运行。

双燃料发动机通常使用 1%~5%的柴油燃料油，但如有必要，许多能够采取 1%~100%的柴油燃料运行。这种燃料灵活性，尤其是如果该气体燃料供给中断的情况下，是一个极好的优势。这种方案其他选项包括柴油燃料的存储和处理设备，还有向这些发动机供给气体燃料的 11kPa(75 psi)气体压缩机。

2.9.6.2 燃气涡轮发电机

可供使用的燃气涡轮规格尺寸从 250kW 至 250000kW 不等。它们通常用于进水流量 300ML/d (80mgd)或更高的污水处理厂。他们也广泛用于新的大型商业发电厂。燃气涡轮机对于发电是一个有吸引力的选择，因为他们具有几个重要的特性(表 25.22)。

表 25.22 燃气涡轮的优缺点①

优　点	缺　点
燃气涡轮经过合适装配就能燃烧几种燃料，包括消化池气体	燃气涡轮发电效率不如发动机
燃气涡轮能够从几家经验丰富的厂商获得，可供使用的规格尺寸约 250~250 000 kW。	燃气涡轮在环境空气温度超过 60℉时将会损失功率和燃料效率
燃气涡轮几乎没有移动部件而通常需要的维护比内燃机更少	燃气涡轮在较高海拔时会损失功率和燃料效率
大型燃气涡轮从热涡轮尾气产生的高压蒸汽足以提供另一 50%的发电容量	燃气涡轮需要高压清洁燃料

① 0.555 6(℉ -32) = ℃。

几家美国污水处理厂已经成功使用通过低-Btu 消化池气体供给燃料的燃气涡轮机。大多数都可能需要某种形式的尾气排放控制。对于涡轮，有三种类型的尾气排放控制系统可供使用：湿技术、催化转换器和干式低氮氧化物(NO_x)燃烧器。湿技术(例如水或蒸汽直接喷射涡轮机的燃烧区)能够显著降低尾气排放，但需要超净水连续流。这既昂贵又费时。催化转化器，往往在水或蒸汽喷射之后，价格昂贵，而且如果没有广泛的可控燃料处理，则根本不适合用于消化池气体燃料。干式低 NO_x 燃烧器是最新而最有吸引力的技术，并且可能是唯一适用于消化池气体操作。并非所有的燃气涡轮机制造商都提供这种技术，而很多具有干 NO_x 单元装置至多还处于实验阶段。大多数较新的更先进的燃气涡轮机可供用于低 NO_x 燃烧器。

燃气涡轮机比往复式发动机的维修稍微更少，但服务高度专业化和昂贵。因此，污水处理厂具有本地服务支持是很重要的。

燃料应该没有冷凝和大于 5μm 的颗粒。入口压力应为 17~36kPa(120~250psi)。这种燃气涡轮机可能需要高压气体压缩机和水分分离器或过滤器才能满足这些要求。

燃气涡轮机需要燃料气体增压压缩机向燃烧室提供所需的 29kPa(200psi)压力。一些涡轮机模型是“干式低排放”的版本。其他燃气涡轮机可满足经由选择性催化还原系统的 NO_x 排放标准。

催化剂并不适合用于消化池气体，除非这种气体已经彻底而可靠地净化了杂质。在洛杉矶县卫生区的卡森污水处理厂，以及萨克拉门托区的污水处理厂的热电联产设施已经进行了试验，但是未能成功。消化池气体中的各种污染物能够迅速使催化剂中的贵金属中毒。

2.9.6.3　微型燃气涡轮机

一项广为宣传的新技术，微型燃气轮机，体积较小，高速燃气涡轮机规格范围为 30~250kW(请参阅表 25.23)。许多都是最初从大型发动机涡轮增压器和使用新技术(例如，延面换热器，空气轴承和超快运行速度)开发出来的。近日，人们对于使用微型燃气轮机进行分布式发电和热电联产的兴趣剧增。

表 25.23　微型燃气涡轮机的优缺点

优　　点	缺　　点
可供使用的规格更小，对于小容量污水处理厂小至 30 kW	发电低效。理论发电效率通常仅仅 24%~30%。
产生的尾气排放比其他类型的消化池气体热电联产设备更少	需要显著的气体净化，包括水分和硅氧烷去除
能够作为模块化全封装设备获得	即使采用适当的热回收设备，但是它们对于消化池气体消耗量而提供的热量相对较少
静音而能够户外使用	消化池气体必须压缩至 75~100 psi①

① psi× 6.895 = kPa

所有燃气涡轮机——包括微型燃气轮机——当安装于高海拔和环境温度超过 15℃(59℉)时发电功率较低。例如，如果安装在海拔 1295m(4250 ft)的位置，则燃气涡轮机的性能根据进口燃烧空气温度不同将比安装在海平面时低大约 20%~25%。

由于其规模和输出相对较小，则微型燃气轮机对于流量较小的污水处理厂[平均流量低至 15 ML/d(4mgd)]比通常适用于消化池气体燃料的热电联产系统更具吸引力。例如，南加州一家 57ML/d(15mgd)污水处理厂安装了一台 250kW 的微型燃气轮机，用于处理其消化池气体。此外，在 2000 年至 2004 年之间，加利福尼亚州几家污水处理厂安装了微型燃气轮机，却没有足够的消化池气体，并且污水处理厂工作人员很难操作和维护。数台微型燃气轮机已关停。

2.9.6.4　蒸汽涡轮机和蒸汽锅炉

有几家美国污水处理厂规模足够大[超过 400ML/d(100gmp)]，能够在大蒸汽锅炉中燃烧消化池气体产生高压蒸汽而通过蒸汽驱动蒸汽涡轮发电机转动产生电力。

对于规模较小的污水处理厂，这种蒸汽锅炉-涡轮机技术对于发电机效率很低。过热而压力非常高的蒸汽，通常要超过 130kPa(900 psia)才能满足蒸汽涡轮发电机的有效性能，规格上小于约 10MW 的蒸汽涡轮机外形并不足够大而采取相对紧密的机械耐受性施工建设，因此，也不会有更大蒸汽涡轮的更高机械效率。此外，高压蒸汽锅炉必须由持证蒸汽锅炉操作员连续换岗上班(24h)。

2.9.7　气体净化与销售

大约自 1995 年以来美国天然气的成本已经急剧上升。这使得净化的消化池气体更加经济。

表 25.24 表征了管道质量的消化池气体。一旦除去二氧化碳、硫化氢和水，消化池气体也能够适用于管道直接注射。洗涤和向当地天然气公共事业公司销售消化池气体的适用性，完全取决于天然气公用事业的兴趣和意愿，并要对消化池气体净化的甲烷提供有竞争力的价格。

表 25.24　典型消化池气体的特性①

条目或参数	消化池气体	
	范围	常见取值
甲烷/%(以干燥气计)	50~70	60
二氧化碳/%(以干燥气计)	30~45	39
氮气/%(以干燥气计)	0.2~2.5	0.5
氢气/%(以干燥气计)	0~0.5	0.2
水蒸汽/%	5.9~15.3	6
硫化氢/ppmv(以干燥气计)	200~3 500	500
硅氧烷，总量/ppbv	100~4 000	800
氨/ppbv	100~2 000	1 000
二硫化碳/ppb	200~900	500
比重（基于空气=1.0）	0.8~1.0	0.91
高热值（HHV）/(Btu/ft^3)	600~650	620
低热值（LHV）/(Btu/ft^3)	520~580	560

① 以上所列百分数都是体积百分数

ppmv= 体积百万分数

ppbv= 体积十亿分数

正如所生产那样，37℃(98℉)的中温消化池气体饱和了水而含有 5.9%~6%的水蒸气。55℃(131℉)的高温消化池气体含有约 15%的水蒸气。

燃料高热值包括水的汽化热。

2.9.8　固体干燥

任何不适用于工艺过程加热的消化池气体都能够适用于其他目的(例如，固体干燥)。燃料是与固体干燥相关的最大成本之一，因此，使用沼气能够抵消一些长期 O&M 成本。

2.9.9　新兴技术——燃料电池

燃料电池是一种电化学装置，能够将氢与氧化合而不断产生电力。氢从递送至单元装置的燃料中提取出来，而氧则简单地从空气中获得。燃料电池的普及是由于其高发电效率，无振动运行，清洁尾气排放和技术新颖。燃料电池是静音的；其附属设备工作时几乎不产生噪音。固定式燃料电池规模达 200kW 而更大的则能够完全实现模块化。这种设备很容易安装在室外。

现在燃料电池越来越多地应用于市政和工业污水处理厂。它们正在成为一种越来越成熟的技术。然而，燃料电池的当前经济可行性，在很大程度上取决于资金援助，往往通过赠款实现。

2.9.9.1　代表性的消化池气体燃料电池厂

越来越多的污水处理厂使用消化池气体燃料电池。

2.9.9.2　燃料电池的类型

有四种类型的燃料电池正在发展或市售：磷酸燃料电池、碳酸盐燃料电池、固体氧化物燃料电池和质子交换膜燃料电池。

(一) 磷酸燃料电池

磷酸燃料电池是用于污水处理厂的第一个商业化的燃料电池。磷酸系统是目前最成熟的技术。至少有 10 家市政污水处理厂已安装了 200kW 的消化池气体磷酸燃料电池，而一些则拥有这项技术超过 7 年的运行经验。因此，磷酸燃料电池应该当作是一种成熟的技术，而不是正在开发的或实验中的技术。

几个污水处理厂最初的消化池气体磷酸燃料电池装置最好表征为开发的或实验应用。这些早期的单元装置可能无法准确地代表目前的燃料电池。

(二) 碳酸盐燃料电池

许多较新的燃料电池装置都使用碳酸盐燃料电池(有时也被称为熔融碳酸盐燃料电池或直接碳酸盐燃料电池)(请参阅表 25.25)。熔融碳酸盐燃料电池(例如，重整器和换流器)类似于磷酸燃料电池。一个重要的区别在于碳酸锂钾电解质溶液，这种溶液允许单元装置内进行电子传递。

表 25.25　碳酸盐燃料电池工作原理

工艺过程或组件	化学反应
在内部蒸汽重整器中，纯甲烷经由与蒸汽反应而转化成氢气	$CH_4 + 2H_2O$(蒸汽) $\longrightarrow 4H_2 + CO_2$
在重整器之后，氢在负极与碳酸盐化合物。反应产生水和二氧化碳	$H_2 + CO_3^{2-} \longrightarrow H_2O + CO_2 + 2e^-$
碳酸盐是容许电子从负极流向正极的电解质介质	没有化学变化
在正极，空气中的氧完成碳酸盐平衡，而完成电子的流动。	$2CO_2 + O_2 + 2e^- \longrightarrow 2CO_3{}^{2-}$
在电功换流器中，直流转换成 480V 的交流电	没有化学变化

像磷酸燃料电池一样，碳酸盐燃料电池是一种成熟的技术，具有良好的记录。设计工程

师在评估消化池气体应用时应该考虑这两种技术(请参阅表 25. 26)。

表 25. 26 两种类型的消化池气体燃料电池的对比①

项目	磷酸	熔融碳酸盐	备注
代表性的燃料电池厂商	United Technology Corporation (UTC)	Fuel Cell Energy	UTC 交易 ONSI 燃料电池商业
模块尺寸，电力输出	200 kW	300kW 和 1200kW 单位	FCE 近来提高了其单位容量
电力效率/%	36~40	45~47	新设备性能，典型
工作电解质温度/℉	375	1 200	工作温度影响启动时间
在 180~200℉下的可回收热输出(Btu/h)	2 百万(总计 1 MW 单位)	1. 49 百万(1. 2 MW 单位)	每个厂商的性能声明
预期性能退化/%	每年约 2%容量降低	每年 2%~ 3%容量降低	容量随着电池堆栈被污染而降低
水耗，连续/gpm	对于 1MW 单位 1. 6 gpm	对于 1. 2MW 单位 2 gpm	水用于在重整器中制成蒸汽
所需的消化池气体燃料压力/psi	20~30	约 25	需要气体压缩机
消化池气体补充天然气	不需要	推荐使用 10%的天然气	燃料电池供应商强烈推荐

① 0. 555 6(℉ −32) = ℃; Btu/h × 0. 293 1 = W; gpm × 5. 451 = m^3/d; psi × 6. 895 = kPa。

2. 9. 9. 3 燃料电池组件

燃料电池由几个主要工艺过程模块构成：气体净化装置，重整器，电池栈和换流器。

(一) 气体净化装置

这个模块净化消化池气体或天然气，去除所有潜在的污染物。燃料电池堆栈对某些杂质是非常敏感的，因此只有非常纯净，干净而加压的甲烷气体才能离开这个模块进入重整器。

(二) 重整器

这个组件燃烧少量的燃料产生蒸汽。重整器将这种加压的高温蒸汽与来自气体净化模块的纯甲烷混合而产生燃料电池运行至关重要的氢气。

(三) 电池堆栈

燃料电池堆栈使用氢气产生电力。氢气和碳酸盐电解质中的氧粒子，或类似的离子，发生反应而产生发电所需的恒定电子流。

(四) 换流器

换流器是将燃料电池产生的直流(DC)电转换为交流电(AC)而将这种交流电源变换成所需系统电压的电气设备。

2. 9. 9. 4 新兴技术——固体氧化物和质子交换膜燃料电池

截至本书出版时，固体氧化物燃料电池和质子交换膜(PEM)燃料电池尚未应用于长期消化池气体用途(见图 25.60)。在本书出版之时对于污水处理厂的消化池气体燃料从技术上还未能达到全规模服务。

2.9.10　新兴技术——斯特林循环发动机

斯特林循环发动机是一种可能的热电联产技术，它使用外部燃烧过程而将热能转换成机械动力。制造商(们)声称，发动机仅需要有限的燃料处理，就能够以低压燃料源运行。这种发动机比往复式内燃机的尾气排放量更少。55kW 的斯特林循环发动机最近已经安装于美国俄勒冈州进行示范试验。然而，斯特林循环发动机制造的可用性是非常有限的；有关组织应该检查现有供应商的资质。

图 25.60　华盛顿金县污水处理设施安装的燃料电池
(经华盛顿金县的许可)

2.9.11　消化池气体利用技术和热回收

厌氧消化池需要恒定可靠的热量供给，才能确保反应器中最佳的生物活性。因此，任何消化池气体利用技术的首要要求是可靠地满足污水处理厂的供热需求。这意味着提供

- 消化池的足量供热；
- 可靠热源或热回收系统；
- 当与污水处理厂的加热水循环[通常供热循环 60~80℃(140~180℉)]一起使用时的恒定供热。

热源类型和可回收热相对量如表 25.27 中所示。

表 25.27　热电联产系统的热回收

参数	热电联产技术				
	微型涡轮机	燃料电池	燃气轮机	高级内燃机	蒸汽锅炉+蒸汽涡轮机
热能的形式	热水	热水	低压蒸汽	热水	低压蒸汽
由这项技术可供利用的源	热废气	热废气	高压蒸汽和/或热废气	某些低压蒸汽	高压蒸汽和/或热废气
部分沼气燃料能量可作为热能利用		20%~25%	40%~50%	35%~45%	45%~55%

2.9.11.1　内燃机废热回收

大型固定内燃机有时用于驱动大鼓风机，发电机和污水处理厂的大型泵。从气态燃料往复式发动机回收热量是许多污水处理厂采用的一个既成实践惯例。传统上，80~110℃(180~230℉)的发动机夹套水和热发动机尾气的热[340~540℃(650~1000℉)]都是回收发动机热常见的热源。低温度发动机润滑油热和涡轮增压器的后冷却器热只有约 50~60℃(120~140℉)，通常被风冷散热器或水冷废弃物-换热器废弃。

较新式的贫燃往复式发动机(例如，ARES)引入了两级后冷却器或中冷器。在这些高级

气体燃料发动机中，第一涡轮增压器后冷却器的热量与发动机夹套冷却水系统汇合，而能够在热回收应用中更好地利用。这种排布设计提高了发动机涡轮增压器性能，而使发动机更多的总热量在更经济的较高温度下可供利用。

2.9.11.2 燃料电池热回收

在目前这一代燃料电池中的化学反应都是放热的，而其产生热量足以汽化反应期间化学生成的水。过量的燃料电池热往往能够捕获并能够高效利用。

基于供应商的性能数据，1400kW(1.4MW)燃料电池装置生产约8 300kg/h(18 300lb/h) 370℃(700℉)由蒸汽和洁净热气体组成的排放尾气。当通过一个热回收换热器时，尾气可产生约2.1M kJ/h(2.2M Btu /h)的燃料电池放热而同时冷却到约120℃(250℉)。虽然稍微较多的燃料电池尾气排放热量能够捕获，但是这仅仅只有约50~60℃(120~140℉)，这对于污水处理厂供热水循环及其消化池换热器而言温度太低。2.1M kJ/h(2.2M Btu/h)的燃料电池热量足以满足夏季供热需求，但供热锅炉必须在该年余下时间内使用。锅炉是消化池气体供给燃料的，因此在一年的大部分时间内，一部分可用的消化池气体必须换着用于锅炉运行，这就补充了燃料电池的热回收过程。

2.9.12 空气污染物排放，限制和控制选项，温室气体

2.9.12.1 标准污染物

燃气设备关注的传统空气污染物(标准污染物)是NO_x、一氧化碳、SO_x、非甲烷碳氢化合物(NMHC)和PM_{10}：

- 氮氧化物[例如，二氧化氮(NO_2)和一氧化氮(NO)]传统上都是最重要的标准污染物。它们通过空气中氮的燃烧形成。这类污染物通常不包括一氧化二氮(N_2O)。
- 一氧化碳通过甲烷(CH_4)部分完全燃烧形成。其排放量通过改变燃烧进行控制。
- 硫氧化物(例如，二氧化硫)通常在消化池气体中硫化氢燃烧时形成。其排放通过从气体中消除硫化氢而进行控制。
- 非甲烷碳氢化合物通常在消化池气体中的量并不显著。
- 颗粒物包括PM_{10}和$PM_{2.5}$。PM_{10}颗粒会超过10μm，而$PM_{2.5}$颗粒是大于2.5μm的颗粒。

2.9.12.2 温室气体

一个已基本上成为公众关注的考虑因素是降低温室气体排放(气候变化排放)。消化池气体中有三种值得关注的温室气体要进行评价：二氧化碳(CO_2)，甲烷(CH_4)和一氧化二氮(N_2O)。

(一) 二氧化碳

二氧化碳，也许作为最有名的温室气体，是相对较重的气体。消化池气体可能含有高达40vol.%的二氧化碳或约60wt%的二氧化碳。对于大部分正考虑使用消化池气体的工艺过程，最初在消化池气体中的二氧化碳通过时都是未反应的和不变的。

二氧化碳由任何含碳燃料(例如，甲烷)完全燃烧生成。任何锅炉、火炬、焚烧炉或燃烧甲烷的发电技术，都会产生相应可预测的二氧化碳量。这个化学反应的基本反应如下：

$$CH_4 + 2O_2 \longrightarrow CO_2 + 2H_2O \qquad (25.24)$$

换句话说，当1mol甲烷完全燃烧时，就会形成恰好1mol二氧化碳。这种转换在锅炉，发动机，燃气涡轮机，或火炬中基本上是相同的。因为甲烷的分子量为16而二氧化碳的分子量为 44，则每千克甲烷完全燃烧会产生 44/16＝ 2.75kg 二氧化碳。

生物源二氧化碳是生命过程中所产生的二氧化碳。它不包括在这种温室气体的清单之内。

（二）甲烷

甲烷同属消化池气体和天然气中的主要组分。甲烷是一种比重小于 1.0 的较轻气体。甲烷因而是一种特别重要的温室气体；其全球变暖潜力是二氧化碳的 21～23 倍。从温室气体的角度而言，甲烷完全燃烧而无大气排放是至关重要的。

在燃料电池中，甲烷气体首先与蒸汽反应而产生氢气，如下所示：

$$CH_4 + H_2O(\text{蒸汽}) \longrightarrow 3H_2 + CO \qquad (25.25)$$

然后，一氧化碳与大气中的氧(O_2)化合而生产二氧化碳：

$$CO + 1/2O_2 \longrightarrow CO_2 \qquad (25.26)$$

完全燃烧时，1mol 甲烷产生 1mol 二氧化碳。

低 NO_x 锅炉，贫燃发动机和燃气涡轮机都在用量丰富的过量空气（最高达 70%或更多）下于其精心受控燃烧室内运行而确保其燃料中的所有甲烷基本上完全氧化。

然而，传统的废气燃烧器并非精确控制的燃烧装置，而消化池气体中绝大部分甲烷都未燃烧而通过火炬。火炬燃烧量是难以测量的，因为在一部分火焰中的条件与另一部分根据风方向差别很大，而接着获得准确和真实的采样几乎是不可能的。

未燃烧的甲烷是一种非常强大的温室气体，因此，采取必须经由传统废弃气体燃烧器火炬烧掉一些消化池气体的方案比完全燃烧所有消化池气体而进行发电或经由其他方式消耗所有气体的方案贡献的温室气体多得多。

每当消化池从泄压阀排出气体时，甲烷也被释放到大气中。同样，这种排放是很难衡量的；但幸运的是，这些并非寻常可见。

（二）一氧化二氮

一氧化二氮间接起到了温室气体的作用，因为其分子分解时会产生对流层臭氧分子。一氧化二氮的全球变暖潜能值为 310（基于二氧化碳＝1），因此一氧化二氮是特别值得关注的，即使只是小批量。一氧化二氮能够在在甲烷燃烧期间作为燃烧中间副产物而形成。一氧化二氮的排放量是许多复杂燃烧动力学和燃烧设备的函数。例如，更高的燃烧区温度能够破坏一氧化二氮。

一氧化二氮的排放因素是多种多样的。大部分燃气设备很少或没有有关一氧化二氮的排放量的信息，部分原因是因为它通常是在燃烧过程中产生的数量微小。一个常见的准则(AP-42)列出了天然气燃烧一氧化二氮的排放因子为 0.01～0.034 g/m^3（0.64～2.2 lb/mil. ft^3）。0.1kg N_2O/ 太焦耳(TJ)一氧化二氮的排放因子适用于天然气。对于消化池气体，很少有实际可靠的一氧化二氮排放因子数据，但它们通常应该类似于天然气的排放。许多燃烧权威并不把一氧化二氮当作是传统氮氧化物排放的一个组成部分。

（三）温室气体和发电效率

另一个指标则基于释放的每磅二氧化碳产生的发电量。正如预期的那样，更高效节能的发电技术（例如，燃料电池和 ARES）是燃料燃烧发电机这一领域的引领者。此外，净电输出——减去辅助电力负荷和用于供补充供热锅炉的消化池气体之后——比总发电效率更重要。

(四) 消化池气体使用的温室气体的关注问题

当对消化池气体应用进行选择时，设计工程师应该解决以下温室气体排放的关注问题：

• 消化池气体使用的应用因为甲烷的温室气体潜势而应该选择避免放空或间接地释放任何气体。

• 消化池气体使用的应用由于实际上所有传统废弃气体燃烧器的不完全燃烧特性而应该尽可能少地采用火炬烧掉。

• 消化池气体使用的应用应该经过设计而产生——直接或间接——尽可能少的一氧化二氮。

• 在热电联产的应用中，燃气使用技术应该尽可能多地产生可用净电力，而降低电力公司的二氧化碳排放量。

3 好氧消化

在好氧消化期间发生的稳定化作用源自可降解的有机组分被破坏和好氧生物机制所致病原体的降低。好氧消化是基于类似于延长通风改进的活性污泥工艺过程的生物学理论的悬浮生长生物处理工艺过程。好氧消化的目标，可能堪比厌氧消化，包括经由生物氧化和其他可生物降解有机物产生稳定作用的生物固体，降低质量和体积，减少病原体，并为进一步加工处理而整理固体。

好氧工艺过程的优点，相比于厌氧消化，是能够产生无害的生物稳定化产品，较低的资金成本，更简单的操作控制而挥发性固体浓度降低并略小于厌氧消化所能够达到浓度，操作更安全而没有潜在的气体爆炸且气味问题的可能性更小，而且排出的上清液 5 天 BOD (BOD_5)浓度通常小于厌氧工艺过程中出现的值。此外，它不太易于扰动和不易产生毒性。

通常因为好氧消化的主要缺点与氧传递相关的较高电力成本相关。最近好氧消化中的进展(例如，高效氧气传输设备和高温下运行的研究)，可以减少这种担心。其他引述的缺点包括寒冷天气期间工艺过程的效率降低，其不能产生有用的副产品(例如，厌氧消化产生的甲烷气体)和不能达到机械脱水好氧消化固体期间的混合效果。

传统好氧消化已经使用了 35 年以上。自热高温工艺的改进已用于许多污水处理厂并在本节中将进一步进行讨论。本节还将基于 20 世纪 90 年代初响应有益再利用法律法规(U. S. EPA, 1992)的新性能要求而由埃琳娜贝利和格伦黛伊格尔(Elena Bailey and Glen Daigger, 2000)发起的研究对中温好氧消化的进展进行讨论。他们的研究结果从 1997 年至 2001 年在水环境联合会会议上的一系列研讨会期间提呈。每年，在研讨会上提呈的工作都编撰成书籍，而产生了公众可供使用的五卷系列丛书或光盘。好氧消化研讨会的 I ~ V 卷涵盖了综合设计准则，运行数据和完全集中于好氧消化的广泛研究(Daigger et al. , 1997, 1998, 1999, 2000, 2001)。这些书还能够作为工程师和运营商参考手册使用。

3.1 工艺方法的应用

好氧消化通常用于设计容量不到 19000m^3/d(5mg/d)的污水处理厂，但是小型污水处理厂也使用其他消化工艺过程。这种工艺方法已经成功地用于无初级沉降的延时通风活性污泥设施和许多包埋处理设施。在很多延时通风设施中，维持足够充分的 SRT，才能在通风系统中提供好氧消化。尽管这种方法用氧稍微有点低效，但是初始成本降低和整体系统简洁，可能使小系统得以受益。然而，设计工程师应该注意，这种方法对于稳定化处理而言可能不满足州和联邦法规。

好氧消化已经成功地应用于容量高达 1.89×10^{5}m^3/d(50mg/d)的设施。在这些设施中，最常见的是处理混合初级固体和生物固体，而其氧要求大于单独的废弃生物固体。由于在这类设施中通风曝气的能源成本，则单独厌氧消化初级固体而同时好氧消化生物固体可能是更加经济的。

在其他处置方法不太易于利用的情况下，筛余物、油脂和浮渣都在好氧消化池中进行处理。这些流应该具有低的无机成分，并在通过磨床之后才将其添加到好氧消化系统中。即使采取彻底粉碎，粘性物质重构，造成通风设备堵塞或结垢，都是潜在的问题。油脂和浮渣有可能作为消化池浮渣累积，除非具有特别的装置保持这些物质处于悬浮(例如，相对强烈的表面搅拌作用)。

3.2　工艺方法的理论

好氧消化是基于内源性呼吸的生物学原理。当可供利用的底物(食物)供给耗尽而微生物开始消耗自己的原生质而获得细胞维持反应的能量时就会出现内源性呼吸。

在消化过程中，细胞组织好氧氧化成二氧化碳，水和氨或硝酸盐。由于好氧氧化是放热反应，则在这个过程中会释放热量。虽然在理论上消化在假设无限的 SRT 下应该能够进行完全，而实际上只有 75%～80%的细胞组织被氧化。其余 20%～25%是由不可生物降解的惰性组分和有机化合物构成。剩余的物质在消化之后仍然在这样低能量状态完整存在，本质上是生物学稳定的。因此，它适合于各种处置方案。

好氧消化实际上包括两个步骤：直接氧化可生物降解的物质和随后由生物氧化微生物细胞。这些过程能够由下面的公式举例说明(US EPA，1979)：

$$\text{有机物质} + NH_4^+ + O_2 \longrightarrow (\text{细菌})\ \text{细胞物质} + CO_2 + H_2O \tag{25.27}$$

$$\text{细胞物质} + O_2 \longrightarrow (\text{细菌})\ \text{消化的生物固体} + CO_2 + H_2O + NO_3^- \tag{25.28}$$

方程 25.27 描述了有机物质氧化成细胞物质，然后又被氧化成消化的生物固体。由方程 25.28 表示的过程是典型的内源性呼吸，是好氧消化池中主要的反应。

由于需要维持内源性呼吸阶段的过程，好氧消化通常用于稳定化处理 WAS。由于初级固体包含很少的细胞物质，则初级固体中的大多数有机物和颗粒物质都是生物固体中活性生物质的外部食物来源。因此，需要更长的保留时间才能适应内源性呼吸条件达成之前必须发生的代谢和细胞生长。

使用结构简式 $C_5H_7NO_2$代表微生物细胞物质，好氧消化的化学计量学能够由任一下列方程表示：

$$C_5H_7NO_2 + 5O_2 \longrightarrow CO_2 + 2H_2O + NH_3 + \text{能量} \tag{25.29}$$

$$C_5H_7NO_2 + 7O_2 \longrightarrow 5CO_2 + 3H_2O + NO_3^- + H^+ + \text{能量} \tag{25.30}$$

方程 25.29 代表设计用于抑制硝化作用(因为它是氧限制性的)的系统；氮以氨形式出现。发生硝化的系统的化学计量学由方程 25.30 表示，其中氮以硝酸盐的形式出现。

从理论上讲，硝化作用消耗的碱度约 50%能够通过反硝化作用恢复。如果 pH 值降低过度成为一个问题(由于硝化消耗碱度)时，通过定期反硝化或加入石灰可能能够控制这个问题。反硝化作用能够通过周期性地关闭曝气机而同时继续混合消化池(如果设施设计有含空气分布器的引流管曝气装置)完成。

如方程 25.30 所示，好氧消化期间的硝化作用提高了氢离子浓度，而如果固体具有的缓冲能力不足时会随之降低 pH 值。正如活性污泥工艺过程中一样，每 kg 氨氧化会销毁约 7kg 碱度(7lb/lb)。在长时间的通风时间期间内 pH 值可能降低低至 5.5，而好氧消化似乎并没有受到不利影响。

方程 25.29 和方程 25.30 表明，理论上在非硝化系统中每 kg 活性细胞物质需要 1.5kg 氧(1.5 lb O_2/lb)，而同时当发生硝化时需要 2kg 氧/kg 活性细胞物质(2 lb O_2/lb)。好氧消化的实际氧要求取决于运行温度，还涉及初级固体和活性污泥系统 SRT 等因素。

3.3 工艺设计

3.3.1 概述

本次关于好氧消化系统设计的讨论是针对传统的好氧系统(即，在 20~30℃温度下运行并使用空气作为生物活动氧源的系统)。

好氧消化系统设计的决定性因素包括所需的挥发性固体降低量、进水量和特性、工艺过程运行温度、氧传递和混合要求、处理池容积/停留时间，以及系统运行的方法。然而，由于美国 EPA《40 CFR 503》法规已经开始生效，在这些系统设计中最重要的因素是要满足病媒吸引力和病原体减少的要求。

3.3.2 挥发性固体的降低

好氧消化的主要目的是生产经过稳定化处理而适合各种处置方案的生物固体。此处，稳定化处理暗含生物，尤其是病原体，已经降低至生物固体的使用或处置不会导致显著不良的环境影响的程度和水平之意。

好氧消化能够减少 35%~50%的挥发性固体。《503 法》规定，满足挥发性固体减少 38%才能实现病媒吸引力降低的要求。这些决定生物固体土地施用的法规将好氧消化分类为显著减少病原体(PSRP)的工艺方法，如果满足指定时间/温度要求，则能够产生合适的土地施用的生物固体。

然而，研究人员提出，挥发性固体减少可能不是稳定化处理的合法指标(Hartman et al., 1979; Matsch and Drnevich, 1977)。其他参数[例如，需氧量的残留率、病原体水平、臭味生成潜力，氧吸收比速率(SOUR)、或氧化/还原电位]可能是更能够指示稳定化的好氧消化生物固体。

3.3.3 进料量/特性

好氧消化通常用于稳定化处理生物固体(例如，WAS)。这种工艺方法已经用于稳定化处理初级和生物固体混合物；然而，相关的停留时间和氧合要求大幅度增加，才能获得采用生物学固体获得的相等稳定化处理水平。由于好氧消化的机制类似于活性污泥法，则适用有关进水特性和生物毒性物质水平方面的变化的相同关注问题，会由于上游处理工艺过程而出现回潮效应。

活性污泥固体中经由沉淀和吸附累积的重金属(这可能出现于 pH 值大于 7 时)能够在消化池中低 pH 值条件下发生重新溶解，而产生毒性。

进水浓度在设计和运行好氧消化工艺过程中是很重要的。尽管固体增稠会提高消化池的需氧要求，但是增稠作用会导致较长的 SRT，更小的消化池容积要求，更容易的工艺过程控制(减少滗析)，并因此产生更多的挥发性固体破坏。

3.3.4 操作温度

好氧消化池的操作温度是一个重要的参数。好氧工艺过程经常引述的缺点是源自操作温度变化的工艺过程效率变化。操作温度的变化因为大多数好氧消化系统都采用开放式处理池而密切相关于环境温度。

好氧消化系统通常运行于细菌活动的中温区(介于 10~40℃之间)。在其他温度区内对好氧系统的运行一直都有很多人在研究：嗜冷区(低于 10℃)和高温区(超过 40℃)。

由于好氧消化是一个生物过程，则温度的影响能够通过以下方程进行估算：

$$(K_d)T=(K_d)_{20℃}\ q^{T-20} \tag{25.31}$$

式中 K_d——反应速率常数（时间)；

q——温度系数；

T——温度,℃。

反应速率常数表明了消化过程中挥发性固体的破坏率。反应速率常数通常会随着系统的温度升高而增大，这意味着消化速率也加快。

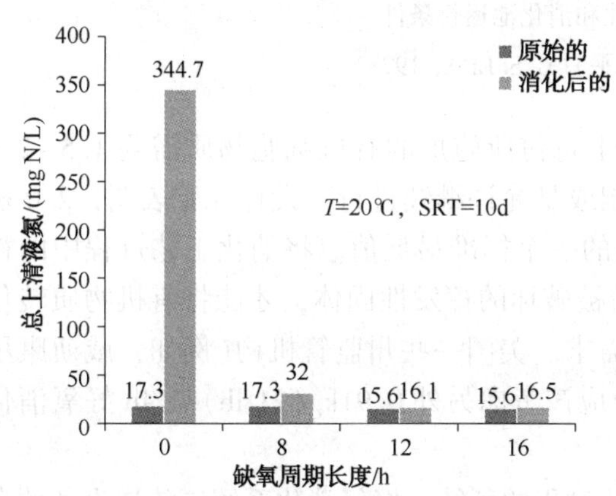

图 25.61 厌氧-循环持续时间对滤液中总氮浓度的影响（Al-Ghusain et al.，2004)

据报道，温度系数为 1.02 至 1.10 不等。平均温度系数为 1.05。

中温温度范围内生物过程的速率通常会随着温度升高而增大(见图 25.61)。超过临界温度，该工艺过程将受到抑制。有一项研究表明，30℃下最大挥发性固体破坏率随着温度升高会降低(Hartman et al.，1979)。图 25.62 中的数据对此是相反的，而表明了获取适用于所设计系统的速率数据的重要性。

3.3.5 氧传递和混合的要求

好氧消化期间发生的生物反应需要活性污泥中细胞物质呼吸所需的氧，和在与初级固体的混合物的情况下将有机物质转化成细胞物质的氧。此外，合适的系统运行需要充分混合内容物，才能确保氧、细胞物质和有机物质(食物来源)接触。由于引入氧气维持生物工艺过程通常会在这个过程中混合内容物，因此这些参数是相互关联的。

在要严格处理生物固体范围为 1%~2%的好氧消化系统中，充分混合之需通常决定了氧合设备的容量。然而，利用采取较稠进料浓度(3%~6%)的设计，工艺过程的空气要求将实际上决定设计参数。

处理初级和生物固体混合物的系统需要更多的氧气才能完成生物氧化过程，而在大多数情况下，这个要求将决定混合物设备的规格大小。

实际混合要求通常的范围为 10~100 W/m^3(0.5~4.0hp/ 1000ft^3)消化池容积；然而，根据处理池几何形状和混合设备类型而该值会有所不同。设计工程师应该请教有经验的设备制造商，才能确定实际的混合要求。

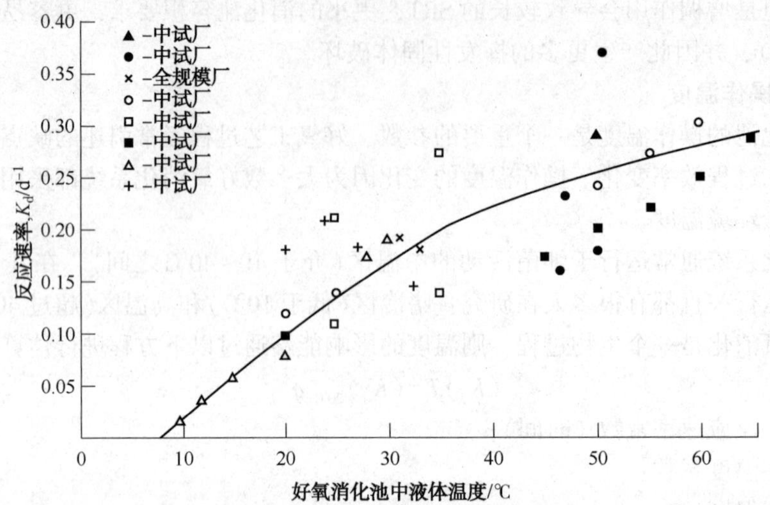

图 25.62 实验测得的反应速率(K_d)vs. 厌氧–循环持续时间对滤液中总氮浓度的影响。K_d的值取决于固体特性和消化池运行条件（例如，pH，TSS 和氧水平）(U. S. EPA，1978)

方程(25.29)和(25.30)表明好氧消化理论上每份所施加的有机细胞物质需要 1.5~2.0 份氧，具体的值要取决于硝化作用是否是受抑制或是允许继续进行。设计经验表明，2.0 份氧/份被破坏的有机细胞物质是生物稳定化处理的一个标准最低值。将消化工艺过程中的初级固体包括在内，则需要另外 1.6~1.9 份氧/份被破坏的挥发性固体，才能将有机物质转化成细胞组织而满足所得到的细胞物质的内源性需求。美国一些州监管机构(例如，威斯康星州)在其污水处理厂设计标准中规定，曝气系统应该考虑另外 0.91kg(21 lb)氧/lb 好氧消化设计中初级固体所施加的 BOD_5。

好氧消化是悬浮生长或固定膜生物处理工艺过程的延续；好氧消化系统氧传递设备的合适规格选择必须反映生物工艺过程中发生的需氧量降低。此外，如果二级系统进行硝化，则好氧消化的氧要求会增加。因为硝化作用所需的氧量估计必须既反映于原始污水的氨浓度中，又要反映于二级工艺过程中有机氮转化成铵的转化中和初级固体中。

好氧消化池处理生物固体的氧要求能够由以下方程近似：

$$R_i = K(1.67S_i - O_a) \tag{25.32}$$

式中 R_i——实际好氧消化池氧要求，kg/d (lb/d)；

S_i——原料污水 BOD_5负荷，在氧化之下相当于废弃固体，kg/d (lb/d)；

O_a——主曝气池中的好氧量，kg/d (lb/d)；

K——常数，当主通风池并未发生硝化时等于 1.0 而当主曝气池发生硝化时等于 1.24。

好氧氧化系统的氧要求通常代表 WAS 的 0.25~0.33 L/m^3·s(15~20ft^3/min·1000ft^3)的空气流量。对于初级固体和 WAS 的混合物，空气流量会升高至 0.40~0.50 L/m^3·s(25~30ft^3/min·1000ft^3)的范围(Benefield and Randall，1980)。这些参数中典型的固体含量处于

1%~2%之间，而对于增加的固体含量将可能需要更多的氧。好氧消化池中溶解氧水平通常保持于约 2mg/L；然而，如果氧摄取速率低于 20mg/L·h 时，这个水平可能会降低。

在独立计算充分混合和氧传递的要求之后，这两个要求中较大的要求将决定系统的整体设计。如果混合要求超出了氧气传递的要求，则设计工程师应该考虑提供补充机械混合，而不是过大设计氧传递系统。补充机械混合器资本成本的增加，必须相对于决定最佳构造结构设计的额外曝气功率和维护成本进行权衡。

3.3.6　处理池容积和停留时间的要求

好氧消化池的所需容积通常是由实现挥发性固体降低率所需的停留时间决定。在过去，将挥发性固体降低 40%~45%所需的停留时间在工作温度约 20℃下一般为 10~12 日（Metcalf and Eddy Inc., 1991）。《503 法》的规定讨论了稳定化处理工艺过程必须实现的 38%挥发性固体降低率，但更重要的是，新设计必须着眼于减少病原体作为控制因素。尽管挥发性固体的破坏率将继续随着停留时间增加，但氧化速率却显著降低，而且超过停留时间的持续消化是不经济的。全规模好氧消化的研究表明，需要 35~50 天的总曝气时间（包括延长曝气工艺过程中的时间）才能恒定满足《503 法》对于具有高寒气候的高纬度地方的污水处理厂不到 1.5mg 氧/g·h 挥发性固体的 SOUR 要求的病媒吸引力降低要求（503.33）（Maxwell et al., 1992）。所需要的总曝气时间基本上取决于操作温度和 WAS 的可生物降解性。据报道，好氧消化池非典型的长停留时间将会产生显著更难脱水的生物固体（US EPA, 1979）。然而，《503 法》规定之前，许多州机构采纳了美国 EPA 的好氧消化标准，这个标准要求在 15℃下需要 60 天而在 20℃下需要 40 天，并着眼于减少病原体，而不是降低挥发性固体。

在消化期间降低可生物降解固体，通常由恒定体积条件下的一级生化反应进行描述，类似于以下的描述：

$$dM/dt = K_d M \tag{25.33}$$

式中　dM/dt——单位时间可生物降解挥发性固体的变化率，质量/时间；

K_d——反应速率常数（时间$^{-1}$）；

M——在时间 t 时刻剩余的可生物降解挥发性固体浓度。

在方程 25.33 中的时间系数，代表好氧消化池中的 SRT。这种因素，诸如消化池运行方法，操作温度和活性污泥系统的 SRT，可能使时间系数等于或大于系统的理论 HRT。使用方程中可生物降解部分的挥发性固体能够确定具有初级处理系统的污水处理厂约 20%~35%的 WAS 是不可生物降解的。接触稳定化处理工艺过程（无初级处理池）的 WAS 不可生物降解的挥发性固体百分含量范围为 25%~35%。

反应速率常数是消化残余物的类型、操作温度、系统 SRT 和消化系统中固体浓度的函数。图 25.61 描述了反应速率常数变化 vs 工作温度升高的曲线图。一项对于 20℃采用 WAS 的研究结果表明，反应速率常数随着消化池悬浮固体水平升高而降低（Reynolds, 1973）。

温度和 SRT 的乘积看起来与消化期间能够达到的挥发性固体破坏百分率相关。所需的挥发性固体降低百分率的选择，再加上假定的系统操作温度，就能够用于估算所需的消化池 SRT（参见图 25.63）。

随着消化池温度和停留时间增加，挥发性固体降低率的增加分数发生递减。在美国，终审法规《40 CFR257 法》和《503 法》规定，好氧消化挥发性固体要降低 38%，才能满足病媒吸引力的降低目标。如果在长 SRT 的二级处理系统中已经发生了显著的可生物降解固体降低，

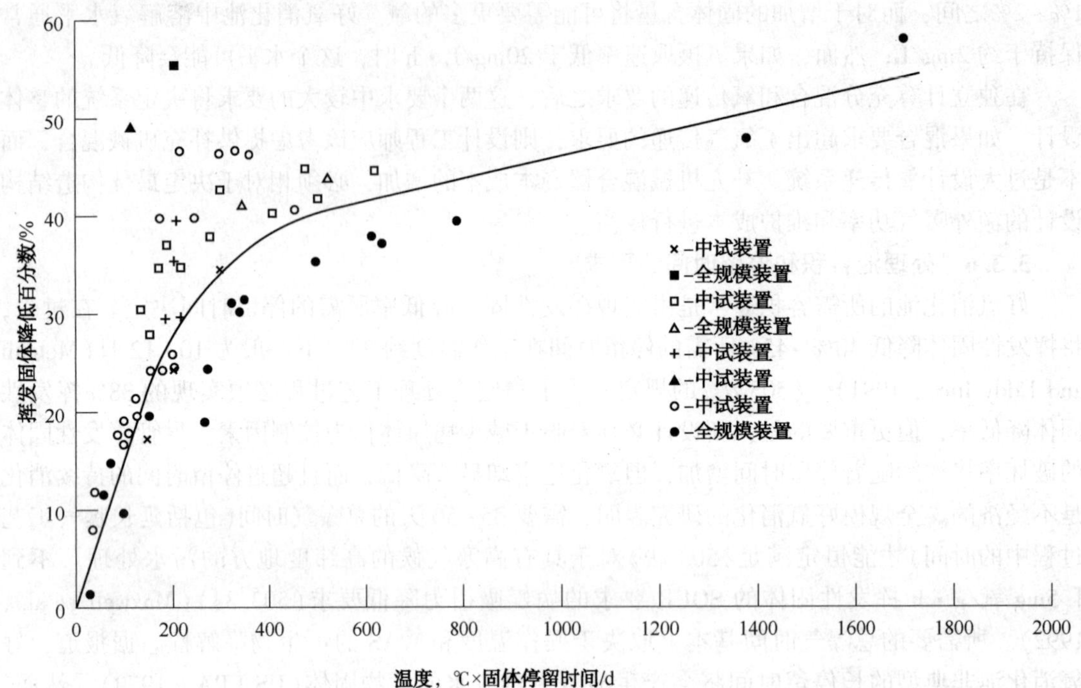

图 25.63 挥发性固体降低率作为消化池液体温度和固体停留时间的函数

则这个降低率可能在好氧消化池中是难以实现的。在 20 世纪 80 年代期间，设计工程师有时会得到国家监管机构的容限，其中在延时曝气设施中出现的挥发性固体降低率会给予信用度。因此，总挥发性固体降低率会纳入通过活性污泥和固体处理这两个工艺过程的废弃物流中加以考虑。这种差异容许市政管理的整个设施满足 38%的挥发性固体降低率。

然而，随着《503 法》的颁布，州监管机构不再允许设计工程师将通过二级处理工艺过程的挥发性固体降低率计算为好氧消化或其他稳定化处理工艺过程期间必须发生的 38%降低率的部分。如果好氧消化池并不能达到 38%的降低率，该项法规已规定，病媒吸引力的降低率能够通过在 20℃下实验室小试装置中好氧消化一部分先前消化的固体浓度为 2%或更低的物质 30 多天进行证明示范。如果样品的挥发性固体的浓度降低小于 15%，则就达到了病媒吸引力降低率。此外，根据《503 法》规定，设计工程师和州监管机构对于消化的固体在 20℃下正在使用的 SOUR 标准要低于 1. 5mg/g/h 总固体，而不是 38%的挥发性固体降低率标准。

一种确定连续运行好氧消化池容积的方法是使用以下公式：

$$V=Q_i(X_i+YS_i)/X(K_dP_v+1/\mathrm{SRT}) \qquad (25.34)$$

式中 V——好氧消化池容积，L (ft^3)；

Q_i——平均进水流量，L/d (ft^3/d)；

X_i——进水悬浮固体浓度，mg/L；

Y——包含原料初级固体的进水 BOD 部分，%；

S_i——进水消化池 BOD_5，mg/L；

X——消化池悬浮固体浓度，mg/L；

K_d——反应速率常数，d^{-1}；

P_v——消化池悬浮固体的挥发性固体分数，%；

SRT——固体停留时间，d。

方程 25.34 中如果在好氧消化池负荷中未包括初级固体，就可以忽略 YS_i 项。方程 25.34 不应该用于计算系统中发生显著硝化的消化池容积。

贝尼菲尔德和阮代尔的研究(Benefield and Randall，1980)已经使确定所需消化池停留时间的方程得到发展。这些提出的方程源自对消化工艺过程相关的动力学分析，以及从固体中所含微生物细胞的分析中对这个工艺过程中部分挥发性固体是不可生物降解的和部分非挥发性固体发生溶解的理解。基本方程如下：

$$t_d=(X_i-X_e)/(K_d)(D)(X_{oad})(X_i) \tag{25.35}$$

式中　t_d——消化池停留时间，d；

X_i——进水中 TSS 浓度，mg/L；

X_e——出水中 TSS 浓度，mg/L；

K_d——活性生物质可生物降解部分的反应速率常数，d^{-1}；

D——出水中出现的进水中的可生物降解活性生物质，%；

X_{oad}——进水中可生物降解的活性生物质的百分比。

在存在初级固体和 WAS 混合物的情况下，这些因子涵盖了对初级固体组分的描述(参阅 Benefield and Randall，1980 或 Grady et al.，1999，对这种不太常见的好氧消化设计的更详细描述)。

方程 25.35 支持对于相当固体降低率和恒定固体负荷率的假设，SRT 必须随着进水生物质的活性组分减少而增大。实际运行经验表明，对于进料中活性生物质分数较低的系统，这典型的就是延时曝气系统，这种趋势并不成立。对于这些系统，由方程 25.35 进行计算的停留时间可以按照生物质活性部分降低成比例地减少。

方程 25.35 中所示关系的另一个解释由格雷迪等(Grady et al.，1999)进行描述和举例说明，而同时将其表达于活性污泥数学模型 1(ASM1)的术语学中。

3.3.7　设计参数的总结

《40 CFR503 法》的颁布，大大改变了标准好氧消化工艺过程的典型设计参数。例如，对于早期仅仅接受 WAS 的好氧消化池设计，设计工程师将会使用 10～15 天的停留时间。然后，美国 EPA 专注于病原体减少，并提出了停留时间在温度 20℃下为 40 天而如果温度为 15℃停留时间为 60 天的规定。如果设计工程师想要满足 B 类病原体减少标准而不需要定期监测粪大肠菌群时，《503 法》仅仅规定保留时间。如果设计工程师使用好氧消化进行稳定化处理而不符合 20℃下 40 天或 15℃下 60 天的规定时，则他们必须监测粪大肠菌群。在这两种情况下，设计工程师必须证明通过挥发性固体降低 38%，氧摄取速率小于 1.5mg 氧/g 总固体/h，或另外消化 30 天后进一步测试时挥发性固体降低率小于 15%而实现了病媒吸引力降低。如果设计工程师需要 20℃下 40 天，或 15℃下 60 天(或它们之间的线性插值)，则他们不必监测粪大肠菌群，但必须证明病媒吸引力降低。

此法规的一个重要偏差获自双阶或间歇操作的设计中，其中我们获得了实现美国 EPA 法规制定的病原体和病媒降低率所需的时间降低 30%(U.S. EPA，2003)。这种信用度导致现在所需时间从 20℃(68℉)下 40 天降低至 20℃(68℉)下 28 大，从 15℃(59℉)下 60 天缩短至15℃(59℉)下42天。这些减少的时间也足以实现病媒吸引力充分降低。

3.3.7.1 曝气和混合的设备

一些设备(例如，扩散空气、机械表面曝气、机械水下涡轮机、射流曝气和混合系统)已成功用于满足好氧消化池的氧合作用和混合要求。好氧消化池的扩散空气系统设计类似于标准活性污泥系统的设计。扩散器通常定位于罐池底附近。它们也能够沿罐池一侧安装而产生螺旋或交叉辊的图案，或它们可以作为落地安装网格系统进行安装。通常需要气流速率0.33~0.67 L/m^3·s(20~40ft^3/min·1000ft^3)确保充分混合。根据消化池负荷率，气流速度需要满足氧传递的要求。

细泡和粗泡扩散器这两种扩散器都已用于好氧消化池。扩散器堵塞是好氧消化池中的潜在问题，尤其是在那些包括定期沉降和上清液去除的操作中更是如此。当空气关闭时，固体可能进入空气管道，并粘附于管道或扩散器内壁。无堵塞多孔介质设备比大气泡钻孔扩散器更耐受这种类型的堵塞。然而，多孔扩散器可能会发生表面结垢。

扩散空气的系统提供了以下优点：氧传递受控于空气供给速率的改变；压缩空气引入消化池通常会对系统加热，这能够最小化寒冷天气期间的温度损失；和系统的总热损失因为相对较小程度的表面湍流而最小化。扩散空气系统的优点可能因为好氧消化池中可能发生的堵塞问题而抵消。如果要使用扩散空气系统，则应该包括方便扩散器和空气管道拆除进行清洗的装置，是非常重要的。

覆地扩散器系统的另一种方案是全范围高剪切无堵塞曝气设备，专门设计用于高固体浓度(4%~8%的固体)。这种曝气系统结合了一个可调节的上水孔而允许改变所提供用于满足需求的空气，而这种无堵塞扩散器确保无氧操作期间不会发生堵塞。剪切管和引流管提供混合和剪切作用而输送氧气，实现高固体情况下的挥发性固体降低率(参见图25.64和25.65)。这种系统的局限性是，当液体超过6.1m(20ft)深时运行更佳(Daigger et al.，1997)。

图25.64 典型导流管系统(伊利诺伊州巴黎用于处理初级和二级固体混合物的情况)。该图拍摄于厌氧转换成预增稠的双级串联好氧消化之后(Daigger et al.，1997)

总之，具有剪切管或导流管系统的单滴曝气

- 专门设计用于较高固体浓度(4%~8%的悬浮固体)；
- 倾向于为消化池供热；
- 不需要维护，因为它们是无堵塞系统；
- 需要处理池液体深度超过6.1m(20 ft)。

机械表面曝气机通常是低或高速设计的浮动浮桥安装的设备。低速曝气机更经常用于好氧消化池。相比于空气扩散系统，机械表面曝气系统通常更简单而更容易维护，而且不容易结垢。通常归因于表面曝气的缺点包括缺乏氧化率控制，如果存在过多的泡沫会导致性能变差，以及由于设备溅水在寒冷气候的冬季期间会出现冰累积的潜势。

机械水下涡轮机曝气机(和其他联合式机械混合和扩散空气系统)提供了多种优势，并消除了扩散空气和表面曝气装置的一些缺点。氧合速率可以通过改变这种浸没式叶轮的气流速率而进行控制。由于叶轮淹没，这种类型的曝气机并不像表面曝气机那样对泡沫条件敏

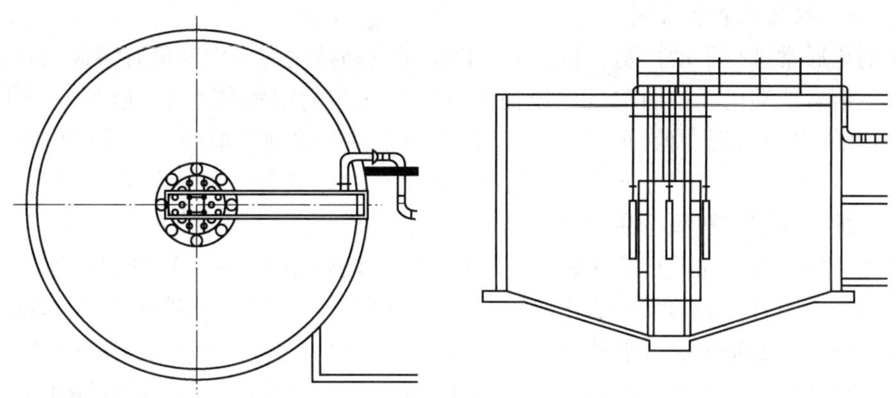

图 25.65　伊利诺伊州巴黎市的消化池平面图和截面图。
处理池规格为 14m(直径) × 9.4m(深度)(45 ft(直径)
× 31 ft (深度)(Daigger et al., 1997)

感，并避免了与表面曝气机相关的冰和散热问题。

此外，这种水下单元装置仅仅能够作为混合机操作，从而促进反硝化作用。

射流曝气设备具有水下涡轮机的许多优点。这些设备通常更容易安装并比水下涡轮机具有稍高的总氧传递效率。在过去，当液体流路不足够大而使好氧消化池中典型的粘性固体通过时设备堵塞的问题时有发生。其使用可能加剧絮凝体剪切和随后出现脱水困难。(从其更常用于充氧活性污泥系统的角度欲了解更多有关曝气系统的相对优点和设计特点，请参阅第 14 章)。

3.3.7.2　管道的排布设计

好氧消化池的具体管道要求包括适用的固体进料、上清液倾析、消化固体的排出和曝气空气供给的装置。在设计沉降池的好氧消化系统中，消化固体和上清液在沉降池中除去。

固体也从沉降池返回好氧消化池而维持所需的 SRT。尤其是如果液体水位因为上清液倾析而变化时，应当考虑给好氧消化池单独的空气供给。当消化池液位低于曝气池时，除非空气供给是独立的或有压力补偿，消化池将“劫取”曝气池的空气。

间歇式操作的好氧消化池能够设计用于经由泵送或重力清除固体和上清液。如果使用固定的上清液去除系统，则应该提供足够的灵活性，而使上清液在相对宽的深度范围内除去。在最低限度上，位于不同深度的两个上清液排出线是可取的。或者，能够使用浮动的滗析器设备有效去除上层清液。

消化的固体通常从每个处理池低点排出。如果消化池设计了足够的混合，则只有一个固体进料口是必要的。

消化池应该提供足够进料才能避免局部化冲击负荷。如果存在过度填充的潜势，则应该提供应急消化池溢流。

采用污水处理厂出水以策略上定位安装的水龙带-闸连接冲洗固体管道。用于泡沫控制的水(出水)喷雾由于将加入到系统中的流体量之故却很少使用。脱水和清洗池应该提供排水或贮水槽。

3.3.7.3 仪器仪表和控制

好氧消化通常进行手动控制。目前本身借助于自动控制的操作变量有溶解氧和消化池液位。溶解氧信号能够用于控制曝气系统而使其维持最佳的溶解氧水平(通常处于 1~2mg/L 之间)。这能够节省能源。低(而偶尔较高)溶解氧条件能够触发报警，而使操作者能够采取纠正措施。然而，除了疏忽之下致使消化池过载之外，好氧消化池中溶解氧的变化通常是最小的，而且维持使用溶解氧检测仪可能很耗时。

处理池液位信号，在防止填充过满是很有用的，能够用于开-关控制消化池进料泵。人们已经采用经由定时控制的泵向消化池间歇进料初级固体。这种受控的进料技术也已用于废弃生物固体进料。如果按照污水处理厂运行条件的变化小心谨慎地确立合适的时间，就能成功实现自动控制进料。如果采用手动控制进料系统，则处理池液位信号能够用于报警高液位条件。

从间歇式运行的好氧消化池排出固体通常采用手动控制并间歇完成。手动排出固体允许对可变的固体生产，固体浓度，消化速率和随后处理的容量采取合理的反应。

3.3.7.4 设备选型的注意事项

在选择好氧消化池设备时灵活性和可维护性是关键标准。所关注的主要设备项目是管道和曝气与搅拌的设备。

管道系统需要防堵塞的阀门(例如，偏心旋塞阀)。所有进料和排出管道(例如，进料固体、消化的固体和上清液)都应该具有确认运行期间液体或固体正向流动通过管道的装置(例如，可清洗视镜或流量计)。然而，某些正排量泵上的流量计并不能有效地用于这个目的，因为脉动时可能给人正向流的印象，而此时却没有发生正净固体流动。

曝气和搅拌系统的设计应该方便维护，也应该提供表面曝气机或搅拌机的接近通道。摇臂(肘接)或抬升扩散器装置能够简化扩散器的维护和清洁。

对于多处理池，也应该考虑，因此一个处理池能够完全排干进行维护而不至于中断工艺过程。

3.3.7.5 安全性的设计

虽然好氧消化池通常要经历与机械和电气设备相关的安全隐患，但是好氧消化并不涉及厌氧消化中产生的爆炸和有毒气体。安全注意事项对于好氧消化池而言类似于活性污泥池。例如，在消化池周围按照安全线区间放置救生工具能够防止溺水事故。处理池周围充足的照明使之能够进行安全的夜间 O&M。进出过道应该使用防滑耐腐蚀栅格。(对于污水处理厂内有关安全问题的更多信息，请参见第 6 章)。

3.3.7.6 可操作性的设计

所有的系统，包括好氧消化，应该设计可操作性而牢记于心。设计工程师应该考虑以下的操作性问题：

- 曝气系统的选择，要便于维护(定期扩散器清洗)；
- 监测仪器仪表的位置、数量和类型，要增强控制能力；
- 上清液排出装置的位置、数量和类型；
- 消化反应器的地上或地下安装(温控便利性 vs. 可访问性)；
- 系统独立混合和曝气的能力；
- 处理池和其他设备维护的通道。

3.4 工艺过程的描述

3.4.1 常规(中温)好氧消化

好氧消化能够用于处理 WAS，WAS 或滴滤池固体和初级固体的混合物，延时曝气污水处理厂的废弃固体，或膜生物反应器(MBR)的废弃固体。好氧消化处理的固体大多是污水处理过程中生物质生长所致。好氧消化的生物固体是不太可能产生气味的，并且比未稳定化处理的固体具有更少的细菌风险。

3.4.1.1 工艺设计

常规好氧消化设施的设计是以第 3.3 节中所描述的原理为基础的。

3.4.1.2 工艺性能和操作

B 类生物固体是病原体水平在具体的使用条件下不可能对公众健康和环境构成威胁的生物固体(U. S. EPA，2003)。B 类生物固体不能按照袋装或其他容器进行出售或分发，或施用于草坪或家庭庭院。这些固体通常进行土地施用或填埋。

传统的好氧消化通常会产生 B 类生物固体。通常传统中温好氧消化系统设计要满足的 B 类生物固体的标准如下。

具有一个消化池的系统能够经过设计而满足以下标准。

1. 满足以下病原体降低要求之一：

- 在 15℃下 60 天 SRT 或 20℃下 40 天 SRT；
- 粪大肠菌群密度小于 2mil. 最或然值(MPN)/g 总干的固体。

2. 满足以下病媒吸引力降低要求之一：

- 生物污泥处理过程中 VSR 至少 38%；
- 20℃(68℉)下总固体 OUR 小于 1.5mg/ g · h。

3. 如果在 20℃(68℉)下进一步间歇消化 30 天之后固体具有不到 15%以上的 VSR 时固体也能满足病媒吸引力降低的要求。

系统如果具有多个消化池，则能够经过设计而满足以下标准(U. S. EPA，1999a)：

1. 满足两个病原体降低的要求：

- 粪大肠菌群密度小于 2mil. MPN / g 总干固体；
- 15℃下 42 天的 SRT 或 20℃下 28 天的 SRT。在这种情况下，因为监管机构必须将这种工艺方法批准为 PSRP 等效替代工艺，污水处理厂运营商应该进行试验验证，所得到的生物固体既包含低而足量的微生物，同时又满足以上所列出的病媒吸引力降低要求之一。

2. 满足以下病媒吸引力降低的要求之一：

- 生物污泥处理过程中 VSR 至少 38%；
- 20℃(68℉)下总固体 OUR 小于 1.5mg/g · h。

在控制好氧消化操作时的重要因素相似于其他好氧生物处理工艺过程的情况(请参阅表 25.28)(Stege and Bailey，2003)。运营商应该每天监测初级工艺过程指标(例如，如果适用，温度、pH 值、溶解氧、气味和沉降特性)。监测有助于控制工艺过程的性能，并为今后的改进奠定基础。二级指标(例如，氨氮、硝酸盐、亚硝酸盐、磷、碱度、SRT 和 SOUR)适用于监测长期性能并适用于排除初级指标相关的故障问题。尽管监测和控制这些参数是非常重要的，但是一旦每个参数发生变化，能够采取的控制程度也是很重要的。

在启动期间和每当要对运行条件(例如，固体流量、固体源、聚合物的变化，原料固体浓度的大增或大减或原料温度的大增或大减)采取显著变更时应该提高分析频率。

3.4.2 自热式高温好氧消化

自热式高温好氧消化(ATAD)采用混合能源达到40~80℃的工作温度(见图25.66)。这种方法取决于氧、挥发性固体和混合的充足水平，才能允许好氧微生物在放热反应中将有机物降解成二氧化碳，水和氮。如果提供充分的绝热，SRT和足够的固体浓度，则这个工艺过程能够控制于高温好氧消化温度，而实现VSR大于38%且满足《503法》A类病原体的要求。

自热式高温好氧消化的研究始于20世纪60年代。大部分的开发工作是由德国研究动物粪便和污水残余物的坡佩尔(Popel，1971a，1971b)及其同事一起完成的。他们开发的吸气曝气设备是这种工艺方法成功的关键。美国的研究是由马特斯齐和德尔尼维奇(Matsch and Drnevich，1977)采用纯氧和由杰威尔和卡比瑞克(Jewell and Kabrick，1980)采用空气和水下曝气装置完成的。

[对于更多关于ATAD的信息，请参阅《污水处理创新技术的评价：自热式好氧消化(ATAD)》(*Assessment of Innovative Technologies for Wastewater Treatment*：*Autothermal Aerobic Digestion* (*ATAD*))(Stensel and Coleman，2000)。该报告提供了有关ATAD系统的历史、设计、O&M和性能的详细信息。它是美国环保署《市政污水固体自热式高温好氧消化》(*Autothermal Thermophilic Aerobic Digestion of Municipal Wastewater Solids*)的升级版本(U.S. EPA，1990)。]

表25.28 好氧消化性能的监测参数(摘自WEF，2007；最初源自文献Stege and Bailey，2003)

监测参数①	频率	运行范围		
		最小值	标准值	最大值
温度/℃	每日	15	20	37
pH	每日	6.0	7.0	7.6
溶解氧(mg/L)	每日	0.1	0.4~0.8	2.0
碱度(mg/L作为$CaCO_3$)	每周	100	>500	—
氨氮/(mg/L)	每周	—	<20	40
硝酸盐/(mg/L)	每周	—	<20	—
亚硝酸盐/(mg/L)	按要求	—	<10	—
SOUR/(mg氧/h/g总固体)	按要求	—	<1.5	—
磷/(mg/L)	按要求		<5	

① $CaCO_3$=碳酸钙，而SOUR=氧摄取比速。

3.4.2.1 优点和缺点

ATAD的主要优点如下：

- 停留时间短至约5~6天(需要更小的体积就能达到给定的悬浮固体降低率)达到VSR30%~50%，类似于传统好氧消化；
- 相比于中温厌氧消化大大降低了细菌和病毒(Metcalf and Eddy，2003)；
- 当反应器充分混合并保持于55℃以上时，病原体病毒、细菌，活体寄生虫卵和其他寄生虫能够降低至低于可检测水平，从而满足A类生物固体病原体降低要求。

ATAD的主要缺点如下：

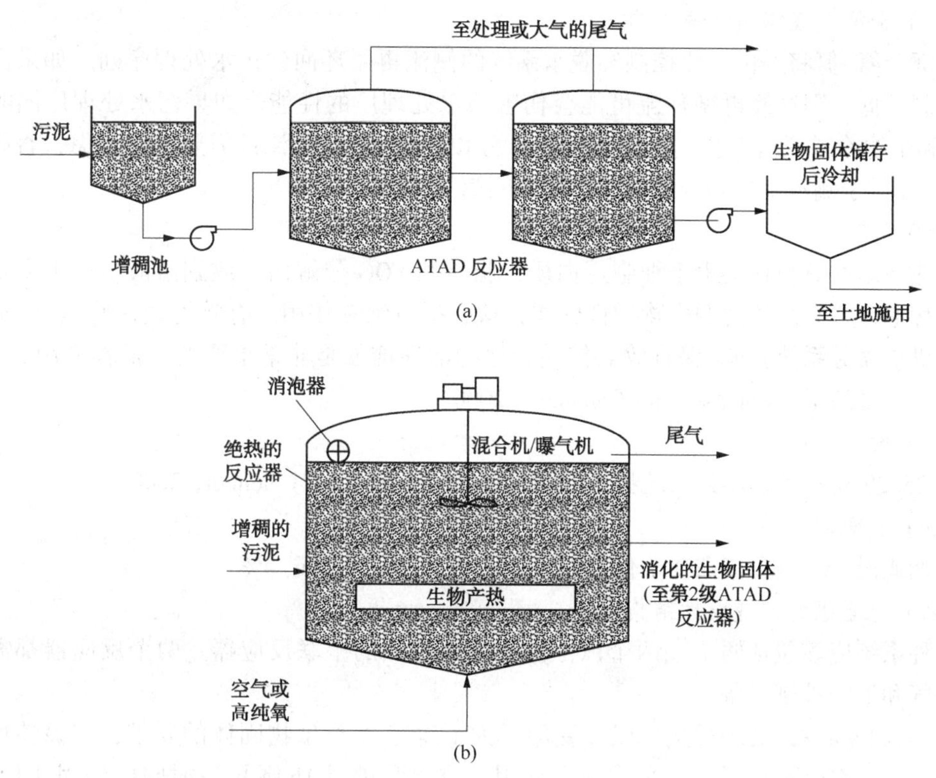

图 25.66 典型自热式高温好氧消化系统的示意图和反应器构造设计结构

(源自 Metcalf & Eddy, *Waste water Engineering: Treatment and Reuse*, 第四版。版权© 2003, 经纽约 McGraw-Hill 公司许可)

- ATAD 生物污泥的脱水性能差(Daigger et al. , 1998);
- 令人生厌的气味;
- 缺乏硝化和/或反硝化作用(Daigger et al. , 1998);
- 高资本成本;
- 需要泡沫控制才能确保有效的氧传递(Metcalf and Eddy, 2003)。

此过程是相对稳定的, 自调节其温度(由于生物质氧化过程中释放的热量), 迅速从轻微工艺过程失稳中恢复, 而不会受到环境空气温度的很大影响。自热式高温好氧消化日益普及, 是因为这种工艺方法能够生产 A 类生物固体。2003 年, 在北美有 35 个 ATAD 系统。在欧洲超过了 40(Stensel and Coleman, 2000)。

3.4.2.2 工艺设计

以下设计参数部分摘自斯腾瑟尔和科尔曼论文(Stensel and Coleman, 2000)。

(一) 硝化作用受抑制

由于涉及高运行温度, ATAD 会抑制硝化作用而由此使系统的 pH 值通常处于 8~9 之间。挥发性固体好氧破坏率按照方程式 25.27 的描述发生, 而没有出现方程式 25.28 描述的后续反应。此外, 大多数 ATAD 系统可以在微需氧条件下运行, 其中氧需求超过氧供给(Stensel and Coleman, 2000), 由于消化作用而释放出氨, 且所产生的氨氮将同时以几百 mg/L 浓度的气体和溶液形式存在。

（二）含氨氮液体侧流的影响

大部分氨-氮将经由气味控制和脱水系统的侧流再循环回到污水处理序列。如果出水氮和磷限制较低，则这些再循环流可能会伤害污水处理厂的性能。如果污水处理厂同时包括ATAD和生物除磷脱氮工艺，则气味控制和脱水系统的液体侧流都需要进行考虑，否则要分开处理。(对于侧流处理的详细信息，请参阅第17章)。

（三）泡沫

自热高温好氧消化会由于细胞蛋白质，脂质和FOG分解而释放到溶液中产生大量的泡沫。这种泡沫含有高浓度的生物活性固体，这会提供绝热作用。有效管理这些泡沫(通过泡沫切割机或喷雾系统)而确保有效氧传递和生物活性增强是非常重要的。推荐采用0.5~1m(1.65~3.3ft)的干舷(Stensel and Coleman，2000)。

（四）设备设计

表25.29显示了ATAD系统推荐的设计参数(Stensel and Coleman，2000)。

（五）预增稠

增稠或混合设施可能需要确保ATAD进水包含的固体超过4%。

（六）处理池的构造设计结构

这种系统应该包括两个或两个以上的封闭而绝热的串联反应器。两个反应器都需要混合，曝气和泡沫控制设备。

连续式和间歇式处理都是可以接受的。为了遵守A类生物固体的要求，应该使用间歇式处理工艺。在这种情况下，泵应该设计用于排出和进料1h或更短时间内的固体日配送。随后反应器在最低温度55℃下应该每天隔离余下的23h。

表25.29 ATAD消化池系统推荐的设计参数（Stensel and Coleman，2000）。

参数	范围	典型值
反应器数目	2~3	2
预增稠固体	4%~6%	4%
串联反应器		是
反应器中总的HRT①	4~30 d	6~8 d
温度—第1级	35~60℃	40℃
温度—第2级	50~70℃	55℃

① HRT=水力停留时间。

这种策略最大化了系统的病原体破坏潜力并降低了污染的几率。为了防止被原料进料污染，以每日为基础将一定体积的固体从第二级反应器(工作温度范围为55~65℃)中除去。除去固体后，将第1级反应器中的生物质作为一批次转入其中。然后，第2级保持直到第二批次载入24h之后。采用这种操作方法，从第1级反应器转出的生物质维持于高温好氧消化的温度下最低24h的时间。随后将原料引入到第1级，而补充移出的体积。这种进料方式彼此隔离反应器，而降低了产品污染的潜势。

（七）后处理贮藏和脱水

后处理冷却对于固体整理和增强可脱水性是很必要的。通常情况下，除非采用换热器冷却生物固体，可能需要14~20天的SRT。

3.4.2.3　工艺性能及操作

（一）挥发性固体的降低

通过这种工艺方法实现的挥发性固体降低率取决于原料，SRT，操作温度和反应器负荷率。在德国，停留时间大于 4 天的系统据报道具有 40%或更高的 VSRs。英国霍特威斯尔污水处理厂据报道在 2 年时间内 VSR 为 30%～40%。惠斯勒 ATAD 系统已实现了 70%的 VSR（Kelly et al.，1993）。几家 ATAD 污水处理厂对比发现，VSR 为 28.5%～53.8%（Schwinning et al.，1997）。俄亥俄州的鲍林格林污水处理厂据报道，VSR 为 75%（Scisson，2006）。

（二）病原体降低

德国法规规定 ATAD 系统必须产生含有不超过 1000 个肠内菌/mL 的生物固体。事实上，德国政府将 ATAD 当作是一个能够生产"巴氏杀菌的（卫生的）固体"的工艺方法——类似于《503 法》中的 PFRP 指定情况。（美国环保署表示，如果满足 A 类病原体降低的时间和温度要求，则 ATAD 系统应该认定为 PFRP）。德国的地区卫生区每年两次对使用 ATAD 的污水处理厂的生物固体进行取样并分析其许多参数。如果生物固体满足 1 000 CFU/mL 的大肠菌群限，以及其他的有机和无机物的标准时，它们就被认为"可接受"用于农业用途。

英国霍特威斯尔的设施报道，通过其 ATAD 系统实现了 4log 的病原体降低（Murray et al.，1990）。加拿大使用 ATAD 的设施在其 12 个生物固体样品中有 7 个样品具有小于 100 MPN /湿 g 粪大肠菌群和粪链球菌（Kelly，1991），而任何样品中没有检测到沙门氏菌。朱厄尔和卡比瑞克在纽约宾汉姆顿的试验结果（Jewell and Kabrick，1980）表明，ATAD 系统在 45℃下 24h 的 SRT 能够将沙门氏菌和病毒浓度降低至低于检测限。

（三）气味控制

蒂尼等（Deeney et al.，1991）在德国参观了六家污水处理厂发现，这些设施都没有发出臭味；相反，这些设施却散发出类似于传统好氧消化池发出的"发霉味"。有三家设施偶尔报道有气味：一家是在反应器温度超过 65℃时，而其他两家系统是在系统进料期间。邻近住宅区的两个 ATAD 反应器都配备了废气洗涤器——是被认为稍微实验性的应用。洗涤器性能据报道良好；然而，还是发现偶尔有气味。

班夫（Banff）设施在 ATAD 废气排放上使用了水洗涤器。其脱水生物固体没有表现出有气味，并似乎很稳定。霍特威斯尔（Haltwhistle）污水处理厂没有气味的投诉。萨蒙阿姆（Salmon Arm）设施将排放废气送至滴滤池；还没有气味味问题的报告。莱迪史密斯（Ladysmith）和吉布森（Gibsons）设施将 ATAD 废气排至生物过滤器。俄亥俄州鲍林格林污水处理厂在一年运行之后报告没有发生气味问题（Scission，2006）。

不列颠哥伦比亚省哥伦巴德的纯氧 ATAD 系统，在运行期间会发出"烂西兰花"的味道。当分析师检测废气时，他们发现了二甲基硫醚，这是厌氧条件下的一个指标。在萨蒙阿姆和惠斯勒设施，检测表明，废气中含有硫化氢、二甲基二硫、二甲基硫醚、氨和未鉴定的有机化合物（Kelly et al.，1993）。关于科罗拉多州和宾夕法尼亚州污水处理厂的报告引述了气味问题和气味控制的需要（Bowker and Trueblood，2002；Hepner et al.，2002）。同时，在北美和欧洲的几家设施会发出气味而需要实施气味控制（Layden et al.，2007）。

通常情况下，如果 ATAD 系统保持适当的操作温度，并充分混合和充气时，气味能够被最小化。其他气味控制措施（例如，水洗涤器、生物过滤器、堆肥/土壤过滤器和向其他滴滤池或活性污泥反应器分流废气）取决于 ATAD 系统邻近住宅和公共区域的程度。

(四) 可脱水性

自热式高温好氧消化产生的生物固体具有小絮凝体，因此具有大表面积，在脱水操作期间需要更多聚合物(Kelly et al., 2003)。事实上，如果目标是脱水生物固体含固体 20%~30%，则化学品整理的成本可能会抵消 ATAD 的受益(Agarwal et al., 2005)，因为这可能比未消化固体会花费高出 5~10 倍的化学整理 ATAD 固体(Murthy et al., 2000a)，而比厌氧消化固体(高速率中温消化)要高出大约 2~3 倍的化学整理 ATAD 固体(Spinosa and Vesilind, 2001)。

系统的高温会加重脱水的挑战问题，因为这会促进细胞溶解和蛋白质向液体释放。这些蛋白质，连同胞外聚合物，将会改变生物固体的整理聚合物要求。然而，如果操作温度超过 70℃，则生物固体的脱水性质实际上会得到改善，因为胞外物质的生产会降低(Zhou et al., 2002)。

研究人员尝试了几种改善 ATAD 固体脱水的方法：

• 使用铁和阴离子型聚合物，或阳离子型和阴离子型聚合物按序聚合物计量(Murthy et al., 2000a; Agarwal et al., 2005)；

• 生物固体后 ATAD 中温曝气(Murthy et al., 2000b)；

• 电弧处理(Abu-Orf et al., 2001)。

这些方法拓展了我们 ATAD 固体的流变学，特性和其他可脱水性因素的认知，但显而易见，这需要更多的研究。

3.5 工艺方法的变化

研究人员在近几年对标准中温好氧消化进行了几种不同工艺方法变体试验。较显著的变化是高纯氧曝气和双消化。

3.5.1 高纯氧曝气

这种好氧消化系统使用高纯氧而不是空气。再循环流和所得到的生物固体类似于常规好氧消化。典型的进水固体浓度可能为 2%~4%。高纯氧好氧消化在寒冷天气气候下效果很好，因为其对环境空气温度变化由于生物活动速率和工艺方法放热性质而相对不敏感。

高纯氧好氧消化在开放或封闭罐池中进行。由于消化工艺方法在本质上是放热的，则使用封闭罐池将会导致较高的工作温度和 VSR 率显著提高。封闭罐池中高纯氧气氛维持于液体表面上方，而氧经由机械曝气机传递至固体中。在开放式罐池中，氧通过产生微小氧气泡的专用扩散器引入固体中。因此，气泡在到达气-液界面之前就发生溶解(Metcalf and Eddy, 2002)。因为制氧要求，运行成本与高纯氧好氧消化有关。因此，高纯氧好氧消化通过仅仅在采用高纯氧活性污泥系统时使用才是成本有效性的，可能需要中和作用补偿系统缓冲容量的降低(Metcalf and Eddy, 2002)。

3.5.2 组合稳定化处理工艺

3.5.2.1 组合好氧和厌氧消化

在 ATAD 和传统中温厌氧消化中组合两个稳定化处理工艺过程涵盖于厌氧消化这一节的双消化小节中。目前已经实施了使用好氧消化作为传统中温厌氧消化的后处理的研究，并已经经过库马尔等(Kumar et al., 2006a, 2006b) 和帕拉维奇尼等(Parravicini, 2008)的示范证明。这些系统的优点包括挥发性固体破坏率，返流脱氮和脱水得以改善。

3.5.2.2　好氧消化+干燥

好氧消化已被用作固体整理步骤，用于那些将进行干燥而稳定化处理至干燥的工艺过程中产生气味风险最小水平的固体。

3.6　优化好氧消化的设计技术

3.6.1　预增稠

3.6.1.1　预增稠的优点

这种技术的主要优点包括

- 增加了 SRT 和 VSR；
- 由于可生物降解的有机物氧化升高了消化池温度{通过其燃烧热[约 3.6kCal/g(6 500 BTU/lb)破坏的 VSS]}并加速消化和病原体破坏速率(Grady et al.，1999)；
- 在进料较稠固体时导致温度升高可能比较显著。如果通过挥发性固体产生的热能够被捕获，则就能够用于控制反应器的温度。在寒冷气候条件下，这可能是有益的。由于传统的好氧消化通常在 15～35℃的温度范围内运行，则这种工艺就被分类为高温消化过程。(避免过度高温，尤其是在夏季月份，也是很重要的)。

3.6.1.2　预增稠的缺点

小型污水处理厂需要另一种单元工艺过程，这可能会增加劳动力和 O&M。固体可能只能预增稠至使用可用的曝气设备能够将氧传递至固体中的最大固体浓度，并最大限度地使固体流变学不显著影响好氧消化池中的混合特性。

3.6.1.3　预增稠的分类

预增稠的好氧消化基于提高进料饼状固体浓度的增稠处理工艺方法可分成五个主要类别(如下文所述)：

(一) 好氧消化池的间歇操作或滗析

间歇操作包括手动滗析消化固体的操作。最初，好氧消化操作为一种排-填工艺过程运行，这是一个仍然在许多设施中使用的一个概念。固体直接从澄清池或 SBR 泵送至好氧消化池。填充消化池所需的时间取决于罐池可利用容积和固体体积。当使用扩散空气的曝气系统时，消化的固体在填充操作期间连续曝气。当从消化池去除固体时，曝气停止，而使生物沉降。随后，澄清的上清液进行滗析，并将其返回至处理工艺过程。去除的生物固体含有 1.25%～1.75%的固体。

这种工艺方法的缺点包括以下方面：

- 处理池基于低固体浓度和高水含量确定规模尺寸(即，需要巨大的容积)；
- 高资金成本；
- 高 O&M 成本；
- 无碱度、温度、氨、硝酸盐和磷的控制；
- 难以满足严格的上清液限制。

(二) 采用后沉淀法的连续进料操作

这种增稠处理工艺方法的模式包括采取消化之后沉淀(例如，重力增稠池)的连续进料操作。这通常是一种连续的好氧消化工艺过程，类似于活性污泥工艺方法。固体从澄清池，

SBR 或 MBR 直接泵送至好氧消化池。消化池按照固体水平运行，溢流将会进入固-液分离器。增稠和稳定的固体移出进行进一步处理。通常，连续操作会产生具有较低固体浓度的生物固体。B 类固体的工艺方法能够产生比 A 类固体工艺方法稍微更佳的出水，因为好氧消化池按照固定水平运行且曝气传递效率经过优化。

对于连续进料的消化池，这个工艺过程能够通过以下措施改善：

- 调节沉降的返流固体速率而获得返流固体浓度和上清液质量之间的最佳平衡；
- 调节沉降室入口和出口的流动特性，而减少短路和不良湍流(其妨碍固体浓缩)；
- 修改堰和管道的排布设计。

这个工艺过程的缺点包括以下方面：

- 处理池规模大小根据低固体浓度和高水含量确定(即，需要巨大容积)；
- 高资金成本；
- 高 O&M 成本；
- 无碱度、温度、氨、硝酸盐和磷的控制；
- 难以满足上清液出水的严格限制；
- 如果消化池和增稠池之间未进行硝化和反硝化控制，则这会导致厌氧条件和不良气味。

(三) 好氧消化循环的重力增稠池

这个工艺过程通常由两个主要阶段(循环内和隔离)和四个主要处理池(两个消化池，一个预混池和一个重力增稠池)构成。对于来自 SBR 和 MBR 的进料，设计中会引入更多处理池，而优化其灵活性；然而，这四个处理池仍然是这种工艺方法的主要组成部分。在循环内期间，消化池、预混池和增稠剂都处于循环内运行，从而降低挥发性固体，降低氨浓度，并提高固体浓度。循环内增稠池具有两个主要功能：增稠和反硝化。循环内消化池担当了挥发器的功能，降低了大多数挥发性固体浓度。在隔离阶段，消化池中未发生污染，其完成了满足固体要求所需的额外病原体降低。消化池每天按照 8，16，或 24 次分批进料；然而，这种工艺方法被认为是“间歇工艺的改进”，因为一个消化池在其进入隔离阶段之前(10 至 20 天)对于一段延长的时间——通常为 10~20 天(等于循环内阶段的时间长度)——按照短间歇时间间隔进料。这个工艺过程会产生含 2.5%~3%固体的生物固体。

这种工艺方法的优点包括以下方面：

- 这个工艺过程提供了好氧-厌氧操作的所有受益；
- 这个工艺过程提供了分阶操作的所有受益；
- 碱度控制良好，而不需要开关空气；
- 能够轻松满足上清液对于氨、硝酸盐、磷和总悬浮固体(TSS)的严格限制；
- 这个工艺过程相比于第 1604 页的(一)和第 1605 页(二)中的工艺方法因为实现真正的隔离而提供了更好的 SOUR 和病原体降低率；
- 资金成本适中；
- O&M 成本低；
- 不需要使用聚合物，就能够达到 3%的固体。

(四) 膜好氧消化的循环内增稠

膜技术在美国是相当新的技术，而在欧洲和日本仅仅使用 16 年。其增稠应用甚至更加有限；这种成功运行而无气味问题的年岁最早的装置，具有典型的清洗频率，而无膜替换可以追溯到 1998 年。应用范围从 3%至 5%的固体浓度不等，按照连续或间歇模式，隔离和串联模式运行。这种工艺方法采用了适用于高固体含量的污水膜(例如，平板膜或中空纤维膜)。这种工艺方法能够用于代替 1604 页的(一)至第 1605 页的(三)中列出的任何工艺过程；然而，对于单阶系统并不推荐设计固体超过 3.5%。

膜可以安装到现有处理池中而同时提供增稠和消化作用，因为需要空气流清洁膜。

设计包括二、三、四、五处理池的构造结构设计，按照间歇或串联模式运行(见图 25.67 和 25.68)(Daigger et al.，2001)。

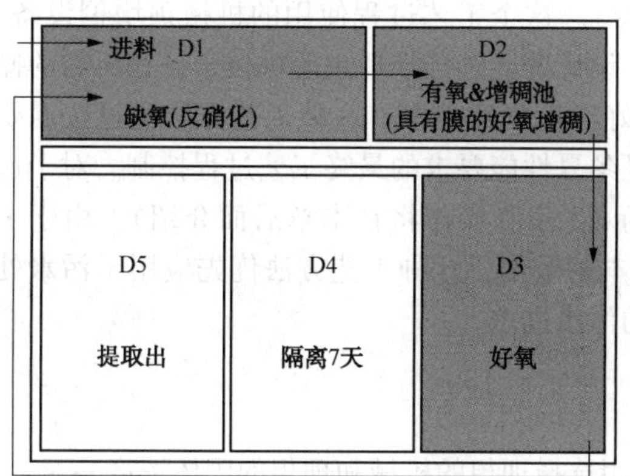

图 25.67　对于循环内增稠使用膜作为好氧消化系统部件的五阶间歇操作装置(Daigger et al.，2001)

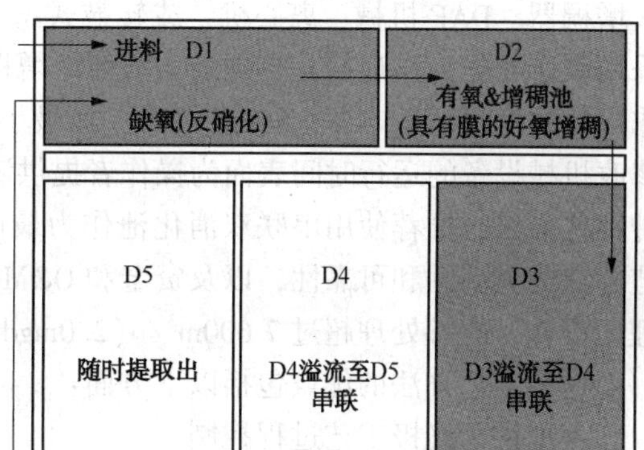

图 25.68　对于循环内增稠使用膜作为好氧消化系统部件的五阶串联操作装置(Daigger et al.，2001)

这种工艺方法的优点包括以下方面：

- 提供了上清液出水的最佳控制，因为不存在固体溢流导致上清液变差的危险(不需要独立的浮渣清除)；
- 需要的占地面积小，这对于高速消化是很理想的；
- 提供了良好的温度控制；
- 提供了分阶运行的所有受益；
- 提供了好氧-厌氧操作的所有受益；
- 相比于第 1604 页的(一)和第 1605 页的(二)中的工艺方法，因为实现真正的隔离而提供了更佳的 SOUR 和病原体降低率；
- 中等资本成本(占地面积较小)；
- 低 O&M 成本(因为粘度系数较低，需要空气更少，因此空气流要求低于使用聚合物的增稠系统)。

经过硝化和反硝化作用之后，磷释放降低。如果生物磷许可适用于液体侧流，则渗透液能够采用明矾或三氯化铁处理而固定磷，由此能够将其以固体形式除去(有关磷的详细信息，请参阅第 3.6.3 节)。

膜提供的其他除磷优点包括以下方面：

• 膜装置产生的 TSS 较低；

• 膜消化池的渗透液在好氧阶段（而非其他四系统中缺氧阶段通常收集的上清液或滗析液）收集；

• 增稠应用中的膜系统大多数都在约 0.5～1mg/L 溶解氧下运行，对于这种应用这是比较理想的。

另一影响磷、氨和氮的因素是 pH 值。膜系统包括一个平衡碱度的缺氧区，因此 pH 值平衡始终是这个工艺过程不可分割的部分。

（五）好氧消化前使用任何机械增稠器

在这个工艺过程中增稠处理过程在好氧消化前能够使用任何机械增稠器（例如，重力带式增稠器、DAF 机械、离心机、或转鼓式增稠器）。这个工艺过程使用的机械预增稠设备，采用聚合物作为整理剂，实现最大限度地增稠。设计师能够选择理想的机械设备和所需的操作固体浓度（例如，4%，5%或 6%），而最小化好氧消化池规模。这种工艺方法通过按需要修改机械设备的运行时间表而为操作者提供满足冬夏性能要求的最终工艺过程控制。对于这种工艺方法，推荐使用串联双消化池作为最低标准（串联操作将在本章后面介绍）。由于工艺方法的灵活性和可靠性，以及资金和 O&M 成本的节约，这种工艺方法优先应用于污水处理厂设计，能够处理超过 7 600m^3/d（2.0mgd）的污水进水。

这种工艺方法的优点包括以下方面：

• 提供了终极工艺过程控制；

• 提供最大化体积降低的能力（通过为此应用选择理想的机械和理想的固体浓度）；

• 最小化占地面积，这对于高速消化是很理想的（必须使用深处理池）；

• 当设计中要赋予灵活性时提供了最佳温度控制的设计（寒冷天气对于这些系统不是问题，但装置可能在夏季需要防止高温条件）；

• 提供了分阶操作的所有受益；

• 提供好氧-厌氧操作的所有受益；

• 硝化和反硝化之后，磷释放降低，因此可以固定磷而以固体形式除去（如果生物磷许可适用于液体流，则就可以采用明矾和氯化铁处理渗透液）；

• 提供优良的 SOUR 和病原体降低率；

• 资金成本适中；

• 低 O&M 成本。（α 值和传递效率在以 4%～6%运行的消化池中比以 2%～3%运行的消化池低。然而，因为这些系统所需的处理池容积降低，两工艺过程所需的空气流量和混合是相当的。混合要求通常高于工艺过程对具有低固体浓度的系统的空气要求，因此对于较高的固体浓度整个运行功率较小。）

• 上清液并未按照预增稠模式产生，因为消化池中液体是触变性的。

3.6.2 处理池的构造设计——分阶或间歇操作（多处理池）

传统上，好氧消化池都设计采用一个处理池。如果提供多个处理池时，则通常将这些处理池按照并行操作。按照间歇操作的多个串联或隔离的处理池已经证明既能改善病原体破坏率又能提高 SOUR。

根据美国 EPA，采用各种工艺过程构造设计，包括连续进料或间歇模式进料，按照单阶或多阶处理都能好氧消化固体（US EPA，1999）。单阶全混反应器采取连续进料和排放时对于细菌和病毒破坏率是效率最低的方案，主要是因为暴露于消化池不利条件时间太短的生物就可能泄漏到生物固体中。

或许最实用的备选方案是分阶操作(例如，采用两个或多个全混消化池串联)；这大大降低了从入口到出口通过的处理固体的量。如果病原体密度降低动力学是已知的，则设计工程师就能够估算出通过分阶操作能够获得多大程度的提高。法拉霍等(Farrah et al.，1986)已经证明，肠道细菌和病毒密度的下降遵循一级反应动力学。如果假设一级动力学是正确的，则就可能证明，相比于一阶反应器生物体 1-log 降低率能够在一个两阶反应器中实现(采用每一阶等体积)。这个预测的直接实验验证还未完成，但李某等(Lee et al.，1989)已经定性验证这种效应。

相信运行模式得以改善是合理的；然而，因为在微生物密度腐败中所涉及的所有因素并非都是已知的，则就应该引入一些安全系数。对于分阶操作(采用两个约等体积的分阶处理池)，则推荐所需的时间减少到连续混合反应器单阶好氧消化所需时间的 70%。这使之能够采用 30%的时间减少代替由理论考虑因素估算的 50%的时间减少量。相同的减少量也推荐用于间歇操作或超过串联双阶处理池。因此，在 20℃(68℉)下所需的时间将由原来的 40 天减少至 28 天而在 15℃(59℉)下由 60 天减少至 42 天。这些减少的时间也远远足以实现足够的病媒吸引力降低。(有关此主题的更多信息，请参阅第 3.7.4 节)。

双阶反应器系统(串联或隔离的)的受益包括：

- 病原体破坏率提高；
- SOUR 改善；
- 曝气设备资本成本降低；
- 处理池资本成本降低；
- 由于第一消化池中的工艺要求空气流量降低；
- 由于第一消化池中的混合要求空气流量降低。

3.6.3 好氧-缺氧操作

正如第 3.2 节和第 14 章中的描述，生物质的氧化产生二氧化碳、水和氨(见方程 25.29)。氨随后与一些二氧化碳结合而产生一种碳酸氢铵的形式，通常会发生部分硝化，而一部分氮仍然是氨。系统发生硝化将直至 pH 值降低足够低而开始抑制硝化细菌，这仅仅发生于当进料固体含有的碱度无关紧要时。当固体中积累的氨因为没有足够的碱度驱动反应而不能被除去时，氨和硝酸盐在消化的“倾析”(“澄清”)阶段期间可能同时生成。结果就会产生气味。

如果硝酸盐中的氧能够用于稳定生物质，则硝化和反硝化都可以发生于反应器中。用硝酸盐氧化生物质会同时释放氨并产生氮气和碳酸氢钠(碱度的一种形式)。

方程 25.36 是硝化和反硝化的平衡化学计量方程式。它说明了生物质如何氧化转化成二氧化碳、氮气和水。

$$C_5H_7NO_2+5.7O_2 \longrightarrow 5CO_2+3.5H_2O+0.5N \tag{25.36}$$

在科威特，研究人员研究了 20℃下 10 天 SRT 受控环境中的好氧消化，并在 8~16h/d 下优化了缺氧阶段的持续时间(Al-Ghusain et al.，2004)。图 25.61 显示了 8h 缺氧周期下滤液中总氮去除率的优化(Al-Ghusain et al.，2004)。

3.7 设计师的工艺设计注意事项

3.7.1 氧摄取比速率

微生物的氧使用速率取决于生物氧化速率。美国环境保护署选择 20℃(68℉)下选择 SOUR=1.5mg/g·h 总固体的氧指示好氧消化固体已经充分降低病媒吸引力。

氧摄取速率用于确定消化池中生物活动和所致固体破坏的水平。氧摄取比速率在操作者中比传统的 VSR 越来越成为比较常见的测试方法。

氧摄取比速率是一种快速测试，而独立于系统中的初始值或上游工艺过程中的 SOUR 降低。另一方面，挥发性固体降低率是消化池系统传入挥发性物质水平的百分比。在分阶操作的主动好氧消化中，第一阶消化池中典型的氧摄取速率为 3~10mg /g 总固体·h，而相比之下活性污泥工艺过程的主动消化阶段为 10~20mg/g·h。

如果初级固体加入第一消化池，则其摄取速率可能为 10~30mg/g 总固体·h。

好氧消化生物固体的氧摄取速率为 0.1~1.0mg/g 总固体·h，充分低于美国环保署标准所需的 1.5mg/g·h。

3.7.2 病原体降低率

像固体降低率一样，在温度低于 10℃(50℉)时可能预期几乎没有病原体降低。另一方面，当温度高于 20℃(68℉)时可能获得显著降低。尽管美国环保署标准允许在 15℃(59℉)下运行，但是出于经济原因和可靠性能之由，污水处理厂应该设计和运行于至少 20℃(68℉)。

3.7.3 挥发性固体降低率和总固体降低率

好氧消化破坏 VSS。如果选用膜增稠消化方案，则当由于膜的较高液-固分离机制而发生共混时也可能降低发送至渠首或出水渠中的渗透液中的固定悬浮固体(FSS)。这种情况会因为可生物降解悬浮固体中的有机和无机材料都溶解和消化而发生。然而，VSS 和 FSS 的组分是不相等的，因此它们通常将不会按照相同的比例被破坏。

具有短 SRT 系统的初级固体和 WAS 将会包含相对较高的可生物降解物质部分，这正好与具有长 SRT 的系统的 WAS 相反，其含有低分数可生物降解物质和高分数生物质碎片(Grady et al.，1999)。

在用于确定满足 B 类要求所需的最低 SRT 而进行的一项研究中，通过同时满足在由陆光州(Lu Kwang Ju)(Daigger et al.，1999)推导的最低温度下运行的病原体和 VSR，而对这两个系统进行了评价。一个系统包括两个串联处理池而另一个包含三个串联处理池。表 25.30 显示了在不同温度和 SRT 下的 VSRs(Daigger et al.，1999)。

表 25.30　最低运行温度和最低固体停留时间下挥发性固体的降低率(Daigger et al.，1999)

	所有处理池中两个研究的挥发性固体降低率数据					
温度	8~10℃	12℃	21℃	21℃	23℃	31℃
两个串联处理池(天数)	19.25	13.75	13.75	13.75	19.25	19.25
挥发性固体去除率	27%	31%	31%	31%	28%	31%
三个串联处理池(天数)	29.25				29.25	29.25
挥发性固体去除率	28%				32%	40%

在该研究中所用的固体具有非常低的可消化分数。据推断，即使所有的系统都满足病原体破坏率要求，则需要 29 天的 SRT 超过了规定的 38% VSR。这就证实，VSR 取决于固体源，并且，如果具有低分数可消化有机物含量，则就难以满足美国环保署的最低要求。

3.7.4　固体停留时间×温度的积

有效运行的好氧消化池中的重要因素，SRT 等于反应器中生物固体总质量除以工艺过程每天去除的平均固体质量。通常情况下，VSR 随着 SRT 增加而增加。

基于以上的讨论，相对于温度、可降解固体、不可降解固体和对 VSR 的影响，SRT ×温度的积(d · ℃)曲线可以用于消化池系统的设计，这不仅考虑了消化池系统必须满足的总天数℃，也满足了固体源的质量。美国 EPA 最初的 SRT×温度曲线，在 20 世纪 70 年代末开发出来(U. S. EPA，1978，1979)，通过引入来自两个由陆光州 Lu Kwang Ju 在 3 年内进行的详尽中试研究的数据和来自三个全规模装置的数据而进行了升级更新(Daigger et al.，1999)。图 25.69 显示了基于 600 天℃的工艺设计，假设了进料具有相对较高的可降解固体含量(Daigger et al.，1999)。图 25.70 显示了如果进料含有较低可降解固体时的另一种操作(Daigger et al.，1999)。这两个系统，从设计的角度而言，如果将预增稠纳入设计中而允许提高或降低 SRT，则必要时能够共存。

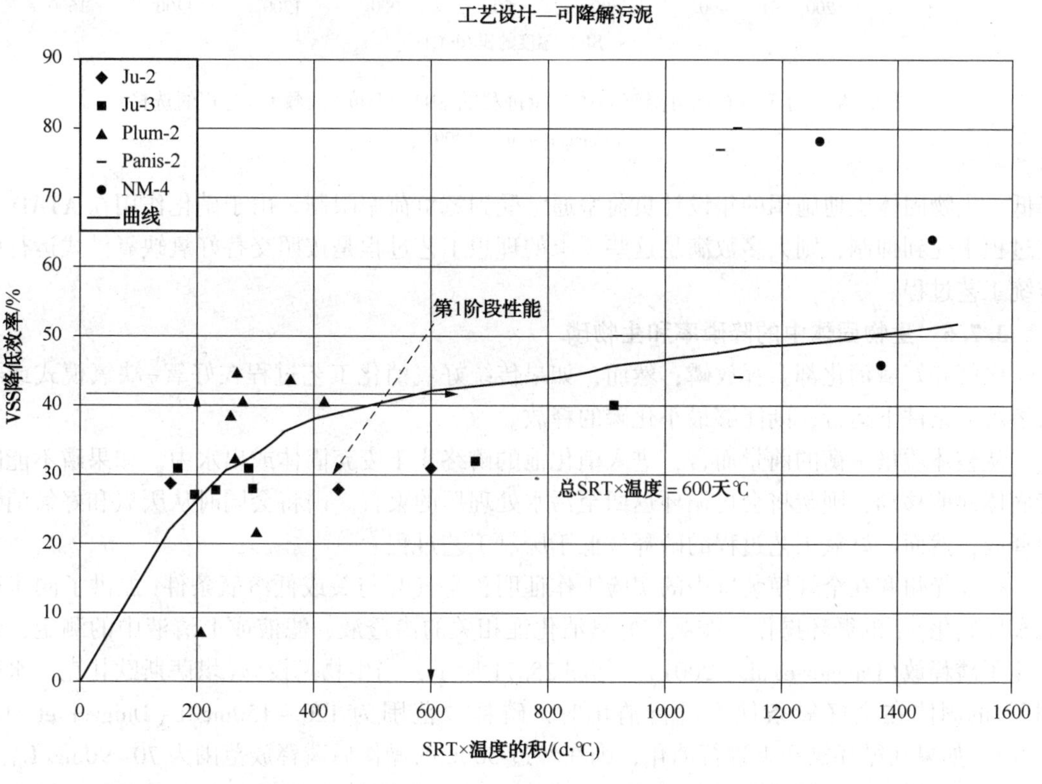

图 25.69　对于具有高可降解固体含量进料的 SRT ×温度(天数℃)之积的选择

(Daigger et al.，1999)

3.7.5　生物固体中的脱氮

传统的好氧消化工艺，都按照好氧-缺氧模式运行，提供了全硝化-反硝化作用和总氮

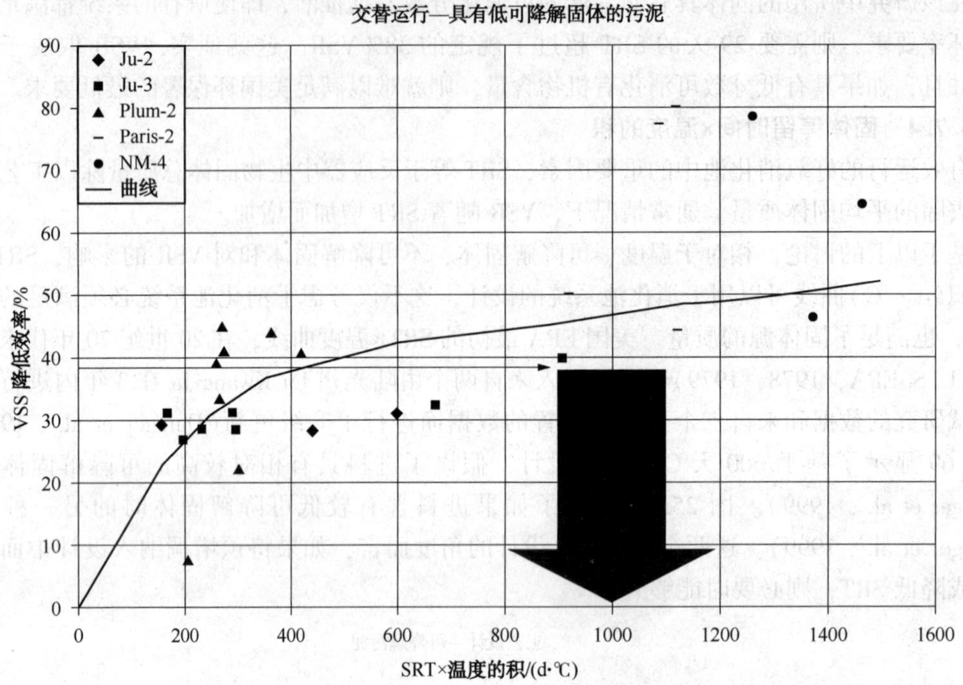

图 25.70 对于具有低可降解固体含量进料的 SRT ×温度(天数℃)之积的选择

(Daigger et al., 1999)

降低。生物固体土地施用的年设计负荷率通常受到氮负荷率限制。由于硝化作用在 ATAD 工艺过程中受到抑制，则大多数满足这些要求的理想工艺过程是按照交替好氧缺氧模式运行的传统工艺过程。

3.7.6 生物固体中的降磷率和生物磷

厌氧和好氧消化都会释放磷；然而，如果传统好氧消化工艺过程在好氧-缺氧模式或在低溶解氧条件下运行，则能够最小化磷的释放。

从整体质量平衡的前景而言，进入消化池的磷终止于废弃固体或出水中。如果磷不能随着固体向前移动，则磷将会再循环返回至污水处理厂的渠首。磷将会同时从厌氧和好氧消化中释放；然而，好氧工艺过程的磷释放低于厌氧工艺过程。

据陆光州和在全规模装置中的实验工作证明，空气开与关或低溶氧条件(提供了同步硝化和反硝化)下的循环操作，按照与好氧消化池相关的渗透液、滤液或上清液中的测定，最小化了磷释放(Daigger et al., 2001)。如图 25.71 所示，当生物磷设施(堪萨斯欧扎克污水处理厂)的固体在全好氧条件下进行消化时，磷释放范围为 120~150mg/L(Daigger et al., 2001)。如果在循环操作下进行消化，则在经过 500h 的操作后磷释放范围为 70~90mg/L。

另一个影响磷、氨和氮的因素是 pH 值。相同研究的结论表明，应该避免 pH 值小于 6.0，因为这有助于无机金属磷酸盐溶解(Daigger et al., 2001)。

3.7.6.1 方案 I：液体处置——对土地施用无磷限制

假设磷系统设计为两阶串联的预增稠好氧消化池，使用的机械增稠器能够增稠至 6%的固体，预期离开系统的固体将为约 3.6%。图 25.72 显示了根据吉姆·波蒂厄斯(Jim

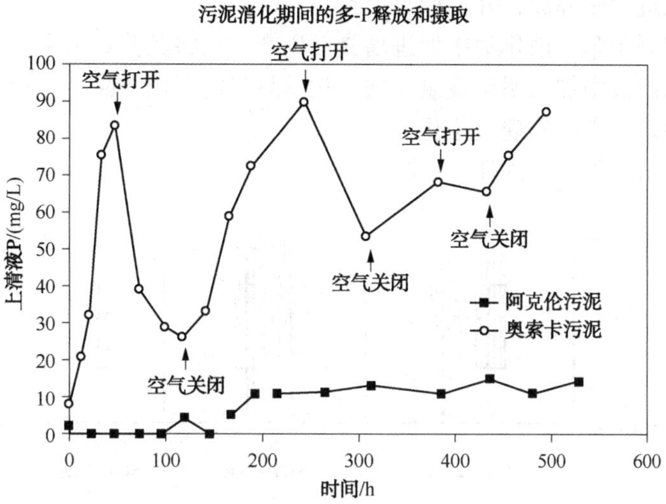

污泥消化期间的多-P释放和摄取

上清液P/(mg/L)

时间/h

空气打开

空气关闭

阿克伦污泥

奥索卡污泥

图 25.71　固体消化期间的磷释放和磷摄取

(Daigger et al., 2001)

Porteous)的土地施用无磷限制液体处置的典型预增稠应用(Daigger 等，2000)。

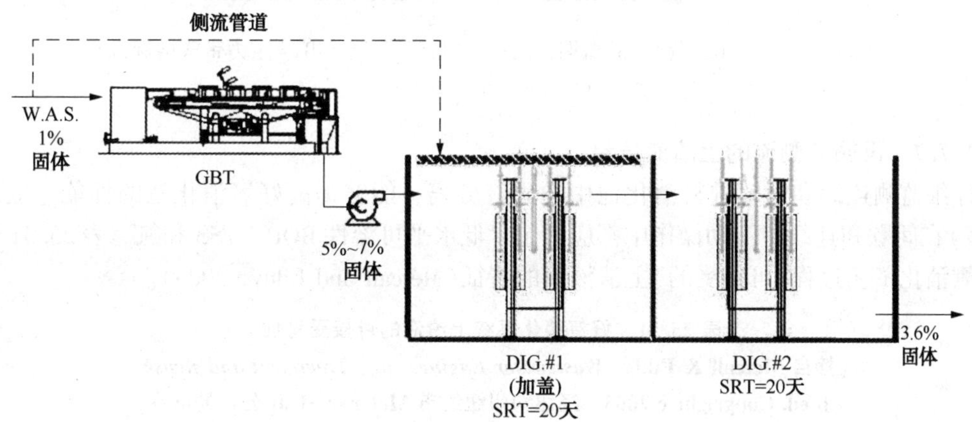

图 25.72　方案 I：土地施用无磷限制的预增稠液体处置(GBT=重力带式增稠机)

(Daigger et al., 2000)

方案 I 必要的步骤如下：

- 主要设计考虑因素，在这种情况下，是正进料至预增稠设备的固体要保持好氧状态；
- 为了防止出现厌氧条件，固体应该直接从液体侧流废弃至预增稠设备；
- 如果预增稠之前需要进行存储，则停留时间应该最小化。

3.7.6.2　方案 II：土地施用有磷限制时的脱水，后增稠和澄清

方案 II 假设系统设计为使用机械增稠机能够增稠至固体 6%的三阶串联预增稠好氧消化池；然而，也能设计进行后增稠。在这种情况下，根据假设，土地施用是有限制的，并且预增稠设备将在夏季期间实施侧流。图 25.73 显示了这样一种土地施用具有磷限制的脱水方案(Daigger et al., 2000)。方案 II 的必要步骤如下：

• 磷将在消化过程中释放，并返回至渠首。

• 硝化能够控制于第一消化池中促进鸟粪石生产，而将其分离出来。

• 向上清液和滤液中加入明矾或氯化铁。化学品只需要用于除磷。在上清液中几乎没有其他物质，因此除磷化学品实现最小化。

• 磷现在被固定而能够与固体一起除去。

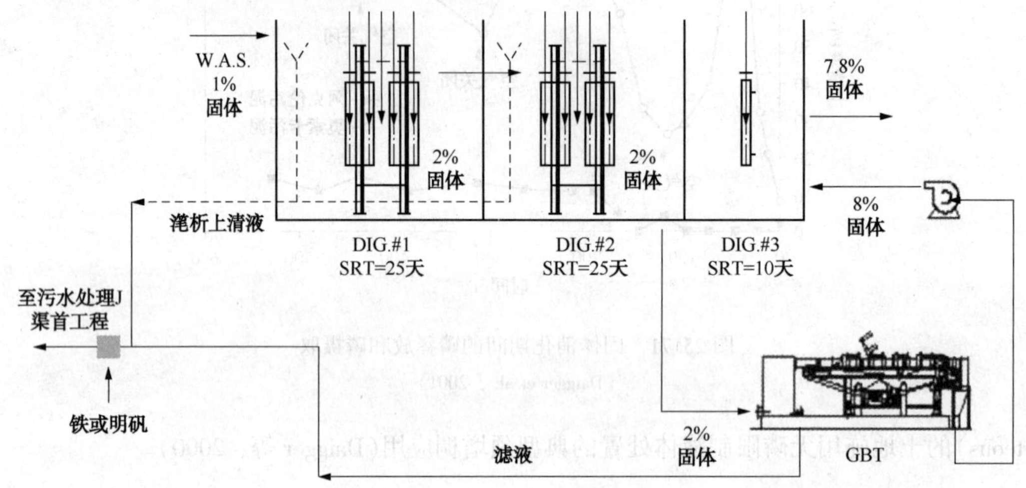

图 25.73 方案 II：脱水-后增稠，土地施用有磷限制(GBT=重力带式增稠机)

(Daigger et al.，2000)

3.7.7 再循环侧流的上清液质量

仔细监测连续和间歇进料消化池中的固液分离，能够提高好氧消化池的性能。上清液(滤液)在间歇和连续式流动操作中都应该包含低水平可溶性 BOD、TSS 和氮。表 25.31 列出了好氧消化工艺过程"可接受的"上清液值的特征(Metcalf and Eddy，2003)。

表 25.31 好氧消化系统上清液的可接受特性

(摘自 Metcalf & Eddy，*Wastewater Engineering*：*Treatment and Reuse*，4th ed. Copyright c 2003，经纽约州纽约市 McGraw-Hill 公司的准许)

参 数	可接受范围	可 接 受 值
pH	5.9~7.7	7.0
5 天 BOD/(mg/L)	9~1700	500
滤后的 5 天 BOD/(mg/L)	4~173	50
悬浮固体/(mg/L)	46~2 000	1 000
凯氏氮/(mg/L)	10~400	170
硝酸盐氮/(mg/L)	0~30	10
总磷/(mg/L)	19~241	100
可溶性磷/(mg/L)	2.5~64	25

尽管采用本章中所描述的技术，这些值被认为是"可接受的"，但是这种工艺方法能够经过控制和优化，而提供比表 25.2 1 中的描述更好的上清液。为了改善这些参数，有必要按照好氧-缺氧操作运行。对允许全硝化和反硝化所需的必要碳源数量的可用度进行控制，

将能够提高上清液质量。维持中性 pH 7.0，也将改善硝化和反硝化作用。有关详细信息，请参阅图 25.61 和 25.74 中关于缺氧周期长度和温度对滤液中总氮水平的影响。

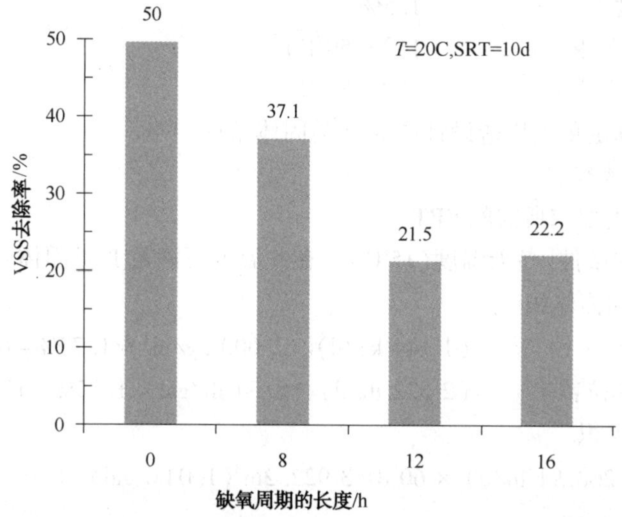

图 25.74　消化温度对滤液中总氮浓度的影响
(Al-Ghusain et al., 2004)

表 25.32 显示了乔治亚州亚特兰大的装置数据，这种装置使用了具有好氧消化池的循环重力增稠池，使硝化作用发生于消化池中而反硝化作用和恢复发生于增稠机中(Stege & Bailey, 2003)。增稠池固体覆盖层数据表明沉降良好。TSS，铵，磷的平均数据指示硝化和反硝化，采用 TSS 去除率指示除磷。数据点采集期间的固体覆盖层厚度范围为 2.4~4.1m (8.0~13.5ft)。相比较而言，斯泰格和贝利(Stege and Bailey, 2003)所提出的数据适用于产生表 25.32 并用于证明这些技术的优化能力及其对上清液质量的影响。

表 25.32　乔治亚州斯托克布里奇污水处理厂的重力增稠池-好氧消化池循环工艺过程的数据(经由 Stantec Consulting 许可)

参　　数	重力增稠池-好氧消化池循环系统的实际数据	相比表 25.31 中可接受的典型值
pH	6.5~7.1	7.0
悬浮固体/(mg/L)	10~50	1 000
总凯氏氮/(mg/L)	2.5~4	170
硝酸盐氮/(mg/L)	—	30
总磷/(mg/L)	0.3	100
增稠池固体覆盖层	8~13.5	10

3.7.8　好氧消化池的设计实例

3.7.8.1　标准设计：单处理池

设计中温好氧消化池处理非初级固体的二级生物处理工艺过程的固体。以下条件适用于该设计：

二级固体浓度　　　　0.8%

总固体量　　1144 kg/d(2 522lb/d)

挥发性固体　　894 kg/d(1971lb/d)或 78. 15%

滗析的固体浓度　　1. 5%

最低液体温度(冬季)　　15℃(59℉)

最高液体温度(夏季)　　30℃(86℉)

生物固体必须满足单池构造设计中的 B 类固体条件。

(一) 确定消化池容积

1. 确定满足 B 类要求所需的 SRT

使用最坏情况的条件[冬天温度(15℃), 在此温度下满足 B 类固体要求的 SRT 为 60 天。

2. 确定滗析的固体体积

按照 SI 单位:　　(1 144 kg/d)/(1 000 kg/m^3)/1. 75% = 65. 37m^3/d

按照美国常用单位:　　(2 522 lb/d)/(8. 34 lb/gal)/1. 75% = 17 268. 91 gpd

3. 确定消化池容积

65. 37m^3/d (17 268. 91 lb/d) × 60 d = 3 922. 2m^3(1. 04M gal)

(二) 确定氧要求

1. 混合空气的要求

根据第 3. 7. 1 节, 我们使用了 0. 5 L/m^3 · s (30 ft^3/min · 1000ft^3)的平均值:

按照 SI 单位: 3 922. 2m^3× 0. 5 L/m^3 · s = 1 961. 1 L/s

按照美国常用单位: 1. 04M. gal/(7. 48 gal/ft^3)/(1 000 ×30 ft^3/min)/1 000 ft^3 = 4 155. 3 ft^3/min

2. 工艺过程的空气要求

根据图 25. 69, 确定预期的 VSR 量:

冬季: (固体温度 × 此温度下按规定所需的 SRT)

15℃ × 60 d = 900℃ · d, 结果 = 45% VSR

夏季: (固体温度 × 满足冬季 B 类要求的 SRT)

30℃ × 60 d = 1800℃ · d, 结果 = 55% VSR

计算 VSR:

冬季: 894 kg/d (1971 lb/d) × 45% = 402. 3 kg/d (887 lb/d)

夏季: 894 kg/d (1971 lb/d) × 55% = 491. 7 kg/d (1084 lb/d)

计算 2 lb O_2/lb VSR 下的氧需求:

冬季: 402. 3 kg/d (887 lb/d) ×2 lb O_2/lb VSR = 804. 6 kg O_2/d (1774 lb O_2/d)

夏季: 491. 7 kg/d (1 084 lb/d) ×2 lb O_2/lb VSR = 983. 4 kg O_2/d (2168 lb O_2/d)

计算工艺过程的空气要求, 对于粗泡扩散器假设 AOR/SOR = 0. 56, OTE = 14%:

$$\text{冬季:}\ \frac{(1774\ \text{lbO}_2/\text{d})/(0.56\text{AOR/SOR})/(1440\text{min/d}\cdot 14)}{(0.2315\text{lbO}_2/\text{lb 空气})\times 0.075\text{lb 空气}/\text{ft}^3} = 905\ \text{ft}^3/\text{min}\ (427\ \text{L/s})$$

$$\text{夏季:}\ \frac{2\,168\ \text{lbO}_2/\text{d}/0.56\text{AOR/SOR}/1440\text{min/d}/14}{(0.2315\text{lbO}_2/\text{lb 空气})\times 0.075lb\ \text{空气}/\text{ft}^3} = 1106\ \text{ft}^3/\text{min}\ (522\ \text{L/s})$$

决定设计的空气要求是基于混合作用的, 因此鼓风机基于 1961. 1L/s(4155. 3ft^3/min)确定规格大小。

3. 确定鼓风机功率

假设 20 ft^3/min · 鼓风机 hp（12. 657 L/s · kW）的近似值，则有：

（4155ft^3/min）/（20 ft^3/min · hp）= 207. 76 hp

或

（1961. 1 L/s）/（56. 2 L/s · kW）= 154. 93 kW

3. 7. 8. 2　通过增稠优化单处理池的常规设计

正如第 3. 3. 7 节和第 3. 4. 1 节中（二）的讨论，好氧消化池的设计能够通过设置含有至少两个处理池的间歇或分阶设计进行优化。双处理池设计的设计实例如下：

二级固体浓度	0. 8%
总固体	1144 kg/d（2522 lb/d）
挥发性固体	894 kg/d（1971 lb/d）或 78. 15%
增稠固体的浓度	3. 0%
最低液体温度（冬季）	15℃（59℉）
最大液体温度（夏季）	30℃（86℉）

生物固体必须满足两串联处理池构造设计中的 B 类固体要求。

1. 确定消化池容积

1）确定 B 类固体规定所需的 SRT

采用冬季温度 15℃ 的最差情况下的条件确定此温度下满足 B 类固体要求（正如在第 3. 7 节中的表达）所需的固体停留时间并对分阶操作适用 30% 的信用度，我们能够使用 42 天的 SRT。

2）确定增稠固体的体积

按照 SI 单位：（1 144 kg/d）/（1 000 kg/m^3）/3. 0% = 38. 13m3/d

按照美国常用单位：（2 522 lb/d）/（8. 34 lb/gal）/3. 0% = 10 073. 53 gpd

3）确定消化池容积

38. 13m^3/d（10 073. 53 gpd）× 42 d = 1601. 46m^3（423 088. 44 gal）

每个消化池容积为 1601. 46m^3（423 088. 44 gal）/2 = 800. 73m^3（211 544. 22 gal）

2. 确定氧要求

1）每个消化池的混合空气要求，假设两个消化池中的 VSR 相等

根据第 3. 7. 1 节，我们采用 0. 5 L/m^3 · s（30 ft^3/min/1000 ft^3）的平均值：

按照 SI 单位：800. 73m^3× 0. 5 L/m^3 · s = 400. 27 L/s（848. 44 ft^3/min）

按照美国常用单位：211 544. 22 gal/7. 48 gal/ft^3/1000 × 30 ft^3/min/1 000ft^3 = 848. 44ft^3/min

两个消化池的总空气要求为 800. 73（1696. 87 ft^3/min）。

2）工艺过程的空气要求

根据图 25. 69，确定预期的 VSR 量：

冬季：（固体温度 × 此温度下按照规定所需的 SRT）

15℃ × 42 d = 630℃ · d，结果 = 42% VSR

夏季：（固体温度 ×冬季满足 B 类固体要求的 SRT）

30℃ × 42 d = 1260℃ · d，结果 = 49% VSR

计算 VSR（假设两个消化池的 VSR 相等）：

冬季：894 kg/d（1971 lb/d）×42% = 375.5 kg/d（827.8 lb/d）

夏季：894 kg/d（1971 lb/d）× 49% = 438 kg/d（965.8 lb/d）

计算 2 lb O_2/lb VSR 下的氧需求：

冬季：375.5 kg/d（827.8 lb/d）× 2 lb O_2/lb VSR = 751 kg O_2/d（1655.6 lb O_2/d）

夏季：438 kg/d（965.8 lb/d）× 2 lb O_2/lb VSR = 876 kg O_2/d（1931.6 lb O_2/d）

计算工艺过程的空气要求。对于粗泡扩散器假设 AOR/SOR = 0.56，OTE = 14%：

$$\text{冬季：}\frac{(1655\ \text{lbO}_2/\text{d})/(0.56\text{AOR/SOR})/(1440\text{min/d}/14)}{(0.2315\text{lbO}_2/\text{lb 空气})\times(0.075\text{lb 空气}/\text{ft}^3)} = 844.62\ \text{ft}^3/\text{min}\ (398.6\ \text{L/s})$$

$$\text{夏季：}\frac{(1931.6\ \text{lbO}_2/\text{d})/(0.56\text{AOR/SOR})/(1440\text{min/d}/14)}{(0.2315\text{lbO}_2/\text{lb 空气})\times(0.075\text{lb 空气}/\text{ft}^3)} = 985.43\ \text{ft}^3/\text{min}\ (465\ \text{L/s})$$

决定该设计的空气要求再次基于混合，但空气需求比采用更稀固体的单处理池设计低得多。

3. 确定鼓风机功率

假设 20ft^3/min · 鼓风机 hp(12.657L/s · kW)的近似值，则有：

对于这两个消化池　　　　(1696.87ft^3/min)/(20ft^3/min · hp) = 84.84 hp

对于这两个消化池　　　　(800.73L/s)/(12.657L/s · kW) = 63.26kW

经由增稠的优化结果显而易见，消化池体积、空气要求和鼓风机功率都较小。使用这种技术唯一需要注意的是限选能够处理固体含量 3% 的连续工作扩散器。

此外，通过降低第二阶段中的空气要求能够增加这种节省，因为在第一消化池中的 VSR 很重要的。

4 堆　　肥

堆肥是一个生物工艺过程，在这个过程中有机物在受控的好氧条件下分解产生腐殖质。任何有机物质都能够在几乎任何条件下进行堆肥。然而，操作者能够通过使用适当的物料混合和温度、含水率和供氧控制而加速这个过程。所获得的堆肥是稳定的，而能够安全施用于许多园林绿化，园艺或农业应用。

堆肥能够很容易用于处理未稳定化处理的固体和部分稳定化处理的生物固体。在固体和生物固体堆肥中，操作者控制以下几个基本工艺变量优化物质分解/稳定速率：

- 固体含量；
- 碳/氮(C : N)比；
- 好氧条件；
- 温度。

经由工艺过程控制的方法，操作者通常能够使堆肥堆物质达到高温温度，而消灭病原体。充分稳定化的堆肥可以无限期地储存。即使回潮，具有的气味也最小。堆肥适用于各种用途(例如，美化环境、表土混合、制陶和生长培养介质)并能够分发公众园艺之用。这种堆肥也能够用于农业，控制水土流失，改善土壤物理性质，并恢复失调土地的植被。本地市场也能够开发于都市和非农领域，以及农业、矿山植被恢复。

4.1 工艺过程的变量

虽然现有各种各样的堆肥技术可供利用，但是这些技术都是设计用于控制上述的重要变量。

4.1.1 固体含量

初始固体含量取决于使用了多少整理剂或填充剂与脱水滤饼混合。对于良好的工艺性能，这种脱水滤饼应该包含 14%～30%的固体。然后，将与更干燥的物质(例如，木渣碎片、锯末、切碎的工场废料和磨碎的丸粒)混合而达到固体含量约 38%～45%。

目标固体含量取决于所使用的堆肥技术。固体含量在整个工艺过程中要通过曝气、物料搅拌，或两者兼用进行控制。

4.1.2 碳-氮比(C：N)

微生物利用的碳氮量取决于微生物生物质的组成。在理想的情况下，可用的碳-氮之比为(25～35)：1。如果这个比率小于 25：1，过量的氮就会作为氨释放，降低堆肥的营养价值并散发气味。如果这个比值超过 35：1，有机物质分解速度就会比较慢，而保持充分的活性进入固化阶段(Poincelot，1975)。污水残余物通常具有的碳-氮比为(5：1)～(20：1)。加入整理剂或填充剂能够提高碳含量，既改善能量平衡，又提高混合物的碳-氮比。

碳-氮比的计算是很复杂的，因为一些碳变得可用要比氮更慢(Kayhanian and Tchobanoglous，1992)。例如，如果木屑用作填充剂，则只有一薄层表面层木材提供了可利用的碳。在另一方面，锯末中的碳更容易降解。

4.1.3 维持好氧条件

堆肥期间的微生物需氧量能够在短短 15min 内将空气中可供利用的氧气降低至 3%～5%。根据所使用的堆肥技术，好氧条件能够经由强力或对流曝气，物料搅拌，或兼用两者维持。

4.1.4 维持合适的温度

首先，将物料尽可能快地加热升高温度至高温范围是具有挑战性的。随后，所面临的挑战是除去过量热而维持工艺过程处于高温范围。在接近堆肥结束时，其目标是对物料进行干燥而不会带走太大量的热。所有这些都采用曝气、搅拌、或两者兼用而实现。

4.1.5 微生物

堆肥中涉及三大类主要的微生物是细菌、放线菌和真菌。细菌负责分解绝大部分有机物质。在中温温度[低于 40℃(104℉)下，细菌代谢碳水化合物、糖和蛋白质。在高温温度(高于 40℃)下，分解蛋白质、脂类和半纤维素部分。细菌也负责所产生的大多数热量。

放线菌是土壤环境中常见的微生物。它们代谢各种各样的有机化合物(例如，糖，淀粉，木质素，蛋白质，有机酸和多肽)。它们在堆肥中的作用尚不清楚。瓦克斯曼和科顿(Waksman and Cordon，1939)认为，这种物种会进攻半纤维素，而非纤维素。斯图泽恩伯格(Stutzenberger，1971)分离出了一种在纤维素降解中可能起重要作用的嗜热放线菌。

真菌在中温和高温温度下都能存在。张(Chang，1967)指出，嗜温真菌会代谢纤维素和其他复杂的碳源。其活动类似于放线菌；二者通常都能够在堆肥的外部部分中找到。格鲁伊克(Golueke，1977)认为，这种现象与生物的好氧性质有关，因为大多数真菌和放线菌都是专需氧菌。

堆肥过程中的微生物活动出现在三个基本阶段：中温，当堆肥堆中的温度处于室温到

40℃(104℉)的温度范围时；高温，当堆肥堆温度处于40~70℃(104~158℉)范围内时；和一个冷却期，与微生物活性降低和堆肥完成相关。在高温温度范围内的最佳温度似乎是55~60℃(131~140℉)，其中挥发性固体破坏的最大速率就出现在此温度范围内。

生物固体，新收获的木材废料和庭院废弃物能够提供各种各样能够响应温度和底物变化的微生物群落。在大多数情况下，接种纯培养物并不会显著增强堆肥作用。然而，通过接种纤维素分解真菌和加入营养成分，能够加速木屑分解。

4.1.6　能量平衡

当有机碳转化成二氧化碳和水蒸汽时，会产生热量。燃料通过快速降解的挥发性固体提供。热主要通过曝气和搅拌促进的蒸发冷却而除去。一些热量也会在堆肥堆表面上散失。如果热量散失速度比其产生度更快，则这个工艺过程的温度不会升高。

豪格(Haug，1980)提供了能量平衡的详细讨论，并推论出以下关系式：

$$W=\frac{\text{蒸的水重量}}{\text{挥发性固体损失的重量}} \tag{25.37}$$

如果W低于8~10，需要提供足够的能量用于加热和蒸发。如果W超过10，混合物将应该保持冷却和潮湿。这种概括基于汽化热，而并未考虑环境条件对蒸发和表面冷却的影响。

4.2　工艺过程的目标

堆肥的主要目标是生产遵守联邦、州和地方对于生物固体有益利用法规的富营养土壤改良剂。堆肥必须同时满足环境和公众健康的要求，并对其用途充满吸引力。通过以下的工艺过程使之满足主要目标：病原体减少、熟化和干燥。

4.2.1　病原体减少

污水残余物中有五种类型的病原体：细菌、病毒、原虫包囊、蠕虫(寄生虫)卵和真菌。前四种经常被称为原发性病原体，因为它们能够入侵健康人群，而致病。真菌被称为继发性病原体，因为它们通常只感染呼吸或免疫系统削弱的人群。

热是用于破坏病原体最有效的方法之一。表25.33总结了实际堆肥操作中病原体灭活的时间-温度的关系。请注意，堆肥堆或容器中测定的温度可能因为热损失的变化，固体混合物特性和空气流量并不均匀。

表25.33　堆肥中病原体破坏所需的温度暴露

(Knoll，1964；Morgan and MacDonald，1969；Shell and Boyd，1969；Wiley and Westerberg，1969)

微生物	在各种温度下病原体破坏所需暴露时间/h		
	45~55℃	60℃	65℃
新港沙门菌		25	
沙门氏菌属	168	116	
脊髓灰质炎病毒Ⅰ型		1.0	
白念珠菌		72	
似蚓蛔线虫		4.0	1.0
结核丝杆菌			336

堆肥在高温范围内实际上应该消灭所有的病毒，细菌和寄生虫病原体(WEF，2007年)。

然而，某些真菌(例如，烟曲霉)是耐热性的，因此能够存活。

洛杉矶的条垛式堆肥数据表明，细菌浓度在 15 日内显著降低(Iacoboni et al.，1980)。在 20 天时，没有检测到沙门氏菌。粪大肠菌和总大肠菌群在阴凉，潮湿的气候下能够幸存于条垛式堆肥中，但沙门氏菌在 14 天之后就被除去。使用 F_2噬菌体病毒(作为病毒破坏的指标)的研究表明，在消化的固体中其能够存活长达 45 天，而在未消化的固体中会超过 55 天。

静态堆堆肥数据显示，10 天堆肥后当温度超过 55℃(131℉)数天，就未检出总大肠菌群、粪大肠菌群、沙门氏菌。使用 F_2噬菌体病毒的进一步研究表明，静态堆堆肥在 14 天内就破坏了该指标。

沙门氏菌可再生于成品堆肥。然而，寄生虫卵和病毒不能。如果不使用相同的设备处理原始进料和成品堆肥或在处理成品堆肥之前清洗设备，则就可以降低再生长。

许多微生物能够起到继发性病原体的作用，但是堆肥条件对有一些病原体比其他一些病原体有利于其生长。米尔纳等(Millner，1977)报道，从成品堆肥和低于 60℃(140℉)的温度下的堆肥堆区分离出浓度相对较高的真菌烟曲霉。偶尔从堆肥中分离出其他继发性真菌：微小毛霉和米黑毛霉。堆肥操作常见的是，这些真菌通常发现于后院，腐烂的叶子、草、常用有机土壤改良剂和曝气管道中。

在某些堆肥操作中，更多的烟曲霉孢子释放到大气中。在加州洛杉矶县卫生区的条垛式堆肥堆和反应器中，勒博伦(LeBrun，1979)研究发现，堆肥原料中含 1000~10000 个菌落形成单位(CFU)/g；堆肥之后，生物固体中含有 10 CFU /g。对空气载孢子的暴露能够通过控制粉尘而最小化。因此，堆肥不应该使之变得过于干燥，而工人工作于尘土飞扬区域时应该提供防尘面罩。

4.2.2　熟化

熟化是指固体-改良剂混合物快速生物降解成分转化成类似于分解很慢的土壤腐殖质的物质。熟化不充分的堆肥在储存和回潮时将会被重新加热和产生气味。这也可能会抑制种子萌发(通过生成有机酸)和植物生长(随其在土壤中分解而除氮)。稳定性是指混合物可生物降解组分的微生物降解速率降低。通过维持最佳条件一段足够长的时间达到稳定化处理。纤维素物质(例如，木材和庭院废物)要比污水残余物花费更长的时间分解，因此筛滤出填充剂能够提高稳定性。

堆肥稳定性或熟化度测定有许多测试方法和标准，但没有哪一个被普遍接受(Jimenez and Garcia，1989)。与每个测试相关的标准都仍然暂定，而许多与测试相关的要完成的工作都会导致气味产生和植物生长。熟化度的完整评估可能需要实施多个测试。

挥发性固体(总固体的百分数)并非是稳定性的良好衡量，因为它并没有虑及生物降解速率。

呼吸测试，测定二氧化碳的生成或氧需求，能够更好地代表稳定性，但却对测试条件敏感。二氧化碳的产生通常对培养箱中的混合物进行直接测定。培养箱是有用的堆肥模拟器，对高度不稳定样品(来自工艺过程的早期)和高度稳定样品如成品堆肥中的二氧化碳生成都能够有效测定。对混合物，或在含水提取物中经由氧摄取比速(SOUR)测试能够测定氧摄取速率。熟化堆肥应该具有小于 20：1 的碳-氮比。堆肥中可利用的碳在土壤中微生物典型利用时可能会消耗氮。

种子萌芽和根生长测试能够测定堆肥中有机酸引起的植物毒性。这些测试通过在过滤的堆肥提取物中实施种子(如，水芹)发芽，并将其与使用蒸馏水的对照物进行比较而完成。

4.2.3 干燥

为了干燥堆肥，操作者会提供足够的曝气或搅拌，促进去除水蒸汽。这能够将固体含量从约40%提高至55%或更高。干燥在包括过筛的工艺过程中是至关重要的，因为如果堆肥含有不到50%~55%的固体时，过筛不能顺利实施。

4.3 堆肥方法的描述

虽然堆肥是一种天然生物工艺过程，但是对系统施加的控制程度范围可能从定期翻动堆肥堆或料堆至更多涉及封闭的或带机械曝气和强力搅拌的密封式系统不等。

在试图应对地方和地区的需求中，许多堆肥方法业已开发。这些方法具有以下优点：加速天然生物工艺过程；对各个变量如水分，碳，氮，氧提供工艺过程控制；抑制异味和微粒；降低土地面积的要求；可靠地产生产品质量恒定的产品；和将美学上令人愉悦的设施集成到地方和地区场所。

4.3.1 曝气静态堆式堆肥

曝气静态堆式堆肥也称之为贝兹维尔方法，因为这种方法于20世纪70年代由美国农业部在马里兰州贝兹维尔开发出来。正如其名字所示，这种方法涉及堆置原料曝气(见图25.75)。这种灵活的方法在美国很盛行。

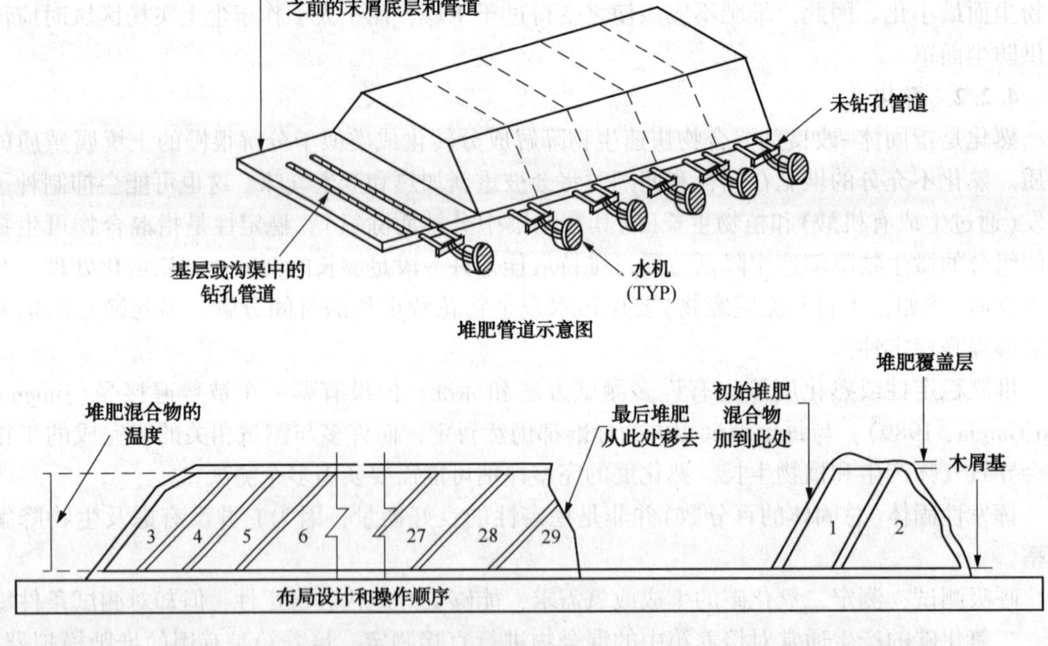

图 25.75 曝气静态堆式堆肥系统的示意图

在这种方法中，固体-改良剂混合物在曝气地板(充气增压)之上构造成一个2~4m深(6~12ft深)的堆肥堆，而随后用150~300mm深(6~12in深)的木片或未过筛的成品堆肥覆盖，确保所有的混合物将满足温度标准，而降低病原体和病媒吸引力。小型操作可能构建单个独立堆肥堆，而大型操作可能将连续堆分成代表每天贡献的堆肥段。这种混合物通常保持于堆中 21~28 天，而同时增压迫使空气通过这些物质而提供好氧堆肥环境。然后，堆肥堆解体，而将这些物料直接移动到固化区，或过筛并随后移动到固化区。堆肥在过筛前必须含有至少 50%~55%的固体。在一些设施中，强烈干燥步骤(比主动堆肥曝气速率更高)在过筛之前完成。堆肥通常固化至少 30 天，才能进一步稳定化处理这些物料。一些设施在固化之后(而不是固化之前)会对堆肥进行过筛。

曝气的静态堆式堆肥最初开发户外场所，但许多系统被部分或完全封闭，以控制气味或在不利的环境条件(例如，极端温度或降雨)期间方便操作。

4.3.2　条垛式堆肥

条垛式堆肥，固体-改良剂混合物形成长的平行料堆，其横截面是梯形或三角形(见图 25.76)。随后物料定期通过前端装载机，或专用翻堆机翻动释放水分，将更多颗粒物暴露于空气，并疏松(抖松)物料而有助于空气流动通过料堆。

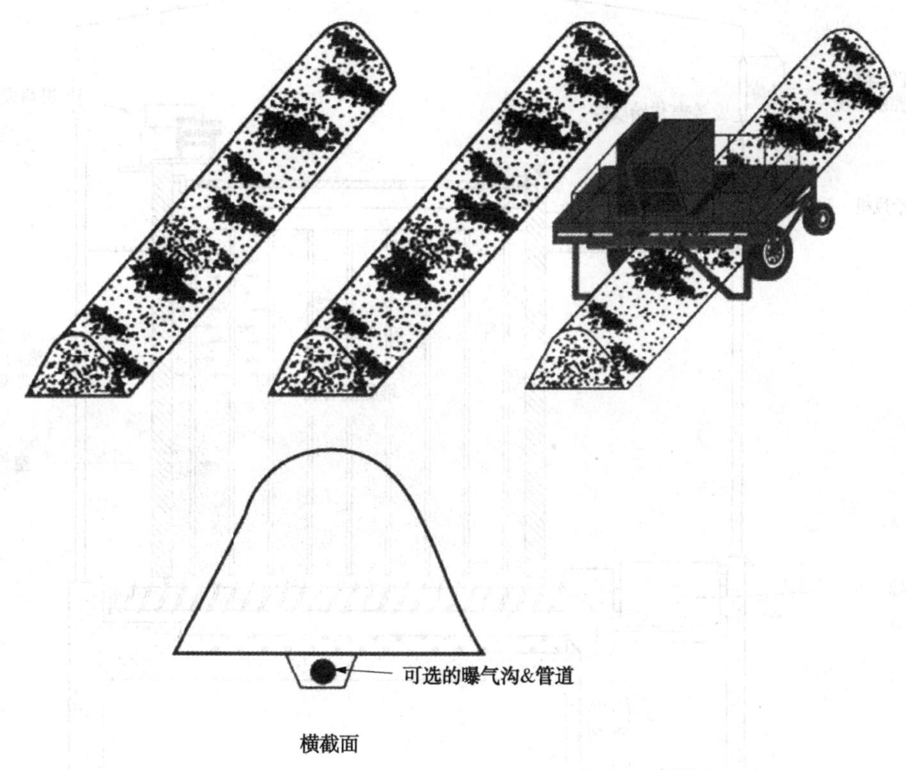

图 25.76　条垛式堆肥系统的示意图

在曝气条垛式堆肥方法中，条垛料堆在空气通道之上构建而保护曝气管道以防翻料设备。空气能够强制向上通过料堆或从料堆向下抽入通道。料堆定期翻动而将更多的颗粒暴露于空气。曝气和翻动优化堆肥速率和水分的释放。

条垛式堆肥发生于开放的户外场所或覆盖的场所。这种系统比其他堆肥技术需要更多的空间，因为堆肥堆具有一定几何形状并需要空间操纵料堆翻料机械。

4.3.3 容器式堆肥

容器式堆肥系统通常将曝气与反应器某些类型的自动化物料移动结合起来。多年来，已经开发出各种各样的这类系统，但只有少数安装于一两个场所。

根据系统供应商的建议、监管要求和成本固体停留时间为约 10~21 天。这也应该基于所需的产品特性——尤其是稳定性——并应该考虑整个堆肥操作(所有工艺过程的各个阶段)中总的固体停留时间。一旦从反应器中排出，经过堆肥的生物固体通常必须进一步稳定化处理 30~60 天，才能达到所需的产品稳定性。

基本上有三种类型的容器式堆肥系统：垂直活塞流式反应器，水平活塞流式反应器和搅拌隔间系统。垂直活塞流式反应器由钢，混凝土和/或强化玻璃纤维板制成(参见图 25. 77)。这种反应器顶部装载脱水滤饼、改良剂和再循环固体的混合物，在这种堆肥堆中只进行曝气而不进行搅拌(混合)。如同活塞经由行进螺旋推动器移动至反应器底部，并在那里移出。

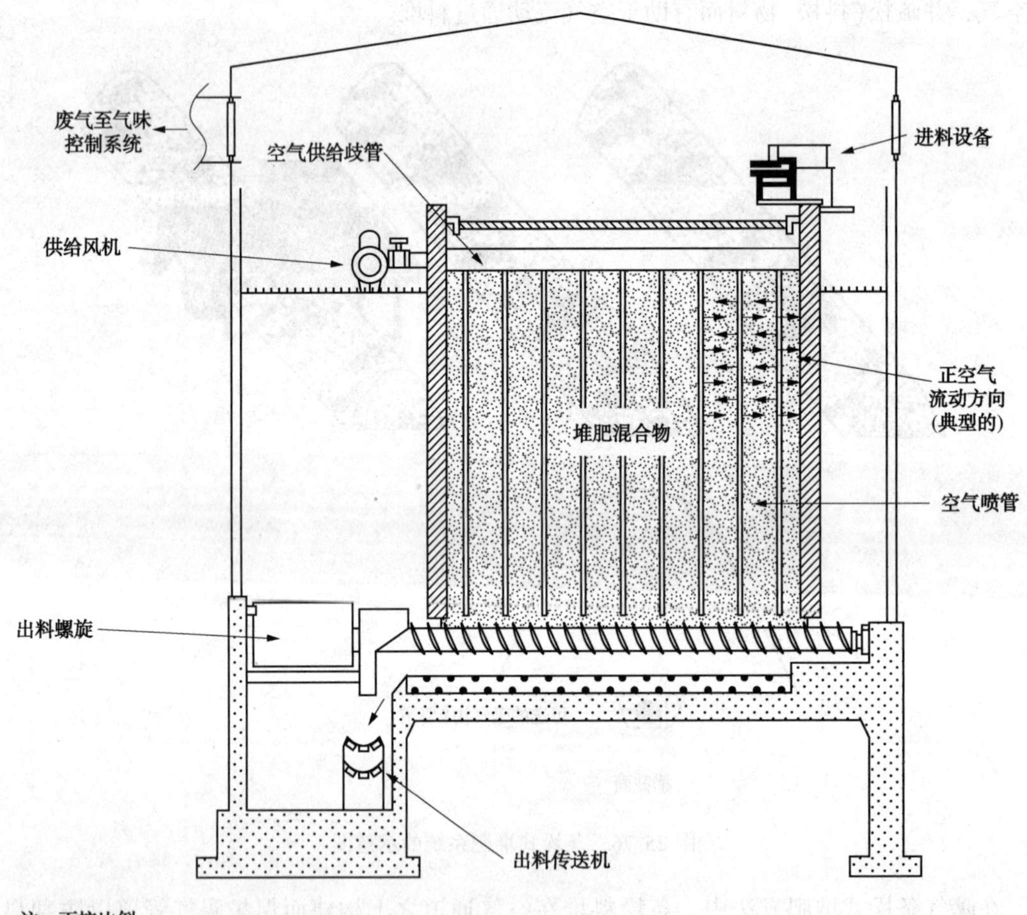

图 25. 77 垂直活塞流式反应器的截面图
(矩形设计，由钢制成)

水平活塞流式反应器类似于垂直活塞流反应器，不同之处在于固体-改良剂混合物通过液压支腿横向移动通过反应器(参见图 25. 78)。

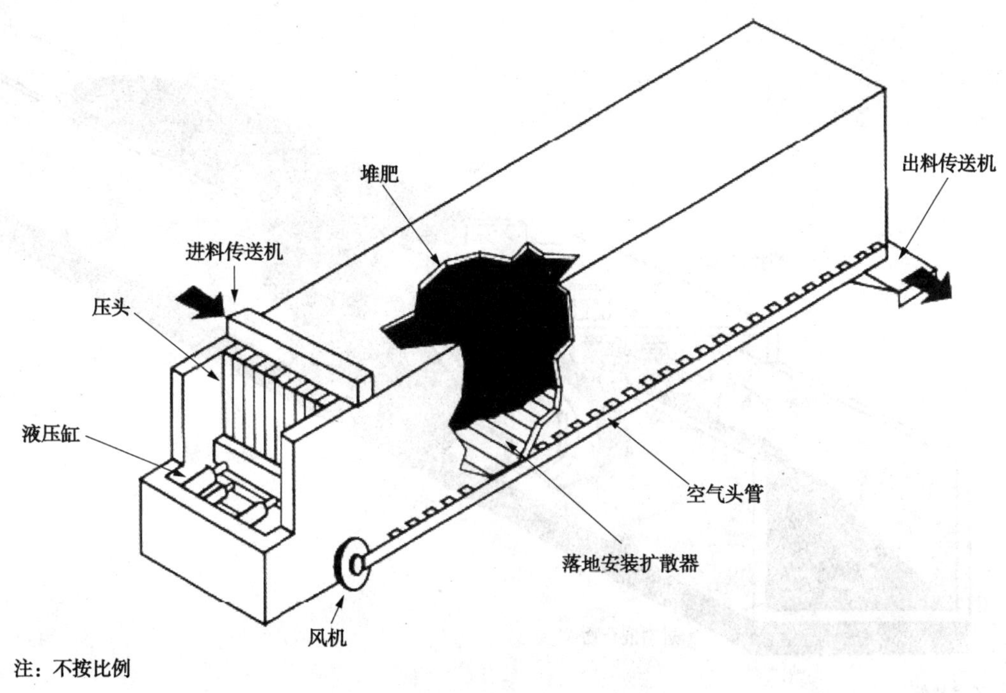

图 25.78 水平活塞流式反应器的截面图

隔间搅拌式反应器是开顶式隔间，各隔间具有鼓风机和管道系统，从底部供给空气(见图 25.79)。与活塞流式反应器不同的是，它们也具有的机械搅拌设备是在其停留于反应器中期间才定期搅拌混合物。这些系统的设计在功能上很像曝气条垛式堆肥系统。各种方法都用于从反应器中传送堆肥堆。

最常用的容器式堆肥系统是水平搅拌床式反应器。这些反应器是矩形的，采用独立可编程的曝气区从底部曝气，并封闭于建筑物内。装载机将固体-改良剂混合物置于前端。搅拌装置是全自动的，仅仅按照搅拌模式运行，而通常每天让一个搅拌装置通过反应器。通过翻动搅拌将堆肥物料翻起来并在翻料机之后再沉积约 4m(11ft)，直到其移动通过反应器的整个长度。

4.3.4 堆肥方法的比较

以上讨论的三大技术中，曝气静态堆式堆肥是最常用的(请参阅表 25.34)(Biocycle, 1993; NEBRA, 2007)。

表 25.35 列出了五种堆肥技术基于物理设施、加工方面、O&M 的优点和缺点。没有任何一种技术适用于每一种环境。各种技术的选择取决于许多因素(例如，气候、选址考虑因素、操作关注问题和对气味的敏感性)。设计工程师在选取堆肥技术时应该考虑以下因素：

• 物理设施(空间、物料处理系统复杂性、曝气设备和封闭程度的可用性)；

• 工艺过程的考虑因素(例如，均匀曝气、曝气类型、不同填充剂的可用性、进料固体体积变化的适应性和气味散发/气味控制)；

• O&M 问题(例如，劳动力需求、能源需求、操作人员暴露与接触、粉尘的产生和维护程度)。

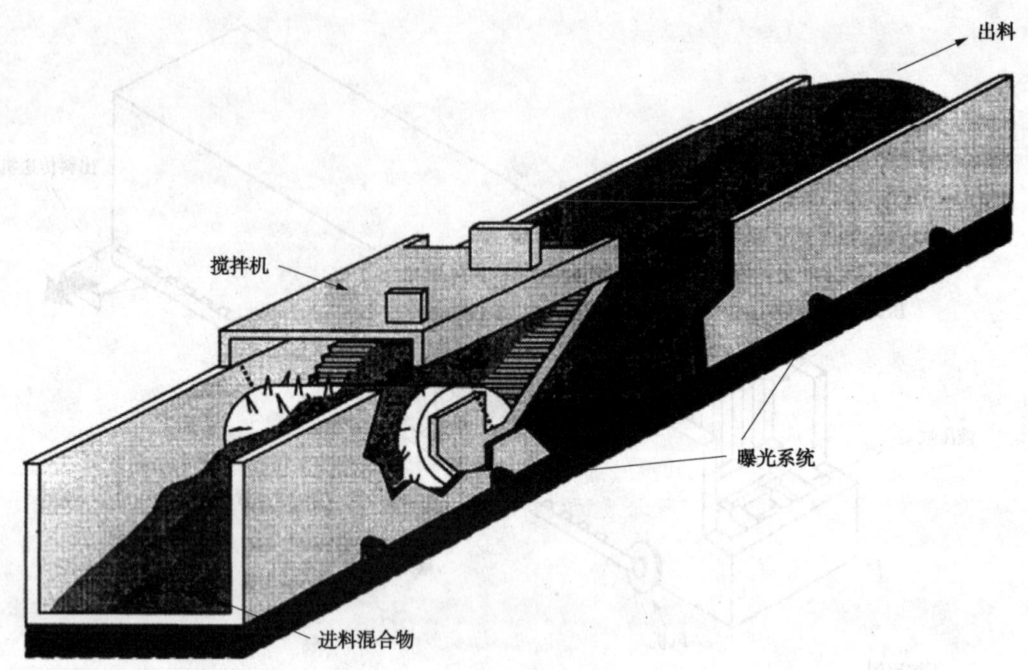

注：不按比例

图 25.79 水平搅拌床式反应器的截面图

表 25.34 堆肥设施的典型列表

设 施	类 型	容量/(干吨/d)①
加州内陆帝国地区堆肥设施	封闭式 ASP	100
爱荷华州达文波特	封闭式 ASP	25
俄亥俄哥伦布	户外 ASP	28
纽约洛克兰县	搅拌隔间式	25
俄亥俄汉密尔顿	水平活塞流式	15
纽约斯克内克塔迪	垂直活塞流式	50
缅因州鹰岭公共事业公司	隧道式(ASP)	15

① ton/d× 0.907 2 =Mg。

表 25.35 堆肥系统的关键优点和缺点

堆肥技术	优 点	缺 点
曝气静态堆式	• 适用于各种填充剂 • 能够灵活处理进料条件和峰值负荷的变化(体积不固定) • 机械设备相对简单	• 相对劳动力密集 • 需要相对较大的面积 • 操作人员暴露于堆肥堆 • 潜在的扬尘工作环境

续表

堆肥技术	优　点	缺　点
条垛式	• 适用于各种填充剂 • 能够灵活处理进料条件和峰值负荷的变化(体积不固定) • 机械设备相对简单 • 不需要固定的机械设备	• 需要非常大的面积 • 相对劳动力密集 • 操作人员暴露于堆肥堆 • 扬尘的工作环境
垂直活塞流式	• 在某些系统中完全封闭的反应器能够改善控制气味的能力 • 需要的面积相对较小 • 操作者不暴露于堆肥物料	• 每个反应器仅单个出料设备(是大的潜在瓶颈) • 整个反应器潜在地不能维持均匀好氧条件 • 相对维护密集型 • 处理条件变化的灵活性有限 • 物料处理系统可能限制填充剂的选择
水平活塞式(隧道式)	• 全封闭反应器改善了气味控制 • 所需面积相对较小(堆肥混合物紧凑) • 操作者不暴露于堆肥物料	• 反应器体积固定(没有灵活性) • 应对条件变化的能力有限 • 维护相对密集 • 物料处理系统可能限制填充剂的选择
搅拌隔间式	• 混合作用增强了堆肥混合物的曝气和均匀性 • 能够混合堆肥物料(对处理某些填充剂有利) • 适用于各种填充剂	• 反应器体积固定(没有灵活性) • 所需面积相对较大 • 潜在的扬尘工作环境 • 操作者暴露于堆肥 • 相对维护密集型

4.4　设计师的工艺过程注意事项

本节提供堆肥工艺过程中的每个阶段的设计参数范围，并确定了运行成功至关重要的设计标准。考虑了每种类型的堆肥技术。

4.4.1　填充剂和改良剂

所有堆肥技术都需要将足够数量的填充剂与脱水固体混合而调节初始固体的含量和提供孔隙率。填充剂还提供调节碳-氮比和能量平衡的额外补充碳源。表 25.36 列出了一些通常使用的填充剂及其特性。

表 25.36　填充剂的类型和特性

填　充　剂	特　性
木屑（1~2 in①）	• 通常必须购买 • 过筛中回收率高（60%~80%） • 良好的补充碳源
切碎的庭院或土地清除杂物	• 可作为废弃物料获得 • 过筛时回收率低(40%~60%)，因为细粉百分数较高 • 绿色废弃物部分增加氮；更多的是 C：N 比率的需要 • 良好的补充碳源

续表

填充剂	特性
磨碎的废木料	• 可作为废弃物料获得 • 如果陈旧和极度干燥则因为更多的挥发性形式的碳将会流失而可能作为补充碳源较差
叶子	• 单独使用时孔隙率不足 • 快速可用的补充碳源 • 可作为废弃物物料获得 • 通过过筛不能回收，会增加堆肥堆体积
锯木屑	• 单独使用时孔隙率不足 • 快速可用的补充碳源 • 必须购买获得而通常价格较贵 • 通过过筛不能回收，会增加堆肥堆体积
碎纸	• 单独使用时孔隙率不足 • 快速可用的补充碳源 • 可作为废弃物物料获得 • 通过过筛不能回收，会增加堆肥堆体积

① in× 25. 4＝mm。

尽管庭院杂物能够用作填充剂，但是修剪碎草和基本绿色的庭院废弃物都不合适，因为其水分和氮含量都较高，缺乏孔隙度。如果草屑和基本绿色的庭院废弃物进行堆肥时，也将需要补充填充剂。

4.4.2 固体改良剂混合物的特性

填充剂生物与生物固体之比取决于可用填充剂的特性和所需的固体含量。例如，如果脱水滤饼含有 18%~24%的固体而这种填充剂(庭院木本植物碎片的混合物)含有 55%~65%的固体，则填充剂-生物固体的比率必须为 3：1 或 4：1（按体积计），才能产生含固体 40%的混合物。为了生产含固体 45%的混合物，这个比率应该为 5：1 或 6：1。为了产生含固体 38%的混合物，则这个比率可能低至 2.5：1。(低于 2.5：1，则混合物可能的孔隙率不足以促进分解)。

所需的初始固体含量取决于所使用的技术(具体而言，所涉及的搅拌和曝气量)：

• 曝气静态堆系统需要含固体 40%~45%的混合物。越湿的混合物将会因为蒸发作用而失去热能，从而使工艺过程变缓。越干燥的混合物可能无法提供完成生物过程的足够水分。

• 翻料条垛式料堆系统需要含固体约 45%的混合物。然而，在潮湿的气候中，这种混合物应该稍为干燥进行补偿。较潮湿的混合物孔隙率不足以使空气发生对流。

• 自动装载隧道式和垂直活塞流式系统需要含固体 40%~45%的混合物。然而，搅拌隔间系统需要含固体 38%~40%的混合物，因为频繁搅拌和强制曝气将会使物料比其他系统干燥快得多。经验表明，搅拌隔间系统在一个搅拌周期内可能损失高达 2%的水分。

混合物具有均匀的孔隙率，并且所有的滤饼颗粒与填充剂紧密接触是至关重要的。含固体 18%~25%的脱水滤饼应该与填充剂混合，以使每块木片或其他填充剂颗粒涂覆一层薄薄的固体。含固体 30%~35%的脱水滤饼将破碎成块，必须均匀较小并与填充剂混合。(大团块和球状颗粒将出现厌氧条件，而导致过度散发气味)。如果混合不均匀，则填充剂比例失调的区将会使空气流转向，而使其他区变成厌氧条件。

4.4.3 物料平衡的计算

物料平衡的计算涉及通过堆肥工艺过程每个阶段的每种物质的重量和体积。表 25.37 显示了曝气静态堆工艺方法中 1 干吨生物固体(20%的固体)的典型物料平衡(见图 25.75)。

表 25.37 曝气静态堆堆肥中 1 干吨生物固体的物料平衡①

物　料	体积/yd^3	总重量/t	干重/t	挥发性固体/t	堆积密度/(lb/yd^3)	固体含量/%	挥发性固体/%
生物固体	6.3	5.0	1.0	0.5	1 600	20.0%	53.0%
庭院废弃物（经过处理的）	10.9	3.3	1.8	1.3	600	55.0%	70.0%
木质废弃物	0.0	0.0	0.0	0.0	500	60.0%	95.0%
过筛的再循环填充剂	9.9	3.5	1.9	1.8	695	55.0%	93.0%
未过筛的再循环物	0.0	0.0	0.0	0.0	780	55.0%	88.6%
混合物	25.7	11.7	4.7	3.6	911	40.1%	75.7%
基础物(再循环的填充剂)	1.4	0.5	0.3	0.3	695	55.0%	93.0%
覆盖层（未过筛）	2.9	1.1	0.6	0.5	780	55.0%	88.6%
堆肥损失重量		9.4	0.4				
覆盖层(未过筛)	2.9	1.1	0.6	0.5	780	55.0%	88.6%
过筛进料	21.5	8.4	4.6	3.5	780	55.0%	74.8%
再循环的填充剂	11.4	4.0	2.2	2.0	695	55.0%	93.0%
固化	9.9	4.4	2.4	1.4	900	55.0%	58.6%
固化损失重量		0.2	0.1	0.1			
储存的堆肥	9.5	4.3	2.3	1.3	900	55.0%	56.9%

注：假设：

过筛回收率

- 庭院废弃物　50vol%
- 物质废弃物　70 vol%
- 再循环填充剂　50 vol%
- 堆肥堆基础物　95 vol%

加工处理损失重量

- 堆肥期间的重量损失　10% 挥发性固体
- 固化期间的重量损失　5% 挥发性固体

① $yd^3 \times 0.7646 = m^3$；$lb/yd^3 \times 0.5933 = kg/m^3$；$t \times 0.9072 = Mg$。

在这个工艺过程中，固体与庭院废弃物混合，堆叠于一层庭院废弃物之上而提供空气分布，并覆盖一层未经过筛的堆肥。这整个堆肥堆经过堆肥后(除了保留用于覆盖层的体积)进行过筛，而将过大的颗粒回收利用作为填充剂。过筛通常能回收 50%~80%(按体积计)的填充剂，因此必须用补充填充剂补充。回收率取决于堆肥的水分含量(黏性)，填充剂粒径和筛子负荷率。因为一些填充剂进行再循环，则考虑所有这些物质和衡算再循环和新填充剂以使所有再循环填充剂都被利用上是很重要的。

所需的输入假设是每种物料的密度，每次输入的挥发性固体降低率和过筛回收效率。

4.4.4 温度控制和曝气

在美国，每个州都负责调节在其境内监管生物固体的使用。然而，联邦政府仍颁布最低准则，所有州都必须遵守：《40 CFR 503》(通常称为《503 法》或《503 条例》)。这些法规规定，固体处理工艺方法必须满足一定要求，才能生产不会危害环境或公众健康的生物固体。堆肥的具体要求取决于所使用的技术。

除了满足法规要求之外，堆肥系统还需要控制温度而优化分解。挥发性固体破坏的最佳温度范围为 55~60℃(131~140℉)。《503 法》规定曝气静态堆式和容器式系统的病原体杀灭温度为55℃，条垛式系统堆肥时限为 14 天，在 14 天内要进行 5 次翻料。病媒吸引力降低时限 14 天，平均温度 45℃，最低温度 40℃。除了遵守一定的监管规定的温度之外，防止物料温度上升太高也是合乎需要的。堆肥堆温度超过 70℃ 会抑制生物分解过程。另外，如果高温持续时间超过几个星期，自燃的潜势可能会出现于非常干燥的物料(> 75%固体)中。

在翻料的条垛式操作中，温度和氧含量受条垛孔隙率和翻动频率控制。初始孔隙度受控于原料的彻底混合和与合适填充剂与生物固体的混合比率。一旦条垛就位，则温度和氧含量都受控于料堆翻动。翻料引入氧气，并释放热量和水分。虽然翻料将会释放热量，但是在翻动之后料堆温度将会很短间内就会急剧升高。这是由于原料和注入氧的再分配所致。这种峰值温度通常是很短暂的(几个小时)。

在曝气静态堆式和容器式堆肥系统中，强制曝气用于提供氧气而保持物料内的好氧条件，控制温度和去除水分。在第一个 1~2 天的堆肥时间内提高空气流量通常会刺激工艺过程，而导致堆肥堆温度快速上升。然而，在该堆肥过程的整个其余部分时间内，随着在强制曝气系统内空气流动速率增加，堆肥堆温度会降低，水蒸汽去除速率加快。对于翻料条垛式系统，搅拌作用会释放热量和水蒸气。

据希金斯等(Higgins et al., 1982)报道，曝气速率为 $34m^3/Mg \cdot h$(1 100ft^3/h·干吨)，会为病原体破坏提供足够的干燥作用和足够高的温度。在堆肥工艺过程中，可能需要较高的曝气速率，防止出现过高的堆肥堆温度。

为了保持峰值活性期间温度低于 60℃，曝气速率可能需要接近 $300m^3/Mg \cdot h$(10 000ft^3/h/干吨)。在大型系统中，这样的曝气量可能是不切实际的。实际曝气容量范围为 90~160m^3/Mg 的污水固体·h(3 000~5 000ft^3/h·干吨)。此范围内的曝气将会在堆肥大多数时间内控制温度，并提供充分的水分去除能力。较高的曝气量是可能的，但需要更多的能量，更大而更密集的管道或沟槽和更大的气味收集和处理系统(如果存在)。如果使用高反应性填充材料(例如，落叶)，则填充剂和脱水滤饼的质量可能要纳入曝气容量大小的选择中。

4.4.5 停留时间

有机物质稳定化处理所需的时间通常分为主动堆肥阶段和固化阶段(参见图 25.80)。当美国农业部(USDA)开发强制曝气静态堆肥工艺方法时，研究人员发现，21 天的曝气堆肥之后进行 30 天的不曝气固化能够充分稳定化采用木屑作为填充剂的进料原料。然而，为了产生完全稳定而适用于任何用途的堆肥，推荐采取另加 20 天以上的停留时间。这种停留时间标准已经编入一些州监管条例，并纳入一些设计标准中。大多数水平搅拌床系统都设计了 21 天曝气堆肥之后进行固化。然而，其他容器式系统则使用较短的主动堆肥时间(通常是 14 天)，而最小化系统的资本成本。容器之外的额外停留时间(以条垛式或静态堆系统的形式)通常会增加到这些系统中。

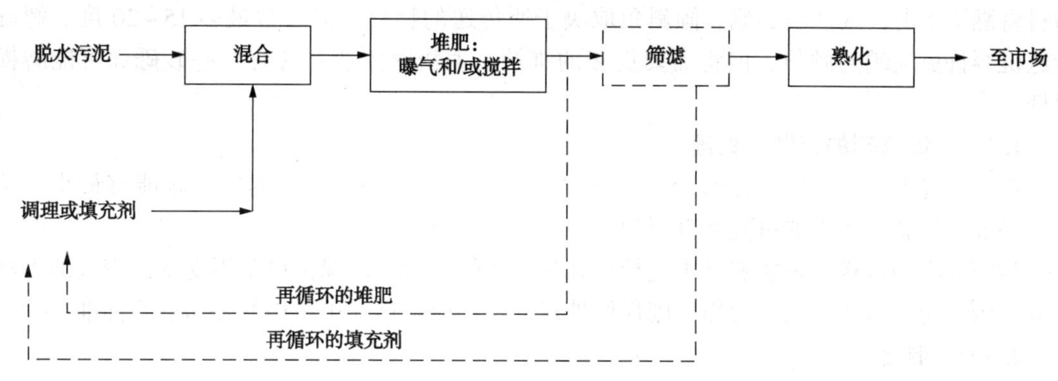

图 25.80 一般化的堆肥流程图

（虚线指示可选步骤；固化之后可以进行过筛；干燥步骤可以在过筛之前进行）

停留时间受填充剂或改良剂，碳-氮比率和 pH 值的影响。未筛出的改良剂可能继续发生分解，而延长固化时间。过高的碳-氮比可能具有相同的影响。在堆肥过程中没有固定的终点，因为有机物质在堆肥认为稳定之后仍然不断分解。一种稳定性测试方法是以作为二氧化碳释放速率测定的呼吸速率为基础。每天 3mg CO_2/g 有机碳的呼吸速率通常表明堆肥将不会有粪便气味和植物毒性效应。

另一项测试法测定耗氧量。据希门尼斯和加西亚(Jimenez and Garcia，1989)报道，采取每天 0.96mg O_2/g 有机碳的堆肥被认为是稳定的。这相当于每天 1.4mg CO_2/g 碳。

4.5 一般设计注意事项

堆肥设施设计的基本要素涉及处理大量物料和空气。各自的相对重要性取决于所使用的堆肥技术。对于条垛式堆肥堆操作而言，空气处理可以忽略或不存在；对于封闭操作，合适的空气处理是非常重要的。

4.5.1 现场布局设计

与任何设施一样，布局设计取决于可用的场所；然而，有几个要素需要牢记。由于需要处理大量物料，则所有堆肥操作会涉及使用重型设备(例如，前端装载机和卡车)。混凝土或高耐久性沥青铺设垫最适用于填充剂储存、混合、建堆、过筛、固化和成品堆肥的存储区。任何接触到原料区域的流散物质都必须收集和处理。通常情况下，污水处理厂都会设计填充剂存储和堆肥曝气静态堆系统的覆盖区域。覆盖的设施能够在恶劣的天气条件下运行，而产生流散物质最低。

4.5.2 物料处理系统

物料通常围绕堆肥设施经由前端装载机或传送带移动传送。容器式堆肥技术采用专门的设备用于容器内移动物料，进行部分加工处理，但这些设备对于绝大多数物料移动仍然依赖于装载机和传送带。

填充剂、生物固体和成品堆肥都具有相对较低的密度，因此轻物料、大体积铲斗可用于前端装载机上。铲平或推出铲斗也是有利的，因为这些铲斗所到之处能够更垂直和水平触及。

两种最常用的传送机是带式和螺旋式传送机。带式传送机必须具有浅的倾斜角度，否则物料将翻滚下滑，或甚至倒流。倾斜角取决于所传送的物料，但通常最多 15~20 度。螺旋传送机容许更陡峭的倾斜，但将需要更多的维护。生物固体通常含有一些砂砾而可能磨损螺杆。

4.5.3 填充剂的存储和处理

理想情况下，仓储能够提供 15~30 天的填充剂供应。铺设覆盖的储存区能够最小化填充剂和成品堆肥二者中的过度水分累积。

封闭卸载和传送设施能够最小化粉尘和颗粒物的扩散，而保护设备不受湿寒天气的不利影响。因为粉尘可能会发生爆炸，则任何外罩的设计应该遵守可适用的爆炸危险标准。

4.5.4 混合

正如前面所指，脱水固体必须与填充剂充分混合才能确保堆肥过程中的均匀性和良好的空气流动特性。因此，机械混合系统通常包括在设计之内。良好的混合物由均匀涂有不包含直径超过 126mm 脱水固体球的填充剂构成。脱水固体立即与填充剂混合，能够最小化储存设施的规模和散发异味的潜势。固体和填充剂的混合物能够进行堆叠，比单独脱水固体更易于传送。

有几种类型的机械混合系统可供使用：

- 前端装载机将原料分份于离散堆肥堆中并将物料“翻腾”几次，直到混合均匀(很像拌沙拉)。混合比较耗时，并不是特别有效。装载机最适合于小型设施和作为另一混合系统的备用系统。
- 间歇混合机是配备混合物料的内部桨叶或螺旋钻的车载式或拖车式固定料斗。混合的批料通过具有滑动闸门的侧装式短传送机排出。间歇混合机也具有内部标尺和重量显示，以帮助操作者对物料分份。它们典通常通过前端装载机转载，但也可以通过来自活底料斗的传送机装载。间歇混合机非常适合于中小型设施。
- 连续式混合机(例如，. 叶轮式搅拌机和犁式混合机)是自动化程度最高的复杂混合系统。在这些系统中，原料首先装载到单独的活底料斗，这种料斗具有变速螺旋推送器而计量每种原料的精确分数。(原料通过料斗排出传送机上的组件称重)。原料传送至混合机进行混合，尔后，传送机将混合物料排出到堆肥堆或容器之中或附近。连续式混合机仅仅发现于中型和大型设施，在这些设施中其资本成本通过劳动力成本的节省抵消。
- 条垛式堆肥堆的翻料机是一种活动机械，设计用于混合分层铺设于混凝土垫上的物料。这种机器规格不一且较复杂。小型机器由拖拉机牵引，能够将物料堆放 0.6~0.9m(2~3ft)高。大型自走式机器能够构建成约 2.4m(8ft)高的堆肥堆。这项技术在条垛式堆肥操作中非常有效。
- 水平搅拌床式反应器也提供混合作用。然而，这些物料应该在装入这种反应器之前进行预混才能优化反应器的 SRT。

混合和存储区域内会散发气味，如果采取封式，则通常每小时至少需要 6 次换气，才能有效控制气味和保证人员安全。设计工程师应该考虑对这些工艺过程区域的排放气体流进行处理之后才能排放至大气中。

4.5.5 渗滤液

所有堆肥工艺过程产生的渗滤液都必须进行处理。堆肥操作中一些常见的渗滤液来源包括：

- 曝气管道及导管；
- 建筑物通风管道系统；
- 堆肥堆；
- 所有活动和固定设备的直冲水；
- 生物固体和再循环填充剂的存储区；
- 暴露于未完成堆肥、再循环填充剂和生物固体的区域的现场排水。

曝气风机和管道系统——尤其是负压模式曝气——必须在所有低洼地区配备排水和杂物清除设备。即使是在正压曝气中，风扇和曝气管道将会收集凝结水，因此必须具有足够的排水和清理通道。堆肥堆的排水经常是曝气地板的一部分，而必须配备捕集阱，防止工艺过程空气流短路。

所有固定式和移动式设备必须定期直冲洗，才能保持其良好的工作状态。对于移动设备，冲洗区域通常是该设施的一部分。对于固定设备，必须提供排水设备。所有传送机及其他设备的集水坑也应该具有冲洗和冷凝的排水，这会出现于封闭设施的情况。

上述来源的所有水，以及任何接触未完成堆肥或原料的水，都必须进行收集和处理。水是分解的副产物，因此渗滤液可能包含可溶性有机物，营养物和其他不能释放到环境中的物质。渗滤液应该排放至污水下水道，再循环至污水处理厂的渠首工程，或处理现场。

4.5.6　曝气和排气系统

堆肥通常能够通过迫使空气通过物料(正压曝气)或通过将空气向下抽吸通过物料(负压曝气)进行曝气。正压曝气移动相同体积的空气通常比负压曝气需要较少的能量。在正压曝气中，空气是冷却剂、干燥剂、因此具有较小的体积。

负压曝气能够更适用于封闭和有工人操作的工作环境，因为这种环境能够捕获大部分的物料气味和水分，而防止其进入堆肥堆之上的空气中(在这种环境下需要捕获更大量的空气流量并对这样的废气排放进行处理)。然而，管道系统和鼓风机中会累积冷凝水，而因此必须提供足够的排水。

大多数封闭系统都因为系统特异性缘由而使用正压曝气系统。例如，隧道式系统在堆肥堆之上几乎没有顶空，在活性堆肥期间现场没有工人，因此也不具有负压曝气的优点。负压曝气在曝气式静态堆肥操作中很盛行，因为这种模式能够直接捕获气味和水分。许多曝气静态堆肥操作经过构造设计而既能够使用正压曝气也能够使用负压曝气。在分解过程中，负压曝气捕获气味和水分。尔后，正压曝气能够提供更多的空气，而在堆肥堆过筛之前加速干燥。

图 25.81 至图 25.84 显示了曝气静态堆肥系统的几种空气层构造设计。例如，搅拌隔间系统使用嵌埋于砾石增压室中的钻孔管。无论使用哪种构造设计，这种设计在整个堆肥堆的长度范围内必须均匀提供空气是至关重要的。这三种方法用于完成这些方面：

- 沿着管道或沟槽逐渐提供更多的出风口，而通过降低通过出口的速度损失抵消摩擦压头损失；
- 改变管道或沟槽横截面而沿其整个长度提供恒定的空气流速；
- 采用这二者的组合。

管道或沟渠在木屑层上通常间隔 1～2m(3～6ft)，有助于分配空气流量。这种间距取决于管道或沟槽的尺寸大小；元件越大，需要的空间更多。然而，如果管道或沟槽相距太宽，

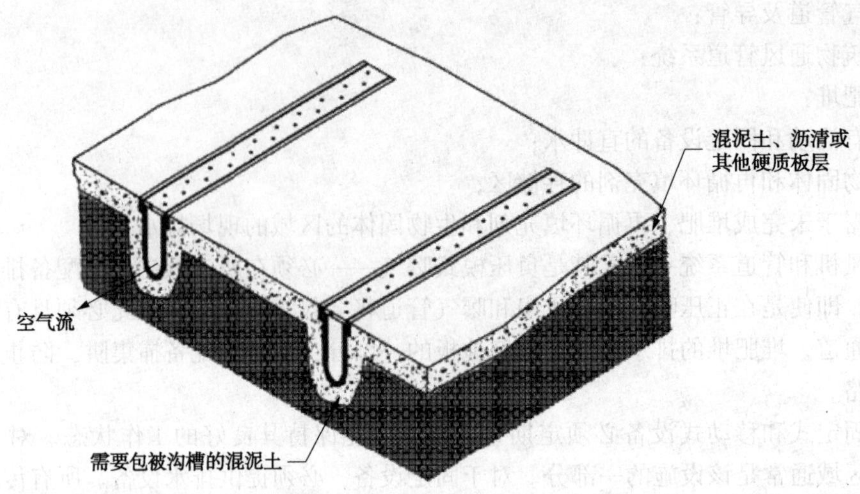

图 25.81 具有曝气沟槽的堆肥堆地面

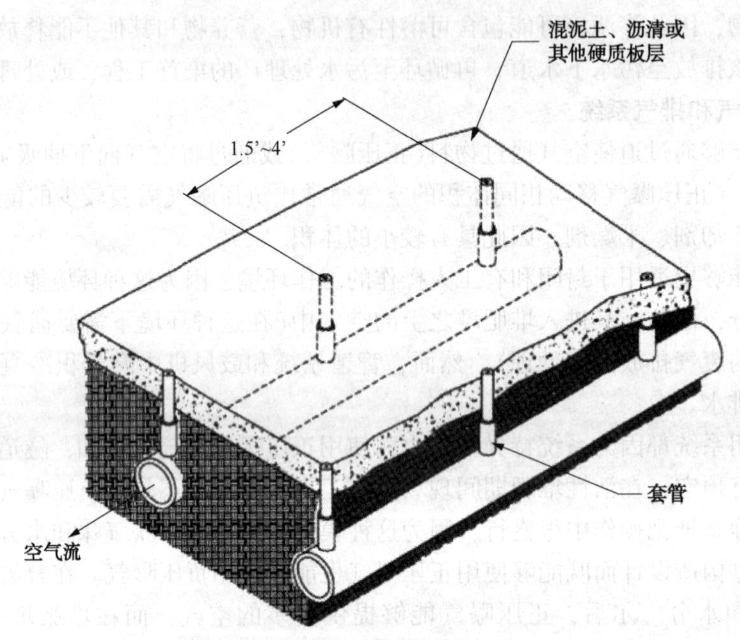

图 25.82 具有嵌埋管道和套管曝气系统的堆肥堆地面

则在堆肥堆底部就会发展厌氧区，因为空气总是寻找阻力最小的路径。

封闭系统可以使用连续增压室或具有永久管道的砾石铺设地面。所有这些都需要定期清洗。许多砾石铺设增压室就会在表面上产生坚硬的底盘，而如果不定期去除就会阻碍和重定向空气流动。

在曝气静态堆系统中，管道或沟渠的出风口可能被物料堵塞，尤其是当设备在出口上方移动添加和移出物料时更是如此。在每一次或两次使用之后必须使用水或压缩空气对出口进行清洗。

在负压曝气中，空气最初是热的而几乎是饱和的，但随着其移动通过导管就会稍微冷

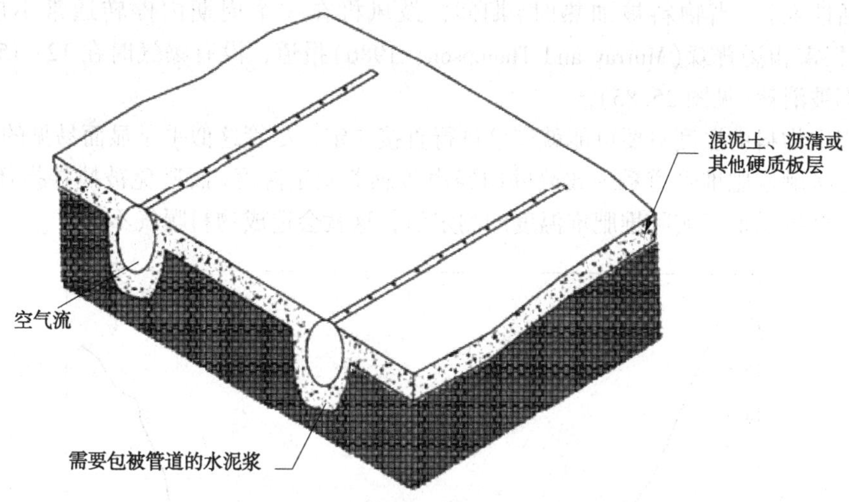

图 25.83　具有嵌埋管道曝气系统的堆肥堆地面

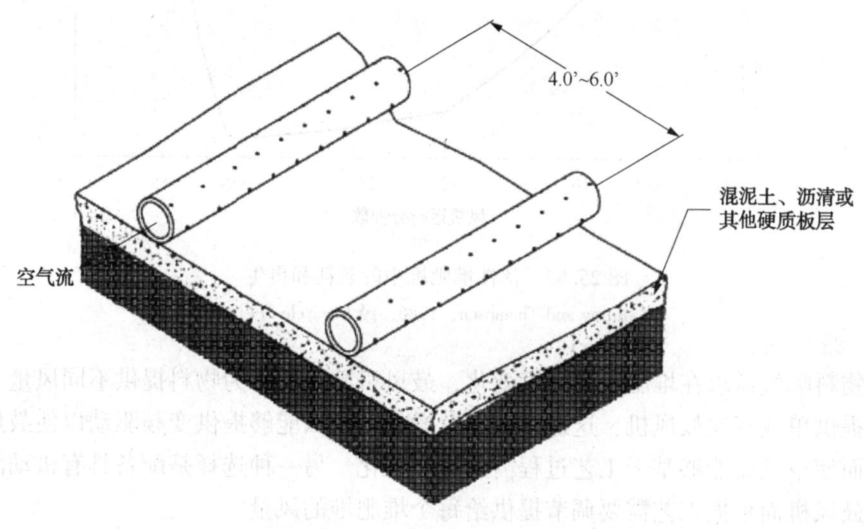

图 25.84　曝气管道处于混凝土地面上的堆肥堆地面

却。因此，通过频繁排水和清理，就会形成冷凝水，而必须移出。排水阱也需要防止空气流短路。由于热量和水分，负压曝气系统需要耐腐蚀的管道系统。玻璃纤维、PVC、聚乙烯和不锈钢都已经被使用。

如果采用强制曝气操作堆肥系统时，O&M 人员需要能够：

- 监控和记录堆肥堆温度；
- 基于氧需求、温度和水分去除要求控制曝气量。

最简单的控制系统包括手动测量和记录堆肥堆温度和经由手动调节的周期定时器控制曝气鼓风机。最复杂的系统包括温度反馈控制，其中堆肥堆中的温度探针输出连接至计算机，计算机基于温度读数采用预设控制策略调节曝气速率。

所有此处使用的控制系统都具有曝气控制中应该遵循的某些规则：

• 在活性堆肥(当物料被加热时)期间，鼓风机在一个周期内停转通常不应该超过15min。据穆雷和汤普森(Murray and Thompson，1986)报道，没有曝气时在12~15min之后大量氧气都被消耗(见图25.85)。

• 堆肥堆物料的温度只要可能就应该进行直接测定。尽管这似乎是显而易见的，但是某些系统仍在接触堆肥堆管道系统或墙壁内经由传感器测定温度(而避免被搅拌损坏)。这种传感器始终会提供低于实际堆肥堆温度的测定值，这就会造成物料曝气不足。

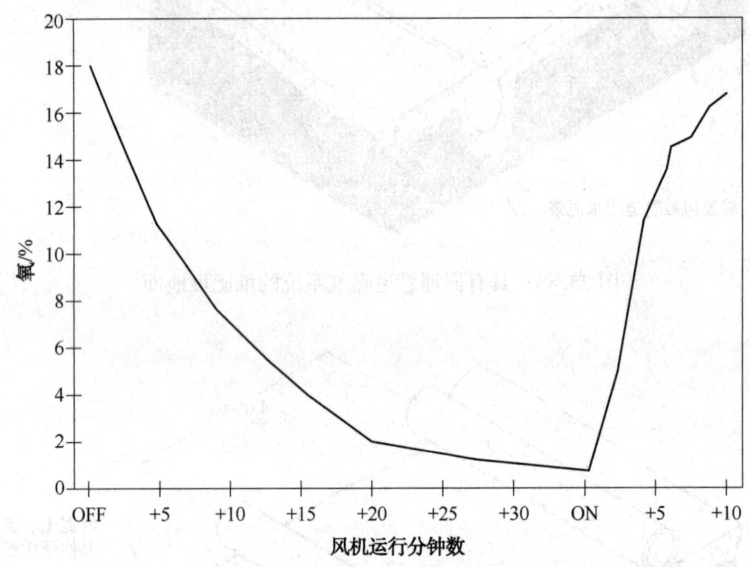

图 25.85 活性堆肥堆中的氧耗和再生

(Murray and Thompson，1986，经 BioCycle 许可)

由于物料曝气需求在堆肥期间持续变化，鼓风机必须能够为物料提供不同风量。设计工程师能够提供单或双速鼓风机，这适用于间歇操作，要么能够提供变频驱动以使鼓风机能够连续运转而使空气流能够基于工艺过程需要进行变化。另一种选择是配备具有机动阻尼器的单或双速鼓风机而根据工艺需要调节提供给每个堆肥堆的风量。

4.5.7 通风

全国消防协会颁布了与防火相关的通风换气条例；然而，在封闭堆肥设施中，通风换气速率通常必须较大才能控制异味，防止起雾，并确保工人安全。在寒冷的气候条件下，需要重度建筑保温防止冬季起雾，而同时避免工人在夏季出现热应激。

由于物料经常通过前端装载机围绕设施移动，则设计工程师必须考虑门长时间保持敞开时会发生什么情况。如何影响通风换气速率和管道系统的设计？它们还必须定位于建筑物的空气收集点，而避免死气空间，在这些位置可能会累积氨和其他化合物。

4.5.8 过筛

除了落叶和锯末之外，填充剂也会从最终堆肥中筛出而进行再利用。这将能够减少50%~80%的填充剂成本。过筛也能够产生更均匀美观而令人愉悦的堆肥，从而提高其可销售性。通常会使用振动板筛和旋转筛。所有的筛子必须具有自清洁功能(例如，旋转圆筒筛中的旋转刷，或振动板筛的夹板之间的球层)。

振动板筛和旋转圆筒筛能够将物料分成多种规格，如果某些市场需求具有精细颗粒的产品(例如，草坪追肥)时这可能是很有用的。

4.5.9 产品的固化和存储

堆肥基本上具有两个阶段：快速分解期(14~21 天)，然后是具有显著较低的氧和水分去除需求的较长的缓慢期。这第二个阶段(称为固化)通常需要长约 30 天，才能产生稳定可用的产品。有时固化操作仅仅包括物料堆储，但这可能延长固化时间而增加火灾风险。低速曝气能够更好地控制固化时间和产品稳定性。此外，正固化的物料应该加覆盖物而控制其水分含量，由此防止物料压实而演变成厌氧状态。如果物料首先经过过筛时，这是特别重要的。

4.5.10 气味控制

气味控制可能是堆肥行业的最大挑战。堆肥操作大多数冲突都是由于气味或关于潜在气味的关注引起的。堆肥本质上而言由于生产和消除分解产生的挥发性产品而气味十足。目前的设计实践惯例包括更加注重封闭作业，捕获和处理废气，并改善工艺过程控制，而减少源头气味。

4.5.10.1 堆肥中的气味源

在堆肥工艺过程中的每一个阶段是一个潜在的气味源(见表 25.38 和表 25.39)。气味源可分为以下三类：

- 活性源是物料正在激烈处理(例如，在混合、过筛和脱水期间)时存在的那些。这些源头的气味在工作期间就会散发。
- 连续源是曝气和储存区域内产生的那些。这些源头可能是点源(例如，风机排气)或面源(例如，堆肥堆和条垛式堆表面散发气味)。这些源头的气味每天 24h 都会发生。
- 常规管理源是相关物料溅漏，未清洗设备和地表面上冷凝物相关的那些。这种气味可能在每日工作活动结束时仍然持续存在，因此这是一种连续源。

表 25.38 堆肥操作中的典型气味源

气味源	类别[①]
脱水污泥传送和储存	
路途中的敞篷卡车	A
现场停靠的卡车	A
倾倒操作	C
储存设施未经处理的曝气换气	C
开放式传送机	A
卡车溅漏物质	H
存储设施周围的溅漏物质	H
空卡车残留物	H
卡车冲洗的污水坑	H
轮胎运载夹带溅漏污泥	H
混合	

续表

气 味 源	类 别[①]
前端装载机或批料混合机混合产生的表面散发	A
叶轮式搅拌机未经处理的曝气换气	A
每日活动之后铺设路面上剩余的混合物	H
设备上残余物	H
堆肥建筑物	
物料处理活动的表面散发	A
每日活动之后铺设路面上剩余的混合物溅漏物	H
设备上残余物	H
混合较差的污泥球	H
放置覆盖层之前堆肥堆的表面散发	A
堆肥	
活性堆肥堆的表面散发	C
堆肥堆基部的浸出液污水坑	H
曝气	
风机排气	C
曝气管道冷凝物泄漏	H
管道和风机外罩的排放废气泄漏	H

① A= 活性源；C=连续源；和 H=常规管理源。

4.5.10.2 气味的测定

各种化合物的浓度能够通过标准分析方法进行测定。例如，包括手动泵和比色分析吸收管的简单装置就能够现场使用。(这些管可供表 25.39 中列出的许多化合物使用)。对于更精确和完整的结果，应该采集样品(在采样袋、不锈钢真空罐或填充吸附剂的采样管中)，而在实验室通过气相色谱法进行分析。

然而，堆肥的气味通常是各种化合物的混合物，而不能作为各种组分之和进行量化。这些气味只能由人的鼻子(感官分析)进行直接测定。气味样品能够在另一位置采集到泰德拉袋中进行感官分析。现已经开发了几种方法，利用人受试小组量化气味浓度，这些已经在第 7 章中进行了详细描述。

4.5.10.3 封闭和处理

气味封闭和控制的水平取决于邻居和当地法规的接近程度。设计工程师必须审慎为所有工作条件下的排放保证足够的捕获。例如，如果未能考虑到需要开门的物料移动操作，则将导致逸散性排放。

表 25.39　气味化合物和气味源(Verscheueren, 1983; WEF, 1995)

化合物分类	气味阈值/ppm	污水处理厂的可能源头	形成/释放途径
无机硫 硫化氢	0.000 47	腐烂污水或污泥	硫酸盐厌氧还原成硫化物或氨基酸的厌氧分解
有机硫			
硫醇			
乙硫醇	0.000 19		
叔丁硫醇	0.000 08	经历厌氧条件的污泥或污水	氨基酸的厌氧和好氧分解
烯丙硫醇	0.000 05		
有机硫醚			
甲硫醚	0.001	堆肥堆	硫醇好氧氧化
二甲二硫醚	0.002		
无机氮			
氨	0.037	堆肥堆制；厌氧消化生物固体的处理	高 pH 和高温下有机氮挥发的厌氧分解
有机氮			
甲胺	0.021	固体处理	酸厌氧分解
乙胺	0.83		
二甲胺	0.047		
脂肪酸			
乙酸	0.001~1.0	经历厌氧条件的污泥	厌氧分解
丙酸	0.005~0.05		
丁酸	0.000 01~0.01		
芳香类化合物			
酮	0.05~400	初步和初级污泥处理工艺方法，固体处理和堆肥	工业污水中存在；木质素分解
甲乙酮	1~12	堆肥，木基填充剂	
萜烯	各种各样的阈值		木质产品中存在，如木屑、锯末

气味一旦被封闭和捕获后，就能够进行处理或消耗。处理通常是必需的。各种各样的处理技术(见第 7 章)都可供使用。有机介质的生物过滤器已被广泛用于堆肥设施，主要是由于以下几个原因：

- 它们已经证明能够有效处理堆肥气味；
- 价格便宜，易于操作；
- 堆肥设施通常具有生物过滤器的足够大空间；
- 适用于生物滤池填料的物质在堆肥设施那里都是现成的；
- 用于更换生物滤池填料的设备(例如，前端装载机)在任何堆肥设施那里都可供利用。

对于有关去除气味的详细信息，请参阅第 7 章。

4.5.11　设计实例

在设计任何的容器式系统时，工程师需要从供应商获得详细信息；事实上，经常是在进行细化设计之前就要选定供应商。当设计曝气静态堆系统时，对于另一方面而言，这些细节并不依赖于供应商。下面是曝气静态堆系统的设计。以下设计标准适用于这个例子：

- 20 干吨/d 含固体 20%的滤饼；
- 每周 7 天运行；
- 填充剂辅以地面木材废料的庭院废弃物；
- 所有的存储，混合，活性堆肥和过筛操作都是完全封闭的；
- 足够的覆盖存储空间满足 30 天的新填充剂之需；
- 足够的存储空间满足 1 天的原料生物固体之需；
- 足够的覆盖存储空间满足 7 天再循环填充剂之需；
- 活性堆肥区中最低 21 天的 SRT；
- 曝气固化区最低 28 天的 SRT；
- 足够的室外储存满足 90 天的成品堆肥之需。

在这个实例中，将确定曝气静态堆系统各个区域的大小尺寸。每个区域的大小取决于预期车辆的类型和现场地形。

首先，设计工程师必须推导设施的物料平衡(见表 25.40)。需要再循环利用的填充剂总量为

$$\begin{aligned}\text{再循环填充剂的总量} &= \text{筛出的再循环输入量} + \text{基础物(再循环的填充剂)} \\ &= 204\ \text{yd}^3 + 28\ \text{yd}^3 \qquad (25.38) \\ &= 232\ \text{yd}^3(177\text{m}^3)\end{aligned}$$

比较表 25.37 中的物料平衡，并将那些值乘以 20，设计工程师认为，加上较干燥的地面木材废料就能将活性堆肥原料的总量从 393m^{3}降低至 389m^3(从 514yd^{3}降低至 509yd^3)。这也能够将所生产的产品量从 145m^{3}降低至 138m^3(从 190yd^{3}降低至 180yd^3)。对产品生产的影响超过了对原料体积的影响，因此也超过了对设施规模的影响。

以下各区均采用混凝土墙三面施工构建：活性堆肥区、固化区和生物固体和所有填充剂的存储区(见图 25.86)。

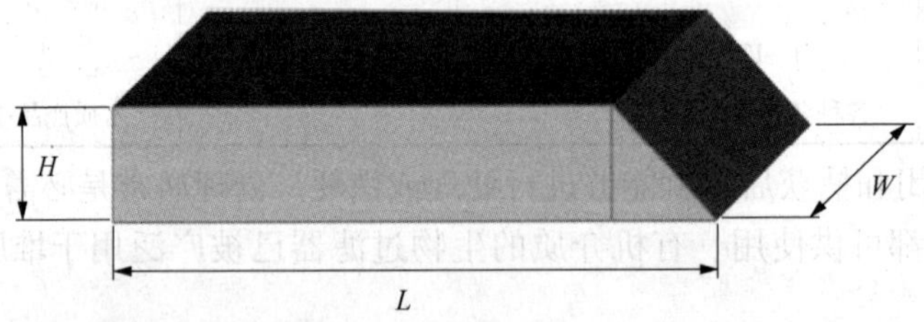

图 25.86　确定曝气静态堆肥堆的尺寸(设计实例)

表 25.40　设计实例的物料平衡①

物　料	体积/yd^3	总重量/t	干重/t	挥发性固体/t	堆积密度/(lb/yd^3)	固体含量/%	挥发性固体/%
生物固体	125.0	100.0	20.0	10.6	1 600	20.0	53.0
庭院废弃物(经过处理的)	180.0	54.0	29.7	20.8	600	55.0	70.0
木料废弃物	26.7	6.7	4.0	3.8	500	60.0	95.0

续表

物　料	体积/yd^3	总重量/t	干重/t	挥发性固体/t	堆积密度/(lb/yd^3)	固体含量/%	挥发性固体/%
筛出的再循环填充剂	204.1	70.9	39.0	36.3	695	55.0	93.0
未过筛的再循环物	0.0	0.0	0.0	0.0	780	55.0	88.6
混合物	508.9	231.6	92.7	71.5	910	40.0	77.1
基础物(再循环的填充剂)	28.3	9.8	5.4	5.0	695	55.0	93.0
覆盖物(未过筛)	56.5	22.1	12.1	10.7	780	55.0	88.6
堆肥损失重量		182.8	7.1	7.1			
覆盖物(未过筛)	56.5	22.1	12.1	10.7	780	55.0	88.6
筛进料	424.0	165.4	91.0	69.3	780	55.0	76.2
再循环填充剂	232.2	80.7	44.4	41.3	695	55.0	93.0
固化	188.2	84.7	46.6	28.1	900	55.0	60.3
固化重量损失		3.8	2.1	2.1			
储存的堆肥	179.8	80.9	44.5	26.0	900	55.0	58.4

注：假设：

过筛回收

- 庭院废弃物　　50vol%
- 木材废料　　70vol%
- 再循环的填充剂　　50vol%
- 堆肥堆基础物　　95vol%

加工处理损失重量

- 堆肥期间的重量损失　　10%的挥发性固体
- 固化期间的重量损失　　5% 的挥发性固体

① $yd^3\times 0.7646=m^3$；$lb/yd^3\times 0.5933=kg/m^3$；吨$\times 0.9072=Mg$。

对于大多数前端装载机，最大高度将为 3~3.6m(10~12ft)。在这个例子中，最大高度(H)为 3m(10ft)。以下方程表示给定面积的总体积；采用此方程能够确定所需的值。例如，狭窄位置可能会限制所允许的长度(L)。作为一般规则，宽度(W)应该至少 4.6m(15ft)，才能满足每天的物料之需。这个宽度足以使前端装载机挖掘出物料而同时使这些堆周围将其围住完好。

$$\text{堆体积/d}\times\text{天数}\times 27\ ft^3/yd^3 = H\times(L-H/2)\times W \tag{25.39}$$

对于填充剂储存区域(满足 30 天磨碎的庭院废弃物之需)，长 30m(100ft)，高 3m(10ft)，

$$W=\frac{204\times 27\times 30}{10\times(100-10/2)}=157ft \tag{25.40}$$

对于生物固体存储区，假设宽 9m(30ft)，高 0.9m(3ft)，

$$L/d=\frac{127\times 27\times 1+3/2}{3\times 30}=38ft(11m) \tag{25.41}$$

生物固体通常稠密，呈凝胶状，因此不太好堆放。含固体 18%~24%的生物固体只能堆放约 0.9m 或 1.2m(3ft 或 4ft)高。更潮湿的生物固体堆放时将不会超过 0.3m(1ft)高。

在选择活性堆肥区的大小时，设计工程师应该记住，大多数堆肥设施每个隔间将必须满足 1 天的物料之需。(小型设施可能在每个隔间要满足 2 或 3 天的物料之需)。隔间之数取决于所需的 SRT(21 天通常是最低值)。还应该提供两个额外的隔间，而使之在一个隔间拆掉时构建另一个隔间而不会减少 SRT。曝气静态堆设施通常具有活性堆肥区，在中间过道两侧构建多个隔间。每一侧上的隔间通常用作混合疏松区(根据所选择的混合方法)。隔间之间没有物理阻隔(见图 25.75)。

以下是活性堆肥厅，这基于宽 6m(20ft)而混合物深度 2.4m(8ft)的假设为基础。尽管整体堆肥堆深度为 3m(10ft)，但是设计工程师需要考虑 0.3m(1ft)的增压层和 0.3m(1ft)的覆盖层。最低隔间宽度应为 4.6m(15ft)，而以使前端装载机有足够的空间建立和拆除 1 天的物料。

$$L/\text{隔间}=\frac{509\times27\times1+8/2}{8\times20}=86\text{ft}(26\text{m}) \qquad (25.42)$$

当计算堆肥厅的整体宽度时，设计工程师需要包括这些堆肥堆，中间过道和曝气鼓风机(通常设计封装于堆肥堆之后)的冗余度。鼓风机走廊的最低冗余度取决于的鼓风机和管道系统的尺寸，以及这个区域的进出通道。如果鼓风机走廊唯一通道是从堆肥建筑一端至另一端，则走廊必须具有足够宽度，才能移动风机，而无需将其拆卸。如果进出通道的门能够尽可能设置靠近鼓风机，则大厅可以更窄一些。在这个例子中，假设了 4.6m 宽(15 ft 宽)的走廊。

中间走廊必须至少 9m(30ft)宽，才能使前端装载机有足够的机动空间构建和拆除堆肥堆。如果活性堆肥堆物料直接装载到卡车上，能够将其运送至另一个地点进行固化，则中间走廊应该至少 13.7~15.2m(45~50ft)宽。

$$\begin{aligned}\text{厅宽度} &= 2\times(86+15)+30+4\times1\\ &(\text{混凝土墙冗余度})=236\text{ ft }(72\text{m})\end{aligned} \qquad (25.43)$$

$$\begin{aligned}\text{堆肥厅长度} &= 20\times12+2\\ &(\text{混凝土墙冗余度})=242\text{ ft }(74\text{m})\end{aligned} \qquad (25.44)$$

在曝气静态堆设施中，每个隔间(1 天的物料)单独进行加气(通常是每个隔间一个鼓风机)。这种构造设计结构提供了最大的灵活性和如果鼓风机停工时不会过余中断运行。然而，在小型设施中，连续运行的风机能够为几个隔间工作。在这个例子中，鼓风机将适用于每个隔间。

$$\begin{aligned}\text{所需通风量} &= \frac{5000\text{ ft}^3/\text{h}/\text{干吨}\times20\text{ 干吨生物固体}}{60\text{min}/\text{h}}\\ &= 1667\text{cfm }(787\text{L/s})\end{aligned} \qquad (25.45)$$

4.6 健康和安全注意事项

与堆肥系统相关的潜在危险包括曝气不良区域、排出废气的区域、传送机和重型设备交通。主要关注的问题包括：

- 寒冷天气产生雾：具有重型设备的建筑物中密雾是一种显而易见的危险；这也可能妨碍其他人发现受伤工人。
- 工人热应激：堆肥堆产生大量的热。在暖和的天气期间，密封堆肥设施可能很容易长时间超过 100℉。

• 不安全的化学物质浓度：如果没有适当的曝气，则死气区域可能会累积化合物(例如，氨)至不健康浓度。

• 粉尘——接近过筛操作和在高交通流量区域，如果没有适当控制和捕获，粉尘水平可能会超过职业安全与健康管理局(OSHA)的限制。设计工程师应该提供具有连接到粉尘收集器的集尘罩的筛。高交通流量区域，应该定期清洗，而防止粉尘堆积。

材料处理设备(例如，传送机和筛)具有外露的运动部件而构成了对工人的危险。主要的安全问题在于物料传送点和外露传送带的位置。为了最小化传送点的物料溅漏或累积的可能性，设计工程师应该沿着传送机全长提供应急拉线，以及联锁装置，而使之在紧急情况下关闭所有物料处理作业。

木屑和堆肥可能含有高浓度气载真菌烟曲霉，其天然存在于草和树叶中。虽然一般不会有害，但是烟曲霉可能对极端敏感性的人群中导致曲霉病。具有呼吸系统问题的人员，表现出不良的生理反应，或具有抑制免疫反应病史的人群，不应该在堆肥或污水处理设施处工作。

5 碱稳定化处理

向固体中加碱性化学品是污水处理厂自 19 世纪 90 年代以来已经实践的一种可靠的稳定化处理方法。传统使用的化学品有生石灰和熟石灰。

近年来，已经出现了许多先进的碱稳定化处理技术。这些技术使用新型化学添加剂，专用设备，或特殊处理步骤，都声称比传统的石灰稳定化处理具有优势(例如，增强病原体的控制和更加为公众所接受的产品)。这些技术也产生有时也称为人工土壤的生物固体，因为这种产品能够成功用作土壤的替代品。

石灰是污水行业中使用最广泛的而最便宜的碱性物质之一。它主要用于降低厕所气味，提高应力消化池 pH 值，高级污水处理工艺过程除磷，处理化粪池污水和机械脱水前后整理固体。石灰是容量约为 $379m^3/d \sim 1.13mil.\ m^3/d$(0.1～300mgd)的市政污水处理厂的主要稳定化处理的化学品(U. S. EPA，1979)。已经使用这种工艺方法的较大型污水处理厂包括宾夕法尼亚州匹兹堡，田纳西州孟菲斯，和俄亥俄州托莱多市，以及华盛顿特区的蓝平原污水处理厂。根据美国环保署《市政污水处理设施的 1988 年需求调查》(*1988 Needs Survey of Municipal Wastewater Treatment Facilities*)，超过 250 家污水处理厂使用石灰进行稳定化处理(U. S. EPA，1989)。根据 2007 年东北生物固体管理协会的调查，4 800 家接受调查的设施中 900 多家——18%接受调查的设施和 12%的总生产生物固体体积——使用某些形式的碱稳定化处理(NEBRA，2007)。这些结果证明，碱稳定化处理主要由较小型处理设施采用。

碱性稳定化处理的生物固体能够有利地用于许多方面，这要取决于具体的产品质量要求和相关的标准。传统的石灰稳定化处理在美国环保署的《污水固体的使用或处置标准》(*Standards for the Use or Disposal of Sewage Solids*)中分类为 B 类工艺方法(PSRP)(U. S. EPA，1999)。许多高级碱稳定化处理技术满足美国环保署定义的 A 类工艺方法(PFRP)。碱稳定化生物固体的许多有益使用和处置方案进一步讨论于文献(Oerke，1999)中。

5.1 稳定化处理的目标

碱稳定化处理的目的可能包括

• 大幅度降低病原体和生味生物的数量和防止其再生长，从而防止生物固体相关的健康风险；

• 产生能够储存的稳定产品；

• 降低金属从未混合天然土壤的生物固体发生的短期浸出。

一些研究已经证明，液体和干石灰的稳定化处理都能够达到显著的病原体降低率，条件是足够高的 pH 值或温度保持足够长的时间(Bitton et al.，1980；Christensen，1982)。表 25.41 列出了俄亥俄州黎巴嫩市污水处理厂全规模研究期间测定的细菌水平；这表明，液体石灰稳定化处理在 pH 值 12.5 并采用 25%的剂量(干重)时，能够降低总大肠菌群，粪大肠菌群，粪链球菌的浓度超过 99.9%。此外，沙门氏菌和铜绿假单胞菌的数量降低至低于检测水平。而且，表 25.41 还表明，液体石灰稳定化处理的生物固体中病原体浓度范围要比相同污水处理厂的厌氧消化生物固体中的小 10~1 000 倍。

表 25.41 俄亥俄黎巴嫩市经由液体石灰稳定化处理的细菌降低率(U.S.EPA，1979)

固体类型	细菌密度/(数目/100mL)				
	总大肠菌群①	粪大肠菌群①	粪链球菌	沙门氏菌②	铜绿假单胞菌
原料污泥					
初级固体	2.9×10^{9}	8.2×10^{8}	3.9×10^{7}	62	195
废弃活性污泥	8.3×10^{8}	2.7×10^{7}	2.7×10^{7}	6	5.5×10^{3}
厌氧消化生物固体					
混合的初级固体和废弃活性污泥	2.8×10^{7}	1.5×10^{5}	2.7×10^{5}	6	42
石灰稳定化处理生物固体③					
初级固体	1.2×10^{5}	5.9×10^{3}	1.6×10^{4}	<3	<3
废弃活性污泥	5.2×10^{5}	1.6×10^{4}	6.8×10^{3}	<3	13
厌氧消化生物固体	18	18	8.6×10^{3}	<3	<3

① 适用于废弃活性污泥的微孔过滤技术。适用于其他污泥的莫斯随机计数技术。

② 检测限 = 3。

③ pH 等于或大于 12.0。

克里斯滕森(Christensen，1987)采用 13%~140%的干生石灰剂量(作为氢氧化钙；基于干重)研究了干石灰稳定化处理的病原体降低性能。其研究结果表明，干石灰稳定化处理能够降低粪大肠菌群和链球菌病原体至少两个数量级。这能够达到与标准液体石灰稳定化处理和液体石灰整理接着真空过滤的结果一样好，而在某些情况下甚至更好(参见图 25.87 和图 25.88)。无论是粪大肠菌群还是粪链球菌到第 7 天都没有出现生长(Westphal and Christensen，1983)。韦斯特法尔和克里斯滕森(Westphal and Christensen，1983)也报道，碱稳定化处理工艺方法用于降低粪大肠菌群和粪链球菌的密度性能堪比或优于中温好氧消化、厌氧消化和中温堆肥的性能(见表 25.42)。细菌、病毒和寄生虫病原体的控制和石灰处理的其他讨论在克里斯坦森(Christensen, 1987)和赖默斯等(Reimers et al., 1981)的报告中有综述。

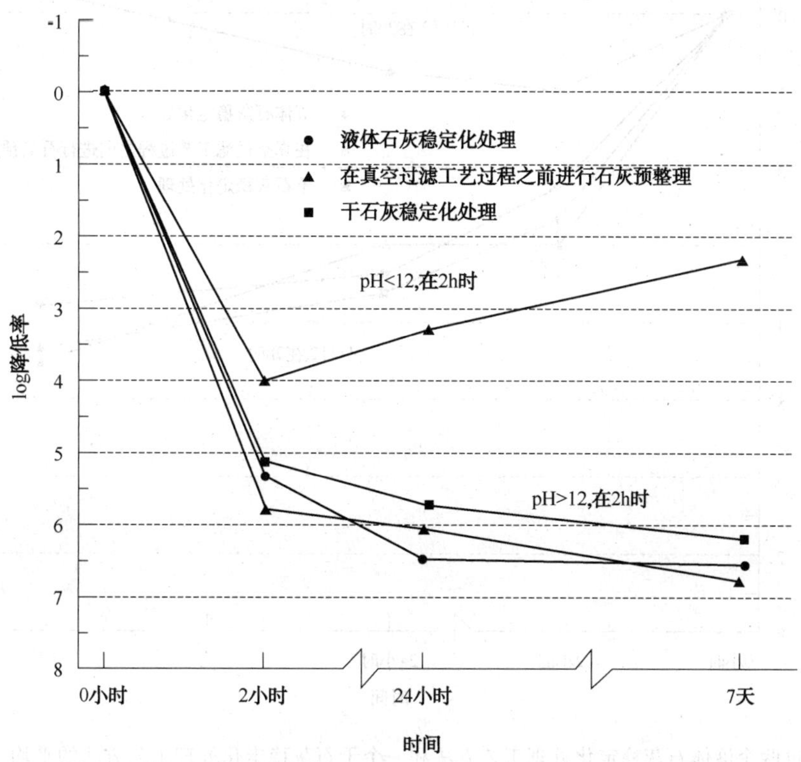

图 25.87 经过两个液体石灰稳定化处理工艺方法和一个干石灰稳定化处理工艺方法的平均粪大肠菌失活
(Westphal and Christensen, 1983)

表 25.42 经由各种稳定化处理工艺方法的细菌降低

工艺方法	粪大肠菌群	粪链球菌群
厌氧消化(35℃)		
平均值	1.84	1.48
范围	1.44~2.33	1.1~1.94
好氧消化		
20℃①	1	1
30℃①	2	1.64
堆肥	≥4	2.9
液体石灰稳定化处理		
原始初级固体	5.1	2.4
废弃活性污泥	3.2	3.2
混合的初级固体和滴滤池腐殖质,4%固体储存②	2.6	1.8
10℃	—	1
20℃	—	1.5
30℃	—	2.0

① 实验室研究,35 天停留时间。
② 实验室研究,30 天停留时间。

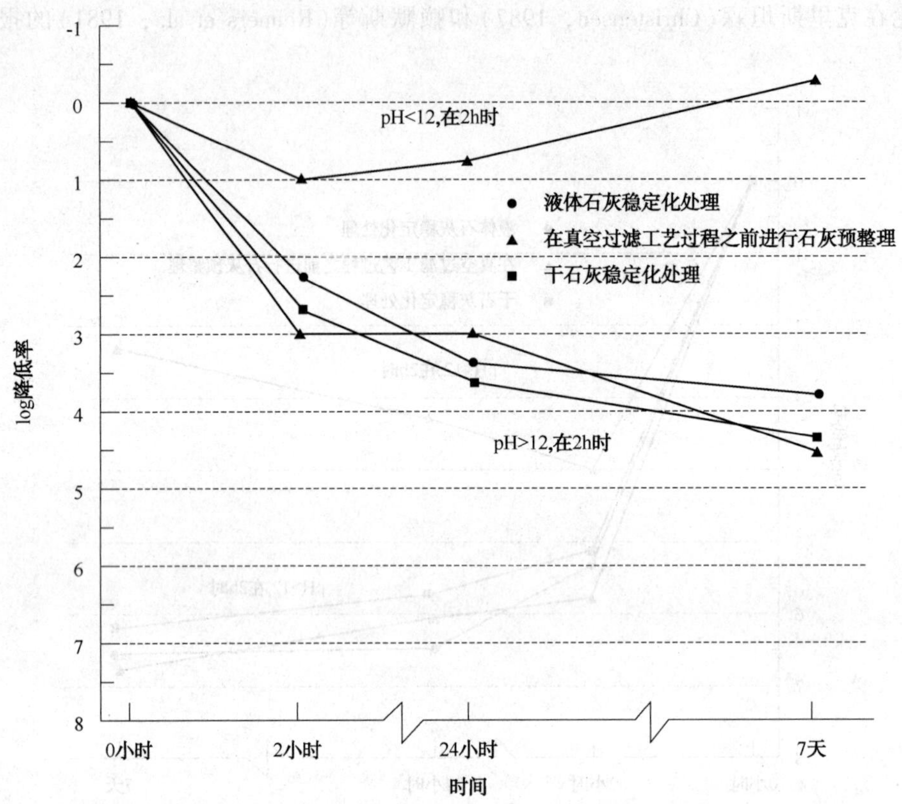

图 25.88 经过两个液体石灰稳定化处理工艺方法和一个干石灰稳定化处理工艺方法的平均粪链球菌失活 (Westphal and Christensen, 1983)

干石灰稳定化处理的另一项研究表明在约 pH 12 下粪链球菌具有 4~6log 降低率(Otoski, 1981)。这种处理方案通过采用 20%固体的 2：1 石灰剂量经由石灰水化热升高固体温度超过 70℃达 30min，能够产生 A 类生物固体，并满足病原体降低要求。

采用水泥窑粉尘(单独或混有少量生石灰)处理脱水滤饼，能够将病原微生物种群降低至低于美国环保署 A 类的标准(Burnham et al., 1992)。实验室和大规模现场试验都已经证明，如果生物固体在 pH 12，52℃下盛装 12h，则沙门氏杆菌、脊髓灰质炎病毒和蛔虫卵的原生和接种种群都能够在 24h 内杀灭。

虽然很少有资料量化石灰稳定化处理期间的病毒降低率，但是石灰已经确定是一种有效的杀病毒剂。定性分析已表明高 pH 值下 24h 之后高级生物(例如，钩虫和阿米巴包囊)大量存活(Farrell et al., 1974)。延长接触时间是否能够最终毁灭这些生物，还是未知的。70℃维持 30min 的 A 类碱稳定化处理工艺方法已经证明能够杀死蛔虫卵。有研究表明，高 pH 值对寄生虫(例如，弓首蛔虫、螨虫和线虫)的影响不大(U. S. EPA, 1975)。在固体石灰稳定化处理和厌氧消化的固体中寄生虫类型的比较表明，在两种固体中具有类似的寄生虫类型和密度。

碱稳定化处理是一个简单的过程。碱性化学物质加入到进料固体中，升高其 pH 值，并提供足够的接触时间。在 pH 12 或更高时，如果具有足够的接触时间和彻底的石灰—进料固体滤饼混合，则病原体和微生物就会失活或被杀灭。所得的生物固体的化学和物理特性也被改变。这个过程的化学反应还未能充分理解，但是这据信是一些复杂的分子通过反应(例如，水解和皂化)发生了断裂(Christensen，1982)。现在业已了解，高 pH 值能够从生物固体中释放气态氨。气态氨已证明是一种有效的消毒剂。

为了满足 B 类稳定化处理的要求，进料滤饼—化学品混合物的 pH 值必须升高超过 pH 12.0 达 2h，然后维持在 pH 值高于 11.5 下 22h，才能满足病媒吸引力降低(VAR)的要求。为了满足 A 类稳定化处理的要求，升高的 pH 值要结合高温(70℃达 30min 或其他列于文献(U.S. EPA，1999b)中美国环保署批准的时间和温度组合)。只要 pH 值保持高于 10 至 10.5，微生物活性和相关的恶臭气体将大大降低或消除(U.S. EPA，1979)。然而，其他恶臭气体(例如，氨和三甲胺)可能会在高 pH 和高温度条件下产生。

5.1.1　工艺方法的应用

虽然小型和大型污水处理厂都采用石灰稳定化处理，但这个工艺过程在小型设施中比较常见。这种工艺方法通常比其他化学品稳定化处理方案更具成本效益。较大型的污水处理厂工厂一般将石灰稳定化处理用作其主要稳定化处理工艺方法(例如，厌氧和好氧消化)暂停运行时的临时工艺过程。石灰稳定化处理也用于峰值固体生产期间补充辅助主要稳定化处理工艺方法。

石灰稳定的生物固体可能是土地应用，有利于酸性土壤的农业大区。然而，由于惰性固体和反应参与，石灰稳定化的生物固体比相当的生物稳定化初级固体和 WAS 的混合物具有可用营养物浓度(例如，氮和磷)较低。(生物固体的使用和处置注意事项的更多信息，请参阅第 27 章)。

5.1.2　工艺方法的基础

5.1.2.1　pH 值高程

有效的石灰稳定化处理依赖于足够升高的 pH 值，并保持在这一水平足够长的时间才能停止或大幅度阻滞微生物反应，否则可能会导致气味产生和病媒吸引力。这个工艺过程也能够灭活病毒、细菌和其他微生物。

石灰稳定化处理涉及各种化学反应，从而改变固体的化学组成。下面的方程式(为了说明之的目而简化)显示了可能会发生的反应类型：

水：$CaO + H_2O = Ca(OH)_2$　(25.46)

钙：$Ca^{2+} + 2HCO_3^- + CaO \longrightarrow 2CaCO_3 + H_2O$　(25.47)

磷：$2PO_4^{3-} + 6H^+ + 3CaO \longrightarrow Ca_3(PO_4)_2 + 3H_2O$　(25.48)

二氧化碳：$CO_2 + CaO \longrightarrow CaCO_3$　(25.49)

与有机成分的反应：

酸：$RCOOH + CaO \longrightarrow RCOOCaOH$　(25.50)

脂肪："脂肪" +CaO 脂肪酸　(25.51)

石灰首先升高固体的 pH 值。然后，发生反应(例如，以上方程式中的那些反应)，除非加入过量石灰，否则将会降低 pH 值。所需的过量石灰量依赖于必须维持高 pH 值的时间长度(例如，在延长储存期间)。

生物活性产生与石灰反应的化合物(例如，二氧化碳和有机酸)。如果生物活性在碱稳定化处理期间不能充分抑制，则这些化合物会降低 pH 值，而可能会导致稳定化处理不完全。

5.1.2.2 发热

如果生石灰(或任何具有高生石灰浓度的化合物)加入固体中，则首先会与固体中的水反应，而生成熟石灰。这放热反应会释放出约 15300cal/g · mol(2.75 ×10^4 Btu/lb/mol)的热量(U.S. EPA，1982)。生石灰和二氧化碳之间的反应也是放热反应，释放约 4.33×10^4 cal/g · mol(7.8×10^4Btu/lb/mol)的热量。

这两个反应，特别是固体滤饼水分含量较低的情况下，都能够大幅度升高温度。例如，将生石灰 45g(0.1lb)/g 加入含总固体 15% 的固体滤饼，可能会导致温度升高超过 10℃(50℉)，正如以下公式所示：

(0.1 lb CaO) (1 lb · mol/56 lb) (27 500 Btu/lb · mol) = 49 Btu (52 kJ) (25.52)

(49 Btu) (1/0.85 lb H_2O) (1℉/lb H_2O/Btu) = 58℉ (14℃) (25.53)

在实际实践中，温度上升将会较小，但是也可能是大幅度的。有时，温度升高可能足以有助于石灰稳定化期间的病原体破坏。

5.1.3 工艺方法的介绍

有几种碱稳定化处理技术可供使用。每种系统都有优点和缺点，因此设计工程师应该对其进行评估，并按照各种情况逐一选择合适的工艺方法。

5.1.3.1 液体石灰(前-石灰)稳定化处理

在液体石灰(前-石灰)稳定化处理中，将石灰浆液加入到固体进料中，而满足 B 类稳定化处理的要求(见图 25.89)。石灰通常加入污水处理厂土地施用液体生物固体(例如，农用地上的地表下注入)的增稠固体中。这种做法通常已仅限于较小型的污水处理厂或具有附近土地施用或使用场所的污水处理厂。例如，在马里兰州皮斯卡塔韦的华盛顿郊区卫生委员会污水处理厂已经使用前-石灰稳定化处理，接着采用带式压滤机脱水而产生适用于长距离运送的生物固体。由于生物固体采用预加-石灰处理，则皮斯卡塔韦运营商声称其生物固体的气味特性很低。然而，在该设施中设备结垢问题仍令人担忧。

另一种液体石灰稳定化处理方法包括在脱水之前采用石灰整理固体或化粪池污水。通常石灰结合其他整理剂(例如，铝或铁的盐)增强固体脱水。这种方法主要使用真空过滤器和凹板式压滤机；在这种情况下，所需整理固体的石灰剂量通常超过固体稳定化处理所需的剂量。

5.1.3.2 干石灰(后石灰)稳定化处理

在干石灰(后石灰)稳定化处理中，是将干生石灰或熟石灰加入脱水滤饼。这种工艺方法自 1960 年以来已经实施于污水处理厂(Stone et al.，1992)。石灰通常通过叶轮式搅拌机、犁式混合机、桨叶混合机、螺带式混合机、螺旋传送机或类似的装置与生物固体滤饼混合。图 25.90 是采用气动石灰传送系统的典型干石灰稳定化处理系统的工艺过程示意图。

生石灰、熟石灰、或其他干燥碱性物质都能够用于这种工艺过程，但是使用熟石灰通常仅限于小型装置。生石灰比熟石灰更便宜且更容易处理，而当生石灰加入脱水固体中时释放的水化热能够增强病原体的杀灭。

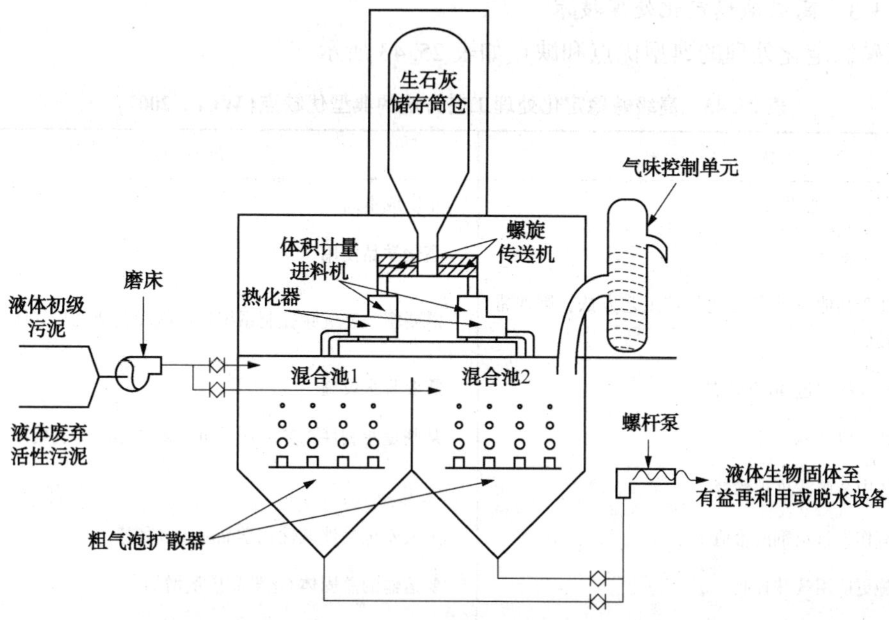

图 25.89 典型液体石灰稳定化处理系统(U.S.EPA, 1979)

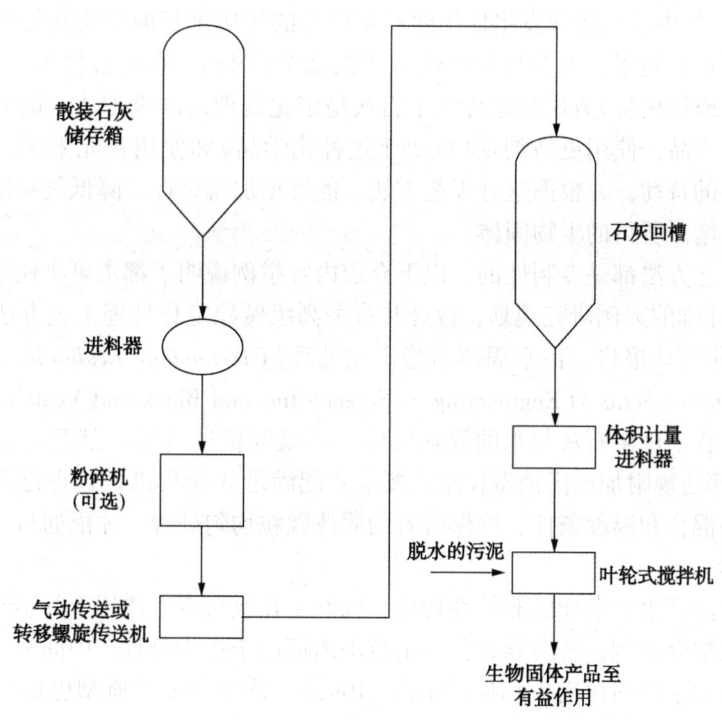

图 25.90 典型干石灰稳定化处理系统的工艺过程示意图

(Oerke and Rogowski, 1990)

如果向进料固体中加入足够的干燥碱性物质，则所得的生物固体既能够满足 B 类要求也能满足 A 类要求。

5.1.3.3 高级碱稳定化处理技术

高级碱稳定化处理的典型优点和缺点如表25.43所示。

表25.43 高级碱稳定化处理工艺方法的典型优缺点(WEF, 2007)

优 点	缺 点
满足A类的 处理要求	年度成本高
多种产品市场	高化学品使用
如果相比于其他A类稳定化处理工艺方法，则通常资金成本较低	需要粗放型气味控制系统处理氨和其他气味气体
在美国批准的超过40套装置	需要脱水设施
易于操作，启动和关停	某些是专利性工艺方法；可能需要年度专利费用
生物固体中金属浓度被稀释	
产品具有作为石灰剂的价值	工人安全关涉碱性化学品粉尘和氨废气
封闭设施更适用气味控制	要运输的总固体/化学品质量增加
正常稳定化处理的产品易于处理并能够储存于较小的储存设施	产品不适用于碱性土壤

在过去的30年中，已经开发出使用除石灰以外的物质进行碱稳定化处理的方法；这些方法在许多都市正在使用。大多数那些依赖于添加剂(例如，水泥窑粉尘、石灰窑的粉尘、普通硅酸盐水泥或粉煤灰)方法都是传统干石灰稳定化处理的改进方法。最常见的改进方法包括使用其他化学品，使用更高剂量(取决于这种化学品)和使用补充干燥。这些工艺方法改变了进料物料的特性，并根据这种工艺方法，能够增加稳定性，降低气味潜势，减少病原体，而至少也能增强所得的生物固体。

许多这种工艺方法都是专利性的。以下介绍内容举例说明了都市可供使用的工艺方法的范围。[对于更详细的案例研究规划，设计和有关高级碱稳定化处理工艺方法的操作考虑因素，请参阅《技术评估报告：污水固体碱稳定化处理》(*Technology Evaluation Report: Alkaline Stabilization of Sewage Solids*)(Engineering - Science Inc. and Black and Veatch, 1991)。

巴氏杀菌过程采用生石灰与水的放热反应升高温度超过70℃。然后，保持该温度超过30min，按照联邦法规附加巴氏消毒作用的要求才能满足A类标准。这种巴氏杀菌反应必须小心控制和监控混合和温度条件，确保所有的固体颗粒均匀处理，才能通过反应过程中产生的热灭活病原体。

这种工艺方法产生土壤样的非粘性物质，因此，在机械应力作用下并不经历液化。改变工艺过程助剂及混合比例，将会导致在一定范围内适用于作为每日，中间和最终的填埋场覆盖物或土地复垦的生物固体衍生物质(Sloan, 1992)。图25.91是典型巴氏消毒工艺过程的示意图。在这种工艺过程的变体中，巴氏消毒发生于加热和绝热的反应器中，其中温度维持于70℃或更高至少30min。

化学稳定化处理/固定工艺方法通常涉及向脱水固体滤饼中加入凝硬性的物质(见图25.92)。这种物质会导致胶凝反应而在干燥之后产生土壤样的物质，含有约35%~50%的固体。至目前为止，这种土壤样产品仅用于用作垃圾填埋覆盖物质。在许多情况下，处理的物

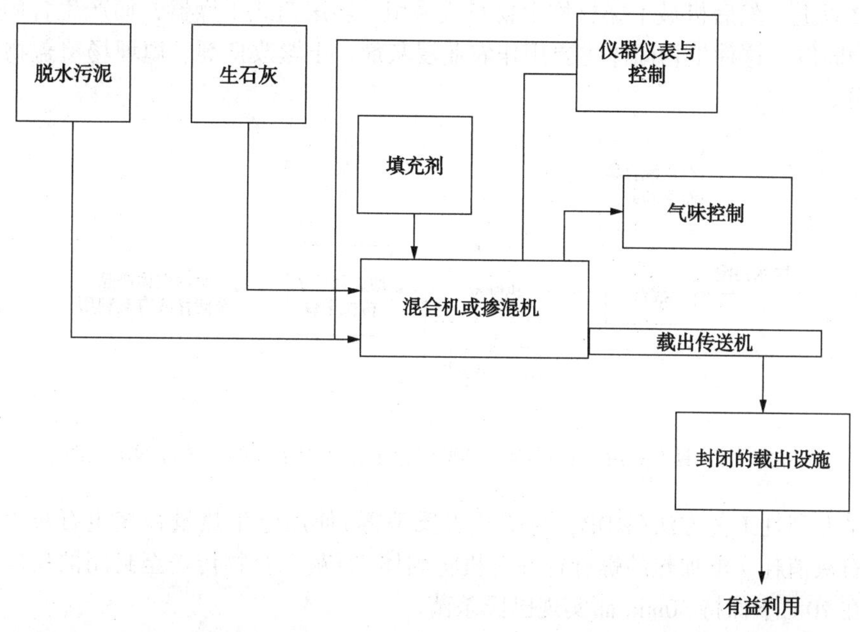

图 25.91 典型巴氏消毒系统的工艺过程示意图

料进一步在填埋场以小条垛堆干燥 2~3 天。A 类或 PFRP 等价物尚未批准(Oerke and Rogowski, 1990; Reimers et al., 1981)。

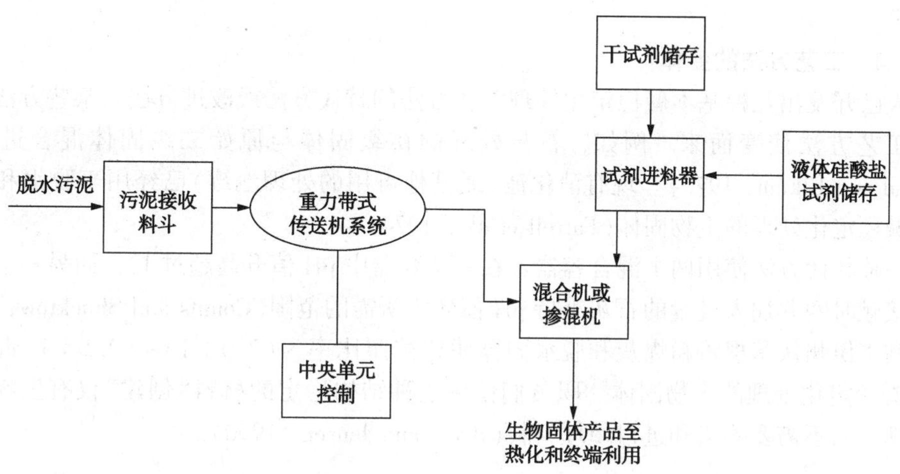

图 25.92 典型化学稳定化处理系统的工艺过程示意图

一种专利性工艺方法(N-VIRO 工艺方法)将高级碱稳定化处理与加速干燥方法(AASAD)组合(见图 25.93)。美国环境保护署已经批准了两个版本的这种技术作为生产 A 类生物固体的系统。这两个版本都涉及添加生石灰、水泥厂窑灰、石灰厂窑灰、碱性粉煤灰或其他碱性掺混物，并经由 pH、温度、氨、盐和干燥进行进一步固体处理而降低抑制病原体(Burnham et al., 1992)。在某一个版本中，化学品添加之后升高物料温度到 52~62℃ 至少 12h 而使化学反应产生的热量能够进一步减少病原体。第二个版本采取加入化学品提高固体

pH 值至 12 以上，然后机械干燥料堆中物料或采用旋转滚筒式干燥器，而产生含固体 50%~60%的生物固体。这种生物固体主要用作农业浸灰剂、土壤改良剂、填埋场覆盖物、或混合表土的组分。

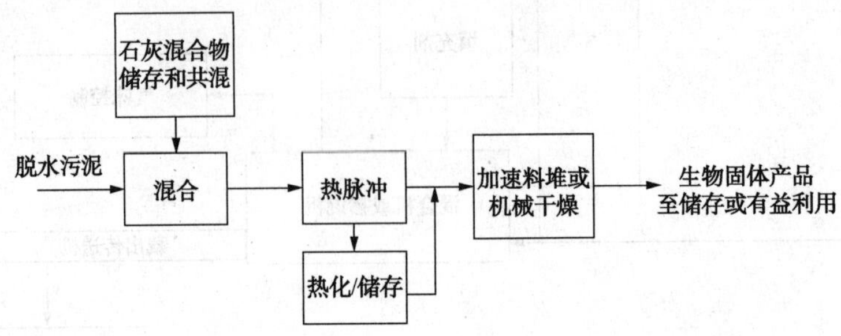

图 25.93 具有后续干燥过程的典型碱稳定化处理系统的工艺过程示意图

第二个专利性工艺方法(RDP，封闭式巴氏消毒)使用电生热量补充生石灰生热，据称这能降低石灰消耗。电加热的螺旋杆混合机将固体-石灰混合物传送至封闭的反应器中，在那儿物料在 70℃下保持 30min 而实现巴氏杀菌。

第三个专利性工艺方法(BIOset)使用氨基磺酸补充生石灰产生的热量。(石灰和水，石灰和氨基磺酸的反应都是放热反应)。这种工艺过程发生于加压容器中，实现巴氏消毒条件。BIOset 已经申请美国环保署病原去除委员会(Pathogen Equivalency Committee)将其工艺方法认证为“《40 CFR 503 法》中进一步降低病原体(PFRP)替代工艺方法”之下的 A 类生物固体技术。

5.1.4 工艺方法的变体

有人已开发出几种基本碱稳定化处理工艺方法的替代方法或改进方法。某些方法是从其他处理工艺方法演变而来。例如，石灰处理的初级固体与原始二级固体混合进行除磷(Paulsrud and Eikum，1975)。现有消化池(或其他可用的处理池罐)已经用于脱水和处置之前增稠碱稳定化处理的生物固体(Farrell et al.，1974)。

另一种替代方法使用两个混合容器：在一个容器中 pH 值升高超过 12，而另一个则提供足够的接触时间并加入过量的石灰维持 pH 值处于所需的范围(Counts and Shuckrow，1975)。

伊利诺伊州沃基根将粉煤灰和脱水固体滤饼按照比率为(2.0：1)~(2.5：1)混合而产生 B 类碱稳定化处理的生物固体。职员们使用这种结构稳定的材料“创建”仅有生物固体的单一填埋，而不需要购买和进口填埋材料(Byers and Jensen，1990)。

5.2 优点和缺点

液体和干石灰稳定化处理这两种工艺方法，工艺可靠，结构紧凑，安装价格相对低廉，操作比其他许多稳定化处理工艺方法更容易。许多使用石灰稳定化处理的污水公共事业单位都指出该种工艺方法如果混合彻底能够大大降低气味(Kampelmacher and van Noorle Jansen，1972；Westphal and Christensen，1983)。然而，石灰稳定化处理与气味经验通常是操作过程中的各种变化的典型结果。这个过程的病原体降低据报道与消化工艺过程一样有效，甚至比其效果更佳(U. S. EPA，1979)。

然而，这种工艺方法也有缺点。相比于消化作用，碱稳定化处理并不减少固体质量。事实上，这种方法因为所加入的石灰而由此生成的化学品还会增加质量；要处理的质量基本上与化学品剂量成正比。质量增加可能会提高生物固体使用或处置的运输成本，但这种成本可能会被资金和 O&M 成本节省抵消(这源自使用碱稳定化处理，而不是另一个工艺过程)。此外，重量增加通常会超过体积增加，因为体积实际上可能会由于石灰崩解而收缩。崩解作用能够升高固体温度，导致水分蒸发。

稳定化处理的固体是氮、磷和能够土地施用于农场上的有益有机物质之源。然而，碱稳定化处理的生物固体相比于好氧或厌氧消化生物固体通常包含的可溶性氮和磷(基于干重)较少。这种生物固体也可能部分或完全取代酸性土壤的石灰剂，因为它能够升高土壤 pH 值，因此，会限制植物吸收金属。然而，只要生物固体 pH 值保持较高，金属离子就会仍然被固定。此外，碱稳定化处理的生物固体可能不适合天然的碱性土壤(例如，美国西部的许多地方)。

另一个缺点是这种系统很难恒定提供充分混合。此外，碱稳定化处理会产生氨和其他可能的恶臭气体，需要在排放之前必须进行处理。

5.3 适用性

碱稳定化处理已经应用于许多生物固体管理项目(Oerke，1999)。下面是碱稳定化处理所应用的一些典型环境：

- 传统的干石灰稳定化处理是一种适用于土地施用或填埋生物固体的成本有效性的技术。然而，由于生物固体并未破坏，则当搬运距离较短时是更具成本效益的。
- 传统的液体石灰稳定化处理适用于小型污水处理厂，在这种污水处理厂中生成的生物固体体积较小，能够很容易地进行土地施用。在小型污水处理厂储存生物固体以备后来运送至较大型设施进行进一步处理或处置，也是切合实际的。
- 由于化学品是这种工艺方法中主要的操作及维护费用，且因为这种工艺方法具有很大的灵活性，则碱稳定化处理对于仅仅季节性运行或其固体生产可变的设施可能是成本有效性的选择。
- 高级碱稳定化处理可能允许市政部门以低于其他技术的资金成本经营生物固体分销及市场推广计划(例如，封闭式堆肥或热干燥)。
- 由于维护良好的的碱稳定化处理系统能够快速启动(或停运)，则能够用于补充现有固体处理容量或代替燃料短缺期间的焚化和烘干设施。这种工艺方法还可以处理现有设施停工进行清洁或维修时的总固体生产。
- 碱稳定化处理系统具有相对较低的资本成本，因此这种处理工艺方法对于服务年限较短的污水处理厂可能是成本有效的。
- 碱稳定化处理通常用于处理化粪池污水固体，在这些物质进行土地施用或排放至污水处理厂之前降低散发气味的物质。[美国环境保护署的《化粪池污水固体的使用或处置标准》(*Standards for the Use or Disposal of Sewage Solids*)(1993)规定，化粪池污水固体在进行土地施用之前必须采用石灰处理并在 pH 12 下维持 30min]。
- 碱稳定化处理能够添加到病原体降低不充分的工艺过程(例如，过载消化池)。然而，通常在厌氧消化固体采用碱性物质处理时会产生强烈的氨气味。

5.4 设计注意事项

由于产品质量和工艺设计是相互依存的，则定义工艺过程和产品目标的重要性怎么强调也不过分。工程师应该在实施碱稳定化处理之前对许多设计标准进行评估(请参阅表25.44)。虽然这些标准在不同的现场会有所不同，但典型的设计标准包括：

表 25.44 典型的高级碱稳定化处理设计标准(Fergen, 1991)

项目	说明或设备	参数	单位	取值范围		
				最小值	最大值	所选设计值
物料	污泥	固体	百分数	20	30	25
		密度	lb/ ft³①	45	55	50
	碱性填充化学品	固体	百分数	90	98	95
		密度	lb/ ft³①	50	65	65
	石灰	固体	百分数	90	96	95
		密度	lb/ ft³①	55	60	60
	稳定化处理的产品	固体	百分数	55	65	60
		密度	lb/ft³①	65	75	75
固化	技术	条垛式				
	停留时间	平均值	天数	3	7	6
		峰值	天数	3	7	4
	温度		℃	—	—	52~12h
	堆肥堆尺寸	底宽	ft②	6	14	10
		混合物高度	ft②	2	3	3
		顶宽	ft②	4	8	6
		面积/单位长度	ft²/ft③	10	33	24
		堆间隔	ft②	—	—	5
	翻堆		lb/d④	—	—	1(典型值)
气味控制	建筑物空气	阶段数	整数	1	3	1
		空气变化	整数/h	6	15	12
	产品储存	阶段数	整数	1	3	1
储存	污泥	储存天数	天数	0	1	1
	化学品	储存天数	天数	5	30	5
	产品	储存天数	天数	80	180	60

① $lb/ft^3 \times 16.02 = kg/m^3$。

② $ft \times 0.3048 = m$。

③ $ft^2/ft \times 0.3048 = m^2/m$。

④ $lb/d \times 0.4536 = kg/d$。

- 进料固体滤饼来源和特性(例如，数量、类型、品质和固体含量)；
- 接触时间，pH 值和温度；

- 碱性化学品的种类和剂量；
- 进料固体滤饼—化学品混合物的固体浓度；
- 能量要求；
- 存储要求；
- 中试规模试验的结果。

所需产物也是一个重要的设计标准。对于有关使用生物固体注意事项的更多信息，请参见第 7.8 节。

5.4.1　进料特性

进料固体滤饼的量、来源和组成决定了碱稳定化处理系统的整体规模。可变的增稠或脱水性能是一个重要考虑因素，因为如果性能不佳时会显著增加稳定化处理系统规模大小。脱水固体滤饼的固体浓度会影响化学品剂量和系统的大小规模。设备容量必须能够容纳要处理的进料固体滤饼的体积。这种系统处理“湿”固体滤饼(10%～15%固体)比干固体(20%～25%固体)将需要较大的设备和更多的碱性化学试剂。

进料固体滤饼的营养物质含量会影响生物固体的特性。碱稳定化处理的生物固体的农艺受益取决于其包含的植物养分的量和施用现场对石灰剂的需要。碱稳定化处理对于具有相对较高金属浓度的未经处理固体可能是有利的，因为碱性添加剂能够稀释金属(基于干重)并固定某些微量金属元素。

固体类型也应予以考虑。例如，厌氧消化生物固体比其他固体多包含 5～8 倍的氨-氮。所有这些氨氮会在碱稳定化处理所需的高 pH 之下挥发，而增加了气味潜势。碱稳定化处理系统中处理的厌氧消化生物固体还可能释放出与其他含氮化合物(例如，胺)相关的气味。碱性不稳定聚合物也可能有助于恶臭甲基胺的形成。对于所有的固体处理系统，在住宅或敏感商业区附近的碱稳定化处理系统通常都需要气味控制设施。

5.4.2　接触时间，pH 和温度

接触时间和 pH 值直接相关，因为 pH 值必须保持在所需水平足够的时间才能灭活病原体。处理化学品必须具有足够的残余碱度才能保持生物固体处于高 pH 直到使用或处置。高 pH 值能够防止气味分子和病原微生物生长或重新活化。

pH 值下降(pH 值衰减)出现于生物固体吸收大气中的二氧化碳或酸雨(当溶解于水中时形成弱酸)之时，这会逐渐消耗的残余碱度。pH 值逐渐减小，最终会降低至低于 11.0。细菌活性随后复燃，而重新生产有机酸，使 pH 值继续衰减(类似于厌氧消化中的反应)。

pH 值通常在稳定化处理期间会下降，因此应该将其升高并保持在 pH12 以上。只要 pH 可以监控而确保其在所需时间内处于所需的值，生物固体并没必要一定要处于接触容器中。

5.4.3　碱性化学品的种类和剂量

碱性化学品的类型和剂量是很重要的设计标准。化学品(例如，石灰、水泥厂的窑灰、硅酸盐水泥和石灰厂窑灰)的质量应该是一致的。不同类型或来源的添加剂会产生不同的生物固体质地和粒度。石灰可以获自许多来源，包括牡蛎或蛤壳中的高钙石灰到含钙相对较低的白云石石灰不等。在选择化学品时的主要考虑因素包括经济性、可用性、所需的混合作用和期望的产品特性。

一些碱性试剂(例如，水泥窑灰、石灰窑灰和飞灰)都被当作工业副产品，而设计工程师必须确保这种物料不会引入污染物或其他危害生物固体质量的污染物。例如，危险废弃窑

灰的水泥窑灰应该避免使用。另外，副产物的特性可能在不同位置和地点是不同的，因此供应商稠度质量控制程序是至关重要的。窑或炉的物料将保持相当的稠度，条件是工作条件没有显著变化。

污水处理厂的职员应该制定质量保证/质量控制程序，这包括频繁采样和分析而确保生物固体质量一致。由于碱性添加剂的质量直接影响生物固体的质量，则合适的监测和恰当的管理是非常重要的。更重要的是，应该实施中试或实验室小试，确定碱性添加剂的变化如何影响产品质量和这种工艺方法和化学品剂量应该如何进行调节而补偿这种变化。

两种主要石灰类型是生石灰(氧化钙)和氢氧化钙。液体浆状的熟石灰(碳化钙石灰)也是可用的。碳化钙石灰是由碳化钙生产焊接级乙炔的副产品。其应用原理与浆状氢氧化钙或生石灰是相同的，因此碳化物石灰在本文中不作具体讨论。

设计工程师应该基于经济性和物料处理特性(例如，碱性物质的颗粒尺寸)选择石灰的类型。氢氧化钙生产和运输成本比生石灰高出约30%，但需要更少的现场设备，因为其已经水合(熟石灰)。氢氧化钙对于小型设施通常是很经济的，但如果需要用量超过9000~13000m^3/d(3~4吨/天)，则应该考虑生石灰。

生石灰通常需要现场熟化设备。干石灰稳定化处理(即，直接将生石灰加入脱水固体滤饼中)不要求这种化学品首先熟化，但由于生石灰和水是放热反应，必须解决其他处置措施。干石灰稳定化处理也能消除石灰侧流和相关的管道和机械设备的磨损和结垢。

具体化学品的所需剂量将取决于进料口固体的类型(例如，初级固体、WAS、滴滤池固体或化粪池污水固体)、其质量和化学组成(包括有机物含量)、其固体浓度、所需的最终产品特性和碱性物质的类型和质量。

表25.45显示了维持pH 12达30min所需的液体石灰剂量范围(U. S. EPA，1979)。许多研究人员已经证实这些剂量(Ramirez and Malina，1980)。

表25.45 俄亥俄州黎巴嫩市液体石灰稳定化处理所需的石灰剂量(U. S. EPA，1979)

污泥类型	平均固体浓度/%	平均石灰剂量，lb氢氧化钙/lb[②]干固体	平均pH[①]	
			初始	最终
初级污泥[③]	4.3	0.12	6.7	12.7
废弃活性污泥	1.3	0.30	7.1	12.6
厌氧消化混合污泥	5.5	0.19	7.2	12.4

① 需要30min维持pH12所需的剂量。

② lb/lb × 1 000 = g/kg。

③ 包括废弃活性污泥。

化学品剂量会受到进料固体滤饼化学组成的影响，这取决于固体类型和所使用的处理工艺方法(例如，化学混凝)。另一影响化学品剂量的因素是固体浓度(见图25.94)(U. S. EPA，1975)。表25.46显示了较宽范围的石灰剂量(10%~60%，基于干重量)。由于固体浓度升高，则所需的剂量通常也会增加。每单位固体质量所需的剂量对于比较稀的进料(固体含量小于2.0%)则倾向于稍微更高，因为需要更多的石灰才能提高水pH值。然而，当其固体浓度范围为0.5%~4.5%时，液体石灰的要求比其体积更加密切相关于进料固体滤饼的总质量(U. S. EPA，1979)。增稠而体积降低的固体，因为质量并没有显著变化，可能对石灰要求很少或没有影响。

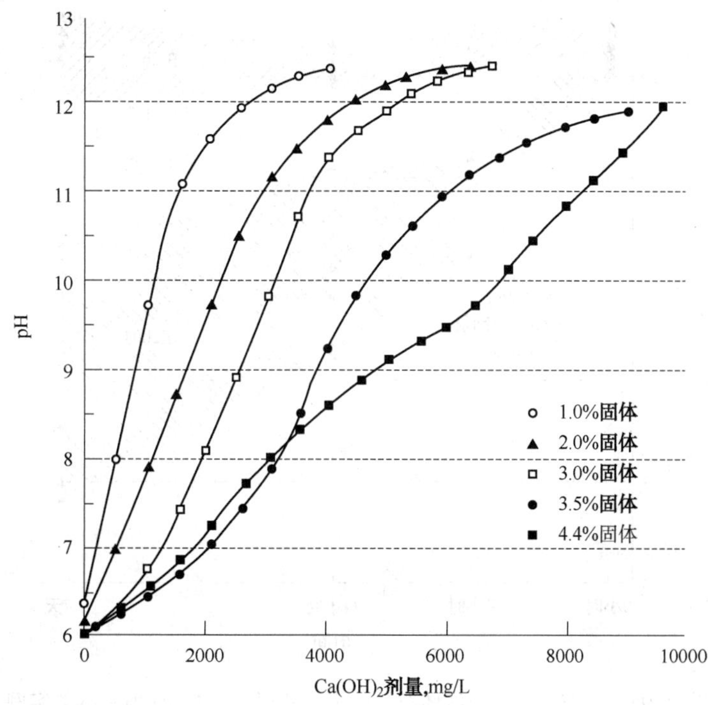

图 25.94 对于具有各种固体浓度的进料原料升高稳定处理系统中的 pH 值所需的液体石灰剂量
(U. S. EPA, 1975)

表 25.46 至少 14 天内保持 pH 超过 11.0 所需的液体石灰稳定化处理剂量(Farrell et al., 1974)

原料污泥类型	石灰剂量/(lb 氢氧化钙/lb 悬浮固体)①
初级污泥	0.10~0.15
活性污泥	0.30~0.50
化粪池污水固体	0.10~0.30
明矾污泥②	0.40~0.60
明矾污泥②+ 初级污泥③	0.25~0.40
铁盐污泥②	0.35~0.60

① lb/lb × 1 000=g/kg。
② 初级处理出水沉淀。
③ 基于干重。

真空过滤之前对于液体石灰 B 类稳定化处理通常需要的最低石灰剂量为 25%~40%(作为氢氧化钙,基于干重)(参见图 25.95)。图 25.95,图 25.96 和图 25.97 中的曲线显示了当所加液体石灰不足时出现的特征 pH 值下降。当剂量太低时,进料固体滤饼—石灰混合物的 pH 值最初可能达到 12,但随后会迅速衰减。

对于有效干石灰稳定化处理通常需要 15%~30%(作为氢氧化钙,基于干重)的最低剂量(参见图 25.98)。图 25.99 显示了 A 类和 B 类固体稳定化处理的理论干石灰稳定化处理剂量。下面的线显示了最大 pH 值的要求,而上面的线显示了 A 类稳定化处理的温度要求。图

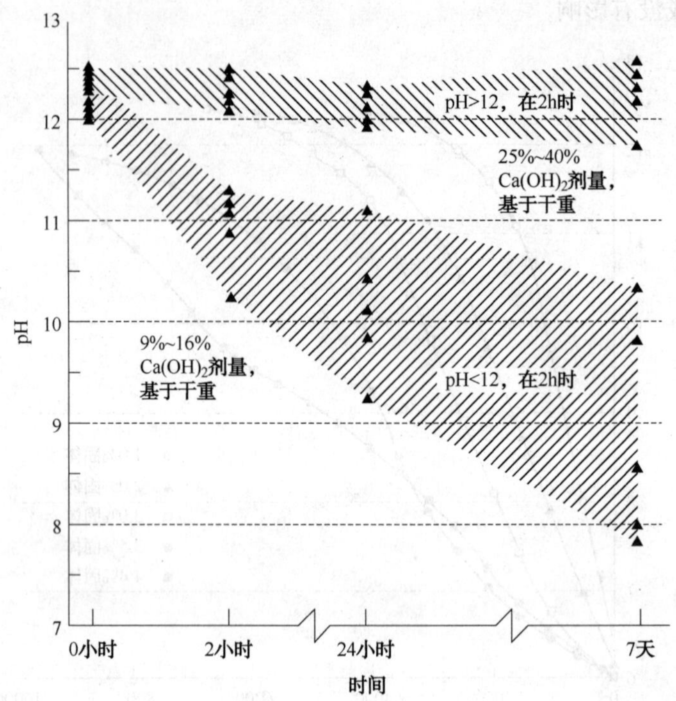

图 25.95 真空过滤之前液体石灰稳定化处理之后的 pH 值衰减的实例

(Westphal and Christensen，1983)

25.99 则基于生石灰 25%(基于干重)生石灰剂量要求。设计工程师应该注意，尽管 B 类稳定化处理的生石灰要求理论上随着固体浓度的增加而增加，A 类稳定化处理的生石灰要求随着固体浓度的增加而降低，因为石灰用于加热固体滤饼而实现了 A 类消毒(较低的固体浓度将意味着需要使用生石灰加热到所需的温度的水质量更多)，而同时石灰又用于升高 B 类稳定化处理的 pH 值(Lue- Hing et al.，1992)。

下列假设适用于图 25.99 中的 A 类固体温度要求：

- 进料固体滤饼温度为 20℃(68℉)；
- 所有生石灰与进料固体滤饼中的水反应而产生热量[1 140kJ/kg(490Btu/lb)生石灰]；
- 生石灰是 100%的氧化钙(该值通常为 90%)；
- 进料固体比热为 0.25；
- 从进料至空气或设备没有热损失。

这种情况在实践中很少存在，因此实际需要用于满足 A 类固体要求的生石灰用量可能超过图 25.99 中所示的用量高达 50%。为了生产更干燥而更容易粉碎的生物固体，设计工程师应该增加的生石灰剂量是表中所示值的两倍。

高级碱稳定化处理技术的化学品剂量取决于工艺过程、化学品和生物固体的要求。物料平衡应该用于确定碱稳定化处理设施的规模尺寸，并确定初始和最终的固体特性。表 25.47 显示了高级碱稳定化处理设施的典型材料平衡，假设化学品剂量为 65%(基于湿重)。设计工程师应该注意，对于固体浓度为 25%的脱水固体滤饼，基于湿重表示的石灰剂量比基于干重表示的剂量大 4 倍。例如，65%(基于湿重)的化学品剂量等于基于干重约 24.5%的化

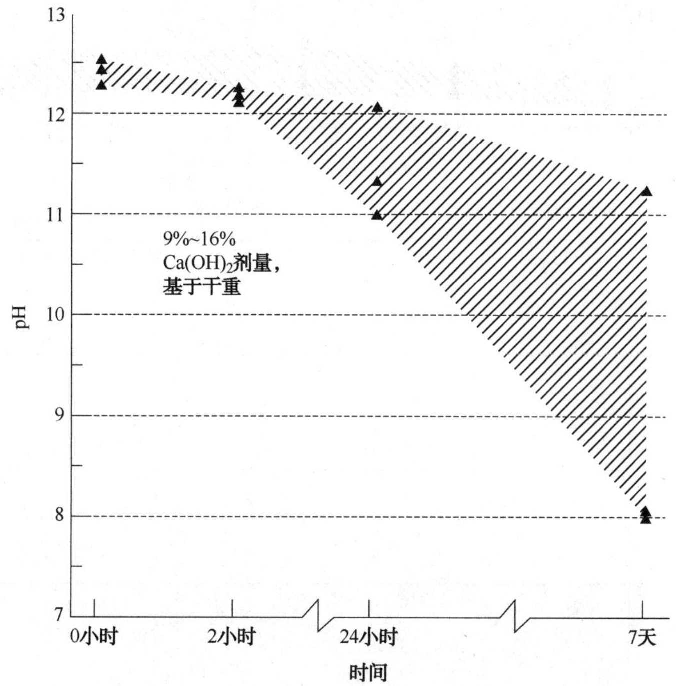

图 25.96　液体石灰稳定化处理之后的 pH 值衰减的实例

(Westphal and Christensen，1983)

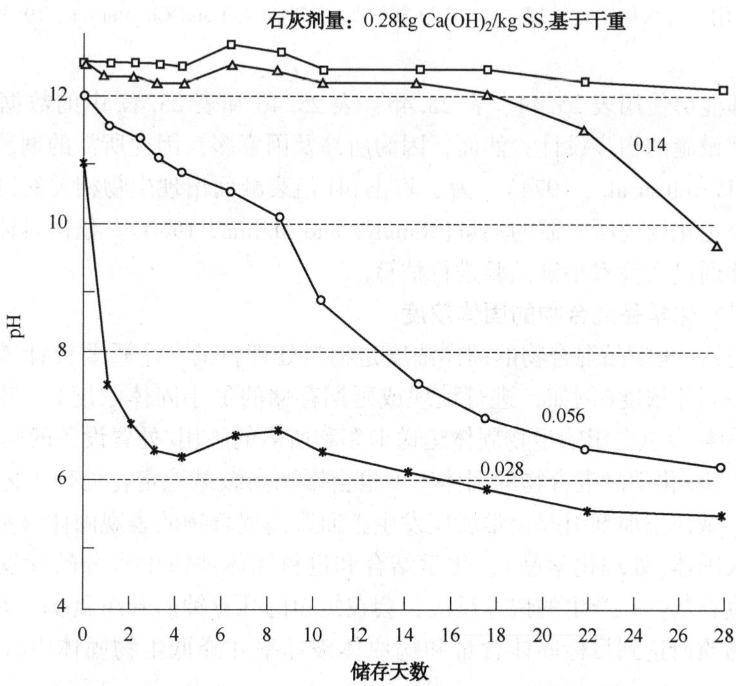

图 25.97　使用各种液体石灰剂量稳定化处理后的原始初级固体存储期间的 pH 值变化

(Farrell et al.，1974)

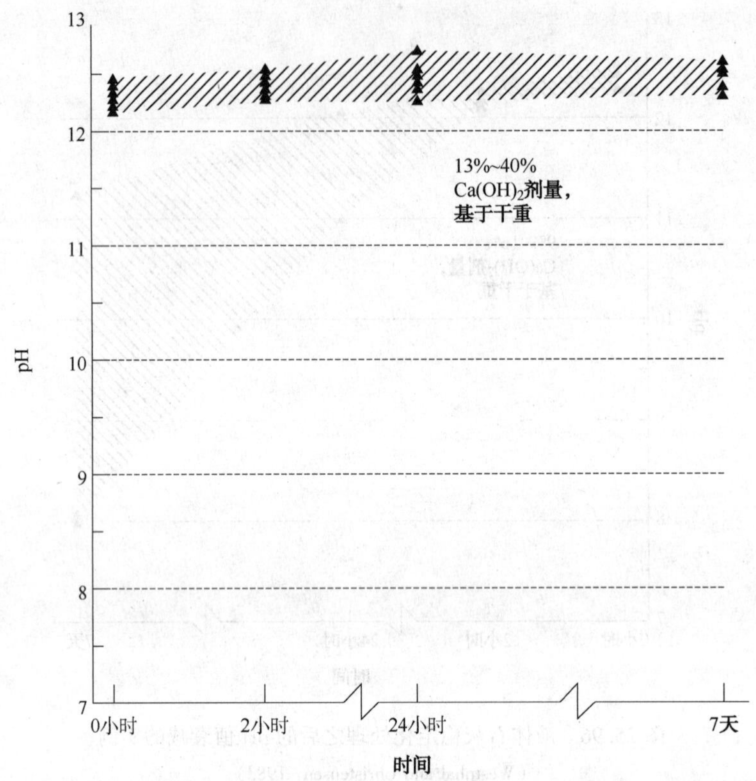

图 25.98 脱水固体滤饼(原始初级固体和废弃活性污泥的混合物)
采用干石灰稳定化处理之后 pH 衰减的实例(Westphal and Christensen，1983)

学品剂量。

设计工程师能够使用表 25.44、表 25.45、表 25.46 和表 25.47 中的数据进行液体和干石灰稳定化处理设施的初步设计；然而，因为所涉及因素多，因此所需的剂量应该根据各自情况进行确定(Farrell et al.，1974)。为了防止 pH 值衰减而出现生物相关的再生长，石灰剂量可能要高于稳定化处理所必需的剂量(Ramirez and Malina，1980)。任何具体进料固体滤饼的精确剂量能够通过实验室小试试验进行估算。

5.4.4 进料/化学品混合物的固体浓度

进料固体滤饼-化学品混合物的固体浓度是物料处理目的一个重要设计考虑因素。法规可能规定了最小固体浓度(例如，进行填埋或延期存储的最小固体浓度)。最终产品的固体浓度(干燥度)和粒度也会影响生物固体运送卡车和所需的施用/处置设备的类型。

初始进料滤饼-化学品混合物的固体浓度也会影响高级碱稳定化处理工艺方法中的任何补充干燥步骤。碱性添加剂引起化学反应发生，而升高混合物的表观固体含量。固体的这种增加是由于加入固体(处理化学品)，化学结合和进料固体滤饼中水分的挥发所致。碱性物质——尤其是生石灰——产生的快速反应，会在短短的几分钟内升高温度。彻底混合进料固体滤饼和碱性物质而达到目标固体含量和病原体破坏率并降低生物固体中残余气味(例如，氨)是很重要的。

高化学品剂量可能会产生所需的固体浓度，从而降低或消除补充干燥步骤的需要，但这种做法可能成本高昂。添加其他填充剂物质(例如，飞灰、木灰、粉煤灰、锯末、砂和土壤)能

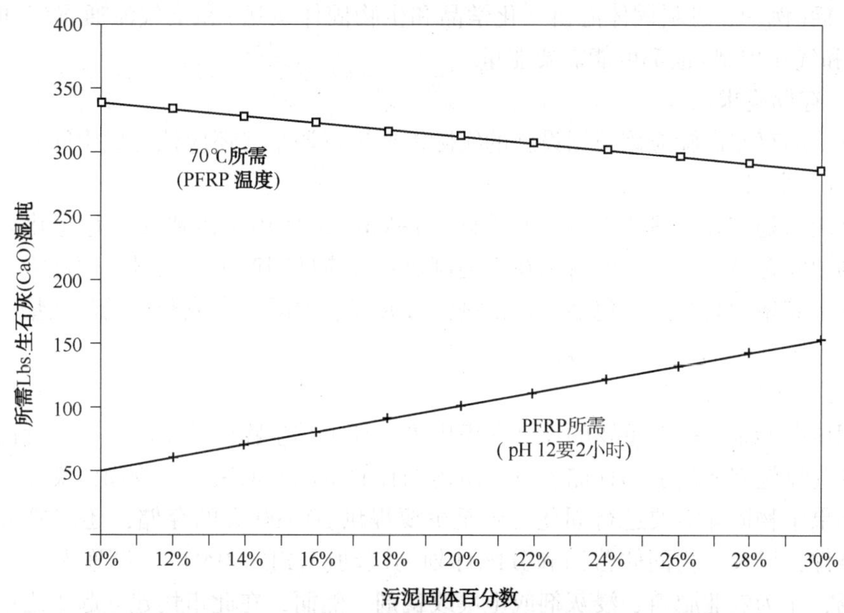

图 25.99　稳定化处理具有各种固体浓度的固体滤饼而使之满足 B 类或 A 类固体标准的理论干石灰要求

(Lue-Hing et al. , Eds. , 1992)

够提高生物固体干燥度并改善处理特性而不会增加化学品剂量。在条垛式堆肥堆操作中的机械混合，能够增强干燥作用，掺混物料，并释放夹带的氨和其他在脱水期间产生的挥发性气体，从而使产品更均匀。最终设计应该反映化学品剂量和所需的后续干燥度之间的最佳平衡。

5. 4. 5　能量要求

在液体石灰稳定化处理工艺方法中，需要的能量主要是用于将固体与石灰浆混合的能量。在干式碱稳定化处理中，混合能量要求最低；这些能量要求取决于固体生产量、化学品剂量和混合机类型。

表 25.47　高级稳定化处理设施的典型物料平衡 (Fergen, 1991)[①]

工艺过程	项目	固体平衡				
		固体含量/%	体积/ft³[②]	总重量/t	干重/t	堆积密度/(lb/ft³)[③]
混合	污泥 滤饼	25. 0	6 400	160. 0	40. 0	50. 0
	化学品	95. 0	3 186	103. 5	98. 4	65. 0
	初始混合物	52. 5	9 586	263. 5	138. 4	55. 0
条垛式堆肥	初始混合物	52. 5	9 586	263. 5	138. 4	55. 0
	蒸发损失	—	3 437	32. 9	—	—
	产品	60. 0	6 149	230. 6	138. 4	75. 0

注：化学品剂量：

基于湿重 65%

基于干重 24. 5%

① 对于峰值条件所有值乘以峰值系数(除了密度和固体百分含量之外)。

② cu ft ×28. 32＝ L。

③ lb/cu ft ×16. 02＝kg/m³

运输车辆(例如，进料固体滤饼、化学品和生物固体运送)和空气流通曝气和洗涤的设备(用于氨和气味控制)也都可能需要能量。

5.4.6 存储需求

这种系统的存储设施应该根据设施的实际需要进行调整，还应该提供中间和最终存储。

5.4.6.1 中间存储

一些高级碱稳定化处理工艺方法(例如，N-Viro)需要用于达到A类稳定化处理要求的加热步骤的中间存储。此步骤的目的在于遏制放热反应期间产生的热量，因此需要的化学品更少。中间存储单元装置可能包括绝热钢制活底漏斗、混凝土仓或开放混凝土垫上的未绝热储存堆。

5.4.6.2 产品储存

生物固体存储是另一个重要的设计考虑因素。如果其生物固体市场是季节性的，或尚未建立时，这些设施需要足够的存储容量。所需的存储量同时取决于生物固体类型和分销和营销方式。如果生物固体需要进行固化，则至少要提供30~90天的存储，还需要考虑适应路况和天气条件，以及生物固体营销和分配计划的波动(WEF，1994)。设施人员尝试开发生物固体市场，作为农业肥料、浸灰剂或土壤改良剂。然而，在此市场建立起来之前，生物固体必须储存或丢弃。此外，对农业产品的需求是季节性的，因此必须具有低需求时期期间储存堆放的设施。

另一方面，如果这种物质将用作填埋场覆盖物，则存储需求可能会是最小的(例如，如果垃圾填埋场每周5天工作，则可能需要周末存储)。

当设计储存设施时，固体浓度和生物固体的长期稳定性是重要的考虑因素。如果维护包括停机时间，生物固体存储设施在确定规模大小时应该满足每个设施的实际需求，包括计划内和计划外设备维护的存储。储存设施的设计应该防止在恶劣天气期间产品质量变差。在许多气候下，覆盖存储可能是可取的。如果采用不覆盖的储存时，应该提供渗滤液和径流收集，而避免积水，并在某些情况下，还要进行处理。碱稳定化处理的生物固体的储存堆渗流之物可能会导致淤塞和化粪池气味(Engineering - Science Inc. and Black and Veatch，1991)。

5.4.7 中试规模试验

由于进料固体滤饼的质量和稠度是现场特异性的，则工程师必须进行定性和定量分析，确定相应的化学品剂量和工艺设计参数。应该采用中试规模的试验，确定最佳的化学品剂量和混合机性能。这也容许市政评估各项作业程序和最终使用的产品。

工程师应该进行实验室小试试验和中试规模试验之后才能实施碱稳定化处理工艺方法。需要评价的四个主要方面包括

- 工艺要求(例如，碱性物质的种类和剂量)；
- 设备(例如，能源要求)；
- 生物固体的质量(例如，所需的固体浓度和粒度)；
- 气味的产生和控制。

工艺过程的关注问题包括化学品种类和剂量，进料滤饼和生物固体的固体浓度，和其他按需的工艺步骤(例如，补充加热和干燥)。工程师必须确定满足pH值、固体含量、加热温升、生物固体要求的化学剂量。这在实验室规模的小试试验中采用与各种剂量的化学品混合而仔细测量的进料固体滤饼体积就能够估算。所有的中试规模试验应该包括创建质量衡算而

确保化学品剂量与生物固体中固体浓度之间的一致性。在可能的情况下，应该使用全规模试验设备评价实际化学品剂量和混合性能。

测试条件应该加以控制而最大可能程度地模拟现场条件是极其重要的。在冬季期间，例如，系统可能需要不同的剂量或改性的化学品配方获得所需的生物固体。在大型条垛式料堆干燥操作中，混入产品中的二氧化碳能够降低 pH 值，因此碱性物质的剂量可能要增加，才能实现补偿。样品应该在将用于全规模系统的封闭或敞开的同类型容器中熟化。

工程师应该测试进料固体-化学品混合物的初始固体浓度对所提议的干燥技术的相容性。在不同干燥/熟化构造设计结构中研究各种化学品剂量，也可能是有用的。化学品剂量可能显著影响干燥速率和相应的干燥面积要求。

工程师们还能够利用中试规模的试验评价设备要求。这类试验的目的是确定生产与下一加工处理步骤或所需用途相容的生物固体所需的设备、能源和化学品。例如，如果干石灰稳定处理系统的桨叶式搅拌机的桨叶配置或操作速度不合适，则可能导致物料不合乎所需。适当的混合是必要的，不仅能够达到所期望的生物固体特性，而且还能确保碱性添加剂彻底混合。过度的混合能量可能会产生难以处理的不规则团块。

中试或实验室小试试验期间应该考虑的其他工艺参数包括气味排放、植物养分、金属和有机化学品的浓度，以及碱性物质剂量与脱水聚合物的相容性。有些聚合物在高碱性条件下可能会降解，释放出强烈的三甲胺(“死鱼”)气味(Jacobs and Silver，1990)。工程师应该采用不同的聚合物测试不同剂量的碱性物质而确定其对生物固体气味和物理特性(例如，压实和粒度)的影响。

在中试规模试验中评价的最后一个项目是产品。中试和实验室小试规模的试验提供了开始全规模生产前研究生物固体质量和市场销售的绝佳机会。这有助于邀请潜在用户观察中试规模试验或实施小规模的示范项目，鼓励其对产品产生兴趣。如果产品将要进行填埋或稳定处理，则应该评价物理特性(例如，固体含量，pH 值衰减，浸出性，渗透性或无限抗压强度)。生物固体的质量也还应该进行测试，而提供监管部门批准所需的数据和文件(WEF，1995)。

5.5　物理设施的介绍

5.5.1　固体处理和进料的设备

固体滤饼处理设备主要包括带式和螺旋传送机和泵。带式传送机通常用于固体水平或平缓坡传送固体。带式传送机的问题通常包括轻微溅漏，打滑和频繁的轴承维修。螺旋传送机也适用于向碱稳定化处理混合机或储存料斗传送脱水滤饼固体。螺旋传送机和高压固体滤饼泵能够物理地“整理”脱水滤饼，而使之很难(有时甚至是不可能的)与干碱性化学品均匀混合。有些螺旋传送机往往将滤饼-化学品的混合物滚成“球”。泵能够将脱水滤饼压实成长管，而在混合过程中必须打碎。滚成球和压实的滤饼，根据最终目的，可能是所需的或不合乎需要的，可能对于所得的生物固体特别关键(Oerke and Stone，1991)。

虽然碱稳定化处理工艺方法相对简单，但是定期检查和维护计划是至关重要的。传送系统及其他可移动部件必须对其磨损程度密切监控。如果只有一条传送机向碱稳定化过程进料，则必须定期检查，维护和校正，因为系统停机时间可能会延缓或停止稳定化处理。如果使用多个工艺序列，则应该提供绕过和交叉而避免过度停机时间。另外，工程师应该对碱稳定化处理系统进行设计而使之尽可能靠近脱水设备和存储系统。

设计工程师应该着重考虑使用冗余工艺过程和存储序列而容许进行日常维护和校准，以及操作灵活性，而无需停机。另一选项(虽然不太理想)是使用临时便携式装置，这在必要时可以在数小时或数天内就能使之运行。存储料斗或储仓可设计于脱水和碱稳定化处理系统之间而缓解脱水系统输出的变化，允许每个工艺过程独立运行。

5.5.2 碱性物质的储存和进料

碱稳定化处理需要特殊的化学品储存和进料设备。传统上，碱性化学品储存系统应该能够满足至少7天的需求(但是优选2~3周的供给)。绝对最小存储容量推荐采用200%体积的散装化学品出货，这取决于化学品供应商和用户之间的距离(Oerke，1991)。氢氧化钙能够存储长达1年。生石灰变质迅速，则不应该存放超过3~6个月。

由于一些高级碱稳定化处理工艺过程具有高化学品需求，则传统的设计标准可能会导致存储容量过大；然而，只要化学品交货安排可靠，设计工程师可以考虑较小的容量(化学品使用2~3天)。与每日化学品运送相关的成本应该对比那些额外的存储容量。

生石灰能够以块状或卵石形形式储存于地面现场，特别是如果碱性物质储存要长达6个月时，能够降低储存期间与水分反应的潜势。

碱性物质储存于具有侧斜至少60度料斗的钢质储仓中。如果使用大容量存储筒仓和日化学品箱，则应该配有除尘器和活底箱，料斗搅拌或空气垫，以便装卸而降低堵塞或桥接。

然而，对于任何化学品还会有潜在的问题。在贮存过程中，石灰可能与空气中的二氧化碳反应，而在石灰颗粒上形成碳酸钙涂层，使之反应性更低。生石灰和其他碱性物质容易与空气中水分反应(熟化)，导致结块，可能干扰进料和熟化。因此，石灰应储存于干燥设施，并防止水分发生意外熟化。同时，由于熟化产生热量，生石灰不应该存放在靠近可燃材料附近。

如果大容量存贮筒仓至化学品添加点的距离较短，则干碱性物质能够通过螺旋传送机进行机械传送。干碱性物质也能够在压力或真空之下通过气动传送。每种类型都有其好处。真空系统具有较少的灰尘问题，因为任何泄漏都会到达系统中，不会逸散系统之外。压力系统能够传送更多的物料。气动载送空气应该进行预干燥，而降低水合和其他与水分相关的问题。然而，如果使用各种碱性物质，气动传送系统可能具有维持均匀化学品堆积密度的问题(Rubin，1991)。

各种各样的化学品进料设备(例如，体积计量的螺旋给料机，旋转气锁进料机和重量计进料机)都可供使用。体积计量进料机提供恒定体积的碱性物质，而不管其密度如何。重量计量进料机提供恒定重量的碱性物质，并提供更精确的控制。然而，其成本约为体积计量进料机的两倍。设计工程师应该对进料机进行评估，才能确定哪些适合于给定的应用环境(Rubin，1991)。进料设备应该经由滑动闸门或类似设备与储仓隔离而使计量设备如果出现卡住时能够很容易拆除。

大多数化学品进料系统存在粉尘问题。装配不良的滑动闸门和泄漏进料机显而易见是粉尘之源。此外，进料设备和工艺过程混合机之间的垂直落差应该降低或封闭，以减少粉尘问题。

在混合过程中产生的水分，可能上升进入化学品进料和存储设备。例如，管道内存留的石灰主要是由桨叶式搅拌机中混合期间产生的水分所致。粉状石灰是吸湿性的，而趋于填充储存料斗的角落。混合机远离化学品进料和存储设备进行通风换气能够减少此类问题。

5.5.3　液体石灰化学品的处理和混合要求

石灰通常以料浆(石灰乳)形式进料至液态固体。干石灰不能有效加入到液态固体中，因为会发生结块。

在混入浆料后，氢氧化钙和熟化生石灰在化学上是相同的，而二者适用相同的进料工艺过程。石灰浆液能够通过间歇或连续方法制备。间歇方法包括倾倒袋装石灰至混合罐。料浆罐的内容物通过压缩空气、水射流或机械混合器进行搅拌。为了确保初始润湿和分散，机械混合器需要约 200 kW/m^3 才能处理浓度为 120 kg/m^3 的氢氧化钙料浆(Beals，1976)。

随后将料浆计量加入混合罐中。在这个过程中，这可能是最麻烦的一个步骤。浆液可能与补充水中的碳酸氢盐碱度和大气中的二氧化碳反应，形成碳酸钙水垢，可能堵塞管道。这个问题随着传输距离的增加和料浆中的碳酸氢盐或二氧化碳接触更甚而加剧。因此，料浆罐应该尽可能接近混合池，而设计工程师应该避免使用级联堰或其他引起湍流的设备。

使用生石灰和氢氧化钙稳定化处理脱水固体滤饼的基本区别在于，生石灰需要熟化设备。熟化过程可以以间歇或连续操作为基础完成。间歇法是更适合于小规模设施；然而，使用生石灰通常对于这类设施不太有利。熟化操作包括将生石灰和水混合而产生石灰膏(水-石灰比为 2：1)或石灰浆(水-石灰比为 4：1)。石灰膏应该在熟化室内保持约 5min，而使之完全水合；石灰浆应保持 30min。水合反应放热(即，释放热量)。正常熟化需要热量，但局部沸腾和飞溅可能使现场变得危险。熟化之后，石灰膏进入除砂室并将石灰膏稀释至所需的浓度。

连续熟化操作的合适自动化设备在很大程度上取决于石灰与水之比，而这又取决于石灰和所用的混合设备的类型。

稳定化处理的罐池推荐用于熟化机下游，而确保水中的氢氧化钙和溶解固体之间的所有的化学反应进行完全。这将会降低这种系统下游部分的结垢。如果可能，熟化机应该将石灰浆直接排放至稳定化处理罐池，并将其停留于罐池中至少 15min。需要进行充分混合而保持颗粒物处于悬浮状态，以防出现短路。

如果需要挡流板防止形成涡流，则应该对其进行设计而防止固体弯道(取决于罐池的几何结构)累积。

应提供清洗系统，使用稀盐酸去除泵和管道的碳酸钙水垢。因此，泵和管道的构造材料必须与酸和腐蚀性环境都要相容。

为了方便除垢，设计工程师应该尽可能使用软管或开放槽传送石灰浆。石灰浆可能是磨蚀性的，尤其是使用低级别的卵石石灰时，因此应该相应地选择设备和材质。

混合罐的主要目的是为脱水固体和石灰浆提供充分的混合和接触时间。推荐的接触时间为 pH 值达到 12.5 之后约 30min。混合时间是现场特异性的，因此，工程师应该尽可能实施实验室小试或中试规模的试验。

这种罐池能够用软钢建造。其大小尺寸取决于混合是以间歇式还是以连续模式进行。

间歇混合罐池通常适用于小型设施。这种罐池应该进行大小尺寸的选择而在一个批次中处理一天的固体，因为很多小型污水处理厂仅仅只有一次工作人员换班。如果具有足够的容量，这些罐池也能够在稳定化处理中和之后经过重力作用而增稠固体。如果这种罐池既适用于稳定化处理也适用于增稠，则必须使用特殊设备排放出增稠的生物固体。

在连续混合系统中，pH 值和体积保持恒定，并需要自动化石灰进料设备。连续混合设备的主要优点在于，所使用的罐池要小于间歇混合中所需的罐池。由于 pH 值很重要，则应该密切监测罐池内容物，并在混合之后维持 pH 高于 12 至少 2h。

两种系统都必须提供足够的混合而保持固体悬浮，并有效进行石灰分配。这两种最常见的混合系统是扩散空气式的和机械式的。尽管这二者都取得了成功，但扩散空气使用更加广泛。

扩散空气混合机比机械混合机具有至少两个重要的优点。首先是更具曝气作用，这在间歇操作中，有助于在加入石灰之前保持脱水固体新鲜。第二是碎渣对设备结垢的潜势较低(然而，现在也可以获得“无堵塞”机械混合机)。

扩散空气系统也有几个缺点。其一是，氨汽提产生气味并降低生物固体肥值。氨释放可能是危险的，因此必须提供足够的曝气。另一个缺点是，混合物会吸收空气中的二氧化碳，因此需要的石灰更多(因为其中一些石灰将会与二氧化碳反应)。最后，由于气体(例如，氨)发生汽提，则设施必须进行封闭而废气可能需要进行处理。

混合设施的设计标准类似于好氧消化系统的那些设施。如果设计工程师选择扩散空气混合机，则应该使用粗泡扩散器。扩散器通常沿着罐池一壁安装，而诱导产生螺旋辊混合模式。空气流量为 0.3~0.5 $L/m^3 \cdot s$ 已成功用于混合(Beals，1976)。如果对增稠的进料固体进行混合，则空气流量要求可能会更高。

机械混合机的设计标准都基于本体流体速率和叶轮雷诺数。表 25.48 列出了各种体积所需的各种尺寸的机械混合机。这些数据同时基于大于 0.13m/s 的本体流体速率(即，涡轮搅拌器泵送容量除以混合罐池的横截面面积)和超过 1000 的叶轮雷诺数。所列出的混合机尺寸足以混合干固体浓度高达 10%而黏度高达 1Pa/s(1000cP)的进料固体。

表 25.48 液体石灰稳定化处理的机械混合机详细规格(Counts and Shuckrow，1975)[①]

罐池尺寸		罐池直径		电极规格		螺杆速率	涡轮直径	
m^3	gal	m	ft	kW	hp	rpm	m	ft
19	5 000	2.9	9.5	6	7.5	125	0.8	2.7
				4	5	84	1.0	3.2
				2	3	56	1.1	3.6
57	15 500	4.2	13.7	15	20	100	1.1	3.7
				11	15	68	1.3	4.4
				7	10	45	1.6	5.3
				6	7.5	37	1.7	5.6
114	30 000	5.2	17.2	30	40	84	1.5	4.8
				22	30	68	1.6	5.1
				19	25	56	1.7	5.5
				15	20	37	2.1	6.8
284	75 000	7.1	23.4	75	100	100	1.6	5.2
				56	75	68	1.9	6.2
				45	6	56	2.0	6.6

续表

罐池尺寸		罐池直径		电极规格		螺杆速率	涡轮直径	
m^3	gal	m	ft	kW	hp	rpm	m	ft
380	100 000	7.8	25.7	37	50	45	2.2	7.3
				93	125	84	1.8	6.0
				75	100	68	2.0	6.5
				56	75	45	2.4	7.8

注：① 本体流体速度>0.13m/s（26 ft/min）。

叶轮雷诺数 >1 000。

混合罐池构造设计结构：

液体深度等于罐池直径。

宽度为罐池直径 1/12 的挡流板按照 90 度间隔安装

当进料固体在增稠和脱水之前在混合罐池中进行整理时，工程师必须仔细考虑混合操作的设计，而防止絮状体发生剪切。通常情况下，需要较低的机械混合机速度和较大的涡轮机直径。机械混合机也应该具有变速驱动器而允许实现工艺过程控制。

美国水务协会(American Water Works Association)(1983)和国家石灰协会(National Lime Association)(1988)出版了若干有关石灰选择和石灰处理设备以及有关石灰施用系统设计的文件。如果需要更多的设计信息，则应该参阅这些文件。

5.5.4　干碱稳定化处理的脱水固体滤饼/化学品的混合

干碱稳定最重要的组成部分是脱水滤饼和碱性物质的混合(掺混)。我们的目标是提供滤饼和化学品之间的紧密接触，由此调节整个混合物的 pH 值。混合不充分已经在美国几个干碱稳定化处理设施产生了稳定化处理不完全、气味和灰尘的问题，(Oerke and Stone, 1991；WEF，1995)。

间歇式和连续式混合系统都可以使用。通常使用机械混合机(例如，叶轮式搅拌机或犁式搅拌机)(见图 25.100 和图 25.101)。扩散空气并不适用于混合石灰和固体滤饼。混合机通常基于经验和试差法试验进行选择。许多混合机制造商都具有可供使用的移动式中试装置，而工程师应该尽可能使用这种设备评价和选择最有效的混合机。

彻底混合是一种艺术；许多变量都会影响混合过程而由此影响所得到的生物固体特性。脱水固体滤饼和化学品一起加入混合机的“头部”，而这种投料比是很重要的。脱水固体滤饼的混合特性取决于固体浓度，脱水之前整理固体的聚合物，稳定化处理的化学品和剂量，温度，搅拌强度，SRT 和每体积暴露固体滤饼的混合机表面积。在选择混合机时，设计工程师还应该考虑最小和最大的固体滤饼生产量，运行时数和其他操作条件。为了适应混合条件的变化，混合机能够配备变速驱动，可调桨叶构造设计结构，堰板和其他调节混合强度和停留时间的方案(Christy，1992)。

所得的生物固体物理特性取决于混合参数。其物理稠度范围从发粘和塑料至颗粒和粉尘不等。混合的目的是产生与下一加工处理步骤或预期用途相容的产品。生物固体特性可能在混合之后因为持续的化学反应、温度和其他参数而发生变化长达数天。

5.5.5　空间要求

根据场地限制、所用的工艺方法类型和要处理的固体量，通常碱稳定化处理工艺过程的

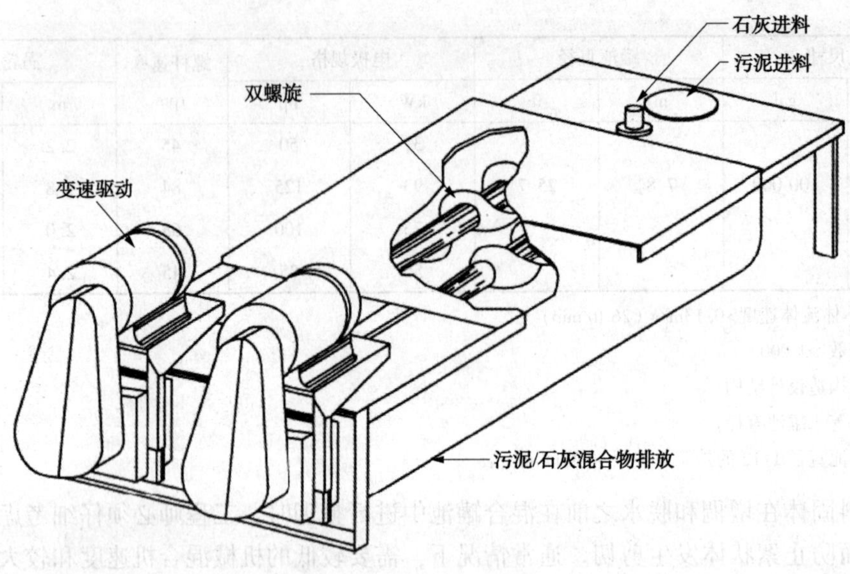

图 25.100 典型双螺杆叶轮式混合机

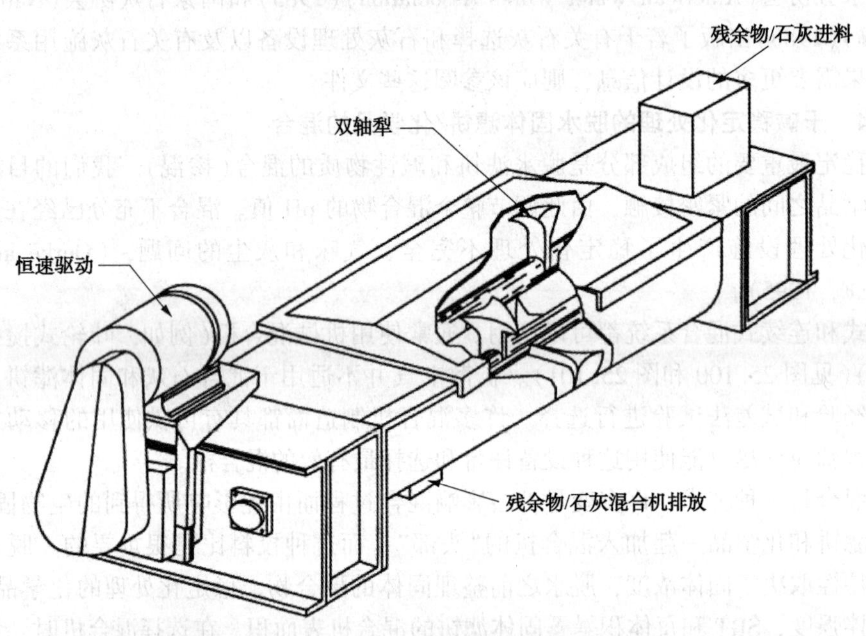

图 25.101 典型犁式混合机

场地准备是最小的。通常设备经过排布设计能够协调各种场地限制。因为这些工艺方法操作上相对简单，不需要大量的复杂设备，则在相对较小的空间内就能快速实施碱稳定化处理工艺过程。图 25.102 显示了 $3.4\times10^5 m^3/d$(100 吨/天)的高级碱稳定化处理系统的布局设计图。固体加工处理、干燥(如果必要)和生物固体储存都需要空间。活动的橇装设备适用于用作备用设备或紧急情况之需；它也可以用于示范项目，激发人们对生物固体的兴趣。

土地需求取决于要使用的工艺方法，固体类型、特性和体积，和具体场地。干燥/固化

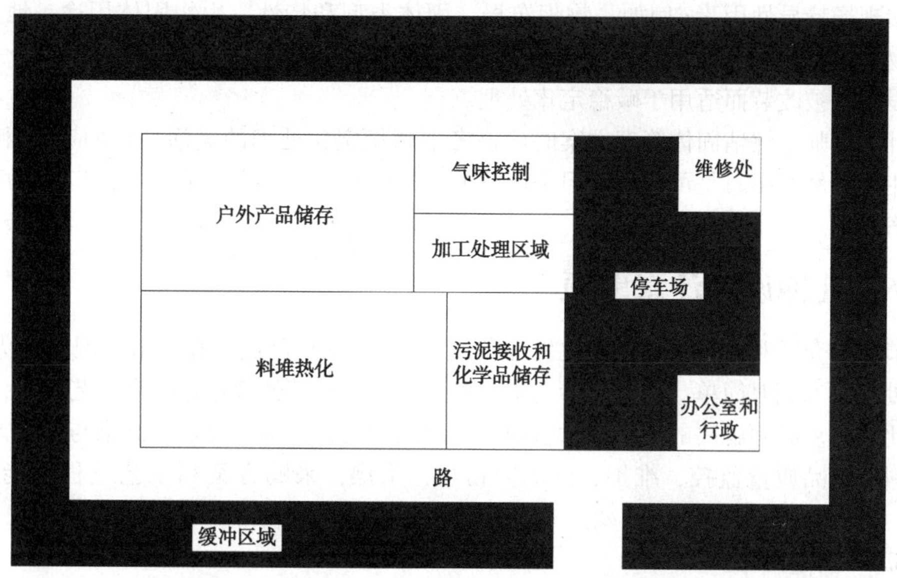

图 25.102　91-Mg/d（100-ton/d）高级碱稳定化处理设施的布局设计图（Fergen，1991）

区域的需要通常为 25～34m²/Mg(300～400 ft²/湿吨)处理固体滤饼，但所需要的面积也取决于要干燥或固化的物质总量和所使用的干燥方法。干燥/固化的建筑物的规模大小能够通过增加碱性化学品剂量，或使用机械干燥器而显著降低。

如果现场没有足够的面积可供使用，则设计工程师应该考虑异地存储产品。垃圾填埋场通常能够提供容纳干燥/固化的空间，但是干燥和储存区必须作为填埋进程进行重新定位。而且，填埋场的户外干燥/固化场所可能会招致气味投诉。此外，干燥区域必须方便而足以使卡车无需过多的操纵就能进出，完成生物固体卸货。还需要土地可供现场的其他卡车通行。

如果碱稳定化处理工艺方法处于污水处理厂内，则进出通路可能已然存在。应该为定期运送碱性物质提供充足的进出通道。这种卡车进出不应该干扰与工艺过程或生物固体分配相关的交通。

5.5.6　经济上的注意事项

经济学是选择固体管理方案时的另一个重要因素。设计工程师应该通过目前的价值，相对于每年的费用，或类似的方法基于生命周期的总成本评估碱稳定化处理工艺方法的成本。拖运和土地施用生物固体的成本可能是较大的，而必须包括于成本分析中(Jacobs et al.，1992)。此外，私有化方案的成本(如果采购是首选方法)应该对比公有和经营的选项。

全年 O&M 成本包括劳动、化学品成本、燃料、水电费、维修成本和运输(如化学品的设施和生物固体使用或处理场所处置)。其他年度成本可能包括公共教育，公共关系，生物固体营销，测土配方，农艺测试和分析。所有者在检查其他设施年度成本时应该审慎行事，因为它们包含了一些现场特异性因素(例如，电力、劳动力和设施离化学品供应商的距离)。此外，合同中明确指明的最低生物固体产量也影响年度总成本。当碱稳定化处理技术按照私人合同运作时，谈判合同必须准确反映实际生物固体生产量。

许多现场特异性因素(例如，物理布局、固体类型和特性、生物固体用途、地方法规，当地生物固体市场和当地气候)会影响成本而使经济评估和比较变得困难。此外，一些设施的现有设备已被改装而适用于碱稳定化处理。

设计工程师在评估固体管理方案时应该考虑碱稳定化处理的灵活性(适应性)和现有设施的使用。虽然并不总是可能的，但是市政如果将现有的设备应用于这个工艺过程序列还是能够节省资金。

5.6 其他设计注意事项

本节主要介绍和总结了碱稳定化处理相关的一些 O&M 问题。在一般情况下，大多数碱稳定化处理技术相对简单，设备并不密集；此外，相比于其他稳定化处理工艺过程，工作人员要求比较低。必须解决的操作注意事项包括启动问题，劳动力要求，健康与安全方面的考虑，进料和产品质量监控，维护，气味，粉尘，干燥，采购方案和工艺过程性能(Oerke，1991)

5.6.1 启动问题

碱稳定化处理相关的的启动问题是装置特异性的。最关心的问题包括设备性能；工艺方法验证；物理，化学和生物产品质量(验证合规性和确保产品接受)；和如果私有化，承包商的表现。尽管碱稳定化处理工艺方法并不是与其他稳定化处理工艺过程那样的设备密集型，但是一些设备问题和运行困难还是可能会出现于启动期间。为了使大部分干化学品剂量产生所需的产品，运营商可能需要改变混合机桨速度和保留时间。在启动阶段，所有工艺过程的设备应该处于额定容量下进行测试。项目组还应该测试大量代表性的进料并验证剂量测量是否准确，混合是否均匀。如果要使用几种类型的碱性物质，则每种都应该针对系统存储和进料设备进行测试，而验证可接受的操作。

监管机构应该在设计过程中进行协商，而验证工艺方法获批所要监测的参数。监测结果应该尽可能快地提交他们以启动审批程序。许可证延误并不少见，应采取适当的措施，竭尽可能以避免之。与主要监管机构频繁而持续沟通，可能有助于审批过程。此外，联邦许可机构(U. S. EPA 地区或州委派机关)在启动之前必须适宜通知。

启动运行提供了一个改变工艺参数和评估这些变化对产品质量影响的机会。虽然各种化学品剂量和干燥时间的影响应该在中试或实验室小试试验期间进行评估，但中试规模的试验条件并不总是足以模拟全规模运行。碱稳定化处理的优势在于能够迅速启动。移动的室外处理装置单元能够在约 10 天或更少时间内全面运行，这取决于所要处理的物质数量。

5.6.2 健康与安全注意事项

除了少数例外，碱稳定化处理的健康与安全方面的考虑因素与典型污水处理厂运行的那些没有什么差异。标准 OSHA 要求(例如，使用安全眼镜和安全帽)都要遵守。

由碱性物质产生的粉尘可能是最重要的健康问题。碱性物质有腐蚀性，会导致皮肤灼伤和对湿表面(例如，眼睛、嘴唇和汗湿胳膊)产生刺激和不适；因此，方便触手可及的洗眼器和淋浴应该提供于整个污水处理厂的各个位置。工作于多尘环境或碱存储服务和进料设备的操作者应该提供合适的工作服和安全设备(例如，手套、合适的口罩和眼睛防护)。

氨是另一个安全问题，特别是如果处理厌氧消化固体时更是如此，因为这种情况下很可能释放大量氨气(比原始固体可能高约 6~10 倍)。氨排放量可以通过混合机、存储料斗和装卸区适当通风换气进行控制。在机械曝气或混合期间，以及干燥期间都可经历氨强烈释放。因此，混合设备应该密封并竭尽可能进行通风换气控制气味。在一些区域，可能有必要为操作者提供呼吸器，这要根据氨的释放量而定，才能满足 OSHA 要求。

对于干燥区域可能需要特殊安全措施。操作相关的精细粉尘容易沉积于干燥区域，可能在混凝土或沥青表面层上产生打滑。在潮湿天气时，在干燥垫上可能户外形成泥层。泥滑，可能危及行人和车辆。应该采取特殊预防措施，通过良好的管理实践提高安全性。

5.6.3 工艺过程的监测和控制

进料固体滤饼和碱性物质必须经常进行监测，以使操作者能够根据需要调节工艺过程，而达到足够的稳定化处理和一致的产品。稳定化不完全的影响并非显而易见的，在污水处理厂内可能并不为所见；因此，合适的工艺过程控制是很重要的。操作者必须认识到，可接受的脱水性能和仅仅是无气味并不是充分稳定化处理的良好指示。

监测的特性包括总固体浓度，pH 值，和进料固体滤饼和生物固体的温度。对于 A 类（PFRP）产品，粪链球菌也必须以《40 CFR 503.16 法》条款中规定的频率进行监测（U. S. EPA，1993）。此外，如果产品将用于农业用途，还必须监测金属。如果该产品将被填埋，则必须执行毒性特性浸出程序（TCLP）测试。监管部门的批准可能还需要质量控制数据；方法和频率取决于监管要求。在某些情况下，也可能需要气味表征和排放监测。

操作人员可能需要响应温度和 pH 值手动测量结果和进料-化学品混合物的目视检测进行化学品剂量调节。然而，如果需要，还能够引入一些自动化工艺过程控制。例如，热电偶能够用于测量封闭容器中的热脉冲。化学品进料速率能够通过将其与进料流量计或脱水滤饼称重皮带或类似的装置协同设置而进行控制。

使用可编程逻辑控制器监控化学品进料系统，有助于生产一致性产品。典型系统可能包括连接至进料滤饼带式称重仪的化学品电子计量仪；然后，化学品进料能够基于进料滤饼重量进行自动控制。特别应注意的是要保持经常校准电子秤并正确操作而确保加入合适剂量的碱性物质。固体称重和体积计量系统应该每月校准。自动化系统也会减少操作工艺过程所需要的人员数量。

传感器——尤其是 pH 电极（实验室和自动工艺过程控制单元）——必须正确清洗，校准和维护。专用 pH 电极对于 pH 超过 10 的常规测量是必要的。pH 值必须仔细监测，确保其保持足够高而达到足够长的时间，才能满足监管要求。便携式 pH 笔探针对于工艺过程监测也是可以接受的。有资质的实验室对指标生物（例如，粪大肠菌群和粪链球菌）应该定期进行微生物检测。

5.6.4 气味的产生及控制

在将碱稳定化处理作为固体管理方案进行评估时，气味和气味控制是很重要的问题。气味控制和处理不充分，可能会危及固体管理项目。当地的环境条件（例如，天气、其他气味源和产生臭味的化合物特性）将会影响气味处理系统的选择和设计。有许多现场特异性的因素，在制定公众接受的气味控制程序时应该加以考虑。成功的气味控制工作包括以下方面：

- 初始选址；
- 合适的工艺过程性能；
- 减少生物固体存储的时间和体积；
- 识别气味源和产生气味的化合物；

• 在不同海拔高度的气象建模；

• 至最近接受者的距离；

• 合适的气味控制技术和设备。

氨是一种碱稳定化处理设施最常见的臭味。加入碱性物质会升高 pH 值，这将导致脱水固体滤饼中的溶解氨挥发。虽然气味往往迅速消散，但在混合区和干燥区中如果并未收集和处理这种气体，则氨浓度可能较高。另外，如果没有提供足够的通风换气，运操作者可能会需要佩戴空气呼吸器。因此，应该提供适合适的气味控制设备进行换气和洗涤空气而去除氨，从而减少臭味问题，提升市民接受程度。随着 pH 值和温度升高，氨排放量在加工处理区的强度可能会掩盖其他更普遍而不容易消散的气味(例如，三甲胺)。因此，应该实行气味检查而确定气味源和表征气味剂。

除了气味检查之外，还应该评估气象条件和大气分散性。大气数据应该基于风速和风向，温度和逆增条件收集。这些信息通常获自当地气象站，而能够用于确定气味对碱稳定化处理设施附近居民的影响和满足社会气味标准所需的气味控制程度。

有效的气味控制项目涉及运营监测，并可能包括实验室规模的小试试验(确定不同化学品剂量下的氨排放量)和气相色谱法/质谱检测法。在进行气味表征之后，必须对其进行收集和处理。中试规模试验有助于检查所提议的处理方法的有效性及其化学。在许多碱稳定化处理设施中，气味控制主要包括通过开放式空气干燥稀释气味。如果干燥操作是封闭的，则气味可以经由屋顶通风换气进行稀释和分散。然而，如果在人口稠密地区处理大量物质时，应该严格研究分散和化学洗涤的综合处理。气味控制程项目针对气味投诉实施是很重要的。根据气象条件和气味源和类型，要解决这个问题可能有必要进行操作或工艺改进。

最初，污水处理专业人士认为碱稳定化处理和高级碱稳定化处理设施并不需要气味控制系统。然而，许多气味的关注和投诉已经使之显而易见，气味控制系统对于邻近居民区的碱稳定化处理系统而言应该着重考虑，而且可能是很必要的。这样的系统可能包括增强的通风换气系统和在进料-化学品混合区设计仅仅去除氨的简单单级化学洗涤器。这些系统也可以是现有技术最先进的三级填料塔——雾洗涤塔——具有空气分散栈的填料塔系统，设计用于处理由固体处理序列的区域产生的大量含颗粒物、氨、胺、二甲基二硫醚、硫醇和硫化氢的污浊空气。这些复杂的气味控制系统使用硫酸，次氯酸钠和氢氧化钠中和和氧化气味物质(有关详细信息，请参阅第 7 章)。

5.6.5 除尘

粉尘是碱稳定化处理系统的固有问题。碱性物质处理系统能够产生显著的粉尘问题，特别是如果使用精细质地的物质(如熟石灰、水泥厂的窑灰或石灰厂窑灰)。碱性物质处理系统应该设计粉尘产量减少的装置。过量碱性粉尘也会影响到气味控制洗涤器的性能(例如，酸化学品的要求)。

5.6.6 侧流的影响

碱稳定化处理工艺方法通常对污水处理厂运营的影响不大。如果不包括储存区域，最低侧流来自现场排放，产品堆放渗流和溢流。然而，如果安装曝气及气味控制酸洗涤器，则潜在的侧流装置负荷是氨再循环。

5.6.7 干燥

如果工艺过程需要，则补充干燥还需要特殊考虑。干燥可以使产品更容易处理，而干燥系统的类型可能会影响生物固体的特性。例如，如果物料如果是铺开在太阳下进行晒干而无需机械翻动，则可能干燥成大的团块，而将会与经由颗粒农肥播散机的土地施用不相容。

干燥或固化的持续时间取决于环境条件、化学品剂量、料堆构造设计和初始与最终的固体浓度。它也依赖于所实现工艺过程目标所需的时间(即，发生反应的热和升高而足以破坏病原体的 pH 值)。干燥和固化都会改变物理性质而获得所需的固体浓度和生物固体特性。干燥持续时间取决于料堆的大小和天气条件(如果干燥设施不采取封闭时)。

5.6.8　工艺过程的性能

设计和操作得当，碱稳定化处理系统能够减少气味，气味产生的潜势和病原体水平。

5.6.8.1　*气味减少*

采用正确混合操作，碱稳定化处理系统基本上能够减少气味。在固体处理设施中的气味源之一，硫化氢，基本上能够在碱性化学品加入而 pH 值升高至 9 或更高时被消除，因为硫化氢转化成非挥发性的离子化形式(参见图 25.103)。当使用空气混合的系统时，氨气味最初会由于氨汽提而增加。一旦这些气味散发和分散或被处理，则气味就能降低 10 倍(Westphal and Christensen，1983)。

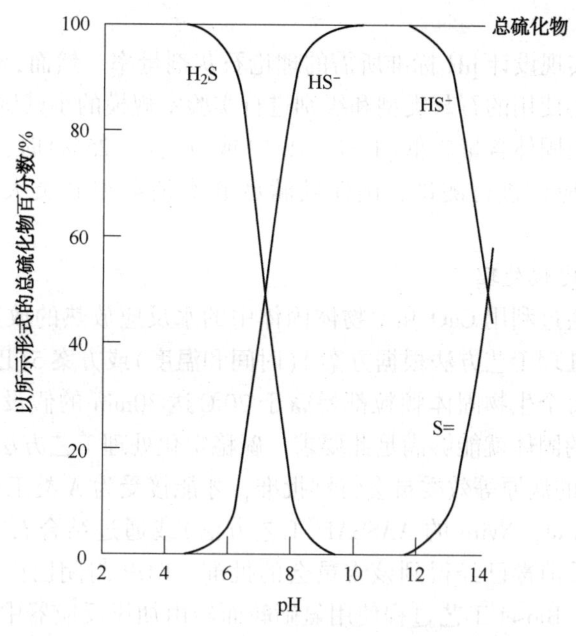

图 25.103　pH 对硫化氢物种形成的影响

高 pH 值和温度下散发的其他气味气体(例如，三甲胺)也必须考虑并进行分散或处理。

5.6.8.2　*沉降和脱水特性*

石灰稳定化处理能够改善固体沉降和脱水特性。石灰在过去已经单独作为脱水前整理剂使用(但是石灰整理和石灰稳定化处理是不同的工艺过程)。与过量加入石灰相关的沉淀[主要是 $Ca(CO_3)$ 和未反应的 $Ca(OH)_2$]起到了填充剂的作用，能够增加孔隙率，而同时抗压缩。

石灰稳定化处理的增稠和脱水工艺过程的有限报告显示了综合结果。有一项研究表明增稠作用得以改善(U.S. EPA，1975)。有两项研究表明，相比于未采用石灰稳定化处理的固体，在砂干燥床上的脱水比其能够稍微更好些(Novak et al.，1977；U. S. EPA，1975)。

设计工程师在设计石灰稳定化处理固体的机械脱水系统时，应该谨慎。如果设计不包括合适的预防措施，则可能发生结垢问题(例如，碳酸钙和其他沉淀物沉积)，从而导致更高的 O&M 成本。

5.6.9 采购方案

私人公司能够提供许多涉及专利性工艺过程和专用设备的高级碱稳定化处理技术。这些技术还涉及特许权使用费、质量控制费或单一来源设备。此外，一些公司可能会提供按合同供应产品的设计——构建设施的采购方案，或要求各类型固体加工处理服务私有化。

5.7 设计师的工艺过程考虑因素

5.7.1 剂量标准

5.7.1.1 B 类稳定化处理

B 类稳定化处理通过加入足够的石灰(或其等价物，如果使用碱性副产品)升高 pH 值至 12 达 2h，然后保持 pH 11.5 或更高至少另外 22h。pH 值必须在 25℃的温度或校正至 25℃下进行测定。

图 25.99 显示了实现设计 pH 标准所需的理论石灰剂量率。然而，设计工程师在全规模运行期间应该一直对要使用的石灰类型和级别进行实验室规模的小试试验。剂量率取决于固体滤饼的固体含量；当固体含量较低(13%~18%)或较高(>25%)时，则需要更多的石灰。石灰处理的生物固体应该进行测试，确保其满足 B 类消毒和 B 类大肠菌群限制的 pH 值标准。

5.7.1.2 A 类稳定化处理

石灰稳定化处理通过利用 CaO 和生物体固体中的水反应放热的放热反应而满足 A 类病原体要求。碱稳定化处理工艺方法根据方案 1(时间和温度)或方案 5(巴氏消毒)满足 A 类要求；这两者都是基于每个生物固体颗粒都暴露于 70℃达 30min 的假设。通过采用石灰在封闭容器中处理各批次的固体就能够满足此要求。碱稳定化处理工艺方法如果按照连续模式运行，则可能需要 EPA 的病原等效委员会特别批准，才能接受为 A 类工艺过程。

一些专利技术(例如，Nviro 的 AASSAD 工艺方法)或通过结合石灰和其他热源(例如，RDP，Bioset)实现巴氏消毒已经得到该委员会的批准。RDP 封闭巴氏消毒采用电加热螺旋丝，提供更多的热量。Bioset 工艺过程使用氨磺酸而经由加压反应器中的放热反应产生额外的热。这些工艺过程的碱剂量见表 25.49(EPA，出版中)。

表 25.49 各种碱稳定化处理方案的质量平衡

	剂量率/%(湿重)			
B	Generic	2~5	无	15~30
A	Generic	10~20	无	23~35
A	N-Viro	12~20	FA，CKD，LKD	50~65
A	RDP	15	电加热	23~35
A	Bioset	15	氨磺酸	20~30

注：最终固体基于 2.5%~25%的滤饼固体。

5.7.1.3　B 类气味控制

将 pH 值升高至高碱性范围，不仅能够稳定化处理固体，而且也能够提供短期气味控制。然而，B 类消毒的石灰剂量仅仅暂时升高 pH 值高于 12。为了控制气味数天或数周，则这种剂量应该高于 B 类稳定化处理的最低值。虽然实验室小试规模的试验是确定气味控制最佳石灰剂量的最好方式，但是良好的一般规则是加倍消毒剂量。气味也能够通过合适的混合操作确保不存在包裹生物固体未接的触石灰而进行有效控制。

5.7.2　石灰的类型和品级

合适的处理剂都是基于石灰的物质。石灰是一种碱土物质，当与水混合时能够在 25℃下产生 pH 12.4。据发现，其有两种形式：氧化钙（CaO）和氢氧化钙［$Ca(OH)_2$］。氧化钙（也称为生石灰或热石灰）是加热石灰石［碳酸钙（$CaCO_3$）］释放二氧化碳（CO_2）而获得。当氧化钙与水混合时，CaO 形成精细白色粉末［$Ca(OH)_2$，也称为熟石灰］，并放出大量的热（称为水化热）。

许多工业生产过程的副产品，含有可用的少量石灰［例如，工业洗涤污泥、飞灰（燃烧含石灰石的煤的焚化炉）、水泥厂窑灰、石灰厂的窑灰和干燥工业烟道气净化副产品］。然而，如果用于处理固体，这些碱性试剂必须仔细评估和监测，因为游离（活性）石灰含量的浓度和污染物会发生变化。

商业生石灰等级从直径几英寸至通过#100 目筛的材料不等。国家石灰协会（1990）列出了以下五个等级：

- 块石灰［直径 50.8～203.2mm（2～8in）］；
- 卵石石灰［最常见的形式，直径范围 6.35～50.8mm（0.25～2in）］；
- 粒状石灰（100%通过#8 目筛，而 100%保留于#100 目筛）；
- 磨碎石灰（100%通过#8 目筛，而 40%～60%通过#100 目筛）；
- 粉碎石灰（100%通过#20 目筛，而 85%～95%通过#100 目筛）。

以下生石灰的定义，将有助于调和诸多术语的模糊混乱：

- 未熟化生石灰细粉（氧化钙细粉）是生石灰颗粒，直径通常小于 9.5mm（3/8in），并且没有与水混合；
- 粉碎氧化钙是生石灰已经机械压碎成颗粒，通常小于 60 目；
- 研磨氧化钙细粉是生石灰已被研磨成颗粒，颗粒直径大于粉碎氧化钙（即，没有粉尘尺寸的颗粒）；
- 未熟化 CaO 细粉是没有与水混合的小生石灰颗粒；
- 未水合氧化钙是任何没有水合（熟化）的生石灰。

石灰与水的反应通过熟化速率（定义见 AWWA 说明书 B202-93，第 5.4 节）进行测定。小孔隙石灰需要 20～30min 才能与水完全反应，形成 $Ca(OH)_2$，放热升温缓慢。中等反应活性石灰需要 10～20min 与水反应形成 $Ca(OH)_2$而在 3～6min 内升高温度至 40℃。高活性石灰在 10min 内就能与水完全反应，而 3min 内就能升温到 40℃。设计工程师能够使用熟化速率评价各种工业副产品的合适性。

固体应该用中等或高反应活性的石灰处理，确保 CaO 完全转换为 $Ca(OH)_2$。如果该反应要产生迁移整个固体的高 pH 值，则在整个物料中必须存在连续水膜。否则，石灰可能水化不完全或氢氧根离子可能不会在整个固体中迁移。这可能也确实会导致 pH 测定结果不正确，计量不正确，而因此使固体不能完成稳定化处理。如果氧化钙必须进行粉碎，则应该在施加之处进行粉碎，而防止空气对其熟化和确保所需的反应性。

5.7.3 混合要求

在宾夕法尼亚州19家污水处理厂的调查中，宾夕法尼亚州环境保护部审查了工艺过程变量(例如，生物处理和石灰剂量)及其对气味的影响(通过气味小组测定)(EPA，出版中)。

结果表明，处理之前石灰剂量和固体含量具有很宽的范围。离心分离的固体往往比带式压滤分离固体更具气味，但其他工艺过程变量与气味之间没有明确的关系。

该机构选定了两家调查的污水处理厂而研究石灰剂量和混合时间对pH值衰减和气味的影响。研究人员用两个参数表示混合效率：总Ca(由EDTA滴定法测定)和pH值(通过平面pH电极测定)(EPA，出版中)。混合容器的整个固体中较高而相对稳定的钙浓度表明，固体和石灰混合良好。平面pH电极测定的固体-石灰混合物内实际pH实际比传统料浆方法更准确(在料浆方法中，水加入固体-石灰混合物中之后再测定pH值；这溶解了任何未反应的石灰，产生错误的高pH读数)。

在第一项研究中，研究人员将CaO按照4.5%~11.7%(湿重)加入固体滤饼中，并在15~45s内将其混合。结果表明，15s的时间不够；在15s混合中Ca和pH值可变性高得多。研究结果还表明，CaO剂量4.5%将会将pH值升高至12以上，但只有较长的混合时间才能达到。

料浆法表明，在低CaO剂量和较短混合时间下15天之后pH值就降低至低于12。然而，平面电极表明，较低的CaO剂量和较短的混合时间绝不能达到pH 12。

增加CaO剂量和混合时间能够降低气味产生。它们也降低生物分解指标NH_3和胺的生成。生物分解能够导致气味加重。

在所有石灰处理的固体中气味增加高达15天，但对于较高CaO剂量和较长混合时间的固体随后就会下降。研究还表明，采取低CaO剂量和短混合时间的固体在15天之后NH_3及胺类大大增加。

在第二项研究中，研究人员研究了优化CaO和固体混合对pH衰减和气味产生的装置规模效应。为了优化混合作用，研究人员在混合机上游将CaO加入固体中而增加接触时间。然后，他们将现有操作的石灰处理固体样品对比于优化操作的样品。

结果表明，优化混合降低了固体中Ca水平的变化，防止了pH值衰减，并降低了气味、NH_3和胺的产生高达20天。

5.7.3.1 混合效率的测量

(一) 识别问题

哥伦比亚水和污水管理局(Columbia Water and Sewer Authority)(DCWASA)的蓝平原区的高级污水处理设施采用石灰稳定化处理达到B类病原体标准已经多年。虽然粪大肠菌群结果始终符合监管限制(<2mil. CFU/g)，但并不是恒定的。根据现场收集的经验证据，气味也不恒定。现场检查员说，气味类似于臭鸡蛋或腐烂白菜(甲硫醇、甲硫醚、二甲二硫)；馊肉(挥发性脂肪酸)和粪类物质(吲哚、粪臭素)。一些气味物质通过气相色谱仪证实(Kim et al.，2003)。所有这些气味都是厌氧微生物活动的产物，表明未达到最佳微生物灭活。人们怀疑，气味和粪大肠菌群破坏的这些不恒定性是相关的，而混合较差可能是主要因素。因此，他们基于一系列研究实施了许多变化，而DCWASA固体现在恒定包含小于1000 CFU粪

大肠菌群并很少散发气味。

大多数使用石灰进行稳定化处理的设施都依赖于 2h 和 24h 下 pH 值测试结果指示这种物质是否符合 EPA 的 B 类标准。然而，EPA 假设，混合完全而有效，则 2h 后 pH>12 和 24h 后 pH > 11.5 就表示物料已经稳定化，气味低。标准 pH 值测试(料浆法)涉及在测定之前向样品中加水和搅拌，因此尽管这种测试是样品是否含有足够石灰的良好指示，但是这并不表示样品在测试前是否混合充分。因此，pH 值的结果可能是一致的，而最终产品却具有很宽泛的质量波动(粪大肠菌群水平和气味)。

经历气味投诉的设施应该确定固体是否具有恒定的粪大肠菌群和气味物质的浓度。如果结果表明粪大肠菌群水平并非恒定或大大高于 1000CFU，或这些气味[通过鼻子(定性)或通过还原硫计量仪或管(定量)测定]不恒定或难以忍受散发，则石灰并未彻底混入固体中。一组简单而价格低廉的测试能够有助于找出解决办法。

高有效而充分的混合会受到以下至少五个因素的影响：石灰品级、滤饼干燥度、混合机中停留时间、混合机类型和混合前的传送方法。一旦操作者有工具测定混合效率，则它们就能够调节一个或多个这些因素而达到所需的产品质量。

(二) 建立良好混合的基准

如果研究人员怀疑混合效果差，则他们应该开始建立在对比结果时能够使用的与充分混合一致的参数。确定混合效率的一套简单措施是钙试验，这需要 1 g 样品。在充分混合的固体中，每个 1 g 样品将包含按照所需比率的固体和钙(即，15%基于干重的石灰)。在混合较差的样品中，一个样品可能不含钙，另一个可能含有高百分含量的钙，而其他的结果则可能处于在二者之间。具有高标准偏差的大样本集(例如，12~15 个样品)将会指示混合效果差，而具有低标准差的样本将指示生物固体充分混合。工作人员可以进行实验室小试规模测试，将固体与石灰(按照交货)混合，确定物料混合充分的参数。随后将这些结果对比于污水处理厂的结果而对全规模运行的性能进行评级。

实验室小试装置可以使用简单的面包混合机。以未加石灰的脱水物料开始，按照规定的剂量(例如，15%，基于干重)加入石灰。运行混合机，在 10s，20s，30s，40s，60s 和 90s 之后停止采样。每次停止混合机时，取出 15 个 1 g 样品进行钙分析。(较少的样品可能就足够，但钙试验价格低廉，而更多的数据将能够提供更清晰的结果)。混合 10s 可能不充分，而混合 90s 可能就很充分了。具有最小标准偏差的样本集对于混合充分的产品是污水处理厂特异性的基准。实施这种实验室小试试验，只能在刚要进入混合机之前收集的滤饼固体上实施；这一点很重要，因为脱水和传送方法会影响混合结果。图 25.104 中的数据就是在 DC-WASA 研究的实验室小试规模的阶段产生的(North et al., 2008a)；图 25.104 表明，标准偏差随着搅拌时间的增加而降低。

(三) 全规模污水处理厂运行性能的测定

接下来的步骤是从全规模运行采集 15 个样品，对其进行分析，并计算其标准偏差。如果这个标准偏差高于实验室中获得的最小值，则混合系统能够得到改善。如果全规模和最小实验室规模小试试验的标准偏差相同，则不可能获得更好的混合效果和产品质量。DCWASA 发现，当气味较高时，其全规模样品组的标准偏差接近实验室规模小试试验中的 15~20 秒样品的标准偏差，这表明全规模试验混合机在这些时间段内远未达到最佳混合(North et al., 2008b)。

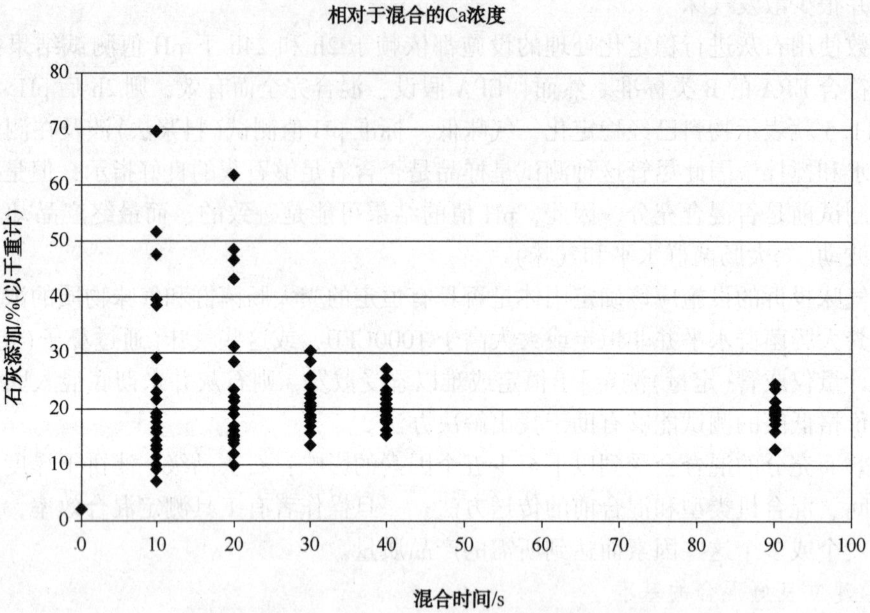

图 25.104 钙含量的 DCWASA 实验室规模小试试验结果

（四）混合能量和气味抑制

在蓝平原(Blue Plains)污水处理厂，样本集的最小标准偏差为约 2.6(出现在小试试验混合约 40s 时)。结果是污水处理厂特异性的，但这个数字给 DCWASA 运营商提供了一套测定石灰-固体混合和混合机性能，以及提高产品质量的工具。图 25.105 显示了混合能量(在这种情况下是时间)与图 25.104 中样品还原硫化合物(气味)之间的关系。并不令人惊讶的是，当混合良好时气味最小。

（五）混合能量和粪大肠菌群灭活率

图 25.106 显示了混合能量(时间)和图 25.104 中样品粪大肠菌群结果之间的关系。同样，如果混合良好时，粪大肠菌群最小。令人惊讶的是，在这种 B 类稳定化处理工艺方法中最小化粪大肠菌群获得的结果(CFU<1000)满足 A 类生物固体。

5.7.3.2 混合的优化——影响混合的五个因素的检测

（一）因素 1：石灰品级

为了确保混合适当，工作人员必须经由筛分法分析定期检测石灰交货，并将结果对比于所需的石灰规格。如果交货石灰太粗，则混合能量可能不足。这种简单的测试能够有助于确保充分混合，气味低和稳定化处理正确得当。

较粗糙的石灰需要更多的混合能量才能充分引入。图 25.107 显示了 DCWASA 对固体与不同品级的石灰混合的实验室小试试验结果。在 DCWASA 脱水序列中所用的石灰经过筛分法分析，结果表明，WASA 1 处理序列(由 WASA 雇员操作)所用的石灰比 WASA2 处理序列(石灰由承包商提供而设备也由承包商操作)所用的石灰粗糙。这两种石灰都与同源原始固体混合，而三分之一的样本与经过碾磨而匹配 WASA2 的石灰筛分分析的较粗糙石灰混合。大肠菌群分析结果表明，采用较细石灰的样品比其他石灰稳定化处理更快。此外，采用碾磨至石灰 2 细度的石灰 1 的样品稳定化处理速率相似，这表明石灰 1 和石灰 2 之间的差异主要

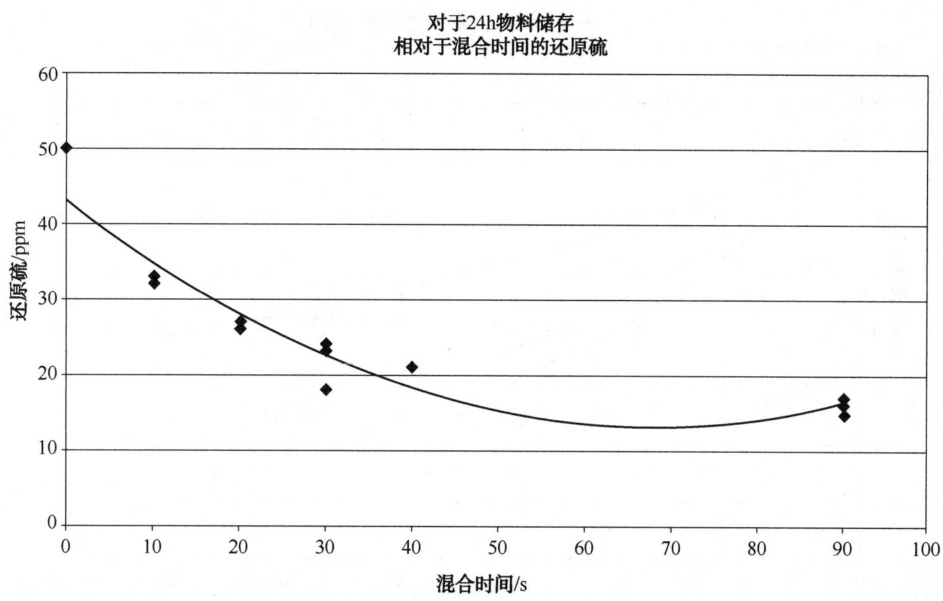

图 25.105 DCWASA 实验室小试混合试验中混合能量与还原硫化合物之间的关系

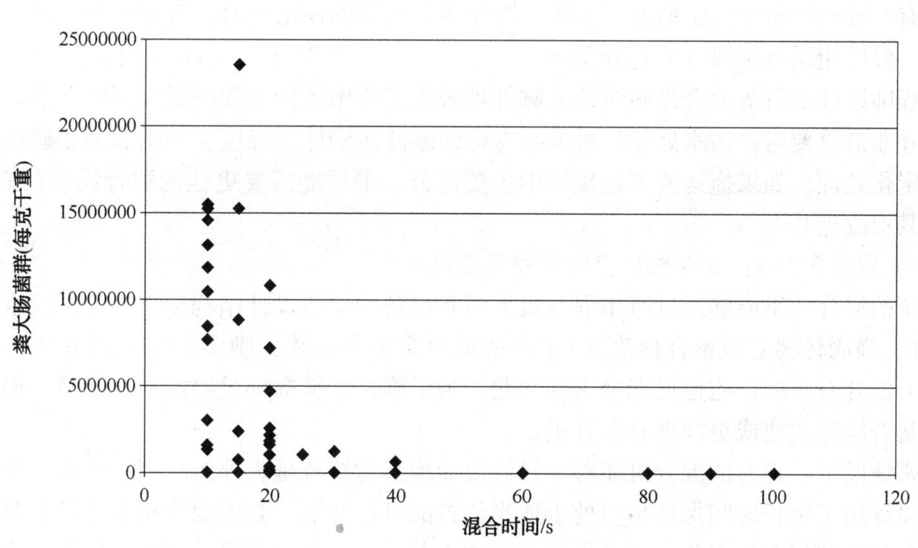

图 25.106 DCWASA 实验室小试混合试验中混合对粪大肠菌群浓度的影响

是由于品级所致，而不是其他特性。

（二）因素 2：滤饼干燥度

脱水滤饼的固体含量能够显著影响混合能量要求。较干燥的固体需要更多的能量才能足以混合石灰。固体百分数(3%~4%)的较小差异能够使所需的混合能量加倍。图 25.108 显示了低、中和高滤饼固体正常稳定化处理所需的混合能量。高固体含量的滤饼需要更多的混

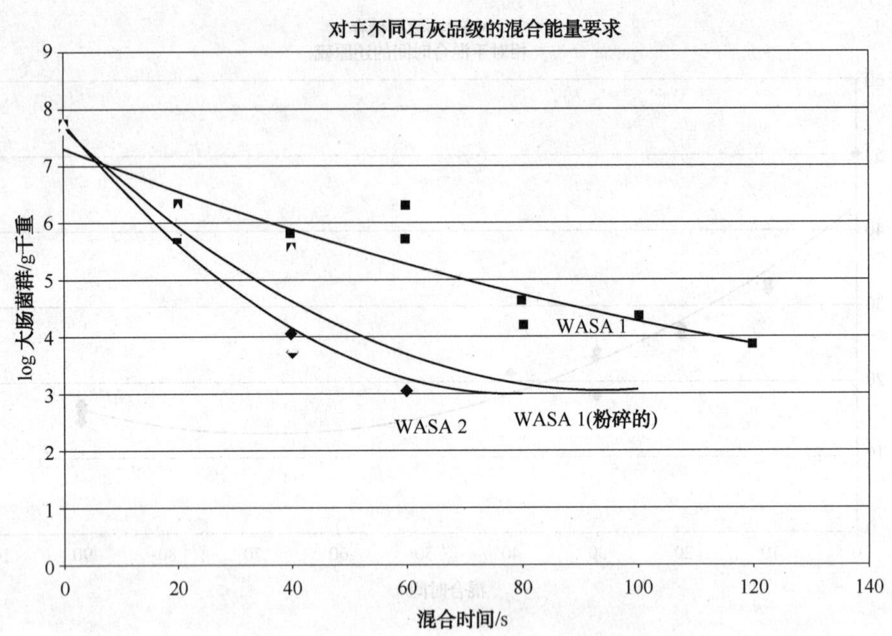

图 25.107 各种品级的石灰所需的混合能量

合能量，才能最小化粪大肠菌群浓度。这在评价混合问题时是一个重要的考虑因素，因为脱水设施有时可能产生不恒定的滤饼固体。当滤饼具有高固体浓度时，气味和粪大肠菌群破坏率的不一致可能是由于混合不充分所致。

工程师设计的石灰混合设施应该能够处理脱水滤饼中预期出现的最大固体含量。如果拖运成本并非最重要时，污水处理厂可能会考虑缩减滤饼固体干燥度，稍微有助于确保充分混合和稳定化处理。如果拖运成本是预算中主要部分，则可能需要更佳的混合设备(或本节中提及的其他改进)。

(三) 因素 3 和 4：混合机停留时间和混合机类型

系统的混合效率能够通过所用混合机类型和设备的构造设计结构影响。如果脱水系统升级(例如，高固体离心或聚合物改变)生产的滤饼含更多固体，则多年来采用具体一套设备能够充分混合石灰的设施也可能会出现问题。为了确保能够提供足够的混合能量，操作者需要研究是否应该改建或更换现有混合机。

通常情况下，现有的混合机能够经过修改而增强搅拌或延长停留时间。例如，犁式混合机具有设计用于更长时间保持物料处于适当位置的可拆卸堰。其他混合机设计具有开口，使斩拌机叶片能够很容易安装，而增强混合。如果单元装置未达到最佳混合，操作者应该安装所有设计用于增强混合和提高停留时间的可选用设备。如果在考虑因素 1、2 和 3 之后装置单元仍不能达到最佳混合，则操作者必须考虑更换它。然而，在考虑使用较大的混合机之前，工作人员应该考察传送系统。

(四) 因素 5：混合前的传送方法

图 25.109 显示了 DCWASA 蓝平原高级污水处理厂的固体传送系统的部分设计图。采样位置 1 处于高固体离心机排放口，位置 2 是处于水平螺旋传送机上，位置 3 在垂直螺旋传送机的后面，位置 4 正好处于石灰混合机之前。位置 5 是石灰混合机的排出端，位置 6 处于将

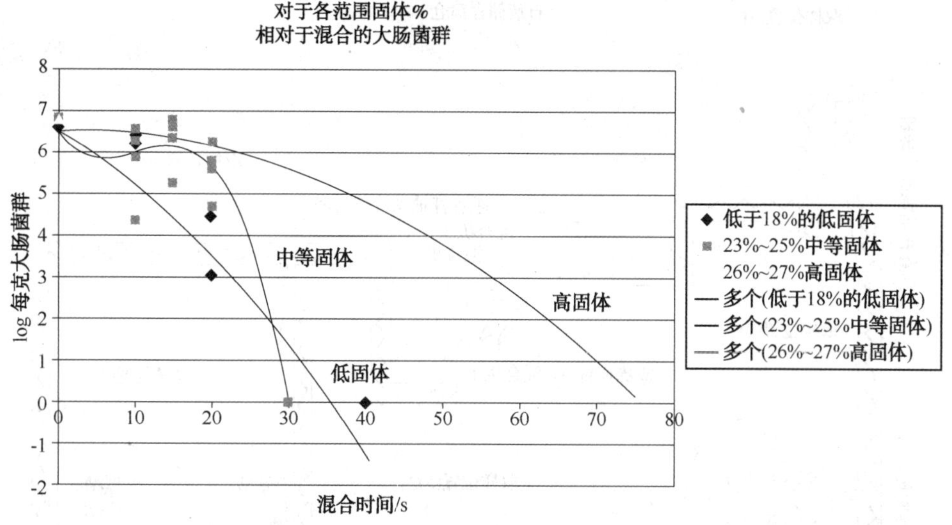

图 25.108 各种固体浓度所需的混合能量

物料移动至存储仓的水平螺旋传送机上，而位置 7 是向存储仓排放的排放点。研究结果表明，在混合之前采用螺旋传送机施加混合能量(由此改变物质流变学)，使之更难以稳定化。然而在混合之后使用螺旋传送机能够施加更多混合能量而由此降低气味并提高产品品质。

未加石灰处理的物质传送一段较长的距离，进行合适的稳定化处理需要更多的能量。工作人员在混合之前从四个位置采集未经石灰处理的物质样品并对其实施实验室小试规模的混合试验。结果表明，传送更长的物质(位置 4)，比传送较短距离的那些物质(位置 2)恒定具有更多的残余大肠菌群(见图 25.110)。这表明，传送过程改变了物质的流变学，并影响其正常混合的能力。肉眼观察表明，这种物料在位置 1 和位置 4 之间从疏松稠度变化至牙膏稠度。

在考虑改变设备(如果其他干涉措施无效)时，操作者应该将更换螺旋传送机(用带式传送机，这种传送机不会影响物料的流变学)的成本对比于升级混合机的成本。现有的混合机可能足以满足不能长距离螺旋传送的物料。

混合之后，螺旋传送机能够增加混合能量而提高产品质量。图 25.111 表明，生物固体传送越远，产生的还原硫就越少。这些数据还表明，在传送机运行端采样而不是石灰混合机排放端采样的重要性。位置 5 和 7 采样样品的粪大肠菌群将会出现显著不同的结果，再次表明，螺旋传送机将会在石灰混合之后进一步稳定化生物固体。

5.7.4 B 类石灰稳定化处理的设计实例

设计一个满足 EPA 的 B 类标准(<2，000，000 CFU/ g 粪大肠菌群)的系统，设施必须基于稠度充分向原料固体中混入合适用量的石灰，而产生可用的低气味生物固体产品。这需要为所产生的生物固体对适量石灰的贮存和传送和具有足够混合能量匹配物料的混合系统(这根据不同的污水处理厂可能差别很大，这要取决于干燥度、传送和石灰品级)进行设计。石灰计量和石灰混合在此 MOP 中介绍。下面的实例使用了本手册前面章节中提出的概念。

5.7.4.1 设计实例——第 I 部分

设计一个采用生石灰和石灰混合机的固体稳定化处理而满足 B 类病原体要求的系统。

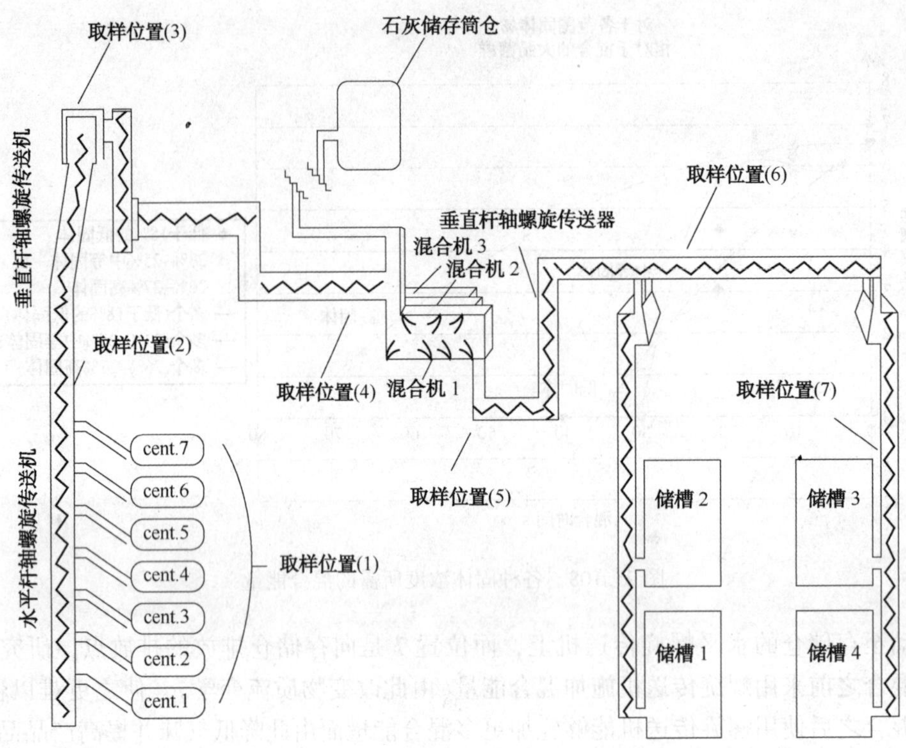

图 25.109 DCWASW 石灰稳定化处理系统中传送机和采样位置的平面图

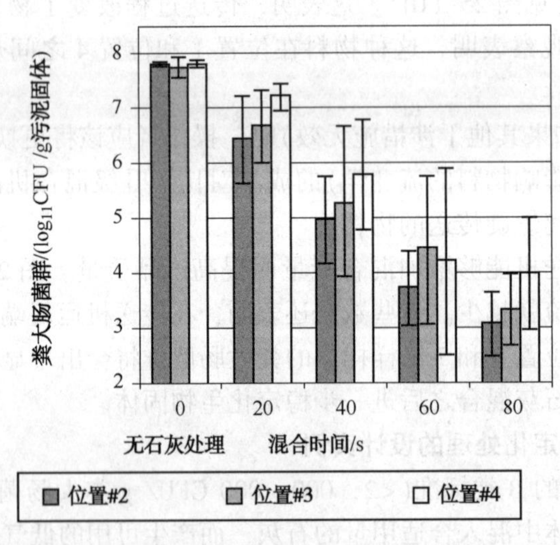

图 25.110 传送距离对固体稳定化处理的影响

污水处理设施的峰值生产是 20 干吨固体/d。固体通过带式压滤机脱水，能够产生含固体 18%的固体滤饼。该设施最初将每天 24h 每周 7 天生产生物固体，直接装载到卡车上，每次载荷 21 湿吨。因此，必须根据时间分配员工。假设最终设施扩大其沉降容量并希望将固体

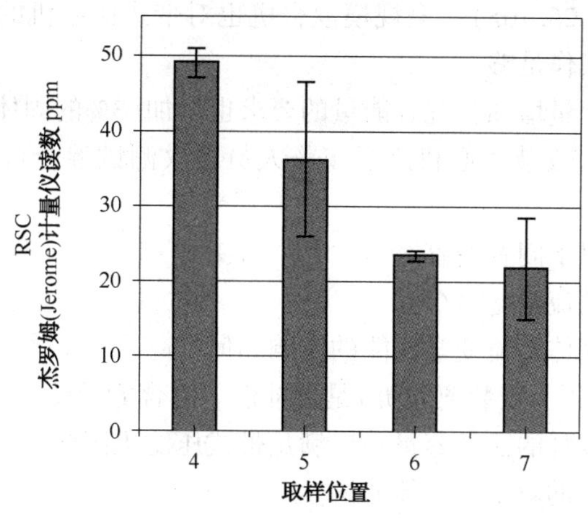

图 25.111　传送距离对气味的影响

处理系统操作(和人员编制)降低至每天 8h 每周工作 5 天。假设所选择的混合机具有 100kg/min 的额定容量，则混合机和备用混合设备能够提供约 15%~25%的额外混合容量(超出生产商推荐的额定容量)。以干重为基础，假定石灰剂量为 15%。

1) 设计 24/7 运行的石灰混合系统

采用脱水滤饼日均生产量(每周 7 天)，设计工程师首先应该计算出需要多少石灰和多少混合机：

$$20\text{ 吨固体}/d\times15\%\text{石灰}\times1000lb/t=3000kg\text{ 石灰}/d \tag{25.54}$$

$$20\text{ 干吨}/d/18\%\text{干滤饼固体}=111\text{ 湿吨}/d(77kg/min) \tag{25.55}$$

因此需要两个混合机，才能达到所需的冗余度。

设计工程师确定混合机规格时应该为项目设计寿命期内固体流变学特性的变化考虑额外的容量。在这个例子中，一个混合机提供峰值条件的足够容量，而备用混合机可用于 O&M 考虑。

2) 8h/d 每星期 5 天运行的石灰混合系统设计

污水处理厂扩建和裁员之后，在 8h 每星期 5 天的上班制期间会产生多少固体滤饼？需要石灰多少？混合机多少？

$$111\text{ 湿吨}/d\times7/5=156\text{ 湿吨}/8h\text{ 换班} \tag{25.56}$$

$$156\text{ 湿吨}\times18\%\text{ 干滤饼固体}\times15\%\text{ 石灰}\times1\,000\text{ lb}/t$$
$$=4\,200\text{ kg 石灰/班 }(9\text{ kg/min}) \tag{25.57}$$

$$156\text{ 湿吨}/8\text{ h}\cdot60min\times1\,000\text{ lb}/t=324\text{ kg/min (所有混合机)} \tag{25.58}$$

$$324\text{ kg/min}+9\text{ kg/min}=333\text{ kg/min 固体和石灰(所有混合机)}$$

$$\text{因此对于每个混合机 }83\text{ kg/min 需要 4 个混合机} \tag{25.59}$$

加上一个备用混合机，考虑 O&M 之用。

5.7.4.2　设计实例——第 II 部分

几年项目寿命，污水处理厂设备人员决定从带式压滤机转换成离心机，这将生产含固体 24%的滤饼。在此转换之前，污水处理厂的操作人员采用钙试验方法测试混合机充足度。结果表明，实验室小试规模的混合机在 40s 混合之后提供最低 2.6 的标准偏差，超出该标准偏差就没有进一步改善(图 25.105)。全规模混合机也对带式压滤机的脱水固体实现了 2.6 的标准偏差，这表明混合操作足够。

据了解，随着固体含量增加，混合能量的要求也增加[3%的固体增加将近加倍(100%以上)所需的混合能量]，在安装离心机之后工作人员再次测试混合机。新结果的标准偏差为 8.4，表明低于最佳混合。

工作人员需要确定以下问题的答案：

- 现有四个混合机的流量是多少?
- 较高固体含量的固体对流变学性能的影响如何?
- 固体流量的降低(因为安装离心机)是否补偿了混合能量要求的增加?

尽管混合系统最初设计的额外容量足以满足带式压滤机固体中流变学的变化，但是可能不足以满足离心机所产生的较干燥固体滤饼。

计算表明，离心机的滤饼流量低于带式压滤机：

156 湿吨×18%带式压滤机干燥滤饼固体/24%离心干燥滤饼固体·

8 h·60min×1000kg/吨固体　(25.60)

= 244kg/min + 9kg/min

=253kg/min(四个混合机)，或 63kg/min(每个混合机)

混合机流量降低 25%(从 83kg/min 降低至 63kg/min)而超过容量约 40%(100kg/min 额定容量)，而混合能量要求也改变：

24%干滤饼固体-18%干滤饼固体=6%的增加量

(或所需混合能量增长了 200%)　(25.61)

已知混合不充分可能增加气味和粪大肠菌群，操作人员如何操作才能确保现有混合机能够提供足够的混合能量维持过去多年生产的产品质量?

如果混合机保持不变，一旦安装离心机，生物固体质量可能会下降(即生产更多的粪大肠菌群和气味)。钙试验测试结果证实了这一假设；他们证实脱水改善之后标准偏差并没有实现最小化。

设施工作人员能够在混合机中安装堰而增加停留时间。如果这不足以提供充分混合，则他们也可以考虑再安装一台混合机。最后，工作人员可能需要考虑下调新离心机而生产固体含量较低的固体滤饼。

这个例子表明，在确定石灰稳定化处理设备规格时应该考虑上游流变学的变化。在许多情况下，脱水设备的显著变化可能要进行中试试验和改变混合机设计才能补偿。

5.8 产品最终使用的考虑因素

污水固体含有有机物质和植物养分，使之成为有价值的作物需肥和土壤改良剂。然而，加入碱性物质冲淡了一些植物营养物并挥发了氨-氮含量。另外，碱性物质吸附矿化有机氮的主要部分，从而进一步降低可供植物利用的含氮量(Logan，1990a)。最终的结果可能是一种相对低级的肥料，但仍是一种良好的石灰替代品和有机土壤改良剂。

这就是说，碱性物质能够自定义掺混固体和其他原料(例如，沙、表层土、庭院废物和叶子)，而产生专用的适销产品。一些市政(例如，美国俄亥俄州沃伦市)已经成功地如此而为之，创造了更多公众所接受的低 pH 产品。这些产品可能被称为“人造土壤”(WEF,

1994)。

碱稳定化处理的生物固体的应用包括

- 农业(例如，有机肥、农用石灰替代品或土壤改良剂)；
- 园艺(例如，苗圃和草坪农场)；
- 住宅草坪和花园(例如，生产的有机表层土混合物)；
- 本体填充(例如，斜坡稳定和堤防建设)；
- 非农业用地施用、土地复垦或专用土地处置；
- 垃圾填埋场(例如，处置或每日、中间、最后和植被覆盖)。

每种都有具体的质量要求和标准。例如，碱稳定化处理的生物固体农艺目的的施用速率可能要基于碳酸钙当量或碱度含量而不是其低植物营养含量受到限制。如果这种物质将用于填埋场，则大多数监管机构首先需要广泛的测试和记录在案。

碱稳定化处理的生物固体相比于其他生物固体(例如，堆肥)的一个优点是，它可以部分或完全满足许多土壤施用石灰的要求。此外，它可能含有少量的植物营养素。例如，大多数水泥厂窑灰中包含大量的钾和较少量的微量营养素。一些碱稳定化处理工艺过程使用矿物副产品[例如，水泥厂窑灰、石灰窑灰(石灰厂窑粉尘)和碱性粉煤灰]。养分含量是生物固体特异性的，应该仔细监测。生物固体也可能含有受监管的微量元素，也应该仔细监测，才能避免超出监管限度。

对于有关生物固体用途的更多信息，请参阅第 27 章。

6　参考文献

Abu-Orf, M. M.; Griffin, P. P.; Dentel, S. K. (2001) Chemical and Physical Pretreatment of ATAD biosolids for Dewatering. *Water Sci. Technol*, 44 (10), 309-314.

Adams, G. M.; Witherspoon, J.; Card, T.; Erdal, Z.; Forbes, B.; Geselbracht, J.; Glindemann, D.; Hargreaves, R.; Hentz, L.; Higgins, M. J.; McEwen, D.; Murthy, S. (2004) *Identifying and Controlling the Municipal Wastewater Odor Environment Phase 2: Impacts of In-Plant Operational Parameters on biosolids Odor Quality*; Report No. 00HHE5T; Water Environment Research Foundation: Alexandria, Virginia.

Agarwal, S.; Abu-Orf, M.; Novak, J. T. (2005) Sequential Polymer Dosing for Effective Dewatering of ATAD Sludges. *Water Res.*, 39, 1301-1310.

Al-Ghusain, I.; Hamoda, M. F.; El-Ghany, M. A. (2004) Performance Characteristics of Aerobic/Anoxic Sludge Digestion at Elevated Temperatures. *Environ. Technol.*, 25, 501-511.

American Society of Civil Engineers (1959) *Sewage Plant Design*; prepared by American Society of Civil Engineers and Water Pollution Control Federation. American Society of Civil Engineers (1983) *A Survey of Anaerobic Digester Operations*; American Society of Civil Engineers: New York.

American Society of Heating, Refrigerating, and Air Conditioning Engineers (2005) *ASHRAD Handbook Fundamentals*, inch-pound edition; American Society of Heating, Refrigeration, and Air-Conditioning Engineers: Atlanta, Georgia.

American Water Works Association (1983) *Standard for Quicklime and Hydrated Lime*; AWWA B202-83: American Water Works Association: Denver, Colorado. Arant, S.; Boden, R. (2000) Design and Startup of a Unique Auto-Heated Aerobic Digester. *Proceedings of the 73rd Annual Water Environment Federation Technical Exposition and Conference* [CD-ROM]; Anaheim, California, Oct 14-18; Water Environment Federation: Alexandria, Virginia.

Avallone, E. A.; Baumeister, T. (1996) *Marks' Standard Handbook for Mechanical Engineers*, 10th ed.; McGraw-Hill: New York.

Baier, U.; Zwiefelhofer, H. P. (1991) Effects ofAerobic Thermophilic Pretreatment. *Water Environ. Technol.* 3, 56-61.

Barber, N. R.; Dale, C. W. (1978) IncreasingSludge Digester Efficiency. *Chem. Eng.*, 85 (16), 147-149.

Barker, J. C. (1996) *Crystalline (Salt) Foramtion in Wastewater Recycling Systems*; Publication EBAE 082-81; North Carolina Cooperative Extension Service: Raleigh, North Carolina.

Barnes, C.; Walker, S.; Anderson, W.; Papke, S. (2007) Implementation of a Two-Phase Anaerobic Digestion System. *Proceedings of the 21st Annual Water Environment Federation Residuals and biosolids Conference*; Denver, Colorado, Apr 15-18; Water Environment Federation: Alexandria, Virginia.

Batstone, D. J.; Keller, J.; Angelidaki, I.; Kalyuzhnyi, S. V.; Pavlostathis, S. G.; Rozzi, A.; Sanders, W. T. M.; Siegrist, H.; Vavilin, V. A. (2002) The IWAAnaerobic Digestion Model No. 1 (ADM1). *Water Sci. Technol.*, 45 (10), 65-73.

Beall, S. S.; Jenkins, D.; Vidanage, S. A. (1998) A Systematic Analytical Artifact that Significantly InfluencesAnaerobic Digestion Efficiency Measurement. *Water Environ. Res.*, 70, 1019.

Beals, J. L. (1976) Mechanics of Handling Lime Slurries. *Proceedings of the Int. Water Conference*, Pittsburgh, Pennsylvania, Oct 26-28; Engineers' Society of Western Pennsylvania.

Benefield, L. D.; Randall, C. W. (1980) *Biological Process Design for Wastewater Treatment*; Prentice-Hall Inc.: Englewood Cliffs, New Jersey.

Bitton, G.; Damron, B. L.; Edds, G. T.; Davidson, J. M. (1980) *Sludge Health Risks of Land Application*; Ann Arbor Science Publishers: Ann Arbor, Michigan.

Bird, E. B.; Stewart, W. E.; Lightfoot. E. N. (1960) *Transport Phenomena*; Wiley & Sons: New York.

Bowker, R. P. G.; Trueblood, R. (2002) Control of ATAD Odors at the Eagle River Water and Sanitation District. *Proceedings of the 2002 Water Environment Federation Odors and Toxic Air Emissions Conference*; Albuquerque, New Mexico, Apr 29-30; Water Environment Federation: Alexandria, Virginia.

Brinkman, D. G.; Voss, D. (1997) *Egg-Digesters: Are They All They're Cracked Up To Be?*; Operational Survey; Black and Veatch: Gaithersburg, Maryland.

Bryers, J. D. (1984) Structured Modeling of theAnaerobic Digestion of Biomass Particulates. *Biotechnol. Bioeng.*, 27, 638-649.

Burd, R. S. (1968) *A Study of Sludge Handling and Disposal*; Publication No. WP-20-4; U. S. Department of the Interior, Federal Water Pollution Control Administration: Washington, D. C.

Burnham, J. C.; Hatfield, N.; Bennett, G. F.; Logan, T. J. (1992) *Use of Kiln Dust with Quicklime for Effective Municipal Sludge Treatment with Pasteurization and Stabilization with the N-Viro Soil Process*; Stand. Tech. Publication 1135; American Society for Testing and Materials: Philadelphia, Pennsylvania.

Buswell, A. M.; Neave, S. L. (1939) Laboratory Studies ofSludge Digestion. *Ill. State Water Surv. Bull.*, 30. Institute for Natural Resource Sustainability, University of Illinois, Champagne, IL.

Byers, H. W.; Jensen, B. (1990) StabilizingSludge with Fly Ash-Sludge. Paper presented at Dep. Eng. Professional Development; University of Wisconsin: Madison, Wisconsin.

Camp, T. R.; Stein, P. C. (1943) Velocity Gradients and Internal Work in Fluid Motion. *J. Boston Soc. Civ. Eng.*, 203.

Chang, Y. (1967) The Fungi of Wheat Straw Compost: Part II—Biochemical and Physiological Studies. *Trans. Br. Mycol. Soc.*, 50, 667.

Chapman (1989) *Mixing in Anaerobic Digesters: State of the Art in Encyclopedia of Environmental Control Technology*; *Vol* 3, *Wastewater Treatment Technology*; Cheremisinoff, P. N., Ed.; Gulf Publishing Co.: Houston, Texas.

Chen, Y. C., Higgins, M. J.; Murthy, S. N.; Beightol, S. M. (2008) The Link between Odors and Regrowth of Fecal Coliforms after Dewatering. *Proceedings of the 22nd Annual Water Environment Federation Residuals and biosolids Conference*; Philadelphia, Pennsylvania, Mar 30-Apr 2; Water Environment Federation: Alexandria, Virginia.

Chen, Y.; Higgins, M. J.; Murthy, S. N.; Maas, N. A.; Covert, K. J.; Toffey, W. E. (2006) Production of Odorous Indole, Skatole, p-Cresol, Toluene, Styrene, and Ethylbenzene in biosolids. *J. Residuals Sci. Technol.*, 3 (4), 193-202.

Chen, Y.; Higgins, M. J.; Maas, N. A.; Murthy, S. N.; Toffey, W. E.; Foster, D. J. (2005) Roles of Methanogens on Volatile Organic Sulfur Compound Production in Anaerobically Digested Wastewater biosolids. *Water Sci. Technol.*, 52, 67-72.

Cheunbarn, T.; Pagilla, K. R. (1999). Temperature and SRT Effects on Aerobic Thermophilic Sludge Treatment. *J. Environ. Eng.*, 125 (7), 626-629.

Cheunbarn, T.; Pagilla, K. R. (2000). Aerobic Thermophilic and 厌氧 Mesophilic Treatment of Sludge. *J. Environ. Eng.*, 126 (9), 790-795.

Christensen, G. L. (1982) Dealing with the Never - EndingSludge Output. *Water Eng. Manage.*, 129, 25.

Christensen, G. L. (1987) Lime Stabilization ofWastewater Sludge. In *Lime for Environmental Uses*; Gutschick, K. A., Ed.; American Society for Testing and Materials: Philadelphia, Pennsylvania.

Christi, Y. (2003) Sonobioreactors: Using Ultrasound for Enhanced Microbial Productivity. *Trends in Biotechnol.*, 21 (2), 89-93.

Christy, R. W. (1992) Process and Mechanical Design Considerations forSludge/Lime Mixing. *Proceedings of the 6th Annual Water Environment Federation Residuals Management Conference: Future Directions in Municipal Sludge (biosolids) Management: Where We Are and Where We're Going*; Portland, Oregon, Jul 26-30; Water Environment Federation: Alexandria, Virginia.

Clements, R. P. L. (1982) Sludge Hygienization by Means of Pasteurization Prior to Digestion. *Disinfection of Sewage Sludge: Technical, Economic and Microbiological Aspects: Proceedings of a Workshop in Zurich*; Zurich, Switzerland, May 11-13; Bruce, A. M.; Havelaar, A. H.; Hermite, P. L., Eds.; D. Riedel Pub. Co.: Dordrecht, Switzerland; 37-52.

Conklin, A.; Stensel, H. D.; Ferguson, J. (2006) Growth Kinetics and Competition Between Methanosarcina and Methanosaeta in MesophilicAnaerobic Digestion. *Water Environ Res.*, 78, 486-496.

Counts, C. A.; Shuckrow, A. J. (1975) *Lime Stabilized Sludge: Its Stability and Effect on Agricultural Land*; EPA-670/2-75-012; Battelle Memorial Institute: Richland, Washington.

Dague, R. R. (1968) Application of Digestion Theory toDigester Control. *J. Water Pollut. Control Fed.*, 40, 2021.

DeGarie, C. J.; Crapper, T.; Howe, B. M.; Burke, B. F.; McCarthy, P. J. (2000) Floating Geomembrane Covers for Odour Control and Biogas Collection and Utilization in Municipal Lagoons. *Water Sci. Technol.*, 42, 291-298.

Daigger, G. T.; Bailey, E. (2000) ImprovingAerobic 消化 by Prethickening, Staged Operation, and Aerobic-Anoxic Operation: Four Full-Scale Demonstrations. *Water Environ. Res.*, 72, 260-270.

Daigger, G. T.; Ju, L. K.; Stensel, D.; Bailey, E.; Porteous, J. (2001) Can 3% SS Digestion Meet New Challenges? *Proceeding of the Aerobic Digestion Workshop*, Volume V; featured presentation sponsored by Enviroquip, Inc. (Austin, Texas) at the Water Environment Federation 74th Annual Exposition and Conference, Atlanta, Georgia, Oct 14-19.

Daigger, G. T.; Novak, J.; Malina, J.; Stover, E.; Scisson, J.; Bailey, E. (1998) Panel of Experts. *Proceedings of the Aerobic Digestion Workshop*, Volume II; Sponsored by Enviroquip, Inc.; Orlando, Florida, Oct 3.

Daigger, G. T.; Scisson, J.; Stover, E.; Malina, J.; Bailey, E.; Farrell, J. (1999) Fine Tuning the Controlled Aerobic Digestion Process. *Proceedings of the Aerobic Digestion Workshop*, Volume III; Sponsored by Enviroquip, Inc.; New Orleans, Louisiana, Oct 10.

Daigger, G. T.; Stensel, D.; Ju, L. K.; Bailey, E.; Porteous, J. (2000) Experience and Expertise Put to the Test. *Proceedings of the Aerobic Digestion Workshop*, Volume IV; Sponsored by Enviroquip, Inc.; Anaheim, California, Oct 15.

Daigger, G. T.; Yates, R.; Scisson, J.; Grotheer, T.; Hervol, H.; Bailey, E. (1997) The Challenge of Meeting Class B While Digesting Thicker Sludges, *Proceedings of the Aerobic Digestion Workshop*, Volume I; Sponsored by Enviroquip, Inc.; Chicago, Illinois, Oct 18.

Deeny, K.; Hahn, H.; Leonard, D.; Heidman, J. (1991) Autoheated Thermophilic Aerobic Digestion. *Water Environ. Technol.*, 3, 65-72.

Dichtl, N. (1997) Thermophilic and Mesophilic (Two Stages) Anaerobic Digestion: Innovative Technologies for Sludge Utilization and Disposal. *J. Chartered Inst. Water Environ. Manage.*, 11, 98-104.

Drury, D. D.; Lee, S.; Baker, C. (2002) Comparing Pathogen Reduction in Three Different Anaerobic Thermophilic Processes. *Proceedings of the 75th Annual Water Environment Federation Technical Exposition and Conference* [CD-ROM]; Chicago, Illinois, Sep 28-Oct 2; Water Environment Federation: Alexandria, Virginia.

Engineering-Science, Inc.; Black and Veatch (1991) *Technology Evaluation Report: Alkaline Stabilization of Sewage Sludge*; Report prepared for U. S. EPA; Contract No. 68-C8-0022; Work Assignment No. 01-08; U. S. Environmental Protection Agency: Washington, D. C.

Eschborn, R.; Higgins, M. J.; Johnston, T.; Toffey W.; Chen, Y. C. (2006) Philadelphia's Experience Using Static, Non-Aerated Curing to Produce Low Odor biosolids. *Proceedings of the 20th Annual Water Environment Federation Residuals and biosolids Management Conference*, Cincinnati, Ohio, Mar 12-15; Water Environment Federation: Alexandria, Virginia.

Eschborn, R.; Thompson, D. (2007) The Tagro Story— How the City of Tacoma, Washington, Went Beyond Public Acceptance to Achieve the biosolids Program Words We'd Like to Hear: Sold Out. *Proceedings of the 21st Annual Water Environment Federation/American Water Works Association Joint Residuals and biosolids Management Conference*; Denver, Colorado, Apr 15-18; Water Environment Fedearation: Alexandria, Virginia.

Farrah, S. R.; Bitton, G.; Zan, S. G. (1986) *Inactivation of Enteric Pathogens during Aerobic Digestion of Wastewater Sludge*; EPA-600/2-86-047; U.S. Environmental Protection Agency, Water Engineering Research Laboratory: Cincinnati, Ohio.

Farrell, J. B.; Smith, J.; Hathaway, S. Dean, R. (1974) Lime Stabilization of Primary Sludge. *J. Water Pollut. Control Fed.*, 46, 113.

Fergen, R. E. (1991) Stabilization and Disinfection of Dewatered MunicipalWastewater Sludge with Alkaline Addition. *Proceedings of the 5th Annual American Water Works Association/Water Pollution Control Federation Joint Residuals Management Conference*; Durham, North Carolina, Aug 11-14; Water Pollution Control Federation: Alexandria, Virginia.

Garber, W. F. (1982) Operating Experience with ThermophilicAnaerobic Digestion. *J. Water Pollut. Control Fed.*, 54, 1170.

Gemmell, R.; Deshevy, R.; Elliott, M.; Crawford, G.; Murthy, S. (1999) Full Scale Demonstration of Dual Digestion: Thermodynamic and Kinetic Analysis. *Proceedings of the 72nd Annual Water Environment Federation Technical Exposition and Conference* [CD-ROM]; New Orleans, Louisiana, Oct 10-13; Water Environment Federation: Alexandria, Virginia.

Gemmell, R.; Deshevy, R.; Elliott, M.; Crawford, G.; Murthy, S. (2000) Design Considerations and Operating Experience for a Full Scale Dual Digestion System with Separate Sludge Thickening; *Proceedings of the 73rd Annual Water Environment Federation Technical Exposition and Conference* [CD-ROM]; Anaheim, California, Oct 14-18; Water Environment Federation: Alexandria, Virginia.

Ghosh, S.; Conrad, J. R.; Klass, D. L. (1975) Anaerobic Acidogenesis of Wastewater Sludge. *J. Water Pollut. Control Fed.*, 47, 30.

Ghosh, S.; Henry, M. P.; Sajjad, A. (1987) *Stabilization of Sewage Sludge by Two-Phase Anaerobic Digestion*; EPA-7600/2-87-040; U. S. Environmental Protection Agency, Water Engineering Research Laboratory: Cincinnati, Ohio.

Ghosh, S.; et al. (1991) Pilot- and Full-Scale Studies on Two-PhaseAnaerobic Digestion for Improved Sludge Stabilization and Foam Control. *Proceedings of the 64th Annual Water Pollution Control Federation Technical Exposition and Conference*; Toronto, Ontario, Canada, Oct 7-10; Water Environment Federation: Alexandria, Virginia.

Ghosh, S.; Buoy, K.; Dressel, L.; Miller, T.; Wilcox, G.; Loos, D. (1995) Pilot- and Full- Scale Studies on Two-PhaseAnaerobic Digestion of Municipal Sludge. *Water Environ. Res.*, 67, 206.

Golueke, C. G. (1977) *Biological Reclamation of Solid Waste*; Rodale Press: Emmaus, Pennsylvania.

Grady, C. P. L., Jr.; Daigger, G. T.; Lim, H. C. (1999) *Biological Wastewater Treatment*, 2nd ed.; Marcel Dekker: New York.

Gray, D. M.; Suto, P. J.; Chien, M. H. (2008) Producing Green Energy from Post-Consumer Solid Food Wastes at a Wastewater Treatment Plant Using an Innovative New Process. *Proceedings of the Water Environment Federation Sustainability Conference*; Washington, D. C., June 22-25. Water Environment Federation: Alexandria, Virginia.

Great Lakes Upper Mississippi River Board of State Sanitary Engineering Health Education Services Inc. (1997) *Recommended Standards for Wastewater Facilities*; Great Lakes Upper Mississippi River Board of State Sanitary Engineering Health Education Services Inc.: Albany, New York.

Griffin, M. E.; McMahon, K. D.; Mackie, R. I.; Raskin, L. (2000) Methanogenic Population Dynamics during Start-Up of Anaerobic Digesters Treating Municipal Solid Waste and biosolids. *Biotechnol. Bioeng.*, 57, 342-355.

Gujer, W.; Zehnder, A. J. B. (1983) Conversion Process inAnaerobic Digestion. *Water-Sci. Technol.*, 15, 127-167.

Haas O. (1984) *Demonstration of Thermophilic Aerobic-Anaerobic Digestion at Hagerstown, MD*; Grant S-805823-01-0; Final Report; EPA-600/S2-84-142; U. S. Environmental Protection Agency, Municipal Environmental Research Laboratory: Cincinnati, Ohio.

Han, Y.; Dague, R. (1996) Heat Control: Temperature-PhasedAnaerobic Digestion Reduces Foaming and Produces Class A biosolids Without the Odors. *Oper. Forum*, 13, 19-23.

Hartman, R. B.; Smith, D. G.; Bennett, E. R.; Linstedt, K. D. (1979) Sludge Stabilization through Aerobic Digestion. *J. Water Pollut. Control Fed.*, 51, 2353.

Haug, R. T.; LeBrun, T. I.; Tortoriei, L. D. (1983) Thermal Pretreatment ofSludges— A Field Demonstration. *J. Water Pollut. Control Fed.*, 55, 23-34.

Haug, R. T. ; Stuckey, D. C. ; Gossett, I. M. ; McCarty, P. I. (1978). Effect of Thermal Pretreatment on Digestibility and Dewaterability of Organic Sludges, *J. Water Pollut. Control Fed.*, 50, 73-85.

Haug, R. T. (1980) *Compost Engineering*; Ann Arbor Science Publishers: Ann Arbor, Michigan.

Hepner, S. ; Striebig, B. ; Regan, R. ; Giani, R. (2002) Odor Generation and Control from the Autothermal Thermophilic Aerobic Digestion (ATAD) Process. *Proceedings of the* 2002 *Water Environment Federation Odors and Toxic Air Emissions Conference*; Albuquerque, New Mexico, April 29-30; Water Environment Federation: Alexandria, Virginia.

Higgins, A. J. ; Chen, S. ; Singley, M. E. (1982) Airflow Resistance in SewageSludge Composting Systems. *Trans. Am. Soc. Agric. Eng.*, 25 (4), 1010-1014, 1018.

Higgins, M. ; Murthy, S. ; Toffey, W. ; Striebig, B. ; Hepner, S. ; Yarosz, D. ; Yamani, S. (2002) Factors Affecting Odor Production in Philadelphia Water Department biosolids. *Proceedings of the* 2002 *Water Environment Federation Odors and Toxic Air Emissions Conference*; Albuquerque, New Mexico, April 29-30; Water Environment Federation: Alexandria, Virginia.

Higgins, M. ; Yarosz, D. ; Chen, Y. ; Murthy, S. (2003) Mechanisms for Volatile Sulfur Compound and Odor Production in Digested biosolids. *Proceedings of the 17th Annual Water Environment Federation/American Water Works Association Joint biosolids and Residuals Conference*; Baltimore, Maryland, Feb 19-22; Water Environment Federation: Alexandria, Virginia.

Higgins, M. J. ; Yarosz, D. P. ; Chen, D. P. ; Murthy, S. N. ; Maas, N. ; Cooney, J. ; Glindemann, D. ; Novak, J. T. (2006a) Cycling of Volatile Organic Sulfur Compounds in Anaerobically Digested biosolids and Its Implications for Odors. *Water Environ. Res.*, 78, 243-252.

Higgins, M. J. ; Chen, Y. C. ; Murthy, S. N. ; Hendrickson, D. (2006b) *Examination of Reactivation of Fecal Coliforms in Anaerobically Digested biosolids*; Report No. 03-CTS-13T; Water Environment Research Foundation: Alexandria, Virginia.

Higgins, M. J. ; Chen, Y. C. ; Novak, J. T. ; Glindemann, D. ; Forbes, R. H. ; Erdal, Z. ; Witherspoon, J. ; McEwen, D. ; Murthy, S. ; Hargreaves, J. R. ; Adams, G. (2008a) A Multi-Plant Study to Understand the Chemicals and Process Parameters Associated with biosolids Odors. In *Environmental Engineer: Applied Research and Practice*; American Academy of Environmental Engineers: Annapolis, Maryland.

Higgins, M. J. ; Chen, Y. C. ; Murthy, S. N. ; Hendrickson, D. (2008b) *Evaluation of Bacterial Pathogen and Indicator Densities After Dewatering of Anaerobically Digested biosolids: Phase II and III*; Report No. 04-CTS-3T; Water Environment Research Foundation: Alexandria, Virginia.

Iacoboni, M. D. ; Leburn, T. J. ; Lingston, J. (1980) Deep Windrow Composting of Dewatered Sewage Sludge. *Proceedings of the National Conference of the Municipal and Industrial Sludge Composting Hazardous Materials Control Research Institute*; Silver Spring, Maryland; pp. 88-108.

Jacobs, A. ; et al. (1992) Odor Emissions and Control at the World's Largest Chemical Fixation Facility. *Proceedings of the 6th Annual Water Environment Federation Residuals Management*

Conference: *Future Directions in Municipal Sludge* (*biosolids*) *Management*: *Where We Are and Where We' re Going*; Portland, Oregon; Water Environment Federation: Alexandria, Virginia.

Jacobs, A.; Silver, M. (1990) Sludge Management at the Middlesex County Utilities Authority. *Water Sci. Technol.*, 22, 93.

Jewell, W. J.; Kabrick, R. M. (1980) AutoheatedAerobic Thermophilic Digestion with Air Aeration. *J. Water Pollut. Control Fed.*, 52, 512.

Jimenez, E. I.; Garcia, V. P. (1989) Evaluation of City Refuse Compost Maturity: A Review. *Biol. Wastes*, 27, 115.

Jones, R.; Parker, W.; Khan, Z.; Murthy, S.; Rupke, M. (2008a) Characterization ofSludges for Predicting Anaerobic Digester Performance. *Water Sci. Technol.*, 57, 721-726.

Jones, R.; Parker, W.; Zhu, H.; Houweling, D.; Murthy, S. (2008b) Predicting the Degradability of Waste Activated Sludge. *Proceedings of the 81st Annual Water Environment Federation Technical Exhibition and Conference* [CD-ROM]; Chicago, Illinois, Oct 18-22; Water Environment Federation: Alexandria, Virignia.

Kampelmacher, E. H.; van Noorle Jansen, L. M. (1972) Reduction of Bacteria inSludge Treatment. *J. Water Pollut. Control Fed.*, 44, 309.

Kayhanian, M.; Tchobanoglous, G. (1992) Computation and Importance of Carbon to Nitrogen (C/N) Ratios for Various Organic Fractions of Municipal Solid Waste. *Bio-Cycle*, 33, 58-60.

Keller, U. (1980) Klarschlammpasteurisierung in der Abwasserreinigungsanlage Altenrhein. Wasser, Energie, Luft. 72 Jahrgang. Heft 1/2 (side-by-side article in French).

Kelly, H. G.; Mavinic, D. S.; Trueblood, B.; Zhou, J.; Hystad, B.; Frese, H.; Cheshuk, J. (2003) Autothermal Thermophilic Aerobic Digestion Research Application and Operational Experience. *Proceedings of the 76th Annual Water Environment Federation Technical Exhibition and Conference*; Workshop W104— Thermophilic Digestion: Hot Update!; Los Angeles, California, Oct 11-15; Water Environment Federation: Alexandria, Virginia.

Kelly, H. G.; Melcer, H.; Mavinic, D. S. (1993) Autothermal ThermophilicAerobic Digestion of Municipal Sludge: A One-Year Full-Scale Demonstration Project. *Water Environ. Res.*, 65, 849.

Kelly, H. G. (1991) Autothermal ThermophilicAerobic Digestion: A Two Year Appraisal of Canadian Facilities. *Proceedings of the American Society of Civil Engineers Environmental Engineering Specialty Conference*; Reno, Nevada, Jul 10-12; American Society of Civil Engineers: New York, New York.

Kester, G.; Schafer, P.; Gillette, B. (2008) Using Treatement PlantDigesters to Process Fats, Oils and Grease. *BioCycle*, 49, 47.

Kim, H.; Murthy, S.; Peot, C.; Ramirez, M.; Strawn, M.; Park, C.; McConnell, L. (2003) Examination of Mechanisms for Odor Compound Generation during Lime Stabilization *Water Environ. Res.*, 75, 121.

Knoll, K. H. (1964) Information Bulletin No. 13-20; Int. Research Group Refuse Disposal,

U. S. Public Health Service, Rockville, Maryland.

Kopp, J. ; Ewert, W. (2006) New Processes for the Improvement ofSludge Digestion and Sludge Dewatering. *Proceedings of the 11th European biosolids and Organic Resources Conference*; Wakefield, United Kingdom, Nov 13–15; Chartered Institution of Water and Environmental Management: London, U. K.

Krugel, S. ; Nemeth, L. ; Peddie, C. (1998) Extending ThermophilicAnaerobic Digestion for Producing Class–A biosolids at the Greater Vancouver Regional Districts Annacis Island Wastewater Treatment Plant. *Water Sci. Technol.*, 38 (8), 409–416.

Krugel, S. ; Parella, A. ; Ellquist, K. ; Hamel, K. (2006) Five Years of Successful Operation–A Report on North America's First New Temperature PhasedAnaerobic Digestion System at the Western Lake Superior Sanitary District (WLSSD). *Proceedings of the* 79th *Annual Water Environment Federation Technical Exposition and Conference* [CD–ROM]; Dallas, Texas, Oct 21–25; Water Environment Federation: Alexandria, Virginia.

Kumar, N. ; Novak, J. T. ; Murthy, S. N. (2006a) Sequential Anaerobic–Aerobic Digestion for Enhanced Volatile 固体 Reduction and Nitrogen Removal. *Proceedings of the* 20th *Annual Water Environment Federation Residuals and biosolids Management Conference*; Cincinnati, Ohio, March 12–14; Water Environment Federation: Alexandria, Virginia.

Kumar, N. ; Novak, J. T. ; Murthy, S. N. (2006b) Effect of SecondaryAerobic Digestion on Properties of Anaerobic Digested biosolids. *Proceedings of the 79th Annual Water Environment Federation Technical Exhibition and Conference* [CD–ROM]; Dallas Texas, Oct 21–25; Water Environment Federation: Alexandria, Virginia.

Lawrence, A. W. (1971) Application of Process Kinetics to Design of Anaerobic Processes. In *Anaerobic Biological Treatment Processes*; Pohland, F. G., Ed. ; Advances in Chemistry Series; American Chemical Society: Washington, D. C., 105.

Lawrence, A. W. ; McCarty, P. L. (1969) Kinetics of Methane Fermentation in Anaerobic Treatment. *J. Water Pollut. Control Fed.*, 41, 1–17.

Layden, N. M. ; Kelly, H. G. ; Mavinic, D. S. ; Moles, R. ; Bartlett, J. (2007) Autothermal Thermophilic Aerobic Digestion (ATAD) Part II: Review of Research and and Full–Scale Operating Experiences. *J. Environ. Eng. Sci.*, 6 (6), 679–690.

LeBrun, T. (1979) Memorandum to the LA/OMA Project on Status of*Aspergillus* Monitoring. Los Angeles County Sanitation Districts, California.

Lee, K. M. ; Brunner, C. A. ; Farrell, J. B. ; Ealp, A. E. (1989) Destruction of Enteric Bacteria and Viruses during Two–Phase Digestion. *J. Water Pollut. Control Fed.*, 61, 1421 – 1429.

Leicht, R. K. ; Regan, J. T. ; Toy, D. A. (1986) Refinery Hydrogen Sulfide Emissions Cut 99.9% with Chelated Catalyst. *Chem. Proc.*, Aug, 106–108.

Lewis, C. J. ; Gutschick, K. A. (1980) *Lime in Municipal Sludge Processing*; National Lime Association: Washington, D. C.

Li Y. Y. ; Noike T. (1992) Upgrading ofAnaerobic Digestion of Waste Activated Sludge by Thermal Pre–Treatment. *Water Sci. Technol.*, 26 (3–4), 857–866.

Liptak, B. G. (1974) *Environmental Engineers' Handbook*; Chilton Book Co. : Radnor, Pennsylvania.

Logan, T. J. (1990) Chemistry and Bioavailability of Metals and Nutrients in Cement Kiln Dust-Stabilized Sewage Sludge. *Proceedings of the 4th Annual Water Environment Federation/American Water Works Association Joint Residuals and biosolids Conference*; New Orleans, Louisiana; Water Pollution Control Federation: Washington, D. C.

Lue-Hing, C. ; Zenz, D. R. ; Kuchenrither, R. , Eds. (1992) *Municipal Sewage Sludge Management: Processing, Utilization and Disposal*; Technomic Publishing Co. Inc. : Lancaster, Pennsylvania.

Mason, T. J. ; Lorimer, J. P. (1988) *Sonochemistry: Theory, Applications and Uses of Ultrasound in Chemistry*; Ellis Horwood: Chichester, U. K.

Matsch, L. C. ; Drnevich, R. F. (1977) Autothermal Aerobic Digestion. *J. Water Pollut. Control Fed.* , 49, 296.

Maxwell, M. J. ; et al. (1992) Impact of NewSludge Regulations on Aerobic Digester Sizing and Cost-Effectiveness. *Proceedings of the 65th Annual Water Environment Federation Exposition and Conference*; New Orleans, Louisiana, Sep 20-24; Water Environment Federation: Alexandria, Virginia.

McCarty, P. L. ; Smith, D. P. (1986) Anaerobic Wastewater Treatment: Fourth of a Six-Part Series on Wastewater Treatment Processes. *Environ. Sci. Technol.* , 20 (12), 1200-1206.

McHugh, S. ; Carton, M. ; Mahony, T. ; O'Flaherty, V. (2006) Methanogenic Population Structure in a Variety of Anaerobic Bioreactors. *FEMS Microbiol. Lett.* , 219, 2297-2304.

Messenger, J. R. ; de Villiers, H. A. ; Ekama, G. A. (1993) Evaluation of the Dual Digestion System, Part 2: Operation and Performance of the Pure Oxygen Aerobic Reactor. *Water SA.* , 19 (3), 193-200.

Metcalf and Eddy, Inc. (1991) *Wastewater Engineering: Treatment, Disposal, Reuse*, 3rd ed. ; Tchobanoglous, G. , Ed. ; McGraw-Hill: New York.

Metcalf and Eddy, Inc. (2003) *Wastewater Engineering: Treatment and Reuse*, 4th ed. ; Tchobanoglous, G. , Ed. ; McGraw-Hill: New York.

Millner, P. D. ; Marsh, P. B. ; Snowden, R. B. ; Parr, J. F. (1977) Occurrence of*Aspergillus fumigatus* during Composting of Sewage Sludge. *Appl. Environ. Microbiol.* , 34, 6.

Morgan, M. T. ; MacDonald, F. W. (1969) Tests Show MB Tuberculosis Doesn't Survive Composting. *J. Environ. Health*, 32, 101.

Muller, C. D. (2006) Shear Forces, Floc Structure and their Impacts onAnaerobic Digestion and Biodlids Stability. Ph. D. disseration, Virginia Polytechnic Institute and State University, Blacksburg, Virginia.

Muller, C. D. ; Novak, J. T. (2007) The Influence ofAnaerobic Digestion on Centrifugally Dewatered biosolids. *Proceedings of the 21st Annual Water Environment Federation Residuals and biosolids Conference*; Denver, Colorado, April 15-18. Water Environment Federation: Alexandria, Virginia.

Murray, C. M.; Thompson, J. L. (1986) Strategies for Aerated Pile Systems. *BioCycle*, 6. Murray, K. C.; Tong, A.; Bruce, A. M. (1990) Thermophilic Aerobic Digestion: A Reliable and Effective Process for Sludge Treatment at Small Works. *Water Sci. Technol.*, 22, 225.

Murthy, S. N.; Novak, J. T.; Holbrook, R. D. (2000a) Optimizing Dewatering ofbiosolids from Autothermal Thermophilic Aerobic Digesters (ATAD) Using Inorganic Conditioners. *Water Environ. Res.*, 72, 714-721.

Murthy, S. N.; Novak, J. T.; Holbrook, R. D.; Surovik, F. (2000b) Mesophilic Aeration of Autothermal Thermophilic Aerobically Digested biosolids to Improve Plant Operations. *Water Environ. Res.*, 72, 476-483.

Murthy, S. N.; Forbes, B.; Burrowes, P.; Esqueda, T.; Glindemann, D.; Novak, J.; Higgins, M.; Mendenhall, T.; Toffey, W.; Peot, C. (2002a) Impact of High Shear Solids Processing on Odor Production from Anaerobically Digested biosolids. *Proceedings of the 75th Annual Water Environment Federation Technical Exposition and Conference* [CDROM]; Chicago, Illinois, Sep 28-Oct 2; Water Environment Federation: Alexandria, Virginia.

Murthy, S. N.; Peot, C.; North, J.; Novak, J.; Glindemann, D.; Higgins, M. (2002b) Characterization and Control of Reduced Sulfur Odors from Lime-Stabilized and Digested biosolids. *Proceedings of the 16th Annual Water Environment Federation Residuals and biosolids Conference*; Austin, Texas, Mar 3-6; Water Environment Federation: Alexandria, Virginia.

Murthy, S. N.; Higgins, M. J.; Chen, Y. C.; Toffey, W.; Golembeski J. (2003) Influence of Solids Characteristics and Dewatering Process on Volatile Sulfur Compound Production from Anaerobically Digested biosolids. *Proceedings of the 17th Annual Water Environment Federation/American Water Works Association Joint Residuals and biosolids Conference*; Baltimore, Maryland, Feb 19-22; .Water Environment Federation: Alexandria, Virginia.

National Fire Protection Association (1993) *National Electric Code*; National Fire Protection Association: Quincy, Massachusetts.

National Fire Protection Association (1995) *Standard for Fire Protection in Wastewater Treatment and Collection Facilities*; NFPA 820; National Fire Protection Association: Quincy, Massachusetts.

National Lime Association (1988) *Lime: Handling, Application, and Storage in Treatment Processes*; Bulletin 213; National Lime Association: Arlington, Virginia.

Nielsen, H. B.; Angelidaki, I. (2008) Strategies for optimizing recovery of the biogas process following ammonia inhibition. *Bioresour. Technol.*, 99, 7995-8001.

North, J. M.; Becker, J. G.; Seagren, E. A.; Ramirez, M.; Peot, C. (2008a) Methods for Quantifying Lime Incorporation into Dewatered Sludge. I: Bench - Scale Evaluation. *J. Environ. Eng.*, 134 (9), 750-761.

North, J. M.; Becker, J. G.; Seagren, E. A.; Ramirez, M.; Peot, C.; Murthy, S. N. (2008b), Methods for Quantifying Lime Incorporation into Dewatered Sludge. II: Field-Scale Application. *J. Environ. Eng.*, 134 (9), 762-770.

Novak, J. T.; Becker, H.; Zurow, A. (1977) Factors Influencing Activated Sludge

Properties. *J. Environ. Eng.*, 103, 815.

O'Rourke, J. T. (1968) Kinetics ofAnaerobic Treatment at Reduced Temperatures. Ph. D. thesis, Stanford University, Palo Alto, California.

Oerke, D. W. (1999) Alkaline Stabilization ofbiosolids Can Save Money, Space. *Water World*, Mar, 14-16.

Oerke, D. W; Rogowski, S. M. (1990) Economic Comparison of Chemical and Biological Sludge Stabilization Processes. *Proceedings of the 4th Annual Water Pollution Control Federation Specialty Conference on the Status of Municipal Sludge Management*; New Orleans, Louisiana; Water Pollution Control Federation: Washington, D. C.

Oerke, D. W.; Stone, L. A. (1991) Detailed Case Study Evaluation of Alkaline Stabilization Processes. *Proceedings of the 5th Annual American Water Works Association/Water Pollution Control Federation Joint Residuals Management Conference*; Durham, North Carolina, Aug 11-14; Water Pollution Control Federation: Washington, D. C.

Otoski, R. M. (1981) *Lime Stabilization and Ultimate Disposal of Municipal Wastewater Sludge*; EPA-600/S2-81-076; U. S. Envrionmental Protection Agency, Municipal Environmental Research Laboratory, Center for Environmental Research: Cincinnati, Ohio.

Pagilla, K. R.; Craney, K. C.; Kido, W. H. (1996) Aerobic Thermophilic Pretreatment of Mixed Sludge for Pathogen Reduction and *Nocardia* Control. *Water Environ. Res.*, 68, 1093-1098.

Park, C.; Abu-Orf, M. M.; Novak, J. T. (2003) Predicting the Digestibility of Waste Activated Sludges Using Cation Analysis. *Proceedings of the 76th Annual Water Environment Federation Technical Exhibition and Conference*; Los Angeles, California, Oct 11-15; Water Environment Federation: Alexandria, Virginia.

Parkin, G. F.; Owen, W. F. (1986) Fundamentals ofAnaerobic Digestion of Wastewater Sludge. *J. Environ. Eng.*, 112, 5.

Parravicini, V.; Svardal, K.; Hornek, R.; Kroiss, H. (2008) Aeration of Anaerobically Digested Sewage Sludge for COD and Nitrogen Removal: Optimization at Large - Scale *Water Sci. Technol.*, 57, 257.

Paulsrud, B.; Eikum, A. S. (1975) Lime Stabilization of SewageSludge. *Water Res.* (G. B.), 9, 297.

Pavlostathis, S. G.; Gossett, J. M. (1988) Preliminary Conversion Mechanisms in Anaerobic Digestion of Biological Sludges. *J. Environ. Eng.*, 114, 575-592.

Pavlostathis, S. G.; Gossett, J. M. (2004) A kinetic Model forAnaerobic Digestion of Biological Sludge. *Biotech. Bioeng.*, 28, 519-1530.

Perry, R. H.; Green, D. W. (1997) *Perry's Chemical Engineers' Handbook*, 7th ed.; McGraw-Hill: New York.

Pitt, A. J.; Ekama, G. A. (1996) Dual Digestion of Sewage 固体 Using Air and Pure Oxygen. *Proceedings of the 69th Annual Water Environment Federation Technical Exposition and Conference* [CD-ROM]; Dallas, Texas, Oct 5-9; Water Environment Federation: Alexandria, Virginia.

Poincelot, R. P. (1975) *The Biochemistry and Methodology of Composting*. Bulletin

754. Connecticut Agricultural Experiment Station: New Haven, Connecticut.

Popel, F. (1971a) Die Theoretischen und Praktischen Grunlagen der Flussig-Kompo-stierung Hockkonzentrierten Substrate. *Ausgearbeitet fur die Bad-ische Anilin-und Sodafabrik Ludwigshafen*, *Stuttgart*, November.

Popel, F. (1971b) Energieerzeugung Beim Biologischen Abbau Organischer Stoffe. *Gewaesser Abwaesser* (Ger.), 112.

Portenlanger, G.; Heusinger, H. (1997) The Influence of Frequency on the Mechanical and Ramirez, A.; Malina, J. (1980) Chemicals Disinfect Sludge. *Water Sew. Works*, 127 (4), 52.

Reimers, R. S.; Little, M. D.; Englande, A. J.; Leftwich, D. B.; Bowman, D. D.; Wilkinson, R. F. (1981) *Parasites in Southern Sludge and Disinfection by Standard Sludge Treatment*; EPA-600/2-81-166; U. S. Environmental Protection Agency: Washington, D. C.

Reynolds, D. T.; Cannon, M.; Pelton, T. (2001) Preliminary Investigation of Recuperative Thickening forAnaerobic Digestion. *Proceedings of the 74th Annual Water Environment Federation Technical Exhibition and* Conference; Atlanta, Georgia, Oct 13-17; Water Environment Federation: Alexandria, Virginia.

Reynolds, T. D. (1973) Anaerobic Digestion of Thickened Waste Activated Sludge. *Proceedings of the 28th Purdue Industrial Waste Conference*; West Lafayette, Indiana, May 1-3: Purdue University: West Lafayette, Indiana.

Rubin, A. R. (1991) Agricultural Limitations and Criteria for Lime StabilizedSludge (PSRP or PFRP). *Proceedings of the 5th Annual American Water Works Association/Water Pollution Control Federation Joint Residuals Management Conference*; Durham, North Carolina, Aug 11-14: Water Pollution Control Federation: Washington, D. C.

Salsali, H. R.; Parker, W. J. (2007) An Evaluation of 3 StageAnaerobic Digestion of Municipal Wastewater Treatment Plant Sludges, *Water Practice*, 1, 1-12.

Sanders, W. T. M.; Geerink, M.; Zeeman, G.; Lettinga, G. (2000) Anaerobic hydrolysis kinetics of particulate substrates. *Water Sci. Technol.*, 41, 17-24.

Schafer, P., Wolfenden, A. (1982) Odor Control Features Make Lagoons an Acceptable Sludge Process *Sixth Mid-America Conference on Environmental Engineering Design*, *American Society of Civil Engineers*, Kansas City, Missouri, June.

Schafer, P. L.; Farrell, J. (2000) Performance Comparisons for Staged and High-Temperature Anaerobic Digestion Systems, *Proceedings of the Annual Water Environment Federation Technical Exposition and Conference* [CD-ROM]; Anaheim, California, Oct 17; Water Environment Federation: Alexandria, Virginia. .

Schafer, P. L.; Farrell, J.; Newman, G.; Vandenburgh, S. (2002) Advanced Anaerobic Digestion Performance Comparisons. *Proceedings of the 75th Annual Water Environment Federation Technical Exposition and Conference* [CD-ROM]; Chicago, Illinois, Sep 28-Oct 2; Water Environment Federation: Alexandria, Virginia.

Schafer, P. L.; Trueblood, D.; Fonda, K.; Lekven, C. (2008) Grease Processing for Renewable Energy, Profit, Sustainability, and Environmental Enhancement. *Proceedings of the Water*

Environment Federation biosolids Specialty Conference, Philadelphia, Pennsylvania. April.

Schwinning, H. G. ; Denny, K. J. ; Hong, S. N. (1997) Experience with autothermal thermophilic Aerobic Digestion (ATAD) in the United States. *Proceedings of the 70th Annual Water Environment Federation Technical Exposition and Conference*, Chicago, Illinois, Oct 18-22 Water Environment Federation: Alexandria, Virginia.

Scisson, J. P. (2006) ATAD, the far country: Improvements to the 3rd, 2nd Generation ATAD Yield Better than Expected Returns. *Proceedings of the Water Environment Federation Residuals and biosolids Management Specialty Conference*; Cincinnati, Ohio, Mar 12-15; Water Environment Federation: Alexandria, Virginia.

Shell, G. L. ; Boyd, J. L. (1969) *Composting Dewatered Sewage Sludge*; SW - 12c; U. S. Department of Health, Education, and Welfare: Washington, D. C.

Sloan, D. (1992) Design and Process Considerations for Advanced Alkaline Stabilization with Subsequent Accelerated Drying Facilities. Paper presented at the 5th Annual International Conference on Alkaline Pasteurization Stabilization, Somerset, New Jersey.

Speece, R. E. (1972) Anaerobic Treatment. In *Process Design in Water Quality Engineering*. E. L. Thackston and W. W. Eckenfelder (Eds.), Jenkins Publishing Company, New York.

Spinosa, L. ; Vesilind, P. A. ; Eds. (2001) *Sludge into biosolids. Processing, Disposal, and Utilization*; IWA Publishing, London, U. K.

Stege, K. ; Bailey, E. (2003) Aerobic Digestion Operation of Stockbridge Wastewater Treatment Plant, GA; *Georgia Water Pollution Control Association.*

Stensel, H. D. ; Coleman, T. E. (2000) *Assessment of Innovative Technologies for Wastewater Treatment: Autothermal Aerobic Digestion (ATAD)*, Preliminary Report, Project 96 - CTS - 1; U. S. Environmental Protection Agency: Washington, D. C.

Stone, L. A., et al. (1992) The Historical Development of Alkaline Stabilization. Paper presented at the Water Environment Federation Specialty Conference on Future Directions in Municipal Sludge (biosolids) Management: Where We Are and Where We' re Going, Portland, Oregon.

Stuckey, D. C. ; McCarty, P. L. (1984) The Effect of Thermal Pretreatment on the Anaerobic Biodegradability and Toxicity of Waste Activated Sludge, *Water Res.*, 18 (11), 1343-1353.

Stutzenberger, F. J. (1971) Cellulase Production by*Thermomonospora curvata* Isolated from Municipal Solid Waste Compost. *Appl. Microbiol.*, 22, 2, 147.

Torpey, W. N., et al. (1984) Effects of Multiple Digestion onSludge. *J. Water Pollut. Control Fed.*, 56, 62.

Tortorici, L. ; Stahl, J. F. (1977) Waste ActivatedSludge Research. *Proceedings of the Sludge Management, Disposal, and Utilization Conference*, Information Transfer, Inc., Rockville, Maryland.

U. S. Environmental Protection Agency (1975) *Lime Stabilized Sludge: Its Stability and Effect on Agricultural Land.* EPA - 670/2 - 75 - 012, National Environmental Research Center; U. S. Environmental Protection Agency: Washington, D.C.

U. S. Environmental Protection Agency (1978) *Sludge Treatment and Disposal— Volume I*;

EPA - 625/4 - 78 - 012, Technology Transfer, U. S. Environmental Protection Agency: Washington, D. C.

U. S. Environmental Protection Agency (1979) *Process Design Manual for Sludge Treatment and Disposal*; EPA-625/1-79-011, U. S. Environmental Protection Agency: Cincinnati, Ohio.

U. S. Environmental Protection Agency (1982) *Guide to the Disposal of Chemically Stabilized and Solidified Waste*; SW-872, Office of Solid Waste Emergency Response, U. S. Environmental Protection Agency: Washington, D. C.

U. S. Environmental Protection Agency (1989) 1988 *Needs Survey of Municipal Wastewater Treatment Facilities*; EPA-430/09-89-001; U. S. Environmental Protection Agency: Cincinnati, Ohio.

U. S. Environmental Protection Agency (1990) *Autothermal Thermophilic Aerobic Digestion of Municipal Wastewater Sludge*; EPA-625/10-90-007; U. S. Environmental Protection Agency: Cincinnati, Ohio.

U. S. Environmental Protection Agency (1992) *Control of Pathogens and Vector Attraction in Sewage Sludge*; EPA - 625/R - 92 - 013; Environmental Regulations and Technology; U. S. Environmental Protection Agency: Washington, D. C.

U. S. Environmental Protection Agency (1993) Standards for the Use or Disposal of Sewage Sludge. *Fed. Regist.*, 58, 32.

U. S. Environmental Protection Agency (1999a) *Control of Pathogens and Vector Attraction in Sewage Sludge*; EPA - 625/R - 92 - 013, Environmental Regulations and Technology; U. S. Environmental Protection Agency: Washington, D. C.

U. S. Environmental Protection Agency (1999b) *Standards for the Use or Disposal of Sewage Sludge*. Code of Federal Regulations, Part 503, Title 40.

U. S. Environmental Protection Agency (2003) *Control of Pathogens and Vector Attractionin Sewage Sludge*; EPA-625/R-92013; U. S. Environmental Protection Agency: Cincinnati, Ohio.

U. S. Environmental Protection Agency (in press) *Alkaline Treatment of Municipal Wastewater Treatment Plant Sludge Technical Guide*; National Risk Management Research Laboratory; Office of Research and Development; U. S. Environmental Protection Agency: Cincinnati, Ohio.

Van Lier M. J. B.; Martin M. J. L. S.; Lettinga, M. G. (1996) Effect of Temperature on the Anaerobic Thermophilic Conversion of Volatile Fatty Acids by Dispersed and Granular Sludge. *Water Res.*, 30, 199-207.

Verschueren, K. (1983) *Handbook of Environmental Data on Organic Chemicals*, 2nd ed.; Van Nostrand Reinhold Co.: New York.

Volpe, G.; Keaney, J.; Schlegel, P.; Tyler, C.; Carr, J.; Nagel, J. (2004) Large Egg-Shaped Digesters: Issues and Improvements. *Proceedings of the 77th Annual Water Environment Federation Technical Exhibition and Conference* [CD-ROM]; New Orleans, Louisiana, Oct 2-6; Water Environment Federation: Alexandria, Virginia.

Waksman, S. A.; Cordon, T. C. (1939) Thermophilic Decomposition of Plant Residues in Composts by Pure and Mixed Cultures of Microorganisms. *Soil Sci.*, 47, 217.

Ward, A.; Stensel, H. D.; Ferguson, J.; Ma, G.; Hummel, S. (1999) Preventing Growth of Pathogens in Pasteurized Digested Sludge. *Water Environ. Res.*, 71, 176.

Water Environment Federation (1994a) *Beneficial Use Programs for biosolids Management*; Special Publication; Water Environment Federation: Alexandria, Virginia.

Water Environment Federation (1994b) *Safety and Health in Wastewater Systems*, 5th ed.; Manual of Practice No. 1; Water Environment Federation: Alexandria, Virginia.

Water Environment Federation (1995) *Wastewater Residuals Stabilization*; Manual of Practice No. FD-9; Water Environment Federation: Alexandria, Virginia.

Water Environment Federation (2007) *Operation of Municipal Wastewater Treatment Plants*, 6th ed.; Manual of Practice No. 11; McGraw-Hill: New York.

Water Environment Federation (2009) *An Introduction to Process Modeling for Designers*; Manual of Practice No. 31; Water Environment Federation: Alexandria, Virginia.

Water Pollution Control Federation (1987) *Anaerobic Sludge Digestion*; Manual of Practice No. 16; Water Pollution Control Federation: Washington, D. C.

Water Environment Research Foundation (2004) *Producing Class A biosolids with Low-Cost, Low-Technology Treatment*; Report No. 99-REM-2; Water Environment Research Foundation: Alexandria, Virginia.

Werker, A. G.; Carlsson, M.; Morgan-Sagastume, F.; Le M. S.; Harrison, D. (2007) Full-Scale Demonstration and Assessment of Enzymatic Hydrolysis Pretreatment for MesophilicAnaerobic Digestion of Municipal Wastewater Treatment Sludge. *Proceedings of the 80th Annual Water Environment Federation Technical Exhibition and Conference* [CD-ROM]; San Diego, California, Oct 13-17; Water Environment Federation: Alexandria, Virginia.

Westphal, A.; Christensen, G. L. (1983) Lime Stabilization: Effectiveness of Two Process Modifications. *J. Water Pollut. Control Fed.* 55, 1381.

Wiley, J. S.; Westerberg, S. C. (1969) Survival of Human Pathogens in Composted Sewage. *Appl. Microbiol.*, 18, 944.

Williams, T. O.; Forbes, Jr., R. H.; Wagoner, D. L.; Hahn, J. T. (2008) Control ofbiosolids Cake Odors Using the New biosolids Odor Reduction Selector Process. *Proceedings of the 22nd Annual Water Environment Federation Residuals and biosolids Management Conference*, Philadelphia, Pennsylvania, Mar 30-Apr 2; Water Environment Federation: Alexandria, Virginia.

Willis, J.; Aiken, M.; Arnett, C.; Hull, T.; Matthews, J.; Schafer, P.; Sobsey, M.; Turner, B. (2003) Cost to Convert to Class A: Columbus biosolids Flow-Through Thermophilic Treatment (CBTF3) as a Cost Effective Option. *Proceedings of the Water Environment Federation Technical Exhibition and Conference* [CD-ROM], Los Angeles, California, Oct 11-15; Water Environment Federation: Alexandria, Virginia.

Wilson, C. A.; Fang, Y.; Novak, J. T.; Murthy, S. N. (2008a) The Effect of Temperature on the Performance and Stability of ThermophilicAnaerobic Digestion. *Water Sci. Technol.*, 57, 297-304.

Wilson, C. A.; Murthy, S. N.; Novak, J. T. (2008b) Laboratory Digestibility Study of

Wastewater Sludge Treated by Thermal Hydrolysis. *Proceedings of the 22nd Annual Water Environment Federation Residuals and biosolids Conference*：*Traditions*，*Trends & Technologies*；Philadelphia，Pennsylvania，March 30-April 2；Water Environment Federation：Alexandria，Virginia.

Zahller，J. D.；Bucher，R. H.；Ferguson J. F.；Stensel，H. D.（2005）Performance and Stability of Two - StageAnaerobic Digestion. *Proceedings of the 78th Annual Water Environment Federation Technical Exhibition and Conference*［CD-ROM］；Washington，D. C.，Oct 29-Nov 2，Water Environment Federation：Alexandria，Virginia.

Zhou，J.；Mavinic，D. S.；Kelly，H. G.；Ramey，W. D.（2002）Effects of Temperature and Extracellular Proteins on Dewaterability of Thermophilically Digested biosolids. *J. Environ. Eng. Sci.*，1，409-415.

第26章 热 处 理

1 概　述

自从根据1972年的《清洁水法》确立了二级固体处理标准以及后来建成的污水处理厂生产的污泥量越来越大，市政污水污泥处理和处置的重要性已经突显。同时，日益严格的污水固体处置监管法规，加上处置场所可用度的日趋减少，已经限制了处置方案的选择，提高了处置成本。

因此，热处理方法，作为生产适销的产品或降低污泥或生物固体体积的措施，继续引人关注。经济、环境和社会——政治分析为是否采用热处理方法的决策提供最佳基础。这种分析会考虑所有的再利用和处置方案及其成本和收益。成本包括工艺方法成本和进一步处理和管理的成本(运输、倾倒费、等等)。收益包括生产出适销产品(肥料、电力等)。热处理系统的选择应该认可脱水技术新而迅速的进展。这些进展可能会消除对某些热处理方案的未来需求，或其经济上的可行性。此外，选择过程中必须权衡目前和未来法规对热处理系统，相关空气污染控制设备和再利用或处置方案的可能影响。这个过程还应该评估这些方案是否具有满足可能的法规变化的足够灵活性。这种深谋远虑可以防止系统装置过时或不经济，或需要进行重大的改建才能满足未来法规要求。

合理分析热处理方案需要对先进技术具有切合实际的期望。一些现有污泥处理系统对于经常不会实现的先进技术抱有很高的期望。因此，这些污水处理厂可利用的最佳再利用或处置方案却可能被忽略。

操作热处理先进技术系统的方法不同于典型污水处理厂系统的运行。一些热处理系统的成功运行，尤其是在污水处理厂初始启动期间，需要高度训练有素而熟练的操作者或工艺工程师每天24h随时听用。一些市政可能无法为这些人员提供足够的薪金结构。良好的分析将能够解决对这些专业人才的需求。综合成本/效益分析将有助于选择污水处理厂污泥处理的最佳策略。

热处理系统的设计和采购往往依赖于专卖供应商信息，这可能并不很方便获得。因此，设计人员应该避免按照可能不必要地限制一些供应商对工程投标的方式指定设备或工艺方法。然而，在某些情况下，严格的规范说明反映了良好的工程设计判断。工程师必须设置基本要求，如单元装置的规模大小、支撑设备的类型和材料最低标准。

以下五个小节将介绍市政污水污泥流行的热处理方法，包括整理、湿空气氧化、干燥、氧化、玻璃化和生物产气。应该指出，自从本手册的最后一版以来，整理技术已普遍逐步淘汰，但也有一些富有前景的新兴技术正在开发中。玻璃化和生物产气仍然是污水固体管理的新兴技术。第5节讨论了监管颗粒和气体排放的法规和排放控制技术。

2 热　整　理

热整理是指不采用加入整理化学品而同时对固体施加热和压力增强脱水性。热整理期间，生物固体中的微生物细胞壁发生热裂解，从颗粒中释放出结合水。此过程进一步水解和溶解生物固体中的水合颗粒，并在有限的程度上，水解和溶解初级固体中的有机化合物。只要这些固体具有足够的纤维性固体形成饼状结构，常规机械脱水设备随后就能够很容易地从粒子中分离出释放的水。

历史上曾经用于污水处理厂热整理的两个基本改进是热处理和低压氧化作用。在同一时间，美国 31 家污水处理厂正在使用热处理系统。大约 78 家美国污水处理厂使用低压氧化系统。现在很少有污水处理厂还在运行，而厂商也没有积极在美国开拓这些系统的市场。

2.1　料浆碳化

料浆碳化是一种改善生物固体脱水的新兴热处理工艺方法。这种工艺方法采用含固体多达 20%的固体滤饼进行试验（OCSD，2003）。如果进料滤饼中含有 20%以上的固体，则要进行稀释和浸软至 6mm（0.25in）的颗粒。（进料固体浓度受泵送要求限制）。然后，将得到的料浆泵送至所需压力设定值[约 5MPa（750psi）]，并通过热交换器而将其温度升高至约 200~230℃（400~450℉）（见图 26.1）。随后，料浆进入反应器，发生热分解。在这个工艺过程的此时，有机物发生分解，二氧化碳气体从固体中分离出来，而氯转化为盐酸，通过浆料固有的缓冲强度中和。氯（二噁英和呋喃的前体）也以含水盐的形式从固体中洗出来。这些化学变化大大降低了浆料的黏度，并提高其脱水性。料浆随后通过热回收换热器，回收废热用于加热进料浆料。然后，在离心机中冲洗和脱水至 50%~55%的固体浓度。根据其预期用途，脱水滤饼进行使用或进一步干燥成 95%的固体。如果进料未消化的固体，则浆料碳化产生的物质在 95%固体浓度下具有约 15 100kJ/kg（6 500Btu/lb）的热值。

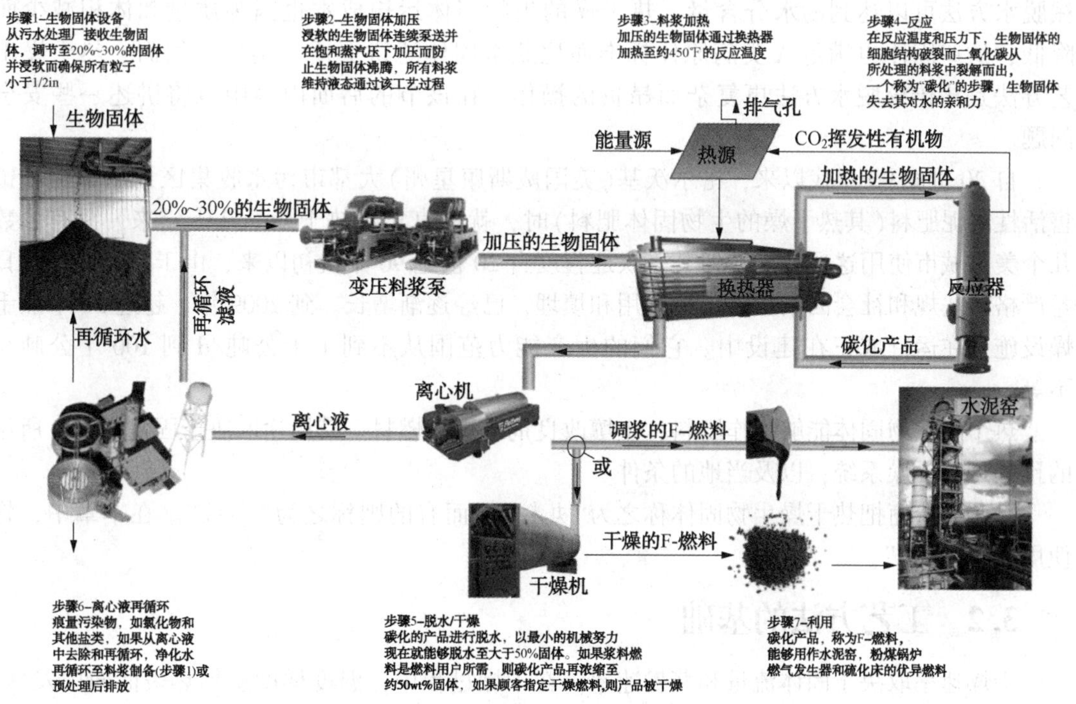

图 26.1　料浆碳化工艺方法的示意图（经 Enertech 许可）

这个工艺过程也产生高氨和高有机物的污水流，可以通过膜过滤，厌氧消化或溶气浮选进行处理。二氧化碳和反应器排气定向引导至蓄热式热氧化（RTO）器而将尾气中的任何挥发性有机化合物（VOCs）氧化。

日本能够处理 20 公吨/d(22t/d)系统的浆料化有机固体废弃物。在佐治亚州的亚特兰大的一个示范规模设施使用了来自几家污水处理厂的残余物。

在南加州，紧接着里亚托污水处理厂的一个拟议的区域设施将设计用于处理 5 个城市约 178t/d(196 干吨/d)的固体而产生约 150t/d(167t/d)的产物。这个近 2.5ha(6.2ac)的场地地处高度工业化的区域内。这家民营料浆碳化单元装置预计将占地面积约 30m×30m(100ft×100ft)。

根据这个私营企业家，料浆碳化会产生其用于处理未消化固体所需的 1.98 倍以上的能源。在推荐选址的 80km(50mi)内的许多水泥窑已经表示有兴趣使用这种产品作为燃料。燃烧测试表明，其氮氧化物排放类似于煤炭，而其硫氧化物和其他污染物排放较低，使其总体上成为较清洁的燃料(EnerTech，2001)。此外，残余灰分将能够用于水泥工艺过程。

3 热干燥

3.1 技术概述

热干燥涉及加热生物固体蒸发水分，从而进一步降低水分含量，使之远低于传统机械脱水方法可以达到的水分含量。热干燥的生物固体运输成本也因为质量和体积减少而降低；这些固体也满足 A 类病原体标准而比脱水固体滤饼更适于销售。然而，热干燥工艺方法是比传统脱水方法更复杂而昂贵的操作。在该节的后面内容中也将讲述一些安全问题。

自 20 世纪 90 年代以来，密尔沃基(美国威斯康星州)大都市污水收集区开始产生和销售活性淤泥肥料(其热干燥的生物固体肥料)时，就一直实行热干燥。几十年来，只有少数几个美国城市使用这项技术，但其受欢迎程度自 20 世纪 90 年代初以来，由于技术进步，日益严格的法规和社会因素影响土地施用和填埋，已经逐渐增长。到 2009 年，超过 50 个热干燥设施正在运行或正在建设中。它们的生产能力范围从不到 1 干公吨/d 到 100 干公吨/d 不等。

热干燥生物固体能够用作肥料，土壤改良剂或生物燃料。其用途取决于固体来源，所用的预处理和干燥系统，以及当地的条件。

一些制造商把热干燥生物固体称之为“丸粒”，而有的则称之为“颗粒”。在本章中，将使用术语“颗粒”。

3.2 工艺方法的基础

干燥速率取决于固体流量和蒸发速率。在干燥过程中，温度梯度从加热表面向内发展，导致水分从内部湿固体经过扩散作用、毛细流动和固体干燥和收缩产生的内压向表面迁移。随着热从机器向固体传递，固体温度上升，而从其表面上蒸发水分。影响这个过程的其他条件，包括温度、湿度、气体流动速率和方向、暴露的表面面积、固体的物理形式、搅拌、停留时间、以及所使用的支撑方法。设计工程师在研究固体干燥特性，选择合适的干燥器和决定最佳操作条件时需要了解这些条件及其影响。

3.2.1 热干燥阶段

热干燥有三个阶段：加热升温阶段、恒速阶段和降速阶段(见图26.2)。

3.2.1.1 加热升温阶段

在加热升温阶段中，固体温度和干燥速率都增大，直到达到稳态条件。这个阶段通常较短而导致的干燥程度较小。

3.2.1.2 恒速阶段

在恒速阶段期间，随着内部水分向外迁移而取代已经蒸发的水分，固体表面维持饱和。干燥速率取决于热量传递到固体表面的多少(传热或传质系数)。它也取决于暴露于干燥介质的面积多少，以及干燥介质和固体表面之间的温度和湿度差异。这个阶段通常最长而绝大部分干燥都发生于这个阶段。

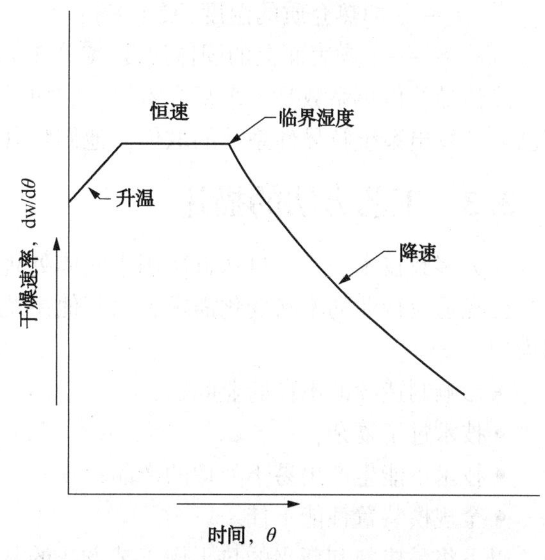

图26.2 干燥的三阶段

3.2.1.3 降速阶段

在降速阶段期间，固体表面的水分蒸发速度比固体内部水分能够替换的速率快。因此，暴露的表面不再是饱和的，固体传递潜热与其从干燥介质接受显热的速度不一样快，则固体的温度会升高。这个阶段就是干燥速率降低的时段。

在恒速和降速阶段之间过渡点的干燥速率称为临界湿度。

3.2.2 传热方法

干燥器基于主要用于向湿固体传热的方法(对流或传导)进行分类。虽然大多数系统实际上都使用多种传热方法，但通常某种方法比其他方法更占优势。

3.2.2.1 对流

在对流(直接干燥)系统中，传热介质(例如，热气体)直接接触湿固体。对流传热数学上表示如下(US EPA，1979)：

$$q_{对流}=h_c A(t_g-t_s) \tag{26.1}$$

式中 $q_{对流}$——对流传递热，kJ/h (Btu/hr)；

h_c——对流传热系数，kJ/m^2·h/℃ (Btu/h/ft^2/F)；

A——暴露于其他的湿表面面积，m^2(ft^2)；

t_g——气体温度,℃ (℉)；

t_s——污泥-气体界面上的温度,℃ (℉)。

制造商们已经为其用于确定这种系统规模尺寸的专利性系统开发出对流传热系数。

3.2.2.2 传导

传导(间接干燥)系统从热传递介质(例如，热油或水蒸汽)经由将固体和介质隔离开的材料(例如，钢板)向固体传递热。热传导的数学表达式如下(US EPA，1979)：

$$q_{传导}=h_{传导}A(t_m-t_s) \tag{26.2}$$

式中 $q_{传导}$——热传导传热，kJ/h (Btu/hr)；

$h_{传导}$——热传导系数，kJ/m^2 · h/℃（Btu/h/ft^2/℉）；

A——热传导表面积，m^2(ft^2)；

t_m——加热介质的温度,℃（℉）；

t_s——干燥表面上的固体温度,℃（℉）。

热传导的传热系数是一个复合术语，它包括固体和介质的热传输表面薄膜的影响。制造商已经开发出系统特异性系数的取值，他们将其用于确定自己专有系统的规模尺寸。

3.3 工艺方法的描述

与大多数技术一样，自从首次用于固体处理，热干燥器不断发展已经超过75年。有些系统已经适应行业的不断变化需求，而其他系统则转瞬即逝。有些系统不再是可行的技术，因为

- 影响制造商的不良商业问题；
- 技术过于复杂；
- 技术不能生产出易于处理的产品；
- 全规模装置性能不佳。

以下将是成熟和新兴的热干燥工艺方法的基本描述。

3.3.1 成熟系统

3.3.1.1 对流式干燥机

对流式干燥机已经成功用于市政固体干燥，其包括气流干燥机、转鼓式干燥器和流化床干燥器。

（一）气流干燥器

在此点上，气流干燥器正被多达50家美国设施使用。然而，截至2008年，仅仅德克萨斯州休斯敦的两家污水处理厂仍然在使用这项技术，而到本手册出版时已经被转鼓式干燥器取代。其使用下降的原因包括安全问题，高能耗和O&M成本，以及主要设备供应商对固体处理部门的兴趣有限。因此，气流干燥器将不会进行进一步的综述。

（二）转鼓式干燥器

自从20世纪20年代密尔沃基首次安装转鼓式干燥器以来，这种干燥器就已经开始用于处理固体。2008年，在用或正在建设的转鼓式干燥器在美国超过20家而在欧洲超过75家设施。

虽然某些系统组件是厂商特异性的，但是所有的转鼓式干燥器都具有架在轴承上的长圆筒形钢制转鼓(见图26.3)。有些转鼓干燥器具有固体以之作单通道的转鼓，而其他的转鼓干燥器则具有同心转鼓，而使固体多次通过转鼓(例如，三通道系统)。热气体干燥固体，并帮助固体移动通过系统。

有些颗粒被再循环到进料固体(脱水固体)中，在那里混合器将其混合，能够通常将进料水分含量降低至小于35%，使之不“发黏”，而具有更好的处理特性。实际水分含量取决于干燥器供应商和固体特性。进料固体和热炉气体[400~650℃(750~1 200℉)]连续引入转鼓干燥器的上端，并传送(通常是同时)至排出端(参见图26.4)。当气体穿过转鼓时，沿着缓慢旋转的内壁轴向螺旋叶片，吹起和吹落固体而通过干燥器。这种下落薄片固体直接接触热气体，而快速干燥。

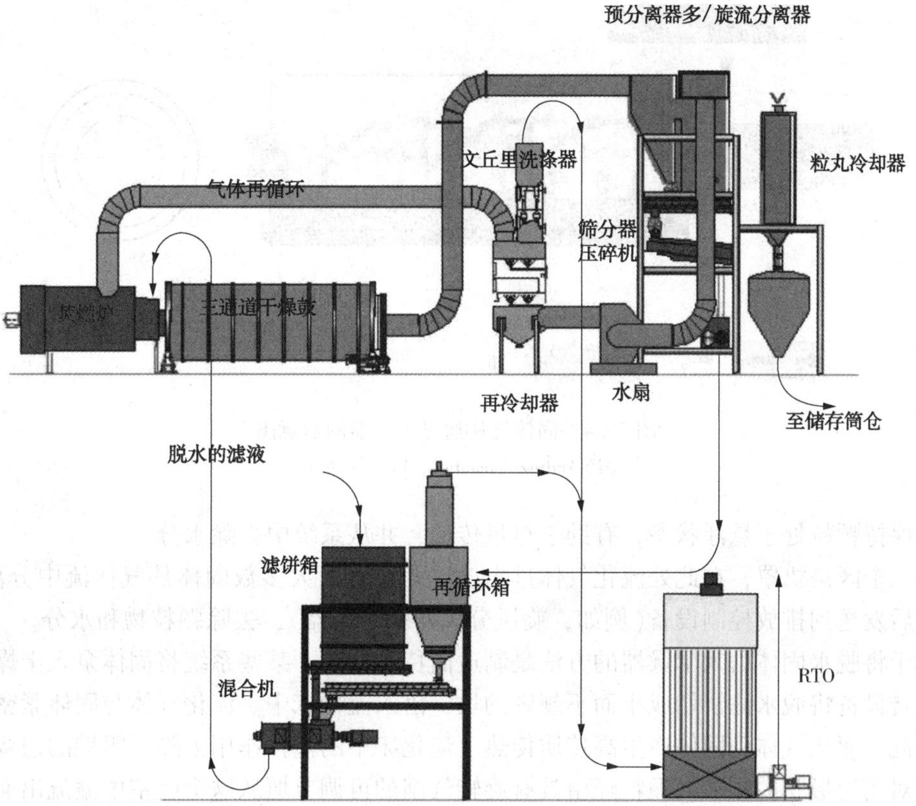

图 26.3　转鼓干燥机的示意图
（经 Andritz Separation，Inc. 的许可）

在大多数系统中，大约 80% 的炉气进行再循环而提高系统的热效率，并帮助维持惰性气氛。（参见第 3.5.4 节中有关惰性化为什么很重要）。气体再循环也降低了废气处理量。废气排出干燥器时温度为 66～105℃（150～220℉），而传递至颗粒去除和气味控制的排放控制设备（Niessen，1988）。

转鼓式干燥器已经成功用于干燥消化和未消化的固体。在欧洲，颗粒通常制成生物燃料，则干燥器经常会处理未消化的固体。在美国，颗粒主要用作肥料或土壤改良剂，则干燥器通常处理消化固体。消化作用能够打破原料固体中可能导致干燥器操作问题的大部分纤维。这也减少了可能导致颗粒中气味问题的易腐烂化合物。

（三）流化床干燥器

流化床技术在 20 世纪 90 年代初首先在欧洲应用于生物固体干燥；现在，超过 30 多家欧洲设施正在使用此项技术。这方面应用首次在美国使用是 20 世纪 90 年代中后期，而到 2008 年时有两套美国系统正在运行。

流化床干燥器的主要组件是分隔成三个区的固定垂直腔室。第一个区是风箱（气体增压室），用于将热的流化气体[一般是约 85℃（185℉）的空气]均匀地分布于颗粒床层中。通过在闭环系统中排布设计的鼓风机强制或诱导气体通过系统。

第二个区是换热器。传热介质（通常为蒸汽或热油）循环通过热交换器管道，而流化气

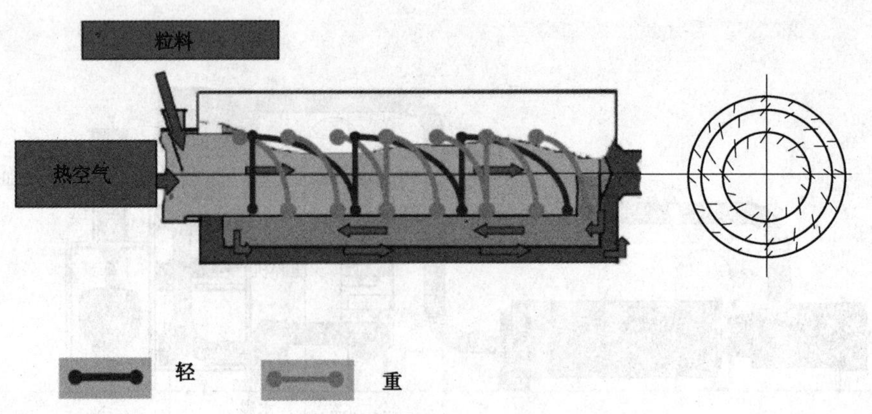

图 26.4　固体迁移通过干燥器的示意图
（经 Andritz Separation，Inc. 的许可）

体同时保持颗粒处于悬浮状态，有助于热量传递，并从系统中去除水分。

第三个区是机罩，在此处流化气体排出该单元装置而大多数固体从气体流中分离出来。尾气随后发送到排放控制设备(例如，旋风分离器和冷凝器)，去除颗粒物和水分。

用于将脱水固体引入干燥器的方法是制造商特异性的。某些系统将固体泵入干燥器，在那里旋转设备将脱水滤饼切成小而不规则的块，落入流化床中。流化气体与固体紧密接触而高度互混，而从气体到固体产生高传质传热。流化床中的搅拌作用去除了粗糙的边缘，产生具有相对均匀形状的颗粒。颗粒经由具有旋转气闸的可调节堰从这个腔室中溢流出而排出干燥器。

相对于转鼓系统，流化床干燥器能够将固体水分含量降低至小于 10%。这些系统不应该设计为“刮光”(局部干燥)系统。

由于涉及低温，流化床系统非常适合于可能实现能量回收的应用环境。欧洲系统都已经运行而从垃圾焚烧厂分离出废蒸汽。伊利诺伊州沃基根北岸卫生区的相对较新的设施，已经开始使用玻璃化工艺过程的废热。

3.3.1.2　传导干燥系统

在过去十年中，传导干燥器在美国随着更多小型和中型公共事业公司开始干燥固体而变得越来越流行。这种系统简单的物料输送和排放控制系统吸引了小型公用事业公司。大多数设施使用干燥器能够将固体水分含量降低至小于 10%，但一些公司却将这些系统当作部分干燥器，而用于将固体水分含量降低至约 50%。

成功用于干燥固体的传导干燥器包括桨叶式干燥器、空心螺旋叶片干燥器、旋转室干燥器、盘式干燥器和压滤/真空干燥器。

(一) 桨叶式和中空螺旋叶片干燥器

中空螺旋叶片干燥器有三种类型：桨叶式、盘式和转室式。桨叶式干燥器已经在工业应用中使用了几十年，但首先应用于干燥生物固体是在 20 世纪 80 年代末的日本。桨叶式和盘式干燥器二者都是在 20 世纪 90 年代中期才在美国用于处理生物固体。在 2008 年，美国有超过 30 家设施正在建设或运行桨叶式、盘式或转室式干燥器。

桨叶式和盘式干燥器都包括固定的水平容器(槽)和一系列安装于旋转轴(转子)上的搅

拌器(桨叶、转盘或螺旋叶片)。在某些系统中，这种槽具有夹套外壳，通过这种夹套外壳循环传热介质(通常是热油或水蒸气)。旋转室干燥器除了槽外壳旋转并由气体燃烧器加热之外都很类似。所有这些系统都具有中空转子和搅拌器，通过这种中空转子和搅拌器进行传热介质循环。槽、搅拌器和转子的表面能够将热传导给生物固体。

脱水生物固体通常通过正排量泵或螺旋传送机直接进料至干燥器中。(在这些系统中，进料固体通常在处理之前并不与再循环的颗粒混合)。排出干燥器的颗粒物形状不规则，大小不等，因为与搅拌桨或盘相关的搅拌作用可能会提高产品中的精细颗粒物浓度。筛滤或整理剂能够用于产生尺寸更加均匀的产品。

转子和搅拌器组件都由碳素钢、不锈钢、或两者的组合制成。如果存在高度腐蚀性的组分，它们也可以由各种特殊的合金制成。在某些系统(主要桨叶式)中，搅拌器排布设计于杆轴上相互交织，增强加热表面和固体之间的相对接触，从而增大传热系数。他们还能够进行自清洁。在其他系统中，固定搅拌器的犁或破碎机的杆放置于旋转搅拌器之间而改善混合和防止搅拌表面上累积固体滤饼。

传热介质的温度是变化的，但其范围为150~205℃(300~400℉)。在将其可用能量传递给固体后，传热介质通常会再循环通过加热系统。高压冷凝物返回系统可能适用于蒸汽，而减少能源消耗。

容器中的水蒸汽浓度会创建惰性环境，但充足的气体(空气)会被吸入通过干燥器而除去蒸发的水，以使之不会在系统中冷凝。相反，它会从干燥器中排出，并传送至冷凝器。不可冷凝性的气体随后就能够引导至气味控制系统。某些设施会使用化学洗涤器控制气味，而其他的则会将尾气传送至活性污水处理工艺过程的曝气系统中。也可以使用热氧化作用。所涉及的尾气体积小于对流系统。

桨叶式，盘式和转室式干燥器能够连续或间歇进料。在连续进料系统中，固体经由该床的桨叶搅拌作用而传送通过干燥器，这会导致体积容量置换。某些系统会在干燥器排出端使用堰，有助于淹没固体的传热表面。

(二) 托盘式干燥器

托盘式干燥器类似于盘式干燥器，不同之处在于这种干燥器垂直构造设计而在脱水固体进料至干燥器之前将再循环的颗粒物与之混合。混合的固体通过垂直多级干燥器中的顶部进口进料。干燥器的中心杆轴具有附带的旋转臂，而将固体从一个加热静止盘移动至另一个呈锯齿形运动的托盘中，直它们作为颗粒在底部排出。旋转臂的可调节刮刀能够移动和翻动加热盘上20~30mm厚的固体层。

在螺旋通过托盘后，排出干燥器的固体通常含有不到10%的水分。这些颗粒经过筛分，随后送到回收箱进行进一步的处理或冷却至30℃(90℉)而气动传送到存贮筒仓。

在过去的十年中，托盘式干燥机在北美曾经有过有限增长。马里兰州巴尔的摩的后水(Back Water)污水处理厂自从1995年以来就一直采用托盘式干燥机处理固体。安大略省多伦多市的灰桥湾污水处理厂预计2009年投入运行。芝加哥斯蒂克尼污水处理厂的托盘式干燥器于2008年开始启动运行。

(三) 压滤/真空干燥器

压滤/真空干燥器是在一个工艺过程中结合脱水和干燥的标准压滤器的变体。首先，这个工艺过程使用标准加压循环对固体机械脱水，这些固体通常在进入该单元装置之前采用石灰和氯化铁进行整理。在压滤循环之后，热水[80℃(180℉)]循环通过系统，加热腔室而同时整个系统抽成真空，降低固体中还存在的水分的沸点。这是一个间歇式过程，允许操作者控制所能达到的干燥度。

至目前为止，压滤/真空干燥器已经广泛用于处理固体；在2009年只有两个装置存在。田纳西州芒廷城自从2000年以来就已经使用压滤/真空干燥器处理固体。这个公共事业单位使用这种单元装置生产的固体含有50%的水分，但还可以进一步干燥固体。

3.3.2 新兴对流式干燥器

新兴工艺方法是至少5年内在美国国内外还没有全规模商业化使用的那些。带式干燥器和太阳能干燥器都是新兴技术。这两种系统已经在欧洲兴起，已经使用超过5年，而现在才在美国开始使用。

3.3.2.1 带式干燥器

在带式干燥器中，固体置于多孔传送带上，而大量加热的气体从其中吹过或抽过。传送带的速度和构造结构控制固体停留时间。传送带由钢丝网或合成材料(类似于用于带式压滤机的过滤介质)制成。这种单元装置可能具有一个或两个传送带，其构造结构取决于制造商。颗粒物相比于更复杂系统，因为物料处理有限，通常在尺寸上不太均匀。筛滤和整理剂能够用于改善均匀性。

气体管理系统也是供应商特异性的。为了从该工艺过程中去除水分，采用风扇通常从工艺过程空气回路中去除部分空气，并将其发送到冷凝器。一些供应商将大部分洗涤后的气体返回干燥器，而将一部分与助燃空气混合。其他供应商推荐洗涤后的气体在排放前通过生物过滤器或化学洗涤器进行处理而控制气味。再循环大多数工艺过程中的空气，能够提高这种系统的热效率而降低需要处理的尾气。

气味控制方法是供应商特异性的。传统上生物过滤器已经在欧洲应用于这些系统进行控制气味，但也能够使用化学洗涤器。也有供应商使用焚烧炉燃烧尾气。

带式干燥机使用温度相对较低的气体[约130~177℃(265~350℉)]，因此低品级废热能够用作能量来源。这使之具有广泛的能量回收选择。欧洲设施使用燃气发动机、市政固体废弃物焚烧炉和固体焚烧炉的废热。一项计划2009年启动的美国系统，计划燃烧其颗粒，而为烘干机提供热。在2009年美国设施正在开发的其他带式干燥机也具有废热选项。

带式干燥器在欧洲已经用于干燥木质废物和其他均质材料几十年。截至2009年，至少20个系统在欧洲正在建设或运行，而在美国只有两个系统，一个系统正在建设而另一个正在运行。

3.3.2.2 太阳能干燥器

固体实行自然脱水(例如，砂干燥床)几十年，但这种系统非常明显易受天气影响而通常产生的固体含水分约70%(便于处置)。在20世纪90年代，德国研究人员开发出基于辐射(太阳能)能源和对流(空气)干燥理论的系统，能够生产出含水分不超过10%的固体。第一个全规模设施在20世纪90年代初在欧洲开始运行；到2008年，超过100个装置已经在用，而在美国只有10家设施正在建设或运行。美国的系统常常只设计用于生产含水分低于25%的固体，而使之满足《40 CFR 503法》病媒吸引力降低标准。

太阳能干燥器通常由混凝土垫构成，具有由温室型结构上覆穹顶。未增稠的、增稠的或脱水的固体用卡车运送或泵送至垫上。程序监控该结构内外的气候变量(例如，温度和湿度)，并调节风扇和散热孔，而提供足够的干燥通风。电动移动式混合机翻犁固体，使之暴露更多的表面进行蒸发。固体可以铺展成相对较薄的层，或排布设计成条垛堆。

在美国，这种技术通常由小型污水处理设施使用。然而，一些欧洲装置却应用于相对较大型的污水处理设施。例如，占地面积2ha(5ac)的系统能够处理具有650000居民的城市的固体。另一种则设计用于对4970m^3/h(31.5mg/d)的设施进行固体脱水。

大多数这些干燥器都是单一从太阳辐射获取热能，但约20个装置会使用辅助热源(例如，燃烧消化池气体或热电联产设施的废热)，以提高干燥性能。一家奥地利设施燃烧其现场太阳能干燥的固体，并用这种热加速干燥过程。

3.4 工艺设计准则

3.4.1 确定参数大小

3.4.1.1 蒸发容量

干燥器是蒸发设备，因此设计工程师的第一步是计算给定时间内需要蒸发多少水量。当计算所需蒸发容量时的关键参数是进料固体和颗粒的固体浓度，以及运行时间。蒸发容量通常按照kg(lb)要蒸发的水/h表示。

然后，设计人员应该咨询厂商，因为他们已经基于采用各种固体进行的传热计算、实验室小试试验和示范的全规模性能建立了自己系统的蒸发容量。干燥系统可以基于固体类型(例如，未消化的、消化的、或混合的初级和二级固体)而具有多个蒸发容量，因为这些固体类型会影响传热系数和物料输送特性。

设计工程师应该牢记，机械脱水工艺过程的性能会显著影响热干燥器的尺寸及其能源需求。机械脱水通常会比热脱水(至可能的程度)更具成本效益。

3.4.1.2 运行时间

在确定热干燥器规格大小中的另一个关键参数是运行的可接受时数。干燥机具有固定的蒸发容量，因此其每天运行时间越长，可以处理的固体就越多。24h/d的干燥器只需要8h/d运行处理相同固体量的干燥器蒸发容量的三分之一。因为热干燥器成本高昂，许多经过规格大小确定而都几乎是连续运行[如，24h/d，每周5天(约100~105h/星期)，才能满足典型的工作日程，而同时会剩余一定预防性维护的停机时间。此外，接近连续运行，能够降低设备磨损。频繁加热和冷却循环会增加金属疲劳，而因此增加元件故障率。

3.4.1.3 固体停留时间

固体停留时间(SRT)取决于干燥器的类型和制造商的设计。制造商基于系统容量和传热系数确定SRT。系统温度并不会影响热干燥器的SRT；转鼓式干燥器和带式干燥机，即使其工作温度显著不同，也可能具有类似的SRT。一些制造商还可能使用干燥器的SRT，试图证明满足《40 CFR 503法》的病原体降低标准。

3.4.1.4 工作温度

传热方程(在本章前面提到)表明，热传递速率取决于干燥介质的温度(例如，气体，油，或水蒸汽)。当两个类似的系统在不同的温度下运行时，温度更高的系统通常会更快地干燥固体。尽管工作温度可能会影响单元装置大小，但是传热速率将受几个因素(例如，暴露的润湿表面面积和单元装置的传热系数)的影响，因此温度并不能直接指示规格大小。

3.4.1.5 存储

存储对于热干燥系统是很重要的，但往往被忽视。通常在干燥器之前和之后都需要进行存储。这种系统在干燥器之前需要足够的存储空间，才能缓解固体的变化而容许系统停机。在干燥器之后也需要足够的存储空间，应对市场需求运输时间表的变化和市场需求的季节性波动。

颗粒通常存储于与外部环境密封的筒仓中。由于筒仓成本，设计工程师应该仔细审视其规模。其他应用或处置方法(例如，填埋)可能比巨大存储容量更符合成本效益。只要粉尘控制和其他安全问题得到解决，小型和中型设施能够使用其他存储方法(例如，散装袋或加盖垫)。对于安全性和固体存储的更多信息，请参见第 3.5.4 节。

3.4.2 选择

3.4.2.1 产品质量和用途

设计工程师在选择热干燥器时应该仔细考虑颗粒的计划用途。某些用途(例如，高端肥料)将需要比其他产品(例如，土壤改良剂、散装土地施用或生物燃料)更高的品质。虽然热干燥器通常会产生类似的颗粒，但是设计工程师应该注意供应商之间的变化，这可能影响产品的使用。例如，一些带式干燥器供应商使用返混，而另一些则直接将物料挤出到带上，产生具有不同特性的颗粒。

公共事业公司如果要考虑热干燥，则需要进行初步市场/用途分析，才能选择系统而确定哪些出口是最可行的。(对于生物固体销售和使用问题的更多信息，请参阅第 27 章)。

3.4.2.2 处理序列单元装置的容量

在选择热干燥系统时，工程师应考虑所需的设计容量和对其供应所需的处理序列数量。热干燥器的规格尺寸应该进行权衡而提供资本成本、冗余度和空间限制之间的最佳平衡。设计工程师在确定系统规模大小时也应该仔细考虑随着时间推移预计满足生产容量显著增加的操作弹性。热干燥器通常具有的操作弹性有限，因此可能需要多个序列才能满足未来加工的需要，否则系统可能需要更短的运行周期进行生产量的最初优化。(生产量的优化也能够提高系统的热效率)。

通常情况下，安装一个处理序列比安装多个序列才能满足容量要求更具成本效益，因为这样可以降低空间和辅助支撑系统的需求，并充分利用设备相关的规模经济。然而，一个处理序列可能不能满足这个公共事业公司的冗余度需求。为了解决这个问题，许多美国系统在热干燥器停工时具有一个处理序列(降低资本成本)和另一脱水和处置的方案(例如，填埋)。

对流系统(例如，转鼓和流化床)通常具有比传导系统(例如，桨叶式，盘式和旋转室式)更大的单序列容量。通常转鼓流化床系统的规模尺寸通常可以处理 2 000~11 000kg H_2O/h 的容量。托盘式干燥器也被当作是大容量系统。另一方面，传导系统的规模大小通常可以处理的容量不到 500~4 000 kg H_2O/h。唯一的例外是带式干燥器。某些供应商已经开发出的带式干燥器具有的容量堪比转鼓系统的容量(尽管截至2009 年在美国还没有安装任何带式干燥器)。

3.4.2.3 劳动力要求

劳动力要求取决于热干燥器类型及其设计。有些系统比其他系统需要更多的监督和 O&M 工作人员的技能。例如，转鼓系统需要连续监控和训练有素的操作者。另一方面，欧洲的几个流化床和带式干燥系统，都按照自动模式运行，在换班离岗期间监控要求最低。比利时豪特哈伦(Houthalen)的流化床系统每天 24 小时，每周 7 天，按照两个 12h 轮班制运行。在这些轮班之一期间，干燥器都按照自动模式运行，无需关注。

一些市政污水处理厂聘请承办商处理固体干燥及市场推广业务。这些民营企业都具有系统 O&M 和产品营销的专业知识。

3.4.3 动力要求

3.4.3.1 电

热干燥器可能需要巨大的电力供电扇和固体处理组件之需。具体要求取决于系统类型和制造商。更复杂的系统因为其附加的处理设备将需要更多的电力。

3.4.3.2 热

传统上热能经由化石燃料(例如，天然气和燃油)燃烧供给提供热能；然而，替代燃料(例如，消化池沼气，垃圾填埋场气和废木料液化气)在过去的十年中已变得越来越普遍，有助于降低或消除燃料成本。2009 年正在建设中的一种热干燥器设计用于将干燥的生物固体作为其主要的燃料来源。

热能要求的范围通常为约 3250~3720kJ/kg(1400~1600Btu/lb)蒸发 H_2O。系统需求将取决于热干燥器的类型和制造商。许多因素会影响能量效率，包括许多系统所有者和设计师无法控制的专有功能特性。制造商能够基于所测试的操作条件和进料固体特性而提供保证可靠的能耗系数。

所有者能够控制而提高热效率的一个因素是运行模式。连续运行的系统，如果具有每周启动和关停循环，则将比具有每天启动和关停循环的那些系统更具能量效率。此外，接近设计容量运行能够提高总热效率。

3.4.3.3 水

热干燥器需要大量的水供应冷却颗粒，并从工艺过程气体中去除水分(通过冷凝器)。污水处理厂出水可以用于这些目的。某些安全系统和排放控制系统(例如，除雾器)可能需要饮用水，但这样的需求通常并不显著。

3.4.3.4 侧流

设计工程师应该考虑到所有热干燥器侧流对污水处理厂的影响。例如，冷凝器产生同时包含有机油和氨和具有臭气的液体侧流。湿式洗涤器及其他配套设备也产生侧流。

3.4.3.5 排放和气味控制

封闭干燥器设备和处理与存储区域，并将这些空间通风于空气污染控制设备，是良好的设计实践惯例。气味通常通过化学洗涤和热氧化进行控制。旋风分离器、湿式洗涤器、袋滤捕尘室或这些技术的组合，都可以从排放尾气中去除颗粒物。

3.5 设计实践

3.5.1 预处理设备

机械脱水系统显著影响热干燥器的要求。机械脱水(至可能的程度)比热脱水更具成本效益。脱水系统性能略有改善，就可能显著降低了整体规模尺寸的热干燥器及其能耗需求。

脱水性能的一致性也很重要的。进料固体浓度的巨大变化，可能会对某些系统(例如，转鼓干燥器)产生问题。可变性可能影响再循环颗粒与湿滤饼之比，从而降低转鼓干燥器和后续处理的性能。间歇式运行系统(例如，流化床系统和某些传导系统)可能会随着固体浓度变化而能够更好地处理进料滤饼。

3.5.2 后处理设备

干燥后的系统(例如，筛分、冷却和粉尘控制)取决于干燥器类型和制造商。这些系统能够达到处理要求，提高颗粒处理特性，而使整个系统更加安全。例如，筛分能够使颗粒更均匀，其排阻物能够再循环而与进料滤饼混合。颗粒物必须经过冷却之后才能进行存储而降低自氧化的风险(参见第3.5.4节)。粉尘控制系统(如，矿物油喷雾和混合系统)将粉尘颗粒聚结而改善颗粒质量，增强系统安全性。

3.5.3 结构材料

热干燥器及其附属设备的建造材料选择取决于要处理的固体特性。低碳钢通常合适只接触颗粒的组件，但对于接触湿滤饼的组件可能需要使用不锈钢或其他耐腐蚀材料。固体是磨蚀性的，因此设计工程师对于尤其易于磨损的区域(例如，间接干燥器中的搅拌器)应该考虑坚硬表面，才能避免频繁的设备更换。此外，所有设备应该是气密性和充分绝热的，以最小化热能和效率损失。

3.5.4 安全

干生物固体是可燃的，因此，存在火灾危险。在某些条件下(即使潮湿之时)，这种物料都有可能自氧化——经由生物或化学过程生成足够的热量而发生燃烧。火灾发生需要三个组成部分：燃料源、氧和点火源。因此，热干燥器的防火措施应该着眼于降低氧水平(惰性化)和消除火源。[燃料源(颗粒)不可能消除]。

热干燥器也有爆炸的危险(例如，固体处理设备中产生的可燃性粉尘，以及阴燃火期间产生的CO等其他可燃气体)。爆炸也需要三个组成部分：可燃粉尘或气体、氧和点火源。因此，爆炸的预防措施应该着重于保持可燃粉尘和气体低于爆炸浓度，最小化氧水平(惰性化)和消除火源。

由于设计工程师不可能消除每一个可能导致火灾或爆炸的条件，他们应该提供缓解措施(例如，泄爆)，旨在提供限制可能对人员和设备造成的损坏，以及防止火灾和爆炸在干燥系统组件之间传播的隔离系统。

3.5.4.1 干燥设备

为了防止热干燥系统发生火灾和爆炸，工程师应该确保最终的设计包括以下安全设备：

- 颗粒储料筒仓、固体处理设备和响应初发火警条件提供持续钝化或活化的干燥区气体的惰化系统；
- 灭火的水喷淋或其他灭火系统；
- 一些温控装置，防止温度升至不安全的水平；
- 存储之前冷却颗粒而防止自氧化的系统；
- 固体处理区域去除冷凝物而保持粉尘浓度低于爆炸限的系统；
- 颗粒存储区和高风险固体处理设备(例如，斗式提升机)缓解爆炸压力和最小化设备损坏的防爆排气通风；
- 隔离设备(例如，旋转阀)提供于干燥系统各组件——尤其是具有大量颗粒的区域(例如，存储箱)或高粉尘浓度(例如，布袋除尘器)——之间防止火灾或爆炸蔓延。

3.5.4.2 干燥器的运行

由于设计工程师不能消除与干燥生物固体相关的所有危险条件，则热干燥器运行时必须必须热机操作，以尽量减少这样的条件。例如，控制整个系统中固体水分含量，对于消除自氧化和过量粉尘危害，是至关重要的。在固体再循环系统中，太湿的颗粒能够提供自氧化所需的水，以及导致固体积聚于内部设备。然而，过于干燥的颗粒能够生成过量的灰尘。维持整个系统稳态运行和最佳水分含量，可以降低这种危险。

3.5.4.3 行业标准

为了确保经过验证的安全性措施落实，设计工程师应该咨询相关的行业标准。这些解决与干燥生物固体相关的火灾和爆炸危险的措施包括：

- 为防止生产，加工和处理易燃颗粒固体的火灾和粉尘爆炸的标准(NFPA 654)；
- 防爆系统的标准(NFPA 69)；
- 爆燃的通风准则(NFPA 68)；
- 污水处理和收集设施中的消防安全标准(NFPA 820)。

4 热 氧 化

4.1 工艺方法的基础

热氧化系统完全或部分地将有机固体转化成氧化产物(主要是二氧化碳和水)，否则经由贫氧燃烧部分氧化或挥发有机固体成具有残余热值的产物。热氧化是指在过量空气存在下的高温氧化。贫氧燃烧是限制空气流(氧)而生成3种潜在富能量产品的热氧化作用：气体，油或焦油和碳。

虽然污水固体通常是有机的，但如果去除了足量的水，其最适合持续燃烧，而无需辅助燃料。因此，脱水总是在热氧化之前。脱水滤饼如果具有20%~35%的总固体含量时，就能够在有或无辅助燃料下进行燃烧，这取决于燃烧用的空气温度。

燃烧(点燃)是氧与燃料的快速化合，并释放出热量。污水固体中典型的可燃元素——碳、氢和硫——作为油脂，碳水化合物和蛋白化学结合于有机固体中。固体可燃部分具有的热含量约等于褐煤的热含量。加入空气提供氧气而支持燃烧。完全燃烧的产物是二氧化碳、水蒸气、二氧化硫和惰性灰分。良好的燃烧需要适当的配比和彻底的燃料和空气混合，以及混合物的初始和持续点燃。要达到完全燃烧，应该遵循三个基本原则：温度、时间和湍流(参见第4.3节)。

热氧化的气体产物包括干燃烧气体、过量空气和氢氧化物以及固体中水分形成的水蒸汽。干燃烧气体的热含量通过每种气体各自的重量乘以其出口温度下的比热容确定。排出气体中的水分含量(氢气燃烧产生)通常与湿进料中水分重量合并而计算燃烧气体中排出的全部水蒸汽的总热含量。如果使用补充燃料，则燃料和固体燃烧产生的烟道气的体积和热含量必须单独计算。

热氧化的主要目的是降低需要处置的固体量。此过程将固体体积和重量降低了约95%，能够运行而无需消耗化石燃料，同时可以产生电力。然而，其资本和O&M成本高于其他固体的使用和处置方案，而其废气必须经过粗放处理才能遵守日益严格的废气排放法规。

4.1.1 固体热值

燃烧燃料的组成和数量是任何燃烧系统设计的基本输入数据。组成决定所述燃料的发热量或热值，而燃料的量决定所需单元装置的规模大小。

固体热值是每单位质量的固体燃烧能够释放的热量。其总热值——燃烧潜力的首要指标——取决于其包含碳、氢和硫的多少。碳燃烧成二氧化碳的总热值为 3.4×10^4kJ/kg（1.46×10^4 Btu/lb）。氢具有的总热值为 1.44×10^5kJ/kg（6.2×10^4 Btu/lb）。硫的总热值为 1.0×10^4kJ/kg（4 500Btu /lb）。因此，固体中碳、氢或硫含量的任何变化都将提高或降低其热值。

每种燃料都具有特征（"有效的"）热值和总热值。有效热值（可用热）等于燃烧室中燃烧释放热量减去干烟道气损失和水分损失的热量。这取决于固体特性和燃烧室的设计和运行特性；这不能通过弹式量热计进行确定。需要大量的过量空气的焚化炉，因为需要用于加热过量空气的能量而提供的可用热量较低（参见图 26.5）（North American Manufacturing Co.，1965；LACSD，1988）。

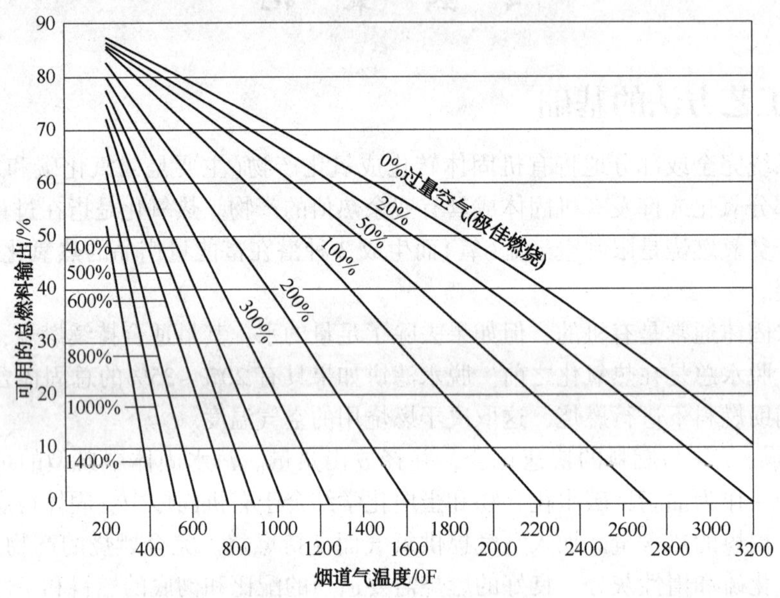

图 26.5 广义的可用热图

经由弹式量热法获得的污水固体典型热值如表 26.1 所示（US EPA，1979）。通常情况下，初级固体和 WAS 中的可燃物具有的热值约为 2.2×10^4kJ/kg（9500Btu/lb）。该文献中包含了几种采用工业分析和元素分析计算有机物质热值的方法，但这些方法中——包括独龙（Dulong）方程——没有哪一种能够准确近似计算出污水固体的热值。

4.1.2 氧要求

燃烧所需的氧通常来自空气。由于空气中含有大量的氮，热氧化器比使用纯氧时所需的氧气需要更多的空气（见表 26.2）。对于每千克所需的氧，必须提供约 4.6 kg 空气。

表 26.1 代表一些固体的热值(经 Infilco Degremont, Inc. 许可)

物 料	可燃烧固体/%	高热值/[kJ/kg (Btu/lb)干固体]
油脂和浮渣	88	38 816 (16 700)
原始污水固体	74	17 678 (7 600)
精细筛余物	75	15 700 (6 750)
磨碎垃圾	75	13 095 (5 630)
生物固体	60	12 793 (5 500)
沙砾	30	9 304 (4 000)

表 26.2 完全燃烧的理论空气和氧要求(经 Infilco Degremont, Inc. 许可)

物质	kg/kg 物质	
	空气	氧
碳	11.53	2.66
一氧化碳	2.47	0.57
氢	34.34	7.94
硫	4.29	1.00
流化氢	6.10	1.41
甲烷	17.27	3.99
乙烷	16.12	3.73
氨	6.10	1.41

4.1.2.1 化学计量的空气

氧量不足会导致部分燃烧，产生烟灰、一氧化碳和气态烃的排放。热和物料平衡在化学计量上表示完全燃烧固体所需的氧量，而设计工程师通常应该增加 25%~100%以上的空气，才能确保该系统具有足够的氧气而发生完全燃烧。然而，他们不应该提供太多的过量空气，从而浪费燃料加热不必要的氧和惰性氮气。大多数多膛炉都是设计利用 75%~100%的过量空气运行。流化床燃烧器通常利用约 40%的过剩空气运行(Dangtran et al., 2000)。流化床燃烧器的最低值受流化介质床所需的空气速率限制，因此，即使时间较短，流化床炉总是必须接近设计的固体负荷率运行。

4.1.2.2 氧含量

排放尾气的设计氧含量通常为 6%~8%(基于干重)(WEF, 1991)。为了控制燃烧，必须测定排放尾气的氧含量。两种类型的分析仪取样和原位分析仪用于测量氧含量。取样分析仪要抽取排放气体的样品，然后将其冷却、过滤、并采用氧化锆元件对其分析。原位分析仪使用由陶瓷过滤器封装的氧化锆元件直接测定排放尾气中的氧含量。

4.1.3 热和温度

当燃料、氧和点火源组合时，所产生的燃烧释放的能量从燃烧物质传递至较冷的固体和气体时就称为热。这种传递是由温差——两个物体之间的温度差驱动的。

燃烧系统释放两种类型的热：显热和潜热。显热是当热由物体获得或损失时通过物体温度变化反映出来的热量。这种热量能够通过将物质的热容(比热)乘以其高于一定参考点[通常为 0 或 15.5℃(32 或 60℉)]的温度进行计算，如下所示：

$$Q_s=(M_{cp})(W)(T-t) \tag{26.3}$$

式中 Q_s——显热，kJ(Btu)；

M_{cp}——平均比热，kJ/kg·℃（Btu/lb/℉）；

W——物质重量，kg（lb）；

T——超过参照温度的温度,℃（℉）；

t——参照温度,℃（℉）。

显热的实例包括灰分的热含量和升高烟道气温度所需的热量。

潜热是从固体中蒸发水分所需的热量。汽化潜热就是温度的函数；在燃烧计算过程中，假设燃烧发生于 0 或 15.5℃(32 或 60℉)的温度下。

物质的理论火焰温度为：

$$T=[Q_s/(W\times M_{cp})]+t \tag{26.4}$$

这个方程假设了所有的热量被回收和用于升高燃烧产物的温度；没有燃烧环境热损失(例如，辐射)。然而，在实践中，理论火焰温度是不可能达到的，因为一些因素将温度限制于稍微低于计算值的水平。例如，当污水固体燃烧时，理论火焰温度将因为以下主要的燃烧环境热损失而降低：

- 烟道气中的水分(潜热)；
- 未燃烧的碳；
- 过量空气；
- 辐射；
- 灰分的热含量；
- 反应或生成所产生的热。

燃烧实际上会寻求最终的平衡温度，在该温度下，燃料的热输入等于热损失。当采用自支撑时，这种平衡温度成为自体燃烧温度。

干燥至固体约 40%的污水固体将能够在低于 538℃(1000℉)下点燃。工作温度需要大于 760℃(1400℉)，才能完全燃烧所有的有机物质。在低于 982℃(1800℉)的温度下运行的多膛炉能够防止炉保温和结构部件损坏和灰分结渣(U. S. EPA，1979，1983a)。

4.2 工艺方法的描述

本节中将讨论三种热氧化工艺过程：流化床炉、多膛炉和多膛炉强化工艺过程。

4.2.1 成熟的技术

4.2.1.1 流化床焚烧炉

采用高温气体流化固体物质的原理首次由炼油业进行商业开发，这种技术称为流化床催化裂解器。虽然流化床燃烧器只依稀与催化裂解装置相同，但其功能却很类似。在流化床燃烧器中，燃烧用空气通过封闭空间(流化床区)的方式使该区域中的所有颗粒物处于均匀沸腾运动(即，流化)(参见图 26.6)。在该状态下，颗粒物通过流化气体(燃烧用空气)包封而彼此分开，从而呈现气—固(例如，空气—碳)反应的更多表面。最大化的表面积，赋予了流化床燃烧器高热效率。

因此，处理容量是反应器总床体积(尽管通常表示为流化床表面积或干舷面积)和由于

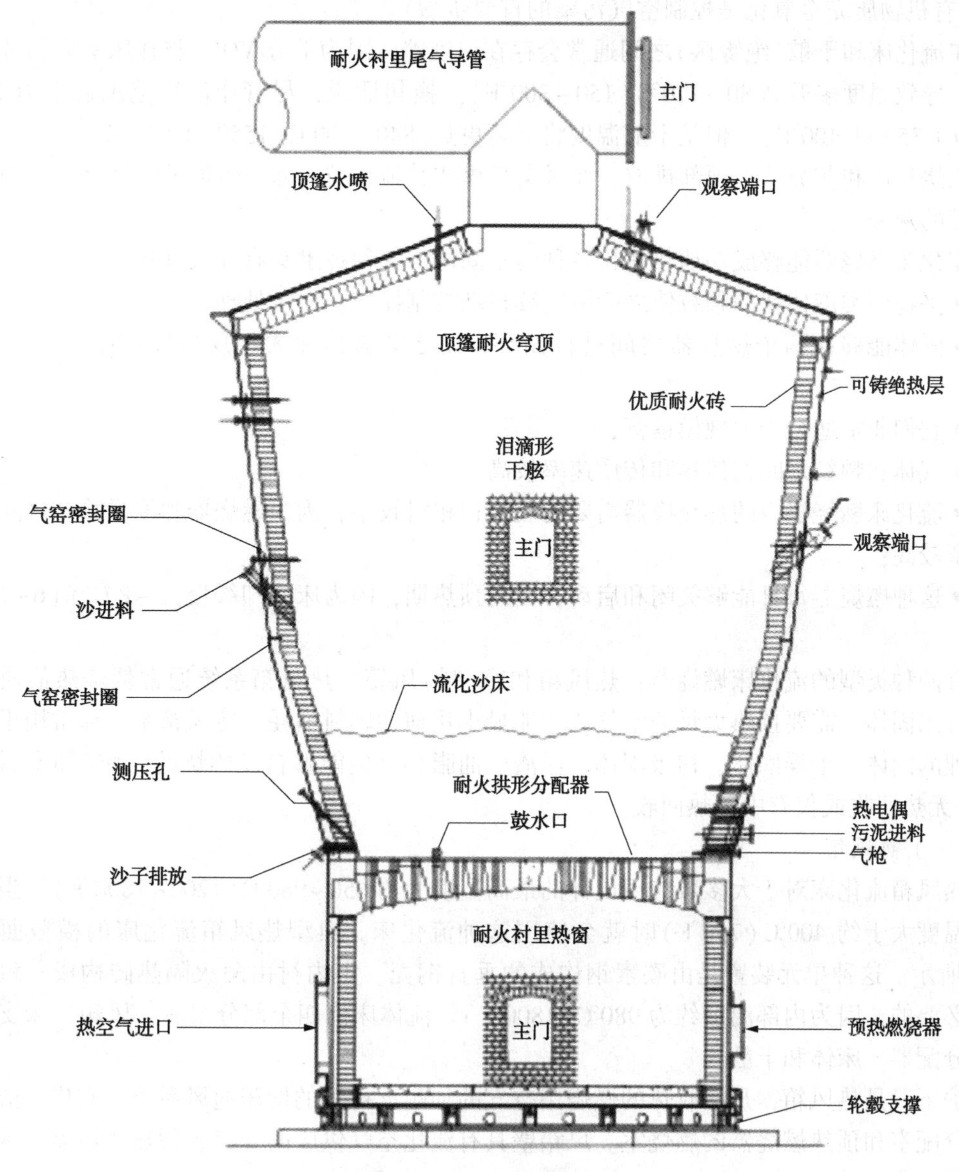

图 26.6 典型流化床炉的截面图

（经由 Infilco Degremont，Inc. 的许可）

颗粒夹带作用允许的最大气体速率的函数。

在燃烧平衡中，流化床类似于沸腾液体，并服从大多数水力学定律。专门设计的孔板将流化气体分散于整个流化床区，确保发生完全混合。流化床中任何两个点之间的温度变化通常不会超过 6～8℃（10～15℉）。

脱水滤饼直接进料至流化床中，流化床采用辅助燃料预热至约 650℃（1200℉）（WEF，2009）。在流化床中，固体水分蒸发，而挥发性成分在 760～816℃（1400～1500℉）的温度下燃烧（U. S. EPA，1985b）。流化床介质经由进料中有机物质的氧化而维持于燃烧温度。除了熊熊火焰，介质还会灼热。燃烧很迅速，而流化床本身将包含可以忽略不计的未燃烧有机物质。(有机物质完全氧化是控制空气污染的首要步骤)。

在流化床和干舷(绝缘区)之间通常会存在温度差，因为部分 VOCs 将在床上方的区域内燃烧，导致温度多升高 80～170℃(150～300℉)。换句话说，尽管床温度范围通常为 730～760℃(1 350～1 400℉)，但是干舷温度将显著更热[840～900℃(1550～1 650℉)]。

燃烧气体和灰分从炉顶部排放。通过文丘里或其他颗粒去除设备能够从燃烧气体中分离出夹带的灰分。

流化床燃烧器能够成功地热氧化各种污水固体。这种技术具有几大优势：

- 平稳而类液体状的颗粒使之能够连续自动控制操作，便于处理；
- 固体能够在两个燃烧器之间进行循环，使之能够传递大型反应器产生的或所需的热量；
- 它们非常适合于大规模运营；
- 气体和颗粒之间的传热和传质速率较高；
- 流化床燃烧器内的热交换器需要的表面积相对较小，因为燃烧器和浸没物体之间的传热速率较高；
- 这种燃烧器每日能够关闭和启动，无需预热期，因为床冷却缓慢[3～8℃/h(6～15℉/h)。

有两种类型的流化床燃烧器：热风箱和冷(暖)风箱。热风箱系统通常焚烧热值通常较低的污水固体，需要预热大量的空气，才能最小化辅助燃料消耗。冷风箱系统通常用于燃烧热处理的固体、干燥固体、初级固体、浮渣、油脂和其他能够自发燃烧的物质(如木屑或锯末)，无热回收或仅有中等热回收。

(一) 热风箱

热风箱流化床对于大多数应用设计的最高温度为约 650～980℃(1200～1800℉)。当风箱空气温度大于约 400℃(750℉)时就会使用这种流化床。典型热风箱流化床的横截面如图 26.6 所示。这种单元装置是由碳素钢构成的垂直钢壳。由内衬由耐火隔热砖构成。耐火内衬是必要的，因为内部温度约为 980℃(1800℉)。流体床由四个部分组成：风箱、床支撑和空气分配器、床体和干舷。

炉下段是热风箱，是接收热的燃烧用空气的加耐火衬里的增压通风系统。它作为流化空气的分配室和预热燃烧器的燃烧室。风箱壁具有流化空气供应的开口、预热燃烧器、观察口和仪器仪表端口。

风箱顶起到床支撑和空气分配器的作用。通常被称为穹顶，可以采用耐火材料或金属合金制成，这要取决于设计要求。其耐火拱结构建成自支撑式，因为使用了特殊形状的耐火组件。穹顶支撑未流化的床材料重量，并经由许多空气喷嘴(通常称之为风嘴)分配流化空气。风嘴的特殊形状和材质能够防止流沙，能够提供均匀的气流分布，并承受炉的工作温度。穹顶和风箱设计为约 980℃(1800℉)；通常助燃空气预热到约 675℃(250℉)。

床(燃烧区)包含砂的流化体。分配器的空气会导致砂流化。流化砂层的高度取决于床中的砂量。膨胀床约 1.5m(5ft)，通常用于热氧化污水固体。侧壁从床底部向外倾斜，确保水蒸汽膨胀并将气体速率保持于可接受的限度内。床壁还配备了用于固体和辅助燃料注入的喷嘴和各种仪器仪表的端口。

床上方的空间称为干舷(绝热区)。它同时起到气体保留和颗粒分离室的作用。为了确保从床中逸出的任何挥发性烃完全燃烧，干舷必须大到足以提供至少约 6.5 秒的气体停留时间。它通常高度为 4.6m(15ft)。干舷形状为圆筒形或泪滴形。圆筒形通常基于气体速度 0.76m/s(2.5ft/s)进行设计。泪滴型在底部设计了最窄部分而最大化停留时间，并进一步降低气体流速。泪滴型的顶部气体流速为 0.64m/s(2.1ft/s)。尾气排放导管安装于穹顶中心，最小化气体绕流，最小化死区和最大化干舷中的停留时间。为了最小化砂损失，气体流速经过设计在干舷中降低，而使颗粒子退出悬浮状态。

(二) 冷(暖)风箱

冷(暖)风箱热氧化器适用于无热回收(或中等热回收)焚烧的固体。风箱中的空气温度通常限制低于 400℃(750℉)。热和冷(暖)风箱系统的设计相似，但在冷风箱系统中，

- 风箱不加耐火内衬；
- 床支撑和空气分配器能够是金属合金板，这通常加耐火衬里而维持床的高温度；
- 预热燃烧器安装于干舷中而向下成一定角度，以在启动过程中加热流化砂床的顶部。

4.2.1.2 多膛炉

多膛炉由垂直的耐火衬里钢圆柱体构成，包含一系列堆叠的水平耐火架层(炉膛)(见图 26.7)(U.S. EPA，1979，1983b)。空心铸铁旋转轴贯穿炉膛中心。耙臂连接到每个炉膛上方的这个杆轴上，而冷却空气可以从其中流过。每个臂上的金属叶片(长柄耙齿)可以与旋转方向呈一定角度(前耙)或可以逆向(后耙)。后耙增加滤饼的停留时间，改善干燥作用。燃烧空气在炉膛底部进入并向上循环通过炉膛中的下落孔洞，与固体流成逆流之势，其通过顶部炉膛排出至废物-热交换器(如果存在)而随后进入空气污染控制设备。

固体通常向下流动通过炉子。然而，这并不是简单的垂直下降；固体在连续的炉膛中移动进出，下降通过炉膛中的外围孔(“外膛”)或中心的环状开口(“内膛”)。在每个炉膛中耙臂和耙齿向前和径向扫动固体几次，每次翻耙之后就停息。除了移动固体之外，耙齿还会切割、开沟、翻动和打开固体，从而暴露出新表面进行干燥。因此，有效的干燥表面估计高达炉底实际面积的 130%(Niessen，1988；U.S. EPA，1979)。

多膛炉具有三个区：干燥、燃烧和冷却。固体中的大部分水都在上部炉膛(干燥区)内蒸发。在该区中的传热机制为约 15%对流和 85%辐射(Lewis and Lundberg，1988)。干燥区的温度随着固体从一个炉膛移动至另一个炉膛而从 427℃(800℉)升高至 760℃(1400℉)。在中央炉膛(燃烧区)中，固体可燃物在 760～927℃(1 400～1 700℉)的温度下燃烧(U.S. EPA，1979，1983a)。挥发性气体和固体在中上炉膛中燃烧，而固定碳在中下炉膛中燃烧。在最下部的炉膛(灰分冷却区)中，引入的燃烧用空气将灰分冷却至 93～204℃(200～400℉)。灰分通过炉底部排出(WEF，1991)。

多膛炉已成功地应用于处理各种固体。这种氧化炉具有最小的空间要求，性能可靠，操作方便，有效，能够降低固体量，并产生无菌灰分(U.S. EPA，1983a)。然而，这种复杂的系统具有高资本成本，O&M 要求和能源使用问题，以及空气污染和气味问题(Dangtran et al.，2000)。

4.2.2 新兴技术

4.2.2.1 多膛炉的创新和功能增强

为了帮助多膛炉符合《40 CFR 503 法》(U.S. EPA，1993)和其他法规的要求，几种增强技术已经开发出来。这些强化技术包括炉修饰、再热氧化工艺和烟道气再循环。

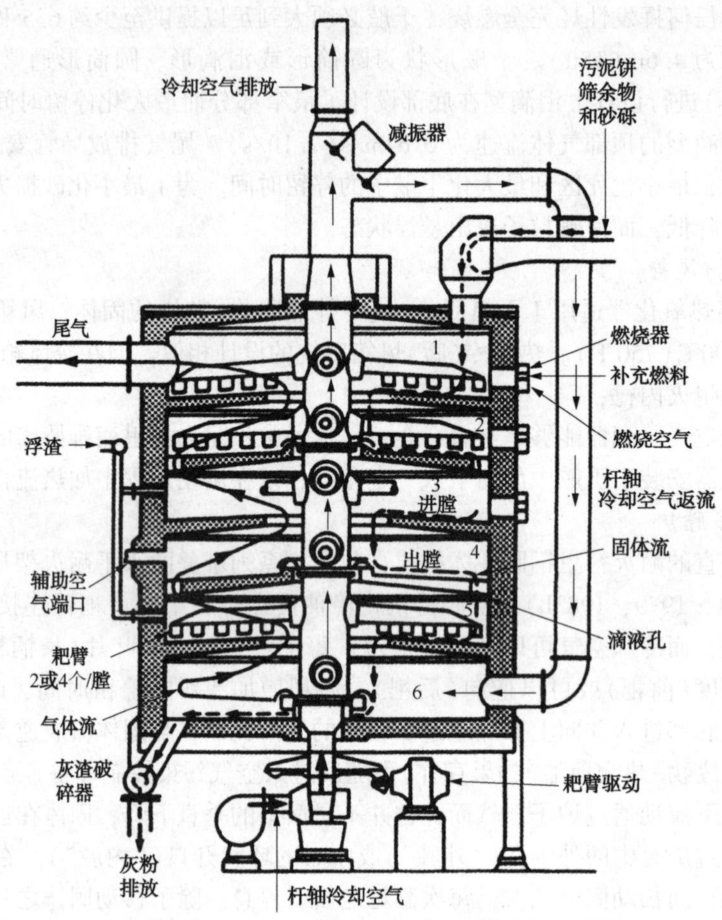

图 26.7 多膛炉的典型剖面图

(一) 炉修饰

炉修饰包括内部后燃烧器、孔洞修饰、燃烧器改进和燃烧器控制的修饰。工程师通过将顶炉膛转换成“零底炉膛”并将固体进料至以下炉膛中并在许多炉中安装内部后燃器(Dangtran et al.，2000)。零炉膛通过炉膛去顶或使用顶部两炉膛作为零炉膛而建成。固体随后在以下紧接炉膛中开始处理；固体要么经由耐火衬里槽进料，要么直接下降至该炉膛中。零炉膛增加了不完全燃烧产物的停留时间，而使之可以在其离开炉子之前在高温下于炉尾气中烧尽。零炉膛通常运行于 590~760℃(1 100~1400℉)；这样的热量通过燃烧器(通常比最初使用的炉子更大)提供。实际工作温度是现场特异性的而确立着眼于确保满足《503法》的烃限制。零炉膛比外部后燃烧器提供了更好燃料效率。

外炉膛下降孔道扩大，而减少由于一个炉膛的高速气体接触以上炉膛的阴燃固体的“喷灯”效应所致的造渣作用。然而，孔道较大，就可能降低炉膛有效面积，并会遭受成功参半。

制造商们已经改进了燃烧器的设计，而减少燃烧器砖片及耐火排渣。这些燃烧器之一，可以双燃料运行，已用于许多炉(Nuss et al.，2008)。此外，已经实施了燃烧器控制的各种改进。一种修饰，称为“飞扬空气-燃料比控制”，保持气流按照最大速率向燃烧器流动，并调节燃料速率而匹配热要求。这对良好的固体燃烧能够保持最大的湍流(O'Kelley et al.,2006)。

另一炉增强技术是在引风机上安装变频驱动器，而取代减震器和改善炉通风控制和电气效率。然而，另一项改进是用后淬火/冲击多文丘里洗涤器替换文丘里/冲击洗涤器，以改善颗粒去除效率，降低功耗。

(二) 再热氧化工艺方法

再热氧化工艺方法是生产高品质的尾气气体而同时保持湿固体燃烧所需条件的经济适用措施(RHOX，1989)。在此工艺过程中，蓄热式热氧化器(RTO)配备低 NO_x 燃烧器，安装于洗涤器的下游，而降低 THCs、一氧化碳、二噁英和呋喃的排放(参见图 26.8)。蓄热式热氧化器利用其高传热效率将洗涤器尾气温度从约 38℃(100℉)升高至约 110～140℃(230～280℉)。

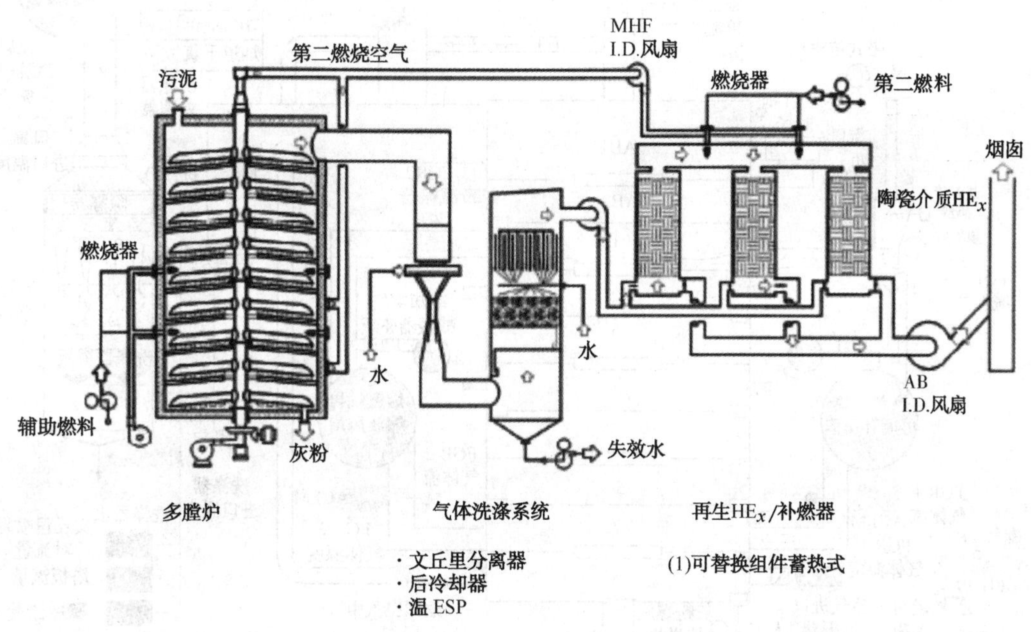

图 26.8　具有蓄热热交换器的多膛炉再热氧化工艺流程图
(RHOX，1989)

蓄热式热氧化器比传统外部或内部后燃烧器更具燃料效率。在常规的后燃烧器中，通过后燃烧器的质量负荷包括多膛炉中蒸发的水。因此，如果炉尾气温度约 480℃(900℉)，而后燃烧器温度为约 675℃(1250℉)，则整个废气温度将不得不升高约 195℃(350℉)。另一方面，蓄热式热氧化器仅仅将含水分相对较少的饱和气体温度从约 60℃(140℉)升高至 140℃(280℉)—— 约 80℃(140℉)温差。此外，洗涤器尾气的质量负荷约为 70%的炉尾气质量负荷。

尾气必须具有较低的颗粒物浓度，才能避免热交换器陶瓷表面结垢。因此，现有的洗涤器可能不得不通过湿式 ESP 加强或被其他洗涤器替换。

(三) 烟气再循环

在烟道气再循环中，导管和风扇将烟道气从顶炉膛再循环至底部附近的炉膛(参见图

26.9)。通常情况下，会提供两套导管和风扇。再循环气体的温度和流量通过导管中流量计进行测量。流量通过阻尼器或变速风扇进行控制。冷却空气提供给烟道气再循环系统而防止过热。烟道气再循环提供了若干益处(Sapienza et al.，2007)：

- 炉运行更稳定；
- NO_x 排放较低(消除黄羽)；
- 多膛炉中造渣较少；
- 生产能力更高(因为由于除渣的停机时间更少)；
- 降低了 THC 排放(因为炉运行更稳定)；
- 灰分完全燃尽(因为再循环气体提高了下部炉膛中的温度)。

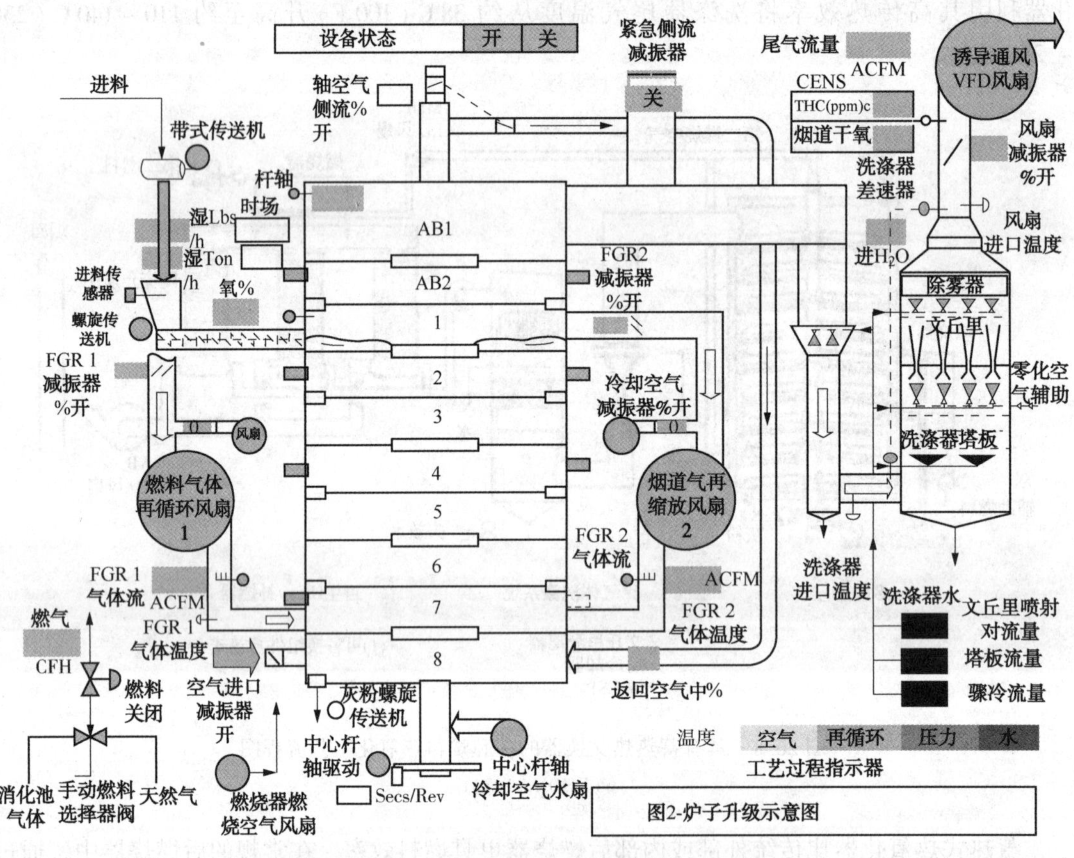

图 26.9 具有烟道气再循环的多膛炉示意图

(Porter and Mansfield，2002)

4.3 工艺设计的准则

因为热氧化器应该产生最小的空气污染排放，则流化床焚烧炉通常优选多膛炉。在过去的几十年中，污水处理公共事业公司已经安装了比多膛炉多得多的流化床焚烧炉，而甚至已经用流化床炉取代了多膛炉。因此，本节重点介绍流化床焚烧炉。

4.3.1 炉规格确定参数

燃烧是用碳、氢和硫与氧的快速化合。完全燃烧主要取决于温度、时间和湍流。

4.3.1.1 温度

进料固体应该在床工作温度超过物料着火温度时引入到流化床中。着火温度会发生变化。一些化合物(例如，含氯化合物)需要温度超过980℃(1800℉)才能氧化。污水固体通常能够完全燃烧的床温范围为650~760℃(1200~1400℉)而干舷温度为约815~870℃(1500~1600℉)。

床的巨大热库存确保进料固体快速达到床温度，在此温度下有机物挥发而大多数VOCs发生氧化，释放出热量而维持热库存。通常情况下，固体中少量的固定碳在床中燃烧。床温度是稳定的，因为巨大的热库存和方便的自动控制确保能够维持必要的燃烧温度。

4.3.1.2 时间

可燃物质必须具有足够的时间发生反应。流化床热氧化器经过设计而使之具有足够的时间使进料固体和任何辅助燃料与流化空气中的氧发生反应。这种床设计用于在不到1秒内完全消解进料固体，烧掉一些挥发性物质而维持温度高于650℃(1200℉)。

最后，残余挥发性物质在床上方(干舷)的高温区中烧掉。随着温度达到840~900℃(1550~1650℉)，干舷经过设计而完全燃烧掉任何从床中逸出的挥发性物质。通常情况下，气体在床中的停留时间为2~3s，在干舷中停留时间为6~7s。虽然在较低的干舷停留时间下能够实现高燃烧效率，但设计工程师应该在干舷中提供足够的离析高度[5~6m(15~18ft)]而降低尾气中砂子带出，并且如此设计还能够延长干舷停留时间。

4.3.1.3 湍流

为了优化燃烧(以低过量空气有效运行)，可燃物和流化空气必须充分混合而使可燃物质的表面积与氧气接触而发生反应。湍流能够更好地在床中分配进料固体，而将流化床中的每一个颗粒物暴露于流化空气。高度搅拌的热砂很快就将进料物质打成小碎片，而这由此能够快速加热到挥发温度而不会降低床层温度(因为沙床热存量巨大)。

如果不是湍流，则进料物质分布不均，更多的挥发性有机物将在床中氧化之前就达到干舷。这种现象可能会导致过度超床燃烧，而随后，出现烃挥发物和其他不完全燃烧产物的较高排放。

一定量的干舷燃烧是不可避免的；然而，干舷-床的温度差不应超过140~170℃(250~300℉)。目标应该是不超过110℃(200℉)，除非需要温度高于840℃(1550℉)才能完全燃烧掉VOCs。

4.3.1.4 空速

在设计流化床系统时，床层材料的选择是很关键的，因为粒径直接影响流化质量(参见图26.10)。处理污水固体的热氧化器通常使用中值粒径550μm(30目)的类砂材料。在床运行条件下，这种颗粒具有最小0.33m/s(1ft/s)的流化气体速度(*U*mf)。最佳床流化气体速度为2.5~3 *U*mf，因此颗粒的气体空间速度(流化气体表观速度)将为0.75~1m/s(2.5~3ft/s)。在确定床规格大小时，设计工程师应该使用对床温度和压力进行校正的气体速率。床速度大于1.0m/s(3.0ft/s)，不推荐用于固体燃烧，因为流化不太稳定，而由夹带所致的床损失较高。如果使用更高的速度，较粗的床材料是必需的。干舷气体速度范围一般为0.76~0.64m/s(2.5~2.1ft/s)。为了最小化砂损失，干舷气体速度必须保持尽可能较低。

4.3.1.5 蒸发/热释放的限制

流化床炉一般燃烧至高达552kJ/m^2·s(1.75×10^5 Btu/h·ft^2)的干舷面积。高速流化床

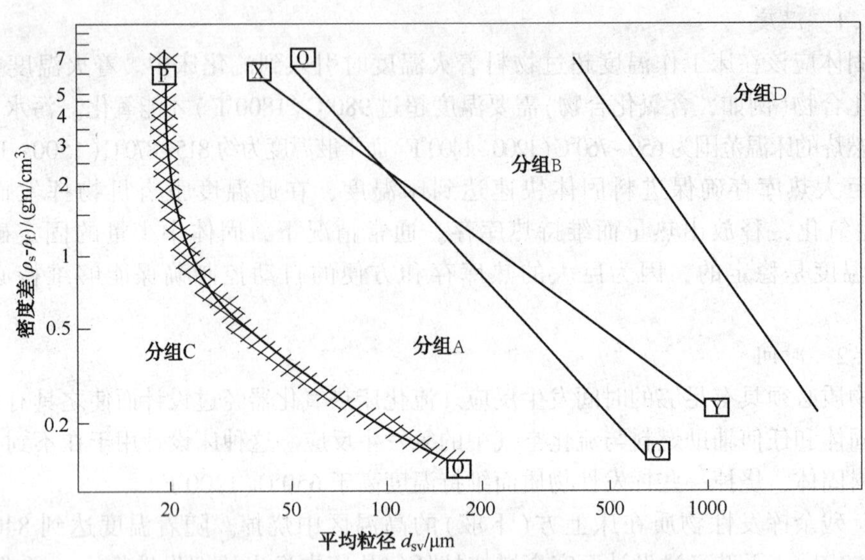

图 26.10 粉末的吉尔达特(Geldart)分类(Geldart，1973)

燃烧器在某些装置中可处理高达 1 300 kJ/m^2·s(4.0×10^5 Btu/h·ft^2)的干舷面积。另一方面，燃煤锅炉，仅消耗 130 kJ/m^2·s(4.0×10^4 Btu/h·ft^2)的炉篦。

进料原料的水分含量显著影响热氧化器的运行。水没有热值，但需要大量的热量才能汽化和加热至氧化器的工作温度。这些热量必须通过进料中固体可燃物质或辅助燃料供给。

含水量的变化会影响热氧化系统的工作温度和容量。当进料固体比设计条件更湿时，将需要更多的辅助燃料，才能维持床温度，这降低了系统容量。为了维持设计容量和优化操作，进料滤饼中总固体的百分数应该每天监测两次。

4.3.1.6 充足的空气

流化床热氧化器接收流化(燃烧)空气形式的氧，这必须按照略微大于理论完全燃烧所需的氧量供给。操作者通常作为释放至大气的空气中的游离氧的百分数监测所测定的过量空气水平。根据进料固体和燃烧温度，正好在气体进入洗涤器之前尾气中氧含量应该至少为4%(体积)(基于干重)(基于湿重，约 2%)。

对于高效运行，尾气中氧含量应该不超过 5%(基于湿气体)。任何超过 5%的情况都会猝灭(冷却)床而降低总效率。

4.3.1.7 小结

如果热氧化器操作违反燃烧六项原则中之一或多条，则燃烧就会变得很差，或燃烧不完全。以下标准表明流化床系统低效运行而，因此，这种低效是由以下因素所致：

- 氧过量，低于规定的最低限度；
- 尾气黑烟；
- 床材料中高残留碳含量
- 洗涤器出水中碳含量(黑色)高，
- 干舷-床温差过高。

4.3.2　选择和选型

处理固体的热氧化系统的选择和设计是一个复杂的技术性而高度专业化的任务。计算机能够最佳处理传热的迭代计算。设计过程包括依靠粗放中试装置动力学数据的经验方法。这种信息通常认为是专利性的，而在接受经营代理的输入数据、条件和功能规格之后，通常进行质量和能量衡算和设计计算的制造商可以申请专利(请参阅表 26.3)。

表 26.3　选择和设计市政固体热消解系统的典型参数（经 Infilco Degremont，Inc. 许可）

脱水固体特性
进料的描述，包括其性质、物料处理、可泵送性和如果适用的危险组分 POHCs
炉设计容量/[kg DS/h (lb DS/hr)]
水分含量/%
挥发性固体/%
热值/[kcal/kg (Btu/lb)挥发性物质]
堆积密度/[kg/m^3(lb/ft^3)]
元素分析(基于挥发性物质)：以下挥发性元素的含量：C、H、O、N、S、Cl。
痕量金属：干固体中管制金属以 ppm 重量计的浓度
固体灰分化学组成，包括以下元素的可溶性和不溶性部分：Al、Na、K、P、Mg、Ca、Fe、Si、S
辅助燃料特性
燃料的描述，包括其性质、黏度(如果是液体)、物料输送、可泵送性
热值/[kcal/kg (Btu/lb)的燃料]
元素分析(基于挥发性物质)：以下挥发性元素的含量：C、H、O、N、S、Cl。
水分含量/%
如果需要蒸汽，则也需要以下内容：
蒸汽温度/[℃ (℉)]
蒸汽压力/[barg (psig)]
空气污染控制系统
最大污染物排放
最大或最小可容许的烟道气温度
工艺过程水分析(例如，流量、温度、碱度和 TSS)
环境条件 [例如，地震带、海拔、设计空气温度和湿度和设计风负荷(如果在户外)

热氧化系统应该能够将脱水滤饼和浓缩浮渣燃烧成惰性灰分而不冒烟，打火或发出令人生厌的气味。美国环境保护署也通常规定热氧化系统：

- 令人满意地燃烧脱水滤饼和浓缩浮渣，尾气温度范围为 427~760℃(800~1400℉)；
- 将脱水滤饼和浓缩浮渣燃烧成可燃物含量不超过 5%的无菌灰分；
- 产生的烟道气含氧 6%~10%；
- 不会向大气排放温度高于 67℃(120℉)的尾气；
- 不会向大气排放不透明度超过 20%的尾气；
- 不会向大气排放颗粒物超过 0.65g/kg 进料固体(1.3lb/干吨进料固体)。

4.3.2.1　炉的选择

当选择处理炉时，设计工程师应该考虑工厂的规模、固体成分、空气的排放法规、设备维护、可持续发展和劳动力需求。流化床炉通常对于流量超过 $3.79\times10^4 m^3/d$(10mg/d)的污水处理厂是切实可行的；多膛炉通常对于污水处理厂流量超过 $7.57\times10^4 m^3/d$(20mg/d)时是很经济的(U. S. EPA，1985b)。这就是说，现场特异性的因素(例如，工厂选址、固体再利用或可供使用的处置土地，以及空气排放法规)可能使其他方案更具吸引力。如果需要使用高温燃烧排放尾气，则流化床炉通常是更经济的，因为多膛炉需要后燃器才能实现高温度。流化床炉比配备 RTO 的多膛炉具有较低的资本和 O&M 成本(分期偿还至 20 年)(Dangtran et al.，2000)。

自从 1988 年以来，53 个流化床系统和 1 个多膛炉系统已经在北美的污水处理设施中安装。在流体床装置中，已经有 18 个流化床装置取代了现有的多膛炉。

4. 3. 2. 2　设备尺寸的确定

设计工程师必须基于现实的设计负荷确定热氧化系统的规模尺寸。对于固体负荷和流量采取过于保守的峰值系数，当固体数量和含量都低于设计值时，会导致系统尺寸过大而不能在最初几年内有效运行。尺寸过大的系统必须间歇运行，这会增加辅助燃料成本(由于反复关闭和启动，或按照待机模式下保持恒定炉温)。为了避免这样的问题，设计工程师应该考虑炉系统能够逐步修改增加容量，或多个单元装置能够随着固体增加而逐步跟进服务。

(一) 脱水固体特性对设备选择和大小规格确定的影响

(1) 水分含量

高水分含量的污水固体致使老旧污水处理厂，尤其是 1980 年以前建造的污水处理厂固体处理变得复杂(U. S. EPA，1985b)。高水分含量降低了炉的相当干固体的生产容量而需要更多的辅助燃料才能在燃烧之前和期间蒸发掉水分。通过高效带式压滤机，凹板式压滤机，或高固体型离心机进行固体脱水的污水处理厂能够生产更干燥的滤饼。在设计热氧化系统时，工程师应该考虑采用更高效的脱水系统替换现有的低效脱水系统。

(2) 固体组成

影响热氧化器的进料滤饼属性包括固体含量，可燃物百分比(挥发性固体+固定碳)，可燃物热值和发生吸热反应的化学品(例如，石灰)的存在。因为污水处理厂筛余物往往会堵塞进料机械，则这些筛余物在热氧化之前要进行碾磨或切碎。具有高百分含量的挥发性固体(例如，油脂和浮渣)的污水固体具有较高的热值，能够引起局部放热和结渣，会造成不完全燃烧相关的熔结和废气排放。流化床炉则比多膛炉能够更好地接受油脂，浮渣及其他高热量物质，因为它能够提供与燃烧空气更好的接触。

砂砾和化学品沉淀物(例如，石灰和氯化铁)含有高百分含量的惰性物质，热值较低而灰分产量高，因此除非进行必要的气味控制，否则不应该进行热氧化。此外，因为可燃物热值会影响完全燃烧所需的辅助燃料量，则工程师应该检查预期值的范围，才能确保热氧化系统将会满足当前和未来的需求。

(3) 无机污泥整理

采用无机化学品整理固体，可能会增加 O&M 成本、燃料消耗和腐蚀。惰性整理化学品会产生更多的灰分而促进金属盐的形成，导致结渣和熔结；这可能会增加 O&M 成本。加入具有低热值的惰性整理化学品或吸热石灰反应，可能会增加燃料消耗。聚合物可能会导致多膛炉中不均匀燃烧(与流化床炉不一样，因为其存在湍流和巨大热储)，而形成耐燃烧的固体球。三氯化铁能够产生载氯尾气，这在高温下对钢表面极具腐蚀性。为了降低这些不利影响，设计工程师应该优化整理化学品的使用，改善脱水工艺过程，使用聚合物而不使用石灰或金属盐，使用硫酸铁而不使用氯化铁。

设计工程师还应该评估固体化学组成。钠钾氯化物的熔点低，因此这些氯化物量太大可能导致床介质玻璃化[即，床介质可能变得发粘，可能形成聚结物(熔渣)、床材料熔析、以及最终导致床疏于流化]。铁、磷和氯化物可能导致铁氧化物沉积。氧化铁结垢也可能堵塞尾气排放管道，可能导致过度背压，运行困难和系统停机。这些问题能够通过化学品的加入而消除(Dangtran et al., 1999)。

高岭土(水合硅酸铝的混合物)可以中和钠和钾。它通常能够作为细粉末获得，同时是硅酸盐氧化物和铝氧化物的方便来源，其与钠钾氯化物反应而形成晶体硅酸铝钠和硅酸铝钾。这些硅酸盐熔点超过 1093℃(2000℉)。

在床温度下的砂床中，石灰能够将磷酸铁转化成铁氧化物。这种转化可以防止铁形成气态氯化铁，因为气态氯化铁能够沉淀而形成干舷和尾气排气管中的结垢。

为了计算这样的化学添加剂的合适剂量，设计工程师必须进行灰分的全分析(这些组分的溶解性和总浓度)。对于有关这种分析的更多信息，请参阅《流体床中废弃物进料的控制问题》(Dangtran et al., 1999)。

(二) 燃料优化

热氧化系统设计中的最重要标准之一是最小化燃料的消耗。工程师要基于热平衡和质量平衡计算辅助燃料需要；其结果取决于进料滤饼的热量含量[具体而言，其固体含量(%干固体)和助燃空气的热含量(温度)]。进料滤饼的固体含量取决于所用的脱水设备和用作脱水助剂的聚合物用量。燃烧用空气的温度取决于热交换器中热回收的强烈程度。通常情况下，热交换器能够回收高达约 50%的烟道气可用焓，而能够将燃烧用空气预热至约 675℃(1250℉)。

补充燃料消耗的理论曲线如图 26.11 所示。这种计算基于 843℃(1550℉)的燃烧气体温度和 454kg/h(1000lb/h)干燥固体的生产能力。进料滤饼含有 75%的挥发性固体和 23260kJ/kg(10000Btu/lb)高热值(污水固体的典型值)的挥发固体。

辅助燃料要求随着固体含量和燃烧用空气温度的增加而降低。当风箱温度为 648℃(1200℉)时，含固体 27%的进料滤饼将会自发燃烧(即，热自支撑)。

同时，为了降低聚合物消耗和最小化 NO_x 排放[根据文献(Dangtran and Holtz, 2001)，NO_x随着干固体含量增加而增加]，热氧化器通常基于最大空气温度和最小干固体含量下的自发燃烧进行设计。

4.3.2.3　空气排放目标

如果设计或操作不当，污水固体的热处理设施可能显著增加空气污染。与热处理相关的两种空气污染类型是气味和燃烧排放。工程师设计的热氧化系统不应该产生气味而要满足排空许可的要求。气味能够通过保持炉子尾气温度高于气味破坏阈值温度进行控制。这将是现场特异性的。燃烧排放通过维持良好的燃烧效率(见第 4.3.2.2 节)和通过安装合适的空气污染控制设备(参见第 7.0 节)进行控制。

4.3.2.4　质量和能量平衡

质量平衡能够利用质量守恒定律进行物理系统的分析。通过考虑进入和离开系统的

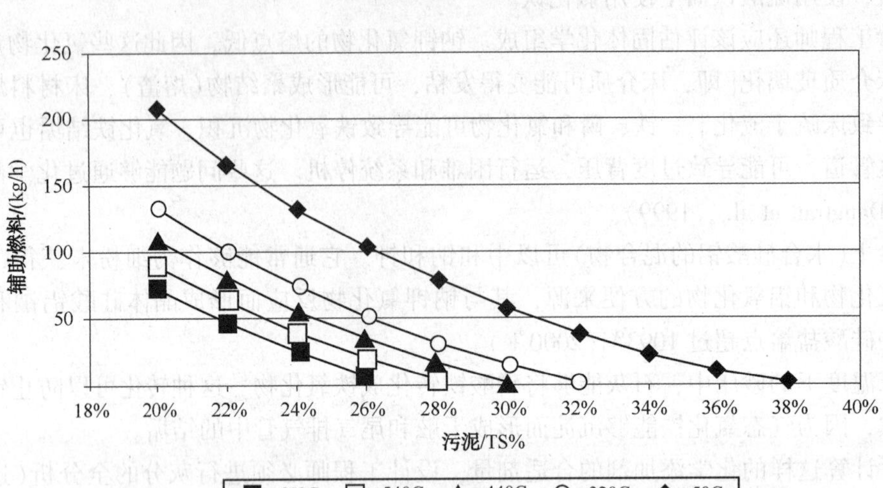

图 26.11 不同助燃空气温度下相对于滤饼固体含量的理论燃料要求

（经 Infilco Degremont，Inc. 的许可）

物料，设计工程师能够识别可能是未知的或难以测定的质量流量。同样，能量平衡能够量化系统使用或生产的能量。然而，尽管系统可能具有封闭的质量平衡，但是其能量平衡可能是开放式的。此外，虽然系统可能具有不只一个质量平衡，但是它可能只有一个能量平衡。

质量和能量衡算通常经由计算机建模完成。

假设流化床炉设计用于处理 105 千公吨/天(115.5 千吨/天)的固体。进料滤饼含有 28%的总固体和 68%的挥发性固体。挥发性固体包含 55.83%的碳、7.52%的氧、8.13%的氢、27.10%的氮，1.42%的硫和 0.1%的氯。挥发性物质的高热值(HHV)为 5560kcal/kg (10007Btu/lb)。

该系统计算的质量平衡和能量平衡的小结如表 26.4 所示。所有焓都是基于参考温度 0℃(32℉)。进料滤饼提供约 74%的进口热量维持燃烧，剩下 26%由预热空气提供。采用热风箱温度 654℃(210℉)和含总固体 28%的进料，不需要任何辅助燃料就能够正常运行。大部分的尾气排气热都含于水蒸汽(63%)中。其余的都含于干燥燃烧气体(34%)、灰分(1%)和热损失(2%)中。

表 26.4 流体床炉质量和能量平衡的实例(经由 Infilco Degremont，Inc. 的许可)

质量和能量输入	kg/h (lb/h)	kcal/h (Btu/h)	热
滤饼固体	4 375 (9 645)	16 560 068 (65 710 349)	73%
滤饼水	11 250 (24 802)	236 250 (937 440)	1%

续表

质量和能量输入	kg/h (lb/h)	kcal/h (Btu/h)	热
辅助燃料	0	0	0%
	(0)	(0)	
淬火水	33	701	0%
	(74)	(2 781)	
吹扫空气 (干)	1 085	12 931	0%
	(2 392)	(51 309)	
流化空气(干)	32 630	5 405 955	24%
	(71 931)	(21 450 830)	
空气湿度	635	574 696	2%
	(1 400)	(2 280 394)	
砂	51	236	0%
	(112)	(935)	
输入总计	50 059	22 790 836	100%
	(110 360)	(90 434 038)	
质量和能量输出	kg/h (lb/h)	kcal/h (Btu/h)	热
干烟道气	34 516	7 642 654	34%
	(76 095)	(30 326 049)	
水蒸汽	14 095	14 398 243	63%
	(31 073)	(57 132 228)	
灰分	1 400	261 800	1%
	(3 086)	(1 038 822)	
砂	51 9	537	0%
	(112)	(37 843)	
热损失		478 603	2%
		(1 899 095)	
输出总计	50 062	22 790 836	100%
	(110 367)	(90 434 038)	

4.3.2.5 运行时间表和冗余度

热设备通常不应该进行频繁加热和冷却，因为温度循环会增加材料疲劳和故障率。然而，在关停期间，因为其厚的耐火隔热和大块的颗粒状砂，流化床炉的热损失最小[约 5℃/h(10℉/h)]。热的颗粒状床材料能够起到热储库作用，在关停期间保留热量，因此这种系统能够间歇操作。现有的流化床炉装置具有各种不同的运行时间表，从某些污水处理厂的 24h/d 至 16h/d 或 5d/周不等。如果不太多地暴露耐火层于温度循环，这还使之能够停机进行预防性维护。

冗余度对于流化床炉系统并不多见。

4.3.2.6 灰分处理

热氧化处理厂产生两种类型的灰分——湿的和干的——因此存在两种类型的灰分处理系统，以下进行简要介绍。对于有关灰分处理系统的更多信息，请参阅《焚烧系统》(WEF, 2009)。

(一) 湿灰分处理系统

湿灰分处理系统属于水力学范畴，将灰分作为料浆去除。这些系统通常适用于具有湿式洗涤器的流化床系统，因为绝大部分从该工艺过程序列中去除的灰分都是湿的。在流化床热氧化器中，灰浆从湿式涤气器底部排出并传送(经由泵或重力)至氧化沟或机械增稠和脱水设备。

(二) 干灰处理系统

干灰处理系统可以是机械的或气动的。气动系统可以是压力或真空，要么是稀相，要么是稠相。这些系统适用于具有废热锅炉，织物过滤器或静电除尘器的流化床热氧化器，因为大部分捕获的飞灰都是干的。底灰系统可能需要粉碎机，确保灰分能够有效传送和保护下游传送设备。干灰分通常保存于储藏箱中直到能够运输异地。当从储存箱中排放至处置卡车时，这些灰分通常要进行整理(用水浸湿)而降低装载过程的飞扬尘土。然后，这些灰分就运送至最终使用或处置场所。

4.3.3 电力要求

假设流化床焚烧炉在正压力下能够处理100干公吨/天，空气预热和文丘里洗涤器具有初级热回收。这将具有运行马力684kW(917hp)，因此会消耗164kW/干公吨电力(请参阅表26.5)。流化空气风机将占用绝大部分功率。

相反假设，这种系统包括经由水管废热锅炉和相关锅炉进料水、冷凝液和水处理泵的过热水蒸汽生产(参照表26.6)。这种锅炉也具有底部螺旋从省煤器和锅炉除灰，还会包括引风机保持锅炉负压而避免漏灰。然则，这将会使用50%(244kW/干公吨)以上的电力。然而，如果所产生的一些蒸汽用于涡轮机驱动流化空气风机，则其电力消耗将下降至141kW/干公吨。

4.4 设计实践

4.4.1 进料设备和系统

向炉中连续均匀传送和分配进料滤饼是很重要的。以往的实践惯例是干固体滤饼使用螺旋挤出进料器而湿固体滤饼使用螺杆泵。现在，液压活塞或螺杆泵通常用于从脱水设备向热氧化炉传送固体滤饼。活塞泵因为其灵活性(对进料固体质量不敏感)而是优选的。

表26.5 具有推压系统、初级换热器和湿式洗涤器的100干公吨/d流化床炉的马力列表
(经由Infilco Degremont, Inc.的许可)

设　备	运行时间/%	电机马力	平均运行马力
空气			
流化空气风机	100	700	626

续表

设　备	运行时间/%	电机马力	平均运行马力
预热燃烧器空气风机	0	20	0
油注入风机	100	20	17
气体注入风机	100	20	17
砂气压缩机	20	15	2.5
仪表气源压缩机	100	40	34.5
油			
预热燃烧器泵	0	2	0
床注入泵	10	2	0.1
水			
屋顶喷淋泵	20	20	3.4
洗涤器增压泵	10	20	1.7
固体			
料斗滑动架	100	20	17
料斗提取传送机	100	20	17
进料泵	100	200	177
管道润滑泵	100	5	3.7
总运行马力			917 hp(684 kW)

有两种类型的固体进料系统可以在文献中找到：床上部进料和床内进料。在床上部进料系统中，固体从干舷侧壁或炉顶通过重力下降或空气喷洒于床上。在床内进料系统中，固体在床表面下约 1.2m(4ft)高压直接传送进入砂床。

床上部进料很简单，但易于产生侧流。固体可能在尾气中终止流动而未燃烧，从而导致床内过度燃料使用，干舷爆炸，或热回收和空气污染控制设备爆炸。这种方法通常用于其他应用(例如，流化床锅炉燃烧煤或其他固体废物燃料)；在炉尾气排气端的旋风分离器将未燃烧的碳再循环回到床内。

床内进料通常适用于固体热氧化，因为燃烧过程较慢，并且分两个阶段(蒸发和燃烧)进行。进料位置[床表面下 1.2m(4ft)或分配器之上 30cm(1ft)]确保在固体颗粒达到床表面之前获得最大可能的 SRT，因为在床表面处可能发生吹走。固体应该向砂床释放其最大能量，才能抵消由于水蒸发产生的淬火效应。

均匀分配固体于整个床上的所需进料点数目取决于炉直径。进料口通常成对排布设计(例如，两个或四个)。

4.4.2　工艺过程序列的设备

流化床热氧化系统能够位于室内或室外。波多黎各的波多努埃沃拥有一套室外系统，由热风箱流化床、将用于燃烧的空气预热到约 675℃(250℉)的热交换器、紧随淬火部分的冷却板塔和多个文丘里洗涤器、湿式静电除尘器和烟道构成(见图 26.12)。

表 26.6 具有推压系统、初级换热器和湿式洗涤器的 100 干公吨/天流化床炉的马力列表
(经由 **Infilco Degremont, Inc.** 的许可)

设 备	运行时间/%	电机马力	平均运行马力
空气			
流化空气风机	100	600	536
预热燃烧器空气风机	100	500	447
油注入风机	100	20	17
气体注入风机	100	20	17
砂气压缩机	20	15	2.5
仪表气源压缩机	100	40	34.5
油			
预热燃烧器泵	0	2	0
床注入泵	10	2	0.1
水			
屋顶喷淋泵	20	20	3.4
洗涤器增压泵	10	20	1.7
固体			
料斗滑动架	100	20	17
料斗提取传送机	100	20	17
进料泵	100	200	177
管道润滑泵	100	5	3.7
蒸汽			
锅炉进水泵	100	75	66
锅炉吹灰器	40	0.17	0.2
化学品进料泵	100	1.5	0.8
化学品进料混合器	20	1.5	0.2
冷凝水泵	100	15	12
脱气再循环泵	100	7.5	6
水处理进料泵	100	7.5	6
水处理冷凝水泵	100	7.5	0.3
灰分螺旋传送机	100	1	0.4
总运行马力			1365 hp(1 018 kW)

存储和进料系统通常由活底箱和活塞泵构成。热氧化工艺过程可以是热或冷风箱。热回

收系统可以由热交换器(预热助燃空气和抑制烟羽)、废热锅炉(产生蒸汽)构成，或由这两者构成。空气污染控制系统可以是干灰或湿灰系统。

图 26.12 波多黎各的波多努埃沃流体床焚烧炉系统，其能够处理 2415kg/h(5325lb/h)干固体(经 Infilco Degremont，Inc. 的许可)

在美国常见的做法曾经是从风箱到烟道提供完全正燃烧和气体净化系统。欧洲的惯例通常涉及“推和拉”概念，其中反应器干舷处于负压之下，而零压力点处于顶部部分。每种方法各有其优点。

完全加压系统中，流化鼓风机提供总加压和气体流量，这种系统是一种较简单而成本较低的设计。这种系统可能最适合用于洗涤系统具有高压头损失[例如，文丘里洗涤器和托盘冷却器生产压差高达 10kPa(40in)水柱]的情况。这种系统的一个缺点是，干舷和顶部进料系统必须完全密封，才能防止热气体和灰分从排放处进入燃烧工作区。因此，这种反应器可能只能顶部进料。

推-拉式系统最初用于顶进料的流化床反应器。如果流化风机提供流化空气，受控空气泄漏能够有助于冷却进料器，而无需中断流化作用。引风机必须跟随流化空气鼓风机和空气向反应器干舷内的漏入量调节步速，才能维持约 0.5kPa(2in)水柱的负压。设计工程师应该牢记，用于燃烧固体的流化床反应器很容易发生床涌动，这会导致干舷和床压力脉动。除非进料器具有足够的密封，否则这些问题可能会引起逆流。

流化床热氧化系统的典型工艺流程图如图 26.13 所示。固体通过带式压滤机脱水，然后由活塞泵传送到炉中，在那里固体通过两个或四个进料口进入炉中。这种热氧化系统是一种湿灰系统，具有热风箱炉和经由热交换器的热回收。热风箱炉具有耐火拱支撑砂床并均匀分配空气。补充砂能够在运行期间于需要之时向流化床内气动进料。这种反应器具有扩展干舷，而使较大的颗粒能够减速，最小化砂吹走和最大化碳燃尽。干舷运行于约 843℃(1550℉)的设计温度。2#燃料油或天然气在启动和运行过程中按需要用作辅助燃料。为了最小化其使用量，流化空气在通过反应器尾气排放烟道气体加热的外部管-壳式换热器中要预热到 675℃(1250℉)。

空气污染控制系统包括紧接板塔之前的文丘里洗涤器。湿式静电除尘器能够用于消除亚微米级的粒子状物质。文丘里洗涤器，具有高压降，能够从烟道气中除去灰分和细沙颗粒，

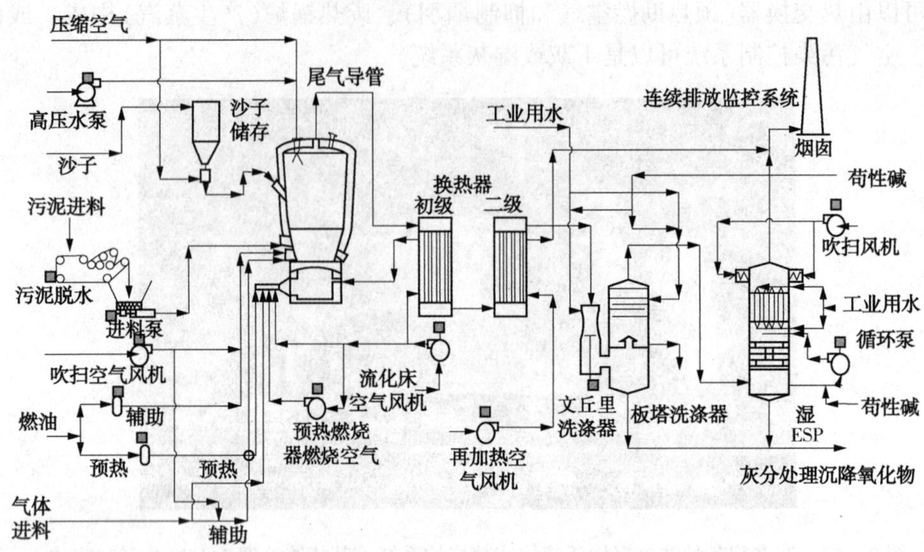

图 26.13 湿灰分系统的典型工艺流程图

（经 Infilco Degremont，Inc. 的许可）

产生的灰分浆料（通过泵或重力）传送至室外灰分沉降氧化槽进行脱水。干灰（约 50% 总固体）每个月一次从干燥氧化槽中去除，具体次数取决于氧化槽的大小规格。同时，260℃（500℉）热空气可以加入到烟道气中而抑制烟羽。这些空气要使用初级换热器的尾气排放烟道气在二级热交换器中进行预热。

在湿灰系统中，酸性气体（例如，SO_2和 HCl）在文丘里洗涤器和冷却板塔中通过水洗除去。这些气体易溶于水，这意味着高达 95% 的酸能够单独通过出水除去。为了满足更严格的限制，冷却板塔能够加入苛性溶液，进一步降低酸性气体浓度。汞和二噁英能够从烟道气中经由安装于烟囱之前的活性炭吸附系统除去。

目前，因为湿灰系统简洁性和污水处理厂的出水和空间可用性，超过 90% 的北美装置都使用这种湿灰系统。然而，其他类型的热回收（例如，废热锅炉和干燥空气污染控制系统）都可以使用。在干灰系统（图 26.14）中，烟道气温度在进入织物过滤器（或干式静电除尘器）之前不得不处于 150～205℃（300～400℉）的温度范围。废热锅炉或省煤器可以安装于流体床或热交换器和空气污染控制系统之间，而产生蒸汽或热水。为了去除酸性气体、汞和二噁英类物质，化学吸附剂能够注入到这种导管或注入到安装于热回收和空气污染控制系统之间的反应器腔室中。

4.4.3 风扇和鼓风机设备

热氧化系统需要三种类型的空气：流化空气、吹扫空气和雾化空气。

4.4.3.1 流化空气

为了计算所需流化（燃烧）空气量，设计工程师通常需要知道预测的最大固体和燃料热量，并加上 30%～50% 的平均过量空气量。他们通常也会加上 10%～15% 的峰值（安全性）系数。

流化空气通常通过多级离心式鼓风机提供。这种离心机通常由不锈钢或铝制成，并采用多级设计而提供所需的出口压力。热氧化容量受进入风箱的流化空气量控制。这个空气流量

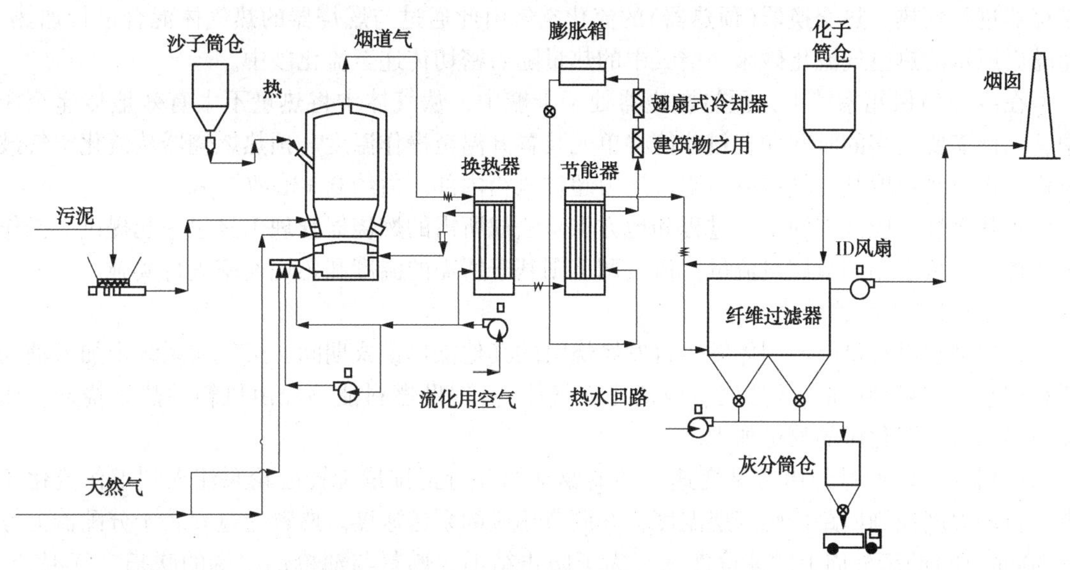

图 26.14 干灰分系统的典型工艺流程图

（经 Infilco Degremont，Inc. 的许可）

受鼓风机入口侧的阻尼器控制，并通过流量计测量。

如果热氧化器使用完全处于正压之下的湿灰系统，则空气污染控制系统必须是完全气密性的。如果使用处于正反两种压力(即，推-拉式系统)下的干灰系统，则需要使用引风机，才能确保空气污染控制系统(例如，织物过滤器)中维持负压，而避免干灰泄漏。引风机通常是重型工业离心风扇，由不锈钢或更高级的合金(例如，哈氏合金 C)制成。这种风扇通常是由变速驱动器或可变进口叶片阻尼器控制。

4.4.3.2 吹扫空气

吹扫空气用于保持所有热氧化器端口、管道系统伸缩缝和管道系统压力旋阀冷却和无砂无灰。它可以是高压或低压空气。例如，压缩空气系统可以提供高压空气，而保持顶上喷雾喷嘴和压力端口冷却和无沉积物。流化风机能够为包括场地端口、床油枪、砂进口和出口、固体入口和顶部喷雾的所有端口环形套筒提供空气。

4.4.3.3 雾化空气

如果辅助燃料是燃料油，则需要约 0.48~0.55bar(7~8 psi)的雾化空气。雾化空气能够通过注入-吹扫空气鼓风机提供，这种风机通常是一种叶型送风机。

4.4.4 其他辅助设备

4.4.4.1 辅助燃料系统

辅助燃料在启动运行期间适用于预热燃烧器。辅助燃料也是在正常运行期间直接注入(经由燃料枪)流化砂床中。各种广泛的燃料(例如，煤，木屑和消化池气体)只要能够按照可靠受控方式进料至系统中，都可以使用。最常用的辅助燃料是天然气和 2#燃料油。

4.4.4.2 预热燃烧器

在启动冷热氧化器时，操作者需要预热方法(例如，将流化床加热到注入流化床的燃料将要点燃的温度的燃烧器)。在热风箱系统中，通过安装于风箱侧壁上的标准工业油(或气)

燃烧器进行预热。热交换器(预热器)的流化空气由此通过与燃烧器的热气体混合进行加热，而随后所得的热空气流化砂床。空气中的热量随后密切传递至流化砂中。

在冷(暖)风箱系统中，预热燃烧器处于干舷中，从气体中将热量不太有效地传递至床中，因此需要更多的时间和燃料才能将单元装置升温至操作温度。预热燃烧器从流化空气鼓风机的出口侧获取其空气供应。空气压力超过风箱内部压力约 0. 13bar(2 psi)。

预热燃烧器应该连同工艺过程和地方保险法规所需的燃烧器管理工具包一起提供。操作员从控制面板手动调节燃料流量。流量调节则基于所需的温度和燃烧速率进行实施。

4. 4. 4. 3 床的燃料注入

在启动和没有足够的固体发生自发燃烧时的其他操作模式期间，必须向系统中加入辅助燃料(例如，2#燃料油、天然气、或消化池气体)。辅助燃料能够经由风箱预热燃烧器，或经由引导入砂流化床的喷枪加入。

燃料油可以通过经由常见变速驱动器驱动的并行正排量旋转齿轮泵注入到工作流化床中。自动温度控制回路传感床层温度，并调节相应的泵送速度。燃料通过安装于分配器上方约 30cm(1ft)的床外周上的油枪注入。为了防止结垢，燃料与油枪供给端的吹扫空气混合，而以粗雾形式吹入床内。吹扫空气由鼓风机提供。流化空气能够用于冷却和连续吹扫喷枪套筒。每个喷油嘴在系统运行或关停期间都能够关闭和退出进行清洗和检查。

天然气通过气体枪直接注入流化床。为了最大化流化床内的燃烧(和避免越床燃烧)，天然气必须均匀地分布在整个砂中。气枪必须对着分配器安装于底部，而按照不同长度将天然气递送于整个沙床中。为安全起见，天然气只应该燃烧进入温度高于 730℃(1350℉)的床内，因此一些污水处理厂反而使用风箱天然气燃烧器控制床层温度。

当油气枪插入床内时，维持其中的空气流量是很重要的，因此空气供给管道应该配备流量指示器。

4. 4. 4. 4 水系统

为了保护热交换器不会遭受过高的温度，流化床应该具有水冷喷嘴，将其安装通过干舷之上的床顶。高压喷嘴约 26. 7 巴(300 psi)能够产生精细水雾而尽可能快速地蒸发和骤冷排放尾气。喷嘴按序使用，这种排序要取决于热交换器入口的气体温度。蒸发紧靠干舷尾气排气导管发生而控制离开热氧化器的烟道气的冷却效果。

喷嘴具有非常小的孔口和涡流槽。为了维持干净的内部通道和在不使用时将其冷却，喷嘴采用压力约 4. 1ba(60psi)的压缩仪表空气系统的空气进行吹扫。空气和水的供应都应该具有止回阀而防止某种介质倒流进入管道和其他组件。

供水系统还包括水泵，压力调节器，过滤器和安全阀。

4. 4. 4. 5 砂系统

流化床通常用类砂物质填充至静态深度 0. 9m(3ft)。在运行期间，流化空气将床料膨胀至约 1. 5m(5ft)。这些砂随着时间推移而逐渐磨损，因而需要补充砂。补充砂通常在正常运行期间通过稠相传送机气动进料至炉中。(这种反应器通常装有气动砂补充系统和床地漏系统。)

由于流化床炉是基于气体流量确定规格尺寸，则流化层的流体力学取决于介质的规格大小和密度。介质应该具有约 1 601 kg/m^3(100lb/ft^3)的堆积密度和类似于表 26. 7 中所示的粒度分布。

砂介质必须是有棱角的、干燥的，而无钠钾，其也不能在 871℃(1600℉)下磨成细粉或在 982℃(1800℉)下熔化。

有两种类型的细粉床介质能够使用：石英砂或橄榄石砂。介质的选择取决于进料固体质量。石英砂比较便宜，但比橄榄石砂更容易磨损。橄榄石砂在以下情况下是并非所需的：

- 进料固体含有沙砾，其可能在床内累积直至太深而必须去除多余的物料，或
- 进料固体含有较高的碱金属，其可能累积于床内，而导致形成低熔点共晶。

表 26.7　典型砂子的粒径分析(经由 Infilco Degremont，Inc. 的许可)

粒径/[μm (U.S. 筛目)]	分布/%
2 380~841 (8~20)	0~20
841~500 (20~30)	10~30
500~350 (30~40)	20~25
350~295 (40~50)	20~25
295~210 (50~70)	0~5

4.4.5　结构材料

流化床炉和辅助设备结构材料的选择取决于固体和烟道气二者的组成。虽然低碳钢通常是合适的，但是高度推荐不锈钢或特殊合金钢用于直接接触烟道气的设备。这种炉子的外壳可以采用碳钢 ASTMA 36。设计工程师应该认真考虑这种钢的厚度，其范围可能为 0.375~0.5in，具体值取决于单元装置规模大小。

耐火材料要根据三个基本标准进行选择：

- 材料内表面必须具有足够强度和耐磨蚀，才能承受容器三个区域内的温度和磨损；
- 材料必须背衬能够维持固体温度于公认标准内的绝热材料；
- 耐火层设计和安装必须符合气密参数。

第三个标准在砂床反应器的流化区内是特别关键的，因为在那里的压力最高。如果这个区域没有构造成气密性的，则气体可能会发生泄漏而在耐火层之后形成口袋。这些口袋中充满了能够引燃的可燃混合物，而可能在外壳上产生“热点”。反应器和任何附带喷嘴应该安装气体挡环。此外，整个容器的耐火衬里设计应该具有足够的膨胀容限，才能适应外壳或耐火层产生的热应力。

空气预热器通常具有严酷的运行环境：高温、腐蚀性和磨蚀性。热交换器管道所用的材料取决于烟道气中盐酸的浓度。在过去的项目中已经使用了 300 型，合金 20 和合金 625 的不锈钢。经验表明，当烟道气中氯水平达到约 100ppm 时，不锈钢会产生严重得多的问题；这种问题会随着氯化物含量进一步增加而逐渐变得更糟。中间合金(例如，合金 20，800H 和 825 型)当氯化物含量超过 100 ppm 时能够发挥作用。如果氯化物含量超过 1000 ppm，则必须使用合金 625。

管板式热交换器遵循相同的模式，而应该与管板焊接相容。下部管板通常由碳素钢制成。通过耐火和绝热层充分冷却和保护而不会暴露于烟道气，因此这些位置很少发生故障。

伸缩缝现在一般都配有合金 625 波纹管，其较高的镍含量能够有效抵抗氯离子应力的腐蚀开裂。虽然这种合金较昂贵，但是薄的波纹管使用量仅仅很少，相比于典型热交换器的成本和使用这种合金时的更长寿命，这种额外的成本很容易被判定合理。

4.4.6 工艺过程的控制

控制系统要设计报警和联锁装置，才能确保操作安全。联锁装置通常基于以下的基本理念。燃烧操作必须直至各项安全检查(例如，按设计条件的空气流量，文丘里洗涤器的水流量)清楚明晰后才能开始。控制系统通常由 PLC 和具有屏幕控制监视器作为接口界面的个人计算机构成。通过仪器仪表和控制设备记录的所有工艺过程信息都显示于操作者图形计算机屏幕上而用于装置监控。

如果运行安全，则装置配备的温度元件(热电偶)将会向各种与热氧化器运行相关的燃烧控制回路提供控制信号。热电偶也决定床层温度跨度，这是流化质量的指示。热氧化器还配备高压水龙头。床内的压力差指示床层高度，并也用于监控流化质量。大跨度的床内压力差通常指示流化床流化良好。热电偶和高压水龙头也适用于热回收和空气污染控制系统。水流量和气体流量通过质量流量计进行测定。

流化床尾气排气管提供氧气采样和监测系统，而辅助操作者监控燃烧并起到联锁和报警之源的作用。

流化床的操作及其性能取决于进入热氧化器的三大流量(空气、固体和补充燃料)的进料速率。虽然气体流量可能是恒定的，但是固体组成——尤其是固体含量——因此，滤饼进料速率会随时间而变化。固体进料速率的变化是主要原因，因而操作者必须不断观察和控制工艺过程。控制很简单，仅仅基于两个参数——温度和过量空气(或氧)——这都要连续监测。

4.4.7 安全

在设计热氧化系统的安全措施时，首要任务是保护厂内人员、承包商和访客的安全。第二个重点是保护热氧化系统本身(即，其设备和结构)。另外，尽管以下的安全问题对于热氧化是很特别的，但是这种系统并不能认为与整个污水处理厂的安全无关。合适的热氧化安全程序取决于整个污水处理厂强大的安全计划，因为它能够创建所有决策和过程中强调安全性的文化氛围。

4.4.7.1 法规，规范和标准

热氧化系统的设计和运行是由许多联邦、州和地方法规、规范和标准决定的。一些是准则，而其他一些则是强制执行的。在所有情况下，工程师应都应该考虑基本安全原则，并将其纳入设计之中。

(一) 职业安全与健康标准

《职业安全与健康法》确立了一般国家的《职业安全与卫生标准》(29 CFR 1910)，这直接适用于民营污水处理设施。对于公有污水处理设施，常见的实践惯例也是满足这些标准。适用于热氧化系统的有些条款包括

- 徒步工作表面，
- 出口设施，
- 职业健康和环境控制(通风和噪声暴露)，
- 个人防护装备，
- 密闭空间进入许可，
- 危险能量的控制(上锁/挂牌)；
- 防火，

- 机械和机器防护；
- 电气，
- 防坠落保护。

（二）建筑，消防和机械规范

地方规范通常包括适用于热氧化系统的安全规定。规范的规定是现场特异性的，但以下所列的原型规范举例说明了适用于热氧化系统的规范类型：

- 《国际建筑规范》，其涉及热氧化器室的出口要求；
- 《国际消防规范》，其涉及与火灾和热氧化器室逃生通道有关的热氧化器要求；
- 《国际燃气规范》，其涉及根据 NFPA 82 施工和安装的商业-工业热氧化器，燃气管道安装要求（例如，尺寸大小的确定，材料，支撑，截止阀和流量控制）。

这些原型规范由国际规范理事会颁布。

（三）国家防火协会

美国国家防火协会（NFPA）维持可以适用于热氧化设备的火灾和爆炸安全各个方面的规范和标准：

- 《易燃和可燃液体规范》（NFPA 30），其适用于存储、处理和使用液体燃料，包括热氧化器作为辅助燃料的燃料；
- 《燃料设备安装标准》（NFPA 31），其适用于固定燃料设备和电器的安装；
- 《国家燃料气体标准》（NFPA 54），其涉及与使用天然气、丙烷或其他类似燃料的热氧化器气体燃料系统的设计、选型和安装相关的安全问题（例如，管道材料、操作压力、过压和低压保护，截止阀的需要和助燃空气）；
- 《有关热氧化器和废弃物与亚麻处理系统和设备的标准》（NFPA 82），其适用于热氧化器的安装和使用；[尽管看似只针对热氧化器焚烧固体废弃物，但是说明材料指出，有许多类型的热氧化器焚烧各种广泛的废弃物，因此该标准预想并非解决每种热氧化技术的所有设计细节。然而，它包含了很多规定，似乎都适用于固体热氧化器（例如，对辅助燃料、燃烧和通风空气、热氧化器设计、布局和间隙的规定）]。
- 《烘炉和焚烧炉的标准》（NFPA 86），其适用于烘干炉、干燥器或在大约大气压下处理工业物质的焚烧炉；[虽然它不包含任何直接针对污水固体的燃烧，但该标准通常适用于市政热氧化器，并适用于指定与使用燃烧燃料的锅炉相关的安全设备和实践惯例（例如，吹扫要求）。
- 《污水处理和收集设施中的防火》（NFPA 820），其确立了污水处理设施中火灾和爆炸的预防和保护最低要求。此规范解决具体工艺过程（例如，热氧化器）的危险分类并处理将其如下安置的建筑物：

-未规定热氧化区域的通风，因为通风通常提供于其他用途（例如，除热）；

-规定电气设备的未分类区域；

-规定有限燃烧，低火焰传播，或非可燃建材；

-规定灭火系统（例如，喷淋器）。

（四）保险和其他行业标准

保险标准往往比当地规范或 NFPA 法规更严格，而在选择和设计热氧化系统的安全装置，尤其是存在特殊危险时应该加以考虑。例如，在设计燃料阀序列和燃烧器安全系统时，工程师应该确定相关的保险标准，包括由行业风险保险条例(IRR)或工厂互检(FM)颁布的那些，以及行业标准，包括美国保险商实验室(UL)颁布的那些。他们还应该确定污水处理设施的保险公司，以确保设计将会满足这些保险公司的要求。

4.4.7.2 热氧化器的安全考虑因素

热氧化器涉及到高温、燃料供给和燃烧，以及固体燃烧。这些热氧化器的设计和操作应该提供足够的安全功能和解决相关风险的程序。

(一) 热设备表面，人员保护

热氧化器及其一些尾气排气烟道都是耐火衬里(绝热的)，但必须在表面温度超过60℃(140℉)下运行。这种反应器的设计通常要保持外壳温度高于100℃(212℉)，才能防止冷凝水从尾气排放管泄漏到金属内部。为了保护设施人员被这种热表面灼伤，

• 他们在操作或维修维护热氧化器时应该具有防护装备(例如，手套、防护服和眼罩)；

• 管道和设备表面应该绝热，在可能的情况下，应该保持表面温度在处于60℃(140℉)或更低，而同时在环境温度为32℃(90℉)或更高之下运行；

• 阻隔物(例如，扩大金属屏障或进出门加锁的防护围栏)应该用于保护人员接触热管道和设备，而预防未经授权的进出接近。

(二) 燃料安全规定

热氧化器使用辅助燃料(例如，燃料或天然气)在启动过程中加热单元装置和补充运行之需。燃料供应和燃烧系统应包括以下安全功能：

• 补充燃料的供应管道的规格尺寸、材质、构造设计、支撑、截止阀和压力与流量控制都应该对应适用的标准；

• 补充燃料安全系统的组件(例如，气体调节器、燃烧器、指示灯、点火器、火焰监测器、助燃空气压力监测器、燃料压力控制和监测器、紧急燃料截断器、通风和吹扫设备)都应对应适用的标准。

(三) 火灾和爆炸防护

流化床热氧化器具有防止火灾和爆炸的良好安全记录。在设计热氧化器时，工程师应确保

• 固体处理系统经过构造设计而降低可能干燥并产生可燃粉尘的溅漏和固体累积的危险；

• 启动之前吹扫预热燃烧器；

• 仪器仪表(例如，温度、压力和进料监测器)应该充足；

• 所有设备经过选型和控制而确保合适的燃烧条件；

• 烟道气的管道工程和设备的设计要防止尾气排放泄漏到建筑物内；

• 脱水滤饼在稍微正压下燃烧的反应器容器要符合将会遇到的压力的适用结构和焊接标准；

• 天然气，燃料或其他燃料不能积累于反应器中——尤其是在冷却之时——因此合适的联锁装置，设备(例如，燃料供给管道和可拆卸油枪上的组织和排气阀)和操作规程都要到位；

• 安装反应器的耐火层时要防止其与外壳之间产生包囊(这种包囊可能使可燃气体积累而导致轻微的爆炸，或使之汇集冷凝水于外壳内部，促进腐蚀)。

如果热氧化器是多膛炉，设计工程师还应该确保：

• 如果电源出现故障，该系统具有应急通气旁门和管道而将燃烧气体直接排至大气中，和

• 热氧化器在燃烧器启动之前要进行吹扫。

（四）危险与可操作性（HAZOP）审查

一些北美和欧洲的工业都采用危险与可操作性（HAZOP）审查，确定设施设计中的主要可操作性问题和对健康、安全和环境的重大风险。一旦确定潜在的问题，必须通过设计修改而得到解决、缓解或消除。

HAZOP 审查已经开始用于北美固体处理系统。这是一种找出潜在的安全问题并采取适当的缓解措施减少风险的系统性结构化方法。HAZOP 审查在设计的各个阶段，从概念设计到完成最后的合同文件都能够进行。它们也适用于现有的设施。在理想的情况下，尽管如此，这种审查应该定时而使设计变更能够在施工开始前进行。

HAZOP 审查通常如下进行：

• HAZOP 审查应该由 HAZOP 审查有资质的个体辅助。HAZOP 审查小组，作为最低要求，应该包括工艺设计工程师、专业设计工程师、操作员、建筑工程师、安全工程师和所有者代表。

• 该小组决定审查内容（例如，整个系统、系统一部分、或具体的设备清单）并收集需要确定进行研究的节点的图纸（例如，工艺流程图和仪器仪表图）和作出审查进展的图表。

• 该小组选择设施的部分（节点）进行审查，而评审人员采用参数（例如，流量、温度、压力和水平）和偏差眉题（例如，多、少、滞后、相反、更高、或更低）对其进行评价而描述所确定的偏差的原因和影响；

• 评审人员讨论偏差的结果确定保障措施（任何可能防止或缓解这种后果的措施），如果有必要采集更多的信息和推荐合适修改（例如，设计变更）。

• 审查在所有节点都经过检查之时完成。

在审查完成后，工程师要评估所确定的保障措施而确定哪些应该纳入设计中。他们必须跟进评审人员的建议，确保所关注的问题得以缓解。如果建议进行设计变更，则应该考虑后续 HAZOP 审查。

HAZOP 审查的主要好处在于，它们能够在设计师、所有者、设备供应商和操作者中唤起对于工艺过程操作相关的潜在风险的更多意识。它们能够迫使各方全面讨论所有的设施功能，有助于其了解设施在施工前完成的运营和相关安全问题。

4.4.8 热回收和利用机会

热烟道气在热氧化系统中是可回收能量的主要来源。这种气体包含通过进料滤饼、辅助燃料和助燃空气加入系统的大部分热能。

传热技术是直接或间接的。在直接热传递过程中，热源直接与要加热的物质接触。在间接传热过程中，物理屏障将热源与要加热的物质隔开。使用热氧化器的烟道气体预热助燃空气的热交换器就是间接传热过程。市政热氧化系统都使用间接传热。

以下热回收方法通常都适用于热氧化系统：

• 蓄热式空气预热器是一种管壳式换热器，其中热烟道气间接预热流化空气。这有助于保持自发运行。

• 二次换热器是管壳式换热器，用于在烟道气进入空气污染控制设备之前对其冷却。回收的热量通常用于净化尾气排放到烟道之前升高其温度，抑制烟道烟羽。

• 废热回收锅炉是火或水管式锅炉，用于冷却烟道气体；其能够安装于焚烧炉或蓄热式空气预热器之后。其回收的热量传递至传热介质(例如，水，蒸汽和热流体)以供外部使用。水或蒸汽能够用于加热工艺过程或建筑物、预干燥固体、驱动蒸汽涡轮机、或产生蒸汽涡轮机/发电机组中的蒸汽。热流体能够用于加热工艺过程或建筑物。

如果废热回收锅炉将会产生蒸汽，则设计工程师应该选择能够在饱和压力或过热温度下运行的单元装置。这个工艺过程作为流体床焚烧炉系统的一部分进行安装(Quast，2006)并改造成多膛炉系统(DiGangi et al.，2008)。

对于有关热回收的更多信息，请参见《污水固体焚烧系统》(*Wastewater Solids Incineration Systems*)(WEF，2009)。

5 玻　璃　化

玻璃化——一种将矿物质转化成玻璃的热过程——在其他行业中具有完善的跟踪记录(例如，玻璃制造业中的玻璃熔窑和燃煤发电中的造渣炉)，但在固体处理领域却是新事物。

污水固体(例如，造纸厂和市政污水处理厂的污水固体)具有玻璃制造和发电废弃物的一些共性，在玻璃化中发挥了两个重要作用。首先，有机部分提供完成玻璃化所需的热能。其次，矿物质成分(灰、黏土和无机填料)熔融成玻璃聚结体，而具有多种建筑和工业应用用途。

日本进行玻璃化污水固体长达几十年，但直到最近，固体商业规模玻璃化在美国仅限于危险废弃物应用。在1998年，威斯康星州尼纳的福克斯谷玻璃料加工厂(Fox Valley Glass Aggregate Plant)才开始玻璃化工业污水残留物。截至本手册出版，该工厂已经将当地造纸厂约27万公吨/年(35万吨/年)的污水固体玻璃化成约4.5万公吨/年(5万吨/年)的玻璃料进行销售和本地使用。经营福克斯谷工厂的公司从那以后就开发出适用于各个现场使用的二代玻璃化技术。然而，这个单元装置仍处于2009年的启动阶段。

6 生物气化

气化工艺过程要使用热、压和蒸汽才能将固体转化成主要由一氧化碳和氢构成的气体(参见图26.15)(CIWMB，2001)。操作温度和压力的变化将会影响副产物，这些副产物可以是合成气，木炭或渣，油和反应水。操作温度可以处于815~1815℃(1500~3300℉)的范围，压力可高达200kPa(400psi)。

工艺过程动力学和产物取决于所用的进料类型。通常需要中试试验确定排出气体和残余物的产率。这个工艺过程在处理污水固体时已经证明是很昂贵的，因为进料滤饼热值低而水分含量又高，在气化之前必须进行加热干燥。此外，所产生的合成气通常具有较低的热值[约4 000~8 000 kJ/m^3(105~210Btu/ft^3)]，而必须混合较高质量的燃料(例如，天然气)，才可以使用。同样，焦炭和焦油的热值低于热解系统产生的热值，因为有机物仅仅部分燃烧。

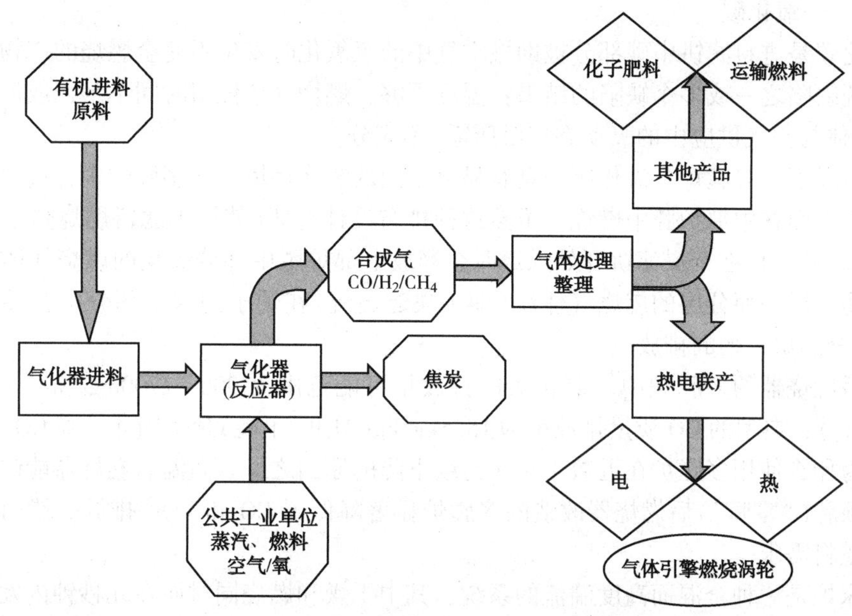

图 26.15 典型的气化工艺原理图

采用高热值原料(例如，木材废料)的气化系统已经更广泛地应用于欧洲和亚洲。相比于焚化，气化能够提供空气排放更好的控制，被认为是一种能量回收技术，因为它能够产生具有能量值的物品，并没有焚烧所具有的公众负面观感。(焚烧通常被认为是一种处置技术)。然而，截至 2008 年，还没有全规模的生物固体气化系统已经运行了 5 年或更长的时间。

7 排放控制

7.1 气味

最明显的空气污染形式，气味占所有市民向当地空气污染控制机构投诉大约一半的原因。热处理气味尤其引发众怒，因此设计工程师必须尽一切努力，最小化气味。对于有关气味控制的具体信息，请参阅第 7 章和各种关于这个问题的手册[例如，《污水处理厂的气味和排放控制》(*Control of Odors and Emissions from Wastewater Treatment Plants*)(WEF，2004)]。

7.2 燃烧排放

热处理工艺过程的燃烧排放数量和质量取决于所使用的热处理方法和固体与辅助燃料的组成。完全燃烧固体能够产生二氧化碳、二氧化硫、水蒸气、氯化氢和氟化氢。所产生的尾气中将含有氮、过量的氧气和含有重金属的惰性灰分，其中一些(例如，水银)是挥发性的，而以固体和气态形式存在。

然而，在现实生活中，燃烧是永远不会完全，因此热处理过程将会释放氮氧化物和不完全燃烧的产物。这样的产物包括一氧化碳、挥发性有机化合物和多环有机物。

7.2.1 一氧化碳

一氧化碳是进料滤饼中碳部分被助燃空气中的氧氧化时发生不完全燃烧的产物。这是以下燃烧系统缺陷之一或多个缺陷的结果：温度不够，燃烧气体停留时间不足，或混合或湍流(使燃烧气体与空气供应中的氧动态接触所需)不充分。

一般情况下，多膛炉和流化床炉具有显著不同的燃烧环境。在多膛炉中，进料滤饼在上部炉膛中干燥而在中部炉膛中燃烧。虽然这种排布设计有效(使用干滤饼燃烧热干燥所传入的湿进料滤饼)，但在干燥滤饼开始燃烧时会释放上部炉膛中部分氧化的燃烧气体和不完全燃烧的产物。缓慢而分层的燃烧气体流(即，缺乏湍流)在炉子的这个部分中会导致高浓度CO和不完全燃烧产物的排放。

没有后燃烧器的多膛炉中一氧化碳的排放量可能范围为900~2700mg/Nm^3 dv_{11}(1000~3000 ppmdv_7)；典型的CO质量排放率为15.5kg/kg(31 lb/干吨)焚烧固体。高CO和VOC排放量就是为什么使用多膛炉在近数十年来持续下降的原因之一。高温后燃烧器能够控制排放量。采用顶膛(“零膛”)后燃烧器改造的多膛炉显著降低了CO和VOC排放。然而，后燃烧器增加了燃料需求。

流化床炉是一种全混而高度湍流的系统，其中干燥和燃烧同时而在几秒钟内发生。湍流提供进料滤饼、挥发气体和流化空气中的氧之间完全而紧密的接触。由于热的燃烧气体自床上升而进入干舷，这就提供了较长的停留时间，而使CO和其他挥发有机物充分燃烧掉。流化床炉的一氧化碳排放总是小于45mg/Nm^3 dv_{11}(50 ppmdv_7)而经常小于9mg/Nm^3 dv_{11}(10 ppmdv_7)。质量排放率通常小于0.5g/kg(1.0 lb/干吨)焚烧固体。

州监管机构通常要求新设施必须满足CO排放限值90mg/$Nm^3$$dv_{11}$(100 ppmd$v_7$)。流化床炉就能够轻松满足此限制。多膛炉将需要后燃烧器在至少816℃(1500℉)下运行，才能符合这个标准。

7.2.2 挥发性有机化合物

挥发性有机化合物(例如，CO)是进料滤饼中有机物质挥发和挥发的化合物部分氧化时发生不完全燃烧的产物。不完全燃烧发生于热氧化器中温度、停留时间和/或混合不充分之时。

在化学上，各种各样的化合物[例如，直链和支链的脂族烃(甲烷、乙烷、乙炔等)、氧化的烃(酸、醛、酮等)、氯代烃(全氯乙烯、三氯乙烷、等)和饱和和不饱和的环状化合物(苯、甲苯、苯酚等)]都是挥发性的和有机的。这种化合物受《40 CFR 503法》监管(US EPA，1993)，该法规定，作为丙烷基于干体积校正至7%的氧，热氧化器对其要按照低于100ppm的速率排放[即，100 ppmdv_7(140mg/Nm^3 dv_{11})]。

由于多膛炉和流化床炉具有不同的燃烧条件，则每一个的VOC排放有很大的差异。多膛炉的上部干燥膛通常足够热而挥发有机化合物，但并不完全将其氧化。而且，多膛炉的VOC排放取决于滤饼进料速率和燃烧特性(%固体,%挥发性固体和热值)，以及炉子的运行条件(炉膛温度，过量空气和不同炉膛水平的燃烧器燃烧速率)。一些多膛炉不使用后燃烧器也能满足140-mg/Nm^3 dv_{11}(100 ppmdv_7)标准。维持顶炉膛温度至少为593℃(1100℉)，通常对于实现这个标准非常重要(Waltz，1990；Baturay，1990)。

在流化床炉中，温度和湍流较高，而总烃排放量较低[通常作为丙烷小于14mg/Nm^3 dv_{11}(10 ppmdv_7)]。

7.2.3 多环有机物质

多环有机物[例如，多氯双酚类(PCBs)多氯二苯并对二噁英(PCDD)和多氯二苯并呋喃(PCDF)]因为其潜在的高健康风险影响而都成为监管机构特别关注的VOCs的子集。美国环境保护署并没有对这些污染物设置排放限值，但一些州监管机构已经在新热氧化器的许可证中包含了几种这些化合物的排放标准。美国环境保护署的排放因子汇编(AP-42)指出，多膛炉和流化床炉都要排放低水平的这些污染物[$0.5\times10^{-7}\sim0.5\times10^{-9}$g/kg($1\times10^{-7}\sim1\times10^{-9}$)的范围](U.S. EPA，1998)。为了最小化多环有机物的排放，系统设计应该最大化热氧化器的燃烧效率。如果有必要对多环有机物质采取更多的控制，则多膛炉可能需要高温后燃器。(这对于流化床炉将是没有必要的)。

7.2.4 氮氧化物

在燃烧过程中通过氮氧化作用而形成氮氧化物(例如，二氧化氮，一氧化二氮和一氧化氮)。这两种类型的氮氧化物都是热氮和燃料氮。热氮由助燃空气中的大气氮形成。燃料氮由燃料或固体结合氮的化学氧化而形成。

7.3 排放法规

联邦、州和地方政府都颁布空气污染法规，而他们规定排放源必须具有许可证方可经营。对于准许热工艺过程的详细信息，请参阅第7章。本节其余部分将讨论适用于热工艺过程的规定。

1970年的《清洁空气法案》(CAA)赋予美国EPA建立全国性计划而减轻空气污染和提高空气质量的职责和权力，并在1990年的修订增强了这种权力。州政府在联邦政府监督下具有实施该计划的主要责任，而每个州能够制定自己实现和维护《国家环境空气质量标准》(NAAQS)的计划。州政府经常将实施计划的职责和权限力委托当地的污染控制机构。

美国环境保护署于1993年颁布了《使用或处置污水污泥的标准》(40 CFR 503)。这项法案，隶属于《清洁水法案》(CWA)，包括固体焚烧炉的排放标准和管理办法。

有两种类型的空气污染法规：限制性的和行政管理性的。限制性法规确立具体空气污染物的具体限制。这种法规包括《新源性能标准》，《有害空气污染物的国家排放标准》，当地禁止性规定和源头特异性标准。行政管理法规确立采集数据(即，源头检测和环境监测)、控制排放源的增长和使用污染控制技术的要求。这种法规包括预防达标地区(满足NAAQS的地区)发生显著恶化的规定(PSD)和对未达标区域新源头审查的规定(不满足NAAQS的地区)。

7.3.1 新污染源执行标准

根据《污水处理厂的联邦标准》(40 CFR 60，子部分O)，固体焚烧炉如果容量大于1 000 kg/d(2 205lb/d)(以干重计)，则要限制颗粒物排放为0.65g/kg(1.30lb/t)干固体输入和不透明度20%。已经执行的州标准可能会限制颗粒物排放低于0.2g/kg(0.4lb/t)干固体输入。

7.3.2 有害空气污染物的国家排放标准

美国环境保护署确立了有害空气污染物的国家排放标准，而致力于处理从具体的新和现有的源头排放的所列出的有害污染物(例如，致癌物、致突变物和有毒物质)。例如，根据《40 CFR 61，分部C》，它们必须在24h的时间内不能排放超过10g铍。而且，源头附近环境空气中的铍含量必须在30d的时间期限内进行平均。根据《40 CFR 61，分部E》，固体焚烧炉排放在24h的时间内必须不超过200g汞。

7.3.3 显著变差的预防

这些规定目的是为了防止现有空气质量下降超过允许的增量。例如，所受规管的污染物的新固定源头地处污染物达标地区，而那种污染物超过620kg/d(250t/a)的排放从属于PSD法规(40 CFR 61，分部A，第52.21款)。主要源头的修改，如果排放超过任何污染物规定的最低量，也从属于PSD。

7.3.4 新源头的审查

1977年的《清洁空气法》的修正案规定所有州要确立未达标地区内主要的新的、修改的或重建的固定源头的许可证计划。目标是防止污染物的潜在新源头增加净空气污染或延迟该地区达标NAAQS的能力。

为了在不达标的地区获得许可证，主要源头必须使用最佳可行的控制技术，生产最低可实现的排放率，通过这个区域其他燃烧源的减排(减排信用度)抵消新源排放而示范净空气质量改善，并获取所有其他类似监管源头都遵守所有适用的排放法规的认证。

减排信用度的销售在过去5年内已经发展成为一种成熟的商业"贸易"。

《1990清洁空气法修正案》扩大了《1970清洁空气法》和《1977修正案》的范围。例如，它们将不达标地区基于不达标的严重程度进行分类并制定达标的类别特异性时间表。

《1990修正案》还指示美国EPA改变其监管空气有毒物质的方法。该修正案规定，不是分析具体源头排放的化学物质的数据和制定保护人类健康的标准，而是规定所有主要源头——排放至少25kg/d(10t/a)《1990修正案》中所列189种化学品之一或所有这些化学品排放总计60kg/d(25t/a)或以上——都要安装最大可达到的控制技术(MACT)。最大可实现的控制技术是通过相同源头分类中最干净的12%设施使用的控制技术。一旦这些控制非常到位，如果结果表明MACT并未对大多数暴露于高风险排放的人群提供充裕的安全尺度，美国EPA就着手审查评价每种化学品健康风险的科学数据并颁布新标准。

《1990修正案》也扩大了美国环保署执行CAA及其修正案规定的权力。

7.3.5 使用及处置污水污泥的标准

美国联邦标准(40 CFR 503，分部E)限制固体焚烧炉的铍、汞、铅、砷、镉、镍和铬排放并规定了总碳氢化合物(THC)或CO<100ppm的操作标准，这项法案也规定了管理办法，包括THC或CO、氧气、水分、固体进料速率和炉温度的连续监测。此外，它还规定了监测、记录和报告的频率。

7.3.6 当地禁止性的法规

当地空气质量监管机构也能够颁布各种法规，限制具体的空气污染物，从而保护当地空气质量和公众健康。例如，美国加州南海岸空气质量管理区规定了"滋扰法"，禁止造成人身伤害或公共损害，滋扰或烦扰的排放。

7.3.7 未来的法规

除了现行法规外，固体处理设施的设计者和经营者应该意识到未来的空气污染法规。由于公众对有毒空气污染物的关注增加，空气污染控制机构正在制定法规，限制新的和改建源头的有毒空气污染物。固体处理设施已经被确定为潜在的有毒空气污染物的源头，因此允许新的处理设施或修改现有设施的努力将会面临有毒空气污染物法规之下的详细审查。

在《1990清洁空气法修正案》(CAAA)(见第7.3.4.1节)中，固体焚烧炉被列第112条和第129条之下的源头类别。1997年1月，美国EPA在《联邦纪事》中表示，生物固体焚烧炉将从第112条中删除而受第129条之其他固体废物焚烧炉类别的规管。随后在2000年11月15日——基于由工业焚烧协调制规(ICCR)咨询委员会根据联邦咨询委员会法提交的建议和数据分析结果——美国EPA发布了其最终制规，固体焚烧炉将不再作为《CAA》第129条下的一个类别受到规管。

美国EPA为了批准其1997年1月的早期公布，宣布了有利影响生物固体焚烧炉的MACT标准的变化。1990年的《CAAA》第112条(c)列出了处于《污水处理和处置类别》之下污水固体焚烧炉，因此美国EPA不得不制定公有污水处理厂(POTWs)的MACT标准。在评估所有的可获得的排放信息，包括自从1992年6月初始列表以来完成的试验测试，美国EPA推定，污水固体焚烧炉不具有可能排放水平接近主要源头水平的HAP的任何源头，因此，该机构已经从第112条源头类别清单中删除这种焚烧炉(2002年2月12日生效)(参见《67 *Fed. Reg.* 6521，6523》；2002年2月12日)。在2006年6月，美国EPA发布公告，要重新考虑是否应该将污水固体焚烧炉从第129条的规定之下的规定中删除的这一问题，而在2007年1月22日，该机构批准其早先的决定，将其排除。

在2002年6月，美国EPA将污水固体焚化炉列于第112条(c)(3)和第112条(k)(3)(B)(ii)之下作为地区源头类别，而且该机构很可能在2009年6月要颁布这种焚化炉的标准。地区源头类别规管的源头通常规定要使用普遍接受的控制技术(GACT)，这比对第129条和第112条规管之下的源头强制性的最大可实现的控制技术(MACT)不严格得多。例外的是，美国环保署将规定污水固体焚烧炉使用GACT，而对现有控制技术的影响将忽略不计。本章中所讨论的排放控制技术预计适合GACT。

在2007年12月，清洁水机构全国协会(NACWA)警告其成员关注由华盛顿特区巡回上诉法院作出的决定。在2007年6月，该法院要求美国EPA监管一些先前已经从第129条中排出的焚烧源头。该协会认为，美国EPA解释的裁决意味着污水固体焚烧炉必须根据第129条进行监管。如果美国EPA颁布这些法规，则污水固体焚烧炉至少对于颗粒物、二氧化硫、NO_x、氯化氢、一氧化碳、镉、汞、铅、二噁英和呋喃类受到数字排放限制。新的焚化炉将要求满足最佳的控制技术限制，而现有的焚烧炉将受限于类别中表现最好的12%的单元装置达到的平均排放量水平。如果未来要求采用MACT，则本章中评价的排放技术将需要包括汞控制，NO_x控制和盐酸控制。目前，这种技术可以获得而实施商业化使用。截至2009年，这个悬而未决的法规颁布一直没有得到解决。

7.3.8 源头特异性的标准

大气污染物排放可以划分成标准污染物和非标准污染物。标准污染物是美国EPA为之确立NAAQS的空气污染物(例如，氮、一氧化碳、硫氧化物、反应性有机气体、颗粒物和铅)。非标准污染物是美国EPA尚未为之确立NAAQS的空气污染物(例如，氯化氢、硫化氢、氯乙烯、痕量金属、多环芳烃、二噁英和多氯双酚类)。

空气污染物的浓度可通过排放因子或源头测试进行测定。燃料燃烧产生的标准污染物的排放因子是众所周知的，而从燃烧器制造商和其他参考文献一应俱全。然而，非标准污染物或固体燃烧的排放因子还没有现成的；通常需要进行源头测试。

7.3.9　非监管的排放(温室气体)

温室气体是导致全球变暖的化合物；目前还未进行监管。值得关注的四种主要的温室气体是二氧化碳(CO_2)、甲烷(CH_4)、一氧化二氮(N_2O)和卤代烃(一类含氟、氯和溴的气体)。其中，前三种能够由热工艺过程，用于运行这些工艺过程的燃料或提供电力运行这些设备的发电机排放。全球变暖潜能(强度因子)是对给定物质相对于CO_2的放热效应的度量，例如，在给定基准线百年内的累积。表26.8显示了与化石燃料燃烧相关的温室气体全球变暖潜能的100年估计值。

表26.8　IPCC第二、第三和第四评估报告的100年全球变暖(GWP)估计值的对比（IPCC，1995，2001，2007）

气　体	1996 IPCC GWP	2001 IPCC GWP	2007 IPCC GWP
二氧化碳(CO_2)	1	1	1
甲烷 (CH_4)	21	23	25
一氧化二氮(N_2O)	310	296	298

为了估算温室气体的排放，设计工程师应该测定这种气体的源头排放速率，使用全球变暖潜力将非CO_2气体的测定值转化成CO_2当量，并计算出每年将排放多少吨二氧化碳当量。温室气体的排放分成直接或间接排放。直接排放包括天然气在干燥器、焚烧炉或锅炉中燃烧时产生的那些排放。间接排放包括与发电运行热工艺过程相关的那些排放。

在估计温室气体排放时，设计工程师需要区分人类活动的影响和生物源。人类活动的影响是由于人类活动而产生的过程或物质所致。生物源是由于生物或生态活动产生的过程或物质所致。例如，化石燃料的燃烧被认为是人类活动的影响，而专家相信，在这一过程中排放的温室气体排放贡献于全球变暖。另一方面，污水固体被认为是生物源性物质，其CO_2排放并不贡献全球变暖，因为这种碳一直是全球碳循环的一部分。活性全球碳循环是碳在地球生物圈、土壤圈、岩石圈、水圈和大气之间交换的生物地球化学循环。

通过选择和设计工艺和能量有效性的工艺过程，设计工程师能够最小化热工艺过程的温室气体排放。以下是设计工程师在设计热工艺过程时应该考虑的一些直接和间接排放。

7.3.9.1　热干燥

热干燥通常会排放甲烷，在固体加热时甲烷就可能挥发。这个工艺过程也会经过加热固体和挥发水分的化石燃料(例如天然气)燃烧排放二氧化碳。

7.3.9.2　焚烧

焚烧通常在有机固体不完全燃烧时排放甲烷和一氧化二氮。这个工艺过程也经由用作辅助燃料和在关停之后启动焚烧炉的化石燃料(例如，天然气)燃烧排放CO_2。

7.3.9.3　与热工艺过程相关的间接排放

与热工艺过程相关的间接排放通常包括由发电而用于工艺过程供电的发电机排放的二氧化碳当量。它们还包括干燥固体或灰分从该设施运输至中间或最终目的地的过程中排放的二氧化碳当量。

7.4　空气污染的控制方法和技术

为了设计有效的空气污染控制系统，工程师需要准备以下数据：

- 污染的气体特性(流量、温度、压力、组成和水分含量);
- 颗粒特性(电阻率、流动性和排放限值);
- 排放参数(浓度、溶解度、吸收性、可燃性和排放限值);
- 现场特异性的约束(电力、燃料、水和空间的可用性，美学考虑因素，噪音限制和预算)。

表26.9提供了用于控制焚烧炉排放的方法和技术的总结。以下是可用控制技术的污染物特异性的概述。

7.4.1 颗粒物和金属

颗粒物——热处理中的主要空气污染物——同时包括固体颗粒和通过气流能够一同吹扫或经由烟道气冷凝的液滴(不包括未结合的水)。它可能富含挥发性痕量金属(例如，镉，铅和锌)。大多数颗粒物小于2 μm；挥发性元素主要可能发现于亚微米级的颗粒中。

颗粒物能够通过机械除尘器、湿式洗涤器、织物过滤器或静电除尘器从气体流中除去。技术的选择取决于颗粒物性质，气体流状态和排放限制。图26.16和图26.17比较了各种颗粒物控制设备的有效性。

表26.9 适用于生物固体焚烧炉排放控制的总结①

排放控制组件	功 能	适 用 性
焚烧炉燃烧—设计温度，停留时间和湍流	完全燃烧—有机物转化成二氧化碳和水而硫转化成二氧化硫。最小化CO、甲烷、非甲烷VOCs、二噁英/呋喃类和NO_x的形成	FBI和MHF都适用
脲或氨注入烟道气	与NO_x气体反应	通常适用于FBI
骤冷	冷却气体而辅助聚结	FBI和MHF都适用
文丘里(结合板塔冷却)	除去粗的和细的颗粒、重金属、酸性气体——湿式(>1 μm)	FBI和MHF都适用
填充塔(结合骤冷)	去除酸性气体(可能需要加入苛性物质控制pH)	通常适用于FBI
湿式ESP(结合文丘里/冷却板塔)	除去精细颗粒物，重金属-湿式(<1 μm)，去除水分液滴	FBI和MHF都适用
多个为求立管后骤冷(结合骤冷)	去除精细颗粒物、重金属、酸性气体——湿式(<1 μm)	FBI和MHF都适用
干ESP	除去粗的和细的颗粒，重金属—干式(>1μm)	通常适用于FBI(尽在欧洲使用)
袋滤室(织物过滤器)	去除粗的和细颗粒物，重金属—干式(<1 μm)	通常适用于FBI
碳注入的整理塔	在干ESP和袋滤室中吸附和去除汞。也去除二噁英/呋喃类物质	通常适用于FBI
注入碱的喷雾干燥器/吸附器	在干ESP和袋滤室中吸附和去除酸性气体	通常适用于FBI(仅在欧洲使用)
碳吸收器(结合所有的排放控制组件)	吸收汞(和二噁英/呋喃类)	通常适用于FBI(湿式洗涤系统的下游)

续表

排放控制组件	功　能	适 用 性
RTO（颗粒物控制之后）	热氧化有机物（THCs 和二噁英/呋喃类），烟羽抑制	适用于 MHF
尾气预热	烟羽抑制	通常适用于 FBI

① ESP =静电除尘器；FBI =流化床焚烧炉；MHF=多膛炉；RTO =蓄热式热氧化器；THC=总碳氢；和 VOC=挥发性有机化合物。

7.4.1.1　机械除尘器

机械除尘器利用惯性从气体中分离出颗粒物。这种设备相比于其他颗粒物控制设备并不太昂贵，但其捕集效率也较低。这种设备通常用作其他颗粒控制装置的预处理步骤。

机械除尘器具有三种类型：沉降室，撞击分离器和旋风分离器。沉降室是最简单的机械除尘器。通过除尘室的低气体速率［不到 3m/s(10ft/s)］使之能够沉降重的颗粒物。整个沉降室的压降可以忽略不计；然而，颗粒物的分离是有限的。

撞击分离器将对着收集体导入气体，在收集体上颗粒物损失动量而从气体中落下来。撞击分离器通常设计的压降为 2~40mm(0.1~1.5in)水柱，能够去除大于 10μm 的颗粒物。

旋风分离器是使用最广泛的机械除尘器。气体在圆柱体壳顶部切向进入装置而随后朝圆锥部的最窄部分螺旋向下。颗粒物通过气闸排出底部，而气体引导返回通过旋涡中心而从顶部排出。旋风分离器顶部直径为 0.7~3m(210ft)，能够在 10~80mm(0.5~3in)的压力降下去除 85%小至 10μm 的颗粒物。直径较小的旋风分离器比具有相同压降而直径较大的旋风分离器具有更高的去除效率。

多管式除尘器(多管式旋流除尘器)采用许多小型旋风分离器并行改善去除效率。直径 100~300mm(4~12in)单元装置能够除去 95%小至 5μm 的颗粒物。

7.4.1.2　湿式洗涤器

湿式洗涤器使用液体(通常为水)将粉尘或烟雾从气体流中分离出来。它们是固体焚化炉最广泛使用排放控制设备。湿式洗涤器能够处理高水分含量的热气体。这种设备也可以除去水溶性空气污染物(例如，氯化氢、二氧化硫和氨)。

最简单的湿式洗涤器是喷雾塔。在这种设备中，气体在底部进入而上升到顶部，在顶部液体连续喷雾接触气体。随着液滴下落而碰撞上升气体流，就能捕捉颗粒，从气体中将其除去。喷雾塔通常装填填料(填充塔)，或具有泡罩的托盘(板塔)，以增加传质表面积。虽然通过喷雾塔的压降较低，但是颗粒物去除效率低于 50%，因此这些设备通常结合用于颗粒物除去或化学洗涤的文丘里洗涤器一起使用。

旋风洗涤器利用离心力增加颗粒物和液体液滴碰撞的动量。这种装置在 50~150mm(2~6in)水柱的压降下能够除去 90%小至 5μm 的颗粒物。

最广泛使用的颗粒物洗涤器是文丘里洗涤器。在这种装置中，气体流跨文丘里(孔)加速，在此之中液体发生喷雾，随后与喉节处的气体产生湍流混合。高度湍流促进液滴和颗粒物之间碰撞，从而捕捉颗粒。文丘里洗涤器的颗粒去除效率直接与输入功率(压力降)成正比。在 250mm(10in)水柱的压降下，这种装置能够去除约 90%小至 1μm 的颗粒物。如果压降增大到 500mm(20in)水柱，这种装置能够除去 98%的这种颗粒。变喉文丘里洗涤器使之能够在较宽的流量范围内高效运行。多文丘里洗涤器在多个文丘里管之前具有骤冷塔部分。

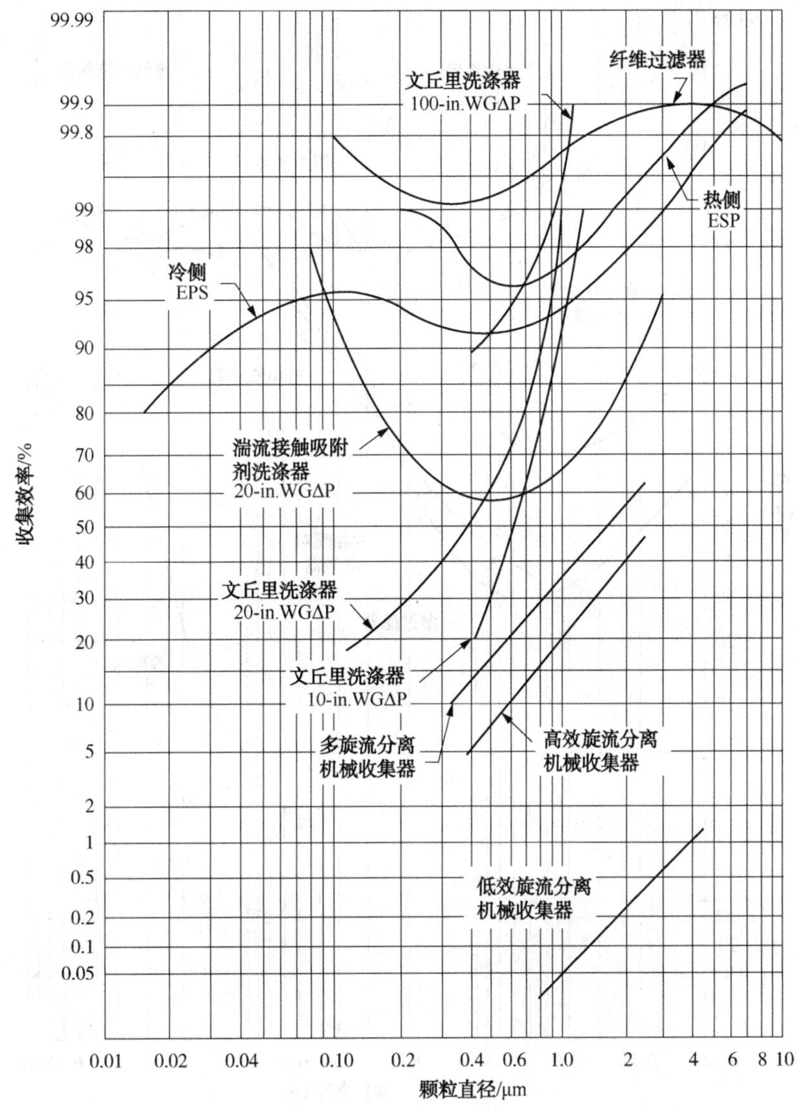

图 26.16 传统空气污染控制设备的效率曲线图

这个塔部分除去较大的颗粒物，而多个文丘里除去较小的颗粒物。多文丘里洗涤器具有类似于传统文丘里洗涤器的颗粒去除效率，但压力降却较低。

7.4.1.3 织物除尘器

织物过滤器(袋滤捕尘室)通过将含尘气体通过大多数颗粒物无法穿透的过滤介质或织物而收集固体颗粒。随着粉尘层的积累，压降增加，因此积聚的粉尘必须定期清除。操作者可以通过机械振动，脉动喷气，或反向气流清洗袋子。

织物过滤器在压降通常介于 50~100mm(2~4in)水柱之间时能够去除 99%以上小至亚微米尺寸的颗粒物。这些设备通常适合用于气体进入袋滤捕尘室之前气体温度能够可靠地降低至约 149~177℃(300~350℉)的固体焚化炉。热回收过滤能够适用于此目的。

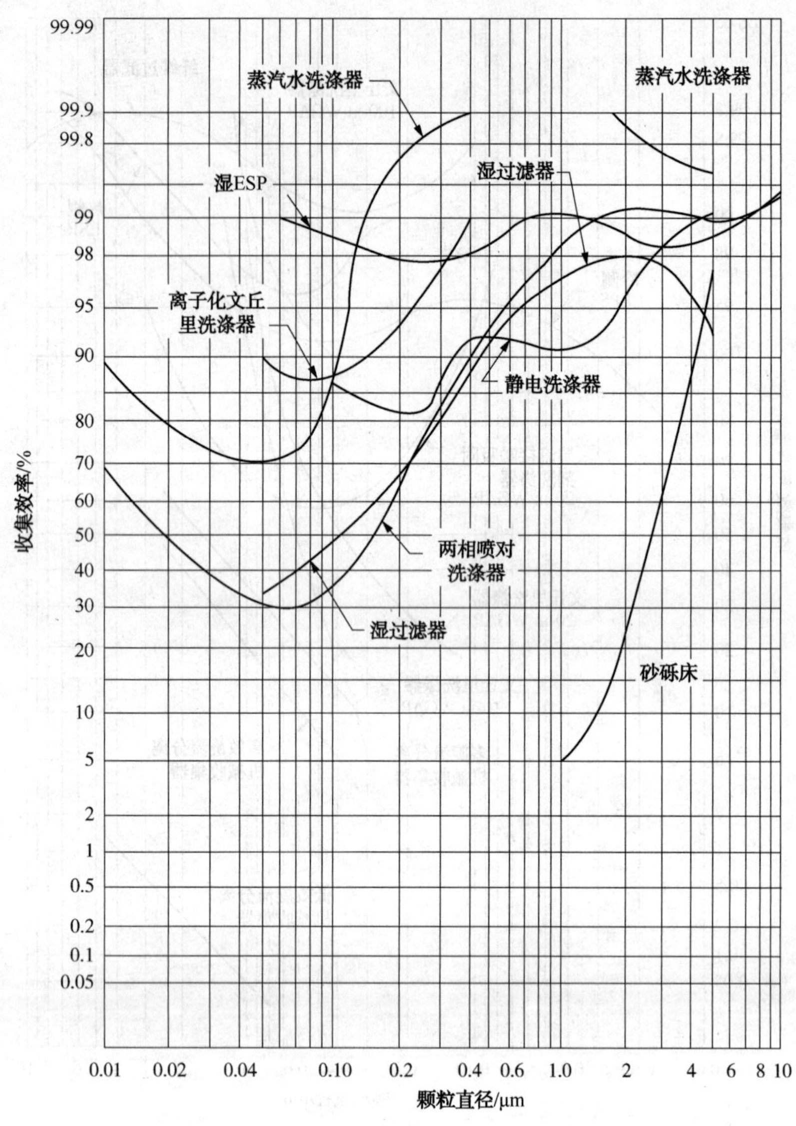

图 26.17 新型空气污染控制设备的效率曲线图

7.4.1.4 静电除尘器

在干式静电除尘器中，尾气通过大腔室时，颗粒物带上负电荷。然后，被吸引到带正电荷而平行于通过该室的气体流向收集板。收集的颗粒经由振动，拍打，或漂洗除去收集的颗粒物。

一些除尘器使用管道而不是平板作为收集器。这些单元装置能够除去液滴和颗粒烟雾，以及固体颗粒物。

湿式静电除尘器与干式类似，但包含冲洗机制而防止挥发性物质或颗粒物质累积于平板上。它们在处理某些类型的污染物时通常性能还优于干式静电除尘器，能够除去99%或更多的颗粒物，而压降可忽略不计。很多焚烧系统中，湿式静电除尘器安装于湿式洗涤器下游，以帮助该系统遵守《40 CFR 503 法》。

7.4.2 氮氧化物

有两种类型的氮控制技术：燃烧改造和烟道气处理。

7.4.2.1 燃烧改造

系统经过设计，通过在降低的燃烧温度和较低的氧量下运行而能够降低氮氧化物的形成。有五种主要的方法用于改造燃烧而限制氮氧化物形成：低过量空气，分阶空气燃烧，分阶燃料燃烧、低氮燃烧器和烟道气体再循环。最简单的方法是低过量空气燃烧器。如此为之，能够降低氮氧化物约20%。控制程度受CO排放增加的约束。

分阶空气燃烧能够降低氮氧化物形成高达70%。在这种方案中，燃烧发生于两个阶段：在第1个阶段，燃料用的燃烧空气不足，而在第2个阶段，更多空气与燃料混合，发生完全燃烧。转窑和流化床燃烧器常常设计有分阶空气燃烧。

在分阶燃料燃烧中，第一阶燃烧采取燃料不足，而过量空气的冷却效应抑制了氮氧化物的形成。其余燃料在第二阶注入并燃烧。在此，第一阶段的惰性气体抑制了峰值温度并降低了氧浓度，从而降低了氮氧化物的形成。为第二级保留约20%的燃料，能够降低氮氧化物形成高达50%~70%。

低氮燃烧器限制燃料在紧接的火焰区暴露于氧。因此，燃料和空气逐渐混合，降低了峰值火焰温度。这种方案能够减少氮氧化物形成达30%~50%。将烟道气再循环作为进口燃烧空气，能够降低火焰峰值温度和热氮的形成。再循环高达15%的烟道气，能够降低50%的氮氧化物形成。

7.4.2.2 烟道气处理

通过将合适的还原剂注入后燃烧区(烟道)，在那里这些还原剂能够将烟道气氮还原成分子氮，能够减少氮氧化物的排放。有三种类型的烟道气处理，分别是热反硝化过程，脲喷射过程和选择性催化还原过程。在热反硝化过程中，氨注入加热至871~1 093℃(1 600~2 000℉)的焚烧炉中，而降低氮氧化物。这个工艺过程能够降低氮氧化物排放达35%~70%，具体值要取决于烟道气的温度，停留时间，混合程度和氨/氮摩尔比。

除了脲喷射工艺过程使用脲作为还原剂之外，这种工艺方法类似于热反硝化过程。脲分解生成CO和氨，氨能够与氮氧化物反应，生成氮和水。这个工艺过程还能够降低氮氧化物排放达35%~70%，具体值取决于烟道气的温度，停留时间，混合程度和氨/氮摩尔比。

在选择性催化还原工艺过程中，催化剂床在较低的烟道气温度下运行，而使氨能够与氮反应。这种工艺方法能够处理温度为316~427℃(600~800℉)的烟道气体，并降低氮氧化物浓度高达90%或更多。然而，这种工艺过程比较昂贵，而且这种催化剂可能会受到烟道气中微量金属的不良影响。

7.4.3 酸性气体，包括硫氧化物

酸性气体包括硫氧化物、氯化氢、氟化氢和溴化氢等。这类气体的排放浓度是要燃烧的燃料和固体中硫、氯化物、氟化物和溴化物水平的直接函数。酸性气体的排放能够经由流化床燃烧、湿式洗涤器和干式除尘器降低。在流化床燃烧中，燃料在颗粒状石灰石(白云石)的床中燃烧。酸性气体与石灰石反应而形成固体钙化合物，而与灰分一起除去。流化床燃烧也具有相对较低的氮氧化物排放，因为燃烧温度较温和[816~927℃(1 500~1 700℉)]。

湿式洗涤器能够同时除去烟道气颗粒物和酸性气体。这种设备通过将烟道气扩散到液体液滴中而降低酸性气体。去除效率能够通过加入碱性试剂而提高。

在干式洗涤器中，石灰或另一种试剂的稀浆料喷射到烟道气流中。浆料中的水分瞬间蒸发，而雾化试剂和酸性气体发生反应，形成硫酸盐、亚硫酸盐和氯化物沉淀。这些沉淀物随后通过颗粒物控制设备除去。

7.4.4 汞排放控制

烟道气可能包含两种类型的汞：单质(离子)和氧化的(氧化物，氯化物等)汞。湿式洗涤器吸收和除去部分氧化形式的汞。然而，如果洗涤器地漏返回至污水处理厂，则包含的汞将进入污水处理厂水流中而可能影响出水浓度。

气态汞排放通过活性炭吸附就能够降低。这能够通过静态床吸附器或烟道气体注入而实现。静态床吸附器是多隔间容器，位于空气污染控制设备的下游。隔间包含介质——通常是浸渍硫或其他化学品的惰性材料组合(例如，硅铝酸盐和活性炭)——其可以随着烟道气通过而为汞吸收提供表面积。之后，烟道气通过整理室而在那里控制湿度和温度。

在烟道气体注入中，活性碳注入反应室中，在那里与烟道气和汞混合而将其传递至碳中。这个工艺过程通常用作袋式除尘器或干式静电除尘器的预处理步骤，随后袋式除尘器或干式静电除尘器就从气体中除去载汞碳。袋式除尘器比静电除尘器需要的碳更少，因为夹陷于袋子粉尘层上的碳能够继续捕集汞。

7.4.5 烟道气体再加热

尽管偶然的蒸汽烟羽可能不会伤害环境，但是可能会损害公众对固体燃烧的认知。消除这种烟羽对于公众普遍接受固体燃烧是很重要的。

在有效的气体冷却系统中，废气通常不会超过进口水温［约 20~40℃(70~110℉)］11℃(20℉)，因此，在大多数气压条件下不会产生蒸汽烟羽。然而，再加热烟道气，可以完全消除蒸汽烟羽，并能够更好地将气体分散到大气中。

污水处理厂通常具有较短的尾气排气烟囱和其他建筑物和限制气体分散到大气中的地形条件。相对干燥而温暖的气体上升更迅速，分散更佳。

有三种方法能够将尾气温度从 20~40℃(70~100℉)升高至高达 90~150℃(200~300℉)：燃烧燃料的后燃烧器，采用炉子废气以预热空气间接再加热(参见图 26.18)，并经由炉子废气直接再加热(参见图 26.19)。然而，污水处理厂的工作人员因为燃料成本都不愿意使用燃烧燃料的后燃烧器。(他们使用天然气而避免二次污染烟道气)。

两种炉尾气方法都是有效的，都要求废气温度达 430~540℃(800~1000℉)。然而，直接加热方法更具热效应。在间接方法中，主要的废气通过二级热交换器，在那里它们将热量传递到周围的气体流中，而这些气体流随后经由低压鼓风机排放至烟道中。直接法并不会涉及这种鼓风机。

8 设计实例

这些实例经过选择而举例说明设计工程师如何对生产消化和脱水固体的污水处理厂的干燥器和焚烧炉进行选择和选型。焚烧实例也举例说明了脱水原始固体焚烧炉的选择和选型。

在这些实例中，这种污水处理厂生产 50 公吨/d(55t/d)(基于干固体)的固体含量 25%的消化和脱水固体。峰值月产量为 65 公吨/d(72t/d)的干固体。当量脱水原始固体产量为 75 公吨/d(基于干固体)，固体含量 28%。固体特性和其他相关参数在每个实例中提供。

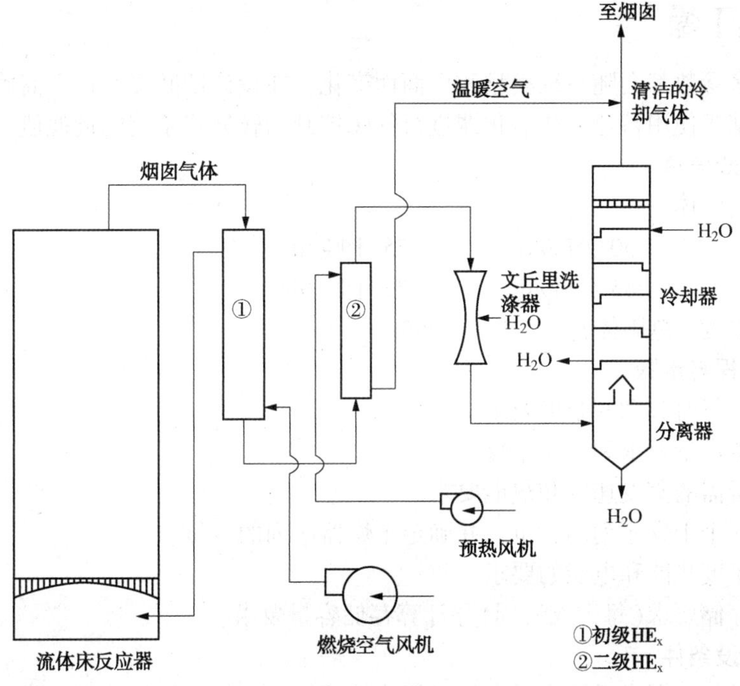

图 26.18 烟道气体的间接再加热

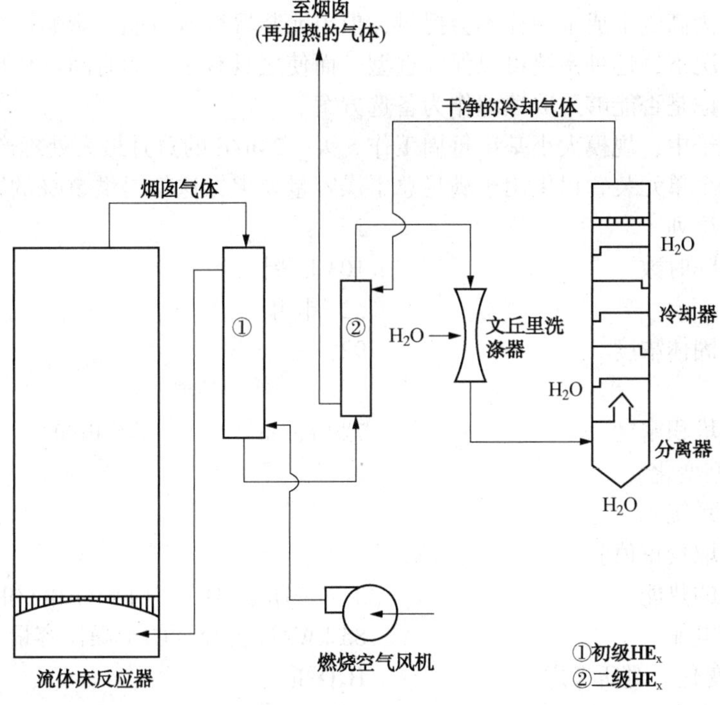

图 26.19 烟道气体的直接再加热

8.1 热干燥

注意，许多参数都会随系统类型和厂商而变化。在设计期间要经过厂商确定具体参数。输入参数基于使用蓄热式热氧化器进行气味控制的转鼓式系统的近似值。

8.1.1 已知信息

厌氧消化的固体

年均产量	50 公吨/d	55 干吨/d
最大月产量	65 公吨/d	72 干吨/d
滤饼固体浓度（总固体）	25%	

8.1.2 过程与步骤

（1）确立运行时数和冗余度要求。

（2）确立生产量要求和产品干燥度。

（3）计算所需的蒸发速度和热能要求。

（4）确定一个干燥序列的容量，并确定干燥器序列的数量。

（5）确立年度热能和电能的要求。

（6）确立存储要求(每天或每周)并计算存储容量要求。

8.1.3 假设条件

建立运行时数。干燥系统最适合长时间连续运行，才能提高热效率，降低设备磨损，因为频繁启动和关停对此不利。这种设备通常整个星期连续运行，而允许在周末停机。

选型的考虑因素：

- 冗余度因为高资本成本往往不会提供，但单元装置容量可能会影响这个决定。
- 在许多情况下，这种系统可以保守选型，而使之具有足够的时间进行预防性维护。设计工程师应该考虑是否能够采取填埋作为备选方案。
- 在这个例子中，规模大小基于每周工作 5 天，24h/d 的每月最大处理产量确定。
- 假设有两个单元装置提供用于满足总干燥容量要求，这将提供 50%的冗余度。

安装的干燥序列	2	
每周运行实际时数	103 h/周	
年运行	52 周/年	
干燥产品的固体浓度（总固体）	92%	
干燥产品的堆积密度（随产品类型变化。对所考虑的系统联系厂商获取校正值）	729 kg/m^3	45 lb/ft^3
蒸发水消耗的热能	3.72 MJ/kg H_2O	1 600 Btu/lb H_2O
系统消耗的电能（随系统而变化。对所考虑的系统联系厂商获取校正值）	85 kW/以公吨计的干燥器容量 H_2O/h	
在筒仓中所需年均条件下储存体积的所需天数	10 d	

8.1.4 计算

确定最大每月设计条件下整个星期内的总蒸发负荷。

$$\text{最大月蒸发负荷(公吨 }H_2O\text{/周)}=\frac{\text{最大月生产速率(公吨/d)}}{\text{滤饼固体浓度}}=\frac{\text{最大月生产速率(公吨/d)}}{\text{干燥产品的固体浓度}}\times\frac{7\text{ 天}}{\text{周}}$$

$$=1323\text{ 公吨 }H_2O\text{/周}$$

$$\text{年均蒸发负荷(公吨 }H_2O\text{/周)}=\frac{\text{年均生产速率(公吨/d)}}{\text{滤饼固体浓度}}=\frac{\text{年均生产速率(公吨/d)}}{\text{干燥产品的固体浓度}}\times\frac{7\text{ 天}}{\text{周}}$$

$$=1018\text{ 公吨 }H_2O\text{/周}$$

确定确立干燥容量的最大每月条件下的蒸发时速率。

$$\text{最大月负荷的蒸发速率(kg }H_2O\text{/h)}=\frac{\text{周蒸发负荷(公吨/周)}}{\text{运行时数/周}}\times\frac{100\text{ kg }H_2O}{\text{公吨 }H_2O}$$

= [12845kg H_2O/h 这就是所需的总干燥蒸发容量] 或 28310 lb H_2O/h

确定一个干燥序列的容量。

$$\text{一个干燥序列的蒸发容量(kg }H_2O\text{/h)}=\frac{\text{设计蒸发速率(kg}H_2O\text{/h)}}{\text{干燥序列的数目}}$$

= [6422kg H_2O/h 这就是一个干燥序列所需的蒸发容量] 或 14155 lb H_2O/h

确定这个给定容量和处理年均产量下的运行时数。

$$\text{年均容量下的运行时数(h/星期)}=\frac{\text{年均蒸发负荷(公吨 }H_2O\text{/周)}}{\text{干燥容量(kg}H_2O\text{/h)}}=\frac{1000\text{ kg }H_2O}{\text{公吨 }H_2O}$$

$$=80\text{h/周}$$

因此，这些单元装置在平均条件下将只需要每周运行 3~4 天。上游可能需要生物固体存储，才能使干燥器实现最佳运行。

请注意，如果初始生物固体量明显小于设计量，则设计师可能要考虑分期安装。如果在显著低于设计容量的生产速率下运行，干燥器不能达到有效热效率。设计人员应该咨询制造商，才能确定最佳的最低容量。

采用年均生物固体生产量确定热能要求。

$$\text{所需年均热能(MJ/a)}=\frac{\text{年均蒸发负荷(公吨 }H_2O\text{/周)}}{1000\text{ kg}H_2O\text{/公吨 }H_2O}=\text{蒸发水消耗的热能(MJ/kg}H_2O\text{)}\times$$

周数/年

$$=196885384\text{ MJ/a 或 }186621\text{ MMBTU/年}$$

确定近似年电能需求。

注意：这个参数将显著地随着系统类型和厂商而不同。设计师应该咨询厂商。

$$\text{所需年均电能(kWh/a)}=\frac{\text{总干燥蒸发容量(kg}H_2O\text{/h)}}{1000\text{ kg}H_2O\text{/公吨 }H_2O}=\text{系统电能需求(kW/公吨 }H_2O\text{/h)}$$

×运行时数/年

$$=5847789\ kWh/a$$

8.1.5 质量衡算

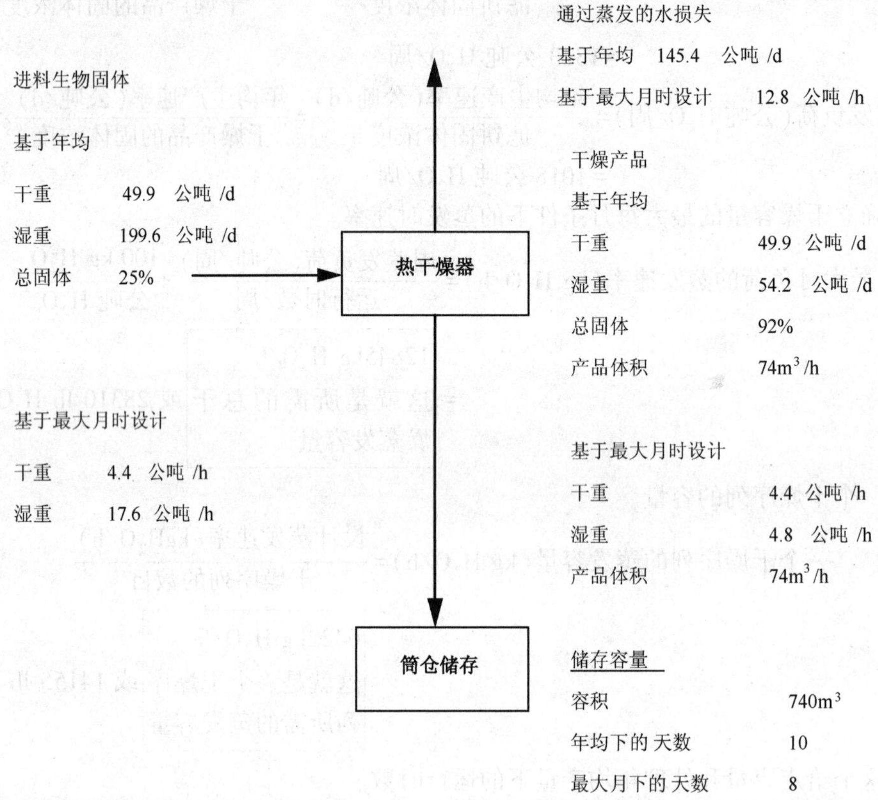

8.2 焚烧

流化床热氧化处理既能够用于处置消化固体，也能够用于处置未消化的固体(原始固体或初级固体和二级固体的典型混合物)。通常情况下，消化作用能够降低固体生产量高达33%，因此消化作用能够降低焚化炉的规模尺寸。

然而，焚烧消化固体也有缺点。相比于原始固体，消化固体具有较低的挥发物含量，而因此，具有较低的热含量。此外，脱水的消化固体比脱水的原始固体更难焚烧。

在以下实例中，举例说明了两种不同规格尺寸的流化床焚化炉。第一个焚化炉，用于焚化原始污泥，容量为 75 千公吨原始固体/天(82.5t/d)。第二个焚化炉，用于焚化消化固体，容量为 50 千公吨/天(55t/d)。原始固体和消化固体的特性，包括工业分析、元素分析和热值都列于表 26.10~表 26.12 中。

表 26.10 固体进料速率

组 分	原始固体	消化固体
干公吨/d	75	50
湿公吨/d	268	200
总固体	28%	25%

表 26.11 工业分析和热值

组 分	原始固体	消化固体
灰分	26.0%	39%
挥发性物质	70.5%	60.0%
固定碳	3.5%	1.0%
总计	100%	100%
HHV（kcal/kg 挥发性固体）	26 050	23 260

表 26.12 初级固体和消化固体的元素分析

挥发性物质的组成	原始固体	消化固体
碳	55.8%	53.3%
氢	8.1%	7.7%
氧	27.5%	29.7%
氮	7.4%	7.1%
流	1.2%	2.2%
总计	100%	100%

8.2.1 设计数据

使用离心机滗析器进行固体脱水。原始固体和消化固体滤饼都分别含有 28%和 25%的固体。

原始固体比消化固体具有更高的可燃物含量和热值。我们对于原始固体和消化固体分别使用了 74%和 61%作为可燃物含量。对于原始固体可燃物热值为 26 050kJ/kg(11 200 Btu/lb)，而对于消化固体，可燃物热值为 23 260kJ/kg(10 000 Btu /lb)。

三种可供选择的方案制定如下：

(1) 第一种方案：焚烧原始固体(或初级固体和二级固体的混合物)；

(2) 第二种方案：焚烧消化固体，其中消化池沼气用作辅助燃料；

(3) 第三种方案：焚烧消化固体，其中在焚烧前使用干燥器。

在每一种情况下，从焚烧炉尾气中除去最大热量预热燃烧用空气，并产生蒸汽。高达 665℃的热空气在管壳式气体-空气热交换器中产生并用作燃烧和流化空气而最小化辅助化石燃料的消耗。

在前两种方案(第一和第二方案)中，过热蒸汽 3500kPa(507psi)和 370℃(700℉)在水-管废弃物-热锅炉中产生。蒸汽用于蒸汽涡轮发电机而产生电力(参见图 26.20a)。在这两种方案中，具有强力引风流化空气鼓风机和诱导引风风扇的推-拉系统，用于维持锅炉中的负压而最小化灰分泄漏的风险。

在第三种方案中，污水固体进行预干燥，850kPa(125 psi)饱和蒸汽产生于火管式锅炉中，而用于干燥器中蒸发足够的水，以使焚化炉能够自发运行(见图 26.20b)。由于焚化炉规格大小和用于预干燥的蒸汽量，没有电力产生。采用低压蒸汽，能够使用火管式锅炉代替水管式锅炉。因此，“推式系统”能够很方便地应用于在这种方案，而无漏灰风险。

在所有方案中，都使用文丘里涤气器去除颗粒物、重金属和酸性气体。

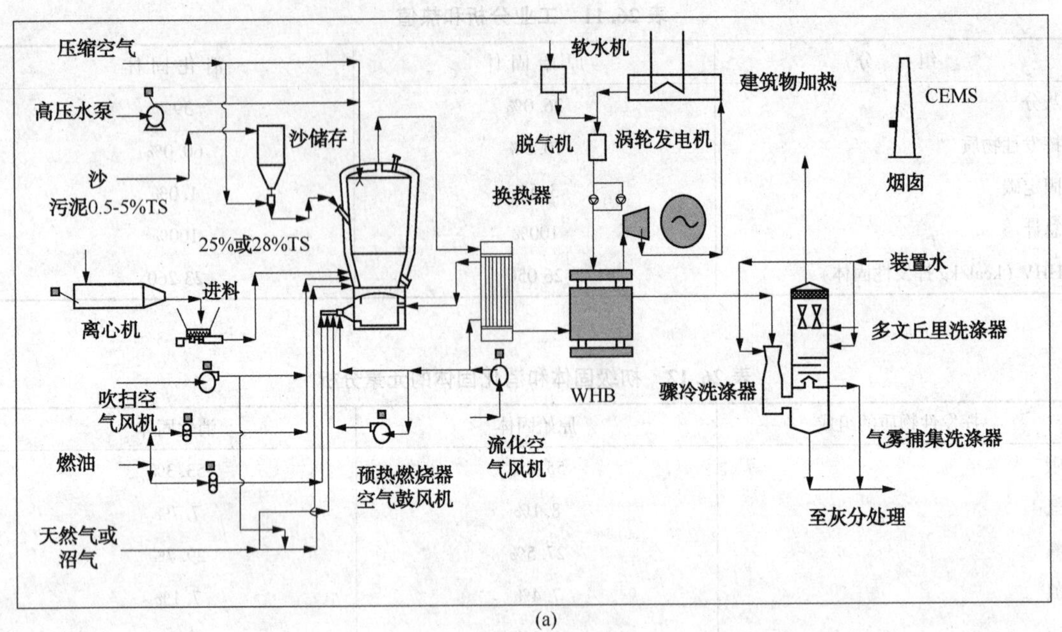

(a)

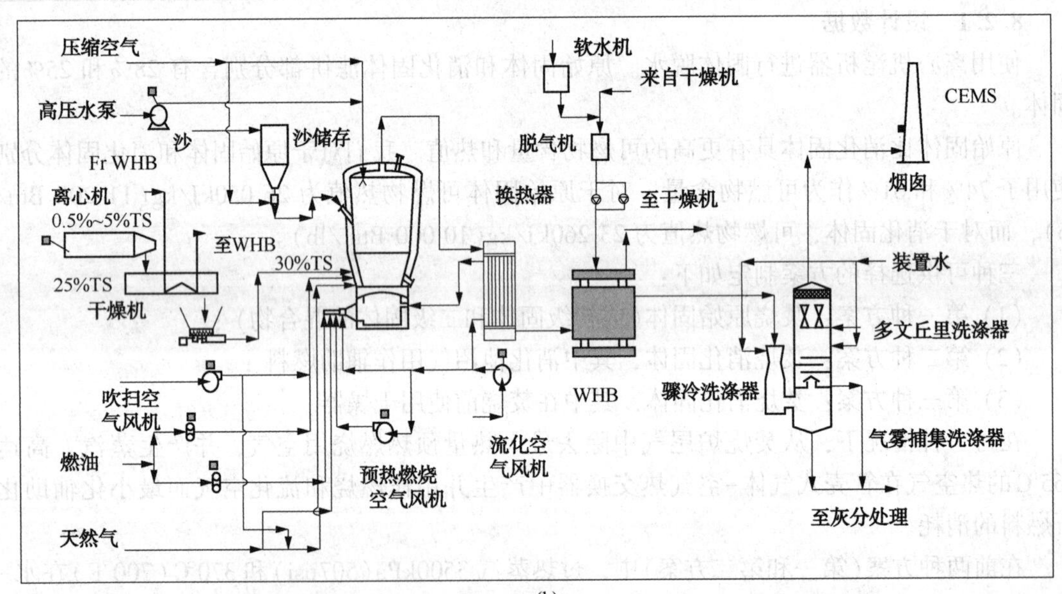

(b)

图 26.20 (a)采用水管锅炉产生高压过热蒸汽的推-拉式系统和
(b)采用火管锅炉产生低压饱和蒸汽的推式系统

8.2.2 方法与步骤

(1) 建立每小时生产量的要求和进料参数。

(2) 完成质量和热平衡。[手动执行是很复杂和困难的。它们可以由焚烧炉供应商或通过市售型号完成。如何完成质量和热平衡的具体介绍可以参阅文献(WEF, 2008)]。

(3) 利用质量和热平衡的结果，对设备进行选择和选型。设计人员应该咨询焚烧炉供应商，因为他们对于设备的选择和选型经验丰富。

计算结果如下(见表26.13~表26.16)。

表26.13 第一种方案：原始固体的焚烧(滤饼含总固体28%)

	kg/h	kJ/h
废弃固体	3 125	60 292 323
废水	8 036	706 388
辅助燃料	0	0
骤冷水	12	1 059
吹扫空气	1 063	53 058
流化空气	25 074	8 115 775
空气水分	492	1 519 723
砂子	39	753
总输入	37 841	70 689 078
	kg/h	kJ/h
干燥气体	26 764	24 809 974
水蒸汽	10 226	43 728 111
灰分	813	636 012
砂子	39	30 528
热损失	0	1 484 456
总输出	37 841	70 689 078

表26.14 第二种方案：利用沼气的生物固体焚烧(滤饼含总固体25%)

	kg/h	kJ/h
废弃固体	2 083	29 594 225
污水	6 250	549 413
沼气	147	7 892 498
骤冷水	0	0
吹扫空气	1 063	53 058
流化空气	15 410	10 591 321
空气水分	310	1 159 472
砂子	25	486
总输入	25 290	49 840 475
	kg/h	kJ/h
干燥气体	16 846	15 609 632
水蒸汽	7 607	32 528 623
灰分	813	636 012

续表

	kg/h	kJ/h
砂子	25	19 570
热损失	0	1 046 638
总输出	25 290	49 840 475

表 26.15 第三种方案：采用干燥器的生物固体焚烧(滤饼含总固体 30%)

	kg/h	kJ/h
废弃固体	2 083	29 594 225
废水	4 861	1 220 918
沼气	0	0
骤冷水	105	26 409
吹扫空气	1 063	53 058
流化空气	12 452	8 557 750
空气水分	255	946 819
砂子	19	1 051
总输入	20 838	40 475 049
	kg/h	kJ/h
干燥气体	13 905	12 882 834
水蒸汽	6 102	26091 376
灰分	813	636 012
砂子	19	14 873
热损失	0	849 955
总输出	20 838	40 475 049

表 26.16 其他结果和结论

	第一方案：焚烧原始固体	第二方案：利用沼气的消化固体焚烧	第三方案：采用干燥器的消化固体焚烧
干进料速率/(公吨/d)	75	50	50
挥发性固体	74%	61%	61%
总固体	28%	25%	30%
焚烧炉			
OD 干舷/m	9.26	7.82	6.67
分配器直径/m	5.26	4.09	3.51

续表

	第一方案：焚烧原始固体	第二方案：利用沼气的消化固体焚烧	第三方案：采用干燥器的消化固体焚烧
操作重量/t	296	215	173
风箱温度/℃	316	649	649
燃烧空气流量/(kg/h)	25 546	15 701	12 686
烟道气流量/(kg/h)	36 990	24 453	20 007
热容/(× 10^6 kJ/h)	71	50	42
HE 容量/(× 10^6 kJ/h)	7	10	8
WHB 容量/(× 10^6 kJ/h)	24	11	9
蒸汽发生/(kg/h)	9 216①	4 140①	4 034②
蒸汽用量/(kg/h)	9 216①	4 140①	1 935②
净蒸汽产率/(kg/h)	0①	0①	2 099②
文丘里洗涤器气体/(m^3/h)			
干气体速率/(kg/h)	26 764	17 556	13 905
水蒸汽/(kg/h)	13 906	7 607	6 102
水蒸汽冷凝/(kg/h)	11 833	6 464	5 304
辅助燃料/(× 10^6 kJ/h)	—	8	—
文丘里洗涤器车间出水流量/(m^3/h)	228	171	171
耗电量③/(kW·h/h)	968	692	759
估计的电力产量/(kW·h/h)	1 551	697	—
净产量/(kW·h/h)	583	5	(759)

① 过热蒸汽（3 500 kPag 和 370℃）。

② 饱和蒸汽（850 kPag）。

③ 不包括脱水设备。

8.2.2.1 热和质量平衡

对于含总固体 28%的原始固体，采用 326℃的风箱空气温度这个过程是自发的。焚烧炉热容为 70.7×10^6kJ/h。

在总固体 25%和采用最大风箱空气温度 650℃燃烧消化固体时，这个过程仍然需要 7.9×10^6kJ/h 的沼气。由于污水处理厂容量降低至 50 千公吨/天，则装置热容也从原始固体的 70.7×10^6kJ/h(67MMBtu /h)降低至 49.8×10^6kJ/h(47.2 MMBtu /h)。在这种情况下，使用盘式干燥器对离心滤饼进行热脱水。这种干燥器设计用于将消化固体的固体含量从 25%的总固体提高至 30%的总固体。由于固体中比第二种方案中的固体水分含量低，则焚烧炉的热容也从 49.8×10^6kJ/h(47.2 MM Btu /h)降低至 40.5×10^6kJ/h(38.5 MM Btu /h)。在这三种情况中，这种情况的焚烧炉最小。

8.2.2.2 其他结果和结论

计算已经表明，采用原始固体，流体床随着尾气流量增大而增大。因此，在第一个方案中能够从尾气中回收更多的热量(31×10^6kJ/h，分别相比于第二和第三方案的21×10^6kJ/h 和17×10^6kJ/h)。

此外，由于原始固体具有较高热值，则在空气预热器中需要回收的那部分热量是最小的(相比于其他两个都超过47%的方案，第一种方案只有23%)。因此，能够产生更多的蒸汽。

利用第一种方案中产生的更多蒸汽，就能产生更多的电力(相比于第二种方案的0.7MW·h/h，第一种方案达到1.55MW·h/ h)。在第一和第二方案中的发电量大到足以满足焚烧炉中所需的所有电力。据发现，在采用原始固体的第一种方案中净发电量达37%(0.6 MW·h /h)。

第三种方案，利用以4034kg/ h产生的850kPa饱和蒸汽，将1935kg/h用于干燥器，而其余2099kg/h用作建筑物供热。这表现出净蒸汽产量约52%。

9 参考文献

Baturay, A. (1990) *Case Studies of Total Hydrocarbon Emissions (THC) From Multiple Hearth Sewage Sludge Incinerators and THC Reduction Strategies*; Prepared for the Association of Metropolitan Sewerage Agencies Incinerator Workgroup Meetings; New Orleans, Louisiana; Association of Metropolitan Sewerage Agencies: Washington, D. C.

California Integrated Waste Management Board (2001) *Conversion Technologies for Municipal Residuals*; a background primer prepared for the Conversion Technologies for Municipal Residuals Forum; Sacramento, California, May 3 - 4; California Integrated Waste Management Board: Sacramento, California.

Dangtran, K.; Jeffers, S.; Mullen, J. F.; Cohen, A. J. (1999) Control Problem Waste Feeds in Fluid Beds. *Chem. Eng. Prog.*, May.

Dangtran, K.; Mullen, J. F.; Mayrose, D. T. (2000) A Comparison of Fluid Bed and Multiple Hearth Biosolids Incineration. *Proceedings of the 14th Annual Water Environment Federation Residuals and Biosolids Management Conference*; Boston, Mass., Feb; Water Environment Federation: Alexandria, Virginia.

Dangtran, K.; Holst, T. (2001) Minimization of Major Air Pollutants from Sewage Sludge Fluid Bed Thermal Oxidizers. *Proceedings of the 74th Annual Water Environment Federation Exposition and Conference*; Atlanta, Georgia, Oct 13 - 17; Water Environment Federation: Alexandria, Virginia.

DiGangi, D.; Melchiori, E.; Habetz, D. (2008) The Beneficial Reuse of Sludge Incinerator Exhaust Gases to Produce Renewable Energy. *Proceedings of the 81st Annual Water Environment Federation Technical Exhibition and Conference* [CD-ROM]; Chicago, Illinois, Oct 18 - 22; Water Environment Federation: Alexandria, Virginia.

EnerTech Environmental (2001) *Phase II SBIR Final Technical and Commercialization Report*; NSF Award Number DMI - 9983559; National Science Foundation, Arlington, Virginia; Feb. Geldart, D. (1973) Types of Gas Fluidization, *Powder Technol.*, 7, 285-292.

Intergovernmental Panel on Climate Change (1995) *Climate Change* 1995: *The Science of Climate Change*, Published for the Intergovernmental Panel on Climate Change; Cambridge University

Press: New York.

Intergovernmental Panel on Climate Change (2001) *Climate Change* 2001: *The Scientific Basis*, Published for the Intergovernmental Panel on Climate Change; Cambridge University Press: New York.

Intergovernmental Panel on Climate Change (2007) *Climate Change* 2007: *The Physical Scientific Basis*, Published for the Intergovernmental Panel on Climate Change; Cambridge University Press: New York.

Lewis, F. M.; Lundberg, L. A. (1988) Modifying Existing Multiple-Hearth Incinerators to Reduce Emissions. *Proceedings of the National Conference on Municipal Sewage Treatment Plant Sludge Management*; Palm Beach, Florida, June; Hazardous Materials Research Institute.

Los Angeles County Sanitation Districts (1988) 1988 *Survey of Thermal Conditioning and Wet Air Oxidation Facilities*; Los Angeles County Sanitation Districts: Whittier, California.

Niessen, W. R. (1988) Thermal Processing of Wastewater Treatment Plant Sludges. *Proceedings of the National Conference on Municipal Sewage Treatment Plant Sludge Management*; Palm Beach, Florida, June; Hazardous Materials Research Institute.

North American Manufacturing Co. (1965) *North American Combustion Handbook*; North American Manufacturing: Cleveland, Ohio.

Nuss, S.; Persinger, D.; Brunner, T.; Netzel, J. (2008) Performance of Instrumentation and Control Upgrades to Multiple Hearth Furnace in Anchorage, Alaska. *Proceedings of the 81st Annual Water Environment Federation Technical Exhibition and Conference* [CD-ROM]; Chicago, Illinois, Oct 18 - 22; Water Environment Federation: Alexandria, Virginia.

O'Kelley, S.; Williamson, R.; Lewis, F. M. (2006) Who Says you Can't Teach Old Dogs New Tricks? *Proceedings of the 20th Annual Water Environment Federation Residuals and Biosolids Management Conference*; Cincinnati, Ohio, March; Water Environment Federation: Alexandria, Virginia.

Orange County Sanitation District (2003) *Long-Term Biosolids Master Plan*; Job No. J-40-7; Orange County Sanitation District: Huntington Beach, California.

Quast, D. (2006) Energy Efficiency Improvements for the Metropolitan Wastewater Treatment Plant Solids Processing Facility. Paper presented at the Conference on the Environment, a Joint Conference by the Minnesota Section of the Central States Water Environment Association and the Air and Waste Management Association; Bloomington, Minnesota, November.

Porter, J.; Lill, W.; Mansfield, W. (2002) Reviewing Multiple Hearth Furnaces: The Atlanta Experience. *Proceedings of the 16th Annual Water Environment Federation Biosolids Conference* [CD - ROM]; Austin, Texas, Feb 27 - 29; Water Environment Federation: Alexandria, Virginia.

RHOX International, Inc. (1989) *RHOX Process*; Technical Bulletin MHF-1; RHOX International Inc.: Salt Lake City, Utah.

Sapienza, F.; Walsh, T.; Sangrey, K.; Barry, L. (2007) Upgrade of UBWPAD's Multiple-Hearth Furnace Sludge Incinerators. *Proceedings of the Annual Water Environment Federation/Ameri-*

can Water Works Association Joint Residuals and Biosolids Management Conference; Denver, Colorado, April; Water Environment Federation: Alexandria, Virginia.

U. S. Environmental Protection Agency (1979) *Process Design Manual for Sludge Treatment and Disposal*; EPA-625/1-79-011; U. S. Environmental Protection Agency: Washington, D. C.

U. S. Environmental Protection Agency (1983a) *Assessment of Sludge Processing Problems at Selected POTWs*; U. S. Environmental Protection Agency, Office of Water Management: Cincinnati, Ohio.

U. S. Environmental Protection Agency (1983b) *Municipal Wastewater Sludge Combustion Technology*; EPA-625/4-85/015; U. S. Environmental Protection Agency: Washington, D. C.

U. S. Environmental Protection Agency (1985b) *Multiple-Hearth and Fluid Bed Sludge Incinerators: Design and Operational Considerations*; EPA - 430/9 - 86 - 002; U. S. Invironmental Protection Agency: Washington, D. C.

U. S. Environmental Protection Agency (1993) Standards for the Use or Disposal of Sewage Sludge. *Code of Federal Regulations*, 40, 503, Subpart E.

U. S. Environmental Protection Agency (1998) Compilation of Air Pollutant Emission Factors, Volume I: Stationary Point and Area Sources; AP-42; Section 2. 2; U. S. Environmental Protection Agency, Office of Air Quality Planning and Standards: Research Triangle Park, North Carolina.

Waltz, E. W. (1990) *Technical Discussion of Proposed EPA Hydrocarbon Regulation for Sludge Incinerators—Charts and Graphs*; Prepared for the Association of Metropolitan Sewerage Agencies Incinerator Workgroup Meetings; New Orleans, Louisiana; Association of Metropolitan Sewerage Agencies: Washington, D. C.

Water Environment Federation (1991) *Sludge Incineration: Thermal Processing of Wastewater Treatment Residues*; Manual of Practice FD-19; Water Environment Federation: Alexandria, Virginia.

Water Environment Federation (2004) *Control of Odors and Emissions from Wastewater Treatment Plants*; Manual of Practice No. 25; McGraw-Hill: New York.

Water Environment Federation (2009) *Wastewater Solids Incineration Systems*; Manual of Practice No. 30; McGraw-Hill: New York.

10 推荐读物

Baturay, A.; Bruno, J. M. (1990) Reduction of Metal Emissions from Sewage Sludge Incinerators with Wet Electrostatic Precipitators. Paper presented at 83rd Annual Meeting of the Air Waste Management Association; Pittsburgh, Pennsylvania, June.

Borghesi, J.; Burrowes, P.; Voth, H.; Flood, R. (2002) A State-of-the-Art Fluid Bed Incineration Process to Meet the Solids Processing Needs of the Twin Cities. *Proceedings of the 16th Annual Water Environment Federation Residuals and Biosolids Management Conference*; Austin, Texas; February; Water Environment Federation: Alexandria, Virginia.

Burrowes, P.; Brady, P. (2005) Development in Emissions Technology for Incinera-

tors. Proceedings of the 78th Annual Water Environment Federation Technical Exhibition and Conference [CD-ROM]; Washington, D. C., Oct 29 - Nov 2; Water Environment Federation: Alexandria, Virginia.

Burrowes, P.; Borghesi, J.; Quast, D. (2007) The Twin Cities Sludge-to-Energy Plant Reduces Greenhouse Gas Emissions. *Proceedings of the 80th Annual Water Environment Federation Technical Exhibition and Conference* [CD-ROM]; San Diego, California, Oct 13 - 17; Water Environment Federation: Alexandria, Virginia.

Haug, R. T.; et al. (1983) Thermal Pretreatment of Sludges: A Field Study. *J. Water Pollut. Control Fed.*, 55, 23.

Los Angeles County Sanitation Districts (1977) *Assessment of Existing and Past Sludge Product Marketing Experiences*; Technical Report 9; Prepared for Los Angeles/Orange County Metropolitan Area Project; Los Angeles County Sanitation Districts: Whittier, California.

Los Angeles County Sanitation Districts (1978) *Carver Greenfield Process Evaluation: A Process for Sludge Drying*; Prepared for Los Angeles/Orange County Metropolitan Area Project; Los Angeles County Sanitation Districts: Whittier, California.

Marshall, D. W.; Gillespie, W. J. (1974) Comparative Study of Thermal Techniques for Secondary Sludge Conditioning. *Proceedings of the 29th Purdue Industrial Waste Conference*; West Lafayette, Indiana; Purdue University: West Lafayette, Indiana.

Metcalf and Eddy, Inc. (1991) *Wastewater Engineering: Treatment, Disposal, Reuse*, 3rd ed.; Tchobanoglous, G., Ed.; McGraw-Hill: New York.

Metro Wastewater Reclamation District (2006) *Biosolids Management Program/Facility Study PAR* 880; Metro Wastewater Reclamation District: Denver, Colorado.

Morton, E. L. (2006) A Sustainable Use for Dried Biosolids. *Proceedings of the 79th Annual Water Environment Federation Technical Exhibition and Conference* [CD-ROM]; Dallas, Texas, Oct 21 - 25; Water Environment Federation: Alexandria, Virginia.

Osaka Gas Engineering Co. Ltd. (1983) *Osaka Gas Sludge Melting Process Technical Notes*; Osaka Gas Engineering Co. Ltd.: Osaka, Japan.

Oxidyne Corp. (1987) *An Introduction to Oxidyne Technology*; Technical Bulletin M851; Oxidyne Corp.: Houston, Texas.

Perry, R. H.; Green, D. W., Eds. (1984) *Perry's Chemical Engineers' Handbook*; McGraw-Hill: New York.

U. S. Environmental Proctection Agency (1978) *Effects of Thermal Treatment of Sludge on Municipal Wastewater Treatment Cost*; EPA-600/2-78-073; U. S. Environmental Proctection Agency, Office of Water Management: Cincinnati, Ohio.

U. S. Environmental Protection Agency (1985) *Heat Treatment/Low Pressure Oxidation: Design and Operational Considerations*; EPA-430/9-85-001; U. S. Environmental Protection Agency: Washington, D. C.

U. S. Environmental Protection Agency (1987a) *Dewatering Municipal Sludges Design Manual*; EPA-625/1-87-014; U. S. Environmental Protection Agency, Office of Water Management: Cincinnati, Ohio.

U. S. Environmental Protection Agency (1987b) *Aqueous-Phase Oxidation of Sludge Using the Vertical Reaction Vessel System*; EPA-600/2-87-022; U. S. Environmental Proctection Agency, Office of Water Management: Cincinnati, Ohio.

Zimpro, Inc. (1978) *Characteristics of Thermally Treated Sewage Sludge*; Technical Bulletin 2302-T; Zimpro, Inc.: Rothschild, Wisconsin.

Zimpro, Inc. (1984) *Product Manual Sludge Management Systems* 300; Zimpro, Inc.: Rothschild, Wisconsin.

第 27 章　残余物和生物固体的利用和处置

1 概 述

污水固体的利用和处置方法有很大的不同。这些方法的选择很大程度上取决于所涉及的固体类型。固体产品——和对其管理的方法包括：

• 污泥。如果进行脱水，则原始初级和二级固体(或污泥)就能够进行填埋或焚烧。大多数其他利用和处置的候选方案——尤其是有益使用(例如，土地施用)——要求固体首先进行处理才能满足美国环境保护署(U. S. EPA)在《40 CFR 503 法》,《污水污泥的使用或处置标准》(也被称为《503 分卷条例》)中的规定。

• 生物固体。生物固体是经过稳定而满足《503 分卷条例》规定的标准，因此，能够进行有益使用的任何固体。(对于有关《503 分卷条例》的更多信息，请参阅第 20 章)。现有各种各样的稳定化处理工艺方法，这些方法能够产生多种不同类型的生物固体(例如，液体或脱水生物固体、堆肥、热干燥生物固体和碱稳定化处理的生物固体)。这些产品大部分都能进行土地施用，有些则适用于商业营销和分销。

• 灰分。灰分是焚烧的产物。灰分历史上是进行填埋，但在最近几年来，一直比较重视寻找这种材料的有益用途(例如，作为填埋场覆盖层、土壤改良剂、混凝土中成分、沥青细料、流动性填充材料和制砖添加剂)。

然而，无论选用哪种利用或处置方案，项目团队都应该审视《国家生物固体良好实践惯例手册》(*National Manual of Good Practice for Biosolids*)(NBP，2005)，用于指导制定和实施强调环境管理和强大社会关系的生物固体管理惯例。由“国家生物固体伙伴关系”(NBP)出版的这本手册是 NBP“环境管理系统(EMS)计划项目”(NBP，2009)的基础。

此外，水处理残余物能够与生物固体一起共处置或有益利用。对于更多关于管理水残余物的更多信息，请参阅《水处理原理与设计》(MWH，2005)。

2 土 地 施 用

土地施用是将生物固体施加于土地上获得有益的目的(例如，促进作物生长，促进森林生长和回用前采矿点和其他受影响的土地)的实践做法。在这些应用中，植物和土壤受益于生物固体中的营养物质和有机物质。

土地施用的盛行，在过去的 30 年里显著增长。处理成本上涨和美国环保署的鼓励已经导致许多设施正在实施土地施用计划项目。根据“新英格兰生物固体和残余物协会”(NEBRA)2004 年的一项调查显示，全国产生的 55%生物固体已经“施用于土壤应用于农艺，造林和/或土地复垦之目的，或为这些目的进行可能的存储”，而 74%的土地施用生物固体用于农业用途(NEBRA，2007)。

NEBRA 调查还指出，术语“有益使用”历史上是指“生物固体适用于土壤而利用其所含的养分和有机物质”。该项调查还指出，在未来，这个定义可能过于狭窄，因为生物固体可能会用于各个方面而提供其他受益(例如，能源)。

2.1 监管注意事项

联邦和州的有关规定确立了对生物固体土地使用的控制。一些活动(例如，土地施用场所的选择和管理)也能够按照当地水平进行监管。

2.1.1 联邦法规

在联邦层面上，生物固体监管陈述于《清洁水法》第 405(d)条。具体标准载列于《40 CFR 503 法》(U. S. EPA，1993)中。(对于有关《503 分卷条例》的更多信息，请参阅第 20 章)。

2.1.2 州条例

一些州已经制定了比《503 分卷条例》更严格的的规定。污水处理的专业人士在评价土地施用可行性或计划土地施用项目时应该咨询州监管法规要求。

州法规的要求会各不相同。然而，越来越多的州规定营养成分管理计划而一些州(例如，弗吉尼亚州)也可能规定保存规划(Evanylo，1999)。此外，一些州还规定了土地施用场所的许可证。

2.1.2.1 营养物质管理计划

土地施用的生物固体提供植物的营养成分(例如，氮，磷和微量营养素)。然而，太多的任何营养成分都可产生水的质量问题。氮过量会产生与地下水相关的问题，例如，磷过量主要产生与地表水相关的问题。[对于营养物质和生物固体的更多信息，请参阅《农业所用土壤改良剂和肥料的特点，风险和收益的比较》(*Comparing the Characteristics*, *Risks and Benefits of Soil Amendments and Fertilizers Used in Agriculture*)(Moss et. al.，2002)和《生物固体良好实践惯例的国家指南》(*National Manual of Good Practice for Biosolids*)(NBP，2005)]。

《503 分卷条例》规定，生物固体应该按照氮的农事速率(即，满足给定农作物氮需求所需的速率)施用，而许多州法规都共有这一规定。然而，越来越多的州规定土地施用者也要负责管理磷。磷为基础的管理对于土地施用计划项目所需的面积可能要翻两番。一些规定以磷为基础的管理的州依赖于美国农业部(USDA)自然资源保护服务部(NRCS)颁布的"营养管理标准"(《590 法》)(USDA-NRCS，1999)。在使用时，这个国家标准(也称为 P 索引)通常会考虑当地条件而被各州修正。

2.1.2.2 场所许可证

场所许可项目计划通常是由州政府机构管理，但是在一些州当地企业也可以参与管理。许可证包含颁发机构对土地施用的具体要求，其目的是为了确保生物固体能够被有益利用，不被处置。许可证规定也通常旨在保护公众健康，地表水和地下水，以及解决土地施用场所邻居美学方面的担忧(例如，气味)。

例如，大多数州的计划项目规定了生物固体接收区域和邻近场所功能特征(例如，开发区、水井、住宅、地表水、水泉、道路、以及道路用地)之间的间隔距离(后退距离)。这些后退距离主要依据潜在的地表径流、渗流和审美方面的担忧(见表 27.1)。

如果生物固体立即引入土壤或经由表层注入进行使用，很多州都将降低后退距离的要求(Forste，1996)。

2.2 项目规划

成功的土地施用项目是基于多种因素[如，拟施用的生物固体、拟议土地施用场所的合适性和所估计的施用速率(这决定所需的土地数量)]的深思熟虑。

表 27.1 土地施用的典型后退距离要求

功能区	后退距离	
	ft	m
公共道路	0~50	0~15
住房	20~500	6~152
水井	100~500	30~152
地表水	25~300	8~91
地界线	不列出~100	不列出~30
间歇河	10~200	3~61

2.2.1 生物固体的特性和适用性

法规条例和作物需求通常在制定土地施用项目计划时决定哪种生物固体的特性[例如，病原体含量、病媒吸引力和养分含量(通常是氮、磷和/或钙)]是最重要的(请参阅表27.2)。现场条件和经济也可能决定生物固体应该以液体形式还是以固体滤饼形式施用。

表 27.2 典型生物固体的物理特性(Logan，2008；Lue-Hing et al.，1998)

性质	碱稳定化处理的A类生物固体	堆肥处理	液体	滤饼	热干燥
总固体/%	30~65	58	4	22	95
挥发性固体(%的总固体)	12~20	60	61	60	67
堆积密度[$kg/m^3(lb/ft^3)$]	1 040~1 200 (65~75)	720(45)	960(60)	880(55)	530~740 (33~46)
有机物质含量(%)	12~20	50~75	60~75	60~75	78
pH	—	—	—	—	6.4~8.0

2.2.1.1 物理特性

生物固体的质地和粒径会随着用于生产这些生物固体的工艺方法不同而不同。热干燥的生物固体可能是颗粒状的；不规则的或球形颗粒粒径大约为轴承滚珠的尺寸大小。堆肥产生的生物固体质地类似于泥炭质地，但取决于其如何制成，可能会包含一些木纤维或木屑。碱稳定化处理的物料可能呈黏土状或土壤状，这要取决于水分含量和其他因素。好氧和厌氧消化生物固体可能是液体，或脱水成黏土状物质。

2.2.1.2 病原体和病媒

生物固体的病原体含量依赖于其已经接受的处理水平(请参阅表27.3)。原始初级固体包含许多病原体，而满足《503分卷条例》A类标准的生物固体含有的病原体浓度会低于检测限。具体病原体(例如，蠕虫)浓度取决于在排污口之源和气候。

在将生物固体实施土地施用之前，生物固体必须满足A类或B类病原体降低标准(以及相关的病媒吸引力降低和污染物浓度)。接收B类生物固体的土地施用场所会具有附加限制(例如，具体作物能够生长之前的等待时间)(US EPA，1994a)。

《503分卷条例》规定，B类生物固体每克干固体包含不到200万个粪大肠菌菌落形成单位(CFU)[最可能数(MPN)]。A类生物固体必须含有不到1 000 MPN/g粪大肠菌群和不到3 MPN/4g沙门氏菌，并满足六个其他条件之一。一个其他条件包括肠道病毒和寄生虫虫卵的检测(US EPA，2003)。污水处理厂通常会现场处理细菌检测，但病毒和寄生虫虫卵测试可能要通过具有合适专业知识的商业实验室完成。

土地施用生物固体还必须通过广泛干燥，挥发性固体降低(VSR)，氧摄取率，时间，温度或 pH 值升高满足病媒吸引力下降(VAR)的要求(US EPA，2003)。八大 VAR 选项都是基于工艺参数或检测的；而两项基于土地管理(例如，土壤混合或注入)。

表 27.3　生物固体中典型病原体和病原体指标浓度(Lue-Hing et al.，1998)

病原体	碱稳定化处理的A 类生物固体	堆肥处理的A 类生物固体	热干燥处理的A 类生物固体	40 CFR《503 分卷条例》的A 类生物固体标准
样品采集的污水处理厂数	5	4	5	NA
粪大肠菌群 (MPN/g 平均)	3	76	6	<1 000
粪大肠菌群 (MPN/g 中值)	1	506	8	NA
沙门氏菌属 (MPN/4g 平均)	2	2	0	<3
沙门氏菌属 (MPN/4g 中值)	2	2	0	NA
样品采集的污水处理厂数	55	26	41	NA
粪大肠菌群 (MPN/g 平均)	60	104 600	6 521	<2 百万
粪大肠菌群 (MPN/g 中值)	9 600	472 600	16 071	NA
沙门氏菌属 (MPN/4g 平均)	2 070	NA	NA	NA
沙门氏菌属 (MPN/4g 中值)	4 000	NA	NA	NA

对于病原体和病媒吸引力降低的要求，方法学，监测和测试的详细信息，请参阅《环境条例和技术：污水污泥中病原体和病媒吸引力的控制》(*Environmental Regulations and Technology: Control of Pathogens and Vector Attraction in Sewage Sludge*)[也称为“白宫文件(White House document)”](US EPA，2003)。

2.2.1.3　金属

生物固体包含广泛的化学元素，其中许多是微量元素，也被称为重金属。这可能用词不当，因为一些痕量元素(例如，硼和砷)的密度太低，而不应该当作重金属。因此，并非所有的微量元素在环境中都行为如同金属。具有金属化学行为的那些元素是在环境中变成阳离子的那些[例如，铜(Cu^{2+})、镉(Cd^{2+})和铅(Pb^{2+})]。其他微量元素在环境中变成阴离子[例如，砷(AsO_4^{3-})、钼(MoO_4^{2-})和硒(SeO_4^{2-})]。这种区分特性是很重要的，因为阳离子微量元素在土壤 pH 较低时生物利用度更高，而阴离子微量元素在土壤 pH 较高时生物利用度较高。

在制定《40 CFR 503 法》时，美国 EPA 进行过有关生物固体中许多微量元素的风险评估，并开发出“危险指数”，和考虑了各种土地施用生物固体中微量元素的接触途径(例如，直接摄取生物固体，植物吸收和土壤生物的吸收)(US EPA，1995)。该机构基于“危险指数”剔除了两种微量元素(氟、铁)。然后，监管部门基于途径分析制定出余下 10 种元素的可接受浓度。上限浓度是按照农艺学速率进行土地施用的生物固体的最大安全浓度。对于后来所述的卓越质量(EQ)的生物固体{这个术语是指满足 A 类病原体降低要求，满足 VAR 要求[503.33(a)(1)~(8)]和受规管污染物浓度较低的生物固体(503.13，表 3)}也确立了较低的浓度。EQ 生物固体浓度的意图是，无论多少生物固体施用于土地，这些水平将是安全的。

《503 分卷条例》最初监管 10 种微量元素：砷、镉、铬、铜、铅、汞、钼、镍、硒和锌。针对美国环保署提起的诉讼导致受规管的金属铬和钼的 EQ 限制被删除。

《503 分卷条例》颁布实施时，有许多市政污水处理厂的生物固体不能满足一种或多种元素的 EQ 限制(请参阅表 27.4)。然而，大多数污水处理厂还是满足上限浓度，因此，其生物固体能够进行土地施用，但对于给定场所的累积负荷还存在限制(US EPA，1995a)。到了 20 世纪 90 年代后期，工业预处理很成功，而使大部分污水处理厂能够满足 EQ 限制。现在，生物固体中微量元素不再被认为是土地施用项目中的重要限制。

2.2.1.4　营养物质

生物固体含有不同浓度的大量和微量的营养物质。

如表 27.5 所示，生物固体中的氮含量范围从 1.0%(干重)的 A 类碱稳定化处理生物固体至高达 6%(干重)的热干燥生物固体不等。初级固体和废弃活性固体大多数都含有有机氮(蛋白质形式)，而同时好氧和厌氧消化的生物固体中总氮三分之一是氨。生物固体中硝酸盐即便有也含量非常少。

生物固体中总磷含量一般为 0.9%~3.1%(干重)。这既包括有机磷，也包括各种形式的无机磷。市政污水处理厂如果使用铁和铝盐除磷，则生物固体还将含有铁和铝磷酸盐形式的无机磷。使用石灰脱水或消毒的污水处理厂的生物固体还将含磷酸钙形式的无机磷。

表 27.4　生物固体中典型金属浓度(mg/干 kg)(Lue-Hing et al.，1998)

金　属	碱稳定化处理的A 类生物固体	堆肥处理的生物固体	液体	滤饼	热干燥处理的生物固体	《40 CFR 503 法》表 3 的限制
采样污水处理厂的数量	7	10	48	117	5	NA
砷	5.79	5.39	7.78	13.86	5.58	41
镉	3.07	4.64	4.90	7.03	8.94	39
铬	50.3	72.7	62.0	119.4	152.6	NA
铜	176	317	448	559	472	1 500
铅	62.0	80.4	74.8	128.6	93.3	300
汞	0.73	1.94	2.60	2.01	1.60	17
钼	8.20	13.8	11.0	15.3	17.9	75
镍	38.8	26.5	33.5	69.3	35.0	420
硒	2.43	3.73	5.86	6.06	8.32	100
锌	878	878	807	886	906	2 800

表 27.5　生物固体中主要的营养物质浓度

（摘自 Moss et al.，2002；经水环境研究基金会许可重印）

营养物质含量（以 %干重计）	碱稳定化处理的 A 类生物固体	堆肥处理的生物固体	液体	滤饼	热干燥处理的生物固体
氮（N）	1.0	2.8	5.3	4.1	6.0
总磷（P）	0.4	1.7	2.2	2.2	3.1
钾（K）	0.3	0.3	0.3	0.2	0.3

磷酸铁，铝和钙是相对不溶性的，这会影响可利用磷在接收生物固体反复施用的土壤中的累积。

生物固体还含有少量的钾—通常 0.1%~0.3%(干重)—而并非作物性的显著钾源。生物固体中大部分钾呈水溶性的形式。

此外，生物固体包含各种浓度的其他大量和微量营养成分[例如，钙、镁、硫、铁、锰、以及规管的元素(铜、钼、硒和锌)]。一些植物物种也需要镍供其生长。这些营养物质的植物利用度取决于生物固体中的主要化学相。正如铜和锌的元素已知会与生物固体有机物发生络合，而生物固体中大多数硫都是以蛋白质的形式。另一方面，铁和锰都是作为相对不溶性的氧化物存在。

2.2.1.5　其他成分

生物固体含有大量的有机和无机化合物。有些则作为日用化学品(例如，洗涤剂中所用的表面活性剂和调理剂)和浓度非常低的医药(例如，节育化学品)排放至收集系统中并浓缩于生物固体中。生物固体也含有天然物质(例如，硅石和铝硅酸盐黏土)而作为沉淀物质进入收集系统。

在碱稳定化处理的生物固体中，石灰和含石灰化学品(例如，碱性粉煤灰、水泥窑灰和石灰窑尘)会加入生物固体中实施消毒。石灰与生物固体中的水反应而形成氢氧化钙，这具有 pH 12~12.5，而增加生物固体的土壤石灰处理值。碱稳定化处理的生物固体经常用于代替农业石灰石。

2.2.2　场所的合适性

在确立生物固体适用于土地施用之后，项目人员必须确定是否存在可用的合适土地。

2.2.2.1　目标

场所评价的目标是挑选出不仅满足土地施用技术要求而且还要能够平衡现行经济和社会限制的施用场所。在确定土地施用项目需要多少土地时，关注到所有最恶劣天气条件期间必须有足够面积可供使用是很重要的。场所可用性是由当地耕作实践惯例决定的，而当某些类型的耕地不可用于生物固体施用时还存在上年的期限。因此，为确保土地可用性，最好维持 2~3 倍的任何给定年度内实际所需的面积，才能满足所有产生的生物固体。通常情况下，污水处理厂或现场的存储容量，在该年期间某些时候也将是必要的。

2.2.2.2　资源

土壤调查对于初步确定适宜土地施用场所是一种非常有用的信息来源。这种调查，通过一系列的测绘单元装置、有关土壤排水和农事性状的数据和注释表格，能够在摄相背景、土壤描述上提供详细的土壤地图。土壤调查由 USDA 的 NRCS 与农业实验站和当地政府部门合作完成。它们能够从当地 NRCS 办事处或在线获得(USDA-NRCS，2009)。土壤调查广泛使用，而确定满足土地施用的监管和农艺要求的潜在地点。

2.2.2.3 场所评价的标准

尽管土地施用场所的选择标准不同州之间会有所不同，但是《生物固体良好实践惯例的国家指南》讨论了任何土地使用项目中应该考虑的各种因素(NBP，2005)。这些选择标准概述如下。

土壤调查包含了确定某个场地是否具有生物固体施用的合适土壤特性(例如，土壤质地、土壤可蚀性、土壤排水特性和斜坡)的重要信息。有利的土壤特性在《生物固体良好实践惯例的国家指南》附录 C(NBP，2005)中进行讨论。美国地质勘探局(U. S. Geological Survey)(USGS)的标准地形图也有助于初步规划和筛选而估计坡度、地形、凹陷或潮湿区域、岩石露头、排水模式和地下水位高度。下面的地形和土壤特性对于生物固体施用是不利的：

- 具有急剧起伏地貌的陡峭地区；
- 不良土壤条件(沙质土壤、浅、易受水土流失或排水不良)；
- 环境敏感性地区(例如，间歇性河流、池塘等)；
- 岩石丛生的非耕之地；
- 湿地和沼泽；
- 四面环表面水体而无后退距离的区域。

候选之地，特别是对于调查或地图上并未充分表现出来的小块土地，也推荐实施现场检验。

除了地形和土壤特性，任何初步现场评价还应该在每个农场(例如，缓冲地带、保护区规划和养分管理)评价以水质为基础的要求。《503 分卷条例》要求离地表水的缓冲区至少10m(33ft)地表水，而各州对地表水体，供水井，地界线，露头或公共道路往往还有额外的缓冲要求。由于缓冲要求限制了施用的实际可用土地，在这些限制中如果乘以一定系数，可能使一些场所并不适合土地施用。

有些州规定，农场要实施控制土壤水土流失和养分管理的保护计划，限制过多的营养物质输送到水资源中。某些保护措施(例如，免耕或残茬管理)和养分管理问题(例如，具有悠久历史的土地施用农家肥或生物固体的场所)可能会限制土地施用的场地合适性。

对于土地施用项目经济可行性很重要的场地标准还包括农场进出方便性(例如，道路限制或交通流量限制)和运输距离和行程时间(和由此产生的成本)。

2.2.2.4 态度

评估公众对土地施用的接受度和态度是现场评估过程的重要组成部分。利益相关者(例如，邻居)的态度对于土地施用项目的成功是至关重要的，而且事先与农民或土地主人进行讨论，经常可以在这方面提供重要的洞悉。

农场主和土地所有者的态度对于项目成功也是至关重要的。根据《生物固体良好实践惯例的国家指南》(NBP，2005)，土地所有者或农民“必须对于生物固体的受益充满信心，并愿意接受和遵守所有的……监管要求，以及满足生物固体项目的需求”。

2.3　设计与实施

2.3.1　施用速率

在确定生物固体施用速率时，污水处理厂专业人士必须考虑金属含量、营养成分(氮、偶尔还有磷)，以及对于石灰处理的应用，还有钙含量。所选择的施用速率将是每一合适参数计算的最低值。

2.3.1.1　金属

《503 分卷条例》规定了第 2.2.1.3 款中确定的元素负荷率。生物固体的金属和重金属浓度超过 EQ 限制但低于上限浓度时，能够进行土地施用而高达《503 分卷条例》中定义的累积负荷限值(EPA，1993)。这还有最大年负荷率。例如，砷具有 41mg/kg 的 EQ 限值，75mg/kg 的上限限值，2.0kg/ha/y 的年度负荷限值和 41kg/ha 的累积负荷限值。最初，除了硒 EQ 限值等于 36mg/kg，累积负荷限值为 100kg/ha，所有累积负荷限值和 EQ 限值都相等。后来，《503 分卷条例》经过修正而将硒的 EQ 限值提高至 100mg/kg。

有几个州具有比《503 分卷条例》更低的负荷限值，而还有一些规定了其他元素(例如，在纽约还规定了铊)。

2.3.1.2　营养成分

《503 分卷条例》基于作物氮要求和生物固体中可用的氮而限定了农用土地上的土地施用速率。给定作物的氮要求是地域特异性；这些数据很容易从州农业技术推广出版物获得。生物固体中可利用的氮是其氨氮含量(假定为 100%的植物利用)和其有机氮含量的百分比之和。有机氮通过转化成氨而变成植物可用，而随后通过土壤细菌矿化而转化成硝酸盐。好氧或厌氧消化的生物固体典型矿化速率在施用的第一年为 30%。对于堆肥和碱稳定化处理的生物固体，要假设更低的百分比。如果生物固体并非引入混合或注入(例如，在免耕之处)，则氨-氮的百分比(通常为 50%)要假设会经由挥发而损失。对于有关生物固体中可利用的氮计算的具体细节，请参见州生物固体法规和建议。

生物固体中的磷在不同污水处理厂具有不同的可用度(参见第 2.2.1.4 节)，这通过评价生物固体施用速率对土壤试验的磷影响进行评价。磷与氮不同，磷在土壤中会发生积累，因此重复施用生物固体，将会增加土壤测试磷的浓度。当生物固体按照氮速率进行土地施用时，其磷含量将会远远超过作物的磷需量，而会导致某些土壤中大量磷累积。土壤测试磷与地表径流的磷强烈相关，而各州已经开始监管农用土壤的磷施用，以保护水质。

自然资源保护服务部已经开发出磷施用的土壤模型，称为磷指数，而一些州已经采纳它的各种形式以调节化肥，有机肥和生物固体的施用速率。正如在一些州内的使用，磷指数包括的因素反映了所施用物质的生物利用度。例如，铁、铝和钙含量较大的生物固体将比好氧或厌氧消化的生物固体具有较低的磷生物利用度(虽然这样的差异并不总是反映在磷指数计算中)。

由于以磷为基础的管理规定是州特异性的，规划者应该与州监管机构联系，确定潜在可能的要求。

2.3.1.3　钙

碱稳定化处理的生物固体包含以氢氧化钙和碳酸钙形式的各种浓度的钙。当石灰加入生物固体中时，石灰就会从生物固体中吸水，并迅速转化成氢氧化钙。在较长的时间(几周和几个月)内，氢氧化钙通过与大气中的二氧化碳相互作用而转化成碳酸钙。B 类碱稳定化处理的生物固体含有 2%~5%的石灰或其当量物质，而根据所使用的 A 类碱稳定化处理工艺过程，A 类碱稳定化处理的生物固体含有 12%~30%的石灰或其当量物质。

石灰在碱稳定化处理生物固体中的高含量使得这些物质能够很优异地替代农业石灰石(碳酸钙或白云石)，而施加到自然呈酸性或因为化学肥料和有机质而变成酸性的土壤中。土地施用速率是以确定土壤石灰需要量和碱稳定化处理生物固体的石灰化值的测试结果为基础的。

土壤 pH 值并不是土壤酸度的有效度量，而必须进行独立测试，才能测量土壤酸度。石灰需求的土壤测试是州特异性的；州农业技术推广服务将会提供测试方法和各种作物的石灰需求量的建议。石灰需求的土壤测试结果通常包括土壤酸度和需要中和土壤酸度至目标 pH 值所需的农业石灰石的推荐施用速率(以公吨/公顷或吨/英亩计)。

确定生物固体石灰化值的试验是基于酸中和能力的。结果表示为碳酸钙当量(CCE)，表示为纯碳酸钙的百分比(基于湿重或干重)。确定 CCE 的标准试验是 ASTM 国际标准 C-25-06,《石灰石，生石灰和熟石灰化学分析的标准试验方法》(*Standard Test Methods for Chemical Analysis of Limestone, Quicklime, and Hydrated Lime*)(ASTM，2006)和衍生于美国水务协会标准(American Water Works Association Standard)B202-07(AWWA，2008)的标准试验方法。碱稳定化处理的生物固体 CCE 用于调节石灰要求。例如，具有 25%的 CCE 的碱稳定化处理生物固体，将必须按照 8 公吨/公顷(3.6 吨/英亩)的速度施加，才能满足农业石灰石的 2 公吨/公顷(0.90 吨/英亩)的石灰要求。

2.3.1.4 设计实例

(一) 养分和金属基的土地施用

污水处理厂计划将生物固体表面施用于干草作物。该设施生产 3 千公吨/天的液体好氧消化生物固体。生物固体不会引入混合。现场在过去并未接收过任何土壤改良剂或肥料。好氧消化的生物固体具有以下特性：

- 总氮含量=3%
- 氨氮含量=2%
- 硝酸盐含量=0%
- 总磷含量=1%
- 限制金属为 400mg/干 kg 固体的铜

(1) 确定 a)以氮限制为基础和 b)以磷限制为基础的土地施用速率和所需亩。假设年作物需求是 235kg 氮/ha·a(210lb 氮/ac/y)和 73kg 磷/ha·a(65lb 磷/ac /y)。

(2) 确定金属限定的土地施用速率。

(3) 哪一限制是更具决定性的：作物养分要求，抑或金属限制？

1. 求解(1A)

首先，生物固体中的植物可利用氮(N_{PA})可以如下计算：

$$N_{PA} = 1\,000[(NH_3)K+NO_3+N_0 f] \tag{27.1}$$

式中 N_{PA}——植物可利用氮，kg/公吨干固体；

NH_3——生物固体中氨氮百分含量（以小数计）；

K——氨的挥发因子；

NO_3——生物固体中硝酸盐的百分含量(以小数计)；

N_0——生物固体中有机氮的百分含量(以小数计)；

f——矿化因子（有机氮转化成氨氮）。

K 取决于所采用的施加方法(参见表 27.6)。

表 27.6　氨的挥发因子（K）（U.S. EPA，1994b）

如果固体是	K 因子为
液体而施加于表面	0.5
液体而注入到土壤中	1.0
经过脱水而以任何方式施加	1.0

因为生物固体将引入混合，则 K 假设为 0.5(50%氨—氮的损失)。通过表 27.7 确定矿化因子 f。因为这第一年施用而且施用的是好氧消化生物固体，则 f 可以假设为 0.3。因此，

$$N_{PA}=13\text{kg 氮/公吨干固体(26lb 氮/吨干固体)}$$

表 27.7　各种类型的生物固体中氮的矿化因子(f)（U.S. EPA，1994b）

污泥施用之后的时间(年)	稳定化处理的初级固体和 WAS 矿化的有机氮百分比	好氧消化生物固体矿化的有机氮百分比	厌氧消化生物固体矿化的有机氮百分比	堆肥处理生物固体矿化的有机氮百分比
0~1	40	30	20	10
1~2	20	15	10	5
2~3	10	8	5	3
3~4	5	4	3	3
4~5	3	3	3	3

接着，氮限制性生物固体负荷(R_N)可以如下计算：

$$R_N+\frac{U_N}{N_{PA}+N_{PM}} \tag{27.2}$$

式中　U_N——作物年度氮需求；

N_{PA}——该年污泥施用的植物可利用氮；

N_{PM}——所有先前施用矿化的植物可利用氮。

正如以上所述，U_N 等于 235 kg N/ha · a（210 lb N/ac · y）。而且，因为是第一年施用，则 N_{PM} 为零。因此，

$$RN=18\text{ 公吨干固体/ha · a（8.0 吨干固体/ac · y）}$$

则以氮限制为基础的总土地要求为

(3 公吨固体/d) ×（365 d)/(18 公吨固体/ha · a)= 61 ha（150 ac）

2. 求解(1B)

首先，总磷百分数必须转化成植物可利用磷(P_2O_5)。这如下完成：

$$P_2O_5=\text{总磷}(\%)\times 2.29$$

$$=22.9\text{ kg }P_2O_5\text{/干公吨固体(45.8 lb /干吨固体)}$$

磷限制性生物固体负荷(R_P)能够利用类似于氮的公式进行计算。在这种情况下，磷的

作物需求(U_P)为 73kg 磷/ha · a(65 lb 磷/ac · y)，所有 P_2O_5都是植物可利用的(*PPA*)，而先前施用的植物可利用磷为零，因为这是第一年生物固体施用。因此，

R_P = 3. 2 公吨干固体/ha · a (1. 4 吨干固体/ac · y)

则以磷限制为基础的所需总土地为

=(3 公吨/d)×(365 d)/(3. 2 公吨/ha · a)= 344 ha (851 ac)

3. 求解(2)

由于铜是限制金属，则终身生物固体施用速率基于《40 CFR 503 法》表 2 中列出的铜最大寿命期累积负荷[1500kg/ha(1 340lb/ac)]进行计算。生物固体含有 400mg Cu/kg 固体，这相当于 0. 4kg Cu/公吨干固体(0. 8lb Cu/吨干固体)。因此，金属限制的固体负荷率为 3750 公吨干固体/公顷(1 675 吨干固体/英亩)。

4. 求解(3)

将以上计算的氮，磷和金属限制的固体负荷率进行对比表明，在确定合适的生物固体负荷率时，作物的养分要求是限制因素：

- 氮限制速率=18 公吨干固体/公顷 · 年(8. 0 吨干固体/英亩 · 年)；
- 磷限制速率=3. 2 公吨干固体/公顷 · 年(1. 4 吨干固体/英亩 · 年)；
- 金属限制速率=3750 公吨干固体/公顷 · 年(1675 吨干固体/英亩 · 年)。

(二) 碱性稳定化处理的生物固体土地施用

农业实践发现，多年来土壤变得更加酸化，而这需要施加 A 类碱稳定化处理的生物固体提高土壤 pH 值。生物固体的平均固体含量为 35%。实验室测试土壤酸度而提供石灰化处理推荐值为 2 公吨/公顷的农业石灰石(0. 9 吨/英亩)。生物固体的 CCE 为 60%(以干重计)。对于碱稳定化处理的生物固体确定合适的土地施用速率。

该实验室提供了推荐的石灰石施用速率，这个施用速率假设了农业石灰石具有 100%的碳酸钙纯度。由于生物固体并不具有 100%的纯度，则施用速率必须基于生物固体 CCE 进行调整。但首先以干重为基础的 CCE 必须转换成以湿重为基础的 CCE：

=(0. 60 kg 作为 $CaCO_3$/kg 干生物固体) ×(0. 35 kg 干生物固体/kg 湿生物固体)

= 0. 21 kg 作为 $CaCO_3$/kg 湿生物固体

=21%(基于湿重)

然后，石灰石施用速率就能够用于确定生物固体施用速率：

(2 公吨石灰石/公顷)/(0. 21 公吨石灰石/公制吨湿生物固体)

= 9. 5 公吨/公顷(4. 3 吨/英亩)

重要的是要记住法规规定生物固体的施用速率是基于氮(和磷，如果该州具有磷限制)的，应该根据作物需求进行计算，才能确保不会超过负荷限制。如果基于营养物质的负荷率小于 CCE 速率，则项目人员应该使用以营养物质为基础的速率，并加上补充的石灰石，否则在第二年内完成石灰施用。

2. 3. 2 推荐的土地面积

地形和土壤特性可能会限制可施用生物固体的土地面积。其他因素(例如，缓冲区、离水体、水井和其他水源、道路、绿树浓荫地区、建筑物和其他结构的后退距离)可能会在给定的属性上限制适合土地使用的土地数量。推荐进行地图仔细审查和实地考察，确定这些地区并量化由于生物固体施用导致可用土地减少的程度。应该小心确保余下的区域面积将满足

施用需求。

土地利用度是由当地的耕作方式决定的。或许有时会出现某些类型的耕地不能用于土地施用。因此，可能需要 2~3 倍的有用土地计算值，才能满足全年的土地施用需求。存储措施能够缓解这方面的需求。

2.3.3　现场存储

许多的土地施用项目可能会受到季节，天气或其他因素暂时限制土地施用能力，因此，需要进行短期存储。生物固体滤饼，碱稳定化处理的生物固体，堆肥或热干燥生物固体（根据当地法规），无论是堆放储存或建造的贮存设施，能够现场存储长达 2 年。对于有关正确选址，管理和操作堆放储存的详细信息，请参阅《生物固体现场储存指南》（*Guide to Field Storage of Biosolids*）（U. S. EPA，2000）。对于有关设计建造储存设施的详细信息，也请参阅该指南和表 27.8。

表 27.8　建造生物固体储存设施的关键设计概念（U. S. EPA，2000）

问题	液体/增稠的	脱水的/干燥生物固体设施		液体/增稠的
	1%~12%固体	12%~30%固体/>50%固体（干）		1%~12%固体
	氧化沟	衬垫/处理池	封闭建筑物	罐池
设计	低于地面开挖 混凝土、土工布或压实土的不可渗透衬里	地面之上混凝土、土工布或压实土的不可渗透衬里	加顶棚、侧开或封闭 地面铺设：混凝土，沥青或压实土	地上或地下，混凝土，金属或预制板。 如果封闭——需要通风
容量	预计生物固体体积+预计的沉淀+干舷	预计的生物固体体积，除非沉淀需要保留；则生物固体体积+预计的沉淀+干舷	预计的生物固体体积	封闭情况：预计生物固体体积。如果采取开顶式——预计的生物固体体积+预计的沉淀+干舷
积水管理	泵抽出喷淋灌溉或土地施用液体，运送至 WWWTP，或与生物固体混合	如果设施是喷淋灌溉、土地施用或运送 WWTP 的水收集池，则采用集水坑/泵送	棚顶和檐槽系统，外罩或上坡改道	倾析出进行喷洒灌溉，土地施用或运送至 WWTP 或罐池内与生物固体混合
径流管理	改道而保持径流流出氧化沟	改道而保持径流流出现场、收集水而去除的路沿石和/或集水坑或下坡过滤带或处理池	外罩或上坡改道	防止管道和配件重力流出。 敞开式低地面罐池要进行改道
生物固体稠度	液体或脱水的——用泵、起重机或装载机械去除	如果无侧壁，物料必须堆叠而不会流动	物料必须充分堆叠而足以将其保留于其中	液体或脱水的生物固体。如果封闭，则物料必须呈液体状而足以能够进行泵送

续表

问题	液体/增稠的	脱水的/干燥生物固体设施		液体/增稠的
	1%~12%固体	12%~30%固体/>50%固体（干）		1%~12%固体
	氧化沟	衬垫/处理池	封闭建筑物	罐池
安全	溺水危险——张贴警示、围栏、锁门和现场救援设备	溺水危险——张贴警示、围栏、锁门和现场救援设备	张贴“非请莫入”标识，远程定位，锁门，加大门和护栏	张贴警示，锁住出入点，例如，使用闸口，受控出口梯和密闭空间访问进入程序

2.3.4 气味管理

气味常常引证为反对土地施用项目的基础。最小化异地气味潜势的方法之一是最大化土地施用现场和公众之间的缓冲带。然而，由于许多机构发现，拓展可能侵犯先前的边远之地，降低缓冲带而气味投诉也潜在增加。因此，气味管理计划不能单独基于后退距离和缓冲带。《生物固体良好实践惯例的国家指南》(NBP，2005)推荐了解决污水处理厂的液体和固体处理、运输、现场储存、野外作业和社区关系的综合性气味管理方法。在每个“关键控制环节”解决潜在的气味(及其影响)，对于土地施用现场有效地管理气味是至关重要的。

2.3.5 土地施用设备和方法

生物固体通常以滤饼或作为液体(某些例外包括一些A类碱稳定化处理的生物固体，热干燥生物固体和堆肥)进行土地施用。有机肥播撒机用于土地施用生物固体滤饼，而根据作物情况，可以使用盘式压碎机将生物固体引入而混合至土壤中。液体生物固体能够经由罐式施肥洒布机或喷雾灌溉系统施加到土壤表面；它们也能够注入土壤中。对于施用方法的比较，连同方法的详细内容和设备，请参阅《生物固体良好实践惯例的国家指南》(NBP，2005)。该指南还讨论了校准需求，这对于确保不会超过正确的施用速率是很关键的。

2.3.6 生物固体运输

在选择污水处理厂和土地施用现场之间的运输路线时，设计工程师必须考虑气味和其他滋扰因素(例如，交通和噪音)。清洁的加盖卡车将有助于解决气味问题，还要最小化现场排队等候。有关交通问题，除了滋扰问题之外，选定道路满足运输车辆重量、宽度和转弯半径的能力必须加以考虑。对于生物固体运输问题的其他讨论，应该查阅《生物固体良好实践惯例的国家指南》(NBP，2005)。

2.3.7 公共接受度

虽然农民通常会接受土地施用生物固体作为肥料、浸灰剂或土壤改良剂的作用，但是有关公众健康和环境安全的担忧依然存在。考虑到这一点，全国生物固体伙伴关系(National Biosolids Partnership)(NBP)创建了生物固体有益利用的环境管理体系(EMS)。该系统基于教育和推广，结合示范性生物固体项目，对于争取公众接受是很关键的。这种伙伴关系也已形成了一整套规划和管理文件，有助于污水公用事业的发展和改善其总体项目——特别是其推广项目。

由NBP提供的规划工具和指导包括有关开发对环境无害的生物固体管理项目的综合指导。这些文件中，包括《生物固体良好实践惯例的国家指南》，能够在NBP网站查到(NBP，2009)。污水处理厂通过主动参与州和地区WEF主办的生物固体项目也能够争取其有益利用项目的公众接受。这些组织促进良性生物固体管理，并积极与公众沟通。

3　土地复垦及其他非农业用途

除了农业之外，生物固体可用于土地复垦，造林和其他非农业用途。在制定这些用途的项目计划时，设计工程师通常应该考虑许多以上对于农业项目提到的建议。然而，施用速率和频率将是现场特异性的。例如，用于复垦土地的生物固体可能按照 50~150 干公吨/公顷的速率只施用一次（或并不频繁施用）（NBP，2005）。生物固体也可以非经常性地施用于育林场地，但施用速率将介于农业和复垦项目的二者之间（NBP，2005）。

非农业应用可能受到《503 分卷条例》和其他州和联邦法规的监管。对于有关这些项目应该考虑的监管等问题的更多信息，请参阅《生物固体良好实践惯例的国家指南》（NBP，2005 年）。

4　填　埋

填埋是污水残余物处置的一个可供选择的方案。本节将介绍有关这种填埋场的规划，设计，施工，监测和封闭的信息。重要方面包括：

- 填埋场的选址和容量需求；
- 衬里和渗滤液收集系统的设计；
- 地表水的控制；
- 填埋方法；
- 日常、中间和最后的封盖；
- 监测要求；
- 气体迁移控制，收集和再利用；
- 覆盖层和封盖系统；
- 填埋场外罩和再利用。

4.1　监管方面的考虑因素

有两种类型的填埋场通常会接受固体。一种是单纯的填埋场——只接受稳定化处理或未稳定化处理的市政污水固体的填埋场。另一种是共处置填埋场，这种填埋场既接受残余物又接受市政固体废物。

4.1.1　单独填埋场

美国环境保护署规定，填埋场的设计和操作归属《40 CFR 503 法》，该法决定污水固体的表面处置。《503 分卷条例》的标准包括：总体要求，污染物限制，管理办法，病原体降低和 VAR 替代，和监测、记录保管和报告的要求。（对于《40 CFR 503 法》的更多信息，请参阅第 20 章）。

第 C 分部讲述了两种类型的单纯填埋作业。未稳定化处理的固体必须遵守 VAR 备选方案 11，并必须用土壤或其他材料在每天作业结束时进行覆盖。在另一方面，稳定化处理的固体必须满足 VAR 替代方案之一，而不必每天都进行覆盖。稳定化处理固体的单独填埋场运行更像具有异常高的施用速率的土地施用现场。其他有关原始固体单独填埋的准则都包含于该条款(第 4 款)中，而稳定化处理固体的单独填埋(也称为专用土地处置场)在第 5 款中讲述。

4.1.2 共处置填埋场

根据《40 CFR 258 法》，美国环境保护署监管共处置垃圾填埋场的设计和运行，《40 CFR 258 法》规定了市政固体废弃物(例如生活垃圾)的处置(U. S. EPA，1991)。由于污水固体在这些场所通常是很小比例的废弃物，则《258 分卷条例》在该节中并不作详细引述。

处置速率部分取决于残余物固体含量。在共处置填埋场中，固体通常铺洒于活动区(它们将接收垃圾的填埋场分成许多部分)并与传入的固体废物混合而确保这些物料具有可接受的处置特性。例如，含有固体 20%的滤饼可能与固体废弃物按照 4∶1 的比率进行混合[即，4 公吨固体废物比 1 公吨固体(基于湿重)]。具有较低固体含量的残余物将需要混合更多的固体废物。混合过程(也称为填埋作业)通常取决于送到填埋场的废物类型和数量。

传递到共处置场的固体一定不要包含任何游离液体，这通过涂料过滤液体测试(US EPA，1995)进行定义。含有固体 20%的脱水固体滤饼，通常能够通过这个测试。

4.2 规划

规划新填埋场的第一个步骤是确定符合相关设计，监管和成本要求的地址。在选择之前项目团队通常会评价和比较几个预期地点。选址过程往往涉及收集来自公众和监管机构的信息。这可能需要几年的时间才能确定，设计、许可和施工建设新的填埋场。

4.2.1 选址

单独填埋场必须符合《503 分卷条例》的选址标准(U. S. EPA，1994)。这些标准包括：

• 单独填埋不能易于不良影响受威胁或濒危的物种；

• 它不能限制基础洪水(即，100 年一遇的洪水)流量；

• 它一定不能是地质不稳定的地区；

• 它必须远离世内经历位移的故障区域至少 60m；

• 如果监管机构允许填埋场位于地震影响区，则它必须经过设计能够抵抗地震力(地震影响区是地面岩石在 250 年内水平加速度超过 0.10g 一次具有至少 10%的概率的区域)；

• 单独填埋场不能设在湿地(除非获得特别许可证)。

有些州可能具有附加的选址标准(例如，地界线、公共或私人饮用水井、地表饮用水供应，以及建筑物或住宅的后退距离)。设计工程师应该使用这些标准筛选潜在的地点，并选择符合所有适用标准的一个地方。

随后，设计工程师需要确定所占地界上垃圾填埋场的占地面积(实际产生处置活动的地方)。占地面积根据敏感受体(例如，湿地、住所、水体、财产边界和道路)的邻近度确定。这种占地面积由构造结构支撑填埋物质，和盛装表面径流的堤防围住。堤防由土壤压实到指定强度制成。这种占地面积也应该包括恶劣天气或其他紧急行动中所用的具体工作区域。

设计工程师也应该确立填埋场占地面积和敏感受体之间的适当缓冲距离。缓冲带是现场特异性的，要以缓解不良环境影响的法规或一般准则为基础。这种填埋场的设计也必须提供配套设施，这些配套设施可能包括：

• 出入通道；

• 行政办公室和员工设施；

- 设备储存和维修区；
- 储存区；
- 公用事业；
- 围栏；
- 照明；
- 卡车清洗设施；
- 渗沥液储存和泵送站；
- 监测井；
- 雨水分洪区。

4.2.2　填埋场容量需求

当选择一新址时，填埋场占地面积和场址几何形状必须为其整个运行寿命期提供足够的容量，这应该至少 20 年。填埋场运行寿命受许多变量(例如，固体产率、衬里和封盖系统占用的体积，以及填充土和覆盖材料占用的体积)影响。衬垫和覆盖系统损失的容量很容易计算，这是基于填埋区上面这些层的厚度进行计算的。覆盖和填充物质的体积取决于这些材料的特性(固体含量，堆积密度等)。固体必须与一定量的填充材料(例如，土壤)混合，才能提高其强度和处理特性。每日和中间覆盖材料可能要占用总填埋量的 20%。设计工程师需要为每个场址进行实际容量评估。评估结果将取决于材料的类型，填埋作业的拟议方法，覆盖要求和其他因素。

4.3　填埋场设计

4.3.1　内衬的法定要求

《503 分卷条例》并未规定所有单独填埋场(或专用土地处置、DLD、位置)必须具有内衬系统。内衬之需是基于固体污染物浓度；如果固体的砷、铬和镍浓度低于污染物限，美国环保署准许无内衬处置。这种限制是基于填埋占地面积和地界之间的距离的(请参阅表 27.9)。如果不使用衬里，则根据《503 分卷条例》必须确立采样和分析项目计划。

表 27.9　不加衬单独填埋场的污染物浓度限(U.S. EPA，1994a)

《503 分卷条例》中的位置	活性生物固体单元装置与表面处置场地地界线之间的距离/m	污染物浓度①		
		砷/(mg/kg)	铬/(mg/kg)	镍/(mg/kg)
第 503.23 款的表 2	0～小于 25	30	200	210
	25～小于 50	34	220	240
	50～小于 75	39	260	270
	75～小于 100	46	300	320
	100～小于 125	53	360	390
	125～小于 150	62	450	420
第 503.23 款的表 1	等于或大于 150	73	600	420

① 基于干重（基本上，100% 固体含量）。

如果固体超过污染物浓度限值，则项目团队可能能够从监管机构获得容许填埋场无衬的现场特异性许可证。要做到这一点，项目团队必须证明，现场条件与用于推衍污染物浓度的U. S. EPA 标准变化显著。否则，美国环保署规定填埋场必须加衬。

越来越多的专业人士认为，所有单独填埋场无论污染物浓度如何，设计内衬而防止污染物逸出是最佳工程设计实践做法。许多州单独填埋场的法规比《503 分卷条例》具有更严格的规定，包括衬垫系统的需要。

4.3.2 内衬设计

内衬系统用于盛装填埋场的废弃物，而防止渗沥液成分迁移出填埋场（U. S. EPA，1993b）。有三种类型的材料通常使用：低可渗透性土壤（黏土）衬垫，土工合成黏土衬垫和土工膜衬垫。这些材料的组合都可以使用，具体要取决于监管或现场特异性条件。土工合成黏土衬垫，是低可渗透性土壤衬垫的替代品，是由通过横撑杆，拼接或化学黏合剂固定到一起的土工布支撑的膨润土制成。土工膜通常放置于黏土层（或其他低可渗透性层）顶部，而形成复合衬里。《503 分卷条例》规定单独填埋场衬里要具有最大液压传导系数（水蒸气透过率）1×10^{-7} cm / s。土工合成黏土衬垫的渗透率大约是 1×10^{-10}cm/s。土工膜衬垫的平均液压传导系数约为 1×10^{-14}cm/s。

对于填埋场内衬系统设计的详细准则，请参阅 U. S. EPA《固体废物处置设施标准技术手册》（*Solid Waste Disposal Facility Criteria Technical Manual*）（US EPA，1993b）和《废弃物封闭系统，废弃物稳定化处理和和填埋场：设计与评价》（*Waste Containment Systems*，*Waste Stabilization and Landfills*：*Design and Evaluation*）（Sharma andLewis，1994）。

4.3.3 渗沥液收集系统

由于水渗透通过单独填埋场，会溶解（“渗沥”）各种固体成分而被污染。在填埋场的设计，操作和长期看护中最重要的考虑因素之一是垃圾渗沥液的收集和管理。在填埋场运行期间，渗沥污液收集系统应该最小化渗沥液对主要衬里的液压头；其应该能够维持小于 0. 3m（1ft）渗沥液压头。收集系统还应该在整个后封闭监测期内去除填埋场渗滤液。

渗沥液收集系统由排水层（例如，沙或土工网）、渗沥液收集管、集水坑或系列集水坑和将渗滤液传送至现场处理系统或卫生下水道的泵构成。收集系统管路应该提供清洗。收集系统的设计和布局必须与填埋场的分阶段开发相容。每个阶段的内衬和收集系统应该同时安装。此外，后段收集系统应该很容易与以前安装的管道连接。

渗滤液控制系统应该包括填埋场基部监测渗滤液泄漏和排出渗滤液的设施，而由此防止促进渗沥液从垃圾填埋场发生迁移的渗沥液累积。

对于渗滤液收集和去除系统设计的详细准则，请参阅美国 EPA《固体废物处置设施标准技术手册》（US EPA，1993b）和《废弃物封闭系统，废弃物稳定化处理和和填埋场：设计与评价》（Sharma andLewis，1994）。

4.3.3.1 渗沥液量

在填埋场活动区和封闭区内产生的渗沥液量取决于填埋场表面的渗透量。各种数学模型都可以用于预测填埋作业过程中产生的渗沥液量。一个常用的模型是美国环保署的“填埋场性能的水文评价”（HELP）模型，该模型估算了地表径流，地下排水和活动区和封闭区预期的渗沥液的量（U. S. EPA，1994c）。这个模型的优点之一是，它使用户能够区分填埋场内的各层（例如，表层土、砂排水、阻隔土壤和废弃物层）。

许多默认值可用于各内衬和渗沥液收集组件。通过测定污水处理厂的固体样品，就能够确定该模型所需的输入参数(例如，孔隙率、现场容量、凋萎点和饱和导水率)。例如，哈恩达尔等(Hundal et al.，2005)发现，芝加哥地区的生物固体具有的导水率(饱和钾)为 67~118mm/h(17~30in./h)，孔隙率为 54%~74%，而植物可利用水为 18%~25%。

4.3.3.2　*渗沥液水质*

生物分解是导致污染物浸出的主要固体降解机制(请参阅表 27.10)。生物分解以好氧开始，但随着氧耗尽，好氧微生物逐渐被厌氧菌替代而占优势。由于厌氧分解速度慢，有机污染物可能需要几十年才能发生降解。渗沥液的生产可能会持续数年，但渗沥液的强度会逐渐降低。收集的渗沥液必须现场处理或输送到污水处理厂。

表 27.10　仅有固体的测试单元的平均渗沥液值（U.S.EPA，1995b）

参　数	浓　度
化学需氧量/(mg/L)	2 258
总有机碳/(mg/L)	737
pH	6.2
挥发性酸	1 213
挥发性固体	5 555

4.3.4　地表水控制

充足的排水对于良好的填埋作业是至关重要的。如果水相关的地表水不加以控制，则将会在衬垫上积水成塘，增加渗滤液的产生，而导致作业面和覆盖材料储存区产生操作问题。为了控制地表水，设计工程师应该考虑植被、压实、排水结构、蓄水池、覆盖材料的类型和厚度，以及表面坡度和坡长修改。

表面坡度和坡长决定预期的侵蚀程度。顶表面坡度应该为 2%~5%，才能促进径流，抑制积水，而通过保持相对较低的流量最小化土壤侵蚀。侧坡斜率最大值应该是三个水平比一个垂直(3∶1)，而在播种和径流保护中需要更多的看护。

对于最大可能的程度，径流入渗应该从填埋场占地面积内改道。活动填埋区的径流水(可能已经接触固体或固体污染的土壤)必须排出至渗沥液系统而作为渗沥液处理，或分开存放，测试和处理，以确保其符合排放标准。与此同时，美国环境保护署规定，地表水径流收集和处置必须遵照“全国污染物排放消除系统”(National Pollutant Discharge Elimination System)(NPDES)的规定。径流和入渗水收集系统的设计必须能够处理 25 年一遇的 24h 降雨事件，才能确保污染物不会释放到环境中。

4.4　地下水监测要求

《503 分卷条例》和《258 分卷条例》规定，填埋场一定不能污染含水层。根据《503 分卷条例》，如果填埋场导致含水层硝酸盐浓度超过最大污染物水平(MCL)，即 10mg/L，则填埋场就已经污染含水层。为了避免出现这种情况，大多数州规定，单独填埋场区域内的地下水需要进行监测。事实上，州或地方监管机构通常规定，要对几个参数进行常规取样测定。

在设计地下水监测网络时，工程师应该通过评价现场地质和水文地质条件(例如，地下水位和流量，以及土壤和基岩条件)开始。地下水水质应该在上升坡道位置进行监测才能提供背景资料。下降坡道井则用于确定填埋场是否以及如何影响地下水水质。井的数量和类型是现场特异性的，可能包括不同深度的表层井和基岩井。

对于更多有关地下水监测井选择和布局设计，监测方法与步骤，数据分析和记录保存的准则，请参阅美国 EPA《固体废物处置设施标准技术手册》(US EPA，1993b)和《废弃物封闭系统，废弃物稳定化处理和和填埋场：设计与评价》(Sharma andLewis，1994)。

4.5 填埋场的气体管理

填埋气体主要包括甲烷和二氧化碳。甲烷是可燃性气体，大气环境中爆炸极限为 5%~15%。在稳定厌氧条件下，填埋气体可能包含 45%~55%的甲烷。其余 45%~55%则主要是二氧化碳，以及还有少量的氢、氧、氮和其他痕量气体。

由于存在潜在的爆炸危险，美国环保署已确立了填埋场甲烷气体的监测要求。甲烷的爆炸下限(LEL)为 5%(体积比)。(爆炸下限浓度是超过该浓度时空气和可燃气体混合物会发生爆炸的浓度。)联邦法规控制填埋场的义务，在现场结构内甲烷浓度不能超过 25%的 LEL 而在地界线上不得超过 LEL(在地下土壤中)。在整个填埋场运营寿命期间和关停之后 3 年内必须对甲烷实施监测。

填埋场的设计还应该包括主动或被动气体收集系统。对于这两种系统设计的准则，请参阅美国 EPA《固体废物处置设施标准技术手册》(US EPA，1993b)和《废弃物封闭系统，废弃物稳定化处理和和填埋场：设计与评价》(Sharma andLewis，1994)。

所收集的气体(称为填埋场气体或沼气)通常在切实可行的情况下要么利用火炬点燃，要么用作燃料。填埋场气体日益被人们作为可再生资源，并努力提高其利用。对于有关沼气潜在用途的信息，请参阅第 25 章。(尽管该章讨论的是消化池气体的使用，但这个方案也适用于填埋场气体)。

4.6 填埋场的关闭

4.6.1 关闭计划

《503 分卷条例》规定，表面处置场(单独填埋厂或 DLD)所有人或经营人在关闭填埋场之前必须提交高达 180 天的关闭计划。该计划应该包括关闭和关闭后的活动描述。这项计划应该记录关闭之后至少 3 年内渗滤液收集系统的维持情况，并概述甲烷监测方案，这也必须在关闭之后持续 3 年时间。

如果处置场的所有权在关闭后发生变化，则新所有者必须以书面形式通知地表处置场运行状况。

4.6.2 封盖系统

填埋场封盖对于堆叠的废弃物是正当填埋场关闭之前加上的多层封盖。这种封盖旨在防止雨水渗入废弃物，从而最小化渗滤液的生成。这种封盖的多层通常包括：

- 地基层，用于勾勒出填埋场外形轮廓而为其他层提供基础；

• 气体控制层，将气体从阻隔层之下传送至通风系统；

• 水力阻隔层，限制水渗入填埋的废弃物中；

• 排水层，收集和传送从表面渗透进入最后覆盖层的水；

• 生物层，防护水力阻隔层而免受动物或植物的生物入侵；

• 过滤层，防止较细的物质(即，表面层)的颗粒物质迁移进入较粗物质(即，排水层)中；

• 表面层，可以是支撑植被的土壤或铠装保护层。

这些层发挥了重要的补充功能(见图 27.1)。例如，植被层通过促进植物生长有助于防止土壤侵蚀流失，因为植物的根结构能够锚定土壤。

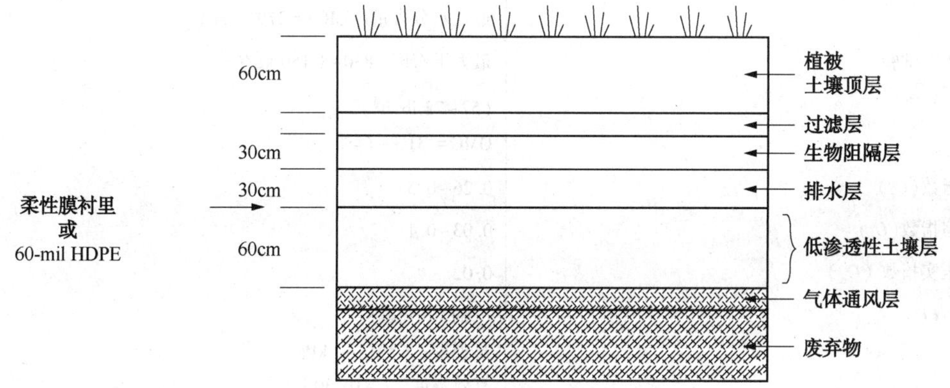

图 27.1　各种填埋场封盖组件的实例

选择填埋场封盖各层的第一步是确保拟议的封盖符合州和联邦法规(见图 27.2)。虽然各层及其功能在目前工程设计实践中相对标准，但是每层的厚度和性能标准可能取决于州或地方法规。此外，当设计填埋场封盖时，要考虑以下残余物的强度是很重要的。固体的土工性质取决于几个因素(例如，脱水的程度和方法、所加的聚合物和年龄)(请参阅表 27.11)。这种性质应该作为填埋场设计的一部分进行测试。

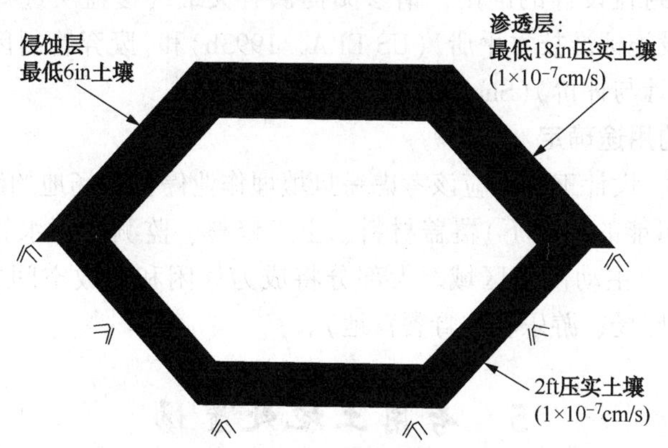

图 27.2　填埋场封盖的最低要求

表 27.11　芝加哥地区脱水固体的土工性质

参　　数	取　　值
堆积密度	0.6~0.8 g/cm^3
可渗透性（饱和钾）	67~118mm/h（17~30 in/h）
阿特贝限	LL= 71%~119% PL= 54%~85% PI= 17%~53% 分类=OH
标准普氏试验	最大干密度=800~1090 kg/m^3 (50~68 lb/ft^3) 最佳水分含量(OMC)= 37%~64%
修正普氏试验	最大干密度=830~1 150 kg/m^3 (52~72 lb/ft^3) OMC= 31%~64%
压缩指数(C_c)	0.26~0.5
再压缩指数(C_r)	0.03~0.1
二级压实指数（C_α）	0.02
内聚力(C)	三轴 CU 试验： 总强度：C=0~40 kPa 有效强度：C=0~30 kPa 三轴 UU 试验：C=0~20 kPa
内摩擦角度（α）	三轴 CU 试验： 总强度：α=21°~30° 有效强度：α=32°~41° 三轴 UU 试验：α=32°~38°
无侧限抗压强度(Q_u) 试验	Q_u=23~126 kPa 失效应变=4.9%~5.2%

对于更多有关填埋场封盖设计的准则，请参阅提供有关最终覆盖层选择和设计准则的美国EPA《固体废物处置设施标准技术手册》(US EPA，1993b)和《废弃物封闭系统、废弃物稳定化处理和填埋场：设计与评价》(Sharma andLewis，1994)。

4.6.3　关闭后的用途确定

在设计填埋场时，设计工程师应该考虑一旦填埋作业停止后场地的潜在用途，并选择与这种用途相容的(在可能的情况下)覆盖材料、土工修整、监测和雨水管理的各种方案。前填埋场可以成为被动或主动使用区域。大部分将成为休闲和开放空间的区域(例如，田径场、游戏场、高尔夫球场、游乐场和野餐营地)。

5　专用土地处置场

专用土地处置是向处置目的之地施用市政固体的过程。所涉及的设备和工艺方法类似于土地施用中所使用的那些，但施用速率通常远远高于农艺速率而没有作物生长。实际上，所涉及的场地是仅仅接收大量的重负荷固体的填埋场，而其作为填埋场进行监管。

5.1　监管考虑因素

《503 分卷条例》的规定适用于所有表面处理实践，包括专用土地处置(和单独填埋场，正如前面的讨论)。该条例分为几个子部分，包括总体要求、污染物限、管理规范和病原体和病媒吸引力的控制。

5.1.1　总体要求

适用于市政固体表面处置的总体要求包括：

- 遵守所有适用的《503 分卷条例》规定；
- 除非审批机关批准，否则到 1994 年时在全新世时间，在不稳定区域，或在湿地内断层位移 60m 范围内的活动单元都要关闭；
- 在关闭任何活动单元之前需要至少 180 天的关闭和关闭后的计划。

此外，场地拥有者必须向后来的所有者提供市政固体处置于该片土地上的书面说明。

5.1.2　污染物限

表面处理场所如果使用衬里和渗滤液收集系统，则就没有污染物浓度限值，因为从固体中渗流的渗滤液会收集于渗沥液中，必要情况下会进行处理而避免污染问题。为了使场地衬里合格，必须达到渗透系数 1×10^{-7}cm/s。

无衬里和渗滤液收集系统的表面处理场对于砷、铬和镍必须具有最大许可浓度限(请参阅表 27.9)，因为这些污染物最有可能浸入地下水中，致使其超过 MCL。如果现场特异性评价(由审批机关指定)证明该场地具有不同于美国 EPA 确立最高容许浓度限值的参数，则可能要制定这些污染物的不同容限。

5.1.3　硝酸盐污染

《503 分卷条例》规定表面处置作业不能引起地下水硝酸盐超过 MCL(或如果其已经超过 MCL 时超过现有的浓度)。地下水监测结果或来自有资质的地下水科学家的声明能够用于证明遵守这一规定。

5.1.4　其他管理规范

DLD 设施必须遵循的其他管理规范包括：

- 除非审批机关授权，活动处理场所不得设在 60m 全新世时期的断层内，或湿地内；当位于地震影响区时，活动处置场的设计应该能够承受的最大记录的水平地面水平加速度。
- 25 年一遇的 24h 暴雨事件的地表径流应该根据 NPDES 许可证进行控制。
- 活动处理场不得限制基础洪水流量，对受威胁或濒危物种产生不利影响，或位于在结构上不稳定的区域。
- 活动表面处理场如果具有衬里和渗沥液收集系统，则只要该场地是活动的和其关闭之后 3 年内都应该运行和维护，并按照适用的规定收集渗滤液。
- 除非批准机构基于现场特异性管理实践惯例明确授权这种活动，则表面处置场不得种植作物，也不能放牧动物。
- 在作业期间或场地关闭 3 年内限制公众出入该场地。

5.1.5 病原体和病媒吸引力降低的要求

将放置地表处置场的固体，必须符合 A 类或 B 类病原体控制方案，除非这些固体要用土壤或其他材料每天进行覆盖。这些固体还必须满足《503 分卷条例》中所列的首个 11 条病媒吸引力降低选项之一。

5.2 规划

新专用土地处置场址的规划要求是多方面的。大量水文地质和土壤调查是必需的。监管要求和雨水管理细节部署也将影响场址的选择。施加速率将决定处置场地的大小规模。

5.2.1 地下水保护

表面处置场地土壤渗流的水(因为施加的生物固体和降水)含有溶解的盐和分解产物。关注的成分通常是硝酸盐和总溶解盐(例如，氯化物)；除非其 pH 值较低，否则金属仍保留于土壤中。设计工程师需要认真评价渗流组分的未来。此外，现场特异性的土壤和水文地质评价都是强制性的。

许多场地在地下水之上都需要相对不透水性的层。这一层，应该是至少几米深，能够收集渗沥液。随着液体变为厌氧，大部分硝酸盐发生反硝化而作为氮气逸失。如果渗流最小而浅，则大部分水可能回迁移上达表面而在下一年蒸发掉。由于该条例规定表面处理作业不得引起地下水中硝酸盐浓度超过 MCL(或如果已经超过 MCL 而不要超过现有浓度)，则可能需要安装地下水监测井，才能验证其是否遵守这一规定。

设计工程师应该基于生物固体和土壤特性、场地地质、气候和施用速率而评价衬里系统和渗流控制生物和土壤特性。衬里和渗沥液收集系统的设计要求在第 4 节中进行了讲述。

5.2.2 选址

设计工程师在确定专用土地处置场场址时，还应该考虑以下方面：

- 场地径流通常被认为是污水，需要返回到污水处理厂。
- 土壤的 pH 值必须为 5.5 或更高，而确保金属保留于土壤中。
- 易受水淹或其径流可能会影响湿地的场地并非是很好的候选专用土地处置场。
- 平坦地形是首选，因为土壤斜坡可能会影响现场作业。生物固体浆料需要有限的斜坡，而脱水滤饼能够施加于更多各种各样的斜坡。此外，由于径流问题，则专用土地处置场通常不考虑任何类似的丘陵地形。
- 缓冲区推荐约 150~300m(500~1000ft)，才能最小化邻居的气味和灰尘投诉。

5.2.3 施用速率

所有土地施用项目在表面引入混合层都是“好氧体系”。然而，在这种情况下，目标并非是作物或植被生产而是最大化通过土壤细菌的生物固体好氧稳定化处理。施用速率通常比农艺学速率大得多而主要受限于土壤中生物固体相关的水分蒸发速率。

典型的施加速率为 30~250 干公吨/公顷/年(22~110 干吨/英亩/年)。假设有 25%的生物固体损失而变成分解的长效产物，则这些施用速率将增加土壤深度约 2.5~13mm/y(0.1~0.5in/y)。如果该场地运行 50 年，则总负荷将为 1500~12 500 干公吨/公顷。只要有足够的水分蒸发和渗出而使好氧微生物群茁壮成长，土壤中的细菌可能很容易应对这些施加速率。(好氧生物活性比厌氧生物活性快约 1~2 个数量级)。

施用速率通常取决于影响设备多久多频繁能够移动至场地上的蒸发速率。如果料浆(固体含量 6%)按照以上负荷率施加，则每年会对场地增加 8～38cm(0.25～1.25ft)的水。如此之多的水可能在美国许多(但不是全部)地区的 DLDs 进行蒸发。蒸发速率取决于温度，湿度，风和降雨。由于蒸发是这种作业的重要组成部分，则蒸发季节有限的地区可能很难找到专用土地处置场实施，或可能需要限制施用速率。

5.3　设计与实现

工程师需要显著大量的场地数据才能设计和实施专用土地处置场，包括生物固体、水文、地形和气象及其他信息。

5.3.1　一般注意事项

固体必须在将其施加于这些场地之前进行稳定化处理。地下注入是首选的施加方法，因为这种方法能够最小化气味和最小化病媒问题，而确保施用速率的一致性。其他一般考虑因素包括

- 生物固体，土壤和地下水必须进行监测。
- 交通流量控制(例如，使用的小时数，每小时的卡车数和适当的定时)可能是必需的。
- 场地和进出通道和内部道路的灰尘需要加以控制。

5.3.2　生物固体存储

专用土地处置场通常是季节性作业，因此生物固体必须在淡季存储。生物固体按照环境可接受的方式储存几个月而气味有限是非常困难的。

5.3.3　地下水保护

广泛的土壤和地质数据需要收集，才能确定该场地对过度生物固体施用将如何反应。这种数据收集工作往往涉及土壤钻孔、地下水监测井、地表和近地表土壤收集，以及实验室分析。主要目标将是：

- 确定该场地是否具有天然衬垫(防渗土)；
- 确定是否需要补充衬里，以及如何实施；
- 如果需要，创建合适的渗滤液收集和处理系统；
- 探索可能的负荷率限制。

5.3.4　生物固体施加速率

设计工程师需要计算施加速率，才能确定总场地面积要求(表 27.12)。施用速率是所施加物料、其含水量、季节性蒸发速率和用于施加生物固体和随后将其曝气或混入土壤中的方法的函数。

表 27.12　几种专用土地处置设施的典型设计实践

设　施	规模/(mt/a)①	液体或滤饼	种植的作物
怀俄明州埃文斯顿	295	滤饼	草
南达科他州拉皮德城	1 222	液体	—
科罗拉多州科罗拉多斯普林斯	8 939	液体	无

① 1996 年的数据。

5.3.5　施加方法

生物固体能够以淤浆或脱水的形式施用。脱水滤饼允许采用更高的施用速率(由于其水

分含量较低)，但也可能按照均匀层铺遍整个场地。料浆需要高蒸发率，但能够进行泵送，而更易于铺洒。料浆也能够通过尤其是为此目的设计的移动设备表层之下注入。

6 炉灰的利用和处置

炉灰是固体焚化产物，基本上由进料原料的不可燃部分构成。有许多方法和设备能够用于处理炉灰和实现炉灰的各种用途。炉灰的处理方法和最终去处或用途通常是现场特异性的。炉灰处理设备——尤其是传送设备——可能是与焚烧炉相关的最令人厌烦的子系统。

多膛炉和流化床焚烧炉对于炉灰传送通常采用湿式或干式系统。炉灰是磨蚀性的而有时是非均匀的，使之难以作为堆积材料传送，而因此必须对传送系统进行设计。这种系统的设计不包括于本章中，但 WEF 实践手册中题为“焚烧系统”(WEF，2009)具有详细介绍。该文献还涵盖炉灰处理的另一关键方面：干湿炉灰的存储。

6.1 监管的考虑因素

不同州的法令各不相同。有些州并没有规管炉灰；其他州则将其当作废弃物处理。设计工程师应该查询当地、州和联邦法规，然后才决定是加以利用或是处置炉灰。每个设施都应该进行自己对有关灰渣处理和再利用的地方、州和联邦法规的研究。

一些填埋场将要求进行毒性特性渗流潜势试验(TCLP)或 pH 值测试后才能接受焚烧灰。

6.2 利用和处置方案

生物固体焚化炉灰在物理和化学特性方面类似于煤灰，并可以用于煤灰允许使用的场合。焚化炉灰可能是酸性的、中性的或碱性的，这要取决于固体特性。另外，炉灰将比煤灰含有较多的磷。尽管炉灰历来都是进行填埋，但是人们对这种材料有益利用的兴趣确正在不断增加(表 27.13)(Dominak et. al.，2005)。炉灰的有益利用方案包括

• 填埋场——炉灰能够用作填埋场覆盖层或与土壤混合而用作覆盖层。

• 填充材料——炉灰能够用作挖坑的填充材料。例如，一个公共事业单位会具有利用这种物质填补旧的固体氧化沟的承包商。该物质也能够用作可流动填料。

• 土壤改良剂——在某些区域(例如，具有高黏土土壤的区域)，炉灰可以用作土壤添加剂而产生更容易处理的土壤，容许排水和通风更佳，并包含一些有价值的矿物。

• 混凝土飞灰——炉灰已经用于代替混凝土混合物中的飞灰。

• 沥青添加剂——炉灰已被用作沥青混合物中矿物填料和精细集料。“新泽西州固体和危险废弃物部”(NJDEP)已允许使用灰渣用于此目的。在本章的后续内容中将会讨论来自炉灰的其他附加价值的产品。

表 27.13　俄亥俄州东北部地区污水排放区实施的炉灰调查结果(Dominak et al.，2005)

污水处理厂代理机构	州	市	污水处理厂名称	炉灰处理方法	水分含量	每年炉灰产量	处置方法		处置成本	有益再利用和/或填埋的描述
							填埋	有益再利用		
中央康特拉科斯塔卫生区	加州	马丁内斯市	梅茵	湿式	65%	5110 湿吨②	X	X	$ 21/t	大多数炉灰作为填埋场覆盖材料和制砖中的添加剂而再利用。然而，某些炉灰则在商业 MSWLF 中处置⑥
奥尔巴尼县污水排放区	纽约		奥尔巴尼县	湿式	30%～50%	$8000yd^3$③		X	无成本	炉灰与堆肥按照 50/50 掺混成混合物并在奥尔巴尼县无成本用作最终填埋场覆盖层
阿勒格尼县卫生主管部门	弗吉尼亚		阿尔科山	干式	5%～15%	6500 干吨	X		$ 17～19/t	在向卡车卸货时向干灰加水而控制排放。阿尔科山提供的成本仅仅用于翻卸费用
市议会环境服务部	明尼苏达	圣保罗市	米特洛	干式	NA①	15000 干吨		X	$ 25.75/t	炉灰用作波特兰水泥厂生产中的原料。
市议会环境服务部	明尼苏达	圣保罗市	森尼卡	干式	NA	1800 干吨		X	$ 25.75/t	炉灰用作波特兰水泥厂生产中的原料
坎顿市水污染控制中心	俄亥俄	坎顿市	坎顿市	干式	NA	1820 干吨	X		$ 210/轧辊脱水盒+税	炉灰在商业 MSWLF 中处置。炉灰从厂内按照 30yd3 轧辊脱水盒移出
堪萨斯市水服务部	密苏里	堪萨斯市	蓝河	湿式	50%	3500 干吨	X		$ 20/t	炉灰在储存氧化沟中脱水之后在商业 MSWLF 中处置。堪萨斯市能够转移至干灰系统而随之封闭填灰氧化沟

续表

污水处理厂代理机构	州	市	污水处理厂名称	炉灰处理方法	水分含量	每年炉灰产量	处置方法		处置成本	有益再利用和/或填埋的描述
							填埋	有益再利用		
上黑石水污染控制中心	马萨诸塞		上黑石	干式	NA	7000~9000 干吨	X		?	炉灰在公有处理设施处置，在该设施中也处置筛余物和沙砾
纳拉甘西特湾委员会			场点	湿式	25%	2341 湿吨		X	$ 16/t	炉灰与土壤混合而用作半公有单独填埋场的覆盖材料
汉普顿路卫生区	弗吉尼亚		阿米贝斯	干式	NA	1300 干吨	X	X	$ 46/t(如果 BR④) $ 55/t(如果填埋)	在向卡车卸货时向干灰加水而控制排放。某些炉灰在商业 MSWLF 中处置；某些炉灰选择填料而有益再利用
汉普顿路卫生区	弗吉尼亚		柏爱特哈勃	干式	NA	3100 干吨	X	X	$ 46/t(如果 BR④) $ 55/t(如果填埋)	在向卡车卸货时向干灰加水而控制排放。某些炉灰在商业 MSWLF 中处置；某些炉灰选择填料而有益再利用
汉普顿路卫生区	弗吉尼亚	切萨皮克/伊丽莎白		干式	NA	2500 干吨	X	X	$ 46/t(如果 BR④) $ 55/t(如果填埋)	在向卡车卸货时向干灰加水而控制排放。某些炉灰在商业 MSWLF 中处置；某些炉灰选择填料而有益再利用
汉普顿路卫生区	弗吉尼亚		弗吉尼亚伊妮提阿提夫	干式	NA	4500 干吨	X	X	$ 46/t(如果 BR④) $ 55/t(如果填埋)	在向卡车卸货时向干灰加水而控制排放。某些炉灰在商业 MSWLF 中处置；某些炉灰选择填料而有益再利用
汉普顿路卫生区	弗吉尼亚		威廉姆斯伯格	干式	NA	4000 干吨	X	X	$ 46/t(如果 BR④) $ 55/t(如果填埋)	在向卡车卸货时向干灰加水而控制排放。某些炉灰在商业 MSWLF 中处置；某些炉灰选择填料而有益再利用

续表

污水处理厂代理机构	州	市	污水处理厂名称	炉灰处理方法	水分含量	每年炉灰产量	处置方法		处置成本	有益再利用和/或填埋的描述
							填埋	有益再利用		
帕洛阿尔托市	加州	帕洛阿尔托	帕洛阿尔托	干式	NA	1460 干吨		X	?⑤	在向卡车卸货时向干灰加水而控制排放。500+吨的炉灰进行土地施用；其余的用作填埋场覆盖层
哥伦布市公共事业部	俄亥俄	哥伦布市	杰克森派克	湿式	35%～65%	3102 干吨			$ 30～38/t	炉灰在离厂约 20 英里⑦的商业 MSWLF 中处置
哥伦布市公共事业部	俄亥俄	哥伦布市	南方	湿式	35%～65%	4458 干吨	X		$ 30～38/t	炉灰在离厂约 20 英里的商业 MSWLF 中处置
绿湾大都会排污卫生区	威斯康辛	绿湾市	绿湾	干式	NA	3766 湿吨	X		$ 26.77/t	在向卡车卸货时向干灰加水而控制排放。润湿之后，炉灰水分含量 25%～27%。炉灰在该县所有的 MSWLF 进行处置
布法罗排污管理局	纽约	布法罗	布法罗	干式	NA	6100～6500 干吨	X		$ 27.40/t	炉灰在商业 MSWLF 中处置
扬斯敦市	俄亥俄	扬斯顿市	扬斯顿市	干式	NA	1065 干吨	X		$ 15.24/t	当向轧辊脱水盒卸货时向干灰中加入控制排放。厂向俄亥俄新中镇的 MSWLF（马霍宁填埋场）运送炉灰

注：① NA＝不适用。

② t＝0.9072 Mg。

③ $yd^3 = 0.7646m^3$。

④ BR＝ 有益再利用。

⑤ ？＝ 信息不全。

⑥ MSWLF＝市政固体废弃物填埋场。

⑦ 英里＝1.609 km。

焚烧炉灰利用方案往往是现场特异性的。公共事业公司应该寻求一切可能利用炉灰的途径。应该接触州交通部门确定使用焚烧炉灰作为混凝土中粉煤灰替代品或沥青混合物中矿物填料或精细骨料代替品的要求。如果焚烧炉灰被州交通部门批准用于混合物设计，则对于这种焚烧炉灰就能够打开相当大的市场。

7 分销及市场推广

在北美的许多地方，B 类生物固体的土地基管理的环境变得更具挑战性。随着农耕区开发成住宅和商业区，生物污泥生产商必须运送其产物越来越远，才能达到支持 B 类固体农业应用的必要农村环境。不仅交通运输相关的能源成本日益成为沉重负担，而且城市和郊区的“三废”对农村社会的强加接受负担也可能变成生物固体管理者的公共关系问题。

因此，许多污水处理厂正在评估生产 A 类生物固体产品的技术，这种产品可以在本地销售或采取不同于 B 类生物固体的管理。A 类生物固体基本上没有所有的病原体，因此这种产品可以分发给广大市民。EQ 生物固体能够作为商业产品分销，《503 分卷条例》施加的限制更少。

在考虑 A 类生物固体工艺方法时，确定该产品将如何使用是很重要的。与升级到 A 类生物固体工艺过程相关的成本在这种材料没有出路时通常是不会批准。此外，一旦确定 A 类产品的市场，就需要花时间开拓市场。这就是说，大部分经典的 A 类产品当地就能成功地进行销售，并且市场营销贡献的收入流可能会抵消一些生物固体处理成本。市场开拓通常需要 3~5 年的努力，才能使收入能够抵消营销成本。

7.1 增值产品

通常是以下的生物固体产品能够进行市场推广及分销各种农业、园艺、商业景观和住宅市场。

7.1.1 堆肥

公众已经将堆肥认为是一种有机类的产品，是一种有用的土壤改良剂。因此，生物固体堆肥生产商并不太难花时间将其产品推向市场。然而，由于许多其他有机副产物(例如，动物粪便、庭院或绿色植物废物和食品废料)都根据不同监管要求进行堆肥，因此生物固体堆肥可能比其他生物固体衍生产品更具竞争力。

如果生物固体发生器产生优质堆肥，并提供开发和维持市场所需的资源，则通常会有强烈的产品需求。生物固体堆肥成功地在整个北美市场进行销售，生产商从华盛顿(D. C.)郊区卫生委员会和洛杉矶县至爱荷华州达文波特和汉普顿路(弗吉尼亚州)卫生区规模大小不等。这些生产商每一个通过非常积极的长期营销方案开发和利用当地散装和袋装堆肥市场。

7.1.2 热干燥产品

热干燥器产生的生物固体产品能够满足所有 U. S. EPA 和大多数州对于作为改良剂和肥料无限量分销的要求。大多数干燥系统的设计，能够满足 A 类病原体降低的时间和温度要求。干燥器通常也满足 VAR 的标准，仅仅是因为这些设备经常能够将生物固体干燥至固体含量达 90%或更高。此外，热干燥不会在固体中浓缩污染物；干重量浓度无论是原料(脱水滤饼)还是产品(热干燥生物固体)都几乎相同。因此，如果脱水滤饼满足《40 CFR 503 法》表 3 中的污染物浓度时，这种热干燥器常规上会产生 EQ 生物固体，这可能适合作为土壤改良剂或肥料进行市场营销。

生产具有大量养分含量的肥料的潜力就是使得热干燥具有吸引力的动因。污水处理厂的管理者考察了自约 1926 年以来就生产和销售热干燥生物固体的密尔沃基城市污水收集系统区(MMSD)和自 20 世纪 50 年代以来生产和分销热干燥生物固体的得克萨斯州休斯敦类似的实例。这两个组织都为其产品成功开拓了市场，因此，销售收入在其预算发挥了重要作用。然而，这样的成功必须纳入背景中；密尔沃基和休斯敦都投资多年致力于开发和维护自己的市场。新的热干燥设施是不可能完全模仿这些营销方案，必须直至其经营多年之后。同样地，由于热干燥设施数目越来越多，就有可能存在这些产品价格降价压力。此外，干燥器需要大量的电力，而能源成本的上升可能会对此方案的经济可行性产生负面影响。

7.1.3　高级碱稳定化处理的产品

A 类碱稳定化处理的产品差异很大，这要取决于用于生成这些产品的工艺方法。通用的石灰工艺方法以及几个专利性的工艺方法(其使用相对低剂量的石灰和补充热量而满足 A 类固体的时间和温度要求)生产的产品通常具有的最终固体含量为 30%～40%，具体值则取决于初始滤饼固体。一个专利性工艺方法也干燥生物固体，而生产的产品固体含量为 60%。另一工艺方法，使用大量的水泥窑灰和其他废弃碱性产品，通常生产的物质含有 55%～65%的固体。

碱稳定化处理的产品通常进行土地施用，代替农业石灰石(参见第 2.3.1.3 节)。这些产品也是酸性土壤和矿废土壤复垦的优良助剂。具有较高固体含量的碱稳定化处理产品，可以与原生土壤、堆肥、废弃铸造砂或疏浚淤泥混合而制成适销的表层土。

7.1.4　炉灰衍生的产品

除了前面讨论过的炉灰利用方案之外，炉灰还能生产以下有附加值的产品。

• 砖——炉灰已经被许多公共事业公司十分成功地用于砖生产。日本人使用焚烧炉灰制作透水砖。砖制造商通常在某些时候需要大量的灰渣。这样的数量可以通过排空氧化沟和焚烧固体获得。

• 蚯蚓土(蚯蚓堆肥)——在蚯蚓堆肥工艺方法中这是灰渣更创新的用途之一。灰渣与食品废弃物混合，然后加入蚯蚓。一旦逝去足够的时间后将蚯蚓从混合物中分离出来，而剩下的物料就能够用作土壤改良剂。

• 轻型玻璃集料——一种通过燃烧脱水生物固体和灰渣的混合物而生产轻型玻璃集料的专利技术。

7.1.5　其他产品

许多工艺方法都能够生产出满足 A 类和 VAR 标准的产品。这样一些工艺方法(例如，蚯蚓堆肥和空气干燥法)取决于 A 类固体备选方案 3 和 4(参见《40 CFR 503.32》)，这涉及采样和分析生物固体的蠕虫卵和肠道病毒。具体过程可能不会被美国 EPA 批准为 A 类固体的替代品，但该条例规定，如果检测显示这种产品具有的病原体密度较低时进行分销是安全的。这就是说，美国 EPA 和许多州已经表示出对使用满足 A 类固体要求的替代品 3 和 4 已经表示出关注。生产者如果正在考虑这种方法就应该意识到这一点，并随时关注美国环保署及其州代理机构的法规制定活动。

其他工艺方法可能满足作为EQ生物固体分销和市场营销的监管标准。从技术上讲，任何满足EQ标准的生物固体都适合市场营销，但生产者考虑到这些工艺过程应该实现的是，不仅达到EQ状态，还要保证产品的市场。例如，某些高级消化技术可能会产生EQ生物固体，但如果它们只是在生产前简单地进行机械脱水，则它们的外观、处理性能和气味可能显著不同于B类脱水滤饼。如果不进行进一步加工则这种物质的市场营销基本上没有潜力。一个良好的一般性准则是产品必须具有高固体含量——通常超过50%——才能适于市场销售。

最后，还有些新兴技术(例如，那些旨在制造生物固体衍生燃料或建筑材料或水泥集料组分的那些技术)，能够生产EQ生物固体或适于销售的产品。对于这些工艺方法的详细信息，请参阅《生物固体管理的新兴技术》(*Emerging Technologies for Biosolids Management*)(U. S. EPA，2006)。截至本书出版之时，这些工艺方法大多数都还未得到工业化批准，因此如果要生产出适和销售的产品还有待观察。

7.2 监管方面的考虑因素

市场上销售的生物固体，必须符合《40 CFR503》标准，以及州的有关规定。

7.2.1 联邦法规

所有生物固体衍生的产品如果将要作为土壤改良剂或肥料进行分销，则必须接受《40 CF R 503法》的监管。满足A类病原体减少和VAR标准而不满足表3限制的生物固体，仍然可以在市场上销售；然而，其应用要经受累积污染物负荷。这样的产品可能具有受限的“可销售性”，但是它们仍适合广泛的一般性土地施用。

7.2.2 州法规

影响生物固体衍生产品分销和营销的州监管计划项目包括固体废物和水质法规，以及一些不同的监管控制。

许多州在颁布《40 CFR 503法》之前都具有固体或生物固体规管条例。有助于EQ生物固体分销和营销的《503分卷条例》条文，可能在这些州立法规中并不存在，因此在1993年颁布《503分卷条例》时和各州采纳类似语言(因为各机构经历此过程有必要对其法规进行修正)。然而，到2008年，大多数州已经通过了《503分卷条例》的条款，而促进了分销和营销。一些州的规定稍微有所不同，或比《503分卷条例》更加严格，因此，任何生产EQ生物固体的企业，应该仔细评估产品将要分销的该地区内的州立法规以确定这些规定可能如何影响分销成本。

大多数州也有法规，控制具有肥料、土壤整理，土壤改良(例如，提高土壤pH值)价值的产品如何分销。这些法规可能并非旨在控制这些产品如何放置于这些环境，而是确保金融交易要以美元收取的实际价值为基础。因此，控制这种产品销售和分销的州立法规，通常需要一定的分析保证(例如，产品中含有至少4%的总氮)，性能效能(例如，产品具有55%的CCE)或其他属性(例如，堆肥盐指数小于2)。这些保证通常体现在必须由州机构(例如，州农业局)批准的产品标签上才能销售产品。许多州还规定此类产品的生产商或分销商必须获得牌照或注册，并通常需要定期支付吨位税——对每吨分销的通常要为产品检测和分析付费的产品收取费用。

对于不遵守州内肥料/土壤改良剂条款的情况有可能采取罚款和处罚。例如，分销显著不同于产品标签上所作的声明的产品，可能会得到罚款或"停止销售"的命令。因此，计划分销和营销生物固体衍生产品的企业应该制定其产品声称属性的完善数据库之后才将其贴标分销。标签承诺应该在统计学上基于这些属性的可靠测定结果。

7.3　可销售性的标准

7.3.1　产品质量

每种生物固体衍生的产品的市场通常具有一套产品在市场感兴趣之前必须满足的基准。

7.3.1.1　堆肥

堆肥的产品质量标准已经由美国堆肥委员会(USCC)建立，并包含于其《堆肥利用的场地指南》(*Field Guide to Compost Use*)(USCC，2001)中。这些参数包括(除了监管的污染物之外)：pH 值，可溶性盐(盐度)，养分含量(N-P-K)，持水能力，堆积密度，水分含量，有机质含量，颗粒粒径，生长筛选和稳定性。

(一) pH 值

大多数堆肥都具有 pH 6~8。添加堆肥可能影响生长介质的 pH 值；通过作为石灰(碱)和硫(酸)加入这种物质能够调节 pH 值。

(二) 可溶性盐

可溶性盐的浓度是溶液中总可溶性离子的浓度。大多数植物物种都具有耐盐性级别，并已知最大耐受量。过量的可溶性盐可能会产生药害。此参数的另一项度量是盐指数，这是在实验室中测定而对比于标准(硫酸铵=100)确定的。盐指数远低于 100 的产品，通常是没有问题的。氯化铁整理可能是盐水平过量的一个来源。

(三) 养分含量

氮、磷和钾是植物生长所需的三种最大的常量营养元素，因此，是最感兴趣的肥料成分。这三种营养成分测定是基于重量而表示为总干物质质量的百分数(%)；氮通常按照无机和有机或缓慢释放形式分解，而磷和钾都被转换为磷酸(P_2O_5)，钾(K_2O)的肥料形式。实验室取样取的 P_2O_5和 K_2O 的测定对于确定植物可利用肥料是必需的。

(四) 持水能力

持水能力是给定体积的堆肥能够在 101.325kPa(1atm)的压力下保持水的能力的度量，这作为干重百分比进行测定。这能表明降低所需灌溉频率，以及严重用水需求的潜在受益。持水能力应该是已知的，而允许用户监测或估计堆肥对其作物浇水方案和生长介质的影响。

(五) 堆积密度

堆积密度是每单位体积的堆肥重量。它用于将堆肥施用速率从公吨换算成立方米。在现场施用中，立方米/公顷随后将推断表达按照深度(例如，30mm 施用速率)表示的施用速率。堆积密度也用于确定在给定场合可以运输的堆肥体积，而考虑大多数车辆具有可能不合法超过的特定最大总重量。

（六）水分含量

水分含量是一种堆肥产品中水含量的度量，表示为%总固体物。堆肥水分含量影响其堆积密度，并因此影响运输成本。水分含量也会影响产品的处理。干堆肥可能是尘土飞扬的而在工作中使用时会产生刺激，而湿堆肥可能较重而呈块状，使其难以使用而运输更昂贵。堆肥理想的水分含量为35%~45%。

（七）有机质含量

有机质含量是堆肥中有机碳基物质的度量。它通常表示为干重的百分比。

（八）粒度

粒度是产品(样品)通过一定大小的筛孔的多少(以百分数表示)的度量。粒径往往决定产品的用途。例如，粗堆肥最适合用于土地复垦和水土流失控制，而精细堆肥适用于草坪表土混合和追肥。对于大多数应用而言，只指定产品最大粒径(或其通过的筛孔尺寸)就足够满足要求。然而，某些应用(例如，盆栽/苗圃介质组分)，需要特定的粒径分布。粒径分布测定了具体粒径范围内的堆肥量。这是通过将堆肥样品倾倒通过系列筛子(筛)而测定的，每个筛子都具有比前一个筛子尺寸更小的开口。结果表示为每个筛尺寸保留的%(重量)样品。

（九）生长筛选

生长筛选试验是植物毒性物质(例如，挥发性脂肪酸、醇、可溶性盐、重金属或氨)存在的指示。这些物质可能会导致种子发芽延迟，种子或幼苗受损或死亡，或植物损坏或死亡。生长筛选试验包括发芽，根伸长和盆栽试验；这些试验预想并不是确定那种生长抑制剂导致不良生长响应。此外，通过生长初期筛选试验的产品如果储存不当则后来也可能会失效。堆肥在厌氧条件下储存可能会形成特定的生长抑制剂(例如，挥发性脂肪酸和醇)。

（十）稳定性

稳定性是堆肥在一组给定的条件下的生物活性水平的度量。不稳定的堆肥会消耗显著量的氮和氧而支持生物活性，并产生热量，二氧化碳和水蒸汽。稳定的堆肥就几乎不会消耗氮和氧，并几乎不会产生二氧化碳或热。不稳定的堆肥需求氮；它可能会导致缺氮而有损于植物生长，在某些情况下，甚至杀死植物。如果存储，且保持不曝气，则不稳定堆肥就能变成厌氧条件而发出滋扰气味。

7.3.1.2 热干燥生物固体

热干燥生物固体，一般情况下应该满足容许产品分销所必需的大部分物理，化学和微生物的监管标准。一些重要的标准包括粒径、耐久性(硬度)、灰尘、气味、堆积密度、养分、盐指数和热值。

（一）粒度

至于堆肥，干燥的生物固体颗粒大小的测定是有用的。许多生物固体干燥过程将会筛分最终产物，而是一个重要的工艺步骤；这使生产者能够仅仅通过选择具体筛子尺寸而指定要管理的颗粒物尺寸。优选的颗粒尺寸可能会因市场而异。例如，寻求标准级别的肥料的用户可能喜欢粒径为2~4mm的产品，而寻求在发球台和果岭使用干燥生物固体的高尔夫球场管理者可能更喜欢更小粒径的产品(通常0.3~0.8mm)。

粒径是诸多原因的一个重要考虑因素。如果干燥生物固体将会与其他肥料成分混合，则如果干燥生物固体粒径大致与其他组分相同而在掺混之后将不太可能发生偏析。粒径也可能影响产品的均匀分布。粒径在一定程度上甚至影响干燥生物固体释放养分的速率(即，粒径较小的颗粒应该比更大的颗粒释放养分速度更快)。

肥料用户还可能对颗粒大小确定方法的变化产生兴趣。粒度指数(SGN)是肥料中颗粒的平均粒径的量度。为了计算 SGN，产品过筛通过系列具有不同开孔尺寸的嵌套筛子，由筛子操作员确定哪一筛孔尺寸(以 mm 计)保留 50%(按重量计)物料，而随后将开孔尺寸乘以 100。换言之，SGN 为 200 的产品具有的平均粒径为 2mm。

另一个对于肥料掺混物可能很重要的物理测定量是均匀度指数。在一般情况下，均匀度指数是小颗粒(细粒)与大颗粒(粗)粒径的比率。均匀度指数越低表示粒径分布越宽，值越高表示分布越窄(即，均匀指数 100 将意味着所有的粒子大小相同)。用户通常喜欢更高的均匀度指数。

(二) 耐久性(硬度)

由于热干燥的生物固体往往会采取稍微强烈的处理(输送、倾倒和采用前端装载机移动)，粒子的耐久性(抗降解性)是很重要的。耐久性较差的颗粒，容易断裂，产生更细的颗粒和灰尘。

对于硬度还没有普遍接受的试验方法。土壤肥料研究所提供了一种测试方法。它涉及将所选择肥料颗粒放置于棘轮硬度计上，这种硬度计就会对颗粒施加压力并记录颗粒粉碎时的“重量”作为其“碎裂强度”。根据这种方法，尿素丸具有的破裂强度为 9~13N(2~3 磅)，而普通超磷酸盐具有的碎裂强度为 20~31N(4.5~7lb)。人们可能预期碎裂强度超过 20N(4~5lb)的干燥生物固体应该是相当耐用的。

(三) 粉尘

热干燥生物固体的粉尘含量可能是评价这种物质是否很适合某具体用途时最重要的物理参数；粉尘飞扬的产品往往不太受用户接受。许多用户和中介机构要求，热干燥生物固体要几乎不含粉尘。

影响这一特点的污水处理方面是沙砾，细纤维和毛发从生物固体中清除的程度。这些东西倾向于降低热干燥生物固体的耐久性而使其更容易在处理和转移期间更易破裂，产生许多细颗粒。如果原料含有相当部分的原始初级固体或渠首设备并不是尽可能有效，则这种产品通常将包含外来物质而可能易于断裂。作为一般性的规则，未消化固体通常比热干燥前进行消化的生物固体会产生更加尘土飞扬的热干燥生物固体。

此外，一些干燥技术生产的生物固体比其他的更易于尘土飞扬。棱角更分明的生物固体颗粒往往会在处理过程被破碎，产生细颗粒和粉尘。球形颗粒更多时通常不太可能出现这种情况。

这就是说，大多数热干燥技术会产生一些粉尘而因此许多设施会安装筛分系统，去除细小颗粒或向产品中加入粉尘抑制油。

(四) 气味

大多数热干燥生物固体都会散发出一股暗含氨味的霉臭土腥味和——根据不同的系统——有时会有烧焦的气味。有趣的是，充分消化的原料产生的热干燥生物固体往往视为比原始固体产生的热干燥固体的气味更低。在大多数应用中，气味并不会限制热干燥生物固体进行有益用途的合适性。偶尔，在施用和再润湿之后(例如降雨或灌溉之后)也会听到有关产品的气味意见。至于其他生物固体，如果热干燥的生物固体按照较高的速率施用而随后不进行掺混时，人们可以预料，这会散发一定的气味。气味强度将是施用速率的函数，但在大多数情况下，气味会随着时间的推移而消散。如果计划采用这种施用方法，则应该谨慎选择可能注意到这种气味的敏感受体较少的场地。

(五) 堆积密度

堆积密度是每单位体积(例如，lb/yd^3)的产品质量的度量。该测定结果在管理热干燥生物固体中出于各种原因都是很重要的。

干燥生物固体的堆积密度范围通常为560~720 kg/m^3(35~45lb/ft^3)。然而，这种产品的实际密度要直到干燥系统运行之后才能确定，因此设计工程师在设计产品处理和存储系统时必须选择合理的估计值。如果储存系统设计者将其工作基于高堆积密度而实际产品可能具有低得多的密度时，就可能出现产品管理问题。此外，具有低堆积密度的产品可能在满足最大容许重量之前就已经装满运输单元装置，从而提高了运输成本。

如果采取袋装热干燥生物固体，无论是作为独立肥料或作为复合干肥料的组分，则在袋装规格的选定中其堆积密度就变得很重要。如果这种物质要代替复合肥料中密度较大的填料，则低堆积密度就能够使问题尤其突出；生产商就可能需要购买新包装袋才能适应这种较轻的物质。

(六) 营养成分

热干燥生物固体的营养成分含量对其潜在用户而言通常是其主要价值。用户对三种类型的养分感兴趣：主要营养成分(氮、磷和钾)；次级营养成分(钙、镁和硫)；和微量营养素(硼、氯、铜、铁、锰、钼和锌)。

在大多数州，州农业部门(或类似机构)规定，所有肥料(例如，热干燥固体)必须进行登记并有标识。大多数州要求保证植物主要营养物质的百分比[通常在化肥袋导航呈现为%N-%P_2O_5-%K_2O(例如，10-10-10)]；它们还将接受次级要或微量养分的保证。这些保证变成监管标准，而如果产品未能提供所承诺的营养物质量，则生产者将可能受到罚款，“停止销售”的命令，或这两者。

典型热干燥原料会保留固体除氮之外的营养成分含量。通常情况下，热干燥几乎会从脱水生物固体中除去一小部分可溶性氨氮。这并不会显著改变有机氮或大多数其他无机元素的干重浓度。

公共事业单位通常会基于元素测定生物固体的磷含量。然而，肥料行业是基于可利用的磷酸评价产品的磷值，这通过柠檬酸吸收进行测定。

此外，肥料行业通常并不会以其元素形式测定钾，而是作为 K_2O 进行测定。生物固体的总钾含量(以干重为基准)可以乘以 1.2 而转化成 K_2O。肥料行业通过水提取测定钾。通常情况下，钾通过污水处理工艺过程后仍然是可溶性的，不会以任何显著较大的程度积聚于生物固体中。大多数热干燥生物固体生产商并不会保证 K_2O 含量。

次级植物营养成分基于地区(例如，在酸性土壤区域，钙和镁可能是很重要的)或对于特定作物或轮作通常是很重要的。如果保证为热干燥生物固体的一个组成部分，则这些元素通常按照该元素百分比浓度(基于干重)报告。大多数州都对这样的保证具有最低浓度要求。

相比于主要元素，植物需要少量的微量元素。微量营养素在必不可少的要素中是很独特的，因为其缺乏经常是由于作物物种和土壤特性的综合作用结果。铜，钼和锌也是《503 分卷条例》之下的污染物。至于次级营养成分，这些元素通常按照该元素百分比浓度（基于干重）报告，而大多数州对这样的保证都具有最低浓度的要求。

热干燥生物固体的肥料成分，通常是要么混入有机物质中，要么沉淀于固体基质中作为稍微不溶性的化合物。因此，大多数生物固体的肥料价值是营养物质的"缓慢释放"形式。按照市场化的热干燥生物固体，这实际上意味着大部分肥料成分直到土壤微生物天然群落分解这种有机物质时才释放出来。这通常出现在土壤温度超过约 52℉和土壤水分充足之时。

（七）盐指数

可溶性盐是土壤基质内由其固定的水提取物中溶解离子的浓度。在美国某些地区，特别是在夏季，由于蒸腾作用增加，土壤溶液盐浸出不足和过度施肥，土壤可能会累积过量浓度的可溶性盐。极高的盐浓度可能会抑制水分吸收，导致萎黄，阔叶焦黄，早熟落叶，枯梢，并抑制增长（通常称为枯萎）。盐指数是肥料在植物中产生这些效应的能力度量。高盐指数肥料比低盐指数的肥料更容易导致积盐和干枯损伤。高盐指数的肥料往往会造成水迁出而不是进入根细胞。

具体而言，盐指数是将肥料阻止根吸收水分的潜力对比于当量重量的标准硝酸钠。硝酸钠，具有的盐指数为 100，选作标准是因为其是 100%水溶性的而在 1943 年首次提出盐指数时常常用作氮肥。盐指数值大于 100 的肥料比硝酸钠更易于阻止根吸收水分。盐指数大于 20 的肥料应该在种植之前就施加到土壤中，否则施加到土壤表面并随后进行充分灌溉而降低盐伤害（"肥烧伤"）的潜势。

热干燥生物固体预期盐指数会相对较低，但对此参数的测试和具有有用的数据，可能有助于与潜在用户洽谈。

（八）热值

热干燥生物固体新兴市场是在工业应用中作为生物质燃料。在欧洲和世界的其他国家和地区，生物固体已经在工业工艺过程（例如，水泥制造）中用作燃料。生物质燃料的特征在于"工业分析和元素分析"。"工业"分析包括水分含量，挥发物含量（当加热至 950℃），在该温度下剩余的游离碳，样品中的灰分（矿物）和基于样品完全燃烧成二氧化碳和水的高热值（HHV）。"元素"分析提供燃料组合物中碳，氢和氧（主要成分），以及硫和氮（如果有）的重量百分比。

干燥生物固体的典型热值预期范围为 12 000～28000kJ/kg（5 000～12000 Btu/lb）。消化的生物固体只约占初级固体 HHV 的一半。相比较而言，煤炭的 HHV 可能达到 30 000kJ/kg（13 000 Btu/lb）的级别，而木质生物质 HHV 可能约为 19000kJ/kg（8 000 Btu/lb）。

7.3.2　产品一致性

支付客户都期望他们购买的每袋产品，批发或车载量具有相同的产品和性能。因此，生物固体生产者应该努力地尽可能生产最可靠而恒定一致的产品。

因为季节，流量和过程控制的变化很自然地导致产品质量有些不一致，这生产者应该尽可能合理可行地制定更具代表性的数据而使之可以向客户展示每种产品的特点仍然在预期的范围内。这可能会涉及比《503 分卷条例》所要求的更频繁的采样和分析，特别是在市场营销计划的初期，因此可能需要开发数据库并进行统计审查。

7.4 市场的确认和开发

对于新 A 类生物固体产品的生产商要找到为之等待的完全开发的市场是很少见的。

在投资新的 A 类生物固体设施之前，代理机构应该为要生产的产品仔细评估当地和地区市场，使用那些评价的反馈意见完成设计，尔后一旦选定和开始施工建设工艺过程就应该努力保持与市场的沟通。如果市场意识到新产品到来而希望对其有所了解，则公司的新产品推出时客户会更容易接受。

如此而为之，可能会缩短开发新产品完整市场机会所需的周期；然而，生物固体生产者仍然应该期望至少经过 3 年才能使产品收入开始有意义地抵消营销成本。同样，考虑新的生物固体工艺过程的组织则不应该假设产品销售收入会比稍微降低 O&M 成本获利更多；相反他们应该假定生物固体管理项目仍将是预算中的成本。

尽管如此而言，但是仍有各种生物固体衍生的产品市场，而这种营销可能支持公司生产清洁水的整体使命，而同时限制残余物管理的总成本。

7.4.1 典型的市场

市场是产品特异性的。堆肥通常作为向土壤加入有机质或改善土壤物理性质的土壤整理剂或改良剂而进行销售。堆肥倾向于降低生物固体总氮含量，从而降低了其作为肥料的作用；然而，对于 2008 年化肥价格历史新高，即使氮磷含量稍低也可能会提高堆肥的价值。

表 27.14 列出了堆肥的典型用途和与每一用途相关的市场。每个市场都有特定的需求和喜好。例如，使用堆肥作为育种培养价值的客户对于药害和盐度特别敏感。那些使用堆肥作为追肥的客户对于粒径很敏感。在垃圾填埋场覆盖层，土地复垦和水土流失控制应用中，可能优选较粗的堆肥，因为这种堆肥可能会更耐侵蚀。同时，质地和残留气味在零售或房主应用中是主要关注点。

表 27.14 堆肥的典型用途和市场

用 途	市 场
盆栽和园艺混合	温室，苗圃和零售分销
换土	场地育苗和草坪农场
掺混而产生表土	表土配料和景观材料供应商
草坪建植	景观和场地承包商，公共部门①，以及零售分销
草坪追肥	高尔夫球场，学校，公共部门和零售分销
砂质或黏质土壤的改良	农业，也有土壤置换，表层土，草坪建植和土地复垦市场
土地复垦	填埋场经营者，矿场和砂坑经营者，景观和场地承包商
填埋场覆盖层	填埋场经营者
私家花园	普通大众

① 公共部门可能包括市、县、州和联邦机构(如公园部门，高速公路和公共事物部门和机场)。

堆肥通常散装出售给园林景观，土壤混合机和其可能要将产品洒遍较大区域(例如，公园和球场)的现场特异性最终用户。一些公司也向家用和花园店交付散装堆肥，这由此容许客户能够小批量购买。随着时间的推移，由于市场越来越熟悉产品，则一些公司将安装袋装系统或与当地包装上签订合同，而开始按照 18kg(40lb)的袋或类似规格的容器销售终端产品。袋装销售通常针对房主或更小用户，但这对于其他市政机构，高尔夫球场等购买袋装堆肥可能并非是不可思议的。

不同于堆肥，热干燥生物固体将会保留其初始氮含量，因此，能够稍微提供更多的肥料价值。含总氮 5%的典型干生物固体，在 2008 年中期，可能具有相当约 $ 90/公吨的氮肥价值(只考虑总氮浓度)。其某些部分将“缓慢释放”，这既代表市场增强也代表受损。对于寻求养分随时间释放的用户，这是有价值的特性，但如果潜在客户正需要提供作物生长的所有氮需求，则这种缓释性能可能会降低他或她所期望的产品价值。

热干燥生物固体通常作为干混的全成分肥料(即，提供氮、磷和钾的肥料)的组分出售。如果肥料是低成分的(如，10-10-10)，则配料者不能仅仅采用化学肥料源构建这种产品。因此，配料者通常会添加一定量的惰性填料完成共混物；如果生物固体能够代替这种产品，则配料者既能避免填料成本，又能够潜在地降低其完成掺混物必要的其他肥料的购买量。

热干燥生物固体也可以作为一种独立的产品进行散装和袋装销售。大多数“本地”用户(例如，高尔夫球场、公园部门和草坪管理人员)能够经常以散装袋[约 450kg(1000lb)/袋]使用产品。对于房主和本地用户可以分销更小的包袋装[18~20kg(40~50lb)]。

干燥生物固体的新兴大宗用户是水泥行业。水泥窑可能会燃烧许多燃料——包括“废”产品——因此该行业已经开始使用干燥生物固体作为另一种燃料。每个水泥企业和水泥窑的位置可能对此做法持有不同的观点和/或对能够燃烧的燃料具有地方限制。然而，如果能够证明热干燥生物固体有助于提供有用的热能，则水泥窑经营者(和其他生物质转化成能量的工艺过程)可能会对此产品感兴趣。

7.4.2　区域性和季节性问题

使用生物固体衍生的产品的“高峰”季节在整个美国可能都是不同的。通常，两个主要的高峰季节是春天和秋天。这些高峰其可能在季节较长的地区会延长，但代理机构一般在该年某些时段期间应该计划缓慢销售。例如，在美国西南部，生物固体衍生产品的销售从 2 月到 4 月可能比较强劲，在炎热的夏季放缓，而从 9 月到 12 月又是高峰。相反，在美国东北部地区，春季销售高峰从 4 月到 6 月，而 8 月下旬回落的销售又会上升，并在整个 10 月保持强劲。

市场评估能够有助于确定销售季节。代理机构在指定产品储存(库存)策略时应该使用这样的评估。

虽然大多数生物固体衍生的产品能够用于美国大多数地区，但代理机构不应该预期碱基产品的销售在土壤 pH 值水平远高于中性的地区将会很强劲。在这些地区的民众恰巧不会购买很多浸灰剂。这并不是说，这类产品在此处没有市场，而是产品的价值可能会受到限制，除非这种产品也拥有其他适销的属性。

7.4.3　分销渠道

生产商通常有两个主要的分销渠道：他们可能具有生物固体衍生产品的市场人员，或他们能够承揽第三方完成此工作。如果生产者决定亲自将产品推向市场，则分配给这项工作的人员应该具有一定的市场开发和服务工作的经验和专业知识。生产商可能会发现，他们需要专门为此目的雇用员工。

如果签定分销和营销合同，则代理机构从使用代理至雇用承包商日常去除和管理产品，会具有许多可供考虑的渠道。代理通常是将生物固体衍生产品增加到一套其销售产品市场的人(类似制造商的代表)。代理在如此行事时，他们会尽力工作销售产品并收取佣金，但通常并不能保证能够分销特定数量的产品。

一些代理机构会进入服务，提供商日常销售和管理产品的合约(类似管理B类生物固体的公司)。这些公司负责寻找分销产品的合适地点。生产商通常几乎看不到这些合同中的收入；事实上，他们可能不得不为此服务对该公司进行付费。这种渠道的主要好处在于降低人事成本和存储要求。

一种中间渠道是与第三方签署开发产品和服务该产品市场的合约。在这种情况下，代理机构可以提供资金支持直到市场开始实现产品价值。这种合同通常至少有5年之久，以至于承包商有机会实现他们早期的劳动成果。

7.4.4 分销方法

不同的客户希望产品以不同的方式交付。虽然市场评估将指示市场喜欢如何交付，但是大多数代理机构都是以批量分销计划开始，直到建立市场需求。一旦代理机构具有可靠和一致性的一套批发产品的销路，他们就可以开始调查袋装的价值。随着时间的推移，袋装产品的销售可能会成为有用的收入流，但这种决策最好在代理机构拥有市场经验之时作出。

如果代理机构确定袋装产品销售可行，则主要有两种方法来实现这项计划：

- 投资袋装产品必要的设备和劳动动力；
- 与第三方签署装袋，托运和包装产品的合约。

在这两种方法中，代理机构将不得不定制袋装标签(通常必须由州监管机构批准)和采购袋子。

8 参考文献

American Water Works Association (2008). *Quicklime and Hydrated Lime*; B202-07; American Water Works Association: Denver, Colorado.

ASTM International (2006) *Standard Test Methods for Chemical Analysis of Limestone, Quicklime, and Hydrated Lime*; C25-06; ASTM International: Philadelphia, Pennsylvania.

Dominak, R. P. (2005) *Long Term Residuals Management Plan for the Northeast Ohio Regional Sewer District*; Northeast Ohio Regional Sewer District: Cleveland, Ohio.

Evanylo, G. K. (1999) *Agricultural Land Application of Biosolids in Virginia*; Publication No. 452-303; Virginia Cooperative Extension: Blacksburg, Virginia.

Forste, J. (1996) Land Application. In *Biosolids Treatment and Management*; Girovich, M., Ed.; Marcel Dekker, Inc.: Monticello, New York.

Hundal, L.; Cox, A.; Granato, T. (2005) Promoting Beneficial Use of Biosolids of Chicago: User Needs and Concerns. Paper presented at WEF Innovative Uses of Biosolids and Animal and Industrial Residuals Conference; Chicago, Illinois, June 29 - July 1, 2005.

Logan, T. (2008) Personal communication. July.

Lue-Hing, C. ; Tata, P. ; Granato, T. A. ; Pietz, R. ; Johnson, R. ; Sustich, R. (1998) *Sewage Sludge Survey*; Association of Metropolitan Sewerage Agencies: Washington, D. C.

Moss, L. ; Epstein, E. ; Logan, T. (2002) *Comparing the Characteristics, Risks and Benefits of Soil Amendments and Fertilizers Used in Agriculture*; Report 99-PUM-1; Water Environment Research Foundation: Alexandria, Virginia.

MWH Global, Inc. (2005) *Water Treatment Principles and Design*, 2nd ed. ; Wiley & Sons: New York.

National Biosolids Partnership Home Page. http: //www. biosolids. org (accessed May 2009).

National Biosolids Partnership (2005) *National Manual of Good Practice for Biosolids*; National Biosolids Partnership: Alexandria, Virginia.

Northeast Biosolids and Residuals Association (2007) *A National Biosolids Regulation, Quantity, End Use and Disposal Survey*; Northeast Biosolids and Residuals Association: Tamworth, New Hampshire.

Sharma S. D. ; Lewis H. P. (1994) *Waste Containment Systems, Waste Stabilization and Landfills: Design and Evaluation*; Wiley & Sons: New York.

U. S. Composting Council (2001) *Field Guide to Compost Use*; U. S. Composting Council: Rokonkoma, New York.

U. S. Department of Agriculture Natural Resources Conservation Service (1999) *Nutrient Management Code* 590; Conservation Practice Standard Publication; U. S. Department of Agriculture, Natural Resources Conservation Service: Madison, Wisconsin.

U. S Department of Agriculture, Natural Resources Conservation Service, Web Soil Survey Home Page. http: //websoilsurvey. nrcs. usda. gov (accessed May 2009).

U. S. Environmental Protection Agency (1991) Solid Waste Disposal Facility Criteria, Final Rule, Part II. *Code of Federal Regulations*, Parts 257 and 258, Title 40.

U. S. Environmental Protection Agency (1993a) Standards for the Use or Disposal of Sewage Sludge. *Code of Federal Regulations*, Parts 405(d) and 503, Title 40

U. S. Environmental Protection Agency (1993b) *Solid Waste Disposal Facility Criteria Technical Manual*; EPA 530R93017; U. S. Environmental Protection Agency: Washington, D. C.

U. S. Environmental Protection Agency (1994a) *Plain English Guide to the EPA Part* 503 *Rule*; EPA 832R93003; U. S. Environmental Protection Agency: Washington, D. C.

U. S. Environmental Protection Agency (1994b) *Guidance for Writing Permits for the Use or Disposal of Sewage Sludge*; U. S. Environmental Protection Agency: Washington, D. C.

U. S. Environmental Protection Agency (1994c) *The Hydrologic Evaluation of Landfill Performance Model (HELP)*; Users Guide Version 3; EPA600R94168a; U. S. Environmental Protection Agency: Washington, D. C.

U. S Environmental Protection Agency (1995a) *A Guide to the Biosolids Risk Assessment for the EPA Part* 503 *Rule*; EPA832B93005; U. S. Environmental Protection Agency: Washington, D. C.

U. S. Environmental Protection Agency (1995b) *Process Design Manual: Surface Disposal of Sewage Sludge and Domestic Septage*; EPA 625R95002; U. S. Environmental Protection Agency:

Washington, D. C.

U. S. Environmental Protection Agency (2000) *Guide to Field Storage of Biosolids*; EPA832B00007; U. S. Environmental Protection Agency: Washington, D. C.

U. S. Environmental Protection Agency (2003) *Environmental Regulations and Technology: Control of Pathogens and Vector Attraction in Sewage Sludge*; EPA 625R92013; U. S. Environmental Protection Agency: Washington, D. C.

U. S. Environmental Protection Agency (2006) *Emerging Technologies for Biosolids Management*; EPA 832R06005; U. S. Environmental Protection Agency: Washington, D. C.

Water Environment Federation (2009) *Wastewater Solids Incineration Systems*; Manual of Practice No. 30; McGraw-Hill: New York.

术 语 表

非生物的　该环境中无生命元素。

吸收　分子或其他物质无化学反应地同化至液体或固体的物理结构中

精度　模型紧密匹配所观察数据的度量。

乙酸　通过发酵产生而用作生物工艺过程之碳源的化学品。化学式为 CH_3COOH。

产乙酸作用　将挥发性酸转化成乙酸的代谢过程，乙酸是分解产甲烷作用的主要底物。

酸　(1)能够与碱反应而生成盐的物质。(2)能够给出氢离子或质子的物质。

酸度　水溶液中和碱的能力。

产酸作用　有机物质形成短链挥发性脂肪酸。

ACR　袋式集尘室中风量-滤布表面积之比。

放线菌　通常在堆肥中发现的微生物；同时具有细菌和真菌的特性。

活性炭　高度吸附剂形式的碳，用于去除水和污水中溶解的有机物质，或用于从排放的气体中去除异味和有毒物质。

活性碳黑　参见活性碳。

活性污泥　在活性污泥工艺过程中的生物活性固体。

活性污泥工艺方法　一种生物污水处理工艺方法，其中污水混合物与生物富集污泥发生混合并曝气而促进微生物进行好氧分解。

活化能　启动一个过程或反应所需的能量。

共混物　(1)混合期间加入的材料或物质，(2)除了水泥，粒料或与混凝土混合水之外的物质。

吸附　将气体、液体或溶解的物质分子转移至固体表面而在此通过化学或物理作用力结合的过程。

吸附容量　吸附介质(例如，活性炭)能够收集污染物的最大容量。

高级氧化处理工艺方法　采用消毒剂(例如，臭氧和过氧化氢)化合而将有毒有机物氧化成无毒的形式的工艺方法。

高级二级处理　采用强化固体分离的二级污水处理。

高级污水处理　设计用于去除通过传统二级处理工艺方法不能充分去除的污染物的工艺方法。

曝气　向水或污水中加空气或氧，通常采用机械方式，增加水中的溶解氧水平而维持好氧条件。

曝气机　用于将空气或氧引入水或污水中的设备。

好氧菌　需要游离氧呼吸的生物。

好氧的　游离氧存在为特征的条件。

好氧消化　涉及可生物降解物质直接氧化和微生物细胞物质的氧化的固体稳定化处理工艺方法。

琼脂　从红藻中提取的而通常用来培养微生物的一种胶状物质。

琼脂板　一中圆形玻璃板，含有琼脂或其他培养基，用于培养微生物。

聚结　分散的悬浮物质混凝成更大的絮状物或颗粒。

农艺率　设计用于完成以下工作的年总生物固体施用速率(基于干重)：

(1) 提供粮食作物、饲料作物、纤维作物、造林作物、园艺作物或土地上生长植被所需要的氮量。

(2) 最小化作物或植植被根区之下通过而进入地下水的氮量。

每小时空气变化量(ACH)　封闭体积内通风的度量。

空气扩散器　设计用于将大气氧传递到液体中的设备。

气升泵　通过在浸没于泵送液体中的立管底部附近喷射空气而降低流体混合物比重使之随立管爬升的泵送液体设备。

空气污染物浓度　环境空气中污染物的度量。单位可以表示为每单位体积的质量，或摩尔比。

气流冲刷　在过滤器反冲洗循环期间采用空气搅拌颗粒状滤料。

空气汽提　通过将空气和液体逆流通过填充塔而从液体中去除挥发性和半挥发性污染物的过程。

等分试样　分析之用的样品量。

碱　具有高度碱性的物质。

碱液　含有足够的碱度而 pH 超过 7.0 的水溶液。

碱稳定化处理　通过石灰或其他碱性物质键入固体中而将 pH 值升高超过 12 达 2h 而降低病原体的工艺方法。

碱度　水经由碳酸盐、碳酸氢盐和氢氧根中和酸的能力。

α 因子　在相同温度和压力下水和污水氧传递系数之比；用于曝气设备的选型。

备选系统(现场污水处理)　并非传统系统(按照当地监管法规描述)的现场污水处理系统。

明矾　硫酸铝的俗名，常常用作水和污水处理中的絮凝剂。化学式为 $Al_2(SO_4)_3 \cdot 14H_2O$。

硫酸铝　参见明矾。

调理剂　在堆肥操作中加入市政固体中促进空气流量均匀的有机物质或填充剂。

氨　氢和氮在自然界广泛存在的化合物，化学式为 NH_3。

氨氮　氮元素以氨和铵离子形式存在的量。

氨化　有机氮细菌分解成氨。

铵离子　溶液中发现的氨形式，离子 NH_4^+。

阿米虫　一种单细胞原生微生物，也叫变形虫。

阿米巴痢疾　是由原生动物寄生虫引起的一种痢疾形式，这种阿米巴虫产生于恶劣的卫生条件，并通过受污染的食物或水传播。也称为阿米巴性痢疾。

厌氧菌 能够在无游离氧，硝酸盐和亚硝酸盐存在下生长的生物。

厌氧状态 其特征为无游离氧和其他电子受体，如硝酸盐和硫酸盐存在。作为一种工艺过程，厌氧条件暗示活性存在严格厌氧的生物。作为活性污泥法的组成部分，厌氧暗示活性存在厌氧和兼性微生物。

厌氧消化 尤其是无氧运行的固体稳定化处理工艺过程，其中大部分有机废弃进料都转化成甲烷和二氧化碳。

阴离子 带负电荷而在溶液施加电势时向正极迁移的离子。

阴离子絮凝剂 带净负电荷的聚电解质。

阴离子聚合物 带净负电荷的聚电解质。

年总固体施用率 在365天的时间内能够施用于单位土地面积上的最大生物固体量(基于干重)。

阳极 电流通过其离开电解质溶液的正极。

阳极保护 经过使用具有比要保护的金属更高电极电势的阳极而实现电化学腐蚀保护。

缺氧的 特征为无游离氧条件。

无烟煤 坚硬，黑色煤，含有高百分比的固定碳而挥发性物质百分含量较低；燃烧时很少或没有烟雾。

人工合成化合物 由人类创造的化合物，经常对具有相对较高的抗生物降解性。

氯水 溶解于水中的氯或氯化合物，经常误称为“液氯”。

弧形筛 粗筛设备类型。

电弧打火 在故障或短路点释放电能。

古细菌 包含产甲烷菌的系统发育类原核生物。

阿基米德螺旋泵 参见螺杆泵。

面源 排放空气污染物的敞开表面或罐池。

曝气SRT 活性污泥池曝气部分内的固体停留时间，参见固体停留时间。

厌氧氨氧化 通过专门的类浮霉状菌属细菌催化的生物厌氧氨氧化过程，由此氨和亚硝酸盐经过消耗而主要生成氮气。

竣工图 经过校正反应设施如何精确建筑或安装而为施工准备的原始计划和规格详细说明的副本。

灰分 焚烧之后剩余的非挥发性的无机固体。

曲霉病 由于曲霉真菌引起的一系列感染，生长或过敏性反应。

抽气曝气机 采用马达驱动叶轮而将大气空气吸入由叶轮产生的湍流中而由此形成小气泡的曝气设备。

无菌 无病原体的状态。

同级替代 采用合适进口泥土材料填充而使浸润性表面的某些部分位于原始地面而设计和安装的超级别土壤处理区域。

大气压 测量点上方大气重量施加的力。

自氧化 自诱导氧化过程。

自热式中温好氧消化 一种曝气消化过程，在该过程中微生物产生足够的热量而维持温度处于高温范围。当保持足够长的时间而满足《40 CFR 503 法》的规定时，该过程就会产生相对无病原体的生物固体。

自养膜生物反应器 这种生物反应器使用低压膜向自养菌提供氢气作为电子供体，这种自养菌能够降低硝酸或其他氧化的污染物。

有效氯 漂白粉、次氯酸盐和其他用作氯源的材料总氧化能力的度量(相比与单质氯的度量)。

有效短路电流 在故障(短路)期间电路系统中将会流过的电流量。

平均日，最大月 该组分最大测量值的月份期间平均日流量或质量。

日均流量 一定时间内经过物理点的总流量除以那段时间内的天数，通常当作年平均(年均)值。

平均流量 在给定点测定的算术平均流量，通常当作年平均(年均)值。

平均周期 测量进行时段内的时间单位。

自发燃烧 在湿有机物质或固体燃烧热足以挥发水分而无需辅助燃料维持燃烧时发生的燃烧。

自发燃烧温度 固体燃烧中的平衡温度，其中燃料的热输入等于热损失，而燃烧自支撑。

自热式高温好氧消化 能够将可溶性有机物经由厌氧、发酵和好氧过程在高温下转化成低能量形式的生物消化系统。

自养菌 由二氧化碳衍生成其细胞碳的生物。

轴流 流体按照处理罐或池对称轴相同的方向流动。

轴流泵 一种类型的离心泵，其中流体流动保持并行于流动路径，通过叶片抬升行为产生其压头。

杆菌 杆状细菌。

逆流流动 液体与水分配系统中所需方向相反的方向流动；这可能会导致交叉连接的污染。

防倒流装置 用于防止非饮用水交叉连接(回流)至饮用水系统的装置。

返混 将热干燥产品与脱水固体混合之后才进入到干燥器中。另外，混合液体从曝气池出口端向入口分散，从而使亚硝酸盐和硝酸盐经受反硝化作用。

反冲洗 高速率逆流而实现从过滤床或筛滤介质洗净或去除固体之目的。

反冲洗速率 反冲洗操作过程中使用的流量。

反冲洗污泥水率 所用反冲洗水相对于总过滤水量的比率。

回水 参考点上游渠道中增加的水面高度。

细菌 普遍分布的刚性，缺乏叶绿素而基本上是单细胞的微生物。细菌能够完成各种生物处理过程(例如，生物氧化、固体消化、硝化和反硝化作用)。有些致病性的。

噬菌体 感染细菌的病毒。

挡板 用于提供均匀流量分布，或防止短路的障碍装置或平板。此外，还有在处理池中用于产生分区的墙壁或间隔。

集尘室 空气清洁装置，用于从空气流中经由过滤器去除颗粒物。这种过滤器在设备内部进行清洁。

球阀 使用具有孔道的旋转球的阀门，当球处于打开位置时，容许液流直接从孔道中通过。

带式筛 一种细筛设备类型。

条杆 一种筛滤介质类型。

碱 (1)可以接受质子的物质。(2)可以与酸反应形成盐的物质。(3)苛性物质。

基线 在进一步实施测试或计算时用作对照点的样品。

碱度因子 用于确定处理酸性废弃物的碱性试剂的中和能力的因子。

湾区污水处理排放模型 预测污水处理厂液相中化合物命运和预测向气相中以大规模排放速率的大规模排放的模型。

间歇式反应器 在一定时间内处理具体体积(批量)的液体或固体的反应器；设计成其内容物完全混合，而确保每一滴或颗粒都接受相同程度的处理。

床深度 容器中介质的深度。

贝氏硫细菌 丝状菌，通常与固体膨胀有关，生长于低溶氧水平和/或高硫化物水平的环境。

带式传送机 用于传送物料的设备；由连续的环状带绕其头和尾部滑轮构成。

带式压滤 参见带式压滤机。

带式压滤机 利用绕着一系列滑轮旋转的系列多孔移动带从固体中排出水的设备。

带式增稠机 在脱水和施用或处置之前利用旋转水平过滤带增稠固体的机械固体处理装置。

实验室小试试验 小规模实验室试验或研究，用于判断一项技术是否适用于具体的应用。

水底 水体底部相关的环境。

膨润土 胶体粘土状的矿物，可以用作水处理系统中的混凝剂。在池塘或填埋场衬里施工时因为其较低的可渗透性而有时用作泥土组分或土壤改良剂。

护堤 水平的土埂或坝。

最佳有效的控制技术 最佳技术，处理技术或在考虑现场(并非仅仅实验室)条件之后可行的其他手段。

碳酸氢盐 含有 HCO_3基团的化学化合物。

碳酸氢盐的的碱性 由碳酸氢根离子产生的碱性。

双流过滤器 特征为水从顶部和底部同时内流至过滤装中心的收集器的颗粒状滤料过滤器。

二分裂 在一些父本生物分裂成两个独立生物的微生物中无性繁殖的形式。

生物蓄积性 一种化学品摄入至活体生物中的速率大于生物体排泄或代谢速率的特性。

生物气溶胶 能够传输生物物质的雾。

生化分析 一种分析方法，在该方法中生物对生物处理或环境的响应通过生物活性的变化进行测定。

生化氧化 由生物活性开始的氧化反应，并导致氧与有机物的化学结合。

生化需氧量 在所述时间(通常是 20℃下 5 天)内定量流体中微生物消耗氧的污水强度

的标准度量。参见 BOD 和 cBOD。

杀生物剂　用于抑制或控制有害微生物群落的化学品。

可生物降解的　能够进行生物分解。

生物膜　微生物生长在物体表面上的积累。

生物学过滤器　砂子、石头或其他介质上生长有微生物层的床。(1)经过微生物代谢分解复杂有机物成简单稳定的物质的污水处理系统。(2)介质表面上微生物氧化污染物的固定介质空气处理系统。

生物过滤器　请参阅生物学过滤器。

生物燃料　能够用作化石燃料替代品的可燃有机物质(例如，生物固体)。

沼气　通过有机物的厌氧分解而产生的气体。

生物脱氮　微生物将硝酸盐氮转化成惰性氮气的缺氧过程，电子给体驱动反应。

生物氧化　活体生物氧化有机物质成更稳定或无机形式的过程。

生物学过程　微生物代谢分解复杂有机物质成简单更稳定的物质的任何过程。

生物合成产率　通过生物生长生产的固体质量除以去除的底物质量(通常 BOD 或 COD)。

生物质　生物处理过程中的微生物聚集体。

生物质浓度(M/L_2)　可用于处理污水或固体的生物质量的度量。它等于已知载体数量中除去的生物质质量除以载体提供的比表面积。

生物质密度(M/L_3)　生物质浓度除以所测得的或估算的生物膜厚度(L)。

生物反应器　悬浮于液体中的微生物将复杂有机物质代谢分解成简单更稳定的物质的容器。这种容器还可以包括用于控制反应的各种连接设备。

生物洗涤器　污染物被微生物氧化的空气处理系统。

生物固体　已经从污水中移除和稳定化处理(例如，消化或堆肥)而满足美国环境保护署(U. S. EPA)的《40 CFR 503 法》的规定的固体，因此，能够有益施用。

生物群　系统中的所有活体生物。

生物扰动　沉降颗粒通过水底生物的位移和混合。在混合区内的这种活动可能有助于分散出水中剩余的任何污染物，并增加沉淀和水之间的氧和营养物质的交换。

生物塔　容器内生物空气处理的总称。既可以是生物洗涤器，也可以是生物滴滤池。参见生物过滤器。

生物滴滤池　连接到固定介质的微生物在气相中氧化污染物的生物空气处理技术。营养物通常加入到连续滴过介质而确保微生物具有足够底物的液体中。

黑匣子模型　参见统计模型。

堵塞　滤料介质中由于固体阻塞或填充开口而引起通过过滤器的流动减缓或停止。

风机　在压力高达 10^3kPa(15lb)下传送空气的设备；它在污水处理厂中有许多用途(在好氧处理工艺过程中提供溶解氧，在粉笔空间内提供新鲜空气等)。

BOD_5　五天不受限生化需氧量。

增压泵　在其排放侧将流体压力提升的泵。

结合水　(1)胶体粒子强烈吸附或吸收的水。(2)与水合或结晶化合物缔合的水。

断点加氯　向消毒工艺过程中加氯直至所有需氯量被氧化的处理方法。进一步添加将导致氯残留。

盐水回收反渗透 用于浓缩由另一反渗透工艺过程中所产生的盐水的反渗透工艺过程，也称为二级反渗透。

布氏硬度 材料压痕硬度的度量。

宽顶堰 在平行于水流过的方向上具有巨大宽度的堰。

溴 结合氯作为氯-溴混合物用作水消毒的卤素。

轻污染工业用地 目前占用或以前开发的工业用地。

刷式曝气装置 氧化沟污水处理厂中最经常使用的机械曝气装置，由具有在水面上迅速旋转的凸桨的水平轴构成。也称为转子。

英国热量单位(Btu) 在恒定1atm的压力下将水温度从60℉升高至61℉所需要的热量。

预算估计值 用于构建所有者预算的资本成本估算值。这应该基于流程图、布局图和有关关键设备的数量、类型和选型(最小)的详细信息进行准备。

缓冲区 污水或固体管理流程与环境或社会敏感区域(例如，水体、濒临灭绝物种的栖息地或住宅区)之间的距离。

堆积密度 固体密度-体积比，包括堆积材料中的空隙。

堆积比表面积(L_2/L_3) 每堆积单位体积的载体提供的总表面面积。此值是由制造商报告，可以或可以不包括考虑载体组分部分并不利于生物膜附着的降低值，因为冲洗作用是由于在反应器中(即，未受保护的区域)与其他载体碰撞结果所致。

堆积比容(L_3/L_3) 每介质堆积单位体积被载体替换的体积；载体的堆积密度除以载体材料的相对密度确定。

堆积 在活性污泥处理厂中因为丝状菌生物的主导地位为使固体不容易沉降或浓缩的现象。

填充剂 在堆肥中，添加到固体混合物而增加孔隙率，固体含量和碳-氮比的富碳材料。

蝶阀 具有在打开时平行于液体流动方向且在关闭时垂直于流动方向的旋转推杆操纵盘的阀门。

侧流 经排布设计用于将流路转向绕过处理池、处理工艺过程或控制设备的渠道或管道。

侧流筛滤 用于应急过筛的设备。

滤饼 压滤器、离心分离机或其他脱水装置的脱水物料；其现在足够稠厚而能够作为固体而不是液体进行处理。

滤饼过滤 在粒料介质的进入面上除去固体的过滤技术的分类。

滤饼固体 脱水滤饼中悬浮固体的百分比。

煅烧 将无机化合物暴露于高温而改变其形式并驱散原本是化合物组分部分的物质。

碳酸钙 白色的白垩物质，是水硬度和结垢的主要来源。化学式是$CaCO_3$。

碳酸钙当量 通过将水中的离子对比于碳酸钙而表示水中离子的方便交换单位(mg/ L $CaCO_3$)。碳酸钙的分子量为100，而当量重量为50。

氢氧化钙 用作固体整理剂而改善固体增稠和/或脱水性能的化合物，也用于碱稳定化处理工艺过程。俗称熟石灰、水合石灰、或浸酸石灰。化学式为 $Ca(OH)_2$。

次氯酸钙 经常用作水或污水消毒剂的含氯化合物。化学式为 $Ca(OCl)_2$。

氧化钙 用作固体整理剂而改善固体增稠和/或脱水性能的化合物；也可以用于碱稳定化处理工艺过程。俗称烧石灰、石灰或生石灰。化学式是 CaO。

毛细作用力 水对土壤颗粒表面的吸引力；其随着土壤孔隙孔径降低而升高。

捕集效率 进料至脱水装置而与滤饼固体一起去除的固体百分比。

碳 存在于许多无机和有机化合物中一种元素。

二氧化碳 不可燃的无色无味气体，形成于动物呼吸，以及有机物燃烧和分解中。化学式是 CO_2。

二氧化碳当量(CO_{2e}) 给定的温室气体种类和数量采用二氧化碳作为基线而可能导致全球变暖程度的度量。

碳足迹 由个人、组织或地区在给定时间内产生的二氧化碳量的度量。

碳生化需氧量(CBOD) 经由 CO_2 消耗氧的生化需氧量部分，通常在样品培养 5 天之后测定。也被称为第一阶生化需氧量。

碳吸附 使用粉末或颗粒状活性炭从水中除去难溶物质和其他有机质。

碳酸化 二氧化碳扩散整个液体中。

悬索式筛 一种粗筛设备类型。

负极 电流由此离开电解质溶液的负电极。

阴极保护 通过施加电势抵消不同金属之间的伽伐尼电位的否则将导致腐蚀的电化学腐蚀保护。

阳离子 当给溶液施加电势时向正极移动的带正电离子。

阳离子絮凝剂 带正电荷的聚电解质。

阳离子聚合物 带净正电荷的聚电解质。

空化 流动液体中由于液体的部分分离而形成部分真空。这些部分的崩溃可能导致泵内部诸如叶轮和壳体的金属表面上的点蚀。

细胞产率 每消耗的底物质量而产生的细胞质量。

摄氏 摄氏温标的国际名称，其中水在 760 毫米汞柱的气压下冰点和沸点分别是 0 和 100℃。也称为℃。

摄氏度 温度计摄氏温标，其中水在 760 毫米汞柱的气压下冰点和沸点分别为 0 和 100℃。也称为摄氏温度。将摄氏温度换算成华氏温度，乘以 1.8 并加上 32。

离心液 固体经由离心机去除后剩余的液体。

离心机 依靠离心力将密度不同的颗粒(例如，水和固体)分离开的脱水设备。

离心泵 具有依靠离心力将速度转化成压头的高速叶轮的泵。液流在叶轮的前面进入，而外周流出泵进入管道系统。根据压力而改变流量。

链板式收集器 矩形沉淀池或澄清池中收集固体的机械装置。

链式驱动筛 一种粗筛设备类型。

渠道 (1)明显的天然或人工水道，其中包含流动的水或形成两个水体或含水结构之间的连接。(2)主水流流动的河流或水道的深部分。(3)水体足够深而能够用于该区域导航而否则太浅不能航运的部分。

沟流 当水找到沟或通道时在具有填充物质的工艺过程中流动通过介质而可能不会接触——并与微生物反应的现象。

单向阀 在正常流动的方向打开而逆流关闭的阀门。

化学混凝 一种向污水中加入无机化学品而使之失稳和聚结成胶体和微细悬浮物的工艺方法。

化学整理 将固体与化学品混合之后才进行脱水和/或增稠而改善固体分离特性。典型的整理剂包括聚电解质、铝和铁盐和石灰。

化学剂量 向特定数量的流体或固体为特定目的施加的化学品的特定用量。

化学平衡 系统组成部分之间有没有净质量或能量传递的状态。这出现在可逆化学反应中正向反应的速率等于逆反应的速率之时。

化学当量 与1g氢化合或取代之的物质重量的克数。它等于其化合价除以化学式量。

化学加料器 按照预定速率分散化学品而处理污水和固体的设备。进料速率可以通过流量变化而手动或自动实现变化。进料机设计用于固体、液体或气体。

化学氧化 加入化学化合物(例如，臭氧、氯和高锰酸钾)氧化水或污水中化合物的一种方法。

化学需氧量(COD) 由化学试剂(例如，重铬酸钾溶液)能够氧化水或污水中的有机物质的度量。

化学溶液罐 在将化学品用于污水或固体处理工艺过程之前将溶液加入溶液中的储罐。

化学污泥 并非生物活性的有机废物化学处理工艺过程所产生的固体。通过向污水中加入化学品(例如，铁或铝的盐)而沉淀磷。

化学处理 涉及加入化学品而获得需要结果的任何处理工艺过程(例如，沉淀、混凝、絮凝、污泥整理、消毒或气味控制)。

錾式犁 用于土壤地下滴灌软管安装过程中起片的静态犁柄。

氯胺 有机或无机氮和氯的消毒化合物。

氯化的 (1)用氯处理的水或物。(2)已经加入氯离子的有机化合物。

氯化 向水或污水中加氯的过程，通常是对其消毒。

加氯计量仪 用于向水或污水中加氯的计量仪。

氯 通常用作水和污水处理中的消毒剂的氧化剂。化学式是Cl_2。

氯接触室 将氯扩散于整个水或污水中的容器；为消毒提供足够的接触时间。

氯需求量 向水和污水中加入的氯量与特定接触时间(通常15min)之后剩余的残余氯量之差。

二氧化氯 经常用于消毒的化学品。化学式是ClO_2。

氯剂量 向液体中加入的氯用量，通常以mg/L或lb/gpm计。

残余氯量 在施用和接触时间之后剩余的氯量。参见游离氯的残余量。

氯片剂 对于用于水消毒的颗粒状固体氯化合物(如次氯酸钙)的常见术语。

氯毒性 氯对生物群的不良影响的度量。

氯酚 一类有毒、无色、弱酸性的有机化合物，其中一个或多个氢原子被氯原子取代。氯酚的大多数应用都是基于其毒性；这些氯酚和由其组成的化合物都用于控制细菌、真菌、昆虫和杂草。

霍乱 一种通过水生细菌引起的高度传染性的消化道疾病。

澄清池 一种在其中经由重力从污水中去除悬浮固体的静置容器。它通常配备马达驱动的链板式或耙式机制收集沉降的污泥，并将其移动至最终去除点。也称为沉淀池或沉降池。

澄清 主要目的是降低液体中悬浮物浓度的任何工艺过程或工艺过程的组合。

A 类生物固体 含粪大肠菌群小于 1 000 最或然数(MPN)/g 和沙门氏菌小于 3 MPN/4g 并满足 40 CFR 503 法中规定的 6 种稳定化处理方案之一的生物固体。这种物质还必须符合 503 部分法规定的污染物限值和病媒吸引力降低率。

B 类生物固体 每克干生物固体含有不到 2 百万粪大肠菌群的菌落形成单位(CFU)[最或然数(MPN)]的生物固体。这类物质还必须满足 40 CFR 503 法中规定的污染物限值和病媒吸引力降低率要求。

《清洁空气法》 最初于 1963 年通过，《清洁空气法》是定义美国环境保护署保护和改善全国空气质量和平流层臭氧层的职责的法令。自从该法首次颁布以来，已经经过多次修改，最新修正案于 1990 年通过。

清洁过滤器压头 在过滤循环之初(反冲洗循环之后)，当滤料介质很干净之时的初始压头损失值。

《清洁水法》 颁布于 1972 年，是监管水污染的主要联邦法律。最后更新于 1987 年。

清洁井 可以用于反冲洗过滤器的过滤水储槽或储液池。

气候变化 任何长期显著的区域天气模式变化。

混凝剂 加入污水中实现去稳定化、聚结和将交替和乳液粘合至一起，改善固体的可沉降性、可过滤性、或排水性的化学品。它是简单的电解质，通常是含铝、铁或钙的多价阳离子的无机盐[例如，$FeCl_3$、$FeCl_2$、$Al_2(SO_4)_3$和 CaO]。另外，还有能够诱导悬浮固体混凝的无机酸或碱。

混凝 (1)通过聚电解质的加入或生物工艺过程而使细碎悬浮固体失稳而发生初始聚结。(2)通过加入混凝剂，围绕每个悬浮粒子压缩双电层，降低颗粒之间的静电排斥相互作用的幅度，由此使颗粒失稳而将胶体(<0.001mm)或分散的(<0.001~0.1mm)的颗粒物转化成小而可见的混凝颗粒(0.1~1mm)的颗粒。

聚结 微小液滴合并而形成大液滴。

粗砂 直径通常大于 0.5mm 的砂粒。

粗筛 通常具有 6~36mm(0.25~1.4in)开孔的筛滤设备。

球菌 球形细菌。

共消化 两种或多种类型的底物(原料)在相同的反应器中一起被消化的工艺方法。通常是指固体连同食品废弃物、食品加工废料、FOG 或其他有机废料的厌氧消化。

系数 对于某个系统在规定的条件下恒定的物理或化学性质的数值度量(例如，摩擦系数)。

粘度系数 一种度量流体流动的内部阻力的数值因子；流动阻力越大，该系数越大。它等于从一个流体平面向另一距离为 1cm 的平行流体平面传送的每平方厘米而按达因计的剪切力(达因/cm^2)，是由该力方向上 1cm/s 的两个平面内流体速度差所产生的。该系数随温度而变化。也称为绝对粘度。测量单位是泊，1 达因/cm^2的力。

电热联产(*cogeneration*) 参见热电联产(*combined heat and power*)。

大肠菌群 生活于人类和其他温血动物肠道内的杆状细菌。

收集器 沉淀池中从底部收集和去除沉降固体的机械装置。

胶体 直径小于 1μm 的悬浮固体，不能单独通过沉淀法除去。

菌落形成单位 样品中存在的细菌数量，按照实验室孔板计数试验测定。在该试验中，要计数存在的可见细菌的菌落单位数。

比色法 采用颜色变化作为指示剂的方法。

热电联产 一种燃料同时或按序产生有用的热和功的工艺过程。功率通常是电功率，但也可以是直接机械驱动功率。

汇集下水道溢流 在暴风雨事件期间体积超出收集系统容量而直接排出(未处理)到接受水体中的雨水和生活污水汇流下水道混合物。

粉碎机 具有将大污水固体切成较小颗粒的切割机的圆形筛滤。

补偿 预想为了使项目更容易被利益相关者接受的交易行为。

全混搅拌池反应器 浓度整体均匀的理想反应器。

顺从性标准 污水处理厂出水能够排放和生物固体有益利用(或处置)之前必须满足的 NPDES 许可证中规定的水质和生物固体质量要求。

复合变量 通常形成在污水处理厂中能够实际测定的变量(例如，BOD_5、总 COD、TKN、总磷、TSS、VSS)的状态变量的组合。

堆肥 依靠固体中有机物质通过细菌和真菌进行好氧分解的稳定化处理工艺方法。

可压缩滤料介质过滤器 使用合成纤维的可压缩多孔材料作为过滤滤料介质代替传统粒状材料的过滤器。

压缩沉降 浓缩的悬浮液中颗粒仅仅只有沉降颗粒现有结构被压缩时才发生沉降的沉淀现象。

计算流体动力学 用于预测或验证流过或通过构造表面的液体或气体行为的一系列算法和计算方法。

浓度(浓缩) (1)溶解或悬浮于溶液单位体积中的物质量。(2)提高单位体积的溶液中物质量的工艺过程。

整理 旨在改善固体增稠或脱水特性的化学、物理或生物工艺过程。

传导 通过直接接触材料而传递热能。在生物固体干燥过程中，热经由与加热表面接触而传递至生物固体中。有时称为间接干燥。

连接负荷 设施中所有电气设备的总负荷。

恒速过滤 通过可调出水控制阀或进水控制堰维持恒定速率流动通过过滤器的过滤器操作。

等速渠道 具有恒定或接近恒定的速度，而不管流动深度的渠道构造设计结构。用于除砂。

人工湿地 使用香蒲、芦苇和类似植物的水生根系统处理施加于土壤表面的上方或下方的污水的污水处理系统。

接触稳定化处理工艺方法 一种活性污泥改进工艺方法，其中原始污水在去除固体之前与活性污泥一起曝气一段较短时间，并在稳定化处理池中继续曝气。也称为生物吸附工艺方法。

污染物 在另一种物质中存在的任何外来组分。

污染 由于人类活动引起的天然水、空气或土壤质量退化。

应急 对于可能发生而经验已经证明的事件成本估算的储备。提供的工程设计细节越详细，应急就越低。

连续组件筛 一种细筛装置。

承包商 负责按照合同文件兴建设施的公司；通常通过公开招标程序进行选择。

对流 经由大量流体(如，空气)运动进行传热。在生物固体干燥中，这是指直接从热气体中将热量传递给生物固体。有时也称为直接干燥。

心吹扫 清理板框压滤机中进料口的方法。

角扫 用于从正方形澄清池角落清除固体的刮板。

腐蚀 金属与周围介质经由化学或电化学反应而发生破裂的过程。

腐蚀性的 化学试剂与金属表面反应从而导致其性能变差或磨损掉的特性。

标准污染物 《国家环境空气质量标准》已经为之确立的化合物。

临界剪切应力 从表面上移动或冲刷掉颗粒所需的压力。

横跨收集器 延伸过一个或多个纵向沉淀池宽度的固体收集机械装置；用于将累积的固体合并和传送至最终去除点。

交叉连接 管道系统中饮用水供给可能通过其被污水污染的物理连接。

交叉流过滤 进水平行于滤料介质表面流动的过滤方法。

隐性 参见隐性芽胞虫菌。

似隐孢菌病 通过摄取水生隐性芽胞虫菌引起的胃肠道疾病，经常是饮用受污染的牧场或农田径流所致。

微小隐孢子虫 是一种已知对人类传染的隐孢子虫物种。是可以生活在人类和动物的肠道中的原生动物寄生虫。

培养基 通过在合适的环境中提供足够的营养而培育的微生物生长。

割喉式水槽 从本质上讲，是一种中心咽喉部“切出”的帕歇尔水槽。帕歇尔水槽的典型收缩进口部分被直接连接到典型的出口导流部分。水槽在淹没时工作良好。适用于处理池或反应器分配流量。

旋风除砂器 一种利用离心力在砂浆中分离出砂的圆锥形设备。

循环时间 泵启动之间的时间，其包括泵运行时间和泵“关”时间。

旋风分离器 用于旋风分离器-分级器-砂浆脱水设备中最初从水中分离砂的圆锥形容器。

孢囊 由一些整个细胞都由保护层包围的细菌和原生动物形成的静止期。

倾析 固体沉降之后通过将上层液体倾倒或抽出而将液体从沉降的固体中分离出来的行为。

脱氯 将残余氯部分或完全降低的物理化学过程。

减速过滤 液流流过过滤器的速度在整个过滤器流程长度内是逐渐降低的过滤器操作。过滤床以上的液位在整个过滤器流程长度内会逐渐升高，因为随着固体累积于滤料上而会出现压头损失增大。

深床过滤器 采用高达 1.8m(6ft)深的砂或无烟煤床的颗粒状滤料介质的过滤器。

权威估算 由非常明确的工程数据作出的资本成本估算。通常在施工文件已经完成时设计交付过程结束时进行准备。

爆燃 燃烧。通常指在热干燥系统中着火或爆炸。

度日 在基于公开出版曲线确定好氧消化池中挥发性固体降低率时所用的加热度量。其等于好氧消化池液体温度(℃)乘以消化池固体停留时间(天)的积。

德尔塔(Δ)P 压差。

德尔塔(Δ)T 温差。

需求付费 基于设施流入峰值电功的每 kVa 的成本。这项收费是电力公司需要确定其设施满足给定任何时间点某个设施将需要的最大功率的结果。

需求载荷 预计将在同一时间运行的所有设备的总功率负荷。

反硝化 硝酸盐转化成氮的生物处理工艺过程。

脱氮 细菌在无游离氧的情况下还原亚硝酸盐。

密度 物质质量与其体积之比。

深度过滤 在过滤滤料介质中出现大量固体去除的过滤器分类。

设计标准(*design criteria*) (1)规定施工细节和物料的工程设计准则(2)设施、结构或工艺过程在其预想的功能性能上必须满足的目标、结果或限制。

设计标准(*design standards*) 为设备和结构设计建立的标准。这些标准可以是或可以不是强制性的。

检测阈值 在统计学上半气味评审小组能够从碳过滤的(无气味)空气中正确选择出气味样品时的气味浓度。

停留时间 在给定排放速率下替换掉处理池或单元装置内容物理论所需的时间。

沉砂罐 具有旋转耙将沉砂刮向去除吸入口的方形除砂室。

脱水 (1)提取污泥或泥浆中部分水。(2)从闭壳层内排出或去除水。

脱水 除去固体中一部分所含的水的工艺过程(例如，压滤或离心)。脱水有别于增稠之处在于所得到的脱水滤饼当作固体而不是液体进行处理。

脱水氧化沟 采用砂子和地漏底构建而用于从固体中排出水的池塘。

露点 具有给定水蒸汽浓度的空气必须冷却而发生蒸汽凝结时的温度。

扩散曝气 在压力下将空气注入通过淹没的钻孔板、钻孔管道或其他设备而形成小气泡并随着气泡上升至水面而将氧气传递给液体的系统。

扩散空气 在液面下形成小气泡而将氧传递给液体的系统，参见扩散曝气。

扩散空气曝气 将压缩空气经由水下扩散器或喷嘴引入水中的系统。

扩散器 空气被迫通过而分成微小气泡在液体中扩散的多孔板、管或其他设备。也可以是通过其引入化学品溶液的钻孔管道。在活性污泥工艺过程中，它是一种用于将空气溶解到混合液中的设备。它也用于通过钻孔混合化学品(例如，氯)。

消化固体 挥发性固体浓度经由好氧或厌氧反应器中微生物的氧化作用而显著降低的固体。现在，消化的物质是相对非易腐烂和无害的。

消化池 用于存储和厌氧或好氧分解的固体中有机物的罐池或其他容器。也参见好氧消化和厌氧消化。

消化 生物氧化固体中有机物质，而由此降低挥发性固体和病原体浓度的工艺方法。

稀释 (1)通过加入更多的溶剂而降低溶液浓度。(2)工程设计上将排放的水与接收水混合而降低其直接的审美和/或生化影响。

稀释-阈值(D/T)比率 气味浓度的无量纲体积比度量值。其表示为样品的体积加上稀释空气体积除以样品体积。

直接成本 资本成本估算值中包括土地和现场开发成本、现场服务成本和搬迁成本的组成部分。这些成本还包括承包商的管理费用、利润、动员、债券及保险和施工突发事件。

直接渗透 水从低渗透压溶液向高渗透压溶液渗透的自然现象。

直接饮用水回用 直接向饮用水处理系统供给高度处理过的污水出水(消除任何中间的自然存储系统)。

盘筛 一种细筛设备类型。

排放 以任何方式将出水释放至环境中。

离散颗粒沉降 是指颗粒物从具有低固体浓度的悬浮液中发生沉降的现象。

盘式过滤器 一种布料或钢盘是过滤介质的过滤系统。

消毒剂 用于水、污水或固体消毒的物质。

消毒 经由施加化学品或能量选择性地破坏致病微生物。

分散 将出水散布于最终接收环境的方法。

分散模型 用于表征排放点释放的污染物命运并在选定的顺风受体下预测浓度的数学工具。

溶气浮选 微气泡将其自身附着于絮凝物质而漂浮至表面并经由溢流堰除去的澄清工艺方法。较重的固体沉淀至底部，也定期清除。

溶解的有机碳 是溶解于水样品的总有机碳的部分。

溶解氧 在液体中溶解的氧。

溶解固体 在溶液中不能通过过滤除去的固体。参见总溶解固体。

日流量 从一个24h的时间段至另一个24h时间段相似的流量或组成的每日波动。

刮刀 用于去除或调节带、辊或其他的移动或旋转表面上的物料量的耙刮设备。

白云石 由碳酸钙和碳酸镁构成的天然矿物。化学结构式是$CaMg(CO_3)_2$。

白云石石灰 含氧化镁35%~40%的石灰。

生活污水 来自居民住宅、办公楼和机构的卫生设备(例如，水槽和厕所)的污水。也称为卫生污水。

剂量 施加到单位液体量而获得所需的效果的特定物质量。

下风气流 通过风围绕结构和在高烟囱背风侧的空气动力学效应而产生的烟羽向下移动。

通流管 管位于中央用于用于促进固体消化池或曝气池中进行混合的垂直管。

滴灌　将出水经由通过相关设备和部件(泵，过滤器，控制和管道)提供的塑料管(管线)上或内的加压低流量离喷洒器分布于渗透性表面上。滴灌可以是地表或地下的。

转鼓式筛　一种细筛装置类型。

干球温度　通过常规温度计测得的空气温度。

干坑　在传统污水泵站内安装泵、电机、管道和阀门的腔室。

旱季流量　在干燥天气条件下卫生收集系统总流量的度量。它是污水排放量和地下水渗透到收集系统内的体积的总和。

干燥　利用热或辐射的能量从生物固体或固体中蒸发水分。

干燥床　由在其上经由排水和蒸发进行固体脱水的砂或其他多孔物质构成的分区。

双滤料介质过滤器　采用两种类型的滤料介质(通常是石英砂和无烟煤)的颗粒状滤料介质过滤器。

浮萍　见水萍科植物。

双缸泵　具有两个连接至相同吸入和排放管线的肩并肩气缸的往复式泵。

动态压头　参见总动态压头。

动态仿真　模型输入随时间而改变的仿真。

痢疾　一种由于卫生条件恶劣所致的典型胃肠道疾病；由食用受污染的食物或水传播。

大肠杆菌(*E. coli*)　参见大肠杆菌(*Escherichia coli*)。

节能措施(ECM)　能够降低能耗或改善能量需求管理的物理改善、车间运行或设备维护实践的。

有效收集器尺寸　表征过滤滤料介质的一个重要参数。在颗粒状过滤滤料介质的情况下，有效尺寸等于将通过10%(按重量计)的砂的筛孔尺寸，以毫米为单位。

出水　处理池或污水处理厂流出的部分或完全经过处理的水。

喷射器　蒸汽、空气或水通过文丘里产生吸头而移动另一流体的设备。有时也称为射流器或喷射泵。

配电系统　污水处理厂内的电缆和设备的网络。

电解质　通常成液体状而在电场下发生离子迁移的化学物质或混合物。

排放隔离通量室　通过将采样区域环境空气隔离而允许从液体或固体表面上收集污染物的采样设备。它采用载气向样品收集或测定仪递送污染物，而使之能够测定给定表面积的污染物浓度。

排放点　烟囱、排气口的位置或污染物释放到环境空气中的区域。

空床接触时间　物质理论上保留于指定的体积、容器或介质中的时间。

环境管理体系(EMS)　一系列使组织能够降低其环境影响而提高其运行效率的工艺方法和实践惯例。

内源性呼吸　因为可利用的食物不足，微生物代谢其自身原生质而不创生更多原生质的细菌生长阶段。

吸热　吸收热量的工艺过程或反应过程。

能源审计　一项确定改善工厂效率和降低运营成本机会，以及量化这些方案的成本和节省的研究。

能源之星　高效节能的消费类产品的国际标准。

强化生物除磷　通过培养和废弃仍保留过量磷的细菌的生物除磷。

肠道细菌　寄居于温血动物的消化道中的细菌。

环境公正　确保少数群体不承担由于项目的不公平环境负担的实践惯例。

电力科学研究院(EPRI)　为全球电力行业进行技术、操作和环境研究和开发的组织。

EQ　(1)出水水质指标；是接收水体整个出水污染负荷的度量。(2)“质量卓越”的生物固体，符合 40 CFR 503 法表 3 中的污染物限制，A 类病原体要求和病媒吸引力降低要求。

均衡化　流动中阻尼液压或有机物质变化而使之达到几近恒定条件的工艺方法。

均衡化池　用于流量均衡化的处理池或罐。

地区资源的公平分配　确保公共设施也平等分配于其所服务的社区的实践惯例。

能源服务合同(ESC)　由节能项目，可再生能源项目或其他设施改善所带来的资金节省用于支付资本改善成本的项目交付过程。

能源服务公司(ESCO)　提供能源服务合同的商业公司。

大肠埃希氏菌　一种用作污水污染指标的粪大肠细菌群。

河口　河流遇到海潮的沿海河口之处的半封闭海滨水体。

富营养湖　供应充足营养物质，浮游藻类过度生长和厌氧均温的湖泊。

富营养化　导致水生植物过度生长和水体严重脱氧的营养物质富集。

蒸发池　将太阳能转化为热能而蒸发水的天然或人工池塘。

蒸发速率　每单位时间从指定的水面蒸发的水质量或数量。

蒸散　蒸发和植物蒸腾的总和。

品质卓越(EQ)的生物固体　满足 40 CFR 503 法的 A 类病原体降低要求，满足病媒吸引力降低要求[503.33(a)的(1)~(8)]和具有低浓度调节污染物(503.13，表 3)的生物固体。

不予计列的区域　在污水处理厂选址和布局设计期间应该避免的现有的现场特征。

放热　产生热量的过程或反应。

延时曝气　利用长曝气时间而促进经由内源性呼吸的生物质好氧消化的活性污泥工艺方法的一种改进工艺。这种工艺方法能够在好氧条件下稳定化处理有机物质，排放出气态产物。出水含有细碎的悬浮物和可溶物。

延时曝气工艺方法　采用更长停留时间而容许发生内源性呼吸的活性污泥工艺方法的一种变体。

兼性细菌　能够在有氧或无氧下生存的微生物。

兼性氧化沟　污水通过好氧、厌氧和兼性细菌稳定化处理的氧化沟或池塘。

兼性池塘　参见兼性氧化沟。

回落　水面高度陡然变化。

疲劳寿命　10%的轴承因为疲劳而可能发生故障的小时数或转数。

粪大肠菌群　在温血动物的粪便内存在的大肠菌群。好氧的和兼性的，革兰氏阴性，非孢子形成的，能够在 44.5℃(112℉)下生长而随后与温血动物粪便缔合的杆状细菌。

粪便指标　粪大肠菌群，粪链球菌和其他源自人体或其他温血动物的细菌群，指示由粪便引起的污染。

粪便　人类和动物的排泄物。

发酵　有机物转化成二氧化碳，甲烷和其他低分子量化合物的转化。

氯化铁　经常用作固体整理剂而增强沉淀，结合硫化合物，或改善固体增稠和/或脱水性能的可溶性铁盐。化学式是 $FeCl_3$。

硫酸铁　所通过氢氧化铁与硫酸反应或通过离子和热浓硫酸反应而形成的水溶性铁盐；也可以通过氯和硫酸亚铁在溶液中的反应而获得。是一种常用的混凝剂，经常用作固体整理剂而增强固体沉淀，改善残余物增稠和/或脱水性能。化学式 $Fe_2(SO_4)_3$。

氯化亚铁　经常用作固体整理剂而增强沉淀，结合硫化合物或改善固体增稠和/或脱水性能的可溶性铁盐。化学式是 $FeCl_2$。

硫酸亚铁　常用混凝剂的水溶性铁盐。常与石灰一起作为固体整理剂而增强固体沉淀，改善残余物的增稠和/或脱水性能。有时也称为绿矾或铁矾。化学式为 $Fe(SO_4)_3 \cdot 7H_2O$。

肥料　能够施加于土壤中而提供植物生长的基本养分的物质(通常是含有氮和磷的那些物质)。

纤维增强混凝土　采用玻璃纤维材料强化的混凝土。

丝状菌生长　某些导致固体沉降较差的细菌、藻类和真菌种属的类发丝生物生长。

填充分数(%)　反应器中安装的载体总堆积体积(L_3)，表示为湿反应器体积的百分数。

填充系统　经过设计和安装而使整个渗透表面位于高出最初地表高度的高一级土壤处理区域；适合的输入土壤材料就适用于填充。

过滤器　利用粒状材料，纺织布或其他介质从水、污水或空气中去除悬浮固体的设备。

过滤助剂　加入而改善过滤效能率的聚合物、混凝剂或其他物质。

过滤器底　参见地漏。

过滤循环　反冲洗之间的过滤器运行时间，也称为过滤器运行时间。

过滤器飞蝇　参见星斑蝇。

过滤器走廊　提供地下过滤器管道和阀门安装和维护进出的通道。

过滤器负荷，液压　每天滤床每单位面积施加的液体体积。

过滤器负荷，有机　每天滤床每单位面积施加的生化需氧量。

压滤机　在高压下迫使固体脱水的装置。

过滤行程　参见过滤循环。

过滤-废弃　在反冲洗之后立即产生的滤液进行废弃的操作过程。

滤液　固体经由过滤除去之后剩余的液体。

过滤速率　在所述时间内施加于过滤器每单位表面积上的水体积的度量。

最终澄清池　参见二级澄清池。

最终出水　污水处理厂最后单元处理工艺过程的污水出水。

细泡曝气　采用细气泡充分利用其高表面积增加氧传递速率的扩散曝气方法。

细粉　处于粒径范围下限的颗粒。

细砂　通常粒径范围 0.3~0.6mm 的沙粒。

细筛　开孔不大于 0.5~6mm 的筛滤装置。

第一次冲刷　暴雨开始时的地表径流，这经常含有从街道和其他表面冲刷来的固体物质。

一级反应　速率变化直接与反应物浓度第一次幂成正比的反应。

固定膜工艺过程　微生物附着于惰性介质(例如，岩石或塑料的生物处理工艺方法。也称为附生工艺方法。

固定悬浮固体　水或污水样品中悬浮固体的无机物含量，在将样品加热至 600℃之后进行测定。

法兰　用于连接到另一物体的突出边缘或棱边。

瓣阀　铰接于一个边缘上在流动正向时打开而在逆流时关闭的阀门。

闪混　采用设计用于絮凝之前瞬间分散混凝剂或其他化学品的马达驱动搅拌设备的工艺过程。

链板(螺旋刮刀)　(1)矩形固体收集器上的水平刮板。(2)螺旋泵上的螺旋叶片。

漂浮物　不发生沉降的物质(例如，油、浮渣、纸和塑料)；相反，它们会浮在排放处的表面上。

浮球开关　响应液位变化而通过浮力操作的电动或气动开关。

絮凝体　(1)在水中通过加入混凝剂或在污水中经由生物活性形成的小凝胶状物质。(2)经由化学、物理或生物处理而使较小的颗粒聚结成较大而更易于沉降的颗粒的聚集体。

絮凝剂　单独使用或与无机混凝剂(例如，明矾或铁盐)一起使用而将固体聚结成能够快速沉降的大而稠密的絮状颗粒以改善固体增稠和脱水性质的水溶性有机聚电解质。

絮凝池　在有或无化学品辅助之下经由温和搅拌液体悬浮液用于形成絮凝体的水池。

絮凝　(1)在污水处理中，经由机械或水力学方式温和搅拌作用的混凝之后胶状的最终悬浮物的聚结作用。(2)温和搅拌或搅动，加速颗粒物的团聚，改善沉淀或浮选。

絮凝剂　当加入水中时，形成将会夹带悬浮物质的絮状沉淀，并加速沉淀以及固体增稠和脱水的混凝物质。

絮凝助剂　通过提供成核位点或起到增重剂或吸附剂的作用而增强固体-液体分离的不溶性颗粒物；也可用于描述污水和生物固体处理中的絮凝剂作用。

絮凝沉降　是指稀悬浮液中颗粒物由于其凝聚(絮凝)而沉淀的现象。

絮凝剂　单独使用或与金属盐一起使用混凝固体颗粒的有机聚电解质。

絮凝池　用于经由轻微搅拌或混合增强絮凝体形成的设备。

浮选　将气泡引入水中而附着于固体颗粒，产生气-固絮凝体而漂浮于表面上，由此被去除的处理工艺方法。

浮选增稠　经由溶气浮选的固体增稠。

流量控制阀　控制流体流速的装置。

流量均衡化　污水经过短暂储存才随后按照受控速率释放至收集系统或处理工艺过程，以提供合理均匀的流量。

流量　气体、液体或固体物料在所述时间内穿过某点的体积或质量。

流量分流器　将引入液流分成两股或多股流的腔室。

流体　任何无论是以半固体、液体、固体或气体的形式或状态流动或移动的物料或物质。

流化　气体或流体以足够将颗粒悬浮的速度向上流动通过颗粒床。

水槽　用于传载水的渠道。

通量　对于给定膜面积的体积过滤速率，表示为单位面积单位时间的流量。典型通量单位是 $L/m^2 \cdot d(gal/ft^2 \cdot d)$。

通量室　参见排放隔离通量室。

飞灰　煤燃烧时产生的残留物之一；它通常从燃煤电厂的烟囱捕获。根据燃煤的来源和补充源，所产生的飞灰组成部分有很大的不同；然而，所有的飞灰都包括大量的二氧化硅(SiO_2)和氧化钙(CaO)。

压力干管　液体流藉此从较高压力点向较低压力点传送的管道。

正向渗透　水流从较低的渗透压溶液向较高的渗透压溶液的自然现象(与直接渗透相同)。

结垢因子　用于允许设备由于结垢导致性能产生的某些变化的设计标准。

游离的有效残留氯　在将作为次氯酸或次氯酸根离子进行化学和生物反应的指定接触时间中和后水或污水中的总残余氯部分。

干舷　处理池中标准最大液位和处理池顶部之间的距离；这提供用于使之不会因为波浪和其他液体运动而溢流出处理池。

游离氯　作为溶解气体、次氯酸或次氯酸根离子的有效氯的量。

残余游离氯　在将作为次氯酸或次氯酸根离子发生反应的具体接触时间之后剩余的总残余氯的部分。

游离油　通常在 5min 或更短时间内从水中分离出来的未乳化油。

自由沉降　稀悬浮液中离散的未絮凝颗粒的沉降。

游离水　作为膜覆盖于固体粒子表面或断裂壁上的悬浮水。膜中存在的水量超过薄壳水。水能够在重力和不平衡膜压力的拉动下在任何方向上自由移动。

摩擦因子　由管道或渠道壁的质地所引起的流体阻力的度量。

完全成本定价　产品和服务完全支持其提供成本的价格。

全水下盘式过滤器　盘式过滤器和反冲洗机制都淹没于处理池水下。

模糊过滤器　请参阅可压缩滤料介质过滤器。

模糊逻辑　通过使用多级逻辑基于一套近似而非精确的规则调节工艺过程操作而预想代替熟练人工操作的工艺过程控制系统。

石榴石　一种经常用作滤料介质的致密矿物质。

气体　物质三态中的一态，是没有固体形状或体积而能够无限膨胀的状态

镀锌　对钢制产品涂上锌而增加耐腐蚀性的电解或热浸镀工艺过程。

胃肠炎　胃和肠道的炎症。

胃肠道的　与胃或肠相关的。

闸阀　具有在水流动通过开口上滑动之盘的阀门。

齿轮泵　流体通过两个啮合齿轮的齿之间产生的空隙从泵的吸入侧流动至泵的排出侧的正排量泵。

蓝氏贾第鞭毛虫　原生动物寄生虫；致贾第虫病。

贾第虫病　由吸收水生蓝氏贾第鞭毛虫引起的胃肠道疾病，往往是由于海狸、麝鼠或其他温血动物使用地表水作为饮用水源的活动所致。

球阀　通过降低的水平塞子至阀中心的匹配座而能够关闭的阀门。

抓样　每次采集一个单水或污水样本，代表排放总量。

等级(坡度)(品级)(grade)　(1)文明结构的最终层面。(2)表面或结构的倾斜度或斜率。(3)根据标准或尺寸的分级。

梯度　高度、速度、压力、温度或其他参数的变化速率。

粒状滤料介质过滤　用砂土或其他颗粒状的介质填充而随着水或污水从其中流过而从水或污水中去除悬浮固体和胶体的罐池或容器。

颗粒　干燥产品的小颗粒，通常直径0.5~5.0mm。请参见粒丸。

砾石　岩石碎片，测定直径为2~70mm，经常用颗粒滤料介质的支撑材料。

重力加速度　由于地球重力引力所致自由落体的加速度；其等于9.81m/s^2(32.2ft/s^2)。

重力带式增稠机　采用多孔过滤带促进重力排水的固体脱水设备。

重力过滤器　在大气压力下靠重力运行颗粒状滤料介质过滤的过滤器。

重力系统　依赖于重力流而不需要泵送的水力学系统。

重力增稠　沉淀池设计用于在高固体负荷率下运行而增稠残余物的工艺过程。它通常包括安装于旋转固体刮刀上而辅助释放夹带水的垂直尖桩。

灰水　所有非厕所的居民生活用水(例如，洗手池水、浴缸和淋浴的水)。也称为渣滓污水。

油脂　对于脂肪、油、蜡和污水中找到的相关成分的通用术语。

隔油池　用于收集油脂而将其从污水中分离出来的储存池。

绿地建设　在城市或农场地区以前未开发的一块土地。

温室气体(GHG)　吸收太阳辐射产生温室效应的任何气体(例如，二氧化碳、甲烷、臭氧和碳氟化合物)。

绿色地球™　提供评估协议，评级系统和绿色建筑设计、操作和管理准则的在线工具。

沙砾　污水中沉降速率显著大于有机(易腐烂)固体的沙子、碎石、煤渣和其他重固体物质。

沉砂池　用于通过沉淀或空气诱导搅拌作用从有机固体中去除沙砾的沉降室。

沙砾分级器　使用倾斜螺旋或往复式耙从易腐烂有机物中冲洗出砂粒的机械设备。

除砂　从有机固体中去除砂粒的初步污水处理工艺过程。

冲砂器　用于从砂中冲洗有机物的设备。

地下水　在多孔岩石地层和土壤中发现的表层水。

导向叶片　用于引导或操纵液体或蒸汽流动的设备。

古吉尔(Gujer)矩阵　模型中陈述变量及其相互作用的表格，也被称为彼得森矩阵。

石膏　一种矿物，主要包括充分水合的硫酸钙。化学式是 $CaSO_4 \cdot 2H_2O$。

半衰期　特定放射性物质的原子一半转化，衰变而另一原子核形式所需的时间。

半饱和浓度　加工处理速率是其最大速率一半时的浓度。用于蒙德(Monod)方程和开关函数。

卤化物　含有卤素的化合物。

卤素　由氟、氯、溴、碘和砹构成的元素族中的一种化学元素。

锤磨机　具有用于粉碎或研磨固体而方便进一步处理或处置的类锥臂的设备。

有害空气污染物(HAP)　《清洁空气法》的第 112 款中累出的 188 种化合物或化学品类。

压头　由流体施加的压力的度量，表示为能够通过系统中压力进行平衡的封闭流体柱的高度。

汇流管　配备用于收集或分配流量的几个较小的横向出口管道的歧管。

压头损失　(1)处理工艺过程上游和下游侧之间归因于摩擦损失的水位之差。(2)由摩擦、湍流和其他能量使用引起流体流动通过管道的能量损失。

渠首工程　位于水或污水处理厂接收端的初始结构和设备。

热干燥　污泥藉此加热而除去水分并产生可满足 A 类生物固体标准的干燥产品。

热值　每单位质量的固体能够从残余物中释放出来的热量。

重金属　在酸性溶液中能够通过硫化氢沉淀且一定量的过滤浓度可能对人有毒的金属。

快乐情调　愉快或不愉快度的相对度量，通常涉及气味。

幽门螺旋杆菌　一种能够导致胃溃疡并已确定为一种新出现的水生健康威胁的细菌。

蠕虫　一种寄生蠕虫。

半纤维素　植物细胞壁(连同纤维素一起)中存在的杂聚物。

亨利定律　在恒定的温度下流体中溶解的气体浓度(与它不化学结合)与流体表面的气体分压直接成正比。

肝炎　一种导致肝脏炎症的急性病毒性疾病；它能够经由污水直接污染水传播。

异养细菌　一种衍生于来自有机碳的细菌细胞碳的细菌类型；大部分致病细菌都是异养细菌。

高钙石灰　含氧化钙 95%~98%的石灰。

高密度聚乙烯　因为其低可渗透性而经常用作填埋场衬里的合成有机材料。

高压膜　纳滤膜和反渗透膜。

受阻沉降　是指中间浓度的悬浮液中颗粒沉降的现象。颗粒物的粒子间力会妨碍相邻粒子的沉降。

水平基准　建筑施工工作的水平控制的固定点。

葫芦　漂浮的水生植物，其根能够提供代谢污水中有机物的水生生物不同培养物之栖息地。

水化石灰　经过“烧化”并在受控条件下用水处理而将氧化钙转化成氢氧化钙的石灰石。

水力坡度线　压力管道内的测压管液面，明渠流动条件下的水面。

水力梯度　水力坡度线的斜率，表示每单位距离的压头变化。

水跃　是高速(超临界速度)水过渡至低速(亚临界流量)时发生的水面陡增。

水力学负荷　处理池或处理工艺过程每单位时间施加的液体总体积。

水力学半径　流动面积(润湿面积)与其润湿周长之比。

水力学停留时间　容器体积除以液体通过速率，以分钟、小时或天数表示(视情况而定)。

水力学停留时间　污水或固体给定的水力负荷将保留于管道、反应器、单元工艺过程或设施中的时间长度。

水力旋流器　利用离心力从液体中分离沙砾和其他固体的圆锥状装置。

过氧化氢　用于臭气控制和消毒的氧化剂，化学式是 H_2O_2。

硫化氢　由含硫有机质分解而形成的有毒和腐蚀性气体，化学式就是 H_2S。

水解　将复杂有机化合物(即，颗粒物)转化成简单化合物或质量降低的物质的酶介导反应。往往指的是，厌氧消化第一步骤中的固体颗粒破裂。

亲水性　具有对水很强的亲合力。

疏水性　具有对水很强的排斥作用。

静水压　单独由深度所致的水产生压力。

水压试验　通过填充水并对其加压而测试管道、导管或容器的完整性的方法。

次氯酸根　通常用于替代氯气进行消毒的含氯阴离子，化学式是 OCl^-。

伊姆霍夫罐　一种双层污水处理池，沉淀发生于上隔间，而厌氧消化发生于下隔间。

焚烧　通过燃烧有机物质而降低固体体积的工艺方法。

焚烧炉　焚烧固体的炉或设备。

倾斜式圆筒筛　一种精细筛分设备。

指标生物　其存在指示特定污染物存在或不存在的微生物。

间接成本　资本成本估算，包括工程允许证和施工过程中的法律服务，以及突发事件和任何其他相关成本的资金成本估算值的组成部分。

间接饮用水重用　高度处理后的再生水用于增加作为饮用水供应的地表水或地下水。

工业废物　由制造业或工业实践产生而不属于《资源保护和回收法》副标题 C 之下规定的危险废物的废弃物。

惰性　没有行动、运动或阻力的内在力量。

惰性组分　模型中假设不与任何物质反应的组分。惰性组分可以是可溶性的或不溶性的，有机的或无机的。

传染媒介　任何可以在身体组织中通信并可能导致人类疾病或其他不良健康影响的生物。

渗透液　过滤进入或通过，渗透(例如，出水渗入土壤)的液体。

渗透室　通常用于土壤处理区域内具有敞开底部的预成形制作的分配介质。

进水　流进处理池或污水处理厂的水或污水。

进水表征　参见进水的化学计量学。

进水分级　参见进水的化学计量学。

进水化学计量学　进水成分分解成状态变量，也称之为进水分级和进水表征。

喷射器　经由加压水产生抽吸化学品的真空而用于将气态化学品传送至液流中的机械装置。

无机物质　不会经受衰败的矿物源物质(不含碳)。

创新技术　代表超过该技术领域内现有技术状态的进展但在满足预想用途的环境条件下还没有得到充分证明的工艺方法或技术。

不溶性　不能被溶解。

仪器仪表　用于控制，监测或分析物理、化学或生物参数的技术。

拦截器　从其他管道或出口接收流量而进行处置或传送至污水处理厂的管道。

接口模型　描述输出变量如何通过一种类型的模型进入使用与其输入不同的变量的不同类型的模型的模型。

中间泵站　在处理工艺过程中某个位置产生的泵送平台，而不是进水或出水泵送站。

仰拱　在任何横截面上的地漏、下水道或渠道的内表面最低点。

国际标准化组织(国际标准化组织)(普遍称为 ISO)　由许多国家标准组织的代表构成的国际标准制定机构。

实验室小试试验　利用实验室玻璃器皿在一系列平行对照中对混凝，絮凝和沉淀进行评价的测试方法与步骤。

射流　来自喷嘴或孔口的加压液体或蒸气的流。

射流曝气　利用落地式喷嘴曝气机进行液体泵送结合空气扩散的污水曝气系统。

动态黏度　流体绝对黏度除以其质量密度。

L10 寿命(疲劳寿命，额定寿命)　因为疲劳而 10% 的轴承可能发生故障的小时数或转数。

氧化沟　盛装水、污水或固体而开挖的池塘或天然洼地。

土地施用　将生物固体铺展于土地上而改善和维持突然生产力，促进植物生长的过程。

土地处置　在专门的处置场所将大量固体铺展于土地上的过程。

填埋场　专门用于收集和储存固体废物而同时最小化环境危害和保护地表水和地下水质量的土地基处置场。

支管　由主水管道或汇流管分枝出来的次级管道。

流水槽　用于传送水的水槽。

能源与环境设计中的领导关系(LEED®)　由美国绿色建筑委员会开发和管理的绿色建筑评级系统™，用以鼓励和促进全球采纳可持续发展的绿色建筑，并通过建立和实施普遍理解和接受的工具和性能标准而开发可持续发展的设计，施工，管理和操作实践惯例。

渗滤液　渗透通过固体物料或废弃物的流体，通常含有悬浮固体、溶解物质或固体产物。

沥滤管道(侧生)　用于承载和分配出水的管道、导管或其他传送方法。

提升站　包含泵送水或污水所必需的泵、阀和电气设备的腔室。

石灰　用于提高污水或固体 pH 值而促进沉淀，改善固体增稠和/或脱水萜烯，或杀灭病原的任何一类化学物质[例如，氢氧化钙、石灰石(方解石)、或碳酸钙和碳酸镁的混合物]。

石灰回煅　从水或污水固体中回收石灰的工艺过程，这通常涉及多膛炉。

石灰熟化器　用于水合生石灰的设备。

石灰稳定化处理　向固体中加入石灰将 pH 提高到 12 至少 2h 而化学灭活病原体的工艺过程。

石灰石　主要成分为碳酸钙的沉积岩石。

衬里　(1)防止渗滤液接触地表水或地下水的塑料、粘土或其他不可渗透材料阻隔层。(2)附着或结合于罐池、管道或其他设备内侧的保护性耐腐蚀层。

液氯　不含水的氯单质，其产生于气态氯高压之时。存储于钢桶和钢瓶中。

压头损失　由于管道或渠道中摩擦，弯曲，障碍物等所致的总能量降低，也称为水头损失。

低压膜　微滤和超滤膜。

灯具　照明装置。

溶胞　导致其内容物损失的细胞溶解破裂。

恶臭　令人生厌而造成滋扰的气味。

海的　海洋的或有关海洋的；海(洋)中存在或由其产生。

质量平衡　根据质量守恒定律分析物理系统的方法。通过考虑所有进入和离开系统的物质，就能识别否则可能未知的或难以测定质量流量。

质量传递　原子或分子通过扩散或对流从高浓度的区域向低浓度区域迁移。

物料平衡　参见质量平衡。

熟化　有机物充分分解而获得稳定的材料。

最大可实现的控制技术　《清洁空气法》规定的空气污染控制技术水平。

最大污染物水平　递送至公共水系统的最终用户的自由流动出口的水中污染物最大许可水平。

最大污染物水平目标　污染物(包括足够的安全余量)对人类健康将会产生未知的或预期不良影响的最大水平。

每日最大峰值因子　每日最高流量或成分质量与年均值之比。

每月最大峰值因子　每月最高流量或成分质量与年平均值之比。

每天最低峰值因子　每日最小流量或成分质量与年均值之比。

平均细胞停留时间　微生物细胞保留于活性污泥系统中的平均时间。这是等于细胞质量除以细胞从系统中废弃的速率。

平均速度　渠道、管道或导管中流动流体的平均速度，这通过排放量除以流动截面面积确定。

机械曝气　机械搅动水而促进与大气空气混合的系统。

机械活化太阳能干燥床　使用机器打破干燥固体表面而增加蒸发速率的干燥床。

力学模型　按照机械力学方式描述工艺过程行为的模型(即，方程基于输入变量直接用于描述输出而尝试匹配所观察到的工艺过程行为)。也称为物理模型，因为其试图描述工艺过程的物理行为。大多数通常适用于设计的工艺过程模型是力学模型。

介质置换容积(L_3/L_3)　通过所安装的载体介质置换的反应器体积，按照堆积比容乘以填充分数进行计算。

介质压缩度　介质性质(如，孔隙度，收集器大小和深度)都通过所施加的介质压缩比进行调节。这种行为发生于压缩介质过滤器中。

膜生物反应器 基本上是将活性污泥法结合膜过滤的污水处理工艺方法。膜悬浮于活性污泥反应器中而将固体和液体分离开。

膜盐 含有过滤期间由高压膜排阻的固体的浓缩浆液。也称为膜浓缩液。

膜浓缩液 含有过滤期间由膜排阻的固体的浓缩浆液。

膜扩散器 具有钻孔弹性塑料膜的细泡曝气扩散器。

膜过滤器 (1)用膜将固体和液体分离的过滤工艺过程。(2)类纸过滤器，具有小孔径，能够保留细菌而适用于实验室水检测。

膜污泥 含有过滤期间由低压膜排阻的固体的浆液。

筛目 (1)每英寸沿线的开孔数，从一条线或杆的中心到一个点25.1mm(1in)的距离进行测定。(2)一种筛滤介质类型。

中温 厌氧消化的工作温度范围(通常为30~40℃)；它会影响消化器中的微生物群落和反应速率。

中温消化 固体通过中温温度范围(约30~40℃)繁育的微生物进行消化的工艺过程。

代谢模型 通过评价所发生的转化速率，包括中间化合物而开发用于描述生物处理的代谢过程的模型。

代谢 有机物质生物转化成细胞物质和气体副产品。

金属 一般是指容易失去电子而形成正离子的化学元素。

金属盐混凝剂 明矾和铁(Ⅲ)盐，通常用于固体颗粒凝聚。

计量泵 提供特定流体体积的泵；用于将处理化学品加入水或污水中。

产甲烷 有机酸或氢代谢转化成甲烷和二氧化碳。与厌氧消化有关的主要产甲烷菌群是嗜乙酸产甲烷菌和氢营养型产甲烷菌。

产甲烷菌 一类厌氧细菌，负责将有机酸转化成甲烷气体和二氧化碳。

甲醇 在反硝化期间经常用作补充碳源的溶剂，化学式为CH_3OH。

方法检出限 当采用给定方法进行分析时能够明确与经历相同过程的空白区分的物质最低量。

甲醇营养型产甲烷菌 能够将甲基化化合物(例如，甲硫醇和三甲胺)转化成甲烷的产甲烷菌群。这些生物体被认为能够显著控制生物固体的气味。

微量组分 在水和环境中检测到的微量天然和人造物质(如，元素、有机和无机化学品)对此一个谨慎的做法是，建议对人类健康和环境的潜在影响继续进行评价。

微滤 去除污水中大于0.1μm的悬浮固体和胶体的低压膜过滤工艺方法。

微小絮凝体 允许颗粒状滤料介质过滤床深入渗透而优化过滤器的固体截留能力的稳定化絮凝体颗粒。

微生物(*microorganism*) 只能通过显微镜观察的生物。也被称为微生物(*microbes*)。

微筛滤 由具有固定于其周边的精细网目的细筛网的转鼓构成的过滤装置。随着水流流动通过转鼓内部，固体被筛网保留而随后经由高压冲洗除去。

除雾器 空气流中设计用于收集悬浮液滴的物理障碍物。

喷雾涤气器 洗涤液喷洒到污染的空气流中的空气处理技术。污染物通过物理冲击或经由与洗涤液体的化学反应而除去。

缓解　设计用于降低或消除所确定的影响的变化或添加。

混合液体　污水和在曝气池中要处理的活性污泥的混合物。

混合液体悬浮固体　污水和在曝气池中要处理的活性污泥的混合物中的悬浮固体浓度。

混合液体挥发性悬浮固体　混合液体悬浮固体的挥发性部分。

混合介质过滤器　使用两种或更多种具有不同的尺寸和比重(通常为石英砂、无烟煤、钛铁矿或石榴石)的过滤滤料介质类型的颗粒状滤料介质过滤器。

混合罐池　配备用于污水或固体搅拌或混合而提高所加化学品分散速率的罐池。

混合区　高度处理的污水接收和稀释之处的天然水体的受限区域。混合区的目的是为了防止排出的出水危害水生环境和其指定的用途(例如，饮用、养鱼或游泳)。从理论上讲，该区域允许高效天然污染物同化。在实践中，只要水体的完整性不受损害就可以使用混合区。

模型　用于描述工艺过程或几个相连的工艺过程的方程或方程组。

摩尔　物质的分子量，通常以克表示。

分子量　分子中所有原子的原子量总和。

蒙纳德(Monod)方程　通常用于污水处理模型描述生物生长动力学的方程。与工业应用经常参考的米氏(Michaelis–Menten)方程的形式相同。

单滤料介质过滤器　采用仅仅一种尺寸和类型的滤料介质的颗粒介质过滤器。

最大可能数　基于测试多个等体积部分时采集的阳性和阴性结果的数目的统计分析技术；通常用于计数固体样品中的病原体。

马达控制中心　容纳电气设备控制(多电机起动器、变频驱动器、断路器等)的结构。

护堤　在渗透表面底部和原始地面标高之间设计和安装有至少305mm(12in)的干净沙子(ASTM C-33)的地面高程以上的土壤处理区域。它利用压力分布分配过堤出水。最后覆盖的合适土壤材料对表面进行稳定化并辅助植被生长。

移动床过滤器　在过滤器连续运行的同时连续清洗和再循环滤料介质的颗粒滤料介质过滤器。

泥球　可能长成更大团块而降低过滤效率的絮状物、固体和过滤床中滤料介质的聚结体。

排泥阀　用于从沉淀池底部排出沉淀或排出曝气池内容物的阀门。

泥阱　反冲洗污泥水储存池所用的通用名称。

多标准决策分析　帮助决策者在对比设计方案时采取多重标准进行考虑的工具。

多滤料介质过滤器　使用两种或更多种具有不同的尺寸和比重的滤料介质(例如，石英砂、无烟煤和钛铁矿或石榴石)的颗粒状滤料介质过滤器。

多膛炉　由许多用于燃烧有机固体或回煅石灰的炉膛构成的焚烧炉。

多耙筛滤　一种类型的细筛设备。

市政废物　住宅、商业和工业源的混合固体和液体废物。

市政污水处理厂　处理市政污水所需的建筑物，工艺过程和设备。

鼻游侠(*Nasal Ranger*®)　由圣克罗伊岛传感(St. Croix Sensory)公司开发的室外嗅觉计。

国家环境空气质量标准(*NAAQS*)　已经证明能够引起不良健康影响的空气污染物(例

如，臭氧、二氧化硫、颗粒物、二氧化氮、一氧化碳和铅）的户外标准。对于每一种这些污染物都已经建立了环境标准；《40 CFR 50 法》中有据可查。

国家污染物排放消除系统 由《清洁水法》授权，这是一项通过监管向美国水域排放污染物的点源而控制水污染的许可证计划。

针形阀 凭借延伸通过圆形出口的锥形针控制流量的阀门。

负压头 当过滤循环期间过滤床压力低于大气压时产生的过滤器工作条件。

邻居顾问委员会（NAC） 对设施设计具有一定程度贡献的社区利益相关者组成的委员会。

氯丁橡胶 一种具有高水平抗油性、抗臭氧性、抗氧化性和防火性的合成橡胶，由氯丁二烯聚合而制成。

浊度计的浊度单位 经由仪器仪表的浊度度量。

净环境效益 具体工程项目或处理设施对环境的正面效益之和减去负面影响之和。

净正吸水头 总的绝对压头与被泵送液体蒸气压之间的差值。

净比表面积（L_2/L_3） 反应器中基于堆积比表面积和安装的填充部分的所得比表面积。

净收率 生物工艺过程中产生的净固体质量除以去除的底物（通常是 BOD 或 COD）质量。它等于合成收率减去衰败率。

中和 产生溶液既不是酸性也不是碱性的化学过程。

纽约州能源研究和发展管理局（NYSERDA） 创建于 1975 年而只专注于研究和开发该州石油消耗量的降低目标的公益机构。

硝酸盐 氮的稳定氧化形式，化学式是 NO_3^-。

硝酸形成者 参见硝化细菌。

硝酸盐-氮 按照硝酸盐中的氮报告硝酸盐浓度。请参阅硝酸盐。

硝酸 用于清洗和保存的化学品，化学式是 HNO_3。

硝化 氨首先转化成亚硝酸盐而随后转化成硝酸盐的生物过程。

硝化细菌 能够氧化含氮材料的细菌。

硝化作用 亚硝酸盐生物转化成硝酸盐。

亚硝化作用 氨生物转化成亚硝酸盐。

亚硝酸盐 一种不稳定而容易氧化的含氮化合物。化学式为 NO_2^-。

亚硝酸盐形成者 参见亚硝化单胞菌。

亚硝酸盐-氮 参见亚硝酸盐。

硝化细菌 将亚硝酸盐转化成硝酸盐的硝化细菌。也称之为硝酸盐形成者。

氮固定 将大气中的氮转化成含氮化合物的生物转化。

氮氧化物类（NO_x） 在燃烧过程中形成的化合物（NO_x）。

氮氧化物化合物（NO_x） 在燃烧过程中形成的污染物。

脱氮 从污水中去除氮的物理、化学和生物过程。

含氮的生化需氧量 氧由此因为氧化含氮物质而被消耗的那部分生化需氧量，在确保碳需氧量之后进行测定。也被称为二级生化需氧量。

氮需氧量 与含氮物质氧化，以及含氮物质释放的游离氨和氨的氧化相关的需氧量部分。

亚硝化单胞菌　在好氧条件下将氨转化为亚硝酸盐并从氧化反应中得到能量的氨氧化细菌。

诺卡氏菌　能够积累而在曝气池和二级沉清池中产生滋扰性泡沫的细菌。

非离子型聚合物　无净电荷的聚电解质。

非点源　排放更具扩散性的空气或水污染物之源(例如，农场的化肥径流)。

不可沉降的固体　悬浮液中通常保持悬浮超过 1 个小时的悬浮固体。

滋扰　当气味浓度会损害人体健康，对感觉产生侵蚀，或干扰生命和财产合理或舒适享受时产生的状态。

数值求解器　采用数值方法求解模型中多个微分方程的软件。

养分　(1)任何通过生物体吸收而促进或有利于其生长的物质。(2)氮和磷，当考虑其导致环境中过度生物生长的潜势时。

营养交易　具体接收水体污染物贡献者的结构化信贷交易系统。这种系统允许企业赚取超出许可证规定而进行处理的营养物去除信用度，并能够将这些信用度与其他企业进行交易而使之能够成本有效性地满足其营养物去除规定。

气味字符　用于描述某种气味的感知特性的参考词汇。

臭味浓度　表示为臭味浓度(D / T，稀释阈值法)的气味测定值，无量纲体积比。

气味分散　气味经由气味剂与释放点下风向位置的环境空气发生湍流混合而稀释气味。

气味强度　气味相对强度的度量，按照 1-丁醇在空气中每百万份(体积)的分数(ppm)表示。

气味强度参照尺度　常用于评价气味而对给定参照化学品进行标准化的工具。

气味持久性　气味强度随着稀释而衰减的速率[即，史蒂芬定律(Steven's law)的斜率因子]。

气味评审小组　经过挑选和训练而根据已经建立的方法步骤和准则进行气味评价的 5 人或更多人的小组。气味实验室将从培训的评审员群体中挑选气味评审组。

气味阈值　统计学上，气味评审小组一半人将会检测到或识别出该气味的气味浓度。

气味单位(OU)　最初定义为单位体积的气味的单位质量，而现在通常用于描述气味浓度，表示为稀释比。

尾气　工艺过程或设备的气体排放。

气味计　测试小组用于将气味比对于环境空气样品至改变稀释比的参照样品而确定气味强度的设备。

嗅觉测量法　采用嗅觉进行气味测量。

现场(污水处理)系统　设计用于采集和处理一个或多个住宅、建筑物或结构体的污水的系统；所产生的出水按照个人或集体所拥有的特性进行分散。

明渠　流体流动向大气敞开自由表面的天然或人工渠道。

开式防滴型　是电动机外壳的标识，这种电动机外壳通风开口经过设计制成而使液滴或固体颗粒以从垂直向下呈 0°~15°的任何角度的穿入或进入外壳时不会影响其成功运行。

开路光学断面法　测量整个开放表面或罐池气味剂的方法。

营运成本指数(OCI)　综合出水标准、能源成本和固体处理成本的参数。

估算数量级　无详细工程设计数据的资本成本估算值；通常在设计交付过程的原理图设计阶段结束之时进行估算。

有机负荷　每天给处理工艺过程施加的有机物质量。

有机氮　结合至含碳化合物的氮。作为 TKN 和氨氮之间的差异进行测定。

有机磷　结合至含碳化合物的磷。

孔板　(1)流量作为横跨流量限制孔的压差的函数进行测定的流量计。(2)限流量装置。

排水口　雨水、污水、再生水排放到接收水体的位置。也指将流量传送至接收水体的管道或导管。

溢流率　沉淀池上水速率的度量，表示为每天每单位处理池表面积的流量($L_3/L_2/T$，等于 L / T，一种速率)。也称为表面负荷率。

卵细胞　将要受精的成熟卵。

所有者　拥有财产的实体，或在一个建设项目中，支付设计，修改和/或施工的实体。所有者可以是公有(例如，政府机构)或私有的(例如，商业土地开发公司)。

有氧　包含分子氧的生物环境。

氧化　(1)元素或离子失去电子的化学反应。(2)有机物质生物或化学转化成更简单、更稳定的形式。

氧化沟　在椭圆形渠道或沟渠(也称为一个赛马道)中发生的延时曝气废物处理过程；曝气由机械刷曝气机或由具有机械混合器的扩散器提供。

氧化塘　有机物自然或用机械氧传送设备协助之下生物氧化的土建污水池。

氧化-还原电位　需要将电子从氧化剂传递至还原剂的电位；其指示氧化-还原反应发生的可能性。

氧传递　(1)气相和液相之间的氧交换。(2)相比于通过曝气和增氧设备进料至液体中的氧量而被液体吸收的氧量；通常以%表示。

氧吸收量　生化氧化期间使用的氧量。

氧吸收速率　生化氧化期间使用的氧量，通常在活性污泥工艺过程中表示为 mg O_2/(L · h)。

臭氧化处理　利用臭氧进行氧化、消毒或气味控制的处理工艺方法。

臭氧机　臭氧发生器。

臭氧　一种强氧化剂，具有类似于氯的消毒性能。也可用于气味控制和固体处理。化学式是 O_3。

臭氧发生器　通过空气或氧气穿过电场而产生臭氧的设备。

填充床洗涤器　一种采用内填充而提供污染物和洗涤液接触表面的雾化洗涤器类型。

帕尔默玻鲁斯(*Palmer Bowlus*)水槽　一种适合插入管道和沙井中的流量计。

部分浸没盘式过滤器　盘式过滤器部分浸没于罐池之中而反冲洗机械装置仍然保留于水面之上。

粒径分布　表征污水中悬浮固体颗粒粒径谱的方法。

颗粒物　通常认为是大于 1μm 的固体粒子；大到足以通过过滤从水或污水中除去。

巴氏消毒法　施加热而在特定一段时间内杀灭病原体的工艺方法。

病原体　卫生污水中常见的高传染性的致病微生物。

峰值流量　高需求量的小时数期间经历的流量，通常测定为任何工作条件下预期的最高2h流量。

峰值系数　峰值与平均测定值之比；平均值通常是年度或每年的平均值。

粒丸　参见颗粒。经常用于参指形状和尺寸上更加均匀的颗粒。

穿孔板　一种筛滤介质的类型。

蠕动泵　一种正排量泵类型，由此流体通过外部辊子挤压而通过流动管道。

渗滤液　经过过滤或反渗透膜过滤或处理过的出水。过滤膜出水也称之为滤液。

彼得森(*Peterson*)矩阵　参见古吉尔(Gujer)矩阵。

pH值　以克摩尔每升计的氢离子浓度的负对数。在0~14 pH范围内，在25℃(77℉)下等于7的值代表中性条件。值递减则表明氢离子浓度增加(酸度)，而增加值表明氢离子浓度降低(碱度)。

磷酸盐(酯)　磷酸的盐或酯。

磷　一种所有生命形式基本元素的营养素。

物理处理　只使用物理方法(例如，过滤或沉淀)的水或污水处理工艺过程。

物理化学处理　采用物理和化学方法进行的水或污水处理工艺过程。

基于物理的模型　参见力学模型。

植物性毒素的　对植物有毒。

压力计　安装于管道或容器壁上测定压头的仪器仪表；其由小管和压力计构成。

测压管压头　高度+压头。

清管器　水推进的内管清洗器。

颜料　精细磨碎的天然或人工合成的无机或有机不溶性分散颗粒，当分散于液体载体中而制成油漆时，可以提供若干有益特性(例如，颜色、不透明性、硬度、耐久性和抗腐蚀性)。

中试装置　小于全规模装置的水或污水处理厂装置，用于测试和评价处理工艺过程。

夹管阀　具有一个或多个能够夹持而停止流动的柔性组件的阀门。

活塞泵　活塞与气缸壁通常采用滑动密封的往复式泵。

板框式压滤机　固体泵送通过一系列配备滤布的平行框的间歇式工艺脱水系统。

增压室　空气均匀分布的结构中的空气填充空间。

活塞流　以流体和流体粒子按照其进入的相同序列从系统排放的事实为特征的流动条件。

烟羽　烟羽是由污染物随着向下梯度传递而释放所产生的浓度分布。

柱塞泵　柱塞不接触汽缸壁的往复式泵；相反，其通过固定用于控制柱塞周围泄漏的可变形物料的填函料进出气缸。

点源　特征为存在具体排放点(例如，堆栈、通风口或排水口管)的污染物之源。

污染物　按照其目前或未来应用要被排除的程度损伤或威胁生态系统的量存在的物质，生物或能量形式。

聚电解质　复杂聚合化合物，通常由在溶液中生成带电离子的合成大分子。用作絮凝剂的是水溶性聚电解质；不溶性聚电解质则用作离子交换树脂。

聚电解质絮凝剂　用于引起或增强悬浮与胶体状颗粒发生絮凝的聚合有机化合物，并由此有利于固体增稠或脱水。

聚合物　具有高分子量和重复化学单元(单体)的合成有机化合物；这些聚电解质可以是水溶性絮凝剂或水不溶性的离子交换树脂。

聚合物注入环　设备具有四个或更多设计用于将聚合物注入固体管道中的等间距端口的设备。作为管道部件安装，这种设备应该有助于彻底均匀分布而完全与固体发生混合。

聚磷酸盐　用作螯合剂而防止形成铁、锰和碳酸钙沉积物的磷酸盐化合物。

池深度(*pond depth*)　在离心机中已经从增稠固体中分离出来的水的径向尺寸。也称为塘深度(*pool depth*)。

塘深度(*pool depth*)　在离心机中已经从增稠固体中分离出来的水的径向尺寸。也称为池深度(*pond depth*)。

孔隙率　孔隙空间与多孔介质总体积之比。

多孔盘式扩散器　由多孔塑料或陶瓷制成的圆形细泡曝气装置。

正排量泵　液体吸入到空腔和压力增加时迫使液体通过出口端口而进入排放管线的泵。

后曝气　在将出水排放至接受水体之前向其中加入氧的工艺方法。

后处理　水或污水处理厂出水进行进一步提高其质量的处理。

高锰酸钾　常用于气味控制的化学品。化学式为 $KMnO_4$。

粉末状的活性碳　能够调浆而进料至水中吸附有机物(例如，产生味道和气味的组分)的粉末形式的活性碳。

电网　电力公共事业公司所有和营运的电线和设备网络。

预曝气　污水曝气而去除气体，增加氧，促进油脂漂浮和/或辅助混凝的初步处理工艺过程。

预涂　向滤布涂施惰性材料而防止固体堵塞滤布和促进滤饼释放。

沉淀(降水)　(1)溶解物质变成固体的任何化学反应。(2)降落至地球表面的任何形式的水(比如，雨、雪、雨夹雪或冰雹)。

初步处理　制备进行深度处理的污水出水的处理步骤(例如，粉碎、筛滤、除砂、预曝气和/或流量均衡化)。

压滤液　压滤机的液体污水流。

加压过滤机　封闭于容器中而可以在压力下运行的过滤器。

预处理　(1)初级处理工艺过程之前的初始水或污水处理工艺过程。(2)在污物排放至污水处理厂之前降低或改变污染物特性的工业污物处理。

初级澄清池　二级污水处理之前的沉淀池。

原始分布　配电系统的高电压部分(至少 2400 V)。

初级沉淀　从水或污水中除去可沉降悬浮固体的重力基工艺过程；通常会发生于静置池或澄清池。是初级污水处理用于降低随后处理工艺过程固体负荷的主要形式。

初级污泥　初级污水处理(例如，沉淀)期间产生的固体。

初级残余物　经由沉淀产生的固体。

初级处理　设计用于生产适合生物处理的出水的处理工艺过程(例如，沉淀和/或细筛滤)。

私有化　在市政设施(例如，水和污水处理系统)项目开发，所有关系和/或经营中涉及非公有和企业利益。

工艺/设备供应商　为承包商或所有者的工程项目销售或供应设备的公司。

采购　合法获取设备或服务的过程；往往需要合同。

项目经理　由所有者聘请而用于监督和管理设计顾问的日常项目活动的人。

螺杆泵　用于粘性流体(例如，固体)而由按照双螺纹橡胶定子旋转的单螺纹杆轴转子构成的泵。

螺杆泵　参见螺杆泵。

比例堰　排放与压头成正比的堰。有时也称为苏特罗堰(*Sutro weir*)。

焓湿图　潮湿空气热力学性质的曲线图。

公有污水处理厂(POTW)　州或市府所有的污水处理工程[同时有污水处理厂和收集系统]。

练泥机　具有同时混合和研磨两种物料而降低混合物大小以便进一步处理或处置的叶片的设备。

泵曲线　指示泵性能的泵特性(例如，总排放压头、净正吸头、所需功率和与容量相关的效率)曲线。

泵站　包含将水或污水分别移动通过分配或收集系统所必需的泵、阀门和电气设备的设施。

纯氧工艺过程　使用纯分子氧而非大气氧的活性污泥工艺方法的变体。

易腐烂物质　当其衰败或分解时会产生腐烂、臭味熏人的产物的有机物质。

自燃　能够自发燃烧。

质量保证　为其预定目的提供产品稳定性的置信度的有计划的系统化生产过程。

质量控制　通过精心策划，使用适当的设备，连续检查和按需纠正措施而验证和维持所需的产品或工艺过程的质量水平的系统。

生石灰　煅烧后的物料，其主要部分是氧化钙，或天然缔合少量氧化镁的氧化钙。这种物料可以进行熟化(即，与水或潮湿空气发生化学反应)。

径向流　物料流动从中心引向周边或从周边引向中心的流动模式。

辐射　热经由电磁辐射传递(例如，用于干燥生物固体的太阳能)。

快速混合　任何快速彻底将水、污水或固体与混凝剂或整理化学品混合而确保完全反应的方法。

快速砂滤器　水流按照通常 80~320L/min·m^2(2~8 gal/min/ft^2)表面积的速率向下通过砂床的颗粒状滤料介质过滤器。

鼠钻洞　当正在处理的物料具有足够的内聚强度抵御重力流过筒仓时在筒仓侧面上产生的压实作用。通常情况下，沟渠形成于物料将下落通过筒仓之处；然而，一旦沟渠排空，筒仓的所有流动都停止。

费率表　向污水处理设施供电的电力公司收费清单。

额定寿命　10%的轴承因为疲劳而可能发生故障的小时数或转数。

原始污泥　未经处理的污水固体。

再曝气　在缺氧条件下将氧吸收入水中。

合理的潜力分析(RPA)　具有可能引起或有助于违犯水质量标准合理潜力的出水组分分析。

再碳酸化　二氧化碳重新引入水中，通常是在石灰纯碱软化期间或之后。

回煅　从固体中回收石灰的工艺方法；通常在多膛炉床系统中完成。

接收水体　接收污水处理厂出水的表面水体。

受体　在气味模型中，预测污染物浓度之处的网格坐标。

厢式板框压滤机　利用压力迫使水通过一系列安装于板框之上的滤布的分离设备。同时，固体在滤布上收集。

往复式耙筛　一种粗筛设备类型。

再生污水　经过处理至容许其进行有益目的再利用水平的污水。也称为再循环水。

识别阈值　在统计学上气味评审小组一半人能够从碳过滤(无异味)空气表征和区分的气味浓度。

康乐用水　用于休闲活动(例如，游泳、划船或钓鱼)的任何水体。

整流器　将直流电压转化成交流电压的电气装置。

再循环比　再循环流量除以进水流量，适用于活性污泥系统或其他处理系统。

再循环　将回收物料转化成新产品的工艺过程。

芦苇床　污水或固体用于种植利用这些物料提供的水、氮和其他养分的芦苇的污水处理系统。芦苇床已用于三级污水处理和固体处置。

耐火材料　用于干燥炉、焚烧炉和锅炉高温区保护金属外壳或导管的耐高温材料。耐火材料可以利用绝热和耐磨质量的材料生产。

难降解有机物　很难或不可能在生物系统中代谢的有机物质。

蓄热式热氧化(RTO)　空气流中污染物的高温氧化，这种系统利用其废热预热引入的气流。

蓄热式热氧化器　利用热氧化挥发性有机化合物的排放控制设备。

停留时间　一定体积的液体或固体保留于处理池或系统内的时间周期。

残余物　在各个处理工艺过程期间从液体中去除的污水非液体组分。

树脂　适用于各种各样的透明和可熔产品的通用术语，可以是天然的或合成的。

电阻率　(1)对于材料均一横截面每单位长度对电流的阻抗作用。(2)电导率的倒数。

呼吸　由于生物氧化而吸氧排出二氧化碳的生命活动。

保留时间　水或污水保留于单元处理工艺过程或设施的时间长度。

返流活性污泥　返回到活性污泥工艺过程开始之处而与原始或初级沉降污水混合的沉降活性污泥。

返流污泥　参见返流活性污泥。

反渗透　利用正向渗透现象而在将水从该溶液中位移通过半渗透 HPM 膜(反渗透膜)时将盐保留于较高渗透压溶液中的技术性工艺方法(和用于实现该工艺方法的 HPM 膜)。

转子流量计　一种可变面积恒压头的流速体积流量计，其中流体向上流过的锥形管，抬升有形有重量转子至向上流体力恰平衡重量之处的位置。

旋转收集器　在圆形澄清池中用于收集和去除沉降固体的旋转机械装置。

转鼓式增稠机　用于污泥增稠的旋转圆筒筛。

回转窑　由长而水平的缓慢旋转圆筒构成的焚烧炉，其中，物料在一端进料而随着物料传送到另一端通过窑翻倒而促进干燥。

旋转压滤机　通过液流穿过结合两个旋转筛的渠道而对污泥脱水的设备。滤液穿过筛滤的同时脱水污泥继续通过渠道。

旋转生物接触器　一种固定膜生物处理装置，其中微生物生长于安装在污水中缓慢旋转的水平轴上的圆盘上。

粗布袋筛　一种粗筛设备。

沙门氏菌　一种人类致病的好氧细菌，主要与食物中毒相关。

沙门氏杆菌症　食用受沙门氏菌污染的食物而引起的食物中毒的一种常见类型病症，其特点是突发性胃肠炎。

砂滤　参见颗粒滤料介质过滤。

卫生污水　源自卫生设备(例如，水槽、马桶和洗衣机)的生活污水。

嗅污计　由巴涅贝-切尼(Barnebey-Cheney)公司于1974年开发的现场气味计。

血吸虫　在其生命一个阶段寄生于淡水蜗牛而在另一阶段寄生于人体的寄生性扁虫或裂体吸虫。

血吸虫病　一种常见于热带和亚热带地区的水生疾病，其通过人类涉水或洗浴感染血吸虫的水而传递到人体。人体血吸虫的生命周期涉及中间宿主的淡水蜗牛而在水相中产生新的寄生虫。

筛滤保留值　通过筛滤设备保留的总进水固体百分比。

过筛(筛选)　(1)一种物理分离过程，在该过程中筛子用于从流体去除颗粒物。(2)系统地检查多个条目而确定其合适性的过程。

筛余物　通过筛滤设备去除的物料。

筛余物的整理　所收集的筛余物进行脱水、洗涤和压缩的物理过程。

筛余物有机物测试　确定所收集的筛余物中有机质含量的方法。

筛余物冲洗器/压实器　适用于筛余物整理的设备。

螺旋传送机　利用内槽旋转的螺旋螺杆将物料从一个位置传送到另一个位置的设备。

螺旋压滤机　旋转螺旋将固体对着圆柱形或圆锥形的筛滤加压而从其中除去水的设备。

螺旋泵　利用在内槽或管道中缓慢旋转螺旋螺杆将水从一个高度提升至另一高度的低扬程高容量泵。

洗涤器　用于从空气或气体流(例如，尾气)中去除颗粒物或污染物的设备。

洗涤　通过水喷雾夹带污染物而从空气或气体流中去除杂质的工艺过程。

浮渣　经常发现漂浮于初级和二级沉降池表面上的漂浮物(例如，食品废物、油脂、脂肪、废纸和泡沫)。

浮渣收集器　从沉降池表面去除浮渣的机械装置。

浮渣槽　用于收集浮渣并将其传送到另一个位置进行处理或处置的流水槽，通常用于初级沉淀工艺过程。

密封 紧紧地或完全地封闭或紧固物体的任何情况(例如，用于防止旋转电机杆轴周围泄漏的填料或机械设备)。

密封水 泵送至泵密封处降低泵杆轴磨损的水(通常是经过处理的出水)，通常用于可能存在沙砾或磨蚀性固体的应用环境中。

二级澄清池 悬浮物质经由重力作用从污水中去除的容器；这种容器位于二级处理工艺过程之后。

二级出水 已经接受初步、初级和二级处理的污水。

二级配电 配电系统的低电压(480V)部分。

二级污泥 二级处理工艺过程中产生的固体。

二级处理 任何设计用于降解污水的生物量的工艺方法，通常出现于初级处理之后。

沉淀 从水或污水中去除可沉降的悬浮固体的重力基工艺方法，通常会出现于静置池或澄清池。

沉淀池 悬浮固体经由重力作用从水或污水中去除的静置池；这种处理池通常都配有马达驱动耙收集沉降的固体，并将其移动到中央的排放点。也称为澄清池或沉降池。

选择性催化还原(SCR) 氨(或脲)和催化剂与 NO_x 反应而生成氮、金属氧化物和水的燃烧过程。催化剂能够使反应在比 SNCR 更低的的温度下发生。

选择性非催化还原(SNCR) 氨和脲在高温下引入而与 NO_x 反应生成氮、二氧化氮和水的燃烧过程。

自吸式泵 设计用于必要时为其壳体内保留足够的液体以清除其的空气通道，以使其能够恢复输送液体而不受外界关注的泵。这种设计允许将其放置于泵送液体的液位之上。

敏感性分析 评价模型输入参数变化如何影响其输出的方法。

化粪池污水 化粪池的内容物。

序批式反应器 具有五级的生物处理工艺过程：填充、反应、沉降、抽取和闲置。它典型地包括一个多处理池系统，因此一个处理池进行填充时，而另一个处理池会正在进行污水处理或排水。

保险系数 任何给定的电动机能够超过铭牌额定值(即最大运行参数)驱动而不会过热的程度度量。

可沉降性 悬浮固体沉降至处理池或伊姆霍夫(Imhoff)锥的底部的倾向。

可沉降固体 在 1h 内能够沉降至伊姆霍夫锥底部的恰好尺寸和重量的那部分悬浮固体。

沉降池 通过重力作用从水或污水中去除悬浮固体的静置池；这种处理池通常都配有马达驱动的耙收集沉降的固体，并将其移动到中央的排放点。也称为澄清池或沉淀池。

沉降速度 颗粒物汇集于处理池或伊姆霍夫锥底部的速率。

下水道污水(*sewage*) 参见污水(wastewater)。

下水道 用于输送污水的地下管道。

排污系统　用于将污水传送至一个或多个污水处理厂的地下管道系统。

下水道气体　当污水中有机物质在收集系统中发生厌氧分解时产生的气体混合物；通常包含高百分比的甲烷和硫化氢。

排放流域　排放至污水工程系统的区域。

短路电流　电气系统中发生故障(短路)期间将会产生的电流量。

短路　不均衡流动通过容器，这发生于密度流或混合不充分而使某些流量离开容器比其余流量更迅速之时。

侧流　在固体处理或气味控制期间产生而通常返回到污水处理厂渠首工程进行污水处理序列中的再处理的液体流。

侧水深度　处理池或罐中的水深度，这在容器内壁处测定。

筛析法　用于分析颗粒物质(例如，滤料砂)的粒径分布的方法，通常涉及将样品倾倒通过具有越来越小的开孔的系列标准筛。

筛孔尺寸　筛子中开孔直径的度量。

氧化硅　硅和氧组成的矿物。

硅酸盐　含有硅、氧和一种或多种金属化合物的任何化合物。

筒仓　用于处理或储存固体的高大圆柱状容器。

硅氧烷　一类含有硅、碳和氧的人工合成有机化合物，在污水固体中正变得越来越常见。当固体厌氧消化时，挥发性硅氧烷将变成消化池气体的一部分。这种气体燃烧时，硅氧烷化合物就会形成坚硬而磨蚀性的二氧化硅沉积于锅炉、发动机和其他燃烧相关的设备内表面上。

模拟器　用于运行处理工艺过程的模型的软件。

仿真　基于模型输入而提供输出结果的模型运行。

单线图　描述设施中配电系统的制图。

虹吸　一段封闭管道，其一部分位于液压坡度线之上，导致压力低于大气压，在导管之内出现真空度而使液体开始流动。

撇渣　从液体表面上移除或使水和/或漂浮物转向的工艺方法。

熟化　与水或潮湿空气进行化学化合。

熟石灰　参见水合石灰。

粘液　(1)粘性有机物质，通常通过微生物生长形成，即自身附着于其他物体，而形成涂层。(2)累积于滴滤池或砂滤器中并定期脱落而在澄清池中收集到的生物质。

慢砂滤器　设计用于促进沙床顶部固体层形成的低流量砂滤器；这种固体层提供了大部分的过滤。

污泥　任何在初级、二级或高级污水处理期间产生而没有进行降低病原体或病媒吸引力的任何工艺过程的残余物。也称为原始污泥。术语“污泥”使用时应该附带具体工艺过程的描述符(例如，初级污泥、废弃活性污泥或二级污泥)。

污泥龄　参见固体停留时间。

污泥覆盖层　固体水力悬浮于处理池或罐中的积累层。

污泥体积指数　在1L量筒中沉降30min之后由1g沉降的污泥占据的体积(以mL计)。

冲击负荷(slug load)　处理工艺过程的液压或有机负荷突然增加。

闸门 用于隔离渠道水流的手动或电动闸门。

浆料 水中相对不溶性化学物质的悬浮液，通常悬浮固体浓度达 5 000mg/L 或更高。

亚硫酸氢钠 液体脱氯剂，化学式是 $NaHSO_3$。

亚氯酸钠 经常使用的化学品，化学式是 $NaClO_2$。

氢氧化钠 烧碱，化学式是 NaOH。

次氯酸钠 经常用作水或污水消毒剂的液体氯溶液，化学式是 NaClO。

焦亚硫酸钠 用于除氯的二氧化硫的晶体形式，化学式是 Na_2SO_3。

无孔转鼓式离心机 一种离心机，由锥形转鼓和按照稍微不同的速度旋转的内部螺旋辊构成，经由离心力而从水中分离出固体；通常设计成连续操作。

固体 污水处理过程中产生的任何残余物。

固体平衡 跟踪进入和排出每个单元装置或工艺过程的固体量的处理系统的数学表达。

固体含量 混合物中干物质的百分数(按重量计)。

固体处置 经由焚烧、填埋、表面处置等去除固体的行为。

固体停留时间 固体保留于某个工艺过程或系统内的平均时间。

固体稳定化处理 降低固体中病原体数量而满足 40 CFR 503 法要求的行为。

溶解度 在给定的一套条件下溶液中能够溶解的物质量。

可溶性的 能溶解于流体中。

溶液 包含溶解的溶质的液体。

溶剂 溶解另一种物质而形成溶液的物质。

比重 物质密度与水密度之比。

氧吸收比速度 生物系统中微生物活性的度量，以 mg O_2/g · h VSS 表示。也称为呼吸速率或耗氧速率。

比阻力 固体如何强烈对抗其液体组分排出的度量。

分流槽 将进入流量分成两股或多股液流的腔室。

孢子 微生物的生殖细胞或种子，往往处于休眠状态或耐受环境。

喷灌 将再生水铺洒于农业用地上的方法。

稳定性 有机物质的氧化或分解程度。

稳定化处理 旨在降低固体中病原体数量而满足 40 CFR503 法要求的处理工艺方法；所产生的生物固体气味较低而不太可能吸引病媒。

分级消化 固体在各个阶段消化的处理工艺方法。它由串联排布设计的两个或更多处理池构成，通常分为初级消化(其中进行固体混合)和二级消化(静止条件占主要，并收集上清液)。

阶梯式筛 一种类型的细筛装置。

利益相关者 在某些事物(例如，商业或工业)中具有投资，股票或红利的个人或团体。

《水和污水检测的标准方法》(标准方法) 由美国公共卫生协会，美国水务协会和水环境联盟联合出版的刊物；其包含了水和污水处理中所用的共同接受的分析技术的描述。

扯棉 绳样或纤维性碎片在网孔或栅栏上缠结。

状态变量 描述动态系统的一套变量(例如，有机物和营养物)的一个要素。有些状态变量可以直接测量(如，氨)，但许多状态变量却不得不通过特殊的采样和试验方法进行确定。

静压头　流体的供应表面液位和自由排放液位之间的垂直距离。

静态筛　一种类型的细筛设备。

统计模型　采用基于历史数据的统计原理而不是使用定解方程确定工艺过程的可能行为的力学模型替代模型。也称为黑盒子模型。

稳态仿真　输入固体而并不随时间而变化的仿真。

阶梯曝气　一种活性污泥法的变体，其中沉降污水在曝气池中以几点引入而均衡化食物-微生物之比。

无菌　没有细菌或其他微生物。

史蒂芬(*Steven*)定律　所拟定的物理刺激物程度(例如，气味浓度)和其感知强度之间的关系。

静水井　大水体或水池中用于阻尼波或浪的管道或腔室；通常用于水位测量的目的。

化学计量　涉及化学反应中反应物和产物之间的定量关系(例如，化学物质在水中反应对应于其理论化学反应中结合重量的比率)。

化学计量系数　在用于转换反应中不同物质质量单位的平衡化学方程中物质之前所提供的系数。

雨水管　用于传送雨水而非污水的地下管道。

雨水　在降水事件过程中产生的水(例如，融雪和雨水-水径流)。

链球菌属　一种细菌种属，其中包括一些人类最常见的病原体。

鸟粪石　一种结晶固体或顽劣结垢(通常颜色发白)，化学式是 $MgNH_4PO_4 \cdot 6H_2O$，也称为磷酸镁铵。

水下流水槽　低于标准水位之下用于从沉淀池中移除液体而构建成的管道和控制阀。经常用于初级沉淀池而避免与自由下落的流水槽和堰相关的气味。

水下堰　下游侧的水位与堰顶一样高或更高的堰。也称为溺水堰。

子模型　模型中的模型；通常用来描述较大或较复杂的工艺过程某个特定方面。

下清液　漂浮固体表面之下的液体。

底物(基底)　(1)用于供生物生长的污水或固体成分。(2)任何施加涂层的表面。

二氧化硫　经常用于脱氯的化学品。化学式为 SO_2。

硫氧化细菌　能够将硫化氢氧化为硫酸的细菌。

污水池　收集水或污水而随后从系统中去除的水坑或水库。

超模型　不同类型的模型之间传递变量的机制。超模型在每一过程中都包括所有的过程变量，即使有些并不认为是很显著的。这使其更容易在模型之间通过变量，而不需要接口模型。

上清液　(1)沉淀之后保持于沉淀物或沉积物之上的液体。(2)在固体消化池中的大部分液体层。

监管空气模型支持中心(*Support Center for Regulatory Air Models*)(SCRAM)　美国环境保护署网址，其中能够查

到有关分散模型的准则。

支撑砾石　地漏开口和滤料介质之间防止滤料介质泄漏至地漏中的分级砾石层。

超容(超载)(附加费)　(1)当下水道水流全满时下水道沙井中污水超过下水道管顶的高度。(2)系统负荷大于通常预期负荷的负荷。(3)当设置数量或质量限制，特别是排放到污水收集系统中的流量被超过时收取的额外费用。

表面曝气装置　由连接至马达的部分浸没叶轮构成的机械曝气设备，其安装于浮筒或固定结构上。

表面积负荷率($M/L_2/T$)　反应器底物质量负荷率除以净比表面积。

表面积去除率($M/L_2/T$)　反应器中去除的底物质量除以净比表面积。

表面负荷率　设计沉淀池时所用的标准，表示为每天单位处理池表面积的流量。也称为溢流率。

表面外形　从边沿(表面的横截面)看到的喷砂清理或基底表面的轮廓。

表面张力　作用于液体表面上倾向于最小化液体表面积的力。通过作用于表面层分子不平衡的内拉力导致液体表面的分子层低于液体表面分子。

表面冲洗　用于搅动和冲洗颗粒滤料介质表面的辅助高压水喷淋系统。

悬浮生长工艺方法　微生物和底物悬浮于污水中的污水生物处理工艺方法。

悬浮固体　通过玻璃棉毡或 0.45μm 膜进行过滤而捕获的固体。

可持续发展　满足现在的需求而不会损害未来子孙后代满足其自身需求的能力的发展。

开关函数　用来描述反应如何基于环境条件而变化的方程(例如，溶解氧的开关方程能够用于描述厌氧条件相对于好氧条件的不同速率)。

互养　两种或多种生物联合代谢活性而降解通常不可能由一种生物充分降解的底物的条件。每种生物体的活性对于底物降解都是至关重要的，但它们不进行生物体的互利。

系统曲线　总动态压头相对于管道系统或网络的流量描点作图。

系统 SRT　处理系统内的固体停留时间。在活性污泥处理中，系统 SRT 将包括固体保留于曝气池的厌氧、缺氧和好氧部分，以及二级澄清池中的时间长度。

渐缩曝气　活性污泥工艺过程的变体，在这种工艺方法中曝气池中供给的空气量是逐渐缩小而匹配微生物产生的需求。

Tedlar® 袋　用非反应活性材料制成，用于收集气味样本。

十州标准　对于《污水设施推荐标准》的通用名称，这是国家公共卫生与环境工程师大湖上部密西西比河委员会的污水委员会的报告。

末期压头损失　在过滤执行循环结束时出现的压头损失，预示着滤床填满了固体。

末期沉降速度　未受阻悬浮固体颗粒的最大沉淀速率。

三级过滤　用于改善二级出水水质的过滤工艺方法。

三级处理　用于改善二级出水质量的物理、化学或生物工艺方法。

理论需氧量　用于将化合物氧化成其最终氧化产物所需的氧量计算值，用于估算水或污水中有机物质的量。

热整理　热和压力同时施加于固体而提高其脱水性能且无需加入整理化学品的工艺方法。

热氧化　在氧或空气存在下加热有机固体而将其转化为氧化产物的工艺方法。

热氧化器　利用热氧化挥发性有机化合物的排放控制装置。

热塑性　能够反复通过热软化和冷却硬化的材料。

热固性　一旦经由热、催化剂或紫外光进行化学变化之后就变得相对难熔的材料。

嗜热细菌　最好生长于45~60℃的温度下的细菌。

高温嗜热　好氧消化池工作温度范围(通常为50~60℃)。它会影响消化池中的微生物种群，以及反应速率。

高温好氧消化　在温度为40~80℃下运行好氧消化池。

高温消化　固体通过繁衍于高温温度范围(约50~60℃)的微生物消化的工艺方法。

增稠器　残余物或淤浆通过降低其水分含量的罐式容器或装置。

固体增稠　设计用于通过去除部分液体而提高残余物中的固体浓度的工艺过程；这种工艺过程包括沉淀池、DAF、重力增稠器、离心机、重力带式增稠器和膜增稠器。

触变性　某些溶液和固体在静置时改变黏度的时间依赖性能力。

挡潮闸　收集系统中防止海水在涨潮期间进入系统的摆动闸门。

吨级容器　1吨以上的储存容器；通常用于存储处理化学品(例如，氯气或二氧化硫)。

土表追肥　在园林绿化中，施加一层薄薄的土壤或有机物质，通过刺激新植物生长，填补轻微凹陷和改善排水系统而改善草坪表面。

总资本成本　工程项目的直接和间接资本成本的总和。

总溶解固体　所有溶解于水或污水中的挥发性和非挥发性固体的总和。实验中按照样品通过标准玻璃纤维过滤器过滤，放置于蒸发皿中并加热至180℃达1小时之后剩余的固体进行测定。

总动态压头　泵必须赋予水而将其从一个点移动到另一个点的总能量，按照泵排放侧和吸入侧的自由水面液位高度之差进行测定。

总无机氮(TIN)　通常是污水中氨、亚硝酸和盐硝酸盐氮浓度的总和。

总凯氏氮　有机氮+氨-氮的总和。

总氮　通常是TIN和有机氮的总和。

总需氧量　水或污水中能够在铂催化燃烧室中转化成稳定产物的有机物质的度量。

总固体　(1)水或污水中溶解和悬浮的固体总和。(2)流体在103~105℃下蒸发之后在称量皿上剩余的物质。

最大日负荷总量(TMDL)　通常基于水质模型和现场测试开发出来的污染物计算负荷值；其确定了可能从定义区域内的源头排放至接收水体的一种或多种污染物的最高限额(按照lb/d计)。

总悬浮固体　水或污水样品中悬浮的颗粒物的度量。已知体积的样品过滤后，过滤器经过干燥并称重而测定残余物的质量。

全封闭自扇冷却式　电机外壳的标识。这种外壳不密闭，但也不允许电机外壳内外进行自由空气交换。外部冷却是由整体外部风扇提供。

完全封闭式防爆　电动机外壳的标识。这种外壳不密闭，但也不允许电机外壳内外进行自由空气交换。外部冷却由无火花风扇提供。

TOXCHEM　预测污水处理厂液相中化合物的命运和预测空气相中的质量排放率的质量排放模型；这种模型还包括一些估算固体处理工艺过程排放的初步算法。

毒性　对活体生物有毒或能够对其产生不良影响的属性。

跨膜压力　进料压力和渗透压力之差(即，达到通过膜的给定通量的所需驱动力)。

拦污栅　采用一套间距为38~150mm(1.5~6in.)的平行固定条杆的粗筛设备。

行桥式澄清池　固体去除机械设备由移动桥支撑的矩形澄清池。

行桥式过滤器　通过可移动的桥式反冲洗设备能够各自进行清洗而无需整个过滤器停工的多隔间颗粒滤料介质过滤器。

滴滤池　一种污水流过高渗透性介质床的好氧固定膜处理工艺过程。随着污水分散，其有机物通过滤料介质表面上粘液内微生物降解。

三卤甲烷　当氯与水中有机化合物反应时形成的消毒剂副产物。这些卤化有机物命名为甲烷衍生物，并包括可疑的致癌物。

三重底线法　通过测定经济成功，环境可持续发展性和社会责任而评价组织绩效的方法。

转鼓式筛滤　一种大型旋转筛(即，大金属丝网鼓)。

浊度计　通过检测以一定角度通过水样投射的光束散射的强度而测定水浊度的仪器。

浊度　水或污水中散射或干涉光通过水的通道的悬浮物。

浊度突破点　颗粒开始出现于滤液中之时，是过滤器出水质量变得差至不可接受水平的指示。

浊度单位　参见浊度分析法的浊度单位。

湍流　(1)通过流体流各个粒子或元素运动速度和方向不规则变化进行表征的状态。(2)水逆流和漩涡搅动的流动状态，这与层流或线型流动相反。

双盘式澄清池　一个纵向澄清池位于另一澄清池之上的澄清池节省空间的排布设计，它们可以并联或串联运行。

最终生化需氧量　完全满足含碳和含氮的生化需氧量所需的氧量。

超声波　频率大于或等于20kHz的声波。这些频率超出了人类听觉的范围。

紫外光　从可见光的紫外端延伸至X-射线区的那部分电磁波谱。其波长为约10~400 nm，对应于频率为$7.5\times10^{14}\sim3\times10^{16}$Hz。

未燃烧石灰(*unburned lime*)　碳酸钙的另一种说法。

地漏　在大多数颗粒滤料过滤器中用于支撑过滤床的流量收集和反冲洗配水系统。也称为过滤器底。

底流　从罐或池底部除去的浓缩固体。

均匀系数　表征过滤砂的方法。它等于通过60%的砂时的筛孔尺寸(以mm计)除以通过10%的砂时的筛孔尺寸。

不间断电源　通常情况下，停电期间将产生交变电流电源的电池备用系统。

上流式过滤器　流体向上流过过滤床的过滤系统。

美国环境保护署　美国主要负责执行联邦环境法律的政府机构。

公用事业能源服务合同(UESC)　与电力公共事业公司实现节能或可再生能源项目的合作伙伴协议。

真空室采样器　空样品袋放置于封闭腔室内而随后将空气泵出腔室而产生膨胀袋子和将气体吸入其中的真空的样品采集设备。

真空过滤器　布覆盖转鼓固体池中缓慢旋转的脱水系统。内部真空抽吸水通过滤布，而同时将固体保留于处理池中的脱水系统。

阀　用于调节通过管道系统的流体流量的设备。

蒸汽通量　物质释放通过单位表面积的质量速率，通常用于测定空气排放。

可变减速过滤　在整个过滤冲程中流动通过过滤器的流速降低而超过过滤器的液位升高的过滤操作。

变频驱动　(1)一套采用标准电源(通常为480V，50~60Hz)并将其转换成变频电源而改变标准感应电机速度的电气设备。(2)通过控制供给电机的电源频率而控制交流电电动机旋转速度的方法。

病媒　能够将病原体传播到其他物种的昆虫或其他生物。

速度梯度　絮凝期间赋予水或污水的混合程度的度量。也称为G值。

速度头　液压系统中的动能。

文丘里洗涤器(*venture scrubber*)　参见文丘里洗涤器(*Venturi scrubber*)。

文丘里计　用于通过记录进口速度头和收缩喉部出口速度头之差而测量封闭管道中的流量的计量仪。

文丘里效应　管或渠道中随着流体通过缩颈而产生的流体速度增加。

文丘里洗涤器　一种气体喷雾洗涤器。其缩颈经过设计而发射高速细微流体液滴，从而最大限度地提高洗涤液与污染物的物理接触。

垂直基准　建筑施工垂直控制的固定点。对于这种基准应该指出高程数据。

振动犁　用于安装地下滴灌的管道和公用管路的振荡犁柄。

病毒　能够繁殖的最小生物结构；它只能生长和繁殖于宿主生物体内部；感染其宿主，产生疾病。

粘度　流体抗拒倾向于导致流体流动的作用力的内部摩擦。

蓝铁矿　颜色呈蓝色、绿色或灰黑色的颗粒状晶体或结垢。其易溶于盐酸或硝酸(HNO_3)，而在光线照射下变成不透明或深色。化学式为$Fe(PO_4)_2 \cdot 8H_2O$。也称为水合磷酸铁。

V型缺口堰　具有V形凹口的堰，用于测量流量。

挥发性物质　在相对较低的温度下蒸发或汽化的物质。

挥发性有机化合物(VOC)　术语“挥发性有机化合物”经常用于泛指平均总有机碳。在空气质量的情况下，这个术语是指总的非甲烷烃。

挥发性固体　经过分解的有机物，其在550℃下能够点燃；通常，这个属于用于表示污泥或其他固体物质的有机成分。

挥发性悬浮固体　悬浮于水或污水中的有机可生物降解的物质。在总悬浮固体样品中这种物质的百分比通过将样品加热至600℃进行测定。

体源　污染物排放的三维源头，通常指的是不容易作为点或面源表征的情况(例如，短效易逝之物的排放)。

体积计量进料器　递送干化学品按照恒定预设的或成比例的体积的设备；其并不受物质密度变化的影响。

涡流　水或空气中心具有向颗粒物质抽吸方向的空腔的旋转体。

涡流流量调节器　用于从储存池、罐或储槽按照均匀流量排出流体的漏斗形流量控制装置。

涡流除砂　在圆形处理池中心料斗采用机械或水力引导涡流捕获沙砾的处理工艺方法。

废弃活性污泥　从活性污泥处理工艺过程中排放出来的过量活性污泥。

废物负荷分配(WLA)　每个点源和非点源贡献者容许向具体水路中释放的污染物最大负荷。

污水　含有源自住宅，商业设施和工业运营的废弃物的水；其可能与地表水、雨水或渗入收集系统的地下水混合。

WATER9　从美国 EPA 可获得而预测收集、储存、处理和处置期间，哪些化合物将会发生挥发和估算其释放到大气中的速率的排放模型。

水锤　封闭管道系统中陡然改变其内容物速率所致的压力激增；这种变化可能破坏或断裂管道系统。

水质基出水限制(WQBELs)　基于水体同化污染物而同时维持适合其既定有益用途能力而建立的污染物排放的水质监管限制；这些限制部分是基于污染控制的抗降解方法。

水质标准(WQS)　基于接收水体指定用途而建立的污染物排放监管限制，该标准设定用于保护这些用途，其他规定确立而避免倒退。这些标准通常是针对污水处理厂的 NPDES 许可证。

水再生厂(WRP)　设计用于生产适合回用的水的污水处理厂。

水再生　从污水中去除固体和污染物并纯化水而使之能够适合回用的工艺方法。

流域　由给定水体排水的区域。

楔形金属栅栏　一种类型的筛滤介质。

堰　水流过顶流过的挡流板。

堰负荷　流体流出处理池的速率，表示为在给定时间框架内液体过顶通过所述长度的堰的体积。

堰溢流速率　每天过顶流过单位长度的堰的水体积的度量。

湿空气氧化　固体和压缩空气泵送至加压反应器中加热氧化挥发性固体而无需挥发液体的工艺方法。

湿地　被水淹没或饱和的陆地区域(例如，沼泽、湿地和泥沼)；其经常支撑饱和土壤条件下繁衍的植被生长。

湿地处理　香蒲、芦苇和类似植物的水生根系统用于处理施加于土表之上或之下的污水处理系统。植被、土壤和微生物环境能够从污水中通过自然过程过滤和去除多种污染物。参见湿井。

湿式洗涤器　通过在水喷雾中夹带而从空气中去除颗粒物或烟雾的空气污染控制设备。

潮湿天气流量　降雨或融雪所致的收集系统中的流量。

湿井　水或污水收集其中并连接至泵吸入侧的腔室。

润湿周长　流动水流和承载的水渠之间的润湿接触区域的长度。

全厂模型　在质量平衡中污水处理厂和所有其相互连接中的所有单元装置处理过程的模型。

风道采样器　移动空气穿过表面而产生液体或固体表面污染物质量传递并将污染物传送至样品收集室或直接传送至测定设备的采样设备。

条垛堆肥堆　长的三角形物料堆。

条垛式堆肥　固体与填充剂混合并按照定期翻动和机械重混的条垛堆肥堆排布设计的堆肥方法。

绕线转子电机　转子经过设计而使之能够改变其所受的外部阻力。这能够使电机改变速度。

零液体排放　不向环境排放液体出水的设施的描述。